# 旱地土壤施肥理论与实践 下

吕殿青 同延安 等 编著

中国农业出版社
北京

## 编　著　者

吕殿青　同延安　刘存寿　何绪生　梁连友
孙本华　田霄鸿　周建斌　张树兰　张金水
杨　玥　杨莉莉

序

PREFACE

旱地农业是干旱半干旱地区的主要农业形式。我国是世界上干旱半干旱地区面积较大的国家，旱地农业生产对我国农业和国民经济发展具有重要影响。旱地农业生产最主要的问题是水和肥，旱地土壤及植物营养的高效管理和调控是促进旱地农业发展的重要途径。

《旱地土壤施肥理论与实践》是作者科研团队长期坚持大田试验、盆栽试验及实验室分析，在取得大量研究成果的基础上撰写的一部特色鲜明的专著。

该书内容丰富，涵盖面广，对旱地土壤有机质含量与土壤肥力、作物产量的关系，土壤性状与肥效的关系，土壤养分及施肥营养元素的固定、释放、转化规律，水肥耦合效应，旱地施肥技术，测土配方与高产施肥相结合的施肥体系，不同类型肥料的研制、施用、肥效以及农业生产因素中"交互作用"理论与技术等作了详细的论述。所涉及的作物不仅包括大田主要作物，也包括果树、蔬菜，并专题论述了不同植物营养元素吸收机制、缺素症状及对应的施肥技术体系。

该书论述的多项研究成果具有突出的创新性，其中，研发水溶性有机-无机全营养复合肥、旱农地区肥料一次深施的理论与技术、基于氨态氮挥发与磷固定互促理论的尿素和过磷酸钙配合施用技术、旱地施用凝胶保水缓释尿素肥等项目取得了开创性研究成果，受到了高度评价，得到了广泛推广运用。

该书理论与实践紧密结合，具有很强的科学性和广泛的实用性，对旱地农业生产的发展具有重要的理论指导意义和实用价值。希望该书的出版能为推动旱地农业研究、促进旱地农业发展作出更大的贡献。

西北农林科技大学教授　张一平

2022 年 8 月 20 日

中国旱地农业范围很广，分布在 14 个省份，土地面积约占全国总土地面积的 56%，耕地面积约占全国耕地面积的 48%，其中，没有灌溉条件的旱农区约占这一地区耕地面积的 65%。北方旱农地区既是我国粮、油、棉、豆的重要产地，也是林果业和畜牧业的重要基地，且名、特、优农产品资源丰富，是出口创汇的优势地区，对我国农业和整个国民经济发展具有举足轻重的作用。

发展旱地农业，主要问题是水和肥。有专家指出，"水是关键，出路在肥"。农谚说："有收无收在于水，收多收少在于肥。"实践证明，充分挖掘水肥资源，合理进行水肥利用，对旱地农业的大幅度增产具有重要作用。自中华人民共和国成立以来，党和政府对旱地农业的建设和发展，特别对水利建设和肥料生产以及对水肥的科学研究非常重视。我们有幸参加了多个国家级和省、部级关于肥水攻关项目的研究，其中包括复混（合）肥肥效机制与施肥技术、测土配方与推荐施肥技术、肥水耦合效应与调控技术、高产平衡施肥的土壤和作物营养综合诊断技术、土壤物理因素与施肥效应的关系等，积累了大量研究资料。我们还与联合国粮农组织合作，进行陕北低产土壤施肥技术研究；与瑞典农林科技大学进行长期合作，分别进行了生物技术改良陕北黄绵土研究，外加 N、C 对土壤有机质矿化作用的研究，在陕北、关中、陕南地区分别进行氮肥肥效与硝态氮淋失研究等。我在攻读中国科学院西北生物土壤研究所虞宏正院士研究生时，对离子活度进行过测定研究；到苏联全苏列宁农业科学院和美国国际肥料开发中心（IFDC）进修学习，分别进行了利用同位素 $^{32}P$ 研究磷在石灰性土壤中被固定作用的机制和石灰性土壤体系中 $NH_4^+ - N$ 挥发与 P 固定之间的相互关系研究，都取得了丰富的资料。我们还长期与陕西省农业农村厅土壤肥料工作站合作，在全省 7 个农业生态区的每个县都有计划地布置了测土配方与推荐施肥的田间试验，经过多年工作，先后共搜集到 2400 多份田间肥料试验研究结果，经一年多的专人统计分析，对每一个试验建立了施肥模型，为推荐施肥分区提供了充实依据。我们在旱农地区进行了长期植物营养和科学施肥的研究工作，在施肥理论和施肥技术方面都有一些新的研究进展，对提高旱农地区施肥效果、促进作物增产已起到一定作用。同时，我们也深深感到在旱农地区的农业生产潜力尚未被充分发挥，还有很大可供挖掘的空间。因此，我们认为有条件、有必要把研究工作进行一次全面系统的总结，整理成书供大家参考，以便推动旱地农业生产的发展，对社会有一些贡献。据此设想，我组织几位专家教授分别结合自己的研究工作，经过多年努力、反复修改，终于完成本书。

本书内容较为丰富，故分上、下两册出版。上、下两册共 28 章，其中上册 13 章，下册 15 章。上册以论述旱地农业科学施肥的理论为主，以施肥技术为辅；下册以论述旱地农业科学施肥的技术为主，以施肥理论为辅。总的来说，本书有以下几个特点。

## 一、内容全面

上册主要内容：①土壤有机质含量是土壤肥力和生产力的基础，故本书对此首先作了研究和讨论。对北方旱地土壤有机质含量和土壤有机碳储量、有机肥料的特殊营养物质和特殊功能性物质、土壤有机质与作物产量之间的关系、影响土壤有机质含量的因素以及如何提高土壤有机质含量的措施等都作了详细的论述，为发展旱地农业、建立良好的物质基础提供了理论依据。②系统叙述了土壤大量元素 N、P、K，中量元素 Ca、Mg、S，微量元素 Zn、Cu、Fe、Mn、Mo、Cl 等与相对应的营养元素肥料施用效果之间的关系，对不同营养元素肥料施入土壤后，所发生的一系列化学反应与循环过程、作物对不同营养元素的吸收特点、肥料的施肥技术和施肥效果等都进行了研究和讨论，为科学施肥提供了宝贵依据。③对土壤物理因素（水分、质地、容重）与施肥效果的关系，结合试验结果进行了详细论述。对土壤物理性质、化学性质变化的影响，对营养元素的转化、转移和作物吸收的影响，对促进作物生长发育和增加产量的影响等方面都进行了系统论述。④专门论述了作物在大、中、微量营养元素缺素时所出现的各种不良症状。同时，论述了不同作物对这些养分的吸收条件和机制，吸收养分后增强作物各种抗性、促进作物健壮生长、增加作物产量和改善品质的实际表现，从理论上回答了为什么要科学施肥。⑤详细叙述了施肥与环境的关系。介绍了我国现在农业生产上过量施肥和不平衡施肥导致大气中 $CO_2$、$N_2O$、$CH_4$ 增多的状况；土壤出现不同程度的重金属污染、土壤酸化和 $NO_3^- - N$ 淋失污染等造成作物产量和品质下降的现象。为此，介绍了科学施肥技术体系的应用，从理论上回答了如何科学施肥的问题。⑥专门编写了农业生产因素中的交互作用内容。对交互作用概念、交互作用产生机制、交互作用类型及其划分的原则和指标、交互作用的可变性和可控性、交互作用在农业增产中的功能等都进行了理论和技术上的论述，证明交互作用是促进农业高产再高产的重要理论依据。⑦通过不同多因素回归设计进行多点田间试验，对试验结果用 SAS 进行了统计分析。结果表明，投入的限制因素个数越多，作物产量越高，协同性交互作用和连乘性交互作用也就越大。证明作物高产再高产的理论是客观存在的，同时，也进一步证明最大因子律是农业高产再高产的理论基础。

下册主要内容：①复混（合）肥料的肥效与施用技术研究。在陕西不同土壤、不同作物上对多种不同固体复混（合）肥料、多种水溶性复混肥料、多种有机-无机复混（合）肥料的肥效与施肥技术进行了多年田间试验，明确了不同复混（合）肥料的肥效机制和增产效果，为不同土壤、不同作物选用高效复混（合）肥料的品种和复混（合）肥料的制作工艺提供了依据。②经过多年试验研究，研制出一种新型碳基复混（合）肥料，可做有机营养和无机营养的配位体，具有防治病虫害等功能，适合在不同土壤、不同作物上施用，既能改良土壤、提高化肥肥效，又有提高作物产量和改善产品品质的作用。③在查阅国内外有关缓/控释肥的研究文献389篇基础上，系统论述了缓/控释肥料的种类、材料选择、组分匹配、制造工艺、养分缓释/控释机制、包膜材料与功能、施用技术和效果、适用的土壤和作物等，对制造和施用缓/控释肥料有很大参考价值。④系统阐述了测土配方施肥和作物营养诊断施肥的具体方法与施用效果，提高了平衡施肥水平，促进增产。⑤系统论述了作物高产再高产的理论基础。并通过大量不同多因素试验对该理论进行了证实。如将六因素（N、P、K、有机肥、播种密度和播种时间）在渭北进行多点田间试验，曾获得春玉米产量11 625 kg/hm² 的效果，比当时当地一般单产增加116.3%。⑥在陕西省各县大量测土配方施肥的田间试验基础上，建立了县级、省级推荐施肥分区，明确了主区、亚区、实施区的不同目标产量下的施肥量。⑦对不同主要农作物、不同主要蔬菜作物、不同果树的营养特点进行测定和研究，并对它们分别进行了测土配方和田间肥效试验，然后分别提出了高产优质施肥方案。

**二、有所创新**

1. 吕殿青教授提出了旱农地区肥料一次深施的理论与技术。旱农地区秋雨春旱，小麦春季施肥因土壤干旱而实施困难，且经常因春季施肥烧苗而减产。秋季地墒较好，结合小麦秋播把全部肥料趁墒一次深施土内，不但不会发生 $NO_3^- - N$ 淋失和 $NH_4^+ - N$ 挥发，而且能增加产量、改善品质。"秋雨—冬储—春用"与"秋肥—冬储—春用"相结合的理论，是旱区科学施肥的一项重要创新。

2. 吕殿青教授对石灰性土壤中施用 $(NH_4)_2HPO_4$ 以后所发生的一系列化学反应进行了研究。经试验证实，提出的"在石灰性土壤中 $NH_4^+ - N$ 挥发与 P 固定之间的互促理论"是客观存在的。为了消除这一现象，经研究又提出了尿素＋过磷酸钙配合施用的技术，效果良好。

3. 吕殿青教授所做的试验证明，根据最大因子律，在高产作物品种的引领下，施用多种限制营养元素，充分发挥营养元素间的交互作用，在不同肥力土壤上和一定施肥量条件下，可以把肥效递减曲线转变为肥效递增直线，说明肥效报酬递减律是可以克服的。

4. 刘存寿教授经过多年研究，研制成一种新颖的碳基有机-无机复混（合）肥料。被专家组（含4位院士）评为国际领先水平。

5. 何绪生教授试制成一种亲水凝胶基质缓/控释肥和一种超强吸水性包膜，很适合旱农地区施用。

6. 张树兰教授研究提出了土壤硝化作用动力学模型，在硝化作用过程中 $NO_3^- - N$ 的积累量随时间的变化呈 S 形曲线。经测验，不同土壤均适用。

7. 土肥专家张金水对肥料中的 $NH_4^+$ 在不同土壤中的固定、释放机制及其与土壤物理、化学性质的关系进行了系统深入的研究。土壤所固定的 $NH_4^+$ 可随作物生长发育而不断释放出来，作物吸收越多，释放也就越多。故土壤对 $NH_4^+$ 固定实际上是对 N 肥起到的保护作用，有利于提高 N 肥利用率。

8. 吕殿青教授通过试验，建立了"旱农地区水肥耦合转换模型"。一般情况下，通过田间水肥试验建立水肥耦合模型是非常困难的。在旱农地区进行的肥效田间试验所建立的肥效函数，其中每一个系数的大小都与试验时土壤中一定深度内的含水量密切相关。经验证，模型预测结果与实际水肥田间试验所取得的产量结果非常接近，这就克服了水肥田间试验的困难。

9. 同延安教授根据多年来对不同果树土壤养分、不同果树不同生育阶段吸收养分的动态变化及对不同果树产量和品质等的测定，提出了不同果树测土配方施肥的原理和方法及果树营养诊断方法，都具有创新特色，对提高果园管理水平和果树产量与品质有很大作用。

10. 田霄鸿教授结合自己的研究工作，查阅了 200 余篇微量元素相关国内外文献，进行了系统归纳、分析。对北方旱农地区土壤微量元素含量、微量元素的农化行为、农田生态系统中微量元素循环与平衡、微量元素肥料在农业上的应用等方面进行了系统的论述。资料新颖，在理论性和实用性方面都具有很大参考价值。

11. 周建斌教授结合自己多年的研究工作，系统论述了不同蔬菜作物的营养特点和菜田土壤的营养特点，对蔬菜不同测土配方施肥模型及应用、不同蔬菜施肥技术等方面都进行了详细深入的研究。其中，蔬菜水肥一体化滴灌技术更具有创新特色。

### 三、实用性强

全书内容都是通过试验研究和生产实践得来的，无论在理论上还是技术上都有很强的实用性，具体如下：

1. 一次施肥的理论与技术已在全国半干旱雨养农业地区全面推广应用。

2. $NH_4^+$－N 挥发与磷素固定的互促理论和尿素加普钙复混肥已被美国国际肥料开发中心推广应用至非洲和印度，国内也已普遍应用。

3. 新型碳基有机-无机复混（合）肥不仅在农业上开始施用，而且还作为国内特大项目被高额投资进行开发与研究。

4. 不同果树测土配方施肥和果树养分诊断施肥技术已在不同果树上应用。

5. 不同固体复混（合）肥和水溶性复混（合）肥都已被普遍应用。

6. 各种大量元素、中量元素和微量元素肥料的研究结果和各种配方肥在农作物、蔬菜作物和果树上已被普遍应用。

7. 在高产品种的引领下，应用综合配套技术体系，充分发挥"交互作用"，达到作物高产再高产目标，已在国内开始应用。

总之，本书所提出的研究结果中，实用性技术已被广泛应用。但技术体系比较复杂，难度较大，还需经过一段试用过程方能被全部应用。

本书第一章由梁连友编写；第二章、第三章（其中第二节由张树兰编写，第四节由张金水编写）、第四章、第五章、第八章、第九章、第十二章、第十三章、第十四章、第十五章、第十七章、第十九章、第二十章、第二十一章、第二十三章、第二十四章、第二十五章、第二十六章均由吕殿青编写；第六章由孙本华编写；第七章由田霄鸿编写；第十章、第十一章、第二十二章、第二十八章由同延安、杨玥、杨莉莉等编写；第十六章由刘存寿编写；第十八章由何绪生编写；第二十七章由周建斌编写。

本书的出版，我首先要深切感谢党和人民对我的长期培养和教育。深切感谢中国科学院院士、西北农林科技大学虞宏正教授对我的长期教育和指导。在本书编写过程中，同延安教授作出了突出贡献。他除亲自参加编写以外，还约请有关专家教授参与编写，使本书内容更加充实和全面。同时，他也发动他的博士和硕士研究生协助查找和整理资料，并提供出版资助。张树兰、杨学云、张金水经常关心本书编写，并提供了各自所搜集的相关资料。谭文兰、徐福利、李英、李旭辉、谷杰、梁东丽、何绪生、刘军等与我共同做了大量试验研究工作，取得了大量研究资料，为本书编写打好了坚实基础。武春林总工程师及高鹏程、马凌云、孔凡林等同志，经常帮助查阅资料，协助统计分析。特别需要提出的是，田霄鸿教授和周建斌教授在繁忙的教学之余，不辞辛苦，加班加点，撰写出了非常精彩的篇章，为本书增添了光彩。我的爱人郭兆元在生活和工作中对我给予了始终不渝的支持和帮助。中国农业出版社副编审廖宁和其他审稿专家对稿件进行了认真编辑修改。在此，对帮助过我的同仁同事一并表示由衷感谢！

本书数据翔实、内容丰富，有理论、有实践，可供农业院校师生和农业科研工作者参阅。由于水平有限，书中不妥之处在所难免，热诚盼望读者批评指正。

西北农林科技大学　吕殿青

2022 年 8 月 10 日

目录

CONTENTS

序

前言

# 第十四章

# 无机复混（合）肥的肥效与使用技术

商品肥料中含有两种或两种以上主要营养元素的就称为复养分肥料，也就是复合肥。由于复合或二次加工工艺不同，可分为以下类型：

化成肥：此类肥料的养分含量和比例取决于化合物的化学组成（化成），是经过化学反应制成的，不用配混方式进行调节。一般属二元型，没有副产品。如 N - $P_2O_5$ 为 18%～46% 的磷酸二铵 [$(NH_4)_2HPO_4$]、N - $K_2O$ 为 13%～44% 的硝酸钾（$KNO_3$）、$P_2O_5$ - $K_2O$ 为 58%～37% 的偏磷酸钾（$KPO_3$）等，养分含量都是固定的，不是按人们需要定制的。

配成肥：此类肥料的养分含量和比例是在生产过程中配入一种单一肥料或几种单一肥料按工艺配方制定的，因此可按需要进行调节，然后再造粒制成商品。

复混（合）肥：此类肥料在 20 世纪 50 年代前后在北美、西欧发展起来，是由单元肥料或由单元肥料与某种化成肥掺混而成。其中养分含量和比例可按不同土壤、作物的不同需要进行大幅度调节，配成二元或多元型复肥，具有灵活性，但常含有副成分，一般随掺随使用，不宜长期存放。参加混配的各种基础肥料的粒径必须基本一致，否则容易产生分离现象，影响肥效。

目前对复混（合）肥的称呼并不一致，在美国由于掺混肥料的生产和应用十分普遍，故把复合肥料与混合肥料都当作同义语。最初我国都称作"复合肥"，自 20 世纪 80 年代以后，改称为复混（合）肥。将多种单元化肥或某种单元化肥与某种二元复合肥进行组配，形成高纯度复混（合）肥，既能解除运输困扰，又适于机械施肥；更重要的是可根据土壤和作物需要将氮、磷、钾养分按一定的用量和比例配制，有利于养分对作物的均匀供应，达到高效施肥的目的。

## 第一节　NP 复混（合）肥的配制与肥效反应

### 一、NP 复混（合）肥的配制及其在盆栽中的肥效反应

配制试验用复混（合）肥的原料：上海尿素磷酸铵（简称尿磷铵，由上海化工院生产，28 - 28 - 1）、临潼尿磷铵（由临潼化肥所生产，22 - 22 - 0）、硝酸磷肥（罗马尼亚生产，20 - 20 - 0），基础肥料为磷酸一铵（上海化工院生产，11 - 51 - 0）、磷酸二铵（美国生产，18 - 46 - 0）、尿素（陕西省氮肥厂生产，含 N 46%）、重质磷酸钙（简称重钙，含 $P_2O_5$ 46%）。

盆栽施肥量每 1 kg 土施纯 N 0.083 g、$P_2O_5$ 0.083 g，复合肥料中养分不足时，用尿素或重钙进行调配。每盆装土 7 kg，试验重复 5 次。作物为小麦。

供试土壤养分状况（0～20 cm 土层）：堘土和黄墡土有机质含量分别为 1.18% 和 0.91%，全氮含量为 0.083% 和 0.068%，全磷含量为 0.2% 和 0.2%，碱解氮含量为 57.6 mg/kg 和 53.2 mg/kg，

有效磷含量为 14.2 mg/kg 和 21.9 mg/kg，速效钾含量为 179 mg/kg 和 126 mg/kg。试验结果见表 14 - 1。

表 14 - 1　不同肥料对小麦的肥效试验（盆栽）

| 品种 | 塿土 | | 黄墡土 | |
|---|---|---|---|---|
| | 产量（g/盆） | 增产（%） | 产量（g/盆） | 增产（%） |
| 尿磷铵 | 16.76 | 270.8 | 17.12 | 283.9 |
| 尿素＋磷酸一铵 | 16.24 | 259.3 | 17.14 | 284.3 |
| 尿素＋磷酸二铵 | 15.94 | 252.7 | 13.42 | 200.9 |
| 尿素＋重钙 | 15.72 | 247.8 | 16.48 | 269.5 |
| 硝酸磷肥 | 13.98 | 209.3 | 16.04 | 259.6 |
| 尿素 | 6.38 | 41.2 | 13.32 | 198.7 |
| 重钙 | 5.32 | 17.7 | 5.34 | 19.7 |
| 空白 | 4.52 | — | 4.46 | — |

　　结果表明，在同等养分情况下，5 个 NP 复混（合）肥品种在塿土和黄墡土上表现为肥效相当，经统计，除尿素＋磷酸二铵在黄墡土上和硝酸磷肥在塿土上肥效不显著外，其余都达到显著增产水平。硝酸磷肥在塿土上增产效果较低，而在黄墡土上增产效果较高，这与土壤有效磷含量有关。塿土有效磷含量较低，黄墡土有效磷含量较高。因硝酸磷肥枸溶性磷含量较高，水溶性磷含量较低，使得苗期小麦在塿土上不能得到充足的磷素供应，而在黄墡土上则相反，在苗期可得到较多的磷素供应；到小麦生长后期，硝酸磷肥则可有较多的水溶性磷供给小麦吸收利用。以上是造成硝酸磷肥在 2 种不同肥力土壤上对作物肥效反应存在差异的主要原因。尿素＋磷酸二铵在黄墡土上增产效果不如尿素＋磷酸一铵和尿磷铵，这与磷酸二铵在石灰性土壤上发生较多的氨挥发和磷固定有关（吕殿青，1988）。在 2 种土壤上单施 N 肥或单施 P 肥均有一定的增产作用，其肥效是 N＞P，但都低于 NP 复混（合）肥；在塿土上，单施 N 肥或单施 P 肥增产幅度都不大，但 NP 复混（合）肥料增产幅度十分显著；在黄墡土上单施 N 肥有显著增产作用，因为黄墡土有效磷含量较高，单施 N 肥，正好满足 N、P 平衡需要。NP 复混（合）肥的增产效应与土壤肥力水平有关，土壤基础肥力低、氮磷俱缺的土壤增产效果就比较突出。为了验证 NP 复混（合）肥料的增产机理，对复混（合）肥料中 N、P 2 个因素的交互作用进行了分析，结果见表 14 - 2。

表 14 - 2　NP 复混（合）肥的交互作用效应分析（盆栽小麦）

| 土壤 | N（A） | P（B） | 产量（g/盆） | 相对产量 | A×B | $\dfrac{A+B}{A\times B}$ | 交互类型 | 效应（%） | | 限制因素 | |
|---|---|---|---|---|---|---|---|---|---|---|---|
| | | | | | | | | A | B | A | B |
| 塿土 | 0 | 0 | 4.52 | 1.00 | — | — | — | — | — | — | — |
| | N | 0 | 6.38 | 1.41 | — | — | — | 41 | | | |
| | 0 | P | 5.32 | 1.18 | — | — | — | | 18 | | |
| | N | P | 16.57 | 3.67 | 1.66 | 2.21 | S | 211 | 160 | L | L |

（续）

| 土壤 | N（A） | P（B） | 产量（g/盆） | 相对产量 | A×B | A+B / A×B | 交互类型 | 效应（%） | | 限制因素 | |
|---|---|---|---|---|---|---|---|---|---|---|---|
| | | | | | | | | A | B | A | B |
| 黄墒土 | 0 | 0 | 4.46 | 1 | — | — | — | — | — | — | — |
| | N | 0 | 13.32 | 2.99 | — | — | — | 199 | — | — | — |
| | 0 | P | 5.34 | 1.20 | — | — | — | | 20 | — | — |
| | N | P | 16.70 | 3.74 | 3.59 | 1.04 | S | 212 | 25 | L | L |

注：墒土上的复混（合）肥包括尿磷铵、尿素＋磷酸一铵、尿素＋磷酸二铵、尿素＋重钙，黄墒土上的复混（合）肥料包括尿磷铵、尿素＋磷酸一铵、尿素＋重钙，复混（合）肥均由 N、P 表示。表中 S 表示协同作用，L 表示李比希限制因素。

由表 14-2 可知，在 2 种土壤上 NP 复混（合）肥对小麦的增产作用都表现出协同性交互效应，比 N、P 单独施用时的增产效果都有显著提高，这就是复混（合）肥比养分单独施用增加产量的机制所在。

## 二、NP 复混（合）肥在田间不同土壤不同作物上的肥效反应

田间试验在临潼的墒土和黄墒土上进行，土壤的养分状况见表 14-3，供试作物有玉米、棉花和小麦。田间试验施肥量：小麦季 N 为 112.5 kg/hm²、$P_2O_5$ 为 112.5 kg/hm²；玉米季 N 为 135 kg/hm²、$P_2O_5$ 为 135 kg/hm²；棉花季 N 为 150 kg/hm²、$P_2O_5$ 为 150 kg/hm²。在复混（合）肥中养分不足部分都用尿素或重钙调到所需养分含量。播种前均一次深施土内，重复 3 次，试验结果见表 14-4。

表 14-3　田间试验土壤养分状况（0～20 cm 土层）

| 作物 | 土壤 | 有机质（%） | 全氮（%） | 全磷（%） | 碱解氮（mg/kg） | 有效磷（mg/kg） | 速效钾（mg/kg） |
|---|---|---|---|---|---|---|---|
| 玉米 | 墒土 | 1.059 | 0.070 9 | 0.205 | 57.3 | 34.5 | 375 |
| | 墒土 | 0.886 | 0.063 6 | 0.188 | 46.2 | 15.3 | 212 |
| | 墒土 | 0.962 | 0.075 9 | 0.168 | 56.2 | 26.6 | 177 |
| 棉花 | 墒土 | 0.991 | 0.068 5 | 0.176 | 50.4 | 15.3 | 243 |
| | 墒土 | 0.920 | 0.067 6 | 0.194 | 59.7 | 21.9 | 210 |
| | 黄墒土 | 1.149 | 0.076 8 | 0.200 | 59.7 | 33.9 | 267 |
| | 黄墒土 | 1.028 | 0.074 5 | 0.250 | 60.1 | 21.5 | 302 |
| | 黄墒土 | 0.851 | 0.061 1 | 0.182 | 50.5 | 10.0 | 160 |
| 小麦 | 墒土 | 1.029 | 0.070 3 | 0.158 | 71.3 | 9.4 | 173 |
| | 墒土 | 0.910 | 0.084 4 | 0.142 | 23.3 | 19.5 | 297 |
| | 黄墒土 | 0.784 | 0.057 7 | 0.172 | 51.3 | 22.9 | 188 |
| | 黄墒土 | 1.041 | 0.075 9 | 0.187 | 62.0 | 13.5 | 269 |

表 14-4　NP 复混（合）肥不同品种在田间不同作物上的肥效反应（kg/亩[①]）

| 作物 | 土类 | 对照 | 单质氮（尿素） | 单质磷（重钙） | 尿素+磷酸一铵（混肥） | 尿素+磷酸二铵（混肥） | 尿素+磷酸一铵（造粒） | 尿素+重钙（混肥） | 尿素+过磷酸钙（混肥） | 硝酸磷肥 | 5种水溶性磷复混（合）肥平均产量 |
|---|---|---|---|---|---|---|---|---|---|---|---|
| 玉米 | 墣土 | 285.0 | 486.7 | 275.0 | 521.6 | 476.6 | 503.3 | 506.6 | 510.0 | 518.3 | 503.6 |
| | 墣土 | 243.9 | 373.4 | 247.8 | 366.1 | 396.6 | 405.5 | 446.6 | 450.2 | 355.0 | 413.0 |
| | 墣土 | 312.6 | 325.0 | 323.9 | 385.5 | 408.9 | 406.1 | 408.8 | 419.8 | 385.0 | 405.8 |
| | 平均 | 280.5 | 395.0 | 282.2 | 424.4 | 427.4 | 438.3 | 454.0 | 460.0 | 419.0 | 440.8 |
| 棉花 | 黄墣土 | 160.0 | 170.0 | 141.7 | 158.3 | 158.3 | — | 173.3 | 165.0 | 165.0 | 163.7 |
| | 黄墣土 | 103.1 | 143.5 | 150.9 | 158.3 | — | 129.1 | 137.5 | 129.3 | 141.8 |
| | 黄墣土 | 163.3 | 202.2 | 203.9 | 225.0 | 225.0 | 243.8 | 236.1 | 221.6 | 208.9 | 230.3 |
| | 墣土 | 130.0 | 133.3 | 125.0 | 150.0 | 133.3 | 150.0 | 148.3 | 136.6 | 141.6 | 143.6 |
| | 墣土 | 191.6 | 196.7 | 188.3 | 195.0 | — | — | 200.0 | 193.3 | 180.0 | 196.1 |
| | 平均 | 149.6 | 169.1 | 162.0 | 177.4 | 172.2 | 196.9 | 177.4 | 170.2 | 164.9 | 173.9 |
| 小麦 | 墣土 | 101.2 | 175.3 | 100.0 | 258.0 | 239.5 | 243.2 | 269.7 | — | 203.7 | 252.6 |
| | 墣土 | 251.2 | 317.3 | 321.0 | 388.8 | 365.5 | 370.3 | 371.6 | 358.0 | 345.6 | 370.8 |
| | 黄墣土 | 228.4 | 258.8 | 253.1 | 377.3 | 351.9 | 375.3 | 365.4 | 375.3 | 356.8 | 369.0 |
| | 黄墣土 | 297.5 | 317.3 | 374.1 | 375.3 | 345.6 | 374.0 | 362.9 | 367.9 | 330.8 | 365.1 |
| | 平均 | 219.7 | 267.2 | 262.1 | 349.9 | 325.6 | 340.7 | 342.4 | 367.1 | 309.2 | 339.4 |

由表 14-4 可以看出以下结果：

（1）5 种水溶性磷的复混（合）肥和 1 种枸溶性磷的硝酸磷肥处理下夏玉米产量之间的差异均未达到显著水平，棉花产量之间的差异也未达到显著性水平，说明这两类 NP 复混（合）肥对夏玉米和棉花都是等效的，可以交替使用；但对小麦来说，5 种处理下产量之间的差异虽均未达到显著性水平，但尿素+磷酸一铵、尿素+重钙、尿素+过磷酸钙处理下的产量显著超过硝酸磷肥处理下产量，其差异已达到显著水平。总的来说，在这 3 种作物上，硝酸磷肥处理下的增产量均低于 5 种水溶性磷复混（合）肥，特别在小麦上增产效益更低。

（2）在 5 种水溶性磷复混（合）肥料中，尿素+磷酸二铵的肥效最低，主要原因是该品种在石灰性土壤上容易产生磷的固定和氨的挥发，故肥效较低；而尿素+过磷酸钙处理下的产量居首位，这是因过磷酸钙酸性比较大，可减少磷的固定和氨的挥发，从而提高氮、磷肥效（Lü et al.，1987）。

（3）在相同试验土壤上，尿素+磷酸一铵粒状肥比尿素+磷酸一铵粉状肥处理下玉米增产 3.27%、小麦减产 2.7%、棉花增产 5.01%，粒状肥与粉状肥相比，增产率未达到显著水平。

以上结果表明，5 种水溶性磷复混（合）肥料在西北旱作地区不同土壤、不同作物上都适用，增产效果非常显著；而硝酸磷肥在不同土壤、不同作物上要选择施用，若选用得当，增产效果也是相当好的。

---

① 亩为非法定计量单位，1 亩＝1/15 hm$^2$。

### 三、NP 复混（合）肥不同形态在不同作物上的肥效反应

为了比较不同 NP 复混（合）肥品种在二次加工过程中造粒与不造粒的肥效差异，作者在盆栽和田间条件下分别进行了此项试验。

供试 NP 复混（合）肥品种共 12 个，分为粒状与粉状两组。施肥量为每千克土纯 N 0.167 g、$P_2O_5$ 0.167 g，每盆装土 9 kg；供试作物为小麦；试验重复 8 次。试验结果见表 14-5。

**表 14-5　不同 NP 复混（合）肥品种粒状与粉状在小麦上的肥效反应**

| 品种 | 平均产量（g/盆） | 增产（%） | 冬前分蘖（个/株） | 春季分蘖（个/株） | 千粒重（g） |
|---|---|---|---|---|---|
| 尿素＋普钙（粒状） | 21.42 | 426.3 | 2.9 | 4.8 | 43.33 |
| 尿素＋普钙（粉状） | 20.96 | 415.0 | 3.4 | 4.9 | 40.69 |
| 氯磷铵（粒状） | 21.10 | 418.4 | 2.9 | 4.6 | 42.45 |
| 氯磷铵（粉状） | 20.58 | 405.7 | 3.1 | 4.6 | 40.83 |
| 尿素＋重钙（粒状） | 20.88 | 413.0 | 2.8 | 4.3 | 42.01 |
| 尿素＋重钙（粉状） | 20.46 | 402.7 | 2.8 | 4.3 | 42.65 |
| 尿磷铵（粒状） | 20.47 | 402.9 | 3.2 | 5.2 | 42.48 |
| 尿磷铵（粉状） | 20.41 | 401.5 | 2.6 | 5.6 | 43.63 |
| 尿素＋磷酸二铵（粉状） | 20.28 | 398.3 | 3.4 | 4.3 | 38.40 |
| 碳酸铵-普钙（粒状） | 16.34 | 301.5 | 1.7 | 3.1 | 36.29 |
| 碳酸铵-普钙（粉状） | 20.16 | 395.3 | 3.2 | 4.8 | 43.76 |
| 硝酸磷肥（粒状） | 20.06 | 392.9 | 2.8 | 4.1 | 39.05 |
| 尿素 | 7.24 | 77.9 | 1.0 | 1.3 | 32.92 |
| 重钙 | 4.60 | 13.0 | 2.8 | 3.7 | 33.49 |
| 普钙 | 4.59 | 12.8 | 3.1 | 3.9 | 35.0 |
| 空白 | 4.07 | 0 | 1.0 | 1.1 | 32.16 |

盆栽结果表明，单施 N 的肥效高于单施 P，与前述结果一致，而单施的重钙和普钙（过磷酸钙）肥效相当。在盆栽小麦上，复混（合）肥品种尿素＋普钙、尿素＋重钙、尿磷铵和氯磷铵，在其粒状比粉状处理略有增产，但经 SSR 检验，均未达到显著差异；因未作硝酸磷肥和磷酸二铵粉状和粒状进行比较，难以得知粒状与粉状的肥效差异；而碳酸铵-普钙，其粉状处理比粒状处理增产 23.4%，差异达到显著水平。原因是碳酸铵和普钙这两种基础肥料在混合造粒过程中会产生较复杂的化学反应，使普钙中水溶性磷的活性退化，导致肥效减低。当碳酸氢铵与普钙相混后，在制成碳酸铵-普钙团粒型复混（合）肥料的过程中，碳酸氢铵会与普钙中的磷酸一铵和硫酸钙产生磷酸二钙，在碳酸氢铵含量较多的条件下，磷酸二钙与碳酸氢铵又能进一步发生反应，产生难溶性的磷酸三钙。如果造粒后再加温烘干，则以上反应更加剧烈，形成更多的磷酸三钙，使普钙肥效明显降低。这就是碳酸铵-普钙复混（合）肥粒状肥效比粉状低的原因所在。

## 第二节　NPK 掺混复肥的配制及其在旱地土壤的肥效反应

随着工业和农业生产的发展，二元复混（合）肥在有些地区和有些作物上已不能满足需要。在 20 世纪 80 年代，三元（NPK）复合肥在世界范围内尚未大量生产和应用，而三元掺混复肥的

配制和应用在国外已相当普遍，那时我国才开始进行三元掺合肥料的研究。所谓掺混肥料，一般是由 3 种单质化肥按比例在使用前临时配混而成的一种肥料，其形状有粒状和散状两种，粒状需经过二次加工，散状需现配现用。散状的单质肥料要求粒径相同，以防止沉析分离，降低肥效。除由单质肥料配成掺混复肥外，也可利用二元复合肥加混一种或两种单质化肥，形成合适的养分比例，同样也可通过二次加工形成粒状或临时混配成散状。两者各具利弊，粒状者便于运输和使用，但养分比例已固定，不好调整；散状者容易分离，但养分比例可灵活调配，适用性更大。不同国家发展复混（合）肥的工艺路线各不相同，西欧和北欧国家注重发展团粒型复混（合）肥，而以美国为代表的西方国家则注重发展掺混复肥料。我国在发展复混（合）肥方面究竟选择哪种工艺路线，应根据我国国情和以上两种工艺的生产成本、农用效果进行综合比较与评价后才可作出论断。

在第一节中，作者已对二元（NP）复混（合）肥进行了研究，本节主要对三元（NPK）掺混复肥的肥效机制和施肥技术进行研究。本次研究的范围更广，几乎覆盖了陕西省整个黄土高原地区。通过盆栽和田间试验分别对掺混复肥的分离度效应、掺混复肥品种、养分组配、定位试验综合效应、施肥技术等进行了全面试验研究，现将主要结果分述如下。

## 一、掺混复肥分离度与肥效反应的关系

### （一）掺混复肥分离度的产生和计算方法

掺混复肥养分分离后对其肥效影响如何，这是评价掺混复肥发展前景的重要依据之一。掺混复肥分离现象，不仅可产生在施肥过程中，还可产生在掺混、装卸、运输过程之中。所以掺混复肥的分离现象是绝对的，只不过是分离程度不同罢了。根据巴斯夫（BASF）公司农业快讯 1989 年第二期提供的数据，以尿素、磷酸二铵和氯化钾作为组成成分，配成散装掺混复肥，堆成锥形（图 14 - 1）。

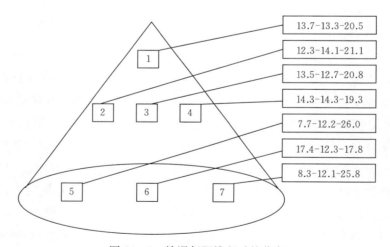

图 14 - 1　掺混复肥堆积后的分离

从不同部位处采取肥样，测定养分含量。结果表明，不同部位肥堆的养分含量都有变化，肥料在田间机施后的土壤养分也有变化。说明掺混复肥在不同操作过程中，都会产生养分分离。

陕西省黄土地区土壤养分缺 N、缺 P、富 K，在进行掺混复肥分离度效应试验的时候，作者仅采用 NP 两种养分配制掺混复肥。并按照不同作物对 NP 配比要求，确定需要的 N：$P_2O_5$ 小麦为 1：0.9，夏玉米为 1：0.6。以此作为两种作物掺混复肥的标准配比，并把这种配比时的分离度作为零，即无分离。然后根据试验需要配制其他不同分离度的掺混复肥，都用尿素进行调配。

**（二）掺混复肥分离度效应试验**

在生产和使用掺混复肥的时候，首先需要解决的一个问题就是分离度与肥效的关系。为此，设置了掺混复肥分离度模拟试验，目的是为掺混复肥的生产、包装、运输和施用提供科学依据。

**1. 试验地的选择和养分含量** 本试验设在陕西省关中灌区东部临潼行者乡、西安北屯乡和关中灌区西部扶风县的西官村，供试土壤有塿土和黄墡土，分别在高、中、低肥力的土壤上进行试验。试验地平均土壤养分含量见表 14 - 6。

表 14 - 6 试验地平均土壤养分含量

| 地力水平 | 取土深度（cm） | 有机质（%） | 全氮（%） | 全磷（%） | 碱解氮（mg/kg） | 有效磷（mg/kg） |
|---|---|---|---|---|---|---|
| 高产地 | 0～20 | 1.197 7 | 0.095 1 | 0.143 2 | 82.34 | 27.4 |
| | 20～40 | 0.784 0 | 0.076 6 | 0.116 1 | 64.28 | 18.8 |
| 中产地 | 0～20 | 1.067 1 | 0.079 3 | 0.118 6 | 66.05 | 13.2 |
| | 20～40 | 0.784 0 | 0.067 8 | 0.110 9 | 47.11 | 11.6 |
| 低产地 | 0～20 | 0.860 2 | 0.069 6 | 0.095 8 | 44.91 | 7.2 |
| | 20～40 | 0.577 1 | 0.052 8 | 0.082 8 | 36.99 | 2.5 |

**2. 掺混复肥分离度的试验设计** 试验在总养分量相同的条件下进行。因西北黄土区土壤氮、磷俱缺，钾素丰富，故作者以 NP 掺混复肥作为研究对象。小麦试验和玉米试验的氮、磷肥总量为 225 kg/hm²，团粒型复合肥是湖北生产的挤压型肥，含 N 25%、$P_2O_5$ 15%。掺混复肥用磷酸二铵加尿素调配，通过调节不同的氮、磷比例模拟分离度，小麦和玉米分离度模拟试验方案如表 14 - 7。根据陕西土壤情况，在总养分相同的情况下，$N：P_2O_5$ 小麦采用 1∶（0.6～0.9）、玉米采用 1∶（0.3～0.6）的分离度模拟方案。

表 14 - 7 掺混复肥养分分离度模拟试验方案

| 处理号 | 小麦 | | | | | 玉米 | | | | |
|---|---|---|---|---|---|---|---|---|---|---|
| | 氮磷比 | 亩施肥（kg） | | 分离度（%） | 养分误差（%） | 氮磷比 | 亩施肥（kg） | | 分离度（%） | 养分误差（%） |
| | | N | $P_2O_5$ | | | | N | $P_2O_5$ | | |
| 1 | 对照 | 0 | 0 | | | 对照 | 0 | 0 | | |
| 2 | 1∶0 | 7.5 | 0 | | | 1∶0 | 9.00 | 0 | | |
| 3 | 1∶0.9 | 7.85 | 7.15 | 0 | 0 | 1∶0.6（团粒肥） | 9.40 | 5.60 | | |
| 4 | 1∶0.8 | 8.30 | 6.70 | 12 | 1.8 | 1∶0.6 | 9.40 | 5.60 | 0 | 0 |
| 5 | 1∶0.7 | 8.80 | 6.20 | 25 | 3.7 | 1∶0.5 | 10.00 | 5.00 | 17 | 2.4 |
| 6 | 1∶0.6 | 9.35 | 5.65 | 40 | 5.9 | 1∶0.4 | 10.70 | 4.30 | 37.5 | 5.2 |
| 7 | 1∶0.6（团粒肥） | 9.35 | 5.65 | 40 | 5.9 | 1∶0.3 | 11.55 | 3.45 | 62 | 8.6 |

**（三）掺混复肥分离度效应试验结果**

**1. 小麦田间试验** 不同分离度处理的小麦产量与对照产量相比均有显著增加（表 14 - 8），在总养分相同、氮磷比不同的各处理中，增产幅度也各不相同，以 $N：P_2O_5=1：（0.7～0.9）$ 处理的增产效应为最好，各试验点的试验结果均为增产率高而稳。不同分离度处理之间，在产量上都有不同程度的差异，但经统计分析，多数试验的各分离度下产量差异都未达到显著水平，只有单施氮时，才在 5%水平上差异显著。等氮磷掺混复肥（$N：P_2O_5=1：0.6$）与团粒肥在小麦上是等肥等效的。作者进一步将高、中、低肥力水平的试验点分别进行统计分析，剖析掺混复肥在不同肥力土壤上的肥效及分离度范围，结果看出，高产地的土壤养分含量较高，耕层碱解氮达 82 mg/kg 以上，有效磷为 27.4 mg/kg，在总养分相等而氮磷比不同的各处理间，增产效应相差不大，增产率在 29.3％～34.6％。标准团粒肥和掺混复肥 （1：0.6） 与其他总养分相等的各处理在统计上差异也不显著，这就是说，掺混复肥在高肥力塿土上各种分离度的效应基本一致，分离度对肥效几乎无影响。在中等肥力土壤上，养分含量居中，相对增产率大于高肥力土壤，增产率为 51.3％～79.4％，1：0.6 的掺混复肥与分离度 25％、15％和 0％的差异均未达到显著水平。说明在中等肥力塿土上，各种试验的分离度对肥效没有产生明显影响，但团粒型的掺混复肥分离度应控制在 40％以内。在低肥力土壤上，土壤有机质和其他养分含量都较低，各施肥处理都显示出极显著的增产作用，增产率在 75.8％～95.3％；团粒肥与掺混复肥的分离度为 25％、12％、0％的肥效差异都达到显著水平，而等氮磷的掺合肥与团粒肥之间的差异不显著。说明在低肥力土壤中掺混复肥分离度应该控制在 25％的范围内。

表 14－8　掺混复肥养分分离度在塿土上对小麦产量的影响

| 处理<br>（N：P$_2$O$_5$） | 分离度<br>（％） | 高肥地 CK 产量＞200 kg<br>n＝4 | | | 中肥地 CK 产量 150～190 kg<br>n＝4 | | | 低肥地 CK 产量＜150 kg<br>n＝4 | | |
|---|---|---|---|---|---|---|---|---|---|---|
| | | 平均亩产<br>（kg） | 增产<br>（％） | 差异显著性<br>（5％） | 平均亩产<br>（kg） | 增产<br>（％） | 差异显著性<br>（5％） | 平均亩产<br>（kg） | 增产<br>（％） | 差异显著性<br>（5％） |
| 对照 | | 218.4 | — | e | 161.9 | — | f | 127.1 | — | d |
| 1：0 | | 256.9 | 17.6 | abcd | 256.7 | 58.6 | d | 206 | 62.1 | c |
| 1：0.9 | 0 | 291.6 | 33.5 | abc | 288.7 | 78.3 | ab | 244.5 | 92.4 | ab |
| 1：0.8 | 12 | 282.5 | 29.3 | abc | 288.2 | 78 | abc | 242.5 | 90.8 | ab |
| 1：0.7 | 25 | 289.6 | 32.6 | abc | 290.4 | 79.4 | a | 248.2 | 95.3 | a |
| 1：0.6 | 40 | 293.9 | 34.6 | a | 265.8 | 64.2 | abc | 223.5 | 75.8 | bc |
| 1：0.6（团粒） | 40 | 293.4 | 34.3 | ab | 245 | 51.3 | de | 225.1 | 77.1 | b |

注：田间试验个数为 4。

分离度模拟试验在黄墡土上的试验结果表明 （表 14－9），当 N：P$_2$O$_5$＝1：0.9，即分离度为零时，增产率最高为 36.18％，但随施磷量的减少，产量依次下降，与塿土上的效应一样。当氮磷比降至 1：0.6 时，即分离度为 40％时，小麦产量显著下降。1：0.9、1：0.8、1：0.7 的分离度分别为 0％、12％、25％，3 个处理的产量在统计结果上差异不显著，而与 1：0.6，即分离度为 40％处理呈显著差异。由此可以认为，在磷肥效应好的黄墡土上，掺混复肥分离度的允许范围应在 25％左右。另外看出，1：0.6 的团粒型与掺混复肥效差异也未达到显著水平。

表 14－9　掺混复肥养分分离度在黄墡土上对小麦产量的影响

| 处理（N：P$_2$O$_5$） | 分离度（％） | 养分误差（％） | 平均亩产（kg） | 增产（％） | 差异显著性（5％） |
|---|---|---|---|---|---|
| 对照 | | | 204.8 | | e |
| 1：0　n＝2 | | | 222.9 | 8.84 | e |
| 1：0.9　n＝2 | 0 | 0 | 278.9 | 36.18 | a |
| 1：0.8　n＝2 | 12 | 1.8 | 272.4 | 33.01 | ab |
| 1：0.7　n＝2 | 25 | 3.7 | 256.2 | 25.10 | abcd |
| 1：0.6　n＝2 | 40 | 5.9 | 239.6 | 16.99 | d |
| 1：0.6（团粒肥）n＝2 | 40 | 5.9 | 246.6 | 20.41 | cd |

注：n 为田间试验个数。

**2. 玉米田间试验** 掺混复肥分离度模拟试验分别在堡土和黄壤土上进行，试验结果见表 14-10、表 14-11。各施肥处理在两种土壤上对玉米的增产效应不完全相同，在堡土上以 1：0.6 和氮肥单施两处理的效应为最好，在各试验点的产量中大多数名列前茅。而在黄壤土上，氮肥单施的产量最低，仅高于无肥对照区，凡磷肥比例高的处理，产量都高。不同分离度的处理在两种土壤上表现是：堡土以 1：0.6 的产量为最高，以 1：0.3 的产量为最低；黄壤土以 1：0.5 的产量最高，单施氮肥的产量最低。团粒型肥在两种土壤上的效应都比等养分的掺混复肥低，可见，对于生长期较短的玉米，掺合型复肥的效应优于团粒型肥。尽管各处理的增产率不相同，但是在统计结果上都未达到显著水平，说明掺混复肥的分离度在 12%～40% 对玉米来说没有影响。玉米对磷肥的反应不甚敏感，而对氮肥的反应敏感性很大，故在满足氮素供应的条件下，对氮磷模拟的各种分离度均较适宜。

表 14-10 掺混复肥分离度在堡土上对夏玉米产量的影响

| 处理号 | 试验处理 (N：P₂O₅) | 模拟分离度 (%) | 产量（kg/亩） | | | | | 平均产量 (kg/亩) | 比对照 增产（%） | 比团粒型 增产（%） |
| | | | 1号 | 2号 | 3号 | 4号 | 5号 | | | |
| --- | --- | --- | --- | --- | --- | --- | --- | --- | --- | --- |
| 1 | 对照 $n=5$ | — | 344.0c | 383.3a | 351.9b | 395.6b | 411.1d | 377.18C | — | |
| 2 | 1：0 $n=5$ | — | 423.7a | 418.3a | 372.0ab | 427.6a | 480.9c | 426.50A | 13.08 | 3.11 |
| 3 | 1：0.6 $n=5$ （团粒型） | 0 | 404.1ab | 404.3abc | 367.3ab | 434.7a | 457.8c | 413.64AB | 9.67 | — |
| 4 | 1：0.6 $n=5$ | 0 | 407.6ab | 414.4ab | 387.6a | 441.1a | 484.8a | 427.10A | 13.24 | 3.25 |
| 5 | 1：0.5 $n=5$ | 17 | 402.7ab | 399.5abc | 379.7ab | 442.9a | 466.5abc | 418.26AB | 10.89 | 1.12 |
| 6 | 1：0.4 $n=5$ | 37 | 406.3ab | 405.3abc | 381.2a | 433.8a | 460.8bc | 417.48AB | 10.69 | 0.93 |
| 7 | 1：0.3 $n=5$ | 62 | 395.8ab | 394.2cd | 381.9a | 420.4a | 448.4c | 408.14B | 8.23 | −1.32 |

注：$n$ 为田间试验个数。产量为每个试验点 3 次重复的平均产量，不同小写字母表示在 0.05 水平上差异显著，不同大写字母表示在 0.01 水平上差异显著；1 号、2 号、3 号、4 号、5 号为试验地点代号。

由统计结果明显看出（表 14-10），在堡土上夏玉米产量，分离度在 0%、17% 和 37% 的差异都未达显著水平，均在等效范围之内，而只有当分离度在 62% 时，产量才出现显著性差异，说明分离度在 0%～37% 时堡土上对夏玉米产量没有影响。在 N：P₂O₅=1：0.6 的团粒型和掺混复肥，夏玉米的产量之间更没有出现明显的差异，而是两者产量非常接近的等效结果。但各种施肥处理与不施肥的对照相比，产量差异都达到极显著水平，说明 NP 肥配合是堡土上夏玉米增产的主要措施之一。

在黄壤土上夏玉米产量具体见表 14-11，分离度 0%～62% 都未出现显著性差异。N：P₂O₅=1：0.6 的团粒型和掺混复肥对夏玉米产量也没有产生明显影响，均显示出高度的等效结果。但各种施肥处理与不施肥的对照相比，产量差异均达到显著水平。说明黄壤土对夏玉米的供磷能力要比堡土更强。

表 14-11 掺合型复肥养分分离度在黄壤土上对夏玉米产量的影响

| 处理号 | 试验处理 (N：P₂O₅) | 模拟分离度 (%) | 产量（kg/亩） | | | | | 平均产量 (kg/亩) | 比对照 增产（%） | 比团粒型 增产（%） |
| | | | 1号 | 2号 | 3号 | 4号 | 5号 | | | |
| --- | --- | --- | --- | --- | --- | --- | --- | --- | --- | --- |
| 1 | 对照 $n=5$ | — | 343a | 356.9b | 402.8b | 394.2b | 174.3b | 334.16B | — | |
| 2 | 1：0 $n=5$ | — | 359cd | 386.9ab | 465.7a | 444ab | 356.2a | 402.36A | 20.41 | −3.19 |

（续）

| 处理号 | 试验处理<br>（N：$P_2O_5$） | 模拟分离度<br>（%） | 产量（kg/亩） | | | | | 平均产量<br>（kg/亩） | 比对照<br>增产（%） | 比团粒型<br>增产（%） |
|---|---|---|---|---|---|---|---|---|---|---|
| | | | 1号 | 2号 | 3号 | 4号 | 5号 | | | |
| 3 | 1：0.6　$n=5$<br>（团粒型） | 0 | 400bc | 413.4a | 458.3a | 436.8ab | 367.4a | 415.18A | 24.25 | — |
| 4 | 1：0.6　$n=5$ | 0 | 414b | 411.5a | 479.3a | 416.7ab | 373.7a | 419.04A | 25.4 | 0.93 |
| 5 | 1：0.5　$n=5$ | 17 | 443ab | 400.2ab | 501.1a | 444.5ab | 376.3a | 433.02A | 29.59 | 4.3 |
| 6 | 1：0.4　$n=5$ | 37 | 467a | 414a | 478.4a | 461.4a | 344.4a | 433.04A | 29.59 | 4.3 |
| 7 | 1：0.3　$n=5$ | 62 | 419ab | 439.8a | 475.3a | 429.8ab | 370.7a | 426.92A | 27.76 | 2.83 |

注：$n$ 为田间试验个数。不同大写、小写字母表示在 0.01、0.05 水平上差异显著。

### （四）掺混复肥分离度试验小结

（1）掺混复肥分离度在不同土壤、不同作物上的肥效有不同反应。总的肥效反应趋势是黄墡土＞
塿土，低肥力土壤＞高肥力土壤，小麦＞玉米。

（2）掺混复肥分离度在 0%～40%，小麦在高肥力和中肥力土壤上肥效差异都不显著；在低肥力
土壤上分离度 0%～25%肥效差异都不显著，但分离度在 40%时，差异达显著水平。说明小麦在高肥
力和中肥力土壤上 N：$P_2O_5$ 应控制在 1：0.6 以上，即分离度控制在 40%以下；在低肥力土壤上
N：$P_2O_5$ 应控制在 1：0.7 以上，即分离度应控制在 25%以下。

（3）小麦在黄墡土上，掺混复肥分离度在 0%～25%时肥效差异不显著；分离度在 40%时，肥效
差异则达到显著水平。表明小麦在黄墡土上掺混复肥 N：$P_2O_5$ 应控制在 1：0.7 以上，即分离度应控
制在 25%以下。

（4）夏玉米在塿土上，掺混复肥分离度应控制在 0%～37%。分离度大于 37%则对玉米产量有明显
影响。

（5）夏玉米在黄墡土上，掺混复肥分离度在 0%～62%时对夏玉米产量均未产生明显影响，分离
度大于 62%时，则对夏玉米产量有明显影响。

（6）标准团粒肥（N：$P_2O_5$＝1：0.6）与等氮磷的掺混复肥（N：$P_2O_5$＝1：0.6）在小麦的高、
低肥力土壤上肥效反应基本一样，而在中肥力土壤上掺混复肥略高于团粒肥；对于生长期较短的夏玉
米，掺混复肥与团粒肥在两种土壤上基本是等产效应。

（7）在冬季作物生产季节，土壤有效磷的活性较小，供磷能力较弱；而在夏季作物生长季节，土
壤有效磷的活性较大，供磷能力较强。冬季作物对掺混复肥分离度变化反应较敏感，夏季作物较迟
钝，故掺混复肥分离度在冬小麦上应控制的范围较窄，在夏玉米上应控制的范围较宽。

## 二、NPK 掺混复肥在不同土壤上对不同作物的肥效反应

根据经验，在一块地上只进行 1 料作物的肥效试验，往往不能反映出肥效的真实情况，更难反映
出土壤养分变化的趋势。为了克服这一缺点，作者对三元掺混复肥的肥效试验采用定位试验的方法，
即选择具有代表性的土壤和作物连续多年进行同类肥料试验。

本试验地选在关中黄土地区的塿土和黄墡土上，一年两熟，以小麦-玉米进行轮作。试验于 1987
年夏播玉米开始，到 1990 年秋季结束，共进行了 4 年 7 料作物（小麦 3 料，玉米 4 料）的定位试验。
具体施肥方案见表 14-12。每种作物全部所需肥料于小麦播前深施土内，玉米是 5 叶期在植株旁深
施土内，施肥深度为 15 cm。

表 14 - 12　施肥方案（kg/亩）

| 处理号 | 试验处理 | 小麦 | | | 玉米 | | |
|---|---|---|---|---|---|---|---|
| | | N | $P_2O_5$ | $K_2O$ | N | $P_2O_5$ | $K_2O$ |
| 1 | 无肥对照 | 0 | 0 | 0 | 0 | 0 | 0 |
| 2 | 尿素 | 9 | 0 | 0 | 10 | 0 | 0 |
| 3 | 尿素＋KCl | 9 | 0 | 9 | 10 | 0 | 5 |
| 4 | 尿素＋普钙 | 9 | 9 | 0 | 10 | 5 | 0 |
| 5 | 尿素＋重钙 | 9 | 9 | 0 | 10 | 5 | 0 |
| 6 | 尿素＋普钙＋KCl | 9 | 9 | 9 | 10 | 5 | 5 |
| 7 | 尿素＋重钙＋KCl | 9 | 9 | 9 | 10 | 5 | 5 |
| 8 | 硝酸磷肥＋KCl | 9 | 9 | 9 | 10 | 5 | 5 |
| 9 | 尿磷铵＋KCl | 9 | 9 | 9 | 10 | 5 | 5 |
| 10 | 氯磷铵＋KCl | 9 | 9 | 9 | 10 | 5 | 5 |
| 11 | 磷酸二铵 | 9 | 9 | 9 | 10 | 5 | 0 |
| 12 | 磷酸二铵＋KCl | 9 | 9 | 9 | 10 | 5 | 5 |

注：掺混复肥 N、$P_2O_5$ 不足部分，均用尿素、重钙调配。

## （一）䁖土上对玉米的增产效应

在䁖土上对玉米连续定位施肥 4 年，每料施用的肥料品种和数量完全相同，玉米品种均为户单 1 号，第一料玉米试验于 1987 年小麦收获后进行直播，为回茬玉米，随后的几年，都是在小麦成熟时（5 月下旬）在小麦行间进行点播，待小麦收获后，玉米进入 5 叶期（6 月中下旬）时，按试验处理进行施肥，试验结果见表 14 - 13。

表 14 - 13　二元和三元掺混复肥在䁖土上连续施用对玉米的增产作用

| 处理号 | 试验处理 | 1987 年 产量 (kg/亩) | 增产 (%) | 1988 年 产量 (kg/亩) | 增产 (%) | 1989 年 产量 (kg/亩) | 增产 (%) | 1990 年 产量 (kg/亩) | 增产 (%) | 4 年总产 (kg/亩) | 增产 (%) | 投肥 (kg/亩) N+$P_2O_5$ | N+$P_2O_5$+$K_2O$ | 增产 (kg 粮/kg 养分) N+$P_2O_5$ | N+$P_2O_5$+$K_2O$ |
|---|---|---|---|---|---|---|---|---|---|---|---|---|---|---|---|
| 1 | 无肥对照 | 368.3c B | — | 440.4f E | — | 426.7d C | — | 365.9e E | — | 1 601 | | | | | |
| 2 | 尿素 | 425.0a A | 15.4 | 501.1c B | 13.8 | 466.2c B | 9.3 | 383.0d D | 4.7 | 1 775.2 | 10.9 | 40(N) | — | 4.3(N) | — |
| 3 | 尿素＋KCl | 406.7a A | 10.4 | 369.2ab AB | 22.4 | 466.5c B | 9.3 | 406.2c C | 11 | 1 647.5 | 12.9 | — | 60(N, $K_2O$) | — | 3.5(N, $K_2O$) |
| 4 | 尿素＋普钙 | 396.7ab A | 7.7 | 485.6d C | 10.3 | 511.8ab A | 19.9 | 432.4b B | 18.2 | 1 826.5 | 14.1 | 60 | — | 3.8 | — |
| 5 | 尿素＋重钙 | 378.3b A | 2.7 | 482.2d CD | 9.5 | 506.1ab A | 18.6 | 437.7b B | 19.6 | 1 804.3 | 12.7 | 60 | — | 3.4 | — |
| 6 | 尿素＋普钙＋KCl | 376.7b A | 2.3 | 525.7ab AB | 19.4 | 516.0ab A | 20 | 437.9b B | 19.7 | 1 856.3 | 15.9 | — | 80 | — | 3.2 |
| 7 | 尿素＋重钙＋KCl | 358.3c B | -2.7 | 543.2a A | 23.3 | 475.4bc AB | 11.4 | 459.9a A | 25.7 | 1 836.8 | 14.7 | — | 80 | — | 2.9 |
| 8 | 硝酸磷肥＋KCl | 376.7b A | 2.3 | 539.0ab AB | 22.4 | 522.3a A | 22.4 | 435.5b B | 19 | 1 873.5 | 17.0 | — | 80 | — | 3.4 |
| 9 | 尿磷铵＋KCl | 397.5ab A | 7.9 | 500.6c BC | 13.7 | 518.9ab A | 21.6 | 438.4b B | 19.8 | 1 855.4 | 15.9 | — | 80 | — | 3.2 |
| 10 | 氯磷铵＋KCl | 383.5b A | 4.1 | 519.2b AB | 17.9 | 481.1b A | 12.7 | 427.3b B | 16.8 | 1 811.1 | 12.1 | — | 80 | — | 2.6 |
| 11 | 磷酸二铵 | 381.7b A | 3.6 | 524.7ab AB | 19.1 | 518.1ab A | 21.4 | 434.7b B | 18.8 | 1 859.2 | 16.1 | 60 | — | 4.3 | — |
| 12 | 磷酸二铵＋KCl | 348.3d B | -5.4 | 469.0e D | 6.5 | 496.8ab A | 16.4 | 427.4b B | 16.8 | 1 741.5 | 8.8 | — | 80 | — | 1.8 |

注：不同大写、小写字母表示在 0.01、0.05 水平上差异显著。

　　由表 14-13 看出，不同试验处理的肥效反应，年际间都有显著变化。1987 年伏旱比较严重，产量普遍较低；1988 年和 1989 年气候比较正常，产量都较高；1990 年又遇干旱，产量有所降低，但普遍高于 1987 年。说明连续施用掺混复肥可提高土壤生产力。

　　从单施尿素来看，4 年的玉米总产量与 4 年对照总产量相比平均增产 10.9%，说明单施 N 在娄土夏玉米上有较好的增产作用。但尿素＋KCl 的 4 年总产量比对照只增产 2.9%，说明在娄土夏玉米上增施 KCl，肥效很不稳定，有的年份增产，有的年份减产，总的来说增产作用不明显。

　　3 种二元复肥尿素＋普钙、尿素＋重钙和磷酸二铵的 4 年总产比对照分别增产 14.1%、12.7% 和 16.1%，平均增产 14.2%，比单施尿素 4 年总产量平均增加 3.1%，说明 NP 二元复肥比单施尿素在娄土夏玉米上有一定增产作用。

　　6 种三元掺混复肥 4 年平均与 3 种二元复肥的增产率基本相等，添加 KCl 几乎无增产作用。但其中有 4 种三元复肥，为尿素＋普钙＋KCl、尿素＋重钙＋KCl、硝酸磷肥＋KCl 和尿磷铵＋KCl，与对照相比分别增产 15.9%、14.7%、17% 和 15.9%，平均比对照增产 15.9%，说明这 4 种三元复混（合）肥中配入 KCl 对娄土玉米有一定的增产作用，但并不显著。三元掺混复肥中，增产作用最高的是硝酸磷肥＋KCl，比对照增加 17%。夏玉米处于高温季节，硝酸磷肥易被玉米吸收，同时能促进 K 的吸收，故增产作用较明显。而增产作用最低的是氯磷铵＋KCl 和磷酸二铵＋KCl，分别比对照增产 12.1% 和 8.8%，明显低于其他三元复混（合）肥；磷酸二铵＋KCl 的 KCl 在石灰性土壤中能交换出更多的碱性阳离子，促进磷酸二铵中磷的固定和氨的挥发，故降低产量。

### （二）在黄墡土上对玉米的增产效应

　　施肥方案和方法均与（一）相同。试验结果见表 14-14。玉米在黄墡土上定位试验进行 3 年。从试验结果看出，所有处理玉米产量都是随着时间的推移而降低。施氮、氮＋KCl 处理均比对照增产 12% 左右；NP 二元掺混复肥和 NPK 三元掺混复肥比对照增产 20%~25%，但二元和三元掺混复肥之间产量差异不大。在增施钾肥的处理中，有的略有增产，有的略有减产，有的与 N、P 二元平产，说明在黄墡土上对玉米施用钾肥，增产效果不高，也不稳定。经方差分析，NP 与 NPK 处理间产量差异均未达显著水平，这就进一步证明玉米施钾增产效果不明显。

表 14-14　二元和三元掺混复肥在黄墡土上连续定位施用对玉米的增产效应

| 试验号 | 处理 | 年均玉米产量（kg/亩） | | | | | 较对照增产 | |
| --- | --- | --- | --- | --- | --- | --- | --- | --- |
| | | 1987 年 | 1988 年 | 1989 年 | 3 年总计 | 3 年平均 | kg/亩 | % |
| 1 | 尿素 | 530.7a A | 441.6bc C | 388.0c B | 1 360.3 | 453.4 | 49.9 | 12.37 |
| 2 | 尿素＋KCl | 508.9b B | 480.9b A | 360.9c C | 1 350.7 | 450.2 | 46.7 | 11.57 |
| 3 | 尿素＋普钙 | 508.0b B | 518.6a A | 459.5ab A | 1 486.1 | 495.4 | 91.6 | 22.78 |
| 4 | 尿素＋重钙 | 540.3a A | 494.9a A | 451.7b A | 1 486.9 | 495.6 | 92.1 | 22.83 |
| 5 | 尿素＋普钙＋KCl | 505.6b B | 486.0ab A | 490.2a A | 1 481.8 | 493.9 | 90.4 | 22.40 |
| 6 | 尿素＋重钙＋KCl | 532.9a A | 501.5a A | 475.9a A | 1 510.3 | 503.4 | 99.9 | 24.76 |
| 7 | 硝酸磷肥＋KCl | 517.2ab AB | 495.5a A | 490.8a A | 1 503.5 | 501.2 | 97.7 | 24.21 |
| 8 | 尿磷铵＋KCl | 509.2b B | 472.1bc B | 477.5a A | 1 458.8 | 486.2 | 82.7 | 20.50 |
| 9 | 氯磷铵＋KCl | 542.8a A | 499.0a A | 454.4b A | 1 495.2 | 498.7 | 95.2 | 23.59 |
| 10 | 磷酸二铵 | 502.1b B | 474.8bc B | 479.8a A | 1 456.7 | 485.6 | 82.1 | 20.35 |
| 11 | 磷酸二铵＋KCl | 545.3a A | 496.9a A | 479.4a A | 1 521.6 | 507.2 | 103.7 | 25.70 |
| 12 | 无肥对照 | 478.1c C | 412.9c C | 319.5d D | 1 210.5 | 403.5 | — | — |

　　注：不同大写、小写字母表示在 0.01、0.05 水平上差异显著。

### （三）二元和三元掺混复肥在娄土上对小麦的增产效果

在小麦上连续试验三年，每料施肥处理和施肥方法均相同，试验结果见表 14-15。从表 14-15 结果看出：

（1）对照、尿素、尿素＋KCl 3 个处理的小麦产量都分别逐年降低，这与磷素供应不足有关。娄土速效氮含量较高（66 mg/kg），而有效磷含量较低（$P_2O_5$ 为 15 mg/kg），土壤 NP 速效养分本来就不平衡，再加上不施磷肥，给小麦供磷越来越少，结果必然使小麦产量逐年下降。

（2）凡施用含有 NP 的二元复混（合）肥或掺混复肥的小麦产量连续 3 年基本上都是稳中有升，凡施用含有 NPK 三元掺混复肥的小麦产量也同样表现出稳中有增。但总的看，三元复肥与二元复肥的小麦产量水平都没有很大的差异。

（3）各处理从 3 年总产量看出，比对照增产 6%～16% 的有单施尿素和尿素＋KCl；增产 55%～65% 的有磷酸二铵、氯磷铵＋KCl 和磷酸二铵＋KCl；增产 71%～75% 的有尿磷铵＋KCl、尿素＋普钙＋KCl 和硝酸磷肥＋KCl；增产 80% 以上的有尿素＋重钙＋KCl 和尿素＋重钙。说明以上 NP 二元掺混复肥和 NPK 三元掺混复肥在娄土上都可作为小麦增产的有效施肥品种。

（4）每千克纯养分增产小麦 5.34～7.72 kg 的处理有尿素＋重钙、尿素＋普钙和磷酸二铵，而含 KCl 的三元掺混复肥每千克纯养分增产小麦 4.71～5.13 kg，都低于 NP 二元复肥每千克纯养分增产小麦的重量，说明施用 KCl 对小麦的增产作用是不大的。经过新复极差检验，结果表明（表 14-15）在娄土小麦上增施 KCl 的增产效果均不显著。

表 14-15　三元掺混复肥在娄土上连续定位施用对小麦产量的增产作用

| 处理号 | 试验处理 | 1988 年 产量 (kg/亩) | 1988 年 增产 (%) | 1989 年 产量 (kg/亩) | 1989 年 增产 (%) | 1990 年 产量 (kg/亩) | 1990 年 增产 (%) | 3 年总产 (kg/亩) | 增产 (%) | 投肥 (kg/亩) N+$P_2O_5$ | 投肥 (kg/亩) N+$P_2O_5$+$K_2O$ | 增产 (kg粮/kg养分) N+$P_2O_5$ | 增产 (kg粮/kg养分) N+$P_2O_5$+$K_2O$ |
|---|---|---|---|---|---|---|---|---|---|---|---|---|---|
| 1 | 对照 | 228.9f F | — | 150.4h J | — | 139.9e D | — | 519.2 | — | — | — | — | — |
| 2 | 尿素 | 228.9f F | 0 | 171.1g I | 13.8 | 151.9d CD | 8.6 | 551.9 | 6.3 | 27(N) | | 1.21 | — |
| 3 | 尿素＋KCl | 241.5e E | 5.5 | 177.8g I | 18.2 | 184.5c BC | 31.9 | 603.8 | 16.3 | 27 (N, $K_2O$) | 54 (N, $K_2O$) | — | 1.57 (N, $K_2O$) |
| 4 | 尿素＋普钙 | 310.2ab AB | 35.5 | 311.2b B | 106.9 | 286.7b AB | 104.9 | 908.1 | 75.1 | 54 | — | 7.2 | — |
| 5 | 尿素＋重钙 | 294bc B | 28.4 | 343a A | 123.1 | 299.3ab A | 133.9 | 936.3 | 80.3 | 54 | — | 7.72 | — |
| 6 | 尿素＋普钙＋KCl | 288.1c B | 25.9 | 303.8bc BCD | 102 | 302.2ab A | 116.1 | 894.2 | 72.2 | — | 81 | — | 4.63 |
| 7 | 尿素＋重钙＋KCl | 327.4a A | 43 | 293.4c DE | 95.1 | 314.1a A | 124.5 | 934.9 | 80.1 | — | 81 | — | 5.13 |
| 8 | 硝酸磷肥＋KCl | 305.9b AB | 33.6 | 296.3c DE | 97 | 298.5ab A | 113.4 | 900.7 | 73.5 | — | 81 | — | 4.71 |
| 9 | 尿磷铵＋KCl | 267.4d CD | 16.8 | 308.9bc BC | 105.4 | 313.4a A | 124 | 889.5 | 71.4 | — | 81 | — | 4.57 |
| 10 | 氯磷铵＋KCl | 273.3cd C | 19.4 | 280d F | 86.2 | 289.6ab AB | 107 | 842.6 | 62.3 | — | 81 | — | 4 |
| 11 | 磷酸二铵 | 263.7d CD | 15.2 | 251.2f H | 67 | 292.6ab A | 109.1 | 807.5 | 55.5 | 54 | — | 5.34 | — |
| 12 | 磷酸二铵＋KCl | 276.3c C | 20.7 | 263e G | 74.9 | 307.5ab A | 119.8 | 846.8 | 63.1 | — | 81 | — | 4.04 |

注：不同大写、小写字母表示在 0.01、0.05 水平上差异显著。

### （四）二元和三元掺混复肥在黄墡土上对小麦定位试验的肥效反应

试验结果见表 14-16。从表 14-16 可以看出：

表 14－16　二元、三元掺混复肥在黄墒土上定位试验对小麦产量的影响

| 处理号 | 试验处理 | 小麦产量（kg/亩） | | | | | 较对照平均增产 | |
| | | 1987—1988 年 | 1988—1989 年 | 1989—1990 年 | 3 年总计 | 3 年平均 | （kg/亩） | （%） |
|---|---|---|---|---|---|---|---|---|
| 1 | 尿　素 | 187.0d B | 152.2c B | 103.6d C | 442.8 | 147.6 | 23.7 | 19.13 |
| 2 | 尿素＋KCl | 187.1d B | 137.1cd C | 101.9c B | 426.1 | 142.0 | 18.1 | 14.61 |
| 3 | 尿素＋普钙 | 245.2bc A | 212.4ab A | 240.4a A | 698.0 | 232.7 | 108.8 | 87.81 |
| 4 | 尿素＋重钙 | 250.7b A | 206.0b A | 220.4b A | 677.1 | 225.7 | 101.8 | 82.16 |
| 5 | 尿素＋普钙＋KCl | 253.2b A | 225.6a A | 245.1a A | 723.9 | 241.3 | 117.4 | 94.75 |
| 6 | 尿素＋重钙＋KCl | 271.7a A | 211.6b A | 240.7a A | 724.0 | 241.3 | 117.4 | 94.75 |
| 7 | 硝酸磷肥＋KCl | 281.9a A | 249.3a A | 254.9a A | 786.1 | 262.0 | 138.3 | 111.46 |
| 8 | 尿磷铵＋KCl | 260.6ab A | 232.5a A | 224.3a A | 717.4 | 239.1 | 115.2 | 92.98 |
| 9 | 氯磷铵＋KCl | 234.0c A | 209.3b A | 231.4a A | 674.7 | 224.9 | 101.0 | 81.52 |
| 10 | 磷酸二铵 | 294.1a A | 218.4ab A | 249.5a A | 762.0 | 254.0 | 130.1 | 103.89 |
| 11 | 磷酸二铵＋KCl | 287.8a A | 210.5b A | 212.5b A | 710.8 | 237.6 | 113.7 | 90.77 |
| 12 | 无肥对照 | 115.5e C | 133.1d C | 98.1d C | 373.7 | 124.6 | — | — |

注：不同大写、小写字母表示在 0.01、0.05 水平上差异显著。

（1）各种施肥处理的 3 年平均亩产均高于对照，增产幅度为 14.61%～111.46%，平均增产 54.61%。

（2）尿素＋KCl 比单施尿素 3 年平均减产 3.79%，说明尿素和 KCl 配合与单施尿素产量没有差异，这与土壤速效钾含量较高、有效磷含量较低有关。

（3）二元掺混复肥为尿素＋普钙、尿素＋重钙、磷酸二铵，施二元掺混复肥比单施尿素 3 年平均产量差异达极显著水平，说明在关中塿土小麦上 NP 配合具有重要增产作用，证明以上 3 种二元掺混复肥都适合在当地石灰性土壤上施用。

（4）三元掺混复肥为尿素＋普钙＋KCl、尿素＋重钙＋KCl、磷酸二铵＋KCl。前 2 种三元掺混复肥是有明显增产作用的，也就是说增施 KCl 具有明显增产作用；而磷酸二铵＋KCl 却比磷酸二铵产量低，且差异达显著水平。这是因为增添 KCl 易将石灰性土壤中的碱性阳离子 $Ca^{2+}$、$Mg^{2+}$ 交换出来，增加磷酸二铵中磷的固定和氨的挥发，从而导致减产。故在磷酸二铵配施钾肥时，要选用较合适的钾源，如 $K_2SO_4$。

（5）其他三元掺混复肥为硝酸磷肥＋KCl，3 年平均亩产为 262.0 kg，为增产最高的三元掺混复肥，可被选用；尿磷铵＋KCl 3 年平均亩产为 239.1 kg，为平产；氯磷铵＋KCl 3 年平均亩产为 224.9 kg，是产量最低的三元掺混复肥，不宜选用。

## 三、二元和三元掺混复肥定位施用对土壤农化特性的影响

由 1987 年夏季开始种植玉米，到 1990 年 10 月结束，共种 3 料小麦和 4 料玉米，于 1990 年 10 月玉米收后取土测定土壤主要养分含量，结果见表 14－17。

表 14－17　二元、三元掺混复肥在塿土上定位试验的土壤养分变化（1990 年）

| 试验处理 | 采土深度<br>（cm） | 有机质<br>（%） | 氮（%） | 磷（%） | 钾（%） | 碱解氮<br>（mg/kg） | 有效磷<br>（mg/kg） | 速效钾<br>（mg/kg） | 硫<br>（mg/kg） |
|---|---|---|---|---|---|---|---|---|---|
| 无肥对照 | 0～20 | 1.003 1 | 0.084 4 | 0.126 2 | 1.57 | 55.7 | 2.28 | 177 | 438.2 |
| | 20～40 | 0.681 0 | 0.068 3 | 0.114 6 | 1.70 | 38.0 | 1.89 | — | 412.7 |

（续）

| 试验处理 | 采土深度（cm） | 有机质（%） | 氮（%） | 磷（%） | 钾（%） | 碱解氮（mg/kg） | 有效磷（mg/kg） | 速效钾（mg/kg） | 硫（mg/kg） |
|---|---|---|---|---|---|---|---|---|---|
| 尿素 | 0～20 | 1.078 3 | 0.095 3 | 0.140 2 | 1.96 | 59.9 | 2.41 | 170 | 439.9 |
| | 20～40 | 0.658 3 | 0.062 4 | 0.109 0 | 1.73 | 35.2 | 1.59 | — | 448.5 |
| 尿素＋KCl | 0～20 | 0.874 0 | 0.077 6 | 0.115 6 | 2.10 | 49.8 | 2.12 | 195 | 434.9 |
| | 20～40 | 0.556 2 | 0.059 9 | 0.093 8 | 2.12 | 38.0 | 1.47 | — | 368.0 |
| 尿素＋普钙 | 0～20 | 0.998 8 | 0.075 9 | 0.159 6 | 2.04 | 50.6 | 15.22 | 178 | 546.9 |
| | 20～40 | 0.556 2 | 0.054 0 | 0.095 0 | 2.17 | 30.4 | 2.65 | — | 506.6 |
| 尿素＋重钙 | 0～20 | 0.783 2 | 0.082 7 | 0.149 6 | 2.07 | 36.3 | 16.19 | 182 | 479.8 |
| | 20～40 | 0.533 5 | 0.063 3 | 0.120 8 | 1.97 | 31.6 | 2.89 | — | 368.0 |
| 尿素＋普钙＋KCl | 0～20 | 0.874 6 | 0.093 6 | 0.136 6 | 2.02 | 54.0 | 19.17 | 201 | 720.4 |
| | 20～40 | 0.669 7 | 0.058 6 | 0.104 4 | 1.99 | 29.9 | 2.89 | — | 466.4 |
| 尿素＋重钙＋KCl | 0～20 | 1.282 6 | 0.092 8 | 0.154 2 | 2.18 | 56.5 | 15.40 | 198 | 506.6 |
| | 20～40 | 0.805 9 | 0.061 6 | 0.099 4 | 2.06 | 30.2 | 4.07 | — | 327.8 |
| 硝酸磷肥＋KCl | 0～20 | 1.135 0 | 0.088 6 | 0.156 6 | 2.26 | 58.2 | 16.22 | 187 | 484.3 |
| | 20～40 | 0.556 2 | 0.053 1 | 0.096 2 | 1.78 | 32.9 | 2.77 | — | 390.4 |
| 尿磷铵＋KCl | 0～20 | 0.964 8 | 0.085 8 | 0.130 8 | 1.60 | 59.3 | 12.80 | 205 | 518.4 |
| | 20～40 | 0.601 6 | 0.053 1 | 0.101 6 | 1.60 | 38.4 | 3.07 | — | 439.6 |
| 氯磷铵＋KCl | 0～20 | 0.726 4 | 0.065 8 | 0.154 2 | 1.66 | 43.4 | 10.26 | 191 | 385.9 |
| | 20～40 | 0.612 9 | 0.053 1 | 0.094 0 | 1.63 | 32.1 | 4.19 | — | 373.7 |
| 磷酸二铵 | 0～20 | 1.032 9 | 0.088 6 | 0.229 0 | 1.47 | 55.7 | 19.23 | 165 | 416.1 |
| | 20～40 | 0.590 2 | 0.060 7 | 0.096 6 | 1.41 | 27.4 | 4.66 | — | 336.7 |
| 磷酸二铵＋KCl | 0～20 | 0.964 8 | 0.083 5 | 0.226 0 | 1.41 | 61.6 | 29.02 | 202 | 408.3 |
| | 20～40 | 0.578 9 | 0.053 1 | 0.119 6 | 1.46 | 24.5 | 8.37 | — | 359.1 |
| 基础土壤 | 0～20 | 1.028 2 | 0.080 98 | 0.199 5 | 1.98 | 66.02 | 15.17 | 178 | 401.2 |
| | 20～40 | 0.596 7 | 0.050 87 | 0.148 3 | 1.85 | 63.39 | 4.67 | 175 | 385.1 |

**（一）土壤有机质含量变化**

基础土壤 0～20 cm 有机质含量为 1.028 2%，4 年后土壤有机质含量与其接近的处理有无肥对照、尿素、尿素＋普钙、尿磷铵＋KCl、磷酸二铵、磷酸二铵＋KCl 等，说明以上处理试验后对土壤有机质含量没有产生影响；低于基础含量的处理有尿素＋KCl、尿素＋重钙、尿素＋普钙＋KCl、氯磷铵＋KCl；高于基础含量的有尿素＋重钙＋KCl、硝酸磷肥＋KCl。但低于和高于基础含量的数值并不是特别显著。不同施肥处理对土壤有机质含量的变化没有显著影响。

**（二）土壤全氮和碱解氮含量变化**

基础土壤 0～20 cm 的全氮含量为 0.080 98%，4 年定位施肥后，土壤全氮明显低于基础土壤的只有氯磷铵＋KCl 1 个处理；明显高于基础土壤的有尿素＋重钙＋KCl、尿素、尿素＋普钙＋KCl 3 个处理，其余 8 个处理的土壤全氮基本与基础土壤保持在 0.08% 左右，差异不大。说明以上各种施肥处理对土壤全氮含量变化影响不大。

基础土壤 0～20 cm 碱解氮含量为 66.02 mg/kg，在 4 年定位施肥后各种处理相对基础土壤都有下降趋势。低于 50 mg/kg 的有尿素＋重钙、氯磷铵＋KCl、尿素＋KCl 3 个处理。说明在以上施肥处理下，土壤碱解氮含量有明显下降，显示出各处理的施 N 量稍有偏低。

### （三）土壤全磷和有效磷含量变化

经过 4 年定位施肥后，可以看出，凡是只施 N 或不施肥处理的土壤全磷含量降低的就更多；配施普钙和硝酸磷肥的土壤全磷降低的就少；配施磷酸二铵土壤全磷含量不但不降低，反而有所增加，这与磷酸二铵施入石灰性土壤后，水溶性磷易被土壤固定和作物产量较低、吸收利用养分较少有关。

土壤有效磷的变化则更为明显，原来基础土壤有效磷含量为 15.17 mg/kg，定位试验后对照、尿素、尿素＋KCl 3 个处理有效磷含量有明显降低，均降低到 2.12～2.41 mg/kg，很明显这与不施磷肥、只由土壤供应磷素从而大量消耗土壤有效磷有关。在其他配施磷肥的所有处理中，土壤有效磷含量基本维持在基础土壤有效磷含量的水平，有的处理如磷酸二铵、磷酸二铵＋KCl、尿素＋普钙＋KCl 等，土壤有效磷含量也有所增加。所有配施磷肥的处理，土壤有效磷含量均能保持原有水平，甚至有所增加，但变化并不是很大，说明要进一步提高作物产量、改善土壤磷素肥力状况，还需在其他优化措施配合下增加磷肥用量。

### （四）土壤全钾和速效钾含量变化

经过 4 年定位试验后，土壤全钾含量因施肥处理不同而有很大差异。比基础土壤 0～20 cm 有明显降低的有无肥对照、尿磷铵＋KCl、氯磷铵＋KCl、磷酸二铵、磷酸二铵＋KCl 5 个处理。比基础土壤有所升高的有尿素＋KCl、尿素＋普钙、尿素＋重钙、尿素＋普钙＋KCl、尿素＋重钙＋KCl、硝酸磷肥＋KCl 6 个处理，但基本与基础土壤相近。产生以上差异可能与施用铵态氮肥有关，因 $NH_4^+$ 代换黏土矿物中的 $K^+$，引起 $K^+$ 的淋失；而尿素处理的肥料，则不会发生对黏土矿物中 $K^+$ 的代换现象，因而基本上能维持土壤含钾水平。

定位试验各项处理，土壤速效钾含量均在 170～205 mg/kg，比基础土壤略有提高，这与施用 KCl 有一定关系。

### （五）土壤硫素含量的变化

因为肥料都没有含硫成分，故土壤含硫量基本没有提高，与基础土壤含硫量接近。为了防止因长期施用不含硫的复合肥，出现土壤普遍缺硫现象，导致大幅度减产，在采用掺混复肥类型时，应该注意含硫复合肥的施用。

## 第三节　硝酸磷肥在石灰性土壤上的肥效反应

硝酸磷肥一般含 N 13％～26％，含 $P_2O_5$ 12％～20％。因硝酸磷肥含有硫素，在土壤缺硫的欧洲国家把它当作三元复肥用于生产。因此，发展相当迅速。在 20 世纪 60 年代，我国已开始生产硝酸磷肥，80 年代初在山西已建成日产 3 000 t 的硝酸磷肥厂。

硝酸磷肥一般为灰白色颗粒，有一定吸湿性，水溶液呈酸性反应。硝酸磷肥中含氮成分主要是硝酸铵和硝酸钙，都是水溶性的。含磷成分主要是磷酸铵和磷酸二钙，前者可溶，后者部分可溶。由于制造工艺不同，硝酸磷肥中 $P_2O_5$ 可溶性也不同，如冷冻法制造的硝酸磷肥水溶性磷占 75％，枸溶性磷占 25％；混酸法制造的，水溶性磷占 30％～50％，枸溶性磷占 50％～70％；碳化法制造的，100％都是枸溶性磷。硝酸磷肥的施肥效果与其水溶性磷的含量有一定关系。一般认为，硝酸磷肥因含有相当高的硝态氮，施入土壤容易随水淋失，故不宜在水田或灌溉地上施用，只适宜在旱地农业地区施用。为了论证其在干旱的黄土高原地区的施用效应，在室内外进行了多年的肥效试验，现将有关结果分述如下。

## 一、硝酸磷肥等定位试验的肥效反应

### （一）试验方案

试验在陕西省西安市临潼区的黄墡土和塿土上进行。作物为小麦、玉米，供试肥料除硝酸磷肥外，还有尿磷铵、氯磷铵、尿素＋普钙、磷酸二铵，试验处理见表 14-18。

表 14-18 硝酸磷肥等定位试验方案（kg/亩）

| 处理代号 | 处理 | 简称 | 玉米施肥量 | | 小麦施肥量 | |
|---|---|---|---|---|---|---|
| | | | N | $P_2O_5$ | N | $P_2O_5$ |
| 1 | 对照 | CK | 9 | 0 | 9 | 0 |
| 2 | 尿磷铵 | U-AP | 9 | 4 | 9 | 9 |
| 3 | 氯磷铵 | Cl-AP | 9 | 4 | 9 | 9 |
| 4 | 硝酸磷肥 | 硝 NP | 9 | 4 | 9 | 9 |
| 5 | 磷酸二铵 | DAP | 9 | 4 | 9 | 9 |
| 6 | 尿素＋普钙 | U-SSP | 9 | 4 | 9 | 9 |

各处理肥料用量均以磷含量计算为基础，氮素不足部分用尿素调配，于施肥前临时掺混，氯磷铵用氯化铵与磷酸二铵掺混。

### （二）硝酸磷肥等在黄墡土和塿土上的肥效反应

**1. 小麦、玉米的产量效应** 供试土壤养分含量情况：0～20 cm 土层碱解氮为 73.5 mg/kg，有效磷（$P_2O_5$）为 11.57 mg/kg；20～40 cm 土层，碱解氮 55.1 mg/kg。供试作物小麦为陕 7852，玉米为户单 1 号，小区面积 0.04 亩，随机排列，重复 4 次。试验结果见表 14-19、表 14-20。

表 14-19 硝酸磷肥等在黄墡土上定位试验的玉米、小麦产量结果与统计分析

| 作物 | 处理 | 亩施肥量（kg） | | 亩产量（kg） | | | | 平均产量 | 较对照增产 | | 每千克 $P_2O_5$ |
|---|---|---|---|---|---|---|---|---|---|---|---|
| | | N | $P_2O_5$ | 1987 年 | 1988 年 | 1989 年 | 1990 年 | （kg/亩） | （kg/亩） | （%） | 增产量（kg） |
| 玉米 | 尿素（对照） | 9 | 0 | 530.7a A | 548.7c B | 491.4b B | 378.2b B | 487.3c C | — | — | — |
| | 尿磷铵 | 9 | 4 | 559.1a A | 626.0ab A | 573.4a A | 387.8b AB | 536.6ab AB | 49.3 | 10.10 | 12.3 |
| | 氯磷铵 | 9 | 4 | 539.5a A | 588.8bc AB | 575.6a A | 373.1b B | 519.3b BC | 32.0 | 6.57 | 8.0 |
| | 硝酸磷肥 | 9 | 4 | 568.3a A | 611.6ab A | 588.4a A | 436.6a A | 551.2a A | 63.9 | 13.11 | 16.0 |
| | 磷酸二铵 | 9 | 4 | 550.0a A | 644.4a A | 584.8a A | 400.9ab AB | 545.0a AB | 57.7 | 11.84 | 14.4 |
| | 尿素＋普钙 | 9 | 4 | 564.8a A | 608.3ab A | 591.7a A | 409.0ab AB | 543.5ab AB | 56.2 | 11.53 | 14.1 |
| 小麦 | 尿素（对照） | 9 | 0 | 271.0b B | 281.9b B | 172.6d C | 241.8b B | | — | — | — |
| | 尿磷铵 | 9 | 9 | 327.1a A | 327.3a A | 210.9c BC | 288.4ab AB | | 46.6 | 19.27 | 5.2 |
| | 氯磷铵 | 9 | 9 | 323.7a A | 313.9a AB | 235.0bc AB | 290.9a AB | | 49.1 | 20.30 | 5.5 |
| | 硝酸磷肥 | 9 | 9 | 339.0a A | 345.4a A | 274.5a A | 319.6a A | | 77.8 | 32.18 | 8.6 |
| | 磷酸二铵 | 9 | 9 | 354.3a A | 339.3a A | 229.4bc AB | 307.7a A | | 65.9 | 27.95 | 7.3 |
| | 尿素＋普钙 | 9 | 9 | 355.9a A | 336.6a A | 249.8ab AB | 314.1a A | | 72.3 | 29.90 | 8.0 |

注：不同大写、小写字母表示在 0.01、0.05 水平上差异显著。

表 14-20 硝酸磷肥等在塿土上定位试验的玉米、小麦产量结果与统计分析

| 作物 | 处理 | 亩施肥量（kg） | | 亩产量（kg） | | | 平均产量（kg/亩） | 较对照增产 | | 每千克 P$_2$O$_5$ 增产量（kg） |
| | | N | P$_2$O$_5$ | 1987 年 | 1988 年 | 1989 年 | | （kg/亩） | （%） | |
|---|---|---|---|---|---|---|---|---|---|---|
| 玉米 | 尿素（对照） | 9 | 0 | 388.8d | 342.8c | 392.5d | 374.7b | — | — | — |
| | 尿磷铵 | 9 | 4 | 430.8b | 391.0b | 500.0bc | 440.6ab | 65.9 | 17.6 | 12.2 |
| | 氯磷铵 | 9 | 4 | 420.6b | 401.9ab | 465.0cd | 429.2ab | 54.5 | 14.5 | 8.0 |
| | 硝酸磷肥 | 9 | 4 | 404.6c | 405.6ab | 516.3ab | 442.2ab | 67.5 | 18.0 | 16.0 |
| | 磷酸二铵 | 9 | 4 | 422.1b | 398.1ab | 435.0c | 418.4ab | 40.1 | 10.7 | 14.4 |
| | 尿素＋普钙 | 9 | 4 | 449.8a | 431.3a | 547.5a | 476.2a | 101.5 | 27.1 | 14.1 |
| 小麦 | 尿素（对照） | 9 | 0 | | 103.1c | 102.8d | 103.0b | — | — | — |
| | 尿磷铵 | 9 | 9 | | 250.3a | 286.0bc | 268.2a | 165.2 | 160.3 | 18.4 |
| | 氯磷铵 | 9 | 9 | | 187.5b | 306.7ab | 247.1a | 144.1 | 139.9 | 16.0 |
| | 硝酸磷肥 | 9 | 9 | | 241.7a | 301.7ab | 271.1a | 168.7 | 163.8 | 18.7 |
| | 磷酸二铵 | 9 | 9 | | 189.5b | 256.2c | 222.9a | 119.9 | 116.4 | 13.3 |
| | 尿素＋普钙 | 9 | 9 | | 269.2a | 328.4a | 298.8a | 195.8 | 190.1 | 21.8 |

注：不同大写、小写字母表示在 0.01、0.05 水平上差异显著。

不同施肥处理较对照都有不同程度的增产效果。黄墡土上玉米平均亩产，各施肥处理为 519.3～551.2 kg，较对照亩产 487.3 kg 增产 6.57%～13.11%。其中，以硝酸磷肥亩产最高，亩产 551.2 kg，增产 13.11%；其次是磷酸二铵和尿素＋普钙处理；氯磷铵处理最低，增产率为 6.57%。施肥对玉米增产作用是硝酸磷肥＞磷酸二铵＞尿素＋普钙＞尿磷铵＞氯磷铵＞对照。方差分析表明，施用含磷的二元复（混）合肥各处理中，硝酸磷肥、磷酸二铵、尿素＋普钙、尿磷铵处理的产量之间均无显著差异，但这些复肥与氯磷铵、对照相比均达到显著与极显著差异水平。

在试验肥料中以硝酸磷肥亩产最高。经方差分析，施肥各处理与对照相比均达到极显著水平；但硝酸磷肥、尿素＋普钙、磷酸二铵、尿磷铵、氯磷铵处理之间的产量差异均未达到显著水平。说明以上 5 种含磷复肥在黄墡土小麦、玉米上肥效相当，都适合施用。在塿土上，也表现为玉米、小麦施硝酸磷肥产量最高。

**2. 硝酸磷肥等二元复肥定位试验对黄墡土养分的影响** 经过 4 年 7 茬定位试验，最后于 1990 年秋季采取土样，测定了土壤养分的变化，结果见表 14-21。

表 14-21 硝酸磷肥等二元复肥定位试验对黄墡土养分含量的影响

| 土层（cm） | 养分 | 对照（施 N） | U-AP | Cl-AP | 硝 NP | DAP | U-SSP | 基础土壤（1987 年 8 月） |
|---|---|---|---|---|---|---|---|---|
| 0～20 | 碱解氮 | 56.9 | 69.2 | 67.5 | 70.0 | 66.7 | 72.1 | 73.5 |
| 20～40 | （mg/kg） | 54.0 | 62.0 | 43.4 | 52.3 | 51.5 | 54.8 | 55.1 |
| 0～20 | 有效磷 | 6.9 | 16.7 | 8.2 | 13.3 | 13.7 | 9.4 | 11.5 |
| 20～40 | （mg/kg） | 5.7 | 3.4 | 3.7 | 5.0 | 3.9 | 4.2 | 2.5 |

注：采土日期为第七茬后（1990 年秋）。

测定结果表明，在黄墡土上经过 4 年七茬作物定位试验，0～20 cm 耕层土壤中，土壤有效磷含量在施用不同二元复肥之间存在明显差异，其中尿磷铵（U-AP）、磷酸二铵（DAP）、硝酸磷肥

（硝 NP）处理的土壤有效磷含量均高于基础土壤，说明有一定后效；但尿素＋普钙（U - SSP）、氯磷铵（Cl - AP）处理的土壤有效磷含量均低于基础土壤。尿素＋普钙和氯磷铵均为酸性肥料，在石灰性土壤上与其他含磷氮肥相比较易被作物吸收利用，也易使土壤磷被吸收利用，土壤有效磷含量的降低可能与此有关。

从定位试验作物产量水平来看，每亩平均产量，玉米为 500 kg 左右、小麦为 300 kg 左右；按需要吸收的 N，玉米为 12 kg 左右、小麦为 9 kg 左右。

## 二、硝酸磷肥中磷的水溶率与肥效的关系

本项研究是采用盆栽方法进行的。供试土壤有塿土和黄墡土，0～20 cm 的耕层土壤养分含量，塿土：有机质 1.393 8%，碱解氮 53.1 mg/kg，有效磷 12.4 mg/kg。黄墡土：有机质 0.910 4%，碱解氮 52.8 mg/kg，有效磷 7.9 mg/kg。供试作物，小麦品种为小偃 6 号，水稻品种为五山早黏。供试的硝酸磷肥各种成分含量列于表 14 - 22。以三料磷肥作为磷的水溶率 100% 参加比较试验。试验设 5 个处理，6 次重复，每盆小麦装土 7.5 kg，水稻 20 kg，装土时分上下两层，下半盆不施肥，上半盆按处理施肥，将肥料和土充分拌匀后装入上半盆，压平、灌水、播种。小麦于 10 月 13 日播种，翌年 6 月 11 日收获；水稻于 4 月 30 日播种，当年 9 月 24 日收获。小麦每盆留苗 8 株，水稻每盆留苗 10 株。试验在等养分条件下进行，各处理均为每千克土施 N 和 $P_2O_5$ 各 100 mg。

表 14 - 22 硝酸磷肥的成分含量

| 氮（mg/kg） | | | 磷（mg/kg） | | | $P_2O_5$ 水溶率（%） | $P_2O_5$ 有效率（%） | $N/P_2O_5$ | $H_2O$（%） | 颜色 |
|---|---|---|---|---|---|---|---|---|---|---|
| 总量 | $NH_4^+ - N$ | $NO_3^- - N$ | 全量 | 水溶磷 | 有效磷 | | | | | |
| 21.1 | 11.19 | 9.91 | 21.65 | 6.46 | 21.59 | 29.92 | 99.72 | 0.97 | 2.78 | 褐色 |
| 22.18 | 12.86 | 9.82 | 22.72 | 12.41 | 22.73 | 54.59 | 100.0 | 0.97 | 3.13 | 湖绿色 |
| 23.08 | 13.38 | 9.71 | 24.48 | 20.33 | 24.47 | 83.08 | 99.95 | 0.94 | 2.22 | 粉红色 |

试验处理：①对照，不施磷，单施氮；②磷的水溶率为 30%；③磷的水溶率为 55%；④磷的水溶率为 83%；⑤磷的水溶率为 100%。

### （一）硝酸磷肥不同水溶率对作物生物性状的影响

硝酸磷肥中磷的水溶率不同，对作物的生长和性状有明显影响（表 14 - 23）。在黄墡土上高水溶性磷比低水溶性磷的冬分蘖平均多 1.3 个/株，春分蘖多 1.8 个/株；在塿土上高水溶率磷冬分蘖只多 0.5 个/株，春分蘖也只多 1 个/株。在株高上高水溶性磷处理比低水溶性磷处理黄墡土高 5.9 cm，塿土高 3.3 cm。说明两种土壤的理化性质不同，对不同水溶率磷小麦生物性状的反应也不同。肥力较低的黄墡土，小麦生长前期对不同水溶率较为敏感，各项生物指标增长较快；肥力较高的塿土，后劲较好，在稳定分蘖、增加成穗数上均优于黄墡土。总的来说，无论是在塿土上，还是在黄墡土上，小麦的分蘖、成穗数、株高、千粒重等各项生物性状都随磷水溶率的提高而增加。水溶性磷含量越高，小麦苗期吸磷越多，越能促进小麦分蘖和生长，为小麦多成穗、千粒重增加建立良好基础。

表 14 - 23 两种土壤不同磷的水溶率与小麦生物性状

| 处理项目 | 塿土 | | | | | 黄墡土 | | | | |
|---|---|---|---|---|---|---|---|---|---|---|
| | 对照 | 磷的水溶率（%） | | | | 对照 | 磷的水溶率（%） | | | |
| | | 30 | 55 | 83 | 100 | | 30 | 55 | 83 | 100 |
| 冬分蘖（个/株） | 1.3 | 3.1 | 3.4 | 3.4 | 3.6 | 1.1 | 2.7 | 3.2 | 3.8 | 4.0 |
| 春分蘖（个/株） | 1.9 | 4.8 | 4.8 | 5.6 | 5.8 | 1.3 | 3.4 | 4.0 | 4.4 | 5.2 |

（续）

| 处理项目 | 墁土 | | | | | 黄墁土 | | | | |
|---|---|---|---|---|---|---|---|---|---|---|
| | 对照 | 磷的水溶率（%） | | | | 对照 | 磷的水溶率（%） | | | |
| | | 30 | 55 | 83 | 100 | | 30 | 55 | 83 | 100 |
| 成穗数（穗/盆） | 13.0 | 16.3 | 18.8 | 22.3 | 23.2 | 10.8 | 13.5 | 16.0 | 18.8 | 19.5 |
| 株高（cm） | 50.2 | 58.1 | 60.7 | 60.7 | 61.4 | 44.7 | 51.9 | 57.5 | 57.7 | 57.8 |
| 穗长（cm） | 6.6 | 7.3 | 7.6 | 7.8 | 7.7 | 6.2 | 7.1 | 7.2 | 7.1 | 7.8 |
| 千粒重（g） | 30.0 | 37.4 | 41.8 | 42.1 | 43.8 | 30.0 | 30.2 | 39.6 | 39.8 | 40.7 |

### （二）硝酸磷肥中磷的不同水溶率对作物产量的影响

由试验结果（表14-24）看出，在盆栽试验条件下，小麦产量在两种土壤上均随硝酸磷肥中磷的水溶率的增大而提高。但由于墁土有效磷含量较高（P₂O₅ 12.4 mg/kg），不同水溶率与对照相比增产率之间的差异并不是很大，在低水溶率30%与全水溶率100%之间增产量的差异仅为1.1 g，差异很小。经统计，磷的水溶率55%、83%、100%的产量之间差异均未达到显著水平，基本都是等效水平。但这3个水溶率等级与低水溶率30%、对照的产量差异之间均达到显著水平。因此，在墁土上硝酸磷肥中磷的水溶率调整到55%以上对小麦就可得到显著增产效果。黄墁土肥力较低，有效磷含量只有3.4 mg/kg，施磷效果比较明显。与对照相比，水溶率由低到高小麦增产73.8%～123.2%，明显高于墁土上的增产效果。但经统计，磷的水溶率55%、83%、100%的产量之间差异也未达到显著水平，而这3种水溶率等级与低水溶率30%和对照产量差异统计比较，都已达到显著水平，说明硝酸磷肥在黄墁土上要提高对小麦的有效性也应把磷的水溶率控制在55%以上。

表14-24 硝酸磷肥中磷的不同水溶率与小麦、水稻产量的关系

| 作物 | 测定项目 | 墁土 | | | | | 黄墁土 | | | | |
|---|---|---|---|---|---|---|---|---|---|---|---|
| | | CK | 磷的水溶率（%） | | | | CK | 磷的水溶率（%） | | | |
| | | | 30 | 55 | 83 | 100 | | 30 | 55 | 83 | 100 |
| 小麦 | 产量（g/盆） | 12.2 | 18.6 | 19.4 | 19.4 | 19.7 | 8.4 | 14.6 | 17.3 | 17.4 | 18.8 |
| | 增产（%） | — | 52.5 | 59.0 | 59.0 | 61.5 | — | 73.8 | 105.9 | 107.1 | 123.2 |
| | 差异显著性（5%） | e | bcd | abc | ab | a | e | d | abc | ab | a |
| 水稻 | 产量（g/盆） | 54.5 | 58.1 | 60.0 | 63.1 | 71.0 | 38.03 | 71.25 | 77.00 | 81.35 | 86.93 |
| | 增产（%） | — | 6.6 | 10.1 | 15.8 | 30.3 | — | 114.3 | 126.1 | 138.8 | 155.2 |
| | 差异显著性（5%） | d | cd | bc | b | a | e | bcd | abc | ab | a |

水稻在生长期内需有充沛的水分供应，与小麦的生长条件有很大不同。由表14-24看出，水稻在两种土壤上的增产效果也都随硝酸磷肥中磷的水溶率的提高而增大。从绝对产量来看，水稻产量为小麦产量的3.5～4.5倍，反映出旱改水的重要性。但从施磷效果来看，在墁土上，由于土壤有效磷含量较高，不同磷的水溶率增产效果不是很高，仅为6.6%～30.3%。统计结果表明，水稻增产效果是磷的水溶率100%与磷的水溶率83%相比差异达显著水平，磷的水溶率83%与磷的水溶率55%相比差异不显著，而磷的水溶率55%与磷的水溶率30%相比则有显著差异，磷的水溶率30%与对照相比也有显著差异，说明硝酸磷肥对水稻的最佳效果是全溶性磷肥。但从降低成本和资源利用来说，取用55%的磷水溶率也可得到相当满意的增产效果。在黄墁土上，对水稻施用不同磷的水溶率增产效果与墁土就有很大差异，水稻的绝对增产量和增产率比在墁土上有明显提高，这可能与黄墁土有效磷含量（P₂O₅ 3.4 mg/kg）很低有关。经统计，磷的水溶率55%、83%、100%处理的产量之间差异均

未达到显著水平，肥效均相当。而磷的水溶率55％与磷的水溶率30％相比则有显著差异，磷的水溶率30％与对照相比也有显著差异，表明在黄墡土水稻上硝酸磷肥中磷的水溶率调配到55％左右就可取得很好的施磷效果。

由以上资料看出，一是硝酸磷肥中磷的不同水溶率在小麦上和水稻上都是黄墡土高于塿土。二是在塿土上，小麦和水稻55％磷的水溶率与83％、100％磷的水溶率肥效相当，硝酸磷肥的磷的水溶率控制在55％以上即可取得较好效果。

## 三、土壤有效磷含量与硝酸磷肥肥效关系

硝酸磷肥含有较多枸溶性磷，作物较难吸收，特别在作物需磷的苗期，因磷素供应不足会严重影响作物生长。但到作物生长后期，由于气候等条件的变化，将会提高硝酸磷肥对作物的供磷强度，故硝酸磷肥对作物会有一定增产作用。但比较起来，其肥效总是不及水溶性磷复合肥高。不过如果土壤有效磷含量较高，在作物苗期能供应吸磷需要，而在作物生长中后期硝酸磷肥能满足作物吸磷需要，硝酸磷肥就能明显提高作物产量。所以土壤有效磷含量与硝酸磷肥肥效具有很强的相关性。根据田间试验，将5种水溶性磷复合肥平均产量作为100％，硝酸磷肥的相对产量（％）见表14-25。从结果看出，硝酸磷肥的肥效有随着土壤有效磷含量的增高而增高的趋势。例如，玉米在塿土上有效磷含量由15.3 mg/kg、26.6 mg/kg到34.5 mg/kg时，硝酸磷肥产量占5种水溶性磷复肥平均产量依次为88.4％、95.7％、102.9％；棉花在黄墡土上有效磷含量为10.0 mg/kg、21.5 mg/kg、33.9 mg/kg，硝酸磷肥产量占5种水溶性复肥平均产量比例依次为90.7％、91.2％、100.8％，在塿土上土壤有效磷含量为15.3 mg/kg、21.9 mg/kg，硝酸磷肥产量占5种水溶性复肥平均产量比例为91.8％、98.6％；小麦在塿土上土壤有效磷含量为9.4 mg/kg、19.5 mg/kg，硝酸磷肥产量占5种水溶性复肥平均产量比例为80.6％、93.2％，在黄墡上土壤有效磷含量为23.9 mg/kg、14.4 mg/kg，硝酸磷肥产量占5种水溶性复肥平均产量比例为96.7％和90.6％。可见当硝酸磷肥施用在有效磷含量较高的土壤上，其肥效与水溶性磷复肥相当；而在有效磷含量缺乏的土壤上，则不如水溶性磷复肥。这就进一步说明在作物苗期土壤能否充足供应磷素养分关系到作物能否健壮生长发育。

表 14-25 硝酸磷肥肥效与土壤有效磷含量的关系

| 作物 | 土类 | 土壤有效磷含量（mg/kg） | 硝酸磷肥产量（kg/亩） | 5种水溶性磷复肥平均产量（kg/亩） | 硝酸磷肥产量占5种水溶性磷复肥平均产量比例（％） |
|---|---|---|---|---|---|
| 玉米 | 塿土 | 34.5 | 518.3 | 503.6 | 102.9 |
| | 塿土 | 15.3 | 355.0 | 401.4 | 88.4 |
| | 塿土 | 26.6 | 385.0 | 402.3 | 95.7 |
| 棉花 | 黄墡土 | 33.9 | 165.0 | 163.7 | 100.8 |
| | 黄墡土 | 21.5 | 129.3 | 141.8 | 91.2 |
| | 黄墡土 | 10.0 | 208.9 | 230.3 | 90.7 |
| | 塿土 | 21.9 | 141.6 | 143.6 | 98.6 |
| | 塿土 | 15.3 | 180.0 | 196.1 | 91.8 |
| 小麦 | 塿土 | 9.4 | 203.7 | 252.6 | 80.6 |
| | 塿土 | 19.5 | 345.6 | 370.8 | 93.2 |
| | 黄墡土 | 23.9 | 356.8 | 369.0 | 96.7 |
| | 黄墡土 | 14.4 | 330.8 | 365.1 | 90.6 |

## 第四节 钙镁磷肥在石灰性土壤上的肥效反应与施用技术

### 一、钙镁磷肥概述

钙镁磷肥是由磷矿石和一定量的含钙、镁矿石，在高温（1 350～1 500 ℃）下熔融，用水淬冷成玻璃状粉粒，再磨成细粉状而成。故钙镁磷肥又称熔融磷肥，也称熔融含镁磷肥。一般呈灰白色、灰绿色或灰棕色，pH 8.0～8.5，物理性状良好，无毒，无臭，不吸湿，不结块，不腐蚀包装材料，可长期储存，不易变质。主要成分为 $P_2O_5$（12%～18%）、CaO（25%～38%）、MgO（8%～18%）、$SiO_2$（20%～35%）。实际上它也是一种复混（合）肥，其中枸溶性 $P_2O_5$ 占 80% 以上。钙镁磷肥中还含有少量的 $K_2O$ 和 Mn、Zn、Cu 等微量元素。钙镁磷肥中磷酸盐化学式为 $\alpha - Ca_3（PO_4）_2$，可知它是一种难溶性和长效性的磷肥。一般把钙镁磷肥当作磷源肥料来看待，但钙镁磷肥中也含有大量、中量、微量营养元素等，且对作物生长都能起到营养作用，故把它当作一种特殊的复合肥来看待也未尝不可。因此作者把钙镁磷肥放在复混（合）肥一章中进行讨论。为了验证钙镁磷肥在石灰性土壤上施用的可能性，作者建立专题对其肥效进行了研究。

### 二、钙镁磷肥肥效试验设计

供试肥料有三料过磷酸钙，含 $P_2O_5$ 46%，其水溶性磷占 100%；钙镁磷肥，含 $P_2O_5$ 13.5%，是枸溶性磷肥，不溶于水，磷的水溶率为 0；供试氮肥为尿素，用作各施肥处理的底肥。供试作物有小麦，品种为 7852；玉米，品种为户单 1 号。供试土壤为娄土和黄墡土，均为石灰性土壤，其基本理化性状见表 14 - 26。试验方法有盆栽试验和田间小区试验。施肥情况，盆栽试验以每千克土施氮和磷各 200 mg；田间试验的小麦氮、磷各 135 kg/hm²，玉米施氮 150 kg/hm²、$P_2O_5$ 75 kg/hm²，都是在等量氮、磷，不同水溶磷含量下进行比较试验。所有肥料皆于播种时一次施入。

**表 14 - 26 供试土壤耕层（0～20 cm）平均养分含量**

| 供试土壤 | 有机质（%） | 全氮（%） | 全磷（%） | 碱解氮（mg/kg） | 有效磷（mg/kg） | CaCO₃（%） | pH（H₂O） |
|---|---|---|---|---|---|---|---|
| 娄土，盆栽试验 | 1.230 4 | 0.066 5 | 0.151 6 | 84.10 | 31.25 | 6.9 | 8.0 |
| 娄土，田间试验 | 1.028 2 | 0.072 8 | 0.151 0 | 73.12 | 16.90 | 7.0 | 8.1 |
| 黄墡土，田间试验 | 0.890 5 | 0.060 8 | 0.134 9 | 69.76 | 11.40 | 7.1 | 7.9 |

试验处理如下：①N＋重钙，磷的水溶率 100%；②N＋1/4 钙镁磷肥＋3/4 重钙，磷的水溶率 75%；③N＋1/2 钙镁磷肥＋1/2 重钙，磷的水溶率 50%；④N＋3/4 钙镁磷肥＋1/4 重钙，磷的水溶率 25%；⑤N＋钙镁磷肥，磷的水溶率 0；⑥无肥对照（CK）。

### 三、钙镁磷肥在娄土上对盆栽小麦的肥效反应

现将小麦盆栽试验的小麦生长情况和产量结果列于表 14 - 27 和表 14 - 28。由表 14 - 27 看出，在越冬时，施磷的水溶率为 0 的钙镁磷肥小麦分蘖数为 20.0 头/盆，而磷的水溶率为 100% 的重钙为 25.6 头/盆，前者只占后者的 78.1%，但到返青时，前者则上升至后者的 95.6%，几乎赶上了重钙的分蘖数，说明随着气候变暖，小麦生长势增强，枸溶性钙镁磷肥的肥效也随之提高。到收获时的成穗数，钙镁磷肥处理的为 23.2 穗/盆，水溶性的重钙也是 23.2 穗/盆，出现等穗结果。最后由生物产量看出，钙镁磷肥处理的生物产量与重钙处理的接近等产效应。如果在钙镁磷肥的枸溶性磷中调配入

25%～50%的水溶性磷，则可明显提高钙镁磷肥的肥效，达到与重钙效应接近的施肥效果。由以上盆栽结果看出，在塿土小麦上钙镁磷肥具有缓效的特性，在小麦生长上与重钙具有等效趋势，特别是适当添加水溶性磷后，效果更为明显。

表 14-27　小麦盆栽试验的生长情况

| 处理号 | 磷的水溶率（%） | 分蘖（头/盆） | | 成穗数（穗/盆） | 生物产量（g/盆） | 籽粒产量（g/盆） | 增产率（%） | 生物产量相对增产率（%） |
|---|---|---|---|---|---|---|---|---|
| | | 越冬 | 返青 | | | | | |
| ① | 100 | 25.6 | 54.4 | 23.2 | 85.8 | 28.7 | 61.2 | 100 |
| ② | 75 | 28.0 | 55.2 | 25.6 | 97.0 | 30.7 | 72.5 | 113 |
| ③ | 50 | 26.4 | 53.6 | 23.2 | 84.8 | 28.4 | 59.6 | 98 |
| ④ | 25 | 25.6 | 53.6 | 22.4 | 80.2 | 26.5 | 48.9 | 95 |
| ⑤ | 0 | 20.0 | 52.0 | 23.2 | 81.6 | 25.7 | 44.4 | 95 |
| ⑥ | CK | 19.2 | 35.2 | 11.2 | 52.4 | 17.8 | — | — |

表 14-28　小麦盆栽试验的产量结果

| 处理试验 | 磷的水溶率（%） | 重复籽粒产量（g/盆） | | | | | 平均产量（g盆） | 比CK增（%） | 比单施氮增（%） | 比N+钙镁磷肥增（%） | 5%差异显著性 |
|---|---|---|---|---|---|---|---|---|---|---|---|
| | | Ⅰ | Ⅱ | Ⅲ | Ⅳ | Ⅴ | | | | | |
| 对照（CK） | | 14.5 | 16.5 | 20.0 | 20.5 | 17.5 | 17.8 | | | | d |
| 单施N | | 25.6 | 24.0 | 26.5 | 24.0 | 26.5 | 25.2 | 41.6 | | | c |
| N+钙镁磷肥 | 0 | 29.5 | 18.0 | 28.0 | 27.0 | 26.0 | 25.7 | 44.4 | 2.0 | | b |
| N+3/4 钙镁磷肥+1/4 重钙 | 25 | 26.5 | 22.0 | 21.5 | 30.5 | 32.0 | 26.5 | 48.9 | 5.2 | 3.1 | ab |
| N+1/2 钙镁磷肥+1/2 重钙 | 50 | 25.0 | 29.0 | 32.5 | 27.0 | 28.5 | 28.4 | 59.6 | 12.7 | 10.5 | a |
| N+1/4 钙镁磷肥+3/4 重钙 | 75 | 30.5 | 30.5 | 33.5 | 27.0 | 32.0 | 30.7 | 72.5 | 21.8 | 19.5 | a |
| N+重钙 | 100 | 27.5 | 30.0 | 25.0 | 30.0 | 31.0 | 28.7 | 61.2 | 13.9 | 11.7 | a |

从盆栽试验的产量看出，在塿土上氮肥效果明显高于磷肥，单施氮比对照增产41.6%。但在施氮基础上，增施不同水溶率的磷肥时，磷素的增产效果并不突出，钙镁磷肥仅增产2.0%，而重钙增产13.9%，说明钙镁磷肥增产效果是很低的，但当钙镁磷肥添加水溶性重钙，使磷的水溶率达到50%时则小麦产量比单施氮可增产12.7%，接近重钙的增产效果。说明在塿土小麦上，适当添加水溶性磷是有效施用钙镁磷肥的一个重要途径。

另外，由盆栽试验产量发现，当钙镁磷肥添加水溶性磷75%时，小麦产量最高，而磷的水溶率100%的重钙只增产13.9%，这可能是由于重钙中磷在石灰性土壤中较易被固定失效，后效不佳，而钙镁磷肥中的磷为枸溶性磷，有缓效功能，能充分满足整个生长期小麦对磷素的需要。统计分析表明，磷的水溶率由25%～100%的产量差异均未达到显著性水平，都处于等同效应；但与磷的水溶率0%的钙镁磷肥相比，产量差异都达5%的显著水平。钙镁磷肥和含各级磷的水溶率的钙镁磷肥与单施氮比较，产量差异也均达显著水平。说明盆栽试验中钙镁磷肥在小麦上有显著增产效果，添加25%以上水溶性磷，增产效果更为显著。

#### 四、钙镁磷肥在田间塿土上对小麦的肥效反应

在钙镁磷肥田间试验中，从小麦生长情况（表14-29）看出，在越冬时磷的各级水溶率处理下均有不同程度的肥效反应。施磷的水溶率为0%的钙镁磷肥，小麦在越冬时生长较差，未显示出良好肥效。但到翌年返青后，由钙镁磷肥处理的小麦长势逐渐好转，麦苗生长较快，与各级磷的水溶率处理下小麦长势差距逐渐减小。从小麦分蘖数看出，钙镁磷肥处理的小麦冬季分蘖数接近对照，明显低于磷的各级水溶率处理；到春季时，钙镁磷肥处理的小麦分蘖数剧烈增加。从成穗数和穗粒数结果看出，钙镁磷肥处理的，都与磷的各级水溶率处理的十分接近，相差甚微。从千粒重看出，钙镁磷肥处理的为39.3 g，与磷的各级水溶率处理的39.0～39.3 g几乎相等，但比对照37.6 g增加1.7 g。以上结果表明，在石灰性塿土上，钙镁磷肥在小麦上的肥效是肯定的，并具有缓效特点。因此适当添加水溶性磷，满足小麦早期生长对磷素的需要，可促进冬季分蘖，增加成穗数、穗粒数，提高钙镁磷肥的增产效果。

表14-29　小麦在钙镁磷肥中磷的不同水溶率条件下小麦生长情况

| 处理号 | 磷的水溶率（％） | 基本苗（万/hm²） | 分蘖数（万/hm²） | | 成穗数（万/hm²） | 穗粒数（粒/穗） | 千粒重（g） |
|---|---|---|---|---|---|---|---|
| | | | 越冬 | 返青 | | | |
| ① | 100 | 217.5 | 435.0 | 870.0 | 439.5 | 37 | 39.3 |
| ② | 75 | 214.5 | 429.0 | 814.5 | 399.0 | 36 | 39.3 |
| ③ | 50 | 204.0 | 408.0 | 235.0 | 396.0 | 35 | 39.0 |
| ④ | 25 | 199.5 | 399.0 | 705.0 | 381.0 | 34 | 39.2 |
| ⑤ | 0 | 199.5 | 339.0 | 699.0 | 394.5 | 35 | 39.3 |
| ⑥ | CK | 214.5 | 324.0 | 526.5 | 190.5 | 29 | 37.6 |

在田间塿土上施用钙镁磷肥在小麦上3年试验结果列于表14-30。从田间试验结果看出，小麦增产效果是随钙镁磷肥中磷的水溶率的提高而提高，在不同磷的水溶率处理之间产量虽有差异，但均未达到显著水平，说明在田间试验条件下，钙镁磷肥在塿土上对小麦的增产效果是非常显著的，比不施钙镁磷肥的对照，相对增产79.6％。进一步说明，在钙镁磷肥中适当增加水溶性磷，将更有助于钙镁磷肥肥效的发挥。

表14-30　钙镁磷肥在塿土上田间试验对小麦产量的影响

| 处理号 | 磷的水溶率（％） | 产量（kg/hm²） | | | 平均产量（kg/hm²） | 增产率（％） | 相对增产（％） |
|---|---|---|---|---|---|---|---|
| | | 1987年 | 1988年 | 1989年 | | | |
| ① | 100 | 4 333.5 | 4 525.5 | 3 742.5 | 4 200.0 | 122.4 | 100 |
| ② | 75 | 4 042.5 | 4 342.5 | 3 258.0 | 3 880.0 | 105.5 | 86.2 |
| ③ | 50 | 3 874.5 | 3 808.5 | 3 867.0 | 3 850.0 | 103.9 | 84.9 |
| ④ | 25 | 4 218.0 | 3 702.0 | 3 375.0 | 3 765.0 | 99.4 | 81.2 |
| ⑤ | 0 | 3 792.0 | 3 841.5 | 3 549.0 | 3 727.5 | 97.4 | 79.6 |
| ⑥ | CK | 1 617.0 | 2 149.5 | 1 899.0 | 1 888.5 | — | — |

注：产量均为每年4次重复平均值。

#### 五、钙镁磷肥在田间黄墡土上对小麦的肥效反应

在关中黄墡土上也进行了类似试验，结果见表14-31。

表 14-31　钙镁磷肥在黄墡土上对小麦的增产效果

| 试验处理号 | 试验处理 | 磷的水溶率（%） | 产量（kg/hm²） | | | 平均产量（kg/hm²） | 增产率（%） | 相对增产（%） |
| --- | --- | --- | --- | --- | --- | --- | --- | --- |
| | | | 1987 年 | 1988 年 | 1989 年 | | | |
| 1 | 无肥处理（CK） | — | 2 935.5 | 1 950.0 | 4 050.0 | 2 978.65 | — | |
| 2 | N+3/4 钙镁磷肥+1/4 重钙 | 25 | 4 191.0 | 4 516.5 | 5 649.0 | 4 785.45 | 60.66 | 106 |
| 3 | N+1/2 钙镁磷肥+1/2 重钙 | 50 | 3 883.5 | 4 249.5 | 5 716.5 | 4 556.55 | 52.98 | 101 |
| 4 | N+1/4 钙镁磷肥+3/4 重钙 | 75 | 4 080.0 | 4 042.5 | 5 967.0 | 4 696.5 | 57.68 | 104 |
| 5 | N+重钙 | 100 | 3 912.0 | 4 033.5 | 5 550.0 | 4 498.5 | 51.03 | 100 |
| 6 | N+钙镁磷肥 | 0 | 4 366.5 | 4 450.5 | 5 200.5 | 4 672.5 | 56.87 | 104 |

注：每个试验点产量均为 4 次重复产量的平均值。

由试验结果看出，钙镁磷肥在黄墡土上对小麦的肥效反应，与添加不同量重钙的肥效反应十分接近。经统计，相互间的差异均未达到显著水平。但与对照相比，施钙镁磷肥与添加不同水平重钙处理的增产率为 51.03%～60.66%，其中钙镁磷肥为 56.87%，说明钙镁磷肥在黄墡土上对小麦的增产效果十分明显。

以磷的水溶率为 100% 的重钙产量为 100%，则其他含磷的不同水溶率磷的钙镁磷肥处理下产量为 101%～106%，十分接近。说明在黄墡土上施用钙镁磷肥，小麦的肥效反应与重钙的肥效相当。供试土壤养分测定结果表明，黄墡土有效磷含量很低，所以其施用钙镁磷肥对小麦的增产效果明显优于墡土。由此说明，钙镁磷肥更适宜在低肥力的黄墡土上施用。

## 六、钙镁磷肥在田间墡土上对夏玉米的肥效反应

钙镁磷肥在墡土夏玉米上连续进行了两年试验，结果见表 14-32。

表 14-32　钙镁磷肥在田间墡土夏玉米上的肥效反应

| 试验处理编号 | 试验处理 | 磷的水溶率（%） | 产量（kg/hm²） | | 平均产量（kg/hm²） | 增产率（%） | 相对增产率（%） |
| --- | --- | --- | --- | --- | --- | --- | --- |
| | | | 1988 年 | 1989 年 | | | |
| 1 | CK | — | 3 783.0 | 4 528.5 | 4 155.75 | — | |
| 2 | N+3/4 钙镁磷肥+1/4 重钙 | 25 | 6 571.5 | 5 347.5 | 5 959.5 | 43.40 | 82 |
| 3 | N+1/2 钙镁磷肥+1/2 重钙 | 50 | 7 171.5 | 6 262.5 | 6 717.0 | 61.63 | 92 |
| 4 | N+1/4 钙镁磷肥+3/4 重钙 | 75 | 7 203.0 | 6 750.0 | 6 976.5 | 67.88 | 96 |
| 5 | N+重钙 | 100 | 7 191.0 | 7 350.0 | 7 270.5 | 74.95 | 100 |
| 6 | N+钙镁磷肥 | 0 | 5 838.0 | 5 296.5 | 5 567.3 | 33.97 | 77 |

注：产量均为每年 4 次重复的平均值。

从结果看出，施 N+钙镁磷肥的夏玉米产量与对照相比增产 33.97%，说明钙镁磷肥在墡土夏玉米上也有很高的肥效，其增产率相当于重钙的 77%。与小麦在黄墡土上的肥效反应趋势一样，夏玉米产量也随着磷的水溶率的增加而增加。另外也看出，磷的水溶率 25%～100% 的处理下夏玉米产量之间的差异在统计上并未达到显著程度，而与磷的水溶率为 0% 的钙镁磷肥的处理下产量之间差异却均已达到显著水平，说明对墡土上的夏玉米来说，需要添加少量的水溶性重钙，才可保证夏玉米达到高产。

## 主要参考文献

吕殿青，简森雄，1988. 在 DAP - $CaCO_3$ 体系与 DAP - 石灰性土壤体系中 $NH_3$ 的挥发与磷的吸附之间的关系 [J]. 土壤学报，25 (1)：40 - 48.

奚振邦，2003. 现代化学肥料学 [M]. 北京：中国农业出版社.

Lu D Q，Chien S H，Henao J，1987. Evaluation of Short - Term Efficiency of Diammonium Phosphate versus Urea plus Single Superphosphate on a Calcareous. Soil [J]. Agronomy Journal (79)：896 - 900.

# 第十五章

# 有机无机复混（合）肥的研究与应用

有机无机复混（合）肥是以腐殖质为主的有机肥和以速效性养分为主的化学肥料混合而成。因为它具有独特的肥料组成结构、特性和肥效，故应把它作为一类肥料加以生产、推广和应用。

## 第一节　有机肥的主要功能与缺点

### 一、有机肥的主要功能

高分子有机物经过微生物的分解和合成，转化成多种腐殖酸物质和多种分子结构比较简单的有机化合物以及作物可以直接吸收利用的无机营养物质，形成了容量较大、功能较多的能量库、养分库、腐殖质库、水分库和微生物库。有机肥是有机和无机、大量营养元素和微量营养元素、有效矿物质和活的生物体等的综合功能体，是农业上具有特殊功能的物质基础。概括地说，有机肥的主要功能有以下几个方面。

#### （一）肥沃土壤

**1. 增加土壤营养**　经过分析，有机肥含的营养元素有 40 多种，与土壤中营养元素的种类和数量完全吻合，增施有机肥可以增加各种营养元素的含量并维持其平衡，满足全素营养的要求。有机肥中还含有较多的自生固氮细菌，可固定大气中的氮，增加土壤氮素含量。有机肥中的腐殖酸通过吸附、络合、螯合、离子交换等作用，或间接通过激活或抑制土壤中的酶富集营养元素，可保护和储存营养元素，减少各种营养元素的流失；并能促进各种岩石或矿物中无机营养元素组分逐渐溶解出来，不断增加土壤中的营养元素，使土壤营养元素始终处于丰富和优良的状态。

**2. 改善土壤物理结构**　有机肥中的腐殖酸是一种特殊的有机胶体，具有胶凝性质，能与土壤中的 $Ca^{2+}$ 结合形成絮状凝胶，使土壤颗粒相互黏结起来，形成不同大小的水稳性团聚体，统称为土壤团粒结构。它具有保水、保肥能力，使土壤水、肥、气、热处于协调状态，有利于耕作、出苗、壮苗、作物生长。土壤团粒结构是土壤肥力的基础。

**3. 提高土壤水分含量**　由腐殖质与土壤颗粒形成的团粒结构，大大提高了土壤的持水能力。一个团粒之内，含有许多毛管孔隙，下雨或灌溉以后，使这些毛管孔隙充满水分，形成毛管水，将水保存起来；团粒与团粒之间又存在许多非毛管孔隙，称土壤大孔隙，能将雨水和灌溉水保持在内。这两种水分吸持在土壤中，形成了"水库"，可供作物长期吸收利用，在旱农地区为作物高产提供了条件。

**4. 改良土壤**　有机肥中的腐殖质是两性胶体，既有弱酸性，又有弱碱性，故对土壤的酸碱度具有调节和缓冲作用。腐殖质对土壤阴离子也有很强的交换能力。因此，施用腐殖酸钙可将盐土和碱土上的钠离子交换下来，被水淋洗掉，从而使盐土脱盐、碱土脱碱，转变成优良高产土壤。

**5. 促进土壤微生物活动** 腐殖质是为土壤微生物活动和繁殖提供能量的主要物质来源，既能促进土壤有益微生物群体不断发展，又能抑制土壤硝化细菌和亚硝化细菌的活动。因此，能延缓铵态氮的转化过程，减少 $NH_4^+ - N$ 的挥发和 $NO_3^- - N$ 的淋失。有机肥还含有解磷、解钾细菌，在它们繁殖过程中能不断将土壤中被固定的磷、钾释放出来，增加土壤有效磷、速效钾的含量，供作物吸收利用。大量微生物在活动过程中又能产生各种生物活性酶，增强土壤的生命力和生产力。

**6. 减轻土壤污染** 由于不合理施用化肥和不规排放工业污水，土壤大面积污染已成为我国农业生产的一大危害。其中危害最为严重的物质是重金属，包括 Cr、Pb、Hg 等，对作物和人体都有危害。施用少量高分子腐殖质可与这些重金属通过络合和螯合作用形成难溶解的大分子螯合物，从而减轻重金属污染。

## （二）提高肥效

**1. 减少氮素损失，提高氮肥肥效** 在北方石灰性土壤中，由于 $CaCO_3$ 含量很高，极易产生 $Ca(OH)_2$，使土壤 pH 升高，很快引发铵态氮肥（包括尿素在内）转化为 $NH_3$，使其挥发损失。在干旱条件下，损失率高达 30%～50%。在南方多雨地区和北方多雨季节，铵态氮肥也极易被硝化细菌和亚硝化细菌转化为硝态氮和亚硝态氮，引起硝态氮淋失和硝态氮反硝化损失。与腐殖酸配合施用，则可大大降低氨的挥发损失、硝态氮的淋失和反硝化损失，显著提高氮肥利用率。

**2. 减少磷素固定，提高磷肥肥效** 有效磷施入石灰性土壤，因土壤中有很多游离性钙，便会与其结合，形成无效的磷酸三钙，即磷素固定。据测定，有效磷被石灰性土壤固定的量在 50% 以上，作物不能吸收。施用腐殖质肥料，可大大减少磷的固定，提高磷肥利用率。

**3. 减少钾素固定，提高钾肥肥效** 在陕西，不同土壤中的黏土矿物晶层中和边缘部钾素固定量是相当大的，因此降低了钾肥肥效。施用腐殖酸肥料后，由于腐殖酸与黏土矿物相结合，减少了黏土矿物与钾素固定的部位，使钾离子不能直接进入黏土矿物的固定位置，从而提高了钾肥利用率，增加钾肥肥效。

**4. 减少多种中量、微量元素的固定，提高中量、微量元素的肥效** 在石灰性土壤中，遇到天气十分干旱的时候，果树、蔬菜将会严重缺铁、缺锰、缺钙，主要原因是与土壤盐基交换结合和活性磷酸结合，使作物不能吸收利用养分，产生缺素症。施用腐殖酸肥料后，可将其溶解为活性的营养元素，发挥中量、微量元素的作用。

## （三）促进作物生长发育

**1. 加强作物呼吸作用** 腐殖酸本身具有很强的氧化还原性质，它含有的多元酸性物质，进入植物体内，成为作物呼吸作用的接触剂。促进作物呼吸作用，提高作物整个生命活动，为作物体内重要有机合成提供原料，增强作物抗病免疫力，为作物高产创建良好条件。

**2. 促进营养元素的吸收和运转** 腐殖酸含有许多亲脂性物质，故能提高细胞膜的透性。这些亲脂性的腐殖酸物质与营养元素络合、螯合或吸附后，即可被作物细胞膜吸收进作物体内，并通过运转和合成，形成有机物，提高作物产量。

**3. 调节光合作用的正常进行** 腐殖酸在一定浓度下，对叶蛋白分解酶有抑制作用，使叶绿素分解缓慢，有利于光合作用的正常进行。但浓度过高时，又会抑制细胞的增长和分解，使光合作用停止。有机肥在微生物不断分解的过程中能产生大量 $CO_2$，既能提高作物光合作用，增加产量，又能净化大气。

**4. 植物激素** 腐殖酸中某些物质本身就是激素或类激素，可抑制植物体内吲哚乙酸氧化酶的活性，减少植物体内生长素的降解，促进作物生长发育。

**5. 促进根系生长**　腐殖酸中的芳香族物质和多元酸物质能明显增加根系，特别是根毛中的核糖核酸和细胞分裂素，刺激根细胞分裂，促进根系生长。

### （四）增强作物抗逆性

**1. 提高抗旱能力**　腐殖酸可刺激合成脯氨酸及刺激某些酶的活性，维持细胞渗透性，减轻细胞膜机构损失，缩小叶片气孔开合度，降低蒸发强度。在非特异性腐殖酸中，含有树脂、蜡等物质，具有疏水功能，能降低土壤毛管水的移动，减少土壤水分蒸发，提高土壤抗旱性。腐殖酸物质能提高过氧化氢酶的活性，降低细胞膜的透性和脱落酸的含量，故能增强作物的抗旱性。

**2. 提高抗寒能力**　施用腐殖酸肥可明显提高营养器官中游离脯氨酸、蛋白质和可溶性糖的含量，降低叶片中细胞膜的透性，增强抗寒能力。

**3. 提高抗病虫害能力**　腐殖酸中的水杨酸和酚结构具有抗菌性。有机质在分解过程中所产生的维生素 $B_1$、维生素 $B_6$、维生素 $B_{12}$、生长素、叶酸等，既能刺激作物健壮生长，又有抗病虫害和防治病虫害的能力。腐殖酸中的木质素可促进植物木质化细胞的形成，能增强抗病虫害的能力。有机硅被作物吸收后也可增强作物的抗病性。

**4. 改良盐碱土**　腐殖酸钙对盐土和碱土上结合的钠离子具有强烈的交换能力，可把钠离子交换下来，使其被水淋洗掉，即脱盐、脱碱作用，使原来的盐碱土得到改良，成为优良的高产土壤。

### （五）增加产量，改善品质

农业上应用的天然有机肥和人工有机肥分解转化过程中产生了多种腐殖质、腐殖酸、蛋白质、氨基酸以及羧酸、酚羟基、多元酚等功能团，并降解和解离出 40 多种无机营养物质，补充了土壤缺乏的多种矿质营养元素。此外，土壤本身含有多种硅铝酸盐黏土矿物和碳酸钙等，这些有机和无机胶体形成了强有力的负反馈机制，对土壤具有缓冲、自净、自组织功能。对外来的酸、碱、盐、害菌、害虫、杂草、污染物，能通过转化、分解、发酵、颉颃、络合、螯合等多种作用，使之缓解、降解，消除各种危害和干扰，使土壤恢复到正常状态。作物生长不同时期需要什么，土壤就能供应什么；作物需要多少，土壤就能供应多少；作物需要什么生长条件，土壤就能提供什么条件。在这样优良的土壤环境条件下，无疑能提高作物产量，改善作物品质，保证农业安全，优化环境，保证人畜健康。

对有机无机复混（合）肥配方进行田间肥效试验。试验设 2 个处理，即等量的普通肥处理和有机无机复混（合）肥处理。现将试验结果列入表 15-1～表 15-3。结果表明，猕猴桃施有机无机复混（合）肥比等量普通肥单果重增加 14.73%，维生素 C 含量提高 29.26%；辣椒亩产增加 21.03%；苹果亩产增加 13.18%，维生素 C 含量提高 19.90%。其他生理指标均有明显提高。

表 15-1　猕猴桃施有机无机复混（合）肥与普通肥效果比较

| 测定项目 | 有机无机复混（合）肥 | 普通肥 | 比普通肥高（%） |
| --- | --- | --- | --- |
| 百叶重 | 1 624 g | 1 401 g | 15.90 |
| 百叶厚 | 4.74 cm | 4.70 cm | 0.64 |
| 单果重 | 119.0 g | 104 g | 14.42 |
| 叶绿素 | 5.39 mg/g | 5.15 mg/g | 4.66 |
| 维生素 C | 150.20 mg/100 g | 116.20 mg/100 g | 29.26 |

注：普通肥即等量 NPK 化肥。

表 15 - 2 辣椒有机无机复混（合）肥与普通肥效果比较

| 测定项目 | 有机无机复合肥 | 普通肥 | 比普通肥高（%） |
|---|---|---|---|
| 产量 | 305 kg/亩 | 252 kg/亩 | 21.03 |
| N | 2.89 % | 3.05 % | −5.25 |
| $P_2O_5$ | 0.67% | 0.62% | 8.06 |
| $K_2O$ | 0.89% | 0.77% | 15.58 |
| Ca | 0.78% | 0.47% | 65.96 |
| Mg | 0.26% | 0.28% | −7.14 |
| Cu | 18.31 $\mu g/g$ | 7.39 $\mu g/g$ | 147.77 |
| Fe | 297.22 $\mu g/g$ | 117.34 $\mu g/g$ | 153.30 |
| Mn | 11.07 $\mu g/g$ | 11.16 $\mu g/g$ | −0.88 |
| Zn | 24.58 $\mu g/g$ | 20.58 $\mu g/g$ | 19.44 |
| Cu | 188.83 $\mu g/g$ | 143.21 $\mu g/g$ | 31.86 |

表 15 - 3 苹果有机无机复合肥与普通肥效果比较

| 测定项目 | 有机无机复合肥 | 普通肥 | 比普通肥高（%） |
|---|---|---|---|
| 产量 | 2 095 kg/亩 | 1 851 kg/亩 | 13.18 |
| 可溶性固形物 | 16.54% | 15.96% | 3.63 |
| 百叶重 | 87.74 g | 78.14 g | 12.29 |
| 百叶厚 | 3.46 cm | 3.22 cm | 7.45 |
| 总糖 | 13.13% | 12.53% | 4.79 |
| 总酸 | 0.254 4% | 0.278 0% | −8.49 |
| 可溶性固形物 | 16.54% | 15.64% | 5.75 |
| 维生素 C | 4.94 mg/100 g | 4.12 mg/100 g | 19.90 |
| 叶片含 $Fe^{2+}$ | 44.81 $\mu g/g$ | 42.10 $\mu g/g$ | 6.44 |
| 叶绿素 | 2.99 mg/g | 2.43 mg/g | 23.05 |

## 二、有机肥的缺点

① 体积太大，不便运输；②多为粉状，不宜机械化施肥；③养分含量低，不能满足作物生长需要；④有机态养分分解较慢，不能及时满足作物吸收利用；⑤有机肥在分解过程中，能产生香草醛、苯甲酸等有害物质，能抑制作物生长和影响土壤生产力；⑥有些有机肥含有重金属，会对环境产生污染；⑦当有机物质未及时处理时，会产生各种有害气体，导致大气污染，加重温室效应。

# 第二节 无机肥的主要功能与缺点

## 一、无机肥的主要功能

### （一）生产速度快，生产量大，能及时供应大规模农业生产的需要

无机肥即化肥，是近代科学研究的产物，产业发展很快，目前不但能快速生产大量元素的各种化

肥，而且能快速生产中量元素和微量元素的各种化肥，满足作物对营养物质的需要。

### （二）体积小，便于运输

化肥多为固体，体积很小，产品用袋包装，便于运输。

### （三）粒状固体，便于机械化施肥

绝大部分化肥都是比较均匀的粒状固体，便于机械化施肥，可大大提高施肥功效。可把粒状肥料施入土壤的不同深度，提高肥效。

### （四）养分含量高，能满足作物对营养物质的需要

化肥的主要养分为氮、磷、钾，养分含量都很高。其中，尿素含氮 46％，磷酸一铵含 $P_2O_5$ 48％～52％、氮 10％～12％，磷酸二铵含 $P_2O_5$ 46％、氮 18％，硫酸钾含 $K_2O$ 50％。作物对大量营养元素的需要量很高，有了这些有效养分含量很高的化肥，就可以根据作物的需要量进行施肥，以满足作物的生长需要，获得高产。

### （五）水溶性高，便于作物吸收利用

大部分化肥施入土壤后，遇水即溶，形成活性很高的离子状态，易被作物吸收利用。有的离子如 $NH_4^+$，较难被作物直接吸收，但在土壤微生物作用下，很快转变为 $NO_3 - N$，成为易被作物吸收的氮源。有效磷虽容易被土壤吸附固定，形成难吸收利用的状态，但也易被酸性物质解吸出来，转变成有效态。$NH_4^+$ 和 $K^+$ 虽能被土壤黏土矿物所固定，但在一定条件下也能因其他离子或物理因素的变化而被释放出来，从而被作物继续吸收利用。大部分化肥可被配制成不同种类的水溶性复合肥，也可用作叶面肥和滴灌肥。

### （六）速效性高，及时供给作物吸收利用

作物的生长发育一般可分为营养生长期、生殖生长期和成熟期，前两个生长期都需要不断吸收养分，成熟期则很少或不吸收养分。在吸收养分的两个时期内，特别是营养生长期，对养分的要求是及时速效、足量供应才能满足作物生长需要，不及时、缓效或欠量供应，会抑制作物的生长发育，导致减产。所以，速效化肥是保证作物正常生长发育，获得高产、稳产和优质的重要条件。

### （七）既可作基肥，又可作追肥

化肥与有机肥不同，有机肥是缓效性的，只能用作基肥；而化肥有效养分含量高，是速效性的，既可作基肥，又可作追肥施用。在作物生长过程中，当需要补肥的时候，化肥就可作为追肥施用，及时满足作物对养分的需要。

### （八）根据需要可灵活配制成不同成分的掺合肥

随着化工技术的发展，各种单质化肥可以制成粒径一定大小的粒状化肥。将不同成分的粒状化肥根据作物需要调配成多种成分含量不同的掺合肥，就可满足测土配方施肥的需要。

### （九）少量化肥可作种肥

为了及时供应幼苗对养分的需要，可以用少量化肥进行拌种或制成肥液喷涂在种子表皮，形成种衣。这是化肥的特有功能，此功能可对作物有一定的增产作用。

### （十）可以有意选择肥料种类，克服养分间的颉颃作用

化肥养分之间存在协同作用和颉颃作用，协同作用是有利的，颉颃作用会降低肥效。化肥大多数是单质肥和复合肥，在测土配方施肥过程中，可根据配方要求，选择不具颉颃作用的化肥种类，这样就可以提高测土配方施肥的效果。同时也可根据土壤特性，选择适用的化肥种类，减少或避免肥料与土壤之间发生吸附固定和挥发损失等问题。

## 二、无机肥的主要缺点

### （一）管理不善时，会产生环境污染

因为绝大部分化肥都是水溶性的，变成离子态以后，虽易被作物吸收利用，但也易随水淋移到土壤下层，渗入地下水，进入水库、江河和海洋，污染土壤、水域。全国污水灌溉区，水质变差，浅层地下水受到不同程度污染，局部已出现水体富营养化。当含氮化肥施入土壤后，也会产生氨气的挥发；硝化作用产生的硝态氮，使土壤和水域被污染，在还原条件下也会产生反硝化作用，产生氧化亚氮和氮气，逸失到大气中去，使大气污染。总的来看，化肥的大量施用，对发展良性生态农业和今后绿色革命将是很大的挑战和障碍；化肥已成为当前环境污染的主要污染源之一。

### （二）养分种类少，不能全面供给作物营养元素的需要

各种化肥品种都只含有一种或几种营养成分，因此在施用过程中，即使能用多种化肥品种，也只能匹配成氮、磷、钾与其他几种中量元素和微量元素复合肥。而作物所需的营养元素远不止这 10 多种营养元素。植物不可缺少的微量元素有氯和镍，有的高等植物还需要铝，有的低等植物还需要钒等。所以仅靠使用目前这几种化肥是远远不能满足作物对营养元素的需要。作物体内各种营养元素在作物的生长发育、新陈代谢和生理生化过程中，都具有各自的独特作用，互相之间是不可替代的。所以若化肥所含养分不全，对作物的生育功能肯定是有影响的，故化肥的功能与有机肥是不可比拟的。作物生长在缺少某种或某些营养元素的时候，就容易产生各种各样的缺素症，不是影响产量就是影响品质，不是影响生长就是影响抗逆性能。这些都是化肥存在的主要缺点。目前，真正形成的化学肥料只有少数几种营养元素，还有许多营养元素，如各种微量元素、有益元素、超微量元素和其他尚未定性的各种营养元素，尚未制成可用的肥料，更不知道应该施用多少和如何施用这些营养元素，以及这些营养元素对作物生长的功能如何。所以化肥离完全满足实际需要还有很长的路程要走，很多问题还处在未知状态。

### （三）化肥不含有机质，改土功能低

现在施用的化肥，只含有几种无机营养物质，不含有机质，这是化肥存在的致命缺点。由于化肥不含有机质，改善土壤结构、改善土壤理化性质、增加土壤活性物质等就难以实现。虽然化肥合理施用后能大幅度提高作物产量，也能增加作物根系生长量，但增加土壤有机质数量有限。所谓"以无机换有机"的说法，事实上是很难达到的。根据我国长期多点定位试验，纯施氮、磷、钾化肥处理的土壤，土壤有机质含量均远远低于有机肥与化肥配合施用的处理，作物产量也是同样趋势（徐明岗，2006）。所以仅依靠化肥来解决农业持续发展的问题是不可能的。西方国家曾单纯依靠化肥和农药大面积、大幅度提高作物产量，但它的代价是消耗大量能源、牺牲生态环境、降低土壤肥力和农产品品质。化肥农药的大量施用，加重了能源危机、环境污染、有害元素在农产品中的积累，严重威胁人类身体健康。单纯施用化肥作为土壤养分的投入，不仅破坏了养分循环再利用的途径，还减弱了土壤养分自我维持能力，导致土壤肥力和生产力下降、有机物质减少、理化性质变劣、化肥肥效降低、生产成本增加。

### （四）化肥具有一定的毒害作用，能危害植物和人畜健康

当化肥使用过量的时候，会伤害幼苗，使其吸收后中毒，通称为肥害。特别在干旱年份，由于土壤缺水，若养分浓度过高，会导致作物枯死和绝产。在干热风发生的时候，由于作物吸收氨态氮过多会引起中毒，破坏蛋白质合成，继而减产。形成的硝态氮，若作物吸收过多或在饮水中遗留过多，人畜饮食以后，会引起严重疾病，危害十分严重。

### （五）易使土壤产生酸化，降低土壤肥力

由于大部分化肥属于酸性或生理酸性肥料，在长期大量施用化肥过程中会使土壤产生不同程度的酸化，影响作物正常生长。近年来，蔬菜作物大面积发展，化肥施用量远远超过粮食作物，结果发现，大面积的蔬菜土壤已发展为酸化土壤，pH 由 7 以上降至 6 以下，甚至更低，再持续下去，将会产生更严重的酸化，使土壤肥力退化，生产能力降低。

化肥的种种弊端在西方国家已充分暴露出来，我国也不例外。目前，西方国家都在纷纷提倡发展有机农业、生态农业和生物农业，提倡依靠轮作、施用作物残体和人畜粪尿等有机废物供给作物营养，增加土壤有机质，改良土壤理化性状，控制病虫杂草，生产绿色食品。但对我国来说，仅靠有机肥来发展农业生产是不行的，我国是农业大国，人口多，解决吃饭问题是农业的首要任务。化肥是农业养分的主要来源，不用化肥是不行的，问题是如何使用好化肥。目前，我国对化肥的使用通过研究和实践已积累了丰富的经验和办法，只要充分应用起来，存在的各种问题是完全可以克服的。我国学术界及农民存在只重视化肥而忽视有机肥巨大作用的偏见，这种偏见对于我国肥料科学和农业的发展是有害的。

# 第三节　有机无机复混（合）肥的优越性

以上讨论使作者看到，有机肥和化肥各有优点和缺点。如果把有机肥和化肥合理配合起来，形成有机无机复混（合）肥，就能发挥取长补短的协同作用。从目前形势来看，有机无机复混（合）肥已成为我国农业上广泛应用的一种新型肥，这是我国肥料科学的一种创新，是传统农业和现代农业的一种结合。

## 一、优势互补，充分发挥有机无机的协同效应

### （一）缓速相济，能满足作物整个生长期的养分供应

施入土壤后，有机肥需经较长时间的微生物分解，才能释放出有机养分和少量速效养分，供应作物吸收利用，作物是需要有机营养的；而化肥则经水解或水溶以后，马上就可被作物直接吸收利用。一般作物在生长前期需要较多的速效养分和有机肥的刺激作用；中后期则需要更多速效养分和有机养分，特别是有机养分的供应对一般作物和果树来说，能增大果实、提高品质。复混（合）肥中的化肥可为作物生长前期、中期乃至后期提供所需的速效养分，有机肥可为生长中后期提供足够的有机养分和少量的无机养分，这样就达到缓速相济，满足作物整个生长期对有机无机营养的需要。

### （二）充分发挥有机无机各自独特的作用

化肥中的有些营养成分施入土壤以后，容易转化损失，如 $NH_4^+$ 在碱性条件下容易产生氨气挥发；$NH_4^+$ 在好气条件下，容易发生硝化作用，产生许多硝态氮，硝态氮在土壤水分较多条件下容易淋失，当 $NO_3-N$ 淋失到下层，在嫌气条件下，又易产生反硝化损失。化肥中的有效磷在碱性条件下易被土壤中的 $CaCO_3$ 吸附固定，降低肥效；$K^+$ 也易随水淋失到土壤下层，减少有效供应。当有腐殖质存在时，这些缺点便能得到克服。因有机酸能吸附固定 $NH_4^+$，减少 $NH_3$ 的产生，减缓 $NH_4^+$ 的硝化作用，减少有效磷的固定，提高磷肥有效性；对 $K^+$ 能吸附结合，减少 $K^+$ 的淋失。故有机肥能保护和提高化肥的有效性。当然，有机肥也有缺点，如分解速度太慢是其缺点之一。但当匹配无机肥后，能给土壤微生物和有机肥中的微生物提供充分的速效养分，供微生物吸收利用，促进微生物生长繁殖，从而增强微生物对有机肥的分解作用，加快释放有机营养和无机营养，促进腐殖质的形成，这就是有机无机复混（合）肥所具有的取长补短、发挥各自独特作用的优势。

## 二、快速培肥土壤，提高土壤生产力

根据多年来的经验，采用有机无机肥配合施用是加快培肥中低产田土壤的最有效方法之一。中低产田土壤既缺乏有机质，又缺乏各种无机养分，物理性状不良，增施有机无机复混（合）肥可快速提高中低产田土壤有机质和无机养分，培肥土壤，提高土壤生产力。主要表现在以下几个方面。

### （一）改善土壤物理性状

通过有机质的作用，使土壤结构得到改良，土壤容重、松紧度、耕性、三相比处于合理状态，使水、肥、气、热协调均衡，稳、均、足、适，为作物根系发育和土壤氧化还原创造良好条件。

### （二）改善土壤养分条件

我国绝大部分土壤都缺乏氮、磷养分，缺钾面积也不断扩大。已有不少地区出现中量元素和微量元素缺乏现象，有些地区使用稀土元素也有明显增产作用。在作物体内含有 70 多种营养元素，还有许多元素的营养作用尚未进行研究。随着农业生产的不断发展，土壤有些元素已被植物吸收耗竭，但又不能得到充分归还，严重影响作物产量和品质。有机肥主要是由植物演变而来，植物中所含的各种化学元素必然会转移到各种有机肥中。所以施用有机肥是对土壤化学元素进行全面归还的一条最有效的途径，各种营养元素不断以有机肥施用方式归还土壤，就可避免因土壤缺素而影响作物产量和品质。并且通过有机无机复混（合）肥的施用，现有耕地中缺乏的各种大、中、微量营养元素就可得到充分补偿，土壤养分可达到平衡，为作物高产优质提供良好条件。

### （三）改善土壤化学性状

有机无机肥配合施用，使土壤化学性状发生一系列的变化。

**1. 改善土壤酸碱度**　施用有机肥和无机肥以后，经过微生物转化和作物吸收，能使土壤产生一定程度的酸化。对石灰性土壤来说，长期定位试验结果表明，有机无机肥配合施用，可降低土壤 pH，能释放和活化土壤中被固定的养分，如被固定的磷可被释放，$Ca^{2+}$、$Mg^{2+}$、$NH_4^+$、$Fe^{3+}$、$Zn^{2+}$、$Mn^{2+}$ 等离子可被活化，变成作物可吸收的状态。但长期发生酸化，超过一定限度是不利的，需有效控制。

**2. 增强土壤螯合、络合性能**　增施有机无机复混（合）肥，能增加腐殖质和各种腐殖酸，这些腐殖酸大多都带有各种功能团，其中螯合、络合作用最强的功能团有羧基、酚羟基、氨基和羰基等，由于这些物质的存在，既能吸附保护化肥中营养元素，又能解吸土壤中被固定的各种离子，把它们螯合、络合起来，变成作物可有效利用的养分。

**3. 加强土壤氧化还原过程**　由于施用有机无机复混（合）肥可改良土壤团粒结构，调节土壤三相比例，改善土壤的通透性，土壤氧化还原状况得到改善。一般在团粒结构之间增强氧化过程，有利微生物的活动；团粒内部增强了还原过程，使养分和水分得到很好保护；同时因空间位置的增加，可促进根系向土壤深层和四周扩展，增强对土壤养分和水分的吸收，促进根系呼吸、代谢和生长发育。

**4. 增加对作物生长的刺激作用**　近年来，作者将秸秆、牛粪、泥炭、羊粪、药渣、造纸黑液等有机物料经过生化处理，提取腐殖酸，进行作物生长试验。结果表明，高粱、小麦茎叶干重比对照增加 15%～33%，根系增加 25%～39%。均有明显刺激作用。

### （四）改善土壤生物性状

有机无机复混（合）肥带入土壤中许多微生物、生物酶和细小动物，同时也带入大量的无机营养物质。带入的物质可为土壤的各种生物提供丰富的营养，促进各种微生物的繁殖和发展；同时由于土壤生物得到快速发展又能促进土壤和肥料中有机质及无机营养物质的转化与合成，形成新的有机体和产生更多的有效营养成分。这样就使两者相互促进，不断增加土壤生物量和有效营养成分，为提高土壤生产力创造条件。

### （五）增强土壤、作物的抗逆性

前面已经提到，施用有机肥能改善土壤物理性状，提高土壤抗旱性和抗寒性；同时有机肥在分解和合成过程中所产生的各种激素和类激素，对作物生长都具有刺激作用并增强抗病能力。有机肥中的木质素能增强作物的抗倒伏性能。有机无机复混（合）肥中所提供的氮、磷、钾、硅、铁、硼、钙、锌、镁等无机营养，能克服作物所产生的多种生理病害，如施磷增强抗寒性、施钾增强抗倒性、施铁防治黄化病、施硼克服油菜的"花而不实"、施钙防治白菜的枯心病、施锌防治果树细叶病、施镁克服失绿等。因此，有机无机肥配合施用可把有机肥与无机肥各自的抗逆性结合起来，加强和扩展土壤的抗逆性能。

### （六）改善土壤生态条件，提高农业持续发展能力

增施有机无机复混（合）肥，除提高土壤肥力水平和土壤生产能力外，更将土壤培育成稳健的生态系统，这种生态系统充满了具有生机的生命活体，进行着旺盛的新陈代谢。养分的分解与合成、固定与释放、累积与消耗、土壤生命体的繁殖与死亡交替进行，使土壤有机质和营养元素不断更新和增加，土壤的物理、化学和生物性状不断改善，保证作物健壮生长。这种生态系统具有缓冲、自净、自组织功能，能克服外来的有害物质，能稳、匀、足、适地给作物供应养分和水分以及生长发育的环境条件，为农业生产的持续发展创造有利条件。

# 第四节　有机无机复混（合）肥的原料选择

## 一、有机肥源的选择和制备

### （一）选用天然有机肥源

天然有机肥源主要有褐煤、风化煤和泥炭，大多分布在山西、内蒙古、新疆、黑龙江、江西、云南、四川、河南、甘肃、贵州等省（自治区）。有些地区（如山西晋城、河南巩义、新疆哈密和吐鲁番等）的某些煤风化程度很深，有机质转化成分子量很低的黄腐酸，可直接用酸提取出来。褐煤腐殖质含量较高，一般都在 $40\%$ 以上，最高的可达 $85\%$。风化煤腐殖质含量一般在 $30\%\sim70\%$，最高达 $80\%$ 以上。有机无机复混（合）肥的天然有机肥源最好是山西、内蒙古、新疆等地风化程度较高、腐殖质含量高的风化煤和褐煤。这些天然有机肥源经过简单的处理，即研磨粉碎、过筛后便可使用。

### （二）利用城乡有机废物进行堆沤制造有机肥

**1. 有机肥原料的预处理**　我国城乡有机废物很多，将其堆沤，可制造优质有机肥。有机废物种类多样，但堆沤制造有机肥的基本原理和工艺流程基本一样。在有机废物进行堆沤之前，必须进行预处理，这对堆肥的腐化进程和有机肥的质量有很大的影响。

（1）秸秆堆肥的预处理。为了使秸秆加快腐熟，堆肥之前需要进行粉碎。对含有纤维素或木质素很高的有机物料，粉碎以后还可进行高压膨化，使碳链断裂，变成细小颗粒，这样可增加表面积，使其容易与其他辅料、水分和菌剂混合均匀，加快发酵速度和提高腐解程度。

（2）垃圾堆肥的预处理。城市垃圾含有许多不能发酵的无机物和大块杂物，在堆肥以前必须先进行分拣，经过一系列筛选、风筛、磁选等处理，去除有害物质，将有用物质进行堆肥无害化处理，转化为有机物料。

（3）牲畜粪便的预处理。从大型牲畜场排放出来的粪便，一般均收集在大型粪池内，水分含量很

高，不能直接进行堆肥，在堆肥之前，须经过固液分离。如德国利用特制的滤压机，将水分分离出去，剩下的有机物料进行堆沤。分离出来的粪液通过厌氧发酵、无害化处理后作液肥施用。

**2. 堆沤制造有机肥**　堆肥主要是通过微生物对有机物进行发酵，使有机物矿质化、腐殖化和无害化，变成腐熟的有机肥。在有机物发酵过程中，不但产生可被作物吸收的氮、磷、钾等养分，而且在有机物转化、化学聚合、细胞自溶、微生物合成等综合作用下形成高分子腐殖质，这是构成土壤肥力的重要活性物质，最终形成良好的有机肥，经干燥粉碎后，即可与无机肥配制成有机无机复混（合）肥。

堆肥是微生物活动的复杂过程，微生物在有机物进行分解过程中能产生热量，故可根据产生热量的高低变化来判断堆肥发酵的进程。堆肥温度的变化可分为以下几个阶段。

（1）升温阶段。堆肥初期，以中温性微生物活动的无芽孢细菌、芽孢细菌、霉菌活动为主，温度可升至 15～45 ℃，称为中温阶段。该阶段能将单糖、淀粉、蛋白质等容易分解的有机物迅速分解。

（2）高温阶段。当温度升至 50 ℃以上时，嗜热性真菌、好热放线菌、好热芽孢杆菌等微生物强烈活动起来，使一些较难分解的有机物，如纤维素、木质素逐渐被分解，并开始形成腐殖质。当温度升到 60～70 ℃时，大量的嗜热菌类死亡或进入休眠状态。在各种酶的作用下，有机质仍能继续被分解。由于微生物的死亡和酶作用的削弱，热量逐渐降低，温度低于 70 ℃时，休眠的微生物又会重新活动起来，产生新的热量，经过几次反复保持在 70 ℃左右的高温水平，腐殖质基本形成，此时堆肥物质趋于稳定。要采取最优措施，使堆肥高温保持较长时间，否则就难以达到腐熟状态。

（3）降温阶段。经过高温阶段后，纤维素、半纤维素和果胶物质等已大部分被分解，剩下的主要是很难分解的复杂成分，如木质素和新形成的腐殖质。此时微生物活动减弱，热量降低，温度逐渐下降。当温度下降至 40 ℃左右，嗜温性微生物又重新活动起来，成为优势种类，对残余的难分解的有机物进行再度分解，腐殖质不断增多且稳定化，堆肥即进入腐熟阶段。

（4）腐熟阶段。堆肥温度已下降至接近气温，大部分有机物已经分解和稳定。为了保护已形成的腐殖质和氮、磷、钾有效养分，应把堆体压紧，使其处于厌氧状态，防止出现矿质化。腐熟堆肥应具有以下特性（表 15 - 4）。

表 15 - 4　腐熟堆肥的特性

| 项目 | 指标 | 项目 | 指标 |
|---|---|---|---|
| N（%） | >2 | 持水量（%） | 150～200 |
| C/N | <20 | CEC（cmol/kg） | 75～100 |
| 灰分（%） | 10～20 | 还原糖（%） | <35 |
| 含水量（%） | <40 | 颜色 | 棕黑 |
| P（%） | 0.15～1.5 | 气味 | 泥土味 |

堆肥过程中，通过产生的高温可杀死寄生虫、病原菌、害虫和杂草种子等，达到无害化优质有机肥标准。其指标见表 15 - 5。

表 15 - 5　有机堆肥腐熟后无害化指标

| 参数 | 指标 |
|---|---|
| 大肠杆菌群值（个/g，mL） | ≤100 |
| 蛔虫卵死亡率（%） | ≤95 |

（续）

| 参数 | 指标 |
| --- | --- |
| 汞及其化合物（以 Hg 计）（mg/kg） | ≤5 |
| 镉及其化合物（以 Cd 计）（mg/kg） | ≤10 |
| 铬及其化合物（以 Cr 计）（mg/kg） | ≤150 |
| 砷及其化合物（以 As 计）（mg/kg） | ≤75 |
| 铅及其化合物（以 Pb 计）（mg/kg） | ≤100 |

**（三）堆肥的控制因素**

堆肥的腐熟程度和堆肥的品质与微生物活动的强度直接相关，因此控制与微生物活动相关的各种因素对提高堆肥的品质极为重要。根据经验，以下因素须进行严格控制。

**1. 碳氮比（C/N）** 微生物分解有机质的适宜 C/N 一般为 25，若 C/N 低于 20，微生物的繁殖就会因能量不足而受到抑制，分解缓慢且不彻底；C/N 高于 30，因营养不足，微生物生长繁殖会受到影响，同样会抑制有机物的分解进程。作物秸秆 C/N 较高，一般为 60～80，故在堆肥的时候，需适当加入人粪尿或其他含氮肥料，将 C/N 调整到 30 以下，才能保证堆肥成品中 C/N 达到 10～20，满足有机肥的质量要求。

**2. 含水量** 在堆肥过程中，微生物需从周围吸收水分来维持正常的新陈代谢，堆肥原料吸收水分软化以后才能被微生物发酵分解。如水分过多，则会造成堆肥的厌氧条件，不利于微生物的好氧发酵，抑制发酵进程；水分过少，低于 40%，则能增大堆肥的水分散失量，使堆肥缺水，不利于微生物活动，同样会抑制发酵进程。一般堆肥的极限含水量为 60%～80%，最佳含水量为 50%～60%。调节堆肥含水率一般可用粪水、污泥、畜禽粪便，水分过多时可采用秸秆粉末、垃圾、锯末、食用菌废糠等原料调节。

**3. 通气性** 堆肥通气是保证堆肥质量的主要因素之一，通气量的多少与堆肥有机质含量有关。有机质含量越高，通气越多，一般要求堆肥通气量保持在 8%～18%。在堆肥初期，需通气良好，保证好氧微生物的活动，促进有机质分解；但也不宜通气过多，否则堆内水分和养分会损失过多，引起有机质强烈分解，不利于腐殖质的积累。后期可适当厌气，有利于养分保持。所以在堆肥早期，堆肥中的氧气含量应保持高一些，可通过设置通风沟、翻堆、鼓风等办法予以调控；在堆肥后期，氧气含量应适当低些，可通过堵住通风沟、压实肥堆进行控制。堆肥中氧气含量不应高于 18%，否则会导致病原菌的大量存活；但也不能低于 8%，否则会引起厌气发酵，产生恶臭。

**4. 温度** 堆肥的温度是影响微生物活动和堆肥能否顺利进行的主要因素。堆肥的温度越高，说明微生物活动及其代谢强度高、有机物质的转化速度越快。堆肥初期，堆肥的温度一般与环境温度接近，经过中温菌 1～2 d 的作用，堆肥快速增温，可达到 50～65 ℃，一般能维持 5～6 d。高温期可杀死病原菌、虫卵和杂草种子，达到无害化指标，并使堆肥脱水。最后温度降低，使养分有效转化、腐殖质快速形成和稳定。

堆肥温度过低，会延长堆肥腐熟时间；温度过高（＞70 ℃），则会抑制微生物活性、过度消耗有机质，造成大量氨气挥发损失。

**5. 酸碱度** 一般微生物所需要的 pH 为中性和微碱性，pH 过高或过低都不利于微生物的活动。富含纤维素和蛋白质的畜禽粪便堆肥的最佳 pH 在 7.5～8.0，当 pH≤5.0 时底物降解速率几乎为零，pH≥9.0 时底物的降解速率降低，氨态氮大量挥发损失。

酸碱度对微生物活动和氮的保存有重要影响，一般要求原料的 pH 为 6.5。好氧发酵有大量氨态氮产生，pH升高会增加氮的损失。以秸秆制做堆肥时，因在分解过程中能产生大量的有机酸，需添加相当于秸秆重量2‰～3‰的石灰或草木灰进行中和，添加石灰还可破坏秸秆表面的蜡质层，以利于吸水，也可加入磷矿粉进行调节。

**6. 臭气** 堆肥产生臭气不但污染环境，还引起氮素大量损失。目前控制堆肥臭气的主要办法是添加除臭微生物，除臭微生物能使含氮物质向蛋白氮和硝态氮转化，控制堆肥过程中氮、碳的代谢，减少含氮物质分解为$NH_4^+ - N$后转化为氨挥发损失所产生的臭气，保留更多氮素养分。

### （四）堆肥工艺

作者在杨凌采用如下工艺流程（图15-1）进行秸秆堆肥。

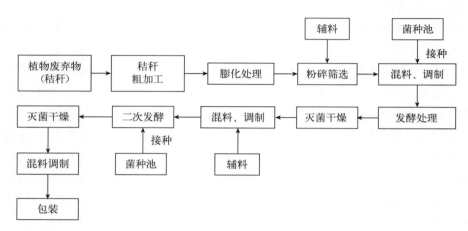

图15-1 秸秆堆肥的流程

**1. 膨化** 膨化是堆肥发酵的前处理。先将秸秆用粉碎机粉碎至长度5 mm以下，然后送至膨化机，由高温高压降到低温低压进行膨化，使高碳链分裂成低碳链。膨化以后的有机物料变成细小颗粒，增加了表面积，容易与辅料、水分和菌剂混合均匀，加快发酵速度和提高腐解程度。

**2. 二次发酵** 一次发酵：在膨化的物料中，调节C/N和水分的同时，加入新的发酵菌剂，进行一次发酵。在一次发酵过程中，首先经过中温发酵，温度为30～40 ℃，中温菌生长繁殖。随着堆肥温度的上升，达到45～65 ℃，高温将取代中温，各种病原菌、虫卵和杂草种子将在此温度下全部被杀死。然后温度由高开始降低，说明一次发酵已结束。该阶段主要是将易分解物质进行分解，产生$CO_2$、$H_2O$和各种矿物质，同时产生热量。

二次发酵：将一次发酵形成的半成品再加入新的菌剂，进行二次发酵。将尚未分解的有机物和较难分解的有机物进一步分解，使之变成腐殖酸、氨基酸等稳定的有机化合物，达到完全腐熟，成为优质有机肥。

通过以上生化反应，形成各种无机营养元素、氨基酸和其他有机营养物质等，供作物和微生物吸收利用；同时形成腐殖质，成为螯合剂和土壤结构改良剂。

秸秆中纤维素的腐解，是国内外长期研究的一个难题。我国在20世纪70年代初就定为重点科研项目进行研究，直到90年代中期，日本在这一领域内纤维素的转化率为61‰。采用以上技术，经过测定使纤维素转化率达到84‰以上，腐殖质含量达35‰以上，成为有机无机复混（合）肥的优质原料。

有机物料经过堆沤生化处理后，再经过干燥、粉碎，并进行物理、化学、生物分析，检验有机物料质量是否符合国家有机肥质量标准。符合者采用，不符合者重新处理。

## 二、无机肥的选择

在制造有机无机复混（合）肥的时候，对化肥种类的选择很重要，必须根据以下条件进行选配。

### （一）根据土壤性质选配

碱性土壤由于 pH 很高，并含有大量 $Ca^{2+}$、$Na^+$ 阳离子，均不宜选配钙镁磷肥、硝酸磷肥，甚至对碳酸氢铵也要谨慎选配。

### （二）根据对作物的适应性选用化肥

不同作物对养分的需要有不同的要求，如对烟草、辣椒等施用含氯化肥，会使烟草品质降低，辣椒等容易产生枯萎病。故对这些作物就不宜选配含氯的 $KCl$、$NH_4Cl$ 等肥料。

### （三）根据化肥品种间相互作用进行化肥选配

化肥中存在各种阴、阳离子，离子之间能产生交互作用，主要有协同作用和颉颃作用。协同作用是互相促进、相互弥补作用，即两种营养元素的联合生理效应大于两者单独生理效应之和，离子之间不会产生化学沉淀而失效。颉颃作用是两种营养元素配合的生理效应小于两者单独施用的生理效应之和，离子之间会产生化学沉淀而失效（图 15-2）。

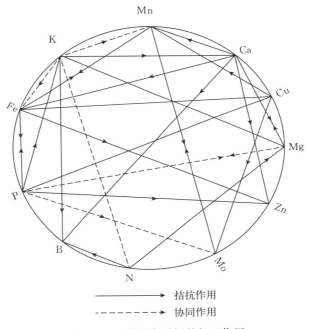

图 15-2　养分离子间的相互作用

两种或两种以上单质化肥能否与中量、微量元素肥料配混，能否与含有机质等配混，能否与农药配混要根据它们之间的物理、化学反应而定。从化学反应的角度说，如果配混后能改善或不削弱混合肥的质量就可配混。如果配混后能反应生成难溶性物质，或使某单一组分质量恶化，这就说明不能进行配混。

在生产有机无机复混（合）肥过程中，为了避免不恰当的肥料混配，可以参照图 15-2、图 15-3进行物料选配。图 15-3 所示"不可混配"是指复混（合）肥生产时会发生养分有效性"退化"或使物理性状变差的肥料；"有限混配"是指肥料混配后，其物理性状会发生不利的变化，如团粒性、结块性变差；"可混配"是指肥料混配后，能保持原来的物理性状，甚至还可得到改善，如尿素和普钙或重钙混配时，可使粒状复混（合）肥产品光滑发亮，改善了产品性质。

| | 硫酸铵 | 硝酸铵 | 氯化铵 | 石灰氮 | 尿素 | 普钙 | 钙镁磷肥 | 重钙 | 氯化钾 | 硫酸钾 | 磷酸一铵 | 磷酸二铵 | 氢氧化钙 | 碳酸钙 |
|---|---|---|---|---|---|---|---|---|---|---|---|---|---|---|
| 硫酸铵 | | △ | ○ | × | ○ | ○ | △ | ○ | ○ | ○ | ○ | ○ | × | △ |
| 硝酸铵 | △ | | △ | × | × | × | × | △ | △ | ○ | ○ | ○ | × | △ |
| 氯化铵 | ○ | △ | | × | ○ | ○ | ○ | ○ | ○ | ○ | ○ | ○ | × | △ |
| 石灰氮 | × | × | × | | △ | × | ○ | ○ | ○ | ○ | ○ | ○ | ○ | ○ |
| 尿素 | ○ | × | △ | △ | | △ | ○ | △ | ○ | ○ | ○ | △ | ○ | ○ |
| 普钙 | ○ | × | ○ | ○ | △ | | △ | ○ | ○ | ○ | ○ | △ | × | × |
| 钙镁磷肥 | △ | × | ○ | ○ | ○ | △ | | ○ | ○ | ○ | ○ | ○ | ○ | ○ |
| 重钙 | ○ | △ | ○ | ○ | △ | ○ | ○ | | ○ | ○ | ○ | △ | × | ○ |
| 氯化钾 | ○ | △ | ○ | ○ | ○ | ○ | ○ | ○ | | ○ | ○ | ○ | ○ | ○ |
| 硫酸钾 | ○ | ○ | ○ | ○ | ○ | ○ | ○ | ○ | ○ | | ○ | ○ | ○ | ○ |
| 磷酸一铵 | ○ | ○ | ○ | ○ | ○ | ○ | ○ | ○ | ○ | ○ | | ○ | × | ○ |
| 磷酸二铵 | ○ | ○ | ○ | ○ | △ | △ | ○ | △ | ○ | ○ | ○ | | × | ○ |
| 氢氧化钙 | × | × | × | ○ | ○ | × | ○ | × | ○ | ○ | × | ○ | | ○ |
| 碳酸钙 | △ | △ | △ | ○ | ○ | × | ○ | ○ | × | ○ | ○ | ○ | ○ | |

图 15-3 肥料混配图

注：○可混配；△有限混配；×不可混配。

在复合肥中，是否需要添加微量元素，添加何种微量元素，添加量多少，也是值得考虑的问题。一般来说，是否需要添加微量元素，可根据土壤微量元素含量来决定，如微量元素含量已达到或超过临界值水平，就不需再添加微量元素肥料，否则将会因微量元素含量过高而引起作物中毒。

选配物料时应注意的问题如下。①保持复合肥中磷的水溶率。通过计算必须确定原料中磷的水溶率，防止加工过程中磷的水溶率"退化"，要保证产品中磷的水溶率在≥40%的水平。②选用的普钙须进行氨化。不管采用何种规格的普钙都须进行氨化，氨化时一般按100份普钙加6份碳酸氢铵来操作。③混合原料缺乏塑性时必须添加黏结剂。当配制的混合物缺乏塑性时，应加入适当的黏结剂（液体或固体），加入黏结剂时也要进行数量计算。计算步骤一般可按"钾、磷、氮"先后次序进行。添加黏结剂后可改善造粒进程和造粒后物理性状的稳定性。

# 第五节　有机无机复混（合）肥的配方

## 一、有机无机复混（合）肥配方的制定

### （一）不同作物专用肥配方

不同作物对养分的需要是不同的，所以不同作物应有不同的有机无机复混（合）肥配方。作者根据土壤和作物的养分测试和田间肥料试验，制定了不同作物专用肥配方，结果见表 15-6。

表 15-6　100 kg 有机无机复混（合）肥配方（%）

| 作物种类 | N | $P_2O_5$ | $K_2O$ | 有机肥 | 黏结剂 | 活化剂 | 中、微量元素 |
|---|---|---|---|---|---|---|---|
| 小麦 | 13 | 10 | 7 | 20～30 | 4～6 | 3～5 | 适量 Mn |
| 夏玉米 | 17 | 8 | 5 | 20～30 | 4～6 | 3～5 | 适量 Zn |

（续）

| 作物种类 | N | $P_2O_5$ | $K_2O$ | 有机肥 | 黏结剂 | 活化剂 | 中、微量元素 |
|---|---|---|---|---|---|---|---|
| 棉花 | 9 | 11 | 10 | 20～30 | 4～6 | 3～5 | 适量 B、Mn |
| 油菜 | 17 | 6 | 7 | 20～30 | 4～6 | 3～5 | 适量 B |
| 果树类 | 10 | 8 | 12 | 20～30 | 4～6 | 3～5 | 适量 Ca、Fe |
| 瓜果、类蔬菜 | 10 | 8 | 12 | 20～30 | 4～6 | 3～5 | 适量 Ca、B |
| 叶菜类 | 13 | 7 | 10 | 20～30 | 4～6 | 3～5 | 适量 B |
| 根菜类 | 10 | 7 | 13 | 20～30 | 4～6 | 3～5 | 适量 B |
| 葱蒜类 | 11 | 10 | 9 | 20～30 | 4～6 | 3～5 | 适量 S |
| 烟草 | 8 | 12 | 10 | 20～30 | 4～6 | 3～5 | 适量 Mn、Zn |

配方中 N、$P_2O_5$、$K_2O$ 养分总含量为 30％，属中浓度的复合肥，均由化肥提供。有机肥用量为 20％～30％（干），用量是相当高的。为了能容纳有机与无机肥各自的高含量，在配肥时，最好选用高浓度化肥，这样可缩小实用肥的容积，容纳更多有机肥用量。添加有机肥的主要目的：一是改土；二是保护和提高化肥的稳定性和有效性。

开始作者对每一种作物都研制了一种专用肥配方，后来发现相同作物种类的养分配方都差不多，同一类型不同作物之间养分配方的差异不超过 1～2 个百分点。故并不需要对每一种作物制定一种专用肥配方，这样对大批量生产是不方便的。对同一种类的作物制定一个专用肥配方是完全可以的。如果树类专用肥可适用于苹果、猕猴桃、桃、葡萄、柑橘等；瓜果类蔬菜专用肥可适用于番茄、黄瓜、辣椒、茄子等。

配方中的有机肥可选用堆肥、泥炭、风化煤。黏结剂可选用麦饭石、海泡石、膨润土、凹凸棒。活性剂可选用海藻酸、复硝酚钠、甲壳素等，效果都较好。

中量、微量元素的种类和用量要根据土壤和作物的需要确定。其中，B、S、Mo 可在配方肥造粒前按确定的用量加入复合肥中；Zn、Cu、Fe、Mn 用量确定后，最好配成乙二胺四乙酸（EDTA）螯合物再加入复合肥中，也可在作物生长期进行喷施。

**（二）配方类型**

生产应用有机无机复混（合）肥的主要目的是全面提高养分含量，使有机肥与无机肥的肥效缓速相济、优势互补、劣势相克。因此在确定配方的时候，首先要使有机无机复混（合）肥的有机质含量达到 25％以上，矿质养分含量不低于 20％。对品质要求较高的农作物，如瓜、果、菜，可采用有机质含量较高的配方。肥料中矿质养分 N、P、K 的配方，应根据作物对养分吸收的需要加以配置。按照以上要求，有机无机复混（合）肥的配方比例不可能跨度太大，根据作者实际经验，以下几种配方可应用于生产：①中浓度型，总养分≥30％，有机质≥20％；②低浓度型，总养分≥25％，有机质≥25％；③无公害型，总养分≤15％，有机质≥30％。以上配方可适应不同作物和不同土壤的要求，而且都可通过不同设备进行造粒，形成高质量的商品肥。对土壤改良、作物产量提高和品质改善都有较好的作用。

## 二、有机无机复混（合）肥的生产工艺

有机无机复混（合）肥比较好的生产工艺是转鼓造粒法，生产工艺流程如图 15-4。

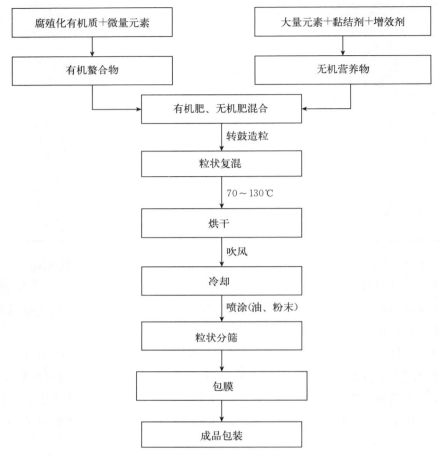

图 15-4　有机无机复混（合）肥的生产工艺流程

有机无机复混（合）肥在加工过程中应控制以下特性。

**（一）紧实度**

为了使复合肥具有一定的紧实度，首先要使有机物粉碎到一定的细度，一般以 0.4～0.8 mm 为宜。细度越小，成粒率越高，紧实度越大。有机肥含水量与造粒紧实度有很大关系，含水量越低，成粒率越低；含水量过高，很难造粒，抗压强度很低。故有机肥含水量应控制在 10%～15%，以利于造粒。

不同化肥的适当配置与有机无机复混（合）肥的造粒紧实度也有密切关系。在化肥氮中加入尿素造粒，成粒率高，稳定性好，但颗粒太紧实，抗压强度太大，不利于养分释放。碳酸铵成粒率低，易吸潮挥发，颗粒不稳定，故不可采用。氯化铵性状处于两者之间，价格便宜。硫酸铵造粒较好，作为氮肥原料也是可取的。磷肥中的过磷酸钙具有良好的黏结性，有利于成粒，能增强颗粒稳定性，但养分含量较低，颗粒强度过高，不利于养分释放；而磷酸二铵则相反，故采用过磷酸钙与磷酸二铵配合效果较好。磷酸二铵是高浓度复合肥，采用它可解决过磷酸钙养分含量低、颗粒过于紧实、养分释放慢的缺点，有利于提高有机无机复混（合）肥整体质量。一般可将 1/2～2/3 的普钙与 1/2～1/3 的磷酸铵混合，效果良好。在有机无机复混（合）肥的总配方中，过磷酸钙用量应控制在 30% 以内。在配肥过程中，应先将过磷酸钙与有机肥混合，使有机肥中的游离氨氨化过磷酸钙，有机肥也可吸收过磷酸钙中一定的水分，这样可避免过磷酸钙与尿素接触时造成原料成糊，难以造粒。氯化钾和硫酸钾对有机无机复混（合）肥造粒和品质都影响不大，问题是含 $Cl^-$ 和 $SO_4^{2-}$ 对不同作物有不同影响，对于忌氯作物应不用氯化钾和氯化铵。对于高养分、高有机质含量的有机无机复混（合）肥，在造粒过程中则须选用高养分含量的化肥与高黏结性的黏土矿物和活性剂，同时在有机肥中应适量喷洒稀硫酸和硫酸亚铁，以增加颗粒的紧实度。

### （二）黏结性

有机无机复混（合）肥颗粒内部的黏结性是保证成品良好物理性状的重要条件。为了提高肥料的黏结性，可选择以下的黏结剂。

**1. 化学黏结剂**　根据一般经验，将硫酸母液喷洒到粉状有机肥或化肥混合物中，可以改善造粒性能。将尿素或硝酸铵添加到硫酸母液中形成溶液，具有良好的黏结性。添加水溶性铁盐，能显著提高产品的成粒作用。铁盐以硫酸亚铁效果最好，添加量为复合肥的 2% 左右即可满足需要。

**2. 黏土矿物**

（1）沸石。天然沸石具有很强的吸附力，与化肥混合可提高化肥间的黏结性，从而延长土壤的供肥时间，减少氮肥损失。当沸石与碳酸铵以 1∶1 混合后，性质稳定，既能减少氮的损失，又不易结块，而且使用方便。沸石还可与微量元素、有机肥中的腐殖酸等配制成沸石复合肥。所以，在肥料中添加适量沸石粉对改善复合肥的黏结性、提高保肥增效能力具有良好作用。

（2）海泡石。海泡石主要成分是硅和镁。海泡石属单斜晶系或斜方晶系，与凹凸棒是同一族，是一组链式层状结构的纤维状富镁硅酸盐黏土矿物。

自然状态下海泡石吸附性强，居所有黏土矿物之首，其吸附量可为其本身质量的 200%～250%，其吸附量随粒度的变细而增大。海泡石的孔隙表面积可达 800～900 $m^2/g$，故具有极强的吸附性。因此，海泡石可用作化肥特别是氮肥的缓释剂以及化肥和农药的分散剂（抗结块性），有利于复合肥的造粒，能改良土壤、增强土壤的保水保肥能力。

海泡石是一种类胶体结构，其杂质主要是磷酸铝和磷酸铁，它们能促进造粒，即使含水量高达 3%，也能防止结块。纯净的磷酸铵造粒是比较困难的，即便含水量很低，在储存中也会结块，所以可适当加些含铝化合物或加些磷矿石粉改善造粒过程，防止结块。

（3）凹凸棒。凹凸棒含 $SiO_2$ 56.13%、$Al_2O_3$ 13.2%、$MgO$ 8.01%、$CaO$ 9.25%、$Fe_2O_3$ 8.1%、$K_2O$ 0.08%、$Na_2O$ 0.08%，铝、铁、钙、镁含量都比较高，具有较高的黏结性、吸附性和营养元素。对有机质和化肥都有很强的吸附作用，并有较高的离子交换能力，能保肥增效。故凹凸棒矿物是良好黏结剂。

（4）膨润土。膨润土属于蒙脱石类矿物，含 $SiO_2$ 50.95%、$Al_2O_3$ 16.54%、$MgO$ 4.65%、$CaO$ 2.26%、$Fe_2O_3$ 1.36%、$K_2O$ 0.47%。遇水即膨胀，具有很强的黏结性和吸附性，对有机质和化肥都有很强的吸附能力，并有较强的离子交换能力。故也是复合肥理想的黏结剂。

不同黏土矿物都可改善复合肥的理化性质，并含有一定量营养元素，还能提高肥料和土壤养分的有效性，故将其与化肥混合后直接施入土壤都能表现出有一定的增加作用，结果见表 15-7。在 NPK 化肥中加黏土矿物的高粱茎叶干物重比 NPK 化肥增产 11.34%～78.85%，高粱根系干重比 NPK 增加 14.4%～55.56%。故以上黏土矿物都可用作有机无机复混（合）肥的黏结剂和添加剂。

表 15-7　不同黏土矿物对高粱生长的影响

| 处理 | 高粱茎叶干重（g/盆） | 比 NPK 增加（%） | 高粱根系干重（g/盆） | 比 NPK 化肥增加（%） |
|---|---|---|---|---|
| NPK | 5.91 | — | 2.43 | — |
| NPK＋沸石 | 7.59 | 28.43 | 3.30 | 35.80 |
| NPK＋沸石 | 10.57 | 78.85 | 3.78 | 55.56 |

（续）

| 处理 | 高粱茎叶干重（g/盆） | 比 NPK 增加（%） | 高粱根系干重（g/盆） | 比 NPK 化肥增加（%） |
|---|---|---|---|---|
| NPK＋海泡石 | 6.58 | 11.34 | 2.78 | 14.40 |
| NPK＋海泡石 | 7.40 | 25.21 | 3.42 | 40.74 |
| NPK＋凹凸棒石 | 8.69 | 47.04 | 3.72 | 54.73 |
| NPK＋凹凸棒石 | 7.26 | 22.84 | 3.69 | 51.85 |
| NPK＋膨润土 | 5.88 | — | 2.40 | — |
| NPK＋膨润土 | 7.89 | 33.50 | 3.12 | 28.40 |

注：均重复 4 次。

### （三）抗湿性

为了提高有机无机复混（合）肥成品的抗湿性，常在成品表面喷涂液体调理剂或粉末调理剂。以防止成品在储存和运输过程中吸湿，造成板结。

液体调理剂常用的是相当黏稠的含有大量石蜡的石油，喷涂在颗粒表面效果很好。对硝酸铵或高氮复合肥，一般不允许使用油品喷涂，因有爆炸或燃烧危险。

液体调理剂是一种包裹油，质量要求如下。

种类：清澈干净的油。

密度：约 0.93 $g/cm^3$。

黏度：15～100 mPa·s。

闪点：≥66 ℃。

一般先喷涂油剂，再喷附粉剂，使粉剂黏附在油剂表面上。粉末调理剂用量通常为颗粒复合肥产品的 1%～4%（质量计），液体调理剂为 0.2%～0.5%。

粉末调理剂常用的有膨润土、硅藻土、高岭土和滑石等。这些粉末调理剂应具有很细的粒度，对颗粒肥料有很好的黏附性和高吸水性。

**1. 膨润土**　膨润土是以蒙脱石为主要成分的层状硅酸盐黏土矿物，其层间可吸附一层或两层水分子。在复混（合）肥生产中加入适量的膨润土，可降低肥料的含水量，防止肥料结块，使肥料保持良好的粒散性，提高肥料的颗粒度，有利于肥料运输、保存和使用。

在复混（合）肥的生产过程中，由于加入的过磷酸钙水分和游离酸含量过高，或其他原料在生产过程中发生化学反应产生过多水分，会导致复合肥造粒困难，加入适量膨润土则可解决这一问题。

**2. 硅藻土**　具有良好的吸水性能，对硅藻土性质要求如下。

细度：100% 通过 325 目（43 $\mu m$）。

状态：自由流动。

水分含量：≤1%。

**3. 高岭土**　对大多数氮磷（NP）或氮磷钾（NPK）颗粒肥，将高岭土喷在其颗粒表面，一般都有较好效果。但用于含有高硝酸铵复合肥的表面，效果并不很佳。而当以表面活性剂与高岭土配合使用时，可大大改善高岭土的性能，用于含有硝酸铵的颗粒复合肥有很好的效果，而且使用非常普遍。对高岭土性质要求与硅藻土类似。

### （四）合理 pH

当确定一种有机无机复混（合）肥配方后，要根据主料和辅料质量进行少量的实物配制，将配制成实物的样品进行 pH 测定。如 pH 能达到 4～5，就可确定为正式复混（合）肥的生产配方；如果

pH 高于 5，则可在主料有机肥中喷洒一些稀 $H_2SO_4$，以达到复混（合）肥的 pH 要求。

中国北方大部分土壤为微碱性土壤，特别是西北黄土高原地区，土壤 pH 均在 7.5～8.5，这就容易引起氮的挥发、磷的退化和其他养分的失效。因此在配制有机无机复混（合）肥时，将 pH 控制在一定范围是十分必要的。作者配制成的复合肥，pH 一般均在 4～5。如猕猴桃专用肥 pH 为 3.99、苹果专用肥 pH 为 4.74、辣椒专用肥 pH 为 4.46、玉米专用肥 pH 为 4.18。这些微酸性肥料施入石灰性土壤以后，能大大提高肥料和土壤养分的有效性，起到保肥增效的作用。

### （五）抗盐析作用

有机无机复混（合）肥制成颗粒状产品以后，与其他复混（合）肥比较，很易产生盐析作用。有时控制不好，装袋以后到施用以前，袋中会出现许多粉状物，影响养分在颗粒肥料中的均匀分布，降低肥效。发生复合肥颗粒盐析作用的内在条件是颗粒肥料含水量较高，对颗粒内水分、养分吸持不牢，外在条件是温度变化。其中发生盐析作用的主要因素是颗粒本身存在许多通道，即孔隙，只要颗粒肥料本身存在孔隙，就可能发生盐析作用。所以为防止颗粒肥料发生盐析作用，除控制颗粒肥料含水量和水分、养分吸持力以外，更重要的是杜绝颗粒肥料本身所有孔道的存在。所以在制肥料的时候，要严格按要求控制有机肥和无机肥的颗粒细度、含水量、肥料混合的均匀度、选粒的紧实度、肥料颗粒大小一致性等，但最重要的是要进行复混（合）肥颗粒肥成粒以后的表面处理，要尽力做到均匀喷涂液体调理剂和粉末调理剂，使颗粒表面包裹一层紧密的覆盖层，使颗粒表面所有孔道被隔离，这样颗粒内部养分析不出来、外面水分吸不进去，基本可防止盐析作用的发生。

**主要参考文献**

科诺诺娃，尹崇仁，1956. 土壤腐殖质问题及其研究工作的当前任务 ［M］. 北京：科学出版社.

刘更另，1991. 中国有机肥料 ［M］. 北京：农业出版社.

毛达如，1981. 有机肥料 ［M］. 北京：农业出版社.

全国农业技术推广中心，1999. 中国有机肥料资源 ［M］. 北京：中国农业出版社.

周连仁，姜佰文，2007. 肥料加工技术 ［M］. 北京：化学工业出版社.

# 第十六章

# 仿生有机无机全营养复合肥的研制与应用

## 第一节 化肥在农业发展中的贡献和副作用

### 一、化肥的贡献

化肥在全球农业增产中发挥了重要作用。联合国粮农组织的统计资料表明，在提高作物单产的前提下，化肥的贡献率为40%～60%（石元亮等，2008）。我国粮食连年丰产与化肥工业发展和施用化肥密不可分，故化肥的生产和施用永远不可忽视。2006年，我国规模以上的化肥生产企业达1 000多家，化肥总产量5 304万t（折纯），化肥消费量达到5 100万t以上，其中农用化肥施用量占4 800万t。2005年，我国的施肥强度已达到383 kg/hm²，施肥强度跃居世界第4位，虽然仅为世界最高水平的41%，但却达到了全球平均水平的3.3倍以上，远远超过发达国家为防止水土污染而设置的225 kg/hm²的安全标准。

### 二、化肥施用的副作用及原因分析

#### (一) 化肥施用的副作用

随着第一次绿色革命的发展，需要大量施用化肥，忽视了有机肥的施用，结果形成有机肥与化肥施用失衡，大量营养元素与中微量元素、稀有元素、稀土元素失衡，再加上化肥营养元素种类单一不全和过量施用，从而导致化肥副作用的迅速产生和扩大，具体表现如下。

**1. 化肥利用率递减** 伴随化肥施用时间的延长和施用量加大，养分利用率逐步下降。我国化肥利用率氮肥为30%～35%、磷肥为10%～20%、钾肥为35%～55%（张福锁等，2008）。据调查，各种化肥利用率都有下降趋势。

**2. 土壤恶化** 土壤是由矿物质风化产物以及有机物在土壤动物、土壤微生物和植物根系长期作用下形成的具有一定结构、孔隙度和植物营养物质的自然系统。化肥造成土壤恶化表现在土壤板结、酸化、盐化等。作为无机盐的化肥大量施入土壤，通过交换作用加速土壤有机质矿化，破坏原土壤结构体系，造成土壤板结；植物吸收化肥中阳离子多于阴离子，多余离子积累在土壤中，造成土壤酸化；化肥有效成分在10%～60%，每一种化肥或多或少会带入土壤中非养分盐分，这些盐分积累引起土壤次生盐渍化。化肥造成土壤恶化在设施农业中表现更迅速、更严重。土壤恶化，将成为导致农业持续发展和高产优质的主要障碍因素之一。

**3. 农产品品质下降** 据报道，1940—1991年，英国生产的水果和蔬菜中微量元素有12%～76%的不同程度下降趋势。同样的状况也发生在美国，一份由美国得克萨斯州大学生化研究院对43种蔬菜、水果营养成分从 1950—1999 年的监测分析报告显示，使用 50 年化肥农药后，蔬菜和水果中的维生素、矿物质和蛋白质含量大大下降。

**4. 作物抗性降低**　统计我国 1978—2008 年每年化肥施用总量和农药施用总量，可知农药增长趋势与化肥增长趋势一致，农药增长强度大于化肥增长强度。说明化肥使作物自身抗病虫能力降低，导致病虫害发生概率和强度增大，同时，作物对干旱、低温等极端环境胁迫的抵御能力也在下降。

**5. 污染环境、威胁食品安全**　化肥发展历程证明，化肥、农药是面源污染的主要来源。1992 年，美国发现 53 个州中有 49 个州地下水的主要污染物为氮肥，农药排行第二。1994 年美国国家环境保护局结论，超过 75% 的州"石油农业"活动严重危害地下水源，污染物经地下水源流经河流、湖泊、河口到大海，导致河水、湖水及海水的污染以及湿地的退化。1996 年统计显示，全球每年有 500 万人死于与水源污染有关的疾病，其中包括多种传染病和肿瘤等难治疾病。

化肥和农药关系密切，化肥施用量增加必然导致农药施用量增加。我国南方由于长期大量施用化肥引起河流、湖泊水体富营养化，使红藻、蓝藻、浮萍等恶性水生杂草暴发。

以美国代表发达国家、中国代表发展中国家，回顾化肥发展历程，两国有着高度一致性。首先，随着化肥施用时间延长和施用量增加，均出现了化肥施用副作用；其次，化肥副作用的表现形式和出现次序完全一致，即肥料效益下降—土壤环境恶化—农产品品质下降—作物抗性降低—面源污染；最后，为抑制化肥副作用，推行的施肥技术进程也基本一致，单一施肥→配合施肥→平衡施肥→配方施肥→测土配方施肥。

无论是美国还是中国，均先后研究并推行了系列科学施肥技术，但不能全面而显著地解决化肥施用副作用问题。最终发现，施用传统有机肥或有机肥与化肥配合施用，能显著减轻甚至消除化肥施用副作用。因此，美国于 20 世纪 90 年代、中国基本与美国在相同年代开始推行有机肥与化肥配合施用，并开始了有机肥工业化、商品化新时代。

既然有机肥能够抑制、消除化肥副作用，就有必要明确有机肥的营养功能，在此基础上，寻求有机肥科学利用方法。未来，应在系统研究有机肥的营养功能、有机肥与无机化肥相互作用原理的基础上，研制新型肥料加工技术，以期实现高效、高产、优质、环境友好的施肥效果。

### （二）化肥施用产生副作用的原因分析

化肥工业革命之前，人类持续了几千年自然有机农业，而在化肥工业革命后不足 100 年间，无论化肥工业起步早的发达国家还是起步晚的发展中国家，随着化肥施用期延长和施用量增加，无一例外地出现了化肥施用副作用问题。为抑制化肥施用副作用，先后推行了一系列施肥技术，但问题难以克服。化肥副作用问题已经成为农业可持续发展的一大障碍。要克服化肥施用副作用，必须找到问题根源。

**1. 从我国化肥发展历程看化肥施用副作用的形成**　化肥为解决我国这个世界第一人口大国的吃饭问题作出巨大贡献。特别是十一届三中全会以后，我国农业迅速发展，创造了世界农业奇迹，这个奇迹建立于持续增加的化肥投入之上。

将代表性年份化肥用量、有机肥用量和农药用量置于同一曲线图中，便能清晰反映化肥、有机肥和农药三者的关系（图 16-1）。显然，农药用量与化肥用量呈正相关关系，与有机肥用量呈负相关关系；三者交点出现的时间在 1986 年，此时化肥和有机肥分别为作物提供 50% 营养，此后农药用量开始急速增长。

化肥、有机肥和农药三者关系说明：①化肥施用副作用不是化肥施用量增加这一单一因素引起的，而与有机肥和化肥养分供应比例失调关系密切；②有机肥和化肥各提供作物 50% 养分时（按大量元素计），三者相对平衡，这个平衡一旦被打破，就会出现化肥施用副作用的严重问题。

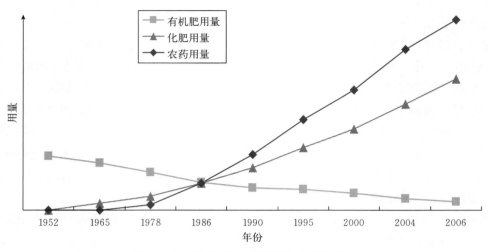

图 16-1 我国化肥、有机肥和农药的用量

**2. 对比美国与中国化肥产业发展过程看化肥施用副作用的形成** 美国化肥工业起步早，历时 50 年（1935—1985 年）达到化肥施用量高峰。化肥施用量高峰就是随着化肥施用期延长和施用量增加，化肥效益下降、土壤环境恶化、农产品品质下降、作物抗性降低和环境污染等化肥施用副作用全面暴发，其间伴随着有机肥施用比例持续下降；尽管我国化肥工业起步晚，但我国只用了 40 年（1965—2005 年）便达到化肥施用量高峰。

虽然美国和中国的化肥工业发展有着显著的时间和空间差异，但化肥施用副作用的表现形式、出现次序和伴随情况几乎一致，说明化肥施用副作用与有机肥关系紧密。

**3. 从施肥技术发展过程看化肥施用副作用的形成** 当人类发现随化肥施用量增加化肥效益随之下降时，便着手研究化肥的科学施用技术。可以说，科学施肥技术一直围绕着提高化肥利用率这一主题，先后推行了配合施肥、推荐施肥、平衡施肥、配方施肥和测土配方施肥等系列施肥技术。由于美国和中国化肥施用副作用表现形式和出现次序基本一致，化肥施肥技术推行次序也几近一致。

最初推行的配合施肥、推荐施肥、平衡施肥、配方施肥和测土配方施肥技术完全针对化肥，故技术核心是调整化肥各元素之间的比例。直到化肥施用量达到高峰——化肥施用副作用问题全面暴发且难以克服时，人们才意识到，仅用调整化肥比例的方法不能有效地抑制化肥施用副作用，于是又把目光转向传统有机肥，发现有机肥与化肥配施，会使化肥施用副作用明显减轻，甚至被完全抑制（王日鑫等，2007）。因此，美国和中国分别从 1995 年和 2005 年开始重新重视有机肥，推行有机肥与无机肥配合施用技术。正是在这种背景下，"有机农业"概念得到推崇。

施肥技术的"回归"说明，有机肥能为植物提供不可缺少的营养物质。

**4. 从自然植物营养原理看化肥施用副作用的形成** 土壤培养实验是模拟自然植物营养循环过程，用完全自然状态下的森林土壤验证培养实验结果的正确性，测定鲜活植物中矿物质种类与化学形态以验证土壤供应与植物吸收矿物质养分的相关性，测定水溶性腐殖酸物质成分揭示有机肥对植物生理、矿物质化学行为及有效性影响的实质。有机肥的植物营养功能反映出的植物营养原理：①植物能够而且必须吸收有机营养；②植物健康生长需要至少 38 种矿物质；③有机配位态矿物质生物有效性更高。

由植物营养自然循环过程可知，天然有机物被土壤微生物降解成水溶性腐殖酸后才具备营养功能，腐殖酸中包含有机营养和矿物质营养两大类营养物质。有机营养按植物生理作用分为直接营养、间接营养、激素类、抗性类、代谢中间物等；矿物质营养包括大量元素、中量元素、微量元素、稀有元素和稀土元素。矿物质营养均以有机配位态和无机离子两种化学形态存在，如果把生物有机物降解而成的多种水溶性有机活性物统称为植物有机营养，那么，有机营养则处于植物营养中心位置（图 16-2）。

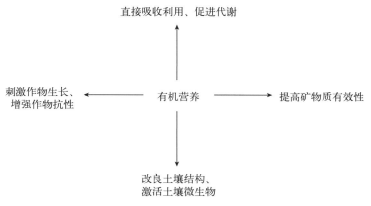

图 16-2　有机营养的植物营养功能

通过分析化肥工业发展和施肥技术发展历程与化肥施用副作用形成的关系，结合作者对有机肥植物营养功能的研究结果与国外对土壤有机质和植物营养关系的最新研究结果，不难看出化肥施用副作用形成的原因，就是植物有机营养与矿物质营养失衡、大量营养元素与其他矿物质元素失衡。

只要平衡作物有机营养和矿物质营养、大量营养元素和其他矿物质元素就能消除化肥施用副作用，实现高产与优质相统一。因此，作者提出了有机仿生配方施肥技术的概念和技术。

有机仿生配方施肥技术的含义如下。

仿生：模拟天然生物体高聚合物化学结构的键能特性和微生物对其逆向降解的生化特性，采用人工方法把天然有机体快速降解为植物可吸收利用的水溶性小分子有机化合物和矿物质。

有机：为植物提供有机营养，矿物质营养是有机配位态。

全营养：包含有机营养、大量元素营养、中微量元素营养、稀有元素营养、稀土元素营养。

配方施肥：根据不同作物营养需求规律和生长发育特点制定的养分配比和施肥方法。

# 第二节　有机肥的植物营养功能

有机肥的功能很多，一般都具有土壤培肥功能、植物营养功能、环境改良功能等。本节主要研究和讨论植物营养功能。

## 一、不同有机肥原料对土壤腐殖酸组分、矿物质种类及化学形态分布的影响

土壤有机质广泛影响着土壤微生物、土壤矿物质及土壤物理组成，是土壤肥力的重要指标。土壤有机质主要指土壤腐殖质部分，通常用土壤表层土壤腐殖质来表示。

本试验向土壤中加入不同的天然有机物原料，经土壤培养使有机物完全腐殖化后，测定各处理腐殖酸组分、水溶性腐殖酸中矿物质的种类、矿物质的化学形态、土壤速效（有效）性矿物质含量和水溶性腐殖酸的物质组成，判断有机肥的植物营养功能。

### （一）试验材料和方法

试验材料：地表 2 m 以下生土、棉花、麦秸、木屑。

材料处理：将土壤风干、碾碎，过 3 mm 筛，3 种有机物料粉碎至 2～4 mm。并测定 3 种高聚合物组分含量，见表 16-1。

表 16-1　三种有机物高聚物组分测定结果

单位：%

| 材料 | 纤维素 | 半纤维素 | 木质素 |
|---|---|---|---|
| 棉花 | 98 | 2 | 0 |
| 麦秸 | 41.2 | 32.6 | 11.5 |
| 木屑 | 42.8 | 21.3 | 27.4 |

试验处理：原土 400 kg，原土 360 kg＋40 kg 棉花，原土 360 kg＋40 kg 麦秸，原土 360 kg＋40 kg 木屑。

土壤培养：在日光温室内，每个处理分别与溶有 200 mL EM 菌液的 200 kg 水充分拌匀，堆成 50 cm 高圆锥形，每 7～10 d 翻堆 1 次；根据水分消耗情况补充等量水，温度稳定后 20 d 翻堆 1 次，直到有机物完全腐解，共计 180 d。随后进行土壤有机质和腐殖质组分测定。

测定方法：腐殖酸提取与分离按国际腐殖质学会颁布的方法；有机质与腐殖酸测定用重铬酸钾氧化法。

## （二）测定结果与分析

土壤有机质与土壤腐殖酸各组分测定结果表明（表 16-2），一是 3 种不同天然有机物料在土壤中被土壤微生物完全降解后，均能提高土壤腐殖质含量，但同样加入，土壤腐殖质含量提高的幅度不同，趋势为原料木质素含量越高，土壤腐殖质含量提高幅度越大；与原土比，棉花提高 205.36%、麦秸提高 384.20%、木屑提高 443.61%。二是在土壤腐殖酸的 3 种组分中，棉花处理黄腐酸含量最高，是原土含量的 4.5 倍，其次为麦秸处理和木屑处理，分别是原土含量的 2.75 倍和 2.29 倍；与原土相比，3 种有机物处理土壤腐殖质中棕腐酸和黑腐酸含量均大幅度提高，但趋势正好与黄腐酸相反，与土壤有机质提高趋势一致。

表 16-2　土壤有机质与腐殖酸各组分测定结果

单位：g/kg

| 处理 | 有机质 | 黄腐酸 | 棕腐酸 | 黑腐酸 | 腐殖酸总量 |
|---|---|---|---|---|---|
| 原土 | 8.4 | 1.832 | 0.905 | 5.812 | 8.549 |
| 棉花 | 28.5 | 8.253 | 1.122 | 16.730 | 26.105 |
| 麦秸 | 42.4 | 5.029 | 4.482 | 31.883 | 41.394 |
| 木屑 | 48.2 | 4.188 | 5.573 | 36.712 | 46.473 |

黄腐酸是由植物细胞内含物及其降解物和衍生物、纤维素和半纤维素降解物及衍生物与部分木质素降解物及衍生物组成，包括单糖、寡糖、核苷酸、脂肪酸、维生素、激素、芬酸及衍生物；棕腐酸主要是木质素，胶结少量纤维素和半纤维素；黑腐酸以木质素为主，还包括纤维素衍生物，如土壤矿物，特别是高价矿物硅、铝、钙等形成的有机无机闭合胶体。

明确土壤腐殖质各组分的物质来源与组成，对研究自然肥力、土壤改良意义重大。

将 4 种培养土壤中的腐殖酸分别提取出来与苦豆草人工降解，腐殖酸消解后用 ICP-MS 测定腐殖酸中全部矿物质种类和含量，测定到包括大量元素、中微量元素、稀有元素、稀土元素和中性元素在内的 31 种元素，加上 N、P、Si、Mo、B（原子吸收分光光度计测定），C、H、O、S、Cl、F（活性有机物组成元素）共 42 种元素。说明土壤腐殖酸中至少含有 42 种元素。

将上述腐殖酸溶液冻干，用乙醇萃取其中有机部分，消解后用 ICP-MS 测定其中全部矿物质种类和含量，这部分矿物质定性为有机态矿物质。结果显示，从原土腐殖酸乙醇萃取物中测定到有机态矿物质 11 种、棉花 16 种、麦秸 10 种、木屑 14 种。另外，在苦豆草的试验中测定到 25 种。本试验仅作定性分析，用以测定矿物质在土壤中的存在形态。

不同有机物料在土壤降解过程中产生的有机活性物，均能活化土壤矿物质，有机物料组成不同，对矿物质的释放效果不尽相同。表 16-3 结果表明，碱解氮提高了 31.21%～188.71%，麦秸＞棉花＞木屑；有效磷提高了 47.22%～64.17%，棉花＞木屑＞麦秸；速效钾提高了 68.57%～153.47%，麦秸＞棉花＞木屑；有效锌提高了 35.16%～85.79%，木屑＞棉花＞麦秸；有效铁提高了 37.29%～146.61%，麦秸＞棉花＞木屑；有效锰提高了 105.7%～194.29%，木屑＞麦秸＞棉花；有效镁提高了 26.75%～39.68%，木屑＞棉花＞麦秸；有效铜提高了 8.70%～71.98%，麦秸＞木屑＞棉花。

表 16-3　土壤速（有）效大量、微量元素含量测定结果

单位：mg/kg

| 处理 | 碱解氮 | 有效磷 | 速效钾 | 有效锌 | 有效铁 | 有效锰 | 有效镁 | 有效铜 |
|---|---|---|---|---|---|---|---|---|
| 原土 | 96.41 | 193.04 | 245 | 4.01 | 11.8 | 14.0 | 193.3 | 2.07 |
| 棉花 | 177.46 | 316.91 | 448 | 6.53 | 18.82 | 28.8 | 260.8 | 2.25 |
| 麦秸 | 278.35 | 284.19 | 621 | 5.42 | 29.1 | 37.5 | 245.4 | 3.56 |
| 木屑 | 126.5 | 312.23 | 413 | 7.45 | 16.2 | 41.2 | 270 | 2.88 |

注：碱解氮的测定采用碱扩散法，Olsen 法测定有效磷，火焰光度法测定速效钾；有效微量元素采用原子吸收分光光度计法测定。

在 3 种有机物中，矿物质含量次序为麦秸＞木屑＞棉花，棉花不含矿物质。但腐解后 3 种有机物对土壤中不同速（有）效矿物质的增加幅度并不符合含量次序，这可能是由于以下原因：一是活性有机物决定土壤矿物质有效性；二是不同活性有机物对不同矿物质的释放能力不同。

## 二、森林土壤腐殖质组成和腐殖酸中矿物质种类及化学形态分布

土壤培养试验有加入 EM 菌液、人工翻堆等人为因素的影响。为验证在自然环境下土壤中有机物自然腐解后，土壤腐殖质组成和腐殖酸中矿物质种类及化学形态分布是否与培养结果趋势一致，作者采集秦岭阔叶林（桦树林）和针叶林（松树林）林下腐殖土，测定腐殖质组成、腐殖酸中矿物质种类及化学形态，与土壤培养结果进行比较（表 16-4）。

表 16-4　森林土壤有机质与腐殖酸各组分测定结果

单位：g/kg

| 处理 | 有机质 | 黄腐酸 | 棕腐酸 | 黑腐酸 |
|---|---|---|---|---|
| 阔叶林 | 65.2 | 6.246 | 31.652 | 27.302 |
| 针叶林 | 78.4 | 8.353 | 40.438 | 29.609 |

森林腐殖土水溶性腐殖酸中矿物质种类和化学形态测定结果表明，虽然各种元素含量与土壤培养试验结果有差异，但种类完全一致，且元素化学形态一致。比较土壤培养试验结果与森林腐殖土水溶性腐殖酸中矿物质元素种类和元素化学形态测定结果，说明土壤给植物提供 40 种以上营养元素，矿物质有机配位盐是矿物元素在土壤中存在的自然属性。

## 三、不同植物叶片中矿物质种类和化学形态分布

为了明确所测定出的这些元素是否全部被植物吸收利用，作者选择了猕猴桃（灌木类）、苹果（乔木类）和番茄（草本类）叶片作为指示物，测定营养元素种类和各元素存在的化学形态。结果表

明，3 种植物叶片中测定到的元素种类同土壤水溶性腐殖酸中可给态元素种类一致，而且同样以无机离子和有机态两种化学形态存在，说明植物吸收元素与土壤可给态元素高度相关。

众所周知，碳、氢、氧、氮、磷、钾、硅、钙、镁、硫、铜、铁、锌、硼、锰、钼、氯和钠 18 种矿物营养元素是植物的生命元素，而从培养土壤、森林土壤提取的水溶性腐殖酸中和新鲜植物叶片中均测定到 42 种元素，且矿物元素有有机配位态和无机离子态两种赋存形态，对植物自然营养循环过程中涉及的植物营养原理有必要深入研究并科学利用。

# 第三节　水溶性腐殖酸肥料与无机肥相互作用的研究

## 一、水溶性腐殖酸肥料与矿物质元素相互作用

土壤水溶性腐殖酸中有机态矿物源于植物中的有机态矿物降解；另外，水溶性腐殖酸是不饱和烃类混合物，大量羧基、羟基、磺酸基、甲氧基、氨基的活性官能团具有很强的配位能力，能与多种金属离子生成配合物。对此，作者向腐殖酸中（用棉花培养）加入锰、铁、铜、锌、硫酸盐和复合硝酸稀土，控制反应后检测有机态矿物增加量，以检验水溶性腐殖酸对外源无机金属离子的配位性。

试验结果显示，水溶性腐殖酸能够与无机金属离子配位反应生成相应金属有机配合物。锰、铁、铜、锌有机配合物含量分别增加了 49.84 倍、26.25 倍、48.28 倍和 8.06 倍；土壤培养试验水溶性腐殖酸中用四氯化碳没有分离到有机配位态稀土，森林土壤中只分离到微量镧和铈，而腐殖酸与硝酸稀土反应产物中测定到轻稀土和中稀土元素有机配合物。说明土壤腐殖酸和植物中存在有机稀土，稀土可以与腐殖酸生成配合物，可能四氯化碳分离法不能将有机态金属配合物全部分离出来。

## 二、水溶性腐殖酸肥料对无机氮素化肥的影响

大量研究证明，有机肥与无机氮素化肥配施能够提高氮素化肥利用率，其作用机理多倾向于有机物对氮素化肥的吸附作用和被土壤微生物代谢的有机态转化两个途径。有机肥进入土壤后，便进入腐殖化和对养分的转化过程。在此过程中，有机物被降解成水溶性腐殖酸，因此，研究水溶性腐殖酸肥料与无机氮素化肥的相互作用有助于明确有机肥提高无机氮素化肥效果的作用机制。

（一）水溶性腐殖酸对无机氨态氮肥反应物的化学形态分布

**1. 试验材料**　腐殖酸：由鄂尔多斯金驼药业提供，为苦豆草和麻黄草降解物，深褐色液体，腐殖酸含量 18.4%，含氮量 1.12%，pH 6.6。硫酸铵：分析纯。

**2. 制备方法**　向 1 000 mL 烧杯中加液体腐殖酸 500 mL，在 90 ℃浓缩至 250 mL；取浓缩液 100 mL 置于 250 mL 烧杯中，加入硫酸铵 10 g，搅拌溶解后常温下放置 24 h，冻干、研磨备用。

**3. 测定方法**　用土壤有机氮分级方法（Stevenson，1982）测定反应产物中含氮物质的化学形态分布，以腐殖酸原液做对照，测定结果见表 16-5。

表 16-5　腐殖酸原液、腐殖酸与硫酸铵反应产物中有机氮分布

| 形态 | 方法 | 原液（%） | 产物（%） |
| --- | --- | --- | --- |
| 酸不溶氮 | 总氮-酸解总氮 | 6.8 | 4.8 |
| 酸解铵态氮 | 用 MgO 蒸馏酸解液氮 | 33.6 | 27.4 |
| 氨基糖态氮 | 磷酸-硼砂蒸馏酸解液氮减铵态氮 | 4.7 | 2.5 |
| 氨基酸态氮 | 茚三酮-$NH_3$ 法测定的氮 | 37.6 | 41.9 |
| 酸解未知氮 | 酸解总氮（铵态氮＋氨基糖氮＋氨基酸氮） | 17.3 | 23.4 |

按土壤有机氮分组方法测定结果表明，腐殖酸原液与腐殖酸和硫酸铵反应产物中近 95% 的氮以有机氮形态存在；有机氮各组分分布总体趋势与土壤有机氮基本一致，但某些组分值差异较大。

腐殖酸与硫酸铵反应产物中两种高活性氮（氨基酸态氮、未知态氮）之和为 65.3%，中活性氮（酸解铵态氮、氨基糖态氮）占 29.9%，稳定性氮（酸不溶氮）占 4.8%。沈其荣（1990）研究结果表明，酸解性氨基酸态氮和酸解性未知态氮活性最高，其次为酸解铵态氮、氨基糖态氮，酸不溶氮最稳定，该研究结果与作者的研究结果趋势基本一致。

**（二）腐殖酸对无机氮硝化速率的影响**

氨态氮肥进入土壤后很快被硝化菌转化成 $NO_3^-$，$NO_3^-$ 是植物吸收氮的主要氮形态，也是氮损失的形态之一。$NO_3^-$ 水溶性极高，不能被土壤或有机物吸附，$NO_3^-$ 淋溶占氮素化肥损失的 85%，减少 $NO_3^-$ 淋溶是提高氮肥利用率、防止面源污染的有效途径。

尿素和碳酸氢铵是两种主要的化学氮肥，尿素是唯一一种人工合成酰胺氮肥，但其化学性质接近无机氨态氮肥，被划归为无机氨态氮肥类。然而，尿素的结构与无机氨态氮肥有实质性不同，结构不同必然导致化学性质和生物学性质不同，尿素在石灰性土壤中 9～10 d 被硝化菌完全氧化成 $NO_3^-$，而碳酸氢铵只需 6～7 d。

水溶性腐殖酸能够影响无机氮的化学形态，促成无机氮向有机态氮转化，这种转化结果是否影响铵态氮硝化速率，作者采用土壤培养试验进行验证。

**1. 试验材料**　尿素、硫酸铵、腐殖酸硫酸铵反应产物。

**2. 试验方法**　取草坪（空白处）10～20 cm 土壤（西北农林科技大学校园），风干粉碎过筛，装入一次性塑料水杯中（塑料杯外套纸杯），每杯 100 g 土，共 72 杯，将装好土的杯子分成 3 组，每组 24 个杯子，每个杯子标上处理号；将尿素、硫酸铵和腐殖酸与硫酸铵反应产物配制成铵态氮含量 0.2% 溶液；向第一组分别加尿素溶液 15 mL，第二组分别加硫酸铵溶液 15 mL，第三组分别加腐殖酸与硫酸铵反应产物溶液 15 mL，使土壤含水量约为田间持水量的 70%，每处理加入纯氮至含量 150 mg/kg。摇动杯子，使土壤与溶液混匀，并将不同处理的 pH 调至 7.8。每组杯子覆盖上白纸。每 4 d 取一批样，每个处理取 3 次重复，用 2 mol 氯化钾提取，用流动注射分析仪测定硝态氮，结果见表 16-6。

表 16-6　土壤硝态氮测定结果

单位：mg/kg

| 加入的肥料 | 硝化作用时间（d） | | | | | | | | |
|---|---|---|---|---|---|---|---|---|---|
| | 0 | 4 | 8 | 12 | 16 | 20 | 24 | 28 | 32 |
| 尿素 | 8.9 | 55.3 | 128.6 | 160.2 | | | | | |
| 硫酸铵 | 9.2 | 48.5 | 127.4 | 159.5 | | | | | |
| 反应产物 | 9.1 | 13.1 | 163 | 215 | 28.4 | 35.6 | 42.8 | 53.4 | 65.7 |

**3. 试验结果与分析**　土壤硝态氮含量为土壤本底值，平均值 9.07 mg/kg；尿素 4 d 硝化率 30.82%，8 d 硝化率 79.69%，12 d 硝化率 100%；硫酸铵 4 d 硝化率 26.29%，8 d 硝化率 78.89%，12 d 硝化率 100%。实际上，尿素和硫酸铵完成硝化的时间应早于 12 d，因为作者每 4 d 取样，未能取得两者硝化完成的准确时间。前 4 d 硫酸铵硝化速率低于尿素 4.53 个百分点，可能是硫酸根短期降低土壤 pH 的结果，第 8 d 两者硝化率基本相同；腐殖酸与硫酸铵反应产物硝化速率显著低于尿素和硫酸铵，32 d 时硝化率为 37.75%，根据硝化率曲线方程推算，反应产物硝化期应在 80 d 以上。

提高氮肥利用率，减少氮肥面源污染一直是植物营养、土壤和化肥专家研究的课题。提高化肥利用率经历了合理施肥、使用抑制剂和氮素缓释法几个阶段。合理施肥包括配合施肥、配方施肥、水肥耦合等技术，这些技术都产生了一定作用，但作用有限。抑制剂包括脲酶抑制剂（0-苯基磷酰二胺、N-丁基硫代磷酰三胺、氢醌）、硝化抑制剂（羟胺）等，虽然抑制剂提高氮素利用率显著，但因素对土壤生态有破坏严重而被禁止使用。氮素缓释法又有物理法和化学法之分，物理法利用硫黄、钙镁磷肥和聚丙烯酰胺等通过涂层、包埋、成膜的方法降低氨态氮肥释放速率，避免硝化高峰出现，从而提高氨态氮肥利用率，物理法工艺上控制困难，施用中肥料养分供应很难与作物需肥高峰同步；化学法是使相关有机物与无机氨态氮肥在控制条件下反应，生产衍生物或缔合物，这些物质具有水解慢、抗硝化菌氧化的特点，从而能提高氨态氮肥利用率。甲醛尿素、乙醛尿素和丁醛尿素是最初研究尿素化学改性技术的产物。据测定，甲醛尿素可提高氮素利用率 15%～20%，丁醛尿素提高 20%～30%。实际应用中存在两个问题，一是肥料分解后会释放醛类物质毒害作物根系和杀死土壤微生物；二是造价比尿素高 50%以上，市场难以接受。尿素用聚天门冬氨酸（PASP）改性法是最新研制成功的尿素化学改性法，特别是聚天门冬氨酸人工合成取得突破为该技术应用提供有力保障。聚天门冬氨酸是多个天门冬氨酸以肽键连接生成的单体聚合物，分子中有多个肽键，故聚天门冬氨酸改性尿素又称为多肽尿素。多肽尿素抗水解、抗氧化，硝化菌只能将缓慢水解释放出来的氨转化成硝态氮，这些硝态氮足以被作物吸收；另外，聚天门冬氨酸被微生物降解成的单体天门冬氨酸能被植物和微生物吸收利用，不会残留任何有害物质，因此，聚天门冬氨酸改性尿素不失为提高尿素利用率的科学方法。

水溶性腐殖酸是天然有机高聚物降解产物，来源广泛，可再生。水溶性腐殖酸是由多种有机小分子活性物组成的混合物，氨基酸及肽类是其组成成分之一，依据聚天门冬氨酸提高尿素氮利用率原理，水溶性腐殖酸能与无机氨态氮肥发生转化、缔合反应，从而提高氮素利用率，防止环境污染。

### （三）腐殖酸原液与反应产物中含氮化合物成分测定

按土壤有机氮分组方法同样将腐殖酸原液与腐殖酸和硫酸铵反应产物中的氮分离成酸不溶氮、酸解铵态氮、氨基糖态氮、酸解性氨基酸态氮和酸解性未知态氮 5 个组分并确定各组分比，说明腐殖酸与硫酸铵发生了化学反应；土壤培养试验结果表明，腐殖酸能够大幅度降低铵态氮的硝化速率，如果能够明确腐殖酸与腐殖酸和无机氨态氮反应产物中各种含氮化合物，必将为腐殖酸提高氮素利用率提供理论依据，将会实现腐殖质科学利用新突破。

测定仪器：安捷伦公司产 RRLC-Q-TOF 1200 型快速分离液相-6520 型四级杆质谱联用仪。

测定条件：①液相条件。Agilent-1200 色谱系统，流动相 A 为含 0.1%甲酸的水溶液，流动相 B 为含 0.1%甲酸的乙腈溶液。分析柱为 Agilent SB-C18 色谱柱，规格为 3.0 mm×100 mm，粒径 1.8 $\mu$m。液相流速 0.3 mL/min。液相分离梯度条件：0～3 min，流动相 B 保持 2%；3～10 min，流动相 B 从 2%升至 10%；10～30 min，流动相 B 从 10%升至 50%；30～40 min，流动相 B 从 50%升至 90%；40～41 min，流动相 B 从 90%降至 2%；41～45 min，流动相 B 保持 2%；柱平衡 8 min。样品进样量 5 $\mu$L。②质谱条件。快速分离液相-6520 型四极杆飞行时间质谱。离子源为+ESI 源，采用正、负离子模式分别检测，四极杆温度为 100 ℃，毛细管电压为 3 500 V，碰撞电压为 175 V，干燥气温度为 325 ℃，干燥气流速为 10 L/min，扫描模式为 Scan，质量扫描范围 50～1 100 m/z。

数据处理：数据采集过程使用安捷伦 MassHunter 数据采集软件，数据检索使用 Metlin 数据库。

苦豆子腐殖酸共测到 2 485 种物质，平均分子量 398，可定名物质 689 种；尿素与腐殖酸反应产物测定到 2 652 种物质，比原腐殖酸 2 485 种增加 167 种，其中含氮化合物 107 种，在总腐殖酸种类中可定名物质 705 种，证明尿素与腐殖酸反应后有新物质生成。

能够定名的物质中存在蛋白氨基酸、非蛋白氨基酸、胺类、酰胺、醇胺、氨基糖、生物碱（碱基）及杂氮化合物 7 类物质，将各类物质用不同颜色区分后，如果以出现频度代表物质含量，7 类含氮物质含量大小依次为：蛋白氨基酸（绿色）＞生物碱（碱基）及杂氮化合物（红色）＞非蛋白氨基酸（蓝色）＞胺类（黄绿色）＞酰胺（紫色）＞醇胺＞氨基糖。

值得注意的是，在蛋白氨基酸中，氨基酸存在的主要形式是 3 个或 2 个氨基酸组成的小肽，而不是氨基酸分子，多种氨基酸单体排列组合成形形色色的二肽和三肽，这种小肽不仅供给植物氮素营养，其对植物的直接生理影响也值得深入研究。

蛋白氨基酸、小肽类是原料中蛋白质水解的产物，腐殖酸原液与腐殖酸和尿素反应产物检出种类差异不大，说明与加入尿素无关；醇胺和氨基糖苷类很少且相对一致，不可能是生成物；很明显，生物碱（碱基）及杂氮化合物主要是吡啶、哌啶、吲哚、嘌呤等的衍生物，也不可能是反应产物；在测定到的物质中，约 75% 的物质由分子组成，没有化学名称，其中含氮有机物超过 1 000 种。根据已知含氮有机物种类、非含氮有机物种类和有机化学反应原理，推测尿素与水溶性腐殖酸反应生成非蛋白氨基酸和胺类物质的可能性较大，除此之外，同丁醛、聚天门冬氨酸与尿素反应一样，腐殖酸中多种有机活性物与腐殖酸生成缔合物的可能性更大。对此，需要设计试验进一步证明。

腐殖酸来源于天然有机物，可以不断再生。水溶性腐殖酸化学反应活性强，利用水溶性腐殖酸改性尿素等无机氮肥，可使无机氮转化成有机氮即符合有机肥释放的氮素化学形态；在不伤害土壤微生物的前提下，可降低硝化菌氧化速率，提高氮素利用率；有机物被土壤微生物代谢后，不会残留任何有害物质。因此，水溶性腐殖酸应是一种物美价廉的氮素保护剂和缓释剂。

## 三、有机腐殖酸肥料与无机磷素化肥相互作用

### （一）试验材料

腐殖酸：由鄂尔多斯金驼药业提供，苦豆草和麻黄草降解物，深褐色液体，腐殖酸含量 18.4%，磷含量 0.24%，pH 6.6。

磷酸：分析纯。

仪器与试剂：水浴锅，RRLC－Q－TOF 1200 型快速分离液相－6520 型四级杆质谱联用仪（安捷伦公司产），消解炉，UV1 401 紫外分光光度仪。四氯化碳（分析纯）。

### （二）水溶性腐殖酸对磷酸化学形态转化的试验

**1. 试验方法** 取 200 mL 腐殖酸加入 500 mL 烧杯中，加入 2 mL 磷酸，搅拌 10 min；取出 50 mL 置入150 mL 三角瓶中，将三角瓶放入水浴锅中，水温 70 ℃ 下反应 60 min，每 10 min 摇动三角瓶 2 min；取出三角瓶，自然冷却，然后移入 100 mL 容量瓶中，定容。

**2. 磷的化学形态分离与测定** 取测定土壤矿物质形态时的试液 5 mL，置入 50 mL 试管中，用氯仿连续萃取 3 次，氯仿每次用量 10 mL；合并有机相并在 65 ℃ 除去氯仿，然后微波消解，残渣用去离子水溶解并定容至 20 mL，用紫外分光仪测定有机磷含量；水相经浓缩、消解后，用紫外分光仪测定无机磷含量，同时测定腐殖酸与磷酸混合液磷含量。

**3. 无机磷与腐殖酸反应后的物质组成测定** 取腐殖酸原液 50 mL，置入 100 mL 容量瓶中，加水稀释，定容至 100 mL，使腐殖酸浓度与腐殖酸和磷酸反应物浓度基本一致；分别取样 50 μL，加入 950 μL 的水稀释后，经 0.22 μm 滤膜过滤后，取 5 μL 用液相-质谱联用仪进行检测。

### （三）试验结果与分析

**1. 腐殖酸对磷酸的有机转化** 如果腐殖酸能够与磷酸发生化学反应生成有机磷类物质，用氯仿萃取时，有机磷类物质便会进入有机相中。测定结果显示（表 16－7）腐殖酸能够将磷酸转化成有机磷类物质，有机相中测定到磷的存在，而且水相中磷含量明显低于配入量。本试验只做定性研究，没有设计反应条件差异和浓度梯度，因此，不做转化率判定。

表 16 - 7　腐殖酸对磷酸的有机转化结果（mg/L）

| 项目 | 腐殖酸＋磷酸（P$_2$O$_5$） | 水相 | 有机相 |
| --- | --- | --- | --- |
| 磷含量 | 142.5 | 112.8 | 30.4 |

**2. 腐殖酸与磷酸反应产物的物质组成**　同氮、硫一样，磷是构成有机物的元素之一，既可以与碳元素直接成键生成有机磷类物质，也可以以磷酸根结合到有机分子中，生成有机磷酸或磷酸酯。天然植物中磷主要以植酸、核酸和腺苷三磷酸（ATP）作为储藏、结构和供能物质。

腐殖酸是由天然有机物降解而成的复杂有机混合物，试验证明了腐殖酸能够将磷酸转化成有机态。但需要了解磷在有机分子中的结合方式，以便明确有机肥提高无机磷肥肥效的机理。

用液质联用分析仪分离、测定腐殖酸原液与腐殖酸和磷酸反应物的物质组成，腐殖酸原液测定到1 436种物质，其中确定物质名称的有453种，有机磷化合物271种，无机磷化合物8种。腐殖酸和磷酸反应物测定到1 804种物质，其中确定物质名称的有674种，这其中有机磷化合物424种，无机磷化合物11种。确定名称的含磷有机物很少，可能与物质种类繁多和Metlin数据库中有机磷标准质谱图数量较少有关。

**3. 试验结果讨论**　对于有机肥与磷肥配施能够提高磷肥有效性的机制，多数学者倾向是有机肥对磷的吸附作用（赵晓齐，1991）；也有学者（章永松，1994）认为有机肥促进土壤微生物增长，微生物对其生长的局部位置的土壤起酸化作用，酸溶解难溶性磷为可溶性磷；对土壤中存在有机磷已没有争议，且Bowman-Cole法是目前通用的土壤有机磷分级方法，但对土壤有机磷的可参考的文献很少。分析天然有机物中磷的化学形态、微生物对无机磷的代谢，结合本研究结果，得知土壤有机磷有3个来源，有机物中有机磷（植酸、核酸等）的降解产物、微生物代谢无机磷产物、水溶性腐殖酸与无机磷的反应产物。

Bowman-Cole法的实质是用极性不同的无机溶剂提取，将土壤有机磷分成活性、中活性、低活性、中稳性和高稳性5个组分，对照本研究中有机磷分子组成，正好与低分子量、中分子量和高分子量相对应。肌醇一磷酸、肌醇二磷酸、核糖磷酸等可以被植物直接吸收（B. R. Bertramson, R. E. StepHenson，1941；H. T. Roger et al，194012）或快速被微生物转化成无机磷供植物吸收；中分子量有机磷容易被微生物分解。分子量不同的有机磷构成了植物有效磷供应梯度，可持续供给植物有效磷；更重要的是，有机磷的形成和存在，降低了土壤溶液中无机磷酸离子的浓度，有效阻止磷酸根离子与土壤中钙、镁、铝、铁等金属阳离子复分解反应生成难溶性无机磷酸盐，避免化学固定。有机磷酸盐又是很好的螯合剂，与土壤中钙、镁、铝、铁等金属阳离子形成的有机磷酸金属螯合物不仅能有效保留有机磷酸盐的亲水性，还能有效保留螯合金属离子的有效性。

磷在植物内主要以植酸、核酸等存在，或以辅酶、ATP参与植物代谢，这些物质名称不同，但基本都属于磷酸酯类，其降解产物肌醇一磷酸、肌醇二磷酸、核糖磷酸及简单衍生物磷酸核酮糖等仍为磷酸酯类。磷酸酯类中的磷以磷酸根或亚磷酸根结合于有机分子中，为区别于无机磷酸，含有磷酸根的有机物称为磷酸；磷原子与碳原子直接相连是有机磷另外一种结构方式，这种结构的有机磷毒性很强，如有机磷农药，不管在土壤，还是腐殖酸和磷酸反应物中，这种有机磷存在的可能性都极小。因此，土壤有机磷主要是磷脂类物质。

水溶性腐殖酸能够与磷酸反应生成磷脂类物质，说明土壤有机磷是生物与化学两个过程的产物。为提高氮素化肥利用率，先后研究出了物理包裹、化学转化（甲醛尿素、长效碳酸铵）等较为有效的技术，腐殖酸可以将无机磷转化成有机磷以及有机磷物质组成的成功测定，不仅明确了有机肥提高磷肥利用率的机理，而且为高利用率磷肥加工提供了技术路线。

# 第四节　仿生有机无机全营养复合肥加工原理与技术

## 一、天然有机物微生物降解的条件与进程

### （一）天然有机物微生物降解的条件

土壤腐殖质是土壤最重要的肥力指标，腐殖质含量越高，土壤越肥沃。腐殖质对土壤物理、化学和土壤生物（动物和微生物）产生系统性影响，并决定土壤水、肥、气、热等肥力因子的水平及其协调性。土壤腐殖质通常用土壤腐殖酸表征，按照国际腐殖质学会颁布的提取分离方法将土壤腐殖酸分成黄腐酸、棕腐酸和黑腐酸3个部分。黄腐酸分子量最小、生物活性最强，是植物的速效营养；棕腐酸次之，可在一定条件下转化成黄腐酸；黑腐酸是土壤中最稳定态碳，对土壤的物理作用大于化学作用。

一般来讲，土壤腐殖质含量与土壤腐殖酸含量呈正相关关系。在自然条件下，通过草本植物地上部分凋亡或木本植物枯枝落叶进入土壤循环补充天然有机质；在农业生产条件下，有机物因收获移出，施用有机肥是补充土壤有机质的唯一方法。

然而，要提高农田土壤有机质积累量非常困难。首先，农田土壤翻耕扰动加速了土壤有机质矿化，不断消耗土壤有机质，导致土壤有机质积累困难；其次，施入有机肥（增加土壤有机物）不是影响土壤有机质的唯一条件，土壤和气候是土壤有机质积累的决定因素。在相同条件下，年平均温度低、降水充沛、中性或微酸性土壤有利于有机质积累，因为此条件下土壤厌氧微生物占主导地位，厌氧微生物对有机物降解缓慢，不能直接将有机物转化成二氧化碳和水，利于土壤有机质积累，世界上有机质丰富的"黑土地"主要分布于北美、北欧，以及我国的东北地区。我国广大的中部地区，特别是西北地区，年平均温度高于12 ℃，降水量低于700 mm，土壤疏松，pH≥7.5。土壤好氧微生物占主导地位，好氧微生物快速直接将有机物分解成二氧化碳和水，导致土壤有机质含量降低、土壤贫瘠。这是一般的推理。但黄东迈（2004）研究结果却与此相反，在旱地土壤上利用同位素标记有机物的试验结果表明，旱地土壤有机质积累量高于水稻土壤，这为旱地土壤培肥提供了依据。

为了快速分解天然有机物料，满足作物对有机活性物的大量需要，20世纪90年代，我国研制成功了具有自主知识产权的生化腐殖酸制备技术。

生化腐殖酸（biotechnology humic acid，简称BHA）是以工农业有机废物为原料，通过微生物发酵、水溶分离、减压浓缩而形成的富含黄腐酸的产品。具有如下特点：一是分子量更小，渗透力更强，更容易被作物吸收利用；二是活性基团含量更丰富，生理活性和生化活性更强；三是成分更多样化，各成分活性更强，应用效果更为优良。

完成生化降解需要具备以下条件：一是微生物是生命体，生长繁殖需要适宜的温度、湿度、pH、通气、碳氮比和营养条件，满足这些条件，微生物才能"工作"；二是微生物具有专一性，每一种微生物只能分解有机物中某一成分（如纤维素分解菌，只能分解纤维素，对木质素无效），故不同有机质的分解必需共存不同的微生物，这样才能使不同有机物同时分解；三是微生物每代谢1个碳原子，需要2个碳原子为其提供能量，提供能量的2个碳原子以二氧化碳形式释放，也就是说微生物发酵有机肥，其中2/3的有机碳会损失掉；四是微生物分解有机物是一个过程。高聚物→低聚物→小分子→二氧化碳和水，微生物分解有机物沿着这个过程顺序进行，不会停留在需要的小分子状态，所以，发酵必须适度，应可以控制其进程。即使这样，也只能获得一小部分有效组分——水溶性有机活性物。但碳转化率只有3%～4%，生产成本较高，因此，生化腐殖酸通常只能用作叶面肥施，难以满足根

际吸收需要。

通过提高土壤有机质含量培肥土壤是一个漫长的过程，气候和土壤条件的差异、高复种指数加大了土壤有机质积累的难度；有机无机肥配合施难以做到标准化；生化腐殖酸的方法有机碳损失大。因此，有必要寻求天然有机物快速降解的方法。

### （二）天然有机物微生物降解存在的缺点

**1. 有机肥分解差异大**　当作肥料施用的天然有机物统称有机肥。天然有机物来源广泛，成分各异，有效性差异大。绿肥、养殖粪便、作物秸秆、修剪枝条及泥炭、褐煤、风化煤等有机矿物都可以用作有机肥原料，然而由于成分不同肥效差异很大，这种差异表现在及时性和全面性两个方面。例如，绿肥 3 个月便可产生肥效，作物秸秆需要一年，而风化煤 3 年也不见得有肥效；绿肥、鸡粪、泥炭营养全面，牛粪、秸秆次之，褐煤、风化煤最差。初生代谢和次生代谢程度及是否经过地球物理过程都会造成不同有机物的肥效差异。而人工降解将使有机物向初生代谢物方向转化，保障肥效一致。

**2. 有机碳损失太大**　无论有机肥直接施用还是发酵成生物有机肥施用以及提取生化腐殖酸施用，都是利用微生物降解的方法。由于微生物降解有机物的生物学特性，有机碳损失在 95％以上。而人工降解可控制不生成二氧化碳，使有机碳转化率达到 99％，利用率在 70％以上。

**3. 不能满足植物最大营养需求**　植物在不同生长期对营养种类和数量需求不同，通常，开花坐果和果实膨大期吸收营养种类多、数量大，是植物营养最大需求期。有机肥被土壤微生物降解成水溶性腐殖酸才是植物可吸收的营养。有机肥组成不同，微生物降解难易程度的不同，导致营养施肥时间、释放强度不同，很难与植物营养需求最大期相吻合、满足植物需求，影响作物生长。将有机物工业化制成植物可直接吸收水溶态，就能做到及时、足量供应作物有机和无机营养，保证高产稳产。

**4. 有机废物农用途径受到限制**　有机肥施用量大、费时费力，随着农村劳动力日益减少，劳动力价格不断提高，迫使农民倾向于施用化肥，限制了有机肥的施用。将有机物加工成有机营养，施用量和施用方法与化肥一样，省工省时，农民易接受。因而可扩大有机肥的利用途径。

有机仿生配方施肥是符合植物自然营养原理、充分发挥化肥和有机肥优点、抑制化肥副作用的施肥方法，要实现标准化有机仿生配方施肥就必须施用有机仿生肥料，水溶性腐殖酸是加工有机仿生肥料的核心材料。如何快速、廉价地将天然有机物降解成类似于生化腐殖酸物质，必须了解天然有机物的植物合成、天然有机高聚物结构、化学性质和天然有机物微生物降解原理，在此基础上，分析人工降解的可行性。

## 二、天然有机高聚物的植物合成过程与化学性质

### （一）植物合成过程

碳是构成生命体原生质的基本元素，天然有机高聚物的合成过程起始于碳，地球的碳循环过程就是生命循环过程。绿色植物通过光合作用将无机碳转化成有机碳，为动物提供生命体结构碳和生命活动需要的能量，不断补充碳库因碳循环消耗掉的有机碳。没有绿色植物就没有碳循环，也就没有地球上形形色色的生命体。

以光合作用合成的葡萄糖为原料转化成蔗糖和淀粉，经磷酸化形成己糖磷酸、丙糖磷酸等中间产物，分别在酶参与下沿不同路径代谢合成植物生长和繁殖所必需的氨基酸、核苷酸、多糖、脂类、维生素等初生代谢产物。通过初级代谢，使营养物质转化为生理活性物质或生长能量物质。

初生代谢物进一步合成蛋白质、淀粉等储藏物质，生长素、生物碱、萜类、甾类、黄酮等生长调节物质和抗性物质，核酸、纤维素、半纤维素、木质素等遗传结构物质和细胞壁结构物质等次生代谢物。

**（二）化学性质**

呼吸作用中间产物、初生代谢物及部分蛋白质、淀粉、生长素、生物碱、萜类、甾类、黄酮等分子量较小的次生代谢物容易降解，这里重点介绍半纤维素、纤维素和木质素 3 种构成细胞壁的高聚物的化学组成。

**1. 半纤维素**

（1）化学性质。组成半纤维素的糖基种类多，糖基构型多样，有呋喃式、吡喃式，连接键有 β-苷键和 α-苷键，且短支链多，半纤维素易被氧化、水解。

（2）氧化。氧化剂使半纤维素解聚，生成各种糖酸。

（3）酸水解。半纤维素在酸性介质中开裂，进而降解。

（4）碱降解。在碱性条件下，半纤维素分子中的乙酰基首先脱落，失去原有的大分子稳定性，进一步发生苷键断裂和剥皮反应，最终形成各种有机酸。故半纤维素溶于碱溶液。

**2. 纤维素**

（1）化学性质。纤维素是以 β-1,4 糖苷键连接聚合的葡萄糖，纤维素受到各种物理、化学、机械、微生物作用时，会使苷键断裂而解聚，葡萄糖上的自由羟基也会发生氧化、酯化、醚化反应，使大分子稳定性遭到破坏。

（2）氧化。同半纤维素一样，氧化剂可以使纤维素糖苷键断裂。

（3）酸水解。在酸性环境中纤维素水解成葡萄糖或寡糖。

（4）碱溶胀。纤维素是线状物，有结晶区和非结晶区，碱不能直接溶解纤维素，但能将水带入结晶区内部，使纤维素急剧溶胀。溶胀后的纤维素容易热解或机械降解。

（5）机械降解。线状纤维素在外力作用下断裂性降解。

**3. 木质素**

（1）与碱反应。碱性介质中，由 HO—、HS—、$S_2$—亲核试剂作用使主要醚键断裂，如 α-芳醚键、酚型 α-烷醚键和酚型 β-芳醚键的断裂，木质素大分子碎片化，部分木质素溶解于反应溶液中酚型结构单元解离成酚盐阴离子，酚盐阴离子的盐氧原子通过诱导和共轭效应影响苯环，使其邻位和对位活化，进而影响 C—O 键稳定性，使 α-芳醚键断裂，生成了亚甲基醌中间体，亚甲基醌芳环化生成 1,2-二苯乙烯。

（2）机械降解。在外力作用下，木质素无定形聚合物中各单体之间的醚键断裂。半纤维素与纤维素间无化学键合，相互间有氢键和范德华力存在。半纤维素与木素之间可能以苯甲基醚的形式连接起来，形成木素-碳水化合物的复合体。

## 三、天然有机物微生物降解的生物化学特性

**（一）半纤维素微生物降解**

半纤维素是由几种不同类型的单糖构成的异质多聚体。单糖聚合体间分别以共价键、氢键、醚键和酯键连接，半纤维素是多种糖共聚物的总称。

由于半纤维素构成的异质性、连接键的多样性，分解半纤维素的微生物较多，分解速度也比纤维素快。降解半纤维素的微生物通过半纤维素降解酶实现对半纤维素的降解，微生物先分泌胞外酶，将半纤维素水解为单糖。已知的分解半纤维素的种类涉及几十个属，100 多个种，细菌、放线菌和真菌均有分解半纤维素的种类。大多数已知的具有纤维素分解能力的微生物都能分解纤维素，并有较高的胞外半纤维素酶活性。如芽孢杆菌属的一些种能够分解甘露聚糖、半乳聚糖和木聚糖；链孢霉属的一些种能够利用甘露聚糖、木聚糖；木霉、镰孢霉、曲霉、青霉、交链孢霉等属的一些种可分解阿拉伯

木聚糖和阿拉伯胶等。

不同微生物分泌不同酶切断不同化学键使半纤维素降解。目前已知半纤维素降解酶有 β-1,4 木聚糖酶、β-木糖苷酶、α-L 呋喃型阿拉伯糖苷酶、α-葡萄糖醛酸酶、乙酰木聚糖酯酶和酚酸酯酶 6 类。β-1,4 木聚糖酶为内切酶，作用于半纤维素主链，将其解聚成低聚木糖；β-木糖苷酶为外切酶，作用于还原端，水解低聚木糖；α-L 呋喃型阿拉伯糖苷酶切断呋喃型阿拉伯糖苷键；α-葡萄糖醛酸酶水解葡萄糖醛酸和木糖残基之间的 α-1,2 糖苷键；乙酰木聚糖酯酶能消除乙酰基团对木聚糖内切酶作用的空间阻碍，增强酶与木聚糖的亲和力；酚酸酯酶切断香豆酸或阿魏酸与阿拉伯糖之间的酯键。β-1,4 木聚糖酶和 β-木糖苷酶是最重要的半纤维素解聚酶，6 种酶协同作用才能使半纤维素完全降解。

### （二）纤维素微生物降解

纤维素是以 β-1,4 糖苷键连接聚合葡萄糖，键型和单元物单一，分泌能切断 β-1,4 糖苷键的糖苷酶和水解酶的微生物都能降解纤维素；纤维素由结晶区和非结晶区两部分组成，结晶区结构致密，葡萄糖没有游离羟基，纤维素酶不易进入纤维素内部降解纤维素，非结晶区结构比较疏松，很易被微生物降解。

在自然环境生态中，已发现 200 多种微生物能够降解纤维素，主要包括真菌、细菌和放线菌。

能降解纤维素的真菌很多，如木霉属、曲霉属、根霉属、枝顶孢霉属、漆斑霉属等。多数纤维素降解真菌在生长过程中产生大量菌丝，菌丝能穿透细胞角质层，增大降解酶与纤维素的接触面积，从而提高降解速率。

细菌中酶活力较强的菌种有纤维杆菌属、生孢纤维菌属和梭菌属。根据需氧量不同，将纤维素降解细菌分成好氧菌和厌氧菌两类。

部分放线菌也能降解纤维素，放线菌抗热、耐盐碱，在真菌和细菌活性低下的条件下，放线菌发挥作用。

要将纤维素有效降解需要内切葡聚糖酶、外切葡聚糖酶和 β-葡萄糖苷酶协同作用，单一微生物一般不能同时产生 3 种纤维素酶，因此，纤维素分解时产生的复合菌群是共同作用的结果。

## 四、天然有机物人工降解的可行性

### （一）植物生物合成提供的可行性

在光能作用下，植物叶片中的叶绿素将无机二氧化碳和水合成葡萄糖，将光能转化成化学储存能。葡萄糖是光合作用的最初产物，也是一切生命的能量源泉。植物按照生命活动需要将葡萄糖转化成初生代谢产物和次生代谢产物，分别构成能量物质、储能物质和结构物质。这些物质种类繁多、结构各异、分子量差异很大，但全部来源于葡萄糖。从化学观点看，所有天然有机物都是葡萄糖的衍生物、聚合物或衍生物的聚合物。既然如此，天然有机大分子肯定存在"逆反应"，可使其降解。

### （二）高聚物的构成、物理、化学性质提供的可行性

除了淀粉和蛋白质之外，天然有机高聚物主要是植物细胞壁构成物——半纤维素、纤维素和木质素。研究表明，半纤维素与纤维素以氢键相连，木质素以醚键或通过阿魏酸键桥相连，木质素与纤维素连接键目前不清楚，有文献认为两者之间有酯键和缩醛键存在。

不管半纤维素、纤维素和木质素三者之间以何种化学键连接，其键能一定小于各自分子内键能，各聚合物单体间键能一定小于单体内键能。当细胞壁受到热力或机械力作用时，这些键首先断裂。

半纤维素是多种糖的聚合物，直链短，支链多，连接键键能相对低，容易被酸水解，在碱性条件下可以与乙酰基反应使半纤维素降解；纤维素是单一葡萄糖以 β-1,4 苷键链接的聚合物，直链长，

无支链，分结晶区和非结晶区，非结晶区相当于初生纤维素，密度小于结晶区。同半纤维素一样，由于存在糖苷键，纤维素能够被酸水解。纤维素没有醚键和酯键，常温下碱不能使纤维素水解，但碱可以使纤维素溶胀，溶胀作用为纤维素降解提供条件。木质素是 3 种单体以醚键和碳碳键聚合成的无定形高聚物，由于醚键存在，木质素溶于碱；酸电离出的氢离子可与木质素外围带负电的活性基团发生亲电反应，使木质素失去电性而沉淀，故木质素不溶于酸。3 种高聚物共同的化学性质是均能被氧化剂氧化降解。

构成细胞壁的 3 种高聚物组成单体不同、连接化学键不同、空间结构不同，决定了化学稳定性不同，3 种物质化学稳定性排序为木质素＞纤维素＞半纤维素。不论天然高聚物稳定性如何，在热力、机械力等外力作用下，可以使其大分子断裂甚至化学键断裂；由于聚合化学键不同，酸、碱对 3 种高聚物的水解能力不同，但均能破坏有机大分子的稳定性。总之，一定的物理、化学条件能使细胞壁降解。

# 第五节　研究结果分析和讨论

## 一、天然有机物人工降解的科学性

从植物生物合成入手，介绍了植物细胞壁结构物——半纤维素、纤维素和木质素三大天然高聚物的单体、聚合化学键、聚合物的空间结构、化学性质和微生物降解机理。在此基础上，讨论了聚合物化学键和空间结构与化学性质和微生物降解的关系，并讨论了微生物降解与化学性质之间的关系。表明聚合物的化学结构决定其化学性质，微生物降解机制是另一种反映其化学性质的方式；微生物含金属氧化酶降解木质素机理与有机化学 Fenton 反应原理完全一致，说明可以用化学法模拟微生物降解天然高聚物。

天然有机物人工降解法具有速度快、降解物均一、有机碳不损失、条件可控的优点，其原理是对微生物原理的完全模拟。

## 二、仿生有机无机全营养复合肥加工技术的科学性

所谓仿生有机肥料，就是模仿微生物对天然有机物降解的生化原理，用人工方法将有机物快速降解为植物可以直接吸收利用的有机营养成分、矿物质及其有机配位盐与无机离子两种化学形态，且各矿物质含量与植物需求比例相当。

有机肥的植物营养功能研究结果是有机仿生配方施肥和有机仿生肥料加工的理论基础，天然有机物人工降解是有机仿生肥料加工的技术保障和物质保障。天然有机物人工降解满足了植物有机营养、多种矿物质营养和矿物质养分的化学形态需要，添加大量无机营养元素并进行转化满足了植物对大量元素的营养需求和大量元素高效利用的需要。

实际上，有机仿生肥料是按照自然植物营养循环原理，用人工方法强化制成的肥料产品，使有机肥速效化，使化肥缓效化，使营养全面化、协同化，保留了化肥和有机肥的全部优点，克服了两者所有缺点。

## 三、效益分析

### （一）肥料效益

**1. 提高化肥利用率**　腐殖酸提高化肥利用率已是不争的事实。美国 Agroact 公司将无机磷酸用水溶性腐殖酸转化后，磷素当季利用率为 45％，后效为 20％，磷总有效率达 65％；沈阳农业大学和

山西省农业科学院土壤肥料研究所试验证明，腐殖酸可将无机氮素利用率提高 1～2 倍、尿素氮利用率高达 60％～80％（王日鑫等，2007）。

**2. 一种肥料满足植物全部营养需求**  有机仿生肥料含有植物需要的所有有机营养成分、矿物质成分，而且成分比例按植物中含量配比，矿物质与有机组分进行配位，保障矿物质养分的生物有效性。

化肥通常只给植物提供大量元素和少量微量元素，不能满足植物多种矿物元素需求；化肥是纯无机态，生物有效性低，用甲醛、乙醛、丁醛等低级醛转化无机氮可以提高氮素利用率，但成本高、残留重。

普通有机肥或生物有机肥与化肥配合施用虽能够提高化肥利用率，也能为作物提供多种矿物营养元素，但由于天然有机物的来源广泛性和组成复杂性，使有机肥肥效不明确，难以实现标准化施肥；有机肥施用劳动强度大，农民施用积极性不高。

单一施用有机肥，农产品品质得到改善，但不能获得高产。

有机仿生是一种真正意义上的复合肥，不仅包含了植物需要的所有营养成分，而且养分比例和矿物元素的化学形态都是肥料的构成要素。

### （二）资源效益

**1. 有机废弃物高效利用**  我国每年种植业和养殖业产生有机废弃物达 6 亿 t，其中蕴含的氮、磷、钾总量 2 400 万 t，相当于 2012 年我国总消耗量（6 650 万 t）的 36.1％。即使将这些有机物全部按传统有机肥施用，仍不能满足作物有机营养需求量，但如果将这些有机物全部高效利用，就能基本满足 18 亿亩耕地有机营养需要量。

**2. 减少资源消耗**  2012 年我国尿素总产量为 6 610 万 t，全部按煤法计算，消耗标准煤 1.025 亿 t，耗电 680.83 亿 kWh；2012 年磷肥生产消耗了 1 亿 t 优级磷矿石，按此速度，中国磷矿仅能开采 20 年。充分利用有机废弃物中的氮、磷、钾营养，可减少 40％～45％化肥生产量，利用腐殖酸配位缓释作用提高化肥利用率30％～35％，可减少化肥施用量 50％～55％。如果将每年农业有机废弃物全部生产成有机仿生肥料，每年减少煤耗 0.7 亿 t、电耗 476.58 亿 kWh。

### （三）生态效益

天然有机物人工降解是模拟微生物降解天然有机物原理，人为控制下克服微生物降解缺陷的方法；有机仿生肥料是按照植物自然营养循环过程中释放的养分种类、养分比例和养分化学形态而加工的肥料产品，其符合自然生态原理，协调土壤、微生物和植物三者关系，有利于生态农业的持续健康发展。

### （四）社会效益

中国人多地少，追求单位面积高产是中国农业生产者的重要目标，保障粮食安全始终是中国社会持续发展的基础，超量施用化肥是在这一背景下形成的。作物产期单一、大量施用化肥导致的土壤破坏、食品安全和环境污染等已经成为中国农业可持续发展的障碍。有机仿生肥料是集保障产量、改善品质、增强抗性、培肥土壤"四位一体"肥料，其不受气候、土壤条件限制，仅需配方微调，有机仿生肥可满足一切作物营养需求，将高产和优质相统一、将提高化肥利用率与节约资源和减少肥料面源污染相统一，社会效益巨大。

**主要参考文献**

蒋高明，2011. 中国生态环境危急 ［M］. 海口：海南出版社 .

李美云，于明礼，2007. 植物有机营养肥料研究进展 ［J］. 安徽农业科学，35（33）：10773 - 10775.

王海磊，李宗义，2003. 三种重要木质素降解酶的研究进展 [J]. 生物学杂志，20（5）：9 - 11.

王岩，林海，2001. 浅谈化肥危害及采取的有效措施 [J]. 丹东师专学报（1）：31 - 32.

张福锁，王激清，张卫峰，等，2008. 中国主要粮食作物肥料利用率现状与提高途径 [J]. 土壤学报，45（5）：915 - 924.

赵满兴，周建斌，陈竹君，等，2007. 有机肥中可溶性有机碳、氮含量及其特征 [J]. 生态学报，27（1）：397 - 403.

Zhang C H，Li Q Q，Zhang M X，et al，2013. Effects of rare earth elements on growth and metabolism of medical plants [J]. Acta PHarmaceutica Sinica B，3（1）：20 - 24.

Patrick H B，Ross M W，Earle E C，1987. Nickel：A Micronutrient Essential for Higher Plants [J]. Plant Physiology，85：801 - 803.

# 第十七章

# 水溶性肥料

## 第一节　发展水溶性肥料的原因

水溶性肥料（Water Soluble Fertilizer，WSF），是一种可以完全溶于水的多元复合肥，也称液体肥（Liquid Fertilizer），这是一种新兴肥料，它把水和肥结合起来，通过灌溉或喷施，把水和肥同时送达作物根部或作物叶部，供作物同时吸收水分和养分，充分发挥水肥的耦合效应，提高水肥利用率，既能节省水分和肥料，提高产量和改善品质，又能防止水肥损失，减轻环境污染，改善生态环境。

水溶性肥料实际上在我国传统农业中早就被应用了，如我国古代农民经常采用人粪和猪粪加水稀释用作追肥，喷洒在作物根部和叶面，促进作物生长。随着化学肥料的生产和使用，在农民有机液肥的基础上，逐渐发展成各种无机液体肥和有机无机液体肥。目前，在我国已经生产和应用的液体肥种类有无土栽培液体肥、叶面肥、冲施肥和滴灌肥等。无土栽培液体肥所含养分比较全面，既作基肥又作追肥；其他液体肥所含养分专属性较强，主要用作追肥。其配制和使用都已形成各自的技术体系，成为我国现代农业快速发展的有效措施之一。发展水溶性肥料主要有以下几个原因。

### 一、水资源紧缺

我国水资源极为紧缺，供需矛盾十分突出。随着全国人口的增长和农业的快速发展，特别是工业化、城镇化进程的加快，工农之间、城乡之间用水矛盾进一步加大。因此农业灌溉用水的供应更难得到保障。在旱作区提高自然降水利用率，具有 260 亿 $m^3$ 的潜力。说明节水农业对粮食增产具有很大的潜力。因此，必须把节水农业作为一次革命性的措施来抓。

### 二、农田干旱严重

随着全球气候变暖，干旱对农业生产的威胁越来越大。在我国大范围、长时间的旱情已成为粮食和农业生产发展的常态危害。在华北、东北西部等地区由于地下水大量超采，井越打越深、水越出越少，这对农业可持续发展又面临着另一个严重威胁。另外，许多地区，仍进行大水漫灌、超量灌溉，水资源利用率很低，灌溉和自然降水利用率只有发达国家的一半左右。因此，探索和推广完整高效的节水农业技术，对我国粮食生产连续高产稳产是一项重要的迫切任务。

### 三、环境污染不断加重和扩大

我国农田在 20 世纪 80 年代以点源污染为主，现已发展到以面源为主的污染趋势，形势十分严峻。

我国海洋近岸水域已有相当面积形成富营养化，据不完全统计，我国沿海 1980—2000 年共发生赤潮 300 多次，其中 1989 年发生的一次持续达 72 d，造成经济损失 4 亿多元。1997 年 10 月至 1998 年 4 月发生在珠江口和香港海面的范围达数千平方千米大赤潮，给海上渔业生产造成数以亿元计的损失。海洋重要的鱼、虾、贝、藻类的产卵场、索饵场、洄游通道及自然保护区主要受无机氮、活性磷酸盐和石油类物质的污染。无机氮污染以东海区、黄渤海区部分渔业水域和珠江口渔业水域相对较重，活性磷酸盐污染以东海区、渤海及南海近岸部分渔业水域相对较重。

我国湖泊和水库也已产生不同程度的污染，尤其是重金属污染和富营养化现象十分突出。多数湖泊的水体均以富营养化为特征，总磷、总氮、化学需氧量和高锰酸盐指数较高。沿湖不少农村的井水已不能饮用，造成当地农民饮水困难。

## 四、施肥量大，利用率低

据金继云等（2000）报道，我国化肥年使用量由 1977 年的 596 万 t，增加到 2005 年的 5 000 万 t 左右。单位耕地面积施肥量全国前 10 位的高产省份平均为 367 kg/hm²，后 10 位的低产省份平均为 255 kg/hm²，全国平均为 315 kg/hm²，远远超过发达国家为防止对土壤和水体造成危害而设置的 225 kg/hm² 的安全水平。单位耕地面积上的化肥施用量很不平衡，蔬菜和果树施肥量大大高于粮食作物，有些地区前者施肥量高达 600 kg/hm² 以上。

现在我国化肥施用量是多是少，已成为一个争论问题。但从实际情况来看，不施化肥是不行的，不施化肥作物产量会大幅度下降，这由许多试验结果所证实。现在的问题是化肥利用率问题。从许多试验结果看，我国化肥利用率较低。据中国农业科学院土壤肥料研究所全国化肥网试验结果，全国化肥利用率为 30%～40%。1992 年中国科学院南京土壤研究所朱兆良根据 792 个田间试验，总结了我国 20 世纪 80 年代主要粮食作物对氮素肥料的利用率为 28%～41%，平均为 35%；他于 1998 年再次提出全国粮食作物氮肥利用率为 30%～35%、磷肥利用率为 15%～20%、钾肥利用率为 35%～50%。张福锁等（2007）对我国化肥利用率进行了分析，结果指出，目前我国水稻、小麦、玉米三大作物氮、磷、钾平均利用率分别为 27.5%、11.6% 和 31.5%。其中，水稻、小麦、玉米的氮肥利用率分别为 28.3%、28.2% 和 26.1%，磷肥利用率分别为 13.1%、10.7% 和 11.0%，钾肥利用率分别为 32.11%、30.3% 和 31.9%。由此看出，自 20 世纪 80 年代到现在，化肥利用率有逐渐降低趋势，主要粮食作物的氮肥、磷肥、钾肥利用率分别下降了 7.5、3.4～8.4 和 3.5～18.5 个百分点，下降幅度相当明显。

# 第二节　水溶性肥料的基本特点

## 一、配方针对性强

水溶性肥料是各种液体肥料的总称，一般当作追肥施用。其中有的水溶性肥，如无土栽培的营养液，既用作基肥又用作追肥，它的针对性主要反映在不同作物和不同品种的差异性方面；冲施肥、滴灌肥和叶面肥均作为追肥施用，所以它的针对性就更强。它的配制一般均在作物不同生育阶段营养诊断的基础上进行，缺什么配什么，缺多少配多少，实行定期、定量追肥。如果水溶性肥缺乏针对性，把不缺的营养元素配进去，把缺少的元素不配进去或配得过多或过少，就不能取得应有效果；相反，会浪费资源，影响作物生长，甚至造成减产。所以水溶性肥针对性的强弱是影响作物产量高低的关键。

## 二、水溶性强

如果配制的水溶性肥，其中有部分肥料不能全部溶解，施用时就会有残渣和沉淀，用于滴灌会使管道堵塞；用于叶面喷施，就会沉积在叶面，影响作物吸收，且有灼烧叶面的危险；用于田间冲施，会使养分分布不匀，影响肥效发挥。故水溶性肥必须是完全溶解。

要使水溶性肥成为全溶性，在配制水溶性肥的时候，应严格遵守化合物的溶度积原理，使水溶性肥的配方具有化学平衡性。配方中有些营养元素的化合物，当其离子浓度达到一定水平时就会相互作用而形成难溶性化合物，从溶液中析出，使营养元素的有效性降低，从而失去营养液中这些营养元素之间的化学平衡性。

在水溶性肥的营养液中总会含有各种阳离子和阴离子，当超过一定浓度时，阴阳离子会形成难溶性的化合物沉淀，如 $CaSO_4$、$Ca_3(PO_4)$、$FePO_4$、$Fe(OH)_3$、$Mg(OH)_2$ 等。在溶液中能否会形成这些难溶性化合物，要根据溶度积法则来确定。所谓溶度积法则是指存在溶液中的两种能够相互作用形成难溶性化合物的阴阳离子，当其浓度乘积大于这种难溶性化合的溶度积常数时，就会产生沉淀，否则就不会产生沉淀。

## 三、酸碱平衡性强

不同的肥料投入土壤，经作物吸收利用以后，会对土壤的酸碱性产生不同的反应。如 $NaNO_3$、$KNO_3$、$Ca(NO_3)$ 等施用后，作物首先快速、大量吸收 $NO_3-N$，对 $Na$、$K$、$Ca$ 吸收较少、较慢，因此在根际将剩下较多的 $Na^+$、$K^+$、$Ca^{2+}$，产生氢氧化合物，提高土壤碱性，故称生理碱性肥料，影响作物根系生长发育；同时由于溶液 pH 的升高，导致磷酸与 $Ca^{2+}$、$Mg^{2+}$ 产生磷酸盐沉淀和 $Fe^{3+}$ 产生 $Fe(OH)_3$ 沉淀，使作物缺磷、缺铁。另外，如 $K_2SO_4$、$(NH_4)_2SO_4$、$CaSO_4$ 等施用后，作物将较多吸收 $K^+$、$NH_4^+$ 和 $Ca^{2+}$，留下较多 $SO_4^{2-}$，使土壤酸性升高，故称其为生理酸性肥料。由于酸性升高，会引起滴灌管道腐蚀，如遇硬水，会与较多钙离子产生 $CaSO_4$ 沉淀，堵塞滴灌管道；酸性过高，也会促进作物对某些离子吸收，引起作物中毒，影响作物生长发育。因此，在配制水溶性肥的过程中，要十分重视对这两类肥料的选配，并以 $H_2SO_4$ 或 $KOH$ 对配制的溶液进行 pH 调整。根据土壤原有的酸碱度，把水溶性肥调整到 pH 为 6.5，便可使水溶性肥的酸碱性保持高度平衡性。

## 四、调节作物体内生理平衡

植物根系对营养元素的吸收是有选择性的。因此，作物在吸收养分的过程中会使根部养分的浓度和比例发生变化，从而引起作物体内吸收养分的数量和比例发生变化。如果某一养分浓度发生变化的范围超过作物正常生长所需要的范围，就可能破坏正常的化学平衡，进而影响到作物体内的生理平衡，使生理平衡遭到破坏。

使作物体内产生生理不平衡的主要原因是营养元素之间存在着两种截然不同的相互作用：一是协同作用，即营养液中某一种营养元素的存在可以促进另一种营养元素的吸收；二是颉颃作用，即营养液中某种营养元素的存在会抑制植物对另一种营养元素的吸收。这就会使作物对某些养分吸收得多，对某些养分吸收得少，产生作物体内化学平衡性和生理平衡性的破坏。

营养液中含有作物生长必需的营养元素，且以不同的形态存在于营养液中，它们之间的相互关系是错综复杂的。例如，营养液中的 $Ca^{2+}$、$Mg^{2+}$ 能促进 $K^+$ 的吸收；阴离子 $NO_3^-$、$H_2PO_4^-$ 和 $SO_4^{2-}$ 能促进 $K^+$、$Ca^{2+}$、$Mg^{2+}$ 等阳离子的吸收；而 $Ca^{2+}$ 对 $Mg^{2+}$ 的吸收则存在颉颃作用，$NH_4^+$、$H^+$、$K^+$ 会抑制作物对 $Ca^{2+}$、$Mg^{2+}$、$Fe^{2+}$ 的吸收，特别是 $H^+$ 对 $Ca^{2+}$ 吸收的抑制作用尤为明显。如在酸度较低时，则会出现 $Ca^{2+}$ 的吸收受阻，产生缺钙的生理失调症；而阴离子 $H_2PO_4^-$、$NO_3^-$ 和 $Cl^-$ 之间也存在着不同程度的颉颃作用。由于作物在吸收养分过程中，能产生如此复杂的变化，很自然就会导致作物体内的生理平衡性。

营养液中的营养元素究竟在何种比例或多高的浓度时才会表现出相互之间的协同作用或颉颃作用截至目前尚没有明确的答案，也没有一个统一的标准或明确的数值。但要解决这个问题，一般认为可以通过分析正常生长的植物体内各种营养元素的含量及其比例，以此为基础确定不同作物的营养液配方。根据多年的试验研究证明，这种配方比较符合作物生理平衡的要求。现在一般都是以此方法配制水溶性肥的成分浓度和比例，认为这样配制的水溶性肥对作物有较高的生理平衡性。试验证明，所配制肥液的养分浓度和比例与实际需要虽有一定偏差，但偏差范围在 30% 之内时不会影响作物生理平衡性的，作物仍然可以正常吸收养分和生长发育。

## 五、养分离子活性强

作物对养分吸收的速度和数量与营养元素的活性有关。所谓营养元素活度，简单地说就是养分的有效浓度。养分的有效性与养分离子的活性有关，离子的活性越强，养分的有效性就越高。另外，影响养分离子活性的因素还有温度、土壤电性，如吸附性能、水分子的分散结构和凝聚结构等，都对养分离子的活性有很大影响。故在配制和使用水溶性肥时都要全面考虑这些因素，其中特别重要的是要严格控制营养液的浓度。不同作物对营养液的浓度要求是不一样的，超过总盐分浓度要求范围，作物就不能正常生长。对一般作物来说，总盐分浓度在 0.4% 以下，是可以正常地生长的。但对不同作物应采用不同的浓度，才比较安全。通常营养液浓度宜低不宜高，这样就能保证营养液的高活性。

## 六、养分间兼容性强

有些单质肥料虽然都可溶于水，但混配以后却因化学反应而生成化合物沉淀，影响肥料的施用和效果。如硫酸铵、氯化钾都可溶于水，而混合以后却能生成硫酸钾，其溶解度小于硫酸铵和氯化钾，说明这两种肥料之间的兼容性不高。肥料与土壤和肥料与水源中养分之间同样也要有很高的兼容性，否则会产生各种各样的沉淀而失去有效性。如土壤和水源在含有较多 $Ca^{2+}$、$Mg^{2+}$ 情况下，配用磷酸盐化肥就会很容易产生磷酸钙镁盐类沉淀；当土壤含有高浓度的铁、铝离子时，同样也能产生磷酸铁、铝盐类沉淀，这些现象都是由于养分间兼容性不高而造成的。这些均会降低肥效，妨碍施用。故在配制水溶性肥之前，必须根据所需养分，选好化肥种类，配制成具有高度兼容性的水溶性肥，这是水溶性肥的重要特点之一。

## 七、养分吸收率高

由于水溶性肥具有高度的针对性、全溶性、酸碱平衡性、化学和生理平衡性、兼容性和离子高活性等特点，必然会导致养分高度的吸收率。在水溶性肥施用的时候，如能施到作物根系集中部位或均匀喷施到叶片的全面，特别是叶片的背面，就更易被作物吸收。根据各地试验和实践，水溶性肥的水分和养分利用率最高可分别达到 95% 和 80%。随着科学技术的发展，水溶性肥全吸收的目标是有可能实现的。

# 第三节 水溶性肥料的配制原理和方法

水溶性肥料不仅含有大量元素，而且也含有中量元素和微量元素，甚至还含有超微量元素。为了提高肥效，促进作物生长，防治作物病虫害，在水溶性肥料中还可添加腐殖酸、氨基酸、海藻酸、复硝酚钠、壳聚糖、核糖核酸等多种有机营养物，有的还配制有针对性的农药类物质，形成多功能、多元素的水溶性复合肥。当然这些有机物质加入水溶性肥中都必须是水溶性的。由此看来，要把各种水溶性肥都通过化学合成方法进行制造是不可能的，只有通过物理混配才有可能制成所需的各种不同类型的水溶性肥。所以物理方法应该是配制水溶性肥的主要方法。有人认为，物理方法配制成的水溶性肥毫无技术含量、没有市场竞争力，这种看法是不全面的。问题的关键是要看所配制成的水溶性肥是否符合我们所提出的水溶性肥的基本特性，能符合这些基本特性的水溶性肥那就是高水平、高质量、高效果的水溶性肥，就会有很高的市场竞争力。

　　水溶性肥的配制工艺比较复杂，它需要考虑到土壤、作物、气候、肥料、辅料等各种因素的特点和因素之间的相互关系，才能配制出比较理想的水溶性肥。所以水溶性肥配制的技术性很强，配制成的商品价值也很高，因为它有很高的效益，故水溶性肥料的应用前景也必然是很广阔的。

# 一、水溶性肥料的配制原理

## （一）依据土壤养分和作物体养分测定状况制定水溶性肥配方

　　李久生等（2003 年）提出，制定水溶性肥配方有两种情况，一种是作物全程生长需要的养分配方，另一种是作物生长不同阶段所需的养分配方。全程养分配方主要是根据作物收获部分（表 17-1）和植株部分所测定的养分含量，并参照土壤有效养分测定值进行配制。简单地说就是以目标产量所需养分吸收量减去土壤养分供应量，就成为作物目标产量所需施肥量；阶段性所需养分的配方，主要是根据当时的作物植株某一部位所测定的养分含量与该部位标准养分含量之差，来确定水溶性肥的配方。其前提是以液体肥中养分全部能被吸收为准则，但实际是很难达到的，因此一般以 70%～80% 被吸收作为依据进行配制和应用比较可靠。

表 17-1　作物收获部分的养分含量

| 作物 | 产量（t/hm²） | 收获部分的养分含量（kg/hm²） | | |
|---|---|---|---|---|
| | | N | $P_2O_5$ | $K_2O$ |
| 芦笋 | 3.4 | 100 | 56 | 134 |
| 豌豆 | 11.2 | 196 | 45 | 224 |
| 花椰菜 | 20.2 | 90 | 34 | 84 |
| 白菜 | 86.5 | 302 | 73 | 280 |
| 芹菜 | 185.3 | 314 | 185 | 840 |
| 莴苣 | 49.4 | 106 | 34 | 224 |
| 马铃薯 | 5.6 | 302 | 112 | 616 |
| 南瓜 | 24.7 | 95 | 22 | 134 |
| 马铃薯 | 37.1 | 174 | 78 | 353 |
| 番茄 | 74.1 | 202 | 56 | 381 |
| 杏树（杏仁用） | 3.4 | 224 | 84 | 280 |
| 苹果 | 37.1 | 134 | 62 | 241 |
| 香瓜 | 74.1 | 246 | 78 | 448 |
| 葡萄 | 37.1 | 140 | 50 | 218 |
| 柑橘 | 74.1 | 297 | 62 | 370 |
| 桃树 | 37.1 | 106 | 45 | 134 |
| 梨 | 37.1 | 95 | 28 | 106 |

　　资料来源：California Fertilizer Association，1980。

**（二）选用水溶性和兼容性好的基础肥料**

水溶性肥因施用方式不同，对水溶性基础肥料的选择非常重要，特别对于叶面肥和滴灌肥基础肥料的选择更为严格，要保证 100% 的水溶性，而且所选好的肥料相互之间也要具有 100% 的兼容性，否则就会影响到水溶性肥的使用进程和施肥效果。选用基础肥料应该注意如下问题：

**1. 氮肥的选择**　氮肥种类较多，其中尿素、硝酸铵、硝酸钙、硝酸钾、硫酸铵、磷酸铵、氨水等均是极易溶于水的氮肥，均可配制单一营养元素或多种营养元素的肥料溶液。但特别需要注意的是硫酸尿素与我国生产的硫酸铵尿素一样，既含氮又含硫，有利于缺硫土壤和喜硫作物，对于常规施肥来说是一种好肥料，但用于水溶性肥的配方时，当其在高浓度的情况下与其他肥料混合，特别是在 pH 小于 4.5 时，将会形成不可溶的黏性物质，在滴灌时很易堵塞管道。但硫酸尿素与磷酸、聚磷酸铵、硫酸盐类的肥料混合是非常合适的。

无水氨或氨水虽然速溶于水，但容易产生氨的挥发和水源 pH 的升高，如水中含有 $Ca^{2+}$ 和 $Mg^{2+}$，则会形成 $Ca(OH)_2$ 和 $CaCO_3$ 沉淀，堵塞滴灌管道。

**2. 磷肥的选择**　一般常用的固态磷肥，如过磷酸钙、三料磷肥，虽然所含的磷素成分大都可溶于水，但因含有其他杂质较多，不能全溶于水，故不适于配制水溶性肥料。但磷酸一铵、磷酸二铵、磷酸钾、磷酸、磷酸尿素、液态磷酸铵以及长链性聚合磷肥都是易溶于水的磷肥，一般都可选用。但当水源硬度过大，则会形成沉淀。故磷肥用作滴灌，最好选用酸性磷肥，不可选用中性磷肥。但要注意，磷酸与硫酸尿素混合使用，可使灌溉水的 pH 保持在较低的范围内（3.0 或更低），易使滴灌管道腐蚀。

磷酸尿素是一种非常好的肥料，因 pH 很低，可防止钙、镁沉淀。这种肥料施在石灰性土壤中，可以减缓磷的沉淀，提高磷肥利用率。

由于磷肥溶水以后，会受到许多因素的影响而发生变化。所以在配制水溶性肥料之前，必须确定灌溉水的硬度，$Ca^{2+}$ 和 $Mg^{2+}$ 的总量应在 50 mg/kg 以下、重碳酸盐应在 150 mg/kg 以下。

**3. 钾肥的选择**　目前农业上最常用的钾肥有氯化钾、硫酸钾、碳酸钾、硫代硫酸钾和硝酸钾等，都易溶于水。其中氯化钾因含有氯离子，对经济作物有毒性，应慎重选用。硫代硫酸钾和尿素及任何浓度的过磷酸铵兼容，但不宜与酸性肥料混合。如混合液中有硝酸盐存在时，在高浓度条件下，硫代硫酸钾中的钾会与硝酸盐结合，形成硝酸钾结晶，不利于滴灌和叶面肥施用。

**4. 钙肥的选择**　钙肥不应与任何硫酸类肥料混合，否则会生成不溶于水的石膏，不利于钙肥的均匀分布和作物的吸收利用。在配制液体肥时一般都选用硝酸钙或螯合钙作为钙源之用。

**5. 微量营养元素的选择**　一般金属微量营养元素，如锌、锰、铜、铁的碳酸盐，氧化物和氢氧化物都是不溶于水的，故不能用作液肥的配制。这些微量元素的硫酸盐虽都能溶于水，但随水施入土壤后，会被土壤胶体所吸附，难以到达根系表面而被作物吸收利用。

如果土壤呈酸性，这些金属微量元素的硫酸盐都有良好的有效性；但 pH 高于 7.5 时，效果就很难发挥。在配制液体肥时，一般微量元素肥料以螯合物 EDTA、DTPA、EDDHA（仅为铁）或木质素碳酸盐作为叶面肥喷施效果较好。但要注意，EDTA、DTPA、EDDHA 形式与酸或呈酸性的肥料混合物是不兼容的，易使螯合剂分解，失去螯合作用。

## 二、水溶性肥料的配制方法

把选好的各种基础肥料、辅料和需加的水量计算好以后，即可进行水溶性肥的配制。

**（一）肥料分组配制母液**

应按是否会生成难溶性物质沉淀为依据，将同类性质的化合物或其他物料进行分组配成浓缩液。

浓缩 A 液：以钙为中心，凡不与钙盐产生沉淀的化合物放在一起进行溶解；

浓缩 B 液：以磷酸为中心，凡不与磷酸产生沉淀的化合物放在一起进行溶解；

浓缩 C 液：以微量元素以及螯合铁放在一起进行溶解；

浓缩 D 液：以功能性有机物混溶在一起，完全呈水溶液状态；

浓缩 E 液：以一种最易水溶的农药先进行水溶，然后再逐一加入其他农药进行共溶。

按照浓缩液的体积和浓缩倍数计算出配方中各种化合物的用量后，将配制浓缩 A 液和浓缩 B 液的各种化合物称量好以后，分别各放在 1 个盛有浓缩液所需水量 80％左右的塑料容器中，全部溶解后加水至所需配置的体积，搅拌均匀即可。在配制浓缩 C 液时，先取所需配制体积 80％左右的清水，分为 2 份，分别放入 2 个塑料容器中，称取 $FeSO_4 \cdot 7H_2O$ 和 $EDTA-2Na$ 分别加入这 2 个容器中，溶解后，将 $FeSO_4 \cdot 7H_2O$ 的溶液缓慢倒入 $EDTA-2Na$ 溶液中，边加边搅拌，然后称取浓缩 C 液所需的其他各种化合物，分别放在小塑料容器中溶解，再分别缓慢地倒入已溶解了的 $FeSO_4 \cdot 7H_2O$ 和 $EDTA-2Na$ 的溶液中，边加边搅拌，最后加清水至所需配制的体积，搅拌均匀即可。

浓缩 D 液的配制：如确定需要添加几种功能性有机物时，按设计量称好后，分别放入盛有计量清水的塑料容器中，进行溶解，然后以最易溶于水的功能有机物为中心，把其他所需的功能性有机物溶液逐一加入中心液，边加边搅拌至均匀为止。

浓缩 E 液的配制：若选用几种农药时，先把每一种农药称好后，分别溶于各自的盛有计量清水的塑料容器中，以最易溶解的农药为中心，将其他农药的溶解液，分别逐一缓慢地加入中心液，边加边搅拌至均匀为止。

**（二）水溶性肥工作液的配制流程**

每一浓缩液配好后，既可分别储存起来，也可继续将其混配成工作液。混配工作液的流程因水溶性肥的组成不同而不同。如果以营养型水溶性肥的配制为目标，则可采取图 17-1 流程进行配制。

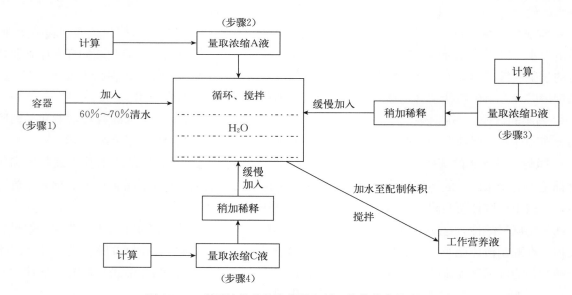

图 17-1 利用浓缩营养液稀释配制工作营养液的流程

如果配制多功能水溶性肥时，则可按图 17-2 流程进行配制。

**（三）水溶性肥配制过程中应注意的问题**

**1. 边加边搅** 以上流程是根据配制水溶液的基本原则进行的，这一基本配制原则就是在配制过程中要保证没有沉淀的产生。所以每一种母液加入系统中心液的时候，都必须慢而散地加入，并同时进行循环搅拌，使其充分混溶，避免因大量而快速加入时产生沉淀。在配制过程中如遇到出现大量沉

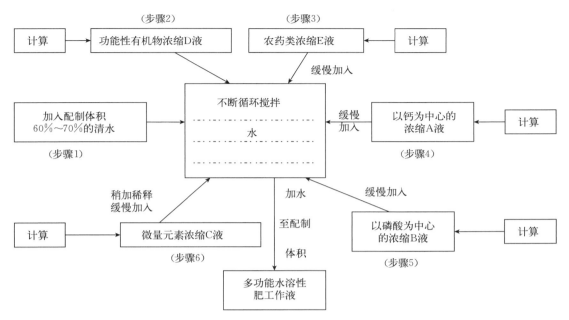

图 17-2　利用配制的多功能浓缩母液稀释配制多功能水溶性肥工作液的流程

淀则应停止配制，检查问题之所在，重新进行配制，直至不产生沉淀为止。如出现严重沉淀，则可加速搅拌或延长搅拌时间，使其完全溶解为止。一般每一种母液加完以后，需继续搅拌 10～20 min，搅拌时间视母液性质而定。

**2. 溶液配制完后，立即测定和调整 pH**　由于在配制过程中对各种组分选择不太合理，各组分配制的浓度不太合适，使溶液 pH 过高或过低，这会导致难溶性化合物的形成。当 pH 过高时，会出现 $Fe(OH)_3$、$Ca(OH)_2$ 等沉淀，使营养液失去平衡；当 pH 过低时，正如前面所说的，既能腐蚀金属管道，又能促进某些阴离子的过度吸收，引起作物中毒。当溶液过酸或过碱时，应立即采用 NaOH 或 KOH 和 $H_2SO_4$ 进行调节，使 pH 达到合适的状态。

**3. 按要求操作**　不将水加入液体肥料中，应将液体肥加入水中；不将水加入酸中，应将酸加入水中；不将液态氯与酸或酸性肥料混合，以防氯气中毒；不将无水氨或氨水直接与酸混合，以防剧烈反应；不将高浓度肥料溶液与其他高浓度肥料溶液混合，以防化学反应，产生沉淀；不将硫酸盐化合物和磷酸盐化合物与含钙化合物混合，以防形成不溶于水的石膏沉淀和不溶性磷酸盐沉淀；不凭空想象配制水溶肥配方，必须依据作物、土壤、水源的化学分析结果，按照一定原理进行配方；不直接将金属钙、镁、铜、锌、锰、铁化合物与其他营养元素肥料混合，而必须将其转化成螯合态肥料后才可与其他肥料混合。

**4. 装桶储存**　水溶性肥配好后如不马上施用，则需要妥善保存，最好装在暗色塑料瓶或塑料桶内，并进行加盖密封，存放在阴凉处。如果溶液中配有农药、生长调节剂、腐殖酸和氨基酸等功能性物质，最好在配好后马上施用，不宜放置时间过长，以防产生化学变化和微生物繁殖，影响原液质量和施用。

# 第四节　叶面肥概述

## 一、叶面肥发展历史

叶面肥的产生有一个很长的历史过程，早在 19 世纪初英国科学家 Humphry Davy（1802）就已指出，植物叶片有吸收硝酸铵的可能性。为了消除因缺铁引起的缺绿病，法国植物学家 E. Gris（1847）和 A. Gris（1847），德国植物学家 J. Sachs（1861）都利用铁盐溶液喷洒缺绿病的果树，使果树得到了恢复。后来德国植物学家 G. Wille（1868）也观察到叶片吸收气态氨对油菜植株有显著的良好影响。这位科学家还用稀释的碳酸铵溶液喷施葡萄叶片，结果发现浆果体积增大了 1 倍，叶片呈现鲜绿色。1878 年，J. Boussingault 应用矿质盐溶液对多种植物进行叶面试验，发现有些植物过了 1 d 后，叶面还遗留硫酸盐的小结晶体，说明未完全吸收；有些植物的叶面上则没有小结晶体遗留，说明是完全吸收的。因此 Boussingault 最后结论是："叶片如同根部一样，能把施肥的物质（如铵盐，甚至硝基化合物、碱性盐和碱土盐，即使是悬浮于空气中的、可被觉察到的、被阻留住的、溶于露水中的）吸进植物有机体内。"到 20 世纪初，1909—1912 年德国科学家 L. Hiltner 开始进行大田试验，取得了令人信服的结果。1894 年俄国的昆虫学家谢维列夫建议，通过对树干的孔和切痕将有毒物质（农药）或营养物质注入树体内，可防治害虫和补充养分，随后有许多人照此方法对果树进行防虫和施肥。根外营养这个术语也是由谢维列夫于 1903 年正式提出来的。但是当时人们只是把根外营养理解为把营养物质注入树干中，而不是把营养物质的溶液喷射在果树和草本植物的叶部及其他地上器官上面，根外营养也就是我们现在所通称的叶面肥。到了 1930 年，苏联以普良尼斯尼科夫为首的实验室经过几年的研究，发表了第一批多种作物根外营养试验的研究结果，使供试作物的干物质增加几倍或几十倍。从此在苏联普遍开展了根外营养的各种试验，发表了大量的研究论文，在农业生产上发挥了显著的作用。于是在 1953 年召开了全苏联植物根外营养会议，号召各地大力开展根外营养的理论和使用技术的研究和应用，并把根外营养当作一项农业增产的重要措施。美国于 1940 年开始试行尿素的叶面喷洒，取得了成功，从而广泛开始了叶面吸收机制和各种影响因素的研究。

到了 20 世纪 50 年代，同位素示踪技术的广泛应用，为叶面肥吸收机制研究创造了条件。从此以后，我国叶面肥的使用也逐渐发展起来，在国外研究的基础上，不仅发展无机营养叶面肥的种类、提高了质量，而且也发展了有机型、农药型、调节型等新型叶面肥，形成我国叶面肥系列化、专用化、多功能化的叶面肥体系，成为我国农业生产的一种新型肥料。

## 二、叶面肥的类型

叶面肥是根据作物生长过程缺素状况有针对性地对作物进行补充营养需要的一种肥料，其需要的养分种类和数量是随不同作物、不同生长阶段而变化的。因此，用一种固定模式和用量对叶面肥进行分类是不实际的。为了达到施用叶面肥应有的效果，并根据试验结果，可以粗略地提出以下类型。但一定要根据需要进行施用。主要原则是：预先进行诊断，缺则用，不缺则不用。

### （一）无机营养类

**1. 大量元素**

高 N 型：高 N-低 P-低 K-S＋微

高 P 型：低 N-高 P-低 K-S＋微

高 K 型：低 N-低 K-高 K-S＋微

以上 P、K 均代表 $P_2O_5$ 和 $K_2O$。高量为 22％～32％，中量为 8％～12％，低量为 3％～6％，硫、微量元素根据实际需要而定。

**2. 中量元素**　螯合钙、螯合镁、螯合硅。

**3. 微量元素**　螯合 Fe、螯合 Zn、螯合 Cu、螯合 Mn、水溶性 B 盐、水溶性 Mo 盐。

**4. 稀有元素与稀土元素**　富硒叶面肥、富锗叶面肥、稀土叶面肥。

### (二) 有机营养类

包括氨基酸叶面肥、腐殖酸叶面肥、海藻酸叶面肥、糖磷脂叶面肥、核苷酸叶面肥、壳聚糖叶面肥、复硝酚钠叶面肥、维生素叶面肥、多种有机养分混合叶面肥、有机养分与无机养分混合叶面肥等。

### (三) 生长调节剂类

叶面肥中加入不同功能的作物生长调节剂，效果更好，类型如下：

**1. 生长素类** 常用的有萘乙酸、吲哚乙酸、防落素、2,4-D、增产灵、复硝酚钠、DA-6、爱多收等。

**2. 赤霉素类** 常用的有赤霉素 $A_3$、赤霉素 $A_4$、赤霉素 $A_7$ 等。

**3. 细胞分裂素类** 常用的有 5406、类玉米素等。

**4. 乙烯利类** 常用的有乙烯利、乙烯磷等。

**5. 抑制剂和延缓剂类** 常用的有矮壮素、比久、缩节胺、多效唑等。

### (四) 药肥类

根据作物常易发生的病、虫害选择具有强烈灭杀作用的农药，与兼容的水溶肥混配，在作物一定生长阶段进行喷施，既防治病虫害，又满足营养需要。主要类型有：中药叶面肥，正在研究和试用；诱导抗菌叶面肥，如壳聚糖叶面肥等；除草剂叶面肥，如百叶枯叶面肥等；防治病害叶面肥，如65％代森锌可湿性粉剂叶面肥等；防治虫害叶面肥，如吡虫啉可湿性粉剂叶面肥等；治病防虫复合叶面肥，如杀虫灭菌剂叶面肥等。

## 三、作物叶面吸收养分与叶面结构的关系

叶面肥喷施后，主要是通过叶片吸收利用。但叶面肥喷施的时候不仅喷施在正、背叶面上，而且也会喷施到植物的茎、枝和其他部位上。因此叶面肥除叶面吸收利用外，茎、枝部分也可以吸收利用。一般认为，叶面肥喷施效果与植物表面构造，特别是与叶片表面构造有关。因此，当研究叶面肥吸收机制的时候，了解一下植物表面结构，特别是叶片的构造是十分必要的。

叶片是由表皮、叶肉和叶脉 3 种不同类型的组织构成的。叶片不同组织对养分吸收具有不同的影响。现简述如下：

### (一) 表皮

表皮是覆盖在叶片上下层表面的一层表皮细胞，表皮细胞排列紧密没有细胞间隙。表皮细胞的外壁常加厚，外壁的外层已角质化，故外壁的外面覆盖一层角质层。角质层有防止植物体水分蒸发和保护植物体不被微生物所感染的作用。角质层的外面通常还堆积着一层蜡质层。蜡质层的积聚可以增加表皮组织的不透水性。

表皮细胞虽然紧密连续地排列成层，但在很多处的表皮细胞之间仍形成了一些缝隙。缝隙的两面由一对呈半月形的表皮细胞围绕着，称为保卫细胞。由保卫细胞围绕着的缝隙合在一起，称为气孔，气孔可用来为植物与外界环境进行气体交换和水分蒸发。

植物地上器官的表皮组织上都有气孔。叶表皮上的气孔特别多，这是叶表皮和其他器官表皮不同之处。气孔一般都分布在叶的上下两面，下表皮上多些，上表皮上少些，甚至没有，如很多树木叶的上表皮上是没有气孔的。叶表皮上气孔的数目因植物的种类不同而有不同，但很多植物的叶平均 $1 mm^2$ 含有气孔 $100 \sim 300$ 个。干旱地区生长的植物气孔常陷入四周表皮细胞之下，以此降低水分蒸发，同时也有利于叶面肥的保存和进入叶内。而在湿润地区生长的植物气孔则常常高出四周表皮细胞

之上，以利水分蒸发。

气孔的下面有一个空腔，称气室，气室与植物体内的细胞间隙系统是相互沟通的。由于这种沟通的存在，使植物体的内部得以与外界进行气体和物质交换。

气孔的保卫细胞内含有叶绿体、浓厚的细胞质、细胞核、多量的内质网和高尔基体、大量的线粒体等。这些保卫细胞的有些内含物均有吸水膨胀和营养离子吸收性能，故有利于水肥的吸收。保卫细胞内、外侧壁的厚度不一样，靠近气孔缝隙的一面厚，背离气孔缝隙的一面薄。当保卫细胞吸水膨胀时，由于保卫细胞内、外侧壁的厚度不一样，可使保卫细胞的弯曲度增大，因而使气孔张开，这就为水肥的吸收提供了条件。当保卫细胞失水收缩时，保卫细胞便恢复原形，气孔关闭，可以减少叶面的水分损失。

植物各种器官表皮细胞的外表面常生有毛状的附属物，称表皮毛，表皮毛有单细胞、多细胞的，有分枝、不分枝的，有星状、盾片状的。有些表皮毛具有分泌能力，具有分泌能力的表皮毛称为腺毛，其由多细胞组成。研究证明，很多种表皮毛有防止虫害和植物保护的作用。表皮毛在器官发育的早期就已形成，与根毛一样，也有对外界水分和养分吸收的功能。

周皮构造与叶面肥的吸收也有密切关系。周皮是指植物茎部周围的表皮组织，对植物主要起保护作用。多数草本植物茎的表皮组织是终身起作用的，但木本植物的表皮组织只能保护数星期或数月之久，继而便形成一种保护组织，即周皮，代替表皮组织的机能。通常表皮组织是由木栓形成层、木栓层、栓内层所构成。因木栓层不能透水、透气，是不良的导热层，故有很好的保护作用。

绝大多数植物的周皮上都生有顶部带裂缝的、呈纺锤形的突起物，称其为皮孔。通过皮孔，茎内部的组织与大气间的气体进行交换。皮孔内的细胞排列疏松，细胞间隙甚多，同时皮孔木栓形成层的排列也比较疏松，使补充细胞的细胞间隙和皮层细胞的细胞间隙连续起来，这就便于茎内与大气间的气体进行交换。由于植物茎部有周皮存在，喷施到树干和作物茎部的水溶液就可由此进入植物体内，补充养分和水分的需要，作为叶面肥吸收的补充。

## （二）叶肉

叶片表皮以内的薄璧组织叫作叶肉。接近上表皮的叶肉组织是由厚壁细胞所构成，像栅栏一样垂直于叶的上表皮，叫作栅栏薄壁组织。栅栏薄壁组织的主要机能是进行光合作用，所以栅栏薄壁组织是一种营养组织，从叶面肥吸收进来的养分可以被同化，形成各种有机化合物。

一般树冠外部的叶具有发育良好的栅栏薄壁组织（阳性叶），而树冠内部的叶则具有发育较差的栅栏薄壁组织（阴性叶）。栅栏薄壁组织细胞内含有很多叶绿体。生长在强光下和山的南坡（阳坡）的植物栅栏薄壁组织的层数较多，而生长在弱阳光下和山的北坡（阴坡）的植物栅栏薄壁组织的层数较少或甚至没有。栅栏薄壁组织细胞排列较紧密，但这是叶的横切面上所看到的现象，而在与表皮平行的切片上，则可看到栅栏薄壁组织细胞间互不接触或仅有轻微接触。因而细胞具有较多的自由面与叶内细胞间隙系统相接触，所以栅栏薄壁组织仍然具有良好的细胞间隙。良好的细胞间隙使得栅栏薄壁组织细胞进行光合作用时对于大量气体交换的需要有了保证，同时为叶面喷施的水肥进入叶面内部提供了通道。

连接下表皮的叶肉组织由含有少量叶绿体的薄壁细胞所组成，排列疏松，互相连接呈网状，像海绵一样，故称海绵薄壁组织。海绵薄壁组织也能进行光合作用，但强度弱于栅栏薄壁组织。海绵薄壁组织的主要机能是进行气体交换和蒸腾作用，故也是叶面肥吸收利用的重要组织。

## （三）叶脉

植物的叶内含有维管束，叶片内的维管束叫叶脉，叶片中央的主脉称为中脉，是由1至数条维管束所构成，由中脉分出的各级支脉，一般只有 1 条维管束。叶脉的维管束包括木质部和韧皮部两部分，木质部在上面，韧皮部在木质部的下面。包被叶脉的是一层薄壁组织鞘，叫作束鞘，使叶脉不直接暴露在叶肉细胞的细胞间隙中，这样就增加了叶肉组织与叶脉的接触面，因而有利于叶肉组织与叶的维管组织之间进行物质（水分、无机盐、光合作用产物等）的交换，也有利于叶面肥进入叶片的叶肉细胞。

# 第五节　含硒叶面肥的研究与应用

## 一、富硒叶面肥的研究概况

### （一）硒素的研究概况

**1. 当前自然界缺硒状况**　世界缺硒土壤遍及亚洲、欧洲、非洲、北美洲等的 40 多个国家和地区。我国是缺硒比较严重的国家之一，土壤硒含量较低的地区主要分布在黑龙江、吉林、河北、陕西、四川至云南和西藏东部一条呈东北到西南走向不连续的宽带内，称为"低硒带"。

根据调查，在这个"低硒带"内，土壤含硒量平均为 0.10 mg/kg，而其他地区为 0.3～0.5 mg/kg；"低硒带"内地表水和地下水的含硒量微乎其微，仅为 <0.3 μg/kg；粮食中的硒含量小于 0.025 mg/kg，而非病区带内粮食中硒含量为 0.04～0.05 mg/kg。

根据测定，陕西榆林土壤含硒量为 0.074 4～0.105 3 mg/kg。陕西几种蔬菜果树作物食用部分含硒量均低于农产品含硒量的标准值。畜产品和水产品含硒量比较高，一般都在 0.3～2 mg/kg，大大超过了一般农产品的含硒量。

**2. 缺硒引起的各种疾病**　硒是人、畜生命中的必需元素。硒与氨基酸结合，可形成硒基蛋氨酸和硒基半胱氨酸。硒参与含硒的谷胱甘肽过氧化物酶的构成，保护细胞结构，减缓细胞的衰老过程。

由于土壤和农产品及饲草中缺硒，在世界范围内已普遍引起各种缺硒症，如克山病、大骨节病、冠心病、扩张性心肌病、胃癌、结肠癌、肝癌、胰腺癌、溶血性贫血等。动物缺硒会引起白肌病（肌肉萎缩）、胰脏纤维变性、猪营养性肝病和桑葚心、牛羊失去生殖能力、免疫功能减低等。

**3. 补硒办法**　以亚硒酸钠为药剂，对人、畜进行临床应用，治疗各种缺硒症；用亚硒酸钠溶液喷施牧草和农作物叶面，增加农作物产品和牧草的含硒量，通过人、畜食用，进行补硒；用亚硒酸钠溶液与农作物种子进行拌种，通过根系吸收硒来增加农产品中的含硒量，以食用农产品进行补硒。

以上措施对治疗和防止各种缺硒症都有一定效果，但存在以下问题：纯硒化合物作为药剂摄入人、畜体内都会产生一定毒害；纯硒化合物与种子拌种，用量过大，容易造成土壤污染。

**4. 硒肥研究现状**　随着环境和健康水平的提高，对硒肥的研究和应用也越来越深入和广泛。对硒素的生理功能、硒素与地方病的关系、硒积累植物与非硒积累植物、不同动植物含硒量分析、硒素药剂及其效用、硒素的生物转化与应用等都进行了不同程度的研究。目前，对硒的生物转化与硒的生物制剂等方面的研究，已引起许多人的重视。

（1）微生物制剂。目前，有人采用亚硝酸钠加入螺旋藻培养液中，螺旋藻能大量吸收硒素，形成富硒的螺旋藻生物制品，是良好的补硒食品。其含硒量可达 500～650 mg/kg。但由于含硒量过高，食用时须严格控制食用量；另外由于价格昂贵，难以被大多数人普及应用。

（2）有机硒化合物的合成。从减轻硒素在人体内产生的毒性出发，有人将硒素引入一些已知的具有内吸性的有机化合物，形成有机硒化合物，内吸性有机硒化合物经过作物的吸收和代谢，得到无毒的富硒食品，达到解决缺硒目的。已有结果表明，施用内吸性有机硒化合物后作物含硒水平很高。但由于价格问题，可能在推广应用方面有些困难。

（3）喷施富硒液体肥。作者从 2002 年开始，对含硒叶面肥的配方、使用效果进行了多年试验研究，取得了良好效果。已研究出多种硒素叶面肥，正在推广应用。

## 二、含硒叶面肥在不同作物上的施用效果

### （一）在马铃薯上的施用效果

马铃薯既是蔬菜作物又是粮食作物。陕西马铃薯主要分布在陕北地区，从土壤测定情况看，陕北土壤和作物大部分都严重缺硒，严重影响人、畜健康。从 2002 年起，作者在陕北榆林、延安及甘肃定西等地进行试验研究，做了大量田间试验和大田示范试验，为确定富硒马铃薯的叶面肥配方提供了依据。

**1. 榆林马铃薯田间喷硒试验** 试验在榆林沙绵土上进行，叶面肥处理见表 17-2，每一处理重复 5 次，在马铃薯生长期叶面肥共喷施 2 次，第一次在 2002 年 7 月 20 日，第二次在 8 月 17 日，收获后分析薯块含硒量，结果见表 17-2。从结果看出，不喷含硒叶面肥的对照，薯块含硒量仅为 1.39 $\mu g/kg$，缺硒非常严重；按国家农产品含硒标准，蔬菜（包括薯类）为 10~100 $\mu g/kg$，试验处理 2、处理 4、处理 5、处理 6 都达到含硒量要求的范围；而处理 3 和处理 7，其叶面肥配方，硒盐含量均为 0.01%+营养液，分别加渗透剂 55 $mg/kg$ 和 110 $mg/kg$，薯块含硒量分别达到 147.4 $\mu g/kg$ 和 158.8 $\mu g/kg$，达到富硒水平。说明处理 3 和处理 7 两个处理的含硒叶面肥配方是可取的。同时试验也表明，在 0.01%硒盐+营养液基础上，添加不同浓度的渗透剂如处理 5、处理 6、处理 3、处理 7 的试验结果，薯块含硒量是随渗透剂浓度的增加而增加，但加入渗透剂 55 $mg/kg$ 和 110 $mg/kg$ 相比，薯块含硒浓度差异不大，说明渗透剂添加量达 55 $mg/kg$ 就比较合适了。不同处理对马铃薯产量并没有产生明显影响，这可能与供试土壤的肥力较高有关。

表 17-2 榆林喷施含硒叶面肥对马铃薯含硒量影响

| 处理号 | 处理 | 薯块含硒量（$\mu g/kg$） | 薯块产量（kg/亩） |
| --- | --- | --- | --- |
| 1 | 对照（喷清水） | 1.39 | 1 601 |
| 2 | 0.005%硒盐+营养液+55 mg/kg 渗透剂 | 34.31 | 1 616 |
| 3 | 0.01%硒盐+营养液+55 mg/kg 渗透剂 | 147.40 | 1 601 |
| 4 | 0.015%硒盐+营养液+55 mg/kg 渗透剂 | 69.42 | 1 618 |
| 5 | 0.01%硒盐+营养液 | 50.54 | 1 518 |
| 6 | 0.01%硒盐+营养液+27.5 mg/kg 渗透剂 | 70.02 | 1 618 |
| 7 | 0.01%硒盐+营养液+110 mg/kg 渗透剂 | 158.80 | 1 584 |

2003 年用以上处理 3 的配方在榆林佳县不同土壤上进行了含硒叶面肥马铃薯试验，结果见表 17-3。由 12 个对比试验的结果看出，位于黄河沿岸的佳县，在黄土高原的黄绵土和黄河滩地的冲积土上马铃薯块含硒量，对照处理的为 1.42~7.08 $\mu g/kg$，平均为 4.47 $\mu g/kg$，与国家标准要求相差甚远。但在马铃薯生长期内喷施两次含硒叶面肥，薯块含硒量高达 46.97~110.90 $\mu g/kg$，平均达 80.31 $\mu g/kg$，接近含硒上限要求，可满足健康要求。

表 17-3　佳县不同土壤上马铃薯喷施含硒叶面肥对薯块含硒量的影响

单位：μg/kg

| 试验户 | 梯田黄绵土 | | 试验户 | 滩地冲积土 | |
|---|---|---|---|---|---|
| | 喷水 | 喷硒 | | 喷水 | 喷硒 |
| 李焕军 | 3.55 | 87.86 | 孙秋喜 | 2.84 | 110.90 |
| 赵小涛 | 5.40 | 76.15 | 赵小涛 | 3.10 | 99.77 |
| 崔爱意 | 3.15 | 86.68 | 赵云云 | 1.42 | 73.19 |
| 程飞飞 | 7.08 | 97.72 | 程玉意 | 3.00 | 82.66 |
| 程文耀 | 6.87 | 76.34 | | | |
| 程玉意 | 6.90 | 46.97 | | | |
| 程胜利 | 6.98 | 53.66 | | | |
| 程乃要 | 5.73 | 71.80 | | | |

注：配方为 0.01%硒盐＋营养液＋55 mg/kg 渗透剂。

**2. 关中马铃薯盆栽喷硒试验**　本试验在杨凌温室内进行，每盆装塿土 15 kg，先将腐熟牛粪 375 g、蔬菜专用肥 5 g 与土壤混合均匀装入盆内。2002 年 10 月 2 日将发芽薯块移植在盆内，在马铃薯生长期使土壤含水量保持在最大持水量的 70%。开花时进行第一次喷施含硒叶面肥，后隔 18 d 再喷施第二次，先后共喷施 2 次。试验重复 8 次，12 月 23 日试验结束。试验处理和试验结果见表 17-4。由表 17-4 可以看出，对照薯块含硒量为 17 μg/kg，明显高于陕北对照马铃薯含硒量，且已达到薯块含硒量的下限要求。但当喷施 0.06%硒盐后，薯块含硒量上升到 322 μg/kg，达到高富硒水平。说明在关中塿土地区要创建马铃薯富硒产品是比较容易的。同时也看出，在土壤养分供应充足的条件下，薯块含硒量是随营养液浓度的增加而降低，说明在土壤养分充足的条件下，含硒叶面肥中没有必要再添加营养液。从薯块产量来看，如处理 1 和处理 2，喷硒对产量没有影响；当添加营养液时，低浓度可使产量稍有提高，但超过一定浓度，产量则随营养液浓度的增加而显著下降，这与营养液浓度较高促进叶片对硒素的吸收，使叶片中积累大量硒素，引起叶片毒害有关。

表 17-4　关中塿土马铃薯喷硒对薯块含硒量和产量的影响

| 处理号 | 处理 | 薯块含硒量（μg/kg） | 产量（g/盆） |
|---|---|---|---|
| 1 | 对照（清水） | 17 | 72 |
| 2 | 0.06%硒盐＋60 mg/kg 渗透剂 | 322 | 71 |
| 3 | 0.06%硒盐＋60 mg/kg 渗透剂＋0.2%营养液 | 306 | 77 |
| 4 | 0.06%硒盐＋60 mg/kg 渗透剂＋0.5%营养液 | 290 | 60 |
| 5 | 0.06%硒盐＋60 mg/kg 渗透剂＋0.8%营养液 | 169 | 52 |

**3. 硒肥浓度对关中马铃薯薯块含硒量和产量的影响试验**　本试验也是在杨凌温室内进行，试验条件与上相同。试验处理与试验结果见表 17-5。结果表明，关中塿土的马铃薯在不喷硒肥的条件下，薯块含硒量为 19 μg/kg，比陕北马铃薯有明显增加。在生育期中喷施 2 次硒肥液，薯块含硒量显著增加，达 165～306 μg/kg，达富硒水平；薯块含硒量随硒肥浓度的增加而增加，当硒肥浓度达到 0.08%时，薯块含硒量便开始下降。马铃薯产量也随喷硒量的增加而依次下降。从生长情况看，硒肥浓度越大，叶片受伤害的程度越重，产量降低可能与此有关。因此，为了保持和增加马铃薯产量水平，控制喷硒量是十分重要的问题。有些试验证明，较低的喷硒量，马铃薯产量比未喷硒的也有一定的增产作用。

77

表 17-5 不同喷硒量对马铃薯薯块含硒量与产量的影响

| 处理号 | 处理 | 薯块含硒量（µg/kg） | 产量（g/盆） |
|---|---|---|---|
| 1 | 对照（清水） | 17 | 72 |
| 2 | 0.5%营养液＋60 mg/kg 渗透剂 | 19 | 88 |
| 3 | 0.5%营养液＋60 mg/kg 渗透剂＋0.02%硒盐 | 165 | 80 |
| 4 | 0.5%营养液＋60 mg/kg 渗透剂＋0.04%硒盐 | 254 | 73 |
| 5 | 0.5%营养液＋60 mg/kg 渗透剂＋0.06%硒盐 | 306 | 62 |
| 6 | 0.5%营养液＋60 mg/kg 渗透剂＋0.08%硒盐 | 206 | 60 |

**4. 渗透剂浓度对喷硒马铃薯薯块含硒量和产量的影响试验** 在温室盆栽条件下，试验处理为 0.06%硒盐＋0.5%营养液基础上加不同浓度的渗透剂，重复 8 次。薯块含硒量和产量结果见表 17-6。由结果看出，喷施 0.06%硒盐＋0.5%营养液比对照薯块含硒量有显著增加，达 370 µg/kg，为富硒水平，但产量有所降低，这与喷硒浓度太高对叶片伤害有关；但当渗透剂浓度不断增加时，薯块含硒量则有降低趋势，而对薯块产量的影响未显规律性变化，说明该区马铃薯不需再加渗透剂。

表 17-6 硒肥中渗透剂浓度对薯块含硒量和产量影响

| 处理号 | 处理 | 薯块含硒量（µg/kg） | 产量（g/盆） |
|---|---|---|---|
| 1 | 对照 | 17 | 72 |
| 2 | 0.06%硒盐＋0.5%营养液 | 370 | 62 |
| 3 | 处理 2＋30 mg/kg 渗透剂 | 364 | 70 |
| 4 | 处理 2＋60 mg/kg 渗透剂 | 306 | 68 |
| 5 | 处理 2＋120 mg/kg 渗透剂 | 290 | 68 |
| 6 | 处理 2＋240 mg/kg 渗透剂 | 281 | 67 |
| 7 | 处理 2＋480 mg/kg 渗透剂 | 303 | 63 |
| 8 | 处理 2＋960 mg/kg 渗透剂 | 237 | 68 |
| 9 | 处理 2＋15 000 mg/kg 渗透剂 | 257 | 84 |

**5. 甘肃定西马铃薯田间喷硒试验** 甘肃定西马铃薯种植很普遍，但薯块含硒量很低。2002 年，作者对该地区薯块含硒量进行了检测，结果发现，含硒量仅 2～5 µg/kg，缺硒非常严重。为此作者在定西进行了喷硒试验，生育期喷硒 2 次，结果见表 17-7。对照薯块含硒量仅 3.62 µg/kg，低于所需下限水平，成缺硒马铃薯；而在一般营养液基础上，喷施 0.01%硒盐，薯块含硒量达 289 µg/kg，在此基础上再添加渗透剂，薯块含硒量增加更多，达 357 µg/kg，均达富硒水平。说明定西与陕北榆林一样，都要增加薯块含硒量，以防人、畜缺硒疾病的发生。

表 17-7 甘肃定西马铃薯喷硒对薯块含硒量影响

| 处理号 | 处理 | 薯块含硒量（µg/kg） |
|---|---|---|
| 1 | 对照（清水） | 3.62 |
| 2 | 0.01%硒盐＋营养液 | 289 |
| 3 | 0.01%硒盐＋营养液＋55 mg/kg 渗透剂 | 357 |

### (二) 在番茄上的施用效果

**1. 硒盐喷施浓度与番茄含硒量关系** 试验在杨凌温室中进行，每盆装塿土 15 kg，用番茄专用肥作为基肥，番茄品种为樱桃番茄，生育期中喷硒液 2 次。结果见表 17 - 8。结果看出，喷施的硒盐浓度越大，番茄含硒量越高，但叶片的伤害程度也越大。从叶片生长情况来看，硒盐喷施浓度为 0.05% 时，叶片开始有轻微伤害，因此喷施的硒盐浓度不应超过 0.05%。

表 17 - 8 硒盐喷施浓度对番茄含硒量影响

| 处理号 | 处理 | 番茄含硒量（μg/kg） |
| --- | --- | --- |
| 1 | 对照（清水） | 42 |
| 2 | 0.01% 硒盐 | 97 |
| 3 | 0.03% 硒盐 | 122 |
| 4 | 0.05% 硒盐 | 259 |
| 5 | 0.075% 硒盐 | 440 |
| 6 | 0.1% 硒盐 | 427 |
| 7 | 0.3% 硒盐 | 711 |

**2. 喷硒浓度与番茄含硒量的关系** 试验方法同 1，结果见表 17 - 9。未喷硒的番茄含硒量为 10 μg/kg，大大低于喷施硒的番茄。番茄含硒量与前面试验相似，也是随喷硒浓度的增加而增高，当喷硒浓度为 0.05% 时，番茄含硒量已达到富硒水平。由此说明采用 0.05% 硒盐浓度作为番茄叶面肥是合适的。同时对产量也没有太大影响。

表 17 - 9 喷硒浓度对番茄含硒量的影响

| 处理号 | 处理 | 番茄含硒量（μg/kg） | 产量（g/盆） |
| --- | --- | --- | --- |
| 1 | 对照（清水） | 10 | 137 |
| 2 | 0.025% 硒盐 + 55 mg/kg 表面活性剂 | 70 | 94 |
| 3 | 0.05% 硒盐 + 55 mg/kg 表面活性剂 | 149 | 131 |
| 4 | 0.075% 硒盐 + 55 mg/kg 表面活性剂 | 180 | 101 |
| 5 | 0.09% 硒盐 + 55 mg/kg 表面活性剂 | 329 | 122 |

**3. 硒液中加不同表面活性剂对番茄吸硒量的影响** 试验于 2003 年在盆栽中进行，番茄开花前喷施硒肥 1 次，隔 15 d 后又喷施 1 次，共喷施 2 次。试验结果见表 17 - 10。结果显示，添加任何一种活性剂都能提高番茄含硒量，其中对提高含硒量较多的是二甲基甲酰胺、月桂酸钠和二甲基亚砜。凡是喷硒处理的番茄产量都比对照有所减产，但减产最多的是只喷硒盐，当硒液中添加活性剂的虽都有减产，但比只喷硒液的都有所增产。

表 17 - 10 硒液中加不同表面活性剂对番茄含硒量的影响

| 处理号 | 处理 | 番茄含硒量（μg/kg） | 产量（g/盆） |
| --- | --- | --- | --- |
| 1 | 对照（清水） | 20 | 588 |
| 2 | 0.1% 硒盐 | 219 | 480 |
| 3 | 0.05% 硒盐 + 表面活性剂 1 | 231 | 569 |

（续）

| 处理号 | 处理 | 番茄含硒量（μg/kg） | 产量（g/盆） |
|---|---|---|---|
| 4 | 0.1％硒盐＋表面活性剂2 | 251 | 507 |
| 5 | 0.1％硒盐＋表面活性剂3 | 226 | 567 |
| 6 | 0.1％硒盐＋表面活性剂4 | 222 | 523 |
| 7 | 0.1％硒盐＋表面活性剂5 | 301 | 527 |
| 8 | 0.1％硒盐＋表面活性剂6 | 245 | 539 |

注：表面活性剂1为氮酮，2为月桂酸钠，3为牛胆盐，4为聚乙二醇，5为二甲基甲酰胺，6为二甲基亚砜。

**4. 硒肥中添加营养液对番茄含硒量和产量的影响**　本试验于2003年在盆栽中进行，试验处理与结果见表17-11。结果看出，番茄含硒量均随喷硒浓度的增大而增加，特别是硒肥中添加营养液时，番茄含硒量在相同浓度下，均比未加营养液的有极显著的提高；番茄产量随喷硒浓度的增大而降低，这几乎是一般的规律，主要原因是由于硒盐损伤叶片，导致产量降低；但在适当喷硒浓度下，如0.03％～0.06％硒盐浓度下，再添加营养液，不但可防止叶片伤害，而且也可增加产量，这是一个可喜的现象。另外也看出，在硒肥中添加营养液，在一定程度上也可提高番茄维生素C的含量，改善番茄品质。

表 17-11　硒肥中加营养液对番茄含硒量、产量和品质的影响

| 处理号 | 处理 | 番茄含硒量（μg/kg） | 产量（g/盆） | 维生素C（mg/100 g） |
|---|---|---|---|---|
| 1 | 对照（清水） | 32 | 131 | 24.78 |
| 2 | 0.03％硒盐＋55 mg/kg 表面活性剂 | 83 | 139 | 22.86 |
| 3 | 0.06％硒盐＋55 mg/kg 表面活性剂 | 190 | 128 | 23.09 |
| 4 | 0.09％硒盐＋55 mg/kg 表面活性剂 | 260 | 115 | 24.19 |
| 5 | 0.03％硒盐＋55 mg/kg 表面活性剂＋0.68％营养液 | 183 | 151 | 26.80 |
| 6 | 0.06％硒盐＋55 mg/kg 表面活性剂＋0.68％营养液 | 314 | 138 | 25.43 |
| 7 | 0.09％硒盐＋55 mg/kg 表面活性剂＋0.68 营养液 | 429 | 99 | 25.24 |

### （三）在黄瓜上的施用效果

在陕西杨凌地区调查结果表明，普通施肥的黄瓜含硒量为8～18 μg/kg，平均含量为15 μg/kg。属于含硒量要求的下限范围，故适当提高黄瓜含硒量也是必要的。

本试验于2004年在温室盆栽中进行，供试土壤为塿土，黄瓜品种为京乐1号。开花时喷硒肥1次，12 d后，又喷施第二次，试验重复3次，试验处理和试验结果见表17-12。

表 17-12　不同含硒量叶面肥和不同表面活性剂浓度与黄瓜含硒量和产量的关系

| 处理号 | 叶面肥组成 | 黄瓜含硒量（μg/kg） | 平均产量（g/盆） |
|---|---|---|---|
| 1 | 对照（清水） | 18 | 389 |
| 2 | 0.015％硒盐＋55 mg/kg 表面活性剂 | 79 | 376 |
| 3 | 0.025％硒盐＋55 mg/kg 表面活性剂 | 168 | 364 |
| 4 | 0.05％硒盐＋55 mg/kg 表面活性剂 | 428 | 341 |
| 5 | 0.075％硒盐＋55 mg/kg 表面活性剂 | 370 | 431 |

（续）

| 处理号 | 叶面肥组成 | 黄瓜含硒量（µg/kg） | 平均产量（g/盆） |
|---|---|---|---|
| 6 | 0.05％硒盐 | 458 | 351 |
| 7 | 0.05％硒盐＋27.5 mg/kg 表面活性剂 | 201 | 423 |
| 8 | 0.05％硒盐＋110 mg/kg 表面活性剂 | 234 | 391 |
| 9 | 0.05％硒盐＋55 mg/kg 表面活性剂＋营养液（N－P$_2$O$_5$－K$_2$O） | 728 | 371 |

注：硒盐为亚硒酸钠；表面活性剂为氮酮；营养液浓度为 0.6％。

从表 17－12 看出，一是处理 2～处理 5 在活化剂相同用量基础上，黄瓜含硒量是随硒盐浓度的增加而增加，但硒盐浓度超过 0.05％时，如 0.075％，黄瓜含硒量则出现下降现象，说明富硒黄瓜的喷硒盐浓度应控制在 0.05％以内。而黄瓜产量则随喷硒盐浓度的增加而降低，然而当喷施硒盐浓度高达 0.075％时，黄瓜产量却反而有明显的增高，说明喷施硒盐浓度与黄瓜产量之间并没有严格的规律性，需进一步研究。

二是处理 6、处理 7、处理 4、处理 8 等均以喷施硒盐浓度 0.05％为基础，添加不同浓度的表面活性剂。结果看出，不同浓度表面活性剂对黄瓜含硒量有不同程度的降低趋势，对黄瓜产量却有一定的增产作用。因此，配制黄瓜含硒叶面肥时不一定需要添加活性剂，因为黄瓜叶片大、叶面组织结构松软，气孔多而大，硒肥容易被吸收。

三是由处理 4 和处理 9 进行比较，在 0.05％硒盐＋55 mg/kg 活性剂基础上，添加 0.6％浓度的 N－P$_2$O$_5$－K$_2$O，黄瓜含硒量处理 9 大大高于处理 4，黄瓜产量高出处理 4 的 8.8％，说明在含硒叶面肥较低浓度时，适当添加 N、P、K 营养成分，对提高产品含硒量和产量有一定的效果。

### （四）在辣椒上的施用效果

辣椒是陕西主要特产之一，主要在陕西扶风、岐山、凤翔、眉县、宝鸡等地种植，是我国辣椒出口的主要生产基地之一。据调查，辣椒含硒量很低，居蔬菜正常含硒量的最低限，远不能满足供硒需要，因此提高辣椒含硒量是提高辣椒商品价值的主要途径之一。为此，2005 年作者对辣椒进行了硒肥的盆栽试验。

试验分两部分，一部分在开花后将硒肥喷施 1 次，待辣椒生长至青色时进行采收和分析；一部分在开花后进行第一次喷施硒肥，待辣椒开始变红时再进行第二次喷施硒肥，到完全变红时进行采收和分析。每一试验重复 5 次，试验处理和结果见表 17－13。

表 17－13　含硒叶面肥喷施次数对辣椒含硒量与产量的影响

| 处理号 | 处理 | 青椒（喷1次） | | 红椒（喷2次） | |
|---|---|---|---|---|---|
| | | 含硒量（µg/kg） | 产量（g/盆） | 含硒量（µg/kg） | 产量（g/盆） |
| 1 | 对照（清水） | 9 | 221 | 12 | 255 |
| 2 | 0.01％硒盐 | 308 | 221 | 320 | 278 |
| 3 | 0.03％硒盐 | 759 | 219 | 822 | 278 |
| 4 | 0.06％硒盐 | 1 023 | 217 | 1 075 | 280 |
| 5 | 0.01％硒盐＋20 mg/kg 表面活性剂 | 366 | 245 | 381 | 311 |

注：硒盐为亚硒酸钠，表面活性剂为氮酮。

由试验结果看出，一是未喷施的对照辣椒含硒量为 9～12 µg/kg，说明陕西的辣椒急需补硒。二是处理（2）与处理（5）比较，硒肥中添加适当表面活性剂可以提高辣椒含硒量。由此看出辣椒含硒叶面肥中添加活性剂是必要的。辣椒叶面较小，蜡质层和角质层较厚，气孔较小，添加具有渗透性的氮酮活性剂，有利于辣椒对硒素的吸收。三是对照处理的辣椒含硒量很低，当喷施 0.01％硒盐叶面肥后，辣青椒和红椒含硒量可分别提高至 308～320 μg/kg，达到富硒水平。四是辣椒含硒量是随喷施硒盐浓度的增加而增加，当喷施硒盐浓度为 0.06％时，辣椒含硒量达 1 023～1 075 μg/kg，成为高富硒辣椒。五是含硒叶面肥喷施 2 次比喷施 1 次的辣椒含硒量均有一定的提高，但提高的程度不大。因此对辣椒来说，在开花后喷施 1 次含硒肥，即可生产出富硒辣椒。六是喷施不同浓度的硒盐肥料，对青椒产量无明显影响，但稍能提高红椒产量。从产量的角度看，喷施 2 次硒盐肥料还是值得的。

### （五）在荞麦上的施用效果

荞麦是西北地区抗旱、抗瘠薄的特种作物，是当地农民主要粮食作物之一。由于荞麦营养成分丰富、特殊，已引起广大人民的喜爱和选食。

荞麦面含有 70％的淀粉和 7％～13％的蛋白质，其蛋白质中氨基酸组成比较平衡，赖氨酸、苏氨酸含量很高。荞麦面含脂肪 2％～3％，其中对人体有益的油酸、亚油酸含量也很高。荞麦面的维生素 $B_1$、维生素 $B_2$ 是小麦粉的 3～20 倍，为一般谷物所罕见，荞麦面的最大特点是一般食物所很少具备的，特别是它含有大量的烟酸和芦丁，这两种物质具有降低血脂和血清胆固醇的作用，对高血压和心脏病有重要的防治作用，是治疗心血管病的药品。荞麦面还含有较多的矿物质，特别是含有丰富的磷、铁和镁，对于维持人体心血管系统和造血系统的正常生理功能具有重要意义。所以荞麦面已成为广大人民的一种保健食品。但在陕西地区甚至在西北黄土地区的荞麦普遍缺硒，这与当前多种疑难疾病的产生有密切的关系。所以提高荞麦面中的含硒量已成为维护和提高荞麦特殊食用价值的重要措施之一。为此，作者在 2003 年对荞麦进行富硒试验。试验是在杨凌大田中进行，每处理的小区面积为 4 m×6 m＝24 m²，重复 4 次，所用硒盐为亚硒酸钠，浓度为 0.015％，营养液为 NPKB 肥，浓度为 0.071 4％，表面活性剂浓度为 55 mg/kg。荞麦生长期间，开花后喷施含硒肥料 2 次，试验结果见表 17-14。从结果看出，不喷硒盐的对照处理，荞麦含硒量仅为 60 μg/kg，尚达不到一般粮食正常含硒量的最下限（＞100 μg/kg），说明荞麦需要富硒才能完善荞麦对人体的保健功能；喷施 0.015％硒盐＋营养液，可使荞麦含硒达到 248 μg/kg，但尚未达到一般粮食正常含硒量的最上限（＜300 μg/kg），这可能与吸收硒素的强度不高有关；当喷施 0.015％硒盐＋营养液＋表面活性剂后，荞麦含硒量高达 1 031 μg/kg，达到高富硒水平，所以荞麦要增加含硒量，硒盐中添加表面活性剂很有必要。说明荞麦叶面在有渗透剂条件下，能大大促进荞麦叶面吸收硒的强度。硒液中添加营养液和活性剂对荞麦产量也有显著的增产作用。

表 17-14  喷施含硒液肥对荞麦含硒量和产量的影响

| 处理号 | 处理 | 荞麦含硒量（μg/kg） | 产量（kg/亩） |
| --- | --- | --- | --- |
| 1 | 对照（清水） | 60 | 79 |
| 2 | 0.015％硒盐＋营养液 | 248 | 128 |
| 3 | 0.015％硒盐＋营养液＋55 mg/kg 表面活性剂 | 1 031 | 113 |

### （六）在萝卜上的施用效果

中医认为萝卜能助消化，生津开胃，润肺化痰，平喘止咳。据调查，常规种植的萝卜，含硒量为 8～22 μg/kg，平均含量为 16 μg/kg，属于低水平。为此，作者在杨凌大田里进行了试验，品种为心里美和满堂红，每处理小区面积为 24 m²，重复 4 次，生育期中喷施 2 次含硒叶面肥，试验结果见表 17-15。

表 17-15　含硒叶面肥对不同品种萝卜含硒量和产量的影响（2003 年）

| 处理号 | 处理 | 心里美 | | 满堂红 | |
|---|---|---|---|---|---|
| | | 含硒量（μg/kg） | 产量（kg/亩） | 含硒量（μg/kg） | 产量（kg/亩） |
| 1 | 对照（清水） | 14 | 3 142 | 20 | 3 979 |
| 2 | 0.015%硒盐 | 471 | 3 212 | 920 | 5 202 |
| 3 | 0.015%硒盐＋表面活性剂 1 | 505 | 3 034 | 1 119 | 5 037 |
| 4 | 0.015%硒盐＋表面活性剂 2 | 421 | 2 968 | 893 | 4 302 |
| 5 | 0.015%硒盐＋表面活性剂 3 | 412 | 3 737 | 557 | 4 680 |

注：表面活性剂 1 为氮酮，表面活性剂 2 为月桂酸钠，表面活性剂 3 为牛胆盐，硒盐为亚硒酸钠。

由试验结果看出，不同品种的萝卜，在不喷硒肥的条件下，对土壤硒的吸收能力是不同的。如心里美含硒量为 14 μg/kg，而满堂红为 20 μg/kg，有一定差异，总之都不是很高，难以满足人体需要。喷施不同含硒肥料后，满堂红吸硒量显著高于心里美；喷 0.015%硒盐叶面肥，心里美和满堂红，含硒量分别为 471 μg/kg 和 920 μg/kg，均达富硒水平；当硒液中添加不同表面活性剂时，表面活性剂 1（氮酮）有一定增硒作用，其余两种表面活性剂都没有增硒作用，相反也表现出有一定减硒作用；纯喷硒肥，对不同品种萝卜的产量有一定增加，但添加不同的表面活性剂以后，表面活性剂 1 对心里美增产，其余表面活性剂则略有减产；三种表面活性剂对满堂红则都有减产作用。由此看出，为了获得富硒萝卜产品，硒肥中可以不加表面活性剂，喷施纯硒液体肥就可以获得富硒萝卜，提高萝卜商品价值。

**（七）在猕猴桃上的施用效果**

猕猴桃是世界上人们最喜爱食用的水果之一，因维生素 C 含量特别高，故有"维生素 C 之王"之称。我国的猕猴桃种植区主要分布在陕西。猕猴桃营养虽然很丰富，但含硒量很低，据调查，陕西猕猴桃含硒量仅为 2～7 μg/kg，为贫硒猕猴桃。

2001 年，作者在杨凌永康基地对猕猴桃进行了富硒试验，品种为秦美，在同一块果园内，每一处理分别选择 6 株猕猴桃，在生长期中喷施 2 次含硒叶面肥；收获时，每株按上、中、下部位各采摘 1 个猕猴桃，将 6 株相同部位的猕猴桃作为一个混合样进行含硒量分析，最后取平均值作为试验结果。试验处理和结果见表 17-16。

表 17-16　硒肥不同处理对猕猴桃含硒量影响

| 处理号 | 处　　理 | 猕猴桃含硒量（μg/kg） |
|---|---|---|
| 1 | 对照（清水） | 3.47 |
| 2 | 0.01%硒盐＋营养液 | 50.32 |
| 3 | 0.015%硒盐＋营养液 | 65.46 |
| 4 | 0.02%硒盐＋营养液 | 92.66 |
| 5 | 0.01%硒盐＋营养液＋10 mg/kg 表面活性剂 | 28.24 |
| 6 | 0.01%硒盐＋营养液＋20 mg/kg 表面活性剂 | 38.78 |
| 7 | 0.01%硒盐＋营养液＋30 mg/kg 表面活性剂 | 128.80 |

注：表面活性剂为氮酮，硒盐为亚硒酸钠，营养液为 NPK 肥。

由试验结果看出，猕猴桃在不喷硒的条件下含硒量只有 3.47 μg/kg，远远低于正常含硒量最低限，属贫硒猕猴桃，这就大大降低了猕猴桃的商品价值。

在硒盐试验浓度范围内，猕猴桃含硒量随硒盐浓度的增大而增大，当硒盐浓度为 0.02%时，猕猴桃含硒量可达 92.66 μg/kg，成为富硒产品。

在硒盐 0.01％的浓度时，添加低量表面活性剂，猕猴桃含硒量有显著降低；但当表面活性剂浓度增大到 30 mg/kg 时，猕猴桃含硒量却增加到 128.8 μg/kg，达富硒水平。由此看出，表面活性剂的添加量在 30 mg/kg 以上对猕猴桃即有较好的增硒作用。

从猕猴桃补硒角度说，处理 7，即 0.01％硒盐＋营养液＋30 mg/kg 表面活性剂的配方是可取的。

### （八）在石榴上的施用效果

石榴是陕西临潼的特产，现正在大力发展。但调查分析，石榴含硒量很低，只有 1～5 μg/kg，急需补硒。

2003 年，作者在临潼石榴上进行了喷硒试验，结果见表 17－17。

**表 17－17　喷施硒肥对石榴含硒量的影响**

| 处理号 | 处　　　理 | 石榴含硒量（μg/kg） |
|---|---|---|
| 1 | 对照（清水） | 1.2 |
| 2 | 0.015％硒盐＋营养液 | 78.4 |
| 3 | 0.015％硒盐＋营养液＋10 mg/kg 表面活性剂 | 104.5 |
| 4 | 0.015％硒盐＋营养液＋20 mg/kg 表面活性剂 | 128.4 |
| 5 | 0.015％硒盐＋营养液＋30 mg/kg 表面活性剂 | 135.8 |

注：硒盐为亚硒酸钠，营养液为 NPK 肥，表面活性剂为氮酮。

由试验结果看出，未喷施硒肥的石榴含硒量很低，仅 1.2 μg/kg，但以 0.015％硒盐溶液喷施 2 次，石榴含硒量即可增加到 78.4 μg/kg，接近石榴含硒量的上限水平。在硒盐溶液中添加表面活性剂时却能显著提高石榴对硒素的吸收，其吸硒量随着表面活性剂浓度的增大而增高。采用 0.015％硒盐＋营养液＋30 mg/kg 表面活性剂，可使石榴含硒量达到 135.8 μg/kg，达到富硒水平。

# 第六节　营养型叶面肥的研究和应用

## 一、营养型叶面肥的种类与配制方法

**1. 3 种营养型叶面肥的配制**

（1）高氮型。$N : P_2O_5 : K_2O = 25 : 10 : 15$，Fe 0.5％，Zn 0.4％，B 0.1％，另含少量柠檬酸、表面活性剂和其他一些微量元素（均为螯合态）。

（2）高钾型。$N : P_2O_5 : K_2O = 10 : 15 : 25$，Fe 0.3％，Zn 0.2％，Mn 0.1％，B 0.1％，硝酸稀土 0.09％，另加少量柠檬酸，表面活性剂和其他一些微量元素（均为螯合态）。

（3）钾磷型。$N : P_2O_5 : K_2O = 5 : 25 : 30$，Mg 0.2％，Fe 0.3％，Zn 0.2％，B 0.1％，Mn 0.1％，硝酸稀土 0.09，另加少量柠檬酸，表面活性剂。

**2. 配制 3 种营养型叶面肥注意事项**

第一，N 最好用尿素和硝态氮，磷用聚磷酸钾，钾用 $K_2SO_4$，Fe 一定要用螯合态，其他微量元素可用硫酸盐，最好用螯合态。

第二，粒粗大的盐类，最好先磨碎，过 40 目孔筛。

第三，有些盐分要单独进行溶解，特别是表面活性剂；有的比较难溶，要增大稀释度或先溶于其他溶剂。

第四，要按以上所叙述的配制原则，先分类配制，再进行统一配制。统一配制时要注意加入次序。

第五，统一配制好的叶面肥，立即测定和调整溶液 pH，待溶液完全稳定后进行分装保存、使用。

## 二、营养型叶面肥在不同作物和果树上的肥效试验效果

### （一）在苹果树上喷施效果

2001 年，作者以高氮型、磷钾型和高钾型叶面肥在陕西永寿县上邑乡石头桥村苹果园和兴平县店张镇西坡大队苹果园进行喷施效果试验，从 6 月上旬幼果开始，每隔 8～12 d 喷施 1 次。根据苹果不同生长期对养分的需要，第一次喷高氮型叶面肥，第二次喷磷钾型叶面肥，第三次喷高钾型叶面肥，每一处理重复 5 次，每 6 株为一重复，对照喷施清水、叶面肥喷施浓度为 0.5%，试验结果如下：

**1. 喷施叶面肥对苹果百叶厚、百叶重的影响**　从测定结果（表 17 - 18）看出，渭北旱源的永寿县和关中灌区的兴平县，喷施叶面肥处理的苹果百叶厚分别比对照增加 7.0% 和 9.9%，百叶重分别增加 9.9% 和 8.7%，这为增强光合作用提供了条件。

表 17 - 18　喷施营养型叶面肥对苹果叶厚叶重的影响

| 地区 | 处理 | 百叶厚（cm） | 比对照增加（%） | 百叶重（g） | 比对照增加（%） |
|---|---|---|---|---|---|
| 永寿县 | 喷施 | 3.5 | 7.0 | 94.7 | 9.9 |
| | 未喷 | 3.27 | — | 86.2 | — |
| 兴平县 | 喷施 | 3.68 | 9.9 | 94.9 | 8.7 |
| | 未喷 | 3.35 | — | 87.3 | — |

**2. 喷施叶面肥对苹果产量的影响**　试验结果（表 17 - 19）表明，永寿和兴平 2 个县苹果单果重分别比对照增加 8.7% 和 5.2%，亩产分别增加 14.4% 和 12.6%，增产效果显著。

表 17 - 19　喷施营养型叶面肥对苹果单果重和亩产的影响

| 地区 | 处理 | 单果重（g） | 比对照增加（%） | 亩产（kg） | 比对照增加（%） |
|---|---|---|---|---|---|
| 永寿县 | 喷施 | 226 | 8.7 | 2 671.8 | 14.4 |
| | 未喷 | 208 | — | 2 335.5 | — |
| 兴平县 | 喷施 | 181.0 | 5.2 | 2 798.0 | 12.6 |
| | 未喷 | 172.0 | — | 2 485.0 | — |

**3. 苹果喷施叶面肥的经济效益分析**　分析结果见表 17 - 20。结果表明，喷施营养型叶面肥，永寿和兴平两地的苹果产值分别比对照净增 373.56 元/亩和 345.6 元/亩，增收率分别为 13.3% 和 11.59%，经济效益很高，值得倡导和推广。

表 17 - 20　苹果喷施叶面肥的经济效益分析

| 地区 | 处理 | 亩产（kg） | 当地价格（元/kg） | 亩产值（元） | 叶面肥成本（元/亩） | 比对照净增（元/亩） | 收入增加（%） |
|---|---|---|---|---|---|---|---|
| 永寿 | 喷施 | 2 671.8 | 1.2 | 3 206.16 | 30 | 373.56 | 13.3 |
| | 未喷 | 2 335.5 | 1.2 | 2 802.6 | — | — | — |
| 兴平 | 喷施 | 2 798.0 | 1.2 | 3 357.6 | 30 | 345.6 | 11.59 |
| | 未喷 | 2 485.0 | 1.2 | 2 982.0 | — | — | — |

### （二）在小麦上喷施效果试验

2000 年和 2001 年，作者分别在陕西杨凌头道塬和三道塬对小麦进行叶面肥效试验。试验小区面积 30 m²，重复 5 次，自拔节期到孕穗期共喷施 3 次。第一次喷施高氮型叶面肥，喷施浓度为 0.3%，以后每隔 10 d 喷施第二和第三次，均喷施高钾型叶面肥，喷施浓度为 0.5%。试验结果如下：

**1. 喷施叶面肥对小麦株高和叶面积的影响**  从测定结果（表 17 - 21）表明，头道塬和三道塬小麦喷施叶面肥的株高比对照分别提高 4.3% 和 7.6%，叶面积系数分别比对照提高 13.92% 和 20.15%，增强了小麦光合作用能力。

表 17 - 21　喷施营养型叶面肥对小麦株高和叶面积系数的影响

| 地点 | 处理 | 株高（cm） | 比对照增加（%） | 叶面积系数 | 比对照增加（%） |
|---|---|---|---|---|---|
| 杨凌头道塬 | 喷施 | 72 | 4.3 | 4.42 | 13.92 |
|  | 未喷 | 69 | — | 3.88 | — |
| 杨凌三道塬 | 喷施 | 73.6 | 7.6 | 4.71 | 20.15 |
|  | 未喷 | 68.4 | — | 3.92 | — |

**2. 喷施叶面肥对小麦产量构成因素的影响**  由测定结果（表 17 - 22）看出，在头道塬和三道塬两地，喷施叶面肥是小麦构成产量的主要因素，比对照均有提高，特别是有效分蘖数和穗粒数均有显著提高，为高产建立了良好基础，两地的理论产量分别提高 30.15% 和 14.89%。

表 17 - 22　喷施叶面肥对小麦产量构成因素测定结果

| 地点 | 处理 | 有效分蘖数（个） | 比对照增加（%） | 穗粒数（个） | 比对照增加（%） | 千粒重（g） | 比对照增加（%） | 理论产量（kg/亩） | 比对照增加（%） |
|---|---|---|---|---|---|---|---|---|---|
| 杨凌头道塬 | 喷施 | 2.06 | 19.1 | 31.5 | 13.3 | 38.44 | 3.7 | 534.4 | 30.15 |
|  | 未喷 | 1.73 | — | 27.8 | — | 37.08 | — | 410.6 | — |
| 杨凌三道塬 | 喷施 | 1.88 | 21.3 | 29.7 | 4.6 | 41.3 | 2.0 | 409 | 14.89 |
|  | 未喷 | 1.55 | — | 28.4 | — | 40.5 | — | 356 | — |

**3. 喷施叶面肥对小麦实产的影响**  收获时分区测产，结果见表 17 - 23。可以看出，喷施叶面肥的小麦产量比未喷叶面肥的小麦产量分别提高 9.6% 和 8.7%。

表 17 - 23　施叶面肥对小麦产量的影响

| 地区 | 处理 | 每 30 m² 产量（kg） | | | | | 亩产（kg） | 增产（%） |
|---|---|---|---|---|---|---|---|---|
|  |  | 重复 1 | 重复 2 | 重复 3 | 重复 4 | 平均 |  |  |
| 杨凌头道塬 | 喷施 | 19.51 | 20.74 | 19.64 | 20.87 | 20.19 | 448.7 | 9.6 |
|  | 未喷 | 18.06 | 17.98 | 18.94 | 18.70 | 16.42 | 409.3 | — |
| 杨凌三道塬 | 喷施 | 16.92 | 17.33 | 16.01 | 15.99 | 16.81 | 373.6 | 8.7 |
|  | 未喷 | 15.60 | 16.02 | 14.14 | 16.37 | 15.46 | 343.56 | — |

### （三）猕猴桃喷施效果试验

2000 年和 2001 年，作者在陕西眉县和杨凌各选择 1 个猕猴桃果园，进行喷施叶面肥效果试验。试验处理分喷施叶面肥与喷施清水（对照）2 种，每一处理重复 4 次，每一重复选择 8 株猕猴桃。所有试验果树施用的基肥都一样。第一次于 6 月 2 日幼果期喷施高氮型叶面肥，第二次于 6 月 20 日喷施磷钾型叶面肥,第三次于 7 月 16 日喷施高钾型叶面肥。果实样品按每株采 30 个、叶片按每个重复随机取 100 片、产量按实收累计算。试验结果如下:

**1. 喷施叶面肥对猕猴桃百叶厚、百叶重影响**　测定结果(表 17-24)表明,喷施叶面肥处理,两地叶片百叶厚比对照分别增加 8.3% 和 9.6%;百叶重比对照分别增加 20.6% 和 37.9%,促进了养分吸收和光合作用。

表 17-24　喷施叶面肥对猕猴桃百叶厚和百叶重的影响

| 地区 | 处理 | 百叶厚(cm) | 比对照增加(%) | 百叶重(g) | 比对照增加(%) |
|---|---|---|---|---|---|
| 陕西眉县 | 喷施 | 5.20 | 8.3 | 2 066.7 | 20.6 |
| | 未喷 | 4.80 | — | 1 714.2 | — |
| 陕西杨凌 | 喷施 | 5.25 | 9.6 | 2 363.0 | 37.9 |
| | 未喷 | 4.79 | — | 1 714.0 | — |

**2. 喷施叶面肥对叶片 $Fe^{2+}$ 含量和叶绿素含量的影响**　对杨凌猕猴桃叶片 $Fe^{2+}$ 含量和叶绿素测定结果(表 17-25)表明,喷施叶面肥的叶片 $Fe^{2+}$ 含量比对照增加 41.64%,由于 $Fe^{2+}$ 含量的增加,增加了叶片叶绿素的制造,喷施叶面肥叶片的叶绿素含量比对照增加 51.82%。而未喷叶面肥的猕猴桃有不少叶子明显发黄。由此看出,叶面肥中添加适量螯合铁,对提高猕猴桃叶面的含铁量和叶绿素含量有很大的作用。

表 17-25　不同处理叶片 $Fe^{2+}$ 含量和叶绿素含量测定结果

| 地区 | 处理 | 叶片 $Fe^{2+}$ 含量($\mu g/g$) | 比对照增加(%) | 叶绿素含量($\mu g/g$) | 比对照增加(%) |
|---|---|---|---|---|---|
| 杨凌 | 喷施 | 228.15 | 41.64 | 5.452 | 51.82 |
| | 未喷 | 161.08 | — | 3.591 | — |

**3. 喷施叶面肥对猕猴桃产量的影响**　按重复采收产量,结果(表 17-26)表明,眉县和杨凌两个试验地,喷施叶面肥的猕猴桃产量比对照(未喷)分别增产 14.3% 和 12.6%。

表 17-26　喷施叶面肥对猕猴桃产量的影响

| 地区 | 处理 | 亩产(kg) | 增产(%) |
|---|---|---|---|
| 陕西眉县 | 喷施 | 1 667.2 | 14.3 |
| | 未喷 | 1 458.8 | — |
| 陕西杨凌 | 喷施 | 1 430.8 | 12.6 |
| | 未喷 | 1 271.2 | — |

**(四)豇豆喷施效果试验**

2000 年和 2001 年,作者在眉县城关镇北兴村蔬菜基地连续进行了 2 年豇豆叶面肥肥效试验,试验小区面积为 30 $m^2$,重复 5 次。豇豆出苗后 30 d(初花期)开始第一次喷施高氮型叶面肥,浓度为 0.3%;6 月下旬喷施磷钾型叶面肥,浓度为 0.5%;7 月上旬喷施高钾型叶面肥,浓度为 0.5%。每小区确定 30 株,作为定位观测。试验结果如下:

**1. 喷施叶面肥对豇豆生长势的影响**　由测定结果(表 17-27)看出,喷施叶面肥的豇豆株高、百叶厚和百叶重比未喷对照均有不同程度的增加,增加幅度分别为 9.5%~13.1%、3.97%~33.4%

和 6.2%～14.2%。喷施后，豇豆表现出叶片肥厚，色泽浓绿，有利于群体光合效能的提高，促进有机物质的生产和积累，增加产量。

表 17-27　喷施叶面肥对豇豆生长势的影响

| 年份 | 处理 | 株高（cm） | 比对照增加（%） | 百叶厚（cm） | 比对照增加（%） | 百叶重（g） | 比对照增加（%） |
|------|------|-----------|----------------|-------------|----------------|------------|----------------|
| 2000 | 喷施 | 310 | 13.1 | 5.24 | 3.97 | 641.24 | 6.2 |
|      | 未喷 | 274 | — | 5.04 | — | 603.8 | — |
| 2001 | 喷施 | 230 | 9.5 | 4.67 | 33.4 | 195.7 | 14.2 |
|      | 未喷 | 210 | — | 3.50 | — | 171.4 | — |

**2. 喷施叶面肥对豇豆产量的影响**　由试验结果（表 17-28）表明，喷施叶面肥 2 年的豇豆产量较未喷叶面肥的产量有显著提高，分别增产 13.1% 和 18.5%，增产效果十分显著。

表 17-28　喷施叶面肥对豇豆产量的影响

| 年份 | 处理 | 每 30 m² 产量（kg） | | | | | | 亩产（kg） | 比对照增产（%） |
|------|------|--------|--------|--------|--------|--------|--------|-----------|----------------|
|      |      | 重复1 | 重复2 | 重复3 | 重复4 | 重复5 | 平均 |           |                |
| 2000 | 喷施 | 95.3 | 112.5 | 109.7 | 90.8 | 99.2 | 101.5 | 2 255.5 | 13.1 |
|      | 未喷 | 90.6 | 83.4 | 96.3 | 86.8 | 91.4 | 89.7 | 1 994.0 | — |
| 2001 | 喷施 | 120.4 | 103.7 | 105.9 | 108.1 | 124.4 | 112.5 | 1 875.0 | 18.5 |
|      | 未喷 | 85.3 | 95.6 | 82.8 | 104.9 | 105.9 | 94.9 | 1 582.0 | — |

### （五）茄子喷施效果试验

茄子生长期较长，生产量较大，故需养分较多，特别是需钾较多。2001 年和 2002 年，作者在西安市灞桥区新筑镇对茄子进行喷施叶面肥效果试验。试验小区面积为 30 m²；采用 $N-P_2O_5-K_2O$ 为 25-10-15 的高氮型叶面肥。试验分为两种类型，叶面肥不同浓度试验和不同叶面肥的肥效比较试验，结果如下：

**1. 不同浓度叶面肥对茄子生长和产量的影响**　喷施不同浓度叶面肥对茄子的株高、百叶厚和百叶重都有明显的增加（表 17-29），其中 0.4% 和 0.6% 浓度的叶面肥对茄子生长势的增大作用总体更明显。叶面肥的喷施浓度对茄子产量也产生了显著影响（表 17-30）。增产效果最高的是 0.4% 的喷施浓度，比对照增产 16.1%；其次是 0.2%，比对照增产 11.6%；最低的是 0.6% 和 0.8%，说明叶面肥喷施浓度在 0.2%～0.4% 比较合适。

表 17-29　不同浓度叶面肥对茄子生长势的影响

| 处理号 | 喷施浓度（%） | 株高（cm） | 比对照增加（%） | 百叶厚（cm） | 比对照增加（%） | 百叶重（%） | 比对照增加（%） |
|--------|-------------|-----------|----------------|-------------|----------------|------------|----------------|
| 1 | CK | 92 | — | 2.17 | — | 961.6 | — |
| 2 | 0.2 | 96 | 4.3 | 2.42 | 11.5 | 1 031.5 | 7.3 |
| 3 | 0.4 | 97 | 5.4 | 2.73 | 25.8 | 1 355.6 | 40.9 |
| 4 | 0.6 | 98 | 6.5 | 2.81 | 29.5 | 1 306.7 | 35.9 |
| 5 | 0.8 | 97 | 5.4 | 2.52 | 16.1 | 1 114.9 | 15.9 |

表 17 - 30 叶面肥不同浓度对茄子产量的影响

| 处理号 | 喷施浓度（%） | 每 30 m² 重复产量（kg） | | | | 亩产（kg） | 增产（%） |
|---|---|---|---|---|---|---|---|
| | | I | II | III | 平均 | | |
| 1 | CK | 149.4 | 153.9 | 154.4 | 152.6 | 3 391 | — |
| 2 | 0.2 | 166.3 | 177.3 | 167.4 | 170.3 | 3 785 | 11.6 |
| 3 | 0.4 | 182.4 | 170.5 | 178.7 | 177.2 | 3 938 | 16.1 |
| 4 | 0.6 | 169.3 | 161.4 | 166.3 | 165.7 | 3 681 | 8.6 |
| 5 | 0.8 | 159.1 | 156.7 | 162.5 | 159.5 | 3 543 | 4.5 |

**2. 不同生育期喷施不同叶面肥对茄子生长和产量的影响** 茄子定植后 30 d，即 2002 年 6 月下旬开始第一次喷施高氮型叶面肥，浓度为 0.3%；7 月上旬喷施磷钾型叶面肥，浓度为 0.5%；7 月中旬喷施高钾型叶面肥，浓度为 0.5%。小区面积为 30 m²，重复 5 次，每小区标定 20 株。

试验结果（表 17 - 31）表明，不同生育期喷施不同类型叶面肥能促进茄子健壮生长，与对照相比，株高增加 25%，百叶厚增加 31.22%，百叶重增加 22.2%，有效增强光合作用能力。由采收结果（表 17 - 32）表明，喷施叶面肥的茄子产量比对照增加 14.8%。

表 17 - 31 喷施叶面肥对茄子生长的影响

| 处理 | 株高（cm） | 比对照增加（%） | 百叶厚（cm） | 比对照增加（%） | 百叶重（g） | 比对照增加（%） |
|---|---|---|---|---|---|---|
| CK（清水） | 88 | — | 2.21 | — | 723 | — |
| 喷肥 | 110 | 25 | 2.90 | 31.22 | 884 | 22.2 |

表 17 - 32 喷施叶面肥对茄子产量的影响

| 处理 | 每 30 m² 产量（kg） | | | | | | 亩产（kg） | 增产（%） |
|---|---|---|---|---|---|---|---|---|
| | 重复 1 | 重复 2 | 重复 3 | 重复 4 | 重复 5 | 平均 | | |
| CK（清水） | 152.3 | 148.9 | 159.6 | 166.7 | 156.0 | 156.7 | 3 482.2 | — |
| 喷肥 | 180.7 | 179.2 | 178.0 | 177.5 | 182.7 | 179.8 | 3 997.6 | 14.8 |

**（六）芹菜喷施效果试验**

芹菜具有营养价值，还具有药用价值，有降血压的功能。芹菜是一年四季人们所选食的蔬菜之一，销量巨大，创造价值也比较高。

2002 年，作者在陕西周至县小寨村蔬菜基地对芹菜进行了喷施叶面肥试验。芹菜是喜氮、喜钾作物，特别在生长后期供氮充足能大大提高芹菜产量，故采用高氮型叶面肥进行喷施试验。每一试验小区面积为 6.2 m²，重复 4 次。芹菜定植以后开始喷施，每隔 10 d 喷施 1 次，连续喷施 3 次，喷施浓度第一次为 0.3%，第二次为 0.5%，第三次为 0.5%。试验结果见表 17 - 33 和表 17 - 34。喷施叶面肥的芹菜株高、单株叶片数、最大叶柄长和最大叶柄宽均比对照有明显增加，为芹菜产量的提高建立了坚实的基础；喷施叶面肥的亩产比对照增加 18.0%。经统计，喷施叶面肥与未喷的对照产量之间的差异达到显著水平。

表 17-33 喷施叶面肥对芹菜生长的影响

| 处理 | 株高 | | 单株叶片数 | | 最大叶柄长 | | 最大叶柄宽 | |
|------|------|------|------|------|------|------|------|------|
| | 平均值（cm） | 增加（%） | 平均值（cm） | 增加（%） | 平均值（cm） | 增加（%） | 平均值（cm） | 增加（%） |
| CK | 75.8 | — | 10.4 | — | 62.5 | — | 2.17 | — |
| 喷施 | 82.6 | 9.0 | 12.1 | 16.3 | 67.4 | 7.8 | 2.41 | 11.1 |

表 17-34 喷施叶面肥对芹菜产量的影响

| 处理 | 重复小区产量（kg） | | | | | 亩产（kg） | 增加（%） |
|------|------|------|------|------|------|------|------|
| | 重复 1 | 重复 2 | 重复 3 | 重复 4 | 平均 | | |
| CK | 60.9 | 68.4 | 55.2 | 59.9 | 61.1 | 6 570.2 | — |
| 喷施 | 69.8 | 76.5 | 78.3 | 63.8 | 72.1 | 7 753.1 | 18.0 |

根据以上营养型叶面肥在不同作物上的肥效反应试验，得出以下几点结论：

第一，营养型叶面肥喷施在果树、粮食、蔬菜等作物上均有明显增产作用，进一步证明了叶面肥可以作为作物施肥的有效方法之一。

第二，根据作物不同生育期对营养的需要特点，选择喷施不同组合的叶面肥，是提高叶面肥增产效果的有效方法之一。

第三，营养型叶面肥喷施浓度因生育期不同而不同，早期以 0.2%～0.3%、中期以 0.3%～0.4%、后期以 0.4%～0.5%为宜，超过 0.6%～0.8%则易引起烧叶和减产。

第四，营养型叶面肥喷施次数一般 3 次即可，即按作物生育期的早期、中期、后期各喷施 1 次。如作物生长健壮，可少喷或不喷；如生长瘦弱，可适当增加喷施次数，喷至作物生长健壮为止。

# 第七节 功能型叶面肥的研究和应用

## 一、海藻酸叶面肥的肥效试验

海藻酸叶面肥是在营养型叶面肥的基础上，加入适量海藻酸制成的。本试验的叶面肥采用 25-10-15-其他中微量营养元素，添加不同浓度海藻酸，在白菜上进行盆栽喷施，重复 6 次，每盆定株 4 株，在生育期中每隔 7 d 喷施 1 次，共喷 6 次，试验处理和结果见表 17-35。从结果看出，营养型叶面肥（丰绿禾）比对照增产 53.2%，进一步证明海藻酸叶面肥对蔬菜有显著增产作用。不同浓度海藻酸与对照相比，都有显著增产效果，增产率达 22.0%～31.1%；丰绿禾 0.3%＋不同浓度海藻酸与单施丰绿禾 0.3%相比，增产率达 36.7%～46.6%；但在海藻酸不同浓度的产量之间无明显差异，说明喷施 400～1 200 倍的海藻酸浓度均可被认为是有效浓度。由此证明，海藻酸有机分子不但可被叶面所吸收，而且有显著的增产效果。

表 17-35 不同浓度的海藻酸叶面肥对白菜产量的影响

| 处理号 | 处理 | 小区重复产量（g/盆） | | | | | | | 增产（%） |
|------|------|------|------|------|------|------|------|------|------|
| | | 重复 1 | 重复 2 | 重复 3 | 重复 4 | 重复 5 | 重复 6 | 平均 | |
| 1 | 空白 | 26.0 | 26.5 | 16.0 | 32.0 | 26.0 | 26.0 | 25.4 | — |
| 2 | 海藻酸 1 200 倍液 | 31.5 | 26.5 | 39.5 | 40.0 | 31.2 | 31.2 | 33.3 | 31.1 |
| 3 | 海藻酸 800 倍液 | 33.2 | 32.7 | 35.0 | 26.0 | 37.7 | 31.5 | 32.7 | 28.7 |

（续）

| 处理号 | 处理 | 小区重复产量（g/盆） | | | | | | | 增产 (%) |
|---|---|---|---|---|---|---|---|---|---|
| | | 重复1 | 重复2 | 重复3 | 重复4 | 重复5 | 重复6 | 平均 | |
| 4 | 海藻酸400倍液 | 33.0 | 25.7 | 34.7 | 34.2 | 30.0 | 28.5 | 31.0 | 22.0 |
| 5 | 丰绿禾0.3% | 23.0 | 47.0 | 43.0 | 33.8 | 41.2 | 42.5 | 38.4 | — |
| 6 | 丰绿禾0.3%＋海藻酸400倍液 | 40.0 | 50.0 | 53.0 | 64.0 | 78.0 | 53.0 | 56.3 | 46.6 |
| 7 | 丰绿禾0.3%＋海藻酸800倍液 | 46.0 | 45.5 | 62.0 | 75.5 | 53.0 | 46.0 | 54.7 | 42.4 |
| 8 | 丰绿禾0.3%＋海藻酸1 200倍液 | 59.5 | 47.2 | 73.0 | 45.8 | 54.0 | 15.7 | 52.5 | 36.7 |

## 二、复硝酚钠叶面肥的肥效试验

复硝酚钠是一种新型的植物生长调节剂，是酚类有机化合物，能快速渗透到植物体内，促进细胞原生质流动，增强细胞活力，在农业生产上应用比较广泛。为了验证其在叶面上的喷施效果，作者在2004年应用2.5%的复硝酚钠在白菜上进行试验。试验的营养液为高氮型25-10-15-其他中微量元素。试验在盆栽中进行，重复4次，在生育期中自幼苗定株后，每隔7 d喷施1次，共喷施5次，试验结果见表17-36。从结果看出，喷施不同浓度的复硝酚钠、丰绿禾0.3%、丰绿禾0.3%＋复硝酚钠、丰绿禾0.3%＋复硝酚钠＋赤霉素均能显著提高白菜叶绿素含量；喷施不同浓度的复硝酚钠与空白对照相比，白菜产量都有一定提高，但产量之间差异未达显著水平；喷施丰绿禾0.3%＋不同浓度复硝酚钠叶面肥和同类叶面肥中再添加赤霉素，与丰绿禾0.3%相比，除处理8以外，其余产量都提高到极显著水平，其中处理9产量比只喷丰绿禾的增产36.11%，居增产水平的首位。这也进一步证明，有机态复硝酚钠和赤霉素都能被叶面吸收，并能改善作物的生理功能，促进新陈代谢，提高作物产量。

表17-36　复硝酚钠叶面肥对白菜叶绿素和产量的影响

| 处理号 | 处理 | 叶绿素含量 (mg/g) | 增加 (%) | 小区重复产量（g/盆） | | | | | 增产 (%) |
|---|---|---|---|---|---|---|---|---|---|
| | | | | 重复1 | 重复2 | 重复3 | 重复4 | 平均 | |
| 1 | 空白 | 2.77 | — | 30.0 | 31.5 | 23.1 | 29.0 | 28.4 | — |
| 2 | 复硝酸钠300倍液 | 3.74 | 35.0 | 33.3 | 29.0 | 30.0 | 33.0 | 31.33 | 10.3 |
| 3 | 复硝酸钠2 500倍液 | 3.76 | 35.7 | 27.0 | 36.5 | 26.0 | 30.0 | 29.88 | 5.2 |
| 4 | 复硝酸钠2 000倍液 | 4.15 | 49.8 | 28.0 | 26.5 | 29.5 | 34.5 | 29.63 | 4.3 |
| 5 | 丰绿禾 | 5.07 | 83.0 | 48.4 | 46.2 | 52.0 | 50.0 | 49.15 | — |
| 6 | 丰绿禾0.3%＋复硝酸钠3 000倍液 | 4.97 | 79.4 | 51.0 | 58.0 | 48.2 | 57.0 | 53.55 | 9.0 |
| 7 | 丰绿禾0.3%＋复硝酸钠2 500倍液 | 6.25 | 125.6 | 66.4 | 62.5 | 54.0 | 52.0 | 58.73 | 19.3 |
| 8 | 丰绿禾0.3%＋复硝酸钠2 000倍液 | 5.68 | 105.1 | 49.1 | 51.0 | 47.0 | 47.0 | 48.53 | -1.3 |
| 9 | 丰绿禾0.3%＋复硝酸钠2 500倍液＋赤霉素 | 5.75 | 107.6 | 70.0 | 62.8 | 61.8 | 73.0 | 66.9 | 36.11 |

注：GA为赤霉素。

## 三、不同氨基酸叶面肥的肥效试验

氨基酸是构成蛋白质的最小分子，掺入肥料中可被作物直接吸收，促进作物快速、健壮生长，增强作物光合作用和代谢功能，提高作物产量和品质。这都已被试验所证实。

氨基酸叶面肥种类很多，根据我国北方特点，作者研制了3种不同类型的氨基酸叶面肥，其组成如下：

氨基酸Ⅰ型：含氨基酸 10%、N 6%、$P_2O_5$ 25%、$K_2O$ 30%，由亚磷酸钾组配，并含有中量、微量元素和生长调节剂等。

氨基酸Ⅱ型：含氨基酸 10%、N 5%、$P_2O_5$ 25%、$K_2O$ 20%，由聚磷酸钠组配，并含有中量、微量元素和生长调节剂等。

氨基酸Ⅲ型：含氨基酸 10%、N 5%、$P_2O_5$ 25%、$K_2O$ 28%，由磷酸二氢钾组配，并含有中量、微量元素和生长调节剂等。

### （一）不同氨基酸叶面肥在辣椒上的肥效试验

试验于 2003 年在盆栽中进行，每处理重复 3 次。生育期中共喷施 2 次，第一次在 4 月 8 日开花期，第二次在 5 月 20 日结果期，喷施浓度为 0.5%、1.0% 和 1.5%，6 月 27 日收获，结果见表 17-37。从结果看出，不同浓度的 3 种类型氨基酸叶面肥在辣椒生育期中喷施 2 次，可使株高增高 27.7～36.4 cm，辣椒产量增加 91.2%～121.2%，效果极为显著。按每一类型不同浓度的平均增产率计，氨基酸Ⅰ型平均增产率为 105.1%，氨基酸Ⅱ型为 100.9%，氨基酸Ⅲ型为 96.7%，增产率大小次序为氨基酸Ⅰ型＞氨基酸Ⅱ型＞氨基酸Ⅲ型。按浓度来看，增产率氨基酸Ⅰ型 0.5% 浓度产量最高，氨基酸Ⅱ型 0.5% 浓度产量最高，氨基酸Ⅲ型 1.5% 浓度产量最高。但根据 LSD 多重比较，得 $LSD_{0.05} =$ 143.3，$LSD_{0.01} = 193.8$。由此可见，除喷施与不喷施氨基酸叶面肥的产量之间有极显著差异以外，其他喷施氨基酸处理的产量之间均未达到显著水平。说明以上 3 种不同类型的氨基酸叶面肥都有很高的增产效果；喷施浓度均可采用 0.5% 较为安全和合适，因为从喷施后的生长情况已经看到，喷施浓度 1.0% 和 1.5% 时，都出现不同程度灼烧叶面的现象，0.5% 的叶片生长正常。

表 17-37 喷施不同类型、不同浓度氨基酸叶面肥对辣椒生长和产量的影响

| 处理号 | 处理 | 株高（3次平均）（cm） | 增加（%） | 产量（g/盆） | | | | 增加（%） |
| --- | --- | --- | --- | --- | --- | --- | --- | --- |
| | | | | 重复1 | 重复2 | 重复3 | 平均 | |
| 1 | CK | 92.8 | — | 333.5 | 249.5 | 291.5 | 291.5 | — |
| 2 | 0.5%氨基酸Ⅰ型 | 100.5 | 8.3 | 620.6 | 660.2 | 653.5 | 644.8 | 121.2 |
| 3 | 1.0%氨基酸Ⅰ型 | 103.3 | 11.3 | 583.2 | 604.7 | 532.8 | 573.6 | 96.8 |
| 4 | 1.5%氨基酸Ⅰ型 | 102.8 | 10.1 | 604.4 | 556.2 | 565.0 | 575.2 | 97.3 |
| 5 | 0.5%氨基酸Ⅱ型 | 105.3 | 13.5 | 716.5 | 495.0 | 603.2 | 604.9 | 107.5 |
| 6 | 1.0%氨基酸Ⅱ型 | 103.3 | 11.3 | 632.5 | 514.4 | 560.3 | 569.1 | 95.2 |
| 7 | 1.5%氨基酸Ⅱ型 | 106.7 | 15.0 | 630.6 | 523.4 | 597.1 | 583.7 | 100.2 |
| 8 | 0.5%氨基酸Ⅲ型 | 109.2 | 17.7 | 648.0 | 600.0 | 424.0 | 557.3 | 91.2 |
| 9 | 1.0%氨基酸Ⅲ型 | 104.5 | 12.6 | 488.7 | 608.1 | 604.5 | 567.1 | 94.5 |
| 10 | 1.5%氨基酸Ⅲ型 | 102.3 | 10.2 | 497.2 | 682.0 | 609.5 | 596.2 | 104.5 |

### （二）不同类型氨基酸叶面肥在棉花上的肥效试验

试验于 2003 年在盆栽中进行，采用的叶面肥与处理 1 相同，在棉花不同生长阶段进行喷施。第一次在幼苗期，喷施浓度为 0.3%；第二次在开花期，第三次在蕾期，喷施浓度均为 0.4%；第四次在伏桃期，第五次在秋桃期，喷施浓度均为 0.5%。每个处理重复 4 次，试验结果见表 17-38。结果表明，增产效果最高的是氨基酸Ⅱ型，比对照增产 41.43%；其次是氨基酸Ⅰ型，比对照增产

39.0%；最后是氨基酸Ⅲ型，比对照增产 28.29%。说明这 3 种氨基酸叶面肥喷施棉花的增产效果是极显著的。这 3 种氨基酸叶面肥对棉花的增产效果之所以不同，主要原因可能与磷肥种类有关，增产最高的是配有聚磷酸钠的叶面肥，它相当于络合剂，能把溶液中的 $Ca^{2+}$、$Mg^{2+}$ 等络合成可溶性物质，供作物吸收利用，同时能增强磷酸根的活性，有利于棉花吸收。亚磷酸钾是一种新型磷肥，也是一种新型农药，具有强烈的杀菌作用，而磷酸二氢钾主要是养分功能，当遇到溶液中有 $Ca^{2+}$、$Mg^{2+}$ 存在时，就会形成磷酸盐沉淀，故养分效果易受环境条件的限制。

表 17 - 38　不同类型氨基酸叶面肥对棉花产量的影响

| 处理号 | 处理 | 皮棉产量（g/盆） | | | | | 增产（%） |
|---|---|---|---|---|---|---|---|
| | | 重复 1 | 重复 2 | 重复 3 | 重复 4 | 平均 | |
| 1 | CK | 24.0 | 23.5 | 25.3 | 27.6 | 25.1 | — |
| 2 | 氨基酸Ⅰ型 | 34.0 | 31.0 | 37.0 | 37.5 | 34.9 | 39.0 |
| 3 | 氨基酸Ⅱ型 | 33 | 39.5 | 33.5 | 35.5 | 35.5 | 41.43 |
| 4 | 氨基酸Ⅲ型 | 31.0 | 32.2 | 31.5 | 34.2 | 32.2 | 28.29 |

注：3 g 籽棉折合 1 g 皮棉。

### （三）氨基酸叶面肥与其他有机营养型叶面肥在辣椒上的肥效比较试验

2003 年，作者采用自制的氨基酸叶面肥与国内新推出的几种有机营养叶面肥在辣椒上进行了肥效比较试验，供试肥料的配方如下：

（1）营养型叶面肥。含 N 25%、$P_2O_5$ 10%、$K_2O$ 15%、Cu+Fe+B+Zn≥2%。

（2）氨基酸叶面肥。含氨基酸 10%、N 16.94%、$P_2O_5$ 6%、$K_2O$ 12%，Cu+Fe+B+Zn≥2%。

（3）氨基酸植物营养素。含氨基酸≥10%、Cu+Fe+B+Zn≥2%。

（4）氨基酸核苷酸植物营养素。含氨基酸≥10%、Cu+Fe+B+Zn≥2%。

（5）高效氨基酸植物营养素。含基因营养因子≥0.5%、氨基酸≥10%。

（6）花果核能叶面肥。

试验在盆栽中进行，生育期中共喷施 4 次，每个处理重复 5 次，喷施浓度、处理和试验结果见表 17 - 39。

表 17 - 39　不同类型有机营养叶面肥在辣椒上的肥效反应

| 处理号 | 处理 | 产量（g/盆） | | | | | | 增产（%） |
|---|---|---|---|---|---|---|---|---|
| | | 重复 1 | 重复 2 | 重复 3 | 重复 4 | 重复 5 | 平均 | |
| 1 | CK | 139.0 | 139.5 | 140.0 | 172.5 | 215.9 | 161.4 | — |
| 2 | 营养型叶面肥 | 212.5 | 212.0 | 202.0 | 268.0 | 184.5 | 215.8 | 33.7 |
| 3 | 氨基酸叶面肥 | 240.5 | 203.6 | 274.2 | 239.5 | 203.2 | 232.2 | 43.9 |
| 4 | 氨基酸植物营养素 | 160.3 | 176.0 | 176.2 | 227.7 | 183.2 | 184.7 | 14.4 |
| 5 | 氨基酸核苷酸植物营养素 | 233.0 | 247.5 | 187.0 | 170.0 | 148.5 | 197.2 | 22.2 |
| 6 | 高效氨基酸植物营养素 | 154.5 | 104.5 | 141.5 | 150.0 | 208.0 | 151.7 | —6.0 |
| 7 | 花果核能叶面肥 | 190.0 | 176.5 | 194.8 | 194.2 | 180.0 | 187.1 | 15.9 |

注：处理 2 和处理 3 所用肥料均由作者自己研制；处理 4～处理 7 所用肥料均由国内其他单位研制。

由表 17 - 39 可以看出，一是处理 2 所用肥料养分含量较高，喷施后辣椒产量比对照增产 33.7%，说明营养型叶面肥对辣椒有良好的增产效果。二是处理 3 所用肥料为含氨基酸 10% 和较低量的营养元素。虽然养分含量较低，但因含有适量的氨基酸，喷施后可使辣椒产量增加 43.9%，处理 2 增产 7.6%，说明叶面肥中添加氨基酸有明显增产作用。三是国内其他单位研制的不同类型的氨基酸，虽含有 Cu+Fe+B+Zn 等微量元素，但不含大量营养元素，增产效果明显低于营养型叶面肥和氨基酸叶面肥；然而与对照相比，除高效氨基酸植物营养素略有减产以外，其余都有一定增产效果。这也证明氨基酸作为叶面肥的组成部分是值得倡导和应用的。国内其他单位所提供的有机态叶面肥可能在果树生产上更能发挥作用。

**（四）氨基酸叶面肥喷施时期试验**

于 2003 年进行盆栽试验，以棉花专用肥作基肥。试验重复 4 次，采用氨基酸 I 型叶面肥进行试验，试验处理与结果见表 17-40。从结果看出，处理 5，即由苗期、蕾期、花期、伏桃期各喷 1 次 0.3% 氨基酸 I 型叶面肥，棉花产量比对照增产 37.59%，增产最多；处理 3，即由苗期、蕾期各喷施 1 次，比对照增产 30.04%，居增产第二位；其他处理也都有明显的增产效果，但增产幅度有所降低。说明氨基酸叶面肥在棉花幼苗期至伏桃期按主要生育期连续喷施 4 次，特别在蕾期和伏桃期及时喷施，即可满足营养需要，达到良好的增产效果。

表 17-40　氨基酸叶面肥不同喷施时期和次数对棉花产量的影响（3 g 籽棉折合 1 g 皮棉）

| 处理号 | 处理 | 皮棉产量（g/盆） | | | | | 增产（%） |
|---|---|---|---|---|---|---|---|
| | | 重复 1 | 重复 2 | 重复 3 | 重复 4 | 平均 | |
| 1 | CK | 30.0 | 30.0 | 26.0 | 30.5 | 29.13 | — |
| 2 | 0.3%氨基酸 I 型叶面肥苗期喷 1 次 | 37.8 | 32.7 | 36.3 | 32.0 | 34.70 | 19.12 |
| 3 | 处理 2+蕾期喷 1 次 | 38.0 | 37.5 | 38.5 | 37.5 | 37.88 | 30.04 |
| 4 | 处理 3+花期喷 1 次 | 31.4 | 39.5 | 40.0 | 31.0 | 35.48 | 21.80 |
| 5 | 处理 4+伏桃期喷 1 次 | 39.3 | 39.5 | 43.0 | 38.5 | 40.08 | 37.59 |
| 6 | 处理 5+秋桃期喷 1 次 | 33.0 | 39.5 | 36.0 | 35.5 | 36.00 | 23.58 |

# 第八节　腐殖酸型叶面肥的研究与应用

## 一、腐殖酸型叶面肥主要类型与成分

腐殖酸型叶面肥是我国功能型叶面肥中研究和应用最早、最广的一种叶面肥，其中最为突出的是黄富酸叶面肥，它具有良好的抗旱功能，受到广大农民的欢迎。作者对腐殖酸型叶面肥也进行了较长时间的研究，并配制成 3 种不同类型的腐殖酸型叶面肥，主要配方如下：

腐殖酸 I 型（亚磷酸钾型）：含 N 6%、$P_2O_5$ 25%、$K_2O$ 30%、腐殖酸 10%、Cu+Fe+B+Zn≥2%。

腐殖酸 II 型（聚磷酸钠型）：含 N 5%、$P_2O_5$ 25%、$K_2O$ 20%、腐殖酸 10%、Cu+Fe+B+Zn≥2%。

腐殖酸 III 型（磷酸二氢钾型）：含 N 5%、$P_2O_5$ 25%、$K_2O$ 28%、腐殖酸 10%、Cu+Fe+B+Zn≥2%。

以上叶面肥均配有一定量的活性剂。

## 二、腐殖酸型叶面肥在玉米上的肥效试验

试验在盆栽中进行，重复 3 次。2003 年 4 月 19 日播种，4 月 25 日出苗，4 月 30 日定苗 4 株。5 月

9日进行第一次喷施，5月20日和5月29日进行第二次和第三次喷施。试验仅在玉米苗期进行，于6月12日收获，试验处理和结果见表17-41。喷施2种腐殖酸型叶面肥和1种营养型叶面肥后的棉花株高比对照有显著和极显著增加，增加幅度达11.1%～21.3%，增加幅度最大的是腐殖酸Ⅱ型，其次为营养型，最后为腐殖酸型Ⅰ型；但3种叶面肥处理的株高之间差异除0.2%腐殖酸Ⅱ型株高达显著差异外，其余都未达到显著性水平，说明以上3种叶面肥喷施浓度在0.2%～0.6%对玉米苗期株高的影响基本一样。

表 17-41　两种腐殖酸型叶面肥不同喷施浓度对玉米苗生长和生物学产量的影响

| 处理号 | 处理 | 平均株高（cm） | 增加（%） | 生物学产量干重（g/盆） | | | | 增加（%） |
|---|---|---|---|---|---|---|---|---|
| | | | | 重复1 | 重复2 | 重复3 | 平均 | |
| 1 | CK | 71.63 | — | 14.5 | 15.0 | 14.0 | 14.50 | — |
| 2 | 0.2%营养型 | 84.55 | 18.04 | 18.5 | 18.5 | 19.0 | 18.67 | 28.76 |
| 3 | 0.4%营养型 | 83.08 | 16.00 | 17.6 | 17.0 | 17.8 | 17.53 | 20.90 |
| 4 | 0.6%营养型 | 80.42 | 12.30 | 17.3 | 16.2 | 18.5 | 17.33 | 19.52 |
| 5 | 0.2%腐殖酸Ⅰ型 | 79.58 | 11.10 | 18.8 | 19.8 | 18.5 | 19.03 | 31.24 |
| 6 | 0.4%腐殖酸Ⅰ型 | 82.00 | 14.50 | 20.0 | 17.6 | 18.5 | 18.70 | 28.97 |
| 7 | 0.6%腐殖酸Ⅰ型 | 82.00 | 14.50 | 18.8 | 16.5 | 17.6 | 17.63 | 21.59 |
| 8 | 0.2%腐殖酸Ⅱ型 | 86.92 | 21.30 | 18.5 | 19.6 | 20.6 | 19.57 | 34.97 |
| 9 | 0.4%腐殖酸Ⅱ型 | 85.10 | 18.80 | 19.0 | 18.5 | 18.5 | 18.50 | 27.59 |
| 10 | 0.6%腐殖酸Ⅱ型 | 86.25 | 20.40 | 17.0 | 19.0 | 18.1 | 18.00 | 24.14 |

由玉米苗期生物学产量可以看出，3种叶面肥的增产效果，腐殖酸Ⅱ型＞腐殖酸Ⅰ型＞营养型，而且增产效果均随喷施浓度的增加而降低；3种叶面肥不同浓度的生物学产量与对照产量之间的差异均达到极显著水平，但同一类型不同浓度的产量之间和不同叶面肥不同浓度的产量之间差异均未达到显著水平，说明以上两种腐殖酸型叶面肥与营养型叶面肥都有同样的施用效果，而且喷施浓度在0.2%～0.4%可满足叶面施肥的需要，其安全性也更高。

## 三、腐殖酸型叶面肥在小麦上的肥效试验

进行盆栽试验，2003年4月18日播种，4月24日出苗，4月30日每盆定苗10株。5月9日进行第一次喷施，5月20日和5月29日进行第二次和第三次喷施，7月3日收获。喷施后叶片生长正常，未出现异常。试验采用的叶面肥为腐殖酸Ⅰ型和腐殖酸Ⅱ型，并以营养型叶面肥作比较，喷施浓度分别为0.2%、0.4%和0.6%，重复3次，试验处理和试验结果见表17-42。

表 17-42　两种腐殖酸型叶面肥不同喷施浓度对小麦苗期生长和生物学产量的影响

| 处理号 | 处理 | 穗高（cm） | 增加（%） | 生物学产量干重（g/盆） | | | | 增加（%） |
|---|---|---|---|---|---|---|---|---|
| | | | | 重复1 | 重复2 | 重复3 | 平均 | |
| 1 | CK | 40.0 | — | 10.00 | 9.11 | 9.56 | 9.56 | — |
| 2 | 0.2%营养型 | 46.5 | 16.3 | 11.50 | 11.10 | 12.20 | 11.60 | 21.34 |
| 3 | 0.4%营养型 | 46.0 | 14.9 | 11.50 | 10.60 | 11.30 | 11.13 | 16.42 |
| 4 | 0.6%营养型 | 44.9 | 12.3 | 11.20 | 10.60 | 10.60 | 10.80 | 12.97 |

（续）

| 处理号 | 处理 | 穗高（cm） | 增加（%） | 生物学产量干重（g/盆） | | | | 增加（%） |
|---|---|---|---|---|---|---|---|---|
| | | | | 重复1 | 重复2 | 重复3 | 平均 | |
| 5 | 0.2%腐殖酸Ⅰ型 | 44.8 | 12.1 | 12.50 | 13.50 | 11.00 | 12.33 | 28.97 |
| 6 | 0.4%腐殖酸Ⅰ型 | 45.4 | 13.4 | 15.00 | 12.50 | 11.50 | 13.00 | 35.98 |
| 7 | 0.6%腐殖酸Ⅰ型 | 46.9 | 17.2 | 14.50 | 12.40 | 14.20 | 13.70 | 43.31 |
| 8 | 0.2%腐殖酸Ⅱ型 | 46.2 | 10.6 | 11.80 | 13.40 | 12.50 | 12.57 | 31.49 |
| 9 | 0.4%腐殖酸Ⅱ型 | 47.8 | 19.6 | 11.50 | 11.50 | 12.20 | 11.73 | 22.70 |
| 10 | 0.6%腐殖酸Ⅱ型 | 44.3 | 10.8 | 11.33 | 12.40 | 11.45 | 11.73 | 22.70 |

3 种叶面肥不同喷施浓度的株高与对照株高之间的差异均达到显著和极显著水平；3 种叶面肥不同喷施浓度的生物学产量与对照产量之间的差异，除营养型 0.6%浓度的产量未达显著水平外，其余处理均达到显著和极显著水平，说明这两种腐殖酸型叶面肥与营养型叶面肥一样，对小麦苗期生长发育都有显著的促进作用。但这 3 种叶面肥不同浓度和相同浓度的株高之间均无显著差异，而在生物学产量之间的差异，除腐殖酸Ⅰ型的 0.2%、0.4%、0.6%喷施浓度和腐殖酸Ⅱ型的 0.2%喷施浓度达显著和极显著水平外，其余处理均未达到显著性水平。由此看出，以上 3 种叶面肥在小麦苗期的肥效反应趋势是腐殖酸Ⅱ型＞腐殖酸Ⅰ型＞营养型；从生物学产量的增产率看，不同喷施浓度的增产趋势是营养型和腐殖酸Ⅱ型随着喷施浓度的增高而降低，腐殖酸Ⅰ型随喷施浓度的增高而增高，这可能与亚磷酸钾具有杀菌和刺激作用有关。

## 四、腐殖酸型叶面肥在棉花上的肥效试验

试验在盆栽中进行，2003 年 4 月 3 日播种，5 月 4 日出苗，5 月 23 日留苗 2 株，6 月 5 日定苗 1 株。在苗期、花期、蕾期、伏桃期、秋桃期各喷施 1 次，共喷施 5 次，喷施浓度幼苗期为 0.3%，花期、蕾期均为 0.4%，伏桃期、秋桃期均为 0.5%。试验处理和试验结果见表 17 - 43。结果显示，3 种腐殖酸型叶面肥产量与对照和营养型叶面肥产量之间的差异均达到显著和极显著水平，而营养型叶面肥与对照产量之间的差异未达显著水平，但比对照产量增产 8.3%；3 种腐殖酸型叶面肥喷施的棉花增产效果为腐殖酸Ⅲ型＞腐殖酸Ⅱ型＞腐殖酸Ⅰ型，说明腐殖酸+磷酸二氢钾对棉花增产具有较大的优势；腐殖酸+磷钾型营养液叶面肥增产效果明显高于高 N 型叶面肥，说明棉花对磷、钾的需要比对氮的需要更多；同时腐殖酸又能刺激棉花的生长和促进对养分的吸收，所以腐殖酸+磷钾型营养液叶面肥是提高棉花产量和品质的高效叶面肥之一。

表 17 - 43　不同腐殖酸型叶面肥对棉花产量的影响（3 g 籽棉折合 1 g 皮棉）

| 处理号 | 处理 | 皮棉产量（g/盆） | | | | | 增加（%） |
|---|---|---|---|---|---|---|---|
| | | 重复1 | 重复2 | 重复3 | 重复4 | 平均 | |
| 1 | CK（清水） | 28.0 | 29.5 | 25.3 | 27.6 | 27.6 | — |
| 2 | 营养型 | 29.0 | 30.0 | 30.8 | 29.9 | 29.9 | 8.3 |
| 3 | 腐殖酸Ⅰ型 | 34.0 | 35.4 | 34.8 | 37.5 | 35.4 | 28.4 |
| 4 | 腐殖酸Ⅱ型 | 36.2 | 37.6 | 36.5 | 40.2 | 37.6 | 36.3 |
| 5 | 腐殖酸Ⅲ型 | 39.5 | 41.0 | 37.5 | 43.5 | 40.4 | 46.3 |

# 第九节　冲施肥的研究与应用

## 一、冲施肥的发展概况

自 1840 年德国化学家李比希发表矿质营养学说以后，化肥的生产和应用随之发展起来。化肥在农业生产上的使用过程中，西方一些农场主为了提高化肥利用效率，将化肥溶于水后施用于作物上，由此产生了最初的冲施肥。随着机械化、电力化的发展及水利条件的改善，冲施肥也因此得到了迅速发展。应用冲施肥最早的国家是以色列，因气候干旱、农业缺水，迫使他们寻求节水节肥发展农业的途径，以色列已由粗放的冲施肥发展到精细准确的灌溉施肥，技术水平居于世界领先地位。美国灌溉施肥发展较迟，20 世纪 50 年代在少数地区开始采用不同形式的冲施肥，首先在果树和蔬菜上进行，效果非常显著。在西方一些其他国家，如德国、英国、澳大利亚等也都采用不同形式的冲施肥，特别是在大棚蔬菜和果树上冲施肥的施用十分普遍。我国随着化肥生产和农业生产的发展，特别是随着大棚蔬菜和果树大规模的生产，自 20 世纪 80 年代初便开始了冲施肥的研究和应用，施用范围迅速扩大，成为这些经济作物施肥体系中的一项常规追肥方式，效果显著。

## 二、冲施肥的特点与优点

### （一）冲施肥的特点

冲施肥是随灌水而施用的肥料，是一种追肥方法。其主要特点如下：

**1. 多元化**　养分种类可以多，也可以少。因此冲施肥含有大量元素和中量元素肥料，如 N、P、K、Ca、Mg 等；含有微量元素肥料，如 Zn、B、Mn、Fe、Mo、Cu、Cl 等；含有氨基酸、腐殖酸等可溶性的有机营养物质，以及含有菌肥和其他可溶性复合肥。因此，冲施肥是一种多元化的水溶肥。其多元化的程度决定于土壤养分状况和作物对养分的需要状况。

**2. 全溶性**　为了使肥料能够在土壤中均匀分布，冲施肥中的各种成分都必须是水溶性的。如果冲施肥中含有不能或不易水溶的肥料，在随水冲施过程中即会沉淀在土壤的局部地方，不能均匀冲施到作物根部，就不能使作物均匀吸收，降低肥料，达不到冲施肥应有的增产效果。如果冲施肥不能完全溶于水，就不能满足平衡施肥的要求，因此也不能用作冲施肥。

**3. 速效性**　冲施肥的各种成分不但都是水溶性的，而且都是速效性的，冲施以后，能很快被作物吸收利用。所以冲施肥的利用率比较高，一般比常规施肥高 1 倍以上，故能促进作物快速生长发育，一般冲施后 2～3 d 即可看到肥料的良好效果。

**4. 节省性**　冲施肥配方是根据土壤养分含量状况和作物生长状况制订的，并且可随时进行调整，故具有很高的针对性和灵活性。不会造成有的养分过多、有的养分过少的不平衡状况，能满足作物对养分的均衡需要，提高肥料利用率。既可节水，又可节肥，一般能节水节肥 30％以上。

**5. 安全性**　所配制的冲施肥，对肥料的溶解度、电导率、pH 和冲施浓度等均有一定的控制范围，因此，施用冲施肥不会造成土壤恶化和作物幼苗受害，能使土壤环境得到良好的保护，作物健壮生长，提高产量和改善品质。

### （二）冲施肥的优点

冲施肥有以下优点：

**1. 施用方法简便**　不需机械操作，也不需人工喷洒，只需随水灌施，故省时省工。

**2. 养分分布均匀**　一般常规追肥都是开沟施肥或挖穴集中施肥，这就容易形成局部肥料浓度过大，引起烧苗；造成部分植株养分过剩和部分植株养分不足，达不到均匀施肥的目的。冲施肥对整片农作物甚至对每株作物，肥料分配都是均匀的，有利于作物的均匀吸收，可达到均匀增产。

**3. 不损坏农作物** 机械追肥会损坏作物部分根系，影响作物对肥料的吸收和正常生长。如采用人工和机械冲施，都会对作物茎、枝、花、果等部位造成一定的伤害，而冲施肥只是随水浇灌，且只是在作物行间沟内冲施，对作物不会造成任何损伤，作物生长十分安全。

**4. 肥效反应快** 冲施肥施用以后，由于养分在土壤中分布均匀，养分浓度、电导率和 pH 均比较合适，有利作物吸收。所配制的养分针对性较强，速效性高，冲施后几个小时内就能被作物吸收利用。一般约在 20 h 后，大量养分即可被吸收利用。由于水分充足、肥料被吸收完全，故增产效果良好。

**5. 优化环境** 一般作物追肥都是开沟施肥或挖穴进行集中施肥，然后浇水或等天下雨。这就容易引起养分向地下流失，或容易产生氮素的挥发损失。冲施肥的肥料随水冲施，能被作物快速吸收，因而可减少肥料损失，减轻环境污染，防止土壤盐化和酸化的发生。

## 三、冲施肥的施用原理和方法

### （一）冲施肥施用原理

冲施肥是肥料施用的一种方法，其主要目的是节水节肥、省时省工、提高肥效、改善环境、提高产量和品质。要达到以上目的，冲施肥的使用必须遵循一定的科学规律。

**1. 遵循最小养分律** 作物生长需要均衡的养分供给，任何一种养分缺少了，植物生长就会受到限制，即使其他养分供应最为充分，也无济于事，只有当某种缺少的养分得到补给，作物才会生长良好。所以作为追肥用的冲施肥，也要遵循这一原则，也就是"缺啥补啥"原理。某种养分缺得多，冲施就要多；缺得少，冲施就要少；不缺的养分，就不用冲施，这样就可达到平衡施肥的目的。

**2. 遵循作物需肥规律** 作物生长过程中，对养分的需要有一定的特定时期，即营养临界期和营养最大效率期。作物的营养临界期是指作物生长期中一个急需养分的时期，虽然对养分的绝对数量要求不多，但很敏感，需要迫切。此时如缺乏这种养分，对作物生长的影响极其明显，并由此而造成的损失，即使以后补施该种养分也难以得到补救。所以在这一时期冲施肥料是十分重要和关键的时期。大多数作物磷的临界期都是在幼苗期，如棉花出苗后 10～20 d，玉米出苗后 7 d（即 3 叶期）；作物氮的临界期常比磷滞后一些，通常是在营养生长转向生殖生长的时期，如冬小麦是分蘖、幼穗分化期，棉花是现蕾初期，玉米是幼穗分化期。

作物营养的最大效率期是指作物对养分的绝对需要量最多、吸收速率最快、所吸收的养分能最大限度地转化为生产潜能、增产效率最高的时期。此期一般都是在作物生长的中期，即作物最旺盛的时期。作物氮的最大效率期，玉米是喇叭口、抽穗初期，棉花是开花结铃期，苹果是花芽分化期，大白菜是结球期，甘蓝是莲座期，小麦是拔节、抽穗初期。

把作物营养临界期和作物营养最大效率期科学地连接起来，进行"有的放矢"地冲施肥料，就能收到良好的施肥效果。

**3. 防止肥料报酬递减律的产生** 为了防止肥效报酬递减律的产生，冲施肥需适量施用。如果违反这一规律，养分冲施量过多，不但不能得到良好的施肥效果，反而会降低肥效，甚至引起减产。故在进行冲施肥之前，应根据土壤养分丰缺和作物本身养分状况，计算出各种养分的需要量，计划出冲施次数和每次冲施量，以多次适量地进行冲施，才可达到冲施肥的最大增产效果，避免肥效报酬递减现象的出现，这可大大节省肥料，减轻对环境的不利影响。

**4. 与综合因素相配合** 作物生长期中作物体内营养状况的变化与影响作物生长的综合因素的变化有关。如大气温度、空气湿度、光照条件、土壤肥力水平、作物种类和品种等，对作物营养状况都有明显的影响。气温高、作物生长快，需水需肥量大，气温低则反之；空气干燥，植株蒸发量高，需水量和吸肥量也随之增高，湿度过大则反之；光照时间长、强度大，则光合作用强度增大，需水需肥也随之增高，反之则降低；土壤肥力低，施肥量需增加，土壤肥力高则反之；高产品种需水需肥量高，低产品种则降低。因此，在肥料冲施过程中，要配合作物生长综合因素的变化，对冲施肥配方进行有针对性和科学性的调配，使综合因素的变化与冲施肥养分的需要相适应，才能达到冲施肥的最大效果。这是高效施用冲施肥所需遵循的重要原理之一。

#### （二）冲施肥的施用方法

**1. 建立简便的冲施系统** 目前冲施肥主要是在温室大棚蔬菜上施用，冲施系统由粗到细。开始阶段，有的先把肥料撒在作物行间沟内，再进行冲水；有的冲施时，把固体肥料撒在进水口，随水冲入行间沟内；有的先在作物根部挖穴，把肥料施入穴内，再进行灌水。随着科学技术的发展，大都先把配好的水溶性肥料，在固定的水池内或塑料桶内加水配成一定量的液体肥，然后把水池或塑料桶底部安装好的开关打开，使液体肥定量地流入控水量的灌水口，随水冲入作物行间沟内。这种冲施系统比较好，能控水控肥，适合一家一棚，使肥料冲施均匀，减少水肥损失。

**2. 控制肥水用量** 控制肥水冲施量是提高肥水利用效率的关键。如何控制水、肥的冲施量，除建立良好的冲施系统外，首先要确定水肥施用量。为此可根据作物根系主要分布在 40 cm 以内的土层，使其土壤含水量维持在田间最大持水量的 70% 左右为依据，通过土壤水分测定，计算出每次冲施肥所需控制的水量；同时根据冲施前土壤和作物养分测定的状况和作物不同生育期对各种养分的需要量（国外已制定出不同作物不同生育期需肥量标准），即确定每次冲施所需的肥料量。这样就可达到定量冲水和冲肥的要求，使水分和养分能最大限度地被作物吸收利用。

**3. 适当提早冲施** 对大棚蔬菜和夏秋作物来说，由于气温较高，生长发育很快，对养分需要量大，一旦发现有缺肥现象，作物生长就已受到影响。因此要及时进行作物营养诊断，发现养分将不能满足需要时，就应提早进行肥料冲施，保证及时供应作物养分需要，保证作物生长发育，绝不能等到作物明显缺素时，才进行肥料冲施，这就表明供肥太迟了。

**4. 冲施养分组合要急缓相济** 目前我国大部分农田还是一家一户地经营，施肥水平很不一致，土壤养分丰缺差异甚大。有的丰富，有的一般，有的稍缺，有的极缺。而冲施肥是肥水相配进行的，这次冲施到下次冲施一般要相隔相当长的时间，特别是蔬菜大棚，因湿度较大，冲施相隔时间更长。蔬菜对土壤养分的吸收很快，有些养分这次冲施时仅显稍缺或将缺，而未配制进去；但在这次冲施后不久，却显示明显缺素，然而土壤湿度又不需冲施，这样就会影响作物对这些养分的需要，使生长受到抑制。故在配制冲施肥的时候，不但要把明显缺素的养分配制进去，而且也要把稍缺或将缺的养分配制进去，即采取预备施肥。简单地说，就是急缓相济，保证作物在全生育期内都有充足养分不断供应，保证作物全程健壮生长。

**5. 根据作物营养特点选用冲施肥类型** 不同作物有不同的需肥特点，了解这点对合理施肥非常重要。对不同作物来说，禾谷类和叶菜类需氮较多，需多施氮肥；豆科类、油料类、茄果类、果树类需磷、钾较多，需多施磷钾肥料；薯类作物需钾较多，需多施钾肥。不同作物不同生育期需肥特点也不一样，如前面所说的不同作物所需营养的临界期和所需营养最大效率期及它们各自所需的养分种类是不同的。所以根据不同作物和不同生育期所需的营养特点，合理配制和选择具有针对性的冲施肥类型是提高冲施肥效果的重要条件。

**6. 添加适量生长调节剂** 在秋、冬季节，由于光线差、气温低，使大棚温室的气温低、地温低，不能满足作物正常生长需要，土壤微生物活性降低，根系发育不良，影响肥料的吸收利用，表现出冲施肥的效果不好。为了促进土壤生物活性和作物根系生长，增强对肥料的吸收，可在冲施肥中添加少量作物生长调节剂和肥料增效剂，如复硝酚钠、α-萘乙酸、三十烷醇等，都可有效地促进作物根系的生长发育，增强对肥料的吸收能力，提高冲施肥效果。

## 四、冲施肥的种类和配方

### （一）冲施肥类型

**1. 无机营养型** 无机营养型冲施肥主要是由大量元素配制而成。根据作物生长阶段对养分的需要，大致可分为以下几种：

（1）通用型。如 17-17-17-需要的中微量元素，适于三大元素都缺乏的土壤和作物。

（2）高 N 型。如 30-10-10-需要的中微量元素，适于缺 N 的土壤和作物，适于作物生长早期。

（3）高 P 型。如 10-30-10-需要的中微量元素，适于缺 P 的土壤和作物，适于作物生长中、后期。

（4）高 K 型。如 10-10-30-需要的中微量元素，适于缺 K 的土壤和作物，适于作物生长中、后期。

（5）高 N 高 K 型。如 25-10-15-需要的中微量元素，适于作物生长早、中期。

（6）高 P 高 K 型。如 10-25-15-需要的中微量元素，适于作物生长中、后期。

（7）高 K 高 P 型。如 10-15-25-需要的中微量元素，适于作物生长后、中期。

**2. 有机营养型** 有机营养型冲施肥的种类越来越多，其由有机营养与无机营养配制而成。

（1）氨基酸＋大量元素＋需要的中微量元素。

（2）腐殖酸＋大量元素＋需要的中微量元素。

（3）壳聚糖＋大量元素＋需要的中微量元素。

（4）海藻酸＋大量元素＋需要的中微量元素。

（5）复硝酚钾＋大量元素＋需要的中微量元素。

（6）多种有机营养＋大量元素＋需要的中微量元素。

**3. 药肥型** 这是当前着力研究和发展的一种冲施肥。一般都是在无机营养型或有机营养型基础上配制而成，种类如下：

（1）杀虫剂冲施肥。

（2）杀菌剂冲施肥。

（3）中药制剂冲施肥。

（4）杀虫、杀菌多功能冲施肥。

**4. 功能型**

（1）促根冲施肥。

（2）膨果冲施肥。

（3）结实冲施肥。

（4）保花保果冲施肥。

（5）增色冲施肥。

（6）增糖冲施肥。

（7）瓜果防裂冲施肥。

（8）早熟冲施肥。

以上功能性冲施肥各自都含有一种特殊功能的成分，再添加其他必需的营养物质配制而成。

## 五、冲施肥的肥效试验

### （一）治黄冲施肥试验研究

缺氮、缺钾、缺铁、缺镁等都能导致作物叶片黄化，但不同养分缺乏所引起的黄化特点是不同的。缺铁黄化主要发生在植株上部的新叶，黄化部分主要是叶脉间的叶肉，叶脉仍保持绿色。

20 世纪 90 年代，作者发现陕西果树，特别是猕猴桃、酥梨等叶片黄化现象十分普遍，严重影响产量和品质。据统计，当时陕西省猕猴桃每年黄化面积有 7 万多亩，同时在甘肃、新疆、宁夏等地考察，也同样发现果树叶片有黄化现象，缺铁黄化已成为果树生产的一个比较严重问题。

治理作物缺铁黄化的方法很多，最普通有效方法是采用腐熟有机肥与有效铁混合施入土壤，让植物根系能直接吸收利用施入的有效铁，既能改良和肥沃土壤，又能保持施入的铁素长期保持有效状态。此外，还有含铁冲施肥、含铁注射肥和含铁叶面肥等。根据研究和实践，在石灰性土壤地区，将硫酸亚铁直接施入土壤，对矫治作物缺铁黄化是没有效果的。

针对石灰性土壤缺铁黄化的具体情况，作者研制成一种能使土壤局部酸化并使铁呈螯合态的水溶性冲施肥——施可绿，其促进叶片复绿生长，效果十分显著。

该肥料施入土壤后，使局部土壤 pH 由 8.5 下降到 5～6，并使整个生育期 pH 一直维持在 6.5～7.0。土壤得到局部酸化，使铁处于良好的活性状态，易被作物吸收利用。在猕猴桃上，冲施 3～4 d 后，黄化叶片和黄果即开始复绿，7～8 d 基本全部复绿。经过多点试验（表 17 - 44）表明，叶片含 $Fe^{2+}$ 量、叶绿素含量、维生素 C 含量和单果重，冲施施可绿的平均分别为 121.18 mg/kg、4.92 mg/kg、92.47 mg/kg 和 123.51 g/个，而不冲施施可绿的对照分别为 77.58 mg/kg、2.73 mg/kg、67.54 mg/100 g 和 95.49 g/个，冲施施可绿比对照分别增加 56.97％、80.22％、36.91％和 29.34％，大大提高了猕猴桃的产量和品质。

表 17 - 44　含铁冲施肥（施可绿）在陕西猕猴桃上的施用效果

| 试验时间 | 试验地点 | 试验株数 | 叶片含 $Fe^{2+}$ 量 | | | 叶绿素含量 | | | 维生素C含量 | | | 单果重 | | |
|---|---|---|---|---|---|---|---|---|---|---|---|---|---|---|
| | | | 冲施 (mg/kg) | 对照 (mg/kg) | 比对照增加（%） | 冲施 (mg/kg) | 对照 (mg/kg) | 比对照增加（%） | 冲施 (mg/kg) | 对照 (mg/kg) | 比对照增加（%） | 冲施 (g/个) | 对照 (g/个) | 比对照增加（%） |
| 2001 年 4 月 25 日 | 杨凌徐东湾徐群生田 | 14 | 199.60 | 162.94 | 22.53 | 6.76 | 3.51 | 92.70 | — | — | — | 134.45 | 87.64 | 53.41 |
| 2001 年 6 月 15 日 | 杨凌徐东湾徐高恩田 | 100 | 25.22 | 21.81 | 15.60 | 6.15 | 5.04 | 27.66 | 111.54 | 66.13 | 68.67 | 143.49 | 132.64 | 8.18 |
| 2000 年 5 月 25 日 | 户县甘河乡董武吉田 | 75 | 220.10 | 89.15 | 146.89 | 4.44 | 1.30 | 240.52 | 55.97 | 38.13 | 46.79 | 143.49 | 132.04 | 8.18 |
| 2000 年 4 月 15 日 | 眉县常兴镇白克贤田 | 118 | 159.90 | 103.90 | 53.89 | 3.92 | 1.06 | 274.46 | 66.01 | 30.97 | 12.99 | 70.53 | 57.76 | 37.04 |
| 2001 年 4 月 26 日 | 杨凌杨村乡基地 | 5 | 70.92 | 60.90 | 16.45 | — | — | — | — | — | — | 103.06 | 77.08 | 33.71 |
| 2001 年 6 月 16 日 | 杨凌徐东湾徐安仓田 | 4 | 31.21 | 21.80 | 43.10 | — | — | — | 111.54 | 70.12 | 59.07 | 137.64 | 132.64 | 3.77 |
| 2001 年 4 月 26 日 | 周至县楼观镇郭玉民田 | 62 | 79.56 | 54.75 | 45.32 | — | — | — | 55.97 | 38.13 | 46.79 | 93.88 | 65.67 | 42.95 |
| 2000 年 5 月 9 日 | 杨凌徐东湾马树民田 | 3 | 115.30 | 76.31 | 19.72 | — | — | — | 147.90 | 139.90 | 5.41 | 62.04 | 46.83 | 32.48 |
| 2000 年 5 月 8 日 | 眉县常兴镇李小科田 | 50 | 194.30 | 106.80 | 81.81 | 3.33 | 2.75 | 21.19 | 98.34 | 89.42 | 109.98 | 156.00 | 124.00 | 25.81 |
| 2000 年 7 月 21 日 | 乾县另湖村葛龙田 | 62 | — | — | — | — | — | — | — | — | — | 141.32 | 59.74 | 136.56 |
| 2000 年 7 月 21 日 | 乾县另湖村葛宇田 | 41 | — | — | — | — | — | — | — | — | — | 104.65 | 72.28 | 32.37 |
| 2001 年 4 月 23 日 | 杨凌徐东湾马印祥田 | 4 | — | — | — | — | — | — | — | — | — | 110.31 | 77.08 | 43.11 |
| 2001 年 8 月 5 日 | 周至县渭丰村任武森田 | 6 | — | — | — | — | — | — | — | — | — | 159.00 | 139.00 | 14.39 |
| 2001 年 8 月 5 日 | 周至县瑞雪公司 | 6 | — | — | — | — | — | — | — | — | — | 137.00 | 110.00 | 24.55 |
| 2001 年 8 月 5 日 | 周至县哑柏肖兵峰田 | 6 | — | — | — | — | — | — | — | — | — | 156.00 | 124.00 | 25.81 |
| 平　均 | | | 121.8 | 77.58 | 56.97 | 4.92 | 2.73 | 80.22 | 92.47 | 67.54 | 36.91 | 123.51 | 95.49 | 29.34 |

注：资料来源于吕殿青、唐忠健等治黄专用冲施肥试验总结报告，2001 年。

### （二）无机冲施肥试验效果研究

20世纪末，我国大规模发展大棚蔬菜，为推动农村经济发展起了积极作用。但由于普遍采用地膜覆盖，给作物生育期中追施肥料带来了很大的困难，为此作者研制了不同类型的冲施肥，并为大棚蔬菜追肥提供了条件。

**1. 无机营养型冲施肥在辣椒上的试验**　以作者研制的"营养型冲施肥"与当时市场上销售最多的冲施肥进行了肥效比较。试验在温室盆栽中进行。每盆装土5 kg，将辣椒幼苗移栽后，肥料分4次进行冲施，每个处理重复4次，每种肥料冲施总量每盆为1.06 g（干肥量）。

各种冲施肥的成分如下：

冲施宝（由市场取得）：含有机质7.82 g/100 mL、腐殖酸0.82 g/100 mL、全N 1.54 g/100 mL、$P_2O_5$ 0.014 g/100 mL、$K_2O$ 156.96 $\mu$g/100 mL。

思强有机冲施肥（由市场取得）：含有机质43.9%，腐殖酸32.87%，全N 13.494%，$P_2O_5$ 24.24%，$K_2O$ 7.41%。

超级追施霸（由市场取得）：含全N 19.33%、$P_2O_5$ 3.83%、$K_2O$ 13.677%。

中华钾宝（由市场取得）：含全N 18.705%、$P_2O_5$ 0.108 1%、$K_2O$ 24.946 $\mu$g/g。

营养型冲施肥（作者自制）：含全N 25%、$P_2O_5$ 10%、$K_2O$ 15%。

试验结果见表17-45。由结果看出，所参试的冲施肥与对照相比，均有不同程度的增产作用。增产作用最低的是冲施宝，一般的是思强有机冲施肥和超级追施霸；较高的是中华钾宝；最高的是营养型冲施肥，比对照增产64.58%。

表17-45　不同冲施肥对辣椒产量的影响

| 处理号 | 施肥处理 | 产量（g/盆） | | | | 平均（g/盆） | 比对照增产（%） |
| --- | --- | --- | --- | --- | --- | --- | --- |
| | | 重复1 | 重复2 | 重复3 | 重复4 | | |
| 1 | 对照（不施肥） | 120.8 | 138.5 | 147.5 | 155.7 | 140.6 | — |
| 2 | 冲施宝 | 146.0 | 151.0 | 150.0 | 155.0 | 150.2 | 7.11 |
| 3 | 思强有机冲施肥 | 165.0 | 175.0 | 150.0 | 173.0 | 165.8 | 17.92 |
| 4 | 超级追施霸 | 170.5 | 158.5 | 149.0 | 150.5 | 162.5 | 15.78 |
| 5 | 中华钾宝 | 197.5 | 203.5 | 208.0 | 194.0 | 200.7 | 42.75 |
| 6 | 营养型冲施肥 | 241.0 | 224.8 | 235.1 | 224.5 | 231.4 | 64.58 |

**2. 无机营养型冲施肥在棉花上的肥效研究**　为了寻求棉花高产的冲施肥配方，作者配制了不同养分含量和比例的冲施肥，并通过温室盆栽进行了肥效比较试验。供试土壤的养分含量，有机质1.02%、碱解氮33.5 mg/kg，有效磷43.1 mg/kg，速效钾125 mg/kg，土壤有效氮和有效钾均较缺。试验方案和试验结果见表17-46和表17-47。

表17-46　棉花不同冲施肥的试验方案

| 处理号 | 冲施肥类型与处理 | 用量（g/盆） | 重复数 | 冲施次数 |
| --- | --- | --- | --- | --- |
| 1 | CK（不施肥） | 0.0 | 5 | 6 |
| 2 | 25-10-15+2.04%氨基酸 | 3.0 | 5 | 6 |
| 3 | 25-10-15 | 3.0 | 5 | 6 |
| 4 | 32-2-16 | 3.0 | 5 | 6 |
| 5 | 20-5-25 | 3.0 | 5 | 6 |

表 17 - 47　不同冲施肥对棉花产量的影响

| 处理号 | 产量（g/盆） | | | | | 平均（g/盆） | 比对照增产（%） |
| --- | --- | --- | --- | --- | --- | --- | --- |
| | 重复 1 | 重复 2 | 重复 3 | 重复 4 | 重复 5 | | |
| 1 | 43.0 | 43.5 | 45.5 | 37.0 | 42.0 | 42.20 | — |
| 2 | 40.0 | 47.5 | 43.0 | 46.3 | 44.2 | 44.20 | 4.7 |
| 3 | 48.2 | 45.5 | 44.5 | 51.5 | 48.1 | 47.96 | 13.6 |
| 4 | 50.0 | 44.0 | 50.0 | 48.1 | 48.17 | 48.17 | 14.1 |
| 5 | 65.0 | 51.0 | 51.0 | 58.0 | 65.0 | 58.00 | 37.4 |

说明在杨凌农地上适于棉花高产的冲施肥配方是高 N 高 K 型，即 20 - 5 - 25。所以在施用冲施肥之前，最好先进行土壤养分测定。根据土壤养分的丰缺状况，确定冲施肥的养分配方，才能起到冲施肥的应有效果。

**3. 无机营养型冲施肥在甘蓝上的肥效试验**　营养型冲施肥配方为 25 - 10 - 15、$Fe^{2+}$ 0.07%，$Zn^{2+}$ 0.03%，$MgO$ 0.2%。选择国内比较有名的两种冲施肥，即美奇追肥王和美奇天然海藻肥，通过盆栽进行肥效比较。试验结果见表 17 - 48。

表 17 - 48　不同冲施肥在甘蓝上的肥效比较

| 处理 | 肥料用量［g/（盆·次）］ | 产量（4 次平均）（g/盆） | 比空白增产（%） |
| --- | --- | --- | --- |
| 空白（水） | 0.0 | 54.5 | — |
| 营养型冲施肥 | 0.6 | 182.5 | 234.9 |
| 美奇追肥王 | 0.6 | 142.8 | 162.0 |
| 美奇天然海藻肥 | 0.6 | 90.5 | 66.1 |

试验作物为甘蓝，每盆装土 5 kg，供试土壤为娄土，土壤含水量保持田间最大持水量的 70%，每个处理重复 4 次，2004 年 2 月 13 日播种，2 月 17 日出苗，3 月 19 日定 5 苗。生长期间共冲施 4 次。

由试验结果看出，营养型冲施肥的甘蓝产量最高，美奇天然海藻肥的产量最低。这可能与冲施肥中 N、$P_2O_5$、$K_2O$ 等有效养分含量较高，而美奇追肥王和美奇天然海藻肥有效无机养分含量较低有关。

**（三）有机冲施肥试验研究**

**1. 海藻型冲施肥在白菜上的肥效试验**　目前海藻肥的应用已相当普遍，效果也比较好。为了探索其冲施肥的配方和效果，作者在白菜上进行了盆栽试验。供试土壤为菜园土，有机质含量为 1.526%、碱解氮 66.7 mg/kg、有效磷 29.11 mg/kg、速效钾 230.08 mg/kg、pH 8.47，土壤肥力比较高，冲施肥的配制成分有无机营养冲施肥、海藻肥（由中美合资青岛金秋农业科技有限公司生产）和赤霉素。白菜为秦白 2 号。每桶装土 7.5 kg，土壤含水量保持最大持水量的 70%，2004 年 1 月 7 日播种，1 月 11 日出苗，2 月 5 日每盆定苗 4 株，2 月 18 日进行第一次冲施，以后每隔 10 d 冲施 1 次，共冲施 3 次，每个处理重复 6 次。试验过程中发现，单施海藻肥的苗色发黄、瘦弱；施无机营养冲施肥的苗色深绿、健壮。4 月 14 日进行收获，试验结果见表 17 - 49。

表 17-49 不同冲施肥对白菜产量的影响

| 处理号 | 处理 | 用量/(盆·次) | 产量（6次平均）（g/盆） | 比空白增加（%） | 比冲施肥增加（%） |
|---|---|---|---|---|---|
| 1 | 空白（清水） | — | 25.4 | — | |
| 2 | 海藻肥 | 0.25 mL | 35.2 | 50.4 | |
| 3 | 海藻肥 | 0.5 mL | 43.1 | 69.7 | |
| 4 | 海藻肥 | 0.75 mL | 57.9 | 128.0 | |
| 5 | 冲施肥 | 0.5 g | 77.4 | 204.7 | — |
| 6 | 冲施肥＋海藻肥 | 0.5 g＋0.25 mL | 97.0 | 281.9 | 25.3 |
| 7 | 冲施肥＋海藻肥 | 0.5 g＋0.5 mL | 114.1 | 349.2 | 47.4 |
| 8 | 冲施肥＋海藻肥 | 0.5 g＋0.75 mL | 116.6 | 359.1 | 50.4 |
| 9 | 冲施肥＋海藻肥＋GA | 0.5 g＋0.5 mL＋0.25 mL | 126.2 | 396.9 | 63.0 |
| 10 | 冲施肥＋GA | 0.5 g＋0.25 mL | 89.0 | 250.4 | 15.0 |

注：冲施肥为无机营养冲施肥，配方为25-10-15-中微量元素。

由表 17-49 看出，无机营养型冲施肥比对照白菜增产 204.7%，海藻肥比对照增产 50.4%～128.0%。无机营养冲施肥 0.5 g＋海藻肥 0.5 mL 混配冲施肥的白菜产量比空白对照增产 349.2%，比无机营养冲施肥增产 47.4%；在两者混配基础上再添加赤霉素 0.25 mL，白菜产量更高，比空白对照增产 396.9%，比无机营养冲施肥产量增产 63.0%。说明无机营养冲施肥＋海藻肥＋赤霉素混配冲施肥对白菜的增产效果更高。三者配合可使白菜产量大大提高，其配合比例为冲施肥 0.5 g＋海藻肥 0.5 mL＋赤霉素 0.25 mL 能显示出更大的增产效果。

**2. 氨基酸型冲施肥不同配方在辣椒上的肥效试验**

（1）对辣椒产量的影响。在 NPK 冲施肥基础上，加入不同用量的氨基酸，再加入不同用量的海藻液，进行肥效比较，结果见表 17-50。单施 NPK 冲施肥，比对照增产 67.7%，产量差异达极显著水平；在 NPK 基础上，添加不同用量的氨基酸，除 40% 氨基酸有减产外，其余不同浓度的氨基酸都有不同程度的增产作用。增产作用较高的是 5% 氨基酸、10% 氨基酸和 20% 氨基酸，与 NPK 的产量差异均达显著水平，但这三者产量之间在统计学上并无差异，说明氨基酸在较低浓度水平下，有显著增产作用；但当氨基酸浓度增大到 30% 和 40% 时，辣椒产量则随氨基酸浓度的增大而降低，故氨基酸浓度不宜过大，否则对辣椒生长有抑制作用。

表 17-50 不同处理的氨基酸型冲施肥对辣椒产量的影响

| 处理号 | 处理内容 | 产量（g/盆） | | | | 平均值（g/盆） | 增加（%） |
|---|---|---|---|---|---|---|---|
| | | 重复 1 | 重复 2 | 重复 3 | 重复 4 | | |
| 1 | 空白（清水） | 110.5 | 99.2 | 113.6 | 94.0 | 104.3 | — |
| 15 | NPK＋5% 氨基酸 | 186.6 | 188.3 | 192.8 | 196.0 | 190.9 | 83.0 |
| 16 | NPK＋10% 氨基酸 | 189.8 | 186.5 | 196.0 | 189.3 | 190.4 | 82.6 |
| 17 | NPK＋20% 氨基酸 | 204.5 | 187.8 | 194.0 | 190.3 | 194.2 | 86.2 |
| 18 | NPK＋30% 氨基酸 | 178.7 | 186.5 | 191.9 | 188.1 | 186.3 | 78.6 |
| 19 | NPK＋40% 氨基酸 | 168.5 | 177.1 | 166.1 | 152.1 | 166.0 | 59.2 |
| 20 | NPK＋20% 氨基酸＋3% 海藻液 | 187.9 | 199.5 | 207.6 | 193.7 | 197.2 | 89.1 |
| 21 | NPK＋20% 氨基酸＋6% 海藻液 | 179.5 | 173.6 | 184.1 | 181.1 | 179.6 | 72.2 |
| 22 | NPK＋20% 氨基酸＋12% 海藻液 | 183.0 | 182.3 | 180.5 | 177.2 | 180.8 | 73.3 |
| 2 | NPK | 159.3 | 173.5 | 178.6 | 188.0 | 174.9 | 67.7 |

在 NPK＋氨基酸基础上，再添加不同浓度海藻液，结果显示海藻液 3％时有一定增产作用，但随海藻液浓度增大到 6％和 12％时，产量则有减低趋势。说明在辣椒上施用氨基酸型冲施肥时只宜添加低浓度的海藻液。

（2）对辣椒根系生长的影响。试验结果（表 17－51）表明，在 NPK 冲施肥基础上添加 5％氨基酸和 10％氨基酸，对辣椒根系生长量有明显增加，但自氨基酸添加量由 10％开始，辣椒根系生长量则随氨基酸浓度的增大而降低。说明氨基酸在较低浓度时，对辣椒根系生长有明显的促进作用。

表 17－51　氨基酸型冲施肥对辣椒根系生长的影响

| 处理号 | 处理内容 | 根系生长量（g/盆） | | | | 平均值（g/盆） | 比对照增加（％） |
| --- | --- | --- | --- | --- | --- | --- | --- |
| | | 重复 1 | 重复 2 | 重复 3 | 重复 4 | | |
| 1 | 空白（清水） | 35.8 | 24.3 | 23.1 | 21.1 | 23.6 | — |
| 2 | NPK | 32.8 | 34.0 | 34.7 | 30.5 | 33.0 | 39.8 |
| 15 | NPK＋5％氨基酸 | 36.5 | 40.5 | 38.6 | 34.5 | 37.5 | 59.0 |
| 16 | NPK＋10％氨基酸 | 45.0 | 47.5 | 46.6 | 35.5 | 43.4 | 83.9 |
| 17 | NPK＋20％氨基酸 | 33.0 | 37.6 | 35.8 | 35.1 | 35.5 | 50.4 |
| 18 | NPK＋30％氨基酸 | 29.4 | 37.8 | 31.5 | 29.0 | 31.9 | 35.2 |
| 19 | NPK＋40％氨基酸 | 27.2 | 30.2 | 25.5 | 28.2 | 28.6 | 21.2 |
| 20 | NPK＋20％氨基酸＋3％海藻液 | 44.3 | 50.6 | 44.4 | 55.0 | 48.8 | 106.8 |
| 21 | NPK＋20％氨基酸＋6％海藻液 | 46.1 | 43.0 | 42.0 | 53.0 | 46.0 | 94.9 |
| 22 | NPK＋20％氨基酸＋12％海藻液 | 38.8 | 43.4 | 48.0 | 57.0 | 46.8 | 98.3 |

在 NPK＋20％氨基酸基础上，添加不同浓度的海藻液对辣椒根系的生长量却没有明显增长作用，且随海藻液浓度的增加，根系生长量则有降低趋势，这与对产量的影响基本一致。

**3. 壳聚糖冲施肥的效果研究**　壳聚糖即几丁聚糖，亦称壳糖胺，是甲壳质的有效成分，是甲壳素经过脱乙酰基而得到的一种氨基多糖，在医学、农业、轻工业等各方面正在被广泛地研究和应用。在农业上既有药用功能，又有肥效和生长调节等功能，效果显著和独特。20 世纪 90 年代，作者对此进行了一些研究，现把主要情况简述如下：

（1）壳聚糖对土壤微生物和酶活性的影响。取 15 年的菜园土壤晾干后，粉碎，过 1 mm 孔筛。称 200 g 土壤，共 6 份，按不同浓度的壳聚糖溶液均匀拌在土壤中，在 28 ℃下培养 8 d，然后测定土壤中的微生物数量和酶的活性。

施用不同浓度的壳聚糖对土壤一般微生物活性的影响非常显著（表 17－52）。当加入壳聚糖 2 倍稀释液时，细菌总数、放线菌总数分别被杀死 94.5％和 93.5％，真菌全部被杀死；当稀释 10～100 倍时，这 3 种菌类则有显著增加，其增长数量随着稀释倍数的增加而降低。说明壳聚糖较高浓度时有强烈的杀菌作用，特别对真菌的杀灭作用尤为强烈；但稀释度在 10 倍时，则开始对以上菌类起有显著的增殖作用；自此之后，增殖作用则逐渐减弱。因此，控制壳聚糖的使用浓度是灭杀或增殖菌类活性的关键条件。

表 17-52　壳聚糖冲施肥对土壤微生物活性的影响

| 稀释倍数 | 细菌总数<br>（个/g 干土） | 比对照增减<br>（%） | 放线菌总数<br>（个/g 干土） | 比对照增减<br>（%） | 真菌总数<br>（个/g 干土） | 比对照增减<br>（%） |
|---|---|---|---|---|---|---|
| 2 | $3.94 \times 10^7$ | −94.5 | $7.98 \times 10^4$ | −93.5 | 0 | −100 |
| 10 | $2.53 \times 10^9$ | 253.4 | $8.31 \times 10^7$ | 6 711.5 | $5.74 \times 10^5$ | 1 544.7 |
| 20 | $2.16 \times 10^9$ | 201.7 | $8.71 \times 10^7$ | 7 039.3 | $1.00 \times 10^5$ | 186.5 |
| 50 | $2.97 \times 10^9$ | 314.8 | $4.83 \times 10^7$ | 3 859.0 | $9.90 \times 10^4$ | 183.7 |
| 100 | $1.32 \times 10^9$ | 84.4 | $1.04 \times 10^7$ | 752.5 | $7.17 \times 10^4$ | 105.4 |
| 纯水 | $7.16 \times 10^8$ | — | $1.22 \times 10^6$ | — | $3.49 \times 10^4$ | — |

　　研究结果也发现，在壳聚糖原液稀释 2～50 倍的较高浓度下，对芽孢菌、硝化菌和固氮菌等有益微生物都有显著的增殖作用，增殖率芽孢菌为 270.4%～511.1%，硝化菌为 448.1%～3 424%，固氮菌为 631.4%～1 992.9%；而对纤维素菌则有强烈的抑制作用，稀释 2 倍时，则全部被灭杀，10～50 倍时，增殖率为 30.7%～82.7%，显著低于前 3 种微生物。这对提高土壤有效肥力起有积极作用。当稀释度达到 100 倍时，对以上 4 种微生物的增殖作用都显著降低，仅为 35.7%～201.1%，说明低浓度壳聚糖对微生物的增殖作用明显减弱。

　　不同浓度的壳聚糖冲施肥对土壤酶的活性也有很大的影响（表 17-53）。稀释 2 倍的壳聚糖冲施肥对土壤酶的刺激作用较低，脲酶活性仅增加 52.84%，而对磷酸酶和过氧化氢酶活性不仅没有什么增殖，反而使磷酸酶活性降低 39.41%。壳聚糖冲施肥的稀释度由 10 倍提高到 100 倍时，对以上 3 种酶的活性都有不同程度的增加，其增加幅度都随稀释度的增加而降低。对不同酶活性的增殖程度是脲酶活性＞磷酸酶活性＞过氧化氢酶。这一结果对控制土壤酶的活性提供了良好依据。

表 17-53　壳聚糖冲施肥对土壤酶活性的影响

| 壳聚糖冲施肥<br>稀释倍数 | 脲酶活性<br>（$NH_4^+$-N mg/100 g 土） | 比对照增减<br>（%） | 磷酸酶活性<br>（mg 酚/100 g 土） | 比对照增减<br>（%） | 过氧化氢酶活性<br>（0.1 mol 高锰酸钾 mL/g 土） | 比对照增减<br>（%） |
|---|---|---|---|---|---|---|
| 2 | 29.82 | 52.84 | 120.98 | −39.41 | 0.383 3 | 1.27 |
| 10 | 322.82 | 1 554.64 | 331.49 | 66.01 | 0.335 5 | −11.36 |
| 20 | 133.47 | 584.11 | 308.56 | 54.53 | 0.404 2 | 6.97 |
| 50 | 67.11 | 243.98 | 263.41 | 31.92 | 0.400 0 | 5.68 |
| 100 | 41.03 | 110.30 | 220.87 | 10.21 | 0.392 2 | 3.88 |
| 纯水 | 19.51 | — | 199.68 | — | 0.378 5 | — |

　　（2）壳聚糖对种子发芽的影响。试验前将小麦种子进行粒选，去除不正常种子。分取 6 份，每份 300 粒种子，放入小烧杯中，分别加入不同浓度壳聚糖 50 mL 或清水 50 mL，浸泡 4 h，将每份浸泡好的种子分 5 份，每份 50 粒，放入 5 个培养皿中，排放整齐，重复 5 次。放入 25 ℃恒温箱中进行发芽，1998 年 10 月 2 日布置。试验结果见表 17-54。采用壳聚糖原液浸泡小麦种子，严重抑制种子发芽，自始至终没有 1 粒种子能发芽，但种子保存完好。当原液稀释成 100 倍时，培养后的第二天，发芽率比对照（水）增加 14.09%，第三天增加 23.95%，以后则趋于稳定；而当原液稀释 50 倍、20倍、10 倍时，发芽率却都有不同程度的减低。据研究报道，壳聚糖处理的种子，能促进 mRNA 的重新合成，使酶的活性大大增强，这样就能使种子容易发芽，提高种子的发芽率，并使幼苗苗壮。另

外，壳聚糖是一种高分子化合物，具有很大的黏度，处理种子后，能在种子表面形成一层薄膜，薄膜的厚度与浓度有关。该层薄膜在土壤干旱时能吸收土壤中的水分，供种子吸收，促进种子发芽；在土壤湿度过大时，又能阻隔水分进入种子，使种子免受腐烂。由此可知，当壳聚糖稀释度适当时，能促进种子吸水发芽；当稀释度很小时，则在种子表面形成的薄膜厚度较大，能阻隔水分进入种子，使种子不能发芽。所以在用壳聚糖处理种子的时候，控制壳聚糖的稀释度是一个十分重要的技术关键。

表 17 - 54　壳聚糖对小麦种子发芽的影响

| 壳聚糖稀释度（倍数） | 300 粒种子发芽数 | | | | | | | |
|---|---|---|---|---|---|---|---|---|
| | 10 月 4 日 | | 10 月 5 日 | | 10 月 6 日 | | 10 月 9 日 | |
| | 粒数 | 比对照增加（%） | 粒数 | 比对照增加（%） | 粒数 | 比对照增加（%） | 粒数 | 比对照增加（%） |
| 对照（纯水） | 149 | — | 167 | — | 214 | — | 214 | — |
| 100 倍 | 170 | 14.09 | 207 | 23.95 | 213 | −0.48 | 218 | 1.87 |
| 50 倍 | 156 | 4.70 | 191 | 14.37 | 207 | −0.327 | 212 | −0.93 |
| 20 倍 | 124 | −16.78 | 193 | 15.57 | 205 | −4.21 | 208 | −2.80 |
| 10 倍 | 104 | −30.20 | 198 | 18.56 | 206 | −3.74 | 211 | −1.40 |
| 2 倍 | 0 | 0 | 0 | 0 | 0 | 0 | 0 | 0 |

陕西省林业科学院病理研究室和陕西省农业科学院植保研究所对黑星病病原菌孢子萌发的抑制和病原菌菌落生长的抑制与特谱唑（国产防治黑星病王牌）对比试验，壳聚糖对孢子萌发的抑制率为90.81%，特谱唑为57.97%；壳聚糖对菌落生长的抑制率为90.79%，特谱唑为47.37%，说明壳聚糖杀灭病菌的作用十分肯定和显著。

（3）壳聚糖冲施肥对猕猴桃的抗病和增产效果。1998 年，笔者在陕西周至县发现成片猕猴桃因疫霉病引起根部溃烂，使植株衰败死亡，造成严重减产。当时笔者就在病害严重的果园选择比较严重病株 16 株，划分为两组，各为 8 株。一组采用 0.4%的壳聚糖溶液灌根，每株灌 10 kg；另一组利用井水灌溉，每株 10 kg。结果表明（表 17 - 55），灌后 4 d，灌壳聚糖的原来萎蔫的叶片已全部复苏，而灌水的原来萎蔫的叶片不但没有复苏，反而由 144 片增加到 202 片。灌后 12 d，灌壳聚糖的叶片生长健壮，没有一片脱落的，而且也抽出了新枝；而灌水的叶片脱落 93 片，病害进一步发展。最后冲施壳聚糖的猕猴桃产量比冲施井水的增产 77.33%，果树也得到完全恢复。由此看出，壳聚糖对猕猴桃根腐病病菌具有强烈的杀伤能力。壳聚糖是无毒物质，使用后比化学合成的农药具有更高的安全性，值得进一步研究和推广应用。

表 17 - 55　根灌壳聚糖对猕猴桃抗病和增产效果的影响

| 处理 | 病株数 | 冲施前叶片萎蔫数（片/8 株） | 冲施后 4 d 叶片萎蔫数（片/8 株） | 12 d 后叶片脱落数（片/8 株） | 果实产量（kg/8 株） | 增产（%） |
|---|---|---|---|---|---|---|
| 冲施壳聚糖 | 8 | 161 | 0 | 0 | 133 | 77.33 |
| 冲施井水 | 8 | 144 | 202 | 93 | 75 | — |

# 第十节　滴灌施肥的研究与应用

## 一、滴灌施肥的基本特点

从宏观来看，滴灌施肥的基本特点有以下几个方面：

**（一）滴灌施肥是作物追肥的一种方式**

施肥的基本目的是营养作物，获得高额优质的产量；培肥地力，不断提高农业持续发展的能力。要达到以上目的，就要采用完整的施肥技术体系。完整的施肥技术体系包括不同施肥方式、施肥技术、施肥时间、肥料种类和肥料配方。施肥方式有基肥和追肥，基肥包括播种前的秸秆还田、有机肥、难溶性磷肥及少量易溶性氮肥和钾肥；追肥包括土壤追肥和根外追肥；土壤追肥包括开沟追肥和地表撒施以及冲施肥和滴灌肥；根外追肥包括叶面肥和"吊针"注射等。显然，滴灌施肥是土壤追肥的一种方式。有机肥和难溶性无机肥，如过磷酸钙等磷酸盐类肥料，都不能全部溶于水，故也不可能通过滴灌施入土壤，只能通过基肥方式施入土壤。基肥是培肥地力、建立高产稳产土壤的物质基础，也是作物整个生育期特别是苗期提供养分的重要来源。所以滴灌施肥不能代替基肥，更不能代替整个施肥系统，只能作为作物追肥的一种新型方式。

**（二）滴灌肥料本身的基本特性**

在本章第二节中已经详细叙述了水溶性肥料的基本特点，这些基本特点包括高度的针对性、完全的水溶性、高度的酸碱平衡性、高度的生理平衡性、养分离子的高活性、养分间高度的兼容性和养分的高度吸收性等。由于滴灌肥具有以上这些良好的基本特性，就可使滴灌施肥顺利进行，并能取得很好效果。如果缺少以上任何一项特性，滴灌施肥就难以运行，更谈不上有什么效果，其失败的例子是时有发生的。

**（三）管理精细**

目前，在全国范围内推广应用的测土配方施肥就是一项比较先进的技术。它是在播种之前取土测试，制订作物整个生育期的施肥配方，并按基肥和追肥方式施入土壤。在作物生长期中，必要时进行土壤和作物营养诊断，可适当调整追肥要求。而滴灌施肥则大不一样，除在播种之前需进行土壤测试，确定作物整个生育期需肥量，将有机肥、难溶性磷肥及部分其他无机肥料作基肥施入土壤外，其余大部分无机肥料都以滴灌施肥方式分次施入土壤。对滴灌施肥来说，还要预先对每一种作物研究制定出不同生育期某一特定部位主要养分含量的上下限标准值。因此在每次滴灌施肥开始前，须对作物特定部位取样，测定主要养分含量，以此与标准值比较，确定每种养分需要滴施量。滴灌施肥后，还需再次测定作物养分含量，检验是否已经达到标准值，如没有达到标准值，则需继续进行滴施，直至达到标准值为止。每次滴灌施肥都需照此程序进行。所以滴灌施肥比一般测土配方施肥要精细得多。只有这样，才能真正达到平衡施肥的要求。故在推广应用滴灌施肥的地区，应该建立良好的土壤、作物、水分监测和诊断系统，以满足及时配制和调节滴灌肥料的成分和用量，并使其不断合理和完善。这就说明，滴灌施肥把平衡施肥提升到一个更高的水平，把作物营养管理提高到一个精细准确的阶段。

**（四）控速控量**

先进的滴灌施肥系统基本上都是由国外引进的，许多部件经国内研究和改进，使之更加完善。整个滴灌施肥系统，由水源纯化和肥水调配总枢纽到主管、支管、毛管、滴水器的各个环节和有关部件都已达到可调可控的先进水平，为滴灌的控速控量创造了先决条件。

在滴灌施肥过程中，常易出现的普遍而严重的问题就是滴管堵塞，严重影响到滴灌施肥的速度和用量，进而影响到滴灌施肥的进程和效果。许多研究工作者对此进行了卓有成效的研究工作，对防止和消除堵塞提出了许多新的措施（下面将对此详述），可防止灌溉水中钙、镁、铁、锰沉淀，消除细菌等的滋生，抗御作物根系侵入滴管内部等，为滴灌施肥提供了安全保障。

由以上条件说明，我国现用的滴灌施肥设施系统已达到控速控量的水平，可以满足水肥对作物平衡供应的需要，这是滴灌施肥重大特点之一。

### （五）适用性广

各种微灌，尤其是滴灌，适用性非常广阔，既可用于沙土，又可用于黏土；既适用于平原，又适用于丘陵和坡地；既适于大田作物，又适于林果和多种经济作物；既适于露地种植，又适于保护地和覆膜种植。特别是温室大棚采用滴灌技术，其保温、节水、降湿、减少病虫害、提高产量和改善品质等方面效果非常突出。用于环境景观、苗圃和植树造林方面，效果也非常良好。由此表明，滴灌施肥的适用性非常广阔，为扩大灌溉面积，防止干旱危害，促进农业的全面发展创造了良好条件。

### （六）一滴多能

我国的滴灌施肥技术经过多年的研究和创新，取得了快速的发展。1993 年，陕西榆林地区从以色列引进一套滴灌设备，在沙漠大棚蔬菜上进行滴灌施肥。开始只采用氮肥（尿素）进行滴施，后来采用氮、钾进行滴施，最后采用氮磷钾和微量元素多元营养液进行滴施，效果越来越好。近年来，随着科学技术的发展，滴灌肥的功能也不断增多，在多元无机营养液基础上，增加了有机营养、生长调节剂和农药，有的配制成以上多组分滴灌液，形成多功能滴灌肥，称为"一滴多能"滴灌肥，满足作物对多方面的生长要求。滴灌肥是根据作物需要确定的，故配制多功能滴灌肥具有高度的灵活性和针对性，这是当前滴灌施肥的另一重大特点，值得进一步研究和完善。

## 二、滴灌施肥后水肥在土壤中的分布特点

滴灌施肥后，水分和养分在土壤中的分布状况呈现如下特点：

### （一）扩散分布范围主要集中在根层

据研究，在滴灌条件下，肥水扩散范围径向约为 25 cm，垂直向约为 30 cm，正好分布在根系集中的区域内。既有利于根系的吸收，又能减少土壤深层淋失和地表蒸发损失。但也有不利的一面，可能引起土壤下层干旱，使根系不易深扎，仅集中在土壤表层，当大风大雨时，容易产生倒伏，导致减产。

### （二）水分扩散形成不同湿润区

以滴点为中心，随着水分的扩散形成不同程度的湿润区，即过饱和湿润区（积水区）、饱和湿润区和不饱和湿润区，这样就导致水分和养分在根系区内分布的不均匀性。在积水区，容易产生反硝化作用，促进氮素损失，同时也会影响根系呼吸，使根系吸收水分和养分受阻。不饱和湿润区，由于水分和养分分布较少，不能满足作物对水分和养分的需要，但呼吸作用不受影响，根系吸收能力却很强烈。由于水分的扩散移动，能把土壤中盐分和养分推移到扩散边缘，形成盐分积累，产生盐渍化。饱和湿润区处于中间状态，水肥分布比较稳定，是根系呼吸和吸收比较稳定的区域；但由于水分饱和，也容易产生反硝化作用，引起氮素损失。由此看来，滴水口与根系之间的距离和位置尚需作进一步研究。

## 三、关中塿土棉花滴灌施肥的肥效试验

2001 年，作者根据土壤养分测试结果和棉花对养分的需求，配制了 4 种液体肥，进行滴灌肥效比较试验。最后确定棉花适用的滴灌肥配方有以下几种：A：25 - 5 - 20 - 微量元素、B：20 - 10 - 20 - 微量元素、C：20 - 5 - 25 - 微量元素、D：35 - 5 - 20 - 微量元素。

选用的肥料：氮肥为硝酸铵和尿素，磷肥为聚磷酸铵，钾肥为氯化钾，适量铁、锌、硼等微量元素，铁为螯合态。为了防止沉淀，肥液中加有少量柠檬酸，使 pH 调至 6.0 以下。

试验在盆栽中进行。供试土壤为陕西关中塿土，有机质含量 1.06%，碱解氮 38 mg/kg，有效磷 45.6 mg/kg，速效钾 155 mg/kg，有效铁 4.9 mg/kg、锌 0.48 mg/kg、硼 0.25 mg/kg。有效磷和速效钾含量较高，碱解氮含量低，微量元素有效含量一般。

每盆装土 15 kg，每盆施过磷酸钙 3.85 g，其他肥料均由冲施或滴灌方式施入土壤。试验共设 10 个处理，重复 5 次。在生长期中每次灌水量达最大持水量的 70% 左右。

每种肥料在滴灌时的浓度为 0.3%，即每盆每次滴施混合混料 0.9 g，稀释液为 300 mL，整个生育期共滴灌施肥 9 次。冲施肥每盆每次施入肥料 3 g，稀释 1 000 mL，整个生育期共冲施 5 次。

滴灌施肥是采用自压式施肥法（图 17-3）。试验方案和试验结果见表 17-56。

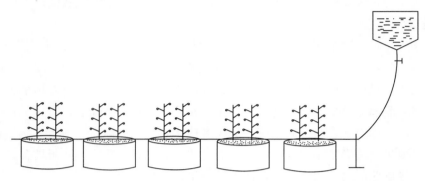

图 17-3　棉花盆栽滴灌施肥试验示意

表 17-56　棉花地面滴灌施肥与冲施肥效应比较

| 处理号 | 处理 | 肥料用量 [g/(盆·次)] | 稀液用量 [mL/(盆·次)] | 冲滴次数 | 共用肥（g/盆） | 共用水（mL/盆） | 籽棉平均产量（g/盆） |
| --- | --- | --- | --- | --- | --- | --- | --- |
| 1 | CK（水冲） | — | 1 000 | 5 | — | 5 000 | 33.3 |
| 2 | CK（水滴） | — | 300 | 9 | — | 2 700 | 30.4 |
| 3 | 冲施肥 A | 3 | 1 000 | 5 | 15 | 5 000 | 46.9 |
| 4 | 滴灌肥 A | 0.9 | 300 | 9 | 8.1 | 2 700 | 56.7 |
| 5 | 冲施肥 B | 3 | 1 000 | 5 | 15 | 5 000 | 48.0 |
| 6 | 滴灌肥 B | 0.9 | 300 | 9 | 8.1 | 2 700 | 57.6 |
| 7 | 冲施肥 C | 3 | 1 000 | 5 | 15 | 5 000 | 50.3 |
| 8 | 滴灌肥 C | 0.9 | 300 | 9 | 8.1 | 2 700 | 56.2 |
| 9 | 冲施肥 D | 3 | 1 000 | 5 | 15 | 5 000 | 62.0 |
| 10 | 滴灌肥 D | 0.9 | 300 | 9 | 8.1 | 2 700 | 62.6 |

试验结果看出，4 种不同滴灌肥和冲施肥的籽棉产量与对照产量之间差异均达极显著水平，滴灌施肥比冲施处理均增产。滴灌肥 D 的产量最高，折成亩产籽棉为 447.5 kg。以 4 种不同滴灌肥产量比较，相互之间差异虽未达到显著水平，但差异幅度很大，滴灌肥 D 的产量分别比滴灌肥 A、滴灌 B、滴灌 C 增产 10.41%、8.12%、11.39%。说明滴灌肥 D 配方较适合供试土壤和棉花对养分的需要，因为它含有较高的氮素，正适合土壤缺氮的要求。而冲施肥与冲水对照相比，增产率为 40.8% ～ 86.2%，明显低于滴灌施肥的增产率。但不同肥料配方之间的增产趋势与滴灌施肥的增产趋势基本一致，籽棉产量也是冲施肥 D 配方最高。这也证明，冲施肥 D 比较适合该土壤和棉花的需要。由此可知，在塿土地区，棉花对氮的需要大大高于对磷、钾的需求。

滴灌施肥的籽棉产量均略高于冲施肥处理的产量，但两者之间的产量差异均未达到显著性水平。滴灌施肥的肥料总用量为每盆 8.1 g，而冲施肥为 15 g，比滴灌施肥多 6.9 g，即滴灌施肥比冲施肥节肥 46%；滴灌施肥总灌水量每盆为 2 692 mL，而冲施肥总灌水量为 4 985 mL，滴灌施肥比冲施肥节水 45.99%，均与一般大田试验结果相当接近。

近几年路永莉、高义民、同延安等对陕西苹果进行的滴灌施肥试验结果表明，在相同施肥水平下，NPK 滴灌施肥比 NPK 传统施肥苹果产量增加 13.0%，果实商品率由 80.5% 提高到 89.8%，果实硬度增加 10.6%，糖酸比提高 7.3%，单果重、果形指数及叶片叶绿素都有提高趋势。1/2 NPK 滴灌施肥与 NPK 传统施肥相比，NPK 肥料用量减少 50% 的滴灌施肥产量和品质都没有显著的差异，说明滴灌施肥可比传统施肥节肥 50%。试验结果也表明，1/2 NPK 滴灌施肥，显著增加了果实对 NPK 的吸收量，较 NPK 传统施肥分别增加 36.0%、75.3% 和 44.8%，滴灌施肥之所以能节省施肥量，其主要原因就是提高了肥料利用率。试验结果也证明，NPK 对苹果的增产效应，氮肥大于磷肥和钾肥，而钾肥对苹果的品质有重要影响。

## 四、地面滴灌施肥的效益分析

**1. 增加产量，改善品质**　根据大量的试验研究和生产实践，采用水肥一体化技术，在滴灌条件下，我国温室栽培和大田作物都能提高产量 15%～20%，并能改善产品品质。潘文维（2002）的研究结果表明，温室生菜滴灌施肥比浇灌施肥，生菜产量在春夏季增产 16.74%、在秋冬季增产 19.93%；有机无机肥配合进行滴灌施肥比无机肥料滴灌的效果更高。樊庆鲁等（2009）对新疆加工番茄进行的有机无机肥滴灌施肥结果表明，番茄产量比无机滴灌施肥增产 6.06%，比常规施肥增产 14.5%；而且番茄果实硝酸盐含量显著降低，红色素、维生素 C 和可溶性固形物都有显著增加，改善了番茄品质。孔清华等（2010）研究结果表明，在青椒上的增产效果更为突出。

**2. 节约用水**　滴灌是将水一滴一滴地滴进土壤，即滴水入土。滴水流量不大，地面不出现径流，灌水后地面干爽，仅现滴水湿润斑点，灌水全部渗到作物根层内，可减少作物棵间蒸发，灌水在土壤深层渗漏很少，故能减少田间水分损失。

滴灌输水系统从水源引入开始到滴入土壤为止，全过程都是封闭式的，经过多级管道传输，将水引送到作物根系附近。整个滴灌系统做到滴水不漏，输水效率最高。

由于以上原因，一般滴灌施肥可节约用水 50% 左右，水分利用率可达 90%～95%。

**3. 提高肥效，节省肥料**　据研究，滴灌施肥可使肥料氮利用率达 73.5%，增加幅度为 110.44%。隋方功等对大棚甜椒的研究表明，滴灌施肥可比常规施肥节约肥料 40%～50%。张显珍等（2001）对大棚蔬菜滴灌施肥的研究指出，滴灌施肥比大水沟灌冲施肥节水 52.2%，节肥 55.2%。张祥坤等（2004）对棉花滴灌施肥研究结果表明，在壤土和黏土上滴灌施肥对氮肥利用率分别为 67.6% 和 63.4%，而常规施肥则分别为 47.3% 和 46.2%，分别提高 20.3% 和 17.2%。

根据国外经验，一般滴灌施肥可节省肥料 50% 左右，氮肥利用率可达 70%～80%。国内研究结果表明，滴灌施肥的氮肥利用率为 50%～80%，节肥 25%～50%。

**4. 减轻环境污染**　滴灌施肥是坚持少量、多次灌溉施肥的原则，使肥料和水分绝大部分能被作物吸收利用，减少肥水深层淋失。在滴灌过程中由于局部土壤积水而引起反硝化作用导致少量氮素进入大气，有可能产生温室效应。同时在滴灌过程中，如果水肥用量控制不好，也可能会产生肥水的深层渗漏，使地下水发生污染。但这些问题都是技术性问题，均可通过技术改进加以克服。所以，减轻环境污染是滴灌施肥所带来的重要生态效益之一。

**5. 减轻土壤盐碱危害**　滴灌可用于含盐量较高的土壤，也可利用微碱水灌溉，其原因：一是滴灌的灌水间歇期短，根系层内含水量高，土壤盐分被稀释，有利于根系生长；二是盐分向根系周围边缘集聚，减轻盐分对作物根系的危害。

**6. 防止土壤退化**　我国许多地区，特别是大棚蔬菜种植地区，由于大水漫灌、大量施用化肥，土壤退化现象严重，如土壤 pH 普遍降低、土壤板结性加剧、盐渍化程度明显上升、土传病害加重等，严重影响作物产量和品质。

在传统的畦灌条件下，由于大水漫灌，使土壤遭受较多冲刷、压实和侵蚀，若不及时中耕松土，会导致土壤板结，通气性下降，土壤结构破坏。滴灌方法使水肥缓慢均匀渗入土壤，对土壤结构有保护作用，土壤水、肥、气、热处于比较协调的状况，有利于土壤微生物活动，提高土壤肥力水平。

微灌肥料配方比较合适，施用后不会在土壤中产生酸性物质或碱性物质的积累，不会使土壤产生酸化或碱化。滴灌施肥只能把水分扩散到一定的水平距离和垂直深度，不会产生肥水流失，故能保持土壤肥力平稳发展，防止土壤退化。

**7. 节约土地，节省劳力**　滴灌施肥改变了传统沟灌所需的田间渠网系统，不修渠，不挖沟，不筑埂，可提高土地利用率 5%～7%。滴灌可提高耕地管理定额，新疆一般棉花常规灌溉土地管理定额为 25～30 亩/人，采用地面和膜下滴灌，因减少了作业层次，降低了劳动强度，使管理定额提高到 60～80 亩/人，一般滴灌可节省劳力 10%～20%。

## 五、膜下滴灌施肥

### (一) 膜下滴灌施肥的概念

薄膜覆盖技术具有提墒、保墒、增温、保温和改善光照条件，促进作物早发、早熟、高产、抑制土壤表面蒸发、改善土壤微生物活动、物理性状以及抑制膜内杂草生长等多方面的综合作用。膜下滴灌施肥把覆膜和滴灌施肥两项技术有机结合起来，更加提高了这两项技术的优势，克服了这两项技术的缺点，形成当代高效农业的新型技术体系，为我国农业的持续发展开辟了新途径。

### (二) 膜下滴灌施肥的发展现状

美国曾于 20 世纪 80 年代在温室内进行过有关膜下滴灌技术的试验，但没有形成完整的技术体系。我国新疆生产建设兵团农八师从 1995 年开始，经过多年研究和实践，形成了一套大田膜下滴灌施肥的技术体系，1999 年开始在全兵团推广应用。目前，我国已成为世界上膜下滴灌面积最大的国家。除在棉花上应用外，膜下滴灌还推广应用到酱用番茄、色素菊、色素辣椒、玉米、蔬菜、瓜类、园艺花卉、果树、烤烟、保护地瓜菜等作物。除在新疆大面积推广应用外，我国甘肃、陕西、内蒙古等省份也都应用这一新技术，并被推广应用到国外，得到中亚国家的青睐。2000 年，在塔吉克斯坦的巴巴卡罗那农庄，耕层不到 30 cm 的 36 $hm^2$ 的棉田进行膜下滴灌，测得节水 70%、节肥 30%、增产 218%，创造了当地的高产纪录。

膜下滴灌施肥的研究工作已取得了很大发展，新疆生产建设兵团已研制成适合不同膜宽和播种方式的膜下滴灌铺膜布管播种机，应用最多的是 120～145 cm 幅宽地膜同时进行 6 管 12 行的点播机和使用 180 cm 幅宽地膜同时进行 3 膜 6 管 18 行的点播机，使滴灌的投资成本大大降低。研究结果表明，膜下滴灌施肥可为棉花提供水、肥、气、热的良好环境，使棉花生育期提早 5 d，比漫灌增产 14%，显著改善了皮棉的品质。膜下滴灌灌溉定额比沟灌减少用水 3 510 $m^3/hm^2$，平均节水率为 53.96%；比沟灌水产比提高 159.7%；膜下滴灌棉花与沟灌相比增产 18.4%～39.0%，平均增产率达 25.3%，增产效益十分显著。

### (三) 膜下滴灌施肥的设施

膜下滴灌施肥设施是利用灌溉渠道与大田水位差和地面的自然坡降实施自流灌溉施肥的一种措施。以首部设备（对井水或经过过滤设施的库水、普通渠水进行调配）为中心，铺设主、支管道，农作物播种、铺膜与机具铺设滴灌毛管道同时进行操作，在播种后连接安装支管和毛管，并通过四通管件连接组成管网系统。另外选用适合的注肥器与首部相连，使水肥同时由主管道流入支管和毛管，再通过滴头输到作物根部土壤，供作物吸收利用。水流量和肥料用量与地表滴灌大致相同。根据滴灌水压的不同，可分为常压式和加压式膜下滴灌系统。

**1. 常压式膜下滴灌系统** 该系统是将渠水按原渠系通过渠道引到地头，再通过铺放到地头的管系将水直接引入作物行间的软管，通过阀门控制进行滴灌。该系统主要包括主管、支管、毛管、铺膜、铺管播种机。

**2. 加压式膜下滴灌系统** 该系统是通过首部设备（水泵、过滤器、施肥、施农药装置等），将水、肥、药经过地埋部分的主管道、支管道压至地面的滴管。该系统主要包括首部设备、地埋部分（主管、支管）及地面的毛管、铺膜铺管播种机，见图17-4。

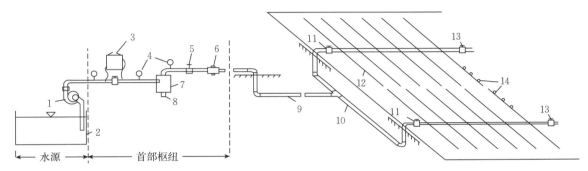

图 17-4 膜下滴灌系统示意

1. 水泵 2. 蓄水池 3. 施肥罐 4. 压力表 5. 控制阀 6. 水表 7. 过滤器 8. 排沙阀 9. 干管 10. 分干管 11. 球阀 12. 毛管 13. 放空阀 14. 滴头

### （四）膜下滴灌的效益分析

**1. 节水** 大水漫灌或沟畦灌溉因明渠流水，沿途蒸发，渗漏大，而膜下滴灌沿途水流均在封闭状态下运行，没有水分蒸发和渗漏。

膜下滴灌是根据作物需要进行多次少量滴灌，可避免因大水漫灌引起的深层流失；滴入土壤中的水分集中分布在主要根系范围内，有利于作物充分吸收利用；滴灌后，因有薄膜覆盖，可大大减少地面水分蒸发，使土壤湿润层水分较长时间保持在田间最大持水量的60%～95%。

由于膜下滴灌能产生以上这些节水条件，故膜下滴灌比大水漫灌节水70%以上，比沟畦灌溉节水60%以上，比地面滴灌节水30%以上。

**2. 节肥** 膜下滴灌施肥按作物需要进行施肥，能减少肥料损失；可提高肥料利用率，一般高达60%～80%；能提高肥水耦合效应。因此，膜下滴灌一般可省肥25%～30%，高的可达50%左右。

**3. 改善土壤物理性质** 传统沟畦灌每次灌水量为23.5～31 mm，水量大，水力强，使0～20 cm土层水分含量达到田间持水量的110%～123%，引起水分下层渗漏，破坏土壤结构，使土壤空隙充满水分，造成嫌气状态，不利根系生长发育，还能引起反硝化作用，造成氮素损失；而膜下滴灌每次灌水量为14～17 mm，土壤水分含量为田间持水量的60%～95%，没有水分深层淋失，更不破坏土壤结构，有利于作物根系生长发育和土壤微生物活动。

据测定，大棚蔬菜膜下滴灌下0～10 cm土壤容重比沟畦灌减少0.11 g/cm³。

膜下滴灌0～25 cm的地温比无膜滴灌增高1～4.5 ℃，比传统沟畦灌增高2～8 ℃，该土层的地温升高对蔬菜根系生长发育特别有利，使黄瓜早结果、早上市7～8 d。

**4. 改善肥料在土壤中分布状况** 由大棚蔬菜试验结果表明，0～20 cm土层中，膜下滴灌施肥比沟灌碱解氮提高18.8%、有效磷提高40%，20～60 cm土层中膜下滴灌比沟灌碱解氮降低32%、有效磷降低 66%，说明膜下滴灌施肥可使有效养分集中分布在耕作层，被作物根系充分吸收利用；而沟灌的有效养分则大量被淋失到土壤下层，难以被作物吸收利用，最后淋失到地下水，污染环境。因此，肥料利用率膜下滴灌施肥比沟灌施肥提高 18.8%～40%，可达到节肥目的。

**5. 改善作物生长空间条件**

（1）降低棚内相对湿度。大棚膜下滴灌比无膜滴灌、沟畦灌的空间相对湿度，清晨分别低 6% 和 13%，白天低 3%～5% 和 8%～10%，傍晚至夜间低 8% 和 20%；沟畦灌相对湿度可高达 100%，故膜下滴灌可降低相对湿度，从而降低病虫害的发生。

（2）增高温度。大棚膜下滴灌气温比沟畦灌高 2～5.3℃，比无膜滴灌高 1.5～3.6℃，到 14:00，温度相差更大，这对冬季蔬菜的生长发育十分有利，可提早收获，提早上市，增加收益。

（3）增强光照。覆膜后，由于地膜和膜下水珠的反射作用，使漏射的阳光反射到地面空间，增加基部叶片的光合作用，提高光合强度和光能利用率。玉米膜下滴灌比无膜滴灌的产量构成因素明显提高，特别是百粒重的提高尤为明显。

**6. 增强土壤生物活性** 新疆海岛棉膜下滴灌施肥土壤细菌、真菌、放线菌比沟灌明显增加，膜下滴灌与沟灌细菌分别为 $164.1 \times 10^3$ 个/g 和 $122.8 \times 10^3$ 个/g，真菌分别为 $3.3 \times 10^3$ 个/g 和 $3.0 \times 10^3$ 个/g，放线菌分别为 $3.9 \times 10^3$ 个/g 和 $3.30 \times 10^3$ 个/g。由于微生物的增加，加强了对土壤有机物的分解活动，不断释放出有效养分，供作物吸收利用。随着微生物活性的加强，土壤酶的活性也得到提高。据测定，随着酶活性的增强，土壤有效养分含量也得到提高，两者呈显著的线性相关关系。说明膜下滴灌能大大改善土壤生物活性，提高土壤肥力和养分的供应水平。

**7. 抑制土壤盐渍化和改良盐碱土**

（1）抑制土壤盐渍化。膜下滴灌因不产生深层渗漏，故可避免地下水位上升，抑制土壤次生盐渍化；同时由于地面覆盖薄膜，可使棵间蒸发减少，减轻地面返碱和盐化。

（2）改良盐碱土。在盐碱地上采用膜下滴灌种植棉花，可使棉花根系周围形成盐分淡化区，在湿润峰外围及膜间形成盐分积累区，有利棉苗的成活和生长。新疆生产建设兵团在玛纳斯县对棉花盐碱地上进行膜下滴灌试验，可在滴水点周围形成湿润峰，湿润峰的外围形成盐分积累，湿润峰内形成脱盐区，有利作物生长。在 0～100 cm 土层内平均含盐量达 2.2% 的重盐碱地上，经过 3 年连续膜下滴灌植棉，可使土壤盐分减至 0.35%，棉花产量逐年提高。而灌溉及地面滴灌棵间蒸发量较大，会使地下盐分上升，造成盐分积累。实践证明，在中度盐渍化土壤上种植棉花，在膜下滴灌条件下很容易获得较高的产量，说明膜下滴灌不仅能抑制土壤盐渍化，而且能改良盐碱土。

**8. 提高产量，改善品质** 膜下滴灌能为作物创造良好的生长发育条件，使各种作物表现出明显的增产效果，改善产品品质。徐飞鹏等（2003）研究结果表明，膜下滴灌可使新疆棉花增产 20% 以上，在中低产田上甚至可增产 30% 以上。新疆的番茄产量，膜下滴灌比一般滴灌增产 22.1%，比沟灌增产 55.6%；辽宁建平县膜下滴灌马铃薯产量比一般滴灌增产 21.1%，比大田漫灌增产 31.9%；陈林等的水稻膜下滴灌试验结果显示，其产量比常规淹灌增产 15.4%；黑龙江玉米膜下滴灌产量比覆膜不滴灌增产 18.6%。各种作物除明显增产外，棉花纤维长度和整齐度、玉米百粒重、蔬菜维生素含量、瓜果的糖酸比等品质指标都有明显提高，提高了商品价值。

**9. 有利于生态环境的全面改善** 在大面积推广应用膜下滴灌情况下，可大大减少化肥、农药使用量，防止土壤和地下水污染。

膜下滴灌可有效改良盐碱地、沙地、瘠薄地和坡地，扩大耕地面积，变废地为良田；减少地表水和地下水的引用和开采，涵养水源，维护生态平衡。把节约下来的水、肥、农药、劳力，应用到更需要的地区和作物，扩大林木和草地肥、水、农药施用面积，全面发展林、果、草、牧业，推动农业生产结构改革，形成良好的综合性农业生态系统，促进农业生产良性循环和持续发展，为实现我国农业现代化和生态文明建设创造良好条件。

**10. 节省成本** 膜下滴灌地埋管材使用期可达 30～40 年，设备使用期可达 5～8 年。使用 2 年后，滴灌带可以回收，使滴灌投资大大降低。

**主要参考文献**

巴合特别克，张胜江，虎胆·吐马尔白，等，2012. 低压条件下蓄水灌溉水均匀度实验分析 [J]. 新疆农业科学，49（1）：165-169.

何念祖，孟赐福，1987. 植物营养原理 [M]. 上海：上海科学技术出版社.

李久生，张建君，薛克宗，2003. 灌溉施肥灌溉原理与应用 [M]. 北京：中国农业科学技术出版社.

刘穆，2004. 种子植物形态解剖学导论 [M].2 版. 北京：科学出版社.

陆景陵，2003. 植物营养学（上）[M].2 版. 北京：中国农业大学出版社.

宁正祥，2001. 果树生理调控学 [M]. 广州：华南理工大学出版社.

沈其荣，徐国华，2001. 小麦和玉米叶面标记尿素态[15]N 的吸收和运输 [J]. 土壤学报，38（1）：67-74.

王华静，吴良欢，陶勤南，2003. 有机营养肥料研究进展 [J]. 生态环境，12（1）：110-114.

奚振邦，2003. 现代化学肥料学 [M]. 北京：中国农业出版社.

徐飞鹏，李云开，任树梅，2003. 新疆棉花膜下滴灌技术的应用与发展的思考 [J]. 农业工程学报（4）：26-28.

杨建康，李少斌，张会社，1994. 微灌系统允许压力偏差确定方法及应用 [J]. 西北水资源与水工程，5（1）：61-66.

岳兵，1997. 渗灌技术存在问题与建议 [J]. 灌溉排水，16（2）：40-44.

张树森，雷勤明，1994. 日光温室蔬菜渗灌技术研究 [J]. 灌溉排水，13（2）：30-32.

章力建，朱立志，2005. 我国"农业立体污染"防治对策研究 [J]. 农业经济问题（2）：4-7.

DEVITT MILLER W W，1988. Subsurface drip irrigation of bermudagress with saline water [J]. Applied Agric. Res.，3（3）：133-143.

HAQM U，MALLARINO A P，2000. Soybean Yield and nutrient composition as affect by early foliar fertilization [J]. Agronomy Journal，92：16-24.

JYUNG W H，WITTWER S H，1964，Foliar absorption-an active process [J]. America Journal of Botany，51（4）：437-444.

LAMM F R，STONE L R，MANGES H L，et al，1997. Optimum lateral spacing for subsurface drip-irrigation corn [J]. Transaction of the ASAE，40（4）：1021-1027.

YOGARATNAM N，ALLEN M，GREENHARM D W P，1981. The phosphorous concentration in apple leaves as affected by foliar application of its compounds [J]. Journal of Horticultural Science，56（3）：255-260.

# 第十八章

# 缓释/控释肥料的研发与应用

## 第一节　缓释/控释肥料的理论基础与发展现状

### 一、缓释/控释肥料的概念

缓释/控释肥料研发和应用已有多年的历史，但是关于缓释/控释肥料的概念和认识却不尽统一。其定义为：缓释/控释肥料——一种在施肥后养分被植物吸收和利用有效性延迟的肥料，或者其对植物的有效性显著长于如硝酸铵或尿素、磷酸铵或氯化钾等"速效养分肥料"的参照肥料。这种肥料初始有效性延迟或连续有效性期延长可以由各种机制获得。这些机制包括控制材料（通过半透膜、包埋，或利用聚合物固有的水不溶性、天然有机含氮物质、蛋白质材料或其他化学形态）水溶性，或水溶性低分子化合物的缓慢水解，或其他未知方法（AAPFCO，1995）。

缓释与控制释放之间没有法定的区别，二者可同时使用。但 Martin（1997）倾向认为，将能为微生物分解的含氮化合物（如脲醛化合物等）称为缓释肥料，将包膜或用胶囊包裹的产品称为控释肥料（Martin，1997）。将缓释肥料和控释肥料的主要差异归纳如下：

（1）缓释肥料一般是自然缓慢降解的有机物料或本质上难溶的化学肥料，缓释肥料取决于含氮材料固有的水不溶性；控释肥料是使用某种材料控制高水溶性化学肥料制成的肥料，控释肥料是通过包膜或胶囊对水溶性肥料释放控制得到的。

（2）缓释肥料的养分释放期与释放量较难预测；控释肥料的养分释放期与释放量具有较高的可预测性。

（3）缓释肥料的养分释放特征较多地受肥料颗粒大小、水分及介质微生物甚至土壤酸碱度的影响；控释肥料养分释放特征主要受温度、水分的影响。

（4）缓释肥料养分释放模式与植物的养分需求模式（需求期与需求量）协调性差；控释肥料养分释放（释放量、释放期及释放模式）与植物养分需求模式具有很好的协调性，其吻合度的高低是区分缓释肥料和控释肥料的重要指标之一。且供需相济水平高低或同步性高低也是决定和衡量控释肥料质量优劣的重要指标。

与缓释/控释肥料相关的还有一些术语，具体如下：

延迟期：是指从肥料施入土壤或栽培基质中到其初始释放养分的时间间隔，通常用参照肥料作对比，肥料标记上并不给出这个延迟期数值。

释放期：是指缓释/控释肥料从养分初始释放到连续释放其总养分的 80% 以上的时间间隔，这是肥料满足作物生长发育需肥时期全部和绝大部分养分供应的衡量指标值，这个值通常是以实验室测定预测一个释放期，而且是对水中溶出率的预测值，实验室测定温度大多是 21 ℃恒温溶出率，通常在缓释/控释肥料标识上以点值或范围值标出，如 3 个月、6 个月、8 个月、9 个月等数值或 3～4 个月、6～8 个月等范围值。

释放量或速率：是指在肥料完整释放期内不同时间释放养分的绝对数量或养分释放的相对量，释放速率是当作物需要吸收养分时肥料养分是否能够释放出来及释放快慢的问题。释放量是肥料满足作物吸收养分所需的数量，也就是肥料的供肥强度。这个在控释肥料产品标签上并未要求给出，但是这确实是控释肥料质量与效率提高的重要因素。

释放模式：是指所设计释放量的缓释/控释肥料在标明释放期内养分释放的时段分布或累积释放曲线的形状。缓释/控释肥料中常常涉及 S 型和 L 型释放模式。

肥芯：用于制造包膜缓释/控释肥料的基础颗粒肥料，是与包膜相对而言的，其包括成品颗粒肥料和二次加工的颗粒肥料。

吸附：指液体或气体分子中的分子通过各种键的相互作用附着到固体物质表面上。如吸附到土壤颗粒表面的养分，或吸附到包膜肥料颗粒表面的水分子。

吸收：涉及离子、分子或粒子等穿透表面而进入物质内部，是一种液体被吸进或吸纳另一物质内部的过程。如土壤吸收水分、保水剂或保水缓释/控释肥料吸收水分。

包埋、包藏：在化学上是指杂质离子或分子，在晶体晶格缺陷处或分子网络中分布不均匀。当含有杂质的全部液体被快速成长的晶体所俘获且包裹时，就发生包埋。低的沉淀速率可以大大降低包埋的程度，因杂质被成长的晶体俘获前可以逃逸。将沉淀物浸煮若干时间，甚至可更有效地减少包埋杂质。本书将此类包埋、胶结或通过共聚反应制成的基质型缓释/控释肥料的工艺称为混凝，用这类工艺制成的常规肥料为基质混凝肥料。

## 二、养分缓释/控释的原因

最初，人们所追求的化学肥料是以高养分含量、高水溶性及速效为目的，旨在为植物提供所需的速效养分。这些肥料主要是通过复杂的物理化学工艺加工天然矿物或通过高能耗工艺固定大气氮气生产出来。其特征为高养分含量、高水溶性、养分释放快、连续有效供应期短，与作物生长养分需求很难协调，要满足作物整个生育期的养分需求则需要进行多次施肥才可实现。但是，这种在作物生长过程中的多次施肥方式很难适应现代农业的机械施肥，尤其是许多作物遇到气候制约时很难施肥，如水稻、玉米、小麦等；此外，许多种植户除了播种、收获期间忙于农活外，其余时间用于副业或进城务工，很少人愿意在生长季节期间忙于施肥等农活。所以，研究应用缓释/控释肥料具有生产实用价值。

### （一）常规肥料利用率低，损失大

全球大量的肥料肥效试验发现，施入土壤中的氮肥仅有 40%～60%、磷肥仅有 10%～20%、钾肥仅有 50%～60%被当季作物利用。这在不同的国家和不同土壤上差异很大，我国肥料利用率还低于这个水平（表 18-1）。这些未利用肥料通过氨挥发、反硝化（氮肥）、固定及淋失会发生损失，造成这些损失的主要原因是肥料养分水溶性高、溶解快，短期内养分释放量远远超过植物吸收量，养分释放期很短，致使养分释放量超过作物吸收量，因而养分损失大。随着粮食增产的需要，全球化肥用量仍将增长。如果不对现有常规水溶性肥料进行控释，可以预测肥料的养分损失仍会继续维持增长。

表 18-1　肥料养分利用率及损失量

| 项目 | 氮肥 | 磷肥 | 钾肥 |
| --- | --- | --- | --- |
| 世界平均利用率（％） | 40~60 | 10~20 | 50~60 |
| 中国肥料利用率（％） | 30~35 | 10~20 | 35~50 |
| 全球消费量（万 t） | 8 197.0 | 3 305.0 | 2 271.1 |
| 损失量（万 t） | 4 098.5 | 2 313.5 | 1 135.5 |

资料来源：朱兆良，1998；陈同斌，1998；林葆，1997；世界农业，2003。

除了氮肥损失造成巨大经济损失外，磷、钾的损失也不容忽视。磷、钾肥皆是矿产资源肥料，其矿产资源的有限性是明显的，通过化学工业复杂的工艺、能耗及生产过程带来废弃物排放等生产出来的高水溶性肥料，再通过土壤不同途径损失，无疑是一个巨大经济损失，也是资源损失。

**（二）肥料与环境污染有关**

由于常规肥料养分利用率低，50％以上的肥料养分通过各种途径损失，其中氮肥以硝酸盐淋失、氨挥发及反硝化后的氧化二氮损失为主要途径。

氮肥以硝酸盐淋失损失和径流损失到地下水和地表水，可对人类健康造成隐患，如硝酸盐水污染与人血红蛋白异常有关（Keeney，1983；Hallberg，1987；Kumazawa，2002）。硝酸盐淋失在多雨湿润环境及轻质土壤（沙质土壤）上十分明显，虽然在黏质土和黏壤土上硝酸盐淋失会弱一些，但是灌溉，尤其是漫灌会促进硝酸盐淋失。世界上许多地区的地下水或地表水受集约农业施肥影响而出现硝酸盐水平超标的现象（张维理等，1995；Kumazawa，2002）。由于地下水层补充水流作用，地下水高浓度氮素可导致集水区域富营养化，这除了降低水体美观效果外，富营养化造成水体缺氧，影响水生生物生存，并且影响受害水体的利用。

氮肥还通过反硝化损失以气态氮氧化物（$N_xO$）（主要是 $N_2O$）（Bouwman，1996；Clayton，1997；Granli et al.，1994）逸散到大气中，破坏大气臭氧层（Crutzen，1981），诱发和加剧温室效应（Houghton et al.，1994），加剧气候异常，最终影响生态环境和人类的生活质量。在美国中部和北部地区，约54％的 $N_2O$-N 释放量来源于施肥（IPCC，1996）。

磷是许多水域富营养化的原因之一，也是水域藻类生长的限制因素。无机磷的浓度超过0.001 mg/L 一般会导致表面水体富营养化（Novotny、Olem，1993），一旦水域磷素营养丰富，藻类生物就会旺盛生长，从而影响水体其他生物生长以及影响水体美观。由于磷肥在许多土壤中具有强的固定作用，导致每年施入土壤的水溶性磷肥大部分被土壤固定下来，在土壤中形成很丰富的磷库。而这种磷库为土壤磷素径流损失提供了来源，土壤磷素径流到水域会造成水域富营养化。氮肥和磷肥是美国 Chesapeake 海湾地区和墨西哥湾富营养化的表面水域营养主要来源（Kay，2004）。

**（三）肥料损失途径及控释优点**

氮肥施入土壤主要存在以下转化损失途径。

硝酸盐的淋失损失：土壤中的有机质或施入的有机肥以及铵态氮、硝态氮或酰胺态的化学肥料，在土壤中通过各种生物化学途径转化为植物可利用的硝态氮、铵态氮，硝酸盐虽可被作物直接吸收利用，但是由于大多数土壤阴离子吸附能力很低，土壤对 $NO_3^-$ 离子吸附保持能力极低。因此，$NO_3^-$易随土壤水分移动，很容易淋出根系吸收区，以致淋失到地下水或径流到地表水，造成这些氮素不能被作物当季利用。铵态氮虽也可被植物吸收，但不是大多数植物吸收的主要氮素形态，$NH_4^+$ 可被土壤吸附保持，尤其在 $NH_4^+$、$K^+$ 固定矿物居多的土壤中这种固定 $NH_4^+$ 量也相当高，这些吸附或固定

的 $NH_4^+$ 可释放被植物利用，也可氧化转化为硝酸根离子再次进入吸收或淋失的途径。

反硝化损失：主要是硝酸盐在淹水缺氧条件下，如水稻土和湿润多雨地区的深层土壤内，硝酸盐在反硝化细菌作用下通过连续反应生成氮氧化物逸散到空气中的损失。土壤中的有机质及施入的各种氮素通过各种生物化学作用可转化为硝酸根，而硝酸根在土壤淹水缺氧时，经过反硝化细菌的作用转化为不同氮氧化物以致损失。这是水稻田、湿地土壤中氮素损失的主要途径。

氨挥发损失：尿素表施以及厩肥表施造成氨挥发，这种氨挥发在水稻田（Vlek、Tcraswell，1981；Chauhan、Mishra，1989）和石灰性土壤上尤其明显，这种情形下氨挥发是一个不可忽视的氮素损失途径。

铵固定：铵离子进入层状黏土矿物晶格内和被生活中的微生物固定，不被当季作物利用，在施肥量大、固定矿物多的土壤上，如含伊利石、蛭石多的土壤，尽管这些固定部分可能被作物再次利用，但也会发生淋失及反硝化损失。

由于氮肥的损失不但与生物对氮素形态转化有关，而且与氮肥在土壤中的物理化学因素有关，因此，氮肥损失的控制既可通过生物因素进行，也可通过物理化学因素进行，因而氮肥是使用控制技术最多的肥料。此外，氮肥是作物生产中使用量最大的肥料，也是损失量最大的肥料，而且与水污染关系密切。因此，氮肥是缓释/控释肥料研究的核心肥料。

磷在许多土壤中具有强烈固定作用，因而磷肥对当季作物的利用率低，有效性丧失快。尽管磷的淋失损失在许多土壤中不是磷素损失的主要途径，但是许多土壤中的固定磷会因水分径流而流失到地表水系。因此，磷肥控制释放不但有利于提高当季作物磷肥利用率，也有助于降低水土径流导致地表水富营养化的危害风险。许多文献报道过缓释/控释磷肥的研究工作（Dunn、Stevens，2006；Pauly et al.，2002），而且也有控释磷肥的生产应用，如包膜过磷酸钙（Summers et al.，2000）、包膜磷酸二铵（Diez et al.，1992）、包膜磷酸一铵及部分酸化磷肥（Hagin、Harrison，1993；Rajan et al.，1994）等。

钾肥在大多数土壤上的淋失损失不是主要问题，钾肥可在一些富含固定矿物（如蛭石）的土壤中发生明显固定作用。但在降雨多或灌溉沙质土壤中钾素淋失是不可忽视的（Mangrich et al.，2001）。为了钾肥养分释放与作物钾吸收更好地协调，有必要研究开发缓释/控释钾肥（Tokunaga，1991）。

微量元素尽管用量小、损失问题不大。但在土壤中微量元素肥料有效性丧失快是微量元素肥料利用率不高的主要问题，因此，有必要对微量元素进行控制释放以增强微量元素养分供应与作物需求的协调性（Mortvedt，1994；Bhattacharya et al.，2007）。

常规低水溶性肥料也存在着养分释放不能与作物吸收很好协调的问题，不能很好满足作物生长的养分需求。采用控制释放技术，预设肥料养分释放的控释机制，可使肥料养分释放与植物养分吸收相协调或同步。也有其他新技术可用于调控氮肥在土壤中的转化。已经报道的硝化抑制剂（Nitrification Inhibitor，NI）、缓释肥料及控释肥料可提高氮肥利用率（Delgado、Mosier，1996；Engelstad et al.，1997；Detrick，1996）。

控释肥料为颗粒肥料提供了诱人的选择，这种可随意调控及技术综合的肥料，向介质中缓慢释放养分，释放取决于水分有效性和土壤温度。控释肥料比常规水溶性肥料价格要高，但是控释肥料具有多方面的优点。总之，使用缓释/控释肥料具有多方面的益处（Powell，1968；Oertli，1980，Shaviv、Mikkelsen，1993）：①一次施肥可替代水溶性肥料的多次施肥，实现施肥简化；一次施肥可满足作物整个生育期的需肥要求；②控释肥料养分可根据作物需要释放养分，可降低一次大量施肥的危害风险，减少肥料浓度过高对植物的盐分伤害及养分过剩的问题；③养分以植物需求的准确量与速度释放。当植物在幼苗期时释放慢且少，植物生长快速期肥料养分释放量大及释放速度快；控释复合肥可供给植物所有不同生长阶段所需的养分，在调控养分平衡供应上具有优势；④在栽培介质或土壤中，缓释/控释肥料养分几乎不会被淋失或挥发，固定量小，植物可接触到施肥的全部肥料养分，减少肥料损失，对环境安全友好。

## 三、缓释/控释肥料的发展潜力与方向

### （一）因植物营养学理论与技术发展而发展

缓释/控释肥料理论与技术的发展依赖于植物营养学理论的发展，植物营养学主要是植物营养元素的功能与作用、吸收、运移及分配利用规律的科学，植物营养研究的成果或理论有助于改善肥料供应。研究植物营养吸收模式和规律及其影响因素，有助于肥料技术的改进和缓释/控释肥料的设计。研究不同生态环境或土壤类型上土壤-植物营养的关系对于了解肥料养分在不同生态区或土壤中转化有着重要意义。如对不同植物养分吸收规律及同一植物对不同养分吸收规律的认识，有助于开发专用型控释肥料，从而提高肥料利用率。

### （二）因控制释放技术发展而发展

缓释/控释肥料的发展将随着控制释放技术的发展而发展，随着新材料新工艺研究开发，控释肥料的控释机制、材料复合及功能复合将成为趋势。肥料的缓释和控释技术复合使用、缓释/控释功能和保水功能复合，肥料的缓释/控释功能和农药或植物营养调节剂或与除草剂复合。肥料养分载体材料由常规材料转向纳米材料也是肥料控释技术发展的一个方向（刘秀梅等，2006）。

### （三）向大宗作物应用的低廉化发展

向大宗作物应用将是今后缓释/控释肥料发展的主要方向。因为大宗农作物消费肥料占比较高，大宗农作物的肥料损失是肥料损失最大部分。尽管目前缓释/控释肥料消费不到世界肥料消费的1%，而且主要用在非农业领域。但是，政府环保政策的日益强化和人们环保意识的增强，将会对肥料使用起到积极监督和改善作用。廉价的包膜肥料开发必将推动缓释/控释肥料在大宗农作物上的应用。

### （四）缓释/控释肥料发展与空间栽培用肥相结合

人类已可以进入太空，在空间站或外太空基地的生存，食品生产是必不可少的。尽管可以从地球运载食品至空间站或外太空基地，但是高昂的运输成本使人类必须考虑在空间站或外太空基地就地解决人员生存的食物供应问题。此外，空间站或外太空基地人员活动产生的垃圾必须回收处理，水也必须循环利用。土壤在地球上是一个很好的垃圾和废物消解基质，在太空站或外太空基地的作物栽培基质也可以像地球土壤一样成为太空一些废物或垃圾的消解转化利用的介质。人员排出的废物及机器排出废气转化为肥料是增加太空生存机会、降低食物供给成本的长远战略。世界各国对空间及太空领域的竞相探索，使得空间技术得到空前的发展，太空站或太空基地的生命保障系统尤为重要，特别是营养供给和废弃物的处理尤为突出。因此，研发太空站或外太空基地的粮食及蔬菜、水果等植物产品生产的栽培基质、肥料及施肥方式也就十分必要。苏联对这个问题研究起步早，其栽培采用水培法，肥料供应为液体肥料，虽然液体肥料易于控制养分浓度，但是水培法的植物支撑难以控制，而植物对营养液养分吸收及其分泌物易使营养液酸碱度发生变化，氧气难以补充。美国则采用固体栽培基质，栽培基质和肥料是用吸附养分的沸石作为栽培基质，沸石起到土壤的作用，既可支撑植物根系，又可缓冲酸碱度；作为肥料，吸附养分的沸石是一种缓释肥料，可防止养分浓度过高的毒害及盐害问题。沸石固体比液体易控制。因此，缓释/控释肥料将太空站或外太空基地的植物生产中发挥重要作用。美国科学家于2000年将航天飞机火箭燃料排放废气通过特殊装置和反应转化为一种氮钾肥料，这无疑给空间航天废物利用开创了先河。

**（五）缓释/控释肥料发展与废弃资源利用相结合**

全球工、农、林业及城市具有丰富的废弃物资源，如农作物秸秆、林木砍伐及加工剩余物，畜禽粪便、农产品加工剩余物（果渣）、肉食加工厂废弃物（甲壳质、骨头等）、工业废气、水处理厂污泥及城市生活垃圾、煤废弃物资源等，都具有肥料利用价值。将其转化为缓释肥料，不但有利于环境保护，更有利于剩余物资源再利用；有利于物质的良性循环，也有利于降低二氧化碳排放量，增加二氧化碳及氮氧化物的俘获固定，有助于降低温室效应，改善气候。

# 第二节 缓释/控释肥料的分类及特点

## （一）尿素反应类

尿素是通过各种缓释或控释技术获得缓释/控释氮肥最多的一种肥料，这是由于尿素独特的化学结构、性质及在土壤中转化特点决定的。而尿素反应类缓释/控释氮肥主要利用尿素化学基团的反应性与醛类发生缩合反应或尿素的烷基化反应，形成低溶解度的短链分子或生物降解物质，这种溶解度控制是由生成产物化合物自身特征决定的，一旦产物生成，其溶解度就确定了。这类肥料从本身特征来看，应称为缓释肥料更为准确，因其在土壤中的养分释放取决于土壤的多种环境因素，如水分、温度、微生物，还取决于肥料本身的颗粒粗细度，其在土壤中的养分释放规律是难以预测的，很难给出这类肥料一个较为确切的延迟期或释放期。尿素是这类肥料主要原料氮源，以尿素与其他物质发生化学反应制备的。这类肥料包括脲甲醛、环丁烯叉二脲、异丁烯叉二脲、亚甲基尿素、亚甲基二脲及烷基化尿素。脲醛类缓释氮肥是将尿素接在不同醛类化合物上，使尿素水解速率改变，增进尿素的缓释性。不同肥料特点比较见表 18 - 2。

表 18 - 2 不同肥料特点比较

| 项目 | 脲甲醛 | 亚甲基尿素 | 异丁烯叉二脲 | 铵态氮肥 | 硝态氮肥 |
|---|---|---|---|---|---|
| 缩写 | UF | MU | IBDU | $NH_4^+$ | $NO_3^-$ |
| 含氮量 | 38% | 40% | 31% | 11%～21% | 15%～25% |
| 速效氮 | 11% | 25.6% | 3.1% | 100% | 100% |
| 释放期 | 3～24 个月 | 8～12 周 | 12～16 周 | 6～8 周 | 1～4 周 |
| 释放机制 | 微生物 | 微生物 | 水解 | 速效 | 速效 |
| 释放条件 | 水分 | 水分、土壤温度 | 水分 | 水分、土壤温度 | 水分 |
| 水培最佳反应 | 夏季 | 夏季 | 春季和秋季 | 春季和秋季 | 冬季，土温冷凉 |
| 初始释放 | 中等—缓慢 | 中等 | 中等—缓慢 | 中—快 | 快 |
| 残效 | 长 | 长 | 长 | 短 | 短 |
| 水溶解度 | 中—低 | 中 | 中—低 | 中 | 高 |
| 释放对土温的依赖性 | 高 | 中 | 低 | 中 | 低 |

**1. 脲甲醛**（UF） 脲甲醛具有以下特点：合成工艺相对简单，但产物组分较难控制；产物组分复杂，不是单一组分物质；产物中具有未反应完的尿素，可提供一些速效氮素；溶解性或有效性因 UF 中组分变化而异；通过微生物分解获得有效性；UF 用途广泛，调节 U、F 摩尔比，可获得不同用途的产物。

早在 1924 年，Badische Anilin - & Soda - Fabrik（即现在德国的巴斯夫公司，BASF）申请了第一个尿素-甲醛浓缩物肥料专利（DRP431 585）（Ullmann's Agrochemicals,2007）。脲甲醛是最早的

控释氮肥，1936年开始生产，1947年在美国申请了脲甲醛肥料专利，1955年开始商业化生产。

脲甲醛是尿素、尿素-甲醛浓缩物、氢氧化钠和水的混合物形成的缓释肥料。生成脲甲醛的反应是添加酸起始的，生成分子量不等的亚甲基尿素（methylene-urea：MU）聚合物，类似于固体尿素中的亚甲基二脲（methylenediurea：MDU）。脲甲醛生产过程中甲醛的初始浓度大大地高于固体尿素生产过程的浓度。

UF中含有分子量和聚合链长不等的亚甲基-尿素寡聚物，因此，水溶性是不同的，如亚甲基二脲（MDU）和双亚甲基三脲（DMTU），其中也含有一定量未反应尿素。一般至少含35%的氮，其中总氮的60%是冷水不溶性氮（CWIN）。通常用活度指数（AI）反映其氮素的缓释特征，是冷水不溶性氮在热水（100℃）中溶解的百分率，其不低于40%。市场上通常见到的脲甲醛产品商标名称有Nitroform、Ureaform、Nutralene、UF、Blue Chip、Power Blue或Methex，主要是国外一些品牌。Ureaform主要由长链脲甲醛聚合物组成，主要是四亚甲基五脲或更长链脲甲醛缩合物，未反应尿素氮含量通常低于总氮的15%。

脲甲醛和亚甲基尿素是化学性质类似的物质，大多数是颗粒状的，有些是液体的，约含40%的氮，二者主要差异是C-N链长度不同，因此其矿化速率不同。其养分释放需要微生物分解，由尿素和甲醛键合制备，形成链状分子或聚合物，释放速率取决于链的长度，长链释放速度慢。

此外，除了脲甲醛肥料中使用甲醛外，甲醛还作为固体尿素生产中的调理剂。固体尿素除了作为肥料外，还作为动物饲料的蛋白补充剂，以及用于塑料生产中。

在固体形成之前，甲醛基添加剂注入液体或熔融尿素中以强化产品硬度，降低加工过程中的粉尘，赋予储存抗结性能。在肥料工业中最常用的甲醛基添加剂是福尔马林和脲甲醛浓缩物。在甲醛基添加剂加到尿素溶液或熔融液后，甲醛与尿素反应形成亚甲基二脲（MDU），其是一种真正的调理剂。

**2. 环丁烯二脲（CDU）** 是尿素和乙醛/丁烯醛 acetaldehyde/crotonaldehyde 反应制取的，在pH低于2时，丁烯醛和乙醛可形成环状缩聚物产物（Powell，1968），含氮32%。CDU生产成本高，不易与脲酶作用，水解产物丁烯醛具有毒性，氮素养分释放低于脲甲醛和IBDU（Powell，1968，Hamamoto、Sakaki 1967；Karak，1999）。

**3. 异丁烯叉二脲（IBDU）** IBDU具有以下特点：易于合成，组分确定，只需调节摩尔比；在水中微溶，（20℃时水溶解度为2 g/L）（BUA，1991）。肥料效应与尿素类似，因为IBDU在水中分解为尿素和乙醛；除了缓效作用的氮素损失少外，由于浓度低，还能降低对植物的伤害；肥料的有效性（肥效激活）可通过调节肥料颗粒大小控制，不用担心肥害。

IBDU是一种白色晶状固体，理论含氮量为32.8%。在磨碎前其中90%的氮是冷水不溶的。因为IBDU氮几乎全部是热水溶解的，因此所含氮几乎完全是缓释态的。计算的活度指数（AI）为90～99（脲甲醛为55～65）。IBDU仅在化学水解作用下释放氮素，这一过程受土壤水分、温度及pH影响。因为微生物对此化合物的氮释放几乎无影响（不同于脲甲醛），因此，IBDU在冬季也释放氮素。氮的释放主要与颗粒大小有关，颗粒越细，氮的释放速率越快。IBDU在酸性环境中不稳定，并可降解。因此，在强酸性土壤中，其释放氮素倾向更快，可通过使用大颗粒，增大颗粒密实度来延缓释放（Ullmann's Agrochemicals，2007）。

与尿素和甲醛缩合物生成不同链长脲甲醛聚合物不同，IBDU是尿素与异丁醛反应生成链长相同的寡聚物。虽然在化学结构上与亚甲基二脲类似，但其物理性质大不相同。IBDU为不具吸湿性的白色固体，其颗粒细度有细、粗和小块。

**4. 亚甲基尿素（MU）** 亚甲基尿素是一类微溶产物，研发于20世纪60～70年代（Sartain，

2002）。这些产品主要含中等链长聚合物，主要是三亚甲基四脲（TMTU）和四亚甲基五脲（TMPU）。这些缩聚物总氮量为 39%～40%，冷水不溶性氮在 25%～60%（Christians，1998）。未反应尿素含量一般为总氮量的 15%～30%。

**5. 烷基化尿素**（AU） 烷基化尿素合成利用了尿素合成的 Wholer 反应或尿素与氨的反应。虽然烷基化尿素的含氮量低于尿素，但其与其他商品无机氮肥相当。前人有试验用烷基化尿素做脲酶抑制剂（Shaw、Raval，1960），但是研究发现其抑制作用小，没有实用价值（Gould et al.，1960），作为氮源没有再进行研究过。Praveen - Kumar、Brumme（1995）对烷基化尿素作为缓释氮肥的矿化及肥效做了研究。发现不同烷基化产物的养分延迟期按如下顺序递增：甲基尿素<1,3 -双甲基尿素<乙基尿素<丁基尿素<1,1 -双甲基尿素<1,3 -双乙基尿素。但养分延迟期完后，烷基化尿素的矿化与尿素一样快。养分延迟期长短随烷基化基团的碳原子数目和其在尿素分子中的位置而变化，似乎对每个不同烷基化尿素化合物的延迟期是专一的，并且其不受尿素及其他烷基化尿素的影响。利用这一特征，可以开发各种烷基化尿素的混合体以获得预期的矿化氮。这几种烷基化尿素对小麦出苗没有不利影响，除了高浓度的双乙基尿素和丁基尿素，其他烷基化尿素对小麦苗的初期生长没有不利作用。

### （二）化学合成类

化学合成类缓释/控释肥料是不依赖常规的化学肥料，如尿素、硝酸铵、硫酸铵、磷酸二铵、磷酸一铵等化学肥料作为物料化学合成而制造的缓释/控释肥料。这类肥料主要是草酰胺和三嗪酮。

**1. 草酰胺** 草酰胺为草酸二胺盐，含氮量为 31.8%（W），分子量 88.08，熔点 419 ℃，不吸湿，无色化合物，呈针状晶体。其在水中的溶解度仅为 0.4 g/L（Parfitt，1978）。通过在土壤中的水解反应，它首先释放氨转化为草酰胺酸，然后，再转化为草酸。如果草酸不能由微生物进一步转化为二氧化碳，草酸就会对植物产生毒害作用。草酰胺的缓释作用主要是肥料颗粒大小起作用。草酰胺用于缓释肥料，但其商业意义没有脲甲醛产品重要。

**2. 三嗪酮** 三嗪酮是一种专利授权的闭环分子结构物质，三嗪酮是溶于水的含氮物质，至少有 41% 总氮量。但是其商业化生产和应用不如脲甲醛广泛。

还有学者认为双氰胺和三聚氰胺也是缓释肥料，尽管双氰胺含氮量很高（65%），但是由于其在转化过程中产生对植物有毒害的二缩脲。因此，其作为缓释氮肥使用并不多见。然而，双氰胺却是一个较好的脲酶和硝化抑制剂，使用较广泛。三聚氰胺是一种缓释氮肥，含氮达 66% 之多，但是其作为缓释氮肥使用也不普遍。

### （三）包膜缓释/控释肥料

包膜控释肥料具有以下特点：在水中不溶解或缓慢溶解；养分释放可预测性强；初始养分释放缓慢；施肥次数减少，可高量施肥；养分释放受包膜材料类型、包膜层厚度及包膜层数制约；肥料颗粒大小均匀；机械摩擦会损伤包膜，导致异常释放；在高温时会过量释放。

包膜肥料是缓释/控释肥料中类别最大的一类，也是控释性能较好和易调控的缓释/控释肥料。利用聚合物包膜的第一个重要商品肥料是 Osmocote®。用聚合物包裹水溶性肥料的基本思路仍是控释肥料的主要方向。此外，包膜材料的复合使用也是一个新的方向。

硫包膜尿素技术于 20 世纪 50～60 年代研究开发，1972 年首次商业化，是最早开发成功的一种包膜缓释/控释肥料，也是目前包膜肥料中占大部分市场的包膜肥料。用硫作为主要包膜材料，主要是因为硫的成本低，并且具有养分价值。

典型硫包膜尿素是褐色、棕褐色至黄色，取决于原料尿素，与是否使用密封剂和密封剂类型关系不大。软性密封剂主要用作硫包膜上的第二层包膜，以填补硫包膜上的漏洞，并在整体上改善硫包膜的脆性。硫包膜的总氮量随包膜量而变化。20 世纪 90 年代，市场上的硫包膜尿素含氮量范围在 30%～40%。

包膜控释肥料是由颗粒肥料肥芯和其外表面上的包膜组成的。就肥芯而言，绝大多数是高水溶性颗粒肥料。由于保水剂和肥料复合技术发展（何绪生等，2006），缓释肥料也成为包膜肥料的肥芯（Guo mingyu et al.，2006）。

包膜肥料的包膜材料种类繁多，性能差异也很大。包膜控释肥料按其包膜化学形态分为无机包膜、有机包膜及有机无机复合包膜控释肥料。从研究及应用效果来看，有机高分子聚合物包膜，尤其是普通塑料和树脂类包膜具有良好的控释性能，优于无机材料包膜肥料，而有机无机复合包膜控释性能又优于无机材料单独包膜和有机材料单独包膜肥料的控释性能。从包膜材料是否具有吸水保水功能划分为保水包膜控释肥料和非保水包膜控释肥料。保水包膜控释肥料的包膜材料是一种超强吸水剂（农业上称为保水剂或超强保水剂），其是凝胶中的一部分，是可吸水自身重量 20 倍以上至数千倍水分的凝胶，也是高分子聚合物，高分子聚合物的网络结构和亲水基团是保水材料能够吸水保水的物理和化学结构根本原因。由于保水剂的三维网络结构和具有亲水性的化学基团作用，保水剂不但可吸水保水，还可通过聚合物网络包埋与化学基团结合、氢键作用及范德华力等作用吸持肥料养分，起到延缓或控释释放作用，近年来成为缓释/控释肥料研究与开发的新方向（何绪生等，2006）。而非保水包膜材料是无机材料和普通树脂及塑料，这类材料按其透水性能分为透水、半透性和非透水材料，对于透水性材料主要是无机材料，由于其晶体或颗粒在肥料颗粒黏结或淀积过程中会形成孔隙，至少其具有透水性。而半透膜是材料形成的膜允许一定大小的分子或离子透过，尤其是允许水分子透过，这种材料固有的半透性能对养分控制释放是直接可利用的。而非透性膜通常是一些塑料材料，其对水分和养分几乎不允许透过，控释性能最好，用其包膜肥料则肥料养分几乎无法释放出来，因此通常需要添加其他物质来增加其透性，这类添加物通常称为开孔剂。

从包膜肥料的降解性来分，包膜肥料还可分为可降解包膜肥料和非降解包膜肥料，可降解包膜肥料是在非降解包膜材料种中添加诱降解物质通过土壤中的各种物理、化学及生物因素促使包膜材料降解的包膜肥料。降解包膜主要要求在包膜肥料养分释放完后，或者在作物生长期结束后其包膜材料开始降解，但是这种降解也可能发生在作物生长期内的肥料释放期。降解包膜材料主要是化学合成的高分子聚合物，如聚氯乙烯、聚氨酯、聚乙烯等。

**（四）基质混凝类**（包埋、胶结、聚合、酯化）

基质型（单组分的）配方是一类控释体系。活性物质分散在基质中，并通过基质连续体或颗粒间通道扩散，也就是通过载体相中的孔隙或通道扩散释放，而不是通过基质本身扩散释放。基质型配方的一个优点是制造工艺简便。与包膜储库型及化学控制溶解性型（脲醛及草酰胺）缓释/控释肥料相比，以往对基质型缓释/控释肥料研究较少（Hepburn et al.，1988，1989a，b；Joyce et al.，1988；Hassan et al.，1990，1992），但是有研究增多的趋势，并且材料与机制有所出新（Igarzabal、Arrua，2005；詹发禄等，2003；Zhan Falu et al.，2004；Guo Mingyu et al.，2005；Liu Mingzhu et al.，2006；何绪生等，2006；Liang Rui et al.，2007）。

各种材料可用于合成肥料分散在其中的基质相。天然或合成树脂（松香、沥青及各种石蜡）和天然或合成聚合物（淀粉、纤维素衍生物、聚烯烃、聚二烯烃及其共聚物）是企业实际生产广泛使用的基质材料。这些树脂及其许多衍生物材料也可用于肥料的包膜（Cambell、Belar，1966；Jimenez et al.，1988，1989；Sellas，1992）。近年来，吸水膨胀的高吸水树脂或超强吸水剂用于肥料控释基质也日趋增多，其不但是肥料缓释载体基质，也赋予肥料吸水保水功能，可显著改善水肥互作效应。

基质混凝类肥料含有较多的类型，无论采用何种基质或制造方式，其肥料分子或离子较为均匀地分布在一种或多种载体基质材料的基体内，犹如沙或砾石分布在水泥浆之中形成水泥砂浆一样的固化物。这类肥料包括通过基质包埋的、胶结的及通过化学聚合反应共聚的以及酯化反应得到肥料。基质材料多种多样，有无机矿物、无机或有机黏结剂、非吸水膨胀的高分子聚合物以及吸水膨胀高分子聚合物（亲水性聚合物或凝胶），其中有机高分子基质材料居多数。基质型缓释/控释肥料的养分含量的高低与基质类型和制造工艺有关，这类肥料的颗粒形状取决于肥料制造的工艺类型。肥料在基质内分布方式取决于基质材料和工艺。基质混凝肥料的养分释放机制差异多样，养分释放量往往与肥料颗粒大小、土壤温度、水分及土壤酸碱度关系较大，因而肥料养分释放的可预测性不如包膜肥料养分释放的可预测性强。

**（五）矿物类缓释肥料**

**1. 矿物类缓释肥料特点** 矿物类缓释肥料的优点：矿物类缓释肥料是利用天然含有养分的或者是具有巨大吸附容量的矿物制备的缓释肥料，其在土壤中使用没有毒害作用，养分释放后的吸附型矿物在土壤中还可改善土壤离子交换容量。矿物缓释一般制造工艺简单，耗能较低。多数矿物来自天然矿物，有些矿物还可以人工合成，如沸石等。

矿物类缓释肥料的缺点：养分含量偏低，吸附养分离子种类较为单一，天然矿物中吸附阴离子养分的矿物很少，因此，吸附阴离子养分的矿物需要化学合成。

**2. 矿物类缓释肥料类型** 缓溶性矿物及部分酸化矿物包括部分酸化磷肥（Rajan et al.，1994；Condron et al.，1995）、熔融硅酸钾（Yao et al.，1984），这类缓释肥料在不同土壤上释放养分差异性大，因而预测性就差。其控释延缓期、释放期及释放量不能很好地预先加以调控设置。

矿物吸附性缓释肥料：是利用天然或合成矿物的物理或化学吸附作用制成的矿物基肥料，属于离子交换肥料。这类肥料养分释放在实验室可以预测，但在田间肥料养分释放难预测，没有延迟期，这类肥料一般不标明缓释期与释放量。自然界可利用的吸附性矿物分为阴离子矿物和阳离子矿物。但是自然界和土壤中普遍存在的是阳离子矿物，如黏土矿物（高岭土、蒙脱土、蛭石等）和非黏土矿物（沸石等）。自然界阴离子矿物较少见，典型的有水滑石、层状双层氢氧化物，但可通过加工合成得到一些阴离子矿物。

矿物包埋缓释肥料：这类肥料是利用合成矿物与肥料一起反应共沉淀或向天然矿物颗粒或粉末（具有多孔性的矿物）中通入肥料热溶液或熔融液制成的，这类肥料具有较高的养分含量，可包埋养分种类相对较多，养分释放在实验室可以预测和模型描述，养分释放可控。但在田间养分释放可预测难度大，因此很难用延迟期、释放期及释放量来准确标明这类肥料。

矿物缓释/控释肥料主要是基质控释的肥料，这包括天然矿物及其酸化或氨化的、吸附养分的矿物。矿物缓释/控释肥料特点是养分吸附量与矿物颗粒粒度有关，养分释放没有明显延迟期，释放期不确定，释放量难以预测。养分释放机制主要是溶解及离子交换，释放速率与肥料颗粒大小有直接关系。

**（六）保水缓释/控释肥料**

保水缓释肥料是近年来研究日益增多的新型缓释/控释肥料，它是将肥料与超强吸水材料复合一体化的吸水保水缓释/控释肥料，既具有缓释/控释肥料的养分缓释功能，也具有保水剂的吸水保水功能，这对发挥肥料水肥交互作用及效应有着良好的作用，对旱地农业具有重要的生产意义。

水、肥是农作物生产中两个重要的互相影响的因素。水肥交互作用已为大量的研究和生产实践所证实，而且水肥耦合及其模型研究所取得技术在指导施肥和灌溉方面也有多年的实践和应用（汪德水，1999；吕殿青等，1994；1995；翟丙年、李生秀，2002）。但是，在实际生产中，一直缺乏水肥一体化调控的产品支撑。事实上，常规肥料和绝大部分缓释/控释肥料都不具有吸水保水功能，其肥料效应发挥往往受水分条件的限制，在旱地农业以及在作物生长期出现干旱时，这种限制作用就表现出来，在缓释/控释肥料上表现更加明显，因为，许多缓释/控释肥料养分释放需要水分因素。如国外对控释肥料与气候或者与水分关系的研究就反映了水肥互相作用的重要性。可以看出，在土壤水分含量不同时，控释肥料的肥效表现是不同的，干旱限制控释肥料肥效发挥，而土壤水分状况好时，控释肥料具有较明显的增产效应。

**（七）抑制剂类缓释氮肥**

**1. 概念和历史** 抑制剂是延迟或阻止化学反应，如腐蚀、氧化或聚合反应的一类化合物，这类物质可看作是负催化剂，通常是有机化合物。在肥料上主要是指作用于土壤微生物或游离酶的、控制微生物或酶活性而延缓肥料养分形态转化从而降低肥料损失的一类化合物。如硝化抑制剂是作用于硝化微生物的化合物，而脲酶抑制剂是作用于土壤脲酶的化合物。氨稳定剂是指在肥料生产工艺中添加到氮肥中而抑制或降低氨或铵态氮肥分解及挥发损失的化学物质。有些文献将用抑制剂（脲酶和硝化抑制剂）和氨稳定剂加工的氮肥都称为稳定化肥料。但从作用原理上讲，抑制剂类肥料和氨稳定化肥料是有区别的。抑制剂类肥料可以与氮肥分开储运与销售，在使用时混合。而氨稳定剂须与氮肥混合一体化，以便在储运和使用时减少氮肥分解为氨，氨稳定剂包括十六烷基磺酸钠等。

**2. 抑制剂类缓释氮肥类型** 抑制剂类缓释氮肥按其抑制剂类型划分为硝化抑制剂、脲酶抑制剂及脲酶＋硝化双抑制剂缓释氮肥，此外，还有氨稳定剂氮肥。

**3. 抑制剂类缓释氮肥特点** 由于硝化抑制剂主要作用于微生物，脲酶抑制剂作用于微生物或脲酶，因此，环境因素变化对抑制剂类缓释氮肥效果影响很大。有正效应的报道，也有无效应或不定效应的报道，抑制剂作用效果的不稳定是正常的，因为抑制剂施入土壤后其有效性会降低，这取决于土壤温度、水分、酸碱度及有机质含量。

# 第三节　缓释/控释肥料的设计思路与物料资源

## 一、缓释/控释肥料的设计思路

缓释/控释肥料一方面可通过对现有常规肥料或现有肥料的原料改进或改性而制得，另一方面可通过合成新物质获得。因此，设计缓释/控释肥料在思路上可从以下方面考虑。

**（一）从肥料本身特征考虑**

分子是否具有可利用的反应基团，通过与其他物质反应生成养分释放可控的肥料物质；养分离子是否可被其他物质吸附、吸持而获得缓释、控释效果。绝大多数氮肥主要是无机分子，如硫酸铵、硝酸铵、碳酸氢铵、氯化铵等，由于其无有机化学官能团，加之其盐度高，一般很难与高分子聚合物尤其是亲水性聚合物聚合为混凝类控释肥。因此，对这类肥料大多数是进行包膜，制成包膜控释肥料。磷矿及磷肥主要是无机化合物，所以缓释/控释磷的设计主要是利用磷矿特点，首先采用部分酸化磷矿粉（Hagin、Harrison，1993）、熔融磷矿，如钙镁磷肥（陈五平，1989）；其次利用磷酸生成低溶解度盐，如磷酸铁或磷酸铝等低溶解度磷化合物（Entry、Sojka，2007）；最后采用包膜包裹高水溶性磷肥，如磷酸一铵（MAP）、磷酸二铵（DAP）（Diez et al.，1992）、硝酸磷肥（NP）、磷酸二氢钾等，制成包膜控释肥料。钾矿及钾肥几乎都是无机盐，因此，钾肥多是采用包膜工艺制备控释肥料。而中量及微量元素也要根据其相应元素化合物的特点设计不同的工艺制备缓释/控释肥料。

**（二）从控释材料方面考虑**

首先考虑材料是否具有对肥料的物理化学作用而实现对肥料分子或离子的缓释或控释，其控释性能要高效；其次考虑材料的来源，材料要求来源广，比较容易获得。最好要考虑材料的价格或成本问题。原则上尽可能找寻高效、廉价、易得的控释材料。

### （三）从增加肥料功能方面考虑

有些材料除了实现对肥料养分的控释作用外，还可赋予肥料一种新的功能，如保水性材料（超强保水剂）不但可实现对肥料养分的控释，也可使肥料获得吸水保水功能，改善肥料颗粒周围环境的水分状况，促进水肥互作，这对在土壤中移动性差的养分尤其重要。

### （四）充分利用现代合成技术

早期的草酰胺合成与现在的草酰胺合成不是同一个原料。早期草酰胺利用氨和乙基草酸盐反应合成，由于工艺复杂、成本高，未形成规模市场，很快退出生产。现在草酰胺合成利用氢氰酸和氧气在硝酸铜催化下反应合成的，然后水解即可得到草酰胺。氢氰酸是聚氯乙烯塑料合成工业的副产物，因此成本低廉。利用聚乙烯醇的磷酸酯化也可制备保水缓释磷肥（Zhan falu et al.，2004）。

### （五）利用废弃物资源生产缓释/控释肥料

利用废弃物资源生产肥料是一种较为经济的方法，因此，废弃物资源肥料利用得到了较多关注和研究。除了试验研究外（Kraus，2000；Mikkelsen，2003；穆环珍等，2003），近年来，废弃物资源利用成为国际项目的研究焦点，并形成了可产业化的技术，如利用生物油生产缓释肥料（Solantausta et al.，2000），或利用碳俘获得到的副产物生产缓释氮肥（Lee J W，Li R，2003）。

## 二、缓释/控释肥料物料资源

### （一）肥料资源

制备或生产缓释/控释肥料的肥料资源不但包括现有的常规水溶性肥料资源，也可以是已有缓释/控释肥料产品资源。前者是制备和生产缓释/控释肥料的基本原料资源，而后者是缓释/控释肥料性能进一步改善或功能附加的肥料资源，如对已有硫包膜尿素进行的二次包膜生产的聚合物——硫包膜尿素或其他肥料；或者是在缓释/控释肥基础上附加功能，如用脲甲醛作肥芯，制备保水材料包膜的保水缓释氮肥（Guo Mingyu et al.，2006）。

作为原料肥料，还要了解原料物料的形态和加工工艺，如对于粉状肥料或需要二次造粒的复合肥料，则需要考虑造粒问题。而造粒又涉及不同的造粒工艺，因此，就需要分析是在造粒工艺的哪个工艺段添加控释材料或附加控释技术，如对于胶结型缓释/控释肥料就要在造粒工艺中添加控释材料，胶结、造粒同时进行，肥料成粒后就完成了控释材料的添加和控释技术的附加。而对于包膜型控释肥料则是在成品颗粒肥料或造粒后的颗粒肥料上附加包膜或胶囊，因此，要重点考虑颗粒肥料的物理化学特征，采取相应的包膜或胶囊工艺来附加控释材料及技术。

### （二）载体资源

无机载体资源通常为一些具有吸附特征的矿物，如沸石（徐灿校，1991）、高岭土、膨润土（蒙脱土类矿物）、泥炭、风化煤等。有机吸附、氢键结合或和化学结合类载体材料有亲水性聚合物，亲水性聚合物从来源上划分有天然的，如淀粉（Mishra et al.，2004；Felix et al.，1984）、纤维素及其衍生物（Susana Pérez - García et al.，2007）、木质素（Meier，et al.，1994）、海藻酸（Kay，2004）、壳聚糖、甲壳素、腐殖酸；也有合成的及半合成的，如聚丙烯酰胺、聚乙烯醇、聚丙烯酸盐类及其接枝共聚物。

### （三）包膜材料资源

无机材料如黏土矿物、硅胶、磷矿粉、金属磷酸盐等；有机包膜材料是高分子聚合物、天然有机木质素及其接枝物（王德汉等，2003；穆环珍等，2003）、纤维素及其衍生物（Kuhn，et al.，2005）、腐殖酸（钱惠祥等，2002）、壳聚糖（陈强等，2005）、海藻酸（Kay，2004）、桐油（唐辉、王亚明，2003）、天然橡胶（Hanafi et al.，2000）、沥青（Elbe et al.，1980）等。合成及接枝共聚高分子聚合物，如非亲水树脂聚氨酯（Christianson，1988；Ge Jinjie et al.，2002）、聚烯烃（Shoji、Gandeza，1992；Salman，1988，1989）、聚氯乙烯（Hanafi et al.，2000）、聚苯乙烯（Moor，2000）塑料等；亲水性树脂如聚丙烯酰胺、聚丙烯酸盐及其接枝聚合物等。此外，还有聚乳酸（Hanafi et al.，2000；Devassine et al.，2002；刘芙燕、陈玉璞，2003）等。包膜材料的选取主要考虑材料的黏结性、成膜性，资源丰富性，当然经济性也是一个考虑因素，特别是当包膜肥料面向大宗农作物市场使用时。此外，还有一些工农业加工副产品和废弃物也可用作肥料的包膜材料，如废弃塑料（徐和昌等，1997）、造纸废液木质素（王德汉等，2003）、竹碳（钟雪梅等，2006）等。

### （四）密封剂及调理剂

控释肥料与常规肥料一样，在完成控释工艺后，需将肥料颗粒进行调理，如扑粉、着色等，对包膜类肥料还需要施加密封剂，如对硫包膜肥料特别需要施加密封剂。

肥料调理剂大多是防止降低吸湿及肥料颗粒黏结的材料，增加肥料颗粒的分散流畅性能，硅藻土、矿物粉等是常用的调理剂，在选择上考虑资源的可给性，应廉价、有效。

密封剂是增强包膜肥料包膜效果，封闭残缺膜的材料，密封剂选择主要考虑与已有包膜材料的兼容性、密封性能。如美国 LSCO 公司的 Hudson（1999）利用酯交换反应催化剂交联多羟基醇和聚合物的脂肪酯混合物的新型密封剂，其含有酯、羧酸酯或羟基功能团，用作肥料密封剂，可显著改善硫包膜肥料的控释性能。

## 第四节　缓释/控释肥料的养分释放

常规肥料主要是水溶性，在施肥后在土壤水溶液通过水溶就可立即释放，是速效性的。水溶性肥料是经过人们采用控释技术改进后的缓释/控释肥料或新合成的微溶或生物降解的缓释/控释肥料，其在土壤、水或其他栽培基质中施肥后养分释放不同于常规肥料简单的水溶或酸溶，并不立即释放，释放滞后于常规肥料。而且赋予不同控制机制所制备的缓释/控释肥料的养分释放规律是不同的，有些缓释/控释肥料养分释放不仅仅是单一机制起作用的。因此，有必要对缓释/控释肥料养分释放的典型机制进行描述，然后针对不同类型肥料分述。

### 一、释放机制

缓释/控释肥料因类型多样，其养分释放也存在多种机制或方式。所谓养分释放就是在物理、化学或生物机制作用下肥料养分分子从肥料固体物质或控释体系中释放到土壤溶液中，并成为植物可吸收形态的过程。因此，对于缓释/控释肥料而言，可能存在如下多种释放机制或方式：一是水溶；二是表面束缚/吸附养分的解吸；三是养分在载体或控释基质内扩散；四是养分通过胶囊或包膜控释肥料载体壁（膜）的扩散；五是载体基质侵蚀；六是侵蚀/扩散复合等。

肥料既可以均匀地分布在聚合物基质中，也可用以储库型包裹养分在胶囊或包膜内（Savant et al.，1983）。储库型养分释放速率取决于膜的厚度和面积。实际上，与许多基质混凝类控释肥料颗粒自身崩裂式释放相比，储库型肥料养分施肥后通常有个释放滞后期（Shaviv，2002）。然而，这种控释肥料需要仔细加工以防止缺陷膜破裂产生过量释放（Huett，1998）。

当肥料溶解在基质中，而养分控释机制扩散时，则养分释放的驱动力是浓度梯度。因此，根据 Fick 扩散定律可以对养分释放作出预测（何绪生，2006）。扩散控释肥料的累积释放量与时间的平方根呈反比（Vidal et al.，2006）。由于降解作用使得肥料颗粒表面变小，导致释放速率降低，这给肥料加工提出了工艺难题。

肥料和聚合物的特定化学和生物特征是设计聚合物包膜或基质混凝类控释肥料的关键。例如，亲水性高的肥料可促进水的吸收，并增大降解，而降解也促进肥料释放，从而提高总释放速率。肥料分子量、在土壤水中的溶解度以及与聚合物基质可混性影响肥料在聚合物基质中扩散系数和肥料在基质整体中的浓度分布。由于聚合物基质混凝肥料在整个基质中很少均匀分布，肥料扩散系数可随聚合物局部化学组成和结构而变化。

通常，扩散控制释放在肥料养分释放的初期阶段是重要的。对许多聚合物控释结构而言，俘获在聚合物基质表面附近或吸附到表面上的肥料养分浓度有些高。一旦肥料施入介质中，肥料养分的释放受肥料养分向周围环境的扩散速率控制。一些缓释/控释肥料可产生"崩裂效应（burst effect）"的问题，导致最初 24 h 内的初始释放量偏高。这种崩裂释放第一阶段由肥料颗粒的结构完整性决定。第二阶段由形成的孔隙、颗粒变形和溶蚀决定。

消除崩裂释放的一个方法是调整肥料包膜涂覆量和均匀度，或减少基质混凝类肥料群体颗粒表面肥料黏附量。值得注意的是增加肥料养分的理论负载量会增大崩裂释放。

## 二、释放模式

大多数作物的生长曲线呈现 S 形曲线，因此，植物对养分的需求也多为 S 形释放模式，尤其是大量元素和中量元素吸收这种情形更为典型。因此，从肥料养分的释放上人们也试图追求 S 形释放模式，使肥料养分供给尽可能满足作物的养分吸收需要，达到理想化的养分同步供应目的，见图 18 - 1。

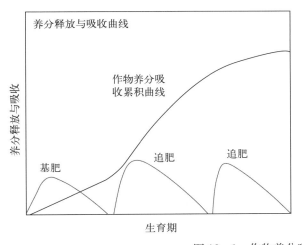
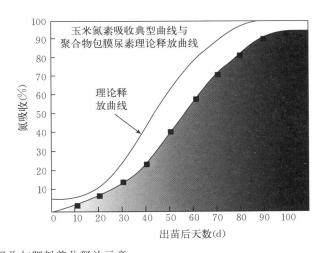

图 18 - 1　作物养分吸收与肥料养分释放示意

(Schwab、Murdock，2004)

尽管作物生长过程中干物质累积属于 S 形曲线，但是由于作物的生育期长短不同，作物有短生育期和长生育期之分。短生育期作物生长发育快速，养分吸收和干物质累积较快，因此，其对肥料养分供应要求强度大，养分需求期较早较短，因而要求控释肥延迟期短、养分释放要早，养分释放期较短。这类作物多是非越冬性的短季作物，如叶菜类蔬菜、玉米、水稻类。长生育期作物一般苗期或生育周期长，养分吸收和干物质累积过程较长，对肥料养分延缓期要求较长，养分释放高峰较迟，养分释放期较长，养分供应强度相对较低。这类作物主要是越冬性作物或多年生植物，如冬小麦、冬大麦、草皮、观赏植物与花卉等，冬小麦是典型的长生育期作物。因此，适应于这两类作物的缓释/控释肥料的延迟期、释放期及释放量则是有差异的。

此外，作物在生长发育过程中，不同的作物养分需求期是有差异的，表现为不同作物对同一养分的吸收关键期是不同的，同一作物对不同养分吸收关键期也存在差异问题。因此，肥料养分释放期也会要求不同。这些是研究和开发不同释放模式控释肥料的作物生理依据，而研究和模拟作物生长曲线和养分吸收曲线是设计和开发高效控释肥料的基础工作。据此，控释肥料养分释放模式通常分为两种模式，即 L 形（线性释放）和 S 形（S 形曲线释放）。

L 形释放模式：肥料养分释放呈直线性释放，其基本特征是经过延迟期后，肥料养分释放速率恒定，养分释放累积曲线呈直线形状。如 POCU－40（聚烯烃包膜尿素），其 80％的养分在 25 ℃水中于 40 d 内释放出来。

S 形释放模式：也就是养分累积释放曲线呈现 S 形状，S 形释放模式的基本特征是经过延迟期后（滞后期）外，肥料养分释放速率在整个释放期内是变速的，初始释放量低，然后进入直线释放期（最大释放期），最后进入养分释放衰减期。硅酸盐与聚丙烯酸乳液制成的双包膜尿素具有明显的 S 形释放模式特征（Savant et al.，1983）。日本研制的聚烯烃包膜尿素属于这类释放模式，如 POCU－100，其在 25 ℃水中最初 30 d 内的氮素释放几乎为零，滞后期之后，其养分线性释放，并在 70 d 内释放出约 80％的氮素。对于苗期生长缓慢的作物来说，S 形释放控释肥料较为适宜。如冬小麦、大麦等。Ito 等（2004）用淀粉渗透颗粒作外层包膜，水溶性 IBDU（5 $\mu$m）颗粒分散于不透性石蜡层作为内膜包裹颗粒尿素制成的双包膜肥料其养分释放为 S 形释放模式。我国也有研制和应用 S 形释放特征的包膜控释肥料（刘宝存等，2005）。

尽管研究人员已经研究出并从工艺上可生产出在测试介质或在土壤中以 S 形或 L 形释放模式的控释肥料，但是与不同作物的需求相比较，目前还很难实现真正的同步供应。这一问题主要有以下几点原因：尿素反应产物及化学合成养分释放可预测性差，其本身释放模式难以控制（除了烷基化尿素），因此，其养分释放模式与作物需求模式很难匹配；因同步供应难以满足，不但释放期上难以协调（作物关键需肥期），而且在释放量上也难以满足（养分释放强度）。包膜肥料虽是一个可以通过调控膜性能很好控制养分释放期和释放量的肥料，但是其在温度和水分条件不利时也影响养分释放，而且大多数包膜控释肥料要么在作物生长前期养分供应不足，要么在后期供应欠缺，因此，影响养分供应的协调性。

为了解决缓释/控释肥料养分供应期与供应量的问题，目前常用的解决途径是速效肥料与控释肥料比例掺混及不同释放模式的缓释/控释肥料掺混使用，也就是将常规水溶性肥料与某些控释肥，或者 S 形和 L 形释放模式肥料，或同型不同释放期的控释肥进行比例掺混，以实现养分的协调或尽可能地同步供应。目前已应用的是速效水溶性肥料和缓释/控释肥比例掺混技术。如 Once 是聚合物包膜尿素肥料和非包膜速效水溶肥料的掺混物。Woodace 是 IBDU 和聚合物包膜尿素的混配物。Agrium 公司也建议 ESN 包膜肥料与水溶肥料（尿素或硫酸铵）掺混使用。

一种理想的养分同步供应的肥料应根据植物生长曲线释放其养分。因此，其释放模式应呈现 S 形曲线。从化学角度看，这很难实现，但是通过掺混高水溶性肥料，中度释放和控释肥料产品却有可能实现，这些肥料产品根据作物需要平衡养分含量比例。尽管如此，这类配制肥料的作物产量、投入-产出经济收益还没有得到很好的证实。

## 三、养分释放影响因素

在土壤中，脲醛类、化学合成类、基质混凝类及矿物缓释肥料养分释放受影响的因素很多，如温度（Hades、Kafkafi，1974）、水分（Kochba，Avnimelech，1990）、pH（Hughes，1976；Tlustos，Blackmer，1992）、微生物活性（Hauck，1985）及颗粒大小（Hughes，1976）等。但是对于养分控制可调控及释放预测性强的普通塑料或树脂包膜控释肥料，温度和水分是两个主要影响的环境因素，其养分释放与其他环境因素关系不大或没有关系，除非是生物降解聚合物包膜的控释肥料，这两个因素是连续性变量，容易通过测定土壤温度和水分得到。因此，本小节主要讨论温度与水分对控释肥料养分释放的影响。

聚合物包膜控释肥料养分释放主要受土壤温度的影响，许多研究都报道和证实了这种温度效应（Hinklenton、Cairns，1992；Lamont et al.，1987；Oertli、Lunt，1962a，1962b；Salman et al.，1989）。如当栽培介质温度增高时，聚合物包膜肥料养分释放量显著增大（Taminmi et al.，1983；Kochba et al.，1990；Huett、Gogel，2000；赵秀芬等，2007）。Kochba 等（1990）研究发现，当温度提高 10 ℃时，聚合物包膜肥料养分释放量增大了 1 倍。温度对不同品牌的包膜控释肥料养分释放影响是不同的（Husby et al.，2003），这与不同品牌包膜控释肥的包膜材料及膜配方有关（赵秀芬等，2007）。

土壤温度的高低及增幅范围不同，对缓释/控释肥料养分释放影响程度是不相同的。Engelsjord 等（1997）报道，当温度由 4 ℃升至 12 ℃过程中，脲甲醛、硫包膜尿素及包膜硝酸钙缓释氮肥氮素释放量略微增大，而当温度提高至 21 ℃时，这 3 种缓释氮肥的氮素释放量显著高于前两个温度下的释放量。温度增高极大地促进常规 NPK 肥料的养分淋失，但不影响 NPK 复合肥的养分释放。

作物生长发育过程与温度的增升有着直接的关系，在作物生长适应的温度范围内，随着温度增升，作物的生长加快，生物量增大，对养分需求和吸收会增大。因而，研究与开发温敏性控释材料控制肥料养分释放是极为有意义的课题。

由于控释肥料养分释放量与释放期是在实验室恒定温度下测试给出的预测值，其在温度变化的温室或大田土壤环境中使用时，其养分释放会受到变温及水分变化的影响。如昼夜温差及土壤干湿交替的影响使控释肥养分释放比预期的释放期或快或慢，释放量或大或小。

控释肥料在实验室测试其释放特征时，是水中浸泡溶出率或土柱淋洗给出的释放期与释放量，浸泡释放测定是水分过饱和，而土柱淋洗是属于水分间歇淋洗，淋洗水分用量变异较大。因此，土壤中控释肥料养分释放会出现与控释肥料标明的释放期与释放量完全不同的情形。

在旱地土壤或水分欠缺土壤中，控释肥料养分的释放表现很差（Fujita et al.，1983；Shoji，1990）。但是在水分达到作物生长要求时，水分含量变化对养分释放影响差异不大。Kochba 等（1990）报道，盆栽试验中土壤水分含量由田间持水量的 50%增加到 100%时，聚合物包膜肥料养分释放差异不大。尽管如此，水分对控释肥养分释放是必要条件，而且水分是维持养分有效性、促进养分吸收的重要因素，水肥之间存在着交互作用及效应，提高旱地土壤保水供水能力是提高旱地土壤养分及肥料养分效率的重要因素。因此，研究和开发适用于旱地保水缓释/控释肥料具有实际生产意义。

尽管前面讨论养分释放机制和模型，但是这些多是针对单质控释肥料而言的。实际上，控释复合肥也是控释肥料中一个重要类型。由于各个养分离子的化学特征及移动性差异，在控释复合肥中的各个养分离子的延迟期、释放速率与释放量是不同的。15 个月内 Polyon 包膜控释肥中的 $NH_4^+$、$NO_3^-$ 及 $P_2O_5$ 的释放量分别为其各个养分总量的 85%～91%、71%～85% 及 19%～37%。大量元素的释放量大小排序为 $NO_3^->NH_4^+>K>S>Mg>P$，微量元素几乎全部释放。Nutricote 和 Osmocote 的 P 释放量为 N、K 释放量的 60%～80%（Handreck，1997）；释放时间顺序为 N>K>P（Shoji、Gandeza，1992；Huett、Gogel，2000；Shaviv，1999；2000；DU Changwen et al.，2006）。不同养分释放量与释放时间的差异会导致肥料养分比例的不平衡，而养分绝对量和相对比例平衡是作物正常生长发育重要的条件。因此，在设计控释复合肥时，要适当提高释放量低和释放慢的养分用量。

## 第五节　缓释/控释肥料的标准、测试与评价方法

缓释/控释肥料存在许多类型，由于不同类型缓释/控释肥料控释机制不同，因此，缓释/控释肥料测试评价方法也因肥料类型而有差异。

### 一、缓释/控释肥料的标准

尽管欧盟和美国的缓释/控释肥料概念与类型划分上存在一定差异，但是欧盟还是接受美国有关缓释/控释肥料的规定。

在指标规定上，欧洲标准委员会的规定是，若在 25 ℃水溶解实验下养分释放能满足下列条件，则该肥料称为缓释肥料：一是 24 h 释放不大于 15%；二是 28 d 释放不超过 75%；三是在规定的时间内，至少有 75% 被释放。

日本和美国等国家提出控释肥料的规定是，在 25 ℃ 的水中，肥料养分释放能满足下列条件，则认为该肥料是控释肥料：一是 24 h 的初级溶出率不大于 40%；二是 7 d 内的微分溶出率为 2%～4%；三是 7 d 内时间内，至少有 80% 的养分释放出来。

### 二、缓释/控释肥料的测试

#### （一）脲醛类

当尿素与甲醛反应时，通常反应是不完全的。生成的混合物是含有未反应的尿素、短链和长链亚甲基聚合物的混合体。由于它们是 20 世纪 40～50 年代开发的，早于先进的特征测试技术问世之前。在高效液相色谱问世之后，利用液相色谱技术人们可以分离脲甲醛中的组分，并可评价其溶解性、缓释性及生物降解性。但水溶法及活度指数仍是目前测试评价脲醛类的方法及指标。

#### （二）包膜类

自 Blouin（1971）提出 7 d 静置水溶出率法测试评价硫包膜尿素肥料的养分释放性能以来，该方法一直沿用至今，且适用于多种类型控释肥料的测试评价。这一方法的优点，一是水作为溶剂，溶剂及环境介质均匀，不存在介质差异的问题；二是容器静置，不用搅拌，防止因搅拌差异而导致的重现性差问题；三是溶释时间为 7 d，在 7 d 时间内，通过测定溶出物浓度，可较好地反映一些类型控释肥料的养分控释特征。

这一方法被欧美广泛接受和使用，日本对这一方法做了一些改进，提出了初级溶出率和微分溶出率的概念，对温度做了修改。欧洲标准、美国和日本标准在我国的控释肥料研究和评价中都有使用。

除了用化学和仪器分析法直接测定水溶出液中的养分含量外，也可通过测定溶液的电导值，再测定与包膜控释肥料相对应的常规肥料不同浓度溶液的电导值，建立电导值与对应浓度的标准曲线，求出包膜控释肥料的养分释放量，电导值测定法还可适用于盆栽试验的现场测定。

除了直接测定养分释放量外，还可测定包膜肥料样品中的残留养分量，通过差减法计算出包膜肥料的养分释放量，这可以了解栽培介质中控释肥料尚有的养分库存量。

多年来，7 d 静置水溶出率法一直作为缓释/控释肥料测试的经典方法所广泛使用。但由于这一方法过于费时，而且有些人认为水分静止状态不同于土壤水分动态及作物吸收养分情况下的肥料养分释放特征，加之这一方法测定结果所反映的肥料释放期或释放模式，与田间肥料释放并无直接相关关系。因而，许多研究对这一方法在不同的方面进行改进，但是似乎收效甚微。Zhang Mingchu 等（1994）采用了一种水流动装置测定聚合物包膜尿素肥料，该方法测定结果可计算膜的透性和活化能，

对不同厚度膜的养分释放特征区分明显。徐和昌等（1994）、熊又升等（1999，2000）、李忠等（2003）、杜建军等（2003）对不同式样管状水流动淋洗装置测定包膜肥料养分释放的方法进行了研究。但是，这些改进型方法都未成为行业公认的方法。因为这些装置中水流速都是依赖机械阀控制，水流速及淋洗液淋出量极难等速、等量流出，有些还是间歇式淋洗，致使同一样品在不同重复间差异很大。

7 d 静置水溶出率法在实际使用时，不同研究者对其中一些操作进行修改，如搅拌水溶液（Ito，2003），测定溶液分取方法，有分取 1 mL 或数毫升溶液再补进同样水量的，也有将全部溶液滤出再加同样水量的，温度也有变化，因此，研究结果间的可比性差。

7 d 静置水溶出率也适用于基质混凝类缓释/控释肥料、矿物吸附型缓释/控释肥料养分释放特征的测试评价。

### （三）抑制剂类缓释/控释肥料

测试评价 CRFs 并不能直接用于测试评价抑制剂类缓释肥料的控释性能。因此，方法需要在测试内容，或在介质上进行改进或调整。用于测试评价抑制剂类缓释肥料方法应具备如下条件：直接测试抑制剂类缓释肥料中抑制剂的种类及用量，其也是这类肥料质量控制与质检项目。肥料最好在土壤中淋洗或培养，在土壤微生物参与下进行，必要时加入脲酶。一般不能直接测定全氮量来判断肥料缓释效果，可测定脲酶抑制剂或硝化抑制剂控制对象氮肥转化受抑步骤后续氮素形态的氮量。如测定脲酶抑制剂对尿素肥料的缓释作用，可测定土壤中硝态氮或铵态氮含量，当然需要有正确的对照来比较。

## 三、缓释/控释肥料的研究评价方法

缓释/控释肥料的标准测试方法是评价一个肥料是否具有缓释功能的检测方法，当然可用于研究中的评价方法。此外，在缓释/控释肥料的研究评价中，也采用其他方法。

### （一）土柱或沙柱淋洗

土柱或沙柱淋洗也广泛用来评价控释肥料在土壤或沙壤介质中的释放特征，由于土壤的吸附、固定等作用，即使常规肥料在土壤中淋洗出来也有一定时差问题，因此，要评价缓释/控释肥料在土柱或沙柱的释放特征，需要有对照以便比较。故需要用相应的常规肥料与缓释/控释肥料在完全相同条件下进行淋洗实验，这样才可对缓释/控释肥料的淋洗释放特征作出正确的评价结果。但是，由于土柱或沙柱的土壤或沙的质地、类型、装填虚实度、水淋洗方式（间歇或连续）及淋洗水量的差异都会造成结果重现性很差。因此，土柱或沙柱淋洗仅能粗略了解缓释/控释肥料与常规肥料的差别，故这种方法只能用于研究评价，不能作为缓释/控释肥料的检测方法，更不能作为行业或国家测试控释肥料性能的标准方法。

淋洗柱有玻璃管或 PVC 管，管长及管口径的大小目前没有统一标准，因研究者而异，管体面积有 5 cm×15.5 cm（内径×管长玻璃管）（Vidal et al.，2006）、3 cm×30 cm（PVC 管）Chatzoudis，Rigas，1998）、5.5 cm×30 cm（PVC 管）（Hanafi et al.，2002）。柱或管内所装土壤质量也不同，有 100 g、200 g、400 g 风干土等（Vidal et al.，2006），肥料量也是因研究者而异，肥料装入方式有混装法（肥料与装填土混合均匀后装填入土柱）和层装法（肥料装填在土层某一深度处）（Chatzoudis，Rigas，1998；Hanafi et al.，2002）。土壤和石英砂粒度也都不同，装填密度（或容重）因研究者而异。土柱底部有用棉花、棉纱、滤纸、石英砂和鹅卵石及塑料网阻隔的防护层，以阻挡土壤颗粒随水淋出。淋洗方式、淋洗间隔时间、淋洗水量也因研究者而异，淋洗方式有间歇式和连续淋洗之分。因此，土柱淋洗在不同研究者之间差异很大，且在同一研究者同批次的不同重复间差异很大。许多土柱淋洗实验相当于旱地或通气良好及氧化条件下的土壤状况，Savant 等（1982）设计了一种模拟淹水土壤的土柱淋洗装置，用于研究湿地或水稻田中控释肥料的释放与淋失。尽管土柱淋洗不能作为缓解/控释肥料的标准测试方法，但是用于缓解/控释肥料在不同质地土壤的释放与淋失的相对比较还是具有一定的参考价值。

## （二）土壤培养法

土壤培养法适用于多种缓释/控释肥料的控释评价，通常做法是将一定量的缓释/控释肥料样品装进细孔尼龙小袋内，然后将其埋入土层一定深度内，土壤保持适宜的湿度，定期采取土壤样品或取出肥料样袋，测定土壤养分含量或称量或分析测定肥料样袋中剩余肥料养分含量，通过差减法可计算释放的养分含量。这种方法可用于实验室、温室及实际田间缓释/控释肥在土壤中的释放特征研究。

## （三）电超滤法（EUF）

电超滤法是德国 NAMECH 公司开发的一种通过电超滤技术分离土壤中不同组分的浸提方法。多年来，中国许多单位对其应用研究做了大量研究工作。EUF 也用来评价控释肥料的缓释特征。Jiménez 等（1987）用 EUF 评价树脂包膜硝酸铵的释放动态。Diéz 等（1991；1992）用 EUF 分别评价了包膜肥料缓释的溶解动力学和石灰性土壤中包膜磷酸二铵中磷的有效性演变。Garcia Serna 等（1996）在评价控释材料时采用了 EUF 法，发现用海藻酸作为硝酸磷肥的控释材料具有良好控释效果；腐殖酸用于尿素的控释材料具有良好控释效果。尽管 EUF 用于评价缓释/控释肥料效果较好，但是，EUF 并不是测定评价缓释/控释肥料的标准方法，这需要进一步做系统方法学评价工作。

## （四）同位素示踪法

研究肥料养分在土壤中的去向及了解肥料养分利用率方面同位素标记示踪法是一个十分有效、准确的方法，对正确评价肥料起到十分重要的作用。同样，同位素标记示踪法也可用于评价缓释/控释肥料。同位素标记示踪法用于评价缓释/控释肥料具有以下优点：

用同位素标记的缓释/控释肥料进行大田作物肥料试验，一方面可以获得缓释/控释肥料养分利用率的信息（John et al.，1989）；另一方面可了解缓释/控释肥料养分释放模式或释放期是否与相应作物的吸收规律或模式相吻合，从而为改进缓释/控释肥料设计提供依据。可评价缓释/控释肥料的长期环境效应，或评价缓释/控释肥料在土壤中的残效，为缓释/控释肥料的推广使用提供决策的科学依据。

由于缓释/控释肥料在工艺上不同于常规肥料，用同位素标记缓释/控释肥料进行试验之前，首先要制备与相应缓释/控释肥料在理化性状及工艺特征相同或相近的同位素标记的缓释/控释肥料。如要评价草酰胺或脲甲醛的养分释放及利用率，就要用同位素标记草酰胺或脲甲醛中的氮。一般用相同或相近工艺在实验室合成。如不能采用工业合成反应工艺，可采用其他新的反应工艺合成。如异丁烯叉二脲和脲甲醛均可用 $^{15}$N 标记尿素与工业级或试剂级原料在实验室合成标记的样品，而且反应工艺与工业合成反应工艺相同。而草酰胺就很难用工业合成反应工艺在实验室合成标记的样品，因此，$^{15}$N 标记草酰胺在实验室采用氨（$^{15}$N 标记）与乙基草酸盐反应合成 $^{15}$N 标记草酰胺样品。Hauck（1994）对 $^{15}$N 标记的 IBDU、草酰胺和 UF 进行过研究，并提出了制备标记肥料的方法。见表 18-3。

表 18-3　用于肥料去向与利用率评价的同位素标记方法

| 元素 | 缓释/控释肥料 | 标记材料 | 工艺特征 |
| --- | --- | --- | --- |
| $^{15}$N | 脲甲醛：粉末或颗粒 | 尿素 | 尿素＋脲甲醛反应 |
| | CDU | 尿素 | 尿素＋丁烯醛反应 |
| | IBDU | 尿素 | 尿素＋异丁烯醛 |
| | 草酰胺 | NH$_3$ | 氨＋乙基草酸盐，不同于工业合成工艺 |
| | 包膜尿素 | 尿素 | 在实验室采取一定方法将标记针状晶体尿素造粒 |
| | 包膜硝酸铵 | 硝酸铵，可双标记$^{15}$NH$_4^{15}$NO$_3$ | |

(续)

| 元素 | 缓释/控释肥料 | 标记材料 | 工艺特征 |
|---|---|---|---|
| $^{32}$P | 磷酸二铵 | 磷酸 | |
| | 磷酸一铵 | 磷酸 | |
| $^{40}$K | 硝酸钾 | | |
| 可用 Rb | 氯化钾 | 氯化铷（RbCl） | 钾盐与铷盐不同比例配比 |
| 同位素替代 | 硫酸钾 | | |

同位素标记包膜缓释/控释肥料，则应使用同位素标记的颗粒肥料，如果基础（原料）肥料不是颗粒的，如晶体、粉末的，应采取相同或相近工艺将其造粒，颗粒大小要相近。如确实无法用工业合成工艺造粒，则要采用其他方法将晶体或粉末状肥料加工为颗粒肥料。如包膜尿素类的缓释/控释肥料，由于同位素标记尿素肥料的价格昂贵、用量少，不可能用工业合成法制备同位素标记的颗粒尿素肥料，但在实验室可用加热熔融同位素标记尿素，然后将其倒入模具中冷却成粒，或者采用挤压造粒法进行造粒。何绪生等（2004）曾用晶体粉末尿素熔融液倒入模具中制得同位素标记的颗粒尿素，然后采用相同包膜工艺在尿素颗粒表面包膜制得所需实验用标记肥料。郑圣先等（2004）也用此类方法制备出$^{15}$N标记的包膜肥料。其他种类包膜控释肥料同位素标记样品也可如法炮制。

同位素标记肥料可研究缓释/控释肥料的养分利用率问题。Rubio 和 Hauck（1986）利用$^{15}$N肥料研究过水稻对草酰胺和 IBDU 养分的吸收与利用模式。Kamekawa 等（1990）、Nakashima 等（1990）用同位素$^{15}$N标记肥料研究过水稻对缓释/控释肥料的 N 吸收和利用率，这促进了控释包膜尿素肥料在日本水稻田施肥量比常规铵态氮肥用量降低了 $10\%\sim30\%$。日本用$^{15}$N标记示踪研究过POCU 肥料在玉米、水稻等作物上的氮素利用率。Inubushi 等（2002）用$^{15}$N标记研究过包膜控释尿素肥料对水稻氮素吸收及土壤微生物生物量的影响。郑圣先等（2004）用$^{15}$N标记研究过控释氮肥在水稻上的养分去向与利用率。

## 第六节 缓释/控释肥料的控释材料

所谓控释材料是指通过一定的反应或工艺技术施加的，并通过物理、化学或生物等单一或多个因素作用延缓肥料养分释放的材料。

按制造缓释/控释肥料控释机制划分为载体材料、包膜材料及生物抑制剂材料。

载体材料是具有包埋、吸附和结合肥料养分的材料，如吸附性天然矿物（阳离子矿物、阴离子矿物）及合成矿物、高分子聚合物、亲水聚合物（凝胶及保水剂）。

包膜材料：可施入颗粒肥料表面成膜的材料，主要是控制水溶性肥料的养分释放，从化学形态上讲可是无机材料，也可以是有机材料，有机材料包括树脂及塑料高分子聚合物。从来源看可是天然的，也可以是合成的，还可以是二者复合的。如合成高分子聚合物中的聚氨酯、聚氯乙烯、聚乙烯、聚丙烯及吸水膨胀的聚丙烯酰胺、聚丙烯酸盐等。从吸水性能上看可是吸水膨胀的，即保水剂；也可是吸水非膨胀的普通树脂和塑料。用于水溶性颗粒肥料的包膜从透性上划分通常有 3 类：具有微孔的非渗透膜，水溶物质可通过微孔扩散；通过磨损、化学或生物作用破坏膜释放养分的半透膜；水分可以扩散渗透的半透膜，水分进入半透膜内后渗透压作用可使包膜破裂或膨胀，增加膜的透性。

## 一、无机材料

无机材料可分为难溶性无机物质和吸附载体矿物类。

难溶性无机矿物质包括直接可用于肥料的一些矿物，其具有一定的养分价值，如磷矿粉、麦饭石、硫铁矿、元素硫等，其直接施入土壤可提供磷、微量元素及硫铁元素，当然并不是所有土壤都有良好的肥效反应。另外，一些具有缓释肥料的矿物是用天然矿物加工或用无机材料合成或加工的，如部分酸化磷肥（Rajan et al.，1994）、熔融硅酸钾（Yao et al.，2003）。这类矿物还可作为肥料的包膜使用，如磷矿粉、元素硫等。

吸附矿物主要是硅酸盐黏土矿物和水合氢氧化物。其中天然矿物包括高岭石、蒙脱石、伊利石、蛭石、沸石、膨润土等。具有吸附交换功能的矿物按其所带电荷分为阳离子矿物和阴离子矿物。阴离子矿物是土壤中普遍存在的矿物，如黏土矿物，其所带电荷主要来源于层状硅酸盐矿物的晶格中同晶替代，多数属于永久电荷。这种电荷可以吸附土壤中阳离子养分，如 $K^+$、$NH_4^+$、$Ca^{2+}$、$Mg^{2+}$、$Zn^{2+}$、$Cu^{2+}$、$Mn^{2+}$ 等。这样可以作为载体基质通过吸附交换作用负载阳离子养分，制成交换态缓释肥料。天然层状硅酸盐矿物，尤其是黏土矿物，不但可以用作肥料的载体，制造交换吸附缓释肥料，也可作为超强吸水材料的添加物，与化学单体材料共聚制备有机无机复合保水剂（舒小伟等，2005；唐祥虎等，2006）。肥料-吸附矿物-保水剂复合也为保水缓释肥料提供了思路。

在自然界中，阳离子矿物比较少见，层状双层氢氧化物（Layered Double Hydroxide，LDH）矿物是自然界中带正电荷的矿物，水滑石是首个发现的层状双层氢氧化物矿物，这类矿物有两种结构形式，即六角形和斜六面体结构。水滑石是氢氧化镁中的 $Mg^{2+}$ 被离子半径相近的三价阳离子替代，因而，矿物整体结构中显示正电荷，为了达到电中性，水及阴离子可以占据这个电空穴。交换性阴离子：$NO_3^-$、$HPO_3^{2-}$、$H_2PO_3^-$、$SO_4^{2-}$ 等。这种层状双层氢氧化物矿物还可以人工合成，可掺入二价金属阳离子养分，如 $Ca^{2+}$、$Co^{2+}$、$Cu^{2+}$、$Mg^{2+}$、$Ni^{2+}$ 和 $Zn^{2+}$ 及三价阳离子 $Al^{3+}$、$Cr^{3+}$、$Fe^{3+}$ 和 $Co^{3+}$。因此，用天然或合成 LDH 矿物通过吸附和插层法可制备缓释/控释肥料（Komarneni et al.，2003；Rajamathi et al.，2001；Olanrewaju et al.，2000）。

黏土也可作为肥料的控释材料使用，国内外曾有人对此进行了实验探索。

此外，吸附类矿物还可以通过工业工艺加工合成，如合成沸石（Wang Yajun et al.，2002），合成水滑石（Gillman，Noble，2005）和合成层状双层氢氧化物等矿物（Jin - Ho Choy，You - Hwan Son，2004）。

磷矿石或磷矿粉：磷矿石是自然界中含有足够商业开发含量的氟磷灰石的任何岩石或沉积岩，磷矿石中大量细粒磷灰石是胶磷矿。世界探明磷矿石储量为 3 400 000 万 t，具有经济开采价值的为 1 200 000 万 t。广泛分布于美国、摩洛哥、中国、突尼斯、俄罗斯、约旦等国家和地区，我国主要分布在云贵高原地区。磷矿石除了通过化工业加工为高浓度水溶性磷肥，如磷酸一铵、磷酸二铵及硝酸磷肥外，磷矿石加工为磷矿粉可直接作磷肥使用，在酸性土壤上肥效表现良好。磷矿石也可部分酸化为缓释磷肥，但其在酸性土壤上效果好。磷矿粉和有机肥或腐殖酸肥料复合使用也可起到缓释磷肥效果，有机肥和腐殖酸起到了促释作用（Sekhar，Aery，2001）。由于磷矿粉具有较低水溶性，因此，磷矿粉还可用来包裹常规水溶性肥料，起到养分缓释作用。此外，合成含有微量元素的羟基磷灰石也可作为太空基地或空间站作物栽培肥料（Sutter et al.，2002；2005）。

单质硫：硫矿是自然界较为丰富的矿藏，在陨石、火山、热水泉中都可发现硫，其以方铅矿、石膏、泻盐及重晶石形态存在，煤、油页岩中含有的硫也是巨大的潜在资源。此外，从硫铁矿、天然气、石油中还可回收硫。单质硫可直接作为肥料（Boswell，Friesen，1993），施入土壤后在土壤中经微生物及氧化转化为硫酸盐，被植物吸收利用。单质硫氧化后形成硫酸盐过程中，会使土壤的酸性提高，从而会增加元素硫颗粒周围土壤中一些养分的有效性，特别是一些微量元素及磷，钾等。单质硫作为肥料控释材料具有材料来源广、价格便宜的优势，而且硫也是一种营养元素，在土壤硫素缺乏日益普遍的情况下，硫作为控释肥料的控释材料是极具优势的。事实上也确实如此，硫包膜尿素是开发最早也最为成功的控释肥料。硫熔融液与尿素熔融液可制备含单质硫的尿素肥料。今后，在肥料中应充分利用单质硫，开发新的机制及新的复合材料，充分利用元素硫营养价值和资源优势。

膨润土：是蒙脱石黏土矿物的别称，其通常含有数量不等的凹凸棒石，凹凸棒石与蒙脱土的区别主要是吸附特征。

一般认为有两类膨润土。一类是膨胀膨润土，也就是钠基膨润土，是含有 $Na^+$ 的单水层颗粒；另一类是含 $Ca^{2+}$ 的双水层颗粒，其称为钙基膨润土或非膨胀膨润土。$Na^+$ 和 $Ca^{2+}$ 可被 $Mg^{2+}$、$Fe^{2+}$ 离子交换。已确认的第三类蒙脱石为无水层颗粒，其可能呈现电中性。许多人通常称钙基膨润土为漂白土，因为其化学及物理性质与钙基蒙脱石相同。之所以称其为漂白土是因为早期将所有具有漂白性质的天然活性黏土称为漂白土，故漂白土用于漂白和清洗羊毛和衣物上油脂、色素而命名的。膨润土和漂白土的基本差异在于二者在自然界的出现及其物理性质方面。膨润土是在火山灰堆积物变质形成的，大多生成于晚白垩纪；漂白土多出现在第三纪。

含铁量低的膨润土在石油精炼中是一个很好的催化剂材料。含有 $Ca^{2+}$ 和/或 $Mg^{2+}$ 的膨润土是很好的增白剂。膨润土可吸附大量水分，超过普通塑料用黏土。另外，漂白土具有非塑料或半塑料特征，它具有叶层状结构。钠基膨润土随着对水分吸附，其体积不断膨胀（高达原体积的 14 倍之多），并形成良好的凝胶，是黏性很好的材料，其在油气钻井和大坝及井堵漏泥浆制备中有十分重要的价值。钠基膨润土具有优良的摇溶性质，也就是其凝胶在静置时会变坚硬，在振摇时又会逆变为流动液体。膨胀膨润土分散在水中时，其分离为悬浮的雪片状薄片。膨润土和其他黏土矿物的差异在于晶格结构。膨润土中原子层片十分薄，易于分散在水中，这也是膨润土比其他黏土矿物具有较大表面积的原因。这种性质称为分散性，是膨胀型膨润土的独特性质。

膨润土具有黏结性、膨胀性、胶体分散性、悬浮性、吸附性、触变性和阳离子交换性，因而其可作为土壤改良剂（李吉进等，2006；易杰祥等，2006）、肥料造粒黏结剂、肥料载体（潘炎烽等，2006；Park et al.，1986；卢其明等，2005）及保水剂合成原料。

沸石：沸石是一组多孔性的天然矿物，属于水化铝硅酸盐矿物，其本身不具有丰富营养元素，但其笼状晶体结构形成相互连接的通道和空穴网络，并且通道和空穴结构中带有负电荷，其孔隙和吸附点位可以吸附肥料分子或离子、水分子及 $NH_4^+$、$K^+$、$Ca^{2+}$、$Mg^{2+}$、微量元素等起到保蓄养分和水分的作用，这些养分及水分可因植物"需要"而缓慢释放出来或被植物根系交换吸收。因而，沸石可作为土壤改良剂（Mumpton，1999；Park et al.，2000）、肥料缓释载体（Notario et al.，1995；Dwairi，1998；Li Z，2003；钟付琴等，2006）、畜禽养殖场粪便吸附剂（Dao，2003；Lefcourt，Meisinger，2001）及复合保水剂合成的原料（唐祥虎等，2006）。

沸石分为许多类型，常见的沸石有方沸石、菱沸石、片沸石、钠沸石、钙十字沸石、辉沸石及斜发沸石。天然沸石在自然界储量较为丰富，对于开发矿物载体缓释肥料是一个很好资源。沸石作为肥料缓释载体具有多方面的优点，其养分释放平稳，甚至具有残效，在作物种植时就可以施肥，并为作物生长初期及整个生育期提供养分，且其养分不会因过量雨水而一次淋失耗尽。由于沸石是天然矿物，无有害物质，对土壤环境具有良好生态效应，在养分释放完后，沸石可改善土壤的吸附-解吸作用及水化及脱水作用，还可改善土壤的保水保肥性质。因此，沸石既可作为栽培介质制成人造土壤，也可作为肥料缓释载体。由于沸石均匀的微孔分布、高的水热稳定性，还被广泛用作催化剂、吸附剂和各种新型功能材料。而人工合成纳米沸石由于具有短的晶内孔道、大量外表面活性位和空隙，因而具有独特的"纳米效应"，在肥料及吸水剂方面有巨大的应用潜力，而合成沸石则是这一利用的可靠资源（Wang Yajun et al.，2002）。

尽管天然沸石吸附容量很大（Ming D L，Mumpton，1989），但是作为肥料缓释载体时，以吸附法制备缓释肥料，一个吸附量约为 200 cmol/kg 的沸石，仅可吸持 3% 的氮量，其养分偏低（Park，2005），通过肥料热溶液或熔融液与沸石的共沉法（盐包埋作用）可以提高沸石的养分负载量（Park，2005）。另外，天然沸石对阴离子如 $NO_3^-$ 和 $PO_4^{3-}$ 几乎没有亲和力，吸附量极低，为了提高沸石对阴离子的吸附量，需要用表面活性剂对天然沸石进行改性，这样可获得其对阴离子养分的吸附负载量（Dao，2003；Li Z，2003）。

## 二、有机材料

### （一）天然有机材料

**1. 淀粉及其衍生物**　淀粉是自然广泛存在许多植物根、茎、种子和果实中的一种天然多糖聚合物，因为人类种植而成为丰富的、取之不竭的可再生资源，禾谷类作物如小麦、玉米、水稻、高粱等，块根作物如甘薯、马铃薯、魔芋、葛根等，果实植物如椰子的收获物中都含有大量的淀粉。淀粉有直链淀粉和支链淀粉之分，不同来源的淀粉在许多性质上，如吸水溶胀性和黏性等具有很大差异。由于淀粉具有多羟基基团和链状结构，其具有吸水溶胀性和黏性。因而，淀粉在肥料及保水缓释肥料中用作肥料造粒黏结剂（徐鹏翔等，2006）、缓释剂（吴春华等，2002；邹群等，2005）、超强吸水剂的接枝物（增加亲水性基团）（王康建等，2005；Suszkiw，2007）。同时，由于淀粉是天然的碳水化合物、微生物能源物质，因此，也常常用作化学合成聚合物材料生物降解的诱降剂（王康建等，2005），以促进难降解聚合物的生物降解。

**2. 纤维素及其衍生物**　纤维素是自然界最丰富的天然聚合物，是一种超分子物质。纤维素广泛存在于植物中，在木本植物中最为丰富，是植物细胞壁的构造物质。纤维素是具有刚性氢键网络的水不溶聚合物，其分为无定形和结晶纤维素。纤维素链中的每个葡萄糖基环上含有 3 个活泼的羟基，因此纤维素可发生与羟基有关的化学反应，其一些羟基可以在纤维素链间或分子内形成氢键，增强纤维素分子链的刚性。

同时，由于羟基氢键作用使纤维素分子形成网络结构，羟基及网络结构使纤维素具有一定吸水能力。纤维素的羟基及纤维素的可降解性使纤维素可与其他物质分子官能团发生反应而对纤维改性，并得到纤维素的许多衍生物，如纤维素磺酸酯、纤维素乙酸酯、纤维素硝酸酯和纤维素醚（如羧甲基纤维素、甲基纤维素、乙基纤维素、羟丙基纤维素等）。因而，纤维素及其衍生物在接枝或降解超强保水剂（Giuseppe Marcì et al.，2006）、肥料造粒黏结剂（Ito et al.，2003）、肥料缓释载体及肥料包膜材料（Kuhn et al.，2005）上具有重要应用价值。

**3. 木质素及其改性物**　木质素不是单一分子的化合物，是以苯基丙烷为结构单元的一类聚合物。苯基丙烷单元超过 100 多个，以复杂的交联三维结构结合一起，它主要来自苯基丙烷三个基本化合物衍生物。木质素是木材的化学组成，木质素在木材中将纤维黏接在一起，强化纤维硬度。

木质素、磺化木质素、氨氧化木质素可用于肥料缓释黏结剂、包膜材料、调理剂。目前，木质素衍生物已用于酚基黏合剂，可以替代工业包装袋中的甲醛基化合物。

在小麦试验上，N 功能化木质素在促进小麦增产和氮素吸收上与尿素一样有效，并且 N 功能化木质素的土壤水解有机氮组分高于施用尿素的土壤（Murugappan、Mishra，1979）。印度研究人员用生产牛皮纸工艺中的松树木质素作为尿素包膜材料，其表现出良好的控释效果，同时用亚麻子油作为密封剂会极大地提高控释效果（García et al.，1996）。氨化木质素作为缓释氮肥在盆栽高粱上高施用量时与硫酸铵肥料具有相近的籽实量和生物量。施用氨化木质素缓释肥具有低的硝酸根离子淋失量（Ramireze et al.，1997）。氨化牛皮纸木质素在大田高粱上的试验表明，第一季高粱生物量为尿素处理高于氨化牛皮纸木质素处理，第二季高粱生物量为氨化牛皮纸木质素处理高于尿素处理，说明氨化牛皮纸木质素具有氮素缓释作用（Cano et al.，2001）。

在土壤培养试验中，添加造纸废液来源的木质素可以抑制铵态氮肥被硝化，其抑制效果受土壤类型和温度影响明显，造纸废液木质素成本低、无毒害，可作为氮肥添加剂提高肥料效率（Huang Y Z et al.，2003）。

**4. 几丁质、壳聚糖及其改性物** 几丁质（又名甲壳素）为一种多糖物质，是自然界广泛存在的聚合物之一，是自然界最丰富的天然聚合物，几乎与纤维素一样常见，并拥有纤维素的许多结构和化学特征。几丁质是许多生物，如昆虫和甲壳动物外壳的组成分，也是真菌和多数浮游生物及其他海洋小生物细胞壁的组成分。由于这些不同生物的不同生物学需要，几丁质是极为多样性的天然聚合物。几丁质及其衍生物壳聚糖拥有许多有用的物理化学性质，包括生物降解性及无毒性。几丁质经过热碱溶液水解可转化为壳聚糖。

壳聚糖是一种天然阳离子聚合物，由存在于甲壳类动物的原生聚合物几丁质水解而来。与几丁质一起，壳聚糖是纤维素之后自然界第二个最丰富的多糖聚合物。然而，与纤维素不同，几丁质（陈强等，2004）和壳聚糖是用于控释材料的天然聚合物。壳聚糖与几丁质不同，壳聚糖的大部分 N-乙酰基基团由水解而脱去。水解度（脱乙酰基化程度）对壳聚糖聚合物的溶解度和流变学性质具有显著的影响。在低 pH 时，壳聚糖可溶解于酸溶液中，成为阳离子聚合物，这是由于壳聚糖吡喃糖环上 C-2 位置的氨基质子化效应，其溶胶-凝胶相变发生在 pH7 左右。

壳聚糖的成膜性能使其非常适用于常规固体肥料的包膜剂。因此，壳聚糖形成凝胶的能力使其十分适合作为固体肥料的控释载体。微晶壳聚糖作为赋形剂可用于颗粒基质型控释肥料。壳聚糖的结晶度、分子量及脱乙酰基化程度是影响壳聚糖基颗粒肥料养分释放量的重要因素。正电荷壳聚糖与阴离子养分如 $NO_3^-$、$SO_4^{2-}$、$PO_4^{3-}$ 等（海藻酸、透明质酸）的结合可成为具有独特特征控释肥料的新型控释基质。

壳聚糖氨基的反应性可用来在其聚合物链上共价结合功能性赋形剂，例如壳聚糖结合酶抑制剂（脲酶、硝化抑制剂）（Ma Xiaoli et al.，2005），形成的聚合物保持着壳聚糖的黏合性，这进一步阻止氮肥中氮素释放和通过抑制酶活性阻止氮肥形态转化，这种酶结合壳聚糖在氮肥控释上具有前景。

由于壳聚糖对脂肪的黏结能力，其用在多种营养补充剂方面。然而，没有研究测试壳聚糖的安全性和耐受性。壳聚糖也具有结合金属离子的能力，这种属性促使壳聚糖用于废水处理和微量元素的控释。

几丁质（林闽法，2006）和壳聚糖聚合物最大的、也是最成功的使用市场是农业。壳聚糖的抗菌性质促使其作为杀菌抑病物质在土壤作物防病及种子包衣方面使用，壳聚糖的杀菌性在芹菜土壤得到实验证实（Ashley et al.，1998）。壳聚糖是一种独特的聚合物，具有良好的黏结性，成型性及官能团开放性，在肥料黏结剂、肥料控释载体基质及包膜材料，超强保水剂的接枝材料（Jalal Zohuriaan-Mehr，2005）及生物降解材料的诱降材料（Don Trong-Ming et al.，2002）上具有多方面应用。其作为赋形剂具有多种用途，如用作包膜剂（陈强等，2005）、凝胶成型剂、控释基质，此外，还可产生期望的性质，如改善土壤结构和养分吸持。它是小麦、大麦、燕麦、水稻（Boonlertnirun et al.，

2005)、豆类（如大豆、菜豆）及豌豆的增产剂。壳聚糖既是种子包衣，也是植物生长调节剂。由于壳聚糖的黏结和离子性质（如在溶液中，壳聚糖聚合物携带正电荷），对阴离子养分具有很好的吸附作用，可用作阴离子养分的控释载体。

**5. 海藻酸盐及海藻酸**　海藻酸盐及海藻酸是海藻酸盐和游离海藻酸的混合物，用碳酸钠溶液从海藻中提取，海藻在世界上许多沿海海域广泛存在。我国既是海藻利用大国，也是海藻生产国。海藻粉可以直接作为有机肥料和土壤改良剂使用，其还可以辅助改善土壤持水性能。

海藻酸是由 β-1,4-D-甘露糖酸（β-1,4-D-mannuronic acid）和 L-古罗糖醛酸（L-glucuronic acid）构成的线性多糖聚合物。与高等植物结构多糖如纤维素、半纤维素及果胶不同，海藻酸具有独特性质，它既是海草的结构部分，又对水具有惊人的亲和力，它在水中吸水膨胀而不溶解。海藻酸及其衍生物的亲水性使其在许多领域有广泛用途。从纺织工业到食品工业及化工、医药行业，其可作为稳定剂、增稠剂、悬浮剂、黏结剂，可形成膜及凝胶。

海藻酸盐在二价离子溶液（如 $Ca^{2+}$ 或 $Mg^{2+}$）中不溶解。在海藻酸盐中，海藻酸钠在水中形成黏稠的胶体溶液，其可用作赋形剂。海藻酸钙在稀碱溶液中形成水溶纤维结构，这一性质可用于生产柔软混合物，如纤维胶。海藻酸醚及丙二醇盐可用作冰淇淋、果汁及啤酒稳定剂。

由于海藻酸羧基、羟基基团的反应性，及其二价盐的凝胶性能使其作为肥料包膜剂、肥料缓释载体（Garcia-Serna et al.，1996；Ashley，2004；Mishra et al.，2004）及超强保水剂共聚或混聚单体有巨大的应用前景。此外，海藻酸的羧基基团能与金属阳离子形成络合物，其在酸性环境中发生解离，在碱性环境中又与金属离子结合形成络合物，因此，海藻酸的络合物与海藻酸盐的富营养性使其作为叶面肥可有效地补充肥料养分，并有助于土壤保持养分有效性。

**6. 生物有机酸聚合物**　一些有机酸如乳酸、己酸内酯、氨基酸聚合物也用于肥料控释材料，主要是用作包膜材料，如聚乳酸（Devassine et al.，2002；刘芙燕、陈玉璞，2003）、聚天冬氨酸（Thombre、Sarwade，2005）等。乳酸是淀粉发酵的产物。聚乳酸聚合物一般由碳水化合物作物如玉米、小麦、大麦、木薯及甘蔗等淀粉发酵得到，工艺涉及通过发酵生产乳酸，可通过低成本、高产率催化聚合反应将乳酸聚合为聚乳酸。聚乳酸基聚合物在堆腐条件下完全生物降解。虽然聚乳酸不溶于水，但海洋环境中的微生物可将其降解为水和二氧化碳。聚乳酸是硬质材料，易从制成品边缘破裂，因此，应增强其韧性（Briassoulis，2004；Ginnis，2007）。聚乳酸通常还用在与聚乙二醇酸的复合物中，聚乳酸-聚乙二醇酸共聚物除了用于药物控释外，还可作为农业化学品持续释放的控释材料。

聚己酸内酯是一种水稳定的、疏水性及半结晶聚合物，用 ε-己酸内酯制备聚己酸内酯及其共聚物可受至少 4 种不同机制如阴离子的、阳离子的、共价键的及酸根离子的影响。聚己酸内酯降解约需要 2 年，因此，应开发其共聚物以加速其降解。聚己酸内酯拥有良好的力学性质，它比许多聚合物疏水性更强，且与许多聚合物良好兼容。

聚氨基酸是相同氨基酸的聚合物，自然界存在 20 多种氨基酸，其可以形成均聚物或共聚物。由于氨基酸单体的多样性，如阴离子的、阳离子的、疏水的、极性的及非极性的，热稳定聚氨基酸可制造用在聚合物的所有用途中。工业聚天冬氨酸的潜在用途是用于肥料，防止磷酸盐料浆的钙化。聚氨基酸用在超强吸水剂中可作为婴儿纸尿裤材料，聚氨基酸微球也可用于肥料的控制释放。

**7. 褐煤、风化煤**　褐煤，也称作风化褐煤、矿化木质素、褐色煤或劣质煤，是油井、钻井工业所用的材料。从技术角度讲，褐煤是煤炭化作用最初产物之一，是介于泥炭和亚烟煤之间的低等级、低品位煤，褐煤中的腐殖酸是最重要的组分，含量在 10%～80%，取决于褐煤中有机质熟化程度。

风化煤是特殊类型的低等级、低品位煤，风化煤或者来自裸露地表后经过氧化作用的褐煤，或者来自于由表层土壤或表层褐煤淋失腐殖酸富集的沉积物，因此，风化褐煤中也含有丰富的腐殖酸。从1947年风化褐煤替代南美白坚木作为油田钻井泥浆稀释物起，褐煤或风化煤开始广泛使用，在肥料制作方面也获得了认可。

由于褐煤和风化煤的腐殖酸含量丰富且质量上乘，而且风化煤毒性低，重金属含量低，并具有特殊的物理结构和吸附性质及舒适的感觉特征，使得褐煤、风化煤适于作为肥料、土壤改良剂、生物调节剂、湿度调节剂、金属吸收剂或农业化学品。

**（二）合成有机高分子材料**

合成有机高分子材料是由煤、石油或天然气分离转化而来的有机分子合成而得到高分子聚合物。

**1. 非吸水膨胀类聚合物** 塑料和普通树脂高分子聚合物主要来自煤、石油及天然气化工产品合成的高分子聚合物，包括聚乙烯、聚氯乙烯（Hanafi et al.，2000）、聚丙烯、聚苯乙烯、聚酯，聚氨酯（Christianson，1988）等。塑料是在树脂中添加增塑剂等物质制成的，其分为热塑性和热固性，用于肥料包膜常见的热塑性塑料或树脂有聚乙烯、聚丙烯、聚氯乙烯、聚酯、聚苯乙烯、聚乙烯乙酸酯、乙烯基乙烯乙酸酯等。而用于肥料包膜或控释材料的热固性树脂有环氧聚合物、聚酯、新聚酯、丙烯酸基，在肥料中主要用作包膜材料，需要添加物质调控渗透性、降解性。

**2. 吸水膨胀聚合物** 吸水膨胀聚合物是亲水性聚合物，属于吸水倍率高的水凝胶，有人称吸水倍率超过20倍（也就是1 g干聚合物物质可吸水20 g以上）就属于吸水剂，也有人称其为超强吸水剂。其主要是丙烯酰胺、丙烯酸、丙烯腈等单体合成的保水剂，如聚丙烯酰胺（Hanafi et al.，2000）、聚丙烯酸钠（李雅丽，2003）等，也有聚乙烯醇、聚乙烯二醇通过交联作用制备的。这类材料除了作为肥料养分控释的载体材料及包膜材料外，还起到吸水保水的功能，有助于改善肥料与水分的协同作用。

**（三）复合材料**

复合材料包括无机材料和有机材料的复合、天然高分子与合成聚合物的复合，这通常包括接枝、共聚、混聚、插层、热熔融等工艺技术。复合材料大多具有一些性能改善的优势，如合成保水剂与无机矿物聚合，会降低产品成本，同时也改善纯有机合成保水剂的力学性质、热稳定性及耐盐性（舒小伟等，2005；唐祥虎等，2006）。天然高分子与化学合成聚合物复合可解决化学合成聚合物材料的难降解的问题，还可改善单一化学单体合成聚合物吸水倍率低、聚合物耐盐性差及吸附容量低问题。此外，无机矿物和化学合成聚合物的复合可以降低材料的成本。这些复合材料用于肥料养分控释的性能也会得到相应的改善。

**（四）、有机废弃物**

许多有机废弃物既是缓释肥料，也可作为肥料养分的缓释载体，如羽毛粉、烟草废弃物、畜禽粪便。这些材料作为缓释肥料其养分含量通常较低，因此，需要配合其他肥料使用。尽管这类有机废弃物的一些品种的资源量大，但由于资源分散，不容易收集、处理及运输，其作为缓释肥料的加工较难商业化。但是，从环境保护和资源利用两方面考虑，不但要积极研究适合这类有机物肥料利用的技术途径，更重要的是促进这类有机废弃物资源肥料利用的商业化运作。

## 三、可降解控释材料的设计与制造工艺

近几十年来，工业合成聚合物如塑料包装材料、聚酯泡沫、饮料瓶等使用后丢弃于环境中造成的环境影响引起了人们对可降解材料的研究，尤其是对生物降解材料的研究。由于控释肥料中使用塑料、树脂等一些难降解材料作为控释材料，这些材料在土壤环境中累积可能会对植物根系

生长及土壤微生物产生不良影响。因此，可降解材料研究开发对缓释/控释肥料具有实际生产意义。

### （一）可降解材料概念

可降解材料是指能够在使用或自然环境中通过物理、化学或生物作用下安全、可靠及较快地分解为自然原材料或在自然环境中消化的材料，现在所说的可降解材料通常是指生物可降解的材料，而生物通常是微生物，即细菌、真菌及放线菌等；而所指的材料通常是人为合成的聚合物材料，即高分子材料。

### （二）聚合物降解机制

光敏降解：指材料在使用环境中受紫外线（主要是太阳光）照射而分解为聚合物单体或简单分子的行为。

化学降解：指高聚物材料受使用环境中或在土壤环境中受酸碱腐蚀而分解为聚合物单体或简单分子的行为。

氧化降解：指高聚物材料在使用环境中或土壤中受氧化作用而分解为聚合物单体或简单分子的行为。

生物降解：指高聚物材料在使用环境或土壤中受微生物吸食或其分泌酶作用而分解为聚合物单体或简单分子的行为。通常仅指能被细菌、真菌和藻类消化的材料。

### （三）诱降剂

为了促使合成材料的降解，需要向材料中添加一些诱发降解的物质，这类诱发材料降解的物质暂且称之为诱降剂，所加诱降剂的类型取决于合成材料使用的环境因素及设计降解的机制。虽然一种材料在使用环境中存在多种降解机制，但是实际上人们通常利用的降解机制为光敏降解和生物降解，而生物降解是研究和开发最为丰富的可降解材料，因此，诱降剂一般包括光敏诱降剂和生物诱降剂两类。

光敏诱降剂：对紫外光或自然光敏感的材料，如羰基基团的乙烯酮及一氧化碳，或金属复合物。金属复合物在无光情况下也可降解，主要是在其埋入土体前，它已吸收了足够的紫外光能。如聚乙烯中添加铁氧化物，或乙烯和一氧化碳共聚的聚乙烯就属于光降解包膜材料，这些材料遇到阳光会产生氧化作用，使得聚合物链断裂（Harlan，Nicholas，1987）。在这一过程中，材料的分子量降低，强度减弱，材料仍有更多的机会被降解，最终这些材料似乎完全可从自然环境中除去。最后，烷烃类物质作为光解过程的主要产物释放到土壤中（Nakatsuka，Andrady，1994；Albertsson et al.，1995；Severini et al.，2000）。

生物诱降剂：能为微生物活动提供能源、碳源的物质，主要是天然产物，天然单、双糖及多糖物质，单糖有葡萄糖、甘露糖、半乳糖等，双糖有蔗糖、乳糖及麦芽糖等。天然多糖聚合物有植物及藻类来源的淀粉、纤维素、壳聚糖、琼脂等及由细菌、真菌产生的复合多糖（如黄原胶、普鲁兰糖、透明质酸等）。

### （四）可降解材料在肥料上的应用

常见的生物降解材料有聚酯类的聚乙二醇酸、聚乳酸、聚己酸内酯、聚羟基丁酸酯、聚羟基戊酸酯及乙烯类的聚乙烯醇、聚乙烯乙酸酯及聚乙烯基酮。这些材料大多用在药物控制释放方面，也有一些用在肥料控制释放上。

淀粉是很好的天然生物降解材料，其与塑料或普通树脂共聚或添加剂，可以改善塑料及普通树脂的降解性。淀粉与吸水剂聚合物单体接枝共聚，既可提高化学合成吸水剂吸水倍率，也可改善化学合成吸水剂的降解性，这方面国内外有许多研究报道和产品实例。聚砜是波兰研究人员研究的肥料包膜材料，它可用作单质和复合肥的包膜材料，但是聚砜在土壤环境中也存在难降解的问题。因此，在聚砜中添加淀粉成为制备可降解聚砜包膜材料的一种技术途径（Tomaszewska、Jarosiewicz，2004），在18%聚砜成膜料液中添加0.5%的淀粉明显提高养分释放量及速率，主要是淀粉增大了膜料液黏度，使疏水性聚砜膜料易与肥料颗粒黏结，也增大了膜孔隙度，使膜易湿润。添加淀粉的聚砜膜在土壤可被降解是膜中淀粉被土壤微生物逐渐分解同化的过程，其降低膜的韧性，从而使膜结构破坏，加速了聚砜膜降解。

聚氨酯是一种很好的肥料包膜材料，硬度好、耐摩擦、封闭好（Christianson，1988），但是聚氨酯是非常难降解的聚合物，因此，在聚氨酯中添加单宁可以改进其降解性（Ge Jinjie et al.，2002），单宁是存在于许多植物体内的天然产物，如橡树、漆树及黑荆树等树皮中，以及柿子果实或茶叶中。单宁在自然条件下可被微生物降解，因此，添加单宁的聚氨酯属于生物降解的聚氨酯。在聚氨酯中添加淀粉也可改善热塑性聚氨酯的降解性能（Ha Seung-kyu，2002）。此外，由木质素、果渣及咖啡粉末等可再生材料改性的聚氨酯也用于肥料控制释放。Cerocote-R控释肥料就是用植物油合成的聚氨酯作为包膜材料的控释肥料，其膜耐撞击摩擦的优点使其用于机械施肥，同时其残膜降解快。

二环戊二烯与甘油酯共聚物醇酸树脂也是一种很好的包膜材料，可以很好地控制树脂膜的成分和厚度，控释性能很好。膜的降解性可通过加入天然植物油如大豆油或亚麻籽油来改善，Osmocote和Takicote是用这类降解材料包膜的肥料。

一些天然有机分子也可以聚合为聚合物，并可形成微球或膜，用于肥料控释材料或包膜，具有生物降解性，在土壤中可被微生物完全降解为二氧化碳和水，如聚乳酸（Devassine et al.，2002；刘芙燕、陈玉璞）、聚天冬氨酸（Thombre，Sarwade，2005）等。在聚乳酸、聚乙烯中添加生产奶酪后的牛奶乳清固化物可以促进其完全生物降解，并提高了聚乳酸及聚乙烯膜的耐水性及韧性（Ginnis，2007）。

日本生产的LPcote包膜控释肥料就是用光解聚乙烯做包膜材料制成的聚烯烃包膜肥料（Fujita 1996）。光解聚乙烯已用于其他包膜肥料，而且现在其已占到日本包膜肥料的约50%。

低密度聚乙烯（LDPE）是一种热塑性树脂，成本较为低廉，是许多包膜肥料的首选，而且LDPE在太阳光下可降解。为了提高其降解性，促进肥料养分最佳释放，向LDPE中添加淀粉是一个很好技术措施（Posey、Hestar，1994）。

Osmocote是最早使用生物基材料包膜的肥料，其最初使用大豆油和亚麻籽油与二环异戊二烯共聚材料作为包膜材料。大豆基生物降解塑料至今依然是重要生物降解材料。

# 第七节 缓释/控释肥料的应用

日本、美国、德国、以色列、加拿大等许多国家在缓释/控释肥料产业化方面优势明显，形成了许多知名品牌，所以对于商品缓释/控释肥料的应用研究颇多。我国虽对缓释/控释肥料进行了大量的研究，但产业化优势薄弱，品牌产品不多。

## 一、应用领域

就目前而言，大部分缓释/控释肥料应用在非农业领域，如高尔夫球场草皮、运动场草皮、绿化草坪、花卉、观赏植物、苗圃等。缓释/控释肥料在农作物上应用也大多集中在经济价值高的作物，如马铃薯（切片马铃薯）、草莓、洋葱、烟草、甘蔗（Masuda et al.，2003）等，水稻是缓释/控释肥料的一个重要应用方面（Youngdahl et al.，1986），在小麦（张树清等，2004）、玉米上也有一些使用。果树也是控释肥料应用的一个重要市场。

　　在应用上，许多非包膜肥料产品在性能和价格上比包膜肥料产品更具有竞争优势，尽管缓释/控释肥料在草皮及高尔夫球场占有很高的市场份额，但是高水溶性肥料也占有相当份额市场，也未完全退出这一市场。在许多领域，常规水溶性肥料仍然占有绝对优势市场份额。因此，缓释/控释肥料不仅仅是技术成熟问题，而且还有竞争优势的问题。仅从价格角度看，高于常规肥料价格会影响人们购买使用缓释/控释肥料，这会造成肥料购买决策上的误区。人们更应看到缓释/控释肥料的价值，即缓释/控释肥料对环境的整体友好作用，这样才消除对缓释/控释肥料认识和使用的误区，也有助于政府资助缓释/控释肥料的推广使用，达到环境保护的目的。

## 二、缓释/控释肥料与栽培施肥技术

　　缓释/控释肥料的控释机制和养分释放机理存在着不同，因此，在不同的生态区和土壤环境条件下使用缓释/控释肥料要因地制宜。如在冬季，作物对缓释氮肥的反应为异丁酯叉二脲（IBDU）最好、硫包衣尿素（SCU）中等、脲甲醛（UF）最差。因此，建议在冬季草皮上复合使用 IBDU 和 SCU。在夏季，IBDU 和 SCU 释放期约 60 d，UF 约 90 d。需要将缓释氮肥和水溶性氮肥配合施用，当缓释氮肥的氮素起作用时水溶性氮肥作用降低。IBDU 的安全性和农学效应在草皮上表现良好，在温室使用偶见植物毒害问题。由于 IBDU 养分释放不依赖微生物活性，因此其特别适应于低温地区使用。抑制剂类缓释氮肥更适合在免耕种植土壤上使用，这在美国玉米生产带已有 30 多年的历史，其在水田应用效果不良。包膜控释肥料在水田和灌溉土壤上应用则有良好的表现，但是，在干旱地区使用聚合物包膜控释肥料时则应当谨慎，由于土壤夏季干燥，植物进入休眠，控释肥料释放养分持续释放到植物根区，高的土壤温度加速养分释放，在没有降雨将根际淋失过量养分时，土壤盐分会达到抑制植物根系生长的水平。反过来这又会抑制植物抵抗干旱胁迫的能力，移栽植物受此影响导致最终不能存活。因此，在旱地使用包膜控释肥料，尤其是温度敏感型包膜肥料，必须维持适当养分水平和安全盐分水平间的平衡。此外，在寒冷冬季，胶囊控释肥料在冷冻结冰时通常破裂，一次就释放完水溶性养分，在定植苗木越冬时使用胶囊控释肥料，则在苗木根区会产生高含量水平的水溶性盐，易导致植物根系遭受肥料烧害，而脲甲醛缓释肥料则不存在这个问题，因此，这种情况下使用脲甲醛肥料是安全的。

　　在日本和欧洲，环丁烯二脲（CDU）主要用在草皮和特种农业上，既可以单质氮肥使用，也可以造粒为复合肥使用。

　　其次，由于缓释/控释肥料具有良好的控释性能，当这类肥料以种肥或基肥在作物播种时或播种前施入土壤时，往往不能满足作物小苗期的养分需求，尤其对于快速生长的作物更为明显，如玉米等。因此，对作物苗期需要补肥。缓释/控释肥料与常规高水溶性肥料配比使用，可以弥补缓释/控释肥料对一些作物前期肥料供应不足的问题。

　　由于控释肥料养分释放量低，因此，控释肥料的施肥位置可以和种子或根系处于相同的位置，故称之为同位施肥。缓释/控释肥料的这一优点使得缓释/控释肥料在应用过程中带来了栽培施肥技术的一些变革，施肥技术如一次性施肥，育苗钵一次性施肥。耕作制的变革如免耕移栽水稻、免耕直播水稻种植等（Shoji、Gandeza，1992）。在日本因使用聚烯烃包膜肥料（POCF）还出现了以下栽培施肥方式：莴苣和大白菜双作一次基施 POCF，免耕种植玉米一次同位基施 POCF，大豆氮肥基施或表施POCF，温室栽培草莓一次基施 POCF。

　　肥料在土壤中的去向见图 18-2。

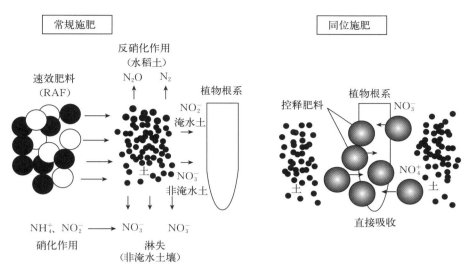

图 18-2　肥料在土壤中的去向（Saigusa，2005）

## 三、缓释/控释肥料的效用

缓释/控释肥料的研发除了使肥料养分释放更能与作物养分吸收协调外，也是为了提高肥料养分利用率，降低肥料的损失及对环境的不良影响。随着 20 世纪 70 年代人们对环境认识的深入，人们环境意识的觉醒，缓释/控释肥料对环境友好性更加为各界所重视。20 世纪 80 年代以来，缓释/控释肥料研究研发更加活跃，在环境法规日益严格的情况下，许多国家积极示范和引导缓释/控释肥料的应用。日本政府补助农户以推广缓释/控释肥料的使用，美国则积极推广示范缓释/控释肥料，并在积极探索促进缓释/控释肥料大面积使用的生产商-农户-政府的三赢策略（Hutchinson，Simonne）。我国也在逐渐加大新型肥料，尤其是缓释/控释肥料的研究、开发与示范推广。许多国家之所以积极示范推广缓释/控释肥料，主要是缓释/控释肥料具有多方面的功能和效果，本节简单总结如下。

缓释/控释肥料的养分释放不同于常规水溶速效肥料，其养分释放是缓慢地释放过程，养分释放模式（释放期、释放量与释放速率）与作物养分吸收模式（需肥期、需肥量及吸收量）基本匹配，养分释放与作物养分吸收供需协调，达到同步的效果。因此，使得肥料的养分淋失、固定、挥发减少，促进作物养分吸收，达到增产及改善作物品质的效果。

### （一）降低肥料养分淋失损失

由于缓释/控释肥料养分释放是受控制的，且氮肥在形态转化上是受抑制的，因此，缓释/控释肥料可降低在土壤中的淋失损失。缓释/控释肥料在高尔夫球场、苗圃植物养分淋失控释研究上具有很多的文献报道，而且这些特殊领域是缓释/控释肥料的主要消费市场。缓释/控释肥料在高尔夫球场及苗圃使用对降低养分淋失，改善环境具有实际意义。尽管缓释/控释肥料在农业领域应用目前不是主要市场，但是，缓释/控释肥料在农业领域，尤其是大宗作物的应用将会带来多方面的效益。目前，缓释/控释肥料正向大宗农作物应用发展，主要表现在水稻、玉米及小麦上。

缓释/控释肥料在水稻田、沙质土壤应用具有明显的降低肥料淋失损失作用，脲酶抑制剂 NBPT 包膜尿素可显著降低沙质土壤中的氮素淋失损失（Prakash et al.，1999），沙质土壤或者水稻土上效果十分显著（Fashola et al.，2002），控释肥料可以降低地下水硝酸盐浓度（Kumazawa，2002）。

在降低肥料养分淋失损失方面，包膜肥料的效果通常优于非包膜肥料的效果（Mikkelsen et al.，1994）。

### （二）减少气态养分损失

肥料的气态养分损失问题是氮肥的问题，主要是氮肥以 $NH_3$、$N_2O$（$N_xO$）及 $N_2$ 的形式逸出土壤到大气中的损失问题。这些气态挥发损失与硝态氮、铵态氮及酰胺态氮肥有关系，是氨挥发或反硝化作用的结果。氨挥发在石灰性土壤上碳酸氢铵和尿素表施情况下特别明显，而 $N_2O$、$N_2$ 逸出土壤的损失在淹水水稻土缺氧条件下以及施用液氨（美国、加拿大）情况下表现明显。因此，研究缓释/控释肥料对氨挥发及反硝化氮素损失的降低作用也常常是学者关心的问题。

降低氮肥在土壤中气态损失可以通过使用抑制剂和缓释/控释肥料来实现。抑制剂包括脲酶和硝化抑制剂。脲酶抑制剂减少氨挥发和氮氧化物逸出损失在一些研究得到证实。脲酶抑制剂 NBPT 可降低不施作物秸秆和施作物秸秆土壤中氨挥发，NBPT 对不施作物秸秆土壤的氨挥发降低效果优于施秸秆土壤的氨挥发降低效果（Gill et al.，1999）。脲甲醛可降低尿素氨挥发损失，在 35 d 的 $^{15}N$ 标记肥料的土培试验中发现脲甲醛不易挥发损失，与尿素相比，其降低 37％氨挥发损失（Christianson et al.，1988）。

农业土壤中氮肥的硝化及反硝化产生的氮氧化物向大气逸出是土壤释放氮氧化物的主要来源，大气中 NO 浓度的增大不但与全球变暖有关，而且也可直接破坏对流层的臭氧层（IPCC，1996）。NO 对对流层臭氧（一种温室气体）和其他光化学氧化剂及酸雨产生有作用（Crutzen，1983）。因此，减少土壤及氮肥硝化及反硝化的氮氧化物释放对全球气候变暖具有实际意义。$N_2O$ 和 NO 释放减少是缓释/控释肥料研究中考虑肥料效用的一个重要方面。硝化抑制剂降低 $N_2O$ 释放在牧草地得到肯定（McTaggart et al.，1997）。减量施肥可降 $N_2O$ 和 NO 的释放量，施用控释尿素可减少 $N_2O$ 和 NO 的释放（Cheng W et al.，2002）；改变氮肥施肥方法（条施）也可减少大白菜田氮肥的 NO 释放，而条施尿素比撒施尿素的 $N_2O$ 释放量低（Cheng W et al.，2002）。

### （三）减少土壤固定或滞蓄

肥料养分的土壤固定通常是指土壤矿物对一些肥料养分的固定，这些固定可通过不同的机制发生，如 $NH_4^+$、$K^+$ 被土壤层状黏土固定，磷主要是被铁铝氧化物固定为铁磷、铝磷及氧化物包埋闭蓄。肥料养分的滞蓄是肥料养分在被土壤微生物吸收保持或转化为土壤有机质中的组成元素，如氮肥施入土壤被微生物吸收成为生物体材料，或进一步转化为有机质成分。无论是矿物固定，还是微生物及有机质滞蓄，都使得肥料养分在暂时或很长时间对当季作物无效，这显然会降低肥料的当季利用率。

### （四）提高肥料养分利用率及减少肥料使用量

缓释/控释肥料在提高利用率方面的研究有较多的报道，但是多数是利用差减法，也就是施缓释/控释肥作物的养分吸收量与对照作物养分吸收量之差除以所施养分量。差减法获得的养分利用率一般都偏高。郑圣先等（2001）报道，一种控释氮肥在水稻上的氮素利用率为 72.3％，高出普通尿素利用率达 36.5 个百分点。而利用同位素标记评价缓释/控释肥料利用率主要是集中在缓释/控释氮肥氮素利用率的研究上，虽然研究资料不丰富，但仅有的报道都是缓释/控释肥料具有提高氮素利用率的效应。

在淹水稻田情况下，缓释/控释肥料具有明显提高肥料利用率的作用。Inubushi 等（2002）研究报道，水稻对基施 LP100 包膜控释尿素的吸收率达到 71.9％，而氯化铵则为 26.0％。

一些研究除了缓释/控释肥料的当季利用率外，还就其在土壤中的残留及对下一季作物的残效进行了研究（Westerman et al.，1972；Westerman、Kurtz，1972）。尿素和草酰胺在高粱上的两年实验表明：在第一年里，所施尿素的作物利用率为 51％，25 cm 土层内残留为 28％；草酰胺的利用为 52％，残留为 31％。在下一年度里，因气候原因推迟了播种和施肥（未标记的），高粱对尿素利用率为 93％，草酰胺为 99％（Westerman et al.，1972）。在施用 $^{15}N$ 标记肥料后的下一季，上季施用尿素和草酰胺，给第二季收获植物地上部分总氮的贡献分别为 1.5％ 和 1.7％。0～25 cm 土层内的残留氮量随施肥量增加而增大。所有施肥量平均计算，第二季末，尿素和草酰胺的残留氮分别为 16％ 和 20％。其中 2/3 的残留氮在 0～10 cm 土层内（Westerman、Kurtz，1972）。此外，Reddy（1993）发现 1/2 的残留氮量保持在 15 cm 土层内。

在排水良好土壤作物（Mahli、Nyborg，1992）和低地水稻（Chauhan、Mishra，1989）上的肥料试验表明，缓释/控释肥料一般都有降低肥料氮素损失的效果。在棉花上施控释肥料可降低肥料用量的 40％（Howard、Oosterhuis，1997）。一种包膜尿素肥料在玉米上的当季利用率达到 53.8％，这主要得益于包膜对尿素良好的控释作用，使玉米整个生长发育期土壤速效氮养分保持较高的水平（王艳等，2006）。

在加拿大西部大麦秋季施用包膜尿素，硝酸盐累积和氮损失降低，春季施用则增加小麦氮素吸收（Nyborg et al.，1993）。

氮源对春小麦含氮量及氮素利用率的影响见图 18-3、图 18-4。

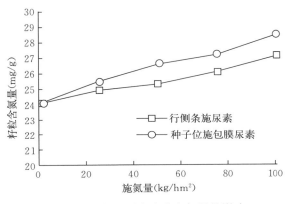

图 18-3　氮源对春小麦含氮量的影响
（Haderlein et al.，2001）

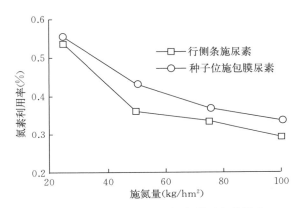

图 18-4　氮源对春小麦氮素利用率的影响
（Haderlein et al.，2001）

### （五）作物增产

缓释/控释肥料对水稻的增产作用有许多的研究报道，而且一些增产幅度是令人鼓舞的，这也许是日本在水稻上积极推广控释肥料的原因。但缓释/控释肥料在其他作物上的增产作用趋势不明显，这主要与施肥方式及土壤状况差异有关。

在缓释/控释肥料和常规水溶速效肥料都是一次性基施肥的情况下，多数情况下是缓释/控释肥料增产作用优于常规水溶性肥料，尤其是在降水量大和水稻田的情况下（Sato et al.，1993；Kaneta et al.，1994；Kaneta，1995；Murthy et al.，2002；Ramón Carreres et al.，2003；符建荣，2001；戴平安等，2002），甚至在缓释/控释肥料减量情况下还可获得与常规肥料相当或更高的产量（Fu Jian-rong et al.，2001；邹应斌等，2005）。在黏质土和淋失量不大的土壤上缓释/控释肥料则表现与常规肥料相当（Tashiro et al.，2000）。

在缓释/控释肥料采取一次性施肥、常规肥料采用分次施肥情况下，缓释/控释肥料往往增产作用低于常规肥料的增产作用（Back NamHyun et al.，1998），但是也有缓释/控释肥料与常规肥料增产作用相当的报道（Otake et al.，1997），甚或有高于常规肥料的增产效果（Fashola et al.，2001，2002；陈建生等，2005）。

在施肥总量相等的情况下，缓释/控释肥料与常规水溶性肥料按一定比例配施的增产效果常高于常规肥料单施或缓释/控释肥料单施的增产效果（Back NamHyun et al.，1998；符建荣，2001）。

在世界主要水稻种植区进行的大量田间试验表明，一次施入硫包衣尿素通常比一次或多次施用非包膜尿素表现明显的产量优势（任祖淦、唐福钦，1997），特别是定期或间断流灌的水稻种植地区。在玉米、高粱、小粒谷类作物、大豆、棉花及马铃薯上肥效不佳。在沙质土壤上的甘蔗、菠萝、饲草、某些观赏植物、水果和蔬菜上表现良好。

缓释/控释肥料在一些作物增产效果不佳，甚至比常规肥料减产，一方面，许多缓释/控释肥料具有养分释放延缓期，尤其是包膜控释肥料具有明显的延缓期，在一次基施的情况下，往往不能满足作物苗期或作物生长初期的养分需求，导致作物生长初期的养分不足；另一方面，在作物生长过程中，缓释/控释肥料的供肥强度不足，土壤溶液有效养分含量水平偏低，从而使作物养分吸收处于欠饱和状态，造成作物营养不良。而常规水溶肥料的分次施肥多可弥补其释放期短及供肥强度迅速降低的问题，因而，在肥料分施的情况下，往往常规肥料增长效果优于缓释/控释肥料的增产效果。

在旱地耕作施肥时，一些缓释/控释肥料的增产作用不如常规肥料，尤其是温度控制的包膜肥料，主要是由于包膜肥料在遇到干旱高温时，其养分释放更加强烈，甚至膜崩裂"倾泻"释放养分，致使作物受高盐分危害而减产。而研发的保水缓释/控释肥料则为解决这一问题提出了新的技术途径。此外，矿物基吸附缓释肥料也可以防止这类问题的发生。

施用聚合物包膜尿素的平均玉米产量比常规尿素或尿素硝酸铵溶液高出 314 kg/hm²，特别是在降水量正常或高的年份（Blaylock，2003）。

钙十字沸石缓释磷钾肥料可促进苜蓿磷素吸收，显著提高土壤磷素含量，但苜蓿钾吸收和土壤钾含量水平增加不明显，干物质增产不显著（Notario et al.，1994）。

### （六）改善作物品质

由于缓释/控释肥料可以控制养分释放量，保持养分有效性时间长，并维持养分某一化学形态更长时间供应，尤其是氮肥中的氮素不同化学形态。因此，缓释/控释肥料在改善植物品质方面比常规速效肥料更具优势，这种优势效应国内文献都有一些研究报道。

缓释/控释肥料改善大宗粮食作物品质的研究报道较少，而且改善效果不尽一致。如在美国明尼苏达州西北部红色硬春小麦施用缓释氮肥可比常规氮肥增产并改善品质，表现不尽相同，尤其是在常规氮肥分次和过量施肥情形时，缓释氮肥往往比常规氮肥没有多少优势，但是确实有显著提高小麦蛋白质含量的试验结果出现。

在基施常规肥料＋追施缓释肥料，或者两次追施缓释肥料，氮肥用量最高者水稻粗蛋白含量最高，两次追施缓释肥料的水稻可消化养分含量最高（Kano et al.，2000）

许多蔬菜具有较高的经济价值，因此，缓释/控释肥料应用于蔬菜的研究报道相对较多。由于包膜控释肥料具有低的养分释放量，因此，施用包膜控释肥料的蔬菜产量一般比常规速效肥料的产量偏低，但是包膜控释肥料（包膜控释氮肥，如包膜尿素、包膜硝酸铵及硫酸铵）在降低蔬菜的硝酸盐含量水平具有较为一致的报道。树脂包膜氮肥显著降低莴苣体内的硝酸盐含量水平（Tesi、Lenzi，1998）。聚烯烃包膜控释肥料条施可降低小酸模的草酸盐和硝酸盐含量，提高维生素 C 含量，营养品质得到改善（Ombodi et al.，2000a）。与常规水溶性肥料相比，施用聚烯烃包膜尿素或铵态氮肥的菠菜生物量降低，但菠菜的营养品质得到改善，菠菜中草酸盐和硝酸盐含量降低，维生素 C 含量增加，草酸盐和硝酸盐降低是由于土壤中硝酸盐有效浓度低的原因，土壤硝酸盐有效浓度低与聚烯烃包膜肥料的养分控释特征和铵营养有关；维生素 C 含量增加与植物体内草酸盐和硝酸盐含量低有关（Ombodi et al.，2000b）。一次性基施控释肥，肥效完全可满足叶菜类蔬菜全生育期生长之需，并可显著提高维生素 C、可溶性糖含量（徐培智等，2003）。

**主要参考文献**

陈建生，徐培智，唐拴虎，等，2005. 一次基施水稻控释肥技术的养分利用率及增产效果 [J]. 生态学报，16（10）：1868-1871.

陈强，吕伟娇，张文清，等，2005. 壳聚糖缓释肥料包膜的制备和结构表征 [J]. 高分子材料科学与工程，21（4）：216-219.

戴平安，郑圣先，袁迪仁，2002. 水稻控释氮肥对晚稻的施用效应及经济效益分析 [J]. 湖南农业科学（5）：21-24.

翟丙年，李生秀，2002. 冬小麦产量的水肥耦合模型 [J]. 中国工程科学，4（9）：69-74.

杜昌文，周健民，王火焰，等，2004. 基于胶黏物质的肥料控释装置的方案设计及其养分释放模拟 [J]. 农业工程学报，20（1）：104-107.

樊小林，廖松，2001. 控释肥料（CRF）与控释肥包（CRFP）供氮动力学研究 [J]. 西北农林科技大学学报（自然科学版），29（4）：29-33.

符建荣，2001. 控释氮肥对水稻的增产效应提高肥料利用率的研究 [J]. 植物营养与肥料学报，7（2）：145-152.

谷守玉，王光龙，许秀成，2003. 包裹型控释肥养分释放动力学的研究 [J]. 化肥工业，30（2）：15-17.

顾雪蓉，朱育平，2005. 凝胶化学 [M]. 北京：化学工业出版社.

何海斌，王海斌，陈祥旭，等，2006. 壳聚糖包膜缓释钾肥的初步研究 [J]. 亚热带农业研究，2（3）：194-197.

何俭，谌东中，2000. 乙丙三元胶磺酸型高聚物作为缓释化肥包膜材料的应用研究 [J]. 高分子材料科学与工程，16（5）：64-66.

何绪生，张夫道，张树清，等，2007. 保水包膜尿素肥料理化特征 [J]. 土壤通报，38（2）：286-290.

胡莹莹，张民，宋付朋，2003. 控释复肥中磷素在马铃薯上的效应研究 [J]. 植物营养与肥料学报，9（2）：174-177.

黄培钊，廖宗文，葛仁山，等，2006. 不同造粒工艺的肥芯-包膜微结构特征与缓/释性能的研究 [J]. 中国农业科学，39（8）：1605-1610.

蒋永忠，刘海琴，张永春，等，2000. 高效尿素提高氮素利用率的机理 [J]. 江苏农业学报，16（3）：180-184.

金兴坤，高建峰，刘亚青，2007. 高分子缓释化肥的缓释性能研究 [J]. 化学研究，18（1）：61-63.

刘芙燕，陈玉璞，2003. 用低聚乳酸作尿素缓释膜的研究 [J]. 沈阳师范学院学报（自然科学版），22（1）：43-47.

刘兴泉，闵凡国，杨靖民，等，2003. 聚丙烯酰胺缓释肥的玉米肥效试验 [J]. 浙江林学院学报，20（2）：124-127.

刘秀梅，冯兆滨，张树清，等，2006. 缓/控释肥料纳米-亚微米级胶结包膜复合材料的制备与表征 [J]. 中国农业科学，39（8）：1598-1604.

卢其明，冯新，孙克君，等，2005. 聚合物/膨润土复合控释材料的应用 [J]. 物营养与肥料学报，11（2）：183-186.

吕殿青，刘军，1995. 旱地水肥交互效应与耦合模型研究 [J]. 西北农业学报，4（3）：72-76.

吕殿青，张文孝，谷洁，等，1994. 渭北东部旱塬氮磷水三因素交互作用与耦合模型研究 [J]. 西北农业学报，3（3）：27-32.

潘炎烽，谢华丽，周春晖，等，2006. 吸附性矿物膨润土对肥料的控释作用初探 [J]. 浙江工业大学学报，34（4）：393-397.

钱佳，韩效钊，王雄，等，2003. 肥料防结块缓释概况及性能快速表征方法探讨 [J]. 化工进展，22（8）：794-797.

舒小伟，沈上越，范力仁，等，2005. 低成本耐盐性超强吸水复合材料的研制 [J]. 矿物岩石，25（3）：91-94.

塔娜，温国华，李冲，等，2006. 以羧甲基纤维素合成含氮吸水剂及性质研究 [J]. 胶体与聚合物，24（2）：24-25.

唐辉，王亚明，2003. 新型包膜尿素的制备及其特性的研究 [J]. 化肥工业，30（3）：20-23.

唐祥虎，范力仁，沈上越，等，2006. 辉沸石/聚丙烯酸（钠）高吸水保水性复合材料合成研究 [J]. 非金属矿，29（1）：20-23.

王德汉，彭俊杰，廖宗文，2003. 木质素包膜尿素（LCU）的研制及其肥效试验 [J]. 农业环境科学学报，22（2）：185-188.

王康建，唐琴琼，王芸，2005. 淀粉接枝共聚物应用研究进展 [J]. 胶体与聚合物，23（1）：43-44.

王莉莉，温国华，塔娜，等，2005. 含钾、氮的吸水保水剂的合成与性能研究 [J]. 胶体与聚合物，23（2）：32 - 33，42.

王小利，周建斌，段建军，等，2003. 包膜控释肥料氮素释放动力学研究 [J]. 西北农林科技大学学报（自然科学版），31（5）：35 - 38，42.

王艳，王小波，王小晶，等，2006. 包膜缓释肥料（CSFs）增产机理与氮肥利用率示踪研究 [J]. 水土保持学报，20（5）：109 - 111.

王忠全，刘文利，2003. 一种长效复合肥的研制及肥效试验 [J]. 电子科技大学学报，32（6）：735 - 740.

吴春华，安鑫南，刘应隆，2002. 淀粉基缓释肥料的研制 [J]. 南京林业大学学报（自然科学版），26（5）：21 - 23.

吴季怀，林建明，魏月琳，等，2005. 高吸水保水材料 [M]. 北京：化学工业出版社.

易杰祥，刘国道，孙水芬，等，2006. 膨润土的土壤改良效果及其对作物生长的影响 [J]. 安徽农业科学，34（10）：2209 - 2212.

詹发禄，柳明珠，郭明雨，等，2003. 具有缓释肥功能超强吸水树脂研究 [J]. 兰州大学学报（自然科学版），39（6）：62 - 66.

张发宝，唐拴虎，徐培智 等，2006. 缓释肥料对辣椒产量及品质的影响研究 [J]. 广东农业科学（10）：47 - 49.

张海军，武志杰，陈利军，等，2003. 聚合物包膜尿素溶出动力学特征及其与包膜层通透性的关系 [J]. 中国农业科学，36（10）：1177 - 1183.

张玉凤，曹一平，陈凯，2003. 膜材料及其构成对调节控释肥料养分释放特性的影响 [J]. 植物营养与肥料学报，9（2）：170 - 173.

赵秀芬，房增国，赵钢，2007. 温度对几种有机高聚物包膜控释放特性的影响 [J]. 仲恺农业技术学院学报，20（1）：29 - 32.

郑圣先，聂军，熊金英，等，2001. 控释肥料提高氮素利用率的作用及对水稻效应的研究 [J]. 植物营养与肥料学报，7（1）：11 - 16.

郑圣先，肖剑，易国英，2006. 旱地土壤条件下包膜控释肥料养分释放的试验与数学模拟 [J]. 磷肥与复肥，21（2）：16 - 21.

钟付琴，王国庆，陈实，等，2006. 沸石氮肥在水中和土壤中的释放动力学 [J]. 磷肥与复肥，21（3）：11 - 14.

邹菁，2003. 绿色环保型缓释控释肥料的研究现状及展望 [J]. 武汉化工学院学报，25（1）：13 - 17.

邹群，朱丹丹，夏服宝，2005. 交联魔芋葡甘聚糖水凝胶包裹尿素的缓释效果 [J]. 江苏化工，33（2）：41 - 43.

邹应斌，贺帆，黄见良，等，2005. 包膜复合肥对水稻生长及营养特性的影响 [J]. 植物营养与肥料学报，11（1）：57 - 63.

BRIASSOULIS D，2004. An overview on the mechanical behaviour of biodegradable agricultural films [J]. Journal of polymers and the environment，12（2）：65 - 81.

DU C，ZHOU J，AVI S，2006. Release characteristics of nutrients from polymer - coated compound controlled release fertilizers [J]. Journal of polymers and the environment，4（3）：223 - 230.

FASHOLA O O，HAYASHI K，MASUNAGA T，et al，2001. Use of polyolefin - coated urea to improve indica rice cultivation in sandy soils of the West African lowlands [J]. Japanese journal of tropical agriculture，45（2）：108 - 118.

FASHOLA O O，K HAYASHI，T WAKATSUKI，2002. Effect of water management and polyolfin - coated urea on growth and nitrogen uptake of Indica rice [J]. Journal of plant nutrition，25（10）：2173 - 2190.

GUO M，LIU M，LIANG R，et al，2006. Granular urea - formaldehyde slow - release fertilizer with superabsorbent and moisture preservation [J]. Journal of Applied Polymer Science，99（6）：3230 - 3235.

ITO R，B GOLMAN，K SHINOHARA，2002. Controlled Release of Core Particle Coated with Soluble Particles in Impermeable Layer [J]. Journal of Chemical Engineering of Japan，35（1）：40 - 45.

JAHNS T，H KALTWASSER，2000. Mechanism of microbial degradation of slow - release fertilizers [J]. Journal of Polymers and the Environment，8（1）：11 - 16.

KAY A N，2004. An alginate - based fertilizer to reduce eutrophication of aquatic environments [J]. Transactions of the kansas academy of science, 107 (3): 155 – 164.

KRAUS HELEN T, 2000. Performance of turkey litter compost as a slow – release fertilizer in containerized plant production [J]. HortScience, 35 (1): 19 – 21.

MIKKELSEN R L, 2003. Using tobacco by – products as a nitrogen source for container – grown houseplants [J]. Journal of Plant Nutrition, 26 (8): 1697 – 1708.

MISHRA S, J BAJPAI, A K BAJPAI, 2004. Evaluation of the water sorption and controlled – release potential of binary polymeric beads of starch and alginate loaded with potassium nitrate as an agrochemical [J]. Journal of Applied Polymer Science, 94 (4): 1815 – 1826.

SAKAI M, SAEKI M, SAKAMOTO A, et al, 2003. Biodgradability of photodegradable coating materials used for coated fertilizers in agricultural soils [J]. Soil Science and Plant Nutrition, 49 (4): 647 – 650.

SHAVIT U, REISS M, A SHAVIV, 2003. Wetting mechanisms of gel based controlled release fertilizers [J]. Journal of Controlled Release, 88 (1): 71 – 83.

SHAVIV A, RABAN S, ZAIDEL E, 2003. Modeling controlled nutrient release from polymer coated fertilizers: diffusion release from single granules [J]. Environmental Science Technology, 37 (10): 2251 – 2256.

SWAIN S N, S M BISWAL, P K NANDA, et al, 2004. Biodegradable Soy – Based Plastics: Opportunities and Challenges [J]. Journal of Polymers and the Environment, 12 (1): 35 – 42.

VIDAL M M, OLGA M S FILIPE, M C CRUZ COSTA, 2006. Reducing the Use of Agrochemicals: A Simple Experiment [J]. Journal of Chemical Education, 83 (2): 245 – 247.

# 第十九章

# 农田土壤取样的理论依据与取样方法

以测土配方施肥为目的的农田土壤取样方法已在许多专业书上有所介绍，但很少看到土壤取样理论论述和方法研究，因此在进行推荐施肥的过程中不免带有一定的盲目性。为了推动我国测土配方施肥规模化、有效化进行，作者在执行国家有关科研项目过程中专门对粮田、果树和蔬菜等土壤的田间取样理论和方法进行了初步研究，现把研究结果简介如下。

## 第一节　农田土壤取样方法的理论依据

### 一、土壤养分的变异性

土壤中的物理、化学和生物特性的分布都是不均匀的，因此，农田土壤是一个不均匀体。测土配方施肥的主要依据之一是土壤养分状况，但由于土壤养分的变异性很大，这给测土配方施肥带来了很大的困难。许多事实证明，影响土壤养分变异性的因素很多，如土壤类型、土壤熟化程度、土壤的地形部位、不同耕作制度、不同降水和灌溉条件、肥料种类以及各种农事活动等，这些都会对土壤养分的聚集、转化、迁移、固定、消耗、积累和分布产生深刻的影响，从而导致土壤养分状况的千变万化，这也就是土壤养分的变异性。从陕西省主要耕作土壤中速效养分含量及变异状况（表 19 - 1）就可以看出。

表 19 - 1　陕西省主要耕作土壤养分含量及变异状况

| 土壤类型 | 碱解氮 | | | 有效磷 | | | 速效钾 | | | 有机质 | | |
|---|---|---|---|---|---|---|---|---|---|---|---|---|
| | $N$ (个) | $\overline{X}$ (mg/kg) | $S$ (mg/kg) | $N$ (个) | $\overline{X}$ (mg/kg) | $S$ (mg/kg) | $N$ (个) | $\overline{X}$ (mg/kg) | $S$ (mg/kg) | $N$ (个) | $\overline{X}$ (g/kg) | $S$ (g/kg) |
| 栗钙土 | 24 | 32.20 | 8.96 | 37 | 6.80 | 6.36 | 14 | 136.60 | 41.50 | 37 | 7.80 | 3.50 |
| 黑垆土 | 3 391 | 44.20 | 13.32 | 2 760 | 6.20 | 5.09 | 1 820 | 154.30 | 58.22 | 3 195 | 9.80 | 2.50 |
| 黄绵土 | 2 941 | 39.80 | 17.22 | 9 417 | 5.60 | 5.33 | 10 469 | 134.30 | 53.22 | 9 886 | 7.71 | 3.80 |
| 塿土 | 9 778 | 51.50 | 17.57 | 10 225 | 6.90 | 5.79 | 5 635 | 164.00 | 56.50 | 2 037 | 10.80 | 3.50 |
| 潴育性水稻土 | 968 | 91.76 | 2 841 | 1 451 | 10.20 | 8.90 | 1 066 | 109.90 | 47.67 | 2 591 | 20.60 | 8.50 |
| 黄褐土 | 1 016 | 63.80 | 2 549 | 1 341 | 7.90 | 7.07 | 787 | 136.80 | 54.81 | 1 687 | 12.80 | 6.30 |
| 潮土 | 1 374 | 54.50 | 19.25 | 1 341 | 8.30 | 8.44 | 665 | 134.00 | 58.97 | 2 232 | 10.50 | 4.40 |

注：$N$ 为取样数，$\overline{X}$ 为平均值，$S$ 为标准差。资料来源于《陕西土壤》。

在不同土壤中碱解氮含量的变异系数为 27.70%～43.21%，平均为 34.48%；速效钾为 30.38%～44.00%，平均为 37.77%；有效磷为 81.43%～100.61%，平均为 89.67%；有机质为 26.13%～50.54%，平均为 41.64%。变异系数最大的是有效磷（$P_2O_5$），其次是有机质和速效钾（$K_2O$），最后是碱解氮。不同养分在土壤中的变异性与其在土壤中的行为有密切关系。例如，磷在土壤中，特别是在石灰性土壤中的化学结合和吸附能力都较强，即使在水溶性状态的磷，其在土壤中的移动性很小。当把磷肥不均匀地施入土壤后，就会产生磷在土壤中的不均匀分布，形成显著的差异。氮、钾肥料施入土壤后，即使施的不太均匀，由于遇水溶解并经过扩散，也能达到比较均匀的分布。生产中，因土壤性质的不同，不同肥料均匀分布的程度也会受到很大的限制。

以上资料说明，农田土壤养分含量的变异性是普遍存在的现象。因此，当进行测土配方施肥的时候，必须注意田间土壤取样方法的科学性，也就是土壤取样的代表性。代表性的高低决定于取样点数，点数越多，代表性越高，否则就越低。这为变量施肥提供了理论依据。

## 二、土壤养分测试误差控制

根据国内外经验，田间土壤取样方法包括取样路线、取样时间、取样深度、取样点数、代表面积等。所有这些土壤取样方法都围绕一个总目的，就是能够获得准确且具有代表性的土壤养分含量，为正确提出推荐施肥方案提供依据。所以田间土壤取样的具体目的主要有两点：一是提供田间土壤平均肥力的测定结果；二是提供田间土壤肥力变异性的测定结果。

要达到以上目的，田间土壤取样方法的选择就显得十分重要。所有田间土壤取样方法都要为减少土壤测试误差作出贡献。

土壤测试误差包括取样产生的误差和实验室分析产生的误差。一般田间土壤取样误差要大大高于实验室分析产生的误差。田间土壤取样造成的误差一般要占整个土壤测试总误差的 80%～85%，其余 15%～20% 是由实验室分析时的第二次取样、分析仪器本身和分析过程的操作造成的（FAO，1973）。增加田间土壤取样点数和增加分析重复数是减少土壤测试误差的主要途径。Hauser（1973）认为，因为土壤养分的变异性在取样之前未知，在这样的情况下，为了土壤养分测定的精确性，保证校验良好的相关性，必须采取 40 个点作为一个混合样。

一般土壤测试误差不超过 5%，但由于不同养分在土壤中的移动性不同，含量分布有很大的差异性，所以对不同养分的取样点数也应有所区别。对有效磷的测试误差可以适当放宽一点，对校验实验来说，其测试误差定为 6% 或 7% 都是可以的，不会产生很大的误差。联合国粮农组织 G. F. Hauser 认为，土壤测试误差一般定为 6% 对校验实验来说都不是很高的。但土壤测试误差不可任意放宽，否则就会失去土壤取样的严格性和实用性，这是土壤取样需遵守的主要原则。在土壤测试允许误差内，土壤点数只能多取不能少取，才能保证土壤测试的安全性和可靠性。

## 三、土壤养分测试值的正态分布规律

实践证明，大多数的随机现象都是符合正态分布规律的。由于土壤养分变化复杂，又不可能把所有土壤都取来进行养分分析，所以只能进行抽样测定，而抽样的方法是随机的。以抽样分析测定的结果，来推断整个土壤的养分特征，并依此进行配方施肥，这是可取的方法。为了获得精确、可靠的测定结果，必须使抽取的样本具有代表性。一般说代表性越强，可靠性越高。否则就相反。如果用代表性不强的测试结果来衡量土壤养分的总体特征，并用以进行配方施肥，必然会导致错误的结果。

所谓样本的代表性，就是能真实反映出土壤养分的总体特征，也就是样本的分布能符合总体的分布规律。而总体的分布代表着不同观测值概率的大小，因此对土壤的抽样方法（即土壤取样方法），应该符合概率论的要求。也就是说，抽样必须是随机的，不能有主观偏见。

许多土壤养分测试值经统计分析结果表明，土壤中不同养分的含量基本上都是服从正态分布。如果不服从正态分布，那就意味着土壤取样方法不当，土样代表性不强，所测试的结果就不能用，应该增加取样点数重新取样、重新测试，直到服从正态分布为止。

正态分布是由频率分布在观察值无限增多的基础上绘制出来的，也就是在观察值的组距无限缩小的基础上绘制出来的。这样就能反映总体的变异规律。

一个总体服从正态分布时，就可以求出任一区间中变量的概率。当了解正态分布不同区间的概率后，由土壤测定的结果就可以正确估计总体养分特征，估计测试结果的误差、判断土壤取样和测试结果的可靠性。因此，土壤养分测试结果是否服从正态分布是检验土壤取样和测试结果是否正确的一个重要理论依据。

正态分布规律不但具有以上重要作用，而且对测定数值有用的取值范围提供了依据。如测定某地区土壤的某一种养分，所得的测定值为（$-\infty$，$+\infty$），有些测定值特别小，有些测定值特别大，而它们所占总体概率都很小，对这些测定值就可忽略不计。从测土配方施肥总体考虑，养分测定值只要处于一个范围内，而这个范围内的平均值即可用以配制适合于某一个地区的土壤、某种作物的肥料配方，这就能照顾和满足大部分土壤的需要，提高测土配方施肥的效果。当然也可根据不同土壤养分测试值的分布范围，根据其所占概率（％），划分为低值范围、中值范围和高值范围，根据不同范围养分测定结果，进行分区设计肥料配方，这样就更具有针对性，更能提高测土配方施肥的有效性和广泛性。所以土壤养分正态分布规律，也是正确实行测土配方施肥、合理利用土壤养分资源的一个非常重要的理论依据。

# 第二节　粮作土壤养分状况与土壤取样方法

## 一、粮作土壤田间取样方法的研究

为了适应大面积粮田测土配方施肥的需要，作者在陕西关中扶风县西官村 100 hm² 连片粮作农田内进行了土壤养分状况和土壤取样方法的研究。该区为新灌区中高产地区，取样是在小麦收后采用方格法进行的（图 19-1）。每个方格占地 0.666 7 hm²，用瑞典特制的不锈钢土钻，在每个方格内以五点梅花状取成一个混合样，取样深度为 0~20 cm、20~40 cm。在测试区内，每层土壤共取 148 个混合样，两层土样加起来共 296 个混合样，每个混合样含有 5 个点样，共取 1 480 个点样。所取土样放在阴凉处风干、粉碎，装入塑料袋，然后分析测定养分含量。根据土壤养分含量在土壤中变异性的大小，确定分析土壤有效磷、碱解氮、全氮和有机质 4 个项目，作为土壤取样方法研究的对象。

## 二、土壤养分测定结果数据图

供试土壤为关中塿土，地形平坦。土壤养分分析方法：有效磷（$P_2O_5$）用 Olsen 法、碱解氮用康维皿扩散法、全氮用半微量开氏法、有机质用重铬酸钾-硫酸氧化法。一般认为有机质、全氮在土壤中分布比较均匀，碱解氮分布变异性稍大，有效磷分布变异性较大。为了减少工作量，作者只将以上几种有代表性的养分进行分析测定。测定结果按方格形式绘制成图 19-2～图 19-5。一个点有两个数值，上为 0~20 cm 土层养分含量，下为 20~40 cm 土层养分含量。

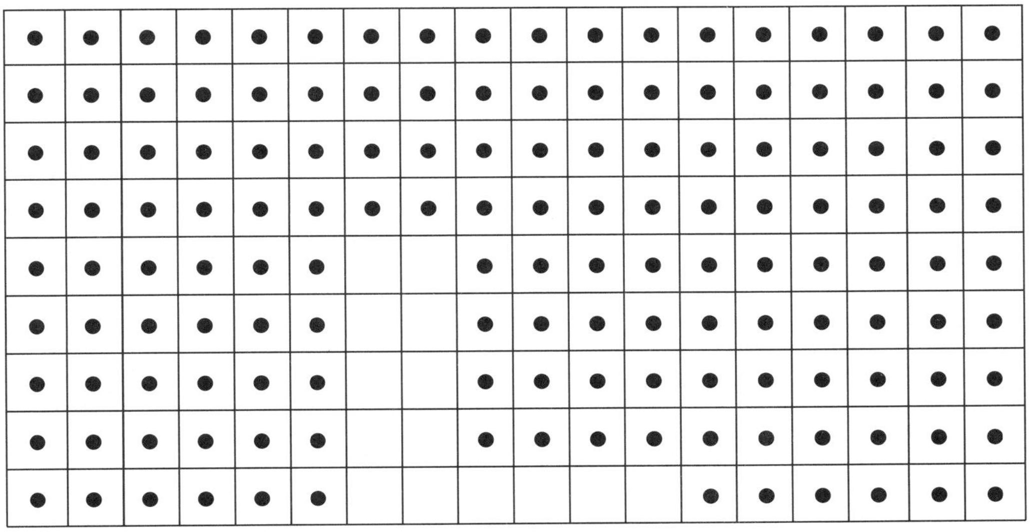

图 19-1 田间土壤取样方格法示意

## 三、粮作土壤养分含量离村落距离的变化

20 世纪 70 年代初，科学家发现农田土壤养分含量高低是以村落为中心的"同心圆分布规律"。当时农村施肥是以有机肥为主，由于运输关系离村近的地方施肥多，离村远的地方施肥少，结果形成离村近的农田土壤养分含量高，离村远的土壤养分含量低的规律。但从 20 世纪 70 年代末到 80 年代初，全国化肥施用量开始大量增加，同时从 20 世纪 80 年代初开始，结合全国性的土壤普查，在全国范围内推行测土配方施肥，出现以化肥为主、农肥为辅的局面。经过多年的大量施用化肥，土壤养分状况发生了很大的变化。根据测定结果（表 19-2），无论是 0～20 cm 土层，还是 20～40 cm 土层，各项养分测定结果的 $t$ 值均小于 $t_{0.05}$ 的水平，说明离村不同距离内的各项养分含量均无显著差异，表明粮作土壤养分含量以村落为中心的同心圆分布规律已基本消失，并向均衡分布的方向发展。这对大范围测土配方施肥的可能性和可靠性提供了科学依据。

表 19-2 土壤养分含量在距村庄不同距离的变化情况（100 hm² 农田）

| 土壤层次<br>（cm） | 养分种类 | 离村 200 m 内 | | 离村 200～450 m | | 离村 450～700 m | | 离村 700～1 000 m | | $t$ 值<br>（$t_{0.05}=3.18$<br>$t_{0.01}=5.84$） |
|---|---|---|---|---|---|---|---|---|---|---|
| | | 点数（个） | $\overline{X}$ | 点数（个） | $\overline{X}$ | 点数（个） | $\overline{X}$ | 点数（个） | $\overline{X}$ | |
| 0～20 | 有机质（%） | 31 | 1.141 6 | 37 | 1.177 1 | 39 | 1.134 7 | 41 | 1.119 5 | 0.608 4 |
| | 全氮（%） | 31 | 0.086 6 | 37 | 0.086 8 | 39 | 0.085 5 | 41 | 0.081 1 | 0.751 3 |
| | 碱解氮（mg/kg） | 31 | 57.83 | 37 | 64.49 | 39 | 59.95 | 41 | 59.963 | 1.031 4 |
| | 有效磷（mg/kg） | 31 | 11.709 | 37 | 12.09 | 39 | 9.531 | 41 | 9.486 | 0.660 4 |
| 20～40 | 有机质（%） | 31 | 0.865 6 | 37 | 0.893 5 | 39 | 0.891 4 | 41 | 0.884 5 | 0.118 4 |
| | 全氮（%） | 31 | 0.067 1 | 37 | 0.069 2 | 39 | 0.069 8 | 41 | 0.066 8 | 0.167 3 |
| | 碱解氮（mg/kg） | 31 | 42.043 | 37 | 46.869 | 39 | 46.45 | 41 | 47.49 | 0.118 4 |
| | 有效磷（mg/kg） | 31 | 2.975 | 37 | 3.001 9 | 39 | 2.592 | 41 | 2.835 | 0.981 5 |

注：$\overline{X}$ 为平均值。

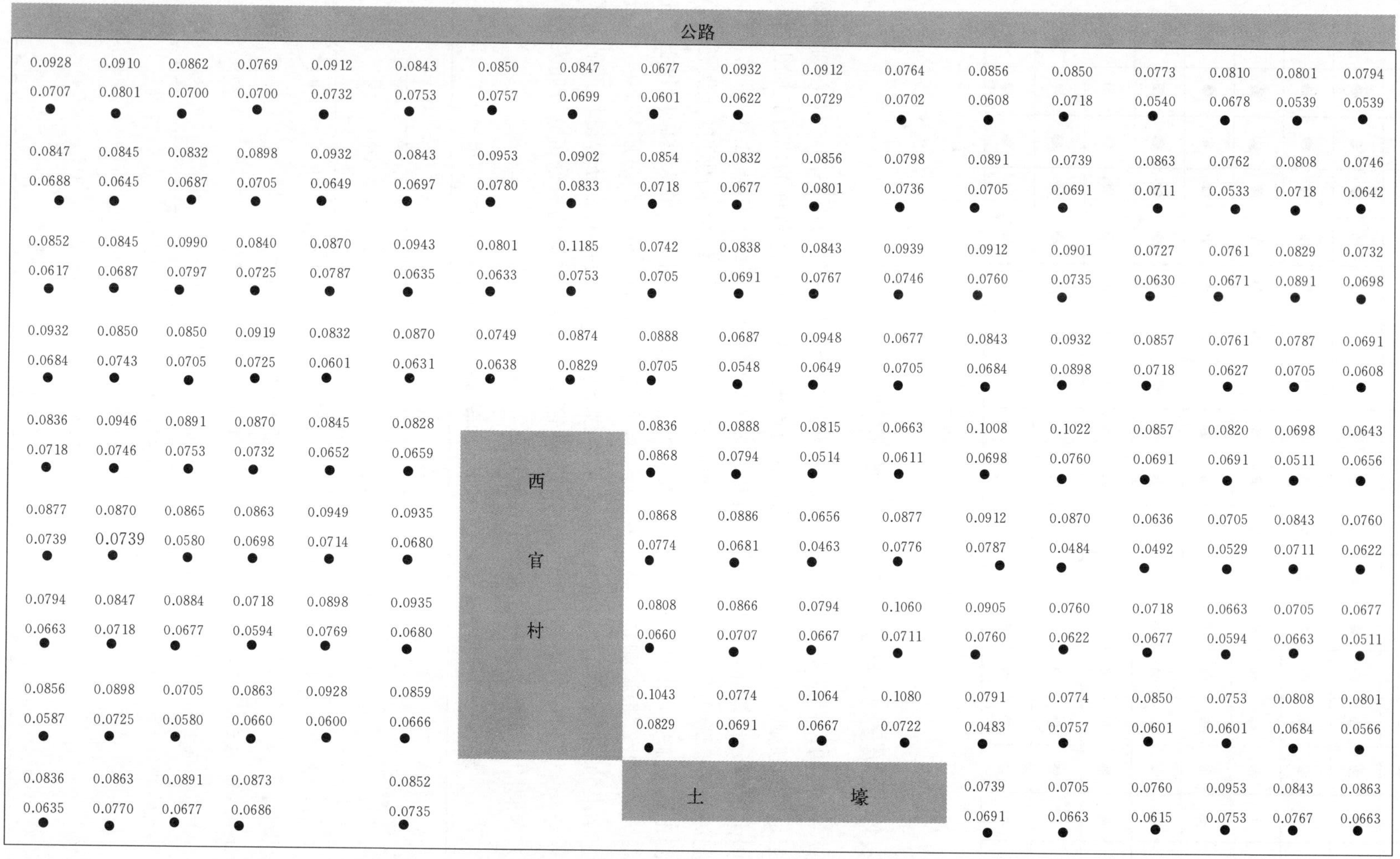

公路

西 官 村

土 壤

图19-2　关中灌区扶风县西关村土壤全氮（%）含量分布（上值为0~20 cm测定值，下值为20~40 cm测定值）

公路

| | | | | | | | | | | | | | | | | | |
|---|---|---|---|---|---|---|---|---|---|---|---|---|---|---|---|---|---|
| 1.1905 / 0.9731 • | 1.1398 / 0.8008 • | 1.1605 / 0.9057 • | 1.0318 / 0.8688 • | 1.0600 / 0.8819 • | 1.0040 / 0.9265 • | 1.0208 / 0.8150 • | 1.0692 / 0.8557 • | 1.0692 / 0.8372 • | 1.1650 / 0.7389 • | 1.0728 / 0.9000 • | 1.0349 / 0.8516 • | 1.2961 / 0.8936 • | 1.1303 / 0.8980 • | 1.1074 / 0.8717 • | 1.0788 / 0.8716 • | 1.2046 / 0.9484 • | 1.1154 / 0.9374 • |
| 1.1145 / 0.7298 • | 1.0479 / 0.8181 • | 1.0651 / 0.6792 • | 1.0571 / 0.8918 • | 1.1138 / 0.7846 • | 1.1021 / 0.8251 • | 1.1675 / 0.8413 • | 1.1354 / 0.9833 • | 1.0978 / 0.8783 • | 1.0749 / 0.7900 • | 1.0324 / 0.8611 • | 1.1206 / 0.9747 • | 1.1417 / 0.8717 • | 0.9507 / 0.8374 • | 1.1073 / 0.8959 • | 1.0845 / 0.8498 • | 0.9038 / 0.7980 • | 1.1532 / 0.8980 • |
| 1.1789 / 0.6458 • | 1.4041 / 0.9679 • | 1.1639 / 0.9504 • | 1.2456 / 0.9407 • | 0.9758 / 0.7400 • | 0.9425 / 0.8211 • | 1.2387 / 0.8535 • | 1.2398 / 0.9529 • | 1.1492 / 0.8270 • | 1.1378 / 0.8372 • | 1.0727 / 0.8918 • | 1.1570 / 0.9021 • | 1.0957 / 0.9547 • | 1.0975 / 0.9102 • | 1.0262 / 0.8713 • | 1.0571 / 0.7841 • | 1.1554 / 0.9553 • | 1.1074 / 0.9593 • |
| 1.0993 / 0.8918 • | 1.2709 / 0.9172 • | 1.0667 / 0.8986 • | 1.2926 / 0.9702 • | 1.1582 / 0.7858 • | 1.1547 / 0.7326 • | 1.0677 / 0.9356 • | 1.0906 / 0.9529 • | 1.1664 / 0.9398 • | 1.5254 / 0.7176 • | 0.9331 / 0.7551 • | 1.5284 / 0.9226 • | 1.1247 / 0.8549 • | 1.2812 / 1.0456 • | 1.2178 / 0.9382 • | 1.1131 / 0.8498 • | 0.9937 / 0.8242 • | 1.0424 / 0.8611 • |
| 1.2329 / 0.8955 • | 1.0662 / 0.8840 • | 1.1362 / 0.8518 • | 1.1710 / 0.8955 • | 1.0647 / 0.9951 • | 1.0628 / 0.9655 • | | 1.2513 / 0.8080 • | 1.1664 / 0.9214 • | 1.1435 / 0.8988 • | 1.4303 / 0.7791 • | 1.0958 / 0.8037 • | 1.4644 / 1.1686 • | 1.0262 / 0.8754 • | 1.1479 / 0.9103 • | 1.1398 / 0.8608 • | 1.1203 / 0.8980 • |
| 1.1460 / 0.9441 • | 1.3404 / 0.8670 • | 1.0591 / 0.9209 • | 1.2850 / 0.9765 • | 1.2237 / 1.1776 • | 1.1145 / 0.7576 • | | 1.0920 / 0.8085 • | 1.1664 / 0.9111 • | 1.1435 / 0.8037 • | 0.9862 / 0.7012 • | 1.2239 / 0.8611 • | 1.1305 / 0.9431 • | 1.1085 / 0.9677 • | 1.1203 / 0.8670 • | 1.1720 / 0.8498 • | 1.1800 / 0.9374 • |
| 1.2727 / 0.9695 • | 1.2532 / 0.8608 • | 1.1188 / 0.9117 • | 1.0156 / 0.8315 • | 1.3428 / 0.8701 • | 1.1864 / 0.7893 • | | 1.0504 / 0.8577 • | 0.8027 / 0.7012 • | 1.2446 / 0.8276 • | 1.5515 / 0.8959 • | 1.1996 / 1.0907 • | 1.1708 / 0.8958 • | 1.1260 / 0.9484 • | 1.1800 / 0.8717 • | 1.1398 / 0.8871 • | 1.1360 / 0.8871 • |
| 1.1810 / 0.9394 • | 1.1163 / 0.0363 • | 1.1188 / 0.9302 • | 1.1486 / 0.8701 • | 1.2349 / 0.9624 • | 1.1055 / 0.8516 • | 1.1486 / 0.9278 • | 1.3310 / 0.8918 • | 1.0266 / 0.7873 • | 1.3730 / 0.9706 • | 0.9286 / 0.6499 • | 1.1477 / 1.0599 • | 1.1076 / 0.9636 • | 1.1720 / 0.8717 • | 1.1720 / 0.9155 • | 1.1337 / 0.8498 • | 1.2046 / 0.8717 • |
| | | | | | | | | | | | 1.2576 / 0.9265 • | 1.2225 / 0.9418 • | 1.2386 / 0.9396 • | 1.2087 / 0.8761 • | 1.1731 / 0.8761 • | 1.2524 / 0.9593 • |

西官村　　土壤　　土

图19-3　关中灌区扶风县西官村土壤有机质（%）含量分布（上值为0～20 cm测定值，下值为20～40 cm测定值）

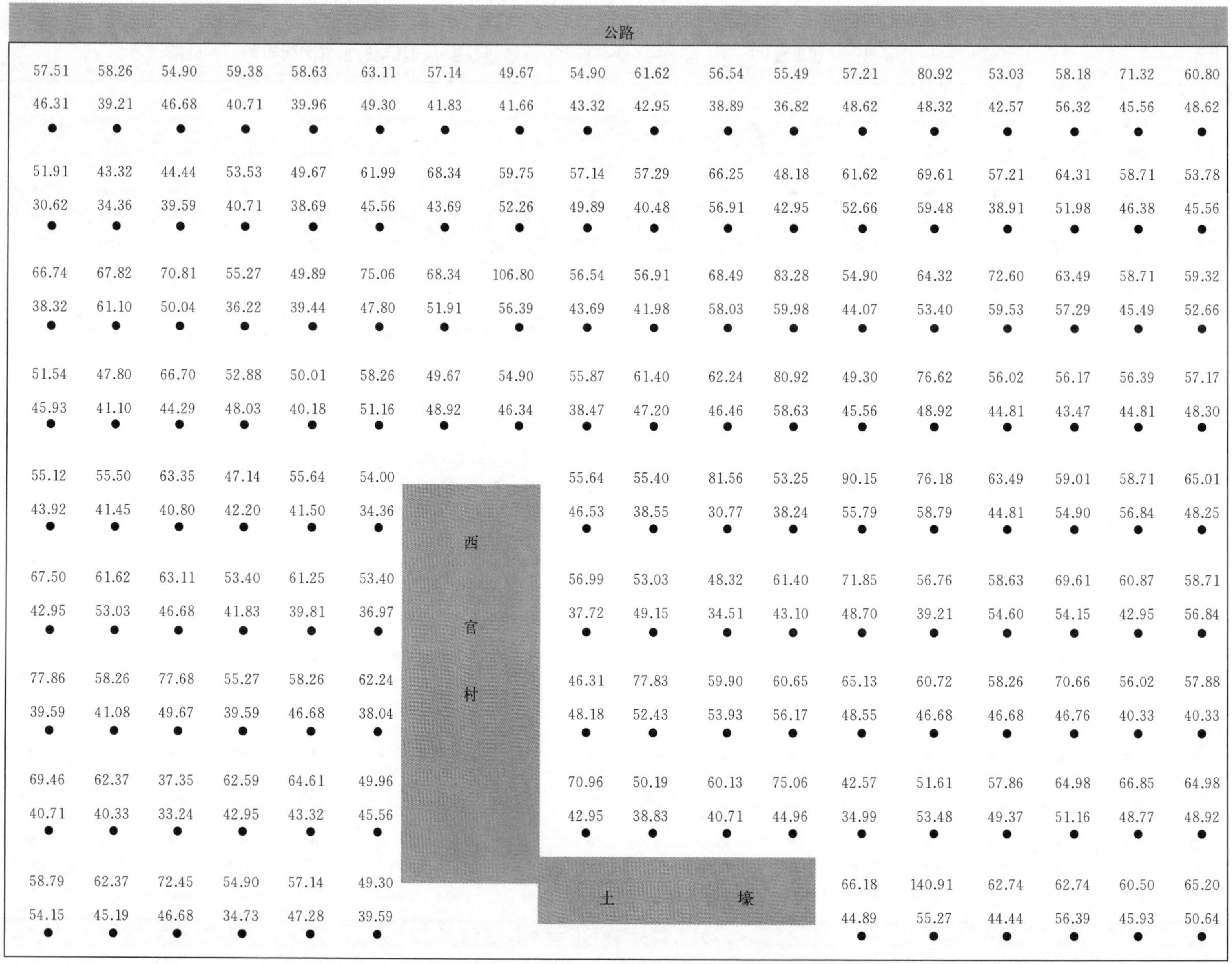

公路

西官村

土壤

图19-4　关中灌区扶风县西关关村土壤碱解氮（mg/kg）含量分布（上值为0~20 cm测定值，下值为20~40 cm测定值）

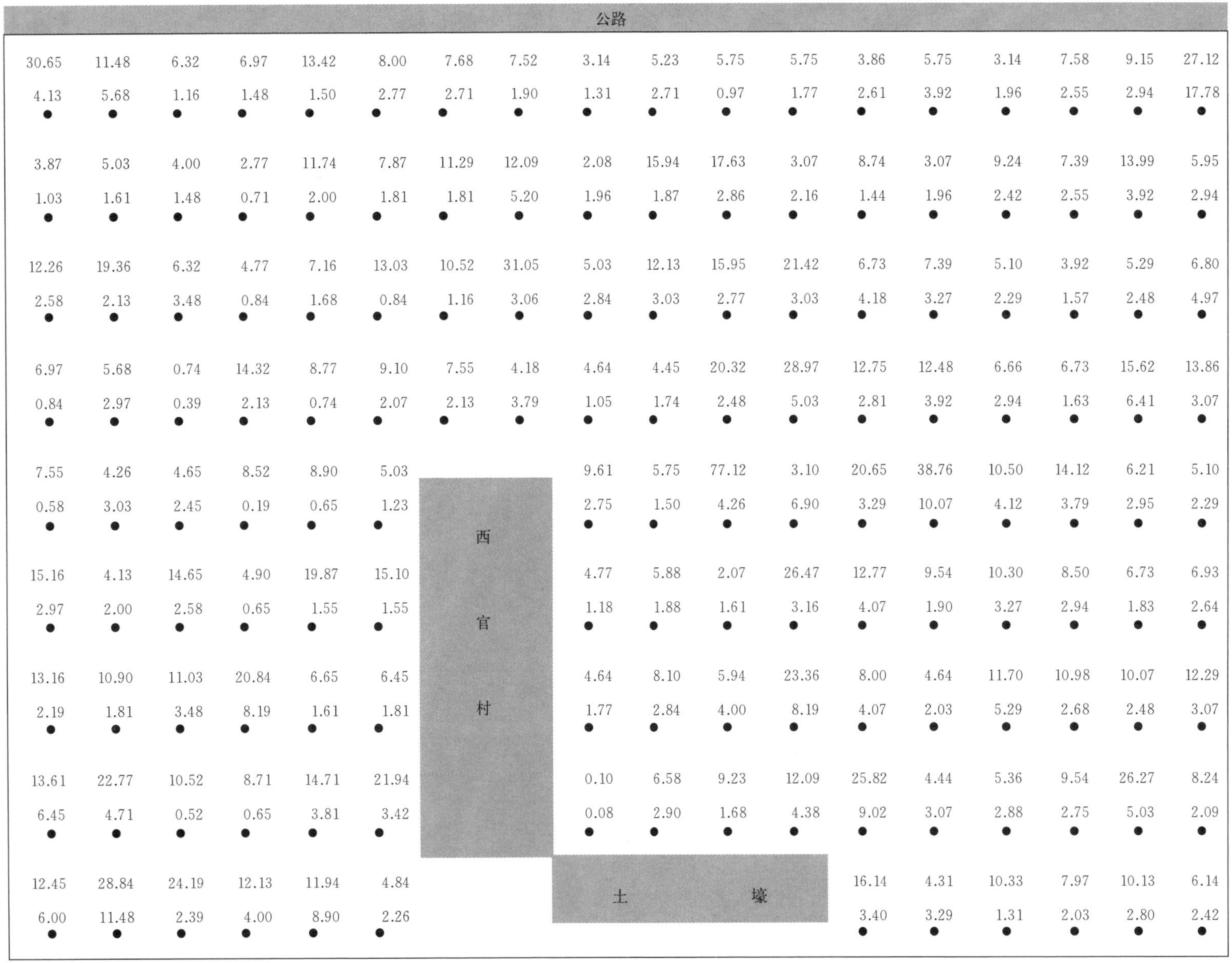

图19-5　关中灌区扶风县西关村土壤有效磷（$P_2O_5$，mg/kg）含量分布（上值为0～20 cm测定值，下值为20～40 cm测定值）

## 四、粮作土壤养分含量的分布模型

对 100 hm² （1 500 亩）粮作土壤养分含量分布的相对频数进行了分组统计，按正态概率密度函数计算得出正态分布理论频数曲线；同时对实际频数分布和理论正态分布曲线也进行了适合性检验，结果表明，土壤全氮、有机质和碱解氮均属正态分布规律，有效磷为对数正态分布。根据养分分布模型可知，土壤全氮、有机质和碱解氮含量状况可以用多点样品算术平均值，而有效磷的含量状况则须用几何平均值来估算总体值。这就证明以上土壤各种养分含量测定值是符合实际情况的，所取的土样具有很高的代表性，可以用作研究的依据。

## 五、粮作土壤不同面积中养分含量变异性

土壤养分含量在土壤不同层次和不同面积中都有不同程度的变化。各种养分含量在 0～20 cm 均高于 20～40 cm，但 20～40 cm 养分含量也是相当高的。经统计表明，20～40 cm 全氮平均含量占 0～20 cm 的 85.5%、有机质占 77.5%、碱解氮占 78.1%、有效磷占 30.8%。说明在推荐施肥过程中对 20～40 cm 土层中的磷素养分含量，暂可不予考虑外，氮素含量应该作为供氮来源的一部分。

### （一）不同土壤面积采取相同取样点数时的变异性

在 1 500 亩土壤中专门划出 100 亩、500 亩、1 000 亩和 1 500 亩的土壤面积，每一土壤面积中随机各取土样 12 个（每个点样包括 5 个样），根据养分测定结果，统计分析标准差和变异系数，结果见表 19 - 3。从结果看出，不同面积各取 12 个点，土样测试值的标准差和变异系数均随取样面积的增大而增大。由标准差可以看出，除 100 亩的标准差在允许范围内以外，其余面积的标准差都超过了允许范围。由此说明，要使土样养分测定值的标准差和变异系数缩小，就要使取样点数随取样面积的增大而增多。

**表 19 - 3 不同面积各取 12 个点有效磷测定值标准差与变异系数**

| 取样面积（亩） | 标准差 | 变异系数 |
| --- | --- | --- |
| 100 | 4.09 | 51.86 |
| 500 | 5.93 | 65.64 |
| 1 000 | 8.16 | 73.54 |
| 1 500 | 8.92 | 82.38 |

### （二）不同土壤面积采用不同取样点数时的变异性

不同养分测定值在不同面积、不同取样点数的变异系数变化不大，$t$ 值均小于差异显著性水平，说明随着测试土壤面积的增大，必须相应地增加土壤取样点数，这样土壤养分的测试结果才有满意的代表性和可靠性。

## 六、不同取样路线对土壤养分测定值变异性的比较

根据方格法取样测定结果，在养分分布图上采用不同路线进行取点，分别进行方差分析，结果见表 19 - 4。

**表 19 - 4 不同采样线路测定值的变异系数（%）**

| 土壤养分 | 取样路线 | | | |
| --- | --- | --- | --- | --- |
| | 直线形 | 交叉形 | 方块形 | S形 |
| 全氮（%） | 11.98 | 10.93 | 10.11 | 10.47 |

（续）

| 土壤养分 | 取样路线 | | | |
|---|---|---|---|---|
| | 直线形 | 交叉形 | 方块形 | S形 |
| 有机质（%） | 12.10 | 11.52 | 10.2 | 9.12 |
| 碱解氮（mg/kg） | 17.43 | 21.94 | 21.80 | 10.91 |
| 有效磷（mg/kg） | 66.80 | 69.41 | 50.70 | 44.55 |

从结果看出，在 100 hm² 的粮作农田内，对土壤全氮、土壤有机质含量来说，不同路线采取土壤的分析结果，其变异系数（%）都比较接近，差异都不显著；但对碱解氮和有效磷来说，不同路线采取土样的分析结果，其变异系数差异十分明显。变异系数最小的是 S 形线路采样法。其他方法的变异系数都比较大。由此证明，田间土壤采样路线采用 S 形是正确的。

### 七、粮作土壤的取样时间和采样周期

在制订不同粮食作物测土配方施肥方案以前，确定合适的土壤采样时间是十分重要的。一般要确定小麦测土配方施肥方案时，必须在夏玉米收获后尚未整地施肥以前，或玉米已经完全成熟但尚未收获时进行采样；要制订夏玉米测土配方施肥方案时，则必须在小麦收获后但未整地施肥以前或小麦完全成熟但未收获时进行采样。

采样周期要根据作物品种的变换和土壤养分不同而定。如果一两年内小麦、玉米品种不变，对土壤有机氮来说可 2 年采样 1 次，对有效磷和速效钾 2～4 年采样 1 次，中、微量元素 3～5 年采样 1 次。如果应用高产新品种，或由旱地变水地，则应在未换播种以前采样测试。

## 第三节 柑橘园土壤养分状况与采样方法

陕西省柑橘主要分布在陕南城固、新乡等县，面积有 20 多万亩。主要种植在秦岭南坡坡麓的黄褐土（黄泥巴）土地上，土壤质地黏重，肥力很低，水土流失严重。这是影响该地柑橘产量和品质的主要障碍因素之一。但由于气候条件适宜，柑橘品质很好，柑橘产品已远销到国内各地，并且相当数量远销到世界各地。为了进一步提高该县柑橘的产量和品质，全面推广测土配方施肥技术，2005 年作者对城固县柑橘园土壤进行了调查，并对柑橘园土壤的采样方法进行了研究。

### 一、柑橘园土壤采样布点方法

首先与当地果树专家和果农根据柑橘园管理水平、生产水平研究确定果园类型。每个类型选择具有代表性的果园 38 个，作为一个采样单元。因为是对柑橘果园土壤养分状况和土壤采样方法进行研究，所以对这 38 个果园的每个果园都采取一个混合样进行不同养分的分析。采样深度都为 0～30 cm。经过调查发现，陕南柑橘园施肥与关中苹果园施肥方式大为不同，柑橘园施肥一般都是先撒肥后翻耕，肥料施得比较均匀。在一个柑橘园内土壤采样点的位置分单株采样点和单园采样点，单株土壤采样点见图 19 - 6。

一个单株共取 4 个样点的土壤，由树干到投影点之间取一点，株距中间取一点，行距中间取一点，几株中心取一点。将几点土样等量均匀混合，取 1 kg 土壤，称为单株混合样。

根据果园大小，在一个果园内用 S 形取 7～9 个单株混合样，果园土壤取样点见图 19 - 7。

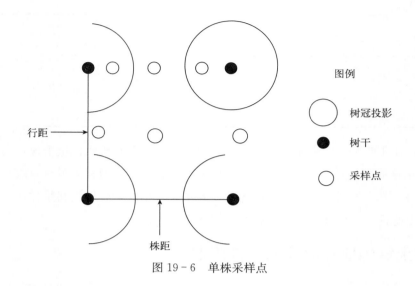

图 19-6　单株采样点

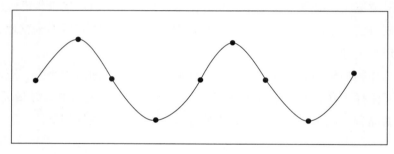

图 19-7　果园土壤取样点

　　将每个单株的混合样 7~9 个，称等量进行充分混合，用四分法取土 2 kg、1 kg 土壤用作养分分析，1 kg 土壤用作物理特性测定。

## 二、柑橘园土壤养分含量状况

　　对 38 个柑橘园土壤分别进行有机质、碱解氮、有效磷、速效钾、交换性钙、交换性镁和有效性微量元素等分析，结果见表 19-5。可以看出，城固县整个柑橘果园土壤有机质含量都很低，为 0.35%~2.25%，平均为 0.79%。碱解氮、有效磷、速效钾含量都很低，其中碱解氮和速效钾尤为偏低。交换性钙含量较丰富，而交换性镁含量较低。微量元素中 Cu、Fe、Mn、Zn 含量都偏低。从总体上看，城固柑橘园土壤肥力很低，再加上土壤质地黏重、物理性差，对柑橘产量和品质的提高是一个极大的障碍。

表 19-5　城固柑橘园土壤养分状况

| 养分种类 | 养分状况 | 平均 |
| --- | --- | --- |
| 有机质（%） | 0.35~2.25 | 0.79 |
| 碱解氮（mg/kg） | 7.36~125.98 | 40.11 |
| 有效磷（$P_2O_5$，mg/kg） | 8.23~115.59 | 32.89 |

（续）

| 养分种类 | 养分状况 | 平均 |
|---|---|---|
| 速效钾（K₂O，mg/kg） | 55.18～243.29 | 154.90 |
| 有效铜（Cu，mg/kg） | 0.151～2.706 | 1.23 |
| 有效铁（Fe，mg/kg） | 2.96～71.016 | 21.68 |
| 有效锰（Mn，mg/kg） | 7.180～43.728 | 21.04 |
| 有效锌（Zn，mg/kg） | 0.198～2.078 | 0.88 |
| 交换性钙（mg/kg） | 266～10 730 | 3 073 |
| 交换性镁（mg/kg） | 114～588 | 344 |

### 三、柑橘园土壤养分分布特征

根据土壤养分测定结果分别计算了不同养分的分布频数与正态分布曲线。由此看出，所测定的各种土壤养分含量基本属于正态分布规律，其中有效磷、有效锌等属于对数正态分布。

绘制土壤养分正态分布图的目的除了了解土壤养分分布规律以外，就是对测土配方施肥提供有效信息。因为区域性配方施肥的确定，首先要在该区域内测定土壤养分的基础上，确定土壤养分的平均含量，以此作为计算配方施肥的依据。而土壤养分平均含量的确定，按理将每个点土壤养分测定值加以平均就可以了，但这样并不是很合理的，因为有的点土壤养分测定值很低，代表面积极小；而有的点土壤养分测定值很高，代表面积也极小，以上两种土壤测定结果在总体养分测定结果中所出现的概率都很低，如果将其加入总体平均值计算，就会影响到真正具有代表性的土壤养分平均值。所以在采用土壤养分平均值时，应该考虑到测定土壤养分在总体养分中出现的概率，概率很低的土壤养分测定值可以剔除，将概率正常加以利用。用概率法求得土壤养分平均值是比较合理有用的。正态分布图的绘制，其作用就是帮助我们解决获得养分平均值所取得的区间问题，也就是帮助我们求得土壤养分平均值在一定区间内的概率。

用概率法求得的碱解氮和有效磷测定值的平均数都低于总体养分测定值的平均数，而速效钾则高于总体养分测定值的平均数。这样就可用概率法求得的平均数作为配方施肥的依据。另外，在确定土壤取样点数的时候，土壤养分正态分布的状况也有很大的参考作用。

## 第四节　苹果园土壤养分状况与土壤取样方法

我国苹果生产主要分布在北方地区，集中产区是山东、河南、陕西、辽宁、甘肃、山西、河北等地。提高苹果的产量和品质，对发展我国国民经济、增加农民收入具有十分重要的意义。

苹果园土壤的测土配方施肥正在我国不断发展，但田间土壤取样方法仍缺乏深入系统的研究，在一定程度上影响到测土配方施肥的效果。陕西苹果产区，在施肥方法上普遍采用沿树冠投影线上开沟施肥，肥料非常集中。过去对苹果园土壤取样都是避开施肥沟，在不施肥的区域内采样，因此测定的养分值是偏低的。如何取得具有代表性的土样，在苹果产区是一个很重要的问题。为此，作者在2006年在陕西省关中乾县苹果产区对苹果土壤取样方法进行了研究。

## 一、苹果园土壤取样点的位置与取样点数

苹果施肥方法与柑橘施肥方法不同，一般都是沿树冠投影边缘进行环状沟施，每次施肥要变换位置。这次在株行两边沿投影边缘开沟施，下次在株间沿投影边缘开沟施，不断变换下，在整个投影边缘开沟施入肥料。沟深 20～25 cm，沟长 60 cm，沟宽 25 cm。施肥沟环状半径为 1.0 m，每株苹果树所占面积为 3 m×3 m＝9 m²，每公顷栽植 1 110 株（每亩 74 株）。

由于苹果施肥方式的特殊性，把果园土壤可以分成 3 部分：即树盘外，称为Ⅰ区；树盘内，称为Ⅱ区；施肥沟，称为Ⅲ区，见图 19-8。每株树所占面积为 9.00 m²，每区所占面积与采样点数见表 19-6。

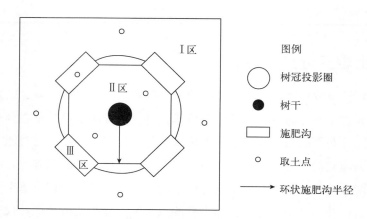

图 19-8 苹果单株土壤取样点的分布位置

图例
○ 树冠投影圈
● 树干
▭ 施肥沟
∘ 取土点
→ 环状施肥沟半径

表 19-6 单株果树不同土壤区所占面积与取样点数

| 分区 | 面积（m²） | 面积（%） | 取样点数（个） | 取土钻数（孔） |
| --- | --- | --- | --- | --- |
| Ⅰ区 | 5.26 | 58.4 | 4 | 12 |
| Ⅱ区 | 2.54 | 28.2 | 2 | 6 |
| Ⅲ区 | 1.20 | 13.4 | 1 | 3 |
| 总计 | 9.00 | 100 | 7 | 21 |

取样时按每区所占面积确定取样点数，结果是Ⅰ区取 4 个点，Ⅱ区取 2 个点，Ⅲ区取 1 个点。每个点打 3 钻取混合样，然后按区取混合样，这样就形成单株分区的混合样。

点的布局如图 19-8 所示，在树干四边株距与行距中线各取一点，共 4 个点；环状施肥沟内半径Ⅱ区内对称各取 1 个点，共 2 个点；施肥沟中间取 1 个点，一株果树共取 7 个点，称单株取点数。因为是对苹果树周围不同位置土壤养分变化进行研究，故在此不把 7 个点的所取土样进行混合，而是把同一土壤区所取的单株土样进行混合，称单株分区土壤混合样，要单株进行养分分析。

为了研究苹果园土壤养分含量及其变化特征，在选定的代表性果园内（该苹果园面积为 10 亩）的Ⅰ区共取 60 个混合样，Ⅱ区共取 35 个混合样，Ⅲ区共取 25 个混合样。取土深度均为 0～30 cm。分别测定碱解氮、有效磷和速效钾含量。

## 二、苹果园土壤养分含量状况

从苹果园不同土壤区养分测定结果（表 19-7）看出，所测定的 3 种养分，碱解氮、有效磷、速效钾，其平均含量依次均为Ⅲ区＞Ⅰ区＞Ⅱ区。Ⅲ区养分含量最高，这是容易理解的，因为这是施肥区；Ⅱ区养分含量最低，这是由于土壤所处部位是在果树根盘内，是根系集中的地区，养分的吸收和消耗较多；而Ⅰ区土壤养分含量处于中间水平，这与该区土壤内根系分布较少、对土壤养分吸收利用较少有关。这是果树土壤养分含量空间分布的一种特征。因此，果树土壤取样，应该在这 3 种土壤区分别按面积比例采土样，这样才有较高的代表性。

表 19-7  关中乾县苹果园单株果树不同土壤区养分含量与变异状况

| 土壤区 | 养分种类 | 含量范围（mg/kg） | 平均值（mg/kg） | 标准差（mg/kg） |
| --- | --- | --- | --- | --- |
| Ⅰ区 | 碱解氮 | 63.18～118.37 | 90.22 | 13.61 |
| | 有效磷 | 27.49～152.44 | 58.80 | 23.94 |
| | 速效钾 | 292.84～775.83 | 427.58 | 93.42 |
| Ⅱ区 | 碱解氮 | 63.84～118.37 | 81.24 | 13.51 |
| | 有效磷 | 23.37～106.76 | 50.03 | 22.62 |
| | 速效钾 | 309.83～552.60 | 412.00 | 53.51 |
| Ⅲ区 | 碱解氮 | 84.38～138.03 | 100.15 | 17.94 |
| | 有效磷 | 57.31～209.54 | 108.27 | 49.84 |
| | 速效钾 | 326.82～719.57 | 501.55 | 145.77 |

## 三、苹果园土壤养分分布规律

根据联合国粮农组织所推荐的土壤采样原则，一个具有代表性的果园内所确定的土壤取样点数是同样可代表同类果园一个取样单元的取样点数。在黄土高原地区，苹果园一般都分布在一个取样单元内，土壤取样点数定为 20～23 点也是合适的。故可取 20～25 个果园的单元土壤形成一个混合样。为更简明起见，具体步骤和方法见图 19-9。

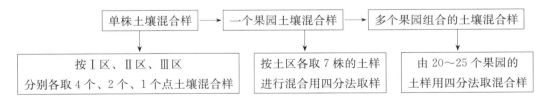

图 19-9  苹果园单元土壤取样方法示意

由果园土壤取样单元所取得混合样 2 kg，1 kg 供土壤养分测试用，1 kg 供土壤物理特性测试用。根据测试结果，便可作出取样单元范围内的推荐施肥计划。

## 四、苹果园土壤采样时间和周期

苹果是多年生植物，每年产量都控制在一定水平，管理措施和方法每年大致相同。但要根据果农管理习惯和土壤肥力变化状况确定土壤取样时间和周期，适时进行采样。采样时间一般应在秋季收果以后和秋肥以前进行，如果秋季不施肥，也可在早春施肥前进行采样。对苹果园来说，可隔2～3年采样1次。如遇特殊情况，如因自然灾害没有收果；或风调雨顺大丰收，则可缩短采样周期，及时采样，测定土壤养分含量状况，重新调配推荐施肥方案。

# 第五节　蔬菜田土壤取样方法

由于蔬菜种类较多，栽培管理方式方法不同，蔬菜土壤的取样方法与其他作物有很大不同。有的蔬菜生长期较短，一年多茬；有的蔬菜生长期较长，一年一茬；有的蔬菜是平作，有的蔬菜是垄作；施肥方法也不一样，有的是沟施，有的是撒施，有的是随水冲施；灌溉方式也不一样，有的是沟灌，有的是滴灌，有的是喷灌，等等。这些都会影响到土壤养分含量与分布变化。因此，蔬菜土壤的采样方法应因地制宜，具体应用。在这方面张福锁（2005）、劳秀荣（2007）等已提出了较好的意见，可供参考。作者对有关问题也进行了简单介绍。

## 一、采样单元

在采样以前，要详细了解采样地区的土壤类型、肥力等级和地形等情况后，将测土配方施肥的区域划分成若干采样单元，每个采样单元的土壤尽可能均匀一致。地形不同（如坡地）还可根据地形高低划分采样单元，见图19-10。

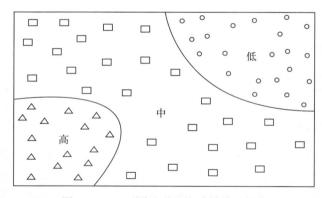

图19-10　不同地形地块采样单元划分

露地蔬菜区平均每个采样单元为3.5～6.5 hm² 为一个混合土样，保护地蔬菜区每2.0～4.0 hm² 采一个混合土样。为了便于田间示范追踪和施肥分区的需要，采样可集中在位于每个采样单元相对中心位置的典型菜田内或棚室内，以面积为1～10亩的典型地块为主。当土壤和蔬菜作物田间变异很大时，还可适当缩小采样单元。

## 二、采样要求

根据蔬菜生产的土壤肥力状况和蔬菜生产情况，确定合理的采样密度是保证蔬菜土壤代表性的重要环节。采样点的多少，取决于采样单元的大小和土壤肥力的一致性等。一般每一个基础土样应保持9～10个子样点的混合样，一般一个单元的混合样应包括10～20个点的基础混合样。

蔬菜土壤的采样时间应在前茬作物收获后、深翻整地播种以前采集基础土样。采样点要避开前茬作物的根茬和施肥点，一般宜在秋后或早春进行。

采样深度可根据蔬菜作物的根系深度而定，一般为0～30 cm。

因蔬菜换茬较多，施肥量较大，土壤养分变化较快，所以采样周期应该缩短。因不同养分消耗不同，为了提高推荐施肥效果，一般测碱解氮应 1～2 年采集 1 次，有效磷和速效钾 2～4 年采集 1 次，中、微量元素 3～5 年采集 1 次。

## 三、不同种植模式的采样点位置

根据测土配方施肥要求，土壤采样必须在前茬蔬菜作物收获以后进行。土壤取样位置要根据种植模式、施肥方式和灌溉方法而定。

### （一）平畦种植模式

一般叶菜类、葱蒜类等浅根蔬菜多采用宽畦面多行种植模式，施肥方式大多为撒肥或随水冲施。采样点应按照棋盘式均匀分布在菜园中，具体位置可定在 3 株或 4 株相邻植株的中心位点上，见图 19 - 11。

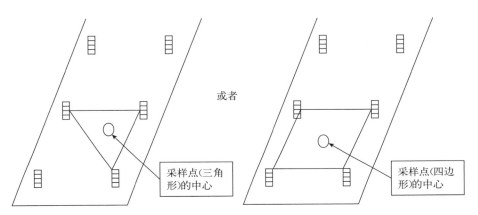

图 19 - 11　平畦撒施或者均匀灌溉施肥土壤采样位置示意

### （二）高畦、高垄种植模式

果菜类深根系蔬菜一般采用高畦、高垄种植模式，每畦或每垄栽种 1～2 行，沟与畦相间排列，施肥方式一般是沟施或冲施于两垄之间的垄沟中。土壤采样位点分布在栽培行上的两株中间，并均匀分布于种植地块内，见图 19 - 12。

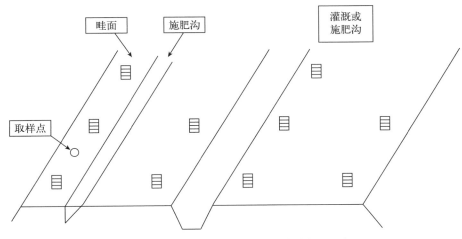

图 19 - 12　施肥沟或穴施土壤采样位置示意

### （三）滴灌施肥土壤采样

滴灌施肥是通过滴水将肥料直接带入到蔬菜根系周围，节水省肥。取样点应选在根层湿润区、水平距离为滴头与植株之间（湿润半径 2/3 处）的土壤样品，见图 19-13。

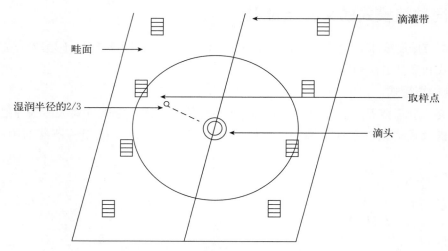

图 19-13　滴灌施肥土壤采样位置示意

**主要参考文献**

郭兆元，1992. 陕西土壤 [M]. 北京：科学出版社.

劳秀荣，杨守祥，李俊良，2007. 菜园测土配方施肥技术 [M]. 北京：中国农业出版社.

张福锁，2005. 测土配方施肥技术要览 [M]. 北京：中国农业大学出版社.

# 第二十章

# 肥效反应线性模型的研究和应用

## 第一节  肥效反应线性模型的理论依据与发展现状

### 一、理论依据

施肥能否增产增收，一般都要经过田间试验来确定。在有足够的田间试验资料基础上才能对某种作物提出该施什么肥料和施多少肥料的建议。

在大量试验的过程中，有人提出了各种数学处理资料的方法。没有什么标准方程能够广泛被应用，因为其形式不仅取决于作物和肥料，而且也取决于土壤、天气和栽培模式。同时，其增产效应曲线是不是真正的曲线，在某一转折点的两边，直线比曲线更适合田间结果（Cooke，1978）。

养料有效含量或其供应量与作物产量之间存在着直线相关关系。但是对这一直线相关关系的推论，看法是不一致的。有人认为（周鸣铮，1985）这种直线关系在事实上是不存在的，他认为如果存在的话，那么只要拼命施肥，产量就直线上升了，显然这是不可能的。不过大部分人还是承认，在土壤肥力低、施肥少的情况下，施肥与作物产量之间的直线相关关系是存在的。这也是李比希的原本思想。经过长期的研究和生产实践，这一线性关系可说已被大量试验结果所证实。不但在低肥力土壤或某种养分非常缺乏的土壤上施用有关肥料，与作物产量之间的关系可以呈线性相关关系，而且在肥力较高或某种养分比较高的土壤上，只要在其他作物的生长因素配合恰当，并能充分满足作物生长的需要时，施用有关肥料或某种肥料，作物产量之间也能呈线性相关关系。但需要指出的是，直线不是无限上升的，当发展到一定水平的时候，由于作物其他生长条件与作物生长需要之间发生失衡，直线便会产生转折，而且可能发生多次转折。所以肥料不是由于存在线性反应，就施肥越多越好，这是一种误解。

### 二、发展现状

Boyd（1970）报道过许多大田作物对肥料反应的线性模式，线性反应即有一个明显的斜坡呈直线上升，随之出现第二个直线关系，但此时产量变化小，或者缓慢下降。

英国洛桑和洛姆斯巴试验站研究了 10 年甜菜的、单个的和经过分组的试验，他们发现甜菜产量和达到最高产量所需氮肥量之间实际上呈直线关系，随着大量施肥上升的直线急剧转折成为另一条直线（图 20-1）。在荷兰甜菜上的试验结果也证实了这个结果。

为了证明施肥量与作物产量之间的线性相关关系，Cooke（1978）引用了当时国内外许多资料。结果表明，施用氮肥对谷类作物增产很快，在转折点之前多呈直线形的。在这以后，产量变化很小，

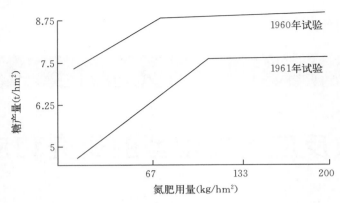

图 20-1 甜菜的氮肥用量及糖产量之间的关系

甚至是呈缓慢直线下降（图 20-2、图 20-3）。

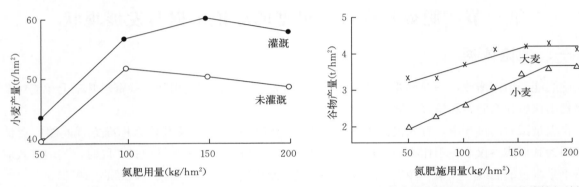

图 20-2 氮肥对春小麦产量的影响　　　　图 20-3 谷物产量和施用氮肥量之间的线性相关性

　　施用 N 肥与牧草产量之间的线性关系可分为 2 条或 3 条相连直线，随着 N 肥使用量的增加，产量上升较陡，直到一个明显的转折点。在此点以后，产量与 N 肥还是直线相关，但直线的坡度小了。从对牧草大量施用 N 肥结果看出，单施 N 肥时逐渐增加使用量直到最高用量，牧草干物质产量并不继续无限增加，而是分段转折，直至下降，但蛋白质含量一直增加（图 20-4）。Cooke 推论，相关线性分 3 部分，在一年之中施用的氮肥每公顷总量增至约 450 kg 之前，产量都呈直线增加，在转折点后，施氮肥仍然增产，但增产速率趋小。当一年的总施 N 量为每公顷超过 500 kg 以后，再施肥料虽然使牧草中蛋白质含量继续增加，但对产量的影响就很小了。

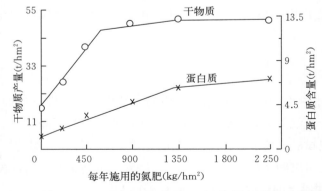

图 20-4 牧草上的氮肥用量与干物质产量和蛋白质含量之间的线性相关性

　　氮肥效应曲线的一般形式：Cooke 指出，考虑到单个田间试验的试验误差时，则没有什么正当理由在施肥量和产量之间使用非线性（即曲线）相关性，见图 20-5。将肥效相关性的各个点连接起来并求出"最小显著差"（LSD）。结果表明，小于 LSD 的差异点数基本上没有，有时偶然出现，也都是由于土壤或作物的变异所引起的。

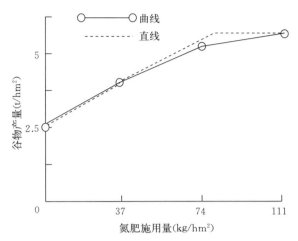

图 20-5　氮肥用量和大麦产量之间的曲线和直线相关性（1967 年洛桑试验站）

关于磷、钾的施肥量与作物产量之间相关性试验，资料很少。Cooke 引用了 1942 年在瑞典芜菁上施用过磷酸钙的试验，见图 20-6。此图是由 4 个试验结果平均值制成的。表明没有理由是曲线关系，而是两条直线组成的。

在酸性土壤上施用碳酸钙，小麦产量也得到两条直线相关的关系，见图 20-7。

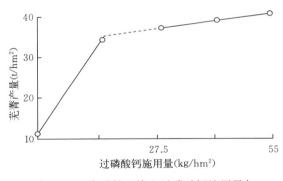

图 20-6　在酸性土壤上过磷酸钙施用量与
芜菁产量的相关性

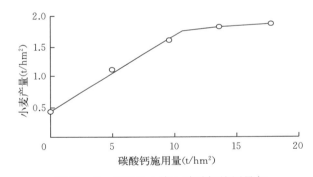

图 20-7　在酸性土壤上碳酸钙施用量与
小麦产量之间的相关性

Cooke 根据以上试验结果，提出了以下结论：

（1）如果肥料移动性大，而且其他因素也不影响植物对肥料中养分的吸收，则施肥与产量之间将是直线相关关系。作物吸收养分将一直继续吸收到养分足够为止，然后产生一个明显的转折。直线部分的斜率是其吸收效率的一种量度。以施用的养分和作物体内所含有的该养分画图（同为 kg/hm²，同一标尺），若吸收效率为百分之百，则直线斜度应为 45°。斜度较小，表明肥料有所浪费，多半是由于根系病害、淋湿或土壤固定等因素限制了作物的吸收。

（2）对于移动性较小的肥料，如磷酸盐和钾离子是以扩散作用到达根部，且以"质体流动"到达根系的数量很小，所以，他们的供应不是那么充分，单位磷或钾的效应随施用量的增加，作物产量缓慢线性增加。

（3）某一营养元素从缺乏很快到充分，则继续供应该养分就不会进一步增产（甚至减产）。这个关系就是德国化学家李比希的"限制因子率"。在不同田块上相关性从上升变到平缓（或接近平缓）时转折点的施肥量是不同的，这一点的位置在任何一块田块上各年也有变化。

（4）如果可根据试验结果来提施肥建议，则必须按不同地点的土壤、前作和季节分组进行。这个工作做好以后，效应曲线可能是 2～3 条直线，而不需要对最适施肥量进行繁杂的计算。D. A. 博伊德指出，根据直线形的效应曲线提出施肥建议，不仅比较简单，而且也更准确。农产品和肥料价格微小的变化对所提的施肥建议影响不大。施用量比平均最适量高些的肥料也不会增加多少费用。禾谷类作物施用过多氮肥则会引起倒伏，造成减产，所以精准确定转折点显得十分重要。

# 第二节　作物肥效线性模型的研究

## 一、禾谷类作物

### （一）小麦

小麦是我国北方地区主要粮食作物之一，如何提高小麦产量是很受关注的问题。根据施肥量与小麦产量之间相关性的试验结果，作者进行了进一步的整理和分析。

1963—1967 年，陕西省农业科学院土壤肥料研究所在武功县农场两种不同肥力土壤上进行了施氮量与小麦产量关系的田间试验。低肥力土壤有效磷含量为 1.2 mg/kg，高肥力土壤有效磷含量为 11.5 mg/kg。每个试验重复 4 次。图 20-8 是在低肥力土壤上的试验结果。由 4 年平均产量结果表明，在不同施磷量基础上，小麦的施氮效应均随施磷量的增加而增高。经统计分析，施氮量与小麦产量之间呈两条或三条线性相关。特别是当有较多磷肥作底肥时，N 肥肥效非常明显；而不施磷肥的施氮效应则很低，并出现两个不太明显的转折点，形成低斜率的上升＋平台＋下降线形。说明供试土壤需要氮磷配合，才能大幅度提高施氮效果。线性模型、二次模型的相关性及其施氮量和产量比较见表 20-1。结果表明，施 N 量与小麦产量之间肥效线性模型是成立的。由直线模型和二次回归模型确定的施氮量和产量来看，直线模型比二次曲线模型更为优越。

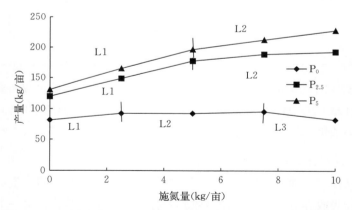

图 20-8　不同施磷量基础上不同施氮量与小麦产量关系（低肥力）

注：$P_0$ 指不施磷肥，$P_{2.5}$ 指基础施磷量 2.5 kg/亩，$P_5$ 指基础施磷量 5 kg/亩。

在高肥力土壤上小麦的试验结果（图 20-9）显示，在不同施磷量基础上，施氮量与产量之间均为两条线性相关，并有明显转折点。在转折点之前，施氮量的增产效应基本接近，但增产速度很快。转折点后，在不同施磷量基础上，小麦产量仍随施氮量的增加而呈线性缓慢上升，但未见下降趋势。

由于转折点后的直线仍向上增长，对施氮量的确定可根据产投比＞2 来决定，而不是根据转

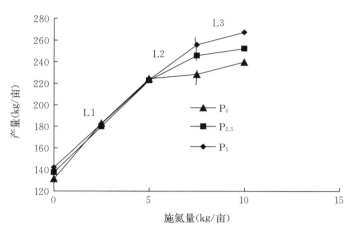

图 20-9　在不同施 $P_2O_5$ 量基础上施氮量与小麦产量的关系（高肥力）

注：$P_0$ 指不施磷肥，$P_{2.5}$ 指基础施磷量 2.5 kg/亩，$P_5$ 指基础施磷量 5 kg/亩。

折点相对应的施氮量来确定。如表 20-1 中施 $P_5$ 时的二次曲线模型和线性模型所确定的施氮量都为 10 kg/亩，其产投比＞2；施 $P_{2.5}$ 时的二次模型所确定的施氮量为 9.7 kg/亩，但其产投比＜2，而由线性模型所确定的施氮量为 6.1 kg/亩，但其产投比＞2；$P_0$ 处理同样根据以上原则确定施氮量。

表 20-1　直线模型、二次模型相关性及其效果比较

| 土壤基础施磷量（kg/亩） | 模型类型 | 相关系数 | 施氮量（kg/亩） | 产量（kg/亩） |
|---|---|---|---|---|
| 5（$P_5$） | $y=139.9+7.58x-0.76x^2$ | $R^2=0.995\,7$ | 10.0 | 269.7 |
|  | $y_{L1}=142.333\,96+16.022\,6x$ | $R^2=0.999\,7$ | 10.0 | 267.5 |
|  | $y_{L2}=215.703+5.777x$ | $R^2=0.984\,0$ |  |  |
| 2.5（$P_{2.5}$） | $y=135.457\,1+22.354\,3x-1.051\,4x^2$ | $R^2=0.996\,1$ | 9.7 | 253.4 |
|  | $y_{L1}=137.27+17.247\,4x$ | $R^2=1.000\,0$ | 6.1 | 242.3 |
|  | $y_{L2}=226.483\,1+2.601\,8x$ | $R^2=1.000\,0$ |  |  |
| 0（$P_0$） | $y=132.214\,3+23.928\,6x-1.342\,9x^2$ | $R^2=0.986\,8$ | 8.2 | 238 |
|  | $y_L=131.5+7.6x$ | $R^2=1.000\,0$ | 5.0 | 225 |
|  | $y_{L2}=149+10.5x$ | $R^2=0.863\,2$ |  |  |

总的来看，直线模型所确定的施氮量比二次模型要小一些，但两种模型的产量都基本接近。由此可见，线性模型是可用的。

四川省农业科学院土壤肥料研究所 1989 年在酸性土壤上做了施钾量与小麦产量关系的田间试验，结果见图 20-10。在不施氮和施氮基础上，施钾量与小麦产量之间呈明显的线性相关关系；在第一次转折点之前，施钾效应较大，配施氮肥比不配施氮肥，钾效更加增大。第二次转折点之后，前直线只有微量增升，后直线钾效基本处于平稳下降。说明该土壤比较缺钾，增施钾肥才有较高的增产效果。

河北省农业科学院土壤肥料研究所在不同肥力土壤上进行了施氮量与小麦产量关系的田间试验，结果见图 20-11。

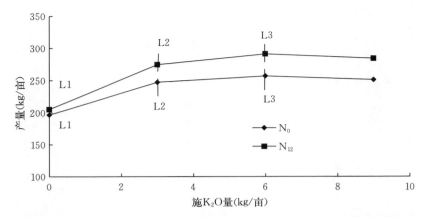

图 20 - 10　不同施 N 量基础上施 $K_2O$ 量与小麦产量关系（四川省农业科学院土壤肥料研究所）

注：$N_0$ 为不施氮肥，$N_{12}$ 指基础施氮量 12 kg/亩。

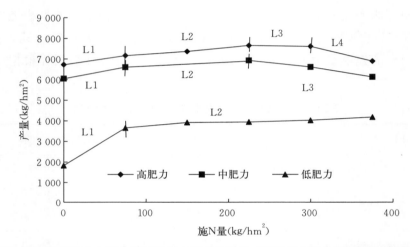

图 20 - 11　不同肥力土壤上施氮量与小麦产量关系（河北农业科学院土壤肥料研究所）

　　小麦产量虽然是高肥力土壤＞中肥力土壤＞低肥力土壤，但不同施 N 量与小麦产量之间并不存在正常的增产关系，特别是高产与中产土壤，不同施 N 量的小麦产量几乎是两条平行线，与施 N 量没有关系。低肥力土壤上施 N 量开始阶段小麦产量与施 N 量呈显著陡坡直线相关，随施 N 量增加而增高，但当第一个转折以后，小麦产量水平又与施 N 水平毫无关系，成为一条水平直线。这是不合常理的现象，这只能说明这 3 种土壤都有其他严重限制因素的存在。因此，仅以施用单因素来评价土壤对某种单因素肥料的肥效是达不到预期目的的。

　　统计不同肥力土壤上施 N 的不同肥效模型及施 N 效应，结果见表 20 - 2。从模型的相关性看出，直线模型和二次曲线模型是都可成立的。但不同的肥效模型，经济施氮量和产量都有差异，从效益判断，直线模型比二次曲线模型更具优越性。

表 20 - 2　河北不同肥力土壤上施氮的不同肥效模型的相关性及其施氮效应比较

| 土壤基础地力 | 肥效模型 | 相关系数 | 施氮量推荐<br>（kg/hm²） | 预测产量<br>（kg/hm²） | 增产<br>（kg/hm²） |
|---|---|---|---|---|---|
| 高肥力 | $y = 6\,636 + 9.667x - 0.023\,3x^2$ | $R^2 = 0.880\,4$ | 173 | 7 611 | 891 |
| | $y_{L1} = 6\,774 + 3.986\,7x$ | $R^2 = 0.975\,8$ | 225 | 7 671 | 951 |

（续）

| 土壤基础地力 | 肥效模型 | 相关系数 | 施氮量推荐<br>（kg/hm²） | 预测产量<br>（kg/hm²） | 增产<br>（kg/hm²） |
|---|---|---|---|---|---|
| 中肥力 | $y=6\,050+7.378x-0.019\,1x^2$ | $R^2=0.995\,2$ | 151 | 6 729 | 683 |
| | $y_{L1}=6\,035+3.833\,3x$ | $R^2=0.987\,0$ | 70 | 6 801 | 755 |
| 低肥力 | $y=3\,519+2.422\,1x-0.001\,98x^2$ | $R^2=0.985\,0$ | 210.5 | 3 941 | 2 114 |
| | $y_{L2}=3\,667+1.530\,7x$ | $R^2=0.913\,0$ | 150 | 3 896 | 769 |

注：二次曲线模型以经济施氮量推荐，直线模型以产投比＞2时施氮量推荐；L1为第一段直线，L2为第二段直线，转折点后下降直线不用。

在同一试验的中产地上，测定了拔节期小麦植株中$NO_3^-$-N含量，结果发现施N量与植株中$NO_3^-$-N含量呈线性相关关系（图20-12）。经统计，线性模型的相关性达极显著水平。说明在作物一定生长期内，植株体内$NO_3^-$-N含量会随着作物的生长而增加，如果是这样的话，那么施N量与小麦产量之间出现的线性相关性，必与此有直接联系。所以植株吸N量的线性规律也可能是施N量与产量之间产生线性相关的生理基础。

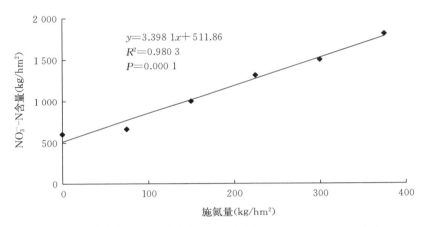

图20-12　小麦拔节期植株中$NO_3^-$-N含量与施氮量相关性（中产田）

王新民等在中国科学院禹城生态农业综合试验站对施氮量与小麦、玉米产量之间的相关性做了一个很好的田间试验，对不同肥效模型进行了比较，发现施N量与产量之间的相关性，直线加直线模型比二次曲线模型更高，用线性模型确定施氮量比较合适，经济效益也比较高。见表20-3。

表20-3　不同施肥模型对冬小麦施N肥经济效应的影响

| 作物 | 方程 | 推荐施N量（kg/hm²） | 最佳产量（kg/hm²） | 增产（kg/hm²） |
|---|---|---|---|---|
| 701-702冬小麦 | Q | 431.9 | 5 308.1 | 2 151.7 |
| | L+L | 366.6 | 5 568.4 | 2 412.0 |
| 702-703冬小麦 | Q | 295.9 | 4 760.2 | 1 105.5 |
| | L+L | 400.6 | 5 126.5 | 1 471.8 |

注：Q为曲线方程，L为直线方程。

河南省小麦试验结果表明，在两种不同肥力土壤上，施N量与小麦产量之间均出现线性相关性。高肥力土壤上小麦产量明显高于低肥力土壤，肥效反应均为上升＋平台线形，而在高肥力土壤上上升线形较平缓，低肥力土壤上上升线形较陡峭，说明低肥力土壤急需施氮（图20-13）。

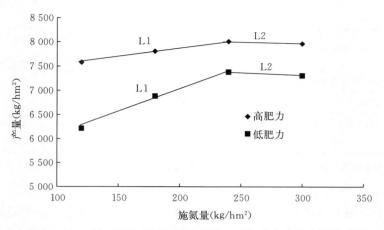

图 20-13 河南鄢陵县不同肥力土壤上施氮量与小麦产量关系

在这两种土壤上，小麦的施氮量都比较低，均在 240 kg/hm² 时转折。说明河南省这两块土壤的供氮能力都是比较强的。

可以看出，在高肥力土壤上直线相关性明显高于二次曲线相关性；低肥力土壤上，肥效的直线相关性与二次曲线的相关性基本相等。

在氮、磷俱缺的土壤上，施用氮肥能促进作物对磷肥的吸收，提高磷肥利用率。如在陕西关中堘土上所做的试验结果（图 20-14）表明，小麦对施磷效应的线性模型在不同施氮量的基础上均为上升＋缓升线形，也就是说磷肥的肥效随施氮量的增加而增加，这是氮、磷俱缺土壤上的一般规律。在不同施氮基础上，施磷肥效应只发生一次转折，且转折后的线形均为不同坡度上升线形，说明施磷量尚未达到最高增产量时的需要量，为了更多增产，还可增加施磷量。

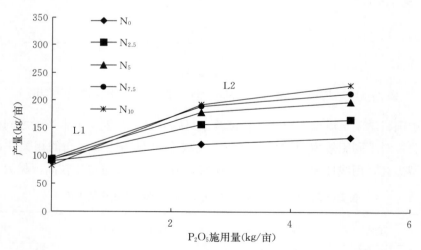

图 20-14 不同施 N 量基础上 P₂O₅ 施用量与小麦产量关系（陕西省
农业科学院土壤肥料研究所 1963—1968 年平均）

注：$N_0$ 指不施氮肥，$N_{2.5}$、$N_5$、$N_{7.5}$、$N_{10}$ 分别指基础施氮量为 2.5 kg/亩、5 kg/亩、7.5 kg/亩、10 kg/亩。

## （二）玉米

1963—1967 年，陕西省农业科学院土壤肥料研究所在关中武功县农场不同肥力土壤上做了多年的玉米施氮效果试验，结果见图 20-15 和图 20-16。图 20-15 是在低肥力（有效磷含量 1.2 mg/kg）土壤上的试验结果，由于土壤严重缺磷，在不同磷肥用量基础上施氮效果有明显差异。施氮量的增产效果随施磷量的增加而增加。不施磷时，N 肥效应是较陡上升＋平缓上升＋下降线形；施 $P_2O_5$ 做底肥时，

N 肥效应则都为陡状上升＋较陡上升＋缓慢上升线形，大大提高了 N 肥在玉米上的增产效果。

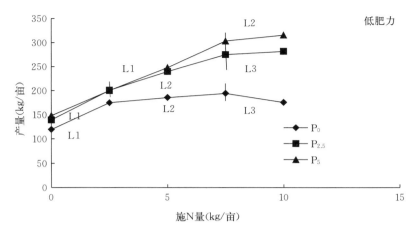

图 20 - 15　在不同施 $P_2O_5$ 量基础上不同施 N 量与玉米产量关系（1963—1967 年平均）

注：$P_0$ 指不施磷肥，$P_{2.5}$、$P_5$ 分别指基础施磷量为 2.5 kg/亩、5 kg/亩。

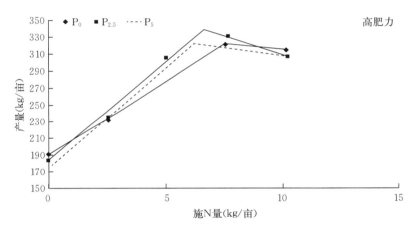

图 20 - 16　在不同施 $P_2O_5$ 量基础上施 N 量与玉米产量关系（1963—1966 年平均）

注：$P_0$ 指不施磷肥，$P_{2.5}$、$P_5$ 分别指基础施磷量为 2.5 kg/亩、5 kg/亩。

　　经分析，模型的相关性和效果见表 20 - 4。结果表明，直线模型和二次曲线模型的相关性都很高，两者十分接近，证明两种模型都可成立。

表 20 - 4　不同施磷基础上在低肥力土壤上玉米施氮效应模型相关性及其效果比较

| 施磷量（$P_2O_5$）（kg/亩） | 施氮模型 | $R^2$ | 推荐施氮量（kg/亩） | 预测产量（kg/亩） |
|---|---|---|---|---|
| 5（$P_{5.0}$） | $y=145.048\,6+25.697\,1x-0.813\,7x^2$ | 0.989 3 | 10.0 | 321.0 |
| | $y_{L1}=155.22+17.56x$ | 0.971 0 | 10.0 | 331.0 |
| 2.5（$P_{2.5}$） | $y=139.065\,7+27.323\,4x-1.289\,1x^2$ | 0.997 7 | 9.8 | 283 |
| | $y_{L1}=142.96+7.011\,3x$ | 0.991 8 | 10.0 | 284 |
| | $y_{L2}=257.428+2.452\,9x$ | 0.988 5 | | |
| 0（$P_0$） | $y=122.04+22.484x-1.72x^2$ | 0.972 2 | 6.0 | 190 |
| | $y_{L2}=165.633\,3+3.86x$ | 0.995 3 | 7.5 | 194 |

注：$y$ 为全部点模型，$y_{L1}$ 为第一段直线模型，$y_{L2}$ 为第二段直线模型。

　　在肥力较高（速效 $P_2O_5$ 含量为 11.5 mg/kg）土壤上进行的试验结果。由于土壤含磷量较高，施

N 效果未受到土壤含磷量低的影响。在 3 种施磷水平基础上，施 N 量效应都很高，其肥效模型的相关性与效益比较见表 20-5。

表 20-5 不同施磷基础上高肥力土壤上玉米施氮效应模型的相关性及其效果比较

| 施磷量（$P_2O_5$）<br>（kg/亩） | 施氮模型 | $R^2$ | 推荐施氮量<br>（kg/亩） | 预测产量<br>（kg/亩） |
|---|---|---|---|---|
| $P_5$ | $y_o = 177.9486 + 31.5611x - 1.7737x^2$ | 0.9969 | 8.4 | 318 |
| | $y_{L1} = 181.7833 + 22.42x$ | 0.9973 | 6.3 | 322 |
| $P_{2.5}$ | $y_o = 176.0686 + 36.2291x - 2.2457x^2$ | 0.9662 | 7.7 | 322 |
| | $y_{L1} = 180.65 + 24.46x$ | 0.9926 | 6.7 | 336 |
| $P_0$ | $y_o = 185.2486 + 27.4851x - 1.3977x^2$ | 0.9762 | 9.2 | 37 |
| | $y_{L1} = 188.2833 + 19.94x$ | 0.9905 | 6.7 | 327 |

注：直线模型施 N 量按产投比>2 计算。

1982 年陕西省农业科学院土壤肥料研究所在杨凌二级阶地上对不同品种的玉米进行了施肥量与产量之间的相关性研究，结果见图 20-17 和图 20-18，两图分别是施氮量与产量和施磷量与产量的相关模型。从结果看出，不同玉米品种在不同施氮量和不同施磷量与产量之间都是上升+下降线形，转折点十分明显。但不同品种对氮和磷的肥效反应有明显差异，产量为掖单 6 号＞丹玉 13 号＞陕单 9 号。肥效不同模型的相关性及其增产效益，具体分析结果见表 20-6。

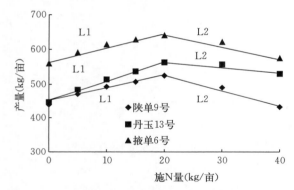

图 20-17 不同玉米品种施氮量与产量关系（陕西省农业科学院土壤肥料研究所，1982）

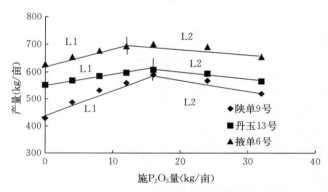

图 20-18 不同玉米品种施磷（$P_2O_5$）量与产量关系（陕西省农业科学院土壤肥料研究所，1982）

表 20-6 不同品种的玉米施氮量与产量和施磷量与产量之间的模型相关性及其效果比较

| 施肥种类 | 玉米品种 | 肥效模型 | $R^2$ | 推荐施肥量<br>（kg/hm²） | 预测产量<br>（kg/hm²） |
|---|---|---|---|---|---|
| 氮肥 | 陕单 9 号 | $y = 435.82 + 8.103x - 0.76x^2$ | 0.9813 | 226.8 | 7 665 |
| | | $y_{L1} = 444.4 + 4.22x$ | 0.9744 | 283.9 | 8 040 |
| | | $y_{L2} = 623 - 4.7x$ | 0.9787 | | |
| | 丹玉 13 号 | $y = 444.199 + 8.98x - 0.1709x^2$ | 0.9914 | 311.7 | 8 355 |
| | | $y_{L1} = 451.4 + 5.74x$ | 0.9902 | 321.5 | 8 640 |
| | | $y_{L2} = 599.5 - 1.65x$ | 0.8811 | | |
| | 掖单 6 号 | $y = 559.27 + 7.2965x - 0.1728x^2$ | 0.9955 | 285.4 | 9 465 |
| | | $y_{L1} = 567.2 + 3.94x$ | 0.9599 | 310.8 | 9 765 |
| | | $y_{L2} = 709.5 - 3.25x$ | 0.9456 | | |

（续）

| 施肥种类 | 玉米品种 | 肥效模型 | $R^2$ | 推荐施肥量<br>（kg/hm²） | 预测产量<br>（kg/hm²） |
|---|---|---|---|---|---|
| 磷肥 | 陕单9号 | $y=428.11+16.35x-0.4248x^2$ | 09 914 | 255.6 | 7 545 |
| | | $y_{L1}=439.6+9.95x$ | 0.974 1 | 255.3 | 8 955 |
| | | $y_{L2}=665.5-4.437x$ | 0.954 0 | | |
| | 丹玉13号 | $y=550.26+6.066x-0.174x^2$ | 0.977 1 | 180.6 | 8 970 |
| | | $y_{L1}=554.8+3.45x$ | 0.992 3 | 235.1 | 9 180 |
| | | $y_{L2}=652.33-2.625x$ | 0.964 3 | | |
| | 掖单6号 | $y=626.74+8.115x-0.227x^2$ | 0.997 9 | 76.3 | 10 425 |
| | | $y_{L1}=633.6+4.55x$ | 0.962 9 | 264.5 | 10 695 |
| | | $y_{L2}=750.333-2.875x$ | 0.903 8 | | |

注：表中 L2 为下降线，不能用于推荐施肥。

由表 20-6 的分析结果看出，不同品种玉米施氮量与玉米产量和施磷量与玉米产量之间的直线相关性和二次曲线相关性都达到显著和极显著水平，说明两种模型都可成立。

玉米不同种植密度下对施氮量与产量之间的相关性也有明显的影响（史瑞和等，1992），见图 20-19。从结果看出，低密与高密下，施 N 量与玉米产量之间均呈线性相关关系，但未出现明显转折点。线形坡度高密明显大于低密，中密则有明显转折点，但在转折点后即呈微显的上升线形。

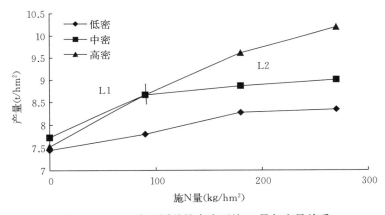

图 20-19 玉米不同种植密度下施 N 量与产量关系

表 20-7 玉米不同种植密度下 N 肥不同肥效模型相关性比较

| 种植密度（株数/hm²） | 肥效模型 | $R^2$ |
|---|---|---|
| 54 000 | $y=7.5225+0.01453x-0.00001638x^2$ | 0.999 7 |
| | $y_{L1}=7.66+0.0094x$ | 0.981 2 |
| 41 500 | $y=7.764+0.01116x-0.00002409x^2$ | 0.976 9 |
| | $y_{L2}=8.51+0.00189x$ | 0.989 7 |
| 33 040 | $y=7.424+0.0582x-0.00000718x^2$ | 0.974 3 |
| | $y_{L1}=7.494+0.00349x$ | 0.937 6 |

吉林省农业科学院土壤肥料研究所张宽等在不同肥力黑土上做了大量施肥量与玉米产量之间相关

性的田间试验研究。作者将其资料绘制成不同肥效模型图，结果见图 20-20～图 20-23。

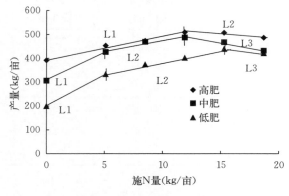

图 20-20　吉林玉米施 N 量与产量关系

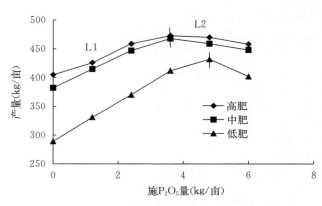

图 20-21　吉林玉米施 $P_2O_5$ 量与产量关系

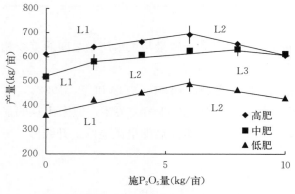

图 20-22　不同地力黑土施 $P_2O_5$ 量与玉米产量关系

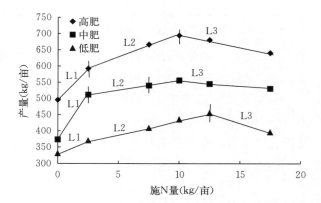

图 20-23　不同肥力黑土上施 N 量与玉米产量关系

图 20-20、图 20-21 是 1982 年的试验结果，气候属于常年；图 20-22、图 20-23 是 1983 年的试验结果，气候属丰产年，1983 年的产量明显高于 1982 年。

从图 20-20～图 20-23 看出，在不同年份和不同肥力土壤上，施 N 量与玉米产量之间的相关性模型大都是上升＋上升＋下降线形；而施 P 量与玉米产量之间的相关性模型则大都是上升＋下降线形；一般在低肥力土壤上，不管是施 N 还是施 P 都出现上升＋下降线形的肥效模型。在确定施肥量时，所采用的直线为：只有一个转折点的直线模型，则取线形 L1；有两个转折点的直线模型，则取线形 L2，但要依 L2 的坡度而定。

经统计分析结果（表 20-8）看出，直线模型的相关性和二次曲线模型的相关性都达到显著和极显著水平，说明两种肥效模型都能成立。所确定的推荐施肥量，两种模型都比较接近，但经济效益一般都表现出直线模型高于二次曲线模型。

表 20-8　吉林省不同肥力黑土上施肥量与玉米产量之间的相关性及其效果比较

| 年份 | 土壤肥力水平 | 供试肥料 | 肥效模型 | $R^2$ | 推荐施肥量（kg/亩） | 预测产量（kg/亩） |
|---|---|---|---|---|---|---|
| 1982 | 高 | N | $y=389+15.84x-0.544\,9x^2$ | 0.970 1 | 12.6 | 501 |
| | | | $y_{L1}=396+9.582\,2x$ | 0.985 8 | 11.9 | 509 |
| | 中 | N | $y=307+29.61x-1.231\,2x^2$ | 0.998 5 | 11.3 | 484 |
| | | | $y_{L2}=383+8.823\,5x$ | 0.998 5 | 11.9 | 487 |

（续）

| 年份 | 土壤肥力水平 | 供试肥料 | 肥效模型 | $R^2$ | 推荐施肥量（kg/亩） | 预测产量（kg/亩） |
|---|---|---|---|---|---|---|
| 1982 | 低 | N | $y=72+28.09x-0.868\,9x^2$ | 0.990 2 | 15.1 | 428 |
| | | | $y_{L2}=283+10.176\,5x$ | 0.995 3 | 15.3 | 439 |
| 1982 | 高 | $P_2O_5$ | $y=402+30.21x-3.210\,2x^2$ | 0.971 8 | 4.4 | 473 |
| | | | $y_{L1}=405+19.75x$ | 0.979 0 | 3.6 | 473 |
| | 中 | $P_2O_5$ | $y=382+34.23x-3.418x^2$ | 0.972 6 | 4.7 | 467 |
| | | | $y_{L1}=385+24.166\,7x$ | 0.990 3 | 3.6 | 468 |
| | 低 | $P_2O_5$ | $y=282+54.107\,1x-5.406\,8x^2$ | 0.960 6 | 4.8 | 417 |
| | | | $y_{L1}=293+30.583\,3x$ | 0.985 5 | 4.6 | 437 |
| 1983 | 高 | N | $y=505+33.22x-1.481\,9x^2$ | 0.973 4 | 10.5 | 691 |
| | | | $y_{L2}=559+13.771\,4x$ | 0.995 8 | 10.0 | 694 |
| | 中 | N | $y=403+27.85x-1.210\,3x^2$ | 0.853 0 | 10.7 | 563 |
| | | | $y_{L2}=496+5.971\,4x$ | 0.999 4 | 10.0 | 556 |
| | 低 | N | $y=327+19.51x-0.866\,9x^2$ | 0.931 0 | 10.2 | 436 |
| | | | $y_{L1}=338+9.581\,4x$ | 0.987 7 | 12.5 | 455 |
| 1983 | 高 | $P_2O_5$ | $y=604+28.28x-2.776\,8x^2$ | 0.889 7 * | 4.8 | 676 |
| | | | $y_{L1}=612+13x$ | 0.994 1*** | 6.0 | 691 |
| | 中 | $P_2O_5$ | $y=522+30.86x-2.183x^2$ | 0.992 5*** | 7.1 | 631 |
| | | | $y_{L1}=569.5+8.35x$ | 0.926 7* | 6.0 | 625 |
| | 低 | $P_2O_5$ | $y=358.3+38.45x-3.129\,5x^2$ | 0.974 4** | 6.1 | 476 |
| | | | $y_{L1}=369+7.65x$ | 0.969 7** | 6.0 | 488 |

注：推荐施肥量的确定点按产投比＞2 为准。

## 二、薯类作物

马铃薯是西方国家重要粮食作物，在我国北方地区把马铃薯既当粮食又当蔬菜食用，同时也可作工业原料。所以提高马铃薯的产量和品质已引起广大科技工作者的重视。近年来，对马铃薯的施肥量与马铃薯产量之间的肥效模型研究越来越多。作者研究得出的马铃薯施肥线性模型见图 20-24。由结果看出，N、$P_2O_5$、$K_2O$ 不同施用量与马铃薯产量之间的线性模型都表现为较陡上升+较缓上升

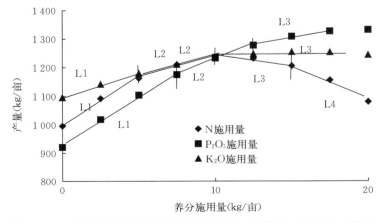

图 20-24 养分不同用量与马铃薯产量关系（吕殿青，孔凡林，2002）

＋平台＋下降线形，显示出施肥量设计得比较完全（吕殿青等，2002）。该试验是在甘肃定西土壤肥力比较贫瘠的土壤上进行的。线性肥效的多次转折可能与此有关。国外气候条件和土壤条件与甘肃定西有很大不同，在土壤肥力较高的土壤上所做的试验结果有很大差异，见图 20-25 和图 20-26。结果表明，施氮的线性效应均为上升线形＋下降线形（史瑞和等，1992），与 cook 模型相似。但在不同条件下有所变化，如 $P_0K_0$ 和 $P_1K_1$ 为底肥时，线性模型为上升＋下降线形，而 $P_2K_2$ 作底肥时，线性模型则变为上升＋平台线形，说明该土壤缺磷、缺钾是比较严重的。催芽与不催芽处理，虽然肥效的线性模型都有明显升降转折，但产量有明显差异，转折点的 N 素最高产量为施 $P_1K_1 > P_2K_2 > P_0K_0$，而催芽的产量转折点产量明显高于不催芽产量的转折点。根据以上试验结果，二次曲线模型与直线模型都可成立。由两种模型计算出的最佳施肥量，基本上都是直线模型低于二次曲线模型。

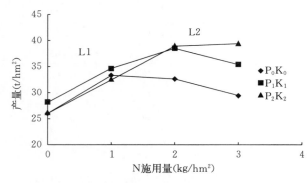

图 20-25　在不同 P、K 用量基础上 N 肥用量与马铃薯产量关系（史瑞和）

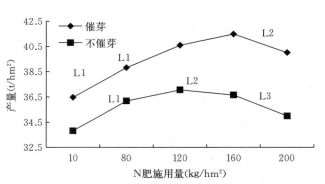

图 20-26　马铃薯催芽与不催芽条件下 N 肥用量与产量关系（史瑞和）

注：$P_0K_0$ 指不施 P、K 肥，$P_1K_1$ 指施基础磷肥 1 kg/亩、基础钾肥 1 kg/亩，$P_2K_2$ 指施基础磷肥 2 kg/亩、基础钾肥 2 kg/亩。

## 三、棉花

棉花是我国主要纤维作物之一，主要分布在新疆、山东、河南、陕西、山西等省份。我国主要棉区所进行的田间肥料试验结果表明，施肥量与棉花产量之间都出现显著的线性相关性，并有明显的线性转折点。

1986—1989 年，作者在陕西省临潼黄墡土上做了 5 个以氮定磷的田间试验（吕殿青等，1989），亩施 15 kg N、7.5 kg $K_2O$ 为底肥，试验的平均结果见图 20-27。亩施 $P_2O_5$ 0～7 kg，籽棉产量随施磷量增加而增加，呈线性增长，到 7 kg 时开始转折，产量即随施磷量的增加而下降（图 20-27）。

根据李俊义等（1992）从山东、河南、湖北、陕西等地所取得的多点试验结果，作者将其绘制成图。从结果看出，在中、低产土壤上，施 N 量与皮棉产量之间均呈上升＋下降线形的肥效模型，转折点也比较明显（图 20-28、图 20-29）。特别是在低产土壤上，施 N 量 12.7 kg/亩时，肥效反应仍呈直线上升，未出现线性转折（图 20-30）。但在中、高产土壤上，施 N 增产作用不大，开始施少量 N 棉花略有增产，转折点以后，继续施 N 产量即成平台（图 20-31、图 20-32）。在土壤不同含

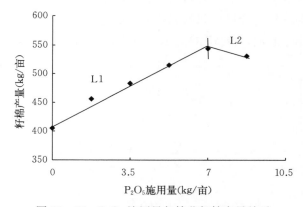

图 20-27　$P_2O_5$ 施用量与棉花籽棉产量关系

$K_2O$ 量条件下，施钾量与皮棉产量之间的相关性均呈直线相关关系，但皮棉产量在速效钾含量高的土壤高于 $K_2O$ 含量低的土壤，说明在这类土壤上，增施钾肥可大大提高棉花产量（图 20-33）。

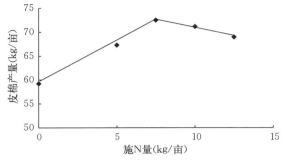

图 20-28　山东、河南、山西中产地施 N 与
　　　　　皮棉产量关系

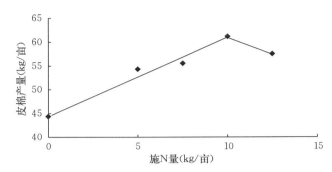

图 20-29　山东、河南低产地施 N 量与皮棉产量关系

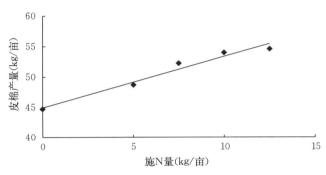

图 20-30　山东低产地施 N 量与皮棉产量关系

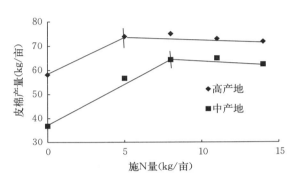

图 20-31　湖北不同肥力土壤上施 N 量与
　　　　　皮棉产量关系

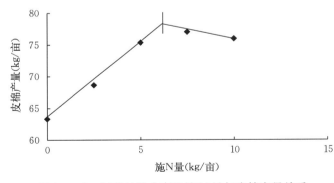

图 20-32　江苏盐城中产地施 N 量与皮棉产量关系

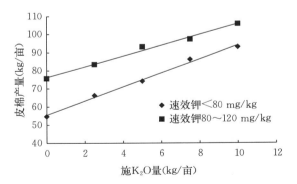

图 20-33　河北唐山土壤不同速效钾含量下
　　　　　$K_2O$ 施用量与皮棉产量关系

## 四、油料作物

### （一）油菜

在一般情况下，油菜对磷、钾肥的反应不太明显，而对 N 肥反应十分敏感。K 肥施用时期对油菜产量十分重要。在冬前施作基肥和在开春施作追肥，对油菜产量影响很大，特别对油菜不同品种影响更大（史瑞和等，1992），见图 20-34 和图 20-35。由图看出，油菜冬前施 N，因苗期油菜吸 N 较少，故增产效果较差；但在早春施 N，因早春油菜开始需要吸收大量 N 素，故增产效果较好。不

同品种，对施 N 效应有显著差异。高芥酸品种施 N 效应明显高于低芥酸施 N 效应。在 N 肥用作基肥时，高芥酸品种施 N 效应模型是上升＋缓升＋下降线形；而低芥酸品种则是下降＋平台线形，这是一种非常特殊的施 N 效应，应进一步研究。在早春施 N 时，高芥酸品种是较陡上升＋缓慢上升线形；而低芥酸品种在整个施 N 量范围内呈直线形，未出现转折，说明低芥酸油菜品种在早春施用 N 肥，更能提高 N 肥的效果。

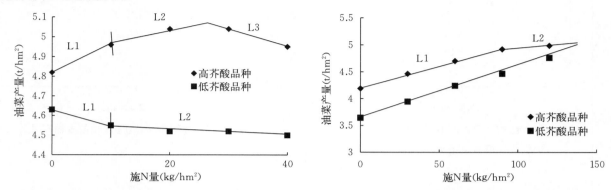

图 20-34　N 施用量（冬前基肥）与不同品种油菜产量关系　　图 20-35　早春追施 N 量与不同品种油菜产量关系

在缺硼土壤上施用钾肥时，不但不能促进油菜增产，反而使油菜呈线性减产（图 20-36），施钾量与油菜产量之间呈负相关关系，相关系数达极显著水平。看来土壤缺硼能抑制油菜吸收钾素，因而能减低施钾效果。因此，加强油菜土壤硼钾比例的研究似有一定试验意义。

在陕西省南部汉中、安康等地，土壤普遍缺硼，油菜"花而不实"十分严重。增施硼肥不仅能解决"花而不实"问题，而且能促进对钾肥的吸收，提高钾肥肥效。试验结果表明，在安康缺硼的黄泥巴土地上，增施硼肥对油菜有显著增产作用，见图 20-37。

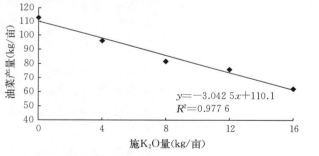
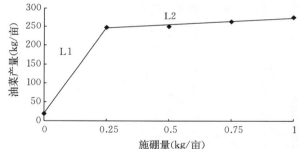

图 20-36　在缺硼土壤上施 $K_2O$ 量与油菜产量关系　　图 20-37　陕西安康缺硼土壤施硼量与油菜产量关系
　　资料来源：全国农业技术推广总站，《钾肥使用的理论与实践》。

从结果看出，在缺硼土壤上，每亩施硼 0～0.25 kg 时，油菜产量大幅度增高，当亩施硼 0.25 kg 时，油菜产量达到高峰，并由此开始转折，然后趋向平稳增产，形成陡坡上升＋缓坡上升线形。

### （二）大豆

大豆主产在东北，是主要油料作物之一。因有根瘤固 N 作用，故施 N 量不宜太多，但增施磷、钾肥十分重要。根据史瑞和的资料，将其绘制成大豆施磷、施钾效应图 20-38 和图 20-39。由图 20-38 看出，磷肥不同施肥方法对大豆的施磷效应有很大差异，将磷肥条施在种子下层和条施在种子旁，磷肥效应模型为上升＋平缓上升线形（接近平台）；磷肥撒施的效应模型为平缓上升线，效应不高；磷肥与种子混合条施的为上升＋急降线形。将磷肥条施种子下层效果最好。说明施磷方法不同，由于磷被土壤固定的作用不同，对大豆肥效的线性模型有很大的影响。钾肥施用量与不同品种大豆产量之间的相关性，均呈线性模型。

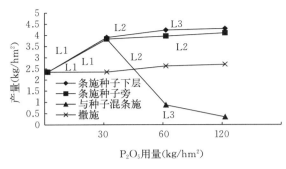

图 20-38 磷肥不同施肥方法及不同用量与大豆产量关系

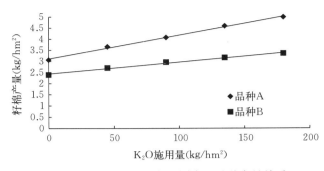

图 20-39 钾肥用量与不同大豆品种产量关系

品种 A 的线性模型：$y_L = 3.11 + 0.0107x$，$R^2 = 0.9960$，$P = 0.0001$；品种 B：$y_L = 2.44 + 0.0053x$，$R^2 = 0.9884$，$P = 0.005$，都达极显著水平。但品种 A 的施钾效应大大高于品种 B，说明不同大豆品种对施钾的线性模型有相当大的影响（史瑞和等，1992）。

### （三）向日葵

向日葵在我国种植面积越来越大，是主要油料作物之一。目前对它的研究也日益增多。向日葵特别需要 N 和 K，因籽粒含油脂很高，特别需要 N 肥。据研究（史瑞和等，1992），向日葵施 N 量与籽粒产量之间的关系密切（图 20-40）。向日葵的施 N 效应非常显著，每公顷施 N 120 kg 范围内，籽粒产量与 N 肥施用量之间出现三段直线相关，上升＋上升＋微升线形的肥效模型，因线段间变化很微，故可当作一条直线看待。统计的相关性与推荐施肥量如下：

$$y = 491.06 + 7.2302x - 0.06279x^2 \qquad R^2 = 0.9986 \qquad P < 0.0001$$

$$y_L = 0.5389 + 0.0152x \qquad R^2 = 0.9954 \qquad P = 0.0001$$

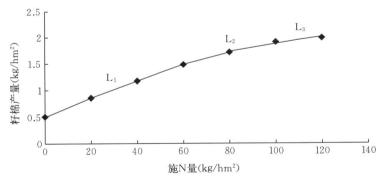

图 20-40 施 N 量与向日葵籽粒产量关系

结果表明，施 N 量与向日葵籽粒产量之间的两种肥效模型都成立。线性虽有转折，但未出现下降线形，说明向日葵较需 N。

## 五、糖料作物

### （一）甜菜

中国甜菜主要分布在新疆和内蒙古等地，是制糖业的主要原料之一。为了提高产量和含糖量，内蒙古农业科学院土壤肥料研究所进行了尿素和磷肥用量与甜菜产量之间相关性的田间试验，结果见图 20-41。在低肥力土壤上，尿素肥效的线性转折点不太明显，约在 9 kg/亩时出现转折，转折后甜菜产量仍随施尿量的增加而提高，呈很稳定缓慢的线性增长。但在中肥力土壤上，也在尿素 6.5 kg/亩时即出现明显转折。然后趋于平稳增长；当施尿素 19.5 kg/亩时便开始下降转折，出现两次转折，形成陇坡上升＋慢坡上升＋下降线形的肥效模型。所以经济合理的尿素施用量，低肥力土壤为 9 kg/亩，中肥力土壤为 6.5 kg/亩。

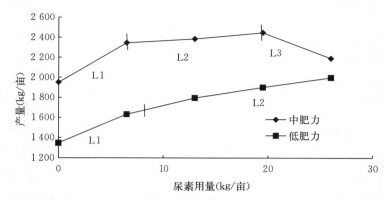

图 20-41 不同肥力土壤尿素用量与甜菜产量关系（内蒙古农业科学院土壤肥料研究所）

增施磷肥对提高甜菜产量有重要作用，但当地农民盲目施磷现象相当普遍，许多地区出现过量施磷。为了克服这一现象，内蒙古农业科学院土壤肥料研究所做了许多工作，结果见图 20-42。结果表明，每亩施用 $P_2O_5$ 3.5 kg 时即出现肥效转折，然后呈平台线性，所以施磷量 3.5 kg/亩即可满足最佳产量的需要。甜菜施磷平台期较长，说明甜菜的耐磷性是非常强的。

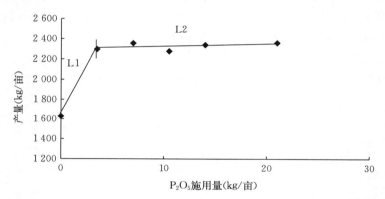

图 20-42 中肥力土壤施磷量与甜菜产量关系（内蒙古农业科学院土壤肥料研究所）

## （二）甘蔗

甘蔗主要生长在中国的南方，是制糖业的主要原料之一。一般甘蔗产量以含糖量来表示。根据田间试验资料，施钾量与蔗糖含量之间呈明显的线性相关（图 20-43）。其效应模型为：

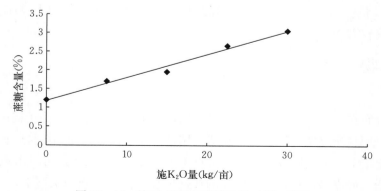

图 20-43 施 $K_2O$ 量与蔗糖含量（％）关系

$$y=1.22+0.05x-0.000\,32x^2$$

$$R^2=0.986\,2 \qquad P=0.013\,8$$

$$y_L=1.18+0.062x$$

$$R^2=0.984\,2 \qquad P=0.000\,8$$

由两种肥效模型比较可见，线性相关性大大高于二次曲线相关性。在每亩施 30 kg $K_2O$ 时，尚未出现肥效转折，说明甘蔗生长需要大量钾素供应。

## 六、蔬菜作物

### （一）花椰菜

日本在 1959 年对花椰菜进行了两个施 N 量与产量之间的相关性田间试验研究（史瑞和等，1992），结果见图 20-44。由试验结果看出，施 N 量与花椰菜产量都得到相似的结果，即施 N 效应都呈现为陡状上升＋平台＋缓坡上升线形。在低 N 量时，产量显著增长，每个试验均在每 1 000 $m^2$ 施 N 30 kg 时开始转折，然后均随施 N 量的增加而先呈平台＋微坡线形缓慢增长。

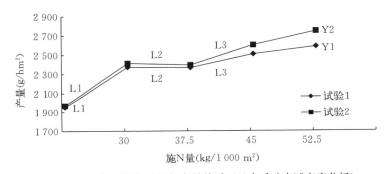

图 20-44 花椰菜施 N 量与产量关系（日本千叶农试安房分场）

用两种肥效模型进行统计分析，结果如下：

$y_1$：$y=376+94.37x-1.007x^2$, $\qquad R^2=0.945\,4 \qquad P=0.233\,7$

$\qquad y_{L3}=2\,084.21+9.57x$, $\qquad R^2=0.984\,4^* \qquad P=0.025\,2$

$y_2$：$y=439+9.75x-6.889\,5x^2$, $\qquad R^2=0.953\,7 \qquad P=0.215\,2$

$\qquad y_{L3}=1\,969.71+14.57x$, $\qquad R^2=0.987\,3 \qquad P=0.071\,8$

看出线性模型优于曲线模型。

### （二）辣椒

关于施肥量与辣椒产量之间的相关试验资料比较少，已知的资料也未出现多个转折的线性模型。但施 N 量与产量之间出现的转折点却是非常明显的（史瑞和等，1992），见图 20-45。从两点相连的直线看出，L1 和 L2 的陡度都很大，说明每公顷施 N 量在 250 kg 以内时，增产甚大；超过 250 kg 时，产量剧烈下降，呈上升＋下降线形。说明施 N 过多时辣椒营养体吸收 N 素过多，会导致通风透光不好，营养输送受阻，果实生长发育不良，使产量显著下降。

### （三）大白菜

大白菜是大众蔬菜之一，提高大白菜产量和质量是十分重要的课题。施 N 量是大白菜增产主要措施之一。由杨先芬的资料进行统计分析（2001），作图 20-46，从结果看出，施 N 量与大白菜产量的关系是上升＋平台线性，转折点非常明显。亩施 N 12.5 kg 即可达到大白菜的最高产量。

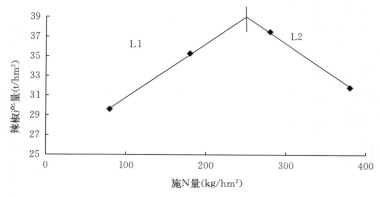

图 20-45　施 N 量与辣椒产量关系

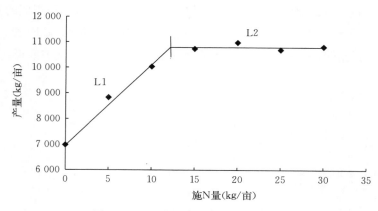

图 20-46　施 N 量与大白菜产量关系

## （四）西瓜

西瓜是属于蔬菜类作物，1986 年作者在临潼娄土上进行了氮、磷单因素施肥量与西瓜产量之间相关性的田间试验（吕殿青等，1986）。进行单因素施肥试验时，同时分别施用 $P_2O_5＋K_2O_5$、$N＋K_2O_5$、$N＋P_2O_5$ 作为底肥，以保证其他营养元素的适量供应，保证交互作用的存在。故每一试验都是 N、P、K 三因素配合，但都检验单因素效应。土壤碱解氮含量为 55 mg/kg、有效磷为 19 mg/kg、速效钾为 260 mg/kg。每个处理重复 3 次。试验结果见图 20-47～图 20-49。

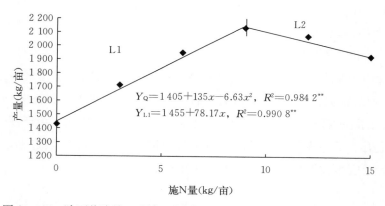

$$Y_Q=1405+135x-6.63x^2, \quad R^2=0.9842^{**}$$
$$Y_{L1}=1455+78.17x, \quad R^2=0.9908^{**}$$

图 20-47　陕西临潼施 N 量与西瓜产量关系（吕殿青、张训义等，1986）

从结果看出，施氮量、施磷量与西瓜产量之间是上升＋下降线形的相关模型，均出现一个明显转折点。西瓜最高产量的需 N、需 $P_2O_5$ 量各为 9.28 kg/亩和 9.04 kg/亩。而在 $K_2O$ 施用量范围内，与

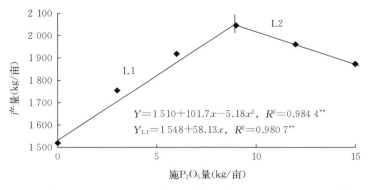

图 20-48 陕西临潼 P$_2$O$_5$ 施用量与西瓜产量关系（吕殿青、张训义等，1986）

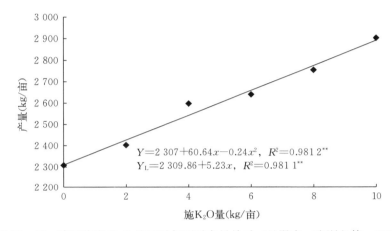

图 20-49 陕西临潼 K$_2$O 施用量与西瓜产量关系（吕殿青、张训义等，1986）

西瓜产量之间的相关性只呈现单一的上升线性模型，未出现转折点，说明在娄土上对西瓜来说，施用更多钾肥是非常必要的。单一的上升线形说明施钾量尚达到西瓜最高产量时的需钾量。

### （五）黄瓜

黄瓜也是大众蔬菜之一，可当鲜菜食用，又可当酱菜食用。蔡绍珍等于 1994 年做了施 N 量与黄瓜产量关系的田间试验，结果见图 20-50。由于施 N 水平处理较少，故线性反应不是太完美，但线性趋势是十分明显的。在转折点以后，黄瓜产量则随施 N 量的增加而呈平稳下降。这与黄瓜的营养体较大，需要吸收较多氮素有关。

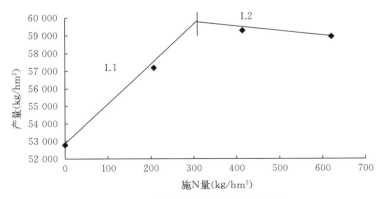

图 20-50 施 N 量与黄瓜产量关系（蔡绍珍，1994）

　　蔡绍珍等对施磷量与黄瓜植株生物学产量之间的关系也进行了研究，结果见图 20 - 51。结果表明，施用磷肥对黄瓜植株生物学产量影响极大，在适量施磷范围内，生物学产量急速增长，到达一定施磷量时，即迅速开始转折，形成上升＋平台＋缓慢下降线形的肥效模型。施磷的肥效模型与施 N 的肥效十分相似。直线模型的相关性高于二次曲线模型。

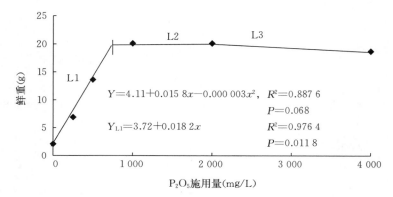

图 20 - 51　$P_2O_5$ 施用量与黄瓜幼苗鲜重关系（蔡绍珍，1994）

### （六）番茄

　　番茄是营养比较丰富的蔬菜之一，兼作水果。北京市农林科学院黄德明等在北京郊区对番茄做了施肥量与产量相关性研究（黄德明，1993），结果见图 20 - 52。虽然每种肥料用量处理数不多，但趋势很明显。N 肥肥效模型呈陡状上升＋缓状下降线形；P（$P_2O_5$）呈陡状上升＋缓状上升线形；但 K（$K_2O$）肥很特殊，肥效反应则是缓状下降＋陡状下降线形。这种肥效模型的差异与土壤养分含量高低有关。北京郊区土壤有效钾含量很高，有效磷含量较低，碱解氮含量较高。土壤所含 3 种有效养分很不平衡，因而显示出 3 种肥料有 3 种不同的肥效模型。

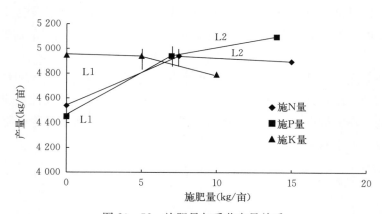

图 20 - 52　施肥量与番茄产量关系

# 七、烟草

## （一）施 N 量与烟草产量的相关性

　　陕西渭北旱塬是烟草产区之一。1986 年，作者进行了施 N 量与烟叶产量之间相关性的田间试验（吕殿青等，1986）。每个处理均以 $P_2O_5$ 7.5 kg/亩和 $K_2O$ 7.5 kg/亩作底肥，重复 3 次，试验结果见图 20 - 53。在施 N 量范围内，施 N 量与烟草产量之间呈线性相关关系，肥效的相关模式如下：

$$y=159.36+4.0143x-0.0514x^2, \qquad R^2=0.9886^{**} \qquad P=0.0012$$
$$y_L=160.43+3.3714x, \qquad R^2=0.9855 \qquad P=0.0001$$

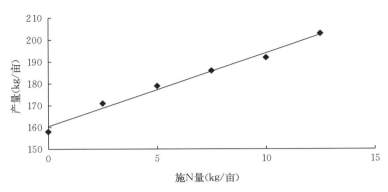

图 20-53　陕西渭北旱塬施 N 量与烟叶产量关系（吕殿青、张训义等，1986）

1987—1989 年，辽宁省丹东市农业科学研究所与中国科学院南京土壤研究所合作，在草甸土上进行了田间试验，重复 3～4 次，小区面积为 40 m$^2$。以 P$_2$O$_5$（过磷酸钙）6.65 kg/亩和 K$_2$O（硫酸钾）13.35 kg/亩作底肥。作者依据该试验资料，进行了统计和作图，结果见图 20-54。由图看出，连续三年试验结果，都反映出施 N 量与烟叶产量之间的肥效线性转折点，但转折程度不明显。三年肥效转折的特点是：所有线形都为上升直线，未出现下降线形，但线形坡度都比较缓慢。

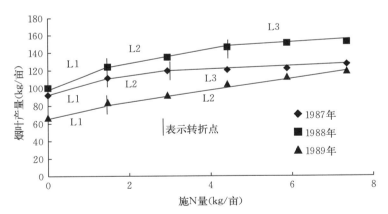

图 20-54　辽宁丹东施 N 量与烟叶产量关系（李默隐，1994）

### （二）施磷量与烟叶产量的关系

磷肥对烟草根系发展，促进早发，提前成熟，促进氮、钾的吸收，提高烟叶中氨基酸和钾的含量有重要作用，故在缺磷土壤上增施磷肥能明显提高烟叶产量和品质。

在河南、贵州、江苏等地施用磷肥能明显提高烟叶产量。试验结果见图 20-55～图 20-57。由图看出，施磷量与烟叶产量之间的相关性河南为上升＋下降线形，转折点非常明显；贵州为上升＋平缓上升线形；江苏为缓慢上升＋陡坡上升＋平缓上升线形（几乎为平台）。河南亩施 8 kg P$_2$O$_5$ 增产烟叶 19 kg/亩；贵州 1987 年亩施 P$_2$O$_5$ 8 kg 增产烟叶 68 kg/亩，1988 年亩施 P$_2$O$_5$ 8 kg 增产烟叶 18 kg/亩；江苏 1987 年亩施 P$_2$O$_5$ 6 kg 增产烟叶 35 kg/亩。

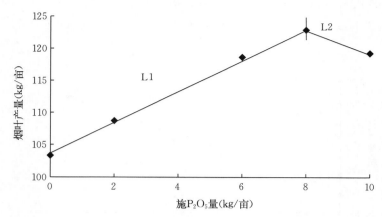

图 20-55　河南内乡 $P_2O_5$ 施用量与烟叶产量关系（1987 年）

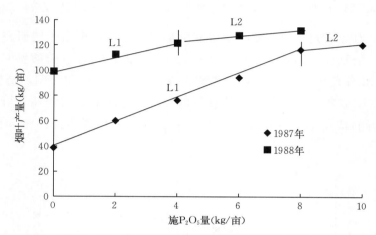

图 20-56　贵州遵义 $P_2O_5$ 施用量与烟叶产量关系

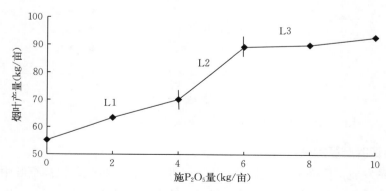

图 20-57　江苏新沂 $P_2O_5$ 施用量与烟叶产量关系（1987）

### （三）施钾量与烟叶产量相关性

烟草是喜钾作物，施用钾肥不但能提高烟叶产量，而且能改善烟叶品质，提高产值。烟草对钾肥很敏感，钾肥在烟草上的肥效反应与环境条件非常密切，如土壤水分、温度变化等。由于水分、温度等的变化会影响到钾离子在土壤黏土中固定和释放，从而影响到钾肥肥效。我国南方地区土壤一般缺钾，施钾效果比北方显著。作者在江苏、贵州等地所作的试验结果见图 20-58～图 20-60。

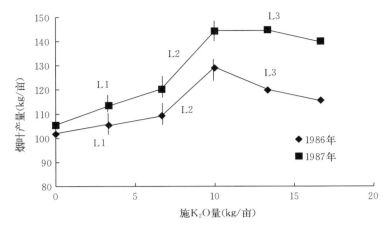

图 20-58　江苏新沂 $K_2O$ 施用量与烟叶产量关系

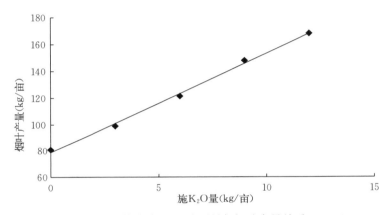

图 20-59　江苏赣榆 $K_2O$ 施用量与烟叶产量关系（1989）

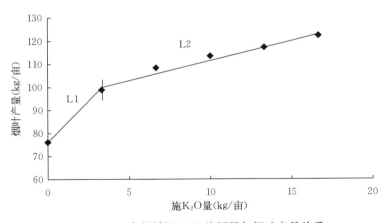

图 20-60　贵州绥阳 $K_2O$ 施用量与烟叶产量关系

　　图 20-58 是江苏新沂不同年份施钾与烟叶产量之间的相关结果，两年结果趋势基本相同，烟叶产量先是随施钾量的增加而缓慢增长，然后突然显著增加，接着即随施钾量的增加而下降。其中钾效的突然增长，可能与土壤条件，如土壤水分、温度等发生突变有关。但两年的趋势十分一致，肥效的线性表现也是非常明显的。

　　图 20-59 是江苏赣榆 1989 年的试验结果，施钾量与烟叶产量之间呈单一线性相关关系，说明供

应的施钾量尚未满足烟草生产的最大需要，因而未出现钾肥效应的转折点，这与土壤严重缺钾有关。

图 20-60 是贵州绥阳试验结果。烟草的施钾效应为陡坡上升＋稍缓上升线形，第一次上升线形很陡，第二次上升线形稍缓，但也是较陡，未出现线形平台或下降线形。说明施钾量尚未达到最高需要量，表明该土壤是严重缺钾的。

现将以上施钾量与烟叶产量之间的不同相关模型比较如下：

图 20-58（1986 年）　　$y=93.37+8.17x-0.56x^2$,　　　$R^2=0.598\,1$

　　　　　　　　　　　$y_{L1}=101.66+1.139\,4x$,　　　$R^2=0.999\,7^{**}$

　　　　　　　　　　　$y_{L3}=148.89-2.01x$,　　　　$R^2=0.995\,2^{**}$

图 20-58（1987 年）　　$y=101.94+4.88x-0.142\,6x^2$　$R^2=0.882\,7^*\,(P=0.038\,7)$

　　　　　　　　　　　$y_{L1}=105.63+2.22x$　　　　$R^2=0.997\,1^*\,(P=0.342)$

图 20-59　　　　　　　$y=79.81+6.71x-0.062\,7x^2$　$R^2=0.997\,6\,(P=0.002\,4)$

　　　　　　　　　　　$y_L=78.68+7.463\,3x$　　　　$R^2=0.996\,7\,(P<0.000\,1)$

图 20-60　　　　　　　$y=78.63+5.49x-0.178\,8x^2$　$R^2=0.972\,5\,(P=0.004\,6)$

　　　　　　　　　　　$y_{L2}=99.34+1.983\,2x$　　　　$R^=0.996\,6\,(P=0.034\,2)$

从以上各试验的肥效反应模型统计分析结果看出，不同地区施钾量与烟叶产量之间的相关性均表现出直线模型高于二次曲线模型，说明钾肥的直线模型比二次曲线模型更为优越。

# 第三节　牧草肥效线性模型的研究

牧草一般是多年生植物，根系发达，抗逆性强，在气候条件良好、养分和水分等供应充足时，产草量可以大幅度地增长。施肥量与牧草产量之间的线性相关性与其似乎具有固定的特色。过去人们对牧草研究较少，近些年来，在施肥量与牧草产量和品质之间的相关性研究已引起很多人的关注。

## 一、苜蓿

苜蓿是牧草之王，是我国人工种植面积最大的草种。因能通过根瘤菌固定空气中的氮素，可减少氮肥施用量；苜蓿本身含有较多的蛋白质，营养成分十分丰富，故对发展畜牧业具有重要作用。

杨恒山、曹敏建等在内蒙古民族大学农学院试验农场作了磷、钾施用量与产草量相关性的田间试验。土壤为灰色草甸土，有效磷含量为 25.26 mg/kg、速效钾含量为 146.58 mg/kg、pH 为 8.43，每个处理均为 3 次重复，试验结果（根据试验资料进行统计和作图）见图 20-61 和图 20-62。从结果

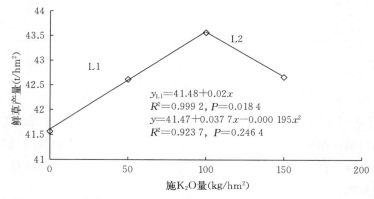

$y_{L1}=41.48+0.02x$
$R^2=0.999\,2,P=0.018\,4$
$y=41.47+0.037\,7x-0.000\,195x^2$
$R^2=0.923\,7,P=0.246\,4$

图 20-61　内蒙古施钾量与苜蓿鲜草产量关系（杨恒山等，2003）

看出，由于土壤速效钾含量较高，施钾量（KCl）达 100 kg/hm² 时，苜蓿鲜草产量即开始出现转折，转折点后，产草量便随施钾量的增加而显著下降。但由于土壤有效磷含量较低，同时苜蓿又是喜磷牧草，故在施磷量范围内，苜蓿的鲜草产量随施磷量的增加而呈线性增加，磷肥的增产幅度很大，且未出现产量转折，说明在内蒙古地区灰色草甸土上，增施磷肥是提高苜蓿鲜草产量的一条主要措施。

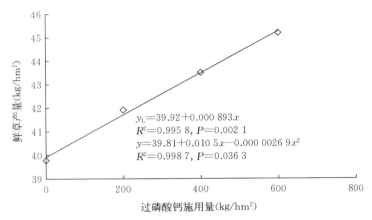

图 20-62　内蒙古施磷量与苜蓿鲜草产量关系（杨恒山等，2003）

邢月华、谢甫绨等在辽宁省农业科学院试验场草甸土上进行了施钾量与苜蓿产量相关性田间试验（邢月华等，2005），结果见图 20-63。与图 20-68 相似，$K_2O$ 用量达 100 kg/hm² 时，出现转折，转折点以后，出现了一条下降直线。

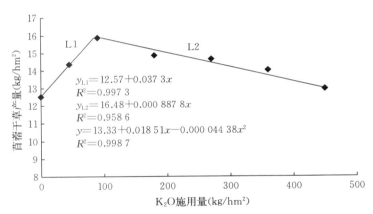

图 20-63　施 $K_2O$ 量与苜蓿干草产量关系（邢月华等，2005）

## 二、人工混合牧草

供试草地在贵州省草业科学研究所试验场内，为苇状羊茅多年生黑麦草、扁穗雀麦、白三叶等混播人工草地。通过不同施肥量和不同施肥方式进行了田间试验（莫本田等，2000），结果见图 20-64。结果看出，在不同基肥与追肥比例条件下，每亩施 N 7～30 千克，施 N 量与混合牧草鲜草产量均呈高度的线性相关关系。相关性的统计结果如下：

基追比在 5：5 时：$y_L = 32.05 + 2.57x$

$\qquad R^2 = 0.999\ 6^{**}$

6：4 时：$y_L = 24.116\ 7 + 2.45x$

$\qquad R^2 = 0.999\ 3^{**}$

7 : 3 时：$y_L = 18.066\,7 + 2.44x$

$R^2 = 1.000\,0^{**}$

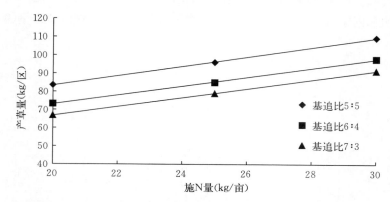

图 20-64　施 N 量与混合牧草鲜草产草量关系（莫本田等，2000）

　　施氮量与混合牧草产量之间的线性关系均达到极显著水平。但在施 N 量 30 kg/亩时，直线尚未发生转折，说明混合牧草的需氮量与其他作物相比要高得多。从施 N 方式来看，基追各半增产效果最高，6 : 4 次之，7 : 3 最低。

　　徐双才等（2000）在云贵高原白三叶和禾本科混合牧草，禾豆比为 6 : 4，草地上应用难溶性钙镁磷肥（$P_2O_5$）进行了肥效试验，土壤为红壤，有效磷含量较低，为 10.2 mg/kg、pH 为 4.8～5.3。产草量按两年平均计，结果见图 20-65，肥效模型为上升＋平台线形。肥效模型如下：

$y = 9\,018.32 + 11.31x - 0.004\,85x^2$ 　　　$R^2 = 0.953\,2^{**}$

$y_{L1} = 8\,816.33 + 10.143\,3x$ 　　　$R^2 = 0.981\,5^{*}$

$y_{L2} = 14\,047 + 0.905\,6x$ 　　　$R^2 = 0.856\,2^{*}$

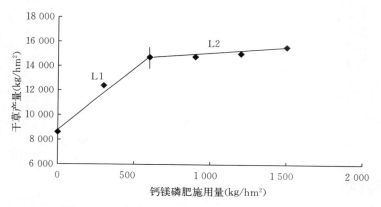

图 20-65　钙镁磷肥施用量与混播牧草产量关系

　　线性模型均达显著水平。直线模型与二次回归模型接近，既减少了大量施磷量，且施磷量确定方法简单，有利推广应用。

　　牧草质量的好坏主要看蛋白质含量的高低。蛋白质含量高，质量就好，否则就差。因此，在提高牧草产量的同时必须注意提高牧草蛋白质含量。增施 N 肥是提高牧草蛋白质含量的有效途径之一。据研究（史瑞和等，1992），施 N 量与牧草干物质产量和蛋白质含量的关系非常密切，见图 20-66。

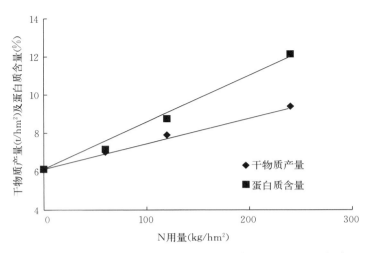

图 20 - 66  N 施用量与牧草干物质产量及蛋白质含量关系（史瑞和）

## 三、天然牧草

德科加、周国平等在青海天然牧草地上进行了施 N 量与产草量关系的田间试验（德科加等，2001），结果见图 20 - 67。施 N 量在 0～450 kg/hm² ，与天然牧草产量呈极显著的线性相关关系。天然牧草吸 N 量很大，施 N 量增至450 kg/hm² 时，尚未出现肥效转折，说明增加施 N 量，在青海天然牧草地区可大大提高牧草产量，这为促进畜牧业的发展提供了良好条件。

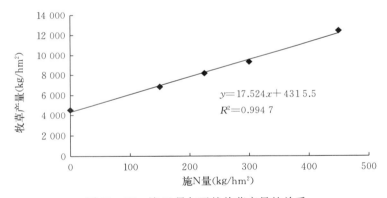

图 20 - 67  施 N 量与天然牧草产量的关系

## 四、高丹草

施肥量与高丹草产量之间的关系，已进行了不少的研究（韩娟等，2010）。作者将资料作进一步计算、统计和制图，结果见图 20 - 68。结果看出，肥效模型为上升＋平缓上升线形，尚未出现下降。经统计，直线模型相关性达显著水平，二次曲线模型的相关性达极显著水平，两种模型均可成立。两种模型如下：

$$y = 106\ 187 + 269.86x - 0.385\ 6x^2 , \qquad R^2 = 1.000\ 0^{**}$$
$$y_{L1} = 109\ 290 + 161.96x , \qquad R^2 = 0.965\ 6^{*}$$

高丹草是饲用高粱和苏丹草自然杂交形成的一年生禾本科牧草。再生和分蘖能力强，分枝多，可多次刈割利用，饲用价值高，在生产中已广泛应用。该试验在扬州大学试验田进行。试验土壤为沙壤土，碱解氮含量为 100.6 mg/kg、有效磷含量为 36.4 mg/kg、速效钾含量为 89 mg/kg，土壤肥力相

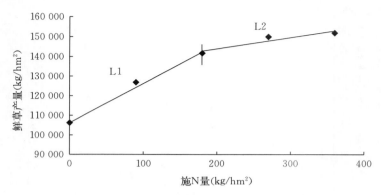

图 20 - 68　施 N 量与高丹草鲜草产量关系

当高，特别是碱解氮含量是当地高水平的。但施 N 效果仍然很好，这与牧草属于营养富集有关。

## 五、俯仰臂形草

俯仰臂形草是一种优良的禾本科牧草。试验在云南曼中田畜牧场进行（袁福锦等，2005）。试验土壤为紫色土，碱解氮含量为 58.8 mg/kg、有效磷含量为 13.5 mg/kg、速效钾含量为 90 mg/kg。土壤肥力比较低，特别是碱解氮、有效磷含量更低。施 N 量与产草量试验结果见图 20 - 69 和图 20 - 70。

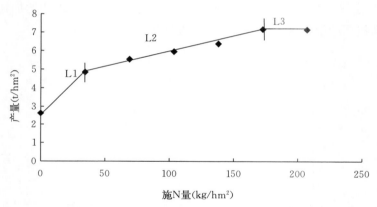

图 20 - 69　施 N 量与俯仰臂形草干草产量关系

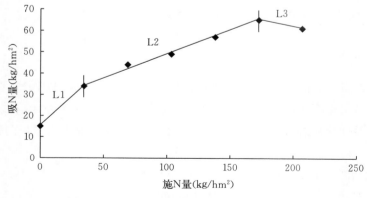

图 20 - 70　俯仰臂形草施 N 量与吸 N 量关系

由图 20 - 69 表明，施 N 量的干草增产效应非常显著。当低 N 投入时，产量快速增加，当施 N 量达 33.25 kg/hm² 时，即开始转折；转折后，随着施 N 量的继续增加，产量仍继续线形增长，但速度变慢；最后随施 N 量的增加，产草量则呈平台发展。整个出现两个转折，形成陡坡上升＋缓坡上升＋平台线形的肥效模型。由二次线性转折点确定的施 N 量为 172.5 kg/hm²，而以二次曲线求得的经济施 N 量为 192.16 kg/hm²。应用直线模型确定的施 N 量可节省肥料。

从牧草施 N 量与吸 N 量的关系来看，其线性模型与产草量的线性模型基本相同。由此可进一步说明，作物产量与施肥量之间的线性关系就是作物生理营养规律的一种反应。

## 六、百喜草

百喜草既有水土保持功能，又具有饲草、绿肥之功效。在增加土壤有机质、改善土壤理化性质、免耕等方面具有优异效果。江西 90％以上县（市）种植百喜草，种植面积已超过 6 000 hm²。为提高百喜草产量，增施 N 肥是有效途径之一。李德荣等（2005）报道了所做的试验结果。试验是在江西宁都红壤上进行的，土壤碱解氮含量为 53.67 mg/kg、有效磷含量 9.62 mg/kg、速效钾含量为 58.85 mg/kg。作者依据李德荣等的资料进行了统计制图，结果见图 20-71。可以看出，施 N 量在很高的范围内，百喜草产量随施 N 量的增加而增长，形成的肥效模型为上升＋平台＋下降线形，出现两个转折点。用二次曲线方程计算所得的经济施 N 量为 364.6 kg/hm²，产草量为 27 610 kg/hm²；而由直线模型确定的施 N 量为 300 kg/hm²，产草量为 28 500 kg/hm²。直线模型效益高于二次模型效益。

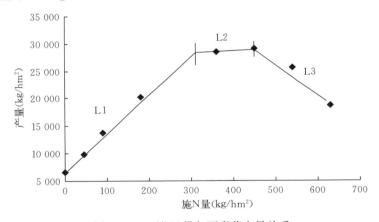

图 20-71　施 N 量与百喜草产量关系

根据测定，百喜草施 N 量与叶片含 N 量之间也呈显著的线性相关关系，见图 20-72。

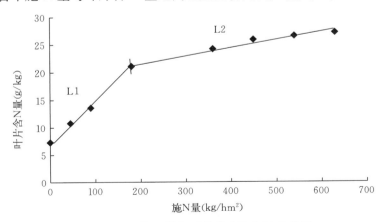

图 20-72　施 N 量与百喜草叶片含 N 量关系

说明百喜草叶片含 N 量与百喜草产量之间同样可用线性模型表达。

百喜草施 N 量与叶片含 N 量之间曲线与直线模型如下：

$$y=7.886\,2+0.072\,6x-0.000\,069x^2, \qquad R^2=0.980\,7 \qquad P<0.001$$
$$y_{L1}=7.2+0.076\,19x, \qquad R^2=0.997\,3 \qquad P=0.001\,4$$
$$y_{L2}=19.0+0.013\,89x, \qquad R^2=0.961\,4 \qquad P=0.003\,3$$

说明两种模型都可应用。

## 七、无芒雀麦

无芒雀麦也是一种重要的禾本科牧草，由于种子产量不高，影响其大面积种植和推广。为此，孙铁军博士等在河北张家口进行了施 N 量对无芒雀麦种子产量等试验（孙铁军等，2005）。作者根据资料制成了图 20-73、图 20-74。

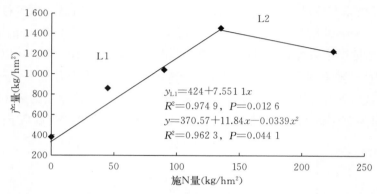

图 20-73　施 N 量与无芒雀麦种子产量关系

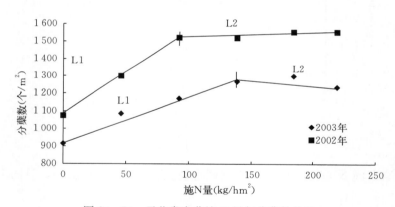

图 20-74　无芒雀麦草施 N 量与分蘖数关系

结果统计表明，施 N 量与无芒雀麦种子产量之间具有明显的线性相关关系，形成上升＋下降线形的肥效模型。但施 N 量与无芒雀麦种子产量之间的二次曲线只达到显著水平，说明直线模型优于曲线模型。

无芒雀麦草施 N 量与分蘖数的关系，2002 年形成的直线模型为上升＋平台线形，转折点明显提前；而 2003 年的直线模型却为上升＋下降线形，转折点明显推后。这与 2002 年生长季节比 2003 年降水量明显增多、温度明显提高有关。

## 第四节　果树肥效线性模型的研究

### 一、苹果

苹果主要分布在中国北方地区，辽宁省是苹果主要产区之一。辽宁省农业科学院对 21 年生国光苹果施 N 量与产量之间的相关性进行了田间试验，结果见图 20-75。结果看出，施 N 量虽然只有 5 点用量试验，但 N 肥效应已经出现明显转折点。且增产线形与减产线形非常明显。其肥效模型如下：

$y=125.16+196.88x-182.11x^2$

$R^2=0.7210$　　　$P=0.2790$

$y_{L1}=121.51+168.50x$

$R^2=0.9829$　　　$P=0.0835$

$y_{L2}=189.37-31.00x$

$R^2=0.9772**$　　　$P=0.0965$

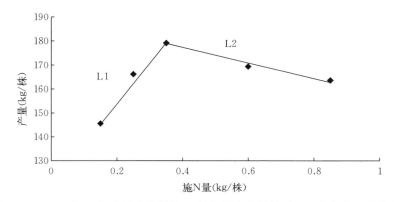

图 20-75　辽宁 21 年生国光苹果施 N 量与果实产量关系（辽宁省农业科学院）

## 二、柑橘

柑橘是中国南方主要果树，湖南是柑橘主要产区之一。何为选等在湖南邵东县进行了 N、P、K 施用量与柑橘产量之间相关性田间试验。该试验是在 3 种不同肥力土壤上进行的，结果趋势基本相似，为了简化起见，作者取其平均值进行制图，结果见图 20-76。可以看出，N、P、K 不同养分的肥效反应，都显示出有明显的转折点，其中磷肥的转折点出现最早，钾肥次之，氮肥最迟。转折点之前，N、P、K 肥效迅速上升，转折之后肥效下降也很快。

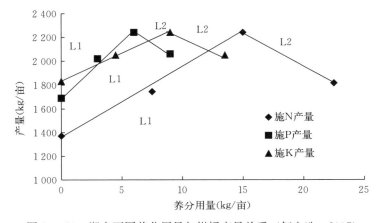

图 20-76　湖南不同养分用量与柑橘产量关系（何文选，2007）

将 3 种肥料在柑橘上的肥效反应模型统计分析如下：

N 效应：$y=1\,317.9+104.25x-3.546\,7x^2$　　$R^2=0.857\,8$　　$P=0.377\,1$

　　　　$y_{L1}=1\,349.67+58.00x$　　　　$R^2=0.993\,5^*$　　$P=0.051\,4$

P 效应：$y=1\,683+182.67x-15.56x^2$　　$R^2=0.993\,9$　　$P=0.077\,9$

　　　　$y_{L1}=1\,701.07+91.67x$　　　　$R^2=0.994\,6^*$　　$P=0.046\,7$

K 效应：$y=1\,819.4+93.87x-5.629\,6x^2$　　$R^2=0.974\,0$　　$P=0.161\,1$

　　　　$y_{L1}=1\,835+45.56x$　　　　$R^2=0.998\,2^*$　　$P=0.026\,9$

以上结果看出，3 种肥料的直线性相关性明显高于二次曲线模型。

苹果和柑橘都是多年生的乔木类果树，树形庞大，但在不同量的施肥下，果实产量竟然也和其他作物一样，都出现有明显转折点，且在转折点前后施肥量与产量之间都是线性模型。这就让我们有充分理由认为，施肥量与作物产量之间线性相关性是作物生长的一种普遍现象和固有特性，应该予以重视研究和应用。

## 三、无花果

无花果是一种灌木类果树，在我国南方生长较多。不同 N、P、K 肥养分用量与无花果果实产量之间也显示出线性相关关系，见图 20-77。其肥效特点是施 N 肥在施肥量较宽范围内产量呈上升＋平台＋下降线形；施 P 在施肥量较狭范围内产量呈上升＋下降线形；而施 K 则在施肥量较宽范围内呈上升＋平台＋下降线形。施 N、P 的升降线形较陡峭；施 K 的升降线形较平缓。说明 N、P 肥效大于 K 肥。这种灌木类果树的肥效转折点的明显程度 P＞N＞K。

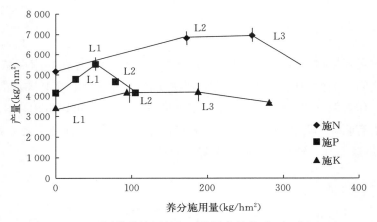

图 20-77　不同养分施用量与无花果产量关系（江苏，1993）

# 第五节　树木肥效线性模型的研究

## 一、桉树

桉树是造纸工业的主要原料之一，目前国内已有大面积种植，并以常规方法对其进行科学栽培和管理。对其施肥量与产量之间的相关性也已进行了较详细的研究，现将 N、P、K 施用量与桉树干物质产量的关系试验结果制成图 20-78。从结果看出，N、P、K 三种肥料的肥效反应都出现了明显的上升线形和下降线形的转折点。由转折点即可求得与横坐标相对应的施肥量。

经统计分析，肥效模型如下：

施 N：$y=2\,954.46+85.10x-1.025\,9x^2$ 　　　$R^2=0.651\,6$ 　　　$P=0.348\,4$

　　　　$y_{L2}=5\,569.36-32.679\,1x$ 　　　　　$R^2=0.982\,9$ 　　　$P=0.008\,6$

施 P：$y=1\,222.35+236.88x-3.119\,9x^2$ 　　　$R^2=0.838\,9$ 　　　$P=0.401\,4$

　　　　$y_{L2}=5\,350-19.095\,2x$ 　　　　　　$R^2=0.984\,6$ 　　　$P=0.079\,3$

施 K：$y=281.38+261.57x-3.590\,7x^2$ 　　　$R^2=0.988\,8$ 　　　$P=0.106\,0$

　　　　$y_{L1}=511.17+157.23x$ 　　　　　　$R^2=0.991\,2$ 　　　$P=0.059\,7$

可以看出，3 种肥料的直线相关性均显著高于二次曲线模型。

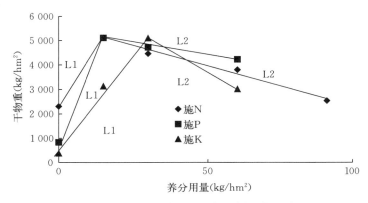

图 20-78　不同养分施用量与桉树干物重关系

　　根据桉树各部位吸收养分量的测定结果（图 20-79），可以看出，施肥量与养分吸收量之间也有明显的线形转折点。它们的线性模型是：吸 N 的为上升＋平台＋下降线形；吸 P 是陡短式上升＋平缓式下降线形；吸 K 是陡长式上升＋陡快式下降线形。总的吸收量是 N＞K＞P。从养分吸收的曲线图形来看，桉树对不同养分都有一个固有的吸收容量，这个吸收容量可由养分吸收平台或下降线形的转折点显示出来，转折点后再继续增施肥料，即能引起肥害，减少养分吸收，从而降低桉树产量。这可能是决定施肥量与产量之间线性模型及其发生转折点的理论依据。

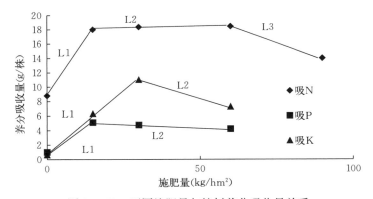

图 20-79　不同施肥量与桉树养分吸收量关系

## 二、橡胶树

　　橡胶树是我国重要的工业原料之一，人们对其各方面研究甚多。由施 N 量与橡胶幼树干物重之间相关性的试验结果（图 20-80）表明，在供 N 量范围内出现了两条上升直线，直线间有明显的转折，但尚未出现橡胶树干物质产量的下降线形。

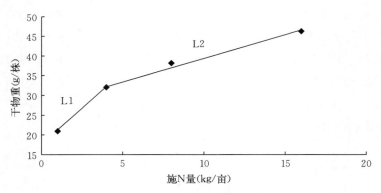

图 20-80　施 N 量与橡胶幼树干物重关系

由橡胶树各部位含 N 量的测定结果表明，橡胶树各部位含 N 量与施 N 量之间也呈线性相关关系（图 20-81）。因此，橡胶树总干物质产量与施 N 量呈线性相关关系可能与此有关。可以看出各部位含 N 量是叶片＞叶柄＞茎秆。

植物有机物质通过光合作用而形成的，光合作用越强，形成的有机物质就越多。由测定结果表明，施 N 量与光合作用速率和叶片中叶绿素含量之间均呈线性相关关系，其相关模型叶绿素含量为陡坡上升＋

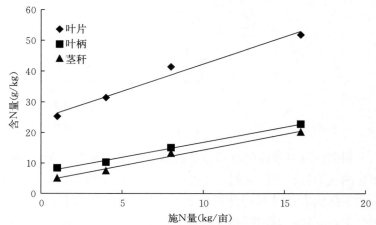

图 20-81　橡胶幼苗地上各部位含 N 量与施 N 量关系

缓坡上升线形；光合速率为陡坡上升＋陡坡下降线形，都有明显的转折点，看来这都是一种生理特性反应（图 20-82）。由此说明，养分施用量与植物生产量之间之所以能出现线性相关性可能都与生理特性有关。

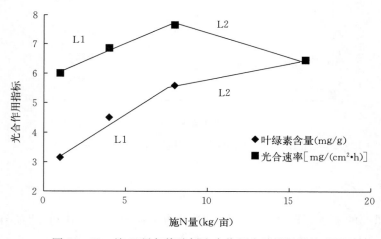

图 20-82　施 N 量与橡胶树光合作用有关指标的关系

施用的营养物质能促使植株体内有机物质的合成，有机物质的合成过程也存在阶段性的线性反应，这可能就是施肥量与生物产量之间出现线性相关关系的生理基础。

# 第六节 不同因素之间的线性模型

近年来，我国在施肥量与产量之间相关性研究越来越多，已涉及多种土壤、多种作物以及其他不同条件等方面的内容。作者根据国内研究的有关资料，作了进一步的分析，并绘制出模型图。现将其归纳如下。

## 一、不同肥料的施用量与不同植物产量之间的线性模型

### （一）N 肥

见图 20-83。

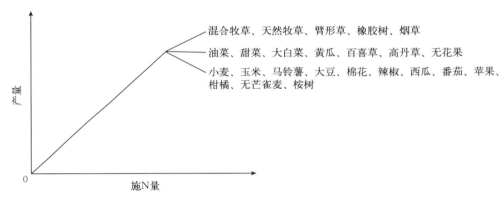

图 20-83 施 N 量与不同作物产量之间线性相关的模型反应

### （二）P 肥

见图 20-84。

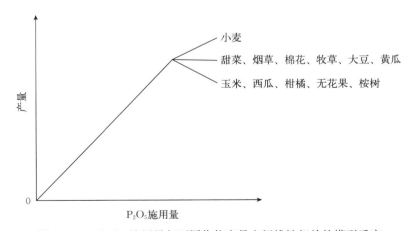

图 20-84 $P_2O_5$ 施用量与不同作物产量之间线性相关的模型反应

### （三）K 肥

见图 20-85。

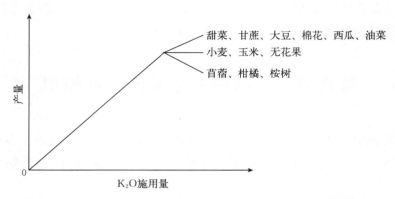

图 20 - 85　$K_2O$ 施用量与不同作物产量之间线性相关的模型反应

## 二、施肥量与作物产量之间的线性模型

肥效线性模型的形态变化与肥料种类、肥料用量、土壤种类和肥力水平、气候条件、作物种类、农艺措施、田间管理方法等都有密切的关系。根据肥料与产量之间的线性反应，可以得到在充足施肥量条件下，施肥量与植物产量之间的线性模型总体表达（图 20 - 86）。

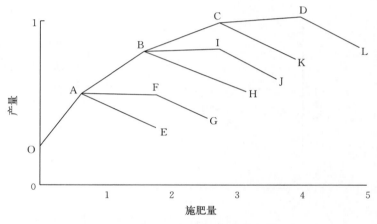

图 20 - 86　施肥量与作物产量之间的线性模型的总体表达

由施肥量与作物产量之间线性相关的变化模型可以看出以下可能产生的肥效类型：

OA 为施肥高效区，AC 为施肥中效区，CD 为施肥低效区，DL 为施肥无效区。

AGE 为施肥无效区，BH 为施肥无效区，CK 为施肥无效区。

## 三、线性模型的应用

### （一）线性模型与二次曲线模型的适用性概述

20 世纪 80 年代以来，我国施肥量与作物产量之间相关性的肥效模型大部分都是采用二次曲线模型，这一模型主要是以肥效递减规律为依据。20 世纪 90 年代以来，不少人注意到肥效线性模型，线性模型主要是以"肥效递增规律"为依据的。两种模型的图形表达，有时差异很大，有时差异很小。根据作者掌握的一些试验资料，进行相关性统计和比较，确定施肥量和计算经济效益，结果表明，线性模型的相关性一般均高于二次曲线模型的相关性；两种模型所确定的施肥量，一般是线性模型低于二次曲线模型；经济效益一般是线性模型高于二次曲线模型。在计算施肥量时，线性模型十分简易，而二次曲线模型比较复杂，线性模型便于应用。

### （二）由线性模型确定推荐施肥量的步骤和方法

**1. 确定线性模型的适用性**　通过田间试验，制成线性图形，然后再经过统计分析确定线性拟合性，拟合性达到显著标准，即可确定线性模型的适用性。由此即可应用线性模型确定推荐施肥量。

**2. 不同模型施肥量的确定**

（1）二次曲线模型推荐施肥量的确定。利用二次曲线模型确定经济施肥量，公式如下：

$$\frac{dy}{dx} = \frac{P_x}{P_y}$$

式中，$P_x$ 为肥料价格，$P_y$ 为产量价格。

（2）线性模型推荐施肥量的确定。按产投比＞2 的原则确定推荐施肥量，计算结果见表 20-9。

表 20-9　由线性模型确定土豆的推荐施肥量产/投结果

| 施肥量<br>（kg/亩） | 施 N 的产量<br>（kg/亩） | 逐级施肥量的<br>产投比 | 施 $P_2O_5$ 的产量<br>（kg/亩） | 逐级施肥量的<br>产投比 | 施 $K_2O$ 的产量<br>（kg/亩） | 逐级施肥量的<br>产投比 |
|---|---|---|---|---|---|---|
| 0.00 | 996 | | 921 | | 1 096 | |
| 2.50 | 1 092 | 27.89 | 1 019 | 28.7 | 1 142 | 11.04 |
| 5.00 | 1 163 | 7.63 | 1 104 | 24.46 | 1 180 | 9.12 |
| 7.50 | 170 | 10.75 | 1 175 | 7.43 | 1 211 | 7.44 |
| 10.00 | 1 233 | 9.58 | 1 233 | 16.69 | 1 233 | 5.28 |
| 12.50 | 1 232 | −0.29 | 1 278 | 12.95 | 1 248 | 3.60 |
| 15.00 | 176 | −7.55 | 1 309 | 8.92 | 1 255 | 1.68 |
| 17.50 | 1 156 | −14.53 | 1 327 | 5.18 | 1 254 | −0.24 |
| 7.00 | 1 081 | −21.79 | 1 332 | 1.44 | 1 244 | −2.40 |

由计算结果看出，土豆推荐施肥量，产投比＞2 时，N 为 10 kg/亩、$P_2O_5$ 为 17.5 kg/亩、$K_2O$ 为 12.5 kg/亩，并与二次曲线模型求得的经济施肥量十分接近，说明直线效应是有实用价值的。

**3. 预测产量与效益比较**　将二次曲线模型和直线模型所求得的推荐施肥量分别代入各自肥效模型，求得预测产量，并计算出施肥效益，结果见表 20-10。

表 20-10　不同肥效模型产量预测与效益比较

| 施肥种类 | 肥效模型 | 预测产量（kg/亩） | 效益（元/亩） |
|---|---|---|---|
| N | 二次曲线 | 1 235 | 717 |
| | L2 | 1 235 | 717 |
| $P_2O_5$ | 二次曲线 | 1 331 | 1 230 |
| | L2 | 1 339 | 1 254 |
| $K_2O$ | 二次曲线 | 1 254 | 474 |
| | L2 | 1 248 | 456 |

注：设价格为 N 4.13 元/kg、$P_2O_5$ 4.17 元/kg、$K_2O$ 5 元/kg，土豆 3 元/kg；效益等于预测产量减去不施肥产量再乘上单价；L2 为第二条直线。

从结果看出，不同效应模型所取得的预测产量和经济效益都十分接近，再次证明，直线模型和二次曲线模型一样，可应用于推荐施肥，而且方法简单、方便和准确。

**（三）线性模型更易判断肥效反应的敏感性、土壤供肥能力和作物的耐肥性**

**1. 上升线形可显示出肥效反应的敏感性**　上升线形的陡度大小，能明显显示出施肥效应的高低。陡度越大，肥效越高，反之，则肥效越低，表示出肥料对作物生长的敏感性和作物对肥料的需要性。

**2. 平台线形的长短可显示出作物对肥料的耐肥性和土壤对肥料的缓冲性大小**　土壤有机质含量较高，或土壤肥力较高的土壤，或耐肥性能较大的作物，往往会出现较长的平台线形。平台线形越长，表明作物耐肥性越强；反之，则耐肥性越弱，同时也能反映土壤对肥料缓冲性的大小。施肥量较大的时候，可避免肥害，更有利于土壤培肥。

**3. 下降线形显示出施肥过多，不宜再继续增施肥料**　肥效线形下降，即明显表示施肥量超过需肥量，这一转折点是确定推荐施肥量重要的关键点，由目视就可判断出是否需要再继续增施肥料。

线形下降越陡，表明土壤供肥能力越低，或肥害越大；线形下降越缓，表示土壤对肥料的缓冲能力越强，可以减轻肥料危害。

## 四、研究线性模型时应注意的田间试验问题

（1）多设重复，一般 3～4 次重复为宜。

（2）以 N、P、K 三因素为研究目标，当研究某一养分的施肥量时，如研究 N 的施用量，则须施用适量的 P、K 为底肥，以保证养分之间交互作用的产生，否则对确定的推荐施 N 量是不太精确的。当研究 P 或 K 的施肥量时，同样也是如此，应以适量的 N、K 或 N、P 作底肥。

（3）适当增加施肥量的量级：增多施肥量级数，所得到的肥效转折点就更符合肥效反应的实际，转折点的精确度和线形的精确度也就会趋向更高的水平，作出的推荐施肥量就会更加精确和实用。

（4）做不同肥料效应试验时，应增加与其他对农业生产有关自然因素的设计研究。

**主要参考文献**

曹志洪，1991. 优质烤烟生产的土壤与施肥 ［M］. 南京：江苏科学技术出版社 .

韩娟，刘大林，赵国琦，等，2010. 施氮对高丹草产量及氮素利用分配的影响 ［J］. 草业科学，27（3）：93 - 97.

黄德明，1993. 植物营养与科学施肥 ［M］. 北京：中国农业出版社 .

李德荣，程建峰，董闻达，等，2005. 施氮量对百喜草产草量、叶片含氮量及含水量的影响 ［J］. 草地学报，13（1）：63 - 65.

李俊义，刘荣荣，1992. 棉花平衡施肥与营养诊断 ［M］. 北京：中国农业科学出版社 .

莫本田，罗天琼，韩永芬，2000. 施肥量与施肥方式对人工混播草地产量的影响 ［J］. 草业科学，17（14）：13 - 16.

史瑞和，杨建海，张春兰，1992. 作物优质高产的施肥技术 ［M］. 北京：化学工业出版社 .

孙铁军，韩建国，赵守强，等，2005. 施肥对无芒雀麦种子产量及产量组分的影响 ［J］. 草业学报，14（2）：84 - 92.

邢月华，谢甫绨，汪仁，等，2005. 钾肥对苜蓿光合特性和品质的影响 ［J］. 草业科学，22（12）：40 - 43.

徐双才，黄琦，吴应松，等，2000. 不同钙镁磷肥用量对混播放牧草地的影响 ［J］. 草业科学（17）：13 - 17.

杨恒山，曹敏建，李春龙，等，2003. 苜蓿施用磷、钾肥效应的研究 ［J］. 草业科学，20（11）：19 - 22.

杨先芬，2001. 瓜菜施肥技术手册 ［M］. 北京：中国农业出版社 .

袁福锦，奎嘉祥，李淑安，等，2005. 不同施氮水平对俯仰臂形草生产性能的影响 ［J］. 草业科学，22（2）：48 - 51.

周鸣铮，1985. 土壤肥力学概论 ［M］. 杭州：浙江科学技术出版社 .

G. W. Cooke，1978. 高产施肥 ［M］. 北京：科学出版社 .

# 第二十一章

# 测土配方施肥技术的研究与应用

测土配方施肥是以土壤测试和肥料田间试验为基础，根据作物需肥规律、土壤供肥性能和肥料效应，在合理施用有机肥料的基础上，提出氮、磷、钾及中、微量元素等肥料的施用数量，施肥时期和施用方法。测土配方施肥技术的应用，可以在保障农作物吸收充足肥料的同时有效避免肥料浪费，在防止土地污染、水污染、空气污染的前提下，最大限度地提高农作物产量。自 2005 年中央 1 号文件提出"搞好沃土工程建设，推广测土配方施肥"以来，我国中央政府和地方政府都在推广测土配方施肥项目中投入了大量资金，落实了大量工作。测土配方施肥技术已经在全国各地得到推广应用。农林科研院校和地方土壤肥料工作站是国内测土配方施肥研究的中坚力量，当前测土配方施肥技术在主要粮食作物、油料作物、纤维作物、糖料作物、主要蔬菜作物和果树上应用。测土配方施肥已经带来多方面效益，但还应扩大实施范围，提高作物覆盖面，加强技术指导，完善企业参与机制，创新测土施肥技术，建立长效测土施肥机制。测土配方施肥的研究只有与计算机应用、3S 技术等智能化农业紧密结合起来，才能真正推动测土配方施肥技术的新发展。

## 第一节　测土配方施肥的任务和原理

"测土配方施肥"的含义为"在土壤测试基础上，根据作物需肥规律、土壤供肥性能与肥料效应，在有机肥为基础的条件下，提出氮、磷、钾和微肥的适当用量和比例以及相应的施肥技术"。

由以上定义看出，测土配方施肥的内容，包含"测土""配方""施肥"3 个环节。它们的关系是：在测土基础上进行肥料配方，在肥料配方基础上进行合理施肥。合理施肥包括根据气候、土壤、作物的不同，合理地施用基肥、种肥、追肥，选择合理的施肥深度和施肥时间等，是一套完整、综合的施肥技术体系。

## 一、测土配方施肥的任务

### （一）纠正土壤养分失调，保持土壤养分平衡

目前我国有些地方测土配方施肥执行得不够严格，有些地方根本就不进行测土配方施肥，只凭经验进行施肥，因此，难免出现某种肥料施得过多，或某种肥料施得过少的现象，使土壤养分供应失调。如有的农民只重视氮肥施用，结果氮肥施得过多，土壤缺少磷钾；有的农民重视施用磷肥，结果使土壤积累过多磷肥，缺乏氮钾；很多农民重视氮磷施用，误认为土壤不缺钾肥，结果土壤缺钾现象越来越严重，越来越普遍。这些现象影响了其他肥料的施用效果。有些农民虽然重视了氮磷钾肥配合施用，但又忽视了微量元素的施用，导致了微肥缺素症的普遍发生，特别在果树、蔬

菜上微肥缺素症的发生尤为严重。更应注意的是，当前我国在一般农作物上只重视化肥的施用，普遍忽视了有机肥的施用，几十年来，我国大多数土壤有机质含量都没有明显的提高，这就会产生多方面的不良影响，不仅影响化肥效果，而且影响作物产量的提高和品质的改善。凡是认真全面应用测土配方施肥技术的地方，土壤肥力水平、作物产量和品质、肥料利用效率、生态环境水平都有明显提高和改善。

### （二）增加产量，改善品质

测土配合施肥的首要环节，就是要了解土壤各种养分的供应状况，确定土壤养分限制因素的种类和次序。李比希最小养律说明，只有当最小养分改正以后，其他含量较高的养分才能充分发挥作用，达到最高产量的期望值。许多试验证明，在有养分限制因素存在下，其他养分含量最高，也不能达到最高产量，甚至会减产。在 20 世纪 80 年代，陕西关中地区农民只重视施氮肥，不注意施磷肥，因此土壤普遍缺磷，当采用氮磷配合施用后，作物产量普遍大幅度提高，一般增产 20％以上；有的地区甚至成倍增产。随着多年的氮磷配合施用，缺钾现象出现了，当采用氮磷钾配合施用后，作物产量又上了一个台阶，作物产量、品质都有明显提高。根据全国 20 多个省份的试验统计，实行测土配方施肥，一般作物增产幅度在 8％～15％，高的达 20％以上，作物品质也有所改善。

### （三）减少肥料损失，防止土壤污染

根据各地试验结果，测土配方施肥一般可提高肥料利用率 10％～20％，大大减少了肥料损失，从而可防止土壤污染，保护生态环境。

### （四）满足作物生理需求，防止作物缺素症发生

几十年来，由于测土配方施肥的推广和应用，一般氮、磷、钾在作物上的缺素症已很少发现了，但中、微量元素的缺素症则常有发生，说明对这些营养元素的监控和施用还缺乏重视。如猕猴桃、梨的缺铁失绿症，油菜缺硼的花而不实症，苹果缺钙的苦痘病和水心病，及各种果树缺锌的小叶病等，都有相当普遍的发生，严重影响产量和品质。生长期中喷洒这些相关微量元素，或在大量元素配方中适量加入这些微量元素，即可有效防治这些缺素症的发生。

### （五）提高土壤质量，确保持续增产

我国耕地少、人口多，保持持续增产是测土配方施肥的重要任务。但要保持持续增产，关键是要提高土壤质量。近几十年来，我国有些地方由于大量偏施化肥，忽视有机肥的施用，土壤质量有明显下降趋势。曹志洪指出，我国许多地区的土壤存在着养分退化、盐渍化、酸化、土壤侵蚀、土壤污染、土壤结构退化等问题，值得我们关注。因此，必须全面、严格推广、应用测土配方施肥的各项要求。

**1. 必须坚持在施用有机肥的基础上进行配方施肥**　通过施用各种有机肥和秸秆还田，可增加土壤有机质，改善土壤结构，调节土壤水、肥、气、热状况和生物活性；并在一定程度上归还作物从土壤中所吸走的各种营养元素，特别是钾和中、微量元素，提高土壤基础肥力。

**2. 对于低肥力土壤，采用培肥和用肥相结合的高量配方施肥方案**　此方案既能满足作物高产所需各种养分含量，又可满足土壤培肥所需的各种养分含量和比例，使土壤养分含量提高并达到平衡，避免出现各种养分限制因素。

**3. 积极推广和应用水肥一体化配方施肥技术，实行膜下滴灌施肥**　此方案既能节约用水，又能提高肥料利用率，减少肥水损失，从根本上防止养分渗漏和土壤环境污染。

**4. 改良土壤酸化**　在土壤酸化严重的地区，根据土壤 pH 的状况，适当施用阳离子营养元素肥料，增加土壤阳离子交换量，使土壤胶体上的 $H^+$ 交换出来，减少土壤 $H^+$ 浓度，逐渐使土壤酸化得到改良。

## 二、测土配方施肥的理论依据和原则

### (一) 理论依据

测土配方施肥发展到现在，可以说已形成一门学科，且是一门复杂而综合的专门学科。其理论依据就是合理施肥的基本理论。

**1. 养分归还学说** 按照过去的施肥方法，基本上是有什么肥施什么肥，而不能按作物吸取多少就归还多少，因此必然有些养分长期只被吸取而不能得到归还，结果土壤养分失调，出现的限制因素越来越多、越来越严重。故必须进行养分平衡归还，才能满足作物的生长需要。

**2. 最小养分律** 最小养分律是李比希的伟大科学发现，是农业科学划时代的科学进展。作物产量的高低决定于最小养分的有无和个数。在存在最小养分的情况下，其他养分存在最充分、最合适，也不能充分发挥其他养分最大的增产作用。对其他生长条件来说也是一样，如气候条件、作物品种、土壤物理性条件等，如其中某一项成为限制因素，则其他条件好也不能充分发挥其他条件的增产作用。这就是因为由于最小养分或限制因素的存在，限制了其他养分或其他条件的增产作用。所以对施肥也好，或对其他作物栽培技术也好，应首先研究发现最小养分的种类和个数或栽培条件的限制因素的种类和个数，有针对性地采取措施进行解决和克服，才能使作物固有的增产潜力得到充分发挥。

**3. 同等重要律** 植物所需的多种养分，在植物体内各有各的生理功能，相互之间是不可代替的，都是同等重要的。测土的时候，不但要测定氮、磷、钾大量元素，而且还要测定中、微量元素，甚至植物体中所有存在的其他各种营养元素，也应该进行测定。由于设备条件的限制，只能测定 N、P、K、Ca、Mg、S、Fe、Zn、Mn、Cu、B 等十多种营养元素，其他营养元素都未测定或被忽略了。事实上，植物体内所含的营养元素有 70 多种，一般能测到的有 40 多种。其他未列入配方施肥的营养元素，现在被研究的很少。例如土壤中的硒素含量在陕西土壤中普遍缺乏，适量施用硒肥，不但可增加产量，而且能增加植物含硒量，提高产品品质。说明光重视以上十多种营养元素的测定和施用，替代不了其他营养元素的作用，这对发展农业生产是有影响的。

**4. 肥料报酬递减律** 肥料报酬递减律是德国农业化学家米采利希提出来的，其含义是：在其他技术相对稳定的前提下，随着施肥量的逐渐增加，作物产量也随之增加，但其增产量却随施肥量的增加而呈递减趋势。

**5. 综合因素作用律** 作物生长和产量，不但取决于肥料的数量和配比，而且还取决于水分、温度、光照、$CO_2$ 和作物栽培条件等因素。在综合因素作用下，才能充分发挥肥料的增产作用和因素之间的交互作用。

### (二) 测土配方施肥的基本原则

测土配方施肥是合理施肥的总原则，合理施肥的基本原则有以下三条：

**1. 根据不同土壤性质和肥力特性进行合理施肥** 这一基本原则就是要进行土壤测试，通过测试才能知道土壤的基本性质和肥力特性，这是合理施肥的先决条件。只有预先了解土壤有效大量元素和中、微量元素含量，以及土壤物理特性，如土壤水分含量、土壤容重和质地等，才能针对不同作物提出所需肥料的合理配方和种类，同时解决所需肥料以外的其他所需配合的技术条件。

**2. 根据不同肥料种类及其特性进行合理施肥** 这一基本原则要求针对土壤特性和作物需肥特点，选用适宜的肥料种类，进行合理配方，这样才能充分发挥不同肥料的最大增产效能，防止肥料间的拮颉作用，提高协同效应。

**3. 根据不同作物、不同生育期的不同营养要求进行合理施肥** 不同作物、不同生育期对营养元素种类和数量要求是不同的，因此通过土壤测试，确定总施肥量以后，还要根据作物本身的需肥特点进行分期、分量和不同配比进行合理施肥，才能满足作物整个生育期对各种养分的需要，促进作物稳健生长发育，发挥肥料的最大作用。

以上合理施肥的三条基本原则是密切联系、相互影响的，只有当土壤、肥料、作物三者都处于相互协调的环境下，才能获得最高产量，这种相互依存、相互促进、相互制约的密切关系及其对产量的影响可由图 21-1 表示出来。

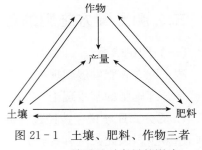

图 21-1　土壤、肥料、作物三者关系及对产量的影响

# 第二节　测土配方施肥量的确定方法

经过几十年的摸索，我国测土配方施肥的方法有了很大的发展。测土配方施肥量确定的方法很多，选用方法时要根据土壤种类、肥力高低、作物种类、气候类型、水旱状况、经济条件和农业技术水平的不同而定，要因地制宜。以下介绍几种方法供参考。

## 一、区域性宏观控制与以田块差异进行微调相结合的方法

这一方法是朱兆良院士提出来的。早在 20 世纪 80 年代后期，在福建泉州一次植物营养与肥料学术会上，对氮肥用量推荐方法，他就提出了采用区域性平均施氮量的观点。经过近 30 年的研究，证明这一方法是成熟可用的，比较简单现实，符合我国的国情。实际上要做到一家一户的每块土地都进行测土配方施肥是很难办到的。

具体做法是：在同一地区、同一作物上，栽培技术基本一致的条件下，进行多点、多年氮肥用量肥效试验或收集过去同类氮肥肥效试验资料，取其经济效益最高的氮肥用量和产量，计算平均值，即为该地区某一作物的氮肥基本推荐量。当然这是一个基本接近最佳的氮肥推荐量，在实施过程中，对某一地块作物生长状况，可根据测试指标，如品种、播期、长势长相、土壤肥力、施肥历史、前茬、高产栽培技术等进行适当微调施氮量，达到进一步优化，使区域施肥效益最大化。

这一方法也适合其他营养元素的应用，如磷、钾等，但首先需要确定是否需要施用磷、钾肥。如需要的话，即可利用以上方法求得优化养分需要量。

## 二、养分平衡法（即目标产量法）

养分平衡法是国内外配方施肥中最基本、最重要的方法，该法原名为目标产量法。此法是根据作物需肥量与土壤供肥量计算实现目标产量（或计划产量）的施肥量。

养分平衡法计量施肥原理是著名的土壤化学家曲劳格（Truog）于 1960 年在第七届国际土壤学会上首次提出来的，后被司坦福（Stanford）所发展并应用于生产实践。司坦福的某种养分的需用量见式：

$$某种养分的需用量 = \frac{一季作物的总吸收量 - 土壤供应量}{肥料中该养分含量 \times 肥料的当季利用率}$$

式中：一季作物的总吸收量＝生物学产量×某养分在植株中平均含量；土壤供应量由不施该种养分时农作物产量推算出来；肥料中养分的当季利用率根据田间试验结果计算而得。

该公式于 20 世纪 60 年代已引入中国，但未见应用。到 80 年代开始在中国才普遍应用。

要发挥养分平衡法的应用效果，应精确掌握目标产量、农作物需肥量、土壤供肥量、肥料利用率和肥料中的有效含量，这是养分平衡配方施肥的基础，缺一不可。

### （一）目标产量的确定

目标产量即计划产量，是决定肥料需要量的依据。但目标产量如何确定是一个难题。经过研究，目前已找到了一些实用办法。

**1. 前三年平均产量加增产量**　对大田作物，我国一般采用前三年平均产量，这是因为我国土壤肥力较低，随着施肥量的增加，产量增幅较大，故不宜采用更长年际的平均产量。国外一般采用前五年的平均产量，这是因为他们的年际间产量比较稳定。在前三年平均产量的基础上，加增产 $10\%\sim15\%$，作为目标产量；而露地蔬菜加增产 $20\%$；保护地蔬菜加增产 $30\%$。目标产量见式：

$$目标产量（kg/公顷）=[1+增产量（\%）]\times 前三年平均产量$$

这一方法是在缺乏田间试验结果的条件下采用的方法，缺乏理论依据，容易把目标产量定得过高或过低，只能算出大致接近目标产量。

**2. 以地定产**　一般来说，农田肥力水平是决定产量高低的重要条件。故采取根据土壤肥力水平，确定目标产量，称以地定产，这代表土壤肥力综合性指标，具有实用价值。

为了便于研究，把土壤基础肥力对农作物产量的效应称为农作物对土壤肥力的依存率。此可用式表达：

$$农作物对土壤基础肥力的依存率（\%）=\frac{无肥区作物产量（kg/亩）}{全肥区作物产量（kg/亩）}\times 100$$

各地试验结果表明，以地定产同一模型的系数都因不同土壤、不同作物而有不同（表 21-1）。故须通过田间试验才能确定"以地定产"的目标产量，只要知道作物产量对土壤的依存率，就可求得目标产量。

表 21-1　不同地区的"以地定产"公式

| 作物 | 土壤类型 | "以地定产"公式 | 备注 |
|---|---|---|---|
| 玉米 | 棕壤、草甸土 | $Y=\dfrac{100x}{18.29+0.063x}$ | 沈阳市春玉米，金耀青、张中原（1985） |
| 水稻 | 草甸型水稻土 | $Y=\dfrac{100x}{20.11+0.0587x}$ | 沈阳水稻土，张中原、金耀青（1985） |
| 玉米 | 棕壤、水稻土 | $Y=\dfrac{100x}{44.88+0.039x}$ | 辽宁棕壤、水稻土，金安世、孙芙英等（1986） |
| 高粱 | 棕壤、草甸土 | $Y=\dfrac{100x}{48.4+0.0346x}$ | 辽宁棕壤、草甸土，金安世、孙芙英等（1986） |
| 玉米 | 草甸土 | $Y=\dfrac{100x}{490+0.32x}$ | 吉林草甸土，刘炜（1985） |
| 小麦 | 潮土 | $Y=\dfrac{x}{0.1851+0.0019x}$ | 河南豫东，易玉林、田仰民等（1989） |
| 小麦 | 潮土 | $Y=\dfrac{x}{0.198+0.0017x}$ | 河南豫东，易玉林、田仰民等（1989） |
| 小麦 | 草甸土 | $Y=\dfrac{100x}{53.11+0.0301x}$ | 山西晋中盆地，山西省农业科学院（1989） |
| 小麦 | 黄绵土 | $Y=\dfrac{100x}{27.296+0.15x}$ | 陕西延安黄绵土，刘杏、赵润贤（1988） |
| 小麦 | 石灰性灌漠土 | $Y=\dfrac{1000x}{201+0.827x}$ | 甘肃省武威市，李增凤、甄清香（1988） |

注：单位为 kg/亩，引自金耀青，1993。

**3. 以水定产、以产以土定肥**　在旱作地区，农作的产量往往决定于土壤水分状况和生育期的降水量。因此，在旱农地区依靠土壤有效养分测试结果来确定目标产量，是不太符合实际的。作者从长期在旱农地区的工作经验中体会到，"有收无收在于水""收多收少在于肥"，所以以水定产在旱农地区是非常重要的。为此作者曾提出了"以水定产""以产以土定肥"的办法，并在渭北旱塬地区进行了试验和应用。经过 40 多个点的试验结果表明，土壤底墒与小麦产量有显著相关性，曾得到如下模式：

$$Y=5.8777+0.8646x, \quad R^2=0.7546^{**}, \quad n=42$$

式中，$Y$ 为小麦产量（kg/亩），$x$ 为土壤底墒（深度为 0～2 m，单位为 mm），（在小麦干旱地区，整个生育期是很少降雨的）。只要测出播种前的土壤底墒含量，即可估算出小麦的目标产量（俗话说：麦收隔年墒）。根据目标产量，结合土壤有效养分测定结果（有效氮 0～40 cm、有效磷和 $K_2O$ 0～20 cm）即可推算出施肥量。

中国农业科学院土壤肥料研究所高绪科等在山西的研究也表明，经 136 个点的统计，土壤底墒与小麦产量之间的关系也得到类似模型。每增加 1 mm 的水，可增产小麦 1.207 kg。

黑龙江红星隆农场管理局科研所计钟程经过多年研究，也提出了用"以水定产"的办法确定目标产量。实践证明，在黑龙江三江平原无灌溉条件下，每增加 1 mm 的水（土壤深度 0～30 cm），可增产春小麦 0.50～0.85 kg。

### （二）目标产量当季养分总吸收量的确定

目标产量确定以后，即可根据地上部分植株分析的养分资料（表 21-2），确定生产 100 kg 经济产量所需吸收的 N、$P_2O_5$、$K_2O$ 和其他养分含量，计算出目标产量总吸肥量，见式：

$$一季作物目标产量养分总吸收量（kg）=\frac{目标产量（kg）}{100\ kg\ 产量}\times 百\ kg\ 产量所需养分量（kg）$$

**表 21-2　作物每生产 100 kg 经济产量所需要消耗的养分量**

| 作物种类 | N（kg） | P（kg） | K（kg） | 文献 |
|---|---|---|---|---|
| 春小麦 | 2.70～2.72 | 0.38～0.45 | 1.95～2.98 | 金绍龄，1989 |
| 冬小麦 | 2.69 | 0.46 | 2.27 | 赵营，2006 |
| 小麦（国内综合） | 2.50 | 0.50 | 1.70 | 土壤-植物营养学原理与施肥 |
| 夏玉米 | 2.08 | 0.36 | 2.20 | 赵营，2006 |
| 春玉米 | 2.70 | 0.49 | 1.94 | 中国农业百科全书，1996 |
| 玉米（国内综合） | 2.20 | 0.40 | 1.80 | 土壤-植物营养学原理与施肥 |
| 常规水稻 | 2.00 | 0.40 | 1.80 | 土壤-植物营养学原理与施肥 |
| 杂交早稻 | 2.30 | 0.36 | 2.30 | 土壤-植物营养学原理与施肥 |
| 杂交晚稻 | 2.20 | 0.33 | 2.40 | 土壤-植物营养学原理与施肥 |
| 油菜 | 9.00～12.00 | 1.30～1.70 | 7.05～10.20 | 作物施肥原理与技术 |
| 大豆 | 6.84 | 0.61 | 2.99 | 土壤-植物营养学原理与施肥 |
| 棉花 | 15.6 | 2.6 | 11.2 | 土壤-植物营养学原理与施肥 |

注：引自同延安资料，2012。

### （三）土壤供肥量的确定

在司坦福公式中的土壤养分供应量，至今仍是一个尚未彻底解决的问题。因为土壤测试值并不是一个绝对值，而是一个相对值。但在求算施肥量的时候，却要以土壤养分绝对值来表示。虽然用同位素法求"A"值可作为绝对值，但需要经过一个生长期后才能求得，不能满足测土配方时的要求；同时在一般分析室中也难以实现。后来曲鲁格把不施该养分处理下的养分吸收量作为土壤养分供应量的绝对值，但当计算土壤养分利用率的时候，又把土壤测定值当作绝对值，这与原想法又出现了矛盾。土壤养分利用率见式：

$$土壤养分利用率（\%）=\frac{不施该养分区的吸收量（kg/亩）}{养分测定值（kg/亩）}\times100$$

目前国内一般都采用如下公式来计算目标产量的需肥量：

$$施肥量（kg/亩）=\frac{\left(\dfrac{目标产量}{100}\times百千克作物产量吸肥量-\dfrac{无肥区产量}{100}\times百千克产量吸肥量\right)kg/亩}{肥料中有效养分含量（\%）\times肥料利用率（\%）}$$

该式比较合理，它避免了相对值与绝对值的问题。但百千克产量的吸肥量在施肥区与无肥区是有一定差异的，应该分别采用各自百千克产量的吸肥量，这样在理论上就完全把问题解决了。

**（四）推荐施肥中有机肥养分的确定**

有机肥中除含有较多的有机质以外，还含有许多植物所需要的营养元素，这在推荐施肥中是需要考虑的。但有机质中的养分含量大部分都是有机态的，有效态含量只占一小部分。有机肥彻底分解，把养分释放出来以后才能被植物吸收利用，故把有机肥中养分成分测定出来，并不能作为推荐施肥量的依据。为此不少人对此进行了研究，结果如下：

**1. 单位有机肥产量计算法**　将当地制备的有机肥料进行田间试验，设施用有机肥与不施用有机肥两个处理，试验结束后以"1 000 kg 有机肥"当季增产量作为参数，如计划施有机肥 2 000 kg，则可从目标产量中减去 2 000 kg 有机肥的增产量，再对剩余的目标产量计算化肥所需要的施用量。此方法简单实用，不需对有机肥进行任何养分分析。

**2. 同效当量法**　有机肥所含的氮以有机态氮为主，有效氮很少，且通过矿化才能被作物利用。而化肥氮在土壤中很快转化为能被作物吸收的有效氮，故有机氮与化肥氮利用率是不同的。通过田间试验，可计算出某种有机肥所含的氮量，相当于几个单位的化肥所含的氮效，称这个系数为"同效当量"。见式：

$$同效当量=\frac{有机肥氮处理产量-无氮处理产量}{化学氮处理产量-无氮处理产量}$$

通过计算，即可知道 1 kg 有机氮相当于多少千克的化肥氮。由此便可计算出目标产量需要多少化肥氮。其他养分也可按照以上方法进行计算。

## 三、肥料效应函数法

**（一）做好田间试验是应用肥效函数法的先决条件**

由肥效函数法确定施肥量只能适用于同一种作物以及与试验地土壤肥力、耕作栽培、水旱状况、气候条件、地形地貌相似的地方。故在试验以前，应把当地按以上条件进行分区，然后在同一地区选好试验地，布置多点进行肥效试验，在同一地区应布置20~30点才比较合适。

**（二）试验前取土分析，确定限制因素**

在有条件的地区，试验前最好先进行取土分析，了解土壤有效养分（N、$P_2O_5$、$K_2O$ 等）含量状况，判断出作物生长的养分限制因素，如只缺氮，就布置氮肥不同用量试验；如缺氮，又缺磷，就布置氮、磷二因素多水平回归试验；如氮、磷、钾都缺，就布置三因素回归试验；如还发现有其他可控的限制因素，也可用更多因素的回归试验，如四因素、五因素甚至六因素等回归试验。总之，试验因素必须是限制因素，非限制因素最好不要设计在试验方案之内，否则将会影响其他因素的作用，降低试验效果。

### （三）试验必需设有重复

任何田间试验必需设有重复，这是首要注意的事。一般要有 3～4 个重复，才能提高试验的精准性。如果试验处理过多，重复不易进行，亦可在同一地区内布置多点试验，以多点代替重复，这也是可取的一种方法。如采用多因素设计试验，则每个试验必需增设中心点处理，这样可防止试验误差的产生，提高试验质量。关于饱和设计，不管是二因素、还是三因素设计，都必须重复 3 次以上，才能消除失拟性误差，或以多点试验代替重复，进行统计，以达到试验高精度结果。

### （四）对试验结果必须进行统计分析

每个试验结果，必须进行统计分析，合格的采用，不合格的删去。但对有的试验，虽然统计分析不合格，但对有应用价值的信息，可将其保留；对无应用价值的信息，则予以删去。

## 四、土壤肥力指标法

土壤肥力指标和土壤有效养分测定值分级制度是由 Bray、Rouse、Cope 等提出来的。该方法步骤是：先把分区后的土壤样品取回；选定最佳测定法把土壤有效养分测定出来；在分区内布置田间肥料用量试验，对每一养分设立无养分处理和完全养分处理；以无肥区产量作分子，全肥区产量作分母，求相对产量（％）；以土壤养分测定值为横坐标，以相对产量（％）为纵坐标，作散点图，求出对数曲线或指数曲线方程，并按相对产量＞95％、75％～55％、＜55％分为高、中、低三级或更多级。同时也可按级制定出施肥量、做成施肥卡，供农民应用。只要测定出土壤有效养分含量，就可用施肥卡查出目标产量下的施肥量，方法简单方便。土壤有效养分的分级指标，也可为进一步作田间肥料试验提供确定施肥量范围的依据，避免施肥量过高或过低。本法与最高临界值确定最高产量的最大施肥量差不多，不同的是当供肥量不足时，目标产量可以降低，从而采用较低养分级的施肥量。因此，本法的应用比较灵活，但应用前应先测定土壤有效养分含量，否则就不能应用。

甘肃平凉地区经过多年多点氮、磷化肥田间试验，把经过方差分析试验处理差异显著的 26 个点的小麦相对产量和土壤有效氮、磷之间的相关性计算，总结出冬小麦的土壤有效养分肥力指标分布范围值，并作出相对产量与对应的土壤测定值坐标散点图，经校验得两个校验方程（图 21-2）。

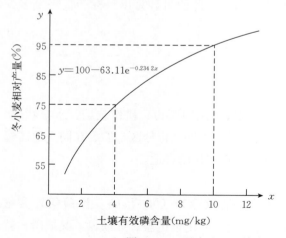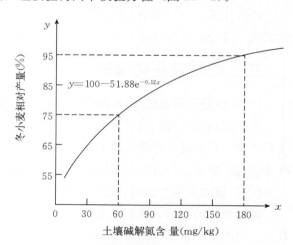

图 21-2　平凉地区土壤由有效养分与冬小麦相对产量之间的校验曲线

（引自金耀青，1993）

由图 21-2 看出，该区土壤有效磷含量甚低，而有效氮含量很高，显示氮、磷含量水平很不平衡。因此，需要增施磷肥，小麦产量才可能大幅度提高。

# 第三节 土壤有效养分临界值的测定和应用

## 一、土壤有效养分临界值的含义

### （一）土壤养分临界值定义

土壤养分临界值是由美国 Cate 和 Nelson（1965）提出来的。所谓土壤养分临界值，即在土壤中其他养分能满足的条件下，某一种养分低于某一定值时，施用同类养分的肥料有增产效果；高于该值时，施用同类养分的肥料，则增产效果很小。土壤的这种特定养分值就称为土壤养分临界值。

20 世纪 80 年代，作者针对黄土高原土壤有效养分不缺钾，主缺氮磷，进行了氮、磷两因素回归设计实验，建立了二次多项式回归模型，求得最高产量与土壤氮、磷有效养分测定值之间的关系，确定最高产量时土壤有效养分最高含量，可以直接计算最高产量的施肥量，称此土壤有效养分测定值为最高养分临界值。

### （二）土壤养分临界值的测定方法和步骤

**1. Cate 和 Nelson 方法**

（1）土壤取样和养分测定。在相同的较大地区内，选择土壤肥力差异较大的地块，进行具有代表性的土壤取样，测定土壤有效养分含量。

（2）田间试验。根据土壤养分测定状况，对每一营养元素进行缺素试验。如以磷为试验对象，则除磷以外，对其他各种养分匹配成合理的水平。试验共设两个处理，一个全素匹配，另一个是缺磷的其他元素匹配。重复 3~4 次。试验点数应在 20 个以上。

（3）求算相对产量。以全素处理的产量为最高产量，以缺素处理的产量为缺素产量，相对产量求算见式：

$$相对产量（\%）=\frac{不施磷而施其他养分不过量的产量}{施全素养分不过量的产量}\times100$$

式中分子表示被研究养分的产量，分母表示全素试验点数的平均产量。

（4）绘制散点图，求得临界值。以土壤有效磷测定值作横坐标，相对百分产量为纵坐标，绘制出散点图（图 21 - 3）。将散点图划分为 4 个象限，使左上角象限内和右下角象限内的点数分布最少，以此原则绘成"十"字交叉线，"十"字的垂直线与横坐标相交点，即为某一养分（此处即为磷）的临界值。其他养分的临界值也可按同样方法求得。

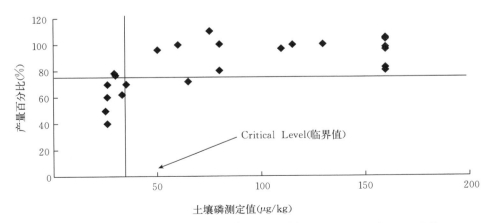

图 21 - 3 土壤磷测定值与谷子产量百分比散点图（Cate、Nelson，1971）

**2. Cate 和 Nelson 临界值的优点和缺点**

（1）优点。①提供了在一定百分产量下的土壤养分临界值；②该法不需应用精细的计算仪器；③个别极端的试验点值对分组结果没有什么影响；④该方法简单易行。

（2）缺点。确定的土壤养分临界值并不能代表最高产量下的土壤养分临界值，只是代表施用某种肥料能达到某种增产水平时的土壤养分临界值。因此，在实用上它还是一种半定量性质的临界值，不能作为最高产量时该养分定量施肥的临界值。

## 二、土壤有效养分分级指标

根据以上方法求得的不同作物、不同土壤碱解 N、$P_2O_5$ 最高产量时的临界值，可以将其划分为 5 个级别，制定出不同作物的土壤有效养分分级指标（表 21-3）。土壤有效养分分级指标，是推荐施肥的重要依据之一，也是改良土壤、培肥地力的重要目标。

表 21-3　陕西临潼不同作物的土壤碱解 N、$P_2O_5$ 分级指标（mg/kg）

| 分级水平 | 冬小麦 | | 夏玉米 | | 棉花 | |
|---|---|---|---|---|---|---|
| | 碱解 N | $P_2O_5$ | 碱解 N | $P_2O_5$ | 碱解 N | $P_2O_5$ |
| 很高 | >100 | >92 | >100 | >72 | >100 | >72 |
| 高 | 75～100 | 69～92 | 75～100 | 54～72 | 75～100 | 54～72 |
| 中 | 50～75 | 46～69 | 50～75 | 36～54 | 50～75 | 36～54 |
| 低 | 25～50 | 23～46 | 25～60 | 18～36 | 25～50 | 18～36 |
| 很低 | <25 | <23 | <25 | <18 | <25 | <18 |

注：试验中 1985 年土壤不缺钾，故本表没有有效钾分级指标。

## 三、利用土壤有效养分最高临界值确定推荐施肥量

利用土壤有效养分最高临界值确定推荐施肥量，N 和 $P_2O_5$ 推荐施肥量如下：

N 推荐施肥量 =（最高产量的土壤有效养分最高临界值－土壤养分测定值）×0.3

$P_2O_5$ 推荐施肥量 =［（最高产量的土壤有效养分最高临界值－土壤养分测定值）×0.15］÷$K$

式中，0.3 为土壤 N（mg/kg）测试深度 0～40 cm 时转化为每亩每千克量的转化系数；0.15 为土壤 $P_2O_5$（mg/kg）测试深度 0～20 cm 时转化为每亩每千克量的转化系数；$K$ 为在石灰性土壤施入 $P_2O_5$ 的固定率，在陕西黄土高原石灰性土壤地区 $P_2O_5$ 固定率约 50%。

为了验证由最高临界值作推荐施肥量的可靠性和实用性，作者曾用临潼试验基地所做的 2 年试验资料，对不同作物、不同土壤利用二次曲线模型与最高临界值法计算出不同目标产量时的推荐施肥量进行比较，结果见表 21-4。从结果看出，在不同地力水平下，由二次曲线模型求出经济产量和经济施肥量与最高临界值法求得的推荐施肥量都十分接近。说明由最高临界值所计算出来的推荐施肥量符合经济产量的需要，与二次模型计算的推荐施肥量一样，都具有可靠性和实用性，而且最高临界值法比较简单方便。由以上结果看出，土壤有效养分最高临界值法，不仅可适于微量元素，而且也可适于大量元素的定量使用。

表 21 - 4 二次肥效方程与最高临界值方法计算的推荐施肥量结果比较

| 作物种类 | 年份 | 土壤类型 | 地力水平 | 土壤养分 | | 肥效方程计算结果 | | | 临界值计算结果 | |
| --- | --- | --- | --- | --- | --- | --- | --- | --- | --- | --- |
| | | | | 碱解 N | P₂O₅ | 作物产量 | 经济施肥量 | | 推荐施肥量 | |
| | | | | (mg/kg) | (mg/kg) | (kg/亩) | N (kg/亩) | P₂O₅ (kg/亩) | N (kg/亩) | P₂O₅ (kg/亩) |
| 小麦 | 1984 | 黄墡土 | <150 | 55.08 | 12.16 | 312.5 | 8.91 | 10.32 | 8.98 | 9.42 |
| | | | 150~200 | 54.8 | 14.28 | 361.3 | 9.25 | 9.89 | 9.06 | 9.02 |
| | | | >200 | 60 | 17.57 | 405.9 | 7.3 | 8.43 | 7.8 | 8.14 |
| | | 墡土 | <150 | 45.23 | 11.78 | 318.3 | 10.78 | 10.03 | 11.93 | 9.82 |
| | | | 150~200 | 54.87 | 14.73 | 313.1 | 8.80 | 8.16 | 9.04 | 8.96 |
| | | | >200 | 55.00 | 17.78 | 367.3 | 9.17 | 8.77 | 9.00 | 8.25 |
| | 1985 | 黄墡土 | <150 | 58.98 | 18.97 | 286.0 | 8.41 | 8.34 | 8.41 | 7.73 |
| | | | 150~200 | 58.71 | 19.76 | 314.5 | 7.67 | 7.93 | 8.49 | 7.51 |
| | | | >200 | 62.48 | 19.26 | 352.8 | 7.5 | 8.27 | 7.36 | 7.65 |
| | | 墡土 | <150 | 58.00 | 15.43 | 297.2 | 8.06 | 9.16 | 8.70 | 8.76 |
| | | | 150~200 | 57.95 | 18.69 | 334.4 | 8.05 | 8.24 | 8.72 | 7.82 |
| | | | >200 | 57.82 | 19.79 | 372.8 | 8.04 | 7.80 | 8.76 | 7.49 |
| 玉米 | 1984 和 1985 | 黄墡土 | <275 | 51.63 | 20.53 | 446.8 | 11.28 | 4.95 | 10.01 | 4.28 |
| | | | 275~350 | 56.0 | 21.37 | 470.4 | 9.61 | 3.64 | 8.70 | 4.04 |
| | | | >350 | 60.0 | 25.09 | 530.0 | 8.91 | 3.21 | 7.67 | 2.96 |
| | | 墡土 | <275 | 52.88 | 19.75 | 476.5 | 10.57 | 3.53 | 10.54 | 4.51 |
| | | | 275~350 | 55.1 | 19.37 | 510.2 | 9.78 | 5.41 | 9.90 | 4.62 |
| | | | >350 | 58.28 | 27.28 | 493.5 | 8.93 | 2.48 | 8.92 | 2.33 |
| 棉花 | 1984 和 1985 | 黄墡土 | <100 | 60.41 | 17.66 | 110.9 | 6.73 | 6.92 | 6.78 | 6.76 |
| | | | 100~150 | 54.98 | 15.37 | 163.6 | 9.31 | 8.42 | 8.41 | 7.28 |
| | | | >150 | 49.85 | 20.29 | 210.0 | 9.39 | 6.13 | 9.95 | 6.00 |
| | | 墡土 | <100 | 54.89 | 17.70 | 124.4 | 7.65 | 7.30 | 8.47 | 7.75 |
| | | | 100~150 | 52.89 | 17.70 | 180.9 | 8.08 | 4.49 | 9.03 | 4.34 |
| | | | >150 | 48.91 | 15.67 | 241.9 | 7.84 | 6.68 | 10.46 | 6.30 |

# 第四节 配方肥料的施肥技术

施肥技术是测土配方施肥的重要一环，测土配最好、施肥技术不当，整个测土配方施肥技术体系也不可能得到最好效果。从全国范围来说，已提出了适合各地不同条件下的合理施肥技术系统。

## 一、施肥方法

### （一）撒施

在关中地区冬小麦越冬前或次年返青时，根据作物需要，将尿素撒在地面，然后进行灌溉，使尿素随水渗入土内，这种施肥方法还都在普遍应用，但只适于氮肥或腐熟的厩肥。在无灌溉条件下，也可趁降雨进行撒施。但在干旱地区，无灌溉、不降雨条件下，不宜用撒施方法进行施肥。

### （二）条施

条施肥料一般在宽行作物上应用，如棉花、玉米、烟草等，都可在行间开沟施肥，施肥后进行灌溉或覆土，使肥料入渗根系，防止肥料挥发损失，提高根系吸收率。所以农民说："施肥一大片，不如一条线"。说明条施比撒施效果更好。这在西北地区是被广泛应用的一种施肥方法，机械化更便于实施。

### （三）穴施

对单株种植的作物，在苗期按株或在两株之间挖穴，把适量肥料施入穴内，并随即覆土，穴深一般在 5～10 cm，施肥后最好进行浇水，效果更好。有机肥和化肥都可穴施，但浓度不能太高，否则会伤害作物根系。因此，施肥穴的位置和深度都应与作物根系保持适当距离，以免产生不良影响。大面积施肥应推广机械化。

### （四）辐射状沟施

各种果树的根系都是辐射生长分布的，一般大田作物的施肥方法都不适合于果树。目前普遍采用的果树施肥方法都是以树干为圆心，沿地上部树冠边际投影内对应面积开挖环状沟，将配好的肥料施入沟内，施后进行覆土。如苹果树，沟宽 30 cm、沟深 20～40 cm，按根系分布状况而定。环状沟可挖成连续的圆形沟，也可间断地挖成 2～4 条对称的月牙形沟。

有些果农也采用以树干为圆心向外放射至树冠投影边线开挖前后左右 4 条施肥沟，把肥料均匀施入沟内，然后覆土。沟深、沟宽随树龄、根系分布与肥料种类而定，如施氮、钾肥，沟深可浅些；施磷肥则要深些，开沟时尽量少伤根系。从效果来看，放射状沟施好于环状沟施。

## 二、施肥深度

### （一）耕层混施

在耕作层土壤耕翻以后，把配好的肥料均匀撒在地面，再用旋耕机或耙进行碎土，使肥料与土壤充分混合，有利作物根系伸展和吸收，均匀生长。这种方法主要用于基肥，因施肥量较大，能使肥料在土壤中均匀分布。

### （二）分层施肥

在有灌溉条件的地区，所需肥料配备好以后，将其 60％左右撒在地面，由机械翻入耕层下面，深15～20 cm；然后将其余肥料（40％左右）撒在已耕翻的地面上，随碎土混入耕层上部土壤中，深0～10 cm。使上层肥料供作物早期吸收利用，下层肥料供作物中、后期吸收利用。

### （三）深层施肥

在旱农地区，如果播种时土壤含水量很低，特别是在春季干旱严重地区，风大蒸发量大，如陕西渭北旱塬地区，最好在播种之前将配好的肥料全部撒在地面，接着由机械深翻施入耕层下面，至15 cm 以下，使肥料与湿土层相接，然后进行碎土播种。播种后再进行覆膜，在秋播小麦和春播玉米地区都普遍采用这种方法，效果显著。

## 三、施肥时间

施肥时间是否合适，对提高肥效和作物产量有显著影响。对于施肥时间的确定，不能千篇一律，应因地制宜。应根据各地的气候条件、土壤水分状况、作物种类等确定适合本地的施肥时间或施肥次数，这对旱农地区尤为重要。

一般来说，施肥可分为基肥、种肥和追肥，现分述如下：

### （一）基肥

大田作物的基肥都是在播种时施用，果树类多年生作物的基肥都是在收获后秋季或冬季施用。所配好的有机肥、磷肥、钾肥、部分氮肥和微肥都应当作基肥一次施入土中，部分氮肥应在苗期作追肥时施用。

由于基肥可结合深耕或深沟把有机和无机肥料混合施入土壤，既可培肥土壤，又可长期给作物供应养分。

### （二）种肥

种肥是我国农民经常采用的一种习惯施肥方法，主要为作物早期提供养分，促进幼苗生长发育。目前我国施用种肥的方法很多，主要有种肥混施、肥土盖籽、秧根蘸肥和肥料包籽等。所用种肥都应易被作物幼根吸收，不伤害幼苗生长。因此，有机肥应充分腐熟，化肥需速效，养分浓度不宜太高，酸碱度要适宜，否则会造成盐分吸水溶解，与种子吸水发芽产生争水矛盾。所用化肥一般氮肥以硫酸铵、磷肥以氨化普钙、钾肥以硫酸钾最好，微量元素用量不能太大。种肥一般用量很少。

### （三）追肥

在作物生长期间所施用的肥料都称为追肥。在一般情况下，作物都需要追肥，但这要由作物的生长状况而定，如生长正常、健壮，就不需要追肥；反之，则需要追肥。追肥时间主要由作物的生育期决定，如小麦的分蘖期、拔节期、孕穗期，玉米的拔节期和喇叭口，棉花和果树的开花期和坐果期等，特别需要追肥。追施的肥料主要以速效化肥为主，一般早期以追氮为主，中、后期以磷、钾肥为主。

但在旱农地区，能否追肥、追多少次，不是取决于作物的生长状况，而是取决于水分的供应状况。在有灌溉条件的地区，如关中地区，小麦一般在结合冬灌和春灌追施氮肥；玉米在拔节期、喇叭口期结合灌溉进行追肥；果树在开花期和坐果期结合灌溉追施氮或磷钾肥。但是在渭北旱塬地区，由于缺水干旱，一般无灌溉条件，有时结合降雨追施尿素。但在大多情况下，都是把作物一生所需各种肥料于播种时结合深耕一次施入土壤深层，以满足作物整个生长期对养分的需要。因在作物生长期中，特别是春季，土壤表层干旱十分严重，根本无法追肥。有时在干旱时追肥，不但不能增产，反而引起伤苗和减产。农民不得不采用提前一次深施肥的办法，以保证作物高产稳产。

### （四）水肥一体化施肥

这是引进外国干旱地区灌溉施肥的方法，氮、磷、钾化肥都可施用。具体方法有叶面喷施、行间开沟冲施、田间喷灌施、果树根际深层注射施、地面滴灌施、膜下滴灌施和地下滴灌施等，这些方法与测土、作物诊断相结合效果更好。

有机无机全营养水溶性复合肥在果树上既可当基肥、又可当追肥施用。施用方法可采用根际注射法进行，效果良好，在其他作物上施用效果也非常显著。

**主要参考文献**

金耀青，张中原，1993. 配方施肥方法及其应用 [M]. 沈阳：辽宁科学技术出版社.

鲁剑巍，2008. 测土配方与作物配方施肥技术 [M]. 北京：金盾出版社.

王敬华，于天仁，1983. 红黄壤的石灰位 [J]. 土壤学报，20 (3)：286 - 293.

张一平，2010. 土壤养分热力学 [M]. 北京：科学出版社.

朱祖祥，1979. 土壤磷盐位的理论与应用 [J]. 土壤学报，16 (2)：190 - 202.

张军，涂丹，李国辉，2013. 3S 技术基础 [M]. 北京：清华大学出版社.

# 第二十二章

# 作物营养诊断施肥

　　作物营养诊断施肥法是利用生物、化学或物理等测试技术，分析研究直接或间接影响作物正常生长发育的营养元素丰缺、协调与否，从而确定施肥方案的一种施肥技术手段。从这一概念来看，营养诊断是手段，施肥是目的，所以这一方法的关键是营养诊断。就诊断对象来说，可分为土壤诊断和植株诊断两种；从诊断的手段看，可分为形态诊断、化学诊断、施肥诊断和酶学诊断等。营养诊断的主要目的是通过营养诊断为科学施肥提供直接依据。即是利用营养诊断这一手段进行因土、看苗施肥，及时调整营养物质的数量和比例，改善作物的营养条件，以达到高产、优质、高效的目的。植株营养诊断主要依据作物的外部形态和植株体内的养分状况及其与作物生长、产量等的关系来判断作物的营养丰缺协调与否，从而作为确定追肥的依据。植株诊断作为营养诊断的一个重要方面，不能代替土壤诊断，而是比土壤诊断更深入地了解作物生长过程中体内养分的吸收、运转、相互影响及肥料效果。植株营养诊断可以解决测土配方施肥方式中忽视生育后期营养管理的问题，适时实地追踪作物生长过程中的营养的丰缺情况并给予适时适量的补充，调节作物养分的平衡，提高肥料利用效率。

　　作物营养诊断的研究历史可以追溯到 19 世纪中叶，那时美国、法国、日本和印度等国家就开始用化学方法分析土壤养分状况，并在生产上取得一定效果。20 世纪 20 年代，美国就开始研究土壤和植物联合诊断技术；20 世纪 30 年代，在各州试验站试用；20 世纪 40 年代，各州都建立了诊断研究室，对不同土壤类型和植物种类进行研究，在研究内容上也有了更进一步深入，由经济作物发展到其他植物，由测定大量元素发展到微量元素，由形态观察发展到应用彩色图片进行诊断。20 世纪 60 年代以来，由于测试技术的发展，营养诊断工作有了长足的发展，由诊断单一元素发展到多种元素间比例关系，从外部形态发展到组织内部生理生化诊断等。目前营养诊断技术在许多国家已得到充分的应用，因地、因植物指导施肥，使作物产量和品质不断提高。

　　我国在 20 世纪 80 年代以来也广泛地开展了营养诊断的研究和应用，在指导施肥、改土、提高作物产量和品质方面取得了一定的成绩。但是，营养诊断是一项较复杂的综合性技术，由于影响农业生产的因素是多方面的，这些因素又在不断变化，诊断工作受到一定的限制，需要对其进一步研究和完善。

## 第一节　粮食作物诊断施肥

### 一、小麦

　　小麦是人类最为重要的粮食作物之一，进行小麦诊断施肥，对麦田的合理施肥有重要意义，能对小麦生长期间的营养状况作出合理的判断，及时调整植株的营养，提高小麦产量。

**1. 化学诊断**　作物种类不同、品种不同、器官与部位不同、生育期不同，需要的营养条件如营养元素的种类、数量和比例等也不同，但是，作物在一定的生长发育阶段，其体内养分浓度有一定的规律。刘芷宇等根据国内外有关农作物营养诊断方面的资料，对小麦植株中氮和磷在不同生育期中的含量状况进行了整理（表 22 - 1、表 22 - 2），可以作为营养诊断的参考。当然根据产量、土壤类型、气候条件的不同，这一数据是可变的。

表 22 - 1　作物全氮含量

| 作物 | 栽培条件 | 采用部位 | 采样时期 | 氮素营养状况（%） | | |
| --- | --- | --- | --- | --- | --- | --- |
| | | | | 低量 | 中量 | 高量 |
| 冬小麦 | 田间 | 叶片 | 起身 | <3.2 | 3.2～3.5 | >3.5 |
| | | 叶片 | 拔节期 | <3.6 | 3.6～3.9 | >3.9 |
| | | 叶片 | 孕穗期 | <4.0 | 4.0～4.5 | >4.5 |

表 22 - 2　作物全磷含量

| 作物 | 栽培条件 | 采用部位 | 采样时期 | 磷素营养状况（%） | | |
| --- | --- | --- | --- | --- | --- | --- |
| | | | | 低量 | 中量 | 高量 |
| 小麦 | 田间 | 麦粒 | 成熟期 | 0.15 | 0.40 | 0.54 |
| | 田间 | 麦秆 | 成熟期 | 0.03 | 0.03 | 0.17 |

用反射仪法进行植株硝酸盐测试研究目前已有很大的进展。研究认为，小麦拔节期茎基部 $NO_3^-$ 浓度最高且最灵敏，用于田间快速测试可行性强。根据中国农业大学的研究结果，植株硝酸盐测试结果可用于作物追施氮肥的可靠指标（表 22 - 3）。

表 22 - 3　植株诊断与追氮肥量（$kg/hm^2$）

| 作物 | 目标产量（$t/hm^2$） | $NO_3^-$ 测定值（mg/L） | | | | | |
| --- | --- | --- | --- | --- | --- | --- | --- |
| | | <500 | 500～750 | 750～1 000 | 1 000～1 250 | 1 250～1 500 | >1 500 |
| 冬小麦 | 6.00～6.75 | 146 | 114～146 | 81～114 | 50～81 | 17～50 | 17 |
| | 5.25～6.00 | 153 | 119～153 | 84～119 | 50～84 | 15～50 | 15 |
| 夏玉米 | 4.5～5.25 | 104 | 80～104 | 56～80 | 31～56 | 7～31 | 7 |
| | 7.00～8.00 | 237 | 164～237 | 92～164 | 20～90 | 20～0 | 0 |

资料来源：张福锁，2001。

**2. 形态诊断**　在生产实践中掌握小麦缺素症的外部表现，并及时采取必要措施加以补救，对夺取小麦丰收具有十分重要的意义。

（1）小麦缺乏大量元素的症状与对策。

① 缺氮症。

症状：幼苗细弱矮小，根少分蘖少，幼穗发育不良，叶片短而窄且稍硬，叶色淡，基部叶片发黄，叶尖干枯，并逐步向上部叶片发展；抽穗后植株矮，穗少粒轻，成熟早，产量低。

对策：整地前底施纯氮平均 105～150 $kg/hm^2$ 为宜；苗期缺氮可开沟或穴施纯氮 45～75 $kg/hm^2$，后期缺氮追纯氮量不宜超过 45 $kg/hm^2$；后期缺氮也可采取根外喷氮的方法加以补救，即用浓度 1%～2% 的尿素水溶液 600～750 $kg/hm^2$，进行叶面喷洒；播种前底施足有机肥。

② 缺磷症。

症状：前期生长缓慢，植株瘦小，不分蘖或分蘖少，叶片狭小，叶色呈紫色或紫红色，无光泽，茎基叶梢尤其显著；根系发育差，次生根少而弱，到拔节期仍不伸展，不下扎，似"鸡爪状"；严重缺磷，叶片发紫，抽穗开花延迟，灌浆不正常，千粒重低，品质差；缺磷麦苗，糖分积累少，抗寒力差，易冻死。

对策：一般分层底施纯五氧化二磷 90～120 kg/hm²，并注意施肥时在中性偏碱土壤上施过磷酸钙，在酸性土壤上施钙镁磷肥；苗期缺磷可开沟或穴施过磷酸钙 600 kg/hm²；后期缺磷，可用 5% 的过磷酸钙溶液或 0.2%～0.3% 的磷酸二氢钾溶液 600 kg/hm²，进行叶面喷洒；基施有机肥，同时与磷肥混合施用。

③ 缺钾症。

症状：初期下部老叶的尖端边缘变黄，叶片呈暗绿色，随后变褐，叶脉与中部仍保持绿色，严重时老叶枯死；苗期表现叶片细长，次生根少而短，叶色黄绿，叶缘枯焦，叶尖发黄；拔节后茎细，生长迟，植株散生；抽穗成熟期延迟，熟色不良，不实率高，极易倒伏；根系生长不良，易腐烂，造成植株萎蔫，灌浆不好，品质变劣。

对策：底施硫酸钾或氯化钾 95～150 kg/hm²，或草木灰 2 250 kg/hm²；苗期缺钾可开沟施入速效化学钾肥或草木灰，用量同上；后期缺钾可用 20% 的草木灰水溶液或 0.2%～0.3% 的磷酸二氢钾水溶液 750 kg/hm²，进行叶面喷洒；施肥中节制氮肥，控制氮、钾肥比例。

④ 缺钙症。

症状：叶片呈灰色，心叶变白；生长点及茎缺钙的，尖端枯萎死亡，植株矮小或簇生状，幼叶往往不能展开，已长出的也常出现缺绿现象；根系短，分枝多，根毛发育不良。

对策：底施钙肥，酸性土壤缺钙，可底施石灰粉或石膏粉 300～600 kg/hm²；避免施钾肥过多；适时灌溉，保证水分充足；喷叶面肥，后期缺钙的麦田可用 0.3% 的氯化钙水溶液 750 kg/hm² 进行叶面喷洒。

⑤ 缺镁症。

症状：植株生长缓慢，叶呈灰绿色，下位叶身前端及脉间褪绿，褪绿后残留部分的叶绿体聚集成直径数毫米的小绿斑，绿斑相连成串，呈念珠状，严重的两缘卷拢。

对策：酸性土壤易缺镁，施用既含石灰又含镁的镁石灰；底施硫酸镁或碳酸镁适量。在酸性缺镁土壤上，可施用钙镁磷肥和钾镁肥；防止氮、钾肥施用过量。

⑥ 缺硫症。

症状：叶色呈淡绿色，幼叶失绿较下部叶片明显，严重缺乏时叶片出现褐色斑点；植株矮小，叶小黄萎，向上卷曲。

对策：基肥底施纯硫 9.5～15 kg/hm²；施用石膏 75～150 kg/hm² 或硫黄 30～45 kg/hm²，但硫黄宜作基肥早施。

（2）小麦缺乏微量元素的症状与对策。

① 缺锰症。

症状：麦苗基部叶片细长，叶色变淡，叶下部有黄白色或褐色斑点、斑块，并逐渐扩大至叶中上部；老叶上斑点呈浅黄色或亮褐色，并逐渐呈条状黄化；根系不发达，须根少且多带黑褐色；植株生长缓慢，病害重，分蘖少或不分蘖。

对策：底施硫酸锰或氯化锰 15～45 kg/hm²，最好与有机肥混合施用；苗期缺锰可开沟追施速效锰肥 30 kg/hm²；小麦播种前，用浓度为 0.05%～0.1% 的硫酸锰溶液，浸种 12～24 h。也可每千克种子用硫酸锰 4~8 g 进行拌种；在小麦的苗期和扬花期，各用 0.1%~0.2% 的锰肥溶液 750 kg/hm²，进行叶面喷洒。

② 缺铜症。

症状：主要症状为"穗而不实"。植株叶片呈针状卷曲，光合作用衰退；症状出现较早的，拔节期开始叶片前端黄化，生育衰败，甚至群体早期干枯；孕穗期出现的，剑叶退化重，叶小而薄且下披，中后部失绿白化变扭曲等，有的还可看到穗发育不全现象。

对策：底施或苗期追施硫酸铜 15~30 kg/hm²，可维持 3~5 年；小麦播种前，每千克种子用 0.6~1 g 硫酸铜进行拌种，或用浓度 0.01%~0.05% 的硫酸铜溶液浸种 12 h；在小麦分蘖至挑旗期，用浓度为 0.2%~0.4% 的硫酸铜溶液 750 kg/hm²，进行叶面喷洒。

③ 缺锌症。

症状：植株矮小，叶色减退，出现小叶症，叶缘扭曲或皱缩，叶脉两侧由绿变黄，发白，边缘仍保持绿色，呈黄绿相间条纹带；抽穗开花迟，小穗少而松散。

对策：整地时底施或在小麦起身期追施硫酸锌 15~30 kg/hm²，可隔 2~4 年用 1 次；在小麦播种前，按每千克种子用 4 g 硫酸锌进行拌种，或用浓度为 0.02%~0.05% 的硫酸锌液浸种 12 h；在小麦拔节期至挑旗期，叶面喷洒浓度为 0.2% 的硫酸锌溶液 1~2 次，每次 600 kg/hm²。

④ 缺硼症。

症状：主要症状为"花而不实"。幼苗分蘖的叶鞘呈紫褐色；植株顶端分生组织死亡，根尖膨胀变色；花丝伸长不正常，雄蕊发育受阻，花药退化干瘦，花粉少而畸形，不开裂，不散粉；子房横向膨大，颖壳前期不闭合，后期枯萎。

对策：底施或在苗期追施硼砂或硼酸 7.5~15 kg/hm²；小麦播前，用浓度为 0.02%~0.05% 的硼砂或硼酸溶液，浸种 4~6 h；后期用浓度为 0.1%~0.25% 的硼砂溶液 750 kg/hm² 进行叶面喷洒；增施有机肥和磷肥，节制氮肥；灌水抗旱。

## 二、水稻

水稻是主要的粮食作物之一，也是一种高产作物，水稻的生产状况直接影响着国民经济和人民生活水平。我国广大科研工作者在水稻的营养诊断方面做了很多工作，对我国水稻的生产作出了很大的贡献。随着水稻品种的更新、种植环境和栽培措施等的变化，对水稻生育期进行植株营养诊断，及时调整植株体内养分状况，以达到水稻的高产、优质、高效生产。水稻植株营养诊断主要包括化学诊断和形态诊断。

**1. 化学诊断**　水稻的化学诊断主要是通过分析植物、土壤的元素含量与预先拟定的含量标准比较，或就正常与异常标本进行比较而作出丰缺判断。一般说，植株分析结果最能直接反映植株营养状况，所以是判断营养丰缺与否最可靠的依据。

氮素是对水稻生长、产量和品质影响最为明显的营养元素，水田土壤氮含量较低，需要补充氮素以提高水稻产量与品质。为获得更高产量，农民常施用过量的氮肥，致使稻田氮肥利用率降低，造成氮肥的大量损失，污染环境。此外，氮肥水平过高还可能加重水稻病虫害，这是当前水稻生产面临的一个大问题。水稻氮素状况的快速、精确诊断和评价是提高水田系统中氮肥利用效率的有效途径。传统的氮素营养诊断法主要是基于水稻组织的实验室分析。英、法、德、美等国已成功地应用植株营养诊断技术来指导农业生产。植株全氮诊断是研究最早最充分的作物化学诊断方法，大多数作物不同生育期和不同部位器官的氮素诊断临界浓度已基本清楚。水稻及其各种器官的发生和生长都要有一定的含氮水平。一般情况下，根内含氮量需在 1.5%（干重）以上，新根才能不断发生；叶片含氮量高于

2.5％时新叶才能伸长；稻苗含氮量低于2.5％时分蘖停止生长，含氮量3.0％～3.5％时分蘖才能迅速进行。在颖花分化后期，水稻地上部分的含氮量与颖花分化数目呈密切的正相关关系。许多学者对不同品种、不同生长时期的各个功能叶片的氮素含量进行了研究。邹长明等的研究结果表明，幼穗分化期最新完全展开叶的C/N值是水稻生长前期氮素营养状况的综合反映，可作为水稻看苗施肥的诊断指标；早稻中熟品种湘早籼12适宜施穗肥的叶片C/N临界值为11.5（颖花分化中期）。若C/N值高于此临界值，施穗肥可增产。若C/N值低于此临界值，则不宜再施氮肥。Mervyn研究发现，3种供试水稻，只有开花初期的第2片完全展开叶有相同的氮素含量，而最后展开叶和第3、4片叶的氮素含量不能用来指示水稻的氮素营养状况。也有研究者指出，以某一特定叶片的SPAD值或以叶色差的大小来诊断水稻氮素营养状况和推荐水稻穗肥施用时，顶3叶是较为理想的指示叶或参照叶。王艳等的研究指出，氮素诊断在分蘖期和孕穗期均以叶片叶绿素相对含量作为诊断指标最好；磷素营养诊断在分蘖期土壤全磷和植株全磷均可作为诊断指标，在孕穗期以植株全磷为诊断指标最好；钾素诊断在分蘖期土壤速效钾和植株全钾均可作为诊断指标，在孕穗期以土壤速效钾进行钾营养诊断最能反映生产实际。沈阿林等的研究得出，齐穗前水稻的倒二叶SPAD值为37，可作为追施氮肥的参考指标。范立春等的研究指出，寒地水稻的叶色卡阈值设为3.5。薛利红在江西鹰潭的研究提出，早稻中选181分蘖期、拔节期（穗分化期）和抽穗期的适宜NDVI值分别为0.37～0.55、0.76～0.80和0.72～0.75，其临界值分别为0.346、0.703和0.654。日本的Tananka在大量工作的基础上，提出了水稻缺素的临界含量（表22-4）。

表22-4 水稻缺素临界浓度

| 养分 | 植株器官 | 生长阶段 | 临界含量（mg/kg） | 养分 | 植株器官 | 生长阶段 | 临界含量（mg/kg） |
|---|---|---|---|---|---|---|---|
| N | 叶片 | 分蘖 | 25 | Si | 稻草 | 成熟 | 50 |
| P | 叶片 | 分蘖 | 1 | Fe | 叶片 | 分蘖 | 70 |
| K | 叶片 | 分蘖 | 10 | Zn | 苗 | 分蘖 | 10 |
| Ca | 稻草 | 成熟 | 1.5 | Mn | 苗 | 分蘖 | 20 |
| Mg | 稻草 | 成熟 | 1 | B | 稻草 | 成熟 | 3.4 |
| S | 稻草 | 成熟 | 1 | Cu | 稻草 | 成熟 | <6 |

注：稻草指稻的茎叶。

**2. 形态诊断** 水稻生长阶段缺乏某种营养元素会表现一些特定的形态症状，可以根据植株的表现进行营养诊断。

（1）缺氮。植株瘦小、直立，分蘖少，叶片小；叶片呈黄绿色，下部老叶从叶尖开始至中脉扩展到全部叶片发黄，然后逐渐向上扩展，全株呈淡绿色或黄绿色；结穗短小，提早成熟。

（2）缺磷。苗期植株瘦小，插秧后根系发育不良，吸收养分能力降低，返青延迟；稻苗发僵紧束，分蘖少，叶形狭长直挺；叶色暗绿并带紫红色，老根变黄；生育期延长，穗小粒少，粒重降低。

（3）缺钾。苗期叶片绿中带蓝，老叶软弱下披，新叶挺直，中下部叶片尖端出现红褐色组织坏死；叶面有不定型红褐色斑点，分蘖期前易患胡麻叶斑病。分蘖期以后，老叶叶面有赤褐色斑点，叶缘呈枯焦状，茎易倒伏和折断；根部褐色并生有黑根，抽穗提前，籽粒不饱满；空秕率多，易感染纹枯病等病害。

（4）缺硼。苗期植株矮小，新叶粗糙、淡绿，甚至发白；叶脉易折断，严重时生长点死亡，不抽穗。抽穗后开花不正常，稻穗瘦小、干瘪，空秕谷粒增多。

（5）缺锌。秧苗矮缩，叶丛生，叶色呈浅绿色；新叶基部发白，老叶沿中脉两侧出现褐色斑点，严重时老叶中脉或全叶呈赤褐色，甚至枯萎；生长发育迟缓，分蘖减少；根系生长差，穗小粒少，减产严重。

（6）缺铜。植株矮小，从叶尖开始向下黄化、缺绿；叶尖萎蔫，易感染病害；稻穗发育不良，谷粒减少，严重时大量分蘖而不抽穗。

（7）缺钼。植株矮小，易受病虫危害；幼叶呈黄绿色，叶脉间显出缺绿病；老叶变厚，呈蜡质状；叶脉间肿大，并向下弯曲；稻穗灌浆差，成熟延迟，籽粒不饱满。

## 三、玉米

玉米是我国主要的粮饲兼用型作物，华北、东北、西北等地是玉米的主要产区。由于各地区自然条件不同，玉米的种植制度也不一样，如何根据各地玉米的特点进行科学施肥，对玉米生产有很重要的影响。玉米营养诊断是在玉米生育进程中的某些时期检测植株的营养状况是否符合高产要求。准确、及时地诊断玉米的营养状况是进行合理施肥、经济施肥、实现高产稳产的重要措施之一。国内外学者提出的玉米营养诊断指标主要有植株形态诊断指标、植株养分诊断指标和综合诊断指标。形态诊断指标受环境影响较大，而且当玉米在形态上表现出营养失调时，其生长发育已经受到一定程度的影响。掌握形态指标需要有较丰富的实践经验。所以，只用植株形态诊断玉米营养状况准确性不高，预见性较差，诊断不及时。相对而言，以植株养分诊断指标衡量玉米营养状况能弥补形态诊断的不足。

**1. 化学诊断** 不同的研究者提出的诊断指标不同。玉米植株的化学诊断指标受品种、种植条件、气候条件等的影响较大。全国紧凑型玉米协作组（1992）提出了亩产 750 kg 植株 N、$P_2O_5$、$K_2O$ 临界含量（表 22-5）。

表 22-5 高产玉米植株养分临界含量

单位：g/kg

| 时期 | 测定部位 | N | $P_2O_5$ | $K_2O$ | 说　明 |
|---|---|---|---|---|---|
| 5 展叶 | 全株 | 2.854 | 0.466 | 2.33 | 春玉米，亩产量 750~900 kg |
| 12 展叶 | 第 12 叶片 | 2.873 | 0.352 | 1.895 | |
| 抽雄 | 穗位叶片 | 2.67 | 0.527 | 2.597 | |
| 5 展叶 | 全株 | 3.565 | 0.502 | 3.555 | 夏玉米，平均亩产 750 kg |
| 12 展叶 | 第 12 叶片 | 2.455 | 0.435 | 3.098 | |
| 抽雄 | 穗位叶片 | 2.773 | 0.458 | 2.735 | |

资料来源：全国紧凑型玉米协作组，1992。

张福锁等提出玉米大喇叭口期叶脉中段用 $NO_3^-$ 浓度诊断与追施氮肥的判断指标。郭景伦等提出，高产夏玉米（掖单 13，亩产量 661.3~747.8 kg）全株含硫临界值分别为：3 展叶 0.165%、拔节期 0.147%、大喇叭口期 0.115%、吐丝期 0.094%。Tyner 曾提出玉米吐丝期基部第 6 叶的 N、P、K 临界值分别为 2.9%、0.295% 和 1.3%。植株旺盛生长期含 S 在 0.096%~0.103% 时，施硫肥有显著的增产效果。玉米穗位叶含 Ca 和 Mg 的临界值分别为 0.40% 和 0.25%，适宜含量均为 0.25%~0.40%。

随着玉米产量的不断提高和氮、磷、钾肥用量的增加，微量元素对玉米的增产作用越来越明显，有些地区微量元素营养不足已经成为玉米产量进一步提高的限制因素。全国微肥科研协作组提出，玉米植株含锌 20 mg/kg 以下为缺锌诊断指标，15 mg/kg 以下为出现缺锌症状的参考指标。孙祖琁等提出，以 P/Zn 值作为玉米缺锌诊断指标（表 22-6）。Benton 等报道了玉米成熟叶片中微量元素的诊断指标（表 22-7）。另据报道，玉米种子含钼的临界值为 0.08 mg/kg，低于此值时玉米不能正常出苗。

**表 22-6 玉米缺锌时的 P/Zn 值**

| 缺锌程度 | 叶片 | 秸秆 | 籽粒 |
| --- | --- | --- | --- |
| 中度缺锌 | 100～150 | 90～130 | 150～240 |
| 严重缺锌 | >150 | >130 | >240 |

资料来源：孙祖琰等，1990。

**表 22-7 玉米成熟叶片中微量元素含量**

单位：g/kg

| 微量元素 | 缺乏 | 适宜范围 | 过量或毒害浓度 |
| --- | --- | --- | --- |
| B | <15 | 20～100 | >200 |
| Cu | <4 | 5～20 | >20 |
| Fe | <50 | 50～250 | 未知 |
| Mn | <20 | 20～500 | >500 |
| Mo | <0.5 | 0.5～7 | 未知 |
| Zn | <25 | 25～150 | >400 |

资料来源：Mortredt 等，1984《农业中的微量元素》，农业出版社。

**2. 形态诊断**

（1）缺氮。氮是合成玉米蛋白质、叶绿素等重要生命物质的组成部分，玉米对缺氮反应敏感，首先表现为下部叶黄化，叶尖枯萎，常呈 V 形向下延展，株型细瘦；雌穗形成延迟，难以发育，穗小，粒少，产量低。

（2）缺磷。磷参与玉米一生的重要生理活动，如能量转化、光合作用、糖分和淀粉的分解、养分转运及性状遗传。玉米缺磷，根系减弱，植株瘦小，生长缓慢，茎叶紫红，缺磷严重时老叶叶尖枯萎呈黄色或褐色；在开花期缺磷，抽丝延迟，雌穗受精不完全，穗小，结实率低，发育不良，粒行不整齐；后期缺磷，会引起果穗成熟推迟。

（3）缺钾。钾是玉米重要的品质元素，可激活许多酶的活性，促进光合作用，加快淀粉和糖类的运输，防止病虫害侵入，增强玉米的抗旱能力，提高水分利用率，减少倒伏，延长储存期，提高产量和品质。玉米缺钾，生长缓慢，下位叶尖和叶缘黄化，老叶逐渐枯萎，节间缩短；生育延迟，果穗变小，穗顶变细不着粒或籽粒不饱满，籽粒淀粉含量降低，穗易感病。

（4）缺钙。叶缘白色斑纹，并有锯齿状不规则横向开裂，顶叶卷呈"弓"状，叶片黏连，不能正常伸展。

（5）缺镁。先出现条纹花叶，渐渐叶缘出现紫红色。

（6）缺硫。整株褪绿、黄化、色泽不均匀。

（7）缺铁。叶片脉间失绿，呈条纹花叶，心叶症状重。严重时心叶不出，植株生长不良，生育延迟，甚至不能抽穗。

（8）缺锌。苗期出现花白苗，称为"花叶条纹病"，叶淡黄色至白色，从基部到 2/3 处明显。拔节后叶片中脉和叶缘间出现黄白失绿条斑，形成宽而白化的斑块或条带，叶肉消失，半透明状，风吹易撕裂，严重时白色变黑，几天后枯株死亡。玉米中、后期缺锌，老叶病部及叶鞘出现紫红色或紫褐色，玉米植株发育甚慢，节间缩短，抽雄期和雌穗吐丝期延长，不利于授粉，形成缺粒不满尖的玉米棒。

（9）缺硼。玉米幼叶展开困难，叶脉间呈现宽的白色条纹，茎基部变粗、变脆，严重缺硼时，生长点死亡。玉米早期生长和后期开花阶段植株呈现矮小，生殖器官发育不良，雄穗生长缓慢或很难抽出，果穗的穗轴短小，不能正常授粉，果穗畸形，籽粒行列不齐，着粒稀疏，籽粒基部常有带状褐疤，易成空秆或败育，造成减产。

（10）缺铜。叶片失绿变灰，卷曲反转。

# 第二节　果树诊断施肥

正确施肥是保证果树高产、稳产、优质的重要措施之一，果树矿质营养原理是指导施肥的理论基础，而果树的营养诊断是果树生产和科学研究现代化的一个重要标志。诊断施肥是把果树矿质营养原理运用到施肥上的重要环节，它能使果树施肥合理化、指标化。作物诊断施肥已在农业上广泛应用，但现在广泛开展的主要是土壤测试。对果树来说，单纯测试土壤是远远不够的，应重视树体营养的测试，以正确指导果树施肥。果树的营养诊断，首先是树体诊断，一般是进行叶片分析，它能准确地反映树体的现实营养状况。然后才是土壤诊断，它是制订土壤管理和施肥计划的依据。

植株营养诊断，如叶片、叶柄和果实等的营养诊断，是较为成熟、可靠且简单易行的果树营养诊断方法。通过对比化学分析值与标准参考含量范围，即可确定果树营养缺乏状况。其优点是在果树尚未表现明显缺素症状条件下，就可了解树体养分状况，比外观诊断更灵敏、及时；缺点是需要化学分析测试，且判断结果需要与土壤测试结果相结合，才能得到较为可靠的结论。植株营养诊断最主要的是叶片和叶柄营养诊断。果树营养诊断包括样品的采集、养分含量分析和分析结果的应用等方面。

20世纪30年代，美国就开始用叶片分析来判断果树的营养状况。韩振海等认为，叶片分析应建立在确定标准叶样及叶内矿质元素含量标准值的基础上进行。从20世纪80年代起，我国开展了大量关于果树叶样及果树叶内矿质元素含量标准值的探索，并确定了我国第一个果树叶标样（GB 7171）。但是即使是同一果树不同品种叶内养分含量也有差异，而且叶内的养分含量并不能完全反映树体营养状况和果实的缺素状况，因此叶片养分诊断也存在着一些缺憾。土壤诊断和树体营养诊断相互结合能更好地指导施肥实践。下面着重介绍各种果树树体营养诊断。

## 一、苹果

**1. 营养诊断方法及指标**　苹果树的营养诊断一般包括外观诊断、叶诊断、土壤测试、组织生物化学分析、田间试验等，其任务是通过诊断为指导施肥提出科学依据。

（1）营养失调的外观诊断。症状诊断是根据果树表现出某种特定的症状，确定其可能缺乏某种元素的方法。但这种诊断方法只在植物仅缺乏一种营养元素状况下有效。在植株同时缺两种以上营养元素或出现非营养因素而引起的症状时，则易于混淆造成误诊；再者当植株出现缺素症状时，表明植株缺素状况已经相当严重，此时再采取措施，为时已晚。

（2）叶分析。苹果叶分析很适用于营养诊断，正确的取样、预处理和元素含量分析技术，是对果树体内营养状况作出客观判断的基础。

选株：6～30亩的果园，对角线法至少取样25株以上。取样时植株要尽量均匀分布于园内，避免特殊情况如病株等。

采样时期：各地略有差异，最好在7月中旬。花后8～12周，尽量避开打药、喷肥等处理。

采叶方法：新梢基部向上第7～8片叶。在采叶和洗叶前要洗手，避免污染叶片。取树冠外围中部枝，新梢中位健康叶（带叶柄）。取树冠东西南北四个方向的叶，每株8片，共取200片叶。长方形或近长方形的园片可用折线法布点，方形或近方形园片可用对角线法布点，形状不规则的园片可划分为几个近方形或近长方形，再分别按长方形或方形园片布点。

叶片的收集和运输：采下的鲜叶，每一组叶样置于一个尼龙网袋中（标记编号、园地、地段、品种、砧木、日期），网袋可集中放于纸箱中，保证运输途中不损伤。若运输路途太长，最好低温储存或就地清洗烘干。

叶样清洗：准备7个塑料盆，洗涤顺序：自来水—0.1％的中性洗液—自来水—自来水—0.1 mol/L盐酸—蒸馏水—蒸馏水。清洗时，双手在盆内托着叶片抖动漂洗，不得揉搓叶片，整个洗涤过程不超过2 min。尼龙网袋同时清洗。

烘干、收储：105 ℃烘箱中烘20 min左右杀青后，（淋水后先在80～90 ℃下烘20 min左右），然后在75 ℃下烘干，于不锈钢磨或玛瑙磨机中粉碎保存备用。

由于叶片营养元素的含量受到品种、砧木和栽培管理条件等的影响，各地提出叶片营养元素的浓度标准值不同。表22-8～表22-12是我国部分地区提出的叶分析标准值。叶分析的测定结果可以与标准值表对照，判断树体营养状况，进而进行施肥矫正。

**表22-8　我国苹果叶内矿质营养元素含量适宜值**（李港丽，1978）

| 项目 | N | P | K | Ca | Mg |
|---|---|---|---|---|---|
| 适宜值（％） | 2.0～2.6 | 0.15～0.23 | 1～2 | 1～2 | 0.9～0.35 |
| 项目 | B | Cu | Fe | Mn | Zn |
| 适宜值（mg/kg） | 20～60 | 5～15 | 150～290 | 25～150 | 15～80 |

**表22-9　苹果叶片营养元素的浓度范围**（吕忠恕，1982）

| 营养元素 | 缺乏 | 较低（无症状） | 适量 | 过高 |
|---|---|---|---|---|
| 氮（％） | 1.7～2.00 | 2.00～2.40 | 2.40～2.80 | >3.00 |
| 磷（％） | 0.07～0.10 | 0.10～0.20 | 0.20～0.25 | >0.30 |
| 钾（％） | 0.04～0.80 | 0.80～1.30 | 1.30～1.60 | >2.00 |
| 钙（％） | 0.50～0.80 | 0.80～1.00 | 1.00～1.60 | >2.00 |
| 镁（％） | 0.06～0.15 | 0.15～0.25 | 0.25～0.30 | >0.30 |
| 铜（mg/kg） | 1～3 | 3～5 | 5～10 | >20 |
| 锌（mg/kg） | 1～5 | 5～15 | 15～25 | >30 |
| 硼（mg/kg） | 5～15 | 15～25 | 25～30 | >40 |
| 锰（mg/kg） | 5～20 | 20～30 | 30～100 | >100 |

表 22 - 10 不同地区苹果叶营养元素含量标准值

| 元素 | 中国适宜值范围 | 山东适宜值的平均值 |
|---|---|---|
| 氮（g/kg） | 2.0～2.6 | 2.4 |
| 磷（g/kg） | 1.5～2.3 | 1.84 |
| 钾（g/kg） | 10～20 | 14 |
| 钙（g/kg） | 10～20 | 13.9 |
| 镁（g/kg） | 2.2～3.5 | 2.88 |
| 铜（mg/kg） | 5～15 | — |
| 铁（mg/kg） | 150～290 | 210 |
| 锰（mg/kg） | 25～150 | 78.1 |
| 锌（mg/kg） | 15～80 | 39.6 |

注：参考李港丽、姜远茂、李辉桃提出的适宜值（采样方法按照国家标准）整理而成。

表 22 - 11 陕西苹果叶营养元素含量标准（安贵阳，2004）

| 元素 | 缺乏 | 低值 | 正常值 | 高值 | 过高 |
|---|---|---|---|---|---|
| 氮（%） | <2.15 | 2.15～2.30 | 2.31～2.50 | 2.51～2.66 | >2.66 |
| 磷（%） | <0.118 | 0.118～0.137 | 0.138～0.166 | 0.167～0.186 | >0.186 |
| 钾（%） | <0.55 | 0.55～0.72 | 0.73～0.98 | 0.99～1.16 | >1.16 |
| 钙（%） | <1.36 | 1.36～1.72 | 1.73～2.24 | 2.25～2.61 | >2.61 |
| 镁（%） | <0.32 | 0.32～0.36 | 0.37～0.43 | 0.44～0.48 | >0.48 |
| 硼（mg/kg） | <28 | 28～32 | 33～37 | 38～411 | >41 |
| 铜（mg/kg） | <10 | 11～19 | 20～50 | 51～100 | >100 |
| 铁（mg/kg） | <100 | 100～119 | 120～150 | 151～180 | >180 |
| 锰（mg/kg） | <40 | 40～51 | 52～80 | 81～100 | >100 |
| 锌（mg/kg） | <15 | 15～23 | 24～45 | 46～75 | >75 |

注：叶样品采自陕西省苹果品种。

表 22 - 12 豫西地区红富士苹果叶片元素含量（刘红霞，2009）

| 元素 | N（g/kg） | P（g/kg） | K（g/kg） | Fe（mg/kg） | Mn（mg/kg） | Cu（mg/kg） | Zn（mg/kg） |
|---|---|---|---|---|---|---|---|
| 适宜值 | 9.54±3.00 | 2.42±0.28 | 9.31±1.40 | 104.47±15.03 | 33.89±5.77 | 3.38±0.39 | 29.71±4.91 |

（3）土壤测试。土壤测试能帮助揭示营养问题的原因。当作为叶分析的补充时，土壤测试最有价值，甚至土壤测试经常与树体吸收相关性差时，这些测试仍有价值。3 月初或采收后取样，对土壤相对一致、面积不大的果园取 12 点，采样点定在树冠外缘 4 个点、树干距树冠 2/3 处 4 个点、行间 4 个点（按照根系分布的百分比取土样）。普通土样用土钻垂直采集，微量元素土样的采集与普通土样同步进行，采样时避免使用铁、铜等金属器具。

普通土样采集 1 kg 左右，微量元素土样采集 1.5 kg 左右。采样深度 0～100 cm，每 20 cm 为一层，且上下层采集数量相等。样品经过风干、粉碎、过筛后，用四分法提取一部分，过 0.25 mm 筛

（过筛孔径根据测定项目定），留取样品不超过 200 g。

通过果园土壤分析，掌握土壤养分的丰缺程度，作为确定施肥种类和数量的重要参考。

**2. 缺素症状及矫治方法**　当树体缺乏某种营养元素时就会现出外部症状，通过观察生产上出现的外部症状，来确定树体某些营养元素的盈亏状况。这种方法简单易行，不失为一个重要的诊断方法。苹果树营养元素的缺素症状及矫正方法见表 22－13，供参考。

表 22－13　苹果营养元素的生理作用和缺素矫治方法

| 营养元素 | 作　用 | 缺素症状 | 叶面追肥方案 |
|---|---|---|---|
| 氮（N） | 蛋白质、核酸、叶绿素、维生素、生物碱、酶和辅酶系统的组成成分 | 树叶色从基部老叶开始出现均匀失绿黄化，叶小直立，无枯斑、新梢生长细而短、秋天落叶早、秋季叶脉稍红、树皮呈淡褐色至褐红色、果实小而色浓、产量低 | 生长期喷 0.3%～0.5% 尿素溶液 |
| 磷（P） | 核酸、核苷酸等的组成部分、参加蛋白质合成和光合作用碳水化合物的代谢 | 从基部老叶开始，叶片狭长、圆形、嫩叶深绿色（暗绿）较老叶则带有青铜色或深红褐色，老叶脉间常有淡绿色斑点，叶柄及枝干为不正常紫色，新梢变短，果实早熟，对花芽形成和结实极为不利 | 生长期喷 0.1%～0.3% $K_3PO_4$ 溶液 |
| 钾（K） | 参与蛋白质合成、光合作用碳水化合物运输调节，维持原生质的胶体状态，对作物氮代谢也有影响 | 中部叶先黄化，继而老叶，最后新叶脉间失绿，叶尖枯焦，变枯叶发皱并两边卷起，果实色泽、大小、品质均降低 | 生长期喷 0.1%～0.3% $KH_2PO_4$ 或 0.5% 的 $K_2SO_4$ 溶液 |
| 钙（Ca） | 影响根和新梢生长，是果胶酸钙的组成成分，调节蛋白与钙离子的作用，调节细胞代谢 | 首先出现在梢顶部，顶芽易枯死，叶中心有大片失绿变褐和坏死的斑点，梢尖叶片卷缩向上发黄，果实易发生苦痘病、水心病等 | 生长期对果实喷 2～3 次 0.3% 的 $CaCl_2$ 溶液 |
| 镁（Mg） | 叶绿素、植酸盐的组分，促进磷酸酶、葡萄糖转化酶的活性，促进糖类代谢 | 失绿首先出现在基部叶脉间，脉间枯焦一直延伸到边缘 | 生长期喷 0.1%～0.2% $MgSO_4$ 溶液 |
| 锰（Mn） | 影响叶绿素形成，是酶的活化剂，与光合、呼吸、硫酸还原有关 | 新梢顶部和中部的叶片呈"人"字形，主脉中间有黄绿色斑块，外部围着深绿色圈 | 喷 0.05%～0.1% 的 $MnSO_4$ 溶液 |
| 铁（Fe） | 影响叶绿素形成，参与叶绿体蛋白质形成，呼吸酶中也含铁 | 新梢顶部嫩叶呈淡黄色或白色，逐渐向老叶发展，严重时叶片有棕黄色枯斑，叶角焦枯，新梢先端枯死 | 喷 0.2%～0.3% 柠檬酸铁或 $FeSO_4$ 溶液 |
| 锌（Zn） | 碳酸酐酶等的组成成分，影响生长素的形成及氧化还原过程 | 近新梢顶部叶片小，有不规则的小斑点，边缘呈波纹状，成束的长在一起，出现莲座状叶（小叶病），花芽减少，果实小，产量低 | 新梢生长期喷 0.2%～0.3% $ZnSO_4$ 溶液 |
| 硼（B） | 氧化还原系统需要硼加速碳水化合物运输，促进氮素代谢，对生殖器官发育有重要作用 | 枝条上出现小的内陷坏死斑点和木栓化干斑，果实表现缩果病症状 | 喷 0.1%～0.2% 硼酸或硼砂溶液 |
| 钼（Mo） | 硝酸还原酶的成分 | 低 pH 时发生梢尖叶片脉间黄色，下部叶片边缘焦灼，比较少见 | 喷 0.05% 钼酸铵溶液 |
| 铜（Cu） | 氧化还原酶的组成成分，参与氧化还原反应，促进叶绿素形成 | 新梢死去，叶色似火疫病，梢尖叶变黄，结果少，早期落叶，比较少见 | 喷 0.01%～0.02% $CuSO_4$ 溶液 |

## 二、猕猴桃

**1. 营养诊断方法及指标**　为了掌握猕猴桃园的土壤养分状况，需要进行土壤养分分析，以便确定肥料用量。在猕猴桃不同生育期，需要进行植株营养诊断，来确定某些养分的不足或过量。同时，田间肥料试验是科技工作者常用的一种研究方法，以确定肥料用量与施肥方法对作物产量和品质的影响。现分别叙述如下。

（1）叶片采样。

选株：6～30 亩的果园，对角线法至少在 25 株上取样。取样时植株要尽量均匀分布在园内，避免特殊情况如病株等。

采样时期：各地略有差异，最好在 7 月中旬。花后 8～12 周，尽量避开打药、喷肥等处理。

采叶方法：新梢基部向上第 7～8 片叶。在采叶和洗叶前要洗手，避免污染叶片。取树冠外围中部枝，新梢中位健康叶（带叶柄）。取树冠东西南北四个方向的叶，每株 8 片，共取 200 片叶。长方形或近长方形的园片可用折线法布点，方形或近方形园片可用对角线法布点，形状不规则的园片可划分为几个近方形或近长方形，再分别按长形或方形园片布点。

叶片的收集和运输：采下的鲜叶，每一组叶样置于一个尼龙网袋中（标记编号、园地、地段、品种、砧木、日期），网袋可集中放于纸箱中，保证运输途中不损伤。若运输路途太长，最好低温储存或就地清洗烘干。

叶样清洗：准备 7 个塑料盆，洗涤顺序：自来水—0.1％的中性洗液—自来水—自来水—0.1 mol/L盐酸—蒸馏水—蒸馏水。清洗时，双手在盆内托着叶片抖动漂洗，不得揉搓叶片，整个洗涤过程不超过 2 min。尼龙网袋同时清洗。

烘干、收储：105 度烘箱中 20 min 左右杀青后（淋水后先在 80～90 ℃下烘 20 min 左右），然后在 75 ℃下烘干，于不锈钢磨或玛瑙磨机中粉碎保存备用。

（2）果实采样。

选树：方法同叶片。

采样时期：在果实充分成熟期采样，一般为 10 月中下旬。

采样方法：根据树体坐果情况（果实在树体内分布）确定树冠内外果实的数量，一般外围 20％左右，树冠中间 60％左右，内腔 20％左右。每株树采 5～10 个，5～20 株树。样品要妥善保管，防止碰压。

（3）测定项目：

新梢生长量（6 月测，落叶前测）、干周、枝量、枝类组成。

土壤：有机质、碱解氮、有效磷、速效钾、Ca、Mg、B、Mo、Fe、Zn。

叶片：全 N、全 P、全 K、Ca、Mg、B、Mo、Fe、Zn。

果实：产量、果形指数（纵横径比）、平均单果重、硬度、可滴定酸、可溶性固形物、果实中全 N、Ca 含量。

（4）测定结果的应用：测定结果与表 22 - 15 对照，就可知道该营养元素的丰缺情况与解决的办法。

张林森等通过连续 2 年对陕西秦岭北麓地区秦美猕猴桃叶片营养状况的调查和统计分析，查明了当地猕猴桃树普遍缺乏钾、氯和磷元素，而钙、镁和氮元素含量偏高。秦美猕猴桃丰产园叶片营养标准适宜范围表 22 - 14。

表 22-14 秦美猕猴桃叶营养标准值（张林森，2001）

| 元素 | N | P | K | Ca | Mg | Cl |
|---|---|---|---|---|---|---|
| 适宜值（%） | 2.27～2.77 | 0.16～0.20 | 1.60～2.0 | 3.29～4.43 | 0.40～1.13 | 0.6～1.0 |

| 元素 | Zn | Fe | Mn | Cu | B |  |
|---|---|---|---|---|---|---|
| 适宜值（mg/kg） | 23.6～44.2 | 90.1～267.9 | 44.5～173.1 | 7.0～21.8 | 38.5～79.9 |  |

**2. 元素缺乏症状及矫治** 无机营养元素缺乏或过量会影响生长发育，猕猴桃对各类元素的失调特别敏感，一旦失调就会明显在外观形态上表现出来，特别是在叶片上。缺乏时叫"缺素症"，过量时叫"中毒症"一般称为"生理病害"。因此，必须要经常进行土壤分析和植物分析。

表 22-15 是结合我国认定的猕猴桃叶片矿质元素最佳含量范围和新西兰认定的临界值，列出的缺素症状和一些补救办法，供参考。

表 22-15 猕猴桃营养诊断（韩礼星，2001）

| 营养元素 | 7月叶片含量指标 |  | 缺素症状 | 补救办法 |
|---|---|---|---|---|
| 氮 | 最适范围 | 2.0～2.8 g/100 g 干重 | 叶片从深绿变为淡绿，甚至完全转为黄色，但叶脉仍保持绿色，老叶顶端叶缘为橙褐色日灼状，并沿叶脉向基部扩展，坏死组织部分微向上卷曲，果实不能充分发育，达不到商品要求的标准 | 叶面喷 0.3%～0.5%尿素液 |
|  | 缺乏 | <1.5 g/100 g 干重 |  |  |
| 磷 | 最适范围 | 0.18～0.9 g/100 g 干重 | 老叶从顶端向叶柄基部扩展，叶脉之间失绿，叶片上面逐渐呈红葡萄酒色，叶缘更为明显，背面的主、侧脉红色，向基部逐渐变深 | 用 0.5%磷酸二氢钾液叶面喷施 |
|  | 缺乏 | <0.12 g/100 g 干重 |  |  |
| 钾 | 最适范围 | 2.0～2.8 g/100 g 干重 | 起初老叶叶缘上卷，温度高时更明显，此后，出现脉间失绿，由叶缘向基部延伸，导致组织变枯，使叶片成灼烧状，严重缺钾导致提前落叶 | 用 0.5%磷酸二氢钾液叶面喷施 |
|  | 缺乏 | <1.5 g/100 g 干重 |  |  |
| 钙 | 最适范围 | 3.0～3.5 g/100 g 干重 | 在新成熟叶的基部叶脉颜色暗淡，坏死，逐渐形成坏死组织片，然后质脆干枯，落叶，枝梢死亡，下面腋芽萌发后呈莲叶状，也会发展到老叶上。严重时影响根系发育，根端死亡，或在附近大面积坏死 | 叶面喷施 0.5%硝酸钙液 |
|  | 缺乏 | <0.2 g/100 g 干重 |  |  |
| 镁 | 最适范围 | 0.38 g/100 g 干重 | 在生长的中、晚期发生。在当年生成熟叶上，出现叶脉间或叶缘淡黄绿色，但叶片基部近叶柄处仍保持绿色，呈马蹄形 | 叶面喷施硫酸镁、硝酸镁液 |
|  | 缺乏 | <0.1 g/100 g 干重 |  |  |
| 硫 | 最适范围 | 0.25～0.45 g/100 g 干重 | 初期症状为幼叶边缘淡绿或黄色，逐渐扩大，仅在主、侧脉结合处保留一块呈楔形的绿色，最后幼嫩叶全面失绿 | 可结合补铁、锌，喷硫酸亚铁、硫酸锌液 |
|  | 缺乏 | <0.18 g/100 g 干重 |  |  |
| 铁 | 最适范围 | 80～200 mg/kg 干重 | 外观症状先为幼叶脉间失绿，变成淡黄和黄白色，有的整个叶片、枝梢和老叶的叶缘都会失绿，叶片变薄，容易脱落 | 用硫酸亚铁 350 倍液喷施 |
|  | 缺乏 | <60 mg/kg 干重 |  |  |

（续）

| 营养元素 | | 7 月叶片含量指标 | 缺素症状 | 补救办法 |
|---|---|---|---|---|
| 锌 | 最适范围 | 15～28 mg/kg 干重 | 出现小叶症状，老叶脉间失绿，开始从叶缘扩大到叶脉之间，叶片未见坏死组织，但侧根的发育受到影响 | 用 1 kg 硫酸锌兑水 100 L 喷洒叶部 |
| | 缺乏 | <12 mg/kg 干重 | | |
| 氯 | 最适范围 | 1.0～3.0 g/100 g 干重 | 先在老叶顶端主、侧脉间出现分散片状失绿，从叶缘向主、侧脉扩张，有时边缘连续状，老叶常反卷呈杯状，幼叶叶面积减小，根生长减少，离根端 2～3 cm 的组织肿大，常被误认为是根结线虫的囊肿 | 可补充氯化钾肥料 |
| | 缺乏 | <0.8 g/100 g 干重 | | |
| 锰 | 最适范围 | 50～150 mg/kg 干重 | 新成熟叶缘失绿，侧脉过而主脉附近失绿，小叶脉间的组织向上隆起，有光泽，最后仅叶脉保持绿色 | 施碾细的硫黄、硫酸铝或硫酸铵，使之能吸收利用 |
| | 缺乏 | <30 mg/kg 干重 | | |
| 硼 | 最适范围 | 50 mg/kg 干重 | 幼叶的中心会出现不规则黄色，随后在主、侧脉两边相连呈大片黄色，未成熟的幼叶变扭曲、畸形，枝蔓生长受到严重影响 | 可以用硼砂 100 g 兑水 100 L 叶面喷洒，或作根外追肥 |
| | 缺乏 | <20 mg/kg 干重 | | |
| 铜 | 最适范围 | 10 mg/kg 干重 | 开始幼叶及未成熟叶失绿，随后发展为漂白色，结果枝生长点死亡，还出现落叶 | 每公顷施用 25 kg 硫酸铜可以调整 |
| | 缺乏 | <3 mg/kg 干重 | | |
| 钼 | 最适范围 | 0.04～0.20 mg/kg 干重 | 无明显症状，说明猕猴桃对钼不很敏感，但也必须经常检查，避免引起体内硝酸盐因缺钼而积累过多 | |
| | 缺乏 | <0.01 mg/kg 干重 | | |

## 三、葡萄

**1. 营养诊断方法及指标**　　葡萄的营养诊断是葡萄进行合理施肥的依据，叶分析方法的创立为指导果树合理施肥作出了巨大贡献。

（1）叶片采样。

选株：6～30 亩的果园，对角线法至少在 25 株上取样。取样时植株要尽量均匀分布在园内，避免特殊情况如病株等。

采样时期：各地略有差异，采样时，尽量避开打药、喷肥等处理。

采叶方法：果穗上面第一叶上成熟的叶柄。在采叶和洗叶前要洗手，避免污染叶片。取树冠外围中部枝，新梢中位健康叶（带叶柄）。取树冠东西南北四个方向的叶，每株 8 片，共取 100 片叶。长方形或近长方形的园片可用折线法布点，方形或近方形园片可用对角线法布点，形状不规则的园片可划分为几个近方形或近长方形，再分别按长方形或方形园片布点。

叶片的收集和运输：采下的鲜叶，每一组叶样置于一个尼龙网袋中（标记编号、园地、地段、品种、砧木、日期），网袋可集中放于纸箱中，保证运输途中不损伤。若运输路途太长，最好低温储存或就地清洗烘干。

叶样清洗：准备 7 个塑料盆，洗涤顺序：自来水—0.1% 的中性洗液—自来水—自来水—

0.1 mol/L盐酸—蒸馏水—蒸馏水。清洗时，双手在盆内托着叶片抖动漂洗，不得揉搓叶片，整个洗涤过程不超过 2 min。尼龙网袋同时清洗。

烘干、收储：105 ℃烘箱中 20 min 左右杀青后，（淋水后先在 80～90 ℃下烘 20 min 左右），然后在 75 ℃下烘干，于不锈钢磨或玛瑙磨机中粉碎保存备用。

（2）样品的测定结果：可以与标准值（表 22 - 16、表 22 - 17）进行比较，根据各地的具体情况进行施肥。

**表 22 - 16　葡萄叶片和叶柄的矿质元素含量标准值**（李港丽等，1987）

| 元素 | 叶片（7～8月） | | 叶柄（7～8月） | |
| --- | --- | --- | --- | --- |
| | 缺 | 适量 | 低 | 适量 |
| N（%） | 1.3～1.5 | 2.1～3.9 | — | 0.64～2.4 |
| P（%） | — | 0.14～0.41 | <0.10 | 0.10～0.44 |
| K（%） | 0.25～0.50 | 0.45～1.30 | <1.25 | 0.44～3.0 |
| Ca（%） | — | 1.27～13.9 | — | 0.7～2.0 |
| Mg（%） | 0.07～0.9 | 0.23～1.08 | — | 0.26～1.50 |
| Fe（mg/kg） | — | — | — | 30～100 |
| B（mg/kg） | 6～14 | 20～200 | <30 | 35～60 |
| Mn（mg/kg） | <50 | 50～150 | <30 | 30～650 |
| Zn（mg/kg） | — | 5～25 | — | 25～50 |
| Cu（mg/kg） | <5 | 6～20 | — | 10～50 |

**表 22 - 17　赤霞珠葡萄叶分析营养诊断标准值**（朱小平等，2008）

| 元素 | N | P | K | Ca | Mg |
| --- | --- | --- | --- | --- | --- |
| 适宜值（%） | 1.033 3～1.725 4 | 0.313 6～0.540 9 | 2.265 7～2.912 9 | 0.642 1～1.142 1 | 0.280 2～0.410 8 |

| 元素 | Zn | Fe | Mn | Cu |
| --- | --- | --- | --- | --- |
| 适宜值（mg/kg） | 18.89～46.682 | 25.54～51.74 | 230.51～452.86 | 78.17～206.39 |

**2. 元素缺乏症状及矫治**

（1）缺氮症。

症状特点：氮素不足时，发芽早，叶片小而薄，呈黄绿色，影响碳水化合物和蛋白质等的形成；枝叶量少，新梢长势弱，停止生长早，成熟度差；叶柄细。花序小，不整齐，落花落果严重，果穗果粒均小，品质差，缺少芳香。长期缺氮，将导致萌芽开花不整齐，根系不发达，树体衰弱，植株矮小，抗逆性降低，树龄缩短。

发生规律：土壤肥力低，有机质和氮素含量低。管理粗放，杂草丛生，消耗氮素。

防治措施：秋施基肥时混以无机氮肥。生长期施追有效氮肥 2～3 次。叶面喷施 0.3%～0.5%尿素水溶液。

（2）缺钙症。

症状特点：叶呈淡绿色，幼叶叶脉间和边缘失绿，叶脉间有褐色斑点，接着叶缘焦枯，新梢顶端枯死。在叶片出现症状的同时，根部也出现枯死症状。

发生规律：氮多、钾多明显地阻碍了对钙的吸收；空气湿度小，蒸发快，补水不足时易缺钙；土壤干燥，土壤溶液浓度大，阻碍对钙的吸收。

防治措施：避免一次性施大量钾肥和氮肥；适时灌溉，保证水分充足；叶面喷洒 0.3％氯化钙溶液。

（3）缺钾症。

症状特点：新梢生长初期表现纤细、节间长、叶片薄、叶色浅，然后基部叶片叶脉间叶肉变黄，叶缘出现黄色的干枯坏死斑，并逐渐向叶脉中间蔓延。有时整个叶缘出现干边，并向上翻卷，叶面凹凸不平，叶脉间叶肉由黄变褐而干枯。直接受光的老叶有时变成紫褐色，也是先从叶脉间开始，逐渐发展到整个叶面。严重缺钾的植株，果穗少而且小，果粒小，着色不均匀，大小不整齐。

病原：由缺钾引起的生理病害。钾在葡萄体内处于游离状态，影响体内 60 多种酶的活性，对植物体内多种生理活动如光合作用、碳水化合物的合成、运转、转化等方面都起着重要的作用。它主要存在于幼嫩器官如芽与叶片中，含量可高达 30％～60％。葡萄是喜钾作物，其对钾的需要总量接近氮的需要量。植株缺钾时，叶内碳水化合物不能很好制造，过量硝态氮积累而引起叶烧，使叶肉出现坏死斑和干边现象。

发生规律：在黏质土、酸性土及缺乏有机质的瘠薄土壤上易表现缺钾症。果实负载量大的植株和靠近果穗的叶片表现尤重。果实始熟期，钾多向果穗集中，因而其他器官缺钾更为突出。轻度缺钾的土壤，施氮肥后刺激果树生长，需钾量大增，更易表现缺钾症。

防治措施：增施优质有机肥，钾肥效果必须以氮磷充足为前提，在合理施用钾肥时，应注意与氮磷的平衡，而钾肥又有助于提高氮肥、磷肥的效益，在一般葡萄园平衡施肥的比例是 N：P：K＝1：0.4：1。因此，施足优质有机肥，是平衡施肥的基础；或在生长期对叶面喷 2％草木灰浸出液或 2％氯化钾液等；也可于 6—7 月对土壤追施硫酸钾，一般每株 80～100 g，也可施草木灰或氯化钾等。

（4）缺锌症。

症状特点：在夏初新梢旺盛生长时常表现叶斑驳；新梢和副梢生长量少，叶片小，节间短，梢端弯曲，叶片基部裂片发育不良，叶柄洼浅，叶缘无锯齿或少锯齿；在果穗上的表现是坐果率低和果粒生长大小不一。正常生长的果粒很少，大部分为发育不正常的含种子很少或不含种子的小粒果以及保持坚硬、绿色、不发育、不成熟的"豆粒"果。

发生规律：在通常情况下，沙滩地、碱性土或贫瘠的山坡丘陵果园，常出现缺锌现象。在自然界中，土壤中的含锌量以土表最高，主要是因为植株落叶腐败后，释放出的锌存在于土表的缘故。所以，去掉表土的果园常出现缺锌现象。绝大多数土壤能固定锌，植株很难从土壤中吸收。因此，靠在土壤中施锌肥不能解决实际问题。

防治措施：改良土壤，加厚土层，增施有机肥是防止缺锌病的基本措施；或者花前 2～3 周喷碱性硫酸锌，配制方法是在 100 kg 水中加入 480 g 硫酸锌和 360 g 生石灰，调制均匀后喷雾；冬春修剪后，用硫酸锌涂结果母枝，配制方法是每千克水中加入硫酸锌 117 g，随加随快速搅拌，使其完全溶解，然后使用。

（5）缺铁症。

症状特点：主要表现在刚抽出的嫩梢叶片上。新梢顶端叶片呈鲜黄色，叶脉两侧呈绿色脉带。严重时，叶面变成淡黄色或黄白色，后期叶缘、叶尖出现不规则的坏死斑。受害新梢生长量小，花穗变黄色，坐果率低、果粒小，有时花蕾全部落光。

发病条件：土壤中含铁量的不足，原因是多方面的。首先是土壤的 pH 和氧化还原过程。在高 pH 的土壤中以氧化过程为主，从而使铁沉淀、固定，是引起发生缺铁黄叶病的主要原因。如土壤中的石灰过多，铁会转化成不溶性的化合物而使植株不能吸收铁来进行正常的代谢作用。其次，土壤条件不佳限制了根对铁的吸收。最后，树龄和结果量对发病有一定影响，一般是随着树龄的增长和结果量的增加，发病程度显著加重。因铁在植物体内不能从一部分组织转移到另一部分组织，所以缺铁症首先在新梢顶端的嫩叶上表现。这也是该病与其他黄叶病的主要区别之一。

防治措施：叶片刚出现黄叶时，喷 1%～3%硫酸亚铁加 0.15%的柠檬酸，柠檬酸防止硫酸亚铁转化成不易吸收的三价铁。以后每隔 10～15 d 再喷 1 次。冬季修剪后，用 25%的硫酸亚铁加 25%柠檬酸混合液，涂抹枝蔓，或在葡萄萌芽前在架的两侧开沟，沟内施入硫酸亚铁，每株施 0.2～0.3 kg，若与有机肥混合后施用，效果会更好。

（6）缺硼症。

症状特点：最初症状是出现在春天刚抽出的新梢上。缺硼严重时新梢生长缓慢，致使新梢节间短、两节之间有一定角度，有时结节状肿胀，然后坏死。新梢上部幼叶出现油渍状斑点，梢尖枯死，其附近的卷须形成黑色，有时花序干枯。在植株生长的中后期表现基部老叶发黄，并向叶背翻卷，叶肉表现褪绿或坏死，这种新梢往往不能挂果或果穗很少。在果穗上表现为坐果率低，穗小，果粒大小不整齐，豆粒现象严重，果粒呈扁圆形，无种子或发育不良。根系短而粗，有时膨大呈瘤状，并有纵向开裂现象。因缺硼轻重不同，以上症状并非全部出现。

防治措施：于开花前 2～3 周对叶面喷 0.1%～0.2%的硼砂，可减少落花落果，提高坐果率。也可在葡萄生长前期，对根部施硼砂，一般距树干 30 cm 处开浅沟，每株施 30 g 左右，施后及时灌水。

（7）缺镁症。

症状特点：多在果实膨大期呈现症状，以后逐渐加重。首先在植株基部老叶叶脉间褪绿，继而脉间发展成带状黄化斑点，多从叶片的内部向叶缘发展，逐渐黄化，最后叶肉组织变褐坏死，仅剩下叶脉保持绿色，其坏死的褐色叶肉与绿色的叶脉界限分明，病叶一般不脱落。缺镁植株其果实一般成熟期推迟，浆果着色差，糖分低，果实品质明显降低。

发病规律：首先是基部老叶先表现褪绿症状，然后逐渐扩大到上部幼叶。一般在生长初期症状不明显，从果实膨大期开始表现症状并逐渐加重，尤其是坐果量过多的植株，果实尚未成熟便出现大量黄叶，一般黄叶不早落。此外，酸性土壤和多雨地区的沙质土壤中的镁元素较易流失，所以在南方的葡萄园发生缺镁症状最为普遍。钾肥施用过多，也会影响对镁的吸收，从而造成缺镁症。

防治措施：多施优质有机肥，增强树势。勿过多施用钾肥，为满足作物的营养需求，钾、镁都应维持较高水平。镁、钾的平衡施肥对高产优质有明显效果。在植株出现缺镁症状时，叶面可喷 3%～4%硫酸镁液，生长季节连喷 3～4 次，有减轻病情的效果。也可在土壤中开沟时施入硫酸镁，每株0.2～0.3 kg。

（8）缺锰症。

症状特点：夏初新梢基部叶片变浅绿，然后叶脉间组织出现较小的黄色斑点。斑点类似花叶病症状，黄斑逐渐增多，并被最小的绿色叶脉所限制。褪绿部分与绿色部分界线不明显。严重缺锰时，新梢、叶片生长缓慢，果实成熟晚，在红葡萄品种的果穗中常夹生部分绿色果粒。

发生规律：主要发生在碱性土壤和沙质土壤中，土壤中水分过多也影响对锰的吸收。锰离子存在于土壤溶液中，并被吸附在土壤胶体内。土壤酸碱度影响植株对锰的吸收，在酸性土壤中，植株吸收量增多。碱性土、沙土质地黏重、通气不良、地下水位高的葡萄园则常出现缺锰症。

防治措施：增施优质有机肥，可预防和减轻缺锰症。在葡萄开花前对叶面喷 0.3%～0.5%的硫酸锰溶液，连喷 2 次，相隔时间为 7 d，可以改善缺锰症状。

### 四、梨

**1. 营养诊断方法及指标**

（1）叶片样品的采集。以营养诊断为目的的叶分析，必须在树体养分变化相对平缓的时期进行，采样部位要有代表性，才能正确反映树体的营养水平。

（2）叶片样品的分析。

全氮：硫酸-混合盐消煮（或硫酸-高氯酸消煮，或硫酸-过氧化氢消煮），蒸馏法或靛酚蓝比色法测定。

全磷：硫酸-硝酸-高氯酸消煮，钒钼黄比色法（或1,2,4-氨基萘酚磺酸比色法，或钼蓝比色法）测定。

全钾：硫酸-硝酸-高氯酸消煮，火焰光度法测定。

钙镁：硫酸-硝酸-高氯酸消煮，EDTA容量法测定。

全硫：硝酸-高氯酸消煮，硫酸钡比浊法测定。

全铜、锌、铁、锰：硝酸-高氯酸湿灰化后，原子吸收分光光度法测定。

全硼：干灰化后，姜黄素法测定。

全钼：干灰化后，硫氰酸盐比色法测定。

（3）样品分析结果的应用。将叶片养分测试数值与表22-18的标准数值（正常范围值和缺素阈值）相比较，即可初步判断出果树的营养状况，进而采取合理的施肥管理措施。

表 22-18 金花梨叶片营养诊断标准（魏雪梅等，2008）

| 元素 | 缺乏 | 低量 | 适量 | 高量 | 过量 |
|---|---|---|---|---|---|
| N（%） | 2.12 | 2.47 | 2.82 | 3.16 | 5.51 |
| P（%） | 0.06 | 0.08 | 0.1 | 0.13 | 0.15 |
| K（%） | 0.194 | 0.38 | 0.56 | 0.74 | 0.2 |
| Ca（%） | 2.38 | 3.15 | 3.92 | 4.68 | 5.45 |
| Mg（%） | 0.21 | 0.26 | 0.31 | 0.36 | 0.41 |
| Zn（mg/kg） | — | 23.95 | 50.77 | 77.58 | 104.39 |
| Fe（mg/kg） | 63.74 | 81.31 | 98.88 | 116.44 | 130.01 |
| B（mg/kg） | 26.19 | 30.64 | 35.08 | 39.53 | 43.97 |

**2. 元素缺乏症状及矫治** 梨树在生长过程中，如果营养元素供应不足，会出现相应的缺素症状。发现缺素症后，要首先从土壤紧实度、pH、施肥及矿质营养亏缺、旱涝灾害、环境等方面进行综合分析，确定造成发育异常的原因。必要时应将病叶与正常叶片进行比较、测定、分析，从而判断出病因，进而采取合理的施肥等补救措施（表22-19）。

表 22-19 梨营养诊断

| 元素 | | 成熟叶片含量指标 | 缺素症状 | 元素缺乏症的补救办法 |
|---|---|---|---|---|
| 氮 | 正常 | 2.0～2.4 g/100 g 干重 | 生长衰弱，叶小而薄，呈灰绿或黄绿色，老叶变成橙红色或紫色，易早落；花芽、花及果实都少；果小但着色较好，口感较甜 | 在雨季和秋梢迅速生长期，可在树冠喷施0.3%～0.5%尿素溶液 |
| | 缺乏 | <1.3 g/100 g 干重 | | |

（续）

| 元素 | | 成熟叶片含量指标 | 缺素症状 | 元素缺乏症的补救办法 |
|---|---|---|---|---|
| 磷 | 正常 | 0.12～0.25 g/100 g 干重 | 糖类物质累积在叶片转变为花青素，使叶呈紫红色；新梢和根系发育不良，植株瘦长或矮化，易早期落叶，果实较少；树体抗旱性减弱 | 展叶期叶面喷施 0.3％磷酸二氢钾或 2.0％过磷酸钙液；碱性土壤施硫酸铵加以酸化 |
| | 缺乏 | <0.09 g/100 g 干重 | | |
| 钾 | 正常 | 1.0～2.0 g/100 g 干重 | 当年生枝条中下部叶片边缘先产生枯黄色，后呈焦枯状，叶片皱缩，严重时整叶枯焦；枝条生长不良，果实小，品质差 | 果实膨大期每株追施硫酸钾 0.4～0.5 kg，或氯化钾 0.3～0.4 kg；6～7 月叶片喷施 0.2％～0.3％磷酸二氢钾液 2～3 次 |
| | 缺乏 | <0.5 g/100 g 干重 | | |
| 钙 | 正常 | 1.0～2.5 g/100 g 干重 | 新梢嫩叶形成褪绿斑，叶尖及叶缘向下卷曲，几天后褪绿部分变成暗褐色形成枯斑，并逐渐向下部叶片扩展 | 叶面喷施浓度小于 0.5％的氯化钙或硝酸钙液，易发病树喷 4～5 次 |
| | 缺乏 | <0.7 g/100 g 干重 | | |
| 镁 | 正常 | 0.25～0.8 g/100 g 干重 | 叶绿素渐少，先从基部叶开始出现失绿症，枝条上部叶呈深棕色，叶脉间出现枯死斑。严重的从枝条基部开始落叶 | 严重的，根施镁肥；轻微的，6～7 月叶面喷施 2％～3％硫酸镁 3～4 次 |
| | 缺乏 | <0.06 g/100 g 干重 | | |
| 硫 | 正常值 | 0.17～0.26 g/100 g 干重 | 初期时幼叶边缘呈淡绿或黄色，逐渐扩大，仅在主、侧脉结合处保持一块呈楔形的绿色，最后幼嫩叶全面失绿 | 可结合补铁、锌喷硫酸亚铁、硫酸锌 |
| | 缺乏 | <0.10 g/100 g 干重 | | |
| 铁 | 正常 | 80～120 mg/kg 干重 | 出现黄叶病，多从新梢顶部嫩叶开始，初期叶片较小，叶肉失绿变黄；随病情加重，全叶黄白，叶缘出现褐色焦枯斑，严重的可焦枯脱落，顶芽枯死 | 发病严重的，发芽后喷施 0.5％硫酸亚铁液；或树干注射 0.05％～0.1％的酸化硫酸亚铁溶液 |
| | 缺乏 | <21～30 mg/kg 干重 | | |
| 锌 | 正常 | 20～60 mg/kg 干重 | 叶小而窄，簇状，有杂色斑点，叶缘向上或不伸展，叶呈淡黄绿色，节间缩短，细叶簇生成丝状，花芽渐少，不易坐果 | 落花后 3 周，用 300 mg/kg 环烷酸锌乳剂或 0.2％硫酸锌加 0.3％尿素液，再加 0.2％石灰混喷 |
| | 缺乏 | <10 mg/kg 干重 | | |
| 锰 | 正常 | 30～60 mg/kg 干重 | 叶片出现肋骨状失绿（叶脉仍为绿色），多从新梢中部叶开始失绿 | 叶片生长期喷施 0.3％硫酸锰溶液 2～3 次 |
| | 缺乏 | <14 mg/kg 干重 | | |
| 硼 | 正常 | 20～25 mg/kg 干重 | 小枝顶端枯死，叶子稀疏；果实开裂，未熟先黄；树皮溃烂 | 花前、花期或花后喷 0.5％硼砂液后灌水 |
| | 缺乏 | <10 mg/kg 干重 | | |
| 铜 | 正常 | 8～14 mg/kg 干重 | 叶绿素稳定性下降，顶叶失绿；梢间变黄，结果少，品质差 | 叶喷 0.05％的硫酸铜溶液 |

## 五、草莓

果树营养诊断技术已在苹果、柑橘等大宗水果上广泛应用，草莓缺素的诊断起步较晚，自 20 世纪 80 年代以来，国内外都已取得了重大进展。

**1. 营养诊断方法及指标**　单纯依靠植株外部症状来鉴别缺素，有时还不能作出正确判断。其原因是有些元素的缺素症状在早期表现十分相似，如缺硼与缺钙、缺铁与缺锰等。当缺素进一步发展，植株显示出该元素缺乏的特有症状时，不但已遭受损失，而且矫治的效果也会受到影响。因此需要早期诊断植株是否缺素，这就需要进行植株叶分析。叶分析要依赖现代的仪器分析技术，才能实现快速、准确、一次完成多种元素的数据分析。

分析用草莓叶样采自盛花期无病虫害、完整的、完全展开的最嫩的成熟叶片（不带叶柄），每株1片叶，共40片叶。采集的新鲜叶样应放在纱布袋里，带回实验室后立即洗涤、干燥和磨碎，然后进行分析（具体的洗涤、干燥等方法可参考苹果）。

分析叶样的氮、磷元素的测定，可采用常规方法。其他元素的测定借助于仪器分析。草莓叶分析诊断的指标范围见表22-20。

表 22-20　草莓叶分析值的指示范围（干重）

| 元素 | 临界浓度 | 指示范围 | |
| --- | --- | --- | --- |
| | | 有缺素症状 | 无缺素症状 |
| N（%） | 3.0 | 2.0～2.8 | >3.0 |
| P（%） | 0.15 | 0.04～0.12 | >0.15 |
| K（%） | 1.0 | 0.1～0.5 | 1.0～6.0 |
| Ca（%） | 0.3 | <0.2 | 0.4～2.6 |
| Mg（%） | 0.2 | 0.03～0.10 | 0.3～0.7 |
| B（mg/kg） | 25 | 9～18 | 35～200 |
| Zn（mg/kg） | 20 | 6～15 | 20～50 |
| Fe（mg/kg） | 50 | <40 | 50～3 000 |
| Mn（mg/kg） | 30 | 4～25 | 30～700 |
| Cu（mg/kg） | 3 | <3 | 3～30 |
| S（mg/kg） | 1 000 | 300～900 | >1 000 |
| Mo（mg/kg） | 0.5 | 0.12～0.4 | >0.5 |

**2. 元素缺素症状及矫治**

（1）缺氮症。

症状：缺氮一般出现在生长盛期。叶片逐渐由绿色向淡绿色转变，随着缺氮的加重叶片变成黄色，局部枯焦；叶片比正常叶略小，幼叶随着缺氮程度的加剧，反而更绿；老叶的叶柄和花萼呈微红色，叶色较淡或呈现锯齿状亮红色。土壤贫瘠且没有正常施肥、管理粗放、杂草丛生易缺氮。

防治方法：施足基肥，以满足春季生长期短而集中的生长特点；如发现缺氮时，每亩追施硝酸铵11.5 kg 或尿素8.5 kg，施后立即灌水；花期也可喷叶面肥0.3%～0.5%的尿素溶液1～2次或0.2%的磷酸二氢钾溶液2～3次，每亩喷肥液50 kg。

（2）缺磷症。

症状：植株生长弱，发育缓慢，叶色带青铜暗绿色。缺磷加重时，上部叶片外观呈现紫红的斑点，较老叶片也会有这种特征；缺磷植株上的花和果比正常植株小。含钙较多或酸度高的土壤以及疏松的沙土或有机质多的土壤易发生缺磷现象。

防治方法：植株开始出现症状时，叶面喷施1%的过磷酸钙澄清液或0.1%～0.2%的磷酸二氢钾溶液2～3次，隔7～10 d 喷1次，每亩喷肥液50 kg。

（3）缺钾症。

症状：草莓缺钾常发生于上部叶片，叶片边缘常呈黑色、褐色和干枯状继而被灼伤，并在大多数叶片的叶脉之间向中心发展，老叶片受害严重。光照会加重叶片灼伤，所以缺钾常与日灼相混淆。灼伤叶片的叶柄常发展成棕色到暗棕色，有轻度损害，后逐渐凋萎。缺钾草莓的果实颜色浅、味道差。

防治方法：施用充足的有机肥，每亩追施硫酸钾 75 kg 左右；也可叶面喷施 0.1%～0.2%的磷酸二氢钾溶液次，隔 7～10 d 喷 1 次，每次每亩喷肥液 50 kg。

（4）缺镁症。

症状：最初上部叶片边缘黄化和变褐枯焦，进而叶间褪绿并出现暗褐色的斑点，部分斑点逐渐发展为坏死斑。枯焦加重时，茎部叶片呈现淡绿色并肿起，枯焦现象随着叶龄的增长和缺镁的加重而发展。一般在沙质地栽培草莓，或氮肥、钾肥施用过多时易出现缺镁症。

防治方法：叶面喷施 1%～2%的硫酸镁溶液 2～3 次，隔 10 d 左右喷 1 次，每次每亩喷肥液 50 kg。

（5）缺硼症。

症状：早期缺硼，幼龄叶片出现皱缩和焦叶，叶片边缘呈黄色，生长点受伤害。随着缺硼的加重，老叶的叶脉会失绿或叶片向上卷曲。缺硼植株的花小，授粉和结实率低，果实畸形或呈瘤状，果小种子多，果品质量差。缺硼土壤及土壤干旱时易发生缺硼症。

防治方法：适时浇水，提高土壤可溶性硼的含量，以利植株吸收；缺硼的草莓可叶面喷施 0.15%的硼砂溶液 2～3 次；花期补硼，喷施浓度宜适当降低，每次每亩喷肥液 50 kg。

（6）缺铁症。

症状：幼叶黄化或失绿，随黄化程度加重而变白。中度缺铁时，叶脉为绿色，叶脉间为黄白色。严重缺铁时，新长出的小叶变白，叶片边缘坏死或小叶黄化。碱性土壤或酸性较强的土壤易缺铁。

防治方法：调节土壤酸碱度，使土壤 pH 达到 6～6.5；叶面喷施 0.2%～0.5%的硫酸亚铁溶液 2～3 次。

（7）缺锌症。

症状：缺锌加重时，老叶变窄，特别是基部叶片，缺锌越重窄叶部分越伸长，但缺锌不会发生坏死现象。严重缺锌时，新叶黄化，叶脉微红，叶片边缘有明显锯齿形边。缺锌植株结果少。

防治方法：增施有机肥，改良土壤，叶面喷施 0.05%～0.1%硫酸锌溶液 2～3 次。喷施浓度切忌过高，以免产生药害。

# 第三节　蔬菜诊断施肥

矿质营养是植物生长发育、产量形成和品质提高的基础，矿质营养分析与诊断技术是准确施肥的前提。通过对植物进行营养诊断来跟踪植物营养的亏缺与否，了解其需肥关键时期，从而指导人们适时适量地追施肥料，满足其最佳生长需要，以实现生产施肥按需进行，最终达到环保经济的目的。

在蔬菜营养诊断技术中，经常应用的有形态诊断、化学诊断和施肥诊断 3 种方法。近 20 年来，国内外科学水平发展迅速，营养诊断也已发展到肥料效应函数、现代测试技术以及电子计算机的运用，与自动化控制等高新技术密切地联系起来，提高了诊断的精确性和科学性。

**1. 形态诊断技术**　最常用的是形态诊断技术，就是根据植物营养失调时的异常长相和典型症状来判断某种营养元素丰缺状况。形态诊断只能为进一步对土壤和植株化学诊断提供初步表观材料。

植物形态诊断法的优点是不需要任何特殊设备，简便、快速、经济；形态诊断的方法通常只在植株仅缺 1 种营养元素的状况下有效，在植株同时缺乏 2 种或 2 种以上营养元素，或出现非营养因素

（如病虫害、药害、生理病害）而引起的症状时，容易混淆，造成误诊。再者，植株出现某种缺素症状时，表明植物缺素状况已相当严重，此时再采取补救措施已为时已晚。因此，形态诊断在实际应用上存在明显的局限性。

**2. 化学诊断技术** 化学诊断技术是采用化学方法测定土壤和蔬菜体内营养丰缺状况，用以指导施肥的一种诊断技术。一般来说，分析蔬菜体内的养分含量是判断其营养状况最直接可信的方法，但在实际应用中还存在一定难度。由于影响蔬菜体内化学组分的因素很多，因此，要对每种蔬菜、每个生长期及每个生长部位确立更完善的诊断指标，需做大量调查研究工作。一般情况下，对土壤和植株同时进行营养化学诊断，是蔬菜科学施肥更有效的方法。

## 一、番茄

**1. 番茄缺氮的主要症状、诊断与防治** 症状：整株表现为植株矮小，茎细长，叶小，叶瘦长，淡绿色；叶片表现为脉间失绿，下部叶片先失绿并逐渐向上部扩展，严重时下部叶片全部黄化；茎梗发紫，花芽变黄而脱落，植株未老先衰；果实膨大早，坐果率低。多数土壤容易缺氮，这是因为土壤母质中很少含有氮素，而质地粗糙的沙土更容易发生缺氮。氮素容易以硝酸根态流失，也能通过微生物的反硝化作用以气态氮挥发掉。氮肥施用不足或施用不均匀、灌水过量等都是造成缺氮的主要因素。

诊断：在一般栽培条件下，番茄明显缺氮的情况不多，要注意下部叶片颜色的变化情况，以便尽早发现缺氮症。有时其他原因也能产生类似缺氮症状。如下部叶片色深，上部茎较细、叶小，可能是阴天的关系；尽管茎细叶小，但叶片不黄化，叶呈紫红色，可能是缺磷症；下部叶的叶脉、叶缘为绿色，黄化仅限于叶脉间，可能是缺镁症；整株在中午出现萎蔫、黄化现象，可能是土壤传染性病害，而不是缺氮症。

防治措施：每亩每次追施尿素 7～8 kg 或用人粪尿 600～700 kg 兑水浇施。也可叶面喷肥，用 0.5%～1% 的尿素溶液 30～40 kg/亩，每隔 7～10 d 连续喷 2～3 次。在温度低时，施用硝态氮肥效果好。

**2. 番茄缺磷的症状、诊断与防治** 症状：番茄缺磷初期茎细小，严重时叶片僵硬，并向后卷曲；叶正面呈蓝绿色，背面和叶脉呈紫色；老叶逐渐变黄，并产生不规则紫褐色枯斑。幼苗缺磷时，下部叶变绿紫色，并逐渐向上部叶扩展，番茄缺磷果实小、成熟晚、产量低。

诊断：番茄生育初期往往容易发生缺磷，在地温较低、根系吸收磷素能力较弱的时候容易缺磷；中期至后期可能是因土壤磷素不足或土壤酸化，磷素的有效性低引起的土壤供磷不足使番茄缺磷；移栽时如果伤根、断根严重时容易缺磷；有时药害能产生类似缺磷症的症状，要注意区分。土壤是否缺磷应根据不同的生育阶段和土壤温度及土壤酸碱反应来判断。

防治措施：番茄育苗时床土要施足磷肥，每 100 kg 营养土加过磷酸钙 3～4 kg，在定植时亩施用磷酸二铵 20～30 kg、腐熟厩肥 3 000～4 000 kg，对发生酸化的土壤，亩施用 30～40 kg 石灰，并结合整地均匀地把石灰耙入耕层。定植后要保持地温不低于 15 ℃。

**3. 番茄缺钾的症状、诊断与防治** 症状：番茄缺钾则植株生长受阻，中部和上部的叶子叶缘黄，以后向叶肉扩展，最后褐变、枯死，并扩展到其他部位的叶子；茎木质化，不再增粗；根系发育不良，较细弱；果实成熟不均匀，果型不规整，果实中空；与正常果实相比变软，缺乏应有的酸度，果味变差。

诊断：钾肥用量不足的土壤，钾素的供应量满足不了吸收量时，容易出现缺钾症状。番茄生育初期除土壤极度缺钾外，一般不发生缺钾症，但在果实膨大期则容易出现缺钾症。保护地栽培如发生有毒气体危害，也会发生失绿症，但不是缺钾症。如果植株只在中部叶片发生叶缘黄化褐变，可能是缺镁。如果上部叶叶缘黄化褐变，可能是缺铁或缺钙。

防治措施：番茄是需钾量较大的作物，在生产上应注意钾肥的施用。首先应多施有机肥，在化肥施用上，应保证钾肥的用量不低于氮肥用量的1/2。改变露地栽培一次性施用钾肥的习惯，提倡分次施用，尤其是在沙土地上。保护地冬春栽培时，日照不足，地温低时往往容易发生缺钾，要注意增施钾肥。

**4. 番茄缺钙的症状、诊断及防治**  症状：番茄缺钙初期叶正面除叶缘为浅绿色外，其余部分均呈深绿色，叶背呈紫色；叶小、硬化，叶面褶皱；后期叶尖和叶缘枯萎，叶柄向后弯曲死亡，生长点亦坏死；这时老叶的小叶脉间失绿，并出现坏死斑点，叶片很快坏死；果实产生脐腐病，根系发育不良并呈褐色。土壤盐基含量低，酸化，土壤供钙不足，尤其是沙性较大的土壤易缺钙。在盐渍化土壤上，虽然土壤含钙量较多，但因土壤可溶盐类浓度高，根系对钙的吸收受阻也会发生缺钙的生理障碍。施用铵态氮肥或钾肥过多时也容易发生缺钙。在土壤干燥、空气湿度低、连续高温时易出现缺钙症状。

诊断：缺钙植株生长点停止生长，下部叶正常，上部叶异常，叶全部硬化。如果在生育后期缺钙，茎叶健全，仅有脐腐果发生。脐腐果比其他果实着色早。如果植株出现类似缺钙症，但叶柄部分有木栓状龟裂，这种情况可能是缺硼。如果生长点附近的叶片黄化，但叶脉不黄化，呈花叶状，这种情况可能是病毒病。如果脐腐果生有霉菌，则可能为灰霉病，而不是缺钙症。

防治措施：在沙性较大的土壤上每茬都应多施腐熟的鸡粪，如果土壤出现酸化现象，应施用一定量的石灰，避免一次性大量施用铵态氮化肥。并要适当灌溉，保证水分充足。如果在土壤水分状况较好的情况下出现缺钙症状，及时用0.1%～0.3%的氯化钙或硝酸钙水溶液叶面喷雾，每周2～3次。

**5. 番茄缺镁的诊断与防治**  症状：番茄缺镁时植株中下部叶片的叶脉间黄化，并逐渐向上部叶片发展。老叶只有主脉保持绿色，其他部分黄化，而小叶周围常有一窄条绿边。初期植株体形和叶片体积均正常，叶柄不弯曲；后期严重时，老叶死亡，全株黄化；果实无特别症状。因缺镁严重影响叶绿素的合成，从番茄的第二穗果开始，坐果率和果实的膨大均受影响，产量降低。

诊断：缺镁症状一般是从下部叶开始发生，在果实膨大盛期靠近果实的叶先发生。叶片黄化先从叶中部开始，以后扩展到整个叶片，但有时叶缘仍为绿色。如果黄化从叶缘开始，则可能是缺钾。如果叶脉间黄化斑不规则，后期长霉，可能是叶霉病。长期低温，光线不足，也可出现黄化叶，而不是缺镁。

防治措施：增高地温，在番茄果实膨大期保持地温在15℃以上，多施用有机肥。注意土壤中氮、钾的含量，避免一次施用过量，妨碍对镁的吸收。如果发现第一穗果附近叶片出现缺镁症状，用0.5%～1.0%的硫酸镁水溶液叶面喷雾，隔3～5 d再喷1次。

**6. 番茄缺硼的诊断与防治**  症状：幼苗顶部的第一花序或第二花序上出现封顶、萎缩，停止生长。大田植株是从同节位的叶片开始发病，其前端急剧变细停止伸长。小叶失绿呈黄色或枯黄色。叶片细小，向内卷曲，畸形。叶柄上形成不定芽，茎、叶柄和小叶叶柄很脆弱，易使叶片突然脱落。茎内侧木栓化，果实表皮木栓化，且具有褐色侵蚀斑。根的生长不良，并呈褐色。果实畸形。

诊断：生长点变黑停止生长，在叶柄的周围看到不定芽，茎木栓化，有可能是缺硼。但在地温低于5℃的条件下也可能出现顶端停止生长现象，另外，番茄病毒病也表现顶端缩叶和停止生长，应注意两者之间的区别。番茄在摘心的情况下，也能造成同化物质输送不良，并产生不定芽，不要混淆。

防治措施：增施有机肥，提高土壤肥力，注意不要过多施用石灰肥和钾肥，要及时浇水，防止土壤干燥，预防土壤缺硼。在沙土上建设的保护地，应注意施用硼肥，亩施用硼砂0.5～1.0 kg，与有机肥充分混合后施用。发现番茄缺硼症状时可以用0.12%～1.25%的硼砂或硼酸水溶液叶面喷雾，隔5～7 d喷1次，连续2～3次。

## 二、黄瓜

**1. 缺氮诊断与防治**　症状：植株矮小、瘦弱，叶色淡绿；下部叶片先老化变黄甚至脱落，后逐渐上移，遍及全体；叶脉间黄化，叶咏突出，后扩展至全叶；坐果小，膨大慢。

诊断：仔细观察是从上位叶还是从下位叶开始出现黄化症状的，从下位叶开始黄化是刚缺氮；注意茎的粗细，一般缺氮茎细；定植前的苗床是否施用大量稻草（600～1 200 kg/亩），大量施用稻草会引起缺氮；下位叶叶缘急剧黄化（缺钾），叶缘部分残留有绿色（缺镁），这两种情况不是缺氮，叶螨危害呈斑点状失绿；测定土壤电导率（EC），如果EC值高则不缺氮；叶片外侧黄化向外卷曲，是缺乏其他的营养元素；叶黄、白天萎蔫，可以考虑其他的原因；叶片含氮在3.0%～3.5%为正常，低于2.5%则缺氮。

防治措施：首先要根据黄瓜对氮、磷、钾三要素和对微量肥料需要，施用酵素菌沤制的堆肥或充分腐熟的新鲜有机肥，采用配方施肥技术，防止氮素缺乏。低温条件下可施用硝态氮；田间出现缺氮症状时，应当机立断埋施充分腐熟发酵好的人粪肥，施在植株两旁后覆土、浇水，此外也可喷洒0.2%碳酸氢铵溶液。

**2. 缺磷诊断与防治**　症状：植株生长缓慢、矮小，茎叶迅速木质化，叶片变小，叶色暗绿无光泽，严重时呈紫红色，叶片卷曲，组织坏死。

诊断：注意症状出现的时期，由于温度低，即使土壤中磷素充足，也难以吸收磷素，易出现缺磷症；在生育初期，叶色为浓绿色，后期出现褐斑；叶片正常含磷量在0.2%～0.4%，低于0.2%则缺磷。

防治措施：黄瓜是对磷不敏感的作物。土壤中全磷含量在30 mg/100 g土以下时，除了施用磷肥外，预先要改良土壤，施熔磷肥或烧成磷肥（热制）等；土壤含磷量在150 mg/100 g土以下时，施用磷肥的效果显著；黄瓜苗期特别需要磷，所以培养土平均每升要施用$P_2O_5$ 1 000～1 500 mg；施用足够的堆肥等有机质肥料。

**3. 缺钾诊断与防治**　症状：在黄瓜生长早期，叶缘出现轻微的黄化，在次序上先是叶缘，然后是叶脉间黄化，顺序很明显；在生育的中、后期，中位叶附近出现和上述相同的症状；叶缘枯死，随着叶片不断生长，叶向外侧卷曲；叶片稍有硬化；瓜条稍短，膨大不良。

诊断：注意叶片发生症状的位置，如果是下位叶和中位叶出现症状可能缺钾；同样的症状，如出现在上位叶，则可能是缺钙；是否畸形果多，如小头果、弯曲果、蜂腰果等；收获量大，生育后期发生此类症状时，要调查是否施肥量不足；老叶枯死部分与健全部分的分界线是否呈水浸状，如果界线明显为缺钾；正常叶钾含量在2.0%～2.5%，低于1.5%为缺钾。

防治措施：施用足够的钾肥，特别是在生育的中、后期，注意不可缺钾；植株对钾的吸收量是吸收氮量的50%，确定施肥量时要考虑这一点；施用充足的堆肥等有机质肥料；如果钾不足，可用硫酸钾每亩3.0～4.5 kg，一次追施。

**4. 缺钙诊断与防治**　症状：上位叶形状稍小，向内侧或向外侧卷曲；长时间连续低温、日照不足，急剧晴天，高温，生长点附近的叶片叶缘卷曲枯死，呈降落伞状；上位叶的叶脉间黄化，叶片变小。叶间出现透明的白色斑点，植株矮化、节间短，新生叶变小，严重时叶柄变脆，植株从上部开始死亡。

诊断：仔细观察生长点附近的叶片黄化状况，如果叶脉不黄化，呈花叶状则可能是病毒病；同样的症状出现在中位叶上，而上位叶是健康的，则可能是缺乏其他元素；生长点附近萎缩，可能是缺硼。但缺硼突然出现萎缩症状的情况少，而且缺硼果实会出现细腰状，叶片扭曲。

防治措施：通过土壤诊断可了解钙的含量，如不足，可施用石灰肥；施用石灰肥要深施，使其分布在根层内，以利吸收；避免一次施用大量钾肥和氮肥；要适时灌溉，保证水分充足；缺钙的应急措施是用 0.3％的氯化钙水溶液喷洒叶面，每周 2 次。

**5. 缺镁诊断与防治**　症状：黄瓜在生长发育过程中，生育期提前，果实开始膨大并进入盛期的时候，下位叶的叶脉间的绿色渐渐变黄，进一步发展，除了叶缘残留点绿色外，叶脉间均黄化；如果土壤消毒后在短时间内进行施肥、定植等作业，中位叶也会发生上述症状；在生育后期，只有叶脉、叶缘残留绿色外，其他部位全部黄白化。

诊断：生育初期、结瓜前，发生缺绿症，缺镁的可能性不大，可能是在保护地里由于覆盖，受到气体的侵害；注意缺绿症发生的叶片所在的位置，如果是上位叶发生缺绿症可能是其他原因；缺镁的叶片不卷缩。如果硬化、卷缩应考虑其他原因；缺绿症发生分为在叶缘缺绿并向内侧扩展，和叶缘为绿色、叶脉间缺绿 2 种情况，前者为缺钾，后者为缺镁；认真观察发生缺绿症叶片的背面，看是否是螨害、病害。

防治措施：根据土壤诊断可知，如缺镁，在栽培前，要施用足够的镁肥；注意土壤中钾、钙等的含量，保持土壤适当的盐基平衡；避免一次施用过量的、妨碍对镁吸收的钾、氮等肥料；应急对策是用 1％～2％硫酸镁溶液，喷洒叶面。

**6. 缺锌诊断与防治**　症状：从中位叶开始褪色，与健康叶比较，叶脉清晰可见；随着叶脉间逐渐褪色，叶缘从黄化到变成褐色；因叶缘枯死，叶片向外侧稍微卷曲；生长点附近的节间缩短；新叶不黄化。

诊断：锌在作物体内是较易移动的元素，因而，缺锌多出现在中、下位叶，而上位叶一般不发生黄化；缺锌可造成生长素含量下降，抑制节间的伸长；植株出现中位叶黄化，向外弯曲，有硬化现象。缺锌症与缺钾症类似，叶片黄化。缺钾是叶缘先呈黄化，渐渐向内发展；而缺锌，全叶黄化，渐渐向叶缘发展。两者的区别是黄化的先后顺序不同；缺锌症状严重时，生长点附近节间短缩；植株叶片硬化，也可能是缺钾，如缺锌其硬化的程度更重。

防治措施：土壤不要过量施用磷肥，正常情况下，缺锌时可以施用硫酸亚锌，每亩用 1.3 kg；应急对策，用硫酸锌 0.1％～0.2％水溶液喷洒叶面。

**7. 缺硼诊断与防治**　症状：黄瓜缺硼时生长点节间明显缩短，叶脉萎缩，上位叶的叶缘向上卷曲，反卷坏死，变褐色。幼瓜严重化瓜，多细腰瓜，瓜条上有褐色斑，根系不发达，果实表皮出现木质化。

诊断：从发生症状的叶片的部位来确定，缺硼症状多发生在上位叶；叶脉间不出现黄化；植株生长点附近的叶片萎缩、枯死，其症状与缺钙相类似。但缺钙叶脉间黄化，而缺硼叶脉间不黄化。

防治措施：已知土壤缺硼，可以预先施用硼肥；要适时浇水，防止土壤干燥；不要过多施用石灰肥料；土壤要多施堆肥，提高其肥力；可以用 0.12％～0.25％的硼砂或硼酸水溶液喷洒叶面。

**8. 缺硫诊断防治**　症状：黄瓜缺硫时，叶片脉间黄化，叶柄和茎变红，节间缩短，叶片变小；植株呈浅绿色或黄绿色。

诊断：黄化叶与缺氮症状相类似，但发生症状的部位不同，上位叶黄化为缺硫，下位叶黄化为缺氮；上位叶黄化症状与缺铁相似，缺铁叶脉有明显的绿色，叶脉间逐渐黄化。缺硫叶脉失绿；叶片不出现卷缩、叶缘枯死、矮小等现象；叶全部黄化，但黄化呈花叶状时，可能是病毒引起，需请专家诊断。

防治措施：施用含硫的肥料，如硫酸铵、过磷酸钙、硫酸钾等。

**9. 缺铁诊断与防治**　症状：植株的新叶除了叶脉全部黄白化，渐渐地叶脉也失绿；腋芽出现同样的症状；用营养液培养的幼苗可出现黄化现象，尤其是上位叶。

诊断：缺铁的症状是出现鲜黄化，叶缘正常，不停止生长发育，主要看新叶是否畸形、萎缩，叶缘是否枯死；调查土壤 pH，出现症状的植株根际土壤呈碱性，有可能是缺铁；在干燥或多湿等条件下，判断根的机能是否下降，如果根机能下降，则吸收铁的能力也下降，就会出现缺铁症状；植株叶片是出现斑点状黄化，还是全叶黄化，如是全叶黄化则为缺铁症；病虫危害很少出现与此类似的症状。

防治措施：土壤 pH 应在 6.0～6.5，在这种土壤环境中不要再施用大量的石灰性肥料，防止土壤呈碱性；注意土壤水分管理，防止土壤过干、过湿；应急对策是用硫酸亚铁 0.1%～0.5% 水溶液或柠檬酸铁 100 mg/kg 水溶液喷洒叶面。另外，可用螯合铁盐 50 mg/kg 水溶液，每株 100 mL 施入土壤。

## 三、辣椒

**1. 氮素营养失调诊断**　辣椒氮素营养供应不足时，缺氮症状出现早，植株生长细长，叶片变小，叶绿素减少，叶色变淡呈黄绿色，叶片老硬，严重时全株变为浅绿色，最后枯萎。根数少，茎和叶柄呈紫色，还会使生殖器官的形成变缓，结果少且小，青果绿白色，红果无光泽，影响产量和品质。氮素营养供应过多，会引起氮中毒，植株呈暗绿色，叶子生长过旺，严重时心叶似鸡爪状萎缩，根系较少。

**2. 磷素营养失调诊断**　辣椒作物缺磷，最易发生在苗期。缺磷时作物蛋白质的合成受阻，植株矮小瘦弱，幼苗及根部生长缓慢，茎细弱，叶片小，叶色暗绿，叶片背面（包括叶脉）和下部幼茎呈紫色，似脏斑，老叶发黄且散生紫色干斑。严重时叶小且硬，向下卷曲，易脱落。根系小，黄褐色。虽能开花，但不能坐果。而磷素营养过剩时，植株茎秆细，叶色较深，还会导致铜和锌的缺乏。

**3. 钾素营养失调诊断**　辣椒缺钾症状主要表现在叶部，老叶叶尖及叶缘变黄呈灼伤状，叶缘卷曲，叶脉间失绿，出现花叶，黄化，有小干斑。后期发展到整个叶片或全株失绿干枯，小叶枯萎。果实有枯斑，成熟不均匀，有绿色区。茎表出现褐色椭圆形斑点。根发黄，须根少。钾过量时，果实表皮粗糙，过量的钾还会引起镁、锰、锌或铁的缺乏。

**4. 锰营养失调诊断**　缺锰时老龄叶片呈苍白色，以后幼叶亦为苍白色。黄叶上有特殊的网状绿色叶脉，后在苍白区可见枯斑，失绿症状不如缺铁严重。锰过量中毒常见失绿，叶绿素分布不匀。

**5. 钼营养失调诊断**　缺钼时小叶叶脉间呈浅黄色至黄色斑驳，叶缘向上卷曲呈喷口，最小叶的叶脉失绿，顶部小叶的叶缘黄色区干枯，最后整个叶子枯萎。钼过量引起中毒时，叶子变为黄色。

**6. 钙素营养失调诊断**　钙在作物体内的移动慢，不能被再利用，因此缺钙时上部叶片的叶缘黄化，下部叶片转紫棕色，小叶变小，叶缘向上卷曲变黄；后期缺钙，叶片上现黄白色圆形小斑，边缘褐色，叶片从上向下脱落；果实小且黄或产生脐腐果。

**7. 铁素营养失调诊断**　铁在辣椒体内亦不易移动和不能再度利用，因此缺铁时心叶初呈淡绿色，后来发展到黄色叶片上形成绿色网状，最后全叶变黄，无枯斑。铁过剩时，叶片出现干枯斑。

**8. 硼营养失调诊断**　辣椒作物体内缺硼，植株的生长点及顶芽枯萎坏死，枝条易簇生。上部叶片叶脉间失绿，小叶出现斑驳，向内卷曲变形。叶柄小，易折断，维管束堵塞。硼过剩时叶尖发黄，继而叶缘失绿并向中脉扩展。

**9. 锌营养失调诊断**　缺锌时，老叶及顶部叶片变小，有不规则的棕色干枯斑，叶柄向下卷，整个叶子呈螺旋状，顶部小叶丛生严重时整个叶片枯萎。锌的过量会导致缺铁而失绿。

**10. 镁营养失调诊断**　辣椒缺镁时老叶叶缘先失绿，尔后叶脉间失绿，失绿区见枯斑；小叶脉无绿色；严重时老叶死亡，全株变黄。

**11. 铜营养失调诊断**  缺铜时辣椒叶片的叶缘向主脉卷曲呈管状，顶部叶片小，坚硬且折叠在一起。叶柄向下卷曲；茎短；后期主脉和大叶脉附近出现枯斑。铜过剩引起的中毒，植株生长减慢，后因缺铁而失绿，发枝少，小根变粗、发暗。

**12. 硫营养失调诊断**  植株生长缓慢，分枝多，茎坚硬木质化，叶呈黄绿色僵硬，结果少或不结果。

## 四、马铃薯

**1. 缺氮**  症状：植株矮小，生长缓慢，生长势弱，茎细长，分枝少，生长直立。一般自老叶开始逐渐老化，叶片瘦小，叶色淡绿，继而发黄，中下部小叶边缘褪绿呈淡黄色，向上卷曲，提早脱落，基部变黄。大多在开花前出现症状，到生长后期，基部小叶的叶缘完全失去绿色而皱缩，有时呈火烧状，叶片脱落，块茎不膨大。严重时整株叶片上卷。

防治措施：提倡施用腐熟有机肥，采用配方施肥技术。缺氮时，一般每亩追施尿素 7.5～10.0 kg，或用农家有机液肥加水稀释灌根，也可将尿素或碳酸氢铵等混入 10～15 倍腐熟有机肥中，施于植株两侧，后覆土、浇水。也可在栽后 15～20 d 结合施苗肥，每亩施入硫酸铵 5 kg 或农家有机液肥 750～1 000 kg。栽后 40 d 每亩施用硫酸铵 10 kg 或农家有机液肥 1 000～1 500 kg，也可叶面喷施 0.5%～1.0%尿素溶液。

**2. 缺磷**  症状：植株矮化、瘦小、僵立，叶片上卷，叶柄、小叶及叶缘朝上，不向水平展开，小叶变小，颜色暗绿。早期缺磷影响根系发育和幼苗生长；孕蕾期至开花期缺磷，叶部皱缩，颜色深绿，严重时基部叶片变为淡紫色，顶端生长停止，叶片、叶柄及小叶边缘有些皱缩，下部叶片向下卷曲，叶缘焦枯，老叶提前脱落，块茎有时产生一些棕褐色的斑点。

防治措施：应多施颗粒磷肥或与堆肥、厩肥混施，基肥用过磷酸钙 15～25 kg/亩与有机肥混匀施入 10 cm 以下耕作层；开花期施过磷酸钙 15～20 kg/亩，也可叶面喷洒 0.2%～0.3%磷酸二氢钾或 0.5%～1.0%过磷酸钙浸出液。

**3. 缺钾**  症状：植株生长缓慢，节间缩短，叶面粗糙、皱缩并向下卷曲。小叶排列紧密，与叶柄形成比较小的夹角，叶尖及叶缘开始呈暗绿色，后变为黄棕色，并向全叶扩展，早期叶片暗绿色，之后变黄，再变成棕色，叶色变化由叶尖及叶缘逐渐扩展到整片叶，下部老叶青铜色，干枯脱落，老叶尖端和叶边变黄变褐，沿叶脉呈现组织死亡的斑点，块茎内部常有灰蓝色晕圈，品质差。

防治措施：增施有机肥，在基肥中每亩混入草木灰 200 kg 施用。出苗后 40 d 施长薯肥时每亩用氯化钾或硫酸钾 5～8 kg，或用草木灰 150～200 kg 或硫酸钾 10 kg 兑水浇施。也可在收获前 40～50 d 喷施 1%硫酸钾，隔 10～15 d 喷 1 次，连用 2～3 次。也可叶面喷洒 0.2%～0.3%磷酸二氢钾，或 1%氯化钾溶液，或 2%～3%硝酸钾溶液，或 1%～3%草木灰浸出液，均有良好效果。

**4. 缺钙**  症状：早期缺钙顶部幼龄小叶叶缘出现淡绿色色带，后坏死致小叶皱缩或扭曲，成熟叶片呈杯状上卷失绿，并出现褐斑。严重缺钙时顶芽或腋芽死亡，而侧芽向外生长，形成簇生状。块茎的髓中有混杂的棕色坏死斑点，这些斑点最初是在块茎顶端的维管束环以内出现。根部易坏死，块茎小，易生成畸形小块茎串。

防治措施：增施有机肥和绿肥改良土壤，要根据土壤诊断适量施用石灰，以中和土壤酸度、提高土壤中置换性钙含量，减轻缺钙症发生。应急时，叶面可喷洒 0.3%～0.5%氯化钙或硝酸钙 1 500～2 000 倍液，每 3～4 d 喷 1 次，共喷 2～3 次，最后 1 次应在采收前 3 周为宜。尤其要注意浇水，雨季及时排水，适时适量施用氮肥，保证植株对钙的吸收。

**5. 缺镁**　症状：最下部老叶的叶尖、叶缘及叶脉间先褪绿，沿脉间向中心部分扩展，以后叶脉间布满褪色的坏死斑，叶簇增厚或叶脉间向外突出，叶片主脉间明显失绿，出现彩色斑点，但不易出现组织坏死。后期下部叶片变脆、增厚，叶色变浅。严重时植株矮小，下部叶片向叶面卷曲，叶片增厚，最后失绿变成棕色而死亡脱落。中下部叶片叶色褪绿，叶脉一般仍保持绿色，但叶肉黄化，似"肋骨状"，甚至叶片焦枯，根及块茎生长受抑制。

防治措施：注意施足充分腐熟的有机肥，采用配方施肥技术，改良土壤理化性质，保持土壤中性。亦可施用镁石灰或碳酸镁以中和土壤酸度。做到氮、磷、钾和微量元素合理配比。必要时测定土壤中镁的含量，当镁不足时，施用含镁的完全肥料，应急时，可在叶面喷洒 0.1%～0.2% 硫酸镁溶液，隔 2 d 喷 1 次。

**6. 缺锌**　症状：植株生长受抑制，节间短，株型矮缩，顶端叶片直立，叶小丛生，叶面上出现灰色至古铜色的不规则斑点，叶缘上卷。严重时，叶柄及茎上均出现褐色斑点或斑块，新叶出现黄斑，并逐渐扩展到全株，但顶芽不枯死。在生长的不同阶段会因缺锌出现"蕨叶病"（小叶病）的症状。

防治措施：每亩追施硫酸锌 1 kg，或喷洒 0.1%～0.2% 硫酸锌溶液 50～75 kg，每隔 10 d 喷 1 次，连喷 2～3 次。在肥液中加入 0.2% 的熟石灰水，效果更好。

**7. 缺硼**　症状：根端和茎端停止生长，生长点及分枝变短死亡，节间短，侧芽迅速长成丛生状，全株呈矮丛状。叶片生长缓慢，叶和叶柄脆弱易断，老叶粗糙增厚，叶缘向下卷曲，叶柄和叶片提早脱落。块茎较少，小而畸形，表皮溃烂，表面常现裂痕。成熟叶片向上翻卷呈杯状，叶缘有淡褐色死亡组织，叶缘和叶脉变褐接近死亡，皮下维管束周围出现局部褐色或棕色组织，根短且粗、褐色，折断可见中心变黑，开花少。严重时生长点坏死，侧芽、侧根萌发生长，枝叶丛生，叶片皱缩增厚变脆，褪绿萎蔫，叶柄及枝条增粗变短开裂，或出现水渍状斑点或环节状突起。

防治措施：于苗期至始花期每亩穴施硼砂 0.25～0.75 kg，用量不可过多，施肥后及时浇水，防止发生肥害。也可在始花期喷施 0.1% 硼砂液。每亩用硼砂 50～100 g，每 7～10 d 喷 1 次，连喷 2～3 次。碱性强的土壤硼砂易被钙固定，采用喷施效果好。

## 五、西瓜

**1. 缺氮**　症状：西瓜对氮素反应敏感，缺氮时，植株生长缓慢，茎叶细弱，下部叶片绿色变淡，茎蔓新梢节间缩短，幼瓜生长缓慢，果实小，产量低。

防治措施：每亩用尿素 10～15 kg（一般苗期缺氮，每株 20 g 左右；伸蔓期缺氮，每亩 9～15 kg；结瓜期缺氮，每亩 15 kg 左右）或人粪尿 400～500 kg 加水浇施。也可用 0.3%～0.5% 的尿素溶液（苗期浓度稍低，坐果前后浓度稍高）进行叶面喷施。

**2. 缺磷**　症状：根系发育差，植株细小，叶片背面呈紫色，花芽分化受到影响，开花迟，成熟慢，而且容易落花和化瓜，瓜瓤中往往出现黄色纤维和硬块，甜度下降，种子不饱满。

防治措施：一是每亩用过磷酸钙 15～30 kg 开沟追肥；二是用 0.4%～0.5% 过磷酸钙浸出液叶面喷施。

**3. 缺钾**　症状：缺钾时，植株抗逆性降低，西瓜的产量和品质都明显下降。具体表现为：植株生长缓慢，茎蔓细弱，叶面皱曲，老叶边缘变褐枯死，并渐渐向内扩展，严重时还会向心叶发展，使之变为淡绿色，甚至叶缘也出现焦枯状；坐果率很低，已坐的瓜个头小，含糖量不高。

防治措施：一是每亩用硫酸钾 5～10 kg（苗期缺钾，每亩用 3～5 kg；伸蔓后每亩 8～10 kg）或草木灰 30～60 kg 开沟埋施；二是用 0.4%～0.5% 硫酸钾溶液叶面喷施。

**4. 缺镁** 症状：西瓜缺镁时，叶片主脉附近的叶脉间首先黄化，然后逐渐向上扩大，使整叶变黄。

防治措施：一是亩施 3.5～7.0 kg 硼镁肥作底肥；二是发现缺镁，及时用 0.1% 硫酸镁溶液叶面喷施。

**5. 缺硼** 症状：西瓜缺硼时，新蔓节间变短，蔓梢向上直立，新叶变小，叶面凹凸不平，有叶色不匀的斑纹，有时会被诊断为病毒病，因缺乏对症治疗而造成减产。

防治措施：一是整地时每亩施 0.5～1.0 kg 硼砂（与适量氮、磷化肥混匀撒施）作底肥；二是及时用 0.1%～0.2% 硼砂溶液叶面喷施。

**6. 缺钙** 症状：西瓜缺钙时，叶缘黄化干枯，叶片向外侧卷曲，呈降落伞状，植株顶部一部分变褐而死，茎蔓停止生长。

防治措施：一是增施石膏粉或含钙肥料，如过磷酸钙等；二是用 0.2%～0.4% 氯化钙溶液叶面喷施。

**7. 缺锰** 症状：西瓜缺锰时，嫩叶脉间黄化，主脉仍为绿色，进而发展到刚成熟的大叶，种子发育不全，易形成变形果。

防治措施：一是整地时，亩施 1～4 kg 硫酸锰作底肥；二是在播种时，用 0.05%～0.1% 硫酸锰溶液浸种 12 h，或每千克瓜种拌入 4～8 g 硫酸锰作种肥；三是发现缺锰，及时 0.05%～0.1% 硫酸锰溶液叶面喷施。

# 第四节 经济作物诊断施肥

## 一、棉花

我国既是最古老的植棉国，也是当今世界上最大的产棉国之一。棉花是我国最重要的经济作物，其中棉纺织品出口是我国对外贸易的支柱产业之一。因此，通过营养诊断来指导施肥，使棉花施肥更加合理，进一步提高棉花产量，增加经济效益，具有重要的意义。

**1. 氮元素丰缺诊断与防治**

（1）缺氮症状。供氮不足时，蛋白质形成少，细胞壁变厚，导致细胞分裂减少，木质化程度增加；棉株矮小，叶柄短，叶片小，叶数少，叶绿素含量低；叶片由下而上逐渐变黄，幼叶黄绿，中下部叶片黄色，下部老叶片为红色，叶柄和基部茎秆暗红或红色，最后枯干脱落；果枝少，结铃少，终致减产。

（2）氮素过量症状。供氮较多时，叶细胞里会很快合成碳水化合物，并很快和氮素合成蛋白质，增加细胞原生质，留少量的碳水化合物制造细胞壁。因此，细胞的体积增大，细胞壁变薄，使叶子变得软而多"汁"。易受病虫害侵袭和干旱危害。植株生长过旺，分枝增加，叶面积过大，叶色加深，田间郁蔽严重；蕾铃期氮过剩，营养生长与生殖生长比例失调，结果枝节位提高，并导致严重的蕾、铃脱落；成熟期延迟，霜前花减少，籽棉衣分和棉纤维质量下降。

（3）植株营养诊断。通过测定功能叶全氮量可以诊断棉花氮素丰缺状况，现蕾期功能叶全氮量（N）低于 35 g/kg（干重，下同）为缺乏；35～45 g/kg 为正常；高于 45 g/kg 为过量。初花期功能叶全氮量（N）低于 25 g/kg 为缺乏；25～40 g/kg 为正常；高于 40 g/kg 为过量。花铃期功能叶全氮量（N）低于 25 g/kg 为缺乏；25～35 g/kg 为正常；高于 35 g/kg 为过量。此外，对叶柄硝态氮含量的测定也可以诊断棉花氮素丰缺状况。这种方法可以测定取样时棉株从根部吸收而运向叶部的硝态氮，但不能测定取样前棉株累计吸收的硝态氮量。叶柄硝态氮在大多数情况下与叶片全氮呈正相关关系。

一般各生育期叶柄硝态氮的含量（烘干基）为，生长前期为 20 g/kg，生长末期为 1.0 g/kg 或更低，出现缺氮症状或生长减弱的临界值为 2 g/kg。据山西运城农科所研究，产量水平在 1 125 kg/hm² 时，叶柄硝态氮含量苗期变动于 11.5～20.2 g/kg，蕾期生出花期变动在 9.75～11.25 g/kg，盛花生铃期在 2.625～9.25 g/kg。因此，将棉花不同生育期功能叶全氮含量和叶柄硝态氮含量状况整理为表 22 - 21，可作为棉花植株氮素营养诊断参考。

表 22 - 21　棉花功能叶全氮含量及叶柄硝态氮含量

| 测定项目 | 采用部位 | 采用时期 | 氮素营养状况（干重，g/kg） | | |
| --- | --- | --- | --- | --- | --- |
| | | | 缺乏 | 正常 | 过量 |
| 全氮量 | 功能叶 | 现蕾期 | <35 | 35～45 | >45 |
| | | 初花期 | <25 | 25～40 | >40 |
| | | 花铃期 | <25 | 25～35 | >35 |
| 硝态氮 | 叶柄 | 苗期 | | 11.5～20.2 | |
| | | 蕾期—出花期 | | 9.75～11.25 | |
| | | 盛花—铃期 | | 2.63～9.25 | |

注：硝态氮含量为棉花产量水平在 1 125 kg/hm² 时的测定量。

蔡利华、奉文贵等根据连续两年运用反射仪对不同土壤肥力水平下的长绒棉、陆地棉和杂交棉植株体内各生育期营养状态的跟踪测定和调查结果，参考新疆各中心团场的分析数据，分析了棉花各生育阶段的养分特点，确定了中产田棉花活体营养诊断的参照指标，可作为棉花营养诊断的参考。表 22 - 22、表 22 - 23 分别为此研究中陆地棉、长绒棉叶柄 $NO_3^-$ 的营养诊断指标。

表 22 - 22　陆地棉 $NO_3^-$ 营养诊断指标

| 生育期 | 缺乏 [mg/L（鲜重）] | 适量 [mg/L（鲜重）] | 过量 [mg/L（鲜重）] | 需肥关键期 |
| --- | --- | --- | --- | --- |
| 现蕾初期 | <9 500 | 9 500～12 000 | >12 000 | 蕾期为 N 敏感期，不易把控，可用基肥供养分 |
| 盛蕾期 | <7 500 | 7 500～10 000 | >10 000 | 盛蕾初花期视情况开始施肥，隔 7～10 d 随水滴 |
| 初花期 | <6 000 | 6 000～8 000 | >8 000 | 入，每次少量，以确保不脱肥 |
| 花铃期 | <8 000 | 8 000～10 000 | >10 000 | 花铃肥要施足 |
| 铃期 | <5 000 | 5 000～6 000 | >6 000 | 施少量铃肥，以防早衰 |

注：采用部位为叶柄。

表 22 - 23　长绒棉 $NO_3^-$ 营养诊断指标

| 生育期 | 缺乏 [mg/L（鲜重）] | 适量 [mg/L（鲜重）] | 过量 [mg/L（鲜重）] | 需肥关键期 |
| --- | --- | --- | --- | --- |
| 现蕾初期 | <7 600 | 7 600～8 000 | >8 000 | 初花期对 N 素要求相对低，花铃期剧增；都要少 |
| 盛蕾期 | <7 500 | 7 500～8 200 | >8 200 | 量补足 N 肥 |
| 初花期 | <5 000 | 5 000～6 500 | >6 500 | 施足花铃肥，叶柄含量虽低，但从土壤养分分析 |
| 花铃期 | <5 000 | 5 000～7 000 | >7 000 | 上看，这段土壤养分 N 消耗量大 |
| 铃期 | <4 500 | 4 500～5 500 | >5 500 | |

注：采用部位为叶柄。

（4）土壤分析诊断。土壤硝态氮含量和棉花的吸收氮量之间也有显著相关性，当土壤硝态氮含量低于 10 mg/kg 时，棉花施用氮肥有很好的效果；而高于 20 mg/kg 时，则效果不明显。不施肥的棉花产量和土壤有效性氮即土壤培养后的硝态氮含量之间存在着密切关系，当培养后的硝态氮含量低于 30 mg/kg 时，棉花使用氮肥有很好的反应，高于 40 mg/kg 时，则反应不明显。

（5）补救措施。前期缺氮，每公顷用 60～95 kg 尿素（一般每公顷苗期缺氮施 37.5～60 kg，蕾期缺氮施 60～75 kg，花铃期缺氮施 150～95 kg）开沟追施；后期缺氮，用 1%～2% 尿素溶液叶面喷施。

**2. 磷元素丰缺诊断与防治**

（1）缺磷症状。棉花缺磷时，棉花生长发育停滞，但有利于铁的吸收，反而能促进叶绿素的合成，使叶片呈暗绿色，缺乏光泽。缺磷使棉叶变小，茎秆细而脆，植株矮小，根系生长不良，结铃成熟延迟，成铃少，产量低，品质差。严重缺磷时，下部叶片亦出现紫红色斑块，棉桃开裂吐絮差，棉籽不饱满。作物早期缺磷较难进行形态诊断，往往待缺磷症状出现时来纠正，为时已晚。

（2）植株营养诊断。通过测定功能叶全磷量可以诊断棉花磷素丰缺状况，现蕾期功能叶全磷含量低于 2.8 g/kg（干重）为缺乏，大于 3.0 g/kg（干重）为正常。此外，还可测定棉花叶柄，整个生长期的棉花叶柄含磷应不少于 1.5 g/kg（干重）。蔡利华、奉文贵等根据不同土壤肥力水平下的长绒棉、陆地棉和杂交棉植株体内各生育期营养状态的跟踪测定和调查结果，得出的中产田陆地棉、长绒棉叶柄 $PO_4^{3+}$ 的营养诊断指标（表 22-24、表 22-25），也可作为棉花磷元素营养诊断的参考。

表 22-24　陆地棉 $PO_4^{3+}$ 营养诊断指标

单位：mg/L（鲜重）

| 生育期 | 缺乏 | 适量 | 过量 | 需肥关键期 |
|---|---|---|---|---|
| 现蕾初期 | <100 | 100～130 | >130 | 幼苗期棉花对磷需求高，是磷营养临界期，因此要保证土壤有效磷达 13 mg/kg，开花期进入需磷高峰期，花铃期达到最高，要根据情况提前几天补充磷肥，并施足花铃肥。铃期适当补充磷肥以满足棉铃发育的需要 |
| 盛蕾期 | <120 | 120～170 | >170 | |
| 初花期 | <150 | 150～200 | >200 | |
| 花铃期 | <200 | 200～270 | >270 | |
| 铃期 | <90 | 90～160 | >160 | |

注：采用部位为叶柄。

表 22-25　长绒棉 $PO_4^{3+}$ 营养诊断指标

单位：mg/L（鲜重）

| 生育期 | 缺乏 | 适量 | 过量 | 需肥关键期 |
|---|---|---|---|---|
| 现蕾初期 | <100 | 100～150 | >150 | 盛蕾初花期要补足磷肥。一般基肥中磷已能供应。花铃期叶柄含磷量少，但土壤中磷消耗多，因此，对有效磷含量低的土壤，花铃肥中要注意补充磷肥 |
| 盛蕾期 | <200 | 200～300 | >300 | |
| 初花期 | <300 | 300～400 | >400 | |
| 花铃期 | <250 | 250～350 | >350 | |
| 铃期 | <150 | 150～200 | >200 | |

注：采用部位为叶柄。

（3）土壤分析诊断。有效磷（以 P 计）低于 15 mg/kg 为缺乏。

（4）补救措施。苗期或蕾期缺磷，每公顷用 95～150 kg 过磷酸钙开沟追施；后期用 2%～3% 过磷酸钙浸出液叶面喷施。

**3. 钾元素丰缺诊断与防治**

（1）缺钾症状。缺钾的植株矮小，叶片不能发育到正常大小。苗期、蕾期缺钾，生长显著延迟，叶色由黄转暗绿进而在绿色的叶脉间出现黄斑，继而斑点变成褐色，之后整个叶片皱缩、发脆，呈红褐色而逐渐枯死脱落。棉花花铃期缺钾，棉株的中、上部叶子，从叶尖、叶缘开始变黄，继而变褐、变红，而致坏死，称为"红叶茎枯病"。严重时枯焦脱落，成为"光杆"。棉铃小，吐絮差，不能正常成熟，最后生产量低，品质差。

由于钾在植物体中移动性强，缺钾常发生在老叶上。棉花缺钾的田间景观为：斑驳黄化，长势衰弱，植株矮小，参差不齐；氮肥较多时，色调灰暗；叶片焦枯干卷，提早脱落；并发褐斑病时，早衰更严重。

（2）植株营养诊断。棉花缺钾虽可以从外形来诊断，但当形态上出现症状时，生长发育已受到影响。棉花叶柄对钾的丰缺反应灵敏，可通过亚硝酸钴钠沉淀法测定下位叶叶柄钾含量作出是否缺钾的判断。棉花叶柄较长，比较其上、中、下不同部位的含钾量，结果表明有明显区别。缺钾时以中段含钾量最低，所以取中段最为合适。叶片也可以供钾诊断，以中、下部叶片为试样，测定叶片全钾，可同时测定叶柄钾而显示叶柄钾又小于叶片钾，则可靠性更大。一般苗期及蕾期主茎第三叶的全钾含量不能低于 $10\sim20$ g/kg（干重），花铃期主茎第二叶全钾含量不能低于 $6\sim10$ g/kg（干重），吐絮期主茎第一叶全钾含量不能低于 $5\sim6$ g/kg（干重）。现蕾期上部新展开的功能叶全钾含量低于 $16.0$ g/kg（干重）为缺乏，初花期低于 $14.0$ g/kg（干重）为缺乏，花铃期低于 $6.0$ g/kg（干重）为缺乏。棉花上部叶片（顶芽下第 3、4 叶）与下部叶片（顶芽下第 7、8 叶）全钾含量的比值也可作为诊断指标，现蕾期该比值大于 1.1、初花期大于 1.4 为缺乏。将以上棉花不同生育期不同采用部位的全钾含量缺乏临界值整理为表 22-26，可作为棉花钾元素营养诊断的参考。

**表 22-26 棉花缺钾临界值（全 K）**

单位：g/kg（干重）

| 采样时期 | 采用部位 | 缺钾临界值 |
| --- | --- | --- |
| 苗期及蕾期 | 主茎第三叶 | $<10\sim20$ |
| 花铃期 | 主茎第二叶 | $<6\sim10$ |
| 吐絮期 | 主茎第一叶 | $<5\sim6$ |
| 现蕾期 | 上部新展开的功能叶 | $<16.0$ |
| 初花期 | 上部新展开的功能叶 | $<14.0$ |
| 花铃期 | 上部新展开的功能叶 | $<6.0$ |

此外，蔡利华、奉文贵等根据不同土壤肥力水平下的长绒棉、陆地棉和杂交棉植株体内各生育期营养状态的跟踪测定和调查结果，得出的中产田陆地棉、长绒棉叶柄 $K^+$ 的营养诊断指标（表 22-27、表 22-28），也可作为棉花钾元素营养诊断的参考。

**表 22-27 陆地棉 $K^+$ 营养诊断指标**

单位：mg/L（鲜重）

| 生育期 | 缺乏 | 适量 | 过量 | 需肥关键期 |
| --- | --- | --- | --- | --- |
| 现蕾初期 | $<4\,000$ | $4\,000\sim4\,600$ | $>4\,600$ | |
| 盛蕾期 | $<4\,200$ | $4\,200\sim5\,000$ | $>5\,000$ | 花铃期进入需钾高峰期，要提前 3 d 补充钾 |
| 初花期 | $<3\,800$ | $3\,800\sim4\,500$ | $>4\,500$ | 肥，花铃肥中要施足钾肥。铃期适当补充钾肥 |
| 花铃期 | $<5\,000$ | $5\,000\sim6\,500$ | $>6\,500$ | 以防早衰 |
| 铃期 | $<5\,000$ | $5\,000\sim6\,500$ | $>6\,500$ | |

注：采用部位为叶柄。

表 22 - 28　长绒棉 $K^+$ 营养诊断指标

单位：mg/L（鲜重）

| 生育期 | 缺乏 | 适量 | 过量 | 需肥关键期 |
|---|---|---|---|---|
| 现蕾初期 | <3 000 | 3 000～3 300 | >3 300 | |
| 盛蕾期 | <4 000 | 4 000～4 600 | >4 600 | 基肥施钾是施钾重要时期，能保证棉花整个 |
| 初花期 | <4 500 | 4 500～4 700 | >4 700 | 生育期对钾的需求，花铃期和铃期可少量追施 |
| 花铃期 | <5 000 | 5 000～7 000 | >7 000 | 钾肥 |
| 铃期 | <5 500 | 5 500～7 000 | >7 000 | |

注：采用部位为叶柄。

（3）土壤分析诊断。鲍士旦（1989）曾提出将土壤速效钾小于 100 mg/kg 作为棉花缺钾的指标。而孙羲等（1990）提出将土壤钾素丰缺状况分为四级：土壤交换性钾大于 90 mg/kg 时，棉花生长正常；70～90 mg/kg 时，为潜在缺钾；50～70 mg/kg 时，为明显缺钾；小于 50 mg/kg 时，为严重缺钾。

（4）补救措施。前期缺钾，每公顷用 75～150 kg 氯化钾或 600～750 kg 草木灰开沟追施；后期用 0.2％～0.3％磷酸二氢钾叶面喷施。

**4. 硼元素丰缺诊断与防治**

（1）缺硼症状。棉花对硼十分敏感，棉花体内含硼量比一般作物高得多。棉花严重缺硼时，子叶肥厚、色深，叶柄下垂使棉株呈"个"字形；顶芽受害，真叶出现迟，并使多数腋芽抽发，易形成矮化型的多头棉。进入蕾期后，基部叶片增大、肥厚、质脆、叶片暗绿无光泽，叶柄短粗、多毛；上部新叶薄而皱缩，边缘失绿，多卷曲呈杯状。严重时，下部叶的叶脉木质化，主脉和叶脉呈明显的扭曲状，并纵向开裂。叶柄的另一特点还有肿胀突起的暗绿色环带，手指触摸有明显的节凸感，纵剖时，环带相应处为暗绿色或褐色。现蕾少，易脱落，脱落前苞叶张开似虫蛀状，称"蕾而不花"。偶尔开花的，花冠短缩，花瓣常不伸展，花粉粒活力差；很少成铃，少量成铃大多畸形，常见为顶端尖钩状，开裂后纤维多紧贴于铃壳。由于蕾、花、铃大量连续脱落，果节密而果枝数及总果节数明显增多，因而株形矮缩，为棉花严重缺硼的典型症状。棉花中轻度缺硼时，其株形、叶片等外部形态均与正常棉株无明显差异，但从蕾期开始，叶柄上出现明显的暗绿色环带。

（2）植株营养诊断。根据刘武定（1987）研究，棉花初蕾期叶柄环带率大于 14％，为严重缺硼；盛蕾期叶柄环带率大于 7％，为轻度缺硼。研究还表明，在黄河流域棉区，主茎叶的叶柄环带率大于 3％时，棉花需要施硼。也可测定叶片含硼量诊断硼的丰缺，其中棉株蕾期的诊断指标是：主茎叶片含硼小于 15～20 mg/kg 为缺硼，20～60 mg/kg 为正常，大于 140 mg/kg 为中毒。

（3）土壤分析诊断。棉花缺硼的土壤水溶性硼指标是：小于 0.2 mg/kg 为严重缺硼，0.2～0.8 mg/kg 为潜在缺硼。

（4）预防及补救措施。一是整地时，施 6～7.5 kg/hm² 硼砂作底肥；二是在棉花蕾期、初花期、花铃期或植株出现缺硼症状时。用 0.2％硼砂溶液叶面喷施。

**5. 锌元素丰缺诊断与防治**

（1）缺锌症状。缺锌时，棉秆节间变短，主秆变细，果枝伸展不开，棉株畸形发育，影响产量。基本症状是叶片失绿，植株矮小，缺锌严重时，叶片有坏死斑点。

（2）植株营养诊断。棉花诊断的适宜器官是主茎上完全展开叶片，通常是从上到下的第一至第五位叶，包括叶柄和叶片。棉花叶片锌充足水平的幅度为 20～100 mg/kg。根据尹楚良（1986）的研究，长江中下游棉区，幼苗期（2～3 真叶期）全株含锌量 9.5～29.04 mg/kg 为正常，14.49～19.16 mg/kg 为缺乏；蕾期主茎完全展开叶含锌 16.89～43.73 mg/kg 为正常，11.15～38.25 mg/kg 为缺乏。

（3）土壤分析诊断。参考土壤缺锌的一般标准，土壤缺锌的临界值是，石灰性土壤 DTPA 提取锌为 0.5 mg/kg，中性及酸性土壤 HCl 提取锌为 1.5 mg/kg。

（4）预防及补救措施。一是整地时，施 9.5～15 kg/hm² 硫酸锌作底肥；二是播种时，用 0.1％～0.2％硫酸锌溶液浸种 24 h，或 1 kg 棉种拌入 10～20 g 硫酸锌作种肥；三是在棉花现蕾和开花期或植株出现缺锌症状时，用 0.5％～1％硫酸锌溶液叶面喷施。

**6. 锰元素丰缺诊断与防治**

（1）缺锰症状。棉花对缺锰较为敏感，缺锰症在苗期和旺长期最易出现，通常新叶和上位叶脉间失绿黄化，叶脉仍保持绿色，形成网纹花叶；严重时失绿部位产生褐色坏死斑点或斑块。植株叶色变淡，缺乏光泽，呈灰黄色或灰红色，生长发育停滞，矮化明显；下部叶片早衰脱落。如果缺锰时间持续过长，顶芽将坏死。

（2）锰中毒症状。棉花锰中毒时出现萎缩叶，叶片上出现褐色坏死斑点或斑块。

（3）植株营养诊断。一般苗期完全展开的功能叶全锰含量（以 Mn 计）低于 30 mg/kg 为严重缺乏，30～50 mg/kg 为可能缺乏，高于 50 mg/kg 为正常。棉花适宜锰素诊断的器官是叶片，在人工控制条件下，缺锰植株叶片的临界值为 10 mg/kg，但还与硼水平有关。在低硼水平下，第三至第五位叶片锰缺乏临界水平是 10.9～17.0 mg/kg；而在高硼水平下，相应的叶片缺锰临界值为 12.3～24.1 mg/kg。

（4）土壤分析诊断。土壤中锰的有效性与土壤酸碱度有密切的关系，缺锰大多数发生在碱性土壤，酸性土壤中供给充足，有时还会出现锰过量而使植物中毒。

（5）预防及补救措施。一是播种前，每公顷用 15 kg 硫酸锰（与适量过磷酸钙或硫酸铵混匀）施于播种沟内作基肥；二是用 0.1％硫酸锰溶液浸种 12～24 h 或 1 kg 棉种拌入 8 g 硫酸锰作种肥；三是发现缺锰，及时用 0.1％硫酸锰溶液叶面喷施。

**7. 钙元素丰缺诊断与防治**

（1）缺钙症状。顶芽黄化枯死，新叶不能正常伸展，新长成的功能叶叶缘卷曲；节间缩短，植株生长受阻。

（2）植株营养诊断。初花期地上部全钙含量（以 Ca 计）低于 10 g/kg 为缺乏，高于 20 g/kg 为正常。

（3）补救措施。一是增施石膏和含钙肥料，如过磷酸钙等；二是用 1％～2％过磷酸钙浸出液、0.7％氯化钙或 0.1％硝酸钙溶液叶面喷施。另外，用米醋浸泡鸡蛋壳，待鸡蛋壳溶解后兑水 300 倍叶面喷施，也具有补钙和促进植株对钙吸收的效果。

**8. 镁元素丰缺诊断与防治**

（1）缺镁症状。棉花缺镁症通常在花铃期及继后的生育期发生，症状为下位叶脉间组织失绿，形成黄色斑块，有的可逐渐转变为紫红色，甚至全叶呈紫红色，但叶脉仍保持绿色，并可见较清晰的网状脉纹。

（2）土壤分析诊断。交换性镁（以 Mg 计）低于 50～60 mg/kg 为缺乏。

（3）补救措施。发现缺镁时，及时用 0.1％～0.2％硫酸镁溶液叶面喷施。

**9. 硫元素丰缺诊断与防治**

（1）缺硫症状。新叶失绿黄化，脉间组织失绿更为明显，叶脉失绿程度相对较轻，但网纹不及缺镁症清晰；中下部老叶仍保持绿色，但叶柄呈现红色；植株矮小，主茎细弱。

（2）植株营养诊断。旺长期地上部全硫含量（以 S 计）低于 2.5 g/kg 为缺乏，达到 3.0 g/kg 为正常。

（3）补救措施。增施石膏或含硫肥料，如硫酸铵、过磷酸钙等。

**10. 棉花中、微量元素的营养诊断指标表** 根据上文所引用的棉花中、微量元素的植株营养诊断的研究数据，整理得出表 22 - 29，可作为棉花钙、硫、硼、锌和锰元素营养诊断的参考指标。

表 22 - 29 棉花中、微量元素的营养诊断指标

| 营养元素 | 采用部位 | 采样时期 | 严重缺乏 | 缺乏 | 正常 | 中毒 |
|---|---|---|---|---|---|---|
| 钙（g/kg） | 地上部 | 初花期 | | <10 | >20 | |
| 硫（g/kg） | 地上部 | 旺长期 | | <2.5 | >3.0 | |
| 硼（mg/kg） | 主茎叶片 | 蕾期 | | <15～20 | 20～60 | >140 |
| 锌（mg/kg） | 全株 | 幼苗期（2～3 真叶期） | | 14.5～19.0 | 19.5～29.04 | |
| 锰（mg/kg） | 完全展开的功能叶 | 苗期 | <30 | 30～50 | >50 | |

# 二、油菜

我国油菜种植面积约占全国油料作物种植面积的 50%，居世界第一位。目前，生产上应用的油菜有白菜型、芥菜型和甘蓝型三大类，但以甘蓝型为主。甘蓝型油菜又分常规品种和杂交品种两类，而以杂交品种栽培较为普遍。我国淮河及秦岭以南的广大地区是油菜的主产区，油菜通常与水稻轮作，形成较为稳定的油-稻或油-稻-稻轮作模式。因此，通过营养诊断来指导施肥，使油菜施肥更加及时和合理，从而进一步提高油菜产量，增加经济效益。

**1. 氮元素丰缺诊断与防治**

（1）缺氮症状。缺氮植株长势不旺，矮小，瘦弱，分蘖减少；叶色变淡，白菜型下部叶片黄绿色，甘蓝型下部叶片红紫色，茎下叶变红，严重的呈现焦枯状，出现淡红色叶脉；根系细长，分枝根量少，白色；角果数很少，开花早且开花时间短，终花期提早；产量和品质下降。缺氮植株生长不旺，有效分枝数、角果数、千粒重下降，因而产量也低。

（2）氮素过剩症状。施氮过多，植株生长过旺，分枝过多，叶色加深，茎秆嫩绿，易倒伏；成熟期延迟，籽粒成熟度不整齐，籽实中蛋白质含量提高，而油分（脂肪）含量降低。

（3）植株营养诊断。抽薹期功能叶全氮量（N）低于 35 g/kg（干重，下同）为缺乏，36～39 g/kg 为正常，高于 42 g/kg 为过量。此外，刘芷宇（1982）等整理的主要农作物各生长期全氮含量营养状况表指出：油菜苗期植株全氮 3.60% 为中等，薹期 4.30% 为中等，花期 2.30% 为中等，成熟期 1.64% 为中等。

（4）防治措施。用稀粪水或尿素兑水泼浇；越冬前深施碳酸铵，同时，叶面喷施 1% 的尿素水溶液 1～2 次；或者发现缺氮症状及时追肥，每亩追施碳酸氢铵 15～20 kg，或尿素 5～8 kg，也可用 1%～2% 的优质尿素液喷施叶面。

**2. 磷元素丰缺诊断与防治**

（1）缺磷症状。油菜缺磷症状在子叶期即可出现。缺磷幼苗子叶色深，叶片变小增厚；真叶出生推迟，形小直立，暗绿且无光泽，呈现紫红色，叶柄和叶脉背面尤为明显；根系发育不良，植株苍老、僵小；分枝节位抬高，分枝数量减少，主茎和分枝细弱，花荚锐减；出叶速度明显减缓，全株叶片数量减少；单株结荚数和每荚籽粒数均显著减少，减产严重；籽粒含油量降低。

(2) 植株营养诊断。苗期地上部全磷含量低 2.0 g/kg（干重，下同）为缺乏，低于 1.2 g/kg 为严重缺乏。此外，刘芷宇（1982）等整理的主要农作物各生长期全磷含量营养状况表指出：油菜叶片苗期全磷含量低于 0.12％为极缺乏，低于 2.0％为缺乏，0.31％～0.47％为中量。

(3) 土壤分析诊断。有效磷（以 P 计）低于 15 mg/kg 为缺乏。

(4) 防治措施。将过磷酸钙粉碎，在稀粪水中浸泡 1～2 d 后，兑水泼浇；越冬前深施过磷酸钙，并在叶面喷施 0.3％的磷酸二氢钾或 2％的过磷酸钙浸出液 1～2 次；或者发现缺磷症状及时追肥，每亩追施过磷酸钙 25～30 kg，或用 1％过磷酸钙浸提液均匀喷施，连喷 2～3 次，每次用配好的肥液 60～70 kg，或用 0.2％～0.3％磷酸二氢钾溶液均匀喷施，连喷 2～3 次，每次间隔 5～7 d。

**3. 钾元素丰缺诊断与防治**

(1) 缺钾症状。油菜缺钾症在苗期即可发生，表现为莲座叶叶缘出现黄白色或灰白色斑点，进入越冬期后，植株生长缓慢，缺钾症状几乎不发展；开春后，植株生长渐旺，缺钾症状也趋明显，老叶（莲座叶）叶缘甚至脉间失绿黄化。抽薹后症状发展加快，老叶叶尖、叶缘焦枯，干卷，提早衰老脱落；上部抱茎叶叶尖失绿黄化、皱缩，并沿叶缘发展，叶缘上卷后形成勺状叶；秆壁变薄，脆而易折；植株呈暗绿色，株型矮小，分枝减少，花荚稀少，受精不良，荚形不整齐，多短荚或阴荚，扭曲畸形，成熟期推迟且不一致，产量降低。

(2) 植株营养诊断。花荚期叶片全钾含量低于 6.0 g/kg（干重）为缺乏，以 K/N 值为指标更为可靠，比值低于 0.25 为缺乏，高于 0.4 为正常。

(3) 土壤分析诊断。交换性钾（以 K 计）低于 60 mg/kg 为缺乏，60～80 mg/kg 为潜在性缺乏。

(4) 防治措施。用氯化钾或硫酸钾兑水泼浇；越冬前深施氯化钾或硫酸钾。并在叶面喷施 0.3％的磷酸二氢钾 1～2 次，也可撒施草木灰；或者发现缺钾症状及时追肥，苗期缺钾，每亩可追施氯化钾 7～10 kg，或草木灰 100 kg；抽薹期缺钾，可用 0.1％～0.2％的磷酸二氢钾溶液 60～70 kg 均匀喷施，连喷 2～3 次，每次间隔 7 d 左右。

**4. 镁元素丰缺诊断与防治**

(1) 缺镁症状。油菜缺镁症多发生在抽薹以后，表现为下位叶脉间组织失绿，由淡绿色转变为黄绿色，叶缘可呈现紫红色，发展后失绿部位出现紫红色斑块，叶脉仍保持绿色。

(2) 植株营养诊断。抽薹期功能叶全镁含量（以 Mg 计）低于 1.0 g/kg（干重，下同）为缺乏，1.0～3.0 g/kg 为可能缺乏，高于 3.6 g/kg 为正常。

(3) 土壤分析诊断。通常以 1.0 mol/L $NH_4OAC$（pH7.0）提取的交换性镁（以 Mg 计）低于 50 mg/kg 为缺乏。

**5. 硫元素丰缺诊断与防治**

(1) 缺硫症状。新叶颜色变淡，呈淡绿色，叶片背面出现紫红色，叶缘略向上卷，形成浅勺状叶；植株矮小，生育推迟。

(2) 植株营养诊断。开花期地上部全硫含量（以 S 计）低于 1.8 g/kg 或 N/S 值大于 16 为缺乏。

(3) 土壤分析诊断。氯化钙或 Morgan 法提取的有效硫（以 S 计）低于 10 mg/kg 为缺乏；磷酸一钙提取的有效硫低于 13 mg/kg 为缺乏；醋酸铵＋醋酸提取的有效硫低于 9 mg/kg 为缺乏。

(4) 补救措施。对缺硫油菜可结合中耕，每亩施石膏粉 10 kg，并适当追施氮肥，促使黄叶转绿。

**6. 硼元素丰缺诊断与防治**

(1) 缺硼症状。"花而不实"是油菜硼营养缺乏的突出症状。发生"花而不实"的油菜，生育前期未见异常表现，甚至生长发育良好，植株叶大薹粗，秆高，但产量不高于 750 kg/hm²，甚至绝收。由于不实，次生分枝旺发，花期延长；氮营养充足时，更是枝多花旺，盛花不息，因此又称之为"疯花不实"。大量细弱的次生分枝的发生使植株呈扫帚状，成熟期表现为分枝繁密纷乱的田间景观，与正常田块整齐有序的景观截然不同。根据次生分枝的抽生类型及主茎的矮缩情况，可将油菜缺硼症状分为3种类型：一是徒长型，即部分原生主茎和大侧枝顶梢延伸，株高明显超过正常株，似有徒长；一般能结少量荚果，但多为畸形，如弯曲、短缩等。二是矮缩型，即主茎明显萎缩，侧枝发生少且常萎缩。落花后原生主茎和大侧枝上残留密生的花梗（柄），形如瓶刷；株高显著低于正常株；很少结荚或基本上不结荚，即使有零星的几个荚果，每一荚果内只有2～3粒种子。三是中间型，即株型与正常株相似，但结实率明显降低，形成的荚果短而胖，单荚种子数也极少。同时，病株上位抱茎叶脱落延迟；根颈变粗、空心、变脆；种子大小不一，色泽纷杂，从茶褐色（正常）到棕色、棕黄色、松花黄色都有，种子含油率明显降低。此外，油菜硼营养缺乏症有时也会在苗期发生。苗床秧苗出现发黄现象，这种秧苗移栽后，不发新根，不长新叶，展开叶萎蔫坍塌，持续一段时间后死亡，成活率下降，如遇干旱、霜冻等逆境，死苗缺株严重。移栽成活后缺硼，则苗株表现为叶色深浓，叶肉增厚，叶柄变脆，皮层粗糙开裂等。

（2）硼中毒症状。出苗延迟，叶片褪绿黄化；严重时幼根卷曲，呈灰白色，并逐渐枯死；叶面喷施硼肥浓度过高引起硼中毒时，表现为叶缘黄化，脉间出现失绿的黄色斑点，继而逐渐转变为褐色，并出现穿孔症状，最后全叶坏死，提前脱落。

（3）植株营养诊断。初花期完全展开的功能叶中，全硼含量（以 B 计）低 10 mg/kg（干重，下同）为缺乏，高于 20 mg/kg 为正常。抽薹期植株体内 Ca/B 值也可作为诊断指标，其临界指标为：Ca/B 值大于 300 为缺乏，200～300 为可能缺乏，50～200 为基本正常，小于 50 为正常。

（4）土壤分析诊断。尤其是甘蓝型油菜需硼量大，对缺硼比较敏感，土壤有效硼的临界指标为：小于 0.2 mg/kg（风干土，下同）为严重缺乏，0.2～0.4 mg/kg 为缺乏，大于 0.4 mg/kg 为正常。当土壤中有效硼高于 2.5 mg/kg 时，会造成油菜硼中毒。

（5）补救措施。油菜缺硼可每亩施 150～200 g 硼砂与氮肥一起兑水浇施，或每亩用硼砂 50～100 g，兑水 50 kg，在晴天下午进行叶面喷施。

**7. 锰元素丰缺诊断与防治**

（1）缺锰症状。油菜对锰反应很敏感，缺锰时新生叶呈现黄白色，叶脉仍绿色；开始时产生褪绿斑点，后除叶脉外，全部叶片变黄；植株一般生长势弱，开花数目少，角果也相应减少，芥菜型油菜则发生不结实现象。

（2）土壤分析诊断。用 1.0 mol/L NH$_4$OAC＋0.2％对苯二酚溶液提取的活性锰的临界指标为：低于 50 mg/kg 为严重缺乏，50～100 mg/kg 为缺乏，100～200 mg/kg 为正常。

**8. 锌元素丰缺诊断与防治**

（1）缺锌症状。先从叶缘开始，叶色变淡变为灰白色，随后向中间发展；叶肉呈黄白色不规则病斑，叶尖披垂，根系细小。

（2）补救措施。出现缺锌症状时，每亩用硫酸锌 1～1.5 kg 追施，或用 0.3％～0.4％的硫酸锌叶面喷施，连喷 2～3 次，每次间隔 5 d 左右。

# 三、烟草

烟草是我国主要的经济作物之一，烟草业是国家财政税收的重要来源。烤烟是我国烟草种植中的主要类型，面积和产量均占我国烟草总数的 90％，此外晾晒烟、香料烟也有一定的分布。

烟草栽培以收获营养器官——烟叶为对象，为卷烟工业提供原料，满足部分人群的特殊嗜好，因此烟叶质量的改善特别重要。烟叶的质量除受气候条件、土壤条件、轮作中茬口特点的影响外，与肥料施用关系很大。在相对稳定的生态与技术条件下，通过营养诊断来指导施肥，满足烟草在生长过程中各种养分的需求，可显著改善烟草的品质。

**1. 氮元素丰缺诊断与防治**

（1）缺氮症状。烟草生长前期氮素供应不足，植株矮小，叶片小，叶绿素含量低，叶片失绿（下部叶过早变黄）变淡呈黄绿色，并可发展为火烧叶，茎短细，叶趋于直立呈簇生状态，新叶生长缓慢，叶片薄、产量低；打顶后缺氮，叶片和根系早衰，上部叶狭小，叶片内蛋白质和烟碱等含氮化合物明显下降，烤后叶色淡，叶片薄，香气淡薄。

（2）氮素过量症状。氮素供应过多，叶片疏松而粗糙，呈暗棕色。叶片含烟碱量增加，含糖量降低。烤后叶片油分少、吸水力和保水力均差，味辛辣，香气淡。叶色不鲜或呈青黄色，直到褐色或黑色，氮肥过多烟株生长过旺，病害多发，如赤星病、霜霉病。氮素过量会使叶片过大，叶脉粗，色深绿，成熟推迟，蛋白质和烟碱含量高，碳水化合物含量低，吃味辛辣，刺激性强，缺乏香气，难以烘烤，品质低劣。

（3）植株营养诊断。烟叶含氮量通常为2%～5%，当含量低于1.5%时，会出现缺氮症状。

（4）补救措施。追施速效氮肥，每亩5 kg三元复合肥，在烟株根部10～20 cm处开沟施下，然后即覆土盖上，同时用1%～2%的三元复合肥叶面喷施，加强田间管理。

**2. 磷元素丰缺诊断与防治**

（1）缺磷症状。缺磷时，在栽后第一个月生长缓慢，碳水化合物、蛋白质的转化受到阻碍，分生组织细胞分裂不能正常进行，根系发育不良、株茎矮小，叶片狭小而直立，叶色暗绿无光泽，叶片成熟推迟，产量降低。磷素供应不足，会降低氮和镁的吸收，叶部淡白色，并出现褐斑甚至坏死；缺磷严重时，下部叶产生小白斑点，烤后叶片呈深棕色或青色，缺乏光泽、品质低劣。

（2）植株营养诊断。一般烟叶含磷量（$P_2O_5$）在0.4%～0.9%。此外，根据刘芷宇（1982）等整理的主要农作物各生长期磷素营养状况表：烟草10～15叶片期叶片磷素0.29%为中等含量，开花期叶片磷素0.24%为中等含量；10～13叶片期叶柄磷素0.28%为中等含量，开花期叶柄磷素0.20%为中等含量。

（3）防治措施。除基肥中施足磷肥、及时中耕培土、上高厢等技术措施，有效地改善对磷的吸收利用外，大田前期缺磷，应及时追施有效磷肥，常用量为每亩施过磷酸钙10 kg左右，酸性土壤要配以适量石灰。后期缺磷，应进行根外喷磷，一般用0.5%的过磷酸钙溶液，使缺磷症逐渐消失而正常生长。

**3. 钾元素丰缺诊断与防治**

（1）缺钾症状。烟草是喜钾作物，缺钾的烟叶叶尖会出现细长斑点和褐黄色小斑，随后叶缘出现褐黄色长斑并逐渐坏死、枯焦、脱落，使叶缘残缺不全。叶尖和叶缘还可向下卷曲引起皱缩，幼苗是下部叶先表现症状，而生长中、后期的烟株是上部叶先表现症状。缺钾可降低烟株对疾病和不良环境的抗力，降低烟叶品质，严重时会造成无收。

（2）植株营养诊断。烟叶钾的浓度在2%～8%（氧化钾），有时达10%，低于3%出现缺钾症状，2%严重缺钾。此外，根据刘芷宇（1982）等整理的主要农作物各生长期钾素营养状况指标：9月烟草叶片钾素含量4.37%～5.29%为中量，小于3.70%为极缺；上部叶片2.64%～3.17%为中量，小于1.08%为极缺；下部叶片2.44%～2.83%为中量，小于0.51%为极缺。

（3）防治措施。增施有机钾肥，及时中耕培土、上高厢。如生长后期缺钾，可用三元复合肥每亩2.5 kg兑水200 kg喷施，隔3～5 d再喷1次。

### 4. 钙元素丰缺诊断与防治

（1）缺钙症状。烟草缺钙，最初是幼芽叶尖和叶缘向下卷曲而皱缩，随着叶片扩展，叶缘分离，这些症状更明显；其次叶尖、叶缘失绿，尖端停止生长使叶片显得粗短，叶片增厚。烟叶根尖将呈棕色，很快就会枯死，使植株发育低矮，影响产量。

（2）植株营养诊断。根据池敬姬、王艳丽的研究，钙在不同类型的烟草中的含量不同，烤烟为2.41%、香料烟为3.97%、白肋烟为7.77%、晒红烟为5.12%；钙在不同地区相同品种烤烟的含量不同，延边为2.56%、云南为2.62%、贵州为3.27%、河南为3.74%；烟草不同部位叶片钙含量也不同，下部为3.84%、中部为3.42%、上部为3.04%。

（3）防治措施。加强田间管理，及时追施农家肥，中耕培土。

### 5. 镁元素丰缺诊断与防治

（1）缺镁症状。缺镁时，最初是下部叶失绿，常从叶尖和叶缘开始向茎部和中间发展。脉间组织失绿而脉仍保持绿色。严重时，下部叶几乎变为白色，失绿症状发展到较高部位叶片。烟草生长不良，产量、质量下降。

（2）植株营养诊断。Huber 等研究认为，镁在烟叶中占 0.4%～1.5%（干重）属正常，0.4%～0.7%为轻度缺镁，小于 0.2%为缺镁，而小于 0.15%则明显缺镁。国内学者研究结果与此基本吻合，当烟叶镁含量低于 0.38%时，烟株在团棵期就开始表现出缺镁症状。陈星峰通过盆栽试验提出烤烟缺镁临界值分别是：团棵期下部叶为镁含量 0.31%，旺长期下部叶为 0.25%。烟叶中 K/Mg 值和 Ca/Mg 值也能反映烟草镁素营养状况。烟叶的 K/Mg 值在 4～5 较合适，在 5～10 缺镁不显著，在 15～20 则出现缺镁症状。当烟叶中 Ca/Mg 值大于 8 时亦会出现缺镁症状。

（3）防治措施。镁肥施用方法分为土壤施用和叶面喷施。水溶性较差的镁肥一般做土壤施用效果较好。叶面喷施水溶性镁肥也是常用的一种改善作物缺镁的有效措施。叶面喷施常用水溶性镁肥，如硫酸镁、硝酸镁、醋酸镁等。喷施硫酸镁浓度以 0.5%为宜，基肥以亩施硫酸镁 2.5 kg 为宜。此外，增施农家肥，避免长期使用单一化肥，搞好田间管理，也可有效防止烟草缺镁。

### 6. 锰元素丰缺诊断与防治

（1）缺锰症状。烟株缺锰产生的特征表现缓慢，需 4～5 周缺锰症状才能表现出来。缺锰症通常只发生在叶脉之间，且沿支脉、细脉方向发展。失绿叶片后期发展成小的坏死斑，干燥后呈白色或褐色。

（2）锰中毒症状。我国植烟区土壤大多为酸性土壤，容易对植物产生高锰胁迫。高锰胁迫往往能显著地降低植物生物量的形成，导致大幅减产。烟草锰的毒害症状一般表现为老叶出现坏死棕色斑块，叶缘白化或变成紫色，幼叶卷曲。过量的锰还会诱发其他矿质营养元素的缺失或过量。

（3）植株营养诊断。对大多数作物而言，一般认为，含锰量的评价标准为：<20 mg/kg 为缺乏，20～500 mg/kg 为适量，大于 500 mg/kg 为过量，锰在烟草体内的含量范围一般在 140～700 mg/kg。目前，对烟草尚无一个确定的丰缺临界值。有关研究表明，锰对烟草的临界毒害质量浓度可能在 1 500 mg/kg 左右。

（4）补救措施。烟草缺锰可通过叶面喷施锰肥进行校正。酸性土壤上克服锰毒最普遍的方法是施用石灰，在已酸化的红壤、棕红壤和黄褐土上，施用碳酸钙同样可以减轻锰毒害。

### 7. 硫元素丰缺诊断与防治

（1）缺硫症状。烟草缺硫，将出现类似缺氮的萎黄病。同缺氮相比，缺硫症最先表现在顶部的芽和叶轻度失绿，若硫素继续缺乏，则全株失绿，花期延迟。

（2）植株营养诊断。一般烟叶全硫含量在 0.2%～0.7%。硫元素在根、茎、叶、顶权的含量分别为 0.27％、0.23％、0.45％、0.57％。另外，烟草体内硫元素含量的变化与部位密切相关。由于烟株上不同部位烟叶营养条件不同，硫元素含量也有很大差异。上部叶硫元素含量为 0.52％，中部叶为 0.43％，下部叶为 0.41％。

（3）防治措施。施足底肥，增施农家肥，改善氮素供应，发现缺硫，及时叶面喷施镁肥。

**8. 硼元素丰缺诊断与防治**

（1）缺硼症状。缺硼症主要表现在芽上，首先是芽上的幼叶变淡绿、扭曲，随后顶芽死亡，残留的叶片不正常增厚，最后向下卷曲。下部叶变得肿胀、易碎，中脉被破坏，有时候可引起叶片脱落。

（2）土壤分析诊断。一些国外学者认为，土壤有效硼含量可以降低到 0.3 mg/kg 以下，对烟叶产量没有明显的影响，在硼含量达 0.1 mg/kg 时就不能满足烟株的正常生长。胡国松认为，0.4 mg/kg 为烤烟缺硼的临界值。

（3）补救措施。喷施叶面肥，硼砂浓度以 0.2％为宜，基肥以亩施硼砂 1.0 kg 为宜。

**9. 氯元素丰缺诊断与防治**

（1）缺氯症状。叶色不正常，生长缓慢，叶少，易萎蔫，植株矮小，烘烤后叶片弹性差、易破碎、颜色淡黄，烟叶偏薄，内含物不足，切丝率低等。

（2）氯素过量症状。叶片呈深绿色，较厚，易碎，叶缘向上卷曲。烤后烟色浑浊，无光泽，吸湿性强，带有难闻的气味。

（3）植株营养诊断。烟叶含氯以 0.3％～0.8％为宜，小于 0.3％为缺氯，超过 1％就会阻燃，达到 2％时就会熄火。

**10. 钼元素丰缺诊断与防治**

（1）缺钼症状。烟草缺钼会导致烟株生长缓慢，株型矮小，根系瘦弱，叶片狭长，脉间叶肉皱缩，较嫩叶片叶面有坏死小斑，在过熟烟叶上呈现褪绿、易早花、早衰等不良症状。

（2）植株营养诊断。一般认为，烟叶钼含量的临界值为 0.13 mg/kg。目前对烟草尚无一个确定的丰缺临界值，而仍沿用根据同类作物而界定的 0.1～0.2 mg/kg。

（3）补救措施。烟草缺钼可以通过施钼肥来校正，叶面喷施钼肥可以有效解决烟草缺钼的问题。

**主要参考文献**

安贵阳，史联让，杜志辉，等，2004.陕西地区苹果叶营养元素标准范围的确定 [J].园艺学报，31（10）：81-83.

陈超锋，2007.油菜缺素类型判断及无公害施肥技术 [J].四川农业科技（10）：57.

陈星峰，2005.福建烟区土壤镁素营养与镁肥施用效应的研究 [D].福州：福建农林大学.

池敬姬，王艳丽，2004.总灰分及主要矿质元素对烟叶品质的影响 [J].延边大学农学学报，26（3）：204-207.

崔健，张淑霞，刘素芹，等，2008.温室黄瓜缺素症的发生与防治 [J].上海蔬菜（5）：88.

范立春，彭显龙，刘元英，等，2005.寒地水稻实地氮肥管理的研究与应用 [J].中国农业科学，38（9）：1761-1766.

高志明，2003.油菜异常叶色的诊断与对策 [J].农村实用技术（3）：28.

韩礼星，黄贞光，2001.猕猴桃优质丰产栽培技术彩色图说 [M].北京：中国农业出版社.

胡腾文，赵继献，2008.不同施氮量对甘蓝型黄籽杂交油菜品质性状与植株性状相关性的影响 [J].安徽农业科学，36（15）：6399-6401.

江礼斌，唐先来，2000.棉花测土配方施肥研究 [J].安徽农业科学，28（3）：351.

姜波，刘长阁，尚洪海，2007.水稻营养元素缺乏症状及解决对策 [J].现代化农业科技（9）：16-20.

金耀青，张中原，1993.配方施肥方法及其应用 [M].沈阳：辽宁科学技术出版社.

劳秀荣，杨守祥，李燕婷，2008.果园测土配方施肥技术百问百答 [M].北京：中国农业出版社.

李港丽，苏润宇，沈隽，1987.几种落叶果树叶内矿质元素含量标准值的研究 [J].园艺学报，14（2）：81-89.

李辉桃，翟丙年，李刚，等，1997. 乾县苹果营养诊断及施肥研究 [J]. 西北农业大学学报，25（5）：44-48.

李金洪，崔彦宏，李伯航，1995. 高产玉米营养诊断指标探讨 [J]. 玉米科学，3（2）：47-50.

连楚楚，沈润平，1996. 棉花优化测土施肥中参数的研究 [J]. 江西农业大学学报，18（3）：274-277.

刘红霞，张会民，郭大勇，等，2009. 豫西地区红富士苹果叶片元素含量 [J]. 植物营养与肥料学报，15（2）：457-462.

刘英，王允青，况晶，2003. 农田钾素肥力状况与油菜施钾效应研究 [J]. 安徽农业科学，31（4）：155-156.

刘芷宇，唐永良，罗质超，等，1982. 主要作物营养失调症状图谱 [M]. 北京：农业出版社.

马国瑞，石伟勇，2002. 农作物营养失调症原色图谱 [M]. 北京：中国农业出版社.

毛克成，2008. 油菜缺素诊断与测土施肥技术 [J]. 农技服务，25（10）：74-76.

权宽章，2009. 油菜缺乏营养元素的诊断与对策 [J]. 黑龙江农业科学（1）：172.

邵岩，雷永和，晋艳，1995. 烤烟水培镁临界值研究 [J]. 中国烟草学报（4）：52-56.

施卫省，王亚明，戈振扬，等，2003. 营养元素对烟草产量和品质的影响与对策 [J]. 农业系统科学与综合研究，19（4）：310-312.

孙济中，陈布圣，1999. 棉作学 [M]. 北京：中国农业出版社.

孙立，刘江萍，1998. 黄瓜缺素症及防治 [J]. 北方园艺（2）：21-22.

谭金芳，2003. 作物施肥原理与技术 [M]. 北京：中国农业大学出版社.

唐梁楠，杨秀瑗，2000. 草莓优质高产新技术 [M]. 金盾出版社.

王洪斌，张颖，林红，2003. 番茄营养缺乏与过剩的症状、诊断与防治 [J]. 北方园艺（5）：58-60.

王仁才，2000. 猕猴桃优质高效生产新技术 [M]. 上海：上海科学普及出版社.

王艳，王孝纯，邓艳，等，2009. 红寒地水稻氮磷钾营养诊断技术的研究 [J]. 中国农学通报，25（21）：208-211.

王永玲，2008. 棉花缺素诊断与测土施肥技术 [J]. 农技服务，25（8）：53-55.

王振学，王子勤，王夫同，2006. 黄瓜缺素症及其防治措施 [J]. 西北园艺（5）：40-41.

魏雪梅，廖明安，2008. 金花梨叶片营养诊断分析 [J]. 安徽农业科学，36（20）：8549-8551.

熊飞，2006. 油菜苗期缺素症状的诊断与防治 [J]. 农家顾问（9）：35-36.

闫林香，2008. 水稻、小麦、玉米、花生的营养失衡症状 [J]. 现代化农业科技（7）：147-149.

张恩平，张淑红，李天来，等，2005. 蔬菜钾素营养的研究现状与展望 [J]. 中国农学通报，21（8）：265-268.

张恩平，张淑红，2008. 钾营养对番茄丰产形态指标及产量形成的影响 [J]. 沈阳农业大学学报，39（5）：615-617.

张家升，朱文珍，2007. 棉花高产施肥技术 [J]. 农技服务，24（9）：42.

张林森，武春林，王西玲，等，2001. 秦美猕猴桃叶营养状况及标准值的研究 [J]. 西北农业学报，10（3）：74-76.

朱小平，刘微，张京政，等，2008. 赤霞珠葡萄叶分析营养诊断标准范围值的研究 [J]. 北方园艺（10）：51-52.

邹国元，吴玉光，2001. 经济作物施肥 [M]. 北京：化学工业出版社.

邹长明，秦道珠，高菊生，等，2001. 水稻氮肥施用技术 [J]. 湖南农业大学学报（自然科学版），27（1）：29-31.

Huber S C，Maury W，1980. Effects of Magnesium on intact chloroplastsl [J]. Plant Physiol（65）：350-354.

Janat M M，Stroehlein J L，Pessarakli M，et al，1990. Grape response to phosphorus fertilizer；Petiole to blade P ratio as a guide for fertilizer application1 [J]. Communications in Soil. Sci. Plant. Anal，21（10）：667-686.

# 第二十三章

# 高产平衡施肥的土壤、作物营养综合诊断

随着农业生产发展的需要，高产平衡施肥的理论和技术也不断得到发展。从土壤营养诊断来说，最初只是判断土壤缺什么营养元素，从而施相应的营养元素肥料；随后建立土壤养分丰缺指标，进行分级施肥，从此进入了半定量施肥阶段；以后又根据土壤肥料试验建立肥料效应函数等，依此制定不同土壤、不同作物推荐施肥量，基本进入定量施肥阶段；在此基础上，又开始研究和应用土壤养分状况系统综合诊断法，开始进入了土壤养分全素定量平衡施肥新阶段。在作物营养诊断方面，主要为形态诊断和施肥诊断，化学诊断应用较少。目前化学诊断已成为作物营养诊断的主流，并与施肥诊断紧密结合。由化学诊断确定土壤供肥能力与作物吸收养分浓度的关系和作物吸收养分浓度与作物产量的关系，发现作物吸收养分与作物生长发育密切相关，并提出了作物养分吸收临界期和最大效率期，确定作物养分含量最低区（产量减低区）、低区（最适产量区）、足量区（施肥有效区）、过剩区（施肥后产量下降区），这对指导作物合理施肥有重要意义。目前作物营养诊断已发展到综合诊断阶段，其中 DRIS 诊断法是最有代表性的方法之一。20 世纪 90 年代，作者对土壤养分和作物养分用系统综合诊断法进行了多年研究，现分述如下。

## 第一节　高产土壤养分状况系统诊断法

美国佛罗里达国际农化服务中心（Agro Services International Inc.）的 A H Hunter 博士在总结前人土壤测试的基础上，吸收了美国北卡罗来纳州立大学的 D Waugh、R B Cate 和 L Nelson 的研究结果（Waugh et al.，1973），于 1980 年提出了一套用于土壤养分状况评价的实验室分析和盆栽实验方法（Hunter，1980），称为高产土壤养分状况系统诊断法。1988 年，加拿大钾磷研究所的 S portch 对此方法稍加修改，并与中国农业科学院土壤肥料研究所进行合作，将此方法应用于项目研究（Portch，1988）。在中国应用基础上，Dowdle 和 Portch 便提出了土壤养分状况系统研究的概念（Dowdle，1988；Portch，1988）。以后这一方法在我国得到广泛应用，并将研究结果成功地应用于指导最高产量和最大经济效益产量的研究和田间试验。在"八五"期间由农业部立项，作者和北京市农林科学院土壤肥料研究所、广东省农业科学院土壤肥料研究所、吉林省农业科学院土壤肥料研究所进行合作，对南方和北方有关土壤进行合作研究（由吕殿青主持），取得了很好结果。

### 一、土壤取样和样品准备

田间土壤取样是进行土壤养分状况系统诊断的重要一步。所取土样一定要具有较大地区的代表性，因为所取土样要通过实验室分析、盆栽试验和田间试验，然后应用于大田生产，最后要使研究结

果与生产结果相一致。根据这样的要求，参加本项研究的各个单位都结合本地实际和工作需要，进行了取样地块的选择。吉林农业科学院土壤肥料研究所共选取 20 个土样、北京市农业科学院土壤肥料研究所选取 4 个土样、广东省农业科学院土壤肥料研究所选取 23 个土样、陕西省农业科学院土壤肥料研究所选取 7 个土样，都代表了各省主要耕地土壤类型。当土壤取样地块确定以后，在每一块地按 20～30 个点随机采取耕层土样 70 kg，充分混合后再从中按 30 个点选取 1.5 kg 子样，供实验室分析和吸附试验之用；余下的大量样品作盆栽试验。

## 二、土壤养分测定

每个土壤除用常规分析方法测定 pH、有机质和活性酸度外，还对氮、磷、钾、钙、镁、硫、铁、硼、锰、锌、铜 11 种速效营养元素含量进行测定，其中磷、钾、铜、铁、锰、锌用 0.25 mol/L $NaHCO_3$ - 0.01 mol/L EDTA - 0.01 mol/L $NH_4F$ 浸提液浸提，硼和硫用 0.08 mol/L 的磷酸钙溶液浸提，铵态氮和速效钙、镁用 1 mol/L KCl 浸提。经过多年实验室分析和田间试验，证明这些浸提方法能较好地反映土壤速效养分的供应情况。对浸提液中的各种有效养分均用常规分析方法进行分析，尽可能多地对各种植物所必需的有效养分进行分析，对每一种有效养分选择比较成熟的、已知其临界值的方法进行测定。根据当地需要，广东省还测定了土壤有效硅的含量。广东省农业科学院土壤肥料研究所还提出 N 和 $SiO_2$ 的临界值各为 75 $\mu g/mL$ 和 150 $\mu g/mL$。以各种养分临界值衡量各种土壤有效养分含量测定值丰缺程度可以看出，南方（广东）全部土壤缺 N；70% 以上的土壤缺 K、Zn、P、Mg；40%～50% 土壤缺 Si 和 Mn；其他养分基本不缺。北方（北京、陕西、吉林）土壤有效养分全部缺 N；70% 土壤缺 Zn，50% 左右土壤缺 P、K、Fe；30% 左右土壤缺 S；其余养分基本不缺。经过主要耕作土壤养分含量的系统分析及其与养分临界值的相互比较，可以看出，中国南方和北方土壤养分丰缺的现状和差异，为高产土壤培肥和高产土壤施肥提供了初步依据。

# 第二节　营养诊断与推荐施肥综合系统（DRIS）

## 一、DRIS 的应用

植物营养诊断的方法很多，有比较曲线法、多角形图解法和临界值法等。一般采用较多的是临界值法，所谓临界值如图 23 - 1 所示，是指植物正常生长时叶片组织中某营养元素的最低值，低于此值，作物产量将降低 5%～10%。但利用临界值进行诊断时会碰到一些困难，如叶片营养元素的含量会受到因植物生长年龄、叶片部位、作物品种、土壤和耕作条件等一系列影响因素的变化而变化。为了解决此问题，只有采取植物各生育期固定叶位的临界值或适宜浓度范围，但这样做就增加了诊断的复杂性。而且诊断的前提是除了要测定的必需元素外，还要假定其他养分均得到适量供应，也就是说只能作单元素诊断。一般来说，通常二维试验，即产量与某一营养元素进行相关性的试验时，其他的营养元素很少有处在或接近最佳水平的。因此，临界值法对多种元素及其交互作用是无法进行诊断的。为了进行有效的可靠的营养诊断，Beaufils 经过 20 多年的研究，于 20 世纪 70 年代初提出了 Diagnosis and Recommendation Integrated System（DRIS），即营养诊断与推荐施肥综合系统（Beaufils，1973）。该系统可用于：确定植物体必需营养元素的浓度和相互关系；确定土壤养分水平，使农作物获得最高产量。应用 DRIS 可以对营养元素的极度缺乏至轻度短缺进行排序，有利作物实行平衡施肥。该诊断结果不因植龄、叶部位、作物品种的不同而有所差异。Jones 证实，在判定对一种或多种养分的较高水平需要时或确定养分平衡问题时，DRIS 比临界值法更为灵敏（Jones，1981）。因此，DRIS 首先在美国、南非、新西兰、荷兰、巴西等国受到研究者的重视，并在生产中得到应用。20 世

80 年代初引入我国，并得到广泛研究和应用。我国有科研人员在水稻、小麦、茶树上进行过一些初步探讨。

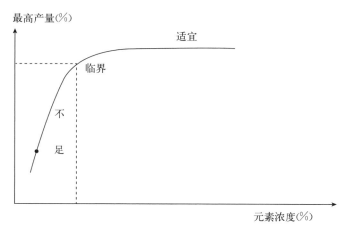

图 23-1 叶片营养元素含量与作物产量之间的关系

## 二、DRIS 的原理及方法

作物的产量和品质取决于植物细胞内的生化过程，而植物体内的生化过程都受到环境、栽培和遗传因子的影响，这些影响因子和作物产量、质量间的关系见图 23-2。

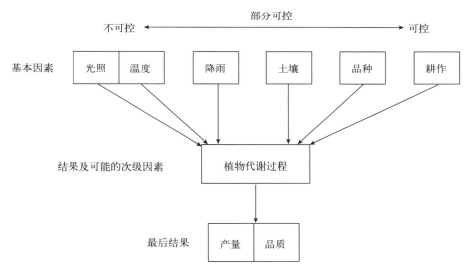

图 23-2 作物产量及品质与影响因子的关系

植株成分是综合了基本影响因子的作用，它反映了诊断的客观状况。通过对可控因子的改善，可决定经济施肥水平。植物对土壤处理无直接效应，在诊断中必须进行相关性的评估时，可用以下关系表达：

土壤特性→植物效应→产量

气候条件→植物效应→产量

耕作→植物效应→产量

土壤处理＋土壤特性＋气候条件＋耕作→土壤效应

土壤效应＋气候条件＋耕作→植物效应→产量

从以上关系看出，植物效应综合反映了多种因素的效应，任何一种因素的改变对作物来说都是一种处理，因此，无论是天然或人工的处理都会产生植物效应，从而对产量起到不同程度的影响作用。

在研究土壤肥力的传统方法中，通过田间试验来研究天然或人工处理间的相互关系，但田间试验在这方面有一定的缺点，如试验处理的限制性和试验点的代表性等；另外，一个给定的试验数据只能在当地适用，不能引用到很广的地区。为了克服这些缺点，Beaufils（1973）提出一个试验方案，假设整个农业生产区遍布了大量的试验点，这些点既是生产田块，也是现有试验田中的小区，每一个试验点类似于田间试验小区，在天然或人工处理下产生了植物效应，导致作物的产量水平可分为高、中、低产，对这些小区中的土样和叶片组织进行分析，可得到多种元素含量的浓度，根据这些营养元素浓度值的比率或乘积，将试验点可分为高产和低产亚群体，这些高产和低产亚群体的营养元素测定值组成数据库存于计算机内，它可确定平均值或标准差、变异系数（$CV$）、变异量及标准偏差。找出并保留在高产亚群体（A）或低产亚群体（B）间变异率（$SA/SB$）显著的所有表达式。这些表达式可产生诊断指数，用它来确定某一或某些养分所处水平是最佳、缺乏还是过量，从而指导科学施肥。这与传统的土壤肥力田间试验不同，DRIS 是采用大量调查数据的办法，对一个特定地点，不论多少组观察资料只代表群体中的一个样本，它所研究的全部观察资料是不管其来源、地点及取样条件的。因此，DRIS 是在测定植物营养状况的基础上，确定植物诊断指数的方法。要建立某一作物的 DRIS，必须满足下列要求：必须找出对作物产量可能有影响的全部因子；明确这些因子与产量间的关系；应用标准值提出适宜于特定条件的推荐施肥方案，并不断对其进行完善。

## 三、DRIS 的主要研究内容

### （一）叶片养分含量、养分比例与产量的关系

在研究作物产量与叶片养分含量关系时，Beaufils（1973）通过对 21 535 个来自不同地区的玉米穗叶成分和产量数据进行分析，同时对 Sumner（1977）从美国、法国、南非等国收集的 8 000 多套玉米数据进行分析，发现这两套数据存在的共同点是：低产玉米叶片养分含量范围相当宽；随着产量提高叶片养分含量范围逐渐变窄；营养元素含量高并非都获高产，这与养分平衡及其他因素有关；能够找到取得玉米高产的叶片养分含量。

在数据处理时发现：不论高产组还是低产组，各元素含量值（$X$）无多大差异。而其变异系数（$CV$）和标准差（$SD$）则以低产组较大。

Sumner（1981）研究了玉米营养元素比例（N/S）与产量的关系（图 23-3）。从图 23-3 中可以看到在低产时玉米叶片中 N/S 范围宽，而高产时 N/S 范围很窄。当 N/S 为 10 时，可获得最高产量，但也能获得其他水平的产量。

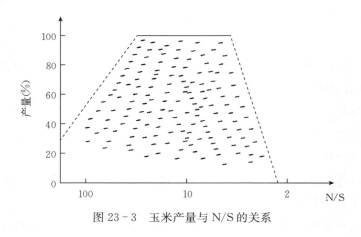

图 23-3　玉米产量与 N/S 的关系

### （二）养分浓度、养分比率与植龄的关系

众所周知，养分浓度（养分含量/植株干物质总量）随植龄而变。如 Rominger（1975）对紫花苜蓿的生长进行研究，发现 N、P、K、S、Zn、Mn 和 B 的浓度随植株向成熟期发育而减少。这就是所谓的稀释效应。而 Ca 和 Mg 在早期发芽时有富集效应，随着植龄增加，Ca、Mg 浓度也增加，但在生育后期又会降下来。玉米在生长过程中养分浓度也出现了较大的变化，如 Terman（1974）报道玉米植株顶叶中 N 浓度在生长时期降低 29%～59%，这主要取决于施肥量；P 下降 24%～32%；K 下降 28%～72%。而 Ca、Mg 浓度在该生长期则表现为上升。一般来说，叶片中 N、P、K、S 的浓度明显存在着稀释效应，而 Ca、Mg 则有富集效应的现象，当然也有一些作物在生长早期和晚期都是浓度下降。

植物营养成分的变化特性，极大地限制了用叶片分析进行营养诊断，养分临界值等系统是从特定植龄的植物组织中取得诊断指标的，如用玉米在开花期的穗叶，或在播种后 2～6 周的整株取样供测试。对作物规定取样期，往往会使一年生的作物营养分析显得太晚了。为了诊断作物的矿质营养状况，克服叶片成分的变化特性，Beaufils 在对梨树的试验中，发现梨叶的 N 和 P 的含量变化很快，经过 5 个月后降为原来的 50%，而 N/P 5 个月后仍为原值的 90%，Ca/Mg 在同期内也基本不变。同时，N×Ca 也是恒定值，证明这 2 个相关养分存在相对行为时（一个养分浓度增加而另一个则减少），它们养分乘积的表达式是有用的。Beaufils 对玉米的研究也表明，用 N（%）、P（%）、K（%）表示植龄关系比用养分比表示更严格，即：由养分百分含量得出的变异系数比用养分比（N/P、N/K、K/P）表示要大，这表示植龄对养分比值影响小。因此，可以认为养分比值或乘积是恒定的。很少受植龄的影响，这就使得叶片诊断更为准确和实用。养分比表达式不需要额外的分析测定，因为 N/P 可以由 N（%）和 P（%）推算出来。如玉米叶最适 N/P 是 10.04，若样品测定值为 14.00 时，也不可能确定是 N 太高或 P 太低。把定下来的养分比换成有意义的表达式，即待测养分与最佳比值的平均偏差，把它作为养分指数（简称 DRIS 指数），就能表示植株中养分与诊断涉及的其他组分的相对状况。很明显 DRIS 使得稀释效应缩小，采样期变得不太重要了，由此诊断结果仅只依赖于作物本身。

### （三）DRIS 标准值

实施 DRIS 的第一步就是确定标准值。DRIS 利用普查方法，随机收集从大田和试验小区中所得到的可靠数据，用这些大量的观察数据建立数据库，并对这些数据进行分析，用 $\chi^2$ 检验确定它们遵从正态分布，见图 23-4。

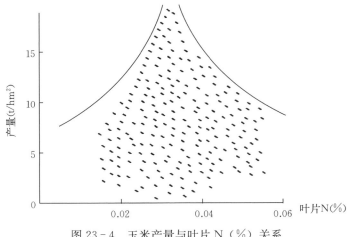

图 23-4　玉米产量与叶片 N（%）关系

为了克服其他限制因子对产量的影响，明确营养元素的效应，可把数据分为高产与低产两组，选取划分高、低两组的数据通常是根据经验产量。从高产组可获得最佳诊断参数，另外，高产数据的变异系数（$CV_3$）可测定在高产水平下产量效应的分离度。为了提高诊断的灵敏度，将养分含量参数表达为尽可能多的形式如：N（％）、P（％）、K（％）、N/P、N/K、P/K、N×P 等。通过比较高产群与低产群的变异，选用最大变异比为最好表达式。具体说就是，在获取大量配套数据后，应列出养分含量参数表达式；划分高产、低产田块；计算高、低群体所有表达式的变异系数和方差；计算高、低产群体养分含量的平均值；选出方差比最显著的表达式，并把它们有共同元素的相互联系起来。

将高产群体重要参数的均值视为营养元素的最佳含量或最佳比例，并与其标准差或变异系数一起作为实际诊断的评价标准。据研究，两组元素比例的方差比一般要比元素含量的方差比大，故 DRIS 是采用元素比例形式进行诊断。

## 四、DRIS 在植株营养诊断上的优点与应用

### （一）DRIS 的主要优点

（1）DRIS 从养分平衡的观点出发，确定作物对营养元素的需求次序，从而施用正确的养分。DRIS 作为一整套的综合系统，常能保持较高的诊断精确度。如 Sumner 通过对马铃薯、甘蔗和玉米 3 种作物采用 DRIS 和临界值法诊断施肥，得到 DRIS 的确诊率分别高出 9.7％、4.1％和 7.8％。另外 1973 年和 1971 年 Sumner、Meyer 分别报道的甘蔗，1981 年 Escano 报道的玉米，1978 年 Langenegger 和 Smifh 报道的菠萝均指出了 DRIS 的确诊率。所谓诊断正确性是指：按诊断结果表示施肥有增产效应，或按诊断结果不施肥，产量不会降低。

（2）其他方法不能诊断时，DRIS 都能进行诊断，如 Sumner 报道的马铃薯 N、P、K 因子试验的持续诊断，诊断时出现养分水平是在临界值以上，并在养分足够范围内，这时常用的临界值法、养分足够范围法均不能诊断。而用 DRIS 诊断施肥法则可改进养分平衡，使作物产量得到明显增加。

（3）在植物生长的各个阶段可以取样诊断，适当选择养分表达式，如 DRIS 指数对植龄的依赖性很小，而且诊断结果不受取样部位的限制。如 Sumner 报道甘蔗在生长的 10 个月内，经过分月取样，DRIS 诊断的养分排列顺序不变，Jones、Sumner 用 DRIS 诊断玉米不同部位的叶片，仅有较小的差异，诊断出最需要的养分与叶片部位无关。因此，在很多情况下，DRIS 可以把取样的限制条件大大降低，而这些取样条件通常是其他诊断方法都需要严格遵守的。Beverly（1994）用 DRIS 诊断橘子叶片中 N、P、K、Ca、Mg 的状况，这 5 种养分均用比值表示时，养分指数受叶龄影响。反之，Sumner（1986）解析同样数据时，将 Ca、Mg 分别与 N、P、K 相乘来表示。结果发现叶龄对橘叶的 DRIS 养分诊断没有很大影响。因此，必须输入正确的表达式才能使 DRIS 具有适应性宽的优点。

（4）诊断结果不受作物品种的影响：通常作物不同，叶片对养分具有不同的吸收能力，而且在产量和质量上也表现出差异。Gosnell 曾研究了 8 个不同品种的甘蔗，虽然 DRIS 指数在各品种间有差异，但诊断结果的总次序仍然不变。

### （二）DRIS 的应用

**1. DRIS 标准值的普遍性** Sumner 曾比较了生长在佛罗里达州有机土上的甘蔗和生长在南非矿质土上的甘蔗两套标准，尽管两地土壤与环境条件相差极大，但 Sumner 的研究显示，从两组高产作物取得养分标准值的平均值看，实质上保持不变。

Sumner 把世界不同地区研究的玉米穗叶标准进行了比较，结果出现了很大差别，特别是 Mg、

Ca营养。尽管最初研究者建议在一个地区建立不同作物的DRIS标准可应用于别的地区，但更多的研究结果表明，在诊断缺乏症时，已建立的DRIS标准应用于当地或本地区，比用于别的地区可获得更高的准确率。如新西兰Corkorthc对玉米的试验结果，另外，还有Eacaho报道的玉米、Beverly报道的大豆、Walworfh报道的苜蓿、Amundson和Kothler报道的小麦、Machg报道的马铃薯等，都表现出类似的结果。

Eacaho等考虑到夏威夷自然条件的特殊性，在诊断玉米N、P营养时，对Sumner提出的标准作了校正。其方法是，他们在15个玉米N、P试验中，选择各试验每一重复中产量最高和产量最低的2盆玉米（每组90盆）。分析其叶片养分含量，并据此计算出DRIS诊断标准。分别采用校正的DRIS和Sumner标准值进行诊断，比较两种标准值的确诊率，结果得出校正的DRIS标准比Sumner标准的确诊率N提高8%、P提高3%。

因此，尽管DRIS在许多国家和地区的不同作物上得到了应用，但各研究者普遍都采用自己的标准值，或对异地标准值进行校正后再应用。

**2. DRIS具有较大的适用性、方便性**　DRIS在美国、南非、新西兰、荷兰、澳大利亚、巴西等国受到农业科学家的重视，并在生产上得到应用。这些国家中有一些农化服务机构，并配有各种作物做DRIS诊断使用的专用软件。用户使用起来非常方便，针对性又强。

**3. DRIS能确定土壤养分需要性排序**　DRIS虽然是从养分平衡角度来诊断作物营养，但不是孤立地诊断某一个营养，而是能对被诊断的营养元素排出需求性次序，给出相对缺乏或过量的暗示，故其具有其他营养诊断方法所不具备的优越性。但遗憾的是很少有研究者把土壤和植物结合起来探索DRIS，使得DRIS指数与矫正施肥之间的联系不密切，对植株养分丰缺只能起到定性判断，而无法直接确定其数量，也就是不能进行定量化应用。因此，应用DRIS指导施肥时，必须和其他方法，如临界值法等相配合，并在测土分析基础上，结合当地农业生产实际，进行必要的田间肥效试验，才有可能制订出切实可行的推荐施肥方案。

## 五、DRIS在关中东部小麦、玉米平衡施肥中的研究和应用

西北化工研究院在临潼、高陵、三原等地不同土壤上对小麦、玉米两种作物进行了田间试验、盆栽试验和大田调查，完成田间试验51个，大田调查采样点810个，分析叶片、土壤2 684项，共获玉米数据717套和小麦数据571套。通过对大量数据的分析研究，取得了很有价值的结果，可供各地参考。

### （一）试验方法

他们采用大田调查与田间试验和盆栽试验相结合，DRIS标准值校验与专用肥配方校验相结合、专用肥生产和示范推广相结合，使DRIS研究与实际应用结合起来，提高DRIS的实用性。

**1. 田间试验与盆栽试验方案**　盆栽试验：玉米和小麦均选用20 cm×25 cm米氏盆，每盆装土9 kg，玉米试验设7次重复，供试品种为户单1号。小麦试验设8次重复，供试品种为陕3124。试验养分为N、P、K。

田间试验：玉米和小麦于不同年份，分别对N、P、K三元素采用7～9个处理，重复3次。通过田间和盆栽试验，用DRIS进行持续诊断。

**2. 大田调查**　在临潼、高陵、三原等地选择有代表性的田块进行定点调查。调查的基本项目有面积、作物及品种、施肥量、灌溉条件、栽培措施、亩产量等。在农作物抽穗期，采集各调查点叶片样进行叶片NPK养分含量分析。玉米每点采穗位叶50片，小麦采旗叶100片。将调查及分析资料数据归类配套汇总。

**3. 样品采集及分析方法**

（1）土壤样品采集及分析。在播种前，采用蛇形法采集 0～20 cm 的土样，风干后进行分析。分析碱解氮用康维皿扩散法、有效磷用钼锑抗比色法、速效钾用火焰光度计法。

（2）叶样的采集、处理及分析。采样时期、部位及样本量为各试验按不同处理采集叶片样，玉米在抽穗期随机采穗位全叶，每株玉米采 1 片叶，共取 45 片叶组成 1 个样。小麦在孕穗期随机采旗叶全叶，100 片叶组成 1 个样。

（3）样品处理。田间采得的叶片，在最短时间内运回实验室，用自来水漂洗并揩擦，以除去表面尘埃。将洗净的叶片，放于鼓风干燥烘箱内，在 65 ℃下烘干处理 48 h。将烘干的叶片粉碎研磨后通过 40 目筛孔，混匀装瓶。

（4）叶样的分析。用四分法从样品瓶中的粉碎叶样取一小部分样放入称量瓶中，在 65 ℃下烘至恒重，放于干燥器中，冷却后称样。氮用半微量凯氏定氮法、磷用钒钼黄比色法、钾用火焰光度计法分析。

**（二）试验结果与分析**

**1. 玉米、小麦 DRIS 标准值的建立**　确立 DRIS 标准值，首先需要确定可能限制作物产量的一系列因子，然后随机大量收集田间试验，大田调查或盆栽试验的成套数据，包括作物产量、施肥和叶片养分含量等；其次，研究作物产量与叶片养分含量间的关系，将叶片养分含量参数以尽可能多的形式表达，如百分含量（N、P、K 等）、养分比（N/P、N/K、K/P 等）、养分乘积（NP、NK、PK 等）。根据产量水平，将成套数据划分出高产、低产群体，计算出高、低产组中养分含量的平均值，变异系数和方差，选出方差比最显著的表达式，并把它们有共同元素的互相联系起来。

（1）建立玉米、小麦 DRIS 标准值。通过对 1991—1993 年三年间获得的田间试验、大田调查及叶片养分含量分析数据资料，进行系统整理，按作物高、低产群体分别进行统计分析。其划分标准分别为：玉米亩产量大于 450 kg 为高产组、低于 450 kg 为低产组；小麦亩产量大于 350 kg 为高产组、低于 350 kg 为低产组。对玉米 430 个大田调查点和 19 个田间试验点的结果进行统计分析，得到玉米的 DRIS 标准值，见表 23 - 1。对小麦 380 个大田调查点和 32 个田间试验点的结果进行统计分析，得到小麦的 DRIS 标准值，见表 23 - 2。

**表 23 - 1　玉米叶片 N、P、K 标准值**

| 表达式 | 高产群体 | | | 低产群体 | | |
|---|---|---|---|---|---|---|
| | 均值 | 方差 | 变异系数 | 均值 | 方差 | 变异系数 |
| N（%） | 3.082 | 0.010 6 | 5.4 | 2.945 | 0.028 7 | 12.8 |
| P（%） | 0.291 | 0.001 4 | 7.6 | 0.267 | 0.002 7 | 13.4 |
| K（%） | 2.184 | 0.011 5 | 8.4 | 2.137 | 0.017 8 | 11.0 |
| N/P | 10.634 | 0.061 4 | 9.1 | 11.139 | 0.121 6 | 14.4 |
| N/K | 1.420 | 0.008 4 | 9.3 | 1.388 | 0.015 6 | 14.8 |
| K/P | 7.533 | 0.051 0 | 10.6 | 8.109 | 0.087 4 | 14.2 |
| P/N | 0.095 | 0.000 6 | 9.4 | 0.092 | 0.001 0 | 14.8 |
| K/N | 0.710 | 0.004 6 | 9.6 | 0.736 | 0.008 3 | 14.8 |
| P/K | 0.134 | 0.000 9 | 11.0 | 0.126 | 0.001 4 | 14.5 |
| N×P | 0.898 | 0.005 3 | 9.3 | 0.793 | 0.012 8 | 21.3 |
| N×K | 6.734 | 0.044 0 | 10.3 | 6.325 | 0.091 3 | 19.0 |
| P×K | 0.637 | 0.004 8 | 11.8 | 0.574 | 0.008 7 | 19.9 |

注：玉米低产群体极限产量为＜450 kg/亩；低产群体样本为 173 个，高产群体样本为 247 个。

**表 23 - 2　小麦叶片 N、P、K 标准值**

| 表达式 | 高产群体 | | | 低产群体 | | |
|---|---|---|---|---|---|---|
| | 均值 | 方差 | 变异系数 | 均值 | 方差 | 变异系数 |
| N（%） | 3.934 | 0.011 9 | 5.0 | 3.587 | 0.031 2 | 12.3 |
| P（%） | 0.226 | 0.000 7 | 5.2 | 0.213 | 0.001 2 | 7.9 |
| K（%） | 2.268 | 0.009 1 | 6.6 | 2.153 | 0.014 3 | 9.4 |
| N/P | 17.476 | 0.077 0 | 7.2 | 16.867 | 0.133 6 | 11.2 |
| N/K | 1.742 | 0.008 3 | 7.8 | 1.667 | 0.010 6 | 9.0 |
| K/P | 10.074 | 0.051 8 | 8.4 | 10.141 | 0.066 6 | 9.3 |
| P/N | 0.058 | 0.000 3 | 7.5 | 0.060 | 0.000 5 | 11.4 |
| K/N | 0.578 | 0..0 027 | 7.7 | 0.605 | 0.003 9 | 9.1 |
| P/K | 0.100 | 0.000 5 | 8.9 | 0.099 | 0.000 7 | 9.4 |
| N×P | 0.888 | 0.003 8 | 7.1 | 0.768 | 0.009 3 | 17.2 |
| N×K | 8.926 | 0.048 2 | 8.8 | 7.787 | 0.104 3 | 19.0 |
| P×K | 0.512 | 0.002 5 | 8.1 | 0.460 | 0.004 7 | 14.5 |

注：小麦高产群体极限产量为>350 kg/亩；低产群体样本为 201 个，高产群体样本为 267 个。

（2）建立 DRIS 标准值的目的，在于以其为依据诊断待测植株营养状况，确定作物对营养元素的需求次序，提出施肥建议。确定营养元素需求次序的方法。

**2. DRIS 标准值的校验**　为校验 DRIS 标准值的准确性，对 1991—1993 年的玉米、小麦营养持续诊断试验结果进行诊断，并分别用图解法和指数法两种方式，确定营养元素的需求次序。

表 23 - 3 汇总了三年的玉米试验结果。表 23 - 3 中分析 1992 年的玉米试验，对照（$N_0P_0K_0$）处理，诊断出 N 缺 K 过剩，指数计算得 N 为 $-18.95$、P 为 $-7.71$、K 为 $+26.66$，为缺 N、K 过剩。当施入 N（$N_5P_0K_0$）后，N 指数为 $-8.08$、P 为 $-11.43$、K 为 $+19.51$，诊断出 N、P 俱缺，K 过剩，说明施 N 量不够。当施 N 量提高（$N_{10}P_0K_0$），N 指数为 $+10.13$、P 为 $-22.46$、K 为 $+12.33$，缺 P，N、K 相对过剩，玉米产量增加到 402 kg/亩。对 $N_{15}P_0K_0$ 处理，N 指数变为 $+19.52$、P 为 $-28.55$、K 为 $+9.03$，此时 N 明显过剩，P 为严重缺乏，图解诊断 N↑P↓，玉米产量保持原水平。分析施 P 处理（$N_{10}P_4K_0$），P 指数由不施 P（$N_{10}P_0K_0$）时的 $-22.46$ 变为 $-2.86$、N 由 $+10.13$ 变为 $+7.09$、K 由 $+12.33$ 变为 $-4.23$，诊断得 N、P 营养平衡，K 微缺，玉米产量由 401.7 kg/亩明显提高到 467.7 kg/亩。当继续增施 P（$N_{10}P_8K_0$），N 指数变为 0.06、P 为 $+9.50$、K 为 $-9.56$，诊断缺 K、P 过量，玉米产量保持原水平。当施 K（$N_{10}P_4K_2$）后，N、P、K 基本平衡，玉米产量最高为 476.0 kg/亩。施 K 对玉米叶片组织含 K 量有一定提高，对产量有一定增加作用。用同样方法，对 1991 年和 1993 年的试验结果进行分析，相同施肥处理，诊断结果一致。

**表 23 - 3　玉米需求 NPK 的持续诊断**

| 年份 | 施肥量（kg/亩） | | | 叶片养分（%） | | | DRIS 图解 | | | DRIS 指数 | | | 营养需求顺序 | 产量（kg/亩） |
|---|---|---|---|---|---|---|---|---|---|---|---|---|---|---|
| | N | P2O5 | K2O | N | P | K | N | P | K | N | P | K | | |
| 1991 年（6 点平均） | 0 | 0 | 0 | 2.11 | 0.27 | 1.89 | N↓ | P↑ | K↑ | −33.38 | 21.58 | 11.8 | N>K>P | 328 |
| | 10 | 0 | 0 | 2.97 | 0.23 | 2.02 | N↑ | P↑ | K→ | 13.1 | −18.55 | 5.45 | P>K>N | 419 |
| | 10 | 4 | 0 | 3.16 | 0.28 | 1.9 | N↗ | P↗ | K↓ | 11.95 | 3.01 | −14.96 | K>P>N | 443 |
| | 14 | 4 | 0 | 3.29 | 0.27 | 2.13 | N↗ | P↓ | K↘ | 13.22 | −11.08 | −2.14 | P=K>N | 448 |
| | 10 | 7 | 0 | 3.03 | 0.29 | 2.19 | N→ | P→ | K→ | −2.18 | 0.5 | −1.68 | N>K>P | 452 |
| | 10 | 4 | 0 | 3.22 | 0.28 | 2.1 | N→ | P→ | K→ | 8.54 | −3.88 | −4.66 | K>P>N | 456 |
| | 14 | 7 | 2 | 3.11 | 0.27 | 2.07 | N↗ | P→ | K→ | 7.89 | −5.8 | −2.09 | K>P>N | 466 |
| | 10 | 4 | 0 | 3.12 | 0.28 | 2.15 | N→ | P→ | K→ | 4.43 | −4.69 | 0.26 | K=P>N | 457 |
| 1992 年（8 点平均） | 0 | 0 | 0 | 2.1 | 0.21 | 1.92 | N↓ | P↘ | K↑ | −18.95 | −7.71 | 26.66 | N>P>K | 321 |
| | 5 | 0 | 0 | 2.31 | 0.21 | 1.92 | N↓ | P↘ | K↑ | −8.08 | −11.43 | 19.51 | P>N>K | 369 |
| | 10 | 0 | 0 | 2.88 | 0.22 | 2.08 | N↑ | P↓ | K↑ | 10.13 | −22.46 | 12.33 | P>N=K | 402 |
| | 15 | 0 | 0 | 3.12 | 0.22 | 2.1 | N↑ | P↓ | K↑ | 19.52 | −28.55 | 9.03 | P>K>N | 405 |
| | 10 | 4 | 0 | 3.05 | 0.27 | 2.01 | N↗ | P→ | K↘ | 7.09 | −2.86 | −4.23 | K>P>N | 468 |
| | 10 | 8 | 0 | 2.79 | 0.28 | 1.85 | N↘ | P↑ | K↓ | 0.06 | 9.5 | −9.56 | K>N>P | 464 |
| | 10 | 4 | 2 | 3.11 | 0.27 | 2.1 | N→ | P→ | K→ | 6.66 | −5.7 | −0.96 | P>K>N | 476 |
| 1993 年（12 点平均） | 0 | 0 | 0 | 2.09 | 0.25 | 1.93 | N↓ | P↑ | K↑ | −32.8 | 15.66 | 17.14 | N>P=K | 338 |
| | 5 | 0 | 0 | 2.97 | 0.27 | 2.15 | N→ | P↘ | K↗ | 1.01 | −5.98 | 4.97 | P>N>K | 444 |
| | 10 | 0 | 0 | 3.12 | 0.24 | 1.99 | N↑ | P↓ | K↘ | 18.68 | −18.48 | −0.2 | P>K>N | 450 |
| | 10 | 4 | 0 | 3.16 | 0.27 | 2.12 | N↗ | P↘ | K↘ | 8.22 | −7.53 | −0.69 | P>K>N | 469 |
| | 10 | 6 | 0 | 3.18 | 0.28 | 2.11 | N↗ | P↘ | K↘ | 6.2 | −2.26 | −3.94 | K>P>N | 479 |
| | 10 | 8 | 0 | 3.03 | 0.3 | 2.29 | N↓ | P↗ | K↗ | −6.85 | 2.28 | 4.57 | N>P>K | 451 |
| | 15 | 4 | 0 | 3.38 | 0.27 | 2.11 | N↑ | P↘ | K↑ | 16.15 | −10.66 | −5.49 | P>K>N | 447 |
| | 10 | 4 | 2 | 3.26 | 0.29 | 2.17 | N→ | P→ | K→ | 6.85 | −3.92 | −2.93 | P>K>N | 492 |

表 23 - 4 为小麦分解试验结果。

**表 23 - 4  小麦需求 NPK 的持续诊断**

| 年份 | 施肥量（kg/亩） | | | 叶片养分（%） | | | DRIS 图解 | | | DRIS 指数 | | | 营养需求顺序 | 产量（kg/亩） |
|---|---|---|---|---|---|---|---|---|---|---|---|---|---|---|
| | N | P₂O₅ | K₂O | N | P | K | N | P | K | N | P | K | | |
| 1991 年<br>（6 点平均） | 0 | 0 | 0 | 2.11 | 0.27 | 1.89 | N↓ | P↑ | K↑ | −33.38 | 21.58 | 11.8 | N>K>P | 328 |
| | 10 | 0 | 0 | 2.97 | 0.23 | 2.02 | N↑ | P↑ | K→ | 13.1 | −18.55 | 5.45 | P>K>N | 419 |
| | 10 | 4 | 0 | 3.16 | 0.28 | 1.9 | N↗ | P↗ | K↓ | 11.95 | 3.01 | −14.96 | K>P>N | 443 |
| | 14 | 4 | 0 | 3.29 | 0.27 | 2.13 | N↗ | P↓ | K↘ | 13.22 | −11.08 | −2.14 | P=K>N | 448 |
| | 10 | 7 | 0 | 3.03 | 0.29 | 2.19 | N→ | P→ | K→ | −2.18 | 0.5 | −1.68 | N>K>P | 452 |
| | 10 | 4 | 0 | 3.22 | 0.28 | 2.1 | N→ | P→ | K→ | 8.54 | −3.88 | −4.66 | K>P>N | 456 |
| | 14 | 7 | 2 | 3.11 | 0.27 | 2.07 | N↗ | P→ | K→ | 7.89 | −5.8 | −2.09 | K>P>N | 466 |
| | 10 | 4 | 0 | 3.12 | 0.28 | 2.15 | N→ | P→ | K→ | 4.43 | −4.69 | 0.26 | K=P>N | 457 |
| 1992 年<br>（8 点平均） | 0 | 0 | 0 | 2.1 | 0.21 | 1.92 | N↓ | P↘ | K↑ | −18.95 | −7.71 | 26.66 | N>P>K | 321 |
| | 5 | 0 | 0 | 2.31 | 0.21 | 1.92 | N↓ | P↘ | K↑ | −8.08 | −11.43 | 19.51 | P>N>K | 369 |
| | 10 | 0 | 0 | 2.88 | 0.22 | 2.08 | N↑ | P↓ | K↑ | 10.13 | −22.46 | 12.33 | P>N=K | 402 |
| | 15 | 0 | 0 | 3.12 | 0.22 | 2.1 | N↑ | P↓ | K↑ | 19.52 | −28.55 | 9.03 | P>K>N | 405 |
| | 10 | 4 | 0 | 3.05 | 0.27 | 2.01 | N↗ | P→ | K↘ | 7.09 | −2.86 | −4.23 | K>P>N | 468 |
| | 10 | 8 | 0 | 2.79 | 0.28 | 1.85 | N↘ | P↑ | K↓ | 0.06 | 9.5 | −9.56 | K>N>P | 464 |
| | 10 | 4 | 2 | 3.11 | 0.27 | 2.1 | N→ | P→ | K→ | 6.66 | −5.7 | −0.96 | P>K>N | 476 |
| 1993 年<br>（12 点平均） | 0 | 0 | 0 | 2.09 | 0.25 | 1.93 | N↓ | P↑ | K↑ | −32.8 | 15.66 | 17.14 | N>P=K | 338 |
| | 5 | 0 | 0 | 2.97 | 0.27 | 2.15 | N→ | P↘ | K↗ | 1.01 | −5.98 | 4.97 | P>N>K | 444 |
| | 10 | 0 | 0 | 3.12 | 0.24 | 1.99 | N↑ | P↓ | K↘ | 18.68 | −18.48 | −0.2 | P>K>N | 450 |
| | 10 | 4 | 0 | 3.16 | 0.27 | 2.12 | N↗ | P↘ | K↘ | 8.22 | −7.53 | −0.69 | P>K>N | 469 |
| | 10 | 6 | 0 | 3.18 | 0.28 | 2.11 | N↗ | P↘ | K↘ | 6.2 | −2.26 | −3.94 | K>P>N | 479 |
| | 10 | 8 | 0 | 3.03 | 0.3 | 2.29 | N↓ | P↗ | K↗ | −6.85 | 2.28 | 4.57 | N>P>K | 451 |
| | 15 | 4 | 0 | 3.38 | 0.27 | 2.11 | N↑ | P↘ | K↑ | 16.15 | −10.66 | −5.49 | P>K>N | 447 |
| | 10 | 4 | 2 | 3.26 | 0.29 | 2.17 | N→ | P→ | K→ | 6.85 | −3.92 | −2.93 | P>K>N | 492 |

在陕西关中东部地区石灰性土壤上，玉米应重视施磷肥，适量施钾肥，矫正单施氮肥的习惯，提倡氮磷钾合理配合施用。这一结论与该地区玉米、小麦的生产实际相符合，证明了已建立的玉米、小麦 DRIS 标准值用于该区玉米、小麦的营养诊断是可行的。

**3. 不同地区 DRIS 标准值的比较**　为比较不同国家和地区建立的标准值，用于特定地区作物营养诊断的准确性，将陕西关中地区玉米、小麦的 DRIS 标准值与不同国家和地区玉米、小麦的 DRIS 标准值进行了对比。结果见表 23-5 和表 23-6，分别列出了美国、南非、新西兰与陕西关中地区的小麦、玉米 DRIS 标准值。

表 23-5　不同国家小麦抽穗期叶片 DRIS 标准值

| 国家 | 项目 | | | | | |
|---|---|---|---|---|---|---|
| | N（%） | P（%） | K（%） | N/P | N/K | K/P |
| 美国 | 3.98 | 0.32 | 2.78 | 12.74 | 1.45 | 8.8 |
| 陕西关中东部地区 | 3.934 | 0.226 | 2.268 | 17.476 | 1.742 | 10.074 |

注：数据来自美国 Sumner 的 DRIS 软件。

从表 23-5 看出，陕西关中地区小麦 N 标准值与美国标准值相近，P、K 标准值较美国低，差距较大。N/P、N/K、K/P 均较美国的高。

表 23-6　比较不同国家的玉米穗叶 DRIS 标准值

| 国家 | 项目 | | | | | |
|---|---|---|---|---|---|---|
| | N（%） | P（%） | K（%） | N/P | N/K | K/P |
| 美国东南部 | 3.34 | 0.303 | 2.78 | 11.23 | 1.24 | 8.69 |
| 美国中西部 | 3.39 | 0.338 | 2.24 | 9.96 | 1.5 | 6.49 |
| 美国东北部 | 3.04 | 0.339 | 2.19 | 9.14 | 1.43 | 6.1 |
| Sumner 数据库 | 3.255 4 | 0.329 6 | 2.421 5 | 10.126 6 | 1.404 7 | 6.858 7 |
| 南非 | 3.16 | 0.369 | 2.46 | 8.91 | 1.32 | 6.45 |
| 新西兰 | 2.78 | 0.25 | 2.35 | 11.54 | 1.3 | 9.23 |
| 中国陕西关中地区 | 3.082 | 0.291 | 2.184 | 10.634 | 1.42 | 7.533 |

注：1. 美国玉米最适养分值 N＝2.76%～3.5%（平均 3.13%），P＝0.25%～0.4%（平均 0.325%），K＝1.7%～2.5%（平均 2.1%）（Jone 和 ECK，1973）；2. 新西兰玉米最适养分值 N＝2.25%～3.3%（平均 2.78%），P＝0.18%～0.32%（平均 0.25%），K＝1.7%～3.0%（平均 2.35%）（该数据来自 CORNFORTH 和 STEELE，1981），高产群体的最低极限 12 t/hm²。

不同国家玉米 N、P、K 标准值的差异较大，N 2.78%～3.39%，P 0.25%～0.369%，K 2.184%～2.78%，陕西关中地区玉米 N、P、K 的标准值均低于美国和南非，N、P 高于新西兰，K 低于新西兰。N/P、N/K 和 K/P 也和上述国家不一。

导致以上差异的原因，可能与各国的 DRIS 标准值都是根据各自收到的数据确定的，数据库容量大小的差异，以及地区间气候、土壤等因素的差异有关。

为了研究不同国家（地区）建立的 DRIS 标准值，在特定地区上应用的实用性和准确性，分别采用美国和陕西关中地区的 DRIS 标准值，对玉米、小麦营养进行诊断，其结果见表 23-7。

表 23-7　用美国、中国的标准值诊断小麦、玉米试验结果比较

| 处理 | 施肥（kg/亩） | | | 叶片养分（%） | | | 美国 Sumner 标准诊断 DRIS 指数 | | | 陕西关中地区 标准诊断的 DRIS 指数 | | | 产量（kg/亩） |
|---|---|---|---|---|---|---|---|---|---|---|---|---|---|
| | N | P₂ | K₂O | N | P | K | N | P | K | N | P | K | |
| 小麦（1991） | 0 | 0 | 0 | 2.7 | 0.19 | 1.77 | 5.52 | −4.89 | −0.63 | −20.39 | 18.82 | 1.57 | 185.1 |
| | 6 | 7 | 0 | 3.4 | 2.13 | 2.13 | 9.60 | 12.04 | 2.44 | 9.08 | 2.08 | 7.00 | 278.2 |
| | 9 | 7 | 0 | 3.8 | 2.29 | 2.29 | 14.64 | −17.36 | 2.72 | 2.54 | −9.07 | 6.53 | 318.5 |
| | 9 | 10 | 0 | 3.8 | 2.18 | 2.18 | 13.26 | −10.77 | −2.49 | −0.60 | 3.85 | −3.25 | 372.2 |
| | 9 | 13 | 0 | 3.5 | 2.26 | 2.26 | 7.34 | −8.66 | 1.32 | 14.97 | 9.64 | 5.33 | 375.9 |
| | 12 | 10 | 0 | 4.1 | 2.40 | 2.40 | 15.77 | −18.70 | 2.93 | 5.07 | −11.83 | 6.76 | 351.7 |
| | 9 | 10 | 拌种 | 3.8 | 2.26 | 2.26 | 13.04 | −13.72 | 0.68 | −2.02 | −1.87 | 3.89 | 378.0 |

（续）

| 处理 | 施肥 （kg/亩） | | | 叶片养分 （%） | | | 美国 Sumner 标准诊断 DRIS 指数 | | | 陕西关中地区标准诊断的 DRIS 指数 | | | 产量 （kg/亩） |
|---|---|---|---|---|---|---|---|---|---|---|---|---|---|
| | N | $P_2$ | $K_2O$ | N | P | K | N | P | K | N | P | K | |
| 玉米 （1992） | 0 | 0 | 0 | 2.1 | 1.92 | 1.92 | −6.27 | −5.01 | 11.28 | −18.95 | −7.71 | 26.66 | 321.3 |
| | 5 | 0 | 0 | 2.3 | 1.92 | 1.92 | −1.72 | −6.74 | 8.46 | −8.08 | −11.43 | 19.51 | 369.3 |
| | 10 | 0 | 0 | 2.8 | 2.08 | 2.08 | 6.14 | −11.66 | 5.52 | 10.13 | −22.46 | 12.33 | 401.7 |
| | 15 | 0 | 0 | 3.1 | 2.10 | 2.10 | 10.24 | −14.38 | 4.14 | 19.52 | −28.55 | 9.03 | 405.1 |
| | 10 | 4 | 0 | 3.0 | 2.01 | 2.01 | 4.51 | −8.31 | 3.80 | 7.09 | −2.86 | −4.23 | 467.7 |
| | 10 | 8 | 0 | 2.7 | 1.85 | 1.85 | 1.39 | −1.69 | 0.30 | 0.06 | 9.50 | −9.56 | 463.6 |
| | 10 | 4 | 2 | 3.1 | 2.10 | 2.10 | 4.37 | −2.07 | −2.30 | 6.66 | −5.70 | 0.96 | 476.0 |

从表 23-7 看出，对小麦试验，采用美国标准值诊断结果表现出，各不同 N、P 配方处理均显现 N 素过剩而 P 素不足。用陕西关中地区标准值诊断结果表现出，施 N 量高于施 P 量的处理，诊断出 N 过剩而 P 不足，如 $N_9P_7$ 和 $N_{12}P_{10}$ 两处理。施 N 量低于施 P 量的处理，诊断出 N 素不足而 P 素过剩，如 $N_9P_{13}$ 处理。诊断 N、P 施量相近的处理，如 $N_9P_{10}$ 处理，N、P 的 DRIS 指数分别为 −0.60 和 3.85，N、P 指数差异很小，小麦产量最高，植物营养达到平衡。说明小麦体内营养处于动态变化中，施 N 素量大可导致体内缺 P，施 P 素量大可导致体内缺 N，对小麦 N、P 素的供给要求平衡。这与当前该区小麦生产上，氮磷配合的施肥原则相符合。对玉米试验，采用美国和陕西关中的标准值诊断，其结果总的趋势一致。但用陕西关中地区标准值比用美国标准值诊断的结果更适合生产实际。例如，用陕西关中地区标准值诊断 $N_{10}P_4K_0$ 处理诊断出 N 充足、P 微不足，$N_{10}P_8K_0$ 处理在增施 P 后诊断出 P 过剩。用美国标准值诊断得 $N_{10}P_4K_0$ 处理诊断出 N 微过量、P 不足，$N_{10}P_8K_0$ 处理诊断出 N、P 基本平衡。而这两个处理玉米的产量差异甚微。这说明 $N_{10}P_4K_0$ 配方已达到玉米高产的施肥，再增施 P 加大了施肥成本，并不增产。出现以上不同的诊断结果，主要与美国小麦 P 标准值偏高，玉米 P、K 标准值偏高的影响有关。显然，应用陕西关中的 DRIS 标准值，诊断该区小麦、玉米的营养，其结果更切合生产实际。

以上分析表明，为了确保诊断的准确性，在应用 DRIS 时，必须因地制宜建立不同地区的标准值。

**4. 植龄和叶部位对 DRIS 诊断的影响**　本试验分别在盆栽玉米和大田小麦上进行，通过对植物叶片养分含量与植龄和叶部位之间关系的研究，探明叶片的植龄和部位对 DRIS 诊断结果的影响，试验结果见表 23-8 和表 23-9。

表 23-8　玉米植龄对 DRIS 诊断的影响

| 项目植龄 （d） | 叶片养分 （%） | | | 养分比 | | | DRIS 指数 | | | 营养需求顺序 | 指数绝对值和 |
|---|---|---|---|---|---|---|---|---|---|---|---|
| | N | P | K | N/P | N/K | P/K | N | P | K | | |
| 23 | 3.09 | 0.184 | 2.93 | 16.79 | 1.037 | 0.062 | 29.84 | −86.02 | 56.18 | P>N>K | 172.04 |
| 48 | 2.68 | 0.174 | 2.93 | 15.40 | 0.915 | 0.059 | 21.62 | −82.91 | 61.29 | P>N>K | 165.82 |
| 64 | 2.00 | 0.149 | 2.89 | 13.42 | 0.692 | 0.052 | 8.70 | −88.64 | 79.94 | P>N>K | 177.28 |
| 84 | 1.42 | 0.112 | 2.21 | 12.68 | 0.643 | 0.051 | 6.38 | −86.95 | 80.57 | P>N>K | 173.88 |
| 97 | 1.37 | 0.118 | 1.56 | 11.61 | 0.878 | 0.076 | 1.74 | −40.65 | 38.91 | P>N>K | 78.30 |

注：1. 为 1992 年盆栽试验，施肥处理为 N 0.1 g/kg 土。2. 供试玉米品种为户单一号。3. 春播玉米。

表 23-9 小麦植龄对 DRIS 诊断的影响

| 项目植龄 (d) | 叶片养分（%） | | | 养分比 | | | DRIS 指数 | | | 营养需求顺序 | 指数绝对值和 |
|---|---|---|---|---|---|---|---|---|---|---|---|
| | N | P | K | N/P | N/K | P/K | N | P | K | | |
| 131 | 4.94 | 0.265 | 3.57 | 18.64 | 1.38 | 0.074 | −11.83 | −24.71 | 36.54 | P＞N＞K | 73.08 |
| 165 | 4.07 | 0.2 | 3.45 | 20.35 | 1.18 | 0.058 | −19.11 | −53.82 | 72.93 | P＞N＞K | 145.86 |
| 191 | 3.67 | 0.182 | 2.83 | 20.16 | 1.3 | 0.064 | −17.84 | −43.03 | 60.87 | P＞N＞K | 121.74 |
| 203 | 3.69 | 0.175 | 2.49 | 21.09 | 1.48 | 0.07 | 3.1 | −38.9 | 35.8 | P＞N＞K | 80.8 |

注：1. 施肥处理：N 9.0 kg/亩，$P_2O_5$ 7.0 kg/亩。2. 小麦品种：咸农 173。

（1）植龄的影响。从表 23-8 中看出，玉米在不同的生长发育阶段，叶片中养分含量变化较大。随着植龄的增加，N、P、K 百分含量逐渐降低，出现稀释效应。养分比率和养分指数值之和有很大差异。

小麦叶片 N、P、K 养分含量随植龄增加明显降低，N/P、N/K、P/K 随植龄增加也有所变化，但变化幅度较小，但指数绝对值之和变化幅度较大。

DRIS 法正是由于采用养分比值作为诊断参数，而克服了植龄对诊断结果的影响。从玉米结果、小麦结果都可以看出，即便是在不同植龄下玉米、小麦的叶片养分含量差异较大，计算得出的 DRIS 指数也有变化，但由 DRIS 指数确定的元素需求次序均保持不变，这是 DRIS 法的优点之一。

（2）叶部位的影响。表 23-10 列出了玉米上、中、下 3 个不同部位叶片养分含量结果。从表 23-10 看出，玉米不同部位的叶片养分含量存在差异。N、P、K 均以生理活动中心的中部叶片（穗叶）含量较高，N、P 含量以下部老叶为最低。上部叶片 N、P 含量大于下部叶片。这主要由于玉米抽穗后，以生殖生长为主，上、中部叶片是主要的光合作用器官，下部叶片养分向中、上部叶片转移，因而养分含量较下部叶片高。

表 23-10 叶片取样部位对玉米 DRIS 诊断的影响

| 项目 | 叶片养分（%） | | | DRIS 指数 | | | 营养需求顺序 | 指数绝对值之和 |
|---|---|---|---|---|---|---|---|---|
| | N | P | K | N | P | K | | |
| 上部 | 2.75 | 0.221 | 2.25 | −1.7 | −16.6 | 18.2 | P＞N＞K | 36.5 |
| 中部 | 2.78 | 0.219 | 2.49 | −5.5 | −23.2 | 28.7 | P＞N＞K | 57.4 |
| 下部 | 2.54 | 0.201 | 2.44 | −10.2 | −26.6 | 36.8 | P＞N＞K | 73.6 |

注：1. 施肥处理：N 0.2 g/kg 土，$P_2O_5$ 0.05 g/kg 土，$K_2O$ 0.05 g/kg 土。2. 采样日期：7 月 4 日（抽穗期）。

由 DRIS 诊断结果，均表现 P 缺，K 过剩，营养需求顺序不变，证明 DRIS 诊断结果不受玉米采样部位的影响。这与 Sumner 研究的结果一致。但指数绝对值之和的差异也显得很大。

### （三）应用 DRIS 法对专用肥配方进行优化筛选

专用肥的合理与否，主要取决于其配方能否满足不同作物对营养的平衡需求，即实现平衡施肥。临潼化肥所应用 DRIS 法对该所生产的玉米、小麦专用肥配方进行优化筛选。按照 DRIS 法理论采用持续诊断法进行了玉米、小麦专用肥配方优化试验。1991—1993 年的玉米试验结果见表 23-11，小麦试验结果见表 23-12。

表 23-11 玉米 NPK 配比优化诊断

| 试验年份 | 氮磷钾配比 | 叶片养分（%） | | | DRIS 指数 | | | DRIS 指数绝对值之和 | 营养需求顺序 | 产量（kg/亩） |
|---|---|---|---|---|---|---|---|---|---|---|
| | $N-P_2O_5-K_2O$ | N | P | K | N | P | K | | | |
| 1991 | 1-0-0 | 2.97 | 0.232 | 2.02 | 13.10 | −18.55 | 5.45 | 37.1 | P＞K＞N | 419.0 |
| | 1-0.4-0 | 3.16 | 0.283 | 1.90 | 11.95 | 3.01 | −14.96 | 29.92 | K＞P＞N | 443.0 |
| | 1-0.29-0 | 3.29 | 0.268 | 2.13 | 13.22 | −11.08 | −2.14 | 26.44 | P＝K＞N | 448.0 |
| | 1-0.6-0 | 3.03 | 0.289 | 2.19 | −2.18 | 0.50 | −1.68 | 4.36 | N＞K＞P | 452.0 |
| | 1-0.43-0 | 3.11 | 0.269 | 2.07 | 7.89 | −5.80 | −2.09 | 15.78 | K＞P＞N | 466.0 |
| | 1-0.4-0.2 | 3.12 | 0.277 | 2.15 | 4.43 | −4.69 | 0.26 | 9.38 | K＝P＞N | 457.0 |
| 1992 | 1-0-0 | 2.88 | 0.224 | 2.08 | 10.13 | −22.46 | 12.33 | 44.92 | P＞N＝K | 401.7 |
| | 1-0.4-0 | 3.05 | 0.270 | 2.01 | 7.09 | −2.86 | −4.23 | 14.18 | K＞P＞N | 467.7 |
| | 1-0.8-0 | 2.79 | 0.278 | 1.85 | 0.06 | 9.50 | −9.56 | 19.12 | K＞N＞P | 463.6 |
| | 1-0.4-0.2 | 3.11 | 0.271 | 2.10 | 6.66 | −5.70 | 0.96 | 13.32 | P＞N＞K | 476.0 |
| 1993 | 1-0-0 | 3.12 | 0.237 | 1.99 | 18.68 | −18.48 | −0.20 | 37.36 | P＞K＞N | 449.6 |
| | 1-0.4-0 | 3.16 | 0.270 | 2.12 | 8.22 | −7.53 | −0.69 | 16.44 | P＞K＞N | 469.4 |
| | 1-0.6-0 | 3.18 | 0.284 | 2.11 | 6.20 | −2.26 | −3.94 | 12.40 | K＞P＞N | 478.7 |
| | 1-0.8-0 | 3.03 | 0.300 | 2.29 | −6.85 | 2.28 | 4.57 | 13.70 | N＞P＞K | 450.6 |
| | 1-0.27-0 | 3.38 | 0.272 | 2.11 | 16.15 | 10.66 | 5.49 | 32.30 | P＞K＞N | 446.6 |
| | 1-0.4-0.2 | 3.26 | 0.287 | 2.17 | 6.85 | 3.92 | 2.93 | 13.70 | P＞K＞N | 491.7 |

表 23-12 小麦 NPK 配比优化诊断

| 试验年份 | 氮磷配比 $N-P_2O_5$ | 叶片养分（%） | | | DRIS 指数 | | | DRIS 指数绝对值之和 | 营养需求顺序 | 产量（kg/亩） |
|---|---|---|---|---|---|---|---|---|---|---|
| | | N | P | K | N | P | K | | | |
| 1991—1992 | 1-1.17 | 3.42 | 0.206 | 2.13 | −9.08 | 2.08 | 7.00 | 18.16 | N＞P＞K | 278.2 |
| | 1-0.78 | 3.89 | 0.210 | 2.29 | 2.54 | −9.07 | 6.53 | 18.14 | P＞N＞K | 318.5 |
| | 1-1.11 | 3.85 | 0.225 | 2.18 | −0.60 | 3.85 | −3.25 | 7.70 | K＞N＞P | 372.2 |
| | 1-1.44 | 3.57 | 0.229 | 2.26 | −14.97 | 9.64 | 5.33 | 29.94 | N＞K＞P | 375.9 |
| | 1-0.83 | 4.12 | 0.217 | 2.40 | 5.07 | −11.83 | 6.76 | 23.66 | P＞N＞K | 351.7 |
| 1992—1993 | 1-0 | 3.76 | 0.203 | 2.12 | 5.17 | −6.31 | 1.14 | 12.62 | P＞K＞N | 293.0 |
| | 0-1 | 3.65 | 0.233 | 2.27 | −13.31 | 10.1 | 3.21 | 26.62 | N＞K＞P | 309.8 |
| | 1-2.22 | 3.74 | 0.228 | 2.24 | −7.32 | 6.1 | 1.22 | 14.64 | N＞K＞P | 354.5 |
| | 1-1.11 | 3.90 | 0.228 | 2.20 | −0.46 | 4.1 | −3.64 | 8.2 | K＞N＞P | 404.0 |
| | 1-0.74 | 4.13 | 0.229 | 2.31 | 3.97 | −2.3 | −1.67 | 7.94 | P＞K＞N | 385.7 |
| | 1-0.61 | 3.92 | 0.215 | 2.17 | 5.50 | −3.09 | −2.41 | 11.0 | P＞K＞N | 361.1 |
| | 1-1.61 | 3.82 | 0.234 | 2.34 | −7.42 | 3.45 | 3.97 | 14.84 | N＞P＝K | 386.6 |

从表 23-11 中看出，不同 N、P、K 配比处理，玉米叶片养分含量不同，诊断得出的 DRIS 指数

值差异较大，提出的营养需求次序也不同。据 Sumner 的观点，DRIS 指数的绝对值之和越低，表明营养越趋平衡，据此，对表 23-11 中玉米 3 年试验各不同配比处理，诊断出的 DRIS 指数绝对值之和进行对比分析，均得出 N：$P_2O_5$：$K_2O$ 为 1：0.4：0.2 的配方处理，其 DRIS 指数绝对值之和较小，玉米产量水平也较高，可以将 1：0.4：0.2 选定为较优玉米专用肥配方。该配方与临潼化肥所采用的玉米专用肥配方相吻合，这证明运用 DRIS 法优化玉米专用肥配方是可行的。

采用同样的方法，对表 23-12 的小麦试验结果进行分析，可得出 N：$P_2O_5$ 为 1：1.11 配方处理，其 DRIS 指数绝对值之和较小，小麦产量较高，说明此配方较为合理，优化出的该配方与该所应用的小麦专用肥配方相吻合。这证明运用 DRIS 法优化小麦专用肥配方也是可行的。

### （四）DRIS 法指导科学施肥示范推广与应用评价

**1. 应用 DRIS 法指导施肥的示范推广情况** 在试验的基础上，优化出玉米、小麦专用肥配方，分别在临潼零口、行者、雨金、任留等乡（镇）进行示范推广，同时进行 DRIS 营养诊断。1992—1994 年共示范推广面积 7 万亩，比习惯施肥每亩增产小麦 33.2～44.5 kg，平均增产率为 13.45%，玉米比习惯施肥每亩增产 53.0～58.7 kg，平均增产率为 14.1%，应用 DRIS 法进行诊断施肥，其增产效益是显著的，见表 23-13。

表 23-13　临潼优化配方示范推广情况

| 作物 | 年度 | 面积（万亩） | 亩产量（kg/亩） | | 比传统施肥 | | 比传统施肥 增收（元/亩） | |
| --- | --- | --- | --- | --- | --- | --- | --- | --- |
| | | | 专用肥 | 习惯施肥 | 增产（%） | 亩增产（kg/亩） | | |
| 玉米 | 1992 年 | 0.5 | 461.0 | 408.0 | 13.0 | 53.0 | 31.8 | 15.9 |
| | 1993 年 | 2.0 | 443.7 | 385.0 | 15.2 | 58.7 | 35.2 | 70.4 |
| | 小计 | 2.5 | | | | | | 86.3 |
| 小麦 | 1993 年 | 1.5 | 355.0 | 310.6 | 14.3 | 44.5 | 35.6 | 53.4 |
| | 1994 年 | 3.0 | 296.0 | 262.8 | 12.6 | 33.2 | 26.5 | 79.5 |
| | 小计 | 4.5 | | | | | | 132.9 |
| | 总计 | 7.0 | | | | | | 219.2 |

注：1. 专用肥每亩用量：玉米为 30 kg，小麦为 25 kg；2. 习惯施肥用量：玉米亩施碳酸铵 100 kg、小麦亩施碳酸铵 50 kg、过磷酸钙亩施 50 kg。

**2. DRIS 应用的评价**

（1）DRIS 法从养分平衡出发。综合考察影响农作物产量的多种因素，诊断结果与农作物对营养需求实际更吻合，准确性高，能对诊断的营养元素排出需求次序，给出相对缺乏和过量的提示。

（2）诊断结果。不受植龄、叶部位影响，尽管农作物叶片养分受植龄、叶部位的影响大，但是应用 DRIS 法诊断显示出各营养元素的需求趋势是一致的。这对多年生作物应用尤为方便，对一年生作物在实际应用时，Sumner 仍认为在标准条件下取样为宜，这有利于研究者对所得的数据进行规范化处理。因此，在对玉米、小麦进行营养诊断时，采集玉米穗叶、小麦抽穗期旗叶是合适的。

（3）DRIS 法不足之处。一是 DRIS 法主要反映的是作物体内营养元素的丰缺次序，对养分的需求量难以作出准确判断。二是受 DRIS 标准值的制约，常受到诊断地点的限制。例如，本试验的玉米、小麦，巴西的 Hanson 报道的大豆，新西兰 GORFORTH 报道的玉米。因此，在应用 DRIS 法时，要扬长避短，应与其他诊断技术相结合，才能取得更满意的效果。

## 六、DRIS 在关中西部小麦、玉米平衡施肥中的研究和应用

关中西部历来是属于比较干旱、无灌溉的地区，以雨养农业为主。20 世纪 70 年代开始有少数地区兴修水利，进行灌溉，变成现在的新灌区。与关中东部地区比较，土壤肥力较低，产量不高，这是关中西部地区农业生产的主要特点。

陕西省农业科学院土壤肥料研究所于 1991—1995 年在扶风、杨凌、武功、兴平等县（区）小麦、玉米等作物上进行了 DRIS 研究和应用。研究过程中针对 DRIS 诊断中存在的主要缺点，如只能对作物营养状况作定性诊断，而不能定量应用等，在试验过程中除致力于 DRIS 通常的定性诊断以外，还着力于 DRIS 对作物营养定量诊断和应用方面进行研究。现把研究情况和研究结果简述如下：

### （一）研究方法

**1. 大田调查**

（1）植株采样与处理。选择有代表性的田块进行植株采样，同时调查作物品种、施肥量、灌溉条件、栽培措施等，最后收获产量。小麦在拔节时采旗叶 50 片，玉米每个点采穗叶 30 片，分析 N、P、K 养分含量。叶片采好后，尽快运回实验室，用自然水冲洗、揩擦，除去尘埃，放入烘箱内于 65 ℃ 下烘干 48 h，粉碎过 40 目筛，混匀装瓶保存备用。

（2）土壤采样与处理。在植株采样同时，在同一地块内采取 0～20 cm 土样，每个地块取 8 个点形成混合样，放入塑料袋内，取回晾干，粉碎后过 40 目孔筛，放入塑料袋内，分析速效 N、P、K 含量。

**2. 田间试验**

（1）田间试验设计。为了研究 DRIS 定量化应用，采用 NPK "3·11"（3 个因素，11 个处理）最优设计，在杨凌和扶风等地进行了小麦、玉米田间试验，其中包括长期定位试验。设计方案见表 23-14。其中，第 12 个处理是另加的一个不施任何肥料的处理，用作对照。每一处理重复 3 次，小区面积 5 m×6 m，定位试验采用小麦、玉米轮作，每种作物施肥量不变。

**表 23-14　NPK 田间试验设计方案**

| 试验处理号 | 编码值 | | | 实际用量（kg/亩） | | |
|---|---|---|---|---|---|---|
| | N | $P_2O_5$ | $K_2O$ | N | $P_2O_5$ | $K_2O$ |
| 1 | 0 | 0 | 2 | 10 | 8 | 16 |
| 2 | 0 | 0 | −2 | 10 | 8 | 0 |
| 3 | −1.414 | −1.414 | 1 | 2.93 | 2.34 | 12 |
| 4 | 1.414 | −1.414 | 1 | 17.07 | 2.34 | 12 |
| 5 | −1.414 | 1.414 | 1 | 2.93 | 13.66 | 12 |
| 6 | 1.414 | 1.414 | 1 | 17.07 | 13.66 | 12 |
| 7 | 2 | 0 | −1 | 20 | 8 | 4 |
| 8 | −2 | 0 | −1 | 0 | 8 | 4 |
| 9 | 0 | 2 | −1 | 10 | 16 | 4 |
| 10 | 0 | −2 | −1 | 10 | 0 | 4 |
| 11 | 0 | 0 | 0 | 10 | 8 | 8 |
| 12 | −2 | −2 | −2 | 0 | 0 | 0 |

（2）田间试验采样与处理。对一般田间试验，玉米在抽穗时取穗叶，每小区 7 片；小麦在孕穗时取旗叶，每小区取 30 片。对定位试验，按主要生育期小麦取最后一叶，每小区 30 片；玉米也是取最后一叶，每小区 7 片。叶片取回后，按大田叶片处理方法进行处理。每次取叶样的同时，取 0～20 cm 土壤样品，每小区采 7 个点形成混合样，样品处理方法同大田。

**3. 植株土壤分析方法**　植株全氮用半微量开氏定氮法，全磷用钒钼黄比色法，全钾用火焰光度计法测定，土壤碱解氮用康维皿扩散法，有效磷用 Olsen 法浸提，钼锑抗比色法测定，速效钾用火焰光度计法测定。

**（二）试验结果与分析讨论**

**1. 小麦 DRIS 标准值的建立与养分需要性排序**　根据 1993—1995 年的大田和试验田叶片养分分析结果，将叶片养分含量参数以尽可能多地列出其表达式，如百分含量（N、P、K 等）、养分比（N/P、N/K、K/P 等）、养分乘积（NP、NK、PK 等）。根据当时的产量水平，将其划分出高产和低产群体，大于 400 kg/亩为高产亚群，小于 400 kg/亩为低产亚群。计算出高、低产群体中养分含量平均值、变异系数和方差，选出方差比最显著的表达式作为诊断的标准值。由表 23-15 看出，叶片养分含量参数和显著性均以 N/P、N/K、K/P 表达时，其方差比均高于用其他表达式，显著性也较高，故以此标准值作为诊断待测植株营养状况，确定作物对营养元素的需求次序，提出施肥建议是比较合适。对此可采用以下两种方法来进行诊断标准值的表达和应用：

**表 23-15　小麦叶片 NPK 标准值**（陕西关中西部）

| 表达式 | 高产群体（b）（≥400 kg/亩，$N=172$） | | | 低产群体（a）（<400 kg/亩，$N=175$） | | | 方差比（$S_a/S_b$） |
|---|---|---|---|---|---|---|---|
| | 均值（$x$） | 方差（$S_b$） | 变异系数（$CV$） | 均值（$x$） | 方差（$S_b$） | 变异系数（$CV$） | |
| N | 2.755 6 | 0.695 1 | 25.224 0 | 2.949 7 | 0.633 0 | 21.461 1 | 0.910 7 |
| P | 0.486 3 | 0.218 6 | 44.960 6 | 0.470 8 | 0.207 3 | 44.033 5 | 0.948 3 |
| K | 3.189 7 | 0.606 5 | 19.014 1 | 3.082 8 | 0.720 4 | 23.368 8 | 1.187 8 |
| N/P | 6.640 6 | 2.759 2 | 41.550 6 | 7.593 4 | 3.605 4 | 47.480 3 | 1.306 7 |
| N/K | 0.908 1 | 0.329 1 | 36.236 3 | 1.055 7 | 0.675 5 | 63.983 4 | 2.052 6 |
| K/P | 8.557 3 | 5.340 3 | 62.405 9 | 8.743 6 | 6.019 9 | 68.848 8 | 1.127 3* |
| P/K | 0.160 3 | 0.078 2 | 48.778 3 | 0.171 4 | 0.145 1 | 84.628 5 | 1.855 5** |
| P/N | 0.176 1 | 0.069 1 | 39.256 5 | 0.159 6 | 0.063 1 | 39.566 9 | 0.913 2 |
| K/N | 1.262 9 | 0.516 6 | 40.903 9 | 1.120 5 | 0.444 6 | 39.679 2 | 0.860 6 |
| N×P | 1.530 0 | 0.805 2 | 52.624 6 | 1.418 6 | 0.690 0 | 48.641 9 | 0.856 9 |
| N×K | 1.421 3 | 0.832 7 | 58.588 8 | 1.453 9 | 0.801 0 | 55.092 1 | 0.961 9 |
| P×K | 8.648 7 | 2.243 8 | 25.943 3 | 8.988 9 | 2.563 1 | 28.514 6 | 1.004 1* |

（1）图解法。将表 23-15 小麦结果绘制成图 23-5。

图 23-5 包括 2 个同心圆和 3 个通过圆心的坐标。圆心为高产亚群叶片养分含量比值的平均值，即养分含量最适比值。关中西部地区小麦 N/P、N/K 和 K/P 最适比值分别为 6.640 6、0.908 1 和 8.557 3。3 个坐标分别表示 N/P、N/K 和 K/P。内圆半径为 2/3SD，外圆半径为 4/3SD。SD 为高产亚群的标准差。内圆为养分平衡区，用→表示；在内、外圆之间为养分轻微到中等的不平衡区，用↗表示微过量、↘表示微不足；在内圆之外为显著不平衡区，用↑表示过量，↓表示缺乏。这就为合理施肥提供了依据。

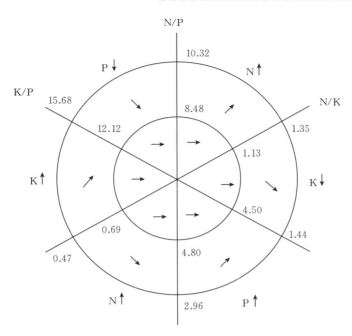

图 23-5 高产亚群小麦对 NPK 需求顺序 DRIS 图解

（2）指数法。DRIS 指数是表示作物对某一营养元素需要的强度指标。其可为正、负和零。正指数越大，表明需要的强度越小，有时甚至是过剩；负指数越大，表明需要强度越大；当指数等于零时，该元素与其他元素处于平衡状态，但平衡状态并不一定就是不需要施肥。平衡有高水平的平衡和低水平的平衡，因此对平衡问题需认真判断。平衡是相对的，当相对平衡因施肥或其他因素影响而受到破坏时，该元素的 DRIS 指数会向正或负的方向转化。

叶片 N、P、K 指数计算公式如前所述，在此不再重复。

**2. DRIS 标准值的校验** 为校验 DRIS 标准值的准确性，对小麦试验分析结果分别用图解法和指数法判断元素的需求次序。由表 23-16 看出，在 3 个因素中凡是缺素处理的，产量均较低。

表 23-16 小麦需求 NPK 诊断试验结果

| 年份 | 施肥量（kg/亩） | | | 叶片养分（%） | | | DRIS 图解 | | | DRIS 指数 | | | 养分需求顺序 |
|---|---|---|---|---|---|---|---|---|---|---|---|---|---|
| | N | P₂O₅ | K₂O | N | P | K | N | P | K | N | P | K | |
| 1993 | 10 | 8 | 16 | 1.84 | 0.31 | 2.68 | ↘ | → | ↗ | −6.03 | 1.62 | 4.41 | N>P>K |
| | 10 | 8 | 0 | 3.36 | 0.33 | 3.13 | ↘ | → | ↗ | 8.64 | −6.89 | −1.75 | P>K>N |
| | 20 | 8 | 4 | 3.52 | 0.32 | 3.34 | ↑ | ↓ | → | 9.94 | −9.35 | −0.59 | P>K>N |
| | 0 | 8 | 4 | 2.93 | 0.36 | 3.05 | → | → | → | −0.10 | −0.36 | 0.46 | P>K>N |
| | 10 | 16 | 4 | 2.90 | 0.30 | 3.35 | ↗ | ↘ | → | 3.99 | 1.76 | 3.77 | P>K>N |
| | 10 | 0 | 4 | 2.90 | 0.32 | 3.30 | → | ↘ | → | 0.52 | −3.45 | 2.93 | P>N>K |
| 1995 | 10 | 8 | 16 | 2.26 | 0.50 | 3.33 | ↘ | ↗ | → | −7.90 | 13.63 | −2.73 | N>K>P |
| | 10 | 8 | 0 | 2.90 | 0.51 | 2.09 | → | ↗ | ↓ | −1.05 | 11.75 | −10.70 | K>N>P |
| | 20 | 8 | 4 | 2.60 | 0.60 | 2.60 | ↘ | ↗ | ↘ | −8.13 | 14.87 | −6.74 | N>K>P |
| | 0 | 8 | 4 | 1.56 | 0.60 | 1.92 | ↓ | ↑ | ↘ | −22.69 | 32.83 | −10.14 | N>K>P |
| | 10 | 16 | 4 | 2.60 | 0.64 | 2.52 | ↘ | ↗ | ↘ | −9.95 | 18.30 | −8.85 | N>K>P |
| | 10 | 0 | 4 | 2.49 | 0.35 | 2.24 | → | → | → | −0.22 | 3.22 | −3.00 | K>N>P |

有时虽然图解法求得的养分需求次序在缺素与有素之间相同，但需求强度即指数大小均为有素大于缺素，说明小麦 DRIS 标准值是适合关中西部灌区小麦叶片营养诊断的。

**3. 植龄和叶位对 DRIS 诊断的影响** 随着作物生长发育，不同时间和不同部位的营养成分将发生很大的变化，其对植株营养诊断带来一定困难。通过田间试验，对此进行了研究。

（1）植龄对 DRIS 诊断影响。在不同生育期采取小麦同一叶序的叶片，进行 NPK 养分诊断，结果见表 23-17。从表 23-17 看出，小麦同一叶序在不同生育期内，NPK 含量和养分指数均有变化，但 N/P、N/K、K/P 的大小次序和养分需求次序均相同。这就说明，应用养分比值作为诊断参数，可克服因植龄变化对营养诊断所带来的困难。结果还表明，同一叶序在不同生育期的养分指数绝对值之和，生育期的早期和后期指数绝对值之和变化均较大。

表 23-17 不同生育期同一叶序的叶片养分诊断结果（1992 年）

| 采样时间 | 叶序 | 养分含量（%） | | | 养分比 | | | 养分指数 | | | 指数绝对值之和 | 养分需求次序 | 施肥处理 |
|---|---|---|---|---|---|---|---|---|---|---|---|---|---|
| | | N | P | K | N/P | N/K | K/P | N | P | K | | | |
| 返青期 | 第5叶 | 3.731 1 | 0.337 5 | 3.193 8 | 11.06 | 1.17 | 9.46 | 9.09 | 5.87 | −14.96 | 29.92 | K>P>N | 每亩施 N 17.5 kg、P₂O₅ 10 kg |
| 孕穗期 | 第5叶 | 3.748 2 | 0.234 1 | 1.837 5 | 16.01 | 2.04 | 7.85 | 41.16 | −2.45 | −46.71 | 90.32 | K>P>N | |
| 扬花期 | 第5叶 | 3.114 3 | 0.173 3 | 1.750 0 | 17.97 | 1.78 | 10.10 | 47.16 | −16.03 | −31.13 | 94.32 | K>P>N | |
| 返青期 | 第2叶 | 2.235 6 | 0.108 0 | 1.662 5 | 20.70 | 1.34 | 15.39 | 42.06 | −34.60 | −7.46 | 84.12 | P>K>N | 每亩施 N 12.5 kg、P₂O₅ 10 kg |
| 孕穗期 | 第2叶 | 2.011 9 | 0.141 8 | 1.968 8 | 14.19 | 1.02 | 13.88 | 44.98 | −44.18 | −0.80 | 89.96 | P>K>N | |
| 扬花期 | 第2叶 | 0.847 5 | 0.062 6 | 0.845 0 | 13.54 | 1.00 | 13.50 | 11.25 | −10.34 | −0.915 | 22.51 | P>K>N | |

（2）叶位对 DRIS 诊断的影响。在同一生长期，采取不同叶序的叶片，对 NPK 养分进行诊断，结果见表 23-18。

表 23-18 不同叶序叶片中养分诊断结果（1992 年，小麦扬花期）

| 叶序（由下向上数） | 养分含量（%） | | | 养分比 | | | 养分指数 | | | 指数绝对值之和 | 养分需求次序 | 施肥处理 |
|---|---|---|---|---|---|---|---|---|---|---|---|---|
| | N | P | K | N/P | N/K | K/P | N | P | K | | | |
| 第1叶 | 0.571 9 | 0.049 5 | 0.44 | 11.55 | 1.30 | 8.89 | 14.35 | 6.33 | −20.69 | 41.37 | K>P>N | 每亩施 N 17.5 kg、P₂O₅ 10 kg |
| 第2叶 | 1.136 9 | 0.081 0 | 0.91 | 14.04 | 1.25 | 11.23 | 20.09 | −7.40 | −12.69 | 40.18 | K>P>N | |
| 第3叶 | 2.163 5 | 0.112 1 | 1.04 | 19.30 | 2.08 | 9.28 | 59.89 | −17.45 | −42.43 | 119.77 | K>P>N | |
| 第4叶 | 2.714 7 | 0.135 0 | 1.30 | 20.11 | 2.09 | 9.63 | 62.53 | 20.89 | −41.64 | 125.06 | K>P>N | |
| 第5叶 | 3.114 3 | 0.173 3 | 1.75 | 17.97 | 1.78 | 10.10 | 47.16 | −16.03 | −31.13 | 94.32 | K>P>N | |
| 第6叶 | 3.341 7 | 0.131 5 | 1.56 | 14.42 | 2.14 | 6.73 | 47.51 | 8.06 | −55.57 | 111.14 | K>P>N | |

结果表明，叶片中 NPK 含量由老叶到新叶逐渐增加，符合生理活性由下到上转移的规律。其养分比值大小、养分指数大小和养分绝对值之和大小有明显变化。一般在生长中期比较稳定，早期和后期变化较大。但养分需求次序在不同叶序中是一致的。这就说明，DRIS 诊断可不受叶序的限制。

## 七、DRIS 诊断的定量化应用

DRIS 的最大优点是根据作物营养的平衡原理，经过对作物的营养诊断，排出限制作物产量的营养元素需要性次序。这在作物高产施肥中确实能起到重要作用，但这仅是一种定性作用，不能定量化应用。关于 DRIS 诊断结果在定量化施肥量方面的应用，至今国内外尚没有解决。由于这一原因，虽然已对 DRIS 法进行了大量研究，但推广应用很慢。为此作者在 20 世纪末应用 DRIS 对陕西关中西部地区小麦、玉米营养诊断的定量化应用进行了研究，发现 DRIS 定量化应用的可能性是存在的。

（一）DRIS 定量化应用的理论依据

DRIS 主要是通过作物叶片养分分析，确定养分状况的表达式，然后用以判断植物体内养分的平衡状态、养分丰缺和需求次序，因此 DRIS 的养分表达式实际上是作物营养的一种生理指标。作物营养生理指标，是作物体内基因状况和作物体外环境因素的函数。

$$C = f(H \cdot E)$$

式中，$C$ 为生物性质；$H$ 为基因性状；$E$ 为环境因素。不同作物不同品种具有不同的基因性状，其对不同养分具有不同的吸收和同化能力；环境因素包括光照、温度、土壤条件、施肥、耕作栽培等，对作物养分吸收和平衡状况都有强烈的影响，其中土壤养分和肥料则有直接作用。因此，作物体内养分状况与土壤养分和肥料之间必然存在紧密的定量关系。

DRIS 是一个多营养元素同时诊断的方法，具有较高的理论基础。它选择了一个最好的植物养分浓度表达形式，即将植物叶片养分分析结果计算成 N（%）、P（%）、K（%），N/P、N/K、K/P，P/N、K/N、P/K、NP、NK、PK 等形式，计算出各种形式的平均值、标准差、变异系数、方差及两组间的方差比，以方差比最大者，定为诊断分析时用的基础数据。一般都用 N/P、N/K、K/P，然后以此计算 N、P、K 的养分指数。

由养分指数可知需肥顺序，其值越小，施肥补充的需要性就越大；反之其值越大，施肥补充的需要就越小。

采用 DRIS 方法诊断作物营养的时候，建立诊断结果之间的回归模型是十分重要的。通过大量资料的统计分析，作者发现要解决 DRIS 诊断的定量化应用，须建立 3 种回归模型：施肥量与产量回归模型、施肥量与养分指数回归模型、养分指数与产量回归模型。

DRIS 方法并未要求同时进行有关的田间肥效试验，但为了使 DRIS 诊断结果的定量化应用，在 DRIS 诊断过程中在不同农业生态区同时进行与 DRIS 诊断有关的肥效试验，结合肥效试验进行 DRIS 诊断，就可建立不同类型的回归模型，为大面积 DRIS 诊断结果的定量化应用提供条件。

（二）DRIS 诊断模型的建立和应用

根据田间肥效试验和大规模的田间 DRIS 诊断结果，可建立不同类型的回归模型。为更多了解 DRIS 诊断定量化应用的可能性，将根据试验资料和大田调查分析资料进行详细的分析和讨论。

**1. 一元养分的肥料试验与 DRIS 诊断** 临潼化肥所在陕西关中东部地区小麦上分别做了 16 个施氮量和 16 个施磷量试验。施氮量试验是在施等磷量基础上进行；施磷量试验是在施等氮量基础上进行。试验过程中进行叶片养分分析，测定小麦产量，现将 16 个试验的产量和分析结果计算成平均值，见表 23-19。据此即可建立各种回归模型。

表 23-19　小麦 N、P 试验和 DRIS 诊断结果

| 施肥量（kg/亩） | | 叶片养分（%） | | | DRIS 指数 | | | 产量（kg/亩） |
|---|---|---|---|---|---|---|---|---|
| N | P₂O₅ | N | P₂O₅ | K₂O | N | P₂O₅ | K₂O | |
| 0.0 | 10 | 3.65 | 0.233 | 2.27 | −13.31 | — | — | 310 |
| 4.5 | 10 | 3.74 | 0.228 | 2.24 | −7.32 | — | — | 355 |

（续）

| 施肥量（kg/亩） | | 叶片养分（%） | | | DRIS 指数 | | | 产量（kg/亩） |
|---|---|---|---|---|---|---|---|---|
| N | $P_2O_5$ | N | $P_2O_5$ | $K_2O$ | N | $P_2O_5$ | $K_2O$ | |
| 9.0 | 10 | 3.90 | 0.228 | 2.20 | −0.46 | — | — | 404 |
| 13.5 | 10 | 4.13 | 0.229 | 2.31 | 3.97 | — | — | 386 |
| 9.0 | 0.0 | 3.76 | 0.203 | 2.12 | — | −6.31 | — | 298 |
| 9.0 | 5.0 | 3.92 | 0.215 | 2.17 | — | −3.09 | — | 361 |
| 9.0 | 10.0 | 3.90 | 0.228 | 2.20 | — | 4.10 | — | 404 |
| 9.0 | 15.0 | 3.82 | 0.234 | 2.34 | — | 3.45 | — | 387 |

由施 N 量试验和 DRIS 诊断建立如下模型：

① 施 N 量与小麦产量模型。

$$\hat{y}=321.92+6.16x \quad (x \text{ 为施氮量，} \hat{y} \text{ 为产量})$$
$$F=6.12, \quad Pr>F=0.131\,9$$
$$R^2=0.753\,7, \quad R^2_{0.05}=0.771$$

$$\hat{y}=306.17+16.66x-0.777\,8x^2 \quad (x \text{ 为施氮量，} \hat{y} \text{ 为产量})$$
$$F=9.17, \quad Pr>F=0.221\,4$$
$$R^2=0.948\,4, \quad R^2_{0.01}=0.920$$

② 施 N 量与 N 指数模型。

$$\hat{y}=-13.085+1.304\,4x \quad (x \text{ 为施氮量，} \hat{y} \text{ 为 N 指数})$$
$$F=298, \quad Pr>F=0.003\,3$$
$$R^2=0.993\,4, \quad R^2_{0.01}=0.920$$

$$\hat{y}=-13.475\,0+1.564\,4x-0.019\,3x^2 \quad (x \text{ 为施氮量，} \hat{y} \text{ 为 N 指数})$$
$$F=158.76, \quad Pr>F=0.056\,0$$
$$R^2=0.996\,9, \quad R^2_{0.01}=0.920$$

③ N 指数与小麦产量模型。

$$\hat{y}=384.708\,1+4.896\,7x \quad (x \text{ 为 N 指数，} \hat{y} \text{ 为小麦产量})$$
$$F=9.02, \quad Pr>F=0.095\,3$$
$$R^2=0.818\,5, \quad R^2_{0.05}=0.771, \quad R^2_{0.01}=0.920$$

$$\hat{y}=393.639\,1+0.972\,0x-0.418\,1x^2 \quad (x \text{ 为 N 指数，} \hat{y} \text{ 为小麦产量})$$
$$F=10.20, \quad Pr>F=0.216\,1$$
$$R^2=0.953\,3, \quad R^2_{0.01}=0.920$$

以上二次回归模型的拟合性较高，可优先应用。

**2. 二元养分肥效试验与 DRIS 诊断**　在陕西黄土高原地区，一般土壤不太缺钾，而氮、磷在大多数土壤中都比较缺乏，故在一般生产水平条件下，只注意氮、磷肥料使用，试验也只注意氮、磷的肥效试验。为了对二元养分施用进行 DRIS 诊断，临潼化肥所专门在陕西关中东部地区进行了氮、磷肥料的肥效试验，并对这些试验进行 DRIS 诊断。

（1）二元养分肥效试验与 DRIS 诊断方法。试验方案是根据当地专用肥生产而设计的。结合试验进行 DRIS 诊断，说明试验本身就带有定量化应用的目的。在小麦孕穗期按不同处理随机采取旗叶全叶 100 片组成一个样。经过处理烘干后，进行氮、磷、钾全量分析。先后共做 16 个试验，每个试验均重复 3 次。为了统计方便，取 16 个试验的平均值，求得 N 指数、P 指数和 K 指数及其 3 个指数绝对值之和（表 23-20）。根据施肥量、产量和指数绝对值之和，用 SAS 统计分析，建立不同种类的诊断模型。

表 23-20　肥效试验和 DRIS 诊断结果

| 施肥量（kg/亩） | | 产量（kg/亩） | DRIS 指数 | | | 指数绝对值之和 |
|---|---|---|---|---|---|---|
| N | P₂O₅ | | N | P | K | |
| 0 | 0 | 219 | −20.16 | 15.36 | 4.80 | 40.32 |
| 9.0 | 0 | 293 | 8.04 | −9.81 | 1.77 | 19.62 |
| 0 | 10.0 | 310 | −13.31 | 10.10 | 3.21 | 26.62 |
| 4.5 | 10.0 | 355 | −7.32 | 6.10 | 1.22 | 14.64 |
| 9.0 | 10.0 | 404 | −0.46 | 4.10 | −3.64 | 8.20 |
| 13.5 | 10.0 | 386 | 3.97 | −2.30 | −1.67 | 7.94 |
| 9.0 | 5.5 | 361 | 5.50 | −3.09 | −2.41 | 11.00 |
| 9.0 | 14.5 | 387 | −7.42 | 3.45 | 3.97 | 14.84 |

（2）二元养分肥效试验模型和 DRIS 诊断模型的建立。

① 二元养分肥效模型。经 SAS 统计分析，得到如下二元二次回归模型。

$$\hat{y}=219.00+14.68x_1+16.08x_2-0.729\,4x_1^2-0.727\,6x_2^2+0.123\,9x_1x_2$$

$$F=38.48,\ Pr>F=0.025\,5$$

$$R^2=0.989\,7,\ R_{0.05}^2=0.745,\ R_{0.01}^2=0.841$$

由检验表明，N、P 用量与小麦产量之间具有很高的相关性和拟合性。式中 $x_1$ 代表 N 每亩施用量，$x_2$ 代表 P₂O₅ 每亩施用量，$\hat{y}$ 为产量。

② 二元施肥量与养分指数绝对值之和的回归模型。经 SAS 统计分析，得二元二次回归模型。

$$\hat{y}=40.32-3.45x_1-2.95x_2+0.130\,8x_1^2+0.156\,7x_2^2+0.031\,60x_1x_2$$

式中，$x_1$ 为氮施用量；$x_2$ 为 P₂O₅ 施用量；$\hat{y}$ 为养分指数绝对值之和。

$$F=169.87,\ Pr>F=0.005\,9$$

$$R^2=0.997\,7,\ R_{0.05}^2=0.745,\ R_{0.01}^2=0.841$$

N、P 用量与指数绝对值之和之间存在密切的相关性和高度的拟合性。

③ 二元指数绝对值之和与小麦产量的回归模型。根据 DRIS 原理，养分指数绝对值之和越接近于 0，养分之间越趋向平衡状况，作物产量也就越高。经统计分析，得回归模型。

$$\hat{y}=434.37-5.307\,6x\ （x\ 为指数绝对值之和，\hat{y}\ 为小麦产量）$$

$$F=45.95,\ Pr>F=0.000\,5$$

$$R^2=0.884\,5,\ R_{校正后}^2=0.865\,3,\ R_{0.05}^2=0.444,\ R_{0.01}^2=0.637$$

结果表明，二元指数绝对值之和与作物产量之间存在极显著的线性相关性和高度的拟合性。定量关系是极其明显的，为了更明确起见，将其图示如下（图 23-6）。

此外，经统计分析也得到了二次回归模型。

$$\hat{y}=437.88-5.702\,8x+0.008\,4x^2\ （x\ 为指数绝对值之和，\hat{y}\ 为小麦产量）$$

$$F=19.18,\ Pr>F=0.004\,5$$

$$R^2=0.884\ 7, R^2_{校正后}=0.838\ 6, R^2_{0.05}=0.444, R^2_{0.01}=0.637$$

以上模型也表现出指数绝对值之和与作物产量之间存在二次回归模型的高度相关性和拟合性。

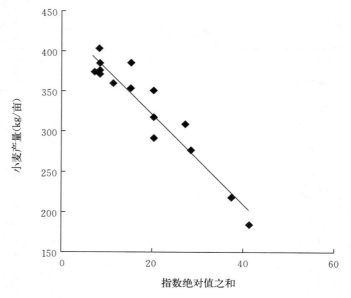

图 23-6 二元指数绝对值之和与小麦产量关系

**3. 三元养分肥效试验与 DRIS 诊断模型的建立与应用** 随着农业生产的发展，在黄土高原不少地区已出现缺钾现象，施用钾肥有明显增产作用，特别在高产地区施钾效果更为明显。因此，三元肥料（N、P、K）的肥效试验已逐渐被广大科技工作者所重视。作者在陕西关中西部地区连续进行多年 3元素的田间肥效试验，同时对作物进行 DRIS 诊断。结果分别描述如下。

（1）施肥量模型参数见表 23-21，养分指数与施肥量关系预测结果见表 23-22。

**表 23-21 施肥量模型参数**

| 回归系数 | 施肥量模型 | | |
| --- | --- | --- | --- |
| | N | P | K |
| $b_0$ | $-21.103$ | $23.186$ | $-2.083$ |
| $b_1$ | $5.005$ | $-4.511$ | $-0.495$ |
| $b_2$ | $-1.755$ | $0.693$ | $1.061$ |
| $b_3$ | $-5.427$ | $3.317$ | $2.111$ |
| $b_4$ | $-0.088$ | $0.884$ | $-0.000\ 8$ |
| $b_5$ | $-0.073$ | $0.023$ | $0.05$ |
| $b_6$ | $0.035$ | $-0.054$ | $0.019$ |
| $b_7$ | $-0.15$ | $0.197$ | $-0.046$ |
| $b_8$ | $0.048$ | $0.021$ | $-0.069$ |
| $b_9$ | $0.479$ | $-0.334$ | $-0.145$ |
| $F$ | $23.82^{**}$ | $18.19^{**}$ | $25.75^{**}$ |
| $R$ | $0.995^{***}$ | $0.979^{**}$ | $0.996^{***}$ |

表 23-22　养分指数与施肥量关系预测结果

| 试验处理号 | N 指数 | | P 指数 | | K 指数 | |
|---|---|---|---|---|---|---|
| | $Y$ | $\hat{y}$ | $Y$ | $\hat{y}$ | $Y$ | $\hat{y}$ |
| 1 | −22.306 4 | −19.341 | 11.964 | 9.365 | 10.342 3 | 0.975 |
| 2 | −7.594 3 | −10.611 | 6.992 | 9.696 | 1.095 1 | 0.915 |
| 3 | −56.106 4 | −57.617 | 35.499 2 | 37.123 | 20.607 | 20.493 |
| 4 | −6.993 3 | −8.439 | 7.588 2 | 8.438 | −0.594 9 | −0.02 |
| 5 | −29.177 2 | −30.622 | 9.373 8 | 10.225 | 19.803 4 | 20.397 |
| 6 | −4.040 2 | −5.623 | 10.615 5 | 13.083 | −6.575 3 | −7.463 |
| 7 | −2.399 6 | −0.879 | 12.006 | 10.257 | −9.606 4 | −9.38 |
| 8 | −46.991 6 | −45.623 | 31.842 8 | 31.889 | 15.148 8 | 13.735 |
| 9 | −40.825 9 | −39.303 | 28.979 8 | 27.23 | 11.846 2 | 12.073 |
| 10 | −0.399 1 | 0.971 | 0.113 | 0.157 | 0.286 1 | −1.128 |
| 11 | −17.388 1 | −17.238 | 14.813 | 13.021 | 2.575 1 | 4.216 |
| 12 | −21.204 5 | −21.103 | 24.381 2 | 23.186 | −3.176 6 | −2.983 |

注：$Y$ 为实测值，$\hat{y}$ 为预测值，以下同。

（2）土壤养分模型参数及预测见表 23-23、表 23-24。

表 23-23　土壤养分模型参数

| 回归系数 | 土壤养分模型参数 | | |
|---|---|---|---|
| | N | P | K |
| $b_0$ | −203.5 | 278.56 | −75.49 |
| $b_1$ | 6.321 | −11.425 | 4.673 5 |
| $b_2$ | −3.498 | 11.72 | −8.168 |
| $b_3$ | 0.166 | 0.338 9 | −0.379 3 |
| $b_4$ | −0.028 6 | 0.122 88 | 0.087 74 |
| $b_5$ | 0.066 54 | −0.305 92 | 0.206 07 |
| $b_6$ | 0.001 54 | 0.000 89 | −0.002 7 |
| $b_7$ | 0.026 9 | −0.113 | 0.071 7 |
| $b_8$ | −0.013 7 | −0.012 7 | 0.025 3 |
| $b_9$ | −0.006 | 0.009 4 | 0.002 04 |
| $F$ | 10.349* | 308.58*** | 3.631 |
| $R$ | 0.982 4*** | 0.999 6** | 0.952 1*** |

表 23 - 24　养分指数与土壤养分含量关系预测结果

| 试验处理号 | N 指数 | | P 指数 | | K 指数 | |
|---|---|---|---|---|---|---|
| | $Y$ | $\hat{y}$ | $Y$ | $\hat{y}$ | $Y$ | $\hat{y}$ |
| 1 | −7.901 8 | −7.286 | 13.63 | 13.662 | −5.728 2 | −5.81 |
| 2 | −1.053 3 | −1.665 | 11.751 | 11.738 | −10.697 6 | −9.851 |
| 3 | −8.326 8 | −8.345 | 14.597 5 | 14.65 | −6.270 7 | −5.983 |
| 4 | −6.130 2 | −5.57 | 9.165 | 9.119 | −3.034 8 | −2.845 |
| 5 | −14.789 | −14.452 | 22.661 9 | 22.646 | −7.872 9 | −7.688 |
| 6 | −8.128 4 | −9.124 | 18.144 3 | 18.353 | −10.015 9 | −8.878 |
| 7 | −8.128 2 | −4.923 | 14.867 | 14.447 | −6.738 8 | −9.118 |
| 8 | −22.689 8 | −22.025 | 32.832 6 | 32.721 | −10.142 8 | −10.597 |
| 9 | −9.454 3 | −10.962 | 18.302 6 | 18.63 | −8.848 3 | −7.228 |
| 10 | −0.221 1 | −0.033 | 3.219 5 | 3.242 | −2.998 3 | −3.149 |
| 11 | −7.153 9 | −7.055 | 13.273 3 | 13.01 | −6.119 4 | −5.578 |
| 12 | −18.301 1 | −17.756 | 18.137 3 | 18.093 | 0.127 5 | −0.131 |

（3）土壤养分（kg/亩）＋施肥量（kg/亩）关系模型参数及预测见表 23 - 25、表 23 - 26。

表 23 - 25　土壤养分（kg/亩）＋施肥量（kg/亩）关系模型参数

| 回归系数 | 土壤养分＋施肥量模型 | | |
|---|---|---|---|
| | N | P | K |
| $b_0$ | −78.721 | 57.773 | 20.947 |
| $b_1$ | 8.430 4 | −8 138 | −2.616 5 |
| $b_2$ | −3.593 | 0.871 3 | 3.505 6 |
| $b_3$ | −1.157 9 | 0.797 53 | 0.360 34 |
| $b_4$ | −0.109 9 | 0.107 49 | 0.002 48 |
| $b_5$ | 0.033 8 | −0.033 | −0.000 8 |
| $b_6$ | 0.010 15 | −0.004 4 | −0.005 8 |
| $b_7$ | 0.028 93 | 0.015 74 | −0.044 7 |
| $b_8$ | −0.029 9 | −0.003 5 | 0.033 37 |
| $b_9$ | 0.034 36 | 0.006 92 | −0.041 8 |
| $F$ | 22.839*** | 176*** | 13.95** |
| $R$ | 0.995 17*** | 0.999 37*** | 0.980 13*** |

表 23 - 26 养分指数与土壤养分（kg/亩）＋施肥量（kg/亩）关系预测结果

| 试验处理号 | N 指数 | | P 指数 | | K 指数 | |
|---|---|---|---|---|---|---|
| | Y | ŷ | Y | ŷ | Y | ŷ |
| 1 | −22.006 5 | −21.622 | 15.301 8 | 14.854 | 6.704 7 | 6.799 |
| 2 | −10.828 6 | −12.309 | 8.939 8 | 8.607 001 | 1.888 8 | 3.722 |
| 3 | −28.980 6 | −29.009 | 23.994 4 | 24.007 | 4.986 2 | 5.022 |
| 4 | −25.532 6 | −26.908 | 15.417 6 | 15.39 | 10.115 1 | 11.55 |
| 5 | −24.486 8 | −25.703 | 22.719 4 | 22.752 | 1.767 5 | 2.783 |
| 6 | −18.592 1 | −17.81 | 21.935 8 | 21.933 | −3.343 7 | −4.079 |
| 7 | −1.593 3 | −1.358 | 6.299 4 | 6.291 | −4.706 2 | −4.86 |
| 8 | −47.651 9 | −45.811 | 28.688 4 | 28.654 | 18.963 6 | 17.173 |
| 9 | −12.176 1 | −12.034 | 7.007 3 | 7.007 | 5.168 8 | 5.055 |
| 10 | −8.676 3 | −6.585 | 4.642 9 | 4.623 | 4.043 4 | 1.979 |
| 11 | −18.827 3 | −18.797 | 11.379 7 | 12.128 | 7.447 6 | 6.693 |
| 12 | −27.737 3 | −28.728 | 19.987 5 | 19.962 | 7.749 8 | 8.772 001 |

由结果看出，以上三对变量之间的定量模型，$F$ 值均达到显著和极显著水平，$R$ 值均达极显著水平。说明应用多元二次方程可准确地模拟叶片养分指数与施肥量、土壤养分、施肥量＋土壤养分含量等之间的定量关系，能正确反映土壤与肥料养分变化对叶片养分指数变化过程。由以上模型预测结果看出，叶片养分预测值与实测值 $Y$ 十分接近，说明所建立的模型有较高的预测性。

**4. 三元养分定位试验与 DRIS 诊断模型**

小麦 NPK 田间试验结果与 DRIS 诊断见表 23 - 27。

表 23 - 27 小麦 NPK 田间试验结果与 DRIS 诊断（定位试验第三年）

| 试验处理号 | 施肥量（kg/亩） | | | 产量（kg/亩） | DRIS 指数 | | | 指数绝对值之和 |
|---|---|---|---|---|---|---|---|---|
| | N | P（P₂O₅） | K（K₂O） | | N | P | K | |
| 1 | 10.0 | 8.0 | 16.0 | 264 | −15.04 | 8.06 | 6.97 | 30 |
| 2 | 10.0 | 8.0 | 0.0 | 324 | −7.59 | 6.99 | 1.10 | 16 |
| 3 | 2.93 | 2.34 | 12.0 | 122 | −35.01 | 22.15 | 12.86 | 70 |
| 4 | 17.07 | 2.34 | 12.0 | 206 | −26.33 | 27.50 | −2.17 | 55 |
| 5 | 2.93 | 13.66 | 12.0 | 126 | −29.18 | 9.37 | 19.80 | 58 |
| 6 | 17.07 | 13.66 | 12.0 | 270 | −4.04 | 10.62 | −6.58 | 21 |
| 7 | 20.0 | 8.0 | 4.0 | 303 | −2.40 | 12.01 | −9.61 | 24 |
| 8 | 0.0 | 8.0 | 4.0 | 59 | −46.99 | 31.84 | 15.15 | 94 |
| 9 | 10.0 | 10.0 | 4.0 | 312 | −0.40 | 8.98 | 4.85 | 14 |
| 10 | 10.0 | 0.0 | 4.0 | 76 | −20.00 | 30.00 | 29.60 | 80 |
| 11 | 10.0 | 8.0 | 8.0 | 289 | −17.39 | 14.81 | 2.58 | 35 |

（1）三元养分的肥效模型。根据"3·11"试验设计方案的试验结果，经 SAS 统计分析，得到三

元二次肥效回归模型。

$$\hat{y}=-186.4+34.789\,6x_1+41.961\,0x_2+13.763\,6x_3-1.094\,8x_1^2-1.507\,3x_2^2+0.078\,2x_3^2+$$
$$0.224\,9x_1x_2-0.623\,3x_1x_3-0.335\,8x_2x_3$$

式中，$x_1$ 为实际施氮量；$x_2$ 为实际施 $P_2O_5$ 量；$x_3$ 为实际施 $K_2O$ 量；$\hat{y}$ 为小麦产量。

$F=12.18$，$Pr>f=0.219$，$R^2=0.991\,0$，$R_{0.05}^2=0.563$，$R_{0.01}^2=0.699$，回归关系达极显著水平。

（2）三元养分施肥量与指数绝对值之和的回归模型。按"3·11"方案进行的 N、P、K 施肥量试验结果与小麦孕穗期测定叶片养分含量诊断的指数绝对值之和进行回归，得回归方程。

$$\hat{y}=134.176\,7-8.430\,5x_1-7.296\,6x_2-0.856\,9x_3+0.259\,9x_1^2+0.218\,7x_2^2-0.187\,5x_3^2-$$
$$0.137\,4x_1x_2+0.207\,7x_1x_3+0.261\,7x_2x_3$$

式中，$x_1$、$x_2$、$x_3$ 为 N、$P_2O_5$、$K_2O$ 实际施肥量，$\hat{y}$ 为指数绝对值之和。

$F=10.39$，$Pr>f=0.236\,5$，$R^2=0.989\,4$，$R_{0.05}^2=0.563$，$R_{0.01}^2=0.699$，回归模型拟合性达极显著水平。

（3）指数绝对值之和与小麦产量回归模型。据统计结果，建立两种回归模型。

$$\hat{y}=372.63-3.468\,5x\quad（x\text{ 为指数绝对值之和，}\hat{y}\text{ 为小麦产量）}$$

$F=191.28$，$Pr>F=<0.000\,1$，$R^2=0.955\,1$，$R_{校正后}^2=0.950\,1$，$R_{0.05}^2=0.563$，$R_{0.01}^2=0.699$，相关性与拟合性均达极显著水平。

$$\hat{y}=364.76-3.04x-0.004\,2x^2\quad（x\text{、}\hat{y}\text{ 含义同上）}$$

$F=86.22$，$Pr>F=<0.000\,1$，$R^2=0.955\,7$，$R_{校正后}^2=0.944\,6$，$R_{0.05}^2=0.563$，$R_{0.01}^2=0.699$。相关性与拟合性均达极显著水平。

指数绝对值之和与小麦产量关系见图 23-7。

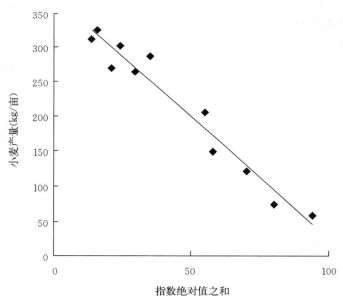

图 23-7 指数绝对值之和与小麦产量关系

养分指数绝对值之和与作物产量之间是呈明显的线性关系。指数绝对值之和越小，产量越高。本试验所测得的指数绝对值之和最小值为 14 和 16，其产量分别为 312 kg/亩和 324 kg/亩，其中差异可能是在取样、分析过程中产生误差所造成。所以在 DRIS 诊断过程中，保证各项诊断数据的准确性是达到 DRIS 诊断定量化应用的基础。由图 23-7 也可推知，如果养分指数绝对值之和真的能达到 0，那么就可获得在当时生产条件下的最高产量。但是要使养分指数绝对值之和真正达到 0 的水平是十分困难的，因为影响叶片养分含量变化的因素十分复杂，只有在养分处于绝对平衡状态的条件下，才可获得养分指数绝对值之和等于 0，实际上养分指数绝对值之和等于 0 是一个理论概念，理论上应该存在。故在数学计算过程中，为了达到最高产量，可以把它假设为 0，从而即可求得试验产量的理论最高值。

## 主要参考文献

Jones C A，1981. Proposed modifications of the DRIS (Dianosis and recommendation integrated system) for interpreding plant analyses [J]. Commun. Soil. Sci. Plant. Anal. (12)：785 - 194.

Sumner，et al.，1977. Application of beaufils diagnostic indices to maize data published in the literature irrespective of age and conditions [J]. Plant and Soil (46)：359 - 369.

Sumner，1981. Diagnosing the sulfur requirements of corn and wheat using the DRIS approach [J]. Soil Sci. Soc. Am. J. (45)：87 - 90.

# 第二十四章

# 作物高产更高产的理论基础与具体实践

作物高产是测土配方施肥和平衡施肥的主要目标之一，也是当代世界绿色革命的核心要求。测土配方施肥不仅是为了改善土壤对作物养分的供需状况、培肥地力、优化环境，而且更重要的是要达到作物高产更高产的目标，以满足人们对粮、油、棉、菜、果和工业原料的需要。因此，对作物高产的研究和实践是测土配方施肥体系中的一个重要环节。根据国内外经验，以及农业生产的高速度发展，仅从土壤养分角度进行测土配方施肥是远远不够的，还必须把包括水分在内的土壤物理特性、生物特性、耕作栽培、气候条件、病虫灾害、作物品种等各种与作物生产有关的因素与测土配方施肥联系起来，形成完整的综合技术体系，才能使作物高产更高产，这是农业绿色发展的基本要求。

## 第一节　作物高产更高产的理论基础

作物高产是在高产作物品种的引领下，与合适的光、热、气（$CO_2$、氧气等）、土、肥、水、密、保、工、管等各种生长条件下配合而获得的，也就是以上各种生产因素综合作用的结果。各种生产因素都有各自的特殊功能。在这些因素中，有些是人为不能完全控制的，如光、热、气、水（降水）等，但可通过科学技术的进步，去适应和利用它；有些因素是人为可控可调的，如土壤、肥料、作物品种、耕作方式、病虫害防治、水利灌溉等。只有将以上各种因素利用好、控制好、配合好，作物高产就有了可靠的基础。

以上各种生产条件都已经过长时间的、系统的科学研究，并已经取得了非常有效的成果。其中，肥料与其他各种生产因素的作用有着密切的关系，因此，在讨论作物高产更高产理论基础的时候，首先应对高产施肥理论进行讨论。

## 一、合理施肥是作物高产更高产的基础之一

经过许多科学家长时间的研究，在有关植物营养与合理施肥方面提出了原理和定律。例如，养分归还学说、最小养分律、同等重要律、报酬递减律以及综合因子作用律等。长期以来，我国把这些学说和定律当作指导作物高产施肥的理论基础。

### （一）养分归还学说

德国化学家李比希根据他人及自己的化学分析资料，推论出养分归还学说。

**1. 作物吸走什么归还什么**　　他认为植物从土壤中摄取为其生活所必需的矿物质，必须从土壤中带走营养物质而使之贫化。如果不正确地归还作物从土壤中摄取的营养物质，土壤迟早会衰竭。要维持地力，就必须将作物带走的养分归还给土壤。

**2. 土壤缺什么归还什么**　李比希指出，为了长期维持土壤肥力，必须把土壤缺乏的东西全部归还给土壤。例如，要恢复 50 年以前土壤的肥力状况，就应该把 50 年以来从土壤中带走的东西全部归还给土壤。李比希还强调说：农业生产的基本原则在于使土壤能全部收回植物从地里取走的、且从自然来源中不能经常得到补偿的那些营养物质。

**3. 按照土壤的营养状况和作物对养分的需求，需要什么就归还什么**　李比希说，在不同土壤里，有效成分之间存在不同的比例关系，如果这些比例关系是相同的话，那么在其他条件相同的情况下，相同量的肥料施在所有的土壤里都将得到同样的效果。而不同的农作物产品需要不同比例的营养物质，土壤中所含的营养物质的比例越合理，对谷物形成越有利，谷物的产量就越高。为了达到农业栽培的既定目的，必须了解土壤中营养物质的规律性，同时还需了解植物的生长规律。施肥不仅可以补偿土壤中的损失，因此要选择合适的肥料成分，以尽可能地使土壤营养物质的成分符合作物的生长规律。农民施用这种或那种肥料，都取决于土壤里的营养状况以及所栽培的植物需要。李比希的这些理论使人们感到李比希的养分归还学说已过渡到现代肥料施用的概念。

李比希的养分归还学说原则上是正确的。马克思、恩格斯对李比希这一学说给予了很高的评价，他们认为"用自然科学的观点来说明当代农业恶劣的一面是李比希的不朽功绩之一"。

长期以来，我国在农作物施肥过程中，基本上都是遵循这一学说的。在我国传统农业时代，农民将人畜粪便和其他有机肥施入土壤，使土壤始终维持一定的肥力和生产力，这被李比希称为养分归还的良好典型案例。现在所指的"归还"更加全面和合理，可使作物能达到高产、稳产的阶段。但有些地区自土壤耕作以来，土壤肥力在不同程度上退化了，这应引起高度重视。但是必须指出，李比希的"归还学说"是基于矿质养分基础上提出来的，是他"矿质养分学说"的一部分。其主要缺点正如威廉姆斯所说，他把土壤当作养分的储藏库，忽视了土壤和其他因素的作用。

**4. 养分归还过程中应该注意的问题**

（1）土壤在栽培作物的过程中，有机质由积累变成分解，使土壤有机质含量大大降低。有机质不但给土壤归还矿物质，而且能增加有机胶体，改良土壤结构，提高保肥保水能力，建立可高产稳产的农田。故必须采取各种有效措施，给土壤归还有机质，即增施有机肥料。

（2）土壤在栽培作物过程中，矿质养分也由积蓄变成消耗，为了提高土壤的有效肥力，必须按土壤和作物所需养分状况进行养分归还。一般着重归还氮、磷元素，使其达到平衡状态，有些地区已显示缺钾现象，则应重视归还钾元素；不少地区和作物也已显示缺乏中、微量元素，也应及时归还中、微量元素；油菜归还硼元素，玉米归还锌元素，水稻归还硅元素，豆类作物归还钼元素等都是必须的。

（3）长期以来，由于距村庄近的田地施肥较多，距村庄远的田地施肥较少，城镇发达地区施肥较多，偏远地区施肥较少，结果造成土壤肥力不平衡。为了达到均衡增产，必须对距村庄远的田地和偏远地区的瘦薄土壤增加养分的归还。

（4）养分归还不能理解为作物吸收多少就归还多少，吸收什么就归还什么。施入土壤的养分，除作物吸收带走的以外，还有相当一部分养分因其他各种因素导致从土壤中损失或被土壤所固定，故在归还养分数量方面应考虑这些因素所造成的养分损失，归还量应高于作物所吸收的量。所吸收的养分种类中，有的也不一定需要归还，如黄土地区土壤含钙量很多，虽然作物吸收了很多钙质，在当前情况下就不需要归还；盐碱土地区作物虽然吸收了许多钠离子，但土壤钠离子含量过高，也不需要归还。

（5）养分归还还必须在土壤和作物养分分析基础下进行。李比希的养分归还学说是通过对长期的室内和日间试验条件下对土壤和作物养分分析结果的不断补充和完善的基础上建立起来的。但没有化学分析和作物栽培试验是不可能建立起养分归还学说的。只有在土壤养分测定的基础上，建立合适的计划产量后，才能进行正确合理的养分归还。

### （二）最小养分律

最小养分律（或最低因子律）是李比希于 1843 年提出的。他说"当一种必需的养分短缺或不足时，其他养分含量增多，植物不能生长，甚至死亡"。

李比希用试验结果表述了这一定律，他说："钙和镁处于最低量，那么一块土地上甜菜、黑麦、土豆、三叶草首先停止生长，甚至在钾、磷和其他物质的含量在土壤中增加 100 倍的情况下也不会增产。但是，仅仅施一点钙肥，这块地的甜菜和三叶草的产量就提高了。"说明供试土壤的钙和镁已成为该土壤对这些作物生长所必需的限制因素，成为作物生长的最小养分。

李比希还说：每块田地会有一个或几个营养物质的含量会是最低量，而有一个或另外一些营养物质的含量是最大量。作物产量与这些最低量的营养物质呈紧密的相关关系。这些营养物质可能是石灰、钾、氮、磷酸、镁或者其他营养物质。处在最低量的营养物质支配着产量并决定其高产和持续稳定。这就是李比希的最小养分律。为了加深认识和理解，后来李比希用木桶模式来表达这一定律，见图 24-1。

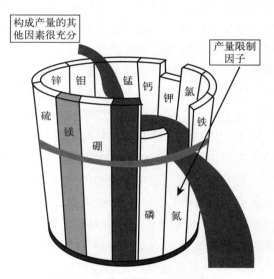

图 24-1 最小养分律的木桶模式

木桶的每一块木板代表一个营养元素，木板有长、有短。例如，其中的氮（N）板是最短的一块，木桶盛水（水表示作物生长或产量）最多只能盛到 N 板的高度，其他养分板即使再高也不能使木桶盛更多的水，因此，要增加木桶盛水高度，首先应增加 N 板的高度。当 N 素增加后，并超过其他元素的含量，则最小养分就变成其他养分元素了。Wagner 与 Mayen 支持这个观点，并提出 $y=a+bx$ 的线性方程进行表达（图 24-2）。

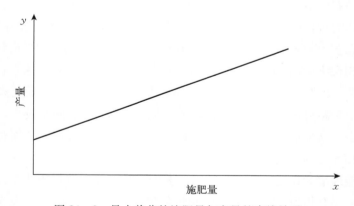

图 24-2 最小养分的施肥量与产量的直线关系

这一条定律对正确施肥和选择肥料种类是非常重要的。如果忽视这点，就会使土壤养分失去平衡，耗费资金同时也很难增产。

在农业生产过程中，由于对这条定律认识不足，在平衡施肥方面曾出现过许多问题，如氮磷比例严重失调。许多地区的土壤缺磷曾成为农业增产的限制因素，单纯施用氮肥，忽视磷肥的施用，磷元素成为最小养分，因此增施磷肥，可以大幅度增产；在有些高产地区，氮、磷与钾开始失去平衡，增施钾肥可以显著增产；不少地区土壤大量元素与微量元素也已开始明显失调，如锌、镁和硼，在有些地区明显缺乏，注意施用，其增产作用极为明显；有机肥与无机肥的比例失调现象很普遍，虽然土壤由于大量施用化肥，虽然可以提高地力增加产量，但土壤腐殖质仍然不能迅速恢复，这是限制不断高产稳产的重要因素之一。在此必须强调一下，土壤养分的限制因子不是一个，而是多个，而且限制的程度也不一样，如某一养分极缺，其对作物生长的限制程度就最大；某种养分较缺，那限制程度就是次要；某种养分一般缺少，这就是一般限制程度。因此，在施肥配制的时候，必须对几个不同程度的养分限制因子同时进行配制，只有这样才能满足平衡施肥的需要，达到高产稳产的目的。

李比希的最小养分律，是对矿质养分而言的。这一定律以后又有了新的发展。1905 年，英国的 Blackman 提出了"限制因子律"，他认为"增加一个因子的供应，可以使作物产量增加，但是遇到另一个生长因子不足时，即使增加前一个因子也不能使作物产量增加，只有当缺少的因子得到补足，作物才能提高产量。"这是最小养分律的扩展和引申。扩展到养分以外的因素，如土壤物理因素（质地粗细、结构松紧、通气情况、水分、有害物质有无等）、气候因素（光照长短、强弱，温度高低，降雨）以及农业技术因素等，都可能成为作物生长的限制因子。因此不仅要注意施肥种类和数量，而且也要注意影响作物增产和施肥效果的其他因素。

另外，Liebscher 于 1895 年提出"最适因子律"。这个定律的意思是：作物生长受许多条件的影响，生长条件变化的范围很广，植物适应能力有限，只有影响生产的因素处于中间的地位，最适于植物生长，产量才能达到最高。因此，当生长条件处在最高或最低的时候，都不适于植物生长，产量可能等于零。这个定律说明，在一定条件下，肥料、水或其他条件不是越多越好，但缺少也不行，而是要适量才能达到最高产量。这对"最小养分律"使用量的确定有一定意义。但最适量也是一个变数，当其他因素发生改变时，最适量也会随之而变化，要使各种因素的用量相互适应，这样才有利于作物生长。

影响作物生长的因素很多，A. wallace（1990 年）提出限制作物生长的因素约有 35 种。美国农业化学教授 J. L. Havlin 等（2006 年）提出，影响作物生长和产量的限制因素有 50 多种，现在虽然不能控制气候方面的限制因素，但在土壤和作物方面的大部分限制因素是能够被控制和管理的，并使其达到最大生产潜势。图 24-3 表明，理论产量是在无限制因素下获得的，但如缺乏某一限制因素的改良，就会影响到作物产量。

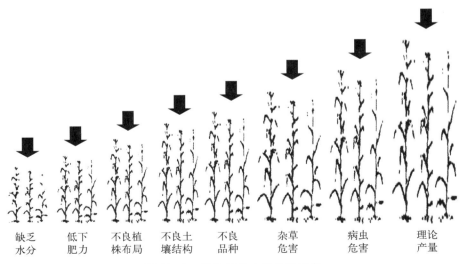

| 缺乏水分 | 低下肥力 | 不良植株布局 | 不良土壤结构 | 不良品种 | 杂草危害 | 病虫危害 | 理论产量 |

图 24-3　李比希最小养分律示意

但每一限制因素对作物产量的影响程度是不一样的，由图 24-3 看出，以上因素的限制程度可以用下列次序表示：水分＞肥力＞植物布局＞土壤结构＞种子＞杂草＞病虫害。对产量影响程度最大的限制因素是水分。只有当全部限制因素被改良以后，作物才能生长出可能达到的最高产量。

图 24-3 还表明，所列限制因素并不是具体论述李比希的"最小养分律"，而是应用李比希的"最小养分律"原理来论述作物高产的"最小因子律"原理，扩大到其他因素对作物生长的影响，因符合李比希的"最小养分律"原理，故称其为"最小因子律"。

### （三）报酬递减律

**1. 肥料报酬递减律的概念** 报酬递减律是 18 世纪后期，首先由欧洲的经济学家根据投入与产出之间的关系提出来的，苏联土壤学界和经济学界对这一条定律曾经进行批判。但实际上这一条定律在工业、农业、畜牧业生产等各个方面都得到广泛应用，具有一定的意义。

在 20 世纪初米采利希（E. Mitscherlich）深入研究施肥量与作物产量之间的相关性，他发现随着施肥剂量的增加，所获得的增产量具有递减的趋势，与报酬递减律在形式上是完全吻合。

报酬递减律的一般表述是：从一定土地上所得到的报酬，随着向该土地投下的劳动和资金数量的增大而增加，但随着投入的单位劳动和资金的增加，报酬的增加却逐步减少。

**2. 报酬递减律在合理施肥中的作用** 通过土壤养分分析和田间肥效试验，得到不同土壤和不同作物的肥效结果，并依此建立多元、多项、二次肥效反应模式。在过量施肥条件下，一般都表现出肥料报酬递减现象，同时可计算出作物最高产量和最佳产量施肥量。但这是在一定条件下所取得的施肥量，只能在类似地区，如相同土壤类型、相同肥力水平、相同气候条件、相同作物种类和品种、相同耕作栽培技术等条件下才可运用，并能获得良好结果。因此可为类似地区的作物高产施肥量和最佳施肥量提供依据，避免施肥的盲目性，在一定程度上可保证养分平衡供应，提高养分利用率，减少养分损失，提高作物产量和品质，减少环境污染。所以肥料报酬递减律在一定条件下对合理施肥具有重要意义。

我国自 20 世纪 80 年代以来，由于全面推广和应用测土配方施肥技术，曾进行了大规模的田间肥效试验，且大部分都采用不同类型的回归设计试验，并人为地设置过量施肥，故所得结果绝大部分都是符合报酬递减规律的。依据这一规律，在全国大部分地区都确定了施肥量指标，使我国合理施肥水平提高到一个新的阶段，也为我国化肥生产及其结构的改善提供了重要依据。

**3. 肥料报酬递减律的局限性** 肥料报酬递减律虽然在一定条件下对合理施肥具有重要意义，但却存在很大的局限性，使不少科学家对其引起了质疑，甚至持否定看法。从理论和实践两个方面来观察，其主要局限性有以下几个方面。

（1）理论条件的局限性。肥料报酬递减律是在作物生长条件一定的情况下，由限制单一养分研究的结果，试验的养分既未与其他养分因素相配合，又未与作物生长有关的其他因素相结合，显而易见其是孤立地研究某一养分因素的结果。后来 Spillman 虽然采用了完全肥料进行了试验，得到了与米采利希相似的结果，由于他仍没有与作物生长有关的其他条件相结合，仍是应用肥料营养这个因素，隔离了影响肥效和作物生长的众多外界因素的作用，其局限性是十分明显的。对米氏的试验结果来说，如果试验养分因素与其他养分因素相配合，肥效反应的线性也可能是直线或者是递增曲线；对 Spillman 的结果来说，如果将作物生长条件进行了调整或者更能满足作物生长需要，全素养分的肥效反应也可能是直线，也可能是递增的曲线，这已有许多试验所证实。因此"报酬递减律"在理论上是片面的、不全面的。在一定条件下，它是存在的，但在自然界来说，就难以说明是一个普遍规律。

（2）运用条件的局限性。正因为肥料报酬递减律是在一定条件下产生的，所以依此定律的肥效反应模式所获得的作物施肥量只适于在一定条件下应用，只适于与试验区域内相似土壤、相似气候、相似作物、相似耕作方式等条件下应用，如果这些条件有了明显的改变，则试验结果就不适用，甚至减产。如在 20 世纪 80 年代，作者在陕西关中灌溉地区通过小麦肥效试验，亩施 N 10 kg、$P_2O_5$ 8 kg，亩产可得 350～400 kg；在渭北旱塬地区，小麦亩施 N 6 kg 和 $P_2O_5$ 4.5 kg，亩产可得 150～200 kg。如果以关中施肥量应用到渭北旱塬，虽然施肥量增加了，但产量明显下降；相反，以渭北旱塬施肥量应用到关中灌区，因施肥量减少，产量也随之明显下降。这就是因为两个地区的作物生长条件有明显改变，肥效反应也就产生显著变化。渭北旱塬地区使用关中施肥量，肥效递减曲线就会很早出现，施肥量成为阻碍作物生长的因素；关中灌溉地区施用渭北旱塬区的施肥量，肥效反应递减曲线就不会出现，而是直线效应。由此可见，肥效反应的线性是随施肥条件和作物生长条件的变化而出现的。这就反映出肥料报酬递减律在实际应用方面存在着很大的局限性。

（3）人们思想受到严重束缚。我国自 20 世纪 70 年代以来，大力片面地宣传推广"肥料报酬递减律"，虽然在我国农业技术比较落后的状况下对提高施肥水平起到了一定作用，但没有明确告诉大家"肥料报酬递减律"本身还存在许多缺陷性。当时我国广大农化工作者来说，对肥料科学的许多原理和定律还缺乏深入、全面的认识，对农业生产科学知识同样还缺乏全面、深入的了解，因此在大力宣传推广"肥料报酬递减律"的过程，其也就普遍当作一项新技术接受和采用了。但遗憾的是，许多人都忽视了肥效递减曲线的可变性，当某些条件变化时，递减曲线可以变为直线，甚至变为递增曲线。但很少有人去研究这方面的问题，主要原因是思想被"肥料报酬递减律"束缚，错误地认为，通过土壤测试和田间试验，利用数学模型计算所得到的一定产量时的施肥量，就把它当作标准去指导肥料施用，这在我国当时土壤肥力较低的情况下，虽有一定效果，但不是很大，离发达国家的施肥效果还有很大距离。施肥量是随农业生产条件的变化而变化的，研究所确定的施肥量，不是持久可适用的。近几十年来，由于一直坚持"肥料报酬递减律"，忽视了肥料与其他因素相互关系的研究和应用，肥料利用率越来越低了，许多作物的产量和品质也越来越低。目前我国农化工作亟需解决的问题，就是要解放思想，开拓进取，大胆冲破"肥料报酬递减律"的束缚，向着高产更高产的农业综合因素的方向去研究、去发展，在我国现在改革开放制度下，这一方向应该是我国农业大发展的最大动力之一。

### （四）综合因子作用律

综合因子作用律原本是在李比希养分研究的基础上从养分的角度提出来的。作物需要的营养元素是多种多样的，据国内测定有 40 多种，国外报道有 60 多种。已经发现的营养元素对作物生长和生理变化都有一定作用，而且相互之间都有交互作用，故综合因子作用律能提高各种元素的肥效作用，增加作物产量。"综合因素作用律"是肥料科学上的一大发展。从我国肥料科学的发展来看，在中华人民共和国成立前及成立初期，只是研究 N、P、K 在不同地区和不同作物上的肥效反应，结论是南方土壤主要缺 N、P，北方土壤主要缺少 N；20 世纪 60 年代研究发现，南方土壤都缺少 N、P、K，北方土壤既缺 N 又缺 P；20 世纪 80 年代后，南方土壤不仅缺乏 N、P、K，也开始缺乏中、微量元素，北方高产土壤既缺 N、P，又缺 K，中、微量元素在有些果树和作物的土壤上也开始缺乏。限制养分因素随着农业生产的发展不断增多，但对各种限制营养元素合理配合的研究直至 20 世纪 80 年代前都非常少，自 20 世纪 80 年代以后随着全国土壤普查才引发大家对 N、P、K 及中、微量元素等多元素配合施用的试验研究，效果十分显著。养分"综合因素作用律"促进了我国肥料科学和农业生产的发展。

## 二、作物高产的理论基础——最大因子律

### (一)最大因子律的基本含义

最大因子律的基本含义,简单地说,就是把影响作物生长和产量的所有因子进行科学、合理组配,综合投入生产,能满足作物对各种因子的需要,来获得作物所具有的最大潜力的产量水平,这就是最大因子律。

影响作物的各种生长因子都必须经过测定、试验诊断,确定其是否为该作物生长和高产的限制因素,如果是,使用时就要进行匹配;如果不是,使用时就不进行匹配,否则会造成资源浪费。

Wallace(1984)发表了一篇引人注目的文章,题目是"下一次的农业革命(Next agriculture revolution)",他指出,下次的农业革命就是"农业各学科组合和应用的革命"。含义是:农业科学是作物育种,品种选育和栽培管理,土壤改良、土壤肥力和植物营养,控制杂草,农田灌溉,植物生理学,昆虫学,土壤微生物学,植物病理学,农业机械学等学科组成,每一学科发展一步,都能提高作物产量。但很少有人把这些学科所取得的成果组合在一起应用于农业,使产量达到作物生产的最大潜力水平。把各学科的成果组合在一起,形成统一的或综合的农业技术系统,就是综合科学革命的基础。同时他提出了最大因子律,定义是:把所有限制作物生长的因素组合在一起就是最大因子律。

### (二)最大因子律的核心功能——连乘性交互作用

美国著名学者 Wallace(1990)将所有限制因素分成由小到大的份数(0.00~1.00)投入生产,与可达到产量制作成图 24-4。

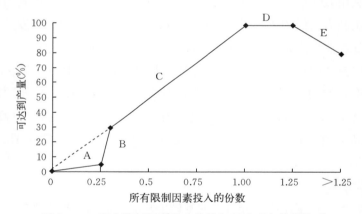

图 24-4 所有限制因素投入份数与可达到产量的关系

图中,1.00 表示全部限制因素投入生产;0 表示没有将限制因素投入生产,即得不到任何产量;1.00 表示投入全部限制因素,能获得最高潜势产量;A、B 是代表李比希限制因素产量,C 线表示已通过了原有的限制因素 A、B 而进入到米采利希连乘性交互作用区段的产量。在 C 区段内,米采利希最小因子律开始起增产作用,作物产量是随限制因素投入数和投入量的增多而呈线性增高;C 区的直线可以直接延接到 0 的原点;D 区是代表可获得作物的潜势产量,并形成一个平台,这是基因性潜势产量稳定性平台,故 D 区就是代表最大因子律;E 区代表因过量投入而引起的产量降低。C 区的作物产量是使人最感兴趣的一区,在这一区内,所采取的技术措施和管理措施都得到合理匹配,这就能够获得引人注目的高产水平。

### (三)最大因子律可克服肥料报酬递减现象的产生

因为肥料报酬递减律是在一定条件下产生的,所以当条件发生变化时肥料报酬递减曲线就会发生变化。许多研究结果表明,在限制因素改善的情况下,可使肥效递减曲线的斜率增大,曲率减小,逐

渐向肥效直线或递增曲线方向转化。为了证明肥效递减曲线的可变性，下面举例说明。

**1. 俄罗斯 Волънь 的试验** 俄罗斯 Волънь 应用光、肥料、水分 3 个因素进行的盆栽试验，把春黑麦种在 3 组盆子里，每组由 4 个盆子组成，装有同样的土壤。每一组中有 3 个盆子不用肥料，而这 3 个盆子的水分一直分别保持 20％、40％和 60％（以最大含水量为标准）。保持的方法是每天称重 2 次，失去的部分加水补充。每组的第四个盆子，都施用了充足的肥料，肥料中包含着各种矿物质养分和氮。它们的数量满足春黑麦达到极高产量时的需要。同时他们的形态也是不会还原变化的。施肥处理的土壤湿度，一直保持最大持水量的 60％。这三组试验在全部实验期间，一组是在充足的阳光之下，一组是弱光，另一组是中等光。弱光是在覆盖的玻璃上粘着黑色纸，中等光是在玻璃上粘着卷烟包装纸。从图 24 - 5 可以明显看出，产量的变化这 3 组都是从 40％的湿度开始，有两个方向，一个是虚线，一个是实线，前者代表不施肥料时水分由 40％～60％时产量的变化；后者是同时代表着水分由 40％～60％，由不施肥到施肥时产量的变化。如果植物得到充足的养分，就能够利用更多的水分。如果就 3 个因子同时来看的时候，水的作用、光的作用等产量不但没有渐减，而且不是直线，而是递增曲线。如果把自然条件孤立起来，如把光孤立成某一强度，肥料都不施用时，则可发现不同水分条件下的产量结果是渐减的；如果把光和肥料结果联系起来看，就可发现在水分 60％时，不同光照条件下施肥的产量是向上弯曲上升，是递增的。所以威廉姆斯说：若是把自然现象孤立起来看，一定会得到渐减的现象。

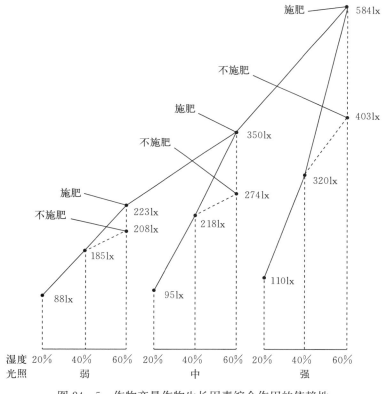

图 24 - 5 作物产量作物生长因素综合作用的依赖性

苏联土壤学家威廉姆斯对"报酬递减律"进行了系统深入的评判。从李比希的矿质营养学说"一块地上的作物，它产量的减少或增加和使用粪肥中的矿物质的增减是呈正比例"的基础上，Liebscher 将其推进了一步，得出了"适量律"，而 Thonmill（1923）更提高了一步，得出了"报酬渐减律"。为了验证"报酬渐减律"，H. Hellriegel（1883）利用不同含水量（5％、10％、20％、30％、

40％、60％、80％、100％）对大麦产量影响进行了试验。结果表明，大麦产量随含水量的增加而上升，当达到一定限度时（这里是60％），产量便开始持续下降，以致完全无收，这就完全符合"报酬递减规律"一说。类似这样的试验，如温度、日光、矿质养分等，也对许多不同作物进行了试验，而且都得到同样的结果。从表面上看这条定律是可靠的、最客观、最科学的，但它是错误的。

作物产量是能够继续无限制地增加的，但只有当我们能够把复杂生产过程中的一切不可分割的环境因素同时掌握好时才有可能实现。这些因素是一个有机的整体。如果只是改进其中一个因素，如肥料，不可避免地会引起对于其他一切因素改进的需求。

在植物生活的基本条件中，从产量的增加来看是不会有限制的，如有限制的话，只是在日光和温度上，但是日光和温度又是充足的。目前为什么农作物的产量还不能够提高到预期的水平呢？这是因为对于光和温度以外的因素与植物的关系理解还差得很远，控制它的技术还不够成熟。

**2. 日本鸿巢农事试验场的试验**　日本鸿巢农事试验场曾做了一系列的试验，研究了每个因子对施用稻草重量与产量之间的关系，将每个因子的结果整合在一个图中（图24-6）。结果表明，将每个试验因子孤立起来看，稻草重量与产量之间关系符合报酬递减律，但从全部试验来说，可以看出随着稻草重量的增加，糙米产量不是渐减，而是渐增，且呈直线关系。每个试验只要变动其中的一个因子，结果就会符合报酬递减律。但从整体来看，报酬递减律是不成立的。

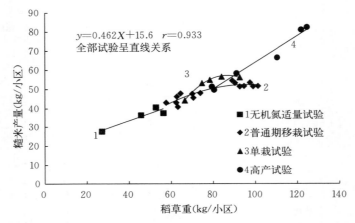

图24-6　各个试验中稻草重与产量的关系（根据城下的研究成果，由村山制图）

日本在稻作产量与施肥量之间的关系也做了大量研究，结果见图24-7。

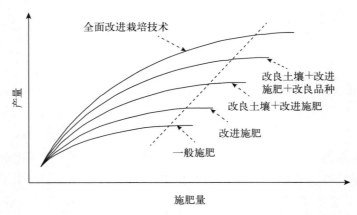

图24-7　改进稻作技术与防治报酬递减律（虚线为最高产量点的连线）

图 24-7 显示，稻作产量的增加与施肥量之间存在密切的正相关关系，这不仅是单纯地因增大施肥量而达到的结果。为提高施肥效果，曾试验改进与稻作有关的多种因素，以其综合结果确定施肥量，因此提高了稻作产量。每改进一个因子，产量就升高一个档次，全面改进栽培技术，产量便达到更高的档次。每改进一个因子后，施肥量效应都符合报酬递减律，但从每个改进因子所取得的高产点连线来说，都是随着施肥量的增加而呈直线发展（如图中虚线）。也可以看出，每增加一个改进因子，所得施肥量效应曲线，其斜率不断增加，线性程度也随着改进因子的增加而变大，所以肥效递减曲线是可以随着投入改进因子的增加而向直线方向发展，进而达到递减曲线的消失。

**3. 北京市农林科学院黄德明试验** 北京市农林科学院土壤肥料研究所黄德明研究员根据不同年份肥料投入与产量的关系作出肥料效应示意图（图 24-8）。由此可以看到，在各个年度内肥料投入报酬呈递减的，但在 3 个年度间用虚线相连接的最高效益是呈递增的。而且随着时间的增长，肥料效益也随之增大，很明显这是由于农业技术水平不断得到全面提高的结果，从而使肥料报酬变成递增。

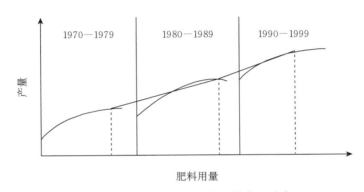

图 24-8 不同时期肥料投入的收益示意

日本学者利用在多因素作用下氮的增产效应来阐明报酬递增的存在（图 24-9）。

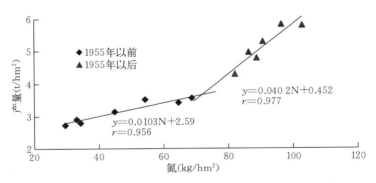

图 24-9 氮的效率和日本糙米产量的关系（1927—1973 年）

由图 24-9 看出，氮肥效应分两个时期，一个是在 1955 年以前，氮肥效应是呈线性模型，但产量较低，说明在这段时间内，土壤肥力可能较低，综合因素的增产效应不高；另一个是在 1955 年以后，氮肥效应也是呈线性模型，但产量明显提高，说明在这一时期内，土壤肥力有所增高，综合因素的增产水平更高。

**4. 陕西省农业科学院吕殿青的试验** 用 N、P、K、M（有机肥）、播种密度、播种时间 6 个因素不同水平在陕西洛川旱塬地上进行了最优回归设计试验。如单独施以 N 肥不同施肥量和其他 5 个因

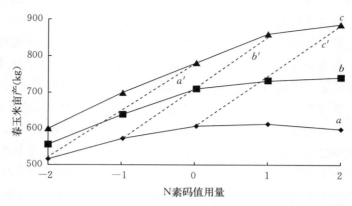

图 24-10  春玉米产量与施氮量之间的线性关系（虚线代表最高产量点的连接）

素不同用量进行组合，由总方程求得 3 条曲线 a、b、c（图 24-10），这 3 条曲线都反映出 N 肥肥效是递减的，但这 3 条曲线的斜率则由 a、b、c 依次增大，即曲线向直线方向的转移趋势越来越大。所得 a，b，c 3 条曲线的计算方法为：a 线以 P、K、M、密度、播种时间，即分别用码值 −1、−1、−1、−1、0 表示，再分别加 N 素码值用量 −2、−1、0、1、2，代入试验所得的 6 个因素回归方程，取得相应的作物产量点，把所得的 N 肥施用量的 5 个点连接起来，形成了 a 曲线；b 线和 c 线用同样方法，分别用 P、K、M、密度、播种时间，即以码值 0、0、0、0、0.5 和 1、0、−1、0、0 分别与 N −2、−1、0、1、2 代入相同的 6 个因素回归方程，得到 b 曲线和 c 曲线。另外，以 N 量 −2、−1、0 为基础，分别与其他 5 个因素不同用量适当组合投入，得到产量效应为 $a'$ 直线；以 N 肥用量 −1、0、1 为基础，分别与其他 5 个因素组合投入，得到 $b'$ 效应直线；以 0、1、2 为基础，分别与其他 5 个因素不同用量组合适当投入，又得到 $c'$ 效应直线。这就进一步说明，氮肥施肥量的增加与其他因素适当配合投入，所得到的产量是可以不断增加的，而且是直线性的增加，递减曲线形式即可消失，变成递增直线或递增曲线。

另外，根据试验资料，设 $x_1=1$（N，编码值）和 $x_2=1$（$P_2O_5$，编码值）时，将其他因素投入以百分数表示，则得到因素投入（%）与春玉米产量的关系（图 24-11、图 24-12）。

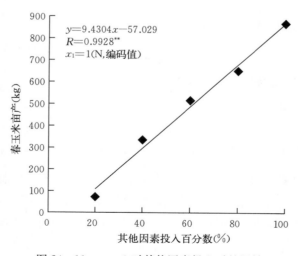

图 24-11  $x_1=1$ 时其他因素投入时的肥效

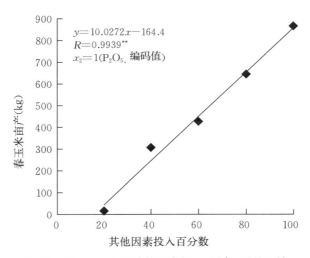

图 24-12　$x_2=1$ 时其他因素投入（％）时的肥效

结果表明，在 $x_1=1$，与其他因素投入不同（％）时的春玉米产量呈直线线性相关关系。

$$y=-87.03+9.43x,\ R=0.9928^{**}$$

式中，$y$ 为春玉米产量；$x$ 为其他因素投入（％）。

$x_2=1$，与其他因素投入（％）时的春玉米产量也呈直线线性相关关系。

$$y=-164.40+10.03x,\ R=0.9939^{**}$$

式中，$y$ 与 $x$ 含义与上式相同。

由以上可以说明，所投入的因素都属于对春玉米生产可起限制作用，所以每增加一个等级的投入，都有明显的增产作用，限制因素投入越大，单因素肥料投入的作物产量越高。所以要达到作物高产水平，首先要准确判断出作物产量的限制因素，然后加以适当匹配，这样作物产量就可随着限制因素投入的增加而增加。作物生产的限制因素种类和类型在一定土壤、作物、气候、耕作、栽培、施肥、灌溉等条件下是一定的，但随着农业科学技术的发展，可使作物生产因素得到改善，改善的因素投入生产，将会引起其他生产因素的变化。有的因素本来在一定条件下是稳定的，在生产上并不是突出的限制因素，但随着其他改进因素的投入，会变成增产作用十分突出的限制因素。所以作物的限制因素是可以随农业科学技术的发展而不断出现并不断得到改进，从而使作物产量不断得到提高。这是作物高产更高产理论的依据所在。

**5. 中国科学院气象研究所的研究资料**　中国科学院赵聚宝、徐祝龄等著的《中国北方旱地农田水分开发利用》一书中提出了"报酬递减现象及因子互补作用"的说法（图 24-13）作了解释说明。由图看出，报酬递减点的连线显示了作物产量是随施肥量的增加而增加，其肥效反应可用下式表达：

$$y=a+bx+cx^2$$

式中，$c$ 为正值时，即为报酬递增曲线（图 24-13）。这就进一步说明，报酬递减律只是在某一因子变动而其他因子不变动时才成立。实际上，作物生产中只存在这种现象，而不存在这种科学的严格关系，这是因为某一因子的变动（如水分）会引起其他因子的变动（如空气）。某一因子的报酬递减，可由其他因子来弥补，使其不递减。在农业生产中，单纯地增施肥料并不能完全发挥土壤生产力，只有与土壤所处的环境和人为因素相互配合，才能防止肥料报酬递减现象的发生，从而达到作物的最高产量。

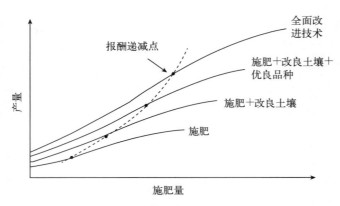

图 24-13 报酬递减现象及因子互补

### （四）最大因子律能使作物不断高产更高产

一定作物品种的产量潜势是固定的，而众多限制因素是在不断变化的。如在一料、二料、三料作物种植以后，有些李比希限制因素已被克服，而有些米采利希限制因素却转变为李比希限制因素。新产生的李比希限制因素必须及时诊断出来，并被全部克服，变成米采利希限制因素，然后再适量投入生产，使这一作物品种生产出其固有的潜势产量水平，这一作物产量就可能产生一个新的飞跃。然后再过一料、二料、三料作物的栽种，又有一些米采利希限制因素转变为李比希限制因素，或者又发现了新的李比希限制因素，这时又必须及时诊断出这些新转变出来的李比希限制因素，并再全部克服，使米采利希限制因素进一步增加和完善，则这一作物便能生产出更高的潜势产量，使作物产量再次产生更大的飞跃。照此继续循环，使作物生长的限制因素不断产生、不断被发现、不断被诊断、不断被克服、不断被改进，使米采利希最小因子不断增多和完善，作物产量就可以不断产生新的飞跃。为此可实现这一作物的潜势产量。在绿色革命新品种的倡导下，一种新的更高产量的作物品种又被培育出来了，人们当然又可引种这一更高产量的新品种，并不断摸索和创造适于这一新品种高产更高产的配套栽培技术系统和管理方法，使新品种作物产量不断产生新的飞跃，产量不断提高，从而达到这一新品种潜势产量的实现。

# 第二节 作物高产最大因子律的验证试验

为了验证最大因子律的科学性和寻求作物高产的综合配套技术体系，作者在河南、陕西等地对不同作物进行了多因素田间试验，现将试验情况简述如下。

## 一、河南长葛小麦高产试验

### （一）试验地概况

1996 年在河南长葛坡胡乡石桥村进行了小麦高产研究，试验小区面积为 20 m²，供试土壤为褐土，试验前测定了土壤养分含量，土壤 pH 为 8.8、有机质为 2.46%、全氮 0.217 4%、碱解氮 73 mg/kg、速效磷 14.0 mg/kg、有效钾 75.9 mg/kg。土壤肥力较高，但缺钾现象比较严重。

试验区地形平坦，为井灌区，小麦-夏玉米一年两熟。施肥多以氮肥和磷肥为主，试验前多年未施钾肥。

### （二）确定土壤养分限制因素，制订试验方案

**1. 通过盆栽试验找出土壤养分限制因素** 试验前，对预定试验地采取土样，利用美国 Hunter 的

土壤养分系统诊断法进行室内测试和吸附试验，确定最佳处理及减素、加素试验方案（表 24-1），利用温室土钵高粱生物试验，观察减素或加素与最佳处理生物量相比的增减效应，以评价土壤各种养分的相对缺乏程度，确定限制因素。

表 24-1　温室生物试验方案

| 处理 | 最佳 | −N | −P | −K | −S | +B | −Cu | +Fe | −Mn | −Mo | −Zn | 1/2K | CK |
|---|---|---|---|---|---|---|---|---|---|---|---|---|---|
| N | 12.8 | 0 | | | | | | | | | | | 0 |
| P | 14.8 | | 0 | | | | | | | | | | 0 |
| K | 38.4 | | | 0 | | | | | | | | 19.2 | 0 |
| S | 16.0 | | | | 0 | | | | | | | | 0 |
| B | 0.0 | | | | | 12.8 | | | | | | | 0 |
| Cu | 9.6 | | | | | | 0 | | | | | | 0 |
| Fe | 0.0 | | | | | | | 12.8 | | | | | 0 |
| Mn | 8.0 | | | | | | | | 0 | | | | 0 |
| Mo | 0.0 | | | | | | | | | 12.8 | | | 0 |
| Zn | 6.4 | | | | | | | | | | 0 | | 0 |
| 追施 $NH_4NO_3$（g/5 L 水） | 1.5 | 0 | | | | | | | | | | | 0 |

温室土壤养分诊断试验结果见表 24-2。从结果看出，缺少氮、磷、钾、硫时对生物量减产程度达到极显著水平，缺锰时达显著水平，说明这些营养元素可能是影响小麦产量的限制因素，这为编制田间肥料试验方案提供了依据。

表 24-2　温室生物试验结果及其统计评价

| 处理 | 平均生物量（g/钵） | 相对产量（%） | 评价 |
|---|---|---|---|
| OPT | 3.1 | 100 | 假定 |
| −N | 1.72 | 55** | 估计低，缺少该元素减产 45% |
| −P | 1.95 | 63** | 估计低，缺少该元素减产 37% |
| −K | 1.80 | 58** | 估计低，缺少该元素减产 42% |
| −S | 2.50 | 81** | 估计低，缺少该元素减产 19% |
| +B | 2.62 | 84 | 估计适当，施该元素对产量无影响 |
| −Cu | 2.78 | 90 | 估计适当，施该元素对产量无影响 |
| +Fe | 2.65 | 86 | 估计适当，施该元素对产量无影响 |
| −Mn | 2.55 | 82* | 估计低，缺少该元素减产 18% |
| +Mo | 3.55 | 114 | 估计欠适当，施该元素对产量略有影响 |
| −Zn | 2.58 | 83* | 估计低，缺少该元素减产 17% |
| +1/2K | 2.96 | 96 | 估计适当，施加 1/2K，比减 K 增产 48% |
| CK | 1.58 | 51** | 不施加任何元素减产 49% |

注：OPT 为最佳处理，*、**分别表示在 5%、1%水平上的显著性。

**2. 综合因素的田间试验**　依据温室盆栽试验对氮、磷、钾大量元素采用"3·11＋对照"试验方案。试验处理随机排列，重复3次。试验的磷肥、钾肥和1/2总氮的氮肥均于播种前做基肥一次施入土壤，其余1/2氮肥作追肥期试验，分别见表24-3和表24-4。

表 24-3　氮、磷、钾施肥量试验设计与产量

| 处理号 | 码值 | | | 实施量（kg/hm²） | | | y（3次平均）（kg/hm²） |
|---|---|---|---|---|---|---|---|
| | $X_1$（N） | $X_2$（P₂O₅） | $X_3$（K₂O） | N | P₂O₅ | K₂O | |
| 1 | 0 | 0 | 2 | 262.5 | 225 | 525 | 7 441 |
| 2 | 0 | 0 | −2 | 262.5 | 225 | 0 | 8 936 |
| 3 | −1.414 | −1.414 | 1 | 76.9 | 66 | 393 | 7 714 |
| 4 | 1.414 | −1.414 | 1 | 448.5 | 66 | 393 | 8 726 |
| 5 | −1.414 | 1.414 | 1 | 76.9 | 384 | 393 | 6 993 |
| 6 | 1.414 | 1.414 | 1 | 448.5 | 384 | 393 | 8 597 |
| 7 | 2 | 0 | −1 | 525 | 225 | 132 | 8 887 |
| 8 | −2 | 0 | −1 | 0 | 225 | 132 | 7 283 |
| 9 | 0 | 2 | −1 | 262.5 | 450 | 132 | 7 973 |
| 10 | 0 | −2 | −1 | 262.5 | 2 | 132 | 8 658 |
| 11 | 0 | 0 | 0 | 262.5 | 225 | 262.5 | 9 682 |
| 12 | −2 | −2 | −2 | 0 | 0 | 0 | 6 899 |

表 24-4　裂区加素试验方案* 与产量

| 处理号 | 加素种类 | 施用量（kg/hm²） | y（3次平均）（kg/hm²） |
|---|---|---|---|
| 1 | N | 0 | 7 493 |
| 2 | S | 59.5 | 8 019 |
| 3 | SZn | 59.5＋22.5 | 8 054 |
| 4 | SMn | 59.5＋22.5 | 8 264 |
| 5 | SB | 59.5＋22.5 | 8 439 |
| 6 | SZnMn | 59.5＋22.5＋22.5 | 8 509 |
| 7 | SZnMnB | 59.5＋22.5＋22.5＋22.5 | 7 435 |

\* 在氮磷钾基础上进行裂区试验。

供试小麦是选用当时的高产品种陕354；播前用农药拌种；土壤用甲基1605药粉处理，杀灭地下害虫；播种为机播，播种量为60 kg/hm²（4 kg/亩）；行距为三密一稀（18 cm、18 cm、24 cm）；播后抱梁起畦，修建水渠；统一田间管理。以上技术均为当时当地优良措施。

（1）氮磷钾施肥量试验结果的统计分析。氮、磷、钾三因素最优回归试验的实产与理论产量及产量构成因素调查结果表24-5。

表 24 - 5  氮、磷、钾三因素试验产量与产量构成因素

| 处理号 | 成穗数（万/hm²） | 穗粒数（个） | 千粒重（g） | 测产产量（kg/hm²） | 实际产量（kg/hm²） |
| --- | --- | --- | --- | --- | --- |
| 1 | 30.85 | 38.2 | 43.1 | 7 618.8 | 7 440.469 |
| 2 | 34.35 | 41.1 | 43.4 | 9 191.65 | 8 935.597 |
| 3 | 32.4 | 36.7 | 44.2 | 7 883.6 | 7 714.114 |
| 4 | 33.4 | 43.4 | 43.0 | 9 349.66 | 8 725.822 |
| 5 | 32.3 | 41.0 | 40.1 | 7 965.66 | 6 993.318 |
| 6 | 31.9 | 41.8 | 43.6 | 8 720.57 | 8 596.528 |
| 7 | 33.9 | 41.2 | 42.8 | 8 966.68 | 8 887.347 |
| 8 | 31.2 | 38.6 | 41.2 | 7 442.7 | 7 282.924 |
| 9 | 30.9 | 42.3 | 41.2 | 8 077.69 | 7 972.942 |
| 10 | 34.3 | 41.2 | 41.2 | 8 819.48 | 8 657.51 |
| 11 | 35.3 | 42.4 | 42.4 | 9 336.73 | 9 686.262 |
| 12 | 30.9 | 34.8 | 34.8 | 6 935.81 | 6 898.488 |

可以看出，氮、磷、钾对促进小麦高产都有积极作用，就试区土壤而言，呈现氮肥＞钾肥＞磷肥的肥效趋势，这与试区土壤有效氮、速效钾含量偏低有关。氮与磷、磷与钾、氮与钾的交互作用均为正值，且交互项系数是 NP＞NK＞PK。因此，在增施磷、钾肥时，氮磷、氮钾之间的配合应放在首位。在实现小麦大面积高产时，除了氮、磷肥外，还应增施钾肥，以平衡土壤钾素的不足和养分间的协调关系。

运用三元二次肥效方程求得最高产量为 9 870.65 kg/hm²（658.04 kg/亩），N、$P_2O_5$、$K_2O$ 最大施肥量分别为 344.21 kg/hm²、200.65 kg/hm²、224.26 kg/hm²；求得经济产量为 9 045.9 kg/hm²（603.06 kg/亩），相应的经济施肥量 N、$P_2O_5$、$K_2O$ 分别为 216.99 kg/hm²、99.13 kg/hm²、107.66 kg/hm²。经济施肥量比最高施肥量 N、$P_2O_5$、$K_2O$ 分别每亩减少 8.48 kg、6.77 kg 和 7.77 kg，肥料价值每亩共减少 76.85 元，而最高产量比经济产量每亩只增加 54.98 kg，粮食价值每亩增加 83.57 元，略高于经济施肥量所减少的肥料价值，几乎没有增值。若将这些减少的肥料施用到其他缺肥地区，则可取得很高的产量。所以对农民来说，应该采用经济施肥量，这是增加肥料效应的重要途径之一。

（2）中、微量元素肥效试验结果分析。由表 24 - 6 可以看出，该土壤施用中、微量元素有一定增产效果。硫肥的增产效果达显著水平，锌、锰也有一定增产效果，但未达到显著水平。其增产效果为硫（7.0%）＞锰（5.6%）＞锌（3.3%），但硼无增产作用。当硫、锌、锰三元素不同配合施用时，均比对照有极显著的增产效果，其增产次序为 SZnMn（13.6%）＞SMn（12.6%）＞SZn（10.3%）。其中 SZnMn 三元配合施用，比对照增产 1 016.2 kg/hm²，以此加上 NPK 配合试验所得的最高产量（9 870.65 kg/hm²），总产量可达 10 887 kg/hm²（725.8 kg/亩），证明综合因素的田间试验具有巨大的增产作用。

表 24 - 6  中、微量元素肥效试验平均产量、增产百分数及显著性

| 处理 | 对照（CK） | S | SB | SZn | SMn | SZnMn | SZnMnB |
| --- | --- | --- | --- | --- | --- | --- | --- |
| 平均产量（kg/hm²） | 7 492.8 | 8 019.2 | 8 054.2 | 8 264.0 | 8 439.0 | 8 509.0 | 7 435.4 |
| 比对照增产（%） | — | 7.0* | 7.6* | 10.3** | 12.6** | 13.6** | −0.7 |
| 比 S 增产（%） | — | | 0.6 | 3.3 | 5.6 | 6.1 | −7.2 |

注：* 和 ** 分别表示在 5% 和 1% 水平上的差异显著性。

（3）温室生物诊断试验与田间肥效试验比较。由田间试验结果表明，氮、磷、钾是试区小麦高产的关键因素，这与温室生物试验的结果基本一致。特别是钾肥在小麦高产试验中表现有显著的增产作用，这与试区土壤有效钾含量偏低有关。由温室生物减素试验结果看出（表 24-2），减产程度硫（19％）＞锰（18％）＞锌（17％），这与田间肥效试验相一致，说明这些中、微量元素在小麦高产施肥中应予以足够重视。温室生物试验加钼（Mo）有一定增产作用，但未达显著水平，说明钼也可能是增产作用的微量元素之一。根据以上试验结果，可得以下结论。

① NPK 田间试验所得最高产量加上微量元素增产量，亩产可达 725.8 kg，比一般亩产增产 81.45％。如果进一步提高播种质量、适当增加密度、改进施肥和栽培技术，小麦产量还可进一步提高。证明当地小麦高产的潜势是巨大的。

② 根据以上小麦最高产量的施肥量为 N17.5 kg/亩、$P_2O_5$15.00 kg/亩、$K_2O$17.5 kg/亩，N：$P_2O_5$：$K_2O$ 为 1：0.85：1。试验发现，高产小麦施用钾肥有显著增产作用，应改变当地小麦生产不施钾肥的习惯。

③ 试验发现在小麦高产栽培中，施用硫、锌、锰等中、微量营养元素对小麦高产具有显著增产作用，同时发现施用钼肥也有一定增产作用，值得引起注意。

④ 在制订小麦高产施肥试验方案前，对试验地的土壤肥力状况进行温室综合诊断试验十分必要，通过生物诊断结果可为制订高产肥料试验方案提供依据，并可根据生物诊断试验和田间试验结果进行相互校验。试验结果表明，两种试验结果十分一致，证明所确定的限制因素和试验结果是正确可靠的。

⑤ 在进行高产小麦试验过程中所采用的综合条件是：选用高产品种、精细整地、土壤消毒、机播、合理密植、三密一稀、冬灌与春灌结合、及时除草、及时防治病虫害、测土配方施肥、基肥与追肥相结合、大量元素与中微量元素相结合、及时精细收获等。证明采用综合措施，才能获得小麦高产的预期目标。

## 二、陕西渭南小麦综合因子高产试验

作者采用在河南长葛所做的高产试验步骤和方法，在陕西关中灌区渭南县新市乡进行了小麦高产试验。供试土壤为塿土，土壤有机质含量 1.1％、碱解氮为 66.18 mg/kg、有效磷为 18.9 mg/kg、速效钾为 98.5 mg/kg，土壤肥力属于当地的较高水平。供试小麦品种为高产型陕 354，栽培、管理均选用当时最佳技术。试验分 4 种类型，现简述如下：

### （一）氮、磷、钾施用量试验

采用"3·11-A＋对照试验"方案，氮（N）、磷（$P_2O_5$）、钾（$K_2O$）最低用量均为 0，最高用量均为 450 kg/$hm^2$。12 个处理，3 次重复，随机区组排列。试验方案和结果见表 24-7。经由 SAS 统计分析，得三元二次回归方程。

$$y=4\,437.91+17.18x_1+10.32x_2+6.93x_3-0.000\,48x_1x_2-0.008\,5x_1x_3-0.010\,7x_2x_3-0.028x_1^2-0.012x_2^2-0.004\,9x_3^2$$（由实际施肥量计算）

$R=0.999^{**}$，$F=2\,086.85$，$Pr>F=0.017\,0$

表 24-7 氮、磷、钾施用量试验方案与试验结果

| 处理号 | 施肥量（kg/$hm^2$） | | | 平均产量（3 次重复）（kg/$hm^2$） | 混肥增产效果（kg 籽粒/kg 肥） |
| --- | --- | --- | --- | --- | --- |
| | N | $P_2O_5$ | $K_2O$ | | |
| 1 | 225 | 225 | 450 | 8 812.5 | 4.4 |
| 2 | 225 | 225 | 0 | 8 592.0 | 8.3 |

（续）

| 处理号 | 施肥量（kg/hm²） | | | 平均产量（3次重复）（kg/hm²） | 混肥增产效果（kg 籽粒/kg 肥） |
|---|---|---|---|---|---|
| | N | $P_2O_5$ | $K_2O$ | | |
| 3 | 65.9 | 65.9 | 337.5 | 7 443.0 | 5.6 |
| 4 | 384 | 65.9 | 337.5 | 7 971.0 | 4.0 |
| 5 | 65.9 | 384 | 337.5 | 7 924.0 | 3.9 |
| 6 | 384 | 384 | 337.5 | 8 403.0 | 3.2 |
| 7 | 450 | 225 | 112.5 | 8 212.5 | 4.3 |
| 8 | 0 | 225 | 112.5 | 6 636.0 | 5.3 |
| 9 | 225 | 450 | 112.5 | 9 123.0 | 5.4 |
| 10 | 225 | 0 | 112.5 | 7 396.5 | 7.6 |
| 11 | 225 | 225 | 225 | 8 950.5 | 6.1 |
| 12 | 0 | 0 | 0 | 4 837.5 | — |

经分析，得最高产量相应的最大施肥量 N＝287.90 kg/hm²（19.19 kg/亩）、$P_2O_5$＝385.99 kg/hm²（25.73 kg/亩）、$K_2O$＝222.8 kg/hm²（14.85 kg/亩）。同时求得最佳经济产量为 9 078.82 kg/hm²（605.26 kg/亩），同块地小麦比前三年平均产量 378 kg/亩增产 60.12％。相应最佳经济施肥 N＝249.59 kg/hm²（16.64 kg/亩）、$P_2O_5$＝262.59 kg/hm²（17.51 kg/亩）、$K_2O$＝80.96 kg/hm²（5.40 kg/亩），最大产量与最佳经济产量相差 200.35 kg/hm²，价值 304.5 元/hm²，最佳经济施肥量比最大产量的施肥量每公顷少施 N 38.31 kg、$P_2O_5$ 123.4 kg、$K_2O$ 141.24 kg，共计节省肥价 672.69 元/hm²。说明采用经济施肥量可以大大节省肥料，降低成本，但粮食产量的减少并不很大。

从肥效模式可看出，氮、磷、钾对小麦高产都有明显的增产作用，其肥效次序为氮＞磷＞钾，但相互之间的交互作用几乎都接近于零，说明 N、P、K 养分都处于米采利希的交互作用类型，符合高产土壤特性。

### （二）微肥肥效试验

由田间微量元素肥效试验（表 24-8）结果表明，与对照（施 NPK）比，施硫产量增产 7.8％，硫锌略有增产，硫锌锰配施增产 6.1％，硫锌锰加硼产量较硫锌锰有所减少，表明施硼暂无增产作用。但根外追肥的实验表明，即使在土壤中并不缺乏这些微量元素，通过叶面喷施，对小麦产量和品质都有很好效果，这在小麦高产创建中有参考价值。

**表 24-8 微量元素肥效试验结果**

| 处理 | 对照（CK） | S | SZn | SZnMn | SZnMnB |
|---|---|---|---|---|---|
| 平均产量（kg/hm²） | 7 985.5 | 8 608 | 8 196.5 | 8 472 | 8 235.5 |
| 增产（％） | 0 | 7.8 | 2.6 | 6.1 | 3.1 |

由以上各项试验结果表明，在渭南灌溉地区肥力较高的塿土上，氮、磷、钾是小麦高产的重要因素；氮肥采用 50％作基肥，其余在冬灌前追施 25％、拔节期追施 25％，可显著提高小麦产量；采用有机肥与化肥配合施用可大大提高氮肥增产效益；在氮、磷、钾合理施用基础上，增施 S 肥，小麦亩产为 618.61 kg（施 NPK 亩产）＋41.5 kg（施 S 亩增产）＝660.11 kg/亩，比不施肥对照亩产 322.5 kg 增产 105％，说明施入的限制因数越多，产量就越高。

渭南小麦高产试验与河南长葛小麦高产试验一样，均采用小麦高产品种与肥、水等综合配套技术措施，获得了突出的高产。但由于基本苗保证不够，影响了产量的更大提高，这为今后创建更高产量提供了新的依据。

### 三、陕西洛川旱地小麦综合因素高产试验

在黄土高原洛川县旱地黑垆土上进行了小麦高产试验。土壤有机质为 0.815%、全氮 0.063 8%、全磷 0.129%、全钾 2.08%、碱解氮 50.5 mg/kg、有效磷 8.24 mg/kg、速效钾 97.0 mg/kg，土壤肥力低。小麦产量低而不稳，农业资源的生产潜力远未充分发挥。为了使小麦产量有较大突破，作者采用 6 个因素回归组合设计方案，进行 3 个小麦高产综合技术试验，结果见表 24-9。

表 24-9　陕西洛川小麦六因素试验方案与试验结果

| 处理号 | 试验因素 | | | | | | 产量（kg/亩） | | |
|---|---|---|---|---|---|---|---|---|---|
| | $X_1$（N） | $X_2$（$P_2O_5$） | $X_3$（$K_2O$） | $X_4$（M） | $X_5$（播量） | $X_6$（播期） | （1） | （2） | （3） |
| 1 | 0 | 0 | 0 | 0 | 0 | 1.732 | 375.34 | 365 | 380 |
| 2 | -1 | -1 | -1 | -1 | -1 | 0.577 | 420.79 | 409 | 435 |
| 3 | 1 | 1 | -1 | -1 | -1 | 0.577 | 452.25 | 460 | 470 |
| 4 | 1 | -1 | 1 | -1 | -1 | 0.577 | 371.33 | 385 | 382 |
| 5 | -1 | 1 | 1 | -1 | -1 | 0.577 | 399.60 | 409 | 400 |
| 6 | 1 | -1 | -1 | 1 | -1 | 0.577 | 397.63 | 401 | 410 |
| 7 | -1 | 1 | -1 | 1 | -1 | 0.577 | 444.30 | 450 | 460 |
| 8 | -1 | -1 | 1 | 1 | -1 | 0.577 | 414.79 | 420 | 425 |
| 9 | 1 | 1 | 1 | 1 | -1 | 0.577 | 429.85 | 435 | 440 |
| 10 | 1 | -1 | -1 | -1 | 1 | 0.577 | 477.05 | 481 | 485 |
| 11 | -1 | 1 | -1 | -1 | 1 | 0.577 | 360.62 | 375 | 385 |
| 12 | -1 | -1 | 1 | -1 | 1 | 0.577 | 357.93 | 365 | 372 |
| 13 | 1 | 1 | 1 | -1 | 1 | 0.577 | 378.99 | 382 | 388 |
| 14 | -1 | -1 | -1 | 1 | 1 | 0.577 | 369.14 | 372 | 377 |
| 15 | 1 | 1 | -1 | 1 | 1 | 0.577 | 387.67 | 389 | 392 |
| 16 | 1 | -1 | 1 | 1 | 1 | 0.577 | 436.76 | 442 | 445 |
| 17 | -1 | 1 | 1 | 1 | 1 | 0.577 | 476.82 | 480 | 486 |
| 18 | 2 | 0 | 0 | 0 | 0 | -1.155 | 424.36 | 439 | 437 |
| 19 | -2 | 0 | 0 | 0 | 0 | -1.155 | 229.46 | 240 | 248 |
| 20 | 0 | 2 | 0 | 0 | 0 | -1.155 | 388.28 | 395 | 399 |
| 21 | 0 | -2 | 0 | 0 | 0 | -1.155 | 239.00 | 245 | 249 |
| 22 | 0 | 0 | 2 | 0 | 0 | -1.155 | 402.05 | 410 | 416 |
| 23 | 0 | 0 | -2 | 0 | 0 | -1.155 | 381.02 | 395 | 399 |
| 24 | 0 | 0 | 0 | 2 | 0 | -1.155 | 329.26 | 335 | 340 |
| 25 | 0 | 0 | 0 | -2 | 0 | -1.155 | 338.44 | 342 | 348 |
| 26 | 0 | 0 | 0 | 0 | 2 | -1.155 | 365.03 | 375 | 382 |
| 27 | 0 | 0 | 0 | 0 | -2 | -1.155 | 338.39 | 342 | 346 |
| 28 | 0 | 0 | 0 | 0 | 0 | 0.000 | 477.46 | 482 | 490 |

对试验结果用 SAS 进行了统计分析，得到回归码值模型：

$$y = 483 + 19.38x_1 + 16.27x_2 - 0.54x_3 + 4.84x_4 - 1.28x_5 + 27.40x_6 - 11.08x_1x_2 - 9.42x_1x_3 -$$
$$12.17x_1x_4 + 6.83x_1x_5 - 25.28x_1x_6 + 5.88x_2x_3 + 9.29x_2x_4 - 10.63x_2x_5 - 18.96x_2x_6 + 23.46x_3x_4 +$$
$$9.21x_3x_5 - 4.26x_3x_6 + 2.46x_4x_5 + 5.92x_4x_6 - 8.04x_5x_6 - 17.98x_1^2 - 22.61x_2^2 - 1.92x_3^2 - 17.36x_4^2 -$$
$$12.52x_5^2 - 32.43x_6^2$$

由各项回归关系分析结果表明，回归方程的 $F$ 值为 89.11，$Pr>F<0.000\,1$，$R=0.989\,2$，均达极显著水平；线性项、二次项、交互项的 $Pr>F$ 值均 $<0.000\,1$，模型结构均达极显著水平；因是饱和设计，失拟显著性无法检验；各项回归系数的 $t$ 值除 $x_3$、$x_5$ 未达显著水平外，其余 26 项均达极显著水平；6 个因素的因素分析，其 $Pr>F$ 值均 $<0.000\,1$，达极显著水平；反应面的典型分析得 $y=491.7\,kg/$亩，与实际最高产量十分接近。证明以上 6 个因素的回归模型能反映 6 个因素不同投入量与小麦产量变化关系。进一步说明 6 个因素回归组合设计具有很强的适用性。

根据反应面现行分析，小麦最高产量为 491.7 kg/亩，6 个因素的实际需要量分别为 N 7.47 kg/亩、$P_2O_5$ 7.93 kg/亩、$K_2O$ 6.76 kg/亩、有机肥（M）2 590 kg/亩、播量 6.58 kg/亩，播期为 9 月 11 日。表明适当提前播种时间、增加播量、进行有机肥与无机肥配合、NPK 合理匹配等综合配套措施，在洛川旱塬地区小麦可获得近 500 kg/亩的产量，比当地一般亩产 200 kg/亩左右提高 150% 左右，这在旱塬地区是一个极大的增产幅度，证明在旱塬区用多因素配合投入，也能使小麦达到高产水平，同时也说明洛川旱塬地区有巨大的生产潜力。

## 四、陕西渭北旱塬春玉米综合因素高产试验

渭北旱塬是陕西春玉米种植地区，面积较大，有陕西第二粮仓之称。但因土壤肥力较低，耕作粗放，气候干旱，玉米产量一直很低，一般只有 250 kg/亩左右。作者自 1985 年起在渭北进行了多年的春玉米高产试验，试验方案均采用"6528"回归设计，即 6 个因素、5 个水平、28 个处理，为了保证试验质量和成功率，在相似地区做 2~3 个试验，以多点代替重复。

"6528"试验设计方案与 6 因素设计方案相同。其变量设计水平及线性编码见表 24-10。

表 24-10 渭北旱塬春玉米"6528"变量设计水平及线性编码

| 变量名称 | 变化区间 | 变量设计水平 | | | | |
|---|---|---|---|---|---|---|
| | | -2 | -1 | 0 | 1 | 2 |
| N 肥（$x_1$） | 3.5（kg/亩） | 0 | 3.5 | 7 | 10.5 | 14 |
| P 肥（$x_2$） | 3.5（kg/亩） | 0 | 3.5 | 7 | 10.5 | 14 |
| K 肥（$x_3$） | 3.5（kg/亩） | 0 | 3.5 | 7 | 10.5 | 14 |
| 有机肥（$x_4$） | 600（kg/亩） | 0 | 600 | 1 200 | 1 800 | 2 400 |
| 密度（$x_5$） | 500（株/亩） | 2 000 | 2 500 | 3 000 | 3 500 | 4 000 |
| 播期（$x_6$） | 5 d 或 10 d | $-2/\sqrt{3}$ | 0 | $1/\sqrt{3}$ | $3/\sqrt{3}$ | |
| | | 0 | 10 | 15 | 25 | |
| | | 4 月 12 日 | 4 月 22 日 | 4 月 27 日 | 5 月 7 日 | |

供试春玉米品种为中丹 2 号，是当地产量比较高的品种。施用的 N 肥为尿素，磷为过磷酸钙，钾为氯化钾。小区面积 20 $m^2$，试验结果见表 24-11。

表 24-11　渭北旱塬春玉米"6528"试验结果

| 处理号 | 不同地区平均产量（kg/亩） | | | | |
| --- | --- | --- | --- | --- | --- |
| | 耀县（2次） | 洛川县（2次） | 彬县（3次） | 陇县（3次） | 麟游县（3次） |
| 1 | 519.0 | 439.3 | 597.3 | 660.0 | 512.2 |
| 2 | 377.5 | 359.8 | 579.3 | 588.5 | 477.9 |
| 3 | 554.2 | 448.4 | 575.7 | 589.4 | 337.4 |
| 4 | 478.4 | 465.5 | 570.3 | 625.0 | 451.3 |
| 5 | 423.4 | 356.3 | 536.0 | 632.7 | 524.6 |
| 6 | 489.2 | 454.7 | 535.7 | 606.1 | 662.5 |
| 7 | 430.9 | 394.7 | 535.7 | 637.7 | 478.3 |
| 8 | 426.7 | 379.5 | 539.7 | 686.1 | 453.9 |
| 9 | 516.0 | 501.3 | 556.0 | 595.0 | 507.0 |
| 10 | 505.0 | 473.4 | 627.7 | 716.7 | 619.9 |
| 11 | 523.4 | 348.3 | 578.7 | 688.9 | 650.2 |
| 12 | 401.7 | 391.3 | 609.0 | 702.2 | 615.0 |
| 13 | 573.4 | 539.1 | 606.3 | 725.6 | 616.2 |
| 14 | 367.6 | 443.1 | 605.3 | 660.6 | 628.7 |
| 15 | 571.7 | 567.7 | 662.3 | 703.9 | 630.9 |
| 16 | 532.6 | 605.0 | 648.0 | 673.3 | 630.6 |
| 17 | 505.9 | 477.7 | 619.0 | 715.0 | 631.2 |
| 18 | 485.0 | 465.5 | 604.0 | 586.1 | 674.1 |
| 19 | 320.9 | 332.3 | 581.0 | 663.3 | 468.0 |
| 20 | 574.2 | 362.1 | 598.3 | 706.7 | 613.0 |
| 21 | 511.7 | 470.1 | 572.0 | 623.3 | 627.7 |
| 22 | 529.2 | 481.8 | 602.3 | 642.7 | 706.1 |
| 23 | 517.5 | 409.3 | 590.0 | 592.2 | 677.3 |
| 24 | 516.7 | 490.1 | 592.3 | 616.6 | 724.8 |
| 25 | 522.6 | 462.8 | 563.3 | 575.0 | 689.8 |
| 26 | 522.8 | 438.9 | 651.7 | 662.2 | 709.1 |
| 27 | 507.6 | 492.7 | 533.0 | 647.8 | 452.9 |
| 28 | 526.7 | 532.3 | 591.7 | 641.1 | 699.6 |

注：表中处理号与表 24-9 小麦 6 个因素设计方案相同，编码内容组合也相同。

**1. 建立 6 个因素二次回归模型**

根据以上试验结果，应用 SAS 软件进行统计分析，得到不同地区 6 个因素码值二次回归模型。

$y$（耀县）$= 513.40 + 51.76x_1 + 29.96x_2 + 7.08x_3 + 1.57x_4 + 8.92x_5 - 11.33x_6 - 4.23x_1x_2 - 3.69x_1x_3 + 2.98x_1x_4 + 2.56x_1x_5 - 5.84x_1x_6 - 7.98x_2x_3 - 7.99x_2x_4 + 12.03x_2x_5 + 12.24x_2x_6 + 12.98x_3x_4 + 0.06x_3x_5 - 4.22x_3x_6 - 2.85x_4x_5 - 1.17x_4x_6 + 9.17x_5x_6 - 11.33x_1^2 - 22.48x_2^2 - 3.03x_3^2 -$

$2.26x_4^2 - 6.35x_5^2 - 5.72x_6^2$

$R = 0.9800$，$F = 165.22$，$Pr > F = <0.0001$

$y$（洛川县）$= 518.56 + 47.8546x_1 - 4.9785x_2 + 11.9414x_3 + 19.6045x_4 + 14.3550x_5 + 1.2120x_6 + 5.1563x_1x_2 + 4.9688x_1x_3 - 4.3438x_1x_4 + 7.5313x_1x_5 + 11.4571x_1x_6 - 9.6448x_2x_3 + 5.5938x_2x_4 + 0.2188x_2x_5 + 19.0712x_2x_6 - 3.3438x_3x_4 + 6.9063x_3x_5 + 2.7306x_3x_6 + 12.8438x_4x_5 + 11.1324x_4x_6 + 24.1231x_5x_6 - 25.0140x_1^2 - 20.0765x_2^2 - 9.6448x_3^2 - 4.9515x_4^2 - 7.5765x_5^2 - 13.7036x_6^2$

$R = 0.9882$，$F = 189.11$，$Pr > F = <0.0001$

$y$（彬县）$= 591.67 + 9.50x_1 + 0.11x_2 + 0.28x_3 + 3.09x_4 + 31.96x_5 - 0.15x_6 + 5.17x_1x_2 - 1.58x_1x_3 + 1.58x_1x_4 + 5.33x_1x_5 + 3.41x_1x_6 - 3.38x_2x_3 + 8.38x_2x_4 - 0.13x_2x_5 - 5.89x_2x_6 - 3.69x_3x_4 + 2.04x_3x_5 - 2.55x_3x_6 + 12.96x_4x_5 - 3.85x_4x_6 + 2.08x_5x_6 - 0.15x_1^2 - 1.99x_2^2 + 0.76x_3^2 - 3.78x_4^2 - 0.19x_5^2 + 1.11x_6^2$

$R = 0.6806$，$F = 4.42$，$Pr > F = <0.0001$

$y$（陇县）$= 692.18 + 15.56x_1 + 18.47x_2 + 10.65x_3 + 8.35x_4 + 26.06x_5 + 15.13x_6 - 5.98x_1x_2 + 2.10x_1x_3 + 2.35x_1x_4 - 11.34x_1x_5 + 5.41x_1x_6 + 1.19x_2x_3 + 5.11x_2x_4 - 10.16x_2x_5 - 4.77x_2x_6 - 4.85x_3x_4 + 0.76x_3x_5 - 1.73x_3x_6 - 11.98x_4x_5 - 1.66x_4x_6 + 15.82x_5x_6 - 10.73x_1^2 + 1.09x_2^2 - 12.35x_3^2 - 17.84x_4^2 - 0.90x_5^2 - 6.49x_6^2$

$R = 0.7961$，$F = 8.10$，$Pr > F = <0.0001$

$y$（麟游县）$= 700.00 + 22.41x_1 + 1.79x_2 - 6.63x_3 + 10.36x_4 + 62.18x_5 - 39.61x_6 - 14.52x_1x_2 - 11.52x_1x_3 + 20.73x_1x_4 - 12.56x_1x_5 - 26.52x_1x_6 + 16.98x_2x_3 - 15.10x_2x_4 + 5.19x_2x_5 + 1.71x_2x_6 - 9.35x_3x_4 + 8.27x_3x_5 - 12.62x_3x_6 - 8.81x_4x_5 + 1.50x_4x_6 - 1.65x_5x_6 - 37.60x_1^2 - 25.31x_2^2 - 7.43x_3^2 - 3.60x_4^2 - 35.06x_5^2 - 18.19x_6^2$

$R = 0.9262$，$F = 26.04$，$Pr > F = <0.0001$

由统计分析结果表明，以上 5 个回归方程的 $F$ 值和复相关系数均达到极显著水平，说明施肥量和农艺措施的 6 个因素与玉米产量之间存在密切的回归关系和高度的相关性。并经失拟显著性、回归方程结构显著性、回归系数显著性、因素分析、主效应分析、交互作用分析这 6 项检验，总体上都达到试验所要求的水平，可以认为以上回归方程都可用作对当地春玉米产量的预测预报。

**2. 最高产量与所需因素组合** 依据回归模型，对试验结果进行了计算，得春玉米最高产量与相应的 6 个因素组合量，见表 24-12。

表 24-12 渭北旱塬春玉米六因素试验所得到最高产量和因素组合

| 地区 | 最高产量（kg/亩） | 因素需要投入量（kg/亩） | | | | 密度（株/亩） | 播期（日/月） |
| --- | --- | --- | --- | --- | --- | --- | --- |
| | | N | P₂O₅ | K₂O | M | | |
| 耀县 | 540 | 12.45 | 9.60 | 8.00 | 1 392 | 3 200 | 22/4 |
| 洛川县 | 599 | 10.35 | 6.77 | 9.42 | 2 386 | 3 474 | 23/4 |
| 彬县 | 620 | 12.60 | 8.13 | 7.76 | 2 056 | 3 000 | 27/4 |
| 陇县 | 715 | 7.56 | 8.76 | 8.76 | 1 308 | 3 630 | 27/4 |
| 麟游县 | 775 | 11.45 | 10.57 | 10.57 | 1 164 | 2 971 | 14/4 |

注：M 为有机肥。

从结果看出，5 个县的 6 个因素试验所取得的最高春玉米产量为 540～775 kg/亩，平均为 649.8 kg/亩。

相应的投入因素 N 为 $7.56\sim12.60$ kg/亩，平均为 $10.88$ kg/亩；$P_2O_5$ 为 $6.77\sim10.57$ kg/亩，平均为 $8.77$ kg/亩；$K_2O$ 为 $7.67\sim10.57$ kg/亩，平均为 $8.90$ kg/亩；有机肥为 $1\,164\sim2\,386$ kg/亩，平均为 $1\,661.2$ kg/亩；密度为 $2\,971\sim3\,630$ 株/亩，平均为 $3\,255$ 株/亩；播期为 4 月 14—27 日，平均为 4 月 23 日。平均最高产量比当地一般产量（300 kg/亩）高 116.6%。由此说明，渭北旱塬春玉米增产潜力巨大。从 5 个县春玉米的最高产量差距来看，越接近北山山区的区县，如陇县和麟游县，玉米产量比远离北山的彬县、洛川县、耀县增高显著，这与近山地区雨水和空气湿度较高有关。同时说明以上 6 个因素组合设计对 5 个地区是适宜的。

**3. 参试因素主效应分析**　现以洛川县试验为代表进行主效应分析。首先对洛川县的回归方程降维，得单因素效应方程（码值方程）。

$$y_N=518.56+47.854\,6x_1-25.014\,0x_1^2$$
$$y_P=518.56-4.978\,5x_2-20.076\,5x_2^2$$
$$y_K=518.56+11.941\,4x_3-9.644\,8x_3^2$$
$$y_M=518.56+19.604\,5x_4-4.951\,5x_4^2$$
$$y_{密度}=518.56+14.355\,0x_5-7.576\,5x_5^2$$
$$y_{播期}=518.56+1.212\,0x_6-13.703\,6x_6^2$$

对单因素效应模型各因素求导，并令其等于零，即可求得最高产量的投入量，结果如下：

N（$x_1$）＝$0.956\,6$（$10.35$ kg/亩）

$P_2O_5$（$x_2$）＝$-0.124\,0$（$6.76$ kg/亩）

$K_2O$（$x_3$）＝$0.619\,1$（$9.42$ kg/亩）

有机肥（$x_4$）＝$1.976\,7$（$2\,386$ kg/亩）

密度（$x_5$）＝$0.947\,6$（$3\,474$ 株/亩）

播期（$x_6$）＝$0.044\,2$（4 月 24 日）

以编码值代入洛川方程，得最高产量599 kg/亩。比当地一般产量 300 kg/亩高出99.7%。

依据以上单因素效应模型，算出因素不同投入量时的产量，绘制不同因素的效应曲线，见图24-14。

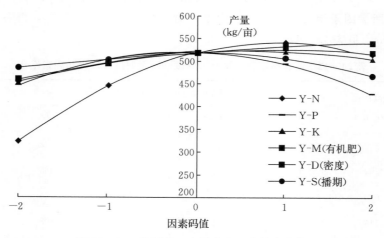

图 24-14　洛川县 6 个因素春玉米效应曲线

由图 24-14 看出，各因素在一定投入量之前，产量均随投入量的增加而提高，超过一定投入量以后，产量则随投入量的增加而下降，各因素的效应曲线都呈抛物线形状，因素效应有递减现象。说明 6 个因素配合应用，每个因素都能发挥各自的增产效果，这就进一步说明"6528"设计方案的适用性是很高的。在这 6 个因素效应曲线中，氮肥效果最为突出，其次是密度、有机肥、磷肥和钾肥，较低的是播期，这对建立春玉米高产的综合技术体系提供了依据。

**4. 因素之间的交互作用**　本项试验含有六大投入因素，这对因素之间的交互作用分析带来了很大的复杂性。为了简便，只对成对因素进行交互作用分析，结果见表 24-13。

**表 24-13　洛川旱地春玉米"6528"设计方案试验结果交互效应量化分析**

| 投入 | | 相对产量 | | | A×B | A+B | 交互作 | 效应（%） | | | | 限制因子类型 | |
| | | | | | SA | A×B | 用类型 | 单独 | | A+B | | | |
| A | B | A | B | A+B | | | | A | B | A | B | A | B |
|---|---|---|---|---|---|---|---|---|---|---|---|---|---|
| N | P | 1.68 | 1.18 | 1.98 | 1.98 | 1.00 | SA | 68 | 15 | 68 | 15 | M | M |
| N | K | 1.67 | 1.13 | 1.95 | 1.89 | 1.03 | SA | 67 | 13 | 73 | 17 | M | M |
| N | M | 1.91 | 1.46 | 2.24 | 2.79 | 0.80 | L/S | 91 | 46 | 53 | 17 | L·S | L·S |
| N | MD | 1.59 | 1.07 | 1.89 | 1.70 | 1.11 | S | 59 | 7 | 77 | 19 | L | L |
| N | BQ | 1.52 | 0.98 | 1.64 | 1.49 | 1.10 | S | 52 | 2 | 67 | 8 | L | L |
| P | K | 1.31 | 1.35 | 1.50 | 1.77 | 0.85 | Ant | 31 | 35 | 11 | 15 | Ant | Ant |
| P | M | 1.12 | 1.08 | 1.31 | 1.21 | 1.08 | S | 17 | 8 | 21 | 17 | S | S |
| P | MD | 1.18 | 1.16 | 1.35 | 1.37 | 0.99 | SA | 18 | 16 | 16 | 14 | M | M |
| P | BQ | 1.07 | 0.95 | 1.10 | 1.01 | 1.08 | S | 7 | −5 | 16 | 3 | L | L |
| K | M | 1.22 | 1.28 | 1.39 | 1.56 | 0.89 | Ant | 22 | 28 | 9 | 14 | Ant | Ant |
| K | MD | 1.06 | 1.06 | 1.26 | 1.12 | 1.13 | S | 6 | 6 | 19 | 19 | L | L |
| K | BQ | 1.13 | 1.02 | 1.20 | 1.15 | 1.04 | S | 13 | 2 | 18 | 6 | L | L |
| M | MD | 0.95 | 0.98 | 1.26 | 0.93 | 1.36 | S | −5 | −2 | 29 | 33 | L | L |
| M | BQ | 1.07 | 0.99 | 1.15 | 1.00 | 1.09 | S | 7 | −1 | 16 | 8 | L | L |
| MD | BQ | 0.99 | 0.81 | 1.09 | 0.80 | 1.36 | S | −1 | −19 | 35 | 11 | L | L |

注：SA 为连乘作用，S 为协同作用，Ant 为颉颃作用，M 为米采利希限制因子，L/S 为李比希型交互作用或李比希型限制因子，L 为李比希限制因子，M 为有机肥，MD 为密度，BQ 为播期。

N 与 $P_2O_5$ 的交互作用为连乘性（SA）类型，说明在其他因素适当配合条件下，N、$P_2O_5$ 水平均能满足高产需要，已处于平衡供应的状态，即处于高产曲线的 C 段，这时 N、$P_2O_5$ 均属米采利希（M）限制因素类型。

N 与 K、N 与有机肥的交互作用均为协同作用，即对玉米增产都有互相促进的作用，其肥效反应都处于高产曲线的 B 段，是增产效果最显著的阶段，P 与 K 的交互作用不但没有相互促进的作用，反而成为相互抑制的作用，即为颉颃性限制因素类型。产生原因可能是由于土壤干旱，不利 P 的扩散和 K 的迁移，影响根系对 P、K 的吸收。因此，在旱塬地区 P、K 配合施用容易成为玉米增产中的颉颃性限制因子。故属于李比希限制因素类型。

磷与有机肥的交互作用有时为正交互作用，有时为负交互作用，本试验反映出来的是正交互作用，即协同作用类型，因此，两因素已成为李比希限制因素类型。产生这一现象的主要原因可能与施用有机肥对磷肥起着保护、提高磷肥的吸收利用有关。

钾与有机肥的交互作用与磷与有机肥的交互作用正好相反，为颉颃类型，成为旱地玉米的颉颃性限制因素。其原因很明显，因为 K 是通过质流作用被作物吸收的，在干旱条件下，由于土壤水分含量较低，不利于质流吸收。故出现 K 与有机肥的颉颃作用，这是一种必然现象。

N 与密度、N 与播期、P 与播期、K 与密度、K 与播期、有机肥与密度、有机肥与播期的交互作用都是协同作用类型，以上因素都成为旱地玉米增产的李比希限制因素类型。说明在六大因素综合作用下，以上 4 种肥料与 2 种农艺措施都有相互增效的作用。合理的群体结构和适时的播种时期，对土壤养分和水分吸收都有明显的促进作用；不同肥料的科学配合施用对适时播种和合理密植的玉米群体都可满足对养分的供应和吸收，从而增强作物的光合作用，促进有机物质的合成。说明科学施肥和农艺措施相配合是作物高产更高产的重要途径。

本试验设置播种密度和播种时期两个处理，结果表明其交互作用是很高的协同作用类型，两因素均成为玉米高产的李比希限制因素类型。适时提早播种可延长作物的生长发育时期，增加作物生长量。合理密植可形成优化的群体结构，增强对环境资源，如光、热、水、肥、气等最大利用，促进有机物质的合成，达到高产更高产的目的。所以不断改进和采用先进的农艺措施，是提高肥、水利用效率，增强光、热利用，达到高产更高产的关键措施。

## 五、陕北无定河两岸川道地春玉米高产试验

陕北无定河两岸川道地是春玉米种植区，是当地粮食主产区。有一定灌溉条件，但保证率很低。土壤为黄绵土，肥力很低，耕层土壤有机质为 0.605%、全氮为 0.052%、碱解氮 41.2 mg/kg、有效磷 6.5 mg/kg、速效钾 97.8 mg/kg。由于经济条件较差，肥料施用很少，耕作栽培技术水平很低，玉米产量低而不稳，一般春玉米亩产为 250 kg 左右。

1986—1988 年，作者在米脂县川道地上连续进行了春玉米 6 个因素高产试验，试验方案与渭北旱塬春玉米试验相同（播期略有改变）。试验品种同为中丹 2 号。供试 N 肥为尿素（N 46%）、磷肥为三料过磷酸钙（$P_2O_5$ 46%）、钾肥为硫酸钾（$K_2O$ 50%），有机肥为农场厩肥（全 N 0.172%、全磷 0.136%、全钾 1.82%）。施肥方法，N 肥分两次施（1/2 于播前作基肥施入，1/2 于喇叭口施入），其他肥料均于播种时一次施入，深度为 15 cm。采取人工开沟点播，达到一次全苗。试验变量设计水平与线性编码见表 24-14。

表 24-14 陕北无定河两岸米脂县川道地春玉米六因素试验变量设计水平与线性编码

| 变量名称 | 变化区间 | 变量设计水平 | | | | |
|---|---|---|---|---|---|---|
| | | −2 | −1 | 0 | 1 | 2 |
| N 肥（$x_1$） | 3.5（kg/亩） | 0 | 3.5 | 7 | 10.5 | 14 |
| P 肥（$x_2$） | 3.5（kg/亩） | 0 | 3.5 | 7 | 10.5 | 14 |
| K 肥（$x_3$） | 3.5（kg/亩） | 0 | 3.5 | 7 | 10.5 | 14 |
| 有机肥（$x_4$） | 600（kg/亩） | 0 | 600 | 1 200 | 1 800 | 2 400 |
| 密度（$x_5$） | 500（株/亩） | 1 800 | 2 300 | 2 800 | 3 300 | 3 800 |
| 播期（$x_6$） | 6 d 或 12 d | $-2/\sqrt{3}$ | 0 | $1/\sqrt{3}$ | $3/\sqrt{3}$ | 3 800 |

在生长期间及时进行中耕除草，防治病虫害，干旱时引水灌溉，成熟后延迟收获，促进籽粒饱满。最后按小区单收单打，获得的产量结果见表 24-15。

表 24 - 15 米脂县川道地春玉米 1986—1988 年高产试验结果

| 处理号 | 产量（kg/亩） | | |
| --- | --- | --- | --- |
| | 1986 年 | 1987 年 | 1988 年 |
| 1 | 507 | 603 | 555 |
| 2 | 583 | 566 | 575 |
| 3 | 667 | 564 | 616 |
| 4 | 642 | 624 | 633 |
| 5 | 613 | 507 | 560 |
| 6 | 703 | 670 | 687 |
| 7 | 562 | 387 | 472 |
| 8 | 612 | 420 | 576 |
| 9 | 717 | 627 | 672 |
| 10 | 733 | 608 | 671 |
| 11 | 685 | 507 | 596 |
| 12 | 723 | 597 | 470 |
| 13 | 875 | 690 | 783 |
| 14 | 813 | 543 | 678 |
| 15 | 732 | 619 | 675 |
| 16 | 677 | 642 | 659 |
| 17 | 573 | 423 | 498 |
| 18 | 767 | 529 | 648 |
| 19 | 653 | 534 | 543 |
| 20 | 720 | 687 | 703 |
| 21 | 655 | 569 | 612 |
| 22 | 692 | 634 | 663 |
| 23 | 615 | 605 | 610 |
| 24 | 687 | 618 | 653 |
| 25 | 658 | 543 | 600 |
| 26 | 758 | 544 | 701 |
| 27 | 563 | 522 | 543 |
| 28 | 813 | 698 | 755 |

　　试验结果表明，年份间产量有一定差异，主要原因是与灌溉水次数和灌水量多少有关，灌溉水次数多、灌水量大的产量就高些，否则就低些。把 3 年试验结果当作 3 次重复，用 SAS 软件进行系统分析，得到回归模型。

$$y=755.33+46.46x_1+1.56x_2+2.32x_3-2.88x_4+31.04x_5-10.78x_6+21.02x_1x_2+15.44x_1x_3+$$
$$9.73x_1x_4-4.14x_1x_5+17.57x_1x_6+22.52x_2x_3-18.94x_2x_4+2.44x_2x_5+18.42x_2x_6-17.52x_3x_4-$$
$$7.31x_3x_5-9.47x_3x_6-6.10x_4x_5-13.82x_4x_6-7.40x_5x_6-32.05x_1^2-16.55x_2^2-21.84x_3^2-24.34x_4^2-$$
$$25.51x_5^2-32.91x_6^2$$

$R=0.6313^{**}$，$F=3.55$，$Pr>F=<0.0001$

春玉米产量与6个因素投入量之间存在高度相关性，其回归关系达到极显著水平。说明以上回归方程具有适用性。

经典型分析，得最高稳定性产量为751.21 kg/亩，其需各因素投入量的编码值为：N（$x_1$）＝－0.12、P（$x_2$）＝－1.15、K（$x_3$）＝－0.96、M（$x_4$）＝0.65、密度（$x_5$）＝0.29、播期（$x_6$）＝－0.13，相应的实际投入量为N＝6.68 kg/亩、$P_2O_5$＝2.98 kg/亩、$K_2O$＝3.64 kg/亩、M＝1 980 kg/亩、密度＝2 945 株/亩、播期＝4月28日。比当地一般亩产400 kg增产87.8%。

根据分析，最高产量能达到812 kg/亩，说明在陕北无定河两岸川道地春玉米产量的增产潜力要比洛川旱塬地区高得多。主要原因在陕北川道地有一定的灌溉水条件和较好的光照条件。

由回归方程系数看出，6个因素对春玉米的增产效应次序为N（$x_1$）＞密度（$x_5$）＞$K_2O$（$x_3$）≈$P_2O_5$（$x_2$）＞有机肥（$x_4$）＞播期，与渭北旱塬地区春玉米试验相似。说明这两地区对春玉米增施氮肥、增加播种密度是玉米高产的首要措施。磷、钾、有机肥增产效应较低，但也是不可缺少的增产措施；播期效果最低。但当增产效果较低的这些因素与其他因素配合投入时，增产效应也会显著提高。

# 第三节　综合配套技术在创高产上的应用

在陕西省农业科学院杨凌实验农场进行小麦、玉米高产示范试验。试验自2010年秋播小麦开始，到翌年秋收玉米结束，共做二料作物高产示范试验。

## 一、小麦高产示范

### （一）试验地概况

陕西农业科学院杨凌实验农场位于渭河二级阶地，海拔450 m左右，年平均气温12.9 ℃，平均年降水量635 mm，多集中在7、8、9月，占全年降水量50%以上。年平均日照时数2 163.8 h，总辐射量4 666.55 kJ/cm²，属暖温带半湿润气候区。

试验田的土壤为墣土，土壤有机质含量为1.29%、碱解氮62.83 mg/kg、有效磷18.35 mg/kg、速效钾114.9 mg/kg，土层深厚，质地为黏壤土，pH7.8。土壤田间持水量为22.37%。有渠、井双灌条件。

### （二）小麦示范试验方法和结果

#### 1. 采用综合配套技术

（1）实施平衡施肥。试验前，在示范区内采取土样（0～20 cm），分析土壤养分含量，根据土壤养分含量和高产目标（9 750 kg/hm²）计算施肥量。为了深入了解高产施肥对作物生长、养分吸收、土壤肥力的影响，将示范田划分为4块，作为施肥量的4个处理：高产施肥、中产施肥、低产施肥和不施肥处理。施肥方案见表24-16。

表 24-16 小麦高产示范试验施肥方案

单位：kg/hm²

| 试验区 | 有机肥（干重） | N | P₂O₅ | K₂O | ZnSO₄ | MnSO₄ |
|---|---|---|---|---|---|---|
| 高肥 | 11 250 | 345 | 145 | 315 | 15 | 30 |
| 中肥 | 6 750 | 180 | 105 | 180 | 10 | 20 |
| 低肥 | 2 250 | 45 | 42 | 45 | 5 | 10 |
| 无肥 | 0 | 0 | 0 | 0 | 0 | 0 |

注：有机肥料为牛粪，含 N 0.3%，$P_2O_5$ 0.21%，$K_2O$ 1.16%；氮肥是尿素，磷肥是过磷酸钙，钾肥是氯化钾。有机肥中的养分都包括在 N、$P_2O_5$、$K_2O$ 施肥量中。

以上肥料除有机肥、磷肥、钾肥和微肥在播种时结合深耕一次施入土壤外，氮肥进行分次施肥，播种时以 50% 作基肥，其余在冬灌和拔节各追施 30% 和 20%。

（2）依据土壤墒情进行灌溉。在小麦生长期中，择时测定土壤含水量，依据墒情进行灌溉，使土壤水分保持田间持水量的 70% 左右。由于小麦生长期中雨水较多，风调雨顺，土壤并不干旱，只在冬季灌水 1 次，灌水量为 52 mm。

（3）选用高产品种。根据陕西省粮食作物研究所推荐，选用了小麦高产品种陕 354，该品种生产潜力较大。

（4）精细整地。前作收获后，随即进行深耕，深度达 20 cm，耕后进行耙耕、粉碎土块，使土壤紧密，利于播种出苗，保证全苗。

（5）适时精量播种。于 10 月 7 日进行播种，此为小麦最适播种时间。播前进行种子处理，防止地下害虫和病菌危害。陕 354 小麦分蘖力强，播种量控制在 67.5 kg/hm²，保证每公顷播 168 700 粒种子，基本苗可达 150 万株/hm² 以上，成穗数达 700 万~750 万穗/hm²，即可达到高产目标水平。

（6）及时中耕除草。小麦返青拔节时，是各种杂草丛生危害时期，对此及时进行中耕除草和喷洒除草剂，可保证小麦正常生长。

（7）及时防治病虫害。试验地区最易发生的病虫害是蚜虫、锈病和赤霉病等，对此及时进行了防治，保证小麦正常生长。

（8）精细收获。小麦成熟时，进行人工收割，按区单收、单打、单晒、单称，最后获得精确产量。收获时，分区采取植株样，进行考种。

（9）生育期进行土壤肥、水测定。在小麦不同生育期采集植株和土样进行养分分析，定期测定不同试区土壤 0~200 cm 含水量，观测植株生长和肥水变化动态，以便及时对肥水进行调控。

**2. 示范试验结果**

（1）不同施肥处理对小麦理论产量的影响：根据田间调查记载和室内考种，不同施肥处理对小麦理论产量的影响见表 24-17。

表 24-17 不同施肥处理对小麦理论产量的影响

| 施肥处理 | 基本苗（万株/hm²） | 总茬数（万/hm²） | 分蘖数（万/hm²） | 成穗数（万/hm²） | 穗粒数（粒） | 分蘖成穗率（%） | 千粒重（g） | 理论产量（kg/hm²） |
|---|---|---|---|---|---|---|---|---|
| 无肥 | 67.684 5 | 1 042.68 | 975.00 | 496.66 | 31.4 | 44.00 | 36.50 | 5 692.00 |
| 低肥 | 82.191 0 | 1 102.21 | 1 020.01 | 558.01 | 32.68 | 46.60 | 39.10 | 7 130.25 |

（续）

| 施肥处理 | 基本苗<br>（万株/hm²） | 总茬数<br>（万/hm²） | 分蘖数<br>（万/hm²） | 成穗数<br>（万/hm²） | 穗粒数（粒） | 分蘖成穗率<br>（%） | 千粒重（g） | 理论产量<br>（kg/hm²） |
|---|---|---|---|---|---|---|---|---|
| 中肥 | 85.728 0 | 1 195.81 | 1 110.08 | 646.85 | 33.00 | 50.55 | 42.20 | 9 008.70 |
| 高肥 | 90.579 0 | 1 260.73 | 1 170.03 | 727.50 | 34.06 | 54.55 | 43.40 | 10 753.95 |

　　随着施肥量的增加，小麦基本苗、分蘖数、成穗数、穗粒数、千粒重和理论产量等都随之增加。高肥处理的理论产量比对照理论产量增加 88.93%，最高理论产量每公顷达 10 t 以上。由此充分说明，在有充分养分供应情况下，可以促进小麦分蘖数的增加；在小麦大量分蘖的基础上，加上充分养分的供应，可提高小麦分蘖的成穗数；而在大量成穗数的基础上，加上有充分养分的供应，便可促进穗粒数的增加；在穗粒数增加的基础上，加上有充分养分的供应，才能提高籽粒的饱满度，提高籽粒千粒重，从而就可提高小麦产量。但肥料的效应不是孤立的，而是必须有其他各种生产因素的配合，在综合因素作用下，才能充分发挥高施肥量增产的作用。

　　（2）不同施肥处理对小麦养分吸收和实际产量的影响。不同施肥处理对小麦实际产量有显著影响（表 24-18），低肥、中肥、高肥处理的小麦产量分别比不施肥处理的增加 20.62%、46.89%、77.97%，小麦产量随着施肥量的增加而增加。高肥处理的产量已达到 9.45 t/hm² 水平（630 kg/亩），比当时荷兰 1985—1988 年出现的小麦最高产量 7.228 t/hm² 高出 30.74%（FAO 产量年鉴，1987、1988），比当时陕西当地小麦一般产量水平 4 500 kg/hm² 增产 110%，说明陕西关中灌区小麦增产存在巨大的生产潜力。

**表 24-18　不同施肥处理对小麦实际产量的影响**

| 施肥处理 | 产量（kg/hm²） | 增产（%） |
|---|---|---|
| 无肥 | 5 310 | — |
| 低肥 | 6 405 | 20.62 |
| 中肥 | 7 800 | 46.89 |
| 高肥 | 9 450 | 77.97 |

　　注：为 $N+P_2O_5+K_2O$ 的施肥总量，包括有机肥中所含同类养分在内。

　　另外，还可看出，小麦高产示范的土壤肥力是相当高的，土壤有机质和养分含量都比其他类似地区的土壤养分要高得多，其不施肥的对照产量已高达 5 310 kg/hm²（亩产 351 kg）。在陕西来说，这是属于高产土壤。没有高肥力的土壤为基础，仅靠当料作物的高量施肥，也是很难达到这样高产水平的。从小麦产量对土壤肥力的依存率来看，无肥处理的小麦产量仍占低肥、中肥、高肥处理的小麦产量 82.91%、68.06%、56.19%，也就是说土壤肥力对高产的贡献率仍占 56% 以上。所以要达到作物高产的目标，培养高肥力的土壤是不可忽视的。

　　经统计分析，不同施肥量与小麦产量之间呈线性相关关系，相关系数 $R=0.989\ 6^{**}$，达极显著水平，见图 24-15。小麦对养分的吸收量也有很大的差异，随着施肥量的增加，小麦对养分的吸收量也随之增加，两者呈线性相关关

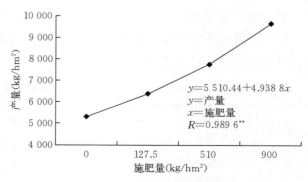

图 24-15　小麦施肥量与产量关系

系，相关系数 $R=0.9915^{**}$，达极显著水平（图 24-16）。随着养分吸收量的增加，小麦产量也随之增加，养分吸收量与小麦产量之间也成线性相关，相关系数 $R=0.9998^{**}$，达极显著水平见图 24-17。

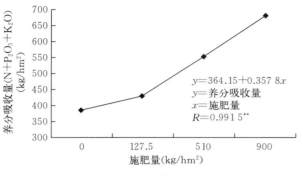

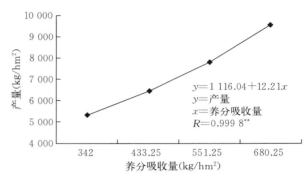

图 24-16　施肥量与养分吸收量的关系　　　　图 24-17　养分吸收量与小麦产量的关系

一般认为，在高肥力土壤上施肥报酬是递减的。但由以上结果看出，在高肥土壤上随着施肥量的大幅度增加、其他措施的合理投入，并没有出现肥效递减的现象，而是随着施肥量的大幅度增加呈直线增加，且呈向上向左弯曲的曲线上升，显示出肥效递增的特点。其肥效反应曲线实际为 $y=b_0+b_1x+b_2x^2$（$b_2$ 为正值）。

产生这种现象的主要原因，是由于采用了高产品种的同时，应用了综合因素配套技术，发挥了生产限制因素之间交互作用的结果。由此可以认为，在综合因素的作用下，可以防止肥效递减作用的发生，同时可以根据需要适当增加施肥量，来提高作物产量。

（3）不同施肥处理小麦对肥料利用率及其对土壤养分依存率的影响：根据施肥量和小麦植株对养分的吸收量，应用差减法求得小麦对不同施肥量的利用率，结果见表 24-19。

表 24-19　小麦不同施肥处理时的肥料利用率

| 施肥处理 | 施肥量（kg/hm²） | | | 养分吸收量（kg/hm²） | | | 肥料利用率（%） | | |
| --- | --- | --- | --- | --- | --- | --- | --- | --- | --- |
| | N | $P_2O_5$ | $K_2O$ | N | $P_2O_5$ | $K_2O$ | N | $P_2O_5$ | $K_2O$ |
| 无肥 | 0 | 0 | 0 | 157.50 | 45 | 165.00 | — | — | — |
| 低肥 | 51.75 | 42.23 | 48.60 | 195.00 | 56.25 | 198.00 | 64.54 | 26.64 | 67.90 |
| 中肥 | 200.25 | 105 | 105 | 247.05 | 71.25 | 234.00 | 44.94 | 25.00 | 65.71 |
| 高肥 | 348.75 | 145 | 160 | 315.00 | 86.25 | 279.00 | 45.16 | 28.45 | 71.25 |

从结果看出，3 种养分吸收量均随施肥量的增加而增高，而且增高的幅度相当大。肥料利用率在低肥处理时，N 与 $K_2O$ 利用率分别为 64.54% 和 67.90%、$P_2O_5$ 为 26.64%，都比较高，这可能与小麦生长发育较弱、作物根系主要集中分布在土壤浅层、使根系与肥料接触较多有关。中肥和高肥处理时，N 的利用率分别为 44.94% 和 45.16%，两者比较接近，利用率都较低，这与作物生长发育较好、尤其是作物根系增多增深，为此增高了对土壤本身所储存养分的吸收量、减少了对肥料的吸收有关；中、高肥处理下 $P_2O_5$ 利用率分别为 25.00% 和 28.45%，两者也是比较接近，利用率较高，这也与土壤有效磷含量较低有关；而 $K_2O$ 的利用率，分别为 65.71% 和 71.25%，显示出高施钾量的 $K_2O$ 利用率稍显较高，这也与土壤速效钾含量较低有关（114 mg/kg）。总的来看，N 肥利用率低肥处理较高，中、高肥处理较低，平均利用率为 51.55%；$P_2O_5$ 肥利用率在低、中、高施肥处理下都比较接近，差异不大，平均利用率为 26.7%；$K_2O$ 肥利用率在低、中、高施肥处理下平均利用率为

68.29%。肥料利用率都比较高。

由不同施肥处理时小麦对养分吸收量可以计算出小麦吸收养分对土壤养分的依存率。小麦对土壤养分依存率＝无肥处理小麦养分吸收量/施肥处理小麦养分吸收量×100，结果见表24-20。

表24-20 小麦吸收养分对土壤养分的依存率

单位：%

| 施肥处理 | N | $P_2O_5$ | $K_2O$ |
|---|---|---|---|
| 低肥 | 80.77 | 80.00 | 83.33 |
| 中肥 | 63.64 | 63.16 | 70.51 |
| 高肥 | 50.00 | 52.27 | 59.14 |

由表24-25看出，小麦吸收的养分对土壤的依存率随施肥量的增加而降低，在低肥处理时，N、$P_2O_5$、$K_2O$养分依存率都在80%以上，中肥处理时为63%～70%，高肥处理时为50%～59%。$K_2O$的依存率都大于N和$P_2O_5$，N与$P_2O_5$的依存率都比较接近。进一步说明要获得小麦高产目标，必须培养高肥力土壤，使土壤具有较高的供肥能力，这是达到作物高产的物质基础。

## 二、玉米高产示范

在小麦收获以后，接着就在同一示范地内进行夏玉米高产示范试验。

### （一）夏玉米高产试验方法

**1. 测土配方施肥** 当小麦成熟时，取土（0～20 cm）分析N、$P_2O_5$、$K_2O$含量，依据玉米目标产量11 250 kg/hm² （750 kg/亩），计算出各种养分的施肥量，见表24-21。其中，有机肥、磷肥、钾肥、微量元素和40%氮肥均于整地时一次施入土壤，其余氮肥于拔节时追施20%、喇叭口时追施20%、扬花时追施20%，保证玉米全生育期有足够的养分供给和吸收利用。

表24-21 玉米不同施肥处理

单位：kg/hm²

| 处理号 | 施肥处理 | N | $P_2O_5$ | $K_2O$ | $ZnSO_4$ | 有机肥（干重） |
|---|---|---|---|---|---|---|
| 1 | 无肥 | 0 | 0 | 0 | 0 | 0 |
| 2 | 低肥 | 60 | 100 | 54 | 15 | 2 250 |
| 3 | 中肥 | 154 | 152 | 113 | 22.5 | 6 750 |
| 4 | 高肥 | 315 | 268 | 166 | 30 | 11 250 |

注：有机肥为牛粪，含N 0.3%、$P_2O_5$ 0.21%、$K_2O$ 1.16%；N肥为尿素、磷肥为过磷酸钙，钾肥为硫酸钾，有机肥中养分包括在N、$P_2O_5$、$K_2O$施肥量中。

**2. 选用高产品种** 选用陕西省农业科学院培育出来的高产玉米品种911（大棒型），该品种产量潜势很高。

**3. 根据土壤墒情进行灌溉** 玉米是喜水喜肥作物，水大肥足是玉米高产的决定性因素。因此，在玉米生育期中，根据"见湿不见干"的原则，定期测定0～60 cm土层中的土壤含水量，以相对含水量70%为标准，确定是否需要进行灌溉。特别注意喇叭口时的土壤墒情，必须保证此时玉米对土壤水分的要求。

**4. 适当增加密度** 根据玉米911品种特性，留苗密度保持在52 500株/hm² （3 500株/亩），这是保证玉米产量可达 11 t/hm² 以上水平的重要条件。

**5. 精细整地** 小麦收获后，立即深翻耙地，使土块变小，土层紧密，利于播种和出苗。全苗是玉米增产的基础。如果发现个别地方缺苗，及时将预备好的萌动种子进行补种或采取幼苗带土安全移栽，保证全苗。

**6. 早播** 小麦收获后，立即深耕耙地，力争早播，早播是玉米增产的重要措施。本试验于 6 月 5 日播种，比一般玉米早播 5～10 d，早播可增加有效积温。播种深度为 5 cm，播种量为 60 kg/hm²。

**7. 人工去雄** 抽穗时隔两行去一次雄穗。授粉完成后再拔除剩下的全部雄穗，增强通风透光，减少养分消耗，增强抗倒能力，促进穗粒数和千粒重的增加。

**8. 及时中耕除草** 苗期玉米行内杂草较易生长，当出现各种杂草时，及时中耕除草。封行后，由于肥多水足，杂草繁殖迅速，此时采取人工除草，提高玉米对水肥的利用。

**9. 及时防治病虫害** 玉米生长期中，针对所选用品种最易出现的病虫害进行及时防治，保证玉米健壮生长发育。

**10. 精细收获** 当玉米成熟后，适当延迟收获，促使增加千粒重。

以上各项技术措施对夏玉米增产行之有效。将它们组合在一起综合利用，即可取长补短，不但能增强各自的增产作用，更能充分发挥因素间的交互作用，提高综合增产水平。

**（二）试验结果**

**1. 籽粒产量** 由产量结果（表 24－22）看出，高施肥区玉米产量已达到 11.22 t/hm²，达到计划目标产量。比不施肥增产 164.31%，比低肥（相当于当地玉米一般产量）增产 110.70%，比中肥（相当于当地一般玉米高产水平）增产 29.19%，比当时美国玉米最高产量 7.5 t/hm² 增加 49.6%。

表 24－22 不同施肥处理的夏玉米产量（1997 年）

| 处理号 | 施肥处理 | 产量（kg/hm²） | 比无肥增产（%） | 比低肥增产（%） | 比中肥增产（%） |
|---|---|---|---|---|---|
| 1 | 无肥 | 4 245 | — | | |
| 2 | 低肥 | 5 325 | 25.44 | — | |
| 3 | 中肥 | 8 685 | 104.59 | 63.10 | — |
| 4 | 高肥 | 11 220 | 164.31 | 110.70 | 29.19 |

注：施肥处理见表 24－21。

不同施肥量与产量关系见图 24－18，可看出施肥量与夏玉米产量呈线性相关关系，相关系数 $R=$

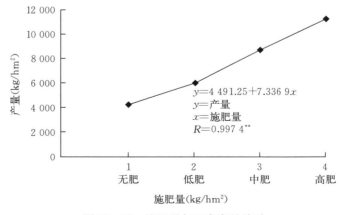

图 24－18 施肥量与玉米产量关系

0.997 4**，达极显著水平。说明在综合技术措施的栽培管理下，在以上计划产量范围内，施肥量与产量之间没有出现报酬递减，而是产量随着施肥量的增加呈线性增长。进一步说明，采取综合技术管理措施，玉米在高产量水平时，是可以防止肥效递减现象发生的。

**2. 不同施肥处理对夏玉米养分吸收量的影响**　由玉米整个生长期养分吸收总量（表 24-23）看出，在玉米整个生长过程中对不同养分的吸收量是随施肥量的增加而增加。施肥量与养分吸收量的关系：$y_N = 4.921\ 3 + 0.395\ 9\ N$，$R = 0.999\ 8^{**}$，$y_{P_2O_5} = 2.390\ 2 + 0.198\ P_2O_5$，$R = 0.997\ 7^{**}$，$y_{K_2O} = 5.956\ 3\ K_2O + 0.702\ 0$，$R = 0.999\ 5^{**}$，$y$ 为吸收量，$N$、$P_2O_5$、$K_2O$ 为对应养分的施肥量。三种养分的施肥量与吸收量都呈极显著的线性相关关系。这与小麦试验产量结果完全一致。

表 24-23　玉米全生育期养分吸收量

单位：$kg/hm^2$

| 处理号 | 施肥处理 | N | $P_2O_5$ | $K_2O$ |
| --- | --- | --- | --- | --- |
| 1 | 无肥 | 75.00 | 36.45 | 90.90 |
| 2 | 低肥 | 96.00 | 56.25 | 125.25 |
| 3 | 中肥 | 135 | 63.75 | 168.00 |
| 4 | 高肥 | 198.75 | 90.00 | 207.00 |

注：施肥处理见表 24-21。

**3. 不同施肥处理下的肥料利用率**　根据玉米养分吸收量和施肥量可计算出肥料利用率。计算方法同小麦，计算结果见表 24-24。从结果看出，高施肥量处理的 3 种养分利用率均比中肥、低肥处理有所增高，且都显示出随施肥量的增加而增加。与当地一般玉米肥料利用率（如低肥处理）比较，$N$、$K_2O$ 可提高约 5 个百分点，$P_2O_5$ 提高 2 个百分点。随着施肥量的提高，肥料利用率并没有降低，而是在综合因素作用下有不断增加的趋势。

表 24-24　不同施肥量处理玉米对肥料的利用率

单位：%

| 处理号 | 施肥处理 | N | $P_2O_5$ | $K_2O$ |
| --- | --- | --- | --- | --- |
| 1 | 无肥 | — | — | — |
| 2 | 低肥 | 35.00 | 17.79 | 64.69 |
| 3 | 中肥 | 39.02 | 18.00 | 67.99 |
| 4 | 高肥 | 39.79 | 20.00 | 70.00 |

注：施肥处理见表 24-21。

# 第四节　作物高产必须重视土壤肥力培育

## 一、土壤肥力是作物高产、优质的物质基础

"万物土中生，良田出高产"，这是多年来广大农民生产经验的总结。当对土壤不施肥的时候，作物产量是随土壤肥力的增高而增高，这是普遍存在的规律。在同一块地内，将施肥与不施肥的作物产量进行比较，作物产量对土壤肥力的依存率一般都在 70%，作物产量对土壤肥力的依存率是随土壤肥力的增高而提高，所以可以认为作物产量是土壤肥力的重要标志，也是土壤肥力的综合反映。土壤

肥力的高低受各种因素综合影响的，包括化学因素，如各种养分含量及其平衡状况；物理因素，如土壤结构、土壤容重、土壤质地及三相比例状况；生物因素，如土壤有机质、腐殖质含量、微生物种群与含量、各种生物酶等，也就是水、肥、气、热、微生物等对作物生长共同作用的能力。因此，土壤对作物产量的影响绝不是土壤肥力中的单一因素，而是土壤肥力中的全部因素。但事实上，有许多人都只把 N、P、K 当作土壤肥力的主要因素去研究对作物产量的影响，这是非常不全面的。从养分的角度看，还必须考虑到中、微量营养元素的含量与配比。许多事实证明，土壤物理特性，如土壤水分和土壤结构，各种生物含量和形态对作物产量的贡献都是很大的，在土壤肥力中具有特殊的功能。土壤营养越均衡、越全面，土壤就越富有生命力。只有这种土壤才具有对土壤本身在不良环境条件下进行自我调节的能力，才能增强抗旱、抗寒、抗涝等抗逆性能，提高保水、保肥、供水、供肥能力，达到高产、优质、高效的目标。

## 二、中、低产土壤人工改良与培育的成功经验

根据各地作物高产经验，在中、低产土壤上采用综合性的增产措施也能使作物达到高产的目标。虽然也能达到高产目标，但投资大，耗能多，难以达到低成本的要求。为了适应人口增加和工业原料的需求，即使增加投入，多耗能源，增加成本在一定时期内也是值得去做的。我国高产土壤面积较小，所以仅靠高产土壤使作物达到高产目标是远远不能满足要求的，需根据实际情况将中、低产土壤进行有计划的改良和培育，创造人工肥力，才能达到高产目的。在我国已有许多例子可以证明这一可能性。如陕西洛川县在旱地中产土壤上采用综合措施可获得亩产小麦 500 kg 和春玉米 650 kg 的高产；在陕北米脂县坝地低产土壤上采用灌溉和其他综合技术使春玉米亩产达到 1 003 kg 高产。所以在中低产土壤上，只要采用有效的综合技术措施，创造人工肥力，同样可以获得作物高产目标。但在创造人工肥力时，需了解哪些是中低产土壤的限制因素，针对不同限制因素采取因地制宜地和有效的改土培肥措施，才能得到良好的实际效果。

土壤自然肥力与土壤人工肥力存在很大区别。土壤自然肥力是在长期自然条件下逐渐形成和发展起来的，特性分布有规律，有机质和矿质养分与土壤颗粒融合均匀密切，供肥能力较均匀；但主要缺点是有效肥力低，不能满足作物高产的需要。而土壤人工肥力是在短时间内，将各种有机、无机肥料撒在土壤表面，经过机械翻混，使土肥在一定层次内相融，但因翻混次数有限，肥料与土壤颗粒混合不够均匀，局部土体中有的肥料很多、有的肥料很少；且有些养分只分布在耕层，在对作物生长过程中供给养分的浓度差异较大，这就不利作物吸收和利用。因此在创造土壤人工肥力时，必须做到土肥相融，使肥料分布均匀。在有灌溉地区，适当进行灌溉，可对土肥相融、养分分布、作物吸收产生很好作用。

中国人多地少，人工改土培肥是必经之路。在这方面我国劳动人民已积累了极为丰富的经验。如坡地改修梯田、丘地变为平地、湿地挖沟造田、盐土改成良田、搬沙改黏土、挖黏土改沙土、土中掏石留土、山间打坝淤地、河水拉沙造田等，都是人工改土、创造人工肥力的现实经验。这些样板在全国各地都可找到。如在陕西省榆林地区长城沿线的沙滩地上挖沟造田后，经过人工培肥，可使春玉米亩产达 1 020 kg，创造出当地高产纪录。在陕北米脂县打坝淤地，采用综合技术培肥，春玉米亩产达950 kg。陕西省农业科学院李立科在渭北干旱地区利用麦秆覆盖地面，保蓄土壤水分，麦秆腐烂后变为土壤有机质，改良土壤，提高水分储藏量，使原来一年一作变为一年两作，每亩小麦产量达 600 kg以上、夏玉米达 650 kg 以上、年总产达 1.25 t 以上。这些都是人工改土、人造肥力的实际经验，为我国粮食安全提供了可喜途径，值得各地同类地区学习和借鉴。

从农业发展的历史来看，开始阶段，由于人们对施肥不了解或肥料很少的情况下，主要是靠土壤

自然肥力进行生产。土壤的自然肥力因各地成土条件的不同而有很大差异，在寒冷的北方，土壤中有机质积累较多，矿化速度较慢，有效养分较低；温暖的南方，土壤有机质积累较少，矿化速度较快，有效养分较多。随着农业生产的发展，自然肥力不断被消耗，逐渐遭到破坏，土壤开始向贫瘠化方向发展。在这过程中，部分自然肥力在人们不断耕作栽培过程中，也逐渐转变为人工肥力。以后随着人们对施肥的认知，有机肥便成为提高人工肥力的主要手段。中国是利用有机肥提高和保持土壤肥力历史最为悠久、效果最为突出的国家。但随着工业和科学技术的发展，100 多年来，世界上出现了化学肥料的生产和应用，使土壤肥力得到极大提高，土壤人工肥力从而也得到快速发展。但人工施肥和土壤耕作栽培等各种措施，都是在自然条件下进行的，均受到自然力的巨大影响，因此人工肥力必然也是在自然条件作用下不断形成和发展的。所以人工肥力也就必然逐渐转变为自然肥力，自然肥力和人工肥力是互相转化，同时被利用的过程。当这两种土壤肥力积累越多，转化越快，土壤生产力就越大，作物高产更高产的程度就越高，从而使作物产量高产更高产。

## 三、高产土壤肥力培育的主要措施

根据以往研究和其他各地经验，培育高产土壤肥力的主要办法有以下几点。

### （一）排除障碍因素

在培育高产土壤肥力之前，首先要确定该土壤是否存在严重障碍因素，如果存在，则首先要采取有力措施进行排除。如盐碱土，则需洗碱排盐，清除盐碱危害；如低湿地，则需挖沟排水，降低到地下水平位 2 m 以下；干旱地区，在有水源条件下，则需修建水利设施，保障灌溉条件，否则就需采用其他有效抗旱措施；风沙严重地区，首先要植树造林，建立绿色防风带，使农田土壤得到保护。这些严重障碍因素不排除的话，就算有各种很好的培肥措施，也很难收到预期效果。

### （二）生物改良路线是土壤培肥的基本途径

由国内外土壤培肥经验显示，土壤培肥最好的办法就是生物改良，也就是走土壤生物改良路线。土壤的生命活动主要靠有机生物质的活动。所谓生物质就是土壤有机质、腐殖质、微生物和各种酶的统称。根据作者与瑞典农业大学合作的研究，在陕北黄绵土上进行的试验结果，生物土壤改良对提高土壤肥力有非常显著的效果。生物土壤改良办法是多种的，如施用微生物肥料、增施有机肥料、种植固氮豆科作物等。根瘤菌接种对作物产量的影响见表 24 - 25，施用不同有机物对作物产量的影响见表 24 - 26。

表 24 - 25　根瘤菌接种对作物产量的影响

| 土地类型 | 作物 | 产量（kg/亩） | | 接种比未接种增产（%） |
| --- | --- | --- | --- | --- |
| | | 未接种 | 接种 | |
| 旱地 | 花生 | 117 | 134 | 15.30 |
| | 大豆 | 37.5 | 48.4 | 33.60 |
| 灌溉地 | 花生 | 189 | 220 | 16.90 |
| | 大豆 | 170 | 195 | 15.00 |

注：产量均为 4 次重复平均值。

表 24 - 26  施用不同有机物对作物产量的影响

| 处理 | 1988 年谷子产量 | | 1989 年马铃薯产量 | |
|---|---|---|---|---|
| | kg/亩 | 增产（%） | kg/亩 | 增产（%） |
| 田地（无作物） | — | — | — | — |
| 对照（无肥） | 91.5 | — | 355.5 | — |
| NP | 114.8 | — | 566.7 | — |
| NP＋堆肥 | 154.0 | 34.1 | 651.5 | 15.0 |
| NP＋厩肥 | 140.0 | 22.0 | 655.0 | 15.6 |
| NP＋玉米秆 | 125.8 | 9.6 | 583.7 | 3.0 |
| NP＋豆科牧草 | 164.2 | 43.0 | 663.4 | 17.1 |

注：产量为 4 次重复平均值，为川道地黄绵土，无灌溉条件。

由表 24 - 25 看出，利用根瘤固 N 菌给豆科作物接种，花生、大豆在旱地和灌溉地上都可增产 15％以上。在川道地灌溉的黄绵土上施用不同有机肥或有机物料，除玉米秸秆还田增产效果较低以外，其他对谷子和马铃薯都有明显增产作用（表 24 - 26），效果最好的是豆科牧草，谷子增产 43％，马铃薯增产 17.1％；其次是堆肥和厩肥，谷子分别增产 34.1％和 22％，马铃薯分别增产 15％和 15.6％。同时使土壤有机质也有明显提高（表 24 - 27），两年后使土壤有机质与同量施用 NP 处理相比，提高 27.7％～43.6％，其中堆肥和厩肥对提高土壤有机质含量作用最为明显。说明要提高土壤基础肥力，必须增施有机肥料，特别在低肥力土壤上更应如此。

表 24 - 27  施用不同有机物对土壤有机质含量的影响

| 处理 | 2 年后土壤有机质含量（%） | 比 NP 增加（%） |
|---|---|---|
| 田地（无作物） | 0.373 | — |
| 对照（无肥） | 0.411 | — |
| NP | 0.401 | — |
| NP＋堆肥 | 0.571 | 42.4 |
| NP＋厩肥 | 0.576 | 43.6 |
| NP＋玉米秸秆 | 0.512 | 27.7 |
| NP＋豆科牧草 | 0.512 | 27.7 |

注：产量为 4 次重复平均值，为川道地黄绵土，无灌溉条件。

生物土壤改良培肥的另一途径是种植豆科牧草，如表 24 - 28 所示。在黄绵土上种植的苜蓿、紫云英、百脉根等豆科牧草，在无灌溉和有灌溉条件下，固 N 能力都是很高的，仅地上部分固 N 量每亩为 9.7～21 kg。其中，固 N 量最高的是紫云英，每亩在 21 kg 左右；苜蓿次之，每亩 13 kg 左右；百脉根较差，因冬季耐冻性较差，如果在较温暖地区，其固 N 量也可能是很高的，因单位面积产草量的含 N 率并不低于紫云英和苜蓿。

表 24 - 28　陕北黄绵土不同牧草一年中的固氮量

| 土壤类型 | 牧草类型 | 地上部分含氮量（kg/亩） | 豆科牧草固氮量（差异法）（kg/亩） |
|---|---|---|---|
| 旱地 | 雀麦 | 2.64 | — |
| | 冰草 | 2.84 | — |
| | 苜蓿 | 14.08 | 13.08 |
| | 紫云英 | 23.22 | 20.48 |
| | 百脉根 | 12.46 | 9.72** |
| 灌溉地 | 雀麦 | 11.18 | — |
| | 冰草 | 6.20 | — |
| | 苜蓿 | 18.69 | 12.49 |
| | 紫云英 | 27.28 | 21.08 |
| | 百脉根 | 18.35 | 12.15 |

注：均为 4 次平均含氮量；百脉根因冬季受冻，无第一次产量，只有第二次产量。

供试的禾本科牧草产草量比较低，一般 300～500 kg/亩，而豆科牧草除百脉根稍低外，紫云英、苜蓿草产量一般都在 1 000～1 300 kg/亩。将豆科牧草收获后作饲料或直接用作肥料，可很快提高土壤肥力，为培育高产土壤提供良好肥源。对中、低产土壤来说，特别是低产土壤，采用生物土壤改良是最为有效的培肥途径。

**（三）测土配方施肥和平衡施肥是快速培肥的有效方法**

首先要对土壤肥力进行测定，测定的内容包括有机质、N、P、K 大量元素、Ca、Mg、S 等中量元素、Cu、Zn、Mn、Fe、B、Mo 等微量元素。根据测定结果和高产目标，进行配方施肥和各种养分平衡施肥设计，使各种养分处于平衡协调状态，在作物不同生育期能够得到各种养分的充足和协调供应，保证作物正常生长发育，增强作物对各种不良环境条件的抗逆性。经过长期测土配方施肥和平衡施肥，特别与有机肥配合施用，土壤肥力即可得到全面稳健的提高，达到持续高产的肥力水平。

经过大量试验结果表明，过去在北方地区一般土壤都缺 N、缺 P、不缺 K，但在目前作物产量不断提高的情况下，尤其在高产情况下，增施钾肥也已成为迫切需要。

由于作物高产需大量吸收和利用各种养分，特别对不常施用的中、微量元素能被大量消耗，因此常能引起因这些元素供应不足而影响产量。如土壤硫素养分，在一般产量情况下是不缺乏的，但在高产条件下，施硫却有很好效果。Fe、Zn、Mn、B、Mo 等微量元素也是如此，在一般产量情况下是不缺的，但在高产情况下，施用这些微量元素也都有明显的增产作用。因此在创建高产目标时，必须适量施用有关各种微量元素和有机肥料，这是不可忽视的。

为了提高化肥肥效，减少化肥损失，在进行平衡施肥的同时，要务必注意施用有机肥料。做到有机无机相结合、大量元素与中微量元素相结合、根部施肥与叶面喷施相结合，基施与追施相结合，这样就能很快使中低产土壤肥力上升到高产土壤肥力水平，使土壤具有持续高产的能力。

**（四）因地制宜就地取材认真改良土壤物理性状**

从作物生长的角度来说，最重要的土壤物理特性是土壤水分、土壤结构、土壤容重和土壤质地，它们决定土壤固体、液体和气体三相比例，如果土壤水分、土壤结构、土壤容重、土壤质地中任何一个组成状态变坏，就会影响到三相比例的变异和失调，就会影响到土壤水分、养分的保存和供应，土壤各种生物体的总量和功能，土壤各种气体的流通和交换，土壤本身各种物理、化学、物理化学和生物化学的有效进程，也就是阻碍了土壤本身对付不良环境的自我调控能力，由活土变成死土，缺乏生产能力，降低作物产量。在许多情况下，土壤物理特性的作用，要比养分重要得多，如土壤干旱缺水，作物就不能生长；土壤容重过大，土壤板结，作物就难以生长发育；土壤沙性过大，不保肥不保水，作物就更难生长发育、获得高产。这些都是众所周知的事实。因此，培育高产土壤肥力，绝不是只提高土壤养分含量，或进行合理施肥，而是要从整个土壤肥力角度进行全面的改良和培育，甚至在有些情况下要更加重视和加强对土壤物理特性的改良和培育，在此基础上，再加强土壤养分和其他肥力因素的提高。所以高产土壤的改良和培养是一项系统工程，肥力因素的改良和培养是有先后次序的，要因土、因时治理和培育。根据以往改良培育土壤物理特性的经验，以下措施是值得采用的：

**1. 客土法** 以黏掺沙，以沙（或粉煤灰）掺黏，改善土壤容重和质地，要长期坚持，持之以恒。

**2. 地面覆盖，保护土壤水分** 在干旱地区，采用塑膜和秸秆覆盖，有条件的地方也可施用保水剂，以蓄水保墒，减少水分损失，提高水分利用率。

**3. 适度深耕，精细整地** 对板结土壤或有深厚犁底层的土壤，进行适度深耕，打破犁底层，精细整地，疏松土壤，改善土壤容重。

**4. 增施有机肥料，改良土壤结构** 利用一切可以利用的有机肥源，增施有机肥，并采用精细有效的秸秆还田，就可很快改良土壤结构，改善土壤物理特性。

以上方法虽然都很简单、陈旧，但作用不可低估，只要认真实施，就可收到不可估量的效果。

# 第五节　绿色革命在农业高产中的作用

在讨论农业高产问题的时候，必然要联系到绿色革命的问题。因为绿色革命的主要目的就是要获得优良品种，这是作物高产的首要条件。

## 一、第一次绿色革命

第一次绿色革命起源于 20 世纪 40 年代，是为解决人口和粮食供求矛盾而引起的饥荒问题。由洛克菲勒基金首先发起，在世界银行、联合国粮农组织、联合国国际发展署等共同参与推动下，主要针对发展中国家粮食增产的农业科技传播推广而进行的农业活动。到了 20 世纪 60 年代初期，美国科学家诺曼·布劳格（Norman Borlaug）在墨西哥帮助建立了国际玉米和小麦研究中心，自从他研发出抗病虫害小麦品种以后，便意识到配植矮生植物品种可以使作物产生更多籽实。因此他利用日本"农林 10 号"矮化基因的品系与墨西哥抗锈病小麦进行杂交，很快研发出 30 多个矮秆、半矮秆品种，其中有些品种的株高只有 40～50 cm，具有抗倒伏、抗锈病、高产的突出优点。国际水稻研究所将中国台湾的"底脚乌尖"品种所具有矮秆基因导入印度尼西亚的"皮泰"高产品种中，培养出了第一个半矮秆、高产、耐肥、抗倒伏、穗大、粒多的"国际稻 8 号"品种。此后又相继培养出"国际稻"系列良种，并在抗病害、适应性等方面有了改进，在发展中国家迅速推广开来，产生了巨大的效益。在拉丁美洲取得了大丰收，使粮食产量直线上升。此后，他把 6 万 t 的小麦种子和化肥送到大面积遭受饥荒的印度、巴基斯坦，使产量超过当地小麦 70%，由此印度、巴基斯坦两国小麦达到自给的程度。在 20 世纪 60 年代，多种高产小麦和水稻品种进行大面积种植，这就标志着传统植物育种理论和各种农业措施在作物改良中的应用已达到极高的水平，并对农业生产产生了深远的影响。在 1966—1968年将高产、半矮生的墨西哥小麦品种引入印度之前，印度每年小麦总产量在 1 139 万 t，到 1981 年大面积采用高产小麦品种后，小麦年产量增加到 3 650 万 t，15 年间增长量足以为 1.84 亿的新增人口每人每天提供 375 g 小麦。阿根廷、孟加拉国、中国、巴基斯坦和土耳其等国小麦产量的增长也令人瞩目。1965—1980 年发展中国家的小麦和水稻产量增加了约 75%。1950—1984 年墨西哥小麦增加了

400%，同期印度尼西亚的稻米产量翻了一番。种子质量的提高和农业技术的改良使苏丹、加纳、坦桑尼亚、赞比亚等国的玉米、高粱和谷子产量提高了300%~400%。以上结果证明，农业绿色革命在农业高产中起到了引领作用。美国国际开发署官员威廉姆第一次用"绿色革命"这个词来描述这种农业大发展的现象。挪威诺贝尔研究所估计，诺曼·布劳格能帮助挽救数亿人的生命。由于他的突出贡献，1970年被授予诺贝尔和平奖。根据实际情况来看，第一次绿色革命也带来一些负面影响，主要有以下几点。

### (一) 环境污染

大量的、不适当的施用化肥和农药造成了严重的土、水污染和农产品有毒物质的积累，常有发生农民中毒、杀死益虫和其他野生植物；过度灌溉也导致了土壤盐碱化，使良好的农田遭到破坏和放弃。在大量利用井灌地区，造成地下水位下降。由于只是仅仅种植几种绿色革命推广的农作物品种，也导致农业品种多样性的丧失。

### (二) 推广品种不适于旱地种植

由于绿色革命推广的品种要求肥水条件高，不适于旱地种植。这些品种只适于在灌溉条件好和降水充沛的地区种植和推广，而在降水稀少的地区则难以种植推广。

### (三) 农产品中矿物质和维生素含量很低

在20世纪90年代初，人们发现绿色革命推广的作物品种的铁、锌、碘和维生素含量较低，将此产品用作粮食并长期食用后，会因营养不良而减弱人们抵御传染病和从事体力劳动的能力，最终使一个国家的劳动生产率降低，经济持续发展受到阻碍。

## 二、第二次绿色革命

第一次绿色革命存在以上种种问题，曾受到一些人的批评。但在第一次绿色革命发展过程中，也开始显露出"第二次绿色革命"的火花。因此在1990年由世界粮食理事会第16次部长会议上首次提出了第二次绿色革命的设想。这一设想的主要目的是：运用国际力量，为发展中国家培育既高产又富含维生素和矿物质的作物新品种。

### (一) 第二次绿色革命需要解决的问题

(1) 农产品产量、营养及品质必须共同提高的问题。

(2) 农业可持续发展的资源尤其是水资源短缺的问题。

(3) 农业可持续发展的环境问题。

(4) 农业功能多样化以满足日益增长的物质与精神需求的问题。

(5) 农村与城市的基础设施与收入差别的问题。

(6) 农产品对人类和生物界生命发展过程中的安全问题。

以上这些问题，大都与生命科学和生物技术的研究开发及其产业发展有关。以分子生物学及基因工程为核心的现代生物技术的突破、发展与应用，对化解以上问题可提供技术手段。

当今世界，随着人口不断增加，人均耕地面积逐渐减少，使社会经济基础设施压力加大，食品安全受到严重威胁，农业生产体系出现不可持续性、自然资源基础的质量得不到可靠保障，人类社会的整体生存质量受到威胁。面对人口与资源的矛盾进一步加深，环境进一步恶化，粮食危机进一步突出，为了满足人类食品需要，提升生活质量，保持环境可持续发展，国际社会对第二次绿色革命寄予极大的期待。2006年9月12日，联合国粮农组织总干事迪乌夫（Jacques Diouf）呼吁国际社会发起第二次绿色革命；2008年5月14日联合国秘书长潘基文呼吁国际社会共同努力，推动新一代技术和耕作方式的开发利用，使第二次绿色革命成为可能，在促进农业生产高度发展的同时，确保环境和可持续发展目标。

**（二）第二次绿色革命要迅速全面发展起来还存在许多问题**

（1）农业生物技术的成本较高，发展中国家的农民购买实力较低，这一矛盾必须解决。

（2）转基因食品的投资者多数是私营部门，"知识产权问题是基因革命的核心"，这可能是转基因技术成为规模化应用的重要障碍。

（3）世界各国甚至在一个国家内不同部门对基因革命都没有统一的认识，有的赞成，有的反对，这就影响到基因转移技术的研发和应用。

（4）目前尚未制定基因食品安全和风险的标准。

（5）第二次绿色革命强调的是开发应用高产、环境友好的绿色技术，这是一对较难统一的矛盾。

以上问题的解决绝非在短期内能办到的。因为这是一次基因革命，涉及的问题很多。不仅关系到研发的技术问题，而且关系到资金投入、知识产权、利益分配、产品应用、食品安全、国家政策、国家法规、人们认识等许多需要研究、解决、统一的问题。所以第二次绿色革命要比第一次绿色革命复杂、困难得多，可能需要经过很长的时间和过程才能得到解决，因此第二次绿色革命任重而道远，我们要有足够的耐心去期待。关于这一场伟大的基因革命，应该积极参与，对所取得的研究成果，要在绝对安全保障的条件下，进行推广应用。

**主要参考文献**

傅应春，陈国平，1982. 夏玉米需肥规律的研究 [J]. 作物学报，8（1）：1-8.

黄德明，1993. 作物营养和科学施肥 [J]. 北京：农业出版社 .

李仁岗，1987. 肥料效应函数 [J]. 北京：中国农业出版社 .

李生秀，1999. 土壤-植物营养研究文集 [J]. 西安：陕西科学技术出版社 .

# 第二十五章

# 推荐施肥分区

为了有计划地生产、供应和使用化肥，全面提高作物产量，过去曾进行过全国性的化肥区划，在农业生产上起到一定作用。化肥区划只能从宏观上提出化肥的产、销、使用方向和战略原则，但不能解决具体地区的目标产量和施肥量问题。目标产量和配方施肥是科学施肥的核心，推荐施肥分区就是要解决这一问题。国外对这个问题的研究报道较多，美国各州已把推荐施肥分区当作一项常规增产措施。国内有些地区把地力划分成若干等级，作为配方施肥分区的指导依据。为了做好全省的推荐施肥分区，作者与陕西省土壤肥料工作站配合，在不同农业生态区共做了 2 000 多个田间肥料试验，化验分析了大量土样和植株，再加上土壤普查资料，取得了大量科学数据，为全省推荐施肥分区提供了充实和可靠的基础。

陕西省大部分地区是黄土质土壤，土壤含钾丰富，分区时在小麦、玉米等粮食作物上施用钾肥尚未见有普遍显著效果，故在分区中仅把氮、磷两元素作为分区的对象。土壤有效氮含量以碱解扩散法测定 0～40 cm（0～20 cm、20～40 cm）土层中的碱解氮含量作为计算依据。土壤有效磷（$P_2O_5$）含量以 Olsen 法测定 0～20 cm 土层中的有效磷含量作为计算依据。据研究，土壤碱解氮和有效磷含量都与作物产量呈极显著正相关关系，与氮磷施肥量呈极显著负相关关系，因此，这两种土壤有效养分含量的施肥量与作物产量已成为不可分割的关系。土壤养分含量、施肥量、施肥效果不但与土壤类型有关，而且与地形、地貌、气候条件、生产条件和耕作方式等均有密切关系，在进行推荐施肥分区时，必须考虑与施肥量有关的各种因素，采用综合因素效应进行推荐施肥分区是最基本的要求。本章选择关中地区 2 个县进行推荐施肥分区，一个是关中东部的临潼区，代表关中灌溉地区，农业生产为高产稳产；另一个是关中西部的扶风县，代表关中半干旱抽灌地区，农业生产水平有高有低。

## 第一节　利用肥效反应模式的预测结果对临潼进行推荐施肥分区

作者在 1980—1985 年承担国家攻关项目"高浓度复（混）合肥料品种、施肥技术和二次加工技术的研究"时，选择临潼为试验基地，进行测土配方施肥系统试验研究，在不同地区建立了肥效反应模式，为县级推荐施肥分区创造了必需条件。

### 一、临潼的环境条件

临潼地处关中"八百里秦川"的东部，是陕西最富饶的农业生产区。位于北纬 34°16′—34°41′，东经 109°5′—109°27′。

全区地貌有 4 种类型：渭河冲积平原，海拔 350～400 m，占总面积的 67%，地势平坦，土壤肥沃，灌溉条件良好，是粮食主产区；黄土台塬，占总面积的 11.36%，海拔 400～600 m，因侵蚀作用，塬边已出现黄土性土壤，塬上仍有娄土存在；其他还有山麓冲积扇和骊山山区，农田只有零星分布，为非主要农区，故未进行研究试区。

临潼区属于大陆性暖温带半干旱季风气候。据 1959—1980 年的气象资料，平均日照时数为 2 154.7 h，年总辐射量 501.086 kJ/cm²。年平均气温 13.5 ℃，最热是 7 月，平均气温为 26.9 ℃；最冷为 1 月，平均气温为 −0.9 ℃。年≥10 ℃积温为 4 431.3 ℃，无霜期 219 d，年降水量为 553.3 mm，温润指数为 0.56，属半干旱气候。但水利资源丰富，有引泾灌区和东方红灌区，各地还有井灌设施，属于旱农补灌农业区，能代表关中灌溉地区。

土壤类型主要有娄土和黄墡土。全县娄土占土壤总面积的 46.55%，黄墡土占 25.42%，其余土壤类型都比较零星。选择有代表性的 7 个乡进行试验，这 7 个乡的娄土面积占总面积的 64.8%，黄墡土占 24.7%。

根据土壤普查结果，娄土有机质含量平均为 1.03%、全氮 0.077%、全钾 2.92%、全磷 0.1%；黄墡土有机质平均 0.98%、全氮 0.069%、全磷 0.101%、全钾 1.96%。参加试验的 7 个乡，土壤有机质平均为 1.042%、全氮 0.07%、碱解氮 53 mg/kg、有效磷（$P_2O_5$）8.91 mg/kg、速效钾（$K_2O$）303 mg/kg。

临潼区的主要作物，小麦占耕地面积的 61%，玉米占夏粮的 70% 左右，棉花占耕地的 27%。试验区多为一年两料。棉花为一年一熟。试验前小麦亩产 255 kg 左右，玉米亩产 250 kg 左右，棉花亩产皮棉 30 kg 左右。

临潼区从 20 世纪 50 年代开始使用化肥，随着化肥工业的发展，水利设施的改善，生产水平的提高，化肥施用量逐渐增多。试验以前，1971 年化肥总用量为 15 647 t，平均每亩施 13.25 kg；1975 年总用量为 24 983 t，平均每亩施 21.65 kg；1979 年总用量 63.615 t，平均亩施 56.2 kg；1983 年总用量 46 840 t，平均亩施 41.9 kg。在化肥施用中，N 肥较多，P 肥较少，N、P 供应比例失调。如 1980 年，化肥的总用量为 52 545 t，其中磷肥 14 202 t，N：$P_2O_5$ 为 1：0.22；而 1983 年总用量 46 840 t，其中磷肥 1 872 t，N：$P_2O_5$ 为 1：0.036，N、P 使用量不平衡是影响肥效的主要原因之一。

## 二、临潼区田间肥料试验设计与操作情况

肥料田间试验是推荐施肥分区的首要条件，而田间试验的设计方案必须根据土壤养分含量状况来确定。根据土壤分析和以前的肥效试验，临潼区娄土和黄墡土均不缺钾和微量元素。因此在田间肥料试验设计中，只考虑氮和磷 2 种营养元素。

田间试验的主要目的，是研究小麦、玉米、棉花最佳产量时氮、磷肥料的用量和配比，为高浓度复（混）合肥料的二次加工提供配方，同时为全县的测土配方施肥提供依据。田间试验方案采用"2·6"饱和 D 最优设计，设计方案见表 25-1。

表 25-1　"2·6"饱和 D 最优设计方案

| 试验号 | 编　码　值 | |
| --- | --- | --- |
| | N | $P_2O_5$ |
| 1 | −1 | −1 |
| 2 | 1 | −1 |
| 3 | −1 | 1 |

（续）

| 试验号 | 编 码 值 | |
| --- | --- | --- |
| | N | $P_2O_5$ |
| 4 | −0.131 5 | 0.131 5 |
| 5 | 1 | 0.394 5 |
| 6 | 0.394 5 | 1 |

注：表中编码值 1 代表最高施肥量，−1 代表最低施肥量。

小麦、玉米和棉花最高与最低实际施肥量 N 和 $P_2O_5$ 均分别为每亩 15 kg 和 0 kg。每种肥料设有 4 个水平，每一个田间试验重复 2 次，随机排列。每年每种作物试验点数在全县范围共设 80～125 个，在同一土壤肥力水平上以多点代替重复，保证试验质量。

根据试验要求和土壤分布情况，按各乡作物种植面积确定试验点数，并按土壤肥力高、中、低选择试验地块，布置试验。

试验地块选好以后，印发试验表格，逐户逐块进行登记，了解试验地块的耕作、施肥、生产水平、土壤类型等情况。试验前每块地采取土样，进行土壤农化分析。

为了保证试验质量，每种作物试验前，召集乡农技员和科研户开会进行技术培训。除讲课外，还进行实地操作示范，协作组科技干部分片负责，进行指导。

试验时，统一作物品种，统一播量，统一肥料，种子和肥料均分行称量，保证均匀一致。

播种后，出苗时进行检查。符合试验标准者签订合同，不符合标准者，不签订合同。

在作物生长期中，按统一格式和要求进行田间记载，收获时按处理和重复分别单收、单打。试验收获后，对试验数据按地力水平进行分类，进行分析统计。

## 三、临潼田间肥料试验结果

1984—1985 年连续两年在临潼塿土及黄墡土上对小麦、玉米、棉花 3 种作物进行了 N、P 肥料不同配方试验，试验结果见表 25 - 2～表 25 - 4。表中亩产均为不同地力水平上试验数的平均产量，因此产量水平也体现了不同地力水平类型的生产力。求出的推荐施肥量可分别代表不同地力水平上的平均施肥量，这对大面积进行推荐施肥分区提供了依据。

### 表 25 - 2  小麦田间肥料试验结果

| 试验年度 | 地力水平（kg/亩） | 土壤类型 | 试验次数 | 处理与产量（kg/亩） | | | | | |
| --- | --- | --- | --- | --- | --- | --- | --- | --- | --- |
| | | | | CK | $N_{15}$ | $P_{15}$ | $N_{6.5}P_{6.5}$ | $N_{15}P_{10.45}$ | $N_{10.45}P_{15}$ |
| 1983—1984 | <150 | 塿土 | 26 | 118.95 | 200.55 | 119.6 | 262.70 | 297.55 | 304.40 |
| | | 黄墡土 | 12 | 137.03 | 152.92 | 229.83 | 281.40 | 312.55 | 319.95 |
| | 150～200 | 塿土 | 16 | 168.05 | 229.80 | 201.35 | 284.45 | 298.95 | 315.90 |
| | | 黄墡土 | 5 | 178.22 | 212.34 | 218.42 | 301.01 | 323.50 | 332.77 |
| | >200 | 塿土 | 13 | 237.80 | 283.25 | 271.25 | 320.35 | 349.95 | 387.40 |
| | | 黄墡土 | 7 | 265.63 | 289.94 | 330.73 | 355.71 | 346.55 | 384.27 |

（续）

| 试验年度 | 地力水平（kg/亩） | 土壤类型 | 试验次数 | 处理与产量（kg/亩） | | | | | |
|---|---|---|---|---|---|---|---|---|---|
| | | | | CK | $N_{15}$ | $P_{15}$ | $N_{6.5}P_{6.5}$ | $N_{15}P_{10.45}$ | $N_{10.45}P_{15}$ |
| 1984—1985 | <150 | 娄土 | 33 | 126.24 | 163.24 | 183.77 | 251.17 | 285.54 | 295.59 |
| | | 黄墡土 | 24 | 126.77 | 178.97 | 186.19 | 249.39 | 290.59 | 289.59 |
| | 150~200 | 娄土 | 54 | 172.85 | 228.79 | 214.25 | 285.16 | 322.93 | 355.55 |
| | | 黄墡土 | 26 | 170.91 | 213.3 | 216.22 | 273.15 | 299.10 | 302.55 |
| | >200 | 娄土 | 26 | 229.8 | 272.49 | 264.1 | 330.23 | 359.75 | 370.74 |
| | | 黄墡土 | 26 | 222.11 | 253.99 | 267.81 | 294.62 | 306.24 | 317.33 |

注：P 为 $P_2O_5$。

表 25 - 3　夏玉米田间肥料试验结果

| 试验年度 | 地力水平（kg/亩） | 土壤类型 | 试验次数 | 处理与产量（kg/亩） | | | | | |
|---|---|---|---|---|---|---|---|---|---|
| | | | | CK | $N_{15}$ | $P_{15}$ | $N_{6.5}P_{6.5}$ | $N_{15}P_{10.45}$ | $N_{10.45}P_{15}$ |
| 1984 | <275 | 娄土 | 26 | 236.11 | 423.14 | 260.34 | 495.36 | 449.40 | 440.83 |
| | | 黄墡土 | 5 | 213.63 | 382.94 | 253.97 | 419.59 | 428.32 | 434.00 |
| | 275~350 | 娄土 | 13 | 309.57 | 500.29 | 349.17 | 526.10 | 518.62 | 503.13 |
| | | 黄墡土 | 8 | 306.69 | 420.76 | 332.34 | 486.94 | 484.87 | 495.97 |
| | >350 | 娄土 | 9 | 379.63 | 482.39 | 399.37 | 507.68 | 507.44 | 501.01 |
| | | 黄墡土 | 7 | 400.32 | 450.70 | 435.90 | 518.29 | 541.33 | 549.36 |
| 1985 | <275 | 娄土 | 4 | 240.82 | 393.89 | 269.44 | 389.12 | 429.98 | 385.60 |
| | | 黄墡土 | 5 | 237.33 | 346.39 | 248.00 | 342.63 | 353.67 | 355.34 |
| | 275~350 | 娄土 | 7 | 320.49 | 423.37 | 360.61 | 437.37 | 441.67 | 430.57 |
| | | 黄墡土 | 14 | 325.16 | 415.16 | 350.61 | 427.68 | 455.71 | 458.92 |
| | >350 | 娄土 | 6 | 413.19 | 513.59 | 426.78 | 475.86 | 478.29 | 485.64 |
| | | 黄墡土 | 12 | 402.96 | 453.07 | 442.41 | 481.09 | 496.33 | 501.64 |

注：P 为 $P_2O_5$。

表 25 - 4　棉花田间肥料试验结果（籽棉）

| 试验年度 | 地力水平（kg/亩） | 土壤类型 | 试验次数 | 处理与产量（kg 籽棉/亩） | | | | | |
|---|---|---|---|---|---|---|---|---|---|
| | | | | CK | $N_{15}$ | $P_{15}$ | $N_{6.5}P_{6.5}$ | $N_{15}P_{10.45}$ | $N_{10.45}P_{15}$ |
| 1984 | <100 | 娄土 | 5 | 87.51 | 96.12 | 107.82 | 116.71 | 103.64 | 111.44 |
| | | 黄墡土 | 5 | 86.60 | 113.99 | 163.40 | 114.64 | 113.37 | 111.27 |
| | 100~150 | 娄土 | 8 | 129.10 | 150.82 | 149.91 | 166.44 | 152.21 | 156.37 |
| | | 黄墡土 | 4 | 127.87 | 138.42 | 133.48 | 148.41 | 147.70 | 138.20 |
| | >150 | 娄土 | 7 | 183.50 | 216.10 | 208.30 | 223.00 | 229.90 | 231.40 |
| | | 黄墡土 | 3 | 179.62 | 176.00 | 190.90 | 197.77 | 182.85 | 186.95 |

（续）

| 试验年度 | 地力水平（kg/亩） | 土壤类型 | 试验次数 | 处理与产量（kg 籽棉/亩） | | | | | |
|---|---|---|---|---|---|---|---|---|---|
| | | | | CK | N$_{15}$ | P$_{15}$ | N$_{6.5}$P$_{6.5}$ | N$_{15}$P$_{10.45}$ | N$_{10.45}$P$_{15}$ |
| 1985 | <100 | 塿土 | 5 | 75.86 | 86.31 | 90.86 | 123.42 | 105.68 | 120.76 |
| | | 黄墡土 | 5 | 77.96 | 91.17 | 92.97 | 118.30 | 113.65 | 121.39 |
| | 100～150 | 塿土 | 9 | 130.50 | 154.35 | 163.92 | 170.74 | 175.10 | 184.22 |
| | | 黄墡土 | 4 | 177.60 | 171.40 | 165.54 | 178.14 | 163.27 | 167.83 |
| | >150 | 塿土 | 5 | 138.67 | 214.19 | 199.53 | 266.29 | 232.70 | 239.63 |
| | | 黄墡土 | 4 | 169.88 | 201.58 | 181.38 | 208.45 | 210.45 | 193.72 |

注：P 为 P$_2$O$_5$。

## 四、肥效分析

### （一）由肥效反应曲线图显示 N、P 主效应

根据多点试验对不同土壤、不同作物、不同地力水平建立了 N、P 两因素二次回归模型，为了进一步研究 N、P 两因素的主效应，将对肥效反应曲线图进行分析研究。田间试验结果证明，N、P$_2$O$_5$ 每亩各施 7.5 kg 时，都可达到作物最佳产量水平，故当研究 N 素主效应时可设 P$_2$O$_5$ 7.5 kg 作为底肥基础；当研究 P 素主效应时，可设 N 7.5 kg 为底肥基础，并对 N、P 分别设立不同施用量，代入相应的 N、P 肥效反应回归模型，求得 N、P 不同施用量的作物产量。以不同施肥量和不同产量作图，结果见图 25-1～图 25-6。

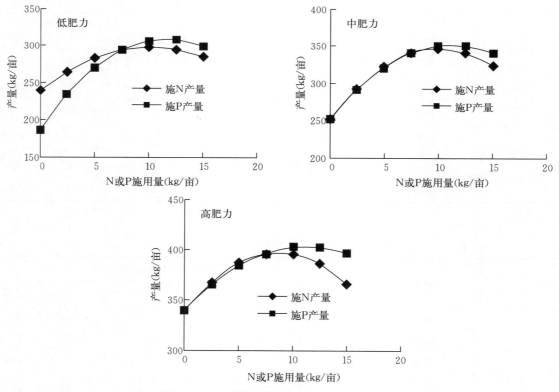

图 25-1　在黄墡土小麦上 N、P 主效应分析

注：低肥力为基础肥力<150 kg/亩，中肥力为基础肥力 150～200 kg/亩，高肥力为基础肥力>200 kg/亩，下同。

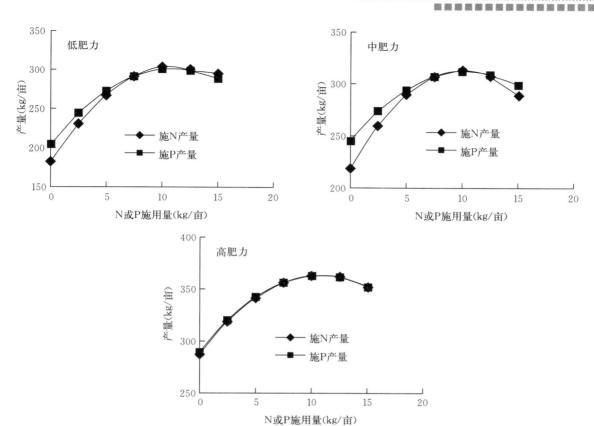

图 25-2　在塿土小麦上 N、P 主效应分析

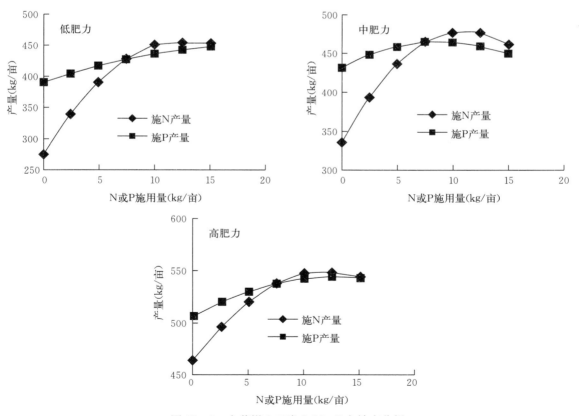

图 25-3　在黄墡土玉米上 N、P 主效应分析

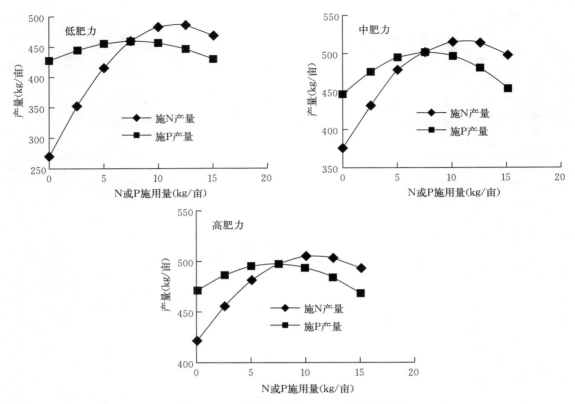

图 25-4　在塿土玉米上 N、P 主效应分析

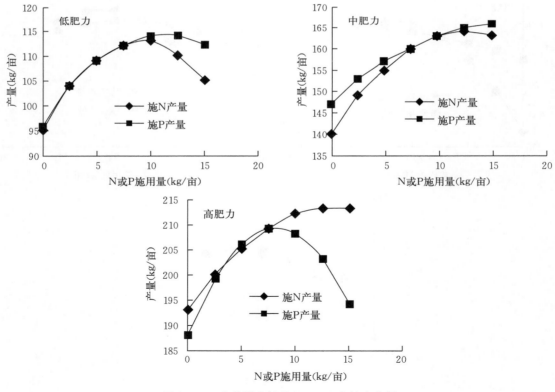

图 25-5　在黄墡土棉花上 N、P 主效应分析

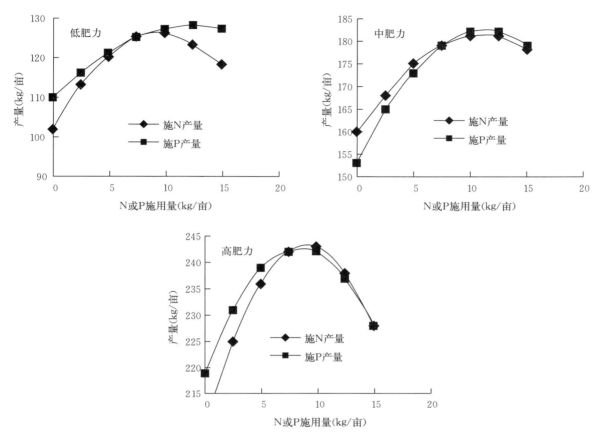

图 25-6 在壤土棉花上 N、P 主效应分析

（1）N、P 在小麦上的主效应。由图 25-1 可以看出，在黄墙土不同肥力土壤上小麦达到最高产量时，N、$P_2O_5$ 用量基本都在每亩 7.5 kg 左右。低于这个施肥点时，低肥力黄墙土 N 效高于 P 效，中肥力和高肥力黄墙土上 N 效与 P 效基本相等；但高于这个施肥点时，在低、中、高肥力的黄墙土上，P 效都高于 N 效。从增产幅度来看，P 的增产幅度是低肥力＞中肥力＞高肥力；而 N 的增产幅度是低肥力≈高肥力＜中肥力。说明 N、P 平衡还不够合理。

由图 25-2 可明显看出，小麦在不同肥力的壤土上，达到最高产量时的施肥量也是 N、$P_2O_5$ 各为每亩 10 kg。低于或高于此点施肥量时，P 效和 N 效都基本接近。对小麦增产效果来说，N、P 效果都是低肥力＞中肥力＞高肥力土壤，说明 N、P 配合施肥量要因土而异。

（2）N、P 在玉米上的主效应。由图 25-3 看出，在不同肥力的黄墙土上，夏玉米达到最高产量时，N 施用量每亩都在 10 kg 左右，而 $P_2O_5$ 施用量每亩 7.5 kg 左右。N 效明显高于 P 效，N 效是低肥力＞中肥力＞高肥力土壤；而 P 效却相反，高肥力＞低肥力＞中肥力土壤。

在不同肥力的壤土上（图 25-4），夏玉米达到最高产量时，N 的用量均为每亩 10 kg 左右，而 $P_2O_5$ 为 7.5～10 kg。N 效明显高于 P 效，且 N 效是低肥力＞中肥力＞高肥力壤土，而 P 效是中肥力＞低肥力＞高肥力壤土，说明在壤土上的养分平衡有较大差异。

（3）N、P 在棉花上的主效应。在不同肥力水平的黄墙土上（图 25-5），棉花达到最高产量时，N 的用量均在每亩 10 kg 左右，P 在低肥力和中肥力土壤上为 10 kg 左右，在高肥力土壤上为 7.5 kg 左右。在低于最高产量时，N、P 肥效都比较接近，但超过最高产量时，低肥力、中肥力土壤 P 效高于 N 效，高肥力土壤则 N 效高于 P 效。

棉花在墣土上（图 25 - 6）达到最高产量点时，施肥量在低肥力和中肥力上 N、$P_2O_5$ 各为每亩 10 kg 左右，而在高肥力上 N、$P_2O_5$ 各为 7.5 kg 左右。在低肥力墣土上，棉花产量磷肥高于氮肥；中肥力墣土上棉花产量 N 肥高于 P 肥；高肥力墣土上，棉花产量 P 效高于 N 效。这些变化，说明土壤中还有其他限制因素未被克服，有待进一步研究。

### （二）N、P 交互效应

N、P 交互效应用以下两种方法进行分析：

**1. 联应效果计算法**　这是最常用的一种方法，其计算公式如下：

$$联应效果 = \frac{y_{max} - y_{CK}}{(y_{Nmax} - y_{CK}) + (y_{Pmax} - y_{CK})}$$

小麦 N、P 联应效果：1985 年大于 1984 年，墣土高于黄墣土，黄墣土平均值为 1.09，墣土为 1.20。

玉米 N、P 联应效果：1984 年略高于 1985 年，黄墣土略高于墣土，黄墣土平均值为 1.01，墣土为 0.98。

棉花 N、P 联应效果：年份之间没有明显规律，但土壤类型之间是墣土高于黄墣土，黄墣土平均值为 0.80，墣土为 0.89。

对不同作物来说，N、P 联应效果是小麦＞玉米＞棉花。

**2. Wallace 分析法**　该方法已在交互作用一章中作了详细叙述。为了更具体了解 N、P 两因素在临潼区不同作物、不同土壤上的交互效应，在临潼大量田间试验结果基础上，按 Wallace 方法进行了分析。为了简化先把 1984 年和 1985 年连续两年的试验结果合并在一起，对不同作物、不同土壤分别建立 N、P 肥效反应方程，结果如下：

小麦黄墣土：$y = 194 + 14.946N + 14.371P + 0.18NP - 0.905N^2 - 0.732P^2$

小麦墣土：$y = 172 + 16.481N + 15.00P + 0.274NP - 0.944N^2 - 0.847P^2$

夏玉米黄墣土：$y = 322 + 23.411N + 6.788P - 0.092NP - 0.968N^2 - 0.263P^2$

夏玉米墣土：$y = 308 + 27.579\ 7N + 11.229P - 0.159NP - 1.135N^2 - 0.655P^2$

棉花黄墣土：$y = 126 + 3.613\ 7N + 3.577\ 7P - 0.008NP - 0.162N^2 - 0.178P^2$

棉花墣土：$y = 135 + 5.72N + 4.695P - 0.082NP - 0.289N^2 - 2.222\ 6P^2$

以不同 N、P（$P_2O_5$）施用量代入以上相应方程，计算出不同施肥量时的作物产量。根据计算结果，分别求得 N、P 交互效应的各类参数，结果见表 25 - 5。在两种不同土壤上，小麦的 N、P 交互作用变化墣土略高于黄墣土。说明黄墣土的 N、P 供应能力略高于墣土。在两种土壤的夏玉米上，其 N、P 联应值为 0.97～1.04，均接近于 1，说明 N、P 之间没有交互效应；但用 Wallace 方法分析结果来看，N、P 交互效应值均随施肥量的增加而有规律地降低，即由 0.99 下降到 0.90；从交互作用类型上看，交互效应值 0.96～0.99 应是连乘性类型，也即 N、P 两因素是属于米氏（米采利希）限制性因素；交互效应值为 0.90～0.94，应是颉颃性交互作用，N、P 两因素为颉颃性限制因素，说明施肥量过多会影响 N、P 的增产效果，不宜超过 10 kg。N、P 在棉花上的交互作用表现更为奇特一些，其联应值在两种土壤上为 0.74～0.89，表明 N、P 交互作用均属于颉颃性类型。但由 wallace 方法分析结果表明，在两种土壤上交互效应值均随施肥量的增加而依次显著地下降，在黄墣土上，由 1.16 下降到 0.92，墣土上由 0.99 下降到 0.89，也就是说在黄墣土上，N、P 低施肥量（2.5 kg/亩）时，交互作用为协同作用类型，中施肥量时（5～10 kg/亩），均为连乘性交互作用类型，而高施肥量

（15 kg/亩）时，则成为颉颃性交互作用类型，说明棉花在黄墡土上 N、P 施肥量应控制在 5～10 kg/亩为宜；在娄土上，N、P 低施用量时，交互效应为连乘性作用，但从 N、P₂O₅ 各施 5 kg 开始，一直到 15 kg，交互作用均变成颉颃性类型，N、P 也就成为颉颃性限制因素。由此可知，娄土对棉花供应 N、P 能力高于黄墡土。棉花是深根作物，且以主根为主，黄墡土深层土壤 N、P 含量一般都低于娄土，故棉花在黄墡土上对施入 N、P 肥料的吸收会明显多于娄土，这是产生两种土壤上棉花 N、P 交互效应发生差异的主要原因。

表 25-5 在不同作物、不同土壤上施用 N、P 肥料的交互效应分析结果

| 作物 | 土壤 | 肥料投入量（kg/亩） | | 对照产量（kg/亩） | 相对产量 | | | SA | (N+P)/N×P | 交互作用类型 | 效应（%） | | | | 限制因素类型 | |
|---|---|---|---|---|---|---|---|---|---|---|---|---|---|---|---|---|
| | | | | | | | | | | | 单独 | | 配合 | | | |
| | | N | P | | N | P | N+P | | | | N | P | N | P | N | P |
| 小麦 | 黄墡土 | 2.5 | 2.5 | 194 | 1.16 | 1.19 | 1.33 | 1.38 | 0.96 | SA | 16 | 19 | 12 | 15 | S-M | S-M |
| | | 5.0 | 5.0 | 194 | 1.27 | 1.28 | 1.57 | 1.63 | 0.96 | SA | 27 | 28 | 23 | 24 | M | M |
| | | 10 | 10 | 194 | 1.31 | 1.37 | 1.77 | 1.79 | 0.99 | SA | 31 | 37 | 29 | 35 | M | M |
| | | 15 | 15 | 194 | 1.11 | 1.26 | 1.59 | 1.40 | 1.14 | S | 11 | 26 | 26 | 43 | L | L |
| | 娄土 | 2.5 | 2.5 | 172 | 1.21 | 1.19 | 1.40 | 1.44 | 0.97 | SA | 21 | 19 | 18 | 16 | S-M | S-M |
| | | 5.0 | 5.0 | 172 | 1.34 | 1.31 | 1.70 | 1.76 | 0.97 | SA | 34 | 31 | 30 | 27 | M | M |
| | | 10 | 10 | 172 | 1.41 | 1.38 | 1.95 | 1.95 | 1.00 | SA | 41 | 28 | 41 | 38 | M | M |
| | | 15 | 15 | 172 | 1.20 | 1.20 | 1.76 | 1.44 | 1.22 | S | 20 | 20 | 47 | 47 | L | L |
| 夏玉米 | 黄墡土 | 2.5 | 2.5 | 322 | 1.16 | 1.05 | 1.21 | 1.22 | 0.99 | SA | 16 | 5 | 15 | 4 | M | M |
| | | 5.0 | 5.0 | 322 | 1.29 | 1.09 | 1.37 | 1.41 | 0.97 | SA | 29 | 9 | 26 | 6 | M | M |
| | | 10 | 10 | 322 | 1.43 | 1.13 | 1.53 | 1.62 | 0.94 | Ant | 43 | 13 | 35 | 7 | Ant | Ant |
| | | 15 | 15 | 322 | 1.43 | 1.13 | 1.50 | 1.62 | 0.93 | Ant | 43 | 13 | 33 | 5 | Ant | Ant |
| | 娄土 | 2.5 | 2.5 | 308 | 1.20 | 1.08 | 1.28 | 1.30 | 0.99 | SA | 20 | 8 | 19 | 7 | M | M |
| | | 5.0 | 5.0 | 308 | 1.36 | 1.13 | 1.47 | 1.54 | 0.96 | SA | 36 | 13 | 30 | 8 | S-M | S-M |
| | | 10 | 10 | 308 | 1.53 | 1.15 | 1.63 | 1.76 | 0.93 | Ant | 53 | 15 | 42 | 7 | Ant | Ant |
| | | 15 | 15 | 308 | 1.52 | 1.07 | 1.47 | 1.63 | 0.90 | Ant | 52 | 7 | 37 | −3 | Ant | Ant |
| 棉花 | 黄墡土 | 2.5 | 2.5 | 126 | 1.06 | 1.06 | 1.30 | 1.12 | 1.16 | S | 6 | 6 | 23 | 23 | L | L |
| | | 5.0 | 5.0 | 126 | 1.11 | 1.11 | 1.21 | 1.23 | 0.98 | SA | 11 | 11 | 9 | 9 | M | M |
| | | 10 | 10 | 126 | 1.16 | 1.14 | 1.29 | 1.32 | 0.98 | SA | 16 | 14 | 13 | 11 | S-M | S-M |
| | | 15 | 15 | 126 | 1.14 | 1.14 | 1.20 | 1.30 | 0.92 | Ant | 14 | 14 | 5 | 5 | Ant | Ant |
| | 娄土 | 2.5 | 2.5 | 135 | 1.09 | 1.08 | 1.17 | 1.18 | 0.99 | SA | 9 | 8 | 8 | 7 | M | M |
| | | 5.0 | 5.0 | 135 | 1.16 | 1.17 | 1.28 | 1.36 | 0.94 | Ant | 16 | 17 | 9 | 10 | Ant | Ant |
| | | 10 | 10 | 135 | 1.21 | 1.18 | 1.33 | 1.43 | 0.93 | Ant | 21 | 18 | 13 | 10 | Ant | Ant |
| | | 15 | 15 | 135 | 1.15 | 1.15 | 1.17 | 1.32 | 0.89 | Ant | 15 | 15 | 2 | 2 | Ant | Ant |

注：交互作用类型中，SA 代表连乘性作用，S 代表协同作用，Ant 代表颉颃作用；限制因素类型中，M 代表米采利希类型，Ant 代表颉颃类型，L 代表李比希类型，S-M 的 S 代表 slight 弱。表中 P 代表 P₂O₅。

## 五、不同作物对土壤供肥能力的依存率

对照产量与施用 N、P 所得最高产量的比值可以看作是作物产量对土壤肥力的依存率。在两种土壤上，小麦对土壤的依存率黄墡土、娄土分别为 50.95% 和 51.80%，玉米分别为 63.22% 和 62.15%，棉花分别为 74.13% 和 73.47%。明显看出，不同土壤对不同作物的相对产量影响为棉花>

玉米>小麦，说明在这两年的气候条件下，不同作物产量对土壤肥力的依存率是棉花>玉米>小麦。因此对小麦必须供应较多的 N、P 肥料。玉米次之，棉花最少，这又进一步证明以上 N、P 肥效分析结果是小麦>玉米>棉花是正确的。

不同作物对土壤肥力依存率的差异十分明显，究其原因，可能与作物根的类型有关。棉花的根是主根系，入土深，一般可以深入土层 60 cm 以上，有些棉花品种的根系可深入土层 2 m 以上，甚至 3 m，在土壤表层须根较少，生长过程中所需养分主要是从土壤中吸收，所以棉花的生长和产量对土壤肥力的依存率较大。夏玉米和小麦都是禾本科植物，根系均属须根系类型，但在形态上却有很大的区别。夏玉米除由主根生出枝根，枝根再生枝根外，同时还能生长出不定根，形成比较宽、深的须根系；同时夏玉米又是光合能力很强的作物，所以除能吸收土壤中大量养分外，还能吸收施入的肥料，故玉米的生长和产量对土壤肥力的依存率依然很高，但明显低于棉花。而小麦是由主根分生出各级枝根，形成稠密的须根系，主要分布在土壤表层，入土较浅，所以小麦所需的各种养分主要是靠吸收肥料养分，吸收的土壤养分仅是一小部分，故小麦对土壤肥力的依存率较低。

## 六、不同作物在不同肥力土壤上对 N、P 的利用率

### （一）小麦对 N、P 的利用率

在黄墡土上，小麦对 N 的利用率，在低肥力土壤（基础肥力<150 kg/亩）上随施 N 量的增加利用率由 30.80% 下降到 9.30%；在中肥力土壤上（基础肥力 150～200 kg）利用率由 50.53% 下降到 14.69%；在高肥力土壤上（基础肥力>200 kg）利用率由 35.35% 下降到 5.60%，以中肥力土壤为最高，这可能是由于养分之间平衡程度不同所造成的差异。对 P 的利用率，虽然也是随着施肥量的增加而降低，但却随着土壤肥力的提高而降低，在低肥力土壤利用率由 23.75% 下降到 9.46%；中肥力土壤利用率由 19.89% 下降到 7.56%；高肥力土壤利用率则由 12.69% 下降到 4.79%，说明黄墡土肥力越高，P 肥利用率越低。

在墣土上，小麦对 N、P 利用率的趋势是：N 肥的利用率随土壤肥力的增高而降低，低肥力土壤利用率由 58.20% 下降到 22.66%，中肥力土壤利用率由 49.20% 下降到 14.12%，高肥力土壤利用率由 38.0% 下降到 13.12%。而 P 肥的利用率，则为低肥力土壤>高肥力土壤>中肥力土壤，利用率均低于黄墡土，低肥力土壤利用率由 19.75% 下降到 7.06%，中肥力土壤利用率由 13.87% 下降到 4.40%，高肥力土壤利用率由 15.18% 下降到 5.26%，中肥力土壤与高肥力土壤 P 肥利用率基本接近。

### （二）玉米对 N、P 的利用率

在黄墡土上，夏玉米对 N 的利用率随土壤基础肥力的提高而降低，在低肥力土壤（<275 kg/亩）利用率由 67.58% 下降到 30.99%，中肥力土壤（275～350 kg/亩）利用率由 59.34% 下降到 21.81%，高肥力土壤（>350 kg/亩）利用率由 33.23% 下降到 13.98%。低肥力土壤上 N 肥利用率比高肥力土壤高 1～2 倍，但对 P 肥利用率，在三种肥力水平土壤上差异不大，而且利用率都较低。说明黄墡土在炎热的夏季生长期中土壤磷素大量释放，能满足夏玉米生长的需要。

在墣土上，夏玉米对 N 肥利用率也均随土壤肥力的提高而降低，在低肥力土壤上 N 利用率利用率由 86.24% 下降到 34.35%，中肥力土壤利用率由 58.60% 下降到 21.47%，高肥力土壤利用率由 35.45% 下降到 12.38%。低肥力土壤 N 肥利用率比高肥力土壤高 1～2.5 倍。墣土低肥力土壤夏玉米对 N 肥利用率明显高于黄墡土。说明墣土的供 N 能力要低于黄墡土。夏玉米对 P 肥利用率变化为：中肥力土壤>低肥力土壤>高肥力土壤，但在不同肥力土壤上对 P 肥的利用率均高于黄墡土，进一步说明土壤供磷能力黄墡土高于墣土。

### （三）棉花对 N、P 肥的利用率

在黄墡土上，棉花对 N 肥的利用率随 N 的施用量增加变化为：低肥力土壤（基础能力<100 kg/亩）由 15.56％下降到 3.08％，中肥力土壤由 16.59％下降到 7.11％，高肥力土壤由 12.06％下降到 5.94％，中肥力土壤＞低肥力土壤＞高肥力土壤，棉花对 N 肥利用率均很低，在三种肥力土壤上的 N 肥利用率差异不是很大，说明黄墡土本身对棉花的供 N 量占主要优势。棉花对 P 肥的利用率变化为：低肥力土壤由 4.60％下降到 1.65％，中肥力土壤由 3.25％下降到 2.01％，高肥力土壤由 7.09％下降到 0.61％，高肥力土壤＞低肥力土壤＞中肥力土壤，对 P 肥利用率也很低，说明黄墡土对棉花的供 P 量也是占主要优势。

在塿土上，棉花对 P 肥的利用率变化为：低肥力土壤由 19.60％下降到 4.81％，中肥力土壤由 15.77％下降到 5.72％，高肥力土壤由 31.05％下降到 6.1％，高肥力土壤＞低肥力土壤＞中肥力土壤，在塿土上的 N 肥利用率明显高于黄墡土，但两种土壤的棉花产量都基本接近，这就说明塿土对棉花的供 N 能力要低于黄墡土。

结果表明（表 25-6），不同作物对肥料的利用率有明显差异，对 N 肥利用率，夏玉米＞小麦＞棉花；对 P 肥利用率，小麦＞夏玉米＞棉花。且均随施肥量的增高而降低。通常土壤肥力越高，肥料利用率越低，但由于土壤性质不同，对 N、P 供应能力有很大差异，因此，也影响 N、P 肥料利用率的差异，黄墡土由于 N、P 供应能力高于塿土，所以 N、P 肥料的利用率均表现塿土高于黄墡土。这就进一步证明因土施肥和对不同土壤进行田间肥效试验的重要性和必要性。

表 25-6　不同作物在不同肥力土壤上对氮磷肥料利用率

| 作物 | 土壤 | 基础肥力（kg/亩） | N 施用量（kg/亩） | 产量（kg/亩） | N 利用率（%） | $P_2O_5$ 施用量（kg/亩） | 产量（kg/亩） | $P_2O_5$ 利用率（%） |
|---|---|---|---|---|---|---|---|---|
| 小麦 | 黄墡土 | <150 | 0 | 239 | — | 0 | 186 | — |
| | | | 2.5 | 264 | 30.80 | 2.5 | 234 | 23.75 |
| | | | 5.0 | 283 | 26.40 | 5.0 | 270 | 20.88 |
| | | | 7.5 | 294 | 22.20 | 7.5 | 294 | 18.00 |
| | | | 10.0 | 298 | 17.85 | 10.0 | 307 | 15.13 |
| | | | 12.5 | 295 | 13.56 | 12.5 | 309 | 12.30 |
| | | | 15.0 | 285 | 9.30 | 15.0 | 300 | 9.46 |
| | | 150~200 | 0 | 249 | — | 0 | 250 | — |
| | | | 2.5 | 291 | 50.53 | 2.5 | 290 | 19.89 |
| | | | 5.0 | 321 | 43.28 | 5.0 | 319 | 17.43 |
| | | | 7.5 | 340 | 36.11 | 7.5 | 340 | 14.96 |
| | | | 10.0 | 346 | 28.96 | 10.0 | 350 | 12.50 |
| | | | 12.5 | 340 | 21.83 | 12.5 | 350 | 10.00 |
| | | | 15.0 | 346 | 14.69 | 15.0 | 340 | 7.56 |
| | | >200 | 0 | 339 | — | 0 | 340 | — |
| | | | 2.5 | 368 | 35.35 | 2.5 | 366 | 12.69 |
| | | | 5.0 | 388 | 29.40 | 5.0 | 385 | 11.11 |
| | | | 7.5 | 397 | 23.48 | 7.5 | 397 | 9.53 |
| | | | 10.0 | 397 | 17.57 | 10.0 | 404 | 7.95 |
| | | | 12.5 | 387 | 11.64 | 12.5 | 402 | 6.37 |
| | | | 15.0 | 367 | 5.60 | 15.0 | 398 | 4.79 |

（续）

| 作物 | 土壤 | 基础肥力（kg/亩） | N 施用量（kg/亩） | 产量（kg/亩） | N 利用率（%） | P₂O₅ 施用量（kg/亩） | 产量（kg/亩） | P₂O₅利用率（%） |
|---|---|---|---|---|---|---|---|---|
| 小麦 | 塿土 | <150 | 0 | 182 | — | 0 | 204 | — |
| | | | 2.5 | 230 | 58.20 | 2.5 | 243 | 19.75 |
| | | | 5.0 | 267 | 51.00 | 5.0 | 272 | 17.14 |
| | | | 7.5 | 291 | 43.80 | 7.5 | 291 | 14.62 |
| | | | 10.0 | 304 | 36.81 | 10.0 | 301 | 12.10 |
| | | | 12.5 | 300 | 29.74 | 12.5 | 299 | 9.58 |
| | | | 15.0 | 295 | 22.66 | 15.0 | 289 | 7.06 |
| | | 150~200 | 0 | 219 | — | 0 | 246 | — |
| | | | 2.5 | 260 | 49.20 | 2.5 | 274 | 13.87 |
| | | | 5.0 | 289 | 42.19 | 5.0 | 294 | 11.97 |
| | | | 7.5 | 307 | 35.18 | 7.50 | 307 | 10.07 |
| | | | 10.0 | 313 | 28.16 | 10.0 | 312 | 8.25 |
| | | | 12.5 | 307 | 21.14 | 12.5 | 309 | 6.29 |
| | | | 15.0 | 289 | 14.12 | 15.0 | 299 | 4.40 |
| | | >200 | 0 | 287 | — | 0 | 290 | — |
| | | | 2.5 | 319 | 38.00 | 2.5 | 321 | 15.18 |
| | | | 5.0 | 342 | 33.07 | 5.0 | 343 | 13.19 |
| | | | 7.5 | 357 | 28.09 | 7.5 | 367 | 11.20 |
| | | | 10.0 | 364 | 23.10 | 10.0 | 364 | 9.22 |
| | | | 12.5 | 363 | 18.11 | 12.5 | 363 | 7.24 |
| | | | 15.0 | 353 | 13.12 | 15.0 | 353 | 5.26 |
| 夏玉米 | 黄墡土 | <275 | 0 | 273.5 | — | 0 | 389.5 | — |
| | | | 2.5 | 339.5 | 67.58 | 2.5 | 404 | 5.06 |
| | | | 5.0 | 391.0 | 60.28 | 5.0 | 417 | 4.73 |
| | | | 7.5 | 428.0 | 52.96 | 7.5 | 428 | 4.42 |
| | | | 10.0 | 451.0 | 45.64 | 10.0 | 438 | 4.11 |
| | | | 12.5 | 455.0 | 37.29 | 12.5 | 445 | 3.80 |
| | | | 15.0 | 454.5 | 30.99 | 15.0 | 451 | 3.50 |
| | | 275~350 | 0 | 335 | — | 0 | 431 | — |
| | | | 2.5 | 393 | 59.34 | 2.5 | 448 | 5.64 |
| | | | 5.0 | 436 | 51.81 | 5.0 | 459 | 4.72 |
| | | | 7.5 | 464.5 | 44.30 | 7.5 | 465 | 3.82 |
| | | | 10.0 | 478.0 | 36.80 | 10.0 | 465 | 2.91 |
| | | | 12.5 | 477.5 | 29.31 | 12.5 | 460 | 2.01 |
| | | | 15.0 | 463 | 21.81 | 15.0 | 451 | 1.10 |
| | | >350 | 0 | 464 | — | 0 | 507 | — |
| | | | 2.5 | 497 | 33.23 | 2.5 | 521 | 4.59 |
| | | | 5.0 | 521 | 29.37 | 5.0 | 531 | 4.10 |
| | | | 7.5 | 539 | 25.52 | 7.5 | 539 | 3.61 |
| | | | 10.0 | 549 | 21.67 | 10.0 | 544 | 3.12 |
| | | | 12.5 | 550.05 | 14.74 | 12.5 | 546 | 2.63 |
| | | | 15.0 | 546.0 | 13.98 | 15.0 | 545 | 2.15 |

（续）

| 作物 | 土壤 | 基础肥力（kg/亩） | N 施用量（kg/亩） | 产量（kg/亩） | N 利用率（%） | $P_2O_5$ 施用量（kg/亩） | 产量（kg/亩） | $P_2O_5$ 利用率（%） |
|---|---|---|---|---|---|---|---|---|
| 夏玉米 | 塿土 | <275 | 0 | 269 | — | 0 | 427 | — |
| | | | 2.5 | 353 | 86.24 | 2.5 | 445 | 6.10 |
| | | | 5.0 | 416 | 75.92 | 5.0 | 456 | 4.93 |
| | | | 7.5 | 460 | 65.62 | 7.5 | 460 | 3.76 |
| | | | 10.0 | 483 | 55.15 | 10.0 | 457 | 2.59 |
| | | | 12.5 | 486 | 44.75 | 12.5 | 448 | 1.41 |
| | | | 15.0 | 469 | 34.35 | 15.0 | 431 | 0.24 |
| | | 275~350 | 0 | 375 | — | 0 | 447 | — |
| | | | 2.5 | 432 | 58.60 | 2.5 | 477 | 10.32 |
| | | | 5.0 | 480 | 51.35 | 5.0 | 496 | 8.41 |
| | | | 7.5 | 503 | 43.90 | 7.5 | 503 | 6.44 |
| | | | 10.0 | 517 | 36.43 | 10.0 | 499 | 4.45 |
| | | | 12.5 | 516 | 28.98 | 12.5 | 483 | 2.47 |
| | | | 15.0 | 500 | 21.47 | 15.0 | 455 | 0.48 |
| | | >350 | 0 | 422 | — | 0 | 472 | — |
| | | | 2.5 | 456 | 35.45 | 2.5 | 487 | 5.11 |
| | | | 5.0 | 482 | 30.83 | 5.0 | 496 | 4.05 |
| | | | 7.5 | 498 | 26.22 | 7.5 | 498 | 2.98 |
| | | | 10.0 | 506 | 21.61 | 10.0 | 495 | 1.92 |
| | | | 12.5 | 504 | 16.99 | 12.5 | 485 | 0.86 |
| | | | 15.0 | 494 | 12.38 | 15.0 | 469 | −0.21 |
| 棉花 | 黄墡土 | <100 | 0 | 95.12 | — | 0 | 96.26 | — |
| | | | 2.5 | 103.59 | 15.56 | 2.5 | 103.45 | 4.60 |
| | | | 5.0 | 109.26 | 13.06 | 5.0 | 108.79 | 4.01 |
| | | | 7.5 | 112.28 | 10.57 | 7.5 | 112.28 | 3.42 |
| | | | 10.0 | 112.59 | 8.07 | 10.0 | 113.92 | 2.83 |
| | | | 12.5 | 110.21 | 5.52 | 12.5 | 113.71 | 2.23 |
| | | | 15.0 | 105.13 | 3.08 | 15.0 | 111.65 | 1.64 |
| | | 275~350 | 0 | 139.51 | — | 0 | 147.39 | — |
| | | | 2.5 | 148.48 | 16.59 | 2.5 | 152.46 | 3.25 |
| | | | 5.0 | 155.40 | 14.68 | 5.0 | 156.75 | 3.00 |
| | | | 7.5 | 160.27 | 12.79 | 7.5 | 160.27 | 2.75 |
| | | | 10.0 | 163.09 | 10.89 | 10.0 | 163.02 | 2.50 |
| | | | 12.5 | 163.86 | 8.98 | 12.5 | 164.09 | 2.25 |
| | | | 15.0 | 162.58 | 7.11 | 15.0 | 166.18 | 2.01 |
| | | >350 | 0 | 193.35 | — | 0 | 187.86 | — |
| | | | 2.5 | 199.88 | 12.06 | 2.5 | 198.94 | 7.09 |
| | | | 5.0 | 205.08 | 10.84 | 5.0 | 205.98 | 5.80 |
| | | | 7.5 | 208.96 | 9.61 | 7.5 | 208.96 | 4.50 |
| | | | 10.0 | 211.51 | 8.39 | 10.0 | 207.89 | 3.21 |
| | | | 12.5 | 212.74 | 7.17 | 12.5 | 202.78 | 1.91 |
| | | | 15.0 | 212.64 | 5.94 | 15.0 | 193.67 | 0.61 |

（续）

| 作物 | 土壤 | 基础肥力 (kg/亩) | N 施用量 (kg/亩) | 产量 (kg/亩) | N 利用率 (%) | P₂O₅ 施用量 (kg/亩) | 产量 (kg/亩) | P₂O₅ 利用率 (%) |
|---|---|---|---|---|---|---|---|---|
| 棉花 | 塿土 | <275 | 0 | 102.27 | — | 0 | 110.26 | — |
| | | | 2.5 | 112.87 | 19.60 | 2.5 | 116.2 3 | 3.85 |
| | | | 5.0 | 120.28 | 16.64 | 5.0 | 121.01 | 3.44 |
| | | | 7.5 | 124.48 | 13.68 | 7.5 | 124.48 | 3.04 |
| | | | 10.0 | 125.49 | 10.73 | 10.0 | 126.68 | 2.63 |
| | | | 12.5 | 122.96 | 7.65 | 12.5 | 127.60 | 2.22 |
| | | | 15.0 | 117.89 | 4.81 | 15.0 | 127.24 | 1.81 |
| | | 275~350 | 0 | 159.81 | — | 0 | 153.16 | — |
| | | | 2.5 | 168.34 | 15.77 | 2.5 | 164.64 | 7.21 |
| | | | 5.0 | 174.70 | 13.76 | 5.0 | 173.21 | 6.41 |
| | | | 7.5 | 178.88 | 11.75 | 7.5 | 178.88 | 5.49 |
| | | | 10.0 | 180.89 | 9.74 | 10.0 | 181.65 | 4.56 |
| | | | 12.5 | 180.72 | 7.73 | 12.5 | 181.52 | 3.63 |
| | | | 15.0 | 178.38 | 5.72 | 15.0 | 178.50 | 2.70 |
| | | >350 | 0 | 208.29 | — | 0 | 218.77 | — |
| | | | 2.5 | 225.09 | 31.05 | 2.5 | 230.77 | 7.68 |
| | | | 5.0 | 236.41 | 25.99 | 5.0 | 238.61 | 6.35 |
| | | | 7.5 | 242.26 | 20.93 | 7.5 | 242.26 | 5.01 |
| | | | 10.0 | 242.64 | 15.87 | 10.0 | 241.75 | 3.68 |
| | | | 12.5 | 237.54 | 10.81 | 12.5 | 237.05 | 2.34 |
| | | | 15.0 | 228.09 | 6.10 | 15.0 | 228.19 | 1.01 |

注：表中 N 施用量是在亩施 $P_2O_5$ 7.5 kg 基础上的施用量，$P_2O_5$ 施用量是在亩施 N 7.5 kg 基础上施用量。利用率计算依据：小麦每 50 kg 产量吸 N 1.5 kg、$P_2O_5$ 0.625 kg；玉米每 50 kg 产量吸 N 0.785 kg、$P_2O_5$ 0.43 kg；棉花每 50 kg 籽棉产量吸 N 2.31 kg、$P_2O_5$ 0.80 kg，依此计算肥料利用率。

# 七、临潼区小麦推荐施肥分区

## （一）推荐施肥分区的目的和特点

**1. 推荐施肥分区的目的**　在农业区划的基础上，根据土壤测试和田间肥料试验，提出不同地区、不同作物合理的施肥量和配比。为合理生产和供应化肥、制订备肥计划，进行合理施肥，实现农业生产计划提供依据。

**2. 推荐施肥分区的主要特点**

（1）采用以土壤养分临界值为依据，计算目标产量所需的施肥量。不同于化肥区划时仅采用肥效反应所作出的施肥建议，由于土壤养分临界值能反映土壤、气候及其他条件的综合因素影响，所以应用土壤养分临界值作推荐施肥分区更具有广泛性和通用性。

（2）在土壤普查养分图、土壤图和土地利用现状图的基础上，根据土壤养分临界值划分的养分等级并结合肥效反应进行划区，分区的面积虽较小但精细。因此，实用性高，农业部门可以应用，个体农户也可查照应用，这是推荐施肥分区的最重要特点。

（3）推荐施肥分区适用于当前，又适用于较长的未来，是当前与较长未来结合起来产生的。化肥区划一般着重于长远和宏观，注意当前和具体较少。

（4）充分利用土壤普查资料：过去土壤普查资料仅提供农业部门和科研部门用作参考，在制定推荐施肥建议分区时，土壤普查资料不仅可用作参考，而且可直接被用作推荐施肥的依据。这就与土壤普查成果应用结合了起来，为扩大土壤普查成果应用提供了新途径。

### （二）推荐施肥分区的依据和原则

以上已经提到，推荐施肥分区的中心内容是解决包括配比在内的合理施肥量的问题。而施肥量的确定取决于肥效反应、土壤类型、土壤肥力水平、作物种类、气候、灌溉等条件，其中肥效反应是核心，其随不同条件而变化。作物种类、气候、灌溉等条件对肥效的影响比较容易划分，但不同土壤肥力水平对肥效影响则十分复杂。因此，土壤条件，特别是土壤养分条件与肥效关系，在推荐施肥分区中是被考虑的主要方面。

**1. 推荐施肥分区的依据**

（1）依据农业区划或农业规划了解农业生产的现状和发展远景，为确定目标产量提供依据。

（2）利用过去和现在的肥料试验研究资料，研究不同土壤、不同作物施肥量及其肥效反应，为确定施肥量提供依据。

（3）土壤普查及土壤养分测试资料。依据所制定的土壤图及土壤养分分布图，以及土壤养分临界值将其划分成土壤养分等级。

（4）分别制定水地（灌区）和旱地养分分布图。但在临潼内除山区外基本都是灌区，是一个类型。如果要在一个较大区域内进行分区，就要考虑此种情况。

（5）气象分区图，特别是降水量、温度等，这对肥效影响极大，在较大区域范围内要考虑到这些资料。在临潼除山区外，气候条件基本相同，可不考虑气象分区问题。

**2. 推荐施肥分区的原则** 由目标产量、土壤养分含量与肥效反应三个因素结合，进行推荐施肥量分区，这是推荐施肥分区的总原则。目标产量主要根据土壤生产能力和农民经济条件制定，目标产量确定以后，依据土壤养分含量、肥效反应以及农民的经济状况确定施肥量，这些是推荐施肥分区的具体原则。

本次对临潼的推荐施肥分区只是以小麦为对象，并只是在临潼灌区内进行，因为在灌区内主要作物是小麦。根据临潼的实际情况，分区系统采取主区和副区两级制，其划分的原则是：

（1）主区。以土壤养分丰缺趋势及肥效反应趋势在主区内基本相同作为主区。主区主要是控制肥料的供应，即是否需要供应N、供应P，还是N、P都要供应。

（2）副区。主要反映土壤养分丰缺程度和肥效反应程度，主要考虑要供应多少N、多少P，或N、P各供应多少。

### （三）推荐施肥分区系统

根据以上原则，按当时的土壤肥力状况和肥效反应程度，对临潼小麦推荐施肥分区划分为2个主区和12个副区，结果见表25-7。

表 25-7 临潼灌区施肥建议分区系统

| 主 区 | 副 区 |
|---|---|
| I N、P有效区 | $I_1$ N高效 P很高效 |
| | $I_2$ N高效 P高效 |
| | $I_3$ N中效 P很高效 |
| | $I_4$ N中效 P高效 |
| | $I_5$ N中效 P中效 |
| | $I_6$ N中效 P低效 |
| | $I_7$ N低效 P很高效 |
| | $I_8$ N低效 P很高效 |
| | $I_9$ N低效 P中效 |

（续）

| 主 区 | 副 区 |
|---|---|
|  | Ⅱ₁ N无效 P很高效 |
| Ⅱ N无效、P有效区 | Ⅱ₂ N无效 P高效 |
|  | Ⅱ₃ N无效 P中效 |

### （四）推荐施肥分区方法与步骤

**1. 收集资料** 推荐施肥分区所需资料应包括本地区的社会情况、自然情况、生产情况、施肥情况、过去和现在的肥料试验资料、土壤普查资料、农业区划资料等。

**2. 肥效分析** 根据过去和现在的田间肥效试验，建立肥效反应方程，得到最高产量及最高施肥量，最佳产量和经济施肥量，分析不同土壤肥力水平下的肥效反应。

**3. 确定土壤养分临界值** 根据田间试验和土壤养分测定，求得不同作物、不同土壤养分临界值（即土壤养分含量能满足作物最高产量时的需要量），并验证利用土壤养分临界值作推荐施肥量的可行性。

**4. 绘制土壤养分分布图** 根据土壤养分分析资料，按原采样地点，逐个标注在图上，如土壤有效氮和有效磷测定值可标注为有效氮/有效磷形式。

**5. 划分土壤养分等级，确定相应的肥效反应类型** 在确定土壤养分临界值的基础上，划分土壤养分等级，同时确定与之相应的肥效反应类型。结果见表 25-8。

表 25-8 临潼区土壤养分分级与相应的肥效反应类型

| 肥力等级 | 土壤碱解氮（mg/kg） | 土壤有效磷（mg/kg） | 肥效反应类型 | 达最高产量占比（%） |
|---|---|---|---|---|
| 很高 | >87 | >45.67 | 无效 | >99 |
| 高 | 60~87 | 32.72~45.67 | 低 | 89~99 |
| 中 | 40~60 | 22.36~32.72 | 中 | 77~89 |
| 低 | 20~40 | 12.00~22.36 | 高 | 50~77 |
| 很低 | <20 | <12.00 | 很高 | <50 |

**6. 绘制施肥分区图** 根据推荐施肥分区原则，制定施肥分区系统，绘制施肥分区图。

**7. 确定目标产量** 目标产量是由肥效试验结果确定，即由肥效反应方程求得的最佳产量作为目标产量，或由测定土壤养分临界值时所用的百分产量作为目标产量，根据当时情况，采取后一种方法。在临潼灌区内，小麦目标产量取值为 350 kg/亩，为了适应较低产量地区的需要，还采用 300 kg和 250 kg 的目标产量。

**8. 计算施肥量** 目标产量确定以后，即可根据土壤养分含量应用临界值方法，进行施肥量计算，由于目标产量是采用土壤临界值时的百分产量，因此可应用以下方法计算施肥量：

$$需 N 量 =（土壤有效 N 临界值 - 土壤有效 N 测定值）\times 0.3$$

$$P_2O_5 需要量 = [（土壤有效 P_2O_5 临界值 - 土壤有效 P_2O_5 测定值）\times 0.15]/K （K 为 P 在土壤中的固定率）$$

由于在测算土壤养分临界值和百分产量时，不考虑土壤养分和肥料养分的利用率，因此在计算施肥量时也不需考虑养分利用率的问题，但应考虑磷肥施入土壤后的固定率。这种计算施肥量的方法，不但能保持原有的土壤肥力，而且对土壤培肥也有一定作用。

### （五）推荐施肥分区结果

**1. 面积统计** 按养分种类划分的肥效类型，进行面积统计，结果见表 25-9。

表 25-9 不同肥效类型面积统计结果

| 养分种类 | 肥效类型区 | 面积（亩） | 占分区总面积（%） |
|---|---|---|---|
| P₂O₅ | 高效 | 589 392 | 93.1 |
| | 中效 | 39 865 | 6.3 |
| | 低效 | 3 848 | 0.6 |
| N | 高效 | 58 072 | 9.2 |
| | 中效 | 390 056 | 61.5 |
| | 低效 | 133 162 | 21.1 |
| | 无效 | 51 815 | 8.2 |

$P_2O_5$

由表 25-14 看出，在临潼施磷高效面积占 93.1%，说明土壤普遍缺磷；而施氮低效和无效面积之和占 29.3%，中效面积占 61.5%，高效面积仅占 9.2%，说明土壤氮素含量比较高。在临潼小麦推荐施肥分区的总面积为 633 105 亩。今后对小麦施肥，要扩大施磷面积，增加施磷量，同时要控制施氮量。

**2. 分区后的施肥量和增产效果** 分区后的 N、P 推荐施肥量具体结果见表 25-10，总需肥量见表 25-11。

表 25-10 推荐施肥分区结果

| 主区 | 副区 | 目标产量（kg/亩） | 土壤养分含量 | | 土壤临界养分指标 | | 建议施肥量 | | N:P₂O₅ | 面积（亩） | 占小麦总面积（%） | 需分配的肥料量（t） | |
|---|---|---|---|---|---|---|---|---|---|---|---|---|---|
| | | | N (mg/kg) | P₂O₅ (mg/kg) | N (mg/kg) | P₂O₅ (mg/kg) | N (kg/亩) | P₂O₅ (kg/亩) | | | | 硫酸铵 | 过磷酸钙 |
| I N、P 有效区 | I₁ N高效 P很高效 | 250 | | | 60 | 27.02 | 8.35 | 4.93 | 1:0.59 | | | 2 095 | 1 374 |
| | | 300 | 32.18 | 10.03 | 74 | 36.35 | 12.55 | 7.53 | 1:0.60 | 50 220 | 8.5 | 3 150 | 2 127 |
| | | 350 | | | 87 | 45.67 | 16.45 | 10.33 | 1:0.63 | | | 4 129 | 2 881 |
| | I₂ N、P 高效 | 250 | | | 60 | 27.02 | 9.0 | 3.02 | 1:0.34 | | | 353 | 132 |
| | | 300 | 30 | 16.61 | 74 | 36.35 | 11.1 | 5.72 | 1:0.51 | 7 852.5 | 1.3 | 436 | 249 |
| | | 350 | | | 87 | 45.67 | 17.1 | 8.42 | 1:0.49 | | | 671 | 367 |
| | I₃ N中效 P很高效 | 250 | | | 60 | 27.02 | 3.73 | 5.08 | 1:1.36 | | | 1 107 | 1 675 |
| | | 300 | 47.57 | 9.48 | 74 | 36.35 | 7.93 | 7.78 | 1:0.98 | 59 355 | 10 | 2 353 | 2 565 |
| | | 350 | | | 87 | 45.67 | 11.83 | 10.48 | 1:0.86 | | | 3 511 | 3 456 |
| | I₄ N中效 P高效 | 250 | | | 60 | 27.02 | 3.77 | 2.90 | 1:0.77 | | | 5 753 | 2 906 |
| | | 300 | 47.57 | 17.02 | 74 | 36.35 | 7.97 | 5.60 | 1:0.70 | 294 592.5 | 51.3 | 12 128 | 9 474 |
| | | 350 | | | 87 | 45.67 | 11.87 | 8.30 | 1:0.70 | | | 18 067 | 14 042 |
| | I₅ N、P 中效 | 250 | | | 60 | 27.02 | 3.91 | — | 1:0.38 | | | 315 | — |
| | | 300 | 43.49 | 28.34 | 74 | 36.35 | 12.31 | 2.32 | 1:0.38 | 32 260.5 | 5.4 | 993 | 416 |
| | | 350 | | | 87 | 45.67 | 20.11 | 5.02 | 1:0.52 | | | 1 622 | 900 |

（续）

| 主区 | 副区 | 目标产量 (kg/亩) | 土壤养分含量 | | 土壤临界养分指标 | | 建议施肥量 | | N：$P_2O_5$ | 面积 (亩) | 占小麦总面积 (%) | 需分配的肥料量 (t) | |
|---|---|---|---|---|---|---|---|---|---|---|---|---|---|
| | | | N (mg/kg) | $P_2O_5$ (mg/kg) | N (mg/kg) | $P_2O_5$ (mg/kg) | N (kg/亩) | $P_2O_5$ (kg/亩) | | | | 硫酸铵 | 过磷酸钙 |
| I N、P有效区 | $I_6$ | 250 | | | 60 | 27.02 | 1.98 | — | — | | | 19 | — |
| | N中效 | 300 | 56.7 | 40.84 | 74 | 36.35 | 10.38 | — | — | 3 847.5 | 0.6 | 100 | — |
| | P低效 | 350 | | | 87 | 45.67 | 18.18 | 1.40 | 1：0.15 | | | 175 | 30 |
| | $I_7$ | 250 | | | 60 | 27.02 | — | 5.19 | — | | | — | 1 206 |
| | N低效 | 300 | 69.47 | 9.12 | 74 | 36.35 | 1.36 | 7.89 | 1：5.80 | 41 872.5 | 7.1 | 285 | 1 834 |
| | P很高效 | 350 | | | 87 | 45.67 | 5.26 | 10.59 | 1：2.01 | | | 1 101 | 2 462 |
| | $I_8$ | 250 | | | 60 | 27.02 | — | 2.45 | — | | | — | 1 192 |
| | N低效 | 300 | 63.4 | 18.56 | 74 | 36.35 | 3.18 | 5.15 | 1：1.62 | 87 599 | 14.8 | 1 393 | 2 506 |
| | P高效 | 350 | | | 87 | 45.67 | 7.08 | 7.85 | 1：1.12 | | | 3 101 | 3 820 |
| | $I_9$ | 250 | | | 60 | 27.02 | — | — | — | | | — | — |
| | N低效 | 300 | 75.3 | 27.75 | 74 | 36.35 | — | 2.49 | | 3 690 | 0.6 | — | 51 |
| | P中效 | 350 | | | 87 | 45.67 | 3.51 | 5.19 | 1：1.48 | | | 65 | 106 |
| II N无效、P有效区 | $II_1$ | 250 | | | 60 | 27.02 | — | 5.30 | — | | | — | 55 |
| | N无效 | 300 | 38.1 | 8.73 | 74 | 36.35 | — | 8.00 | — | 41 872.5 | 7.1 | — | 85 |
| | P很高效 | 350 | | | 87 | 45.67 | — | 10.70 | — | | | — | 114 |
| | $II_2$ | 250 | | | 60 | 27.02 | — | 2.85 | — | | | — | 95 |
| | N无效 | 300 | 99.7 | 17.68 | 74 | 36.35 | — | 5.55 | — | 6 028 | 1.0 | — | 186 |
| | P高效 | 350 | | | 87 | 45.67 | — | 8.25 | — | | | — | 276 |
| | $II_3$ | 250 | | | 60 | 27.02 | — | 0.62 | — | | | — | 13 |
| | N无效 | 300 | 100 | 24.73 | 74 | 36.35 | — | 3.32 | — | 3 915 | 0.6 | — | 72 |
| | P中效 | 350 | | | 87 | 45.67 | — | 6.02 | — | | | — | 130 |

表 25 - 11　临潼推荐施肥后的 N、P 需肥总量

| 目标产量（kg/亩） | 硫酸铵（t） | 过磷酸钙（t） | N：P |
|---|---|---|---|
| 250 | 9.662 | 10.541 | 1：0.896 3 |
| 300 | 21.838 | 19.307 | 1：0.718 5 |
| 350 | 32.442 | 28.178 | 1：0.710 6 |

　　分区时的小麦实际产量，以 1985 年为例，平均亩产为 200.5 kg，每亩平均施 N 8.7 kg、施 $P_2O_5$ 为 1.835 kg，N：P 为 1：0.210 9，如果实现以上分区施肥建议，扣除施肥成本，比目前习惯施肥净收益增加值如下：

| 目标产量（kg/亩） | 净收益增加值（亿元） |
|---|---|
| 250 | 0.160 9 |
| 300 | 0.254 7 |
| 350 | 0.349 3 |

　　实现施肥分区后，N、P 比可由 1：0.2 提高到 1：（0.7～0.9），这大大改善了临潼小麦土壤的营养状况，使小麦产量由现有水平提高 25% 以上。

**（六）推荐施肥分区的实施与结果**

**1. 通过当地政府推广应用** 推荐施肥分区制订好以后，提供给各地政府，由政府组织实施，当作一项重要农业增产措施下达执行，使施肥分区落到实处；同时还以各种不同形式进行推广宣传，培训农民技术员并印发各种作物肥料配方 15 000 多份，提高农民科学施肥的认识水平和配方施肥的积极性。

**2. 制作推荐施肥卡发给农民参用** 从当时临潼小麦生产情况看，小麦产量并不是很高，这与当时小麦品种、农业技术和当时的经济条件落后有关。故把当时的目标产量分设为 250 kg/亩、300 kg/亩、350 kg/亩。根据试验结果和土壤养分实际水平编制成不同目标产量下的推荐施肥卡发给农民参用，见表 25-12。农民可根据自己耕地土壤的养分测定状况，从表中就可查得目标产量下的施肥量，这对推荐施肥分区的推广和实施十分有利的。

**表 25-12 小麦 N、P 推荐施肥卡**

| 小麦目标产量<br>（kg/亩） | 土壤碱解氮含量<br>（mg/kg） | 需施 N 量<br>（kg/亩） | 土壤有效磷含量<br>（mg/kg） | 需施 $P_2O_5$ 量<br>（kg/亩） |
|---|---|---|---|---|
| | 15 | 13.5 | 9.41 | 5.1 |
| | 17 | 12.9 | 10.45 | 4.8 |
| | 19 | 12.3 | 11.49 | 4.5 |
| | 21 | 11.7 | 12.52 | 4.2 |
| | 23 | 11.1 | 13.56 | 3.9 |
| | 25 | 10.5 | 14.59 | 3.6 |
| | 27 | 9.9 | 15.63 | 3.3 |
| 250 | 29 | 9.3 | 16.66 | 3.0 |
| | 31 | 8.7 | 17.70 | 2.7 |
| | 33 | 8.1 | 18.74 | 2.4 |
| | 35 | 7.5 | 19.77 | 2.1 |
| | 37 | 6.9 | 20.81 | 1.8 |
| | 39 | 6.3 | 21.84 | 1.5 |
| | 41 | 5.7 | 22.88 | 1.2 |
| | 43 | 5.1 | 23.92 | 0.9 |
| | 29 | 13.5 | 16.66 | 5.7 |
| | 31 | 12.9 | 17.70 | 5.4 |
| | 33 | 12.3 | 18.74 | 5.1 |
| | 35 | 11.7 | 19.77 | 4.8 |
| | 37 | 11.1 | 20.81 | 4.5 |
| | 39 | 10.5 | 21.84 | 4.2 |
| 300 | 41 | 9.9 | 22.88 | 3.9 |
| | 43 | 9.3 | 23.92 | 3.6 |
| | 45 | 7.7 | 24.95 | 3.3 |
| | 47 | 8.1 | 25.99 | 3.0 |
| | 49 | 7.5 | 27.03 | 2.7 |
| | 51 | 6.9 | 28.06 | 2.4 |

（续）

| 小麦目标产量（kg/亩） | 土壤碱解氮含量（mg/kg） | 需施 N 量（kg/亩） | 土壤有效磷含量（mg/kg） | 需施 $P_2O_5$ 量（kg/亩） |
|---|---|---|---|---|
| | 25 | 18.6 | 14.59 | 9.0 |
| | 27 | 18.0 | 15.63 | 8.7 |
| | 29 | 17.4 | 16.66 | 8.4 |
| | 31 | 16.8 | 17.70 | 8.1 |
| | 33 | 16.2 | 18.74 | 7.8 |
| | 35 | 15.6 | 19.77 | 7.5 |
| | 37 | 15.0 | 20.81 | 7.2 |
| | 39 | 14.4 | 21.84 | 6.9 |
| | 41 | 13.8 | 22.88 | 6.6 |
| | 43 | 13.2 | 23.92 | 6.3 |
| | 45 | 12.6 | 24.95 | 6.0 |
| 350 | 47 | 12.0 | 25.99 | 5.7 |
| | 49 | 11.4 | 27.02 | 5.4 |
| | 51 | 10.8 | 28.06 | 5.1 |
| | 53 | 10.2 | 29.09 | 4.8 |
| | 55 | 9.6 | 30.13 | 4.5 |
| | 57 | 9.0 | 31.17 | 4.2 |
| | 59 | 8.4 | 32.20 | 3.9 |
| | 61 | 7.8 | 33.24 | 3.6 |
| | 63 | 7.2 | 34.27 | 3.3 |
| | 65 | 6.6 | 34.79 | 3.0 |
| | 67 | 6.0 | 36.35 | 2.7 |
| | 69 | 5.4 | 37.38 | 2.4 |
| | 71 | 4.8 | 38.42 | 2.1 |

**3. 分区后设立推荐施肥分区示范试点**　作者在分区范围内的 7 个乡（镇）设立 120 多个施肥分区验证示范点，在作物不同生长过程中，广泛组织村干部和农民进行观摩，了解测土配方施肥分区的优良效果。肥效反应方程对小麦进行推荐施肥分区示范试验方案和预测值见表 25-13。

表 25-13　肥效反应方程对小麦进行推荐施肥分区示范试验方案和预测值（1986 年）

| 乡（镇） | 采用的肥效方程 | 推荐施肥量（kg/亩）N-$P_2O_5$ | N：$P_2O_5$ | 预测亩产（kg） |
|---|---|---|---|---|
| 雨金 | $\hat{y}=173.8+21.707N+7.422P+0.052NP-1.108N^2-0.51P^2$ | 7.5～7.5 | 1：1 | 304.2 |
| 新市 | $\hat{y}=331.2+21.832N+12.529P+0.187NP-0.693N^2-0.333P^2$ | 7.5～7.5 | 1：1 | 328.9 |
| 北屯 | $\hat{y}=350.889+23.253N+18.157P+0.153NP-0.74N^2-0.558P^2$ | 7.5～7.5 | 1：1 | 357.2 |
| 关山 | $\hat{y}=333.601+16.919N+16.381P+0.091NP-0.464N^2-0.558P^2$ | 8～7 | 1：0.87 | 322.7 |
| 另口 | $\hat{y}=337.8+15.552N+12.179P+0.244NP-0.571N^2-0.34P^2$ | 6～7.5 | 1：1.25 | 295.7 |
| 代王 | $\hat{y}=339.4+18.029N+16.881P+0.047NP-0.551N^2-0.5P^2$ | 7～7 | 1：1 | 315.7 |
| 行者 | $\hat{y}=363.9+16.837N+24.506P+0.157NP-0.54N^2-0.602P^2$ | 5～7.5 | 1：1.5 | 343.5 |

在大面积示范中，肥效反应方程的预测产量与实际产量结果见表 25-14。从结果看出，在雨

金、代王、新市 3 个乡两种产量基本接近，其余 4 个乡产量偏差在 24.5～32.5 kg/亩，但按平均产量来看，预计产量与实际产量十分接近，经 $t$ 检验，$t=0.12$，概率值 $Pr>|t|=0.905\,0$，说明两者之间产量差异极不显著，表明由同类土壤肥力水平所建立的平均肥效反应模型用作推荐施肥是可行的。

表 25-14  预计产量与实际产量（kg/亩）

| 乡（镇） | 预计产量（$\hat{y}$） | 实际产量（$y$） | $\hat{y}-y$ |
| --- | --- | --- | --- |
| 雨金 | 304.2 | 304.2 | 0 |
| 新市 | 328.9 | 321.5 | 7.4 |
| 北屯 | 357.2 | 326.1 | 31.1 |
| 关山 | 322.7 | 351.4 | −28.7 |
| 代王 | 315.7 | 311.4 | 4.3 |
| 另口 | 360.2 | 328.0 | 32.2 |
| 行者 | 343.5 | 318.8 | 24.7 |
| 平均 | 323.9 | 323.1 | 0.8 |

120 个点的示范结果表明，推荐施肥比习惯施肥普遍增产（表 25-15），增产量为 22.9%～65.5%，每亩增产小麦 59.3～120.5 kg，经济效益十分显著。

表 25-15  推荐施肥经济效益分析

| 乡（镇） | 推荐施肥量（kg/亩） | | 习惯施肥量（kg/亩） | | N：$P_2O_5$ | | 实际产量（kg/亩） | | 较习惯施肥增产增收 | |
| --- | --- | --- | --- | --- | --- | --- | --- | --- | --- | --- |
| | N | $P_2O_5$ | N | $P_2O_5$ | 推荐 | 习惯 | 推荐 | 习惯 | 增产量（kg） | 增产（%） |
| 雨金 | 8.0 | 7.5 | 8.1 | 1.9 | 1：0.94 | 1：0.23 | 304.2 | 183.8 | 120.4 | 65.5 |
| 新市 | 7.4 | 7.2 | 8.7 | 2.1 | 1：0.97 | 1：0.24 | 321.5 | 206.2 | 115.3 | 55.9 |
| 北屯 | 7.5 | 7.5 | 12.3 | 1.3 | 1：1 | 1：0.1 | 326.1 | 236.2 | 89.9 | 38.0 |
| 关山 | 8.5 | 6.6 | 9.8 | 2.0 | 1：0.78 | 1：0.2 | 318.5 | 234.6 | 83.9 | 35.8 |
| 另口 | 6.6 | 7.5 | 8.7 | 3.6 | 1：1.14 | 1：0.41 | 328.0 | 265.7 | 62.3 | 23.7 |
| 代王 | 6.9 | 7.1 | 8.0 | 1.9 | 1：1.02 | 1：0.23 | 311.4 | 247.4 | 64.0 | 25.9 |
| 行者 | 5.2 | 7.5 | 5.1 | 3.3 | 1：1.46 | 1：0.65 | 318.8 | 259.5 | 59.3 | 22.9 |

从表 25-15 也看出，推荐的总施肥量都大于习惯施肥，但各个乡（镇）的习惯施氮量几乎都大于推荐施肥的施 N 量，施磷量却大大低于推荐施肥的施磷量，习惯施肥的平均氮磷比为 1：0.29；而推荐施肥的平均氮磷比例为 1：1.04，这对临潼的土壤来说是比较合适的，这是推荐施肥比习惯施肥所以能得到增产的主要原因。由于推荐施肥的经济效应十分显著，故推荐施肥分区在临潼得到迅速推广和应用，成为临潼农业增产的一项重要措施。

# 第二节  用模糊数学隶属度对扶风县进行推荐施肥分区

## 一、扶风县农业概况

扶风县是陕西关中古老的农业区之一，农业生产历史悠久。农作物主要是小麦、夏玉米、油菜以及各种蔬菜和水果等。作物产量不高，但生产潜力很大。本节只以小麦作为分区对象。

## (一) 地形地貌

扶风县位于关中西部，即"八百里秦川"的西段，南跨渭河与眉县毗邻，西与岐山接壤，东与武功相连。北入乔山丘陵与麟游接界，整个地形是北高南低，地面平坦。地貌形态自北而南分为低山丘陵，海拔为 950～1 450 m；山前洪积扇，海拔为 600～950 m；中部黄土台塬，海拔为 520～600 m；南部渭河阶地，海拔为 500 m 左右，共 4 个地貌单元，逐级下降，呈阶梯形排列。

## (二) 气候条件

扶风县属于大陆性季风气候，属暖温带半湿润气候区，日照充足，热量丰富，四季分明，冬季受西北高压控制，寒冷干燥，夏季受太平洋的热带高压和河西走廊、四川低压控制，炎热多雨。伴有伏旱，春暖少雨，秋凉雨涝，由于地形和地貌的不同，对气候的变化有一定的影响。

## (三) 土壤

扶风县的土壤形成除受气候条件影响外，还深受人为活动、母质、水文、地貌等因素的影响，因此，土壤类型和肥力状况的区域性差异十分明显。全县土壤类型虽然较多，但基本上都是在褐土类基础上不同地形地貌、水文地质条件和人为活动下使原来土类产生了各种明显的变异，并随着时间的推移，逐渐形成目前所存在的土壤，主要有红油土；其次是黑油土、黑紫土，主要分布在河成阶地；再次是黄绵土、黄墡土、白墡土等，主要分布在塬边、坡度较大的丘陵地区；另外还有零星分布的潮土、沼泽地、水稻土等，主要分布在河滩地区。

# 二、分区前的准备工作

在分区之前，除搜集全县气象、地形地貌、土壤类型、肥力状况、水利设施、农业区划等资料外，还必须有目的地布置不同类型的肥料田间试验，通过试验确定有关分区指标。

## (一) 确定推荐施肥分区的养分种类

参与推荐施肥的养分种类必须是李比希限制因素或者是米采利希限制因素。这些因素需通过试验来确定，为此作者进行了在施 N 基础上加不同量 P 肥的两因素试验和在施 P 肥基础上加不同量 N 肥的两因素试验，结果见表 25-16、表 25-17。

表 25-16　氮肥单因素试验

| 处理 | 产量 (kg/亩) | | | | 平均 (kg) | SSR 测定 | |
|---|---|---|---|---|---|---|---|
| | I | II | III | IV | | 5% | 1% |
| $P_6N_0$ | 230.7 | 238.4 | 246.7 | 251.0 | 241.7 | c | C |
| $P_6N_3$ | 273.4 | 263.4 | 286.7 | 303.3 | 281.7 | b | BC |
| $P_6N_6$ | 298.4 | 306.7 | 326.7 | 335.0 | 316.7 | a | AB |
| $P_6N_9$ | 303.4 | 330.4 | 350.0 | 349.8 | 333.4 | a | A |
| $P_6N_{12}$ | 290.0 | 310.3 | 358.4 | 345.3 | 326.0 | a | AB |

表 25-17　磷肥单因素试验

| 处理 | 产量 (kg/亩) | | | | 平均 (kg) | SSR 测定 | |
|---|---|---|---|---|---|---|---|
| | I | II | III | IV | | 5% | 1% |
| $N_{7.5}P_0$ | 212.5 | 192.5 | 201.7 | 210.0 | 204.2 | c | B |
| $N_{7.5}P_{2.5}$ | 226.7 | 206.7 | 217.5 | 240.0 | 222.7 | b | B |
| $N_{7.5}P_{5.0}$ | 253.4 | 245.0 | 258.4 | 263.4 | 255.1 | a | A |
| $N_{7.5}P_{7.5}$ | 271.7 | 256.7 | 276.7 | 270.0 | 268.8 | a | A |
| $N_{7.5}P_{10}$ | 266.2 | 255.0 | 274.0 | 281.7 | 269.2 | a | A |

注：P 代表 $P_2O_5$。

经试验结果统计，得到施 P 肥基础上 N 肥用量与小麦产量之间的回归方程：

$$\hat{y} = 239.68 + 18.11x - 0.9x^2$$

式中，$x$ 为施 N 量；$\hat{y}$ 为小麦产量。计算得最高产量为 330.8 kg/亩，最高施 N 量为 10.06 kg/亩，比不施 N 肥增产 36.9%，增产效果非常显著，故 N 素是分区施肥中必须选择的养分。

同时由试验结果统计，也得到在施 N 肥基础上不同施 P 肥量与小麦产量之间的回归方程：

$$\hat{y} = 200.94 + 13.32x + 0.627x^2$$

式中，$x$ 为施 $P_2O_5$ 量；$\hat{y}$ 为小麦产量。计算得最高产量为 271.7 kg/亩，最高施 $P_2O_5$ 量为 10.6 kg/亩，比不施 P 增产 33.1%，增产效果与施 N 肥相同，也非常显著，这是分区施肥另一必需养分。

关于钾素养分在实际施用中效果是不稳定的。为了进一步证实钾肥的施用效果，采用"3·10"试验方案在不同的土壤上进行了试验，结果见表 25-18。

表 25-18　N、P、K 三因素二次饱和 D-最优设计和小麦试验结果

| 试号 | 编码值 | | | 施肥量（kg/亩） | | | 产量（kg/亩） | |
| --- | --- | --- | --- | --- | --- | --- | --- | --- |
| | N | $P_2O_5$ | $K_2O$ | N | $P_2O_5$ | $K_2O$ | 低肥地 | 高肥地 |
| 1 | −1 | −1 | −1 | 0 | 0 | 0 | 142.2 | 268.0 |
| 2 | 1 | −1 | −1 | 10 | 0 | 0 | 213.5 | 345.2 |
| 3 | −1 | 1 | −1 | 0 | 10 | 0 | 173.5 | 282.5 |
| 4 | −1 | −1 | 1 | 0 | 0 | 10 | 140.8 | 256.7 |
| 5 | −1 | α | α | 0 | 5.96 | 5.96 | 168.4 | 308.2 |
| 6 | α | −1 | α | 5.96 | 0 | 5.96 | 201.8 | 366.5 |
| 7 | α | 1 | −1 | 5.96 | 5.96 | 0 | 233.0 | 353.4 |
| 8 | B | 1 | 1 | 5.96 | 10 | 10 | 216.5 | 312.2 |
| 9 | 1 | B | 1 | 10 | 3.54 | 10 | 259.4 | 403.4 |
| 10 | 1 | 1 | B | 10 | 10 | 3.54 | 265.2 | 401.0 |

注：α=0.192 5　B=−0.291 2。

经 SAS 统计分析得到回归方程（由编码值计算），见下式。

$$\hat{y}_{低} = 225.84 + 42.56x_1 + 15.91x_2 + 94x_3 + 1.81x_1x_2 + 5.19x_1x_3 - 1.46x_2x_3 - 16.71x_1^2 - 16.61x_1^2 + 5.73x_3^2$$

$$\hat{y}_{高} = 372.68 + 55.71x_1 + 6.19x_2 + 4.6x_3 + 10.4x_1x_2 + 6.71x_1x_3 - 11.46x_2x_3 - 5.71x_1^2 - 10.83x_2^2 - 27.28x_2^3$$

从试验结果看出，在低肥力土壤上，不施任何肥料时（对照），小麦亩产为 142.2 kg，单施 N、单施 P 亩产分别为 213.5 kg 和 173.5 kg，而单施 $K_2O$ 亩产为 140.8 kg，单施钾不增产。根据低肥力土壤的回归方程计算，最高产量为 270 kg/亩时，N、$P_2O_5$、$K_2O$ 施肥量分别为 8.78 kg/亩、6.69 kg/亩、5.27 kg/亩（相当编码值为 0.847、0.508、0.29），只施 N、$P_2O_5$ 不施 $K_2O$ 计算，亩产为 253.6 kg，加施 $K_2O$ 比不施 $K_2O$ 增产 16.4 kg/亩，增产率为 6.5%，达不到显著水平。

从高肥力土壤试验结果看出，不施任何肥料时，亩产为 268 kg，单施 $K_2O$ 亩产为 286.7 kg，增产 7.0%；按回归方程计算，N、$P_2O_5$、$K_2O$ 都施用时，最高亩产 400 kg，只施 N、$P_2O_5$ 不施 $K_2O$ 时，亩产为 371.4 kg，施钾比不施钾增产 7.7%，接近显著水平。

以上试验结果说明，在低肥力土壤上对小麦施钾基本无效，在高肥力土壤上施钾有一定增产效果。扶风县高产土壤面积较小，低中产土壤面积很大，为了节省农业投入，降低成本，在制订县级推荐施肥分区方案的时候，可只考虑 N、P 两种养分，暂不考虑钾肥的施用。但局部地区的高产土壤应适当增施钾肥，保证作物高产、优质。

### （二）确定采用最高施肥量还是经济施肥量

采用 NP 二元二次回归方程计算出来的施肥量一般是最高施肥量，而不是经济施肥量。在扶风县的农业条件下，究竟采用哪种施肥量比较合适，需要研究确定。为此，选择肥力高、中、低三种土壤进行 NP 饱和 D 最优设计田间试验，对试验结果统计分析，结果见表 25-19。

表 25-19 不同肥力土壤上小麦氮磷肥效反应模型

| 土壤肥力等级 | 不施肥区产量（kg/亩） | 试验年度 | 肥效反应方程（Y 指产量，N 指 N 施肥量，P 指 P$_2$O$_5$ 施肥量） | 试验次数 |
|---|---|---|---|---|
| 低 | <200 | 1987—1988 | $Y=178.6+13.473N+14.369P-0.14NP-0.521N^2-0.601P^2$ | 5 |
| | | 1988—1989 | $Y=160.6+11.87N+17.107P+0.041NP-0.484N^2-0.871P^2$ | 7 |
| | | 平均 | $Y=168.1+12.538N+15.966P-0.034NP-0.5N^2-0.759P^2$ | 12 |
| 中 | 200~250 | 1987—1988 | $Y=221.0+11.411N+7.801P+0.119NP-0.541N^2-0.374P^2$ | 8 |
| | | 1988—1989 | $Y=221.5+6.651N+11.394P-0.041NP-0.233N^2-0.463P^2$ | 13 |
| | | 平均 | $Y=221.3+8.464N+10.26P+0.02NP-0.35N^2-0.429P^2$ | 21 |
| 高 | >250 | 1987—1988 | $Y=279.0+10.349N+7.738P-0.112NP-0.497N^2-0.329P^2$ | 3 |
| | | 1988—1989 | $Y=263.8+9.39N+10.14P+0.056NP-0.438N^2-0.544P^2$ | 3 |
| | | 平均 | $Y=271.4+9.869N+8.939P-0.028NP-0.468N^2-0.437P^2$ | 6 |

由表 25-19 中的小麦氮磷肥效反应方程可以看出，该县 N、P 肥效反应都有肥效递减现象。据此结果，由极值原理，求得最高施肥量，按投入与产出平衡原理，求得经济施肥量，结果见表 25-20，确定采用经济施肥量为分区指标是比较合理的。

表 25-20 不同肥力土壤上小麦最高施肥量与经济施肥量效益比较

| 土壤肥力等级 | 试验年度 | 不施肥区产量（kg/亩） | 最高施肥量（kg/亩） | | 最高产量（kg/亩） | 产投比 | 经济施肥量（kg/亩） | | 最高产量（kg/亩） | 亩增产（kg） | 产投比 |
|---|---|---|---|---|---|---|---|---|---|---|---|
| | | | N | P$_2$O$_5$ | | | N | P$_2$O$_5$ | | | |
| 低 | 1987—1988 | 179 | 11.5 | 10.6 | 332 | 3.5:1 | 9.9 | 9.1 | 329 | 150 | 4.0:1 |
| | 1988—1989 | 161 | 12.7 | 10.1 | 322 | 3.6:1 | 10.7 | 8.9 | 319 | 158 | 4.1:1 |
| | 平均 | 168 | 12.2 | 10.2 | 326 | 3.6:1 | 10.3 | 8.9 | 323 | 155 | 4.1:1 |
| 中 | 1987—1988 | 221 | 11.9 | 12.3 | 337 | 2.4:1 | 9.8 | 9.2 | 332 | 111 | 2.9:1 |
| | 1988—1989 | 222 | 13.2 | 11.7 | 332 | 2.2:1 | 9.3 | 9.7 | 326 | 104 | 2.8:1 |
| | 平均 | 221 | 12.4 | 12.0 | 334 | 2.3:1 | 9.6 | 9.5 | 329 | 108 | 2.8:1 |
| 高 | 1987—1988 | 279 | 9.3 | 10.2 | 366 | 2.2:1 | 7.7 | 7.3 | 362 | 83 | 2.8:1 |
| | 1988—1989 | 264 | 11.4 | 9.9 | 367 | 2.4:1 | 9.0 | 7.9 | 363 | 99 | 3.0:1 |
| | 平均 | 271 | 10.2 | 10.0 | 366 | 2.4:1 | 8.3 | 7.6 | 362 | 91 | 2.9:1 |

## 三、分区的原则和方法

### (一) 分区的原则

确定某一地区某一作物的经济施肥量和最佳产量，必须在肥效反应田间试验基础上进行，而肥效反应则受土壤肥力、环境因素和栽培技术的制约。因此，在分区过程中，应注意综合因素的综合效应的差异来确定分区指标。一般孤立地仅以单一因素的单一指标作为分区依据是远远不够的。为此，作者采用模糊集合理论，对不同地区土地生产力进行综合评价，在评价基础上，再进行推荐施肥分区，采用主区、副区和实施区三级分区制。各区划分的原则和依据如下：

**1. 主区** 依模糊集合论原理，以明显的农业生态区为评价单元，对土地生产力的有关因素进行综合评价。以综合效应隶属度为依据划分为主区。主区主要反映生产力水平。

**2. 副区** 对于综合效应隶属度接近的同一农业生态区，根据肥效反应方程所确定的土壤养分临界值、最佳产量、经济施肥量的明显差异为依据，划分为副区。即最佳产量、养分临界值和经济施肥量都很接近，就可将它们划分为副区。副区主要反映肥效特征。

**3. 实施区** 在副区划分基础上，依据土壤有效养分含量的明显差异，划分为实施区。实施区主要反映所确定的目标产量对施肥量的需求。

### (二) 分区方法

**1. 划分农业生态区** 根据县级行政区域分布图、地形地貌图、气候分布图、土壤类型图和农业生产水平，划分不同农业生态区，其特点主要由综合隶属度 L 值反映主区生产力水平。

**2. 确定符号** 根据不同农业生态区计算出的综合因子综合效应隶属度为依据，确定主区符号和副区符号。主区符号定为 Ⅰ、Ⅱ、…、Ⅳ；副区符号定为 Ⅱ₁、Ⅱ₂、…；如果主区下没有副区，则可以主区符号加 1 表示，如 Ⅰ₁，Ⅲ₁，Ⅳ₁ 表示，实际上仍是原来的主区。在同一副区内，不同乡（镇）的土壤有效养分含量有明显差异，计算出的经济施肥量和最佳产量也有明显差异，依据这些差异，划分为实施区。划线时可以保留乡界，便于政府计划和管理。

**3. 根据分区，编写分区说明** 主要以副区为单位，阐明各区农业环境和肥效反应特点。使人看出分区后的增产效益。

**4. 分区系统和命名** 分区系统包括主区、副区和实施区。因实施区数量较大，只提出实施区的经济施肥量和最佳产量。以扶风县为例，分区系统及命名见表 25 - 21。

**表 25 - 21 扶风县小麦推荐施肥分区系统及命名**

| 主区代号 | 主区命名 | 副区代号 | 副区命名 |
|---|---|---|---|
| Ⅰ | 北部旱塬区——L 低值区 | Ⅰ₁ | 临界值 N 极低 P 低-需肥量 N 中 P 低——小麦低产区 |
| Ⅱ | 北部旱塬抽灌区和河滩抽灌区——L 中值区 | Ⅱ₁ | 临界值 N 低 P 中-需肥量 N 低 P 中——小麦中产区 |
| | | Ⅱ₂ | 临界值 N 中 P 中-需肥量 N 中 P 中——小麦中产区 |
| Ⅲ | 中部台塬新灌区——L 较高值区 | Ⅲ₁ | 临界值 N 高 P 较高-需肥量 N 高 P 高——小麦较高产区 |
| Ⅳ | 南部河成阶地老灌区——L 高值区 | Ⅳ₁ | 临界值 N 高 P 高-需肥量 N 高 P 高——小麦高产区 |

**5. 分区现状特点说明** 扶风县共分 4 个主区、5 个副区和 59 个实施区，各区特点分述如下：

（1）Ⅰ北部旱塬区——L 低值区。总面积 2.6 万亩。属于北部山前洪积扇旱塬区，海拔 600～900 m，地势较平坦，坡度 1°～5°，组成物质下部为洪积物，上部为覆盖黄土，平均气温为 12.2 ℃，年日照时数为 2 164 h。年降水量 517 mm，为全县最低地区。≥0 ℃积温为 4 595.2 ℃，≥10 ℃积温为 4 022.8 ℃。土壤以红油土为主，褐墡土、黄绵土为次，土壤有机质含量为 0.63%～1.46%，平均

1.06%，低于全县平均水平；全氮 0.053%～0.105%，平均 0.076%；碱解氮 29～67 mg/kg，平均 44.27 mg/kg；有效磷 3.66～47.17 mg/kg，平均 12.91 mg/kg；速效钾 33～283 mg/kg，平均 71.23 mg/kg。热量资源不足，复种指数仅为 135%，多为两年三熟或一年一熟。

(2) Ⅱ旱塬抽灌区、河滩抽灌区——L 中值区。本区分为两个副区。

Ⅱ₁北部旱塬抽灌区——L 中值副区。总面积 6.3 万亩。自然条件与Ⅰ主区基本相同，土壤以红油土、褐墡土为主。局部有黄墡土、白墡土和石褐墡土等，土壤肥力较低，地面坡度较大，水土流失较严重，水利设施不配套，影响灌溉效益。

Ⅱ₂渭河滩地井水抽灌区——L 中值副区。分布在渭河两岸，耕地面积 3.9 万多亩。海拔 433～510 m，滩面平坦，组成物质为砂卵石及亚黏土，厚 6～20 m。气候特点与Ⅳ区相同，土壤为冲积物基础上经人类改良形成潮土类的二合土为主，局部有水稻土、河淤土、沼泽土，地下水位高，土壤沙性大，肥力水平低，多为一年一熟。土壤有机质含量为 0.44%～1.19%，平均为 0.72%；全氮 0.027%～0.088%，平均 0.047%；碱解氮为 20～59 mg/kg，平均 37.37 mg/kg；有效磷为 5.5～51.53 mg/kg，平均 9.79 mg/kg；速效钾为 39～104 mg/kg，平均 76.45 mg/kg。除速效钾略高以外，其他各项养分均低于全县水平。本区主要问题是土壤贫瘠，养分缺失，有效土层薄，土壤沙性大，地下水位高，一般 2 m 左右，易遭涝灾。

(3) Ⅲ中部台塬新灌区——L 值较高区。本区海拔 520～660 m，高出渭河 50～170 m，土地面积 44 万多亩，占全县总土地面积 39.75%。年平均气温 12.5 ℃，≥10 ℃积温为 4 094.52 ℃，≥0 ℃积温 4 678.5 ℃。年日照时数为 2 137 h，降水量 574.1 mm，无霜期 210 d。土壤以娄土类的红油土、红紫土、黑紫土为主，局部有褐墡土、黄墡土、五花土，地形较平坦，水利条件较好，土壤肥力较高，农作物多为一年两熟或两年三熟，复种 150% 左右，粮食复种 160% 以上。土壤有机质为 0.45%～1.166%，平均 1.11%；全氮为 0.065%～0.108%，平均 0.082%；碱解氮 26～103 mg/kg，平均 48.1 mg/kg；有效磷 4.88～109.6 mg/kg，平均 28.85 mg/kg；速效钾 31～259 mg/kg，平均 98.19 mg/kg。

(4) Ⅳ南部河成阶地老灌区——L 高值区。本区总面积 9.6 万多亩，占全县总面积 8.64%。原渭河一级、二级阶地，海拔为 450～495 m，地形比较平坦，组成物质为砂卵石和黏土，上覆黄土 15～40 m，气候温暖，年平均温度 12.8 ℃，≥10 ℃积温为 4 167.4 ℃，≥0 ℃积温 4 767.2 ℃，分别高于黄土台塬区 72.9 ℃和 88.7 ℃，热量资源较丰富，年降水量为 523.1 mm，比黄土台塬少 42 mm，无霜期 220 d，比黄土台塬多 10 d。年日照时数为 2 088 h。土壤以红油土、红紫土为主，局部地区有黑油土、黑紫土，还有零星分布的褐墡土、五花土、黄绵土。水利条件较好，渠井灌溉方便，人均耕地少，约 1 亩左右，复种高达 180%，肥料施用量较高。土壤有机质含量为 0.57%～2.06%，平均为 1.29%；全氮为 0.054%～0.112%，平均 0.088%；碱解氮为 37～85 mg/kg，平均 56.4 mg/kg；有效磷 5.06～84.30 mg/kg，平均 34.17 mg/kg；速效钾为 74～207 mg/kg，平均 130.37 mg/kg。各类养分均高于其他农业生态区，农作物多为一年两熟，为全县粮食主产区。

**6. 分区具体结果**　由表 25-22 看出，在现有生产条件和农业技术条件下，塬下老灌区小麦每亩最佳产量为 350 kg 以上，经济施肥量 N 10 kg/亩以上、$P_2O_5$ 8.5 kg/亩以上；中部台塬新灌区小麦亩产 325 kg 以上，需 N 10 kg/亩、$P_2O_5$ 8 kg/亩；北部旱塬抽灌区亩产 280 kg 以上，需 N 7.8 kg/亩、$P_2O_5$ 7.8 kg/亩；北部旱塬区亩产 220 kg 以上，需 N 7.5 kg/亩、$P_2O_5$ 6.4 kg/亩；产量由南到北逐渐降低，即塬下老灌区＞中塬新灌区＞北部旱塬抽灌区＞北部旱塬区。这与土壤肥水条件、土地生产力水平，即综合效应隶属度甚相一致。经统计，最佳产量，经济施 N 量和经济施 $P_2O_5$ 量与 L 值呈以下关系：

$y = -44.806\ 2 + 557.898\ 0L$，$r = 0.942^{**}$ $(r_{0.01} = 0.917)$，最佳产量与综合效应隶属度呈线性相关关系。

N＝1.386 1＋12.256 4L，r＝0.861* （$r_{0.05}$＝0.811），经济施 N 量与综合效应隶属度呈线性相关关系。

$P_2O_5$＝2.356 1＋8.927 4L，r＝0.877** （$r_{0.05}$＝0.811），经济施 $P_2O_5$ 量与综合效应隶属度呈线性相关关系。

证明采用综合效应隶属度作为推荐施肥分区指标是可行的，对改善作物生产条件是一条新的途径。

表 25－22　扶风县小麦推荐施肥分区结果

| 分区 | | 小麦面积 | 土壤养分含量 (mg/kg) | | 肥效反应函数式 | 养分临界值 (mg/kg) | | 最佳产量 | 经济施肥量 (kg/亩) | | 总产量 | 总需肥量 (万 kg) | | 化肥增产 (kg粮/kg肥) | | 化肥利用率 (％) | |
|---|---|---|---|---|---|---|---|---|---|---|---|---|---|---|---|---|---|
| 主区 | 副区 | (万亩) | 碱解氮 | 有效磷 | | N | $P_2O_5$ | (kg/亩) | N | $P_2O_5$ | (万 kg) | N | $P_2O_5$ | N | $P_2O_5$ | N | $P_2O_5$ |
| I | $I_1$ | 2.6 | 37 | 10.5 | $Y=141+8.25N+9.05P+0.05NP-0.42N^2-0.534P^2$ | 62 | 31.8 | 221 | 7.5 | 6.4 | 574.6 | 20.8 | 16.6 | 10.0 | 13.5 | 30.0 | 15.6 |
| II | $II_1$ | 6.3 | 40 | 11.5 | $Y=189+9.23N+9.50P-0.28NP-0.37N^2-0.327P^2$ | 66 | 37.6 | 281 | 7.8 | 7.8 | 17 703 | 49.1 | 49.1 | 11.3 | 11.3 | 33.9 | 14.1 |
| | $II_2$ | 1.9 | 45 | 10.5 | $Y=182+10.22N+14.33P+0.196NP-0.602N^2-0.867P^2$ | 72 | 37.6 | 298 | 8.2 | 8.1 | 5662 | 15.6 | 15.4 | 14.2 | 14.3 | 42.4 | 17.9 |
| III | $III_1$ | 33.5 | 43 | 12.6 | $Y=198+11.05N+12.34P+0.029NP-0.501N^2-0.574P^2$ | 76 | 39.2 | 325 | 10.0 | 8.0 | 108 875 | 335.0 | 268.0 | 12.7 | 15.9 | 38.1 | 19.8 |
| IV | $IV_1$ | 5.0 | 51 | 14.9 | $Y=202+13.64N+14.25P-0.01NP-0.591N^2-0.691P^2$ | 85 | 43.9 | 352 | 10.9 | 8.7 | 14 900 | 51.5 | 43.5 | 14.6 | 17.2 | 43.7 | 21.6 |

## 四、推荐施肥分区后的增产效果

根据分区结果表明，老灌区每千克 N 和每千克 $P_2O_5$ 可分别增产小麦 14.6 kg 和 17.2 kg，利用率分别为 43.7％和 21.55％，肥效很高；中塬新灌区每千克 N 和每千克 $P_2O_5$，分别增产 12.7 kg 和 15.9 kg，利用率分别为 38.1％和 19.84％，肥效也是很高；北塬抽灌区每千克 N 和每千克 $P_2O_5$ 分别增产 11.3 kg 和 11.3 kg，利用率分别为 33.9％和 14％，肥效较高；在旱塬地区每千克 N 和每千克 $P_2O_5$ 分别增产 10 kg 和 12.5 kg，利用率分别为 32％和 15.6％，肥效较高。可以看出，在扶风县内施 P 效果普遍突出，特别是老灌区和中塬新灌区尤为显著。

根据分区统计，在正常年份满足经济施肥量要求时，扶风县小麦总产量预计可达 15 288.6 万 kg。比前三年平均总产增长 15.33％，与前几年供 N 量相等，N 肥不需增加；$P_2O_5$ 总需量为 392.67 万 kg，比前三年供 $P_2O_5$ 量增加 33.33％，即分区后每亩需增加 2 kg $P_2O_5$。N 肥利用率前三年平均为 30.2％，分区后增加到 40.9％，提高 10.7 个百分点；磷肥利用率前三年平均为 16.8％，分区后增高到 18.1％，提高 1.3 个百分点。从全县看，在不增加氮肥施用量的情况下，每亩只需增施 $P_2O_5$ 2 kg，每亩就可增产小麦 35.6 kg，每千克 $P_2O_5$ 价格为 2.084 元，2 kg 总值为 4.16 元，每千克小麦价格为 0.88 元，35.6 kg 总值为 31.328 元，每亩净收益为 27.16 元，可见分区后，因实现了平衡施肥，使施肥的经济效益大大提高。

# 第三节　陕西省级推荐施肥分区

## 一、陕西自然环境

### （一）地理位置

陕西省位于黄河中游，位于北纬 31°42′—39°35′，东经 105°9′—111°15′，东以黄河山西为界，西与甘肃为邻，北靠内蒙古，南接四川和湖北。东西最宽为 430 km，南北狭长。自南向北跨越北亚热带、暖温带、中温带 3 个气候带及湿润、半湿润、半干旱 3 个水分区，以北山、秦岭为界，把陕西分为陕南、关中、陕北 3 个自然区。

**（二）自然条件**

**1. 地形地貌** 陕西省的地形地貌十分复杂，既有崎岖的山岳和辽阔的高原，又有连绵起伏的丘陵和宽广的平原，在全省总土地面积中，黄土高原、丘陵约占 45%，山地约占 36%，平原约占 19%。地势是南北高，中部低，由西向东倾斜。根据地貌特征、地质结构和地面组成物质，全省可分为 6 个地貌区，即风沙地区、黄土高原丘陵沟壑区、关中盆地区、秦岭山区、汉中、安康盆地区和大巴山区，这就自然形成了规模较大的不同农业生态区。

**2. 气候** 陕西地处中纬度偏内陆，由于地形、地理位置与大气环流的影响，具有明显的季风气候和多种气候类型的特点。根据中国气候区划，陕南的浅山丘陵盆地属于亚热带湿润气候，关中盆地属暖温带半湿润气候，陕北黄土高原属暖温带半干旱气候，长城沿线以北属温带干旱气候。全省气温 5.9～15 ℃，由南到北、自东向西逐步降低，地面温度的地区分布也是从南向北递减，延安以北为 9.5～11.6 ℃，延安以南直到关中平原的北缘，12～13 ℃，关中盆地内部为 15 ℃以上，秦巴山区在 10～14 ℃，汉中、安康地区高达 16～18 ℃。年平均最高地面温度关中以北在 30～31.5 ℃，秦岭山区<30 ℃，丹江、汉江谷地>32.5 ℃；多年平均最低地面温度陕北在零度以下，达 3 个月之久（12 月至翌年 2 月），关中达到 0 ℃以下只有 1 月，陕南一般在 0 ℃以上。全省降水量由南向北递减，季节分配不均，年际变化大，全省年降水量为 340～1 240 mm，秦岭以南在 800 mm 以上，关中为 550～650 mm，陕北为 350～550 mm，关中和陕北干旱经常发生，全省雨量都集中在 7、8、9 这 3 个月，约占全年降水量 50%。年蒸发量陕南为 800～850 mm，关中 800～900 mm，陕北大部地区为 850 mm。全省干燥度分级：大巴山区、汉中盆地、秦岭南坡都低于 0.8，属湿润气候区；关中西部、黄土高原南部都在 1.0～1.5，属半湿润气候；陕北北部和关中东部都大于 1.5～2.0，属半干旱气候；长城沿线以北大于 2，属干旱气候。

**3. 土壤** 陕西土壤的成土因素有黄土母质，风沙母质，冲积母质，洪积母质、残积母质和坡积母质等，构成了不同地形和土壤质地。黄土母质普遍含有大量的碳酸盐，含量的 9%～17%，影响土壤 pH。

在气候、生物、母质、地形等自然因素和人为生产活动的综合因素作用下，形成了各种类型的土壤种类。陕西地带性土壤有陕南的黄棕土，关中的褐土，陕北的黑垆土，长城沿线的淡栗钙土。由于成土母质的特性和地形的变化，也形成了许多非地带性土壤，如秦岭、巴山的棕色石灰土，关中北山一带的石质土、粗骨土等。在地形低平、积水较多地区，形成了各类水成土、半水成土及盐成土等。

据考古资料表明，黄土高原的旱作农业已有 2 500～3 000 年的历史。在长期的农业种植、养殖条件下，黄土高原的自然面貌发生了巨大变化，首先是土壤侵蚀，使土壤剖面从上至下逐渐被剥蚀，终致黄土母质外露，形成黄土性土壤（黄绵土），肥力非常瘠薄。

悠久的农业活动，影响土壤变化的另一方面，因长期耕种、施肥，熟化和培肥，使原来的自然土壤（褐土、黑垆土）处于埋藏状态，形成了"黄盖垆"的塿土，这种土体构型在农业上具有持水、保肥、既发小苗又发老苗的肥力特征。

## 二、陕西农业概况

陕西是我国农业的发祥地之一。自古以来，"八万里秦川"的关中平原、鱼米之乡的汉中盆地、羊群塞道的陕北草原，都在历史上创造过灿烂的古代农牧业文明。

陕西省农作物种类较多。陕南主要种植水稻、小麦、油菜、烟草等，果树有柑橘、猕猴桃等；关中主要种植冬小麦、夏玉米、油菜等，果树有苹果、猕猴桃、桃、梨、石榴等；陕北主要种植冬小麦、春小麦、春玉米、谷子、马铃薯、荞麦及各种豆类等，果树有红枣、苹果等。都已形成较大规模，产量和品质也都比较高，在国内外市场上都有较强的竞争力。随着国内外市场经济的发展，对农产品产量和品质的要求越来越高，这就对农业现代化的发展提出了更高的要求。在这方面，陕西现代农业也与时俱进，具体表现在以下方面：

**1. 测土配方施肥正在推广应用**　自 20 世纪 80 年代初以来，全国开始推行测土配方施肥技术研究和应用，由单一施肥逐渐进入多养分配方施肥；由大量元素施肥开始进入大量元素与中、微量元素配合施肥。大大提高了肥料利用率和土壤生产力，使施肥技术跨入平衡施肥的新阶段。但这一施肥制度的应用是不平衡的，习惯施肥仍然存在，使作物产量和品质不能普遍迅速提高。

**2. 农业生产的综合配套技术措施已受到重视和应用**　农业高产仅靠一两项技术是不够的。目前各级政府和广大技术人员都已充分认识到采用科学施肥，选用优良品种的同时，还必须全面应用其他各项增产技术措施，组合配套，才能使作物得到高额产量和优质产品，这在当前全面创建作物高产示范田的活动中，就显得特别重要。但在一些经济条件较差、技术力量较弱地区，采用简单的技术措施仍然相当普遍，将影响农业的全面均衡发展。

**3. 农业结构调整**　为了快速促进全省农业的均衡发展，发挥土地生产潜力，几十年来，各地结合当地的实际情况，因地制宜地进行了农业结构调整，形成以粮为纲、多种经营的生产方式，使农业生产迅速发展，农民得到更多实惠。许多地区根据本地自然条件，在保证粮食生产的前提下，大力发展不同种类果树、经济林木和各种特种经济作物，并逐步形成商品粮食基地、果树基地、蔬菜基地、药材基地、经济林基地等，使农业生产开始走上了区域化、规模化、专业化、科学化、商品化的现代农业发展道路。

**4. 生态农业已开始得到重视和发展**　生态农业是发展现代农业的必然趋势，发展生态农业的主要目的是资源的高效利用和环境优化、保护。在政府的一再倡导和推动下，生态农业已在许多地区得到广泛的应用和发展。许多农户利用牲畜粪便，通过沼气池，发酵产生沼气，以沼气作燃料，或以沼气转化为电能用作照明，或沼气燃烧产生二氧化碳将其直接供给大棚温室的蔬菜用作气肥，增加蔬菜产量；沼渣沼液用作肥料，既为作物提供养分，又能培育土壤肥力，提高作物产量。过去许多地区，农民把作物秸秆就地焚烧，既浪费了资源，又污染了环境，现在这一不良习惯已基本得到了改正，许多农民把作物秸秆直接还田，有的当作饲料，产生肥料，既发展了畜牧业，又增加作物产量，增加农民收入。

## 三、分区前的准备工作

省级推荐施肥分区是一项更加庞大而复杂的工作，因此，在分区之前必须做好各种准备工作。具体有以下几个方面：

**1. 搜集与分区有关的基本资料**　全省农业气候资料；全省土壤调查资料（包括不同土壤养分含量）；全省水文、地质、地貌资料；全省农业区划资料。根据这些资料，即可对全省进行农业生态区的划分。

**2. 土壤养分测试**　对全省农业土壤的养分测定，确定土壤有效养分含量是进行推荐施肥分区的最重要基础工作之一，因为它是计算土壤养分临界值和施肥量的主要依据。各地、县可结合田间肥料试验和土壤普查，分别进行土壤有效养分的测定。这次分区只是以碱解氮、有效磷为指标，故主要测定土壤碱解氮和有效磷，测定方法与前相同。有的地区可能还需要测定土壤速效钾含量。

**3. 分区进行田间肥效试验**　在以往田间试验过程中发现，不同作物对钾肥肥效有不同的反应。在黄土地区，对小麦、玉米施用钾肥基本无效，故在分区时暂不考虑钾肥试验；但对油菜、荞麦、瓜类、果树等作物对施用钾肥有明显效果，故对这些作物作推荐施肥时应考虑钾肥的试验；但对小麦来说，在陕南、关中局部高产地区施用钾肥也有一定增产作用，故在氮、磷分区基础上也应补施钾肥。

为了减少田间试验的处理次数，快速取得试验结果，在全省范围内大部分试验是采用"2·6"饱和最优设计，部分地区采用"3·11"和"3·4·14"设计。部分试验是通过省土肥站向各地、县作为任务布置试验，其余部分则由陕西省农业科学院土壤肥料研究所根据分区需要有目的地在各地区布置试验。陕西省土壤肥料站收到试验结果1 570个，土肥研究所共收到试验结果850个，总共为2 420个，分析土样共2 500个，分析项次共达1万多个。

对各地的试验资料，逐个进行统计分析，建立肥效反应函数式，计算出最佳产量和经济施肥量。在进行分区的时候，将同一副区内的肥效函数式求出相同系数项的平均值，建成副区总平均肥效函数式，由此再计算出副区的最佳平均产量和平均经济施肥量，这为推荐施肥分区提供了充实、可靠的依据。

**4. 确定土壤养分临界值**　土壤养分临界值是土壤养分测定和肥效试验基础上确定的，是最高产量时的土壤有效养分临界值，故称最高养分临界值。土壤养分临界值是推荐施肥分区不可缺少的重要指标，也是土壤培肥的重要指标，知道土壤养分临界值以后，即可求得最佳产量时的经济施肥量。陕西不同农业生态区的土壤养分临界值和经济施肥量计算结果见全省小麦推荐施肥分区结果的有关表格。

## 四、省级推荐施肥分区的目的、原则和方法

### （一）分区的目的与任务

省级分区的目的，就是要确定不同地区不同作物，最佳目标产量所需要的经济施肥量和适当配比，提高科学施肥水平；避免盲目施肥，减少肥料损失；防止环境污染，保证均衡增产。省级分区的任务是在分析研究全省地形地貌、气候条件、土壤条件和肥效反应与农业生产关系的基础上，按照它们分布的相似与分异状况，客观进行分区，并对分区作出适当评价。

### （二）分区的原则与方法

**1. 分区原则和依据**　推荐施肥分区的最终目标是要解决目标产量和经济施肥量的问题。影响目标产量和经济施肥量的因素很多，既有自然因素，又有人为活动。但不管是自然因素，还是人为活动，在不同程度上都要通过土壤起作用。从直观看，目标产量和经济施肥量是决定于肥效反应的高低，而肥效反应则又决定于土壤肥力的高低。因此，目标产量、经济施肥量、肥效反应、土壤肥力是四者不可分割的整体；推荐施肥分区实际上是目标产量、土壤肥力、肥效反应和经济施肥量的分区。土壤肥力在推荐施肥分区中起着主导作用，是推荐施肥分区的主导因素。土壤肥力、肥效反应和经济施肥量又直接或间接地受到气候条件、地形地貌、土壤类型、土地利用和经营管理等的影响和制约，并反映出明显的地带性和农业生态区的差异。因此，分区过程必须依据主导因素和综合条件相结合的原理，采取综合指标方法进行推荐施肥分区，这样才能正确反映农业生产的实际情况，解决农业生产中的施肥问题。划区的具体原则和依据是：

（1）气候条件与土壤类型组合的相对一致性。

（2）地形地貌与地理位置的相对一致性。

（3）土壤肥力水平与肥效反应的相对一致性。

（4）土壤养分临界值高低的相对一致性。

（5）目标产量高低的相对一致性。

（6）经济施肥量高低的相对一致性。

**2. 推荐施肥的分区制** 本分区采用主区、亚区和实施区三级分区制。

（1）主区。主要依据大的地形地貌类型、生物气候条件、土壤类型组合基本一致的情况下划分，一般体现地带性分异，主要反映土壤肥力水平比较接近的特征。

（2）亚区。主要依据地理位置、养分临界值、经济施肥量和最佳产量基本一致情况下划分，一般体现农业生态区分异，主要反映肥料效应比较一致的特征。

（3）实施区。主要依据土壤有效养分含量划分，反映目标产量对施肥量需要水平比较一致的特征。

**3. 分区方法**

（1）对不同农业生态区内所做的肥料田间试验结果进行数理统计，确定以下项目。

① 对每个肥料田间试验结果进行统计分析，合格者取，不合格者删，并建立肥效模型。

② 对不同农业生态亚区内所有肥效模型进行归纳，即将各个肥效模型内的相同项的系数进行平均，建立亚区的肥效模型。

③ 根据土壤养分测定值等因素，确定土壤养分最高临界值。

④ 根据土壤养分最高临界值确定最佳小麦产量和经济施肥量，或用肥效模型直接计算出最佳产量和经济施肥量，两种计算结果都是非常接近的。

（2）确定分区指标。参考全省土壤有效养分最高平均含量与最低平均含量，土壤有效养分含量划分为极高、高、中、低、极低五级：$0 \sim 40$ cm 碱解氮相应值 $> 75$ mg/kg、$60 \sim 75$ mg/kg、$45 \sim 60$ mg/kg、$30 \sim 45$ mg/kg、$< 30$ mg/kg；$0 \sim 20$ cm 有效磷（$P_2O_5$）相应值为 $> 25$ mg/kg、$20 \sim 25$ mg/kg、$15 \sim 20$ mg/kg、$10 \sim 15$ mg/kg、$< 10$ mg/kg。

参考全省土壤有效养分临界值最高平均值与最低平均值，将有效养分临界值划分为高、较高、中、低四级：$0 \sim 40$ cm 的碱解氮临界值为 $> 90$ mg/kg、$75 \sim 90$ mg/kg、$60 \sim 75$ mg/kg、$< 60$ mg/kg；$0 \sim 20$ cm 的有效磷临界值为 $> 45$ mg/kg、$35 \sim 45$ mg/kg、$25 \sim 35$ mg/kg、$< 25$ mg/kg。

参考全省经济施肥量最高平均值与最低平均值，将经济施肥量划分为高、较高、中、低四级：每亩所需纯 N 相应值为 $> 10$ kg、$7.5 \sim 10$ kg、$5 \sim 7.5$ kg、$< 5$ kg；每亩所需 $P_2O_5$ 相应值为 $> 9$ kg、$6.5 \sim 9$ kg、$4 \sim 6.5$ kg、$< 4$ kg。

参考全省最佳产量最高平均值与最低平均值，把小麦最佳产量划分为高、中、低三级，即亩产为 $> 300$ kg、$200 \sim 300$ kg、$< 200$ kg。

（3）确定分区界线。依据农业地带性、土壤类型组合、土壤肥力和生产力有明显分异，或因人为耕作而形成特异的农业区（如灌溉区），划分为主区；在主区内以地形部位及其他自然条件有明显差异，土壤养分临界值、施肥量、最佳产量等组合指标也有明显差异，划分为亚区；在亚区内根据不同乡（镇）区域范围内土壤有效养分平均含量的差异确定经济施肥量，以乡或几个乡为单位，保持乡界，划分为施肥实施区。

（4）分区评述。分区界线划分以后，分别对主区和亚区进行自然条件、农业生产、土壤类型及土壤肥力进行鉴定，并对施肥效应、施肥量和作物产量进行评价。在分区鉴定和评价基础上对全省需肥量和目标产量进行分析与预测，并确定投肥目标和实施办法。

**（三）分区的命名系统**

采用连续命名法，主区为大地形、地貌-土壤类型组合-土壤有效养分含量-作物种类；亚区为地理位置-土壤有效养分临界值-经济施肥量-作物产量；实施区不命名，仅以符号表示。主要由当地肥效反应式，土壤 N、P 有效养分含量为依据，计算出养分临界值、经济施肥量和与最佳产量，一般以乡界进行划分。推荐施肥分区是因作物而不同，在此作者仅对小麦作了施肥分区，全省共划分为 7 个主区和 20 个亚区，320 个实施区。

## 五、省级推荐施肥分区系统的命名与概述

### （一）长城沿线以北-风沙土、绵沙土、盐渍土-低氮低磷-春麦主区

本区主要分布在长城沿线以北滩地区。春麦面积 21.16 万亩，海拔 1 000～1 500 m，毛乌素沙漠由东北向西南贯穿，间有草原、湖泊和滩地，滩地是主要农业区。年平均温度 8 ℃，极端最低平均温度－33～－28 ℃，极端最高平均温度 38 ℃，≥0 ℃积温 3 600 ℃，≥10 ℃积温 3 100 ℃，年平均降水量 304～490 mm。年干燥度 1.8～2。年平均日照时数 2 800～3 000 h，无霜期 130～160 d。本区土壤主要有风沙土、绵沙土、盐渍土，土壤肥力很低，土壤有机质含量为 0.5%～0.8%、全 N 为 0.03%～0.05%、有效氮为 24～36 mg/kg，有效磷为 9.16～14.89 mg/kg，为低 N 低 P 水平。本区冬寒、春冻、干旱、多风沙。水蚀、风蚀、沙化、盐碱严重，对土壤培肥和肥效发挥有很大影响。但在水利条件较好地区，春麦生产潜力仍然很大，一般河谷川道、下湿滩地肥效较好，产量较高；干旱绵沙土丘陵地肥效较差，产量较低。可分三个亚区。

**1. 榆、横河谷川道-临界值中氮低磷-需肥量较高氮较高磷-春麦高产亚区**　本亚区主要分布在无定河、窟野河、秃尾河及其一些支流两岸的阶地和滩地上。地势较平坦，水源较丰富，为灌溉农业。年平均温度 8.1 ℃，≥0 ℃积温 3 731.7 ℃，≥10 ℃积温 3 217.6 ℃，年平均降水量 414.1 mm，无霜期 155 d，年平均日照时数 2 925.7 h，辐射总量 609.06 kJ/cm²，光照充足，温差较大，雨热同季，有利作物生长。风蚀、沙化比较严重。土壤主要有水稻土、潮土，土壤质地较粗，结构不良，有机质含量平均为 0.816%、全氮平均 0.045 8%、碱解氮 36.2 mg/kg、有效磷 14.89 mg/kg，是风沙区肥力较高的亚区。土壤有效养分临界值 N 为 65 mg/kg，为中值，$P_2O_5$ 14.66 mg/kg，为低值，肥效的反应式为：$Y=169+10.04 N+11.95 P+0.51 NP-0.694 N^2-0.760$，最佳产量为 304 kg，经济施肥量 N 为 8.75 kg、$P_2O_5$ 为 8.65 kg，$N/P_2O_5$ 为 1∶1。每千克 N 可增产小麦 15.5 kg，每千克 N 肥利用率 46.26%；P 肥利用率 19.51%。

**2. 西部靖定滩地-临界值低 N 中 P-需肥量中 N 中 P-春麦中产亚区**　本区主要分布在长城沿线风沙区西部靖边、定边县内的风沙滩地。地势平坦，以滩地为主，水分条件较差，水质不良，土壤有不同程度盐渍化。年平均温度 7.9 ℃，≥0 ℃积温 3 565.5 ℃，≥10 ℃积温 2 989.6 ℃，年平均降水量 316.9 mm，年平均日照时数 2 743.3 h，辐射总量 574.95 kJ/cm²，无霜期 160 d，光照充足，热量偏低，温差大，雨量少，以旱作农业为主。土壤主要有风沙土、盐渍土和绵沙土，肥力较低，有机质含量平均为 0.567%、全氮平均为 0.034 6%、碱解氮平均为 23.9 mg/kg，为极低区，有效磷为 10.08 mg/kg，为低量。土壤有效养分临界值氮为 43 mg/kg，属低值；$P_2O_5$ 35.04 mg/kg，为较高值。肥效反应式为：$Y=114+10.06 N+14.5 P+0.480 NP-0.800 N^2-0.940 P^2$，最佳产量为 227 kg，经济施肥量 N 为 7.25 kg、$P_2O_5$ 为 6.5 kg，$N∶P_2O_5$ 为 1∶1.03，每千克肥增产量 N 为 15.6 kg、$P_2O_5$ 为 15.1 kg，肥料利用率 N 为 46.76%、$P_2O_5$ 18.88%。

**3. 东南部梁峁风沙丘陵-临界值低 N 中 P-需肥量中 N 中 P-春麦低产亚区**　本亚区位于风沙区的东南部梁峁丘陵地区。除有少量河谷川地和沟台地外，大部分为梁峁起伏、风沙覆盖的丘陵，土壤水分主要靠自然降水补给，基本属旱作农业区。年平均温度 8.5 ℃，年平均降水量 440.8 mm，≥0 ℃积温 3 859 ℃，≥10 ℃积温 3 391.9 ℃，全年平均无霜期 169 d，年平均日照时数 2 875.9 h，年

辐射量 593.99 kJ/cm²，光照充足，热量资源较优，温差较大，雨热同季，风蚀水蚀较严重，一年一熟，春麦主要分布在川道地区。土壤主要有绵沙土，肥力很低，有机质含量平均为 0.532 1%、全氮平均为 0.035%，碱解氮平均为 29 mg/kg，属极低量区，有效磷含量为 12.6 mg/kg，为中量区。土壤有效养分 N 临界值为 51 mg/kg，为中值；$P_2O_5$ 为 30.0 mg/kg，为低值。肥效反应式为：$Y = 90 + 7.6 N + 8.56 P + 0.268 NP - 0.520 N^2 - 0.676 P^2$，最佳产量为 153 kg，经济施肥量 N 为 6.45 kg、$P_2O_5$ 5.2 kg，$N : P_2O_5$ 为 $1 : 0.81$，每千克肥增产量 N 为 9.8 kg、$P_2O_5$ 为 12.4 kg，肥料利用率 N 为 29.3%、$P_2O_5$ 为 15.14%。

### （二）黄土丘陵沟壑-黄绵土、红黏土-极低 N 低 P-冬麦主区

本区分布在长城沿线风沙区以南，渭北高原以北地区。本区年平均温度 7.8～11.3 ℃，极端最低温度 -30.9～-21.7 ℃，≥0 ℃积温 3 519～4 064 ℃，≥10 ℃积温 2 800～4 050 ℃，南部多于北部，东部多于西部，无霜期 140～196 d，日夜温差大，有效积温高，有利于光合作用和干物质的形成和积累，农作物品质较好，全年辐射总能量 531.6～607.0 kJ/cm²，日照时数 2 400～2 900 h，光热资源丰富，年平均降水量 420～450 mm，大部集中在 7、8、9 这 3 个月，水土流失十分严重，经常出现夏旱，春旱也较普遍，有十年九旱之称。土壤主要有黄绵土、红黏土和小面积的黑垆土。由于土壤侵蚀、气候干旱，土壤有机质含量为 0.5%～0.7%、全氮平均为 0.035%～0.05%、碱解氮平均为 27～32 mg/kg、有效磷平均为 11.5 mg/kg 左右，肥力很低。分三个亚区。

**1. 中东部梁峁丘陵-临界值低 N 低 P-需肥量低 N 低 P-冬麦低产亚区**　本亚区分布在长城沿线风沙区以南，延川、子长一线以北地区。地形复杂，梁峁沟壑交错。全年平均气温 9～11 ℃，≥0 ℃积温 3 800 ℃以上，≥10 ℃积温 3 500 ℃，日照时数 2 500～2 700 h，年降水量 400～580 mm，热量条件较好，但干旱严重。多为一年一熟，川道地区可发展一年两熟，分布的土壤有绵沙土、潮土，土壤质地较粗，易受侵蚀，土壤有机质含量平均为 0.51%、全 N 为 0.038 9%、碱解氮平均为 28.3 mg/kg、有效磷含量为 12 mg/kg。土壤有效养分临界值 N 为 43 mg/kg，属低值；$P_2O_5$ 为 19.9 mg/kg，属低值。肥效反应式为：$Y = 31 + 4.07 N + 5.03 P + 0.048 NP - 0.220 N^2 - 0.386 P^2$；最佳产量为 61 kg，经济施肥量 N 为 4.3 kg、$P_2O_5$ 2.6 kg，$N : P_2O_5$ 为 $1 : 0.59$ kg，每千克肥增产量 N 为 7.1 kg、$P_2O_5$ 为 11.9 kg，肥料利用率 N 为 21.28%、P 为 14.95%。

**2. 西部梁状丘陵-临界值低 N 低 P-需肥量较高 N 较高 P-冬麦低产亚区**　本亚区分布在定边、靖边以南、志丹以西地区，西边以甘肃为界。海拔 1 200～1 600 m，为黄土高原西部冷凉地区，属暖温带湿润或湿润冷凉气候，冬长霜期短，夏季多暴雨冰雹，春秋多风沙，是陕西热量最少的地方。全年 ≥10 ℃积温 2 800 ℃，有效生长期仅 90～140 d，无霜期 140～160 d，年平均温度 6～8 ℃，最热月温度低于 22 ℃，基本无炎夏，最冷月温度 -8～-5 ℃，年极端最低温度平均 -23～-17 ℃，年辐射总量 535.8 kJ/cm²，年降水量 300～500 mm，为一年一熟地区，间或二年三熟。分布的土壤有黄绵土、黄垆土、灰黄绵土，土壤肥力较其他亚区稍高，有机质含量平均 0.71%、全氮平均 0.051 7%，碱解氮平均 32.7 mg/kg，属低量，有效磷平均 11.9 mg/kg，属低量。土壤有效养分临界值氮为 50 mg/kg，属低量；$P_2O_5$ 为 23.4 mg/kg，属低量，肥效反应式为：$Y = 36 + 3.85 N + 5.97 P + 0.082 NP - 0.160 N^2 - 0.510 P^2$，最佳产量为 135 kg，经济施肥量为 10.8 kg、$P_2O_5$ 6.9 kg，$N : P_2O_5$ 为 $1 : 0.64$，每千克肥增产 N 为 5.9 kg、$P_2O_5$ 为 9.3 kg，肥料利用率 N 为 17.78%、$P_2O_5$ 为 11.59%。

**3. 南部梁峁丘陵黄土残塬-临界值低 N 中 P-需肥量中 N 中 P-冬麦低产亚区**　本亚区分布在志丹以东，延川、子长一线以南，宜川、延安一线以北地区，东靠黄河。地处黄土高原中部，延河、洛河上中游。海拔 1 000～1 400 m，为梁峁丘陵沟壑区。本区属暖温带半湿润温凉气候，雨量少，春旱严重，更多暴雨、冰雹、早霜，对秋粮有一定威胁。年平均温度 9～10 ℃，最热月温度 22～24 ℃，

最冷月温度－7～－6 ℃，年极端低温平均－22～－20 ℃，全年≥10 ℃积温3 100 ℃，本区热量条件较其他亚区为好，有效生长期140～150 d，无霜期160～170 d，全年日照2 400～2 500 h，下雹2～3次，为陕西多雹地区，年降水量500～600 mm，多集中在夏季，年干燥度1.0～1.2。由于土壤侵蚀严重，土壤肥力很低，分布的土壤主要是黄绵土，黄墡土和少部黑垆土，土壤有机质含量平均为0.623%、全氮0.045 3%，碱解氮平均为27.1 mg/kg，为极低量区，有效磷平均11.7 mg/kg，为低量区。土壤有效养分临界值氮为50 mg/kg，属低值；$P_2O_5$为26.1 mg/kg，为中值。肥效反应式为：$Y=41+3.62 N+6.9 P+0.114 NP-0.134 N^2-0.512 P^2$，最佳产量为84 kg，经济施肥量N为6.75 kg、$P_2O_5$ 4.3 kg，均为中量，N：$P_2O_5$为1：0.84，每千克N增产小麦6.4 kg，每千克$P_2O_5$增产小麦10.1 kg，氮肥利用率为19.33，$P_2O_5$利用率12.65%。

### （三）渭北旱塬-黑垆土、塿土、黄墡土-低N低P-冬麦主区

本区分布在甘泉、洛川一线以南和关中灌区以北地区，包括黄土高原和关中旱塬两个地区，统称渭北旱塬，前者海拔1 000～1 600 m，后者海拔400～600 m，地势由南往北逐渐升高，塬面比较完整、平坦。年平均温度北部8～12 ℃、南部11～13 ℃，极端最低温度－22.5～－20.6 ℃，年降水量550～750 mm，干燥度北部为1.15～1.43、南部为1.69～1.94，冬旱、春旱，夏旱都比较严重，全年辐射能量为456.3～556.7 kJ/$cm^2$，年日照时数2 000～2 500 h，光能资源十分丰富。分布的土壤主要有黏黑垆土、塿土、黄墡土等，土层深厚。上面有覆盖层，质地轻壤到中壤，土体构型上壤下黏，具有孔隙率大、容重小、疏松易耕特点，保水保肥性能好，发小苗不发老苗。耕层有机质含量为0.8%～1.15%，全氮含量为0.06%～0.18%，碱解氮平均40 mg/kg，属低N区，有效磷为13.7～16.0 mg/kg，属低P区。本区所辖范围较大，虽然土壤类型差不多，但气候变化悬殊，生产潜力有明显差异。可分为4个亚区。

**1. 洛川高原沟壑-临界值中N中P-需肥量中N中P-冬麦低产亚区**　本亚区分布在本区的北部。塬面平阔平坦，沟壑深切。本亚区属暖温带半湿润温冷气候，海拔800～1 200 m，为陕西秦岭以北多雨地区，年降水量为600～700 mm，干燥度1.0～1.1。年平均温度9～10 ℃。全年≥10 ℃积温3 000～3 200 ℃，有效生长期140 d左右，全年日照2 400～2 500 h，一年一熟为主，河谷、川道水地可两年三熟，春季终霜冻和春旱对夏粮有影响。分布的土壤主要有黏化黑垆土，黄墡土等，土壤有机质含量平均为1.041%、全氮平均0.071 3%，碱解氮平均为40 mg/kg，属低量，有效磷平均为14.66 mg/kg，属低量。土壤有效养分临界值N为64 mg/kg、$P_2O_5$为34.43 mg/kg，均为中值水平。肥效反应式为：$Y=97+10.81 N+7.57 P-0.148 NP-0.546 N^2-0.290 P^2$，最佳产量174 kg，经济施肥量N为7.05 kg、$P_2O_5$ 5.6 kg，属中量水平，N：$P_2O_5$为1：0.79，每千克N增产小麦10.9 kg，$P_2O_5$增产小麦13.8 kg。N肥利用率32.77%，P肥利用率17.19%。

**2. 关中东中部旱塬-临界值中N低P-需肥量较高N较高P-冬麦中产亚区**　本亚区分布在关中平原东部，黄土高原沟壑区以南，关中灌区以北地区。地势平坦，海拔400～800 m，年平均温度11～13 ℃，极端最高气温43.3 ℃，极端最低气温－20.6 ℃，≥0 ℃积温4 350～4 034 ℃，≥10 ℃积温3 661～4 458 ℃，热量条件较好，年辐射量为473.0～547.1 kJ/$cm^2$，年日照时数2 101～2 538 h，光能资源丰富，大部集中在春夏两季。年降水量526～720 mm，东部偏少。水利资源十分缺乏，干旱是本区的主要灾害。分布的土壤主要有塿土和黄墡土，有机质含量平均为0.846 1%、全氮含量平均0.060 9%、碱解氮平均38.2 mg/kg、有效磷13.51 mg/kg，均为低量水平，显著低于其他亚区，但由于热量，光能资源丰富，生产潜力很大。土壤有效养分临界值氮为68 mg/kg，为中值，磷为17.6 mg/kg，为低值水平。肥效反应式为：$Y=112+8.56 N+11.26 P+0.362 NP-0.522 N^2-0.694 P^2$，最佳产量为218 kg，经济施肥量N为8.8 kg、$P_2O_5$ 8.05 kg，均属较高量，N：$P_2O_5$为1：0.92。每千克养

分增产量 N 为 5.75 kg、$P_2O_5$ 为 6.3 kg，肥料利用率 N 34.43%，$P_2O_5$ 为 15.08%。

**3. 长武、彬县黄土高原沟壑-临界值中 N 较高 P-需肥量较高 N 中 P-冬麦中产亚区**　本亚区分布在黄土高原西部，为塬梁沟壑区。海拔 900～1 400 m，属暖温带半湿润温凉气候，年降水量 600 mm 左右，干燥度 1.1～1.2，年平均温度 9～10 ℃，最热月温度 22～25 ℃，最冷月温度 −5～−4 ℃，年极端最低温度平均 −17～−19 ℃，年 ≥10 ℃ 积温 3 000～3 300 ℃，有效生长期 135～150 d，无霜期 170～180 d，年日照 2 200～2 400 h，光热资源丰富，热量条件较好，水资源不足，为一年一熟或两年三熟。分布的土壤有黑垆土和黄墡土，土层深厚，土壤有机质含量平均 1.004%、全 N 平均 0.738%，碱解氮平均为 39.9 mg/kg，属低量，有效磷平均为 15.8 mg/kg，属中量。土壤有效养分临界值 N 67 mg/kg，为中值，$P_2O_5$ 为 36.87 mg/kg，为较高值。肥效反应式如下：$Y = 141 + 8.25 N + 9.05 P + 0.116 NP - 0.420 N^2 - 0.534 P^2$，最佳产量 222 kg，经济施肥量 N 为 7.95 kg，为较高值；$P_2O_5$ 为 6.35 kg，为中值。N：$P_2O_5$ 为 1：0.8，每千克 N 增产小麦 10.2 kg，每千克 $P_2O_5$ 增产小麦 12.8 kg，肥料利用率 N 为 30.57%、$P_2O_5$ 为 15.95%。

**4. 千阳、陇县低山丘陵黄土梁塬-临界值较高 N 较高 P-需肥量较高 N 中 P-冬麦中产亚区**　本亚区分布在关中平原的西部，海拔 800～1 000 m。年平均温度 10～12 ℃，年极端平均最低温度 −16～−12 ℃，≥0 ℃ 积温 3 800～4 000 ℃，≥10 ℃ 积温 3 000～3 500 ℃，日照总时数为 2 000～2 100 h，干燥度 1.0～1.5，属暖温带半湿润气候，多为一年一熟，有水利条件地区一年两熟。分布的土壤主要有黄墡土、黑垆土等，有机质含量平均 1.118%、全氮平均为 0.076 8%，碱解氮平均为 41.5 mg/kg，属低量，有效磷平均为 14.89 mg/kg，属中量。土壤有效养分临界值 N 为 70 mg/kg，属中值，$P_2O_5$ 为 35.04 mg/kg，属较高值，肥效反应式为：$Y = 128 + 7.90 N + 6.690 P + 0.032 NP - 0.346 N^2 - 0.292 P^2$，最佳产量为 202 kg，经济施肥量 N 为 8.35 kg，属较高量，$P_2O_5$ 为 6.3 kg，属中量，N：$P_2O_5$ 为 1：0.76，每千克肥增产量 N 为 4.45 kg、$P_2O_5$ 为 5.9 kg，肥料利用率 N 为 26.59%、$P_2O_5$ 为 14.68%。

**（四）关中灌区-塿土、黄墡土、潮土、新积土-中 N 中 P-冬麦主区**

本区分布在关中平原有水利设施的地区，西起宝鸡，东至潼关，北接关中旱塬的渭北高原，南连秦岭和关中南塬，海拔 500～700 m，称"八百里秦川"。是我国农业生产主要发祥地，是陕西第一位的灌溉农业区。本区年平均温度 11.5～14 ℃，极端最高气温 39～42 ℃，最低气温 −24～−15 ℃，常年无霜期 190～220 d，≥10 ℃ 积温 3 600～4 500 ℃，年降水量 500～700 mm，西部为 600～700 mm、东部为 550～600 mm，干燥度东部约 1.5，西部约 1.1，易发生春夏旱象，影响作物播种、全苗和稳产。分布的主要土类是塿土、潮土、新积土等，土壤比较肥沃，土壤有机质含量平均为 1.068%、全氮平均为 0.072%，碱解氮平均为 47.2 mg/kg，属中量，有效磷平均为 17.18 mg/kg，为中量。均为一年两熟制，是陕西农业现代化和生产集约化水平较高的地区。由东到西气候条件，土壤肥力、生产力和土地利用率状况等都有相当差异。可分 3 个亚区。

**1. 东部洛河，东方红灌区-临界值中 N 较高 P-需肥量较高 N 较高 P-冬麦中产亚区**　本亚区分布在关中灌区的东部。灌溉历史有 50 多年，大部分灌溉地属于洛惠渠，东方红抽水灌区以及一部分渭河灌区，小麦 194.93 万亩，海拔 329～533.5 m。年平均气温 13.4 ℃，7 月最高气温 25.8 ℃，1 月最低温度 −1.4 ℃，无霜期 220 d 左右，年均辐射量 496.64 kJ/$cm^2$，年降水量 474～556 mm。雨量偏少，时空分布不均，春、冬降水量占 26%，夏秋占 74%。分布的土壤大部为塿土和黄墡土，还有部分盐渍土分布在东方红灌区，土壤有机质含量平均为 1.019 1%，全氮平均为 0.064 61%，碱解氮平均为 36.7 mg/kg，属低量，有效磷平均为 15.57 mg/kg，属中量，是本区土壤肥力较低的一个亚区。土壤有效养分临界值 N 为 69 mg/kg，属中值；$P_2O_5$ 为 43.51 mg/kg，属较高值。肥效反应式为：

$Y＝155＋10.33\,N＋12.61\,P＋0.386\,NP－0.560\,N^2－1.474\,P^2$，最佳产量为282 kg，经济施肥量N为9.6 kg、$P_2O_5$为7.5 kg，$N/P_2O_5$为1：0.78，每千克肥增产小麦N 6.5 kg、$P_2O_5$为7.5 kg，肥料利用率N为39.69％、$P_2O_5$为19.02％。

**2. 中部泾渭灌区-临界值较高N高P-需肥量较高N高P-冬麦高产亚区** 本亚区分布在关中灌区的中部，主要是泾惠渠和渭河流域部分灌区。年平均温度13.1 ℃，$\geqslant0$ ℃积温4 896 ℃，$\geqslant10$ ℃积温4 500 ℃，光照时数2 195.2 h，年辐射总量为485.4 kJ/$cm^2$，年降水量534.7 mm，无霜期213 d，光照资源充足。分布的土壤主要有塿土、黄墡土、新积土、潮土。土壤有机质平均含量为1.098 1％、全氮平均为0.075％，碱解氮平均为57.1 mg/kg，为中量，有效磷平均为20.15 mg/kg，为高量，均高于其他亚区。是陕西省小麦最高产区，土壤有效养分临界值N为87 mg/kg，属较高水平，P为50.38 mg/kg，属高值水平。肥效反应式为：$Y＝187＋14.82\,N＋14.02\,P＋0.234\,NP－0.820\,N^2－0.700\,P^2$，最佳产量为343 kg，经济施肥N为9.05 kg，属较高量，$P_2O_5$为9.15 kg，属高量，N：$P_2O_5$为1：1，每千克肥增产N为8.62 kg、$P_2O_5$ 8.53 kg，肥料利用率N为51.71％、$P_2O_5$为21.31％。

**3. 西部新灌区-临界值较高N较高P-需肥量较高N较高P-冬麦高产亚区** 本亚区分布在关中西部灌区，包括渭河以北的宝鸡峡、冯家山及羊毛湾水库灌区，大部分为新灌区。海拔650～700 m。年平均温度12～12.7 ℃，$\geqslant0$ ℃积温为4 351～4 810 ℃，$\geqslant10$ ℃积温为3 600～4 160 ℃，年降水量为550～650 mm，无霜期190～210 d，年日照时数2 134～2 300 h，光热资源较充足，雨量较充沛，复种指数160％，多为一年二熟或两年三熟。分布的主要土壤有塿土、黄墡土、红油土，土层深厚，耕性良好，土壤有机质含量平均为1.087％、全氮平均为0.078 3％，碱解氮平均为47.8 mg/kg、有效磷平均为16.3 mg/kg，属中量，土壤养分高于东部灌区，但低于中部老灌区。土壤有效养分临界值N为80 mg/kg，属较高值，$P_2O_5$为44.20 mg/kg，为较高值，均高于东部灌区，而略低于中部老灌区。肥效反应式为：$Y＝171＋11.59\,N＋15.33\,P＋0.500\,NP－0.700\,N^2－0.940\,P^2$，最佳产量为320 kg，经济施肥量N为9.55 kg，属较高量，$P_2O_5$为8.45 kg，属较高量，N：$P_2O_5$为1：0.89，每千克肥增产量N为8 kg、$P_2O_5$为9 kg，肥料利用率N为46.96％、$P_2O_5$为22.12％。

**（五）秦岭山区-淋溶褐土、黄褐土、黄棕壤、粗骨土-中N高P-冬麦主区**

本区分布在秦岭中线以下地区，海拔800～1 400 m，均属农耕范围。包括秦岭北坡、秦岭南坡、秦岭东南浅山丘陵和川谷地区。东西长400～500 km，南北宽120～140 km。秦岭南北气候差异大，北坡属暖温带半湿润气候，南坡为暖温带湿润气候和南亚热带湿润气候。年平均温度6～12 ℃，极端最高温度为28～38 ℃，极端最低温度－25～－16 ℃，无霜期215 d左右，年平均日照时数1 558～2 155 h，年总辐射439.5～493.9 kJ/$cm^2$，热量和光能资源丰富，年平均降水量700～1 000 mm。但空间分布不匀，常有伏旱和秋霖。本区同时具有一年两熟制、一年两熟间套制和一年一熟制。本区土壤秦岭北坡主要有淋溶褐土、粗骨土，南坡主要有黄棕壤和粗骨土，东南部和商洛川谷地区主要有褐土和黄褐土等。土壤有机质含量为1.2％～2.0％，全氮为0.09％～0.12％，碱解氮平均为57.7 mg/kg、有效磷平均为19.24 mg/kg，属中量。土壤养分含量均高于陕北和关中的各类土壤。但土壤质地较粗，结构不良，跑水、跑肥、跑土现象十分严重，生产力不高。根据自然条件、土壤肥力和肥料效应的差异。可分为4个亚区。

**1. 秦岭北坡低山丘陵-临界值中N较高P-需肥量中N中P-冬麦低产亚区** 本亚区分布在秦岭北坡低山丘陵地区，与关中黄土高原相接，包括宝鸡、太白、眉县、周至、长安、蓝田、华县等地的南部。海拔800～1 400 m，属暖温带山地湿润冷凉气候。年降水量700～1 000 mm，春雨较多，秋霖明显，干燥度0.5～0.8，年平均温度6～8 ℃，最热月温度17～19 ℃，最冷月温度－21～－17 ℃。

全年≥10 ℃积温 1 900~2 500 ℃。由于森林覆盖破坏严重，垦殖面积较大，坡度大，多属挂牌地。地面侵蚀严重，土壤含沙砾较多。山麓下部土层较厚，为淋溶褐土，是中性土壤。土壤有机质含量平均为 1.416 1%、全氮平均为 0.090 8%，碱解氮平均为 50.9 mg/kg、有效磷平均为 19.1 mg/kg，属中量区。土壤有效养分临界值 N 为 75 mg/kg，属较高值；$P_2O_5$ 为 40.08 mg/kg，为较高值。肥效反应式为：$Y=115+7.33 N+6.31 P+0.120 NP-0.400 N^2-0.340 P^2$，最佳产量为 181 kg，经济施肥量 N 为 7.05 kg，为中值；$P_2O_5$ 为 6.3 kg，为中值，$N：P_2O_5$ 为 1：0.89，每千克肥增产量 N 为 4.5 kg、$P_2O_5$ 为 5.5 kg，肥料利用率 N 为 28.30%、$P_2O_5$ 为 13.19%。

**2. 秦岭东南部低山丘陵-临界值较高 N 较高 P-需肥量中 N 中 P-冬麦低产亚区** 本亚区分布在秦岭东南部东段，镇安-柞水一线以东地区。海拔 1 000~1 500 m。具有中温带气候特征，年降水量 700~800 mm，雨水分布不均，轻伏旱和秋霖常有发生。干燥度 1.1 左右，年平均温度 12~14 ℃，最热月温度 24~26 ℃，最冷月温度 0~1.5 ℃。年极端最低温度 -12~-9 ℃，全年≥10 ℃积温 4 000~4 400 ℃，有效生长期 170~190 d，无霜期 210~220 d，年日照 2 000~2 100 h，光照条件较秦岭北坡为优。土壤主要有褐土、黄褐土、粗骨土等。由于耕作频繁，土壤侵蚀严重。土壤有机质含量平均为 1.563 1%，全氮平均为 0.099 9%，碱解氮平均为 59 mg/kg、有效磷平均为 19.69 mg/kg，属中量。土壤有效养分临界值 N 为 84 mg/kg，属较高值；$P_2O_5$ 为 39.62 mg/kg，为较高值。肥效反应式为：$Y=104+8.91 N+9.63 P+0.170 NP-0.520 N^2-0.640 P^2$，最佳产量为 184.5 kg，经济施肥量 N 为 7.35 kg 为中量，$P_2O_5$ 为 5.95 kg，为中量。$N：P_2O_5$ 为 1：0.81，每千克肥增产量 N 为 5.5 kg、$P_2O_5$ 为 7 kg，肥料利用率 N 为 33.06%、$P_2O_5$ 为 17.02%。

**3. 秦岭南部西段-临界值高 N 较高 P-需肥量中 N 中 P-冬麦低产亚区** 本亚区分布在秦岭西段浅山石质山地，海拔 1 000~1 500 m。地形复杂，熟制多样，以两年三熟为主。本亚区为暖温带山地湿润中温气候。春旱秋霖，夏季多暴雨，间有伏旱，日照不足，年降水量 800~900 mm，干燥度 0.7~0.9，年平均温度 11~12 ℃，最热月温度 22~24 ℃，有效生长季 160~170 d，无霜期 190~220 d。年辐射总量为 440.8 kJ/cm²，全年日照 1 800~2 000 h。分布的土壤主要有黄棕土、粗骨土。风化程度大，养分含量高，易干旱，难以耕作。土壤有机质含量平均为 1.998%、全氮平均为 0.118 4%，碱解氮平均为 69 mg/kg、有效磷平均为 21.76 mg/kg，有效养分均属高量区。土壤有效养分临界值 N 为 93 mg/kg，属高值，$P_2O_5$ 为 40.53 mg/kg，为较高值。肥效反应式为：$Y=93+10.49 N+12.45 P+0.220 NP-0.600 N^2-0.940 P^2$，最佳产量为 184 kg，经济施肥量 N 为 7.25 kg，$P_2O_5$ 为 5.6 kg，均居中量；$N：P_2O_5$ 为 1：0.77，每千克肥增产量 N 为 65 kg、$P_2O_5$ 为 8 kg。肥料利用率 N 为 37.86%、$P_2O_5$ 为 20.42%。

**4. 丹江谷地-临界值较高 N 较高 P-需肥量中 N 较高 P-冬麦中产亚区** 本亚区分布在商洛地区丹江谷地。海拔 800 m 以下。年平均温度 14.1 ℃，极端最高温度 40 ℃以上，极端最低温度 -21.6 ℃，≥0 ℃积温 4 400~5 000 ℃，≥10 ℃积温 3 000~4 500 ℃，年日照时数 2 000~2 100 h。年降水量 700~800 mm，主要集中在夏秋两季，属暖温带和亚热带交替地带，生产条件较好，多为一年两熟制。分布的土壤主要有褐土，黄褐土、水稻土等，土壤有机质含量平均为 1.265 1%、全氮含量平均为 0.079 4%、碱解氮平均为 51.8 mg/kg，属中量、有效磷平均为 16.03 mg/kg，为中量，由于光热资源较好，生产潜力比较高。土壤有效养分临界值 N 为 77 mg/kg，属较高值；$P_2O_5$ 为 39.16 mg/kg，属较高值。肥效反应式为：$Y=145+12.71 N+15.97 P+0.068 NP-0.708 N^2-0.948 P^2$，最佳产量 270 kg，经济施肥量 N 为 6.7 kg，为中量；$P_2O_5$ 为 7.0 kg，为较高量；$N：P_2O_5$ 为 1：0.91，每千克肥增产量 N 为 8 kg、$P_2O_5$ 为 9 kg，肥料利用率 N 为 48.82%、$P_2O_5$ 为 22.39%。

### （六）汉江、月河盆地-水稻土、黄褐土、黄棕壤-高N高P-冬麦主区

本区分布在秦岭南坡海拔800 m等高线以南和巴山1 000 m等高线以北的汉江、月河盆地。多为一年两熟制，是陕西重要粮油产区。此区属北亚热带气候，冬季温暖，最冷月温度1～3 ℃，年平均最低温度−5～−9 ℃，热量条件充足，年平均温度14.3 ℃。最冷月温度23～28 ℃，极端最高温度38～41.7 ℃，全年≥10 ℃的积温4 726 ℃，有效生长季160～210 d，无霜期230～250 d，年日照时数1 794.2 h，年总辐射量460.5 kJ/cm²。年降水量844 mm，干燥度除安康以东江谷地较干为1.1～1.2外，其余均等于1.0。雨量充沛，光照条件甚为优越。地势比较平坦，土层深厚肥沃。土壤主要有水稻土、黄褐土、淤土、潮土等，土壤有机质含量为1.684%、全氮平均含量为0.107 7%，碱解氮平均为64.7 mg/kg、有效磷平均含量为21.07 mg/kg，属高量，均高于其他地区。土壤有效养分临界值N为98 mg/kg、$P_2O_5$为45.11 mg/kg，均属高值水平。分2个亚区。

**1. 盆地川道区-临界值高N高P-需肥量较高N较高P-冬麦高产亚区** 本亚区分布在汉江、月河盆地，汉江盆地北依秦岭低山丘陵，南与巴山低山丘陵区相邻，地势平坦，海拔500～800 m。为陕西主要粮油高产区。地处亚热带北缘，年平均温度14.8 ℃，全年≥10 ℃积温4 726 ℃，有效生长季160～210 d，无霜期239 d。年日照时数1 800 h，雨量充沛，光热条件好，地势平坦，土壤肥沃。分布的土壤主要有水稻土和黄褐土。土壤有机质含量平均为1.679 1%、全氮平均含量为0.106%，碱解氮平均为65.8 mg/kg、有效磷平均含量为21.98，属高量。土壤有效养分临界值N为99 mg/kg、$P_2O_5$为44.88 mg/kg，均属高值水平。肥效反应式为：$Y=169+13.81 N+11.68 P+0.450 NP-0.734 N^2-0.934 P^2$，最佳产量为301 kg，经济施肥量N为9.9 kg，属较高量，$P_2O_5$为6.9 kg，属较高量，N：$P_2O_5$为1：0.69，每千克肥增产量N为6.5 kg、$P_2O_5$为9.5 kg，肥料利用率N为39.85%、$P_2O_5$为24%。

**2. 盆地周围丘陵-临界值高N较高P-需肥量较高N中P-冬麦中产亚区** 本亚区分布在秦岭南麓，海拔800～1 000 m，汉江、月河盆地川道区以上地区。地形起伏不平，水土流失严重。本地区属北亚热带气候。年平均温度14～16 ℃，年极端最低温度−7～−5 ℃，全年积温4 400～5 000 ℃，有效生长季195～210 d，最热月温度25～28 ℃，冬季温暖，最冷月温度2～3 ℃，无霜期230～260 d，全年日照1 550～1 850 h。年降水量750～900 mm，在西部可高达1 000～1 100 mm。水利资源和光热资源都很丰富。一年两熟有余，个别地区可一年三熟。分布的土壤主要有黄褐土、水稻土、潮土等。土壤有机质平均含量为1.69%、全氮平均含量为0.109 7%、碱解氮平均含量为63.5 mg/kg、有效磷平均含量20.15 mg/kg，均属高值水平。土壤有效养分临界值N为96 mg/kg，属高值，$P_2O_5$为40.76 mg/kg，属较高值。肥效反应式为：$Y=137+11.33 N+12.03 P+0.352 NP-0.572 N^2-0.980 P^2$，最佳产量为251 kg，经济施肥量N为9.8 kg，属较高量；$P_2O_5$为6.2 kg，属中量，N：$P_2O_5$为1：0.63，每千克肥增产小麦N为12 kg、$P_2O_5$为19 kg，肥料利用率N为35.05%、$P_2O_5$为23.08%，全区需总N量817.81万kg、$P_2O_5$为517.39万kg，总产可达2.111 285亿kg。

### （七）巴山低山丘陵-黄褐土、黄棕壤、粗骨土-高N中P-冬麦低产主区

**巴山低山丘陵-临界值高N较高P-需肥量较高N中P-冬麦地产亚区** 本区分布在陕西省最南端的巴山北坡。海拔1 000～1 400 m，属暖温带气候。雨量充沛，为陕西省雨量最多处，夏季暴雨最频繁而日照又较少的地区。年降水量1 000～1 200 mm，年干燥度0.6～0.7，终年多云雾笼罩，全年日照数1 350～1 650 h，年平均温度为12～14 ℃，年极端最低温度−9～−7 ℃，全年有效积温3 600～4 200 ℃，有效生长季160～190 d，无霜期250～290 d。土壤类型主要有黄褐土、黄棕壤、粗骨土等。土壤有机质含量平均为1.755 1%、全氮量平均为0.120 7%，碱解氮平均为67 mg/kg，属高量，有

效磷平均含量为 18.32 mg/kg，属中量。土壤有效养分临界值 N 为 96 mg/kg，属高值；$P_2O_5$ 为 36.41 mg/kg，为较高值。肥效反应式为：$Y = 90 + 9.80N + 9.549P + 0.080NP - 0.420N^2 - 0.640P^2$，最佳产量为175 kg，经济施肥量 N 为 8.5 kg，属较高量，$P_2O_5$ 为 5.3 kg，为中量。N：$P_2O_5$ 为 1：0.63，每千克肥增产量 N 为 5 kg、$P_2O_5$ 为 8 kg，肥料利用率 N 为 30%、$P_2O_5$ 为 20%，全年需总 N 量 345.35 万 kg、$P_2O_5$ 为 216.61 万 kg，总产可达 0.713 2 亿 kg。

## 六、省级推荐施肥分区后的综合评价

### （一）分区的基本性质

本分区所提供的基本情况，如土壤养分含量、土壤养分临界值等都是一种现状，今后会随生产的发展而变化。所提供的需肥量是属于经济施肥量，是土壤养分临界值所要求的施肥量；所提供的作物产量是最大利润时的最佳产量，而不是最高产量。这种需肥量和作物产量在大部分地区比目前的实际施肥量和实际产量要高一些。这种产量水平在当时的农业技术条件下，只要满足需肥量要求，是可以实现的。当农业技术、生产条件有更大的改善时，经济施肥量和最佳产量也会随之提高。在分区的时候，同一主区内的不同副区，虽然分区指标都相同，但各副区的生产潜力不同，故仍把它们分为副区，当农业技术和生产条件一经改善，其分区指标必然也会随之而发生变化。因此，在若干年以后，必须进行重新分区。由此可知，经济施肥量和最佳产量都是阶段性的预测，都是阶段性的最佳目标。在实现目标的过程中，也会因地区而不同。有些地区肥料供应充足，就会很快实现；有些地区肥料短缺，只有当肥料供应充足时才能实现。关中灌区、汉中盆地等高产地区，因肥料供应较多，分区目标就较易实现；其余地区因产量较低，肥料供应较少，应努力创造条件，使分区目标逐步实现。

### （二）分区结果与投肥方向

由表 25-23～表 25-25 看出，不同亚区间的不同分区指标的平均值，如养分临界值、N 与 P 需用量、小麦目标产量、每千克 N 和每千克 $P_2O_5$ 增产小麦数、N 与 P 平均利用率，都有明显差异，其高低相差 1 倍至几倍，这就说明推荐施肥分区的重要性和必要性。按照推荐施肥分区进行施肥，就可克服施肥盲目性，消除由此引起的各种危害。

从几个主要指标来看，不同主区的增产效应都有很大的差异，如：

每千克 N 增产小麦数的次序为：关中灌区＞长城沿线风沙区＞汉江、月河盆地区≈秦岭低山丘陵区＞渭北旱塬≈巴山低山丘陵＞陕北丘陵沟壑区。

每千克 $P_2O_5$ 增产小麦数的次序为：汉江、月河盆地＞关中灌区＞巴山低山丘陵＞秦岭山区＞长城沿线以北风沙区＞渭北旱塬区＞陕北黄土高原丘陵沟壑区。

氮肥利用率次序为：关中灌区＞长城沿线风沙区＞汉江、月河盆地区≈秦岭低山丘陵区＞渭北旱塬区≈巴山低山丘陵区＞陕北丘陵沟壑区。

磷肥利用率次序为：汉江、月河盆地区＞关中灌溉区≈巴山低山丘陵区＞秦岭低山丘陵区＞长城沿线风沙区＞渭北旱塬区＞陕北丘陵沟壑区。

由以上肥效分布次序看，今后投肥方向，氮肥应首先投在关中灌区、长城沿线、汉江月河盆地，其次是秦岭低山丘陵、渭北旱塬和巴山低山丘陵，再次是陕北丘陵沟壑区；磷肥应首先投在长城沿线以北风沙区、渭北旱塬，再次是陕北丘陵沟壑区。渭北旱塬的氮肥肥效之所以较低，甚至低于秦岭低山丘陵区，主要是因缺水所限制，在雨水充足的年份，肥效较高，而且土层深厚，土质良好，为陕西省粮油主产区。所以，在今后投肥上也应优先考虑。

表25-23　陕西省小麦推荐(配方)施肥分区结果

| 作物 | 主区 | 亚区 | 乡(镇)数(个) | 实施区(个) | 小麦面积(万亩) | 有机质(%) | 全氮(%) | 碱解氮(mg/kg) | 有效磷(mg/kg) | 速效钾(mg/kg) | 肥效反应函数式 | 养分临界值 N(mg/kg) | 养分临界值 P(mg/kg) | 平均经济施肥量 N(kg/亩) | 平均经济施肥量 $P_2O_5$(kg/亩) |
|---|---|---|---|---|---|---|---|---|---|---|---|---|---|---|---|
| 春麦区 | Ⅰ | Ⅰ | 140 | 33 | 21.03 | 0.638 | 0.039 | 30.7 | 12.8 | 166 | $Y=124+9.23 N+11.67 P+0.420 NP-0.660 N^2-0.780 P^2$ | 55 | 36.2 | 7.45 | 7.30 |
|  |  | Ⅰ₁ | 35 | 11 | 10.32 | 0.816 | 0.046 | 36.2 | 14.9 | 115 | $Y=169+10.04 N+11.95 P+0.510 NP-0.694 N^2-0.760 P^2$ | 65 | 43.5 | 8.75 | 8.65 |
|  |  | Ⅰ₂ | 35 | 8 | 7.49 | 0.567 | 0.035 | 23.9 | 10.1 | 122 | $Y=114+10.06 N+14.50 P+0.480 NP-0.800 N^2-0.940 P^2$ | 48 | 35.0 | 7.25 | 7.50 |
|  |  | Ⅰ₃ | 70 | 14 | 3.22 | 0.532 | 0.035 | 29.0 | 12.6 | 110 | $Y=90+7.60 N+8.56 P+0.268 NP-0.520 N^2-0.676 P^2$ | 51 | 30.0 | 6.45 | 5.20 |
|  | Ⅱ | Ⅱ | 220 | 42 | 147.85 | 0.617 | 0.045 | 29.4 | 11.7 | 122 | $Y=16+3.85 N+5.07 P+0.082 NP-0.198 N^2-0.460 P^2$ | 48 | 23.1 | 5.4 | 3.45 |
|  |  | Ⅱ₁ | 104 | 17 | 64.27 | 0.520 | 0.039 | 28.3 | 11.5 | 121 | $Y=31+4.07 N+5.03 P+0.048 0 NP-0.220 N^2-0.386 P^2$ | 43 | 19.9 | 4.3 | 2.55 |
|  |  | Ⅱ₂ | 54 | 9 | 32.65 | 0.710 | 0.052 | 32.7 | 11.9 | 117 | $Y=36+3.85 N+5.97 P+0.042 NP-0.198 N^2-0.450 P^2$ | 50 | 23.4 | 5.4 | 3.45 |
|  |  | Ⅱ₃ | 62 | 16 | 50.93 | 0.623 | 0.045 | 27.1 | 11.7 | 123 | $Y=41+3.62 N+6.90 P+0.114 NP-0.134 N^2-0.512 P^2$ | 50 | 26.1 | 6.75 | 4.30 |
| 冬麦区 | Ⅲ | Ⅲ | 377 | 65 | 772.63 | 1.019 | 0.071 | 39.6 | 14.9 | 154 | $Y=121+8.79 N+8.95 P+0.120 NP-0.460 N^2-0.486 P^2$ | 67 | 37.1 | 7.95 | 6.85 |
|  |  | Ⅲ₁ | 43 | 7 | 59.29 | 1.041 | 0.071 | 39.6 | 14.7 | 115 | $Y=97+10.81 N+7.57 P+0.148 NP-0.546 N^2-0.290 P^2$ | 64 | 34.4 | 7.05 | 5.60 |
|  |  | Ⅲ₂ | 150 | 27 | 375.08 | 0.957 | 0.068 | 38.4 | 14.7 | 170 | $Y=112+8.56 N+11.26 P+0.362 NP-0.522 N^2-0.694 P^2$ | 68 | 40.3 | 8.80 | 8.05 |
|  |  | Ⅲ₃ | 100 | 15 | 194.73 | 1.004 | 0.074 | 39.9 | 15.8 | 173 | $Y=141+8.25 N+9.05 P+0.116 NP-0.420 N^2-0.534 P^2$ | 67 | 36.9 | 7.95 | 6.35 |
|  |  | Ⅲ₄ | 84 | 16 | 143.53 | 1.118 | 0.077 | 41.5 | 14.9 | 145 | $Y=128+7.90 N+6.69 P+0.032 NP-0.346 N^2-0.292 P^2$ | 70 | 35.0 | 8.35 | 6.30 |
|  | Ⅳ | Ⅳ | 228 | 27 | 995.16 | 1.068 | 0.073 | 47.2 | 17.2 | 160 | $Y=171+12.25 N+13.98 P+0.360 NP-0.680 N^2-0.780 P^2$ | 78 | 48.3 | 9.4 | 8.85 |
|  |  | Ⅳ₁ | 79 | 6 | 194.831 | 1.019 | 0.065 | 36.7 | 15.6 | 177 | $Y=155+10.33 N+12.61 P+0.326 NP-0.560 N^2-0.746 P^2$ | 69 | 43.5 | 9.6 | 8.35 |
|  |  | Ⅳ₂ | 167 | 11 | 382.12 | 1.090 | 0.75 | 57.1 | 20.2 | 175 | $Y=187+14.82 N+14.02 P+0.234 NP-0.820 N^2-0.700 P^2$ | 87 | 50.4 | 9.05 | 9.15 |
|  |  | Ⅳ₃ | 132 | 10 | 418.21 | 1.007 | 0.78 | 47.8 | 16.0 | 128 | $Y=171+11.59 N+15.32 P+0.500 NP-0.700 N^2-0.940 P^2$ | 80 | 44.2 | 9.55 | 8.45 |
|  | Ⅴ | Ⅴ | 615 | 89 | 313.43 | 1.560 | 0.097 | 57.7 | 19.2 | 127 | $Y=114+9.85 N+11.22 P+0.144 NP-0.566 N^2-0.716 P^2$ | 82 | 39.9 | 7.45 | 6.30 |
|  |  | Ⅴ₁ | 108 | 18 | 125.03 | 1.416 | 0.091 | 50.9 | 19.0 | 137 | $Y=115+7.33 N+6.81 P+0.120 NP-0.400 N^2-0.340 P^2$ | 75 | 40.1 | 7.05 | 6.30 |
|  |  | Ⅴ₂ | 297 | 34 | 65.15 | 1.563 | 0.100 | 59.0 | 19.7 | 117 | $Y=104+8.91 N+9.63 P+0.170 NP-0.520 N^2-0.640 P^2$ | 84 | 39.6 | 7.35 | 5.59 |
|  |  | Ⅴ₃ | 120 | 24 | 47.22 | 1.998 | 0.118 | 68.9 | 21.8 | 133 | $Y=93+10.49 N+12.45 P+0.220 NP-0.640 N^2-0.940 P^2$ | 93 | 40.5 | 7.25 | 5.60 |
|  |  | Ⅴ₄ | 90 | 13 | 76.03 | 1.266 | 0.079 | 51.8 | 16.0 | 121 | $Y=145+12.71 N+15.97 P+0.068 NP-0.708 N^2-0.948 P^2$ | 77 | 39.2 | 7.65 | 6.95 |
|  | Ⅵ | Ⅵ | 328 | 35 | 152.74 | 1.684 | 0.108 | 64.7 | 21.1 | 111 | $Y=146+12.57 N+11.68 P+0.400 NP-0.652 N^2-0.956 P^2$ | 98 | 42.3 | 9.85 | 6.55 |
|  |  | Ⅵ₁ | 157 | 13 | 69.29 | 1.679 | 0.106 | 65.8 | 22.0 | 115 | $Y=169+13.81 N+11.68 P+0.450 NP-0.734 N^2-0.934 P^2$ | 99 | 44.9 | 9.90 | 6.85 |
|  |  | Ⅵ₂ | 171 | 22 | 83.45 | 1.690 | 0.110 | 63.5 | 20.2 | 107 | $Y=137+11.22 N+12.03 P+0.352 NP-0.572 N^2-0.980 P^2$ | 96 | 40.8 | 9.80 | 6.20 |
|  | Ⅶ | Ⅶ₁ | 191 | 29 | 40.67 | 1.755 | 0.121 | 67.4 | 18.8 | 106 | $Y=90+9.30 N+9.54 P+0.080 NP-0.420 N^2-0.640 P^2$ | 96 | 36.4 | 8.45 | 5.30 |

注:表中回归方程中的 P 代表 $P_2O_5$,方程施肥量单位的为 kg,经济施肥量由回归方程计算而得,与临界值推荐施肥量十分接近。

**表 25 - 24 分区后肥效分析结果**

| 分区 | 临界值比（N：P$_2$O$_5$） | 施肥量比（N：P$_2$O$_5$） | 每千克 N 增产小麦（kg） | 每千克 P$_2$O$_5$ 增产小麦（kg） | N 肥利用率（%） | P 肥利用率（%） |
|---|---|---|---|---|---|---|
| I | 1：0.64 | 1：0.94 | 13.63 | 14.28 | 40.77 | 17.83 |
| I$_1$ | 1：0.65 | 1：0.99 | 15.50 | 15.61 | 46.26 | 19.51 |
| I$_2$ | 1：0.71 | 1：1.03 | 15.60 | 15.10 | 46.76 | 18.83 |
| I$_3$ | 1：057 | 1：0.81 | 9.8 | 12.12 | 29.30 | 15.14 |
| II | 1：0.47 | 1：0.62 | 6.49 | 10.49 | 19.46 | 13.06 |
| II$_1$ | 1：0.45 | 1：1.59 | 7.10 | 11.96 | 21.26 | 14.95 |
| II$_2$ | 1：0.46 | 1：0.64 | 5.93 | 9.28 | 17.78 | 11.59 |
| II$_3$ | 1：0.51 | 1：0.64 | 6.44 | 10.12 | 19.33 | 12.65 |
| III | 1：0.53 | 1：0.81 | 10.36 | 12.70 | 31.09 | 15.88 |
| III$_1$ | 1：0.51 | 1：0.79 | 10.91 | 13.75 | 32.77 | 17.15 |
| III$_2$ | 1：0.58 | 1：0.91 | 11.48 | 12.55 | 34.43 | 15.68 |
| III$_3$ | 1：0.54 | 1：0.80 | 10.19 | 12.76 | 30.57 | 15.95 |
| III$_4$ | 1：0.49 | 1：0.75 | 8.86 | 11.75 | 26.59 | 14.68 |
| IV | 1：0.57 | 1：0.92 | 15.38 | 16.65 | 46.12 | 20.82 |
| IV$_1$ | 1：0.61 | 1：0.87 | 13.23 | 15.21 | 39.69 | 19.02 |
| IV$_2$ | 1：0.59 | 1：1.01 | 17.24 | 17.05 | 51.71 | 21.31 |
| IV$_3$ | 1：0.54 | 1：0.89 | 15.66 | 17.69 | 46.96 | 22.12 |
| V | 1：0.48 | 1：0.85 | 12.33 | 14.61 | 37.01 | 18.26 |
| V$_1$ | 1：0.52 | 1：0.89 | 9.43 | 10.56 | 28.30 | 13.19 |
| V$_2$ | 1：0.46 | 1：0.81 | 11.00 | 13.61 | 33.06 | 17.02 |
| V$_3$ | 1：0.42 | 1：0.77 | 12.62 | 16.34 | 37.86 | 20.42 |
| V$_4$ | 1：0.50 | 1：0.91 | 16.28 | 17.91 | 48.82 | 22.39 |
| VI | 1：0.43 | 1：0.66 | 12.48 | 18.84 | 37.45 | 23.54 |
| VI$_1$ | 1：0.44 | 1：0.69 | 13.28 | 19.20 | 39.85 | 24.00 |
| VI$_2$ | 1：0.41 | 1：0.53 | 11.68 | 18.47 | 35.05 | 23.08 |
| VII | 1：0.37 | 1：0.63 | 10.00 | 15.94 | 30.00 | 19.93 |

**表 25 - 25 分区后施肥量和小麦产量统计结果**

| 分区 | 小麦面积（万亩） | 需氮量（万 kg） | 占总氮量比例（%） | 需磷量（万 kg） | 占总磷量比例（%） |
|---|---|---|---|---|---|
| I | 21.03 | 165.37 | 0.79 | 162.17 | 0.90 |
| I$_1$ | 10.32 | 90.31 | 0.43 | 89.25 | 0.50 |
| I$_2$ | 7.49 | 54.30 | 0.26 | 56.18 | 0.31 |
| I$_3$ | 3.32 | 20.77 | 0.10 | 16.74 | 0.09 |
| II | 147.85 | 796.45 | 3.81 | 495.53 | 2.96 |
| II$_1$ | 64.27 | 76.36 | 1.32 | 163.89 | 0.91 |
| II$_2$ | 32.65 | 176.31 | 0.84 | 112.64 | 0.63 |
| II$_3$ | 50.93 | 343.78 | 1.65 | 219.00 | 1.22 |
| III | 772.63 | 6 465.27 | 30.96 | 5 492.18 | 30.54 |

（续）

| 分区 | 小麦面积（万亩） | 需氮量（万 kg） | 占总氮量比例（%） | 需磷量（万 kg） | 占总磷量比例（%） |
|---|---|---|---|---|---|
| Ⅲ₁ | 59.29 | 417.99 | 2.00 | 332.02 | 1.84 |
| Ⅲ₂ | 375.08 | 3 300.70 | 15.81 | 3 019.39 | 16.79 |
| Ⅲ₃ | 194.73 | 1 548.10 | 7.41 | 1 236.54 | 6.88 |
| Ⅲ₄ | 143.33 | 1 198.48 | 5.74 | 904.24 | 5.03 |
| Ⅳ | 995.16 | 9 322.46 | 44.64 | 8 657.10 | 48.14 |
| Ⅳ₁ | 194.83 | 1 870.37 | 8.964 | 1 626.39 | 9.05 |
| Ⅳ₂ | 382.12 | 3 458.19 | 16.56 | 3 496.39 | 19.44 |
| Ⅳ₃ | 418.43 | 3 983.91 | 19.13 | 3 533.88 | 19.65 |
| Ⅴ | 313.43 | 2 284.29 | 10.94 | 1 968.17 | 10.94 |
| Ⅴ₁ | 125.03 | 881.45 | 4.22 | 787.69 | 4.37 |
| Ⅴ₂ | 65.15 | 478.85 | 2.29 | 387.64 | 2.16 |
| Ⅴ₃ | 47.22 | 324.35 | 1.64 | 246.43 | 1.47 |
| Ⅴ₄ | 76.03 | 581.63 | 2.79 | 528.41 | 2.94 |
| Ⅵ | 152.74 | 1 503.78 | 7.20 | 992.03 | 5.52 |
| Ⅵ₁ | 69.29 | 685.97 | 3.28 | 474.64 | 2.64 |
| Ⅵ₂ | 83.45 | 817.81 | 3.92 | 517.39 | 2.88 |
| Ⅶ | 40.87 | 345.35 | 1.65 | 216.61 | 1.20 |

### （三）小麦施肥量与产量预测

在正常年份，如能按分区经济施肥量供应肥料，陕西省小麦总产可达 61.28 亿 kg，比分区前的小麦总产 41.77 亿 kg 增产 46.71%。按经济施肥量统计，全省小麦需供 99.44 万吨标准氮肥（含 N21%）、94.63 万吨标准磷肥（含 $P_2O_5$ 为 19%）。其中需肥最多的是关中灌区（Ⅳ）和渭北旱塬区（Ⅲ）；在同一主区内，不同亚区的肥效也不尽相同，其中Ⅲ区所需的 N、$P_2O_5$ 分别占总需量的 31% 和 30.5%，小麦产量分别占总产 52.19% 和 26.79%，Ⅳ、Ⅲ 两区的产量占全省小麦总产 78.98%，表明这两个区是陕西省小麦的主要产区，应尽可能满足这两区的肥料供应。

### 主要参考文献

冯德益，1983. 模糊数学方法与应用 [M]. 北京：地震出版社.

黄世伟，蒋维新，周广业，1985. 黑垆土区几种主要作物的土壤有效磷临界值 [J]. 土壤，17（4）：186-188.

吴万铎，1988. 模糊数学与计算机应用 [M]. 北京：电子工业出版社.

徐琪，1985. 关于耕种土壤资源评价问题 [J]. 土壤，17（3）：10-14.

袁志发，常智杰，周静宇，1988. 模糊数学在农业上的应用 [D]. 杨凌：西北农业大学.

# 第二十六章

# 主要农作物的养分吸收特点与合理施肥技术

## 第一节　小麦的养分吸收特点与施肥技术

### 一、小麦的养分吸收特点

#### （一）小麦不同生育期、不同叶序叶片的养分吸收特点

研究不同作物不同生育期、不同叶序叶片的养分吸收状况能够更全面了解作物吸收养分的特点，能更深入了解施肥的针对性。在陕西杨凌二道塬小麦施 N、P、K 肥和不施 N、P、K 肥试验时，对不同生育期、不同叶序的叶片吸收 N、$P_2O_5$、$K_2O$ 含量进行了测定，结果见图 26 - 1～图 26 - 3。从结果看出，小麦不同生育期、不同施肥处理、不同叶序叶片中 N、$P_2O_5$、$K_2O$ 的吸收量都是拔节期＞孕穗期＞扬花期，说明在小麦生长早期供应充足的大量元素是非常重要的。一般来说，拔节期是营养生长期，营养生长期包括出苗以后→分蘖→拔节，在这一生长期内供应充足养分，既能促进分蘖，特别是有效分蘖，又能增强小穗分化，为多穗、多粒创造良好基础，故有"麦收胎里富"的说法。孕穗期是营养生长期与生殖生长期同存阶段，在这一阶段增加营养能促进生殖生长的发展，有利大穗多粒的形成，所以在这段时间必须保证有充足养分供应，才能为高产创造条件。扬花期小麦叶片吸收养分显著减少，叶片内养分开始大量向生殖器官转移，即大量养分由叶片向穗粒转移，满足籽粒形成的需要。所以在生殖生长阶段，也必须有适量的养分供应，才能使籽粒饱满，高产稳产。从整个图形来看，小麦不同生育期的叶片对 N、P、K 的吸收量均随叶序的增高而增大，但到 5 叶和 6 叶叶序时，不同生育期都有不同程

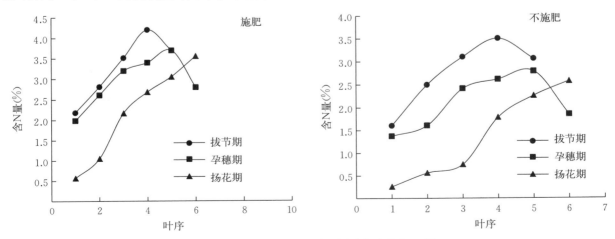

图 26 - 1　不同施肥处理的不同叶序叶片含 N 量

度的降低或呈平稳上升曲线，说明叶片中的养分都由 5 叶和 6 叶开始向生殖器官转移。以上这些现象对小麦合理施肥都有重要意义。

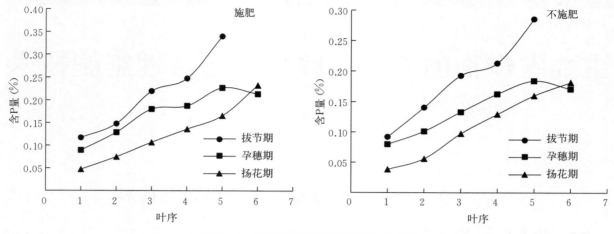

图 26 - 2　施肥处理的不同叶序叶片含 P 量

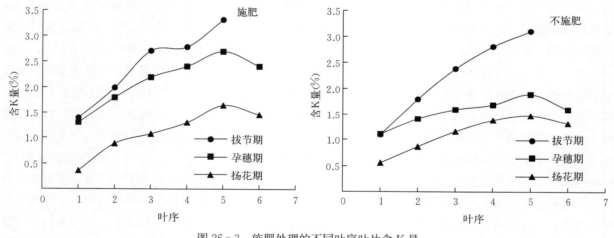

图 26 - 3　施肥处理的不同叶序叶片含 K 量

注：（1）拔节期，（2）孕穗期，（3）扬花期。

### （二）小麦不同生育期养分吸收量的动态变化

1997 年，作者在渭北旱塬永寿县进行 N、$P_2O_5$、$K_2O$ 三因素肥效试验，在三因素合理配合的情况下，小麦亩产达到 435 kg，为当地旱塬小麦产量创造了新纪录。试验测定了整个植株不同生育期 N、$P_2O_5$、$K_2O$ 含量，见图 26 - 4。从结果表明，从小麦返青开始，N、P、K 吸收量迅速增加，直至扬花期达最高峰，然后便缓慢降低。说明小麦对养分的吸收时间是相当长的，这就要求在小麦生长期内，土壤应有充分的 N、P、K 供应。以拔节期为例，小麦吸收 N、$P_2O_5$、$K_2O$ 的量各为每亩 8 kg、2.38 kg、9.8 kg，占小麦一生总吸收量的 61.54％、62.47％ 和 62.23％。说明小麦吸收的养分前期多于后期，因此在小麦生长前期必须有充足的 N、P、K 养分供给小麦吸收，同时在后期也必须有足够的养分继续供给小麦吸收，特别是 P、K 在后期的供应十分重要。以上述资料计算，每产小麦 100 kg，所需 N 2.99 kg、$P_2O_5$ 0.88 kg、$K_2O$ 3.56 kg，三者比例为 1∶0.29∶1.19。

河南偃师试验结果表明（引自《小麦栽培理论与技术》）亩产 550 kg 以上的冬小麦，不同生育

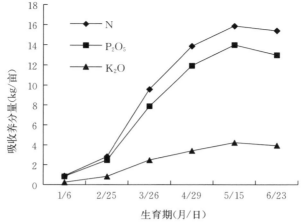

图 26-4 小麦不同生育期植株养分吸收量变化

期所需吸收的养分量 N 为 15.28 kg、$P_2O_5$ 为 6.62 kg、$K_2O$ 为 23.55 kg，折合每生产 100 kg 籽粒约需 N 2.78 kg、$P_2O_5$ 1.2 kg、$K_2O$ 4.27 kg，三者比例为 1:0.43:1.54。

小麦在整个生育期中，对 N 的吸收有两个高峰：一个是分蘖至越冬，麦苗虽小，但吸收氮量却占总吸收氮量的 13.51%；另一个是拔节期至孕穗期，这个时期植株迅速生长，需氮量急剧增加，吸氮量占总吸氮量 37.33%，是各生长期吸收氮量最多的时期。对 P、K 的吸收，其共同的特点是均随小麦生长期的推移而逐渐增多，到拔节以后吸收量急剧增长，以孕穗至成熟期吸收最多（图 26-5）。

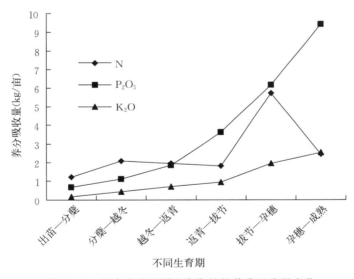

图 26-5 河南小麦不同生育期植株养分吸收量变化

另据宁夏农林科学院作物研究所春小麦亩产 400 kg 以上的资料看出，春小麦由于苗期温度较低，生长期也较短，对养分的吸收量都较少，从拔节期开始，养分才大量吸收，各生育期 N、K 吸收量以拔节到孕穗期为最高，分别占总吸收量的 30.7% 和 31.01%；P 的吸收在孕穗期前一直孕穗期达到高峰，吸收率占总吸收量的 30.31%。春小麦每亩生产 100 kg 籽粒，需 N 2.76～3.15 kg、$P_2O_5$ 0.95～1.06 kg、$K_2O$ 2.9～3.8 kg，三者比例为（1:0.34:1.05）～（1:0.34:1.21）（图 26-6）。

由以上资料可以看出，在种子发芽到幼苗期间根系较细小，吸收养分能力较弱，因此苗期为了增

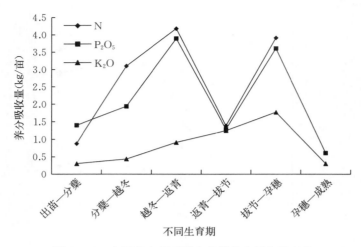

图 26-6　宁夏春小麦不同生育期养分吸收量变化

强分蘖，发展根系，培育壮苗，给壮秆大穗打好基础，必须有适量氮素和一定量的 P、K 供应。分蘖末期或起身期，到孕穗、抽穗期，正是由营养生长过渡到生殖生长阶段，是养分吸收最多的时期，故需增强氮素营养，并且配合适量 P、K，这样才能促进壮秆、增粒。在抽穗到乳熟期以前，也应有良好的氮素营养，可延长上部叶片的光合时间，提高光合效率，以利于籽粒灌浆和增重；同时 P、K 供应也很重要，因它能促进光合产物的转化和运转。蜡熟以前，P、K 的吸收已基本结束，但仍需少量氮素供应，以保证正常的灌浆和成熟。这些都为小麦合理施肥提供了科学依据。

### （三）百斤籽粒养分吸收量

根据小麦收获后对籽粒和茎叶营养成分的分析（表 26-1），计算得每生产 100 kg 籽粒平均需要吸收的养分量（表 26-2）。所吸收的养分分配，N、P 绝大部分都集中在籽粒中，而 K 大部分是集中在茎秆中。籽粒中 N 的含量均随施 N 量的增加而增加，P、K 则无明显相关关系。

表 26-1　小麦植株养分分析结果

| 编码值 | | | | | 麦粒（%） | | | 麦秆（%） | | | 麦秆重/籽粒重 |
|---|---|---|---|---|---|---|---|---|---|---|---|
| $X_1$ | $X_2$ | $X_3$ | $X_4$ | $X_5$ | 全氮 | 全磷 | 全钾 | 全氮 | 全磷 | 全钾 | |
| −1 | −1 | −1 | −1 | 1 | 1.745 | 0.849 | 0.43 | 0.278 | 0.164 | 1.080 | 1.455 |
| −1 | −1 | −1 | 1 | −1 | 1.777 | 1.195 | 0.52 | 0.279 | 0.214 | 1.050 | 1.611 |
| −1 | −1 | 1 | −1 | −1 | 1.762 | 1.063 | 0.49 | 0.273 | 0.275 | 1.080 | 1.378 |
| −1 | −1 | 1 | 1 | 1 | 1.853 | 0.927 | 0.44 | 0.315 | 0.145 | 1.180 | 1.504 |
| −1 | 1 | −1 | −1 | −1 | 1.825 | 1.070 | 0.51 | 0.335 | 0.145 | 1.180 | 1.504 |
| −1 | 1 | −1 | 1 | 1 | 1.735 | 0.932 | 0.35 | 0.260 | 0.244 | 1.060 | 1.441 |
| −1 | 1 | 1 | −1 | 1 | 1.702 | 0.952 | 0.44 | 0.349 | 0.201 | 0.901 | 1.823 |
| −1 | 1 | 1 | 1 | −1 | 1.835 | 0.974 | 0.43 | 0.277 | 0.263 | 1.000 | 1.864 |
| 1 | −1 | −1 | −1 | −1 | 2.124 | 0.813 | 0.38 | 0.430 | 0.146 | 1.250 | 1.553 |
| 1 | −1 | −1 | 1 | 1 | 1.931 | 0.862 | 0.45 | 0.386 | 0.111 | 0.909 | 1.187 |
| 1 | −1 | 1 | −1 | 1 | 2.202 | 0.749 | 0.36 | 0.519 | 0.173 | 1.060 | 1.521 |
| 1 | −1 | 1 | 1 | −1 | 1.889 | 0.749 | 0.47 | 0.372 | 0.115 | 0.959 | 1.244 |

（续）

| 编码值 | | | | | 麦粒（%） | | | 麦秆（%） | | | 麦秆重/籽粒重 |
|---|---|---|---|---|---|---|---|---|---|---|---|
| $X_1$ | $X_2$ | $X_3$ | $X_4$ | $X_5$ | 全氮 | 全磷 | 全钾 | 全氮 | 全磷 | 全钾 | |
| 1 | 1 | −1 | −1 | 1 | 2.007 | 0.950 | 0.55 | 0.397 | 0.157 | 0.729 | 1.646 |
| 1 | 1 | −1 | 1 | 1 | 2.2 | 0.812 | 0.37 | 0.756 | 0.175 | 0.965 | 1.320 |
| 1 | 1 | 1 | −1 | −1 | 2.097 | 0.660 | 0.31 | 0.578 | 0.155 | 0.957 | 1.219 |
| 1 | 1 | 1 | 1 | −1 | 2.033 | 0.875 | 0.37 | 0.263 | 0.380 | 0.839 | 1.618 |
| −1.547 | 0 | 0 | 0 | 0 | 1.34 | 1.211 | 0.52 | 0.288 | 0.314 | 0.714 | 1.394 |
| 1.547 | 0 | 0 | 0 | 0 | 2.296 | 0.796 | 0.57 | 0.617 | 0.132 | 0.910 | 1.403 |
| 0 | −1.547 | 0 | 0 | 0 | 1.927 | 0.846 | 0.46 | 0.338 | 0.328 | 0.635 | 1.542 |
| 0 | 1.547 | 0 | 0 | 0 | 1.84 | 0.982 | 0.35 | 0.285 | 0.144 | 0.826 | 1.761 |
| 0 | 0 | −1.547 | 0 | 0 | 1.842 | 0.844 | 0.30 | 0.380 | 0.170 | 0.721 | 1.727 |
| 0 | 0 | 1.547 | 0 | 0 | 1.811 | 1.012 | 0.43 | 0.282 | 0.176 | 0.718 | 1.536 |
| 0 | 0 | 0 | −1.547 | 0 | 1.984 | 0.843 | 0.33 | 0.357 | 0.184 | 0.809 | 1.599 |
| 0 | 0 | 0 | 1.547 | 0 | 1.99 | 0.905 | 0.38 | 0.440 | 0.151 | 0.957 | 1.619 |
| 0 | 0 | 0 | 0 | −1.547 | 1.911 | 0.684 | 0.31 | 0.449 | 0.159 | 0.877 | 1.470 |
| 0 | 0 | 0 | 0 | 1.547 | 1.905 | 0.950 | 0.37 | 0.443 | 0.159 | 0.960 | 1.642 |
| 0 | 0 | 0 | 0 | 0 | 1.866 | 0.799 | 0.40 | 0.358 | 0.157 | 1.050 | 1.528 |
| 范围 | | | | | 1.702~2.996 | 0.660~1.211 | 0.30~0.57 | 0.260~0.756 | 0.111~0.380 | 0.635~1.250 | 1.187~1.864 |
| 平均 | | | | | 1.923 3 | 0.901 8 | 0.418 4 | 0.386 7 | 0.196 1 | 0.935 8 | 1.529 6 |

表 26-2 小麦 100 kg 产量需吸收的养分量

| 养分吸收 | N（kg） | P$_2$O$_5$（kg） | K$_2$O（kg） | N：P$_2$O$_5$：K$_2$O |
|---|---|---|---|---|
| 范围 | 1.99~3.16 | 0.85~1.34 | 1.55~2.51 | |
| 平均 | 2.21 | 1.20 | 1.85 | 1：0.54：0.84 |

从 3 种养分的比例来看，N、K 吸收量多一些，P 的吸收量较少一些，显然这与试验地区的干旱有关，因为 N、K 吸收主要是主动吸收，干旱则会阻碍养分的主动吸收；而 P 的吸收主要靠扩散吸收，干旱则有利于养分的扩散吸收。

## 二、小麦施肥量推荐

小麦施肥量和目标产量取决于许多因素。其中，除土壤肥力水平以外，主要决定于气候条件的变异，如风调雨顺，计划施肥量所预期的目标产量基本都可实现。气候条件干旱，或生长期中遭受冻害或严重病虫灾害，即使施肥量十分合理，也不可能达到期望的目标产量。因此，推荐施肥量只能作为正常年份下制订计划产量时的参考。作者依据在各地多年的试验结果，根据地力水平，提出了不同目标产量时的施肥量，见表 26-3。这些指标经过试验证实，具有现实性和做计划的依据性。

表 26 - 3  陕西不同地区小麦目标产量与推荐施肥量

单位：kg/亩

| 地区 | 土壤基础产量 | 施肥量 | | | 目标产量 |
| | | N | P$_2$O$_5$ | K$_2$O | |
|---|---|---|---|---|---|
| 关中渭河两岸灌溉区域 | >300 | 12～14 | 10～12 | 8～10 | 550～650 |
| | 200～300 | 10～12 | 8～10 | 7～8 | 400～550 |
| | <200 | 10～12 | 6～7 | 5～6 | 300～350 |
| 关中黄土高原有限补灌区 | >250 | 10～12 | 9～11 | 6～7 | 450～550 |
| | 150～250 | 9～11 | 8～10 | 6～7 | 350～450 |
| | <150 | 8～9 | 7～8 | 5～6 | 250～350 |
| 渭北黄土高原沟壑区 | >200 | 9～10 | 7～8 | 5～6 | 350～400 |
| | 150～200 | 7～8 | 5～7 | 4～5 | 250～350 |
| 陕北黄土丘陵沟壑区 | >70 | 6～8 | 5～6 | 4～5 | 200～300 |
| | <70 | 5～7 | 4～5 | 4～5 | 150～250 |
| 陕北长城沿线滩地 | >250 | 13～15 | 9～11 | 9～11 | 500～600 |
| | 150～250 | 10～12 | 7～19 | 7～19 | 400～500 |
| | <150 | 8～10 | 6～7 | 6～7 | 300～350 |

## 三、小麦施肥技术

小麦施肥方法与气候条件关系密切。灌溉地区和雨养农业地区施肥方法明显不同。

### （一）灌溉地区

一般在小麦播种时，全部磷、钾肥和 60％～70％氮肥充分混合以后以基肥形式施入土壤。其余氮肥结合冬灌追施 20％，返青—拔节期再追施 10％～20％。如果采用三元粒状复混（合）肥，则 100％作基肥施入土壤，待返青—拔节时根据苗情结合灌溉酌情每亩追施氮素（尿素或硝酸铵）2～3 kg。

### （二）旱农地区

在北方地区，特别是西北地区一般春旱比较严重，虽然麦苗呈现缺肥现象，但因土壤干旱，也无法追施肥料，即使追施肥料也不可能取得良好效果。所以在这些旱农地区，氮、磷、钾肥应在播种时结合深耕一次施入土内，施肥深度在 15 cm 左右；如果春季雨水较好，麦苗生长出现肥料不足现象，可趁地墒较好时适当追施氮肥；如果春季长期干旱无雨，则可在叶面多次喷施肥料，保证有足够的养分供应。

### （三）施用微量元素

根据土壤测试结果，微量元素缺乏的地块，播种时应结合基肥适量施入所需微量元素，或在小麦生长期中喷施所需微量元素，都能起到良好效果。

### （四）其他

小麦高产除了有适量的 N、P、K、有机肥合理配合以外，还必须选用高产品种、合理密植、适时播种、及时防治病虫害，有条件的地区适时进行灌溉等农艺技术，也就是采取综合配套技术，才能获得高产量。

# 第二节　玉米的养分吸收特点与施肥技术

## 一、玉米生长的适应性与形态特点

### （一）玉米生长的适应性

我国玉米种植面积很大，分布范围很广，主产区在东北、华北和西北地区。因自然条件不同，玉米又分为春播玉米和夏播玉米。春玉米主要分布在东北三省，部分分布在西北各省（区）；夏玉米主要分布在黄淮海地区和复种指数较高的地区。是生长期较短、产量较高的作物。

玉米是 $C_4$ 植物，是高产作物，增产潜力很大。由于杂交玉米的选育成功，使玉米产量成倍增加，因此出现了第一次"绿色革命"。"绿色革命"培育的新品种，有一个特点就是需要多施肥，对氮肥的需要尤为突出。

### （二）玉米生长的形态特点

**1. 根系发达**　玉米的根系可分为初生根（种子根）、次生根（永久根）和支持根（气生根）3 种。

幼苗生长初期，主要靠初生根吸收土壤中的养分和水分。自次生根长出以后，初生根作用逐渐减弱，由次生根吸收土壤中的养分和水分，一般次生根有七八层，垂直向下可伸展长达 2 m 左右，因此它能吸收利用土壤深层的养分和水分。支持根的尖端入土后，可与次生根起相同的作用，并具有支持地上高大植株并防止倒伏的作用。空气湿度和营养条件较好的情况下，有利于支持根的生长。

**2. 株高叶大**　玉米植株一般比其他禾谷类作物粗壮高大。植株上有许多节，每节有 1 片叶，通常 1 株玉米有 8～20 个节和 8～20 片叶。

玉米叶一般长 80～100 cm，宽 8～10 cm，各叶交叉互生，互不遮盖，能接受较多雨水，沿茎秆直流根部，被根吸收。在叶表皮上有运动细胞，细胞壁薄，液泡很大，能储存多量水分，干旱时细胞失水而收缩，叶子边缘向上卷曲，以减少水分蒸发。当空气湿度增大或灌水后，自动细胞又充满水分，叶片重新伸展开来。由于株高叶大，有利于光合作用，因此只需大水大肥，就可获得优质玉米和高产量。

**3. 开花习性与成穗**　玉米属于雌、雄同株的异花植物。雄花序授粉结实后，即成为果穗。除上部 4～6 片叶外，其余全部可在叶腋中形成腋芽。但不是所有腋芽都能发育成为果穗，一般第 6 至第 9 节上的腋芽有可能发育成果穗，其中第 8 节的腋芽成穗率最高。成穗率的高低除与授粉率有关以外，主要决定于供应适量肥、适时给水。当肥、水供应适量和适时时，往往可获得双棒，甚至三棒。所以玉米的生产潜力尚有待挖掘。

## 二、玉米对营养元素的需求特点

### （一）不同元素在玉米体内的生理功能

玉米吸收的矿质养分多达 20 多种，主要有氮、磷、钾大量元素，钙、镁、硫中量元素和铁、锰、硼、锌、钼等微量元素，这些营养元素在玉米体内都起到了不同的生理功能。

氮在玉米营养中具有突出地位。玉米是喜氮作物，在不同的生长期中必须充足供应氮肥，才能满足生长发育和高产的需要。氮能促进玉米细胞快速分裂，扩大叶面积，增加叶绿素含量，从而增强叶片制造碳水化合物的能力；也是构成植株体中多种酶的必需因素。对玉米新陈代谢作用能产生明显影响。

磷在玉米营养中也占有重要地位。磷在玉米的各种生理、生化过程中都起有主要作用。良好的磷素营养，可以培植玉米的壮苗，扩大根系生长，特别在干旱和半干旱的黄土地区，施用磷肥能促进玉米根系生长，增加根系对土壤深层水分和养分的吸收利用。

钾能促进玉米细胞内的胶体膨胀，提高水合度，使细胞质和细胞壁维持正常状态，因而能增强抗旱、抗寒能力，保证玉米正常生长。钾也是某些酶系统的活化剂。施钾对玉米根系发育，特别对须根形成，体内淀粉合成、糖分运输、抗倒伏、抗病虫害等都有重要作用。

近几年来研究表明，玉米是需硫最多的作物之一。在美国，把硫称为玉米的"第四大必需营养元素"。随着各种复合肥料施用量的增多，忽视了硫素营养的施用，许多地区出现土壤缺硫现象，必须引起关注。为此，美国已提倡多用硫酸铵肥料。同时，在我国西北碱性土壤地区，施用硫酸铵生理酸性肥料，对改良土壤性状也有十分重要意义。

锌是多种酶的组成成分，而酶又有参与光合作用的重要功能。但磷、锌容易结合，使磷肥、锌肥失效。近年来随着磷肥施用的增多，引起土壤缺锌现象相当普遍。玉米对锌是一种很敏感的作物，据全国 422 个的试验表明，施锌肥平均增产 41.3 kg，增产率达 12.5%，播种时每亩施 2 kg 硫酸锌已成为常规增产措施，因此玉米施锌肥对增产具有重要作用。

硼肥也已成为玉米增产的重要肥料。硼能促进花粉健全发育，有利于授粉、受精、结实饱满。此外，硼还能调节与多酚氧化酶有关的氧化作用。

除此以外，其他微量元素缺乏时对玉米生长也都有一定影响，因此要根据土壤测试结果对微量元素进行适当施用。

### （二）玉米不同生育期不同叶序的叶片中养分含量变化

玉米不同生育期，充分供应叶片养分需要，是促进叶片生长、增大叶面积指数、增强光合作用、达到高产稳产的必要条件。所以研究不同叶序的叶片养分吸收过程，对调控玉米不同生育期养分供应，适时适量施用肥料是一项十分重要的研究工作。玉米不同施肥对玉米叶面积指数和产量的关系已在本书前面有关章节中叙述过，在此不再重复。现对玉米不同叶序的叶片中养分吸收动态简述如下。

N 在夏玉米不同叶序的叶片中含量随着生育期的推进而产生不断降低的趋势（图 26-7），说明夏玉米生育早期对土壤中 N 吸收强度高于生长后期，显然这与玉米生物量增长从而稀释叶片含 N 量有关。由此表明，对夏玉米早期供氮具有十分重要的意义。但当叶序发展到一定数量时，新生叶片含 N 量不但没有连续增加，反而有不同程度的减低，显然这与叶片中含 N 量随生长发育的进展而向其他生长器官转移量的逐渐增多有关。

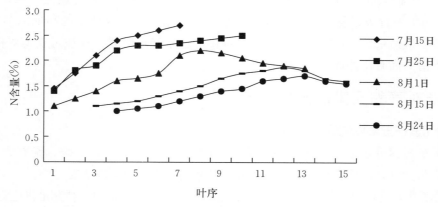

图 26-7　玉米不同生育期不同叶序叶片含 N 量

$P_2O_5$ 在夏玉米不同叶序的叶片中含量，在 7 月 15 日—8 月 1 日的生育期是随生育期的延长而降低的，这与生物体的迅速增长而导致 P 含量的减少有关。但 8 月 15 日—24 日，叶片中的含磷量却比 8 月 1 日增高很多，说明在大喇叭口至开花的时期，玉米需要吸收较多的有效磷以满足生长发育的需要。从含 P 量的曲线变化来看，基本都是随着叶序的增高而增多，但也出现新叶中 P 含量平缓或明显降低的现象，说明不同叶序叶片中的 $P_2O_5$ 含量也有随叶序的增高而向其他器官转移的趋势（图 26 - 8）。

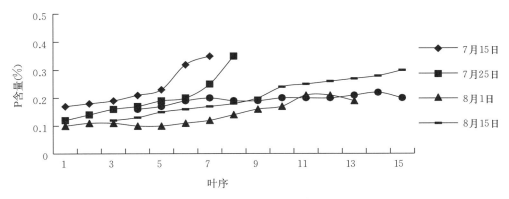

图 26 - 8　玉米不同生育期不同叶序叶片中含 P 量

$K_2O$ 在夏玉米不同生育期不同叶序叶片中含量的变化与 N、P 有很大不同，自 7 月 17 日—8 月 1 日，即从小喇叭口到大喇叭口，叶片中含 K 量是随生长期发展而明显下降，与 N、P 具有同样趋势，且均随叶序的增大而增高；但 8 月 8—24 日，即由大喇叭口至开花期，不同叶序叶片中的 K 含量却随生长期的增长而增高，特别到扬花期（8 月 24 日）不同叶序叶片中的含 K 量都大量增加，而此时玉米第 9 叶序以上叶片中含 K 量才显著下降；这是由于扬花期夏玉米需要更多地从土壤中吸收 $K_2O$，并大量储集在下部叶片中，上部叶片所吸收的 $K_2O$ 则可能向其他器官，如生殖器官和茎秆部分大量转移（图 26 - 9）。由此说明，在夏玉米的扬花期或者说生长后期，必须有充足的 K 来供应，才能满足夏玉米整个生长发育的需要，达到高产目的。

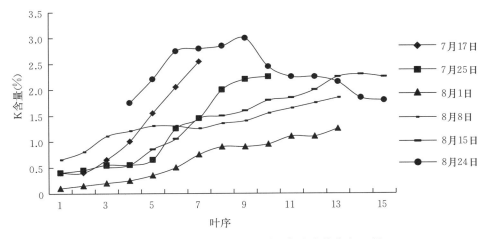

图 26 - 9　玉米不同生育期不同叶序叶片养分含 K 量

**（三）玉米不同生育期养分占干物质百分的动态变化**

关于夏玉米不同生育期 N、P、K 吸收量，胡昌浩、潘子龙于 1979 年进行了详细测定。作者把他们测定的数据，进行了制图（图 26 - 10）。从结果看出，N、P、K 占玉米干物质含量均随生育期的推移而降低，这与植株中碳水化合物增加有关。不同养分在干物质中的含量以拔节期最高。故在拔节期对玉米养分供应必须充足，否则即使以后供应养分再多也无济于事。

**（四）玉米不同生育期对养分吸收量的动态变化**

傅应春、陈国平（1982）对不同类型的玉米养分吸收动态进行了详细研究（图 26 - 11）。作物生

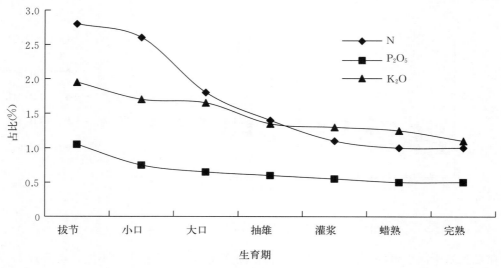

图 26-10 玉米不同生育期养分占干物质占比

物量的增长一般都呈 S 形曲线，春玉米和夏玉米的养分吸收动态基本上也都符合于物质的积累动态，但套种玉米的 N、P 吸收动态却呈线性形态，而 K 的吸收仍呈 S 形，这可能与光照和湿度在套种条件下比较平稳有关。夏玉米苗期即生长在高温多雨的条件下，生长快，生物质积累多，吸收的养分量明显多于春玉米和套种玉米，这是夏玉米矿质营养的一个重要特点。

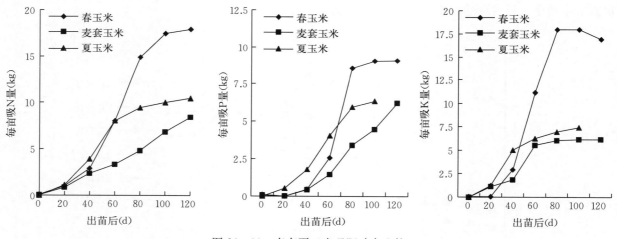

图 26-11 春套夏玉米吸肥动态比较

因此，夏玉米从出苗至出苗后的 60 d，凭借其生长上的优势，对 N、P、K 的吸收量都大于春玉米，更大于套种玉米，这种吸肥特点表明，对夏玉米来说应该重施底肥和酌施种肥。然而春玉米由于生育期长，且一般都用中晚熟品种，其在生育中后期（出苗后 60 d 以后），对 N、P、K 的吸收量远远超过夏玉米，因此，在全生育期的养分吸收量最多。

陈国平对山东夏玉米吨粮田需肥规律进行了系统总结，他发现各种养分在不同生育期的吸收速度是不同的。对 N 的吸收以苗期和授粉 25 d 以后速度最慢，每天每亩分别为 68.5 g 和 55.0 g；以拔节—大喇叭口期最快，每天每亩为 404.8 g；大喇叭口—授粉期次之，每天每亩为 397.0 g；授粉后 25 d 后每天每亩为 140.4 g。大部分 N 是在授粉前吸收的，则授粉期植株内积累的 N 已占吸收总量的 78.4%。

对 $P_2O_5$ 的吸收以大喇叭口—授粉期最快，每天每亩 108.5 g，授粉开始—授粉后 15 d 次之，为每天每亩 68.8 g。玉米对 $P_2O_5$ 的吸收时间较长而且缓慢，到授粉期只吸收 $P_2O_5$ 的 58.23%，41.77% 是在授粉后吸收的。

大部分的 $K_2O$ 是在开花前吸收的，尤以拔节—大喇叭口期最快，每天每亩达 597.4 g；大喇叭口—授粉期次之，每天每亩 540.3 g；到授粉时已经吸收完毕，授粉期不但不吸收，而且还有外渗现象。

到成熟时，籽粒中占有全株 64.4% 的 N、76.4% 的 $P_2O_5$ 和 20.4% 的 $K_2O$。籽粒中的 N 有 70% 以上是由其他器官转移来的，对籽粒中 N 的贡献顺序为叶片＞茎秆＞苞叶＞雄穗＞叶鞘＞穗轴＞穗柄。籽粒中的 $P_2O_5$ 有 58.1% 是由其他器官中转移而来，对籽粒中 P 的贡献顺序是茎秆＞叶片＞苞叶＞叶鞘＞雄穗＞穗轴＞穗柄。籽粒中的 $K_2O$ 只有 20% 左右是由其他器官转移而来，约有 80% 的 $K_2O$ 留在茎叶中，所以大力推广秸秆还田是补充土壤中钾的主要来源。

根据研究结果表明，夏玉米每生产 100 kg 籽粒，需吸收 N、P、K 分别为 2.57 kg、1.09 kg 和 2.62 kg；春玉米吸收 N、P、K 分别为 3.47 kg、1.14 kg 和 3.02 kg。养分吸收量与播种季节、土壤肥力、肥料种类和品种特征有密切关系。由试验结果看出，玉米对 N、P、K 的吸收量有随产量提高而增多的趋势。玉米生长不能缺少微量元素，随着施肥水平的提高，微肥的增产效果越加显著。

## 三、陕西不同地区玉米推荐施肥量

玉米施肥量的确定决定于许多因素，如玉米种类、土壤肥力水平、气候条件和播种密度等。根据作者在陕西各地进行的多点试验结果，提出春玉米、夏玉米不同产量的推荐施肥方案（表 26-4），以供参考。

表 26-4　陕西春玉米、夏玉米不同产量的施肥量

单位：kg/亩

| 地区 | 玉米种类 | 土壤基础产量 | 目标产量 | 施肥量 | | | |
|---|---|---|---|---|---|---|---|
| | | | | N | $P_2O_5$ | $K_2O$ | 有机肥 |
| 陕西长城沿线滩地 | 春玉米 | 350 | 600～700 | 10～12 | 6～8 | 6～8 | 1 500～2 000 |
| | | 450 | 700～800 | 9～11 | 7～9 | 6～8 | 2 000～2 500 |
| | | 500 | 800～850 | 12～14 | 9～11 | 7～9 | 1 500～2 000 |
| 陕北川道区 | 春玉米 | 250 | 550～600 | 9～11 | 7～9 | 5～7 | 2 000～2 500 |
| | | 350 | 650～700 | 11～13 | 7～9 | 6～8 | 1 500～2 000 |
| | | 450 | 750～800 | 10～12 | 6～8 | 6～8 | 1 000～1 500 |
| 黄土高原旱塬区 | 春玉米 | 300 | 500～600 | 13～15 | 8～10 | 7～9 | 1 500～2 000 |
| | | 350 | 600～700 | 8～10 | 7～9 | 6～8 | 2 000～2 500 |
| | | 400 | 700～750 | 11～13 | 7～9 | 8～10 | 1 500～2 000 |
| 关中灌区 | 夏玉米 | 250 | 500～550 | 12～14 | 6～8 | 7～9 | — |
| | | 300 | 600～650 | 11～13 | 7～9 | 8～10 | — |
| | | 350 | 650～750 | 13～15 | 7～9 | 10～12 | — |

注：每亩施硫酸锌 1～2 kg。

以上资料是由试验结果得来的，在试验过程中管理措施比较精细，故施肥效果都比较好，土壤的

生产潜力能得到较好的发挥。如果水分供应更加充沛适时，玉米的增产水平还可进一步提高。目前农村由于劳力不足，精耕细作和施肥水平还不够理想，所以玉米产量尚停留在一般水平。如果农业专家进一步选用优良品种、加强水肥科学管理和合理密植等综合配套增产措施，玉米产量还能大幅度地提高。

### 四、玉米施肥技术

玉米是喜氮需水的作物，必须充足供应氮肥、满足水分需要，才能有高产的可能。夏玉米由于生长期较短，苗期处在高温季节，生长发育很快，养分和水分吸收逐日增多。所以在夏玉米苗期就需要有充足的 N 和水分供应，否则生长期会推迟，后期成熟度不好，千粒重不高。故氮肥施用宜早不宜迟。在缺水少雨、土壤干旱、土质较差地区，可以把所需的 N、P、K 于播种时一次深施土内。如果有灌溉条件，可把全部 P、K 肥和 70％的 N 肥在播种时一次施入，余下 30％的 N 肥在喇叭口时作追肥施入，追肥方法可采用挖窝或开沟施入，覆土后，要及时浇水。

在春玉米地区，如无灌溉条件，生长期中土壤常出现干旱，为了避免追肥困难，效果不佳，也可在播种时将 N、P、K 一次深施土内，许多地区试验和生产实践证明，增产效果很好。但由于春玉米生长期和苗期较长，在雨水条件较好并有灌溉条件地区，特别是土壤含沙量较多地区，全部 P、K 肥作基肥外，N 肥可分次施用，可以 60％作基肥深施土内，20％于拔节期和 20％于喇叭口期作追肥，均应开沟施入土内，防止 N 素损失。在春玉米地区，为了保持肥料长效，特别是保持 N 肥长效，最好采用有机无机复混（合）粒肥，或采用缓释/控释 N 肥和 P、K 颗粒肥按比例掺和后施入土内，效果更佳。选用高产品种、合理密植、适当早播是玉米高产的关键农艺措施。

## 第三节　谷子的养分吸收特点和施肥技术

### 一、谷子的生长适应性与食用价值

#### （一）谷子生长的适应性

谷子是由初生根、次生根（永久根）和支持根组成的强大须根系植物。种子根（初生根）入土 20 cm 左右，可耐旱 2 个月以上。次生根入土深达 150 cm，向四周扩展 40 cm，故具有强烈的吸水吸肥能力，抗寒性特强。茎呈圆柱状，叶面积很小，尤其幼苗阶段叶面积更小，因而蒸腾系数小，比玉米、小麦低 16％～48％，故具有耐旱特性。谷子的穗是一个分枝繁杂的穗状圆锥花序，每个谷穗有 3 000～10 000 枚花，甚至更多，如都能开花结籽，产量就可大大提高。谷粒有大有小，千粒重在 1.9～3.6 克，差异悬殊，如能提高千粒重，就更能发挥更大的增产潜力。

谷子喜温喜光，是典型的短日照作物。在 13～21 ℃条件下，5～7 d 即可顺利通过春化阶段。种子吸收自身重量的 25％以上水分即能萌芽，苗期能忍耐严重干旱，拔节至抽穗阶段需水较多，灌浆期对干旱十分敏感，若水分不足，会造成减产。春谷每生产 100 kg 籽粒需吸收 N 2～4.75 kg、$P_2O_5$ 0.5～2.8 kg、$K_2O$ 2～5.7 kg。谷子性喜干燥，后期怕涝，故宜种植在通风透光、排水良好的坡地、梯田、台地和旱塬地上。

#### （二）谷子的食用价值

谷子营养丰富，适口性好，长期以来被视为滋养、强身食物。谷子中含有 17 种氨基酸，其中人体必需的 8 种氨基酸占整个氨基酸的 41.9％，且含量较为合理。表 26-5 是谷子与其他几种粮食作物主要氨基酸含量。结果表明，谷子中赖氨酸低于其他三种粮食作物，苯丙氨酸和缬氨酸略低于小麦以外，其他氨基酸含量均高于大米、小麦和玉米，所以谷子有较高的营养价值。

表 26-5　谷子与其他几种粮食作物主要氨基酸含量

单位：mg/g

| 作物 | 蛋氨酸 | 色氨酸 | 赖氨酸 | 苏氨酸 | 苯丙氨酸 | 异亮氨酸 | 亮氨酸 | 缬氨酸 |
|------|------|------|------|------|------|------|------|------|
| 谷子 | 3.01 | 1.84 | 1.82 | 3.38 | 5.10 | 4.05 | 12.05 | 4.99 |
| 大米 | 1.47 | 1.45 | 2.86 | 2.77 | 3.94 | 2.58 | 5.12 | 4.81 |
| 玉米 | 1.49 | 0.78 | 2.56 | 2.57 | 4.07 | 3.08 | 9.81 | 4.28 |
| 小麦 | 1.40 | 1.35 | 2.80 | 3.09 | 5.14 | 4.03 | 7.68 | 5.14 |

谷子的粗脂肪含量平均为 4.28%，大米为 2.5%，小麦粉为 1.9%，玉米为 4.3%，谷糠中粗糠含油率为 4.2%，细糠含油率为 9.29%。

谷子含有丰富维生素，主要有维生素 A、维生素 $B_1$、维生素 $B_2$ 和维生素 E。谷子一般维生素 A 含量为 0.19 mg/100 g、维生素 $B_1$ 含量为 0.63 mg/100 g，这两种维生素含量都超过稻米、小麦、玉米和高粱，尤其维生素 $B_1$ 在谷子中含量最高。维生素 $B_1$ 对预防和缓解心肌病有显著疗效。维生素 E 又称发育酚，不仅对预防关节炎、动脉硬化、贫血、血栓有作用，而且也是强氧化剂。

谷子中矿物质含量也十分丰富。含铁量高于其他谷类作物。钙、磷含量低于小麦和玉米，而钙磷的比值偏高，达 11.4（钙磷理想比为 1.2）。谷子中锌、铜、镁含量均高于稻米、小麦粉、玉米，有利儿童生长发育。谷子含钠量较低，可减轻肾脏病、高血压、体力衰弱、下肢浮肿等发生。另外谷子含有较多的硒，平均含量为 0.071 mg/kg，变幅为 0.04~0.101 mg/kg。硒是一种多功能营养素，有明显抗癌作用，对克山病、大骨节病等地方病有预防作用。

谷子的食用粗纤维含量是稻米的 5 倍，它可促进人体消化。日本科研人员发现米糠中含有神经酰胺糖苷对抑制黑色素的生成有较好功效。

## 二、谷子不同生长发育阶段对水分的需要

**1. 种子发芽阶段**　谷子种子发芽阶段对水分需求很少，吸水量达种子重量的 25% 即可发芽。耕层土壤含水量达 9%~15% 就能满足发芽对水分的需求。春季土壤水分过多，使土壤温度降低，对发育不利。

**2. 出苗到拔节**　生长发育以根系建成为中心，此时苗小叶少，需水量也就很少，耗水量仅占全生育期的 6.1%。苗期耐旱性强，即使土壤含水量降到 10% 以下，仍可维持生长，下降到 5%，也不致旱死，一旦得到水分又可迅速恢复生长。苗期适当干旱，有利蹲苗，促根下扎，茎节增粗，对培育壮苗和防止后期侧伏有很大作用。"小苗旱个死，老来一肚籽""有钱难买五月旱"，这些农谚表明苗期需要干旱。

**3. 谷子拔节到抽穗**　此时生长中心由地下根系转移到地上部分，茎叶生长迅速，叶面蒸腾剧增，当穗分化开始以后，生殖生长和营养生长并进，对水分需求大量增加，到抽穗期达到高峰。耗水量占全育期的 65%（50%~70%），是谷子需水的临界期。在幼穗分化初期遇到干旱即"胎里旱"，会影响枝梗和小穗小花分化，减少小穗小花数目；穗分化后期遇到干旱，叫"卡脖旱"，会使花粉发育不良，抽不出穗，产生大量空壳、秕谷。

**4. 受精到成熟**　需水量占全生育期总需水量的 30%~40%，是决定穗重和粒重的关键。此时水分不足，影响灌浆，秕谷增加，穗粒重减轻，造成减产。灌浆期干旱称"夹秋旱"，农谚有"前期旱不算旱，后期旱产量减一半"，说明灌浆期不能干旱。灌浆后期直到成熟，需水量逐渐减少，耗水量约占全生育期 9.6%。此时土壤水分过多，易造成贪青晚熟，侧伏，形成秕谷。谷子一生的需水规律

概况来说为前期耐旱，中期喜水（宜湿），后期怕涝。

## 三、谷子的养分吸收特点

### （一）谷子不同生育期对主要养分的吸收特点

**1. N**　谷子由苗期开始至成熟前，一直需要有较多的 N 素供应。尤其是在拔节到成熟期间需要 N 素较多。施 N 量必须控制适当，施少了固然不好，施多了也有副作用，如茎叶旺长，组织柔嫩，贪青晚熟，易致倒伏和病虫害，产量降低。因此必须了解谷子在生长发育不同阶段对 N 素的需要规律。据吉林农业大学研究，谷子分蘖期吸收 N 量只占全生育期吸 N 量的 7%。拔节期增加到 18%，幼穗分化期吸 N 量已达 62.4%，抽穗期吸 N 量累积达 84.4%，抽穗后吸 N 能力即开始减弱。故在拔节期对谷子供 N 充足，就能促进植株体内 N 素含量增多，增强 N 素代谢作用，增加产量。

**2. 磷**　P 对谷子生长发育关系十分密切，从生长开花到籽粒成熟都离不开 P。施 P 能促进根系发育，增加有效分蘖数，加快成熟和提高籽粒重量。当缺 P 时，根系发育不良，生长缓慢，叶后发红，秕籽增多。

在谷子生长前期，营养器官、幼茎、幼叶中含 P 最多，抽穗后 P 向生殖器官转移，向穗部集中。谷子不同生育阶段吸收 P 的总量大致的顺序为抽穗期>灌浆期>成熟期>拔节期>分蘖期。分蘖期、拔节期谷子植株吸 P 总量虽然较低，但单位重量中的含 P 量却较其他生育期明显增高，说明谷子前期供 P 非常重要，尤其是在抽穗期。

**3. K**　K 是谷子生长发育重要营养元素之一。谷子缺 K，植株矮小，茎叶柔软，叶片小，抗倒伏、抗病虫害能力显著减弱。

谷子幼苗期吸 K 较少，拔节到抽穗前吸 K 量逐渐增多。抽穗后逐渐减少。在陕北地区农民一般对谷子不施 K 肥，但有施有机肥的习惯，因有机肥中含有大量 K，故施用有机肥后，可以不施 K 肥。当不施有机肥、补施 K 肥时，能使谷子显著增产。

**4. 微量元素**　微量元素对谷子的生长发育和增产作用十分明显。锌、锰能促进某些酶的活性，硼能增加细胞膜的透性，铁、锰、硼能参与叶绿素的组成或促进叶绿素的形成。据彭琳等研究表明，钼对谷子有明显增产效果，施钼后谷子株高增加 5.1 cm，穗长增加 2 cm，单株根增加 34.4%，单株穗重增加 21.4%。山地增产 11.4%，川地增产 22%。

### （二）不同有机肥和氮肥品种对谷子的增产效应

为了改良和提高陕北黄绵土的肥力水平，提高作物产量，作者和瑞典农业大学合作，采用生物土壤改良的办法，在米脂黄绵土上进行了不同有机肥和 N 肥品种对土壤培肥和作物产量影响的研究。现将部分结果简述如下。

**1. 不同有机肥对谷子的增产效应**　有机肥料是在等量 NP 化肥施用基础上施用的，试验结果见表 26-6。

表 26-6　黄绵土上不同有机肥对谷子的增产效应

| 施肥处理 | 平均产量（kg/亩） | 比对照增产（%） | 比仅施 NP 增产（%） | 备注 |
|---|---|---|---|---|
| CK | 91.5 | — | — | 不施肥 |
| NP | 143.3 | 56.6 | — | 尿素与重过磷酸钙 |
| NP+堆肥 | 192.2 | 110.1 | 34.1 | 麦秆沤肥 |
| NP+厩肥 | 174.8 | 91.0 | 22.0 | 腐熟牛粪 |

（续）

| 施肥处理 | 平均产量（kg/亩） | 比对照增产（%） | 比仅施 NP 增产（%） | 备注 |
|---|---|---|---|---|
| NP＋玉米秸秆 | 157.0 | 71.6 | 9.6 | 玉米秸秆粉 |
| NP＋豆科牧草 | 205.0 | 124.0 | 43.0 | 苜蓿粉 |

由表 26-6 看出，光施 NP 的谷子产量比不施肥对照增产 56.6%，说明在黄绵土上增施 NP 对谷子增产有很大作用。在施用 NP 化肥基础上施用不同有机肥料，对谷子的增产作用更大，其中增产作用最大的是苜蓿粉，比施 NP 增产 43%；其次是堆肥和厩肥，分别增产 34.1% 和 22%；增产作用最低的是玉米秸秆粉。说明在黄绵土地区在施用 NP 化肥的基础上，增施有机肥料，特别是苜蓿粉，可使谷子大幅度增产。

以上供试的黄绵土有机质含量 0.488%、全氮 0.048%、全磷 0.125%、碱解氮为 13.6 mg/kg、有效磷 2.9 mg/kg，土壤肥力十分低下。为了大幅度提高谷子产量，须增施 NP 化肥和有机肥料。

**2. 不同氮肥品种对谷子产量的影响**　供试黄绵土是另一块土地，0～20 cm 的养分含量有机质为 0.364%、全氮 0.032%、碱解氮 16.1 mg/kg、有效磷 2.5 mg/kg、速效钾 93 mg/kg，肥力极低。施肥处理除对照不施肥外，每亩施 N、$P_2O_5$、$K_2O$ 各 7.5 kg，重复 3 次。试验结果见表 26-7。在 N、P、K 等量条件下，不同氮肥品种对谷子产量都有不同程度的影响，从增产大小来看，增产作用最大的是碳酸铵，其次是磷酸二铵、复合肥、尿素，最后是硝酸铵、硝酸钙。由此说明，碳酸铵、磷酸二铵＋尿素、NPK 复合肥、尿素是黄绵土上种谷子的较好氮源，而硝酸铵和硝酸钙肥效较差，这可能与黄绵土质地较粗，当年谷子生长期中雨水较多，易使硝态氮淋失有关。

**表 26-7　不同氮肥品种对谷子产量的影响**

| 处理号 | 施肥处理 | 平均产量（kg/亩） | 比对照增产（%） | 备注 |
|---|---|---|---|---|
| 1 | CK | 132 | — | |
| 2 | 尿素＋PK | 159 | 20.5 | |
| 3 | 碳酸铵＋PK | 172 | 30.3 | ① P 为 $P_2O_5$，K 为 $K_2O$ |
| 4 | 硝酸铵＋PK | 151 | 14.4 | ② 磷肥均为重过磷酸钙，钾肥均为硫酸钾 |
| 5 | 硝酸钙＋PK | 149 | 12.9 | ③ N 不足时用尿素调整（处理 6） |
| 6 | 磷酸二铵＋尿素＋K | 161 | 22.0 | ④ 复合肥为法国制，含量为 15-15-15 |
| 7 | NPK 复合肥 | 161 | 22.0 | |
| 8 | 尿素＋P | 138 | 4.5 | |

另外，由表 26-7 还可看出，处理 2（尿素＋重钙＋硫酸钾）的谷子亩产为 159 kg，而缺钾的处理 8（尿素＋重钙）谷子产量为 138 kg，比处理 2 减产 15.2%，说明黄绵土上施用 K 肥对谷子增产有显著作用。在试验过程中也观察到，在黄绵土上对谷子施 K 的增产作用主要是由于施 K 能增强谷子的抗倒能力。在谷子成熟期曾遇到暴风雨袭击，处理 8 倒伏严重，而处理 2 和其他施钾处理的倒伏都很轻，这是施钾增产的重要原因之一。证明在黄绵土地区对谷子增施 N、P 肥的同时，增施 K 肥，对谷子增产至关重要。

本试验是在土壤质地较粗的黄绵土上进行的，降水量集中在谷子的生长季节，硝态氮的淋失和反硝化作用可能比较严重。因此不同 N 肥品种的利用率是碳酸铵＞尿素＞硝酸铵＞硝酸钙。这就说明，在本试验条件下，氨的挥发损失可能不是 N 损失的主要原因，而是以硝态氮淋失和反硝化作用引起 N 损失的可能性最大。

硝酸钙施入石灰性土壤后，增加了土壤中 $Ca^{2+}$ 的浓度，因而增加了磷的固定作用；另一方面游离 $Ca^{2+}$ 的增多也可能对 $K^+$ 的吸收产生拮抗作用，所以在施硝酸钙处理的 P、K 利用率都是最低，可能与此有关。

**3. 谷子每 100 kg 产量所需养分吸收量及其分布特点**　结合不同氮肥品种肥效试验，收获后分别测定了籽粒和茎叶养分含量，计算出每 100 kg 籽粒产量所需 N、$P_2O_5$、$K_2O$ 养分吸收量，见表 26-8 结果。

表 26-8　谷子每 100 kg 产量所需养分吸收量

单位：kg

| 施肥处理 | N | | | $P_2O_5$ | | | $K_2O$ | | |
|---|---|---|---|---|---|---|---|---|---|
| | 籽实 | 茎叶 | 总和 | 籽实 | 茎叶 | 总和 | 籽实 | 茎叶 | 总和 |
| 对照 | 1.679 | 0.646 | 2.325 | 0.639 | 0.246 | 0.885 | 0.502 | 2.256 | 2.758 |
| 尿素+PK | 2.097 | 1.027 | 3.124 | 0.837 | 0.428 | 1.265 | 0.606 | 2.825 | 3.431 |
| 碳酸铵+PK | 2.177 | 1.068 | 3.245 | 0.787 | 0.274 | 1.061 | 0.490 | 3.437 | 3.927 |
| 硝酸铵+PK | 2.163 | 1.034 | 3.197 | 0.849 | 0.366 | 1.215 | 0.439 | 2.909 | 3.348 |
| 硝酸钙+PK | 2.116 | 1.010 | 3.126 | 0.713 | 0.354 | 1.067 | 0.502 | 2.584 | 3.086 |
| 磷酸二铵+尿素 K | 2.035 | 1.085 | 3.120 | 0.639 | 0.343 | 0.982 | 0.516 | 3.066 | 3.582 |
| NPK 复合肥 | 2.147 | 1.104 | 3.251 | 0.713 | 0.407 | 1.120 | 0.502 | 2.975 | 3.477 |
| 尿素+P | 2.169 | 1.229 | 3.398 | 0.727 | 0.458 | 1.185 | 0.529 | 3.088 | 3.617 |
| 植株不同部位养分占总和（%） | 66.9 | 33.1 | — | 67.3 | 32.7 | — | 15.0 | 85.0 | — |

由表 26-8 看出，每 100 kg 谷子产量所需养分吸收量，不施肥处理明显低于施肥处理。N、$P_2O_5$ 在籽实中的含量占其总量分别为 66.9% 和 67.3%，在茎叶中只占 33.1% 和 32.7%；但 $K_2O$ 在籽实中的含量只占其总量的 15%，在茎叶中却占 85%，绝大部分都留在茎叶中。每 100 kg 谷子的养分总吸收量 N 为 2.325～3.398 kg，平均为 3.098 kg；$P_2O_5$ 为 0.886～1.265 kg，平均为 1.097 kg；$K_2O$ 为 2.758～3.927 kg，平均为 3.403 kg，三者比例为 1∶0.35∶1.10，这为陕北谷子推荐施肥量提供了参考依据。

**（三）肥料与农艺等综合因素对谷子高产的效应试验**

黄土高原的陕北梯田是谷子种植的最适地区之一，但谷子产量不高，一般平均亩产只有 120 kg 左右。为此在陕北米脂县梯田上进行了多因素试验，探索谷子高产的可能性。

**1. 试验概况与试验结果**　试验地土壤为黄绵土，土壤基础养分含量情况为：pH 8.58、全氮 0.014%、全磷 0.121%、碱解氮 19.12 mg/kg、有效磷 9.56 mg/kg、速效钾 78.68 mg/kg、有机质 0.36%。供试谷子品种为秦谷 2 号。选用的因素为：播期（$x_1$）、密度（$x_2$）、氮肥（$x_3$）、磷肥（$x_4$）和有机肥（$x_5$）五因素，进行正交旋转回归设计，试验按五因素五水平 1/2 实施，其中 $m_2=16$，$m_r=10$，$m_o=10$，$r=2$，共计 36 个处理，小区面积为（2×3）$m^2$，试验结果见表 26-9。

表 26 - 9　陕北丘陵沟壑区梯田谷子五因素试验设计方案与试验产量结果（两种回归模型预测产量 $y$）

| 重复 | $x_1$ | $x_2$ | $x_3$ | $x_4$ | $x_5$ | $y$ | 重复 | $x_1$ | $x_2$ | $x_3$ | $x_4$ | $x_5$ | $y$ |
|---|---|---|---|---|---|---|---|---|---|---|---|---|---|
| 1 | −1 | −1 | −1 | −1 | 1 | 284 | 1 | 6 | 1.5 | 3 | 3 | 3.75 | 284 |
| 2 | 1 | −1 | −1 | −1 | −1 | 159 | 2 | 18 | 1.5 | 3 | 3 | 1.25 | 159 |
| 3 | −1 | 1 | −1 | −1 | −1 | 138 | 3 | 6 | 2.5 | 3 | 3 | 1.25 | 138 |
| 4 | 1 | 1 | −1 | −1 | 1 | 189 | 4 | 18 | 2.5 | 3 | 3 | 1.25 | 189 |
| 5 | −1 | −1 | 1 | −1 | −1 | 184 | 5 | 6 | 1.5 | 9 | 3 | 1.25 | 184 |
| 6 | 1 | −1 | 1 | −1 | 1 | 266 | 6 | 18 | 1.5 | 9 | 3 | 3.75 | 266 |
| 7 | −1 | 1 | 1 | −1 | 1 | 283 | 7 | 6 | 2.5 | 9 | 3 | 3.75 | 283 |
| 8 | 1 | 1 | 1 | −1 | −1 | 233 | 8 | 18 | 2.5 | 9 | 3 | 1.25 | 233 |
| 9 | −1 | −1 | −1 | 1 | −1 | 128 | 9 | 6 | 1.5 | 3 | 9 | 1.25 | 128 |
| 10 | 1 | −1 | −1 | 1 | 1 | 242 | 10 | 18 | 1.5 | 3 | 9 | 3.75 | 242 |
| 11 | −1 | 1 | −1 | 1 | 1 | 192 | 11 | 6 | 2.5 | 3 | 9 | 3.75 | 192 |
| 12 | 1 | 1 | −1 | 1 | −1 | 259 | 12 | 18 | 2.5 | 3 | 9 | 1.25 | 259 |
| 13 | −1 | −1 | 1 | 1 | 1 | 198 | 13 | 6 | 1.5 | 9 | 9 | 3.75 | 198 |
| 14 | 1 | −1 | 1 | 1 | −1 | 233 | 14 | 18 | 1.5 | 9 | 9 | 1.25 | 233 |
| 15 | −1 | 1 | 1 | 1 | −1 | 255 | 15 | 6 | 2.5 | 9 | 9 | 1.25 | 255 |
| 16 | 1 | 1 | 1 | 1 | 1 | 280 | 16 | 18 | 2.5 | 9 | 9 | 3.75 | 280 |
| 17 | 0 | 0 | 0 | 0 | 0 | 220 | 17 | 12 | 2.0 | 6 | 6 | 2.50 | 220 |
| 18 | 0 | 0 | 0 | 0 | 0 | 234 | 18 | 12 | 2.0 | 6 | 6 | 2.50 | 234 |
| 19 | 0 | 0 | 0 | 0 | 0 | 226 | 19 | 12 | 2.0 | 6 | 6 | 2.50 | 226 |
| 20 | 0 | 0 | 0 | 0 | 0 | 216 | 20 | 12 | 2.0 | 6 | 6 | 2.50 | 216 |
| 21 | 0 | 0 | 0 | 0 | 0 | 224 | 21 | 12 | 2.0 | 6 | 6 | 2.50 | 224 |
| 22 | 0 | 0 | 0 | 0 | 0 | 222 | 22 | 12 | 2.0 | 6 | 6 | 2.50 | 222 |
| 23 | −2 | 0 | 0 | 0 | 0 | 116 | 23 | 0 | 2.0 | 6 | 6 | 2.50 | 116 |
| 24 | 2 | 0 | 0 | 0 | 0 | 173 | 24 | 24 | 2.0 | 6 | 6 | 2.50 | 173 |
| 25 | 0 | −2 | 0 | 0 | 0 | 203 | 25 | 12 | 1.0 | 6 | 6 | 2.50 | 203 |
| 26 | 0 | 2 | 0 | 0 | 0 | 237 | 26 | 13 | 3.0 | 6 | 6 | 2.50 | 237 |
| 27 | 0 | 0 | −2 | 0 | 0 | 156 | 27 | 12 | 2.0 | 0 | 6 | 2.50 | 156 |
| 28 | 0 | 0 | 2 | 0 | 0 | 270 | 28 | 12 | 2.0 | 12 | 6 | 2.50 | 270 |
| 29 | 0 | 0 | 0 | −2 | 0 | 220 | 29 | 12 | 2.0 | 6 | 0 | 2.50 | 220 |
| 30 | 0 | 0 | 0 | 2 | 0 | 257 | 30 | 12 | 2.0 | 6 | 12 | 2.50 | 257 |
| 31 | 0 | 0 | 0 | 0 | −2 | 234 | 31 | 12 | 2.0 | 6 | 6 | 0.00 | 234 |
| 32 | 0 | 0 | 0 | 0 | 2 | 313 | 32 | 12 | 2.0 | 6 | 6 | 5.00 | 313 |
| 33 | 0 | 0 | 0 | 0 | 0 | 217 | 33 | 12 | 2.0 | 6 | 6 | 2.50 | 217 |
| 34 | 0 | 0 | 0 | 0 | 0 | 225 | 34 | 12 | 2.0 | 6 | 6 | 2.50 | 225 |
| 35 | 0 | 0 | 0 | 0 | 0 | 227 | 35 | 12 | 2.0 | 6 | 6 | 2.50 | 227 |
| 36 | 0 | 0 | 0 | 0 | 0 | 234 | 36 | 12 | 2.0 | 6 | 6 | 2.50 | 234 |

　　注：−2、−1、0、1、2 均为编码值；右侧表格 $x_1 \sim x_5$ 对应数值均为常用量，其中 N、$P_2O_5$ 单位为 kg/亩，有机肥为万 kg/亩，密度为万株/亩，$y$ 单位为 kg/亩。

**2. 由试验结果所产生的综合因素模型**　根据试验结果，以编码值和常用值分别应用 SAS 进行统计分析，得到以编码值表达的五因素与谷子产量之间的回归方程和以常用量表达的五因素与谷子产量之间的回归方程。见下式。

$$y_{码值}=224.06+13.04x_1+8.46x_2+23.71x_3+5.21x_4+20.96x_5-19.34x_1^2-0.81x_1x_2-0.47x_2^2-0.94x_1x_3+12.81x_2x_3-2.22x_3^2+17.69x_1x_4+14.69x_2x_4-3.18x_3x_4+4.16x_4^2-9.94x_1x_5-14.19x_2x_5-6.31x_3x_5-16.94x_4x_5+12.91x_5^2$$

$$y_{常量}=60.39+13.34x_1-25.58x_2+0.74x_3-21.76x_4+73.97x_5-0.54x_1^2-0.27x_1x_2-1.88x_2^2-0.052x_1x_3+8.54x_2x_3-0.25x_3^2+0.98x_1x_4+19.79x_2x_4-0.35x_3x_4+0.46x_4^2-1.33x_1x_5-22.7x_2x_5-1.68x_3x_5-4.52x_4x_5+8.26x_5^2$$

公式对五种因素不同投入量的产量预测值完全一致，故这两种回归方程都可应用。但码值方程直接应用于五种因素的主效应、边际效应和交互作用分析，而对经济施肥量则不能直接求得，要求得经济施肥量，则必须把码值方程转换为常用量方程。

**3. 单因素主效应分析**　由码值方程采用降维法，求得单因素对谷子产量的子方程。

$$y_1=224.06+13.04x_1-19.34x_1^2$$
$$y_2=224.06+8.46x_2-0.47x_2^2$$
$$y_3=224.06+25.71x_3-2.22x_3^2$$
$$y_4=224.06+5.21x_4+4.16x_4^2$$
$$y_5=224.06+20.96x_5+12.9x_5^2$$

以各因素的投入码值水平（-2、-1、0、1、2）代入每一子方程，得每一因素的效应线，见图 26-12。

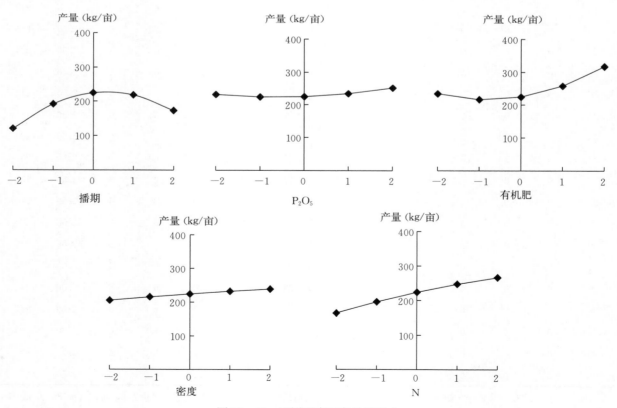

图 26-12　不同因素对产量的影响

由图 26-12 看出，在常规栽培条件下，增施 N 肥和有机肥都有明显的增产作用。有机肥对谷子的产量影响最大，施 N 量的增产效应呈直线上升；$P_2O_5$ 的增产作用不明显，这与土壤有效 P 含量（0～20 cm 为 12.78 mg/kg）较高有关。

谷子产量虽随密度的增加而增加，但增产的幅度不大。这与谷子增多分蘖仍能成穗有关。播种时间对谷子产量影响较大，本试验以 5 月 30 日（码值为"0"）产量最高，说明在陕北地区谷子播种太早或太迟都使产量降低，在春谷地区，5 月底至 6 月初播种比较合适，此时当地地温基本稳定在 10 ℃左右，适于谷子发芽和幼苗生长。

**4. 单因素边际产量效应**    不同因素对谷子的边际产量影响程度不同，随着播期的推迟，边际产量下降很快；随着密度的增加，边际产量则有缓慢的降低，但降低的幅度不大；随着 N 肥的增加，边际产量逐渐下降，但下降速度较慢；随着 P 肥的增加，边际产量则有较快速度的增加；有机肥随着施肥量的增加，边际产量则快速增加，边际效应最为明显。边际产量的线性坡度（上升或下降）越大，表明因素对产量的影响程度越大。因此在不同因素对谷子边际产量影响的研究，对选择谷子的高产因素有很大的帮助。

**5. 谷子最高产量与五因素所需投入量**    根据以上试验结果所建立的回归方程，在五因素投入量范围内，所获得梯田谷子最高产量为每亩 320 kg，比当地一般亩产 120 kg 增产 267%、所需各因素投入量播期为 5 月 29 日、密度 17 899 株/亩、N 6.59 kg/亩、$P_2O_5$ 3.81 kg/亩、有机肥 44 625 kg/亩。说明在陕北黄绵土梯田采用优化的养分配合和适宜的农艺措施，就能获得谷子高产水平。

## 四、谷子不同目标产量所需的配套方案

根据多年试验结果，陕西黄绵土谷子不同目标产量所需不同肥料用量和农艺措施提出推荐方案，见表 26-10。由表 26-10 看出，谷子播期变化不大，最适播期在 5 月 28—30 日，迟早一天，对谷子产量的高低敏感性却非常之大；谷子密度变化量较大，变动在 17 000 万～20 000 万株，这与其他因素的变化下，对谷子分蘖与成穗率的多少有关；N 的用量，在目标产量 200 kg 时为 5 kg，自 250 kg 开始 N 的用量则随目标产量的增加而依次降低；$P_2O_5$ 的用量则随目标产量的增高而依次降低；有机肥的用量则随目标产量的增加而依次大量增加，显示出其他因素的变化都与有机肥用量的变化密切相关，似对其他因素有调控的作用，对谷子产量的增加明显有特殊重要的意义。

**表 26-10    陕北谷子在黄绵土梯田不同产量所需养分配合量**

| 目标产量（kg/亩） | 播期（月/日） | 密度（万株/亩） | N（kg/亩） | $P_2O_5$（kg/亩） | 有机肥（kg/亩） |
|---|---|---|---|---|---|
| 200 | 5/28 | 1.947 8 | 5.0 | 5.9 | 2 151 |
| 250 | 5/30 | 2.002 6 | 6.9 | 5.5 | 3 389 |
| 300 | 5/29 | 1.831 1 | 6.7 | 5.0 | 4 265 |
| 350 | 5/28 | 1.749 2 | 6.5 | 4.9 | 4 657 |

如果采用施肥量和农艺措施，谷子亩产 350 kg 是很容易达到的。据在陕北调查，已有亩产 400 kg 的纪录。谷子是能分蘖、成穗的作物，只要采用各种有效措施，更多地促进分蘖、成穗，谷子就能高产更高产。

## 五、谷子施肥技术

在山西、陕西、甘肃、内蒙古等干旱地区，为了避免春播谷子时多次翻耕引起土壤严重失墒，许

多农民将应施肥料提早在秋季深施土内。秋季地墒较好，将肥水提早保存在土壤内，待春季播种谷子后利用，即"秋储春用"，施肥效果比分次施用高得多。或在春播时，结合播种将全部肥料深施土内。但必须使肥料与种子上下分开，肥料在下，种子在上，相隔 5 cm 比较合适。如果生长期中遇有降雨，在拔节期间发现苗情细弱，需要施肥时，可适当追施少量尿素，或叶面喷施 2%浓度的尿素溶液，也有很好的增产效果。

在灌溉地区或雨水较多地区，可将全部有机肥、P 肥、K 肥和 40%的 N 肥在播种时一次施入土内作基肥，施足基肥是谷子高产的基础。拔节期根据地墒状况再追施 40%的 N 肥，在抽穗前 6～10 d 再追施 20%的 N 肥。在灌浆期，也可根据需要酌情进行叶面喷施，可喷施 2%的尿素溶液或 0.3%的磷酸二氢钾溶液，可延长叶片功能期，增加粒重。在穗期也可适当喷施硼肥（硼砂），孕穗前喷 1 次，10 d 后再喷 1 次，喷施浓度为 0.2%，也有良好增产效果。一般在中、低肥力的土壤上对谷子喷施叶面肥效果较好。

# 第四节　马铃薯的养分吸收特点与施肥技术

## 一、马铃薯的营养价值

随着世界人口的不断增加，不少地区出现粮食短缺，饥饿时有发生，因此全球现已十分关注马铃薯的生产。马铃薯生长快、产量高、营养丰富，可提高粮食安全、改善粮食结构、降低营养不良概率（表 26-11）。在欧洲，人们常用马铃薯汁来治疗消化不良等胃肠疾病，许多研究证实，马铃薯除能提供人体必需营养素外，还可改善人体某些机能，降低慢性病风险，减少发病率和死亡率。故联合国将 2008 年定为马铃薯年，并称其为"被埋没的宝物"。加强对马铃薯营养和施肥的研究具有十分重要的意义。

表 26-11　马铃薯不同品种的营养成分

| 品种（系） | 干物质（%） | 蛋白质（%） | 淀粉（%） | 维生素 C（mg/100 g 鲜薯） | 还原糖（%） | 备注 |
|---|---|---|---|---|---|---|
| 来欢 | 23.34 | 2.20 | 17.71 | 14.34 | 0.40 | 西南品种 |
| 双丰收 | 23.20 | 2.32 | 18.03 | 16.23 | 0.26 | 20 世纪 60 年代选育 |
| 723-1 | 22.66 | 2.01 | 16.90 | 17.76 | 0.60 | 20 世纪 70 年代选育 |
| 南中 552 | 22.64 | 2.34 | 16.10 | 16.30 | 0.21 | 20 世纪 80 年代选育 |
| 鄂马铃薯 1 号 | 22.73 | 2.42 | 17.02 | 16.54 | 0.11 | 20 世纪 80 年代选育 |
| 鄂马铃薯 3 号 | 24.07 | 2.20 | 18.32 | 13.59 | 0.11 | 20 世纪 90 年代选育 |

注：表中数据来自湖北恩施南方马铃薯研究中心实验室（9 年平均结果）。

## 二、马铃薯的养分吸收特点

### （一）不同营养元素对马铃薯生长发育的影响

N、P、K 是马铃薯的必需营养元素。充足的 N 供应，可增强光合作用，提高块茎的蛋白质含量；缺 N 时植株矮小，叶面积减小，基本叶片容易发黄，最后枯萎脱落；施 N 过多会引起茎叶徒长，块茎变小，产量降低，成熟延迟，品质变低。因此，适量供应氮肥是马铃薯增产的关键。

马铃薯对 P 的吸收量较小，但 P 对马铃薯的生长发育起重要作用。马铃薯根系一般不发达，对土壤中 P 吸收能力比较弱，若 P 供应不足，植株就变得矮小，叶面发皱，叶柄和小叶向上直立生长，光合作用减弱，淀粉积累少，块茎的皮层和髓部都会产生锈斑，经济价值降低。所以在马铃薯整个发育期必须有丰富的 P 供应，才能保证马铃薯的高产优质。

马铃薯对 K 的吸收量最大，是农作物中需 K 最多的作物之一，故称马铃薯是富钾作物。K 肥既能提高马铃薯产量，也能改善马铃薯品质。充足供 K 植株生长发育健壮，增加块茎淀粉积累量和抗病性能；缺少 K 供应时，植株节间缩短，出现密集丛生，叶片细小，初期是暗绿色，后期是古铜色，叶绿枯死卷曲，地下匍匐茎缩短，根系衰弱，块茎细长，且容易产生黑斑，降低薯块品质。重施 K 肥可以减轻块茎产生黑斑，减少块茎黑斑是提高马铃薯品质的重要指标之一。提高种用马铃薯的含 K 量，可增高赤霉素的活性，加快发芽、早发，有利创造高产。此外马铃薯淀粉含量不仅与 K 肥用量有关，而且与 K 肥形态也有密切关系。研究表明，一般使用 $K_2SO_4$ 比施用 KCl 效果好，因为氯化物对淀粉合成酶有强烈抑制作用。

根类作物的营养生理与禾本科作物有很大区别。禾本科作物的营养生长阶段和生殖生长阶段分得比较清楚，而根类作物营养生长和生殖生长重叠的时间比较长，根类作物营养器官（地上部）与储存器官（地下部）对碳水化合物竞争激烈。因此，一旦储存器官开始形成，就应控制地上部分的生长，此时就应该减少 N 素供应，抑制新叶形成，或喷洒矮壮素控制地上部生长，即可促进地下部的生长。马铃薯生长前期，N 供应要充足，促进早发和叶子生长，使叶面积指数增大，以便截获更多的光能。马铃薯产量与截获光能成正比，这是马铃薯增产的重要途径之一。

块茎的形成与植物激素的诱发有关，ABA（脱落酸）能促进块茎的形成，而 GA（赤霉素）则能抑制块茎的形成，因此 ABA/GA 控制块茎的生长。ABA/GA 高，促进块茎形成；ABA/GA 低，抑制块茎形成；控制 N 肥施用，也就能控制 ABA/GA。施用矮壮素，能抑制 GA 的合成，促进块茎的形成。

块茎的生长与碳水化合物的供应有关，而碳水化合物的供应又决定于光合作用强度和光合产物从叶片转入块茎的速度。光合作用强度又决定于单株叶片面积的大小和吸入 $CO_2$ 的能力。单株叶面积主要决定于营养生长阶段植株的发育状况，充足的养分供应，特别是 N 和 K 的供应，能促进叶片的生长。叶片将光能转变为光合产物，在相当程度上，决定于 K 和 P 的营养水平，特别是 K 的供应水平，它能促进光合产物的运转。由此可知，块茎的形成，加快光合产物向块茎运输，从而增强光合作用强度，这是马铃薯能够不断高产的重要原因。

为了加强光合产物的运输，K 的供应特别重要。薯类作物对 PK 肥的需要特别多，这不仅是因为它们生长发育的需要多，还因为它们吸收 P、K 的能力弱。因为根类作物真正的根并不发达，块根、块茎是储存器官，不是真正的根。

### （二）马铃薯不同生育期对养分的吸收动态

据研究（杨佑明，1993），马铃薯不同生长发育阶段，吸收养分的种类和数量不同，由发芽期到幼苗期吸收的 N、P、K 分别占总吸收量的 6%、8% 和 9%；发芽期分别为 38%、34% 和 36%；结薯期分别为 56%、48% 和 55%，见图 26-13。

从结果看出，幼苗期养分吸收很少；发芽期大量吸收养分，促进植株生长，为结薯创造条件；结薯期仍继续吸收养分；但到结薯后期，植株吸收的养分量则显著下降。由此看出，马铃薯由幼苗期到结薯期结束时一直需要供应充足的 N、P、K 各种养分，才能满足马铃薯高产优质的需要。

此外，除有充足 N、P、K 充足供应外，还需要根据土壤缺素状况，适当供应各种微量元素肥料，其中镁、硼、铜等微量元素是马铃薯所必需的，尤其是铜能促进马铃薯的呼吸作用，提高蛋白质的含量，增加叶绿素，延迟叶片衰老，增强抗旱能力。所以在创造马铃薯高产优质的过程中，必须进行土壤测试，有针对性地进行微量元素肥料的施用。

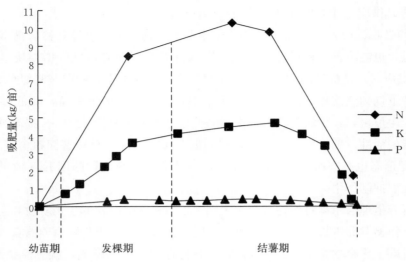

图 26 - 13　马铃薯的吸肥动态

### （三）不同肥料与农艺措施对陕北梯田马铃薯高产效应试验

根据当地土壤特点，采用播期、密度、N、$P_2O_5$ 和有机肥五因素五水平正交旋转回归设计方案进行了田间试验。试验因素及水平编码见表 26 - 12、图 26 - 14。

表 26 - 12　马铃薯五因素及水平编码

| 试验因素 | 说明 | 变量设计水平 | | | | |
|---|---|---|---|---|---|---|
| | | −2 | −1 | 0 | 1 | 2 |
| 播期（$x_1$） | 6 d | 5 月 21 日 | 5 月 27 日 | 6 月 2 日 | 6 月 8 日 | 6 月 14 日 |
| 密度（$x_2$） | 1 000 株/亩 | 2 000 | 3 000 | 4 000 | 5 000 | 6 000 |
| N（$x_3$） | 3 kg/亩 | 0 | 3 | 6 | 9 | 12 |
| $P_2O_5$（$x_4$） | 3 kg/亩 | 0 | 3 | 6 | 9 | 12 |
| 有机肥（$x_5$） | 1 250 kg/亩 | 0 | 1 250 | 2 500 | 3 750 | 5 000 |

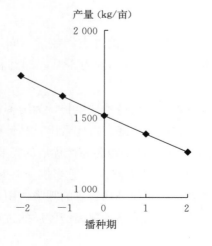

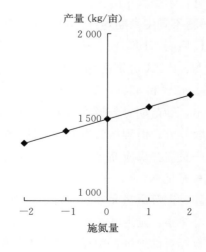

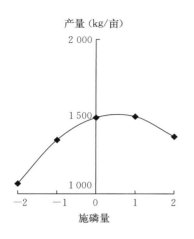
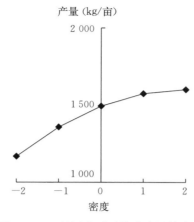
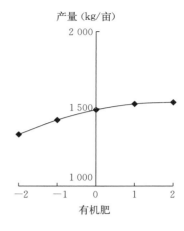

图 26-14 单因素对马铃薯产量效应

依据以上试验设计量，共设处理 36 个，重复 2 次，试验结果见表 26-13。根据马铃薯产量，采用 SAS 进行统计分析，求得码值回归模型。

$$y = 1\,493.17 - 113.833\,3x_1 + 108.583\,3x_2 + 73.0x_3 + 76.0x_4 + 52.25x_5 + 2.041\,6x_1^2 - 27.333\,3x_2^2 -$$
$$0.453\,7x_3^2 - 68.833\,34x_4^2 - 13.833\,4x_5^2 - 42.375x_1x_2 - 70.125x_1x_3 + 35.75x_1x_4 - 14.125x_1x_5 -$$
$$26.875x_2x_3 + 10.25x_2x_4 + 15.625x_2x_5 - 44.5x_3x_4 + 62.125x_3x_5 + 25.0x_4x_5$$

表 26-13 试验结构矩阵与产量结果

| 处理编号 | 因素编码值 | | | | | 产量（kg/亩） |
|---|---|---|---|---|---|---|
| | $x_1$ | $x_2$ | $x_3$ | $x_4$ | $x_5$ | |
| 1 | 1 | 1 | 1 | 1 | 1 | 1 052 |
| 2 | 1 | 1 | 1 | −1 | −1 | 1 083 |
| 3 | 1 | 1 | −1 | 1 | −1 | 1 542 |
| 4 | 1 | 1 | −1 | −1 | 1 | 1 229 |
| 5 | 1 | −1 | 1 | 1 | 1 | 1 064 |
| 6 | 1 | −1 | 1 | −1 | −1 | 1 156 |
| 7 | 1 | −1 | −1 | 1 | −1 | 1 318 |
| 8 | 1 | −1 | −1 | −1 | 1 | 1 073 |
| 9 | −1 | 1 | 1 | 1 | 1 | 1 500 |
| 10 | −1 | 1 | 1 | −1 | −1 | 1 813 |
| 11 | −1 | 1 | −1 | 1 | −1 | 1 700 |
| 12 | −1 | 1 | −1 | −1 | 1 | 1 438 |
| 13 | −1 | −1 | 1 | 1 | 1 | 1 519 |
| 14 | −1 | −1 | 1 | −1 | −1 | 1 290 |
| 15 | −1 | −1 | −1 | 1 | −1 | 1 177 |
| 16 | −1 | −1 | −1 | −1 | 1 | 1 042 |
| 17 | 2 | 0 | 0 | 0 | 0 | 1 286 |
| 18 | −2 | 0 | 0 | 0 | 0 | 1 896 |

（续）

| 处理编号 | 因素编码值 | | | | | 产量（kg/亩） |
|---|---|---|---|---|---|---|
| | $x_1$ | $x_2$ | $x_3$ | $x_4$ | $x_5$ | |
| 19 | 0 | 2 | 0 | 0 | 0 | 1 593 |
| 20 | 0 | -2 | 0 | 0 | 0 | 1 364 |
| 21 | 0 | 0 | 2 | 0 | 0 | 1 917 |
| 22 | 0 | 0 | -2 | 0 | 0 | 1 245 |
| 23 | 0 | 0 | 0 | 2 | 0 | 1 464 |
| 24 | 0 | 0 | 0 | -2 | 0 | 1 151 |
| 25 | 0 | 0 | 0 | 0 | 2 | 1 563 |
| 26 | 0 | 0 | 0 | 0 | -2 | 1 492 |
| 27 | 0 | 0 | 0 | 0 | 0 | 1 502 |
| 28 | 0 | 0 | 0 | 0 | 0 | 1 479 |
| 29 | 0 | 0 | 0 | 0 | 0 | 1 490 |
| 30 | 0 | 0 | 0 | 0 | 0 | 1 454 |
| 31 | 0 | 0 | 0 | 0 | 0 | 1 469 |
| 32 | 0 | 0 | 0 | 0 | 0 | 1 546 |
| 33 | 0 | 0 | 0 | 0 | 0 | 1 440 |
| 34 | 0 | 0 | 0 | 0 | 0 | 1 715 |
| 35 | 0 | 0 | 0 | 0 | 0 | 1 415 |
| 36 | 0 | 0 | 0 | 0 | 0 | 1 246 |

由以上回归模型求得马铃薯最高产量为 2 076 kg/亩，各因素投入量为：播期 5 月 25 日、密度 4 531株/亩、N 10.16 kg/亩、$P_2O_5$ 5.47 kg/亩、有机肥 2 559 kg/亩。产量比当地一般亩产 600 kg 增产 246%，反映出采用综合因素对马铃薯有巨大的增产作用。

## 三、不同地区马铃薯不同产量下的综合因素配合

### （一）陕西陕北黄绵土梯田马铃薯试验

马铃薯是陕北人民粮食作物之一，大多种在干旱、贫瘠的黄绵土坡地和梯田上。黄绵土肥力很低，土壤干旱，马铃薯产量很低，一般亩产 600 kg 左右。经多年增施肥料、培肥地力、改进农艺技术，土壤环境逐渐改善，马铃薯产量不断提高。根据多种试验进行归纳，黄绵土梯田不同目标产量所需肥料和农艺措施优化配方见表 26-14，以供参考。

表 26-14　陕北梯田马铃薯不同目标产量与肥料用量和农艺措施匹配方案

| 目标产量（kg/亩） | 播期 | 密度（株/亩） | N（kg/亩） | $P_2O_5$（kg/亩） | 有机肥（kg/亩） |
|---|---|---|---|---|---|
| 1 000 | 6 月 5 日 | 3 610 | 4.03 | 3.00 | 1 813 |
| 1 500 | 6 月 3 日 | 4 000 | 6.00 | 6.00 | 2 500 |
| 2 000 | 5 月 26 日 | 4 504 | 9.75 | 6.64 | 2 528 |
| 2 500 | 5 月 23 日 | 4 810 | 12.50 | 7.10 | 3 050 |

由表 26-14 可知，马铃薯产量是随播期适当提早、密度适当增加、N、$P_2O_5$、有机肥都适量增加而增高。从目前情况来看，如能按表 26-14 方案实施，马铃薯目标产量均可实现。最高产量可比原来一般亩产增高 4 倍以上。因此，加强陕北马铃薯高产技术的研究和推广是十分重要的课题。

### （二）甘肃高寒地区灰钙土马铃薯高产与不同养分配合试验

甘肃省民乐县的高寒地区，海拔 2 080 m，土壤为灰钙土，土壤养分含量：pH 8.11、有机质 1.69%、碱解氮 113 mg/kg、有效磷 56.1 mg/kg、速效钾 119 mg/kg，是属于高肥力土壤。无灌溉条件，但因海拔较高，气温低凉，日夜温差较大，适于马铃薯生长。该县农技推广中心范宏伟采用"3414"方案进行了马铃薯施肥量试验。试验结果是：马铃薯每亩最佳产量 3 126.8 kg，最佳施肥量为 N 17.34 kg、$P_2O_5$ 5.71 kg、$K_2O$ 12.56 kg。不施肥的对照产量为 1 088.9 kg，最佳产量比对照产量增加 187.2%，每亩绝对增产量为 2 038 kg，增产潜力十分巨大。

### （三）河北灌溉沙壤土上马铃薯高产与肥料配方试验

张朝春等在河北省张北县察北牧场的沙壤土上采用"3414"方案进行马铃薯施肥量试验。土壤肥力属于中等水平，低于甘肃的灰钙土，但有灌溉条件。他们田间试验的结果是：每亩最高产量为 3 720 kg，最高施肥量为 N 19.5 kg、$P_2O_5$ 10.8 kg、$K_2O$ 22.3 kg；最佳产量为 3 534 kg，最佳施肥量 N 14 kg、$P_2O_5$ 7.07 kg、$K_2O$ 14.27 kg。最佳产量比不施肥对照产量 1 637 kg 增加 1 897 kg；最高产量比不施肥对照产量增加 2 083 kg。增产潜力十分可观。

### （四）青海黄土高原丘陵区栗钙土马铃薯高产与肥料配方试验

青海省黄土高原丘陵地区栗钙土，土质良好，养分含量较高，有机质 2.87%、全氮 0.197%、碱解氮 126 mg/kg、有效磷 22.5 mg/kg、速效钾 182 mg/kg。气候冷凉，日照充足，昼夜温差大，非常适宜马铃薯生产，一般平均亩产 1 500 kg 以上，比全国平均亩产高 500 多 kg。青海省农业科学院土壤肥料研究所孙小风等采取农艺措施与合理施肥相结合的办法，研究不同生产模式对马铃薯产量的影响，使马铃薯产量得到大幅度提高。

## 四、马铃薯施肥技术

### （一）基肥

要使马铃薯高产，必须重视基肥的施用，现提倡有机肥作基肥的施用。根据目标产量和所需肥料，在播种时需将全部有机肥、P 肥、K 肥和 2/3 N 肥充分混合深施土内，施肥深度以 15 cm 左右为宜，有利于根系吸收。

### （二）追肥

追肥需在马铃薯开花以前进行，把剩余的 N 肥结合浇水施入土内，以穴施或沟施为好。

对晚熟品种的生长后期，还可进行根外追肥。一般可用 1% 的过磷酸钙溶液、0.2% 的硫酸钾溶液、0.1% 的高锰酸钾溶液进行喷施，可明显提高产量。此外，在花期喷施铜肥、稀土微肥都可提高马铃薯产量和质量。

### （三）一次性施肥

在十分干旱的雨养农业地区，由于土壤水分含量很低，生长期中进行追肥既难深施，又不易发挥作用。在这种条件下，可将所需肥料结合播种全部一次深施土内，比分次施肥效果更好。

现在已有不少地区把所需肥料提前到上年秋季雨季结束后结合最后一次耕地深施土内，提早把肥料储存在土内，使肥水相融，秋储春用，这种适应干旱地区的特殊施肥方法均已收到良好效果。

### （四）其他

根据地区特点，适当提早播种、增加栽培密度、起垄覆膜都可提高施肥效果，明显提高马铃薯产量。

# 第五节  棉花的养分吸收特点与施肥技术

## 一、棉花的养分吸收特点

### （一）营养元素对棉花的生理作用

**1. 氮**  N 是棉花生长的必需元素，它是蛋白质、核酸、磷脂、酶、生长激素、维生素、叶绿素的重要成分。在供 N 过多，出现旺盛时，应喷施矮壮素控制生长；供 N 过少，出现抑制生长时，应及时追施 N 肥或喷施 N 液促进生长。合理施用 N 是棉花正常生长发育、提高产量和品质的重要技术关键。

**2. 磷**  P 是棉花生长发育不可缺少的营养元素。P 被吸收到棉花体内，能加强碳水化合物的合成和转运，促进 N 的代谢和脂肪的合成，提高对外界环境的抗逆性和适应性。在棉花生育前期，P 能促进根系发育、幼苗生长；在发育中期能促进棉花营养生长向生殖生长的转变，使之早现蕾、早开花；在生育后期，P 能促进棉籽成熟，提高棉籽含油量，增加铃重，提早吐絮，提高产量。所以施用P 肥时，必须考虑微量元素的供应状况。

**3. 钾**  棉花是喜 K 作物，对 K 需要量很大，对棉花的生长发育有特殊作用。

K 能促进糖的代谢，促进棉花维管束的正常发育，厚角组织变厚，韧皮束变粗。K 能促进碳水化合物的转移，减少叶片中碳水化合物的累积，促进光合作用。K 能使棉花体内的糖类向聚合方向进行，进而促进棉花纤维的合成。K 能增加棉花细胞生物膜的持水能力，维持稳定的渗透性，从而提高棉花抗旱、抗冻、抗盐能力。

供 K 充足时，棉株体内可溶性氨基酸和单糖累积少，减少病原菌的营养来源。同时可使细胞壁增厚，表皮细胞硅质化程度增加，能增强抗病菌入侵的能力。当 K 水平高的时候，有利棉花体内酚类化合物的合成，可增强棉花的抗病能力。

K 能促进棉花输导组织及机械组织的正常发育，使棉花茎秆坚韧而不易倒伏。施 K 肥能增加原棉产量，提高纤维成熟度，增加单株铃及单铃重，增加种子含油量。

**4. 微量元素**  微量元素对棉花生长发育的生理功能有不可忽视和不可替代的重要作用应根据土壤测试结果，在平衡施肥过程中加以增补和控制。其中硼、锌、锰在棉花生长发育过程中起有特别重要的作用。硼对棉花生殖过程起重要作用，缺硼时"蕾而不花，花而不实"，充足供应硼时，能促进棉花对其他营养元素的吸收，促进棉花开花结铃。锌是棉花需要较多的微量元素，锌能促进生长素吲哚乙酸的合成，能促进棉花提早现蕾、开花和吐絮。提高霜前花率，增加棉铃单重和成铃数。锰是棉花叶绿体中必需的组成成分之一，它以结合态参加光合作用中水的光解。棉株细胞内有机酸的可逆反应都离不开锰的参与，因此锰能提高棉花的呼吸强度。锰是一些酶的活化剂和氧化还原剂，故能促进营养物质的转化和合成。锰的存在有利于淀粉酶的活动，促进淀粉的分解和糖类转移。

各种营养元素在棉花生理中都有各自的独特作用，但也有相似的作用。在营养元素之间，存在拮抗作用和协同作用，在平衡施肥中这些作用都应该密切关注。如钙离子能抑制棉花对钠的吸收，钙离子能促进棉花对钾的吸收；氮能促进棉花对磷的吸收；锌能促进棉花对氮的吸收等。了解这些交互作用，就有利于较好调控平衡施肥。

### （二）棉花不同生育阶段养分吸收的动态变化

李俊义等对棉花中熟品种各生育期养分吸收量进行了研究（图 26-15～图 26-17），结果表明，养分吸收量均随皮棉产量的增高而增高，如 N、$P_2O_5$、$K_2O$ 养分吸收量均表现为亩产皮棉 94.7 kg＞74.3 kg＞62.7 kg，说明产量越高，养分的需要量就越多。

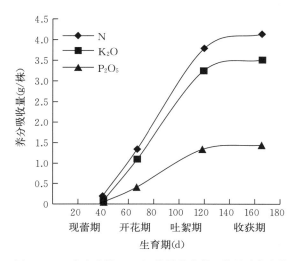

图 26-15　亩产皮棉 94.7 kg 的棉花养分吸收量动态变化

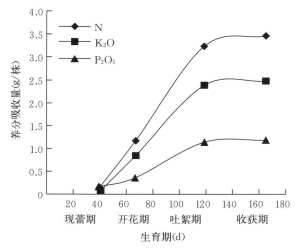

图 26-16　亩产皮棉 74.3 kg 的棉花养分吸收量动态变化

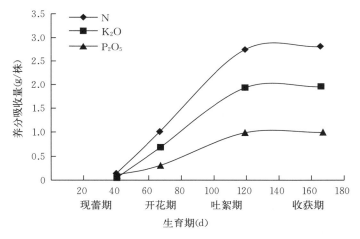

图 26-17　亩产皮棉 62.7 kg 的棉花养分吸收量动态变化

棉花对 N、P、K 需要量有很大的差异，在不同产量条件下，均表现为 N＞K＞P。其比例为亩产皮棉 94.7 kg 的是 1∶0.351∶0.853；74.3 kg 的是 1∶0.345∶0.734；62.7 kg 的是 1∶0.312∶0.705，其中 P、K 比例数均随棉花产量减低而降低。这对确定不同产量时的施肥量都有参考价值。

棉花不同生育期对 N、P、K 养分的吸收量有很大差异。由苗期到现蕾期，对各种养分吸收量都很少。由现蕾期开始，到吐絮期对养分的吸收迅速增加，在这个漫长的 80 d 内，对养分吸收量呈线性增加，在这一营养生长和生殖生长交互发展的阶段，养分吸收量几乎占到养分总吸收量的 90% 以上。从吐絮期到收获期，养分吸收量很少，呈停滞状态，在这 45 d，虽然对养分的吸收很少，但在棉株体内，由茎、叶中所储备的各种养分却不断地转移到棉铃和种子中，促进纤维和种子发育成熟。由此可以看出，棉花一生中花铃期是养分最需要的时期，要特别注意花铃期的养分供应。

## 二、不同棉种的施肥效应

### (一)陆地棉施肥效应

**1. NP 配合对陆地棉增产效应**　关中地区原为国家棉花重点产区，但棉花产量一直处在每亩 30～50 kg 的地产水平。为了提高棉花产量，在关中临潼不同土壤上对棉花进行了两年 NP 配合的肥效试验。采用二因素饱和 D 最优回归设计。根据试验结果，按土壤基础产量进行分类，用 SAS 系统进行统计分析，并计算出最高产量和最高施肥量、最佳产量与经济施肥量，结果见表 26-15。可以看出，供试的两种土壤，在不同基础肥力水平下，N 和 P 配合对棉花有明显增产作用。对高土壤肥力而言，在塿土上最高产量达 275 kg/亩，在黄墡土上最高产量达 236 kg/亩，对低肥力土壤，增产幅度更大。

表 26-15　氮磷效应方程及计算的产量和施肥量

| 土壤 | 土壤肥力产量<br>(kg/亩) | 效应方程 | 最高产量<br>(kg/亩) | 常规施肥量<br>(kg/亩) | 最佳产量<br>(kg/亩) | 经济施肥量<br>(kg/亩) | 试验次数<br>(次) |
|---|---|---|---|---|---|---|---|
| 塿土 | <100 | $y = 89.056 + 4.744x_1 + 2.527x_2 + 0.004\,5x_1x_2 - 0.128x_1^2 - 0.051x_2^2$ | 148 | 9.74<br>13.25 | 134 | 7.65<br>7.30 | 19 |
| | 100～150 | $y = 129.248 + 4.493x_1 + 5.814x_2 - 0.021\,5x_1x_2 - 0.087x_1^2 - 0.116x_2^2$ | 210 | 10.34<br>10.60 | 199 | 8.08<br>8.49 | 56 |
| | >150 | $y = 183.489 + 7.92x_1 + 5.743x_2 - 0.003\,5x_1x_2 - 0.219x_1^2 - 0.167x_2^2$ | 275 | 8.95<br>8.41 | 263 | 7.84<br>6.68 | 37 |
| 黄墡土 | <100 | $y = 80.877 + 3.677x_1 + 3.006x_2 + 0.008x_1x_2 - 0.108x_1^2 - 0.074x_2^2$ | 131 | 9.27<br>11.17 | 118 | 6.73<br>6.92 | 24 |
| | 100～150 | $y = 127.724 + 3.848x_1 + 2.033x_2 + 0.005x_1x_2 - 0.082x_1^2 - 0.031x_2^2$ | 179 | 12.86<br>8.47 | 172 | 9.31<br>8.42 | 35 |
| | >150 | $y = 168.87 + 3.326x_1 + 5.694x_2 - 0.015x_1x_2 - 0.053x_1^2 - 0.162x_2^2$ | 236 | 13.52<br>7.57 | 224 | 9.39<br>6.13 | 22 |

注: $x_1$ 为 N，$x_2$ 为 $P_2O_5$，产量为籽棉含量，施肥量上为 N，下为 $P_2O_5$。

　　最高产量的最大施肥量高于最佳产量的经济施肥量，但最佳产量低于最高产量。以经济效益计算，在塿土上每亩产籽棉 275 kg，折合皮棉 91.67 kg，需 N 8.95 kg、$P_2O_5$ 8.41 kg，皮棉总价 421.7元，肥料总价 21.62 元；每亩最佳产量籽棉 263 kg，折合皮棉 87.67 kg，总价为 403.27 元，所需肥料 N 7.84 kg、$P_2O_5$ 6.68 kg，肥料总价 17.98 元，最高产量棉花总价比最佳棉花总价高 18.43 元，最高产量的肥料价格比最佳产量的肥料价格高 3.64 元。由此可见，最高产量的施肥量经济效益是高于最佳产量施肥量的经济效益，说明对棉花用最大施肥量是值得的。

　　**2. NP 在陆地棉生产中的交互作用**　NP 配合施用比 N、P 单独施用有明显增产作用，主要原因之一就是因为 NP 配合施用具有交互作用。通过交互作用，可以确定两因素是否是棉花限制因素，且属于何种限制因素，有利于配方施用。分析结果见表 26-16。

　　由表 26-16 看出，在塿土上前两个处理，NP 均为拮抗性交互作用，两因素均成为拮抗性限制因素，这可能与在土壤中存有其他限制因素未被克服有关；而第三个处理，NP 却变为连乘性交互作用，两因素变成米采利希限制因素，说明该土壤肥力较高，NP 两因素的施用量和配比都处于对棉花平衡供应的状态，已进入棉花高产需要的阶段。在黄墡土上，第一个处理，NP 两因素成为拮抗性交互作用，说明该土壤肥力较低，还存有其他限制因素；而另外两个处理，NP 均成为连乘性交互作用，并都成为米采利希限制因素，都已进入棉花高产阶段的供应状态，当施肥量再增加，棉花产量能继续增产。

表 26 - 16　NP 在棉花生产中的交互作用

| 土壤类型 | 相对产量 | | | N×P | $\dfrac{N+P}{N\times P}$ 比例 | 交互作用类型 | 效应（%） | | | | 限制因素类型 | | 对照产量（kg/亩） | NP 的交互作用值 |
| | 单独 | | 配合 | | | | 单独 | | 配合 | | | | | |
| | N | P | N+P | | | | N | P | N | P | N | P | | |
| 塿土 | 1.38 | 1.28 | 1.66 | 1.76 | 0.94 | Ant | 38 | 28 | 30 | 20 | Ant | Ant | 89 | 16 |
| | 1.27 | 1.38 | 1.63 | 1.75 | 0.93 | Ant | 27 | 38 | 18 | 28 | Ant | Ant | 129 | 17 |
| | 1.3 | 1.2 | 1.5 | 1.56 | 0.96 | SA | 30 | 20 | 25 | 15 | M | M | 183 | 10 |
| 黄塿土 | 1.31 | 1.31 | 1.62 | 1.72 | 0.94 | Ant | 31 | 31 | 24 | 24 | Ant | Ant | 81 | 14 |
| | 1.28 | 1.12 | 1.4 | 1.43 | 0.98 | SA | 28 | 12 | 25 | 9 | M | M | 128 | 6 |
| | 1.21 | 1.19 | 1.4 | 1.44 | 0.97 | SA | 21 | 19 | 18 | 16 | M | M | 169 | 6 |

注：Ant 为拮抗作用和拮抗因素，SA 为连乘作用，M 为米采利希限制因素。棉花产量指籽棉产量。

### （二）海陆杂交中长绒棉施肥效应

**1. 中长绒棉的磷肥效应试验**　供试土壤有机质含量 1.2%、碱解氮 72 mg/kg、有效磷 7.4 mg/kg，极缺磷。因此专门设计了施用磷肥对棉花产量和品质的影响试验。在每亩施 N 7.5 kg 和 $K_2O$ 3.75 kg 基础上，施用不同用量的 $P_2O_5$。试验结果见图 26 - 18。从结果看出，在 NP 施肥基础上，皮棉产量随施 $P_2O_5$ 量的增加而增加，当施 $P_2O_5$ 量 12.5 kg 时，皮棉亩产达到 106.09 kg，比不施 P 对照增产 51.9%，说明在关中地区缺磷土壤上增施磷肥可大幅度提高陆海杂交棉"抗 34"的皮棉产量，由此表明"抗 34"在关中地区有很大的生产潜力。

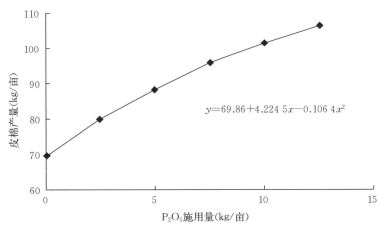

$$y = 69.86 + 4.224\,5x - 0.106\,4x^2$$

图 26 - 18　$P_2O_5$ 施用量对皮棉产量的影响

施用磷肥对棉花生物性状也有明显影响，结果见表 26 - 17。施磷肥比不施磷肥，开花期提早 2～3 d，吐絮期提早 2～4 d，单株伏前桃增加 0.4～1 个，伏桃增加 1.6～2.8 个，单铃重增加 0.1～0.4 g，衣分增加 0.33～0.64 个百分点，但施 P 量增至 12.5 kg/亩时，衣分则减低 0.26 百分点。由此得出 $P_2O_5$ 施用量以 7.5～10.0 kg/亩为宜。

表 26-17　施磷量对中长绒棉棉花生物性优桃状的影响

| 施肥量（kg/亩） | | | 开花期 | 吐絮期 | 伏前桃 | 伏桃 | 单铃重（g） | 衣分（%） |
|---|---|---|---|---|---|---|---|---|
| N | K₂O | P₂O₅ | （日/月） | （日/月） | （个/株） | （个/株） | | |
| 7.5 | 3.75 | 0 | 10/7 | 20/8 | 6.6 | 11.9 | 6.1 | 34.36 |
| 7.5 | 3.75 | 2.5 | 8/7 | 18/8 | 7.0 | 13.5 | 6.2 | 34.86 |
| 7.5 | 3.75 | 5.0 | 8/7 | 17/8 | 7.1 | 14.6 | 6.4 | 34.98 |
| 7.5 | 3.75 | 7.5 | 8/7 | 17/8 | 7.4 | 14.5 | 6.4 | 35.00 |
| 7.5 | 3.75 | 10.0 | 8/7 | 17/8 | 7.5 | 14.7 | 6.4 | 34.69 |
| 7.5 | 3.75 | 12.5 | 7/7 | 16/8 | 7.6 | 14.5 | 6.5 | 34.08 |

对纤维进行检验，从结果看出（表 26-18），增施磷肥的各个处理之间的绒长、细度没有明显差异，但对单桃和断裂长度则有显著差异，不施 P 的对照处理棉绒单桃重为 3.37 g，而施 P 的各处理为 3.69～4.07 g；断裂长度为 22.46～24.91 km。以亩施 $P_2O_5$ 5～7.5 kg 效果最好。单桃重和断裂长度分别较对照提高 0.7 g 和 2.03 km，绒长 35 mm，细度 6 122～6 217 公支，达到优质中长绒棉标准。

表 26-18　磷肥对中长绒棉花纤维性状的影响（水浇地）

| 施肥量（kg/亩） | | | 绒长 | 主体长度 | 细度 | 断裂长度 | 单桃重（g） |
|---|---|---|---|---|---|---|---|
| N | K₂O | P₂O₅ | （左右分梳 mm） | （mm） | （公支） | （km） | |
| 7.5 | 3.75 | 0 | 35.47 | 32.78 | 6 254 | 21.88 | 3.37 |
| 7.5 | 3.75 | 2.5 | 35.10 | 31.48 | 6 032 | 22.46 | 3.78 |
| 7.5 | 3.75 | 5.0 | 35.47 | 32.48 | 6 122 | 24.91 | 4.07 |
| 7.5 | 3.75 | 7.5 | 34.95 | 31.99 | 6 217 | 24.01 | 3.88 |
| 7.5 | 3.75 | 10.0 | 35.40 | 31.58 | 6 213 | 22.85 | 3.69 |
| 7.5 | 3.75 | 12.5 | 34.77 | 32.42 | 6 163 | 22.82 | 3.71 |

**2. 中长绒棉氮磷钾效应试验**　根据土壤养分测定和田间各种肥效试验结果，对"抗 34"棉花确定了数种不同类型的 N、P、K 掺合肥料配方，并以此进行了多点田间肥效比较试验，结果见表 26-19。从试验结果看出，在 N、P、K 三元素配方中，凡是不施 N、不施 P、不施 K 的，棉花产量都明显减产，说明在关中地区"抗 34"棉花都需要施用 N、P、K；比对照增产 90% 以上的掺合肥料配方是 7.5-7.5-15.0 和 12.9-12.9-11.25，分别比对照增产 91.1% 和 104.6%，实际亩产皮棉分别为 103.2 kg/亩和 110.5 kg/亩，创当地历史最高纪录，已达到新疆长绒棉高产水平。说明只要选好棉花品种、实施测土配方施肥，关中地区棉花提高到一个更高水平是完全可能的。

表 26-19　不同掺合肥料配方对"抗 34"棉花产量的影响

| 施肥量（kg/亩） | | | 皮棉产量（kg/亩） | 比对照增产（%） |
|---|---|---|---|---|
| N | P₂O₅ | K₂O | | |
| 0 | 0 | 0 | 54.0 | — |
| 0 | 7.5 | 3.75 | 75.0 | 38.9 |
| 15 | 7.5 | 3.75 | 92.2 | 70.7 |

（续）

| 施肥量（kg/亩） | | | 皮棉产量（kg/亩） | 比对照增产（%） |
|---|---|---|---|---|
| N | P₂O₅ | K₂O | | |
| 2.1 | 12.9 | 11.25 | 94.6 | 75.2 |
| 12.9 | 12.9 | 11.25 | 110.5 | 104.6 |
| 7.5 | 0 | 3.75 | 75.6 | 40.0 |
| 7.5 | 15 | 3.75 | 88.7 | 64.3 |
| 7.5 | 7.5 | 0 | 72.0 | 33.3 |
| 7.5 | 7.5 | 7.5 | 93.5 | 73.1 |
| 7.5 | 7.5 | 15.0 | 103.2 | 91.1 |

## 三、棉花施肥技术

### （一）施肥时期

根据棉花不同生育期的营养要求来确定适宜的施肥时期和肥料用量从理论上说是合理的，但由于受到气候条件和土壤性状的限制，在实践上就不一定完全能按照纯理论来实施。因此，棉花适宜施肥时期和施肥量分配的确定，最后还必须经过实践来确定。

许多地区的试验结果表明，土壤保水保肥能力较强的棉田，对早熟棉花品种，全部氮肥一次基施或基施、蕾追各半，产量比后期一次施用或多次施用明显增产（表 26-20）。所以对棉花早熟品种来说，在土壤性状允许的情况下，可以考虑全部氮肥一次基施，效果较好。但为了保险起见，可用总氮量的一半作基肥、另一半提早到蕾期作追肥，效果也比较好。

**表 26-20　早熟品种氮肥不同施用时期试验皮棉产量结果**（褐土，中棉 16，安阳）

单位：kg/亩

| 序号 | 处理 | 重复 1 | 重复 2 | 重复 3 | 重复 4 | 平均 |
|---|---|---|---|---|---|---|
| 1 | 无肥对照 | 51.1 | 52.3 | 50.8 | 50.1 | 50.07 |
| 2 | 全部基肥 | 68.3 | 68.8 | 65.6 | 67.0 | 67.43 |
| 3 | 基施、蕾追各半 | 63.4 | 63.9 | 66.1 | 64.8 | 64.55 |
| 4 | 基施、花追各半 | 55.6 | 54.7 | 57.8 | 54.4 | 55.63 |
| 5 | 全部蕾追 | 56.4 | 54.8 | 62.1 | 62.3 | 58.90 |
| 6 | 全部花追 | 52.2 | 50.7 | 54.6 | 52.9 | 52.60 |

P、K 肥的适宜施用时期已有定论，即全部用作基肥。因 P、K 施入土壤后，移动性小，不易损失。所以提早作基肥施用，等于把 P、K 肥保存在土壤里，等待利用；同时基肥可比追肥施得深些，有利棉根吸收利用，促进根系向下伸长。

### （二）施肥方法

现在由于农业机械的发展，使肥料深施有了保障。磷钾肥应通过机械化作业深施土内。施肥方法：一是只将磷钾肥和部分氮肥均匀撒在地面，通过深耕翻入土内，深度为 15～20 cm；二是通过播种、施肥联用机把肥料集中深施土内，肥料在种子侧下，种肥相隔 7～10 cm，肥料深施在 15 cm 以下。生育期中追肥，也必须进行深施，否则效果不佳。现在许多地区正在推行液肥滴灌，既能提高肥效，又能节省肥料，是今后棉花施肥的主要发展方向。

# 第六节　油菜的养分吸收特点与施肥技术

## 一、油菜生长特性

油菜是十字花科植物，可分为白菜型、芥菜型和甘蓝型 3 种类型。油菜根属直根系，一般在经常深耕的旱农地区，主根可纵深伸长到 40~50 cm，最深可达 100 cm，因此油菜要求肥料深施。

油菜的生长期春油菜为 80~130 d，冬油菜为 160~280 d。整个生育期可分为发芽出苗期、蕾薹期、开花期、角果发育期和成熟期 5 个阶段。一般蕾薹期至开花期是油菜需水需肥的临界期。因此加强对这一时期的肥水管理，是获得油菜高产优质的关键时期。

## 二、油菜的养分吸收特点

### （一）主要营养元素对油菜生长发育与产量的影响

在油菜生长发育过程中，N、P、K 和微量元素硼的作用显得特别重要。其中 N 是油菜生长发育需要较多的营养元素，增施氮肥能明显提高油菜叶面积、角果面积、种子结构与品质，在一定施肥量范围内，施 N 量与油菜产量之间呈正相关关系。

一般油菜对 P 很敏感，充分供应 P，能促进油菜根系发展，增强植株抗寒、抗旱能力，特别是能提高菜籽的含油量。

K 也是油菜主要的营养元素之一。在缺 K 土壤上施用钾肥能促进油菜健壮生长，不仅能使油菜叶长、叶宽、叶厚，并能提早抽薹和提早成熟，角果数、千粒重都有增加，产量明显提高。

微量元素硼的丰缺对油菜的生长发育特别敏感。当油菜缺硼的时候，苗期根呈褐色，新根少，茎生长点色淡变白，甚至萎缩坏死，叶暗绿、皱缩，或有紫红色斑块。严重时，冬季易死苗缺棵。在开花后期到结荚期，植株上部叶尖及边缘呈紫红色，叶片畸形，根呈褐色，有肿大现象，花序变短，顶端花蕾脱落，幼角果呈紫红色，且不伸长膨大，籽粒很少。由于花序生长点易萎缩死亡，往往在叶腋中丛生细小分枝，继续不断开花，但不易结实，即所谓"花而不实"。

不同施肥处理的籽实产量差异非常之大，而籽实中的含油百分率却差异不大。经统计，不同施肥处理下单位面积产油量悬殊。如施 NP、NPK 的产油总量每亩分别为 167.36 kg 和 176.39 kg，比单施 PK 每亩产油总量 127.49 kg 分别增加 31.3% 和 38.4%；比单施 P 每亩产油总量 119.31 kg 分别增加 40.3% 和 47.8%；比单施 K 每亩产油总量 102.37 kg 分别增加 63.5% 和 72.3%。单位面积籽实总产量越高，产油总量也就越高。所以对油菜配方施肥的制订应首先考虑籽实产量的提高；然后考虑籽实含油百分率的提高。另外，也应该看到，增施氮肥可以明显提高菜籽中蛋白质的含量。提取菜籽的油分以后，剩下的油饼可作优质有机肥料，在硫苷含量允许（＜0.3%）的条件下，也可作优质饲料，经济效益是很高的。所以对油菜的配方施肥，绝对不可片面追求油分的百分含量而减少籽实产量。因此在制订油菜配方施肥方案的时候，首先要增施氮肥，保证籽实产量，然后配置 PK 肥，保证含油百分率。

### （二）油菜不同生育阶段养分需要量的动态变化

油菜不同生育阶段对不同营养元素的需求量是不同的，在不同生育期植株的吸收养分在不同器官的分配和转移也是不同的。

由表 26-21 看出，冬油菜的苗期很长，此期的吸 P、吸 K 量都较低，而吸 N 量较高，占全生育期总吸收量的 43.9%，主要是满足叶片和根系生长的需要；薹期吸 P 量仍保持较低水平，但吸 N 量和吸 K 量增加，分别占全生育期总的吸收量 44.8% 和 48.3%，主要是满足茎、叶大量生长的需要；开花—成熟期吸 N 量和吸 K 量大大降低，而吸 P 量大大增加，占全生育期总吸磷量的 46.1%，主要是满足开花、结荚和籽粒生长的需要。

表 26-21　油菜不同生育阶段对 N、P、K 的吸收量（朱鸿勋）

| 生育期 | 生育天数 (d) | N | | P₂O₅ | | K₂O | |
| --- | --- | --- | --- | --- | --- | --- | --- |
| | | g/株 | % | g/株 | % | g/株 | % |
| 苗期 | 154 | 0.359 1 | 43.9 | 0.073 | 23.4 | 0.236 1 | 29.7 |
| 薹期 | 34 | 0.364 7 | 44.6 | 0.095 | 30.5 | 0.384 6 | 48.3 |
| 开花—成熟 | 49 | 0.093 9 | 11.5 | 0.143 8 | 46.1 | 0.175 6 | 22.0 |
| 合计 | 237 | 0.817 7 | 100 | 0.311 8 | 100 | 0.796 3 | 100 |

从不同生育期累计养分吸收量来看（图 26-19），油菜不同生育期对养分的吸收量 N＞K＞P。

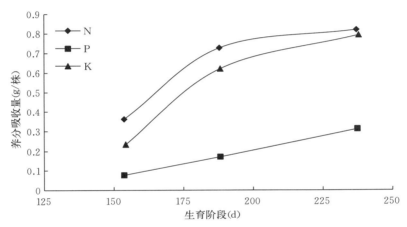

图 26-19　油菜不同生育阶段对 N、P、K 累积吸收量

由整个苗期到整个薹期是 N、K 需要量最多的时候，薹期以后需要量便逐渐减少；对 P 素的需要量在整个生育期是逐渐增加。说明油菜生长的前期和中期都需要有充分的 N、K 供应；从前期、中期到后期都需要有充分的 P 供应。这为油菜的合理施肥提供了科学依据。

## 三、油菜施肥效应与推荐施肥量

### （一）陕西洛川施肥试验

在黄土高原洛川县进行了冬油菜 N、P、有机肥效应试验，养分的单独施用效应见图 26-20 和图 26-21。从结果看出，油菜籽粒产量均随 N、P、有机肥的增加而增加，其中磷肥的增产效应呈线性模型，氮肥、有机肥的增产效应呈递增模型。有机肥含有大量的速效钾。故在黄土高原旱塬地区，对油菜施用 N、P 和有机肥都有显著增产作用。

根据 N、P、有机肥（M）三因素三次重复的试验结果，建立了回归模型。

$$y = 76.25 + 5.24X_1 + 4.37X_2 - 50.05X_3 - 0.417X_1X_2 - 4.055X_1X_3 + 2.593X_2X_3 + 0.43X_1^2 - 0.055X_2^2 + 160.495X_3^2$$

式中，$X_1$ 为 N 实际施肥量；$X_2$ 为 $P_2O_5$ 实际施肥量；$X_3$ 为有机肥实际施肥量；$y$ 为油菜籽粒产量。$R_2=0.835\,9$，$Pr>F=0.053\,23$。依据以上模型，求得油菜不同籽粒产量时的施肥量，见表 26-22。

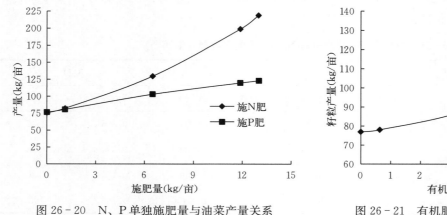

图 26-20　N、P 单独施肥量与油菜产量关系

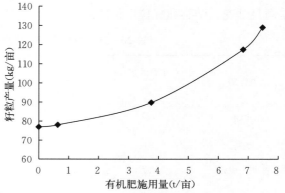

图 26-21　有机肥施肥量与油菜产量关系

**表 26-22　油菜不同产量的需肥量**

| 产量（kg/亩） | N（kg/亩） | $P_2O_5$（kg/亩） | 有机肥（t/亩） |
|---|---|---|---|
| 100～125 | 2.57～4.88 | 3.57～5.78 | 2.8～3.3 |
| 125～150 | 5.41～7.63 | 6.07～6.73 | 3.4～4.1 |
| 150～175 | 8.20～9.97 | 6.79～6.77 | 4.3～4.8 |
| 175～200 | 10.57～11.82 | 6.71～6.53 | 4.9～5.2 |
| >200 | 12.46 | 6.41 | 5.3 |

当地农民一般油菜籽粒产量为 70 kg/亩左右。因此要把油菜产量提高到每亩 200 kg，这应该说是一个很大的突破。作者的试验结果证明，在黄土高原的平原地区，认真实施优良的耕作栽培技术，如及时深耕、适当提早播种、合理密植（每亩留苗 9 000 株）、冬前及时培土壅根等，再加合理施用肥料，获得亩产 200 kg 籽粒产量是比较容易的。

### （二）青海川水地和浅山地试验

青海省农业科学院鲁剑巍等在川水地和浅山地对甘蓝型油菜进行了 N、P、K、有机肥配合试验，在试验结果基础上，提出了不同土壤肥力和不同目标油菜产量的推荐施肥方案，见表 26-23。

**表 26-23　青海甘蓝型油菜配方施肥推荐方案**

| 地区 | 肥力水平 | 计划产量（kg/亩） | 有机肥（m³/亩） | 施肥量（kg/亩） N | $P_2O_5$ | $K_2O$ | N：$P_2O_5$：$K_2O$ |
|---|---|---|---|---|---|---|---|
| 川水地 | 高 | 300 | 3.5 | 8.8 | 5.9 | 2.3 | 1：0.67：0.26 |
| | 中 | 250 | 3.5 | 7.6 | 5.0 | 2.3 | 1：0.66：0.30 |
| | 低 | 200 | 3.5 | 6.1 | 6.7 | 2.3 | 1：1.10：0.38 |
| 浅山地 | 高 | 250 | 3.0 | 7.3 | 4.7 | 2.7 | 1：0.64：0.37 |
| | 中 | 200 | 3.0 | 7.1 | 4.5 | 2.7 | 1：0.63：0.30 |
| | 低 | 150 | 3.0 | 6.0 | 3.4 | 2.7 | 1：0.57：0.45 |

鲁剑巍等又根据油菜籽目标产量和土壤供肥能力作出新的推荐施肥量（表 26-24）。最高油菜籽产量每亩可达到 250 kg。

表 26 - 24　根据油菜籽目标产量和土壤供肥能力的推荐施肥量（鲁剑巍等）

| 目标产量（kg/亩） | 氮肥推荐用量（kg/亩） | | |
| --- | --- | --- | --- |
| | 高肥力田块 | 中肥力田块 | 低肥力田块 |
| <50 | <2.5 | <4.5 | <5.5 |
| 50～100 | 2.5～4.5 | 4.5～8.0 | 5.5～9.0 |
| 100～150 | 4.5～6.0 | 7.0～10.0 | 9.0～12.0 |
| 150～200 | 6.0～8.0 | 10.0～13.0 | 12.0～16.0 |
| 200～250 | 8.0～11.0 | 13.5～18.0 | 15.0～21.0 |

| 目标产量（kg/亩） | 磷肥推荐用量（kg/亩） | | | |
| --- | --- | --- | --- | --- |
| | <5 mg/kg | 5～10 mg/kg | 10～20 mg/kg | >20 mg/kg |
| <50 | 2.5 | 2.0 | 1.5 | 0 |
| 50～100 | 2.5～5.0 | 2.0～4.0 | 1.5～2.5 | 0 |
| 100～150 | 5.0～8.5 | 4.5～7.0 | 2.5～4.5 | 2.0～3.0 |
| 150～200 | 8.5～11.5 | 7.0～8.5 | 4.5～6.0 | 3.0～4.0 |
| 200～250 | 11.5～13.5 | 8.5～10.0 | 6.0～7.5 | 4.0～5.0 |

| 目标产量（kg/亩） | 钾肥推荐用量（kg/亩） | | | |
| --- | --- | --- | --- | --- |
| | <50 mg/kg | 50～100 mg/kg | 100～130 mg/kg | >130 mg/kg |
| <50 | 7.0 | 6.0 | 2.0 | 0 |
| 50～100 | 7.0～12.5 | 6.0～10.0 | 2.0～4.0 | 0 |
| 100～150 | 12.5～19.5 | 10.0～16.0 | 4.0～5.5 | 2.0～3.0 |
| 150～200 | 19.5～24.0 | 16.0～20.0 | 5.5～6.0 | 3.0～4.0 |
| 200～250 | 24.0～28.0 | 20.0～24.0 | 6.5～8.0 | 4.0～5.0 |

## 四、油菜施肥技术

我国北方旱农地区油菜多数是直播的，只有在水利条件较好地区才进行移栽。因此施肥技术也有所差别。油菜施肥一般分为基肥、种肥、追肥和根外追肥。大致情况如下。

**（一）基肥**

施肥量的分配以基肥为主。有机肥、60%～70%的氮肥、全部磷肥和钾肥都作为基肥施用，结合最后犁地，撒施表面，深耕翻入土内，施肥深度以 15～20 cm 为宜。油菜是深根作物，肥料施浅不利根系吸收，会影响肥效，同时也会影响根系向深处生长，减弱抗旱、耐寒能力，延缓幼苗生长。

**（二）种肥**

西北地区许多农民有施种肥的习惯，并认为这是一项节约用肥，提高肥效利用率的好方法。一般亩施尿素和磷酸二铵各 2.5 kg，于种子混匀后条施在种子行内。油菜种子很小，养分含量不多，出苗后因根系细小，吸收土壤养分能力很弱，施用种肥就能及时供给幼苗根系吸收，有利幼苗快速生长。

**（三）追肥**

追肥一般分两次进行，第一次结合间苗、定苗追施剩余氮肥的 30%～40%，供幼苗生长所需，加速油菜在年前的营养生长，促进根系发育，达到壮苗越冬，搭好丰产架子。追肥方法可采用开沟或穴施，也可结合中耕松土埋肥。第二次是在抽薹期追施剩余氮肥的 60％～70％，此期油菜吸 N 量最多，约占总吸 N 量的 40％。追施薹肥可促进油菜早发、稳长、薹粗、健壮、枝多、果多、粒重高产，是施肥的关键时期。施肥方法仍以开沟条施、穴施为佳，施后应及时覆土。

**（四）根外追肥**

在苗期和蕾薹期，亩用 0.5～0.75 kg 尿素加 100 g 磷酸二氢钾，兑水 50 kg 进行根外追肥，可促进壮苗和增粒。

油菜是需硼较多的作物，在播种时未施硼肥的话，可在现蕾期喷施 0.1％～0.2％ 的硼砂或硼酸，也可在尿素与磷酸二氢钾溶液中加入硼砂或硼酸 50～100 g 一起喷施，有利花粉发育，增粒增产。

# 第七节　烟草的养分吸收特点与施肥技术

我国烟草种植面积每年约 1 100 万亩，居世界第一位。但品质不是很高，不能满足消费者的需要，更影响出口贸易。因此，如何提高烟草品质是发展我国烟草行业的当务之急。

## 一、烟草的生长特点

了解烟草的生长特点，对调控烟草正常的生长发育、提高产量和改善品质有很大帮助。

### （一）根系生长特点

烟草的根系分为主根、侧根和不定根。由于移栽时主根被切断，侧根和不定根便成为烟草根系的主要部分。根系的发达与否，与土壤性质和肥料施用有极大关系，在沙土或粉沙土上生长的烟草，根系长 100 cm 以上，而且侧根数量多，有利于对水分和养分的吸收。而在黏质土壤上，根系最长只有 90 cm 左右，侧根数量少，因而对水分和养分吸收的能力就较弱。在黄土高原黄绵土和沙性土壤上的烟草，根系深度 100 cm 左右，有的甚至达 130 cm。

pH 5～9 的土壤中，烟草根系都可生长，但以 pH6.5 左右最好。烟草施 N 根系发育较强，根系长 35 cm，NP 配合根系更长，根系长 50 cm，N、P、K 三元素配合（1∶1∶2），根系长达 80 cm，在 N、P、K 配合基础上，再施微量元素铜、铁、锰、锌、硼，根系可增长 20 cm。增施磷肥能促进生长点的生长。充足的养分供应，能加快根毛的生长，根毛越多，对养分、水分吸收面积越大，吸收能力就越强。

根的生理功能主要是吸收水分和养分，储藏和运输物质，不少有机物和氨基酸主要是在根部合成的。因此，根系生长状况直接影响到烟叶中烟碱的含量，从而影响烟草的品质。

### （二）茎的生长特点

烟草的茎是由顶芽不断分生而成。烟茎的生长是初期慢，中期快，后期慢，直至停止生长。

烟草的茎是绿色，内含叶绿素，能进行光合作用，还含有少量的烟碱。

茎秆的粗细与节间长短，同栽培条件、施肥、灌水、密度等有关。一般水肥充足时茎秆就粗；水分足，密度大，氮肥多，则茎秆细。叶片与茎节间长出腋芽（俗称烟杈），每个腋芽都可发育成分枝，故在现蕾开花或打顶以后必须打杈，否则会消耗养分和水分，影响烟叶生长。

茎的输导组织能将吸收的水分和糖输送到叶中去，同时还能把有机营养、激素和其他代谢产物通过韧皮部的筛管，在植物各器官之间进行传递。

### （三）叶的生长特点

人们种植烟草的主要目的就是收获烟叶，这是商品部分。烟草叶片的多少决定于不同的烟草品种，多叶型品种叶片多达 30～40 片，少叶型品种叶片只有 18～24 片。另外叶片数多少与环境条件也有密切关系。移栽过早，遇到低温，叶片减少；移栽后风调雨顺，温度、湿度适宜，叶数就会相应增多。叶片的生长速度，初期快于后期，增长快于增宽。叶片大小及厚度与土壤肥力和肥料种类有关，土壤肥力过高，叶片大而薄；肥力过低，叶片小而薄；氮肥过多，叶片大而薄；磷肥较多，叶片厚而大。烟农追求的是叶大叶厚的上等烟。

叶片的生理功能主要是光合作用，即通过叶绿体吸收阳光的能量同化二氧化碳和水制造有机物质。光合作用以中部叶最强，上部叶次之，下部叶最差。叶片占全株光合作用总面积的 92%，而同化的二氧化碳占全株的 98%，茎与花的光合作用很弱。

叶片另一生理机能是通过叶面的强烈蒸腾作用，促进水分吸收、运转、降低体内温度，促进无机盐的运输积累。

叶片正反两面都会有大量气孔，能吸收各种营养元素，故在生长过程中喷施微量元素、稀土元素以及抗生菌和促熟剂，都有良好的增产作用。

### （四）花、果、种子的生长特点

根、茎、叶等营养器官都为营养生长，花、果实、种子等生殖器官都为生殖生长。当茎顶端生长点停止分化叶芽而开始分化花芽时，营养生长便转入生殖生长。这是决定烟草产量和品质的关键时期。这一时期，腋芽和株顶生长非常迅速，如不及时打顶、除杈，不仅消耗大量养分和水分，还会使叶片中烟碱大量降低，影响品质。同时也要控制水分和氮肥，如水分、氮肥供应过多，则会产生贪青晚熟，甚至出现"二次生长"，严重影响烟叶品质。

## 二、烟草的养分吸收特点

### （一）不同营养元素对烟草的生理作用

**1. 氮的作用**　烟草中的烟碱为氮杂环化合物，其中含氮 17.3%，所以氮是烟碱的重要成分。烟叶中的含氮量一般 2% 左右。氮供应适当，烟草形成较大的叶片，叶色正常，产量和品质都比较好；了解烟草对氮的吸收规律和土壤的供氮能力是十分重要的。

**2. 磷的作用**　烟草根系的生长发育，植株的开花、结果都需要有磷的参与。磷能促进蔗糖和淀粉的合成、运输和分解，能改善碳水化合物和蛋白质的比例关系，提高烟草品质。磷供应过多，会促使叶片吸氮量过多，合成的干物质加速输出，各个生育期会提前，导致烟叶叶脉突出，组织粗糙，油分少，弹性差，易破碎。

**3. 钾的作用**　钾能促进氮、磷等元素的吸收和代谢，对碳水化合物的合成、转化都起重要作用。钾供应充足，植株机械组织发育好，茎坚韧，抗病抗倒能力强，烟叶组织细致，色泽鲜亮，香气好，烟灰白，燃烧性强。钾供应不足，会引起原生质的破坏，蛋白质的水解；并由下部叶开始，逐渐向上发展，使叶片粗糙发皱，叶尖和叶缘向下卷曲，叶片下垂，叶尖和叶缘发黄，出现缺绿斑点，以致坏死；烟叶烤后的色泽、香气、燃烧性都大大降低。优质烟含钾量应达到 2% 以上，有时可达 4%～5%。

**4. 钙、镁、硫、氯的作用**　钙存在于细胞中，呈果胶酸钙形态，能加固细胞壁，增强抗病虫害能力。植株体内钙离子浓度增加，蛋白质和酰胺含量也会增加。在代谢过程中所产生的有机酸对植物有毒害作用，而钙和有机酸如草酸形成草酸钙结晶而解除其毒害。钙与铵有拮抗作用，能使过剩的铵离子不致危害植物，且能促进植物体内铵离子的转化，减轻铵离子的毒害。钙在植物体内移动很弱，老叶中含钙量多于嫩叶。

镁存在于叶绿素中，镁能促进磷酸酯、磷酸葡萄糖转化酶的活化，有利于单糖的转化。镁还能促进维生素 A、维生素 C 的形成。镁是光合作用产物的组成。如果缺镁，叶绿素就不能形成。烟草吸镁量较多，仅次于磷，低于 0.2% 就会产生缺镁症。

硫是烟草蛋白质和酶的主要构成成分。硫存在于维生素 $B_1$ 的分子中，维生素在适当的浓度下能促进作物的生长。硫在植物体内存在氧化态和还原态两种形态，故能参与植株体内的氧化还原作用。烟草对硫的吸收量也较大，一般茎中含硫量 0.3%、叶片中含 0.5%。

烟草是忌氯作物，因为烟叶中含氯过高，会使烟叶吸湿性增加，不易保存。氯化物含量过高，卷烟中造成黑灰、熄火。但土壤含氯过低，又会影响烟草正常生长。氯是烟草生长的必要成分，可使烤烟产量增加。但氯过量又会使烟草品质低劣。烟叶中含氯量在 0.3%～0.5% 较好，使烟叶质地柔软，具有弹性和油润，膨胀性好，切丝率高，破坏率低；含氯量低于 0.3% 时，烟叶干燥粗糙，易破碎，切丝率低；含氯量在 0.6% 以上时，烟叶质量严重下降，烟叶颜色呈杂色斑驳，整体暗淡无光，叶脉呈灰白色，质地疏松，储存困难，易发霉，燃烧性差，易熄火，燃烧时会产生难闻的气味。

除以上各种营养元素以外，烟草还需要各种微量元素，应根据土壤缺素状况，注意各种微量元素的合理施用。

### （二）烟草不同生育期养分吸收量的动态变化

烟草在不同生育阶段，对养分的吸收有很大区别。由图 26-22 看出，烟草对养分的吸收量钾最多，氮次之，磷最少。氮、磷的吸收高峰在移栽后 40～60 d，钾在 55 d 以后急剧下降。因此，烟草应在吸肥高峰以前就施入适量肥料，以后可不再施肥，以便适时落黄成熟。在配方施肥过程中，特别要注意增加钾肥的施用。

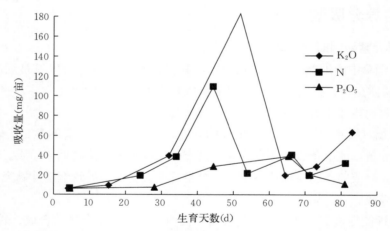

图 26-22　烤烟对氮磷钾的吸收（窦逢科、张景略，1991）

### （三）氮、磷、钾施肥量与烟叶产量和品质的关系

**1. 施氮量与烟叶产量和品质的关系**　在所有肥料中，氮肥是烟叶产量和品质最敏感的养分，但在烟叶产量和品质中也是最难控制的养分。要提高种烟效益，既要考虑烟叶产量，又要考虑烟叶质量，而烟叶产量和质量并不都与氮肥用量呈正相关关系，而是产量与质量之间存在非常尖锐的矛盾。氮肥用量在一定范围内，产量能随施氮量的增加而增加，而烟叶的质量却随氮肥用量的增加而降低。因此，如何控制氮肥用量，使种烟效益达到最高水平，需要通过氮肥用量试验来解决。

陕西渭北旱塬地区是适宜种植烤烟的最佳地区，烤烟发展很快，但由于追求烤烟产量，盲目增施氮肥，不注意打顶打杈，再加上干旱条件，以致烟叶品质十分低劣，产值不高。为此作者在 1984—1988 年专门在该地区进行了 N、P、K 对烟叶产量和品质影响多点试验，取得了较好结果。澄城县1986 年烟草氮肥试验结果见表 26-25。

表 26-25 在等磷、钾基础上不同施氮量对烤烟产量的影响

| 施肥量（kg/亩） | | | 烟叶产量（kg/亩）（3次重复） | 比对照增产（%） |
|---|---|---|---|---|
| N | $P_2O_5$ | $K_2O$ | | |
| 0 | 3.75 | 3.75 | 158.0 | — |
| 1.25 | 3.75 | 3.75 | 172.8 | 9.4 |
| 2.50 | 3.75 | 3.75 | 179.0 | 13.3 |
| 3.75 | 3.75 | 3.75 | 186.3 | 17.9 |
| 5.00 | 3.75 | 3.75 | 190.5 | 20.6 |
| 6.25 | 3.75 | 3.75 | 203.3 | 28.7 |

由图 26-23 看出，在施 P、K 肥基础上，N 肥施用量与烟叶产量呈线性正相关关系。最高烟叶产量为 203.3 kg/亩，在 $P_2O_5$ 3.75 kg、$K_2O$ 3.75 kg 基础上的用 N 量为 6.25 kg/亩。

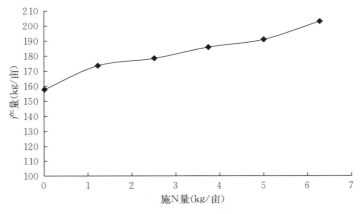

图 26-23 施 N 量与烟叶产量的关系

烟叶产值是烟叶产量和品质指标的综合反映，所以用烟叶产值作为烟草的生物指标是比较合理的。为了搞清施 N 量与烟叶品质的具体关系，对烟叶主要品质指标进行了测定，结果见表 26-26。

表 26-26 1986 年施 N 量对烟叶品质的影响

| 施肥量（kg/亩） | | | 总氮（%） | 总糖（%） | 蛋白质（%） | 还原糖（%） | 烟碱（%） | 施木克值[总糖（%）/蛋白质（%）] |
|---|---|---|---|---|---|---|---|---|
| N | $P_2O_5$ | $K_2O$ | | | | | | |
| 0 | 3.75 | 3.75 | 1.56 | 12.58 | 8.15 | 8.44 | 1.48 | 1.54 |
| 1.25 | 3.75 | 3.75 | 1.41 | 17.43 | 6.18 | 12.26 | 2.44 | 2.82 |
| 2.50 | 3.75 | 3.75 | 1.83 | 20.88 | 8.84 | 13.38 | 2.41 | 2.36 |
| 3.75 | 3.75 | 3.75 | 1.84 | 19.39 | 8.93 | 18.45 | 2.96 | 2.17 |
| 5.00 | 3.75 | 3.75 | 1.86 | 12.26 | 8.53 | 8.60 | 2.87 | 1.44 |
| 6.25 | 3.75 | 3.75 | 1.66 | 13.10 | 7.20 | 8.23 | 2.93 | 1.82 |

优质烟的标准，总糖应为 20%～24%、蛋白质 8%～10%、烟碱 2%～3%、总氮 1%～1.5%，以此衡量，在每亩施 $P_2O_5$ 3.75 kg、$K_2O$ 3.75 kg 基础上，施 N 2.5～3.75 kg 比较合适。看来陕西渭北地区是适合生长优质烤烟的地区。因此，如果控制好土壤水分条件下，在这一地区发展优质烤烟是有适宜的。

**2. 肥料配施对烤烟产量和品质的影响** 供试土壤为塿土，土壤碱解氮含量为 24 mg/kg、有效磷为 6.67 mg/kg、速效钾为 123 mg/kg。烟草品种为红花大金元和中烟 15。试验采用二因素饱和 D 最

优设计。试验结果见表 26-27。

表 26-27 肥料配施与烟叶产量的关系

| 年份 | 试验处理 | 施肥量（kg/亩） | | | 产量（kg/亩） |
| --- | --- | --- | --- | --- | --- |
| | | N | $P_2O_5$ | $K_2O$ | |
| 1987 | 1 | 0 | 0 | 3.75 | 112.9 |
| | 2 | 6.5 | 0 | 3.75 | 118.1 |
| | 3 | 0 | 10 | 3.75 | 136.8 |
| | 4 | 2.82 | 4.34 | 3.75 | 157.5 |
| | 5 | 6.5 | 6.97 | 3.75 | 156.8 |
| | 6 | 4.53 | 10 | 3.75 | 148.7 |
| 1988 | 1 | 0 | 7.0 | 0 | 162.1 |
| | 2 | 6.5 | 7.0 | 0 | 207.9 |
| | 3 | 0 | 7.0 | 7.5 | 192.0 |
| | 4 | 2.82 | 7.0 | 3.26 | 232.1 |
| | 5 | 6.5 | 7.0 | 5.23 | 227.1 |
| | 6 | 4.53 | 7.0 | 7.5 | 240.0 |

对烟草来说，寻求经济施肥量比其他作物尤为重要，因为种植烟草，获得烟叶产量不是唯一目标，获取更大经济效益才是根本目的。因此烟草的经济施肥量，既包括产量要素，又包括经济效益，所以经济施肥量是确定烟草施肥量的最理想方法。

烟叶收获后，经烤制之后的干烤烟进行了品质分析，结果见表 26-28。按优质烟标准，总糖/蛋白质的值为 2~2.5、总糖/烟碱为 10~20、总氮/烟碱为 1 或略低于 1、钾/氯为 4 左右。由表 26-28 结果看出，与以上标准烟的成分比值相比，1987 年每亩施氮 6.5 kg、$P_2O_5$ 6.97 kg、$K_2O$ 3.75 kg 和 N 4.53 kg、$P_2O_5$ 10 kg、$K_2O$ 3.75 kg 的各项比值都接近于标准烟水平；1988 年每亩施 N 6.5 kg、$P_2O_5$ 7 kg、$K_2O$ 5.23 kg 的各项成分比值也都接近标准烟水平。

表 26-28 氮磷配合、氮钾配合对烟叶品质影响

| 年份 | 施肥量（kg/亩） | | | 总 N（%） | 总糖（%） | 蛋白质（%） | 烟碱（%） | 还原糖（%） | $K_2O$（%） | 总糖/蛋白质 | 总糖/烟碱 | 总氮/烟碱 | 钾/氯 |
| --- | --- | --- | --- | --- | --- | --- | --- | --- | --- | --- | --- | --- | --- |
| | N | $P_2O_5$ | $K_2O$ | | | | | | | | | | |
| 1987 | 0 | 0 | 3.75 | 1.15 | 20.75 | 6.11 | 1.00 | 17.05 | 1.47 | 3.4 | 20.75 | 1.15 | 3.68 |
| | 6.5 | 0 | 3.75 | 1.55 | 17.58 | 7.85 | 1.70 | 13.01 | 1.68 | 2.24 | 10.34 | 0.79 | 4.20 |
| | 0 | 10 | 3.75 | 1.11 | 24.15 | 5.80 | 1.05 | 19.73 | 1.79 | 4.16 | 22.95 | 1.06 | 4.48 |
| | 2.82 | 4.34 | 3.75 | 1.17 | 22.27 | 5.87 | 1.34 | 20.47 | 1.60 | 3.79 | 16.62 | 0.87 | 4.00 |
| | 6.5 | 6.97 | 3.75 | 1.50 | 19.32 | 6.75 | 2.43 | 15.63 | 1.79 | 2.86 | 7.95 | 0.62 | 4.48 |
| | 4.53 | 10 | 3.75 | 1.42 | 19.38 | 7.11 | 1.64 | 16.24 | 1.80 | 2.73 | 11.82 | 0.87 | 4.50 |
| 1988 | 0 | 7.0 | 0 | 1.08 | 25.23 | 5.44 | 1.21 | 23.75 | 1.23 | 4.64 | 20.85 | 0.89 | 3.08 |
| | 6.5 | 7.0 | 0 | 1.67 | 20.21 | 8.31 | 1.96 | 18.67 | 1.28 | 2.43 | 10.31 | 0.85 | 3.20 |
| | 0 | 7.0 | 7.5 | 1.12 | 26.03 | 5.56 | 1.32 | 21.84 | 1.62 | 4.68 | 19.92 | 0.85 | 4.05 |
| | 2.82 | 7.0 | 3.25 | 1.34 | 24.68 | 6.68 | 1.57 | 18.72 | 1.70 | 3.69 | 15.72 | 0.85 | 4.25 |
| | 6.5 | 7.0 | 5.23 | 1.60 | 22.35 | 7.13 | 2.65 | 19.39 | 1.64 | 3.13 | 8.43 | 0.60 | 4.10 |
| | 4.53 | 7.0 | 7.5 | 1.48 | 16.43 | 7.06 | 2.02 | 20.91 | 1.72 | 3.72 | 8.13 | 0.73 | 4.30 |

　　N、P、K 施肥量对烟叶品质都有影响。施 N 处理的烟碱含量明显大于不施 N 处理，如 1987 年施 N 4.53 kg/亩、P₂O₅ 10 kg/亩、K₂O 3.75 kg/亩的烟碱为 1.64%，而施 N 0 kg/亩、P₂O₅ 10 kg/亩、K₂O 3.75 kg/亩的烟碱仅为 1.05%；1988 年施 N 4.53 kg/亩、P₂O₅ 7.0 kg/亩、K₂O 7.5 kg/亩的烟碱为 2.02%，而施 N 0 kg/亩、P₂O₅ 7.0 kg/亩、K₂O 7.5 kg/亩的烟碱仅为 1.32%。磷肥对含糖量影响非常明显，如 1987 年施 N 0 kg/亩、P₂O₅ 10 kg/亩、K₂O 3.75 kg/亩的烟叶总糖量为 24.15%，而施 N 0 kg/亩、P₂O₅ 0 kg/亩、K₂O 3.75 kg/亩的烟叶总糖量仅为 20.75%；施 N 6.5 kg/亩、P₂O₅ 6.97 kg/亩、K₂O 3.75 kg/亩的烟叶总糖量为 19.32%，而施 N 6.5 kg/亩、P₂O₅ 0 kg/亩、K₂O 3.75 kg/亩的烟叶总糖仅 17.58%。说明要提高烟叶含糖就应适当增施磷肥量。施钾量对烟叶含钾量也有明显的影响，如 1988 年施 N 0 kg/亩、P₂O₅ 7.0 kg/亩、K₂O 7.5 kg/亩的烟叶含钾量为 1.62%，而施 N 0 kg/亩、P₂O₅ 7.0 kg/亩、K₂O 0 kg/亩的烟叶含 K₂O 量仅为 1.23%；同年施 N 6.5 kg/亩、P₂O₅ 7.0 kg/亩、K₂O 5.23 kg/亩的烟叶含钾量为 1.64%，而施 N 6.5 kg/亩、P₂O₅ 7.0 kg/亩、K₂O 0 kg/亩的烟叶含钾量仅为 1.28%。表明要提高烟叶含钾量，也应适当增加施钾量，尤其在缺钾的土壤上更应如此。

　　**3. 氮、磷、钾、有机肥与种植密度对烟叶产值与品质的影响**　1986 年，作者在陕西洛川黄土高原地区黑垆土上进行烟草 N、P、K、有机肥和种植密度的五因素五水平组合设计实验，共 36 个处理，重复 2 次，小区面积 20 m²，品种为红花大金元。

　　实现以上五因素的配方后，可得最佳烟叶产量分别为 204.55 kg/亩和 181.82 kg/亩，达到优质、高产烟水平。陕西渭北旱塬是比较适宜种植优质烟的地区，但烟草行业专家认为，今后渭北旱塬烟叶中烟碱含量仍需适当提高。为此作者根据试验结果，对影响烟碱含量的综合因素和施 N 量专门进行了测定和统计分析。从表 26 - 29 看出，要适当提高渭北烤烟烟碱含量，达到优质烟标准，在适当施 N、有机肥和适度密植条件下，必须适当增施磷、钾肥料。

表 26 - 29　渭北烤烟烟碱含量与各因素的适宜组配

| 烟碱（%） | N（kg/亩） | P₂O₅（kg/亩） | K₂O（kg/亩） | 有机肥（kg/亩） | 密度（株/亩） |
| --- | --- | --- | --- | --- | --- |
| 2～2.2 | 3 | 5 | 7.5 | 2 500 | 1 100 |
| 2.2～2.4 | 3 | 7.5 | 11.25 | 2 500 | 1 100 |
| 2.4～2.6 | 3 | 10 | 15 | 2 500 | 800 |
| 2.6～2.8 | 3 | 10 | 15 | 2 500 | 1 100 |

　　根据以上试验和讨论，在正常年份、中等土壤肥力和适度密植条件下，作者对陕西渭北旱塬烟草适产、优质提出的推荐施肥量见表 26 - 30。

表 26 - 30　陕西渭北旱塬烟草推荐施肥量（kg/亩）

| 预期亩产（kg） | N | P₂O₅ | K₂O | 有机肥 |
| --- | --- | --- | --- | --- |
| <150 | 3.0～4.0 | 4.0～5.0 | 4.5～6.0 | 2 000～3 000 |
| 150～175 | 3.5～4.5 | 5.0～6.5 | 5.5～7.5 | 2 000～3 000 |
| 175～200 | 4.5～5.5 | 6.5～7.5 | 6.5～8.0 | 2 000～3 000 |
| 200～225 | 5.5～6.5 | 7.5～8.5 | 7.5～8.5 | 3 000～4 000 |
| 225～250 | 6.5～7.5 | 8.5～9.5 | 8.5～9.5 | 3 000～4 000 |

## 三、烟草施肥方法

烟草不同生育时期对不同养分的需求是不一样的，烟草的合理施肥必须注意这点。施肥方法正确与否，不仅对烟草产量有关，而且对烟叶品质的好坏关系密切。施肥方法必须采用基肥与追肥相结合，有机与无机相结合，硝态氮与铵态氮相结合，地下与地上相结合。

### （一）基肥

烟草的需肥特点是"少时富，老来贫"。意即旺长期要供应较多养分，成熟期供应较少养分。旺长期供应充足养分可为高产提供物质条件，成熟期控制养分，特别是控制 N，能使烟草适时落黄，提高品质。基肥包括化肥和有机肥，基肥应重视有机肥的施用，因基施有机肥以后，可使烟草整个生育期得到有机肥缓慢释放出来的养分供应，不致产生后期脱肥。在一般情况下，应以 70％左右的有机肥、N、P、K 和必需的全部微量元素肥料在充分混合之后，于移植前结合整地开沟分层施入土内，深的 15～20 cm、浅的 10～15 cm，下多、上少，与沟内土壤尽量充分混匀，以保证生长前后期养分吸收需要。在十分干旱、生长期中雨水无保证地区，许多烟农也有将全部有机肥和化肥于移植前结合整地一次分层施入土内的，避免因土壤干旱与追肥困难产生的矛盾。

### （二）追肥

烟草追肥宜早不宜迟，一般在团棵以前应把剩余的所有肥料沿苗行开沟或挖穴施入土内，尽量深至 15 cm 左右。如果追肥过晚，则会导致生长后期烟叶不易落黄，降低品质。用硫酸铵或硝酸铵作追肥较好，因易于被吸收利用，促进烟株生长。生长期中如遇降雨，在土壤湿度允许条件下，也可根据烟苗情况，适当增加追施一些磷钾肥，这可促使体内蛋白质的分解和糖分转化，提高烟草品质。

### （三）根外喷施

根据实践，叶面喷施尿素、磷和微量元素都有明显效果。喷施微量元素，不但可以提高烟草产量和品质，也可减少花叶病。喷施浓度，铁以 0.2％～1％的硫酸亚铁溶液、硼为 0.05％～0.2％的硼砂溶液、锌为 0.05％～0.1％的硫酸锌溶液、锰为 0.05％～0.2％硫酸锰溶液，每亩喷施 50～75 kg；尿素的浓度为 0.05％、草木灰液为 10％、过磷酸钙为 0.5％、磷酸二氢钾为 0.3％为宜。叶面喷施，必须根据生长情况，缺什么肥，喷什么肥，不缺就不喷。切不可盲目喷施叶面肥，否则也会引起肥害，浪费肥料和人工。对缺乏的肥料，不是只喷施 1 次，而是需要连续喷施多次才能达到应有效果。

**主要参考文献**

陈国平，1994. 夏玉米的栽培 ［M］. 北京：中国农业出版社.

程天庆，1996. 马铃薯栽培技术 ［M］. 2 版. 北京：金盾出版社.

窦逢科，张景略，1992. 烟草品质与土壤肥料 ［M］. 郑州：河南科学技术出版社.

李俊义，刘荣荣，1992. 棉花平衡施肥与营养诊断 ［M］. 北京：中国农业科技出版社.

史瑞和，杨建海，张春兰，1992. 作物优质高产的施肥技术 ［M］. 北京：化学工业出版社.

杨佑明，1993. 科学施肥指南 ［M］. 北京：科学技术文献出版社.

中国农业科学院，1979. 小麦栽培理论与技术 ［M］. 北京：农业出版社.

# 第二十七章

# 蔬菜养分吸收特性与测土配方施肥

近年来，我国蔬菜生产的发展十分迅速。随着农业产业结构的调整，全国不少地区蔬菜的种植面积还在继续增加。蔬菜的肥料用量占农业生产用肥总量的 20％左右（李家康等，2001）。因此，蔬菜施肥在我国施肥实践中所占的重要性逐年增加。

由于蔬菜的种类繁多，食用器官差别又较大，因此，蔬菜的营养和施肥是一个较为复杂的课题。

## 第一节　蔬菜养分吸收特性和菜田土壤特性

蔬菜作物种类繁多，从植物学特性看，我国栽培的蔬菜涉及 6 个门 35 个科。有水生、陆生，高等植物、低等植物，一年生、二年生与多年生之别。蔬菜的食用器官差别大，涉及根、茎、叶、花、果和种子，以及肉质根、块根、花球、叶球、块茎、球茎、鳞茎等。因此，蔬菜作物的营养特性更为复杂，但与一般农作物相比，蔬菜作物具有自身的一些营养特性。

### 一、蔬菜的营养特性

#### （一）蔬菜作物根系分布相对较浅，对土壤物理性状要求高

根系是植物吸收养分的主要器官，根系的生长及分布与养分的吸收具有密切关系。与农作物相比，多数蔬菜的根系分布较浅，根系密度低。据研究，$0 \sim 30$ cm 土层中蔬菜作物的根系密度为 $2 \sim 4$ cm/cm$^3$，明显低于一般禾谷类作物的根系密度（10 cm/cm$^3$）。因此，蔬菜作物对土壤理化性质要求高。

理想的菜地土壤应具有较厚的熟化层，蔬菜 80％～90％的根系分布在熟化层。土壤结构以团粒结构为主，土壤三相比例协调，固、液及气的占比约为 45％、25％和 30％。适宜蔬菜栽培的土壤质地一般为沙壤至中壤；土壤过于紧实，土壤三相比失调，会严重影响蔬菜根系的生长。土壤有机质含量高，有利于改善土壤物化性状。因此，我国菜农在蔬菜土壤管理中十分重视有机肥的施用。

#### （二）蔬菜作物吸收养分数量大、强度高

多数蔬菜生育期相对较短，在有限的时期内上市，因此，蔬菜的需肥强度相对较高。菜地一般复种指数高，单位面积蔬菜从土壤中吸收的养分量高于一般粮食作物。

由于蔬菜作物的种类多，产量水平差异大，养分的需求特性也存在很大差异。因此，不同种类蔬菜作物的养分吸收量差异较大（表 27-1）。施肥实践中应充分考虑不同蔬菜的养分需求特性进行合理施肥，不能仅仅基于蔬菜作物具有吸收养分数量大、强度高的特性一味采取过量施肥的手段。

表 27 - 1　不同蔬菜养分吸收量（鲜重）

| 蔬菜种类 | 生物产量（鲜重） | 生物产量养分吸收量（kg/t） | | | | 经济产量（鲜重） | 经济产量养分吸收量（kg/t） | | | |
|---|---|---|---|---|---|---|---|---|---|---|
| | （t/hm²） | N | P | K | Mg | （t/hm²） | N | P | K | Mg |
| 菠菜 | 40 | 3.6 | 0.50 | 5.5 | 0.50 | 30 | 3.6 | 0.50 | 5.5 | 0.50 |
| 莴苣 | 60 | 1.8 | 0.30 | 3.0 | 0.15 | 50 | 1.8 | 0.30 | 3.0 | 0.15 |
| 洋葱 | 65 | 1.9 | 0.34 | 2.0 | 0.15 | 60 | 1.8 | 0.35 | 2.0 | 0.15 |
| 芹菜 | 75 | 2.7 | 0.55 | 4.7 | 0.20 | 50 | 2.5 | 0.65 | 4.5 | 0.15 |
| 花椰菜 | 100 | 3.2 | 0.48 | 3.3 | 0.14 | 40 | 2.8 | 0.45 | 3.0 | 0.12 |
| 胡萝卜 | 100 | 1.7 | 0.36 | 4.1 | 0.21 | 80 | 1.3 | 0.35 | 3.5 | 0.15 |
| 黄瓜 | 120 | 1.7 | 0.40 | 2.8 | 0.30 | 70 | 1.5 | 0.30 | 2.0 | 0.12 |
| 白菜 | 120 | 1.6 | 0.36 | 2.7 | 0.10 | 70 | 1.5 | 0.40 | 2.5 | 0.10 |

资料来源：Fink et al. (1999)。

### （三）蔬菜作物多喜硝态氮

铵态氮及硝态氮均为植物可以利用的主要氮素形态，且植物同化铵态氮需要的能量较硝态氮低，但相对于铵态氮，硝态氮是多数蔬菜喜好的氮源。国内外不少学者的研究均表明，随着铵态氮供应比例的增加，蔬菜生长状况常常呈下降的趋势，完全供应铵态氮会对蔬菜生长产生明显的抑制作用。

在低温情况下单独供应氨的毒害作用尤为突出，这与低温时光合产物的形成量少有关。在一般土壤栽培下，由于硝化作用的进行，施入土壤的铵态氮会很快转化为硝态氮，因此，一般不易出现氨的毒害问题。但在无土栽培时，氨的毒害问题值得关注。

一些研究表明，给植物同时供应硝态氮及铵态氮，较单一氮源更有利于植物的生长。因此，确定不同蔬菜适宜的硝态氮及铵态氮供应比例，是值得研究的问题之一。

### （四）需 K 量高

蔬菜作物需钾量相对较高，若以蔬菜氮的吸收量为 1，则吸钾达 1.1～2.5，平均为 1.5，如番茄、黄瓜及芹菜 N、$P_2O_5$ 及 $K_2O$ 的比例分别为 1∶0.46∶1.36、1∶0.71∶1.71 及 1∶0.40∶1.50（鲁如坤，1998）。

一些研究发现，在施用氮、磷肥和有机肥的基础上施用钾肥，是实现蔬菜"两高一优"生产的重要措施之一。范德纯等（1990）在陕西关中地区进行的塿土含钾量（速效钾 150～200 mg/kg）盆栽中试验发现，施用钾肥，促进了蔬菜出苗，使植株健壮，根系发达，抗病抗逆能力增强，增产效果也十分明显（表 27 - 2）。对于叶菜类蔬菜施用钾肥，可明显降低其体内硝酸盐的含量（鲁如坤，1998）。

表 27 - 2　不同土壤上蔬菜施用钾肥的效果

| 土壤 | 速效钾 | 大辣椒产量 | | | 线辣椒产量 | | |
|---|---|---|---|---|---|---|---|
| | （mg/kg） | NP（kg/亩） | NPK（kg/亩） | 增产（%） | NP（kg/亩） | NPK（kg/亩） | 增产（%） |
| 关中塿土（高肥） | 200 | 170.9 | 203.5 | 19.0 | — | — | — |
| 关中塿土（中肥） | 152 | 131.0 | 183.3 | 39.9 | 110.5 | 137.9 | 24.8 |

（续）

| 土壤 | 速效钾 (mg/kg) | 大辣椒产量 | | | 线辣椒产量 | | |
|---|---|---|---|---|---|---|---|
| | | NP（kg/亩） | NPK（kg/亩） | 增产（%） | NP（kg/亩） | NPK（kg/亩） | 增产（%） |
| 关中淤土 | 76 | 142.2 | 205.8 | 44.7 | 94.8 | 110.0 | 16.0 |
| 关中细沙土 | 55 | 112.1 | 142.3 | 26.9 | 74.3 | 98.2 | 32.2 |
| 关中黄绵土 | 200 | 64.9 | 126.7 | 95.2 | 84.8 | 95.6 | 12.7 |
| 陕北黄绵土（高肥） | 136 | 60.3 | 106.4 | 76.5 | 67.5 | 78.8 | 16.7 |
| 陕北黄绵土（低肥） | 60 | 25.1 | 53.6 | 113.5 | 34.6 | 76.5 | 121.1 |

资料来源：范德纯等（1990）。

虽然蔬菜是喜钾植物，但钾肥的用量也应适度，应综合考虑蔬菜需钾量、土壤供钾特性等因素合理施用钾肥。目前，一些地方设施蔬菜生产中存在过量施用钾肥的问题，由于大量施用钾肥，导致土壤速效钾含量高达 400～500 mg/kg（周建斌等，2004）。这不仅浪费宝贵的钾肥资源，还会增加土壤盐分含量，导致土壤养分平衡失调。

### （五）多数蔬菜需钙、硼等养分多

由于多数蔬菜作物为双子叶植物，对钙的需要量大。缺钙会导致一些蔬菜发生生理性病害，常见的包括番茄、大辣椒的脐腐病，白菜、洋葱的烧心病或心腐病。这与钙在植物稳定细胞膜及细胞壁，促进细胞伸长及调节渗透压方面具有重要作用有关。

钙在植物体内的运输数量和方向与蒸腾作用的强弱有密切关系。植物叶片的蒸腾作用显著高于果实，因此，根系吸收的钙多运向叶片；再加上钙在植物体内移动性差，因此，即使在富含碳酸钙的石灰性土壤上也会出现一些蔬菜的缺钙问题。大量施用氮肥，因土壤溶液铵离子浓度过高，在一定程度上也会抑制蔬菜根系对钙的吸收。连续阴雨低温也会引起蔬菜缺钙症的发生。因此，合理施用氮肥，改善栽培条件，防止低温、高温、干旱等不利环境，是防止蔬菜缺钙的根本措施；在蔬菜对钙敏感期用氯化钙溶液进行根外追肥对改善蔬菜品质有重要作用。

硼参与半纤维素及有关细胞壁物质的合成，促进植物体内碳水化合物的运输和代谢，促进生殖器官的发育。蔬菜，尤其是根菜类蔬菜含硼量高，硼的含量为禾本科作物的几倍，乃至几十倍。如甘蓝、萝卜、胡萝卜、莴苣等蔬菜的硼含量在 13～76 mg/kg，而禾本科作物的硼含量仅为 2～5 mg/kg（蒋名川等，1985）。缺硼，芹菜易患茎裂病，萝卜易患褐心病，甘蓝易患褐腐病。

## 二、菜田土壤特性

与农田土壤相比，蔬菜生产中菜农习惯施用有机肥，化肥的施用量也高于农田；灌水的数量及频率也不同于一般农作物。相对特殊的土壤管理措施，使得菜地土壤的发育过程有别于一般农田，土壤的熟化作用明显提速。与农田土壤相比，菜田土壤的营养特性主要表现如下。

### （一）土壤有机质含量丰富

由于蔬菜生产中菜农习惯施用有机肥，使得菜田土壤有机质含量普遍高于一般农田。表 27 - 3 为 2002—2003 年测定的陕西杨凌不同农田及日光温室栽培土壤养分的含量（周建斌等，2004）。

一些研究发现，菜地土壤有机质含量与有机肥的施用量及蔬菜种植年限间呈明显的正相关关系（吴忠红等，2007）。菜地土壤丰富的有机质含量，是菜地土壤肥力提高的重要物质基础，有利于协调土壤供肥及保肥特性。

表 27 - 3　不同栽培方式下菜地土壤养分含量的比较

| 项目 | 栽培方式 | 土层（cm） | 样本数（个） | 范围 | 平均 | 变异系数 |
|---|---|---|---|---|---|---|
| 有机质 | 日光温室 | 0～20 | 25 | 12.01～27.51 g/kg | 19.57 g/kg | 18.48 |
| | | 20～40 | 25 | 6.68～20.23 g/kg | 13.16 g/kg | 23.84 |
| | 农田 | 0～20 | 8 | 10.26～15.22 g/kg | 13.19 g/kg | 12.42 |
| | | 20～40 | 8 | 9.09～13.61 g/kg | 11.19 g/kg | 13.88 |
| 全氮 | 日光温室 | 0～20 | 10 | 1.114～1.829 g/kg | 1.492 g/kg | 18.41 |
| | | 20～40 | 10 | 0.753～1.541 g/kg | 1.081 g/kg | 19.12 |
| | 农田 | 0～20 | 3 | 0.768～0.881 g/kg | 0.835 g/kg | 7.20 |
| | | 20～40 | 3 | 0.594～0.853 g/kg | 0.694 g/kg | 20.0 |
| 有效磷 | 日光温室 | 0～20 | 25 | 24.8～344.5 mg/kg | 143.6 mg/kg | 64.1 |
| | | 20～40 | 25 | 7.6～213 mg/kg | 70.3 mg/kg | 87.3 |
| | 农田 | 0～20 | 4 | 5.3～32.6 mg/kg | 22.76 mg/kg | 54.5 |
| | | 20～40 | 4 | 3.1～31.8 mg/kg | 19.07 mg/kg | 73.9 |
| 速效钾 | 日光温室 | 0～20 | 25 | 133～1 000.7 mg/kg | 412.2 mg/kg | 56.4 |
| | | 20～40 | 25 | 96.5～766.1 mg/kg | 263.6 mg/kg | 50.89 |
| | 农田 | 0～20 | 3 | 133.1～180 mg/kg | 158.2 mg/kg | 14.93 |
| | | 20～40 | 3 | 67.6～143 mg/kg | 103.9 mg/kg | 36.31 |

　　由于我国城镇化的发展，靠近城郊的老菜地不断减少，蔬菜生产不断向远郊发展。这些新菜地土壤有机质含量一般较低，因此，施用有机肥在我国蔬菜生产中仍占有重要作用。

**（二）土壤剖面硝态氮含量增加**

　　由于大量施用有机肥及化学氮肥，导致硝态氮在菜地土壤剖面大量累积。表 27 - 4 为作者于 2004 年测定的西安郊区日光温室 0～100 cm 土壤剖面硝态氮的含量。从表 27 - 4 看出，虽然不同地点日光温室土壤 0～100 cm 土层硝态氮含量存在差别，但其含量均高于露地土壤。日光温室土壤 0～100 cm 土层硝态氮含量较露地的增加幅度在 126%～432%（周建斌等，2006）。说明日光温室栽培不仅增加了硝态氮在土壤剖面的累积，同时也促进了其在土壤剖面的迁移。

表 27 - 4　西安郊区日光温室与露地土壤剖面硝态氮含量的比较

单位：mg/kg

| 土壤剖面深度 | 灞桥区 | | | 未央区吴高墙 | 长安区高桥 | 温室平均 | 露地平均 |
|---|---|---|---|---|---|---|---|
| | 余家 | 陶家 | 南郑 | | | | |
| 0～20 cm | 25.6 | 184.0 | 39.7 | 90.6 | 55.6 | 87.8 | 16.5 |
| 20～40 cm | 16.0 | 54.4 | 27.7 | 45.3 | 57.3 | 44.1 | 13.6 |
| 40～60 cm | 19.1 | 56.7 | 25.0 | 27.1 | 46.1 | 37.3 | 15.2 |
| 60～80 cm | 20.0 | 31.4 | 28.3 | 26.7 | 33.9 | 29.4 | 11.0 |
| 80～100 cm | 19.0 | 33.1 | 25.6 | 24.2 | 25.5 | 26.5 | 11.7 |

　　注：日光温室个数为 60，露地个数为 10；每个地点下的数据为采样温室数量。

　　作者测定的 40 余个西安郊区日光温室土壤 0～100 cm 土层硝态氮残留量在 150～750 kg/hm²，残留量超过 500 kg/hm² 的占测定温室的 37%，残留量超过 750 kg/hm² 的占测定温室的 16%，最高累积量达1 871 kg/hm²。在施肥量高的山东省蔬菜栽培地区，土壤剖面累积的硝态氮量更高。

据作者 2009—2010 年对杨凌新建日光温室种植一季番茄后土壤剖面硝态氮含量的测定，种植前硝态氮含量变化范围为 9.0～13.6 mg/kg，其中耕层土壤（0～20 cm）为 13.6 mg/kg。经过一季番茄栽培，0～100 cm 土壤剖面硝态氮含量明显增加，收获后耕层土壤（0～20 cm）硝态氮含量增加到 40.2 mg/kg，增加幅度为 196%，耕层以下土壤（20～100 cm）硝态氮含量也有明显增加，增加幅度为 145%～225%，0～100 cm 土层平均增加幅度为 182%。说明一季蔬菜栽培后显著增加了 0～100 cm土壤剖面硝态氮的含量。

蔬菜作物根系一般较浅，迁移到下层土壤的硝态氮在作物生长期间难以利用。一些学者在评价土壤氮素淋失时以 60～100 cm 为界限，甚至有学者以 40 cm 作为评价硝态氮淋失的界限（吕殿青等，2002；袁新民等，1999）。土壤中大量硝酸盐积累，容易造成土壤盐渍化，降低蔬菜品质，而且容易造成土壤硝酸盐的淋洗，污染地下水。这一问题，在我国一些老的蔬菜生产基地已成为一个突出的环境问题。

### （三）土壤磷素累积突出

由于大量施用有机肥及化学磷肥，再加上磷的利用率低，因此，导致土壤磷素在菜地土壤中出现明显的累积现象。

作者测定的 13 个陕西杨凌及西安郊区日光温室 0～20 cm 土层土壤全磷含量为 730.5～2 677.5 mg/kg，平均为 1 529.4 mg/kg，显著高于相邻的农田土壤（468.5～1 281.8 mg/kg，平均 860.9 mg/kg）。1 年、3 年、6 年、9 年和 11 年不同栽培年限日光温室土壤全磷含量分别为农田土壤的 0.97 倍、1.44 倍、1.74 倍、2.14 倍、2.44 倍，平均为 1.78 倍。相关分析表明（图 27 - 1），供试温室 0～20 cm 土层全磷含量与日光温室年限呈显著的正相关关系（郑杰等，2011）。

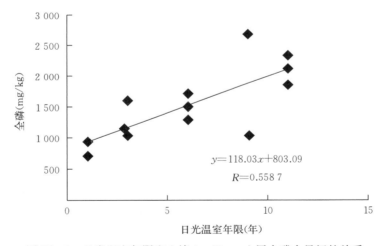

图 27 - 1　日光温室年限和土壤 0～20 cm 土层全磷含量间的关系

研究表明（刘晓军等，2009），日光温室土壤有效磷含量也随温室栽培年限的增加而增加，土壤耕层（0～20 cm）有效磷的含量分别由 2 年温室的 86.3 g/kg 增加到 7 年温室的 305.6 g/kg，增幅达 254.1%；10 年温室土壤有效磷含量有所下降。0～60 cm 土壤剖面中的含量由 2 年温室的 36.6 mg/kg 增加到 7 年温室的 118.4 mg/kg，增幅达 223.5%。郭文龙等（2005）研究也表明，土壤有效磷含量与大棚种植年限呈极显著正相关关系。

作者测定的杨凌不同日光温室栽培土壤 0～20 cm 有效磷的含量平均达 143.6 mg/kg，20～40 cm 的含量平均达 70.3 mg/kg。与杨奋翮等（1999）测定的北京郊区蔬菜保护地的研究结果相近（0～

20 cm 及 20～40 cm 土层有效磷的含量平均分别为 148.5 mg/kg 和 55.3 mg/kg）。一些研究者提出的菜地土壤有效磷含量的丰缺指标为：小于 33 mg/kg 为严重缺乏，30～60 mg/kg 为缺乏，60～90 mg/kg 为适宜，大于 90 mg/kg 为偏高（Miller et al.，1995）。按这一标准衡量，有效磷含量缺乏和严重缺乏的占 26.7%，适宜的占 26.7%，偏高的占 46.6%。可见土壤有效磷含量整体上处在较高的水平。

据葛晓光等（2004）在辽宁进行的长期定位试验，配施磷肥番茄基本上未见增产作用。在不施有机肥条件下，每千克过磷酸钙仅增产 0.547 kg 番茄；而在施用有机肥条件下，每千克过磷酸钙则减产 7.85 kg。可见，在设施栽培下，如果有机肥施用比较充足或土壤有机质含量较高时，在土壤磷素并不缺少（有效磷在 100 mg/kg 以上）的情况下过多施用磷肥不仅没有必要，可能还会造成减产。

土壤磷素过量累积虽不像氮素过剩产生徒长、倒伏、抗性减弱等一些外观形态上的变化，但它会导致缺锌簇叶病。尤其是一些老菜园土壤和温室土壤磷过剩问题应当引起重视。

### （四）土壤钾素及盐分累积

日光温室土壤速效钾含量也随温室栽培年限的增加而增加。研究表明（刘晓军等，2009），土壤耕层（0～20 cm）速效钾的含量由 2 年温室的 379.7 g/kg 增加到 7 年温室的 518.5 g/kg，增幅达 36.5%；0～60 cm 土壤剖面中的含量由 2 年温室的 230.9 mg/kg 增加到 7 年温室的 366.5 mg/kg，增幅达 58.7%。作者研究还发现，日光温室土壤速效钾的含量明显高于所在地区土壤速效钾含量的平均值（160 mg/kg 左右），这与生产中重视钾肥的施用密切有关。日光温室土壤速效钾含量大于 350 mg/kg 占一半以上；小于 150 mg/kg 仅有 1 个菜园，其余的都处在适宜范围，说明土壤钾素供应多处在丰富水平。

土壤的电导率可以反映土壤盐分的累积状况。作者测定发现（表 27-5），日光温室栽培条件下土壤电导率是露地土壤的 1.20～1.76 倍，说明日光温室有明显的盐分累积现象。与其他一些地形相比，研究地区土壤电导率相对较低，原因一方面可能是这一地区日光温室栽培时间短，盐分累积量相对较少；另一方面也可能与该地土壤质地相对较粗，盐分的淋溶作用较强有关。

表 27-5 日光温室菜地土壤电导率

单位：mS/cm

| 土壤剖面层深度 | 灞桥区 | | | 未央区 | | 长安区 | 温室平均 | 露地平均 |
|---|---|---|---|---|---|---|---|---|
| | 余家材 | 陶家材 | 南郑材 | 周家堡材 | 吴高墙材 | 高桥材 | | |
| 0～20 cm | 0.434 | 0.427 | 0.283 | 0.215 | 0.319 | 0.274 | 0.327 | 0.185 |
| 20～40 cm | 0.359 | 0.232 | 0.231 | 0.162 | 0.217 | 0.253 | 0.243 | 0.154 |
| 40～60 cm | 0.433 | 0.219 | 0.297 | 0.159 | 0.189 | — | 0.258 | 0.160 |
| 60～80 cm | 0.399 | 0.197 | 0.241 | 0.159 | 0.187 | — | 0.236 | 0.152 |
| 80～100 cm | 0.323 | 0.209 | 0.228 | 0.171 | 0.199 | — | 0.226 | 0.187 |

# 第二节 不同蔬菜的施肥技术

## 一、蔬菜施肥的要求

### （一）普遍施用有机肥

在长期的施肥实践中，我国菜农形成了施用有机肥的习惯。普遍施用有机肥是我国蔬菜施肥的特点。据作者对陕西关中地区一些日光温室番茄氮素投入量的统计，以有机肥形态施入土壤的氮素与化肥态氮素施入的数量相近（Zhou Jianbin et al.，2010）。在山东省的研究发现，2000 年，寿光蔬菜生产中有机肥的氮、磷和钾素投入比例均超过了无机肥（马文奇等，2000）。

蔬菜作物根系相对较浅，对土壤肥力要求高。因此，有机肥的施用无疑可以改善土壤肥力特性，协调土壤水、肥、气及热的供应状况。有机肥在提高蔬菜品质方面还具有化肥所不能代替的作用，这是因为有机肥所含的营养成分全面，既有丰富的大量元素，又含有多种微量元素；既能提供二氧化碳，增进植物光合作用，又因含多种维生素，可以促进蔬菜生长发育；肥效速缓兼备。施用有机肥能提高土壤有机质含量，改善土壤理化性状，促进土壤生化活动，活化土壤养分，提高土壤肥力，为蔬菜作物优良品质的形成创造良好的生长环境。因此，在蔬菜生产中增加有机肥的施用，是提高菜园土壤地力，达到优质、高产目的的基本措施。

虽然我国蔬菜生产具有悠久的施用有机肥的历史，也积累了丰富的施用有机肥的经验，但在蔬菜高产、优质、高效生长中如何施用有机肥，仍有许多问题需要研究。包括有机肥的用量，不同蔬菜品种有机肥与化肥配施的比例，水肥一体化技术时如何施用有机肥等。

### （二）品质要求高

由于多数蔬菜以鲜食方式食用，因此，蔬菜的品质与人体健康具有紧密关系。蔬菜品质一般包括营养品质、卫生品质及商品品质 3 个方面，其中营养品质指蔬菜中蛋白质、矿物质、维生素等成分的含量；卫生品质也称为安全品质，指蔬菜受化学、生物污染的程度；商品品质指蔬菜的外观、口感、香味、耐储藏性等。另外，蔬菜作为流通的商品，其品质的高低直接决定蔬菜的价格。

合理施肥是蔬菜正常生长发育的基础，而蔬菜的正常生长发育是其形成良好营养品质及外观品质的前提；不合理的施肥会影响蔬菜的正常生长及发育，进而影响蔬菜品质。合理施肥，改善蔬菜品质，是蔬菜施肥应该考虑的关键问题之一。

不同营养元素对蔬菜的营养功效不同。缺氮蔬菜品质会下降，如大白菜缺氮生长慢，叶球不充实，包心期延迟，纤维增多，商品价值降低；萝卜缺氮根细小，多木质化，辣味增多；黄瓜缺氮瓜个细短，易形成畸形果。适时适量施用氮肥有利于优质产品的形成。而过量施用氮肥会导致蔬菜产品食味变差，耐储藏性能降低，硝酸盐含量增加（图 27 - 2）。由于人类摄入的硝酸盐有 80% 来源于蔬菜，因此，蔬菜特别是叶菜类蔬菜中的硝酸盐含量累积对人体健康的潜在威胁是人们关注的问题（王朝辉等，1998；王荣萍等，2007），而施入土壤中的各种氮肥又是蔬菜累积硝酸盐的主要原因。虽然近年来也有科学家对硝酸盐危害人体健康的观点提出了质疑（L'hirondel J，2002），但在这一质疑尚未证实前，无论从人体健康还是提高氮肥利用效率方面考虑，如何降低蔬菜中硝酸盐累积量，仍是目前蔬菜氮肥施用中人们关注的问题。

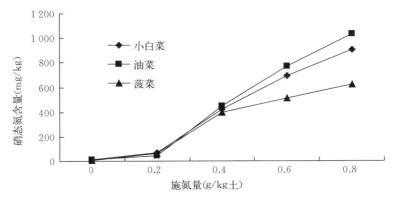

图 27 - 2 不同氮肥用量对几种蔬菜体内硝态氮含量的影响（盆栽试验，王朝辉，2008）

控制氮肥用量是降低蔬菜硝酸盐累积的主要手段；氮肥用量相同时，调控基肥与追肥的比例也可有效降低蔬菜硝酸盐的含量，据王荣萍等（2007）研究，随着追肥比例的增加小白菜累积硝酸盐量呈现逐渐增加的趋势。全追肥处理的硝酸盐累积量最高，为 1 875 mg/kg，使硝酸盐含量增加了近 4 倍；而底肥 70%、追肥 30% 处理硝酸盐累积量最低，含量为 314 mg/kg，未超过 432 mg/kg 的蔬菜安全食用标准，且比对照降低了 25.49%。另外，平衡施肥，选育硝酸盐累积量低的蔬菜品种，以及选择蔬菜适宜的采收期，是综合降低蔬菜硝酸盐累积的有效措施。

钾常被认为是品质元素；钾对品质的影响可分为直接与间接两方面。直接可提高蛋白质、糖、脂肪的数量和质量；间接的可通过适宜的钾素营养，减少某些病害或增加蔬菜的抗逆能力，从而提高品质。范德纯等（1990）在陕西关中地区含钾埈土上（速效钾 150～200 mg/kg）进行的盆栽试验发现，施钾线辣椒果实增大，色泽红亮，果肉厚度明显增加，果实维生素增加幅度达 8.8%～105.8%。

### （三）施肥模式差异大

蔬菜作物种类繁多，食用部分差异大。习惯上将蔬菜分为叶菜类、茄果类、瓜类、豆类、根菜类、葱蒜类及多年生宿根类等，不同种类蔬菜的施肥模式差异较大。

叶菜类蔬菜其产量、品质与生长速度呈正相关关系，因此，施肥技术以促进茎叶的快速生长为主，施肥多以追肥（速效性氮肥）为主。茄果类及瓜类蔬菜多采取育苗移栽，在苗期完成花芽分化，蔬菜生长期间营养生长与生殖生长并进期长，为协调营养生长与生殖生长的关系，平衡的养分供应是关键。根菜类先进行营养器官生长，再进入生殖器官的生长，生长时期可分为叶片形成期和肉质根膨大期，施肥应以基肥为主，但切忌施用未腐熟的有机肥。表 27-6 简单概括了不同种类蔬菜作物的施肥模式。

表 27-6　不同种类蔬菜的营养特性及施肥模式

| 蔬菜类型 | 代表性蔬菜 | 施肥模式 |
| --- | --- | --- |
| 速生型蔬菜 | 绿叶类蔬菜 | "促"，以追肥（氮肥）为主 |
| 先形成同化器官，再形成产品的蔬菜 | 薯芋类、根菜类 | 以基肥为主，慎用追肥 |
| | 花椰菜、结球甘蓝、白菜 | 施用基肥、重视追肥 |
| 同化器官与产品同时发育的蔬菜 | 茄果类、瓜类、豆类蔬菜 | "稳"，基肥、追肥并重 |

### （四）施肥量的确定

蔬菜施肥技术包括施肥种类、数量及方法等，其中施肥量的确定是蔬菜施肥技术的关键问题之一。确定大田作物施肥量的各种方法也同样适合于蔬菜作物，与大田作物相比，关于不同种类蔬菜合理施肥的研究较少。

**1. 田间肥料试验法**　这一方法以田间试验生物统计法为原理，通过不同肥料配比的田间试验，得出试验田块的肥料效应模式，再由肥料效应模式计算合理的施肥量。这一方法的优点是可以定量地反映施用肥料的肥效，并根据肥料价格、产品价格及利润等因素综合考虑不同目标产量下的肥料用量及配比。缺点是结果的重现性差，对于同一地区，当年的试验资料不可能应用，而应用往年的函数关系式，又可能因土壤、气候等因素的变化而影响施肥的准确度。

**2. 目标产量法**　根据产量高低估计养分携出量，根据基础产量确定土壤供肥量，二者之差为肥料应提供养分的数量。这一方法确定施肥量的基本公式为：施肥量＝（目标产量－基础产量）×单位经济产量养分携出量/（肥料中养分含量×养分利用率），其中目标产量、基础产量、单位经济产量养分携出量、肥料利用率是影响这一方法确定的施肥量准确与否的重要参数。

关于单位经济产量养分携出量，前人已进行了大量研究，得到了不同种类蔬菜每形成单位（100 kg 或 1 000 kg）商品菜的养分携出量（表 27 - 7）。

**表 27 - 7　不同类型蔬菜每形成 1 000 kg 商品菜养分携出量**

| 蔬菜种类 | 收获物 | 需要养分量（kg） | | |
|---|---|---|---|---|
| | | N | $P_2O_5$ | $K_2O$ |
| 大白菜 | 叶球 | 1.8～2.2 | 0.4～0.9 | 2.8～3.7 |
| 油菜 | 全株 | 2.8 | 0.3 | 2.1 |
| 结球甘蓝 | 叶球 | 3.1～4.8 | 0.5～1.2 | 3.5～5.4 |
| 花椰菜 | 花球 | 10.8～13.4 | 2.1～3.9 | 9.2～12.0 |
| 菠菜 | 全株 | 2.1～3.5 | 0.6～1.8 | 3.0～5.3 |
| 芹菜 | 全株 | 1.8～2.6 | 0.9～1.4 | 3.7～4.0 |
| 茴香 | 全株 | 3.8 | 1.1 | 2.3 |
| 番茄 | 果实 | 2.8～4.5 | 0.5～1.0 | 3.9～5.0 |
| 黄瓜 | 果实 | 2.7～4.1 | 0.8～1.1 | 3.5～5.5 |

资料来源：陈伦寿、陆景陵（2002）。

知道了一种蔬菜单位经济产量养分携出量，就可以根据目标产量及基础产量分别估计目标产量下养分吸收量及土壤供肥量。目标产量通常根据试验菜地前几年的平均产量确定，一般可在平均产量的基础上增加 10%～20%；若有更扎实的研究基础，可以根据土壤肥力状况定量确定目标产量。基础产量是指不施肥时蔬菜的产量，反映了土壤供应养分的能力。肥料利用率因土壤、气候、作物、施肥量、施用方法等不同而异。关于不同肥料的利用率，一般氮肥利用率可按 40%～60% 计算，磷肥利用率按 10%～25% 计算，钾肥利用率按 50%～60% 计算（葛晓光，2002）。

采用这一方法确定的施肥量与上述选用的各个参数的准确性具有密切关系。因单位经济产量养分携出量及肥料利用率都不是一个固定值，所以会因土壤、气候、施肥量等不同而异。如葛晓光等（2004）研究发现，番茄每形成单位产品的养分吸收量变化幅度很大，其中每形成 100 kg 番茄产量需氮量为 67～137 g、需磷量（$P_2O_5$）为 39～76 g，需钾量（$K_2O$）为 70～186 g，其平均值分别为 N 106.4 g、$P_2O_5$ 51.0 g、$K_2O$ 120.5 g。因此，应依据土壤肥力以及产量目标来合理调整并确定这个重要的参数。对计算出的施肥量，也应注意通过田间试验或与其他方法结合进行验证。

**3. 土壤有效养分校正系数法**　采用基础产量估计土壤供肥量时，不易较准确获得一个田块的基础产量；另外，施肥区与未施肥区蔬菜吸收土壤养分的数量由于肥料养分的激发效应，存在差异。为针对性地指导不同田块的施肥，一些学者采用土壤有效养分系数法估计土壤供肥量，即：土壤供肥量（kg/hm²）＝土壤有效养分测定值（mg/kg）×2.25×土壤有效养分校正系数。其中，土壤有效养分测定值是指用不同化学方法测定的土壤有效养分的含量；2.25 为转换系数，将土壤养分含量转化为每公顷养分的数量；土壤有效养分校正系数指某一化学方法测定的土壤有效养分可以被作物利用的比例。

测定土壤中有效养分的含量是评价土壤供应养分量的有效方法，但实践中发现，同一土壤采用不同的化学方法测定，获得的土壤有效养分含量不同，说明土壤有效养分的测定值是一个相对值。因此，直接利用不同方法测定的土壤有效养分含量计算土壤养分供应量存在问题。为克服这一问题，研究者引入了土壤有效养分校正系数的概念，它以不施某养分时作物吸收该养分的量为依据，对不同化学方法测定的土壤有效养分含量进行校正。土壤有效养分校正系数＝不施某养分作物吸收养分量（kg/hm²）/［土壤有效养分测定值（mg/kg）×2.25］。

由于不施某养分时作物吸收该养分量为一客观存在的值，因此，若某一化学方法测定的土壤养分含量高，那么其对应的土壤有效养分校正系数的值就小；反之，则大。这样就很好地解决了土壤有效养分测定结果为相对值的问题。

根据这一方法计算施肥量的方法为：施肥量＝（目标产量×单位经济产量养分携出量－土壤速效养分测定值×2.25×土壤有效养分校正系数）/（肥料中养分含量×养分利用率），其他参数的含义及确定与目标产量法类似。

对同一土壤养分，土壤有效养分校正系数也不是一个固定的值。其高低受许多因素影响，特别是土壤有效养分含量。一般的规律是土壤有效养分含量越高，土壤有效养分校正系数越低。另外，土壤有效养分校正系数还与蔬菜种类有关。

**4. 其他方法** 近年来，随着蔬菜栽培面积的扩大，蔬菜营养与施肥问题逐渐引起更多学者的重视。土壤与植物营养学科一些先进的理论及方法也开始应用于菜地养分管理，中国农业大学提出的"根层氮素实时监控与磷钾恒量监控技术"是其中的一个代表（张福锁，2006）。

对在土壤中易发生变化的氮素，这一技术即围绕根层氮素供应，在设施蔬菜生产体系中综合利用土壤和环境等来源的氮素养分，通过合理施用化肥和有机肥，挖掘土壤和环境养分资源的潜力，协调系统养分投入与产出平衡，实现养分资源的高效利用。施肥策略的制定必须考虑蔬菜的生长特点和养分吸收规律，从蔬菜氮素养分吸收的特点看，一般作物前期养分吸收慢，吸收量少，养分的大量吸收主要在开花结果后，因此，需要考虑蔬菜生长的季节性差异，加大蔬菜氮素的追施比例。在充分利用土壤和环境氮素的基础上，以施肥为调控手段保持根层氮素养分的供应与作物需求同步（贾小红等，2007）。

对在土壤中保持相对稳定的磷、钾养分，可以根据作物养分携出量及土壤化验进行推荐施肥（表27-8～表27-10）。

表27-8 不同土壤磷、钾丰缺状况的推荐施肥量

| 丰缺状况 | 露地有效磷（mg/kg） | 保护地有效磷（mg/kg） | 速效钾（mg/kg） | 相应的磷、钾肥推荐量 | 备注 |
|---|---|---|---|---|---|
| 缺 | <20 | <50 | <80 | 作物携出量的1.5~2.0倍 | 在施用中等水平有机肥（露地30~45 m³/hm²，保护地60~90 m³/hm²）基础上的磷、钾肥推荐量 |
| 中 | 20~60 | 50~120 | 80~150 | 作物携出量的0.8~1.5倍 | |
| 高 | >60 | >120 | >150 | 作物携出量的0~0.8倍 | |

资料来源：张福锁（2006）。

表27-9 不同目标产量设施番茄磷肥（P₂O₅）推荐施用量（kg/hm²）

| 肥力等级 | 土壤有效磷（mg/kg） | 目标产量（t/hm²） | | | | |
|---|---|---|---|---|---|---|
| | | <50 | 50~80 | 80~120 | 120~160 | 160~200 |
| 极低 | <30 | 75~100 | 120~160 | 180~240 | 240~320 | 300~400 |
| 低 | 30~60 | 50~75 | 80~120 | 120~180 | 160~240 | 200~300 |

（续）

| 肥力等级 | 土壤有效磷（mg/kg） | 目标产量（t/hm²） | | | | |
|---|---|---|---|---|---|---|
| | | <50 | 50~80 | 80~120 | 120~160 | 160~200 |
| 中 | 60~100 | 40~50 | 60~80 | 100~120 | 110~160 | 160~200 |
| 高 | 100~150 | 25~40 | 40~60 | 60~100 | 80~110 | 100~160 |
| 极高 | >150 | 15~25 | 25~40 | 40~60 | 50~80 | 60~100 |

资料来源：张福锁等，2009。

表 27-10　不同目标产量设施番茄钾肥（$K_2O$）推荐施用量（kg/hm²）

| 肥力等级 | 土壤速效钾（mg/kg） | 目标产量（t/hm²） | | | | |
|---|---|---|---|---|---|---|
| | | <50 | 50~80 | 80~120 | 120~160 | 160~200 |
| 极低 | <80 | 240~300 | 380~480 | 550~650 | 650~750 | — |
| 低 | 80~100 | 200~240 | 320~380 | 480~550 | 550~640 | 750~800 |
| 中 | 100~150 | 160~200 | 250~320 | 400~480 | 500~550 | 640~750 |
| 高 | 150~200 | 100~160 | 160~250 | 240~400 | 320~500 | 400~640 |
| 极高 | >200 | 60~100 | 100~160 | 150~240 | 200~320 | 240~400 |

资料来源：张福锁等，2009。

## 二、不同种类蔬菜养分吸收特性及施肥技术

### （一）茄果类蔬菜的营养与施肥

茄果类蔬菜包括番茄、茄子及辣椒等蔬菜。这类蔬菜食用器官为果实，产量的高低取决于单位面积的栽植密度、果实数目及单果重量。这类蔬菜也是我国北方夏秋季节露地栽培的主要蔬菜，也是保护地栽培的主要菜种。

**1. 营养特性**　茄果类蔬菜多为无限生长类型，即边现蕾、边开花、边结果，在生长发育过程中营养生长与生殖生长并进期长，存在营养生长与生殖生长相互竞争问题。若过早地开始生殖生长，会导致大量的光合产物运输到幼嫩的果实，茎叶及生长点养分供应不足，发生"坠秧"现象；反之，若营养生长过强，会导致茎叶徒长，果实养分供应不足，发生落花落果，称之为"疯秧"。因此，生产上如何通过有效的养分管理措施协调好这二者间的关系，是茄果类蔬菜优质高产的关键。

以番茄为例，其对养分的吸收随生育期的推进而增加，从第一花序开始结实、膨大后，养分吸收量迅速增加，至收获盛期氮、磷、钾、钙、镁的吸收量已占全生育期吸收总量的70%~90%，收获后期对养分吸收明显减少。

番茄不同时期吸收氮、磷及钾养分的比例不同，移栽—开花（移栽后5~6周）吸收氮、磷及钾养分（N：$P_2O_5$：$K_2O$）的比例约为16：16：16；开花—结果（5~10周）的比例为15：5：20；收获期（移栽后第10周开始收获）的比例为22：4：26。因此，一般将磷肥作基肥施用，而大部分的氮、钾肥作追肥施用。

**2. 施肥技术**　茄果类蔬菜多采取育苗移栽方式，施肥可分为苗床施肥和本田施肥。一般移栽用的番茄苗，在苗床生长期间已开始花芽的发育，移栽后即能迅速开花结果。蔬菜幼苗的生长和发育状况与蔬菜后期产量和品质的形成密不可分，且育苗期间，单位面积苗床养分的吸收量比大田作物高6~7倍。因此，多采用富含有机质的营养土进行育苗。

施肥分基肥和追肥。定植时施用的肥料为基肥，以有机肥、磷肥为主，配合施用一定量的氮、钾

肥。以番茄为例，可以结合整地每亩施优质有机肥 5 000～7 000 kg、尿素 5～10 kg、过磷酸钙 40～50 kg、硫酸钾（或氯化钾）10～15 kg。我国许多高产田一般每亩施农家肥 8 000 kg 左右、尿素 15 kg、过磷酸钙 50～75 kg、硫酸钾 12～15 kg，或者高浓度复合肥 40～50 kg/亩。

茄果类蔬菜一般采收期比较长，随着采收养分不断被携出，需要不断补充营养，在施足底肥的基础上，还应多次追肥。一般露地在第一穗果实直径达 2 cm 左右时进行第一次追施；第一穗果实采收后进行第二次追肥；之后一般采收 1 次，追肥 1 次。

### （二）瓜类蔬菜营养与施肥

瓜类蔬菜包括黄瓜、西瓜、冬瓜、南瓜及西葫芦等 10 余种，其中以黄瓜栽培面积最大，占瓜类总面积的 80% 以上；其次是西瓜、西葫芦等。瓜类蔬菜均属葫芦科一年生草本植物。

**1. 营养特性**　瓜类蔬菜也为无限生长类型，在生长发育过程中营养生长与生殖生长并进期长，存在营养生长与生殖生长相互竞争问题。因此，如何协调瓜类蔬菜营养生长与生殖生长的关系，是这类蔬菜养分管理的重点。

根据产量构成和生育模式的不同，可将瓜类蔬菜分为果重型瓜类及果数型瓜类，其中果重型瓜类产量的高低取决于单果重，如冬瓜、南瓜、西瓜等；而果数型瓜类产量高低取决于单果数，如黄瓜、丝瓜、苦瓜等。果重型瓜类蔬菜开始生殖生长时，营养生长仍然比较旺盛，坐瓜后生殖生长开始占优势；而果数型瓜类蔬菜，营养器官生长到一定程度后就进入较长的营养生长与生殖生长并进期。

瓜类蔬菜一般根系分布浅，吸收养分能力较弱，对水肥条件要求高，其中以黄瓜最为典型，菜农常将其称为"水黄瓜"。

露地栽培的黄瓜，由定植至初花期，吸收养分的数量相对较少，吸收的氮、磷、钾量仅占全生育期总吸收量的 6%～7%（杨先芬，2001），但这一时期是作物需要养分的临界期，养分缺乏会对黄瓜生长产生不可逆转的影响。随着生育期的推进，黄瓜对养分的吸收量逐渐增加，至盛采期，氮、磷、钾的吸收量均达最高；因此，这一时期是追肥的重点时期。对于设施栽培黄瓜，由于生长时期更长，因此需要不断补充营养。

**2. 施肥技术**　瓜类蔬菜根系分布浅，对土壤营养及通气状况要求高，因此，施肥时一般以腐熟的优质有机肥作为基肥，可每公顷施用腐熟的猪粪 37～45 t 或土杂肥 75 t 以上，并配施总计划化肥中磷肥的 90%、钾肥的 40%～50% 和氮肥的 20%～30%。

追肥的施用应考虑瓜类蔬菜的种类。由于果重型瓜类蔬菜开始生殖生长时，营养生长仍然比较旺盛，这时追肥应有节制，否则会影响坐瓜；等幼瓜生长到一定大小，生殖生长占较强优势时为追肥的重点时期。而对果数型瓜类蔬菜，营养器官生长到一定程度就进入营养生长与生殖生长并进期，这一时期可占大田生长期的 80% 左右。由于瓜体积小，营养生长与生殖生长的矛盾相对较小，施肥一般以轻、勤为原则。以黄瓜为例，在果实采收期，一般每隔 7～10 d 追一次肥，每次每公顷施尿素 150～225 kg，并配以腐熟的有机肥，全生育期根据情况可以追肥 6～7 次。

### （三）叶菜类蔬菜的营养与施肥

叶菜类蔬菜是一年四季可供食用的蔬菜，种类较多，包括白菜类、甘蓝类及绿叶菜类。这类蔬菜栽培范围广、产量差异大。

**1. 营养特性**　绿叶菜的菠菜、莴苣及芹菜，其产量、品质与生长速度呈正相关关系，因此氮肥的供应与其产量和品质的关系密切。而对白菜、甘蓝等结球类蔬菜而言，主要食用部分为叶球，因此，叶球是否充足，是能否优质高产的关键。

结球类蔬菜的生育阶段一般可以划分为：发芽期、幼苗期（第一叶环的叶片完全发育）、莲座期

（第二、三叶环的叶片发育期）及结球期。各时期吸收养分的数量不同。苗期不同养分吸收比例较少，不足总吸收量的 1％；莲座期明显增加，占总吸收量近 30％；结球期吸收养分量最多，约占总量的 70％，是这类蔬菜需肥的最大效率期，这类蔬菜吸收氮、磷、钾养分（N：$P_2O_5$：$K_2O$）的比例为 1：（0.3～0.5）：1.3。

**2. 施肥技术**　绿叶菜的菠菜、莴苣及芹菜，其产量、品质与生长速度呈正相关关系；因此，施肥技术以促进茎叶的快速生长为主。

结球类蔬菜施肥时，基肥和结球初期追肥各占约 40％，余下的 20％作提苗肥或莲座期追肥。基肥一般是均匀地撒施在地表，然后浅翻、耙平再作畦。有机肥均作基肥施入。

# 第三节　设施蔬菜土壤特性与施肥技术

## 一、设施蔬菜栽培的发展

设施蔬菜栽培系指温室、塑料大棚、地膜覆盖等条件下进行的蔬菜生产。设施蔬菜栽培在一定程度上排除了季节影响和自然灾害的干扰，可以提高蔬菜作物的产量和质量，满足市场需求，提高集约化生产水平和效益。

近 20 年来，我国设施蔬菜栽培面积增加迅速。2006 年我国以温室和大棚为代表的设施蔬菜栽培面积已达 250 万 hm²，其中日光温室 70 万 hm²，塑料大棚 180 万 hm²；2008 年全国设施蔬菜面积已达 335 万 hm²，比 2000 年增长了 78％，产量 1.68 亿 t，占全国蔬菜总产量的 25％；总产值 4 100 多亿元，占蔬菜总产值的 51％。我国设施蔬菜栽培面积较大的省份有山东、河北、河南、辽宁、江苏和陕西。实践证明，设施蔬菜产业在我国一些区域已成为农业的支柱产业（李天来，2005）。

这些年来，不少地区将发展设施蔬菜作为调整农业产业结构的主要产业。陕西于 2009 年开始实施了"百万亩设施蔬菜工程"，当年就新建设施蔬菜面积 20.05 万亩，设施蔬菜面积生产量超过了全省蔬菜总量的 40％。

## 二、设施蔬菜栽培存在的土壤与营养问题

### （一）养分比例失调

植物对养分的吸收不仅取决于土壤养分的含量，而且与土壤养分的比例有密切关系。因此，设施栽培下特别是日光温室栽培下不合理施肥导致土壤养分比例失调带来了一些问题。如这些年来作者在陕西一些日光温室生产基地调查发现，长期日光温室栽培下番茄频频出现较为典型的缺镁现象，这与一般常识，即缺镁主要发生在南方酸性土壤，北方石灰性土壤含镁丰富，不易出缺镁问题的认识不一致。作者对陕西关中地区 10 余个日光温室土壤交换性镁离子含量的测定发现，日光温室土壤交换性镁离子含量高于大田土壤交换性镁离子含量（表 27-11）。因此，简单从有效镁的含量方面难以解释日光温室栽培番茄缺镁的现象。

表 27-11　日光温室栽培对土壤交换性 $Ca^{2+}$、$Mg^{2+}$、$K^+$ 含量及其饱和度的影响

| 栽培方式 | 土层（cm） | 交换性阳离子（cmol/kg） | | | $Ca^{2+}$饱和度（%） | $Mg^{2+}$饱和度（%） | $K^+$饱和度（%） | $Ca^+/K^+$ | $Mg^{2+}/K^+$ | $Ca^{2+}/Mg^{2+}$ |
|---|---|---|---|---|---|---|---|---|---|---|
| | | $Ca^{2+}$ | $Mg^{2+}$ | $K^+$ | | | | | | |
| 温室 | 0～20 | 19.49±2.6 | 1.80±0.7 | 1.36±0.6 | 85.98±3.4 | 8.00±2.9 | 6.02±2.6 | 17.21±7.7 | 1.66±1.1 | 12.75±6.5 |
| | 20～40 | 20.07±2.2 | 1.52±0.8 | 0.84±0.4 | 89.37±4.3 | 6.87±4.0 | 3.77±1.7 | 29.40±15.5 | 2.29±2.0 | 19.60±15.6 |

（续）

| 栽培方式 | 土层（cm） | 交换性阳离子（cmol/kg） | | | $Ca^{2+}$饱和度（%） | $Mg^{2+}$饱和度（%） | $K^+$饱和度（%） | $Ca^+/K^+$ | $Mg^{2+}/K^+$ | $Ca^{2+}/Mg^{2+}$ |
| | | $Ca^{2+}$ | $Mg^{2+}$ | $K^+$ | | | | | | |
|---|---|---|---|---|---|---|---|---|---|---|
| 大田 | 0～20 | 19.29±2.2 | 1.30±0.8 | 0.59±0.2 | 91.09±3.8 | 6.10±3.6 | 2.81±0.9 | 35.86±12.7 | 2.33±1.6 | 22.51±17.2 |
| | 20～40 | 19.72±1.1 | 1.17±0.9 | 0.33±0.1 | 93.13±3.7 | 5.34±3.7 | 1.53±0.4 | 64.10±15.4 | 3.85±3.6 | 26.13±17.0 |

注：表中数据为平均值±标准差。

由于大量施用钾肥，日光温室土壤交换性 $K^+$ 含量和饱和度均显著高于大田土壤，这与温室栽培下大量施用钾肥及有机肥有关。有研究认为，若土壤 $Mg^{2+}/K^+$ 小于2～2.5，作物就有可能缺镁。作者测定结果表明，0～20 cm 土层温室土壤的 $Mg^{2+}/K^+$ 在0.46～4.93，平均1.66；大田土壤为0.59～5.56，平均2.33。日光温室20～40 cm 土层 $Mg^{2+}/K^+$ 在0.38～7.45，平均2.29；大田土壤为1.44～10.91，平均3.85，温室土壤 $Mg^{2+}/K^+$ 失调也与大量施用钾肥有关。$K^+$ 与 $Mg^{2+}$ 之间又存在明显的拮抗作用，再加上番茄是需镁较多的作物，这也可能是研究地区日光温室栽培番茄频频出现缺镁问题的原因所在。

据在辽宁进行的研究得出，日光温室栽培下由于大量施用钾肥导致土壤交换性 $K^+$ 含量随温室使用年限明显增加，而 $Ca^{2+}+Mg^{2+}$ 与盐基总量的比值则出现显著降低的趋势（姜勇等，2005）。

**（二）盐分过量累积**

施用的各种化肥，实为不同种类的化学盐或分解转化后形成盐类，施入土壤后均可增加土壤盐分含量。通常用盐分指数反映不同化肥的致盐程度，盐分指数反映了肥料对土壤溶液渗透势影响的大小，一般以 $NaNO_3$ 作为参比（盐分指数为100）。肥料的盐分指数越高，说明该肥料施入土壤后土壤溶液渗透势的增加越高。表27-12给出了常见肥料的盐分指数，可见氮肥中硝酸铵的盐分指数较高，钾肥中氯化钾的盐分指数明显高于硝酸钾及硫酸钾。

**表27-12　常见化肥的盐分指数**

| 肥料种类 | 盐分指数 | 肥料种类 | 盐分指数 |
|---|---|---|---|
| 硝酸铵 | 105 | 过磷酸钙 | 8 |
| 尿素 | 75 | 氯化钾 | 116 |
| 硫酸铵 | 69 | 硫酸钾 | 46 |
| 磷酸二铵 | 34 | 硝酸钾 | 74 |

资料来源：奚振邦（2003）。

设施栽培下大量施用化肥，导致盐分在土壤中大量累积。国内不少学者已就这一问题开展了大量的研究。冯永军等（2001）对山东设施栽培土壤调查结果显示，设施栽培土壤盐分含量一般是露地土壤的1.3～3.7倍，在3～5年出现积盐高峰。余海英等（2006）对山东寿光、辽宁新民、江苏常州和四川双流设施土壤测定表明，土壤含盐量分别为2.69 g/kg、1.35 g/kg、1.98 g/kg 和1.13 g/kg。他们对辽宁省沈阳、北宁两地的设施栽培土壤进行调查研究表明（2007），各盐分离子均表现出了明显的表聚特征，在耕层 $NO_3^-$、$Cl^-$、$SO_4^{2-}$、$HCO_3^-$、$Ca^{2+}$、$Mg^{2+}$、$Na^+$、$K^+$ 的含量分别是对应露地土层的10.4倍、7.7倍、5.2倍、1.9倍、9.0倍、5.1倍、4.9倍、213倍。吕福堂等（2004）对种植1～8年的日光温室土壤盐分调查研究，随日光温室种植年限的延长，土壤可溶性盐、电导率呈增加趋势。

作者的室内模拟试验表明（图27-3），与不施用氮肥相比，施用不同种类的氮肥均使土壤溶液

EC 值有所增加，但不同种类氮肥对土壤溶液 EC 值的影响有所不同。相关分析表明，培养起始时，当氮肥施用量由 0.1 N g/kg 增加到 0.6 N g/kg 时，尿素及碳酸氢铵处理土壤溶液的 EC 值随施氮量增加的变化未达显著水平，而硫酸铵处理土壤溶液 EC 值随施氮量的增加显著增加（$r=0.989^{**}$），且土壤溶液 EC 值高于相应施用尿素及碳酸氢铵处理。这与尿素为有机物，施入土壤后需脲酶分解及碳酸氢铵的盐分指数低于硫酸铵有关。培养第 7 天时，尿素及碳酸氢铵处理随施氮量的增加，土壤溶液 EC 值的增加趋势明显，这与其分解转化有关。之后各时期不同氮肥品种土壤溶液 EC 值均随施氮量的增加呈显著或极显著增加；相同施氮量下，不同氮肥品种间土壤溶液 EC 值差异不显著（陈竹君等，2008）。

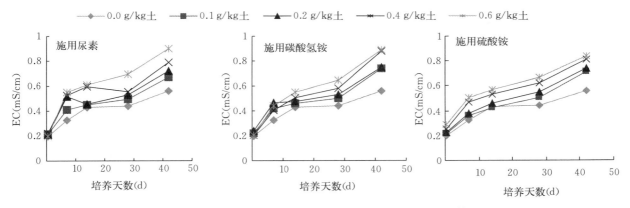

图 27 - 3　不同氮肥及施用量对土壤溶液电导率的影响（陈竹君等，2008）

### （三）气体危害

由于设施栽培的蔬菜作物处于相对密闭的环境，因此容易出现氨中毒、亚硝酸气体中毒等问题。

对于氨中毒，一般认为，当保护地空气中氨浓度达到 5 μL/L 时，仅几个小时蔬菜就会中毒甚至死亡。受害蔬菜一般先在中位叶出现水浸状斑点，进而干枯变成淡褐色，严重时全株死亡。当清晨棚膜水滴 pH 大于 8.2 时，可能会发生氨气危害，这时应及时通风。选择适宜的氮肥品种，避免施用挥发性强的氮肥品种（如碳酸铵）；控制氮肥用量，追肥后及时覆土并灌水，是避免氨气危害的有效途径。若发生了氨毒害，应及时通风换气。

对于亚硝酸气体中毒，一般认为，当保护地空气中亚硝酸气体的浓度达到 2 μL/L 时，番茄就会出现中毒症状。当清晨棚膜水滴 pH 接近中性时，不会发生危害。呈酸性时，可能发生危害。控制氮肥用量，避免施用未腐熟的有机肥，是避免亚硝酸气体危害的有效途径。若发现发生危害应及时通风换气。

### （四）土壤酸化

设施栽培下由于大量施肥，使得土壤 pH 降低，土壤出现酸化问题。据作者在陕西关中地区日光温室栽培基地的研究，与露地土壤相比，日光温室土壤 pH 较露地出现不同程度降低，其中 0~20 cm 土层土壤 pH 平均降低了约 0.30 个 pH 单位，20~40 cm 土层平均降低了 0.20 个 pH 单位。由于这一地区土壤属石灰性土壤，土壤碳酸钙含量高，虽然土壤 pH 有所降低，但仍处在微碱性的范围。

若土壤缓冲性能差（如中性及酸性土壤），长期日光温室栽培下带来的土壤酸化问题会十分严重。据李俊良等（2002）在山东的研究，表层土壤 pH 由 1 年时的 7.69，降到 4 年时的 6.82，8 年温室土壤的 pH 降到 6.52，而 13 年棚龄的土壤 pH 仅为 4.31，这无疑会严重影响蔬菜生长。葛晓光等（2004）在辽宁进行的蔬菜定位试验发现，随着氮肥用量的增加，土壤 pH 呈明显的降低趋势，pH 的年降低幅度最大达 0.7 个 pH 单位；施用有机肥在一定程度上缓解了由于施用氮肥带来的 pH 下降的趋势，这可能与长期施用有机肥增加了土壤的缓冲性能有关。

### （五）连作障碍

蔬菜设施栽培连作障碍发生的原因有很多，包括土传病害、土壤性质恶化（养分比例失调、盐分累积）及蔬菜的自毒作用。其中土传病虫害被认为是蔬菜连作障碍因子中最主要的因子。这是因为连作提供了根系病害赖以生存的寄主和繁殖的场所，导致土壤中病原拮抗菌的数量减少。常见的温室蔬菜土传病虫害包括瓜类的枯萎病、番茄的青枯病、根结线虫病等，番茄、黄瓜、茄子均属于对线虫高度敏感的蔬菜。

## 三、日光温室栽培蔬菜水肥管理技术

### （一）日光温室栽培蔬菜施肥现状

2004 年，作者调查了西安郊区 100 个日光温室栽培蔬菜的施肥状况，结果发现当地日光温室番茄有施用有机肥的优良传统，施用品种主要为优质鸡粪，其次为猪粪、人粪尿等。施用量在 25～245 t/hm²，平均为 136 t/hm²。有机肥的施用对于提高土壤肥力、保证蔬菜丰产无疑具有突出贡献。

不同地点番茄化肥施用量的差异较大，其中氮肥（N）施用量在 103～1 845 kg/hm²，平均为 600 kg/hm²；磷肥（$P_2O_5$）0～2 280 kg/hm²，平均 623 kg/hm²；钾肥（$K_2O$）0～3 853 kg/hm²，平均 497 kg/hm²（表 27-13）。施肥水平低于山东等其他日光温室栽培发展较早的地区（马文奇等；2000；李俊良等，2002）。如据刘兆辉等（2008）的研究，1994—1997 年山东设施蔬菜年平均施肥量达到 N 1 351 kg/hm²、$P_2O_5$ 1 701 kg/hm² 和 $K_2O$ 53 916 kg/hm²，在这段时间内施肥量逐年增加。

表 27-13　西安郊区日光温室番茄化肥施用现状统计

| 地　点 | | 温室数（个） | N（kg/hm²） | | $P_2O_5$（kg/hm²） | | $K_2O$（kg/hm²） | |
|---|---|---|---|---|---|---|---|---|
| | | | 变化范围 | 平均 | 变化范围 | 平均 | 变化范围 | 平均 |
| 灞桥区 | 余家材 | 21 | 135～1 350 | 551 | 75～1 725 | 555 | 1.5～2 079 | 416 |
| | 陶家材 | 17 | 135～833 | 367 | 0～1 155 | 515 | 132～1 508 | 741 |
| | 南郑材 | 14 | 125～1 305 | 651 | 60～1 859 | 713 | 107～3 853 | 1 149 |
| 未央区 | 周家堡材 | 13 | 182～573 | 389 | 360～1 080 | 589 | 0～450 | 114 |
| | 吴高墙材 | 19 | 103～1 455 | 725 | 0～1 182 | 600 | 0～578 | 183 |
| 长安区 | 高桥材 | 32 | 225～1 845 | 747 | 57～2 280 | 733 | 49～1 815 | 466 |
| 总计 | | 116 | 103～1 845 | 600 | 0～2 280 | 623 | 0～3 853 | 497 |

作物的施肥量及比例与产量水平、土壤类型和肥力状况等有关。一般认为，番茄吸收氮（N）、磷（$P_2O_5$）和钾（$K_2O$）的比例在 1∶0.5∶1.3 左右（陈伦寿等，2002；马国瑞，2000）；考虑到土壤养分供应状况，不同学者提出了当地大棚番茄的施肥建议。山东省提出番茄产量在 105～127.5 t/hm² 时，建议氮、磷、钾肥的施用量分别为 N 480 kg/hm²、$P_2O_5$ 255 kg/hm² 和 $K_2O$ 675 kg/hm²。徐福利等（2003）提出，番茄目标产量为 105 t/hm² 时推荐施肥量为：N 480～555 kg/hm²、$P_2O_5$ 240～300 kg/hm²、$K_2O$ 330～390 kg/hm²。综合参考上述资料可以发现，作者调查的西安郊区日光温室蔬菜在化肥施用方面存在的突出问题有以下三点：一是氮、磷、钾肥施用比例失调。平均来看，施用化肥比例中磷肥的比例明显偏高。二是过量施肥特别是过量施用氮、磷问题较为严重。有 1/3 日光温室存在过量施用氮肥问题，2/3 日光温室存在过量施用磷肥问题，有些日光温室磷肥施用量超过 1 500 kg/hm²。三是钾肥施用不均衡。约 13% 的日光温室未施用钾肥，而有约 1/4 的日光温室存在过

量施用钾肥问题，其中灞桥区南郑村调查的日光温室中有 25% 的日光温室钾肥施用量超过 2 250 kg/hm²。

### （二）水肥综合管理技术实例

过量施肥是当前我国不少地区设施栽培中存在的突出问题。针对这一状况，周博等（周博等，2006）于 2004 年 10 月至 2005 年 7 月在陕西杨凌示范区胡家底村日光温室栽培基地进行了水肥调控对番茄产量、品质及水分利用影响的田间试验。试验的日光温室棚龄 7 年。建棚以来一直种植越冬番茄。试验地耕层土壤（0～20 cm）的质地为黏壤、pH 为 6.89、有机质含量为 15.2 mg/kg，土壤硝态氮、有效磷及速效钾的含量分别为 59 mg/kg、518 mg/kg 和 381 mg/kg。试验设 5 个处理（表 27-14），每处理重复 3 次，小区面积为 15.0 m²。磷肥全部作基肥于番茄定植前使用，氮肥的 20%、钾肥的 25% 作基肥使用，其余部分作追肥分 4 次于蔬菜生长的不同时期使用，每次采用膜下撒施、随后灌水的方式。各试验区均以有机肥（鸡粪，多含稻壳）为底肥，于番茄定植前作基肥使用。灌溉方式为畦灌，考虑到 5 月前各处理水分损耗相对较低，因此 5 月前所有处理的灌水量相同，即均采用常规灌水，灌水量按照当地农民的传统经验进行；5 月开始在常规施肥＋节水灌溉（处理 B）、配方施肥 1＋节水灌溉（处理 D）及配方施肥 2＋节水灌溉（处理 E）实施节水处理（以田间埋设的张力计为指导），具体办法为，灌水期与常规相同，而灌水量为常规灌水量的一半。

从表 27-14 可以看出，采用配方施肥处理，将施氮量由常规用量的 600 kg/hm² 降至 450 kg/hm²，番茄产量并未降低，且有增加的趋势，其中处理 E 的产量最高。表明在低 N 水平下采用节水灌溉的施肥效果最好。处理 E 和处理 D 施氮量相同均为 450 kg/hm²，处理 E 钾的使用量为处理 D 的 2 倍，而二者的产量并无显著差异，表明在配方施肥处理 1 的基础上增加钾肥用量，对番茄产量无明显影响。

表 27-14　不同施肥处理对日光温室番茄产量及品质的影响

| 处理 | 肥料用量 (N-P₂O₅-K₂O, kg/hm²) | 年产量 (kg/hm²) | 可溶性糖 (%) | 维生素 (mg/100 g) | 有机酸 (%) | 糖/酸 |
|---|---|---|---|---|---|---|
| A（常规施肥＋常规灌溉） | 600-600-825 | 1.89×10⁵ | 1.12 | 13.32 | 0.71 | 1.58 |
| B（常规施肥＋节水灌溉） | 600-600-825 | 2.01×10⁵ | 1.20 | 13.17 | 0.73 | 1.64 |
| C（配方施肥1＋常规灌水） | 450-225-225 | 1.92×10⁵ | 2.00 | 12.69 | 0.52 | 3.85 |
| D（配方施肥1＋节水灌溉） | 450-225-225 | 2.01×10⁵ | 1.95 | 13.87 | 0.58 | 3.36 |
| E（配方施肥2＋节水灌溉） | 450-315-450 | 2.09×10⁵ | 1.76 | 13.82 | 0.43 | 4.09 |

资料来源：周博等，2006。

不同处理间番茄果实可溶性糖含量存在显著差异，处理 C 果实可溶性糖含量最高，常规施肥处理 A 果实可溶性糖含量最小。相同施肥量下，节水灌溉处理与常规灌溉处理的番茄果实可溶性糖含量无显著差异。配方施肥处理可以显著降低番茄果实有机酸含量，相同施肥量条件下，节水灌溉处理与常规灌溉处理的番茄果实有机酸含量无显著差异。比较各处理的糖/酸值，以处理 E 最高，果实品质最优。

果实中过多硝酸盐危害人体健康。试验结果表明，番茄果实 NO₃⁻-N 的含量在 21.8～36.5 mg/kg 范围，采用配方施肥显著降低了番茄果实 NO₃⁻-N 的含量；配方施肥 1 和配方施肥 2 处理相比，后者番茄内 NO₃⁻-N 的含量低于前者，是否与增加磷、钾肥的用量后促进了植物对硝态氮的同化，尚需进一步研究。番茄果实中维生素 C 的含量在各处理间均无显著差异。

由表 27-15 可以看出，采用配方施肥处理均比常规施肥处理降低了 0～40 cm 土层中 NO₃⁻-N

含量，其中 1 月 24 日配方施肥处理土壤表层中 $NO_3^- - N$ 含量比常规施肥处理降低的幅度均大于 4 月 22 日的测定结果，这可能与番茄生长期间对氮素的吸收有关。

表 27-15　生长时期不同处理土壤剖面中 $NO_3^- - N$ 含量

单位：mg/kg

| 采样时间<br>（年-月-日） | 处理 | 土壤剖面 | | | | |
|---|---|---|---|---|---|---|
| | | 0～20 cm | 20～40 cm | 40～60 cm | 60～80 cm | 80～100 cm |
| 2005-1-24 | B（常规施肥＋节水灌溉） | 137.1 | 88.5 | 79.1 | 45.6 | 38.1 |
| | D（配方施肥 1＋节水灌溉） | 74.2 | 61.3 | 58 | 54.6 | 33.6 |
| | E（配方施肥 2＋节水灌溉） | 65.3 | 52.6 | 52.5 | 51.6 | 41.7 |
| 2005-4-22 | A（常规施肥＋常规灌溉） | 49.8 | 43.3 | 44.2 | 38.3 | 36.8 |
| | B（常规施肥＋节水灌溉） | 48.1 | 44.7 | 41.8 | 38 | 34.4 |
| | C（配方施肥 1＋常规灌水） | 28.8 | 20.8 | 17.3 | 17.8 | 19.2 |
| | D（配方施肥 1＋节水灌溉） | 33.1 | 19.5 | 19.1 | 17.6 | 15.9 |
| | E（配方施肥 2＋节水灌溉） | 35 | 40.9 | 44.5 | 41.6 | 31.4 |

资料来源：周博等，2006。

　　由图 27-4 可以看出，与常规施肥处理相比，采用配方施肥处理显著降低了收获后 0～60 cm 土层中 $NO_3^- - N$ 含量，而 60 cm 以下各处理间 $NO_3^- - N$ 含量无显著差异。值得注意的是，番茄收获后 100 cm 以下土层中 $NO_3^- - N$ 含量配方施肥处理显著高于常规施肥处理，表明在长期的日光温室栽培条件下，发生了较为显著的氮素淋溶现象。

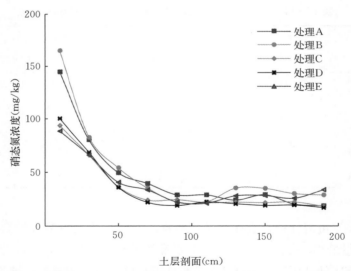

图 27-4　番茄收获后各处理土壤剖面硝态氮含量的变化（2005 年 7 月 8 日）

（A＝常规施肥＋常规灌溉；B＝常规施肥＋节水灌溉；C＝配方施肥 1＋常规灌水；D＝配方施肥 1＋节水灌溉；E＝配方施肥 2＋节水灌溉）

　　另外，处理 D 和处理 E 之间的土壤剖面 $NO_3^- - N$ 含量相近，表明不同配方施肥处理对其含量无显著影响。处理 A、处理 B 以及处理 C 之间的硝态氮含量也无显著差异，说明在本试验条件下不同灌溉方式对土层中 $NO_3^- - N$ 含量分布的影响无显著差异。

　　番茄收获后常规施肥处理 A 和处理 B 在 0～200 cm 土壤中累积的硝态氮量平均为 1 092 kg/hm²，

而配方施肥 1（处理 C 和处理 D）硝态氮累积量平均为 777 kg/hm²，配方施肥 2（处理 E）硝态氮累积量为 869 kg/hm²。可见，采用配方施肥显著减少了番茄收获后土壤中残留的硝态氮数量。

由表 27 - 16 可知，处理 C 水分利用率最低，为 36.1 g/kg；处理 D 水分利用率最高，达 50.3 g/kg；处理 B 的水分利用率显著高于处理 A，处理 D 的水分利用率显著高于处理 C。表明在相同施肥条件下，节水灌溉措施可以显著提高水分利用率。处理 A 与处理 C 的水分利用率无显著差异；处理 B 与处理 D 以及处理 D 与处理 E 的水分利用率差异显著，表明在相同的灌水条件下，不同配方施肥对土壤水分利用率有明显影响。由于各处理间番茄产量无显著差异，从经济效益角度考虑，配方施肥 1 加节水灌溉（处理 D）的效益最好。表明在研究地区，节水灌溉和配方施肥有巨大的推广潜力。

表 27 - 16　不同水肥条件下番茄对水分的利用

| 处理 | 土壤储水量（m³/hm²） | | 灌水量（m³/hm²） | 水分利用率（g/kg） |
| --- | --- | --- | --- | --- |
| | 栽植时 | 收获时 | | |
| A（常规施肥＋常规灌溉） | 4.41×10³ | 4.77×10³ | 5.12×10³ | 39.7 |
| B（常规施肥＋节水灌溉） | 4.41×10³ | 4.07×10³ | 4.06×10³ | 45.7 |
| C（配方施肥 1＋常规灌水） | 4.41×10³ | 4.21×10³ | 5.12×10³ | 36.1 |
| D（配方施肥 1＋节水灌溉） | 4.41×10³ | 4.30×10³ | 4.06×10³ | 50.3 |
| E（配方施肥 2＋节水灌溉） | 4.41×10³ | 3.89×10³ | 4.06×10³ | 45.7 |

资料来源：周博等，2009。

2005—2006 年，郭全忠等在陕西杨凌胡家底及长安区五席坊村进行的水肥调控试验得到了类似的结果（郭全忠等，2008）。

### （三）水肥一体化技术

将肥料溶于水中，通过灌溉施用肥料，利于肥料养分的吸收，具有省工省时等优点，因此，这一施肥技术在国内外的应用已有较长的历史。但施肥不匀，容易养分流失，引起作物肥烧等，这是传统灌溉施肥方法常常遇到的问题（Engelstad，1985；Playan、Faci，1997）。

与传统灌溉方法相比，滴灌（drip or trickle irrigation）可有效地控制灌水的数量和频率等，减少水分的损耗，大大地提高了水分利用率（Bresler，1977）。通过滴灌施肥，也可有效地调节施用肥料的种类、比例、数量及时期，可将肥料施于根区，保证根区养分的供应，减少养分的淋失，可显著提高肥料养分的利用率。国外不少研究表明，应用这一技术，氮肥的利用率可达 95%，钾肥的利用率可达 80%（Miller et al.，1995）。近几十年来，滴灌技术的发展和应用，赋予了灌溉施肥技术新的活力，一个新的名词 Fertigation（fertilization＋irrigation）应运而生。

滴灌施肥的特点主要表现在：一是水肥同时供应，可发挥二者的协同作用。二是将肥料直接施入根区，降低了肥料与土壤的接触面积，减少了土壤对肥料养分的固定，有利于根系对养分的吸收。三是滴灌施肥持续的时间长，为根系生长维持了一个相对稳定的水肥环境。据研究，滴灌施肥时土壤溶液中硝态氮的浓度稳定在 60～150 mg/kg，而喷灌时硝态氮的浓度在 0～300 mg/kg。四是可根据气候、土壤特性、作物不同生长发育阶段的营养特点，灵活地调节供应养分的种类、比例及数量等，满足作物高产优质的需要。如对成年果树的施肥，在其成年生长前期，为促进生长可增加氮素的比例；后期为促进果实着色，可增加磷、钾养分的用量，减少氮的比例。还可调节供应 $NH_4^+ - N$ 与 $NO_3^- - N$ 的比例，满足不同作物或同一作物不同阶段营养特性的需要（周建斌等，2001）。

习金根等（2004）进行的室内模拟试验表明，与浇灌施肥相比，滴灌施肥显著降低了氮素的淋溶损失。灌水量高时，由于灌水量超过土壤的饱和持水量，滴灌施肥和浇灌施肥两种方式均有氮素淋失（表 27－17），两种灌溉施肥方式下淋失氮量占总施氮量的比率分别为 6.90％和 9.19％。这时淋出的氮素既有肥料氮亦有土壤氮。施肥处理与不施肥处理淋失氮量的差值表征了肥料氮的淋失量。

**表 27－17　不同灌溉施肥（尿素）方式下淋失氮素的形态及数量**

| 处理 | 项目 | 氮素形态 | | | 总量 |
| --- | --- | --- | --- | --- | --- |
| | | Urea－N | $NO_3^-$－N | $NH_4^+$－N | |
| 滴灌施氮 | 氮素淋失量（mg） | 45.94 | 4.52 | 3.38 | 53.84 |
| | 肥料氮淋失量（mg） | 45.94 | 2.62 | 2.28 | 50.84 |
| | 占淋失氮总量（％） | 85.33 | 8.40 | 6.28 | 100.00 |
| | 占施氮总量（％） | 5.89 | 0.58 | 0.43 | 6.90 |
| 浇灌施氮 | 淋失氮量（mg） | 56.47 | 9.26 | 5.96 | 71.69 |
| | 肥料氮淋失量（mg） | 56.47 | 7.22 | 4.69 | 68.38 |
| | 占淋失氮总量（％） | 78.77 | 12.92 | 8.31 | 100.00 |
| | 占施氮总量（％） | 7.24 | 1.19 | 0.76 | 9.19 |
| 滴灌不施氮 | 淋失氮量（mg） | 0 | 1.90 | 1.10 | 3.00 |
| 浇灌不施氮 | 淋失氮量（mg） | 0 | 2.04 | 1.27 | 3.31 |

注：肥料氮淋失量（mg）＝施肥处理淋失氮量（mg）－相应对照淋失氮量（mg）。

## 四、二氧化碳施肥技术

二氧化碳是植物进行光合作用的重要原料，其浓度的高低直接影响光合作用的进行。大气中 $CO_2$ 的平均浓度为 0.03％，露地栽培一般不会出现 $CO_2$ 的缺乏问题。而在相对封闭的保护地条件下，由于蔬菜作物的光合作用，会导致棚内 $CO_2$ 的浓度偏低。根据测定：从早晨至 10：00，随着棚内蔬菜光合作用的增强，$CO_2$ 浓度迅速降低，从 300 $\mu L/L$ 左右，降到约 100 $\mu L/L$，有的甚至低到 60 $\mu L/L$ 以下，影响大棚蔬菜的光合作用，导致大棚蔬菜产量和品质下降，因此，二氧化碳施肥技术是大棚蔬菜生产中常采用的技术之一。

可采用通风换气、施用有机肥及化学反应法等手段增加温室中 $CO_2$ 的浓度。其中化学反应法采用碳酸盐与强酸反应产生 $CO_2$，具有操作简便的优点。山东推广的秸秆生物反应堆技术是利用作物秸秆做原料，拌上特制的菌种，使秸秆快速分解放出大量 $CO_2$，是 $CO_2$ 施肥的一项新技术。一些研究表明，大棚应用秸秆生物反应堆技术，可明显提高瓜果菜产量，改善产品品质。

除增加 $CO_2$ 浓度外，秸秆生物反应堆使 10 cm 地温升高 1.13～1.52 ℃，20 cm 地温升高 1.71～2.01 ℃，棚内温度平均升高 1.5～2.3 ℃；应用秸秆生物反应堆的温室较对照温室夜间湿度下降 2％～4％，而对白天的室内湿度影响不明显（徐全辉等，2010）。另外，应用生物反应堆技术，1 亩大棚一年最少可以消耗 4 000～5 000 kg 作物秸秆，变废为宝，既解决了秸秆处置的难题，又增加了收入，减少了开支，还大幅度减少了农药、化肥的使用量，可谓一举多得。

**主要参考文献**

陈伦寿，陆景陵，2002. 蔬菜营养与施肥技术［M］. 北京：中国农业出版社.

陈竹君，王益权，周建斌，等，2007. 日光温室栽培对土壤养分累积及交换性养分含量和比例的影响［J］. 水土保持学报（21）：5-8.

陈竹君，张俊鹏，周建斌，等，2008. 施用不同种类氮肥对日光温室土壤溶液离子组成的影响 [J]. 植物营养与肥料学报，14（5）：907-913.

冯永军，陈为峰，张蕾娜，等，2001. 设施园艺土壤的盐化与治理对策 [J]. 农业工程学报，17（2）：111-114.

葛晓光，2002. 菜田土壤与施肥 [M]. 北京：中国农业出版社.

郭全忠，张建平，陈竹君，等，2008. 不同肥水调控对日光温室番茄土壤养分和盐分累积的影响 [J]. 西北农林科技大学学报（自然科学版），36（7）：111-117.

郭文龙，党菊香，吕家珑，等，2005. 不同年限蔬菜大棚土壤性质演变与施肥问题的研究 [J]. 干旱地区农业研究，23（1）：85-89.

何飞飞，肖万里，李俊良，等，2006. 日光温室番茄氮素资源综合管理技术的研究 [J]. 植物营养与肥料学报，12（3）：394-399.

贾小红，郭瑞英，王秀群，等，2007. 菜田养分资源综合管理与可持续发展 [J]. 生态环境，16（2）：714-718.

姜勇，张玉革，梁文举，2005. 温室蔬菜栽培对土壤交换性盐基离子组成的影响 [J]. 水土保持学报，19（6）：78-81.

李俊良，崔德杰，孟祥霞，等，2002. 山东寿光保护地蔬菜施肥现状及问题的研究 [J]. 土壤通报，33（2）：126-128.

李俊良，金圣爱，陈清，等，2008. 蔬菜灌溉施肥新技术 [M]. 北京：化学工业出版社.

李书田，刘荣乐，陕红，2009. 我国主要畜禽粪便养分含量及变化分析 [J]. 农业环境科学学报，28（1）：179-184.

李天来，2005. 我国日光温室产业发展现状与前景 [J]. 沈阳农业大学学报，36（2）：131-138.

刘晓军，陈竹君，张英莉，等，2009. 不同栽培年限日光温室土壤养分累积特性研究 [J]. 土壤通报，40（2）：286-290.

刘兆辉，江丽华，张文君，等，2008. 山东省设施蔬菜施肥量演变及土壤养分变化规律 [J]. 土壤学报，45（2）：296-303.

鲁如坤，1998. 土壤-植物营养学原理和施肥 [M]. 北京：化学工业出版社.

马文奇，毛达如，张福锁，2000. 山东省蔬菜大棚养分累积状况 [J]. 磷肥与复肥，15（3）：65-67.

唐莉莉，陈竹君，周建斌，2006. 蔬菜日光温室栽培条件下土壤养分累积特性研究 [J]. 干旱地区农业研究，24（2）：70-74.

王朝辉，李生秀，田霄鸿，1998. 不同氮肥用量对蔬菜硝态氮累积的影响 [J]. 植物营养与肥料学报，4（1）：22-28.

王荣萍，蓝佩玲，李淑仪，等，2007. 氮肥品种及施肥方式对小白菜产量与品质的影响 [J]. 生态环境，16（3）：1040-1043.

吴忠红，周建斌，2007. 山西设施栽培条件下土壤理化性质的变化规律 [J]. 西北农林科技大学学报（自然科学版），35（5）：136-140.

奚振邦，2003. 现代化学肥料学 [M]. 北京：中国农业出版社.

习金根，周建斌，赵满兴，等，2004. 滴灌条件下不同种类氮肥在土壤中迁移转化特性研究 [J]. 植物营养与肥料学报，10（4）：337-342.

徐福利，梁银丽，杜社妮，等，2003. 杨凌示范区日光温室蔬菜施肥现状及存在问题对策 [J]. 西北农业学报，12（3）：124-128.

徐福利，王振，徐慧敏，等，2009. 日光温室滴灌条件下黄瓜氮、磷、有机肥肥效与施肥模式研究 [J]. 植物营养与肥料学报，15（1）：177-182.

徐全辉，赵强，2010. 秸秆生物反应堆技术的应用对温室生态环境因子的影响 [J]. 安徽农业科学，38（24）：12999-13000.

杨奋翮，周建斌，苏德纯，等，1999. 蔬菜保护地土壤磷利用潜力研究 [J]. 西北农业大学学报，27（5）：138-141.

杨先芬，2001. 瓜菜施肥技术手册 [M]. 北京：中国农业出版社.

余海英，李廷轩，周健民，2007. 设施土壤盐分的累积、迁移及离子组成变化特征 [J]. 植物营养与肥料学报，13（4）：642-650.

余海英，李廷轩，周健民，2006. 典型设施栽培土壤盐分变化规律及潜在的环境效应研究 [J]. 土壤学报，43（4）：571-576.

张承林，郭彦彪，2006. 灌溉施肥技术 [M]. 北京：化学工业出版社.

张福锁，2006. 测土配方施肥技术要览 ［M］. 北京：中国农业大学出版社.

张福锁，陈新平，陈清，2009. 中国主要作物施肥指南 ［M］. 北京：中国农业大学出版社.

郑杰，高佳佳，周建斌，等，2011. 不同栽培年限日光温室土壤不同形态磷素累积特性研究 ［J］. 土壤通报，42（1）：171 - 175.

周博，陈竹君，周建斌，2006. 水肥调控对日光温室番茄产量、品质及土壤养分含量的影响 ［J］. 西北农林科技大学学报（自然科学版），34（4）：58 - 62，68.

周博，周建斌，韩东锋，等，2008. 日光温室土壤剖面硝态氮在休闲期的运移研究 ［J］. 西北农业学报，17（2）：118 - 121.

周博，周建斌，2009. 不同水肥调控措施对日光温室土壤水分和番茄水分利用效率的影响 ［J］. 西北农林科技大学学报（自然科学版），37（1）：211 - 216.

周建斌，翟丙年，陈竹君，等，2004. 设施栽培菜地土壤养分的空间累积及其潜在的环境效应 ［J］. 农业环境保护学报，23（2）：332 - 335.

周建斌，陈竹君，唐莉莉，等，2006. 日光温室土壤剖面矿质态氮的含量、累积及其分布特性 ［J］. 植物营养与肥料学报，12（5）：675 - 680.

周建斌，翟丙年，陈竹君，等，2006. 西安市郊区日光温室番茄施肥现状及土壤养分累积特性 ［J］. 土壤通报，37（2）：287 - 290.

FINK M，FELLER C，SCHARPF HC，et al，1999. Nitrogen, phosphorus, potassium and magnesium contents of field vegetables - recent data for fertilizer recommendations and nutrient balances ［J］. J Plant Nutr. Soil Sci.，162：71 - 73.

GUO R Y，NENDEL C，RAHN C，et al，2010. Tracking nitrogen losses in a greenhouse crop rotation experiment in North China using the EU - Rotate _ N simulation model ［J］. Environmental Pollution（158）：2218 - 2229.

ZHOU JIAN BIN，CHEN ZHU JUN，LIU XIAO JUN，et al，2010. Nitrate accumulation in soil profiles under seasonally open "sunlight greenhouses" in northwest - China and the leaching potential for its loss during the summer fallow ［J］. Soil Use and Management（26）：332 - 339.

# 第二十八章

# 主要果树养分吸收特点与测土配方施肥

中国地域辽阔，地跨寒、温、热三带，形成了复杂多样的气候与地理条件，因此，果树资源十分丰富。我国人工栽培的果树和野生果树，共有 60 多科 160 多属 700 余种，中国为世界果树品种总数之冠。

果树是我国农业生产的重要组成部分，随着我国社会经济发展和农业生产水平的提高，水果生产取得了巨大的发展。因此，推进果树的测土配方施肥，寻求科学合理的养分管理技术，对于增加农民收入，提高果品品质，增强我国果品的国际市场竞争力，促进农业可持续发展均具有重要意义。

## 第一节　苹果树养分吸收特点与测土配方施肥

### 一、苹果产业发展现状

我国苹果产业从中华人民共和国成立后得到迅速发展。据统计，自 1990 年以后，我国苹果生产进入快速发展时期，产量和种植面积逐年增加。苹果栽培面积、产量、浓缩苹果汁产量和出口量这 4 项指标均居世界前列，我国正朝着苹果产业化强国迈进。

根据全国苹果生产战略调整规划，国家已把苹果生产由过去的四大栽培区向西北黄土高原和渤海湾两大优势区集中。而陕西抓住这一战略机遇，从政策及科学技术上给予了果农大力支持及正确引导。

### 二、苹果树生长发育规律

#### （一）苹果树根系生长发育规律

根系是苹果树重要的吸收器官，苹果树正常生长发育所需的矿质营养与水分主要通过根系来吸收。根系是养分的储藏器官，落叶前，叶内的养分回流到枝干，很大一部分再从枝干回流到根系，这一特征对于多年生的果树具有重要意义。果树第二年生长发育所需的养分多源于此，储藏养分的水平决定花芽分化质量，并且对果树的抗寒性等有很大影响。根系是重要的合成器官，其新根中合成的细胞分裂素等活性物质对果实正常生长发育发挥着不可替代的作用。根系具有运输和固定作用，对于养分上下交换和抗倒伏有重要意义。

苹果树的根系不会自然休眠，只要条件适宜，根系全年都可生长。新根在年周期内的发生动态模式依树体类型不同而异。丰产稳产树新根发生量较大而且稳定，但仍可看到春梢生长对新根发生的抑制作用。大年树春季的发根量较多易形成高峰，随着开花坐果、新梢生长而急剧下降，超负荷对秋季新根发生影响巨大。在秋季生长根基本不发生，并影响翌年春季的新根量，导致翌年春季的新根发生显著减少。

### (二) 芽、枝、叶、果的生长特性

**1. 芽的分化与萌发生长**　芽长在枝上，随着枝条伸长在叶腋中产生芽原始体，再逐渐分化出鳞片、芽轴、节、叶原基等。位于枝条基部的芽无叶原基或只有 1～2 片叶原基，多形成潜伏芽，一般情况下不萌发，受到刺激时才能萌发。芽一般当年不萌发，经过自然休眠后气温平均达到 10 ℃ 左右才开始萌发，但在受到强烈刺激时当年也会萌发生长。

**2. 枝条的生长及类型**　新梢生长的强度，因品种和栽培技术的差异而不同。一般幼树期及结果初期的树，其新梢生长强度大，为 80～120 cm；到盛果期生长势逐渐减弱，一般为 30～80 cm；盛果末期新梢生长减弱显著，一般在 20 cm 左右。大部分苹果产区新梢常有两次明显生长，分别称春梢和秋梢，春、秋梢交界处形成明显的盲节。肥水管理不合理的果园，往往是春梢短而秋梢长，且不充实，对苹果的生长发育极为不利。优质丰产树要求新梢长度在 30～40 cm，春、秋梢比在（2～3）：1，这也是判断施肥是否合理的重要指标。

**3. 叶片生长**

(1) 叶原基开始形成于芽内胚状枝上。芽萌动生长，胚状枝伸出芽鳞外，开始时节间短、叶形小，以后节间逐渐加长、叶形增大，一般新梢上第 7～8 节的叶片才能达到标准叶片的大小。根据吉林省农业科学院果树研究所的调查，苹果成年树约 80% 的叶片集中在盛花后较短时间内，这些叶片是在前一年叶内胚状枝上形成的。当芽开始萌动生长，形成的叶原基也相继长成叶片，约占总叶数的20%，是新梢生长继续延伸而分化的后生叶。

(2) 叶幕的结构与苹果树体生长发育和产量品质密切相关。丰产稳产园叶面积指数一般在 3.5～4.0，且在冠内分布均匀。叶幕过厚树冠内膛光照不足，内膛枝不能形成花芽，枝容易死亡，反而缩小了树冠的生产体积。生长中在保证适宜叶面积的基础上，要注意提高叶片质量（达到厚、亮、绿）；并使春季叶幕尽早建成，秋季延迟衰老，减少梢叶过度及无效消耗。

**4. 开花、结果**　苹果是异花授粉果树，生产上必须配置一定数量的授粉树，同时要在花期选择花粉量多、授粉结实率在 40% 以上、授粉亲和力高、有较高经济价值的品种，取其花粉进行人工授粉。另外要创造适宜的传粉条件，在自然条件下苹果是靠昆虫、风力实现传粉，因此，花期放蜂有助于传粉。

## 三、营养元素在苹果树生长中的作用

### (一) 氮素

氮素是苹果树必需的矿质元素中的核心元素，在一定范围内其施用量与苹果的产量、品质密切相关。适量施氮不仅能提高叶片的光合速率，增加光合叶面积，还能促进花芽分化，提高坐果率，增加平均单果重。

### (二) 磷素

磷能促进 $CO_2$ 的还原固定，有利于碳水化合物的合成，并以磷酸化方式促进糖分转运，不仅能提高产量、含糖量，也能改善果实的色泽。磷营养水平高时，就能有充足的糖分供应根系，促进根系生长，提高吸收根的比例，从而改善整个树体从土壤中摄取养分的能力。供磷充足能使果树及时通过枝条生长阶段，使花芽分化时新梢能及时停止生长，促进花芽分化，提高坐果率。此外，磷还能增强树体抗逆性，减少枝干腐烂病和果实水心病的发病率。

### (三) 钾素

苹果需钾量大，增施钾肥能促进果实增大，增加果实单果重。彭福田和姜远茂在不同果园上的研

究结果表明，供钾 0～150 mg/kg 范围内，苹果产量随土壤含钾量的增加而提高，但土壤供钾过多也不利于产量提高。

苹果钾素水平的高低影响氮素同化，特别是硝态氮的还原转化，因为钾对还原酶有诱导作用。此外，钾在氮同化过程中也发挥着独特的作用。氮、钾配合施用并保持适宜比例对苹果产量、品质、发病率、着色度都有明显影响。

### （四）钙素

适量的钙除能保护细胞膜、提高苹果品质、延长保鲜期外，还可以减轻 Na$^+$ 等的毒害。苹果树整体缺钙情况十分少见，但苹果果实缺钙却比较普遍。通常果实钙含量较低，是其临近叶片钙含量的 1/40～1/10。苹果果皮中钙含量低于 700 mg/kg 或果肉中低于 200 mg/kg 时，易产生苦痘病、软木栓病、痘斑病、心腐病、水心病、裂果等生理病害。

### （五）微量元素

果树需要的营养元素除氮、磷、钾等大量元素外，还需要钙、镁、铁、锰、锌、硼等中微量元素。镁是叶绿素的组成部分，缺镁时果树不能形成叶绿素，叶片易变黄而早落。铁对叶绿素的形成起重要作用，果树缺铁时也不能形成叶绿素。幼叶首先失绿，叶肉呈淡绿色或黄绿色，随病情加重，全叶变黄甚至为白色，即黄叶病。锌是许多酶类的组成成分，在缺锌的情况下，生长素减少，植物细胞只分裂而不能伸长。硼是苹果必需的微量元素之一，对调节离子、代谢物和激素的跨膜转运，细胞膜结构和功能的完整性都有重要作用。充足的硼素供应能增强树体的抗逆性，适量的硼可以改善果实品质，使着色提前，可溶性固性物含量增加，可滴定酸含量下降，维生素 C 含量提高。

## 四、苹果树养分吸收规律

我国苹果树主要分布在渤海湾和黄土高原两个主产区。渤海湾产区四季分明、雨量充沛；黄土高原产区前期干旱少雨、灌溉条件差，后期多雨，其生长发育动态和养分累积动态有别于其他产区。

### （一）氮素吸收累积年周期动态

**1. 新生器官氮素累积量**　苹果树新生器官（果实、叶片和新梢）中氮素含量与氮素累积有规律的变化。果实、叶片和新梢中的氮素含量都是前期高、后期降低，可能是随其生长氮素被稀释。新生器官中氮素累积量随果树生长而增加。苹果树年周期不同生育阶段以叶片氮素累积量最多（表 28-1）。

表 28-1　叶片、果实及新梢中氮素含量与累积变化（樊红柱，2008）

| 日期（月-日） | 含量（g/kg） | | | 累积（kg/hm²） | | |
| --- | --- | --- | --- | --- | --- | --- |
| | 叶片 | 果实 | 新梢 | 叶片 | 果实 | 新梢 |
| 3-26 | 23.51a | — | — | 1.24b | — | — |
| 4-30 | 18.90b | 19.33a | 14.87a | 23.26ab | 1.45c | 2.63c |
| 7-30 | 16.02b | 3.35b | 7.63b | 34.81a | 4.36b | 5.33bc |
| 9-21 | 15.32b | 4.90b | 12.21ab | 36.05a | 29.90a | 10.98ab |
| 翌年 1-15 | | | 8.07b | | | 14.32a |

注：不同字母表示差异显著（P＜0.05）。

**2. 氮素利用与施肥推荐**　对盛果期大树而言，树体的需氮量主要是果实和叶片带走的氮。7月30 日至 9 月 21 日，富士苹果树（苹果产量 3.2 t/亩）根系从土壤中吸收了 99.3 kg/hm² 的氮素，占吸收总量的 58.8％；9 月 21 日至翌年 1 月 15 日，果树从土壤中吸收氮素 72.9 kg/hm²，占吸收总量的 43.2％。其从土壤中吸收氮素主要分两个时期：果实膨大期和秋季收获后。

### （二）苹果磷素吸收累积年周期动态

**1. 树体不同器官磷素含量和磷素累积** 果实、叶片和新梢中磷素含量表现出前期较高、中后期较低的消长变化。早春叶片磷素含量较高，幼果期果实磷素含量较高，果实成熟期新梢中磷素含量较高，表明年周期内磷素的分配随生长中心的转移而转移。从3月26日至7月30日，枝、干和根系中磷素含量分别降低了52.1%、38.6%与50.0%，枝、干和根系磷素含量在同一物候期无显著性差异；7月30日以后，各器官磷素含量有不同程度的增加，枝、干和根系磷素含量休眠期达到最高；9月21日以后，枝、干及根系磷素含量达显著性差异水平，休眠期根系与枝干磷素含量达显著差异水平。果实成熟时叶片和新梢磷素含量较高，休眠期根系磷素含量最高（表28-2）。

**表28-2　苹果树体不同器官磷素含量动态变化**（樊红柱，2007）

单位：g/kg

| 器官 | 采样日期（月-日） | | | | |
|---|---|---|---|---|---|
| | 3-26 | 4-30 | 7-30 | 9-21 | 翌年1-15 |
| 果实 | — | 2.72±0.52a | 0.47±0.07ab | 0.77±0.09c | — |
| 叶 | 7.40±0.99a | 2.64±0.71a | 0.81±0.26a | 1.38±0.15a | — |
| 新梢 | — | 2.03±0.79a | 0.69±0.25ab | 1.52±0.04a | 1.30±0.27ab |
| 枝 | 0.94±0.06b | 0.50±0.16b | 0.45±0.22ab | 0.69±0.01c | 0.79±0.04bc |
| 干 | 0.44±0.02b | 0.27±0.08b | 0.31±0.19b | 0.48±0.08d | 0.55±0.11c |
| 根系 | 0.92±0.04b | 0.55±0.11b | 0.46±0.19ab | 0.97±0.16b | 1.52±0.44a |

注：不同字母表示差异显著（$P < 0.05$）。

**2. 磷素利用与推荐施肥** 由表28-3可以看出：3月26日至7月30日，果树基本上没有从土壤中吸收磷素营养，新生器官生长所需要的磷素营养主要来自上年不同器官储存养分的转移。7月30日至9月21日，树体磷素累积量从8.42 kg/hm² 增加到26.74 kg/hm²，根系吸收磷素18.32 kg/hm²；9月21日至翌年1月15日，磷素累积量从26.74 kg/hm² 增加到29.20 kg/hm²，其中果实和叶片分别为4.72 kg/hm² 与3.22 kg/hm²。

**表28-3　苹果树体磷累积量**（樊红柱，2007）

单位：kg/hm²

| 器官 | 采样日期（月-日） | | | | |
|---|---|---|---|---|---|
| | 3-26 | 4-30 | 7-30 | 9-21 | 1-15 |
| 果实 | — | 0.20±0.04 | 0.70±0.64 | 4.72±0.89 | — |
| 叶片 | 0.39±0.03 | 3.36±1.73 | 1.70±0.87 | 3.22±0.01 | — |
| 新梢 | — | 0.37±0.21 | 0.44±0.32 | 1.37±0.20 | 2.32±0.47 |
| 整株 | 10.71±0.68 | 9.49±4.38 | 8.42±1.24 | 26.74±1.83 | 29.20±0.10 |

年周期内果树磷素吸收总量为28.72 kg/hm²，且主要集中在两个阶段，果实膨大期吸收量为18.32 kg/hm²，果实采收到休眠期吸收量为10.4 kg/hm²。按照施肥量＝（果树吸收量－土壤供应量）/肥料利用率，土壤供应量按吸收量的1/2计，肥料利用率为30%。苹果树（苹果产量3.2 t/亩）年推荐施 $P_2O_5$ 47.87 kg/hm²，果实收获后秋季基施磷17.33 kg/hm²，果实膨大期前追施磷30.54 kg/hm²。

## 五、苹果园土壤养分状况

苹果树对土壤适应性广，在普通作物不能生长的土壤上种植，仍可取得良好效果。但以土壤深厚、透气性好、保水、蓄水力强的沙壤土和壤土为佳,适于苹果树栽培的土壤厚度为 60~80 cm、有机质含量在 1% 以上、全氮含量超过 0.07% 为好。陕西省是我国重要的苹果生长基地,现以陕西省为例了解当前果园的土壤养分状况。

### (一)陕西省苹果园土壤养分状况

陕西省苹果园土壤养分状况不同地区差异较大。果园土壤有机质变化幅度为 0.77%~1.17%。按照果树生产需要的土壤有机质标准(>2.5% 为高含量、1.0%~2.5% 为中等含量、<1.0% 为低含量),陕西省果园土壤有机质缺乏,尤其是洛川、黄龙地区比较突出。全省果园土壤碱解氮平均含量为 47 mg/kg,碱解氮含量最高的为甘泉土样,含量为 88 mg/kg;碱解氮含量最低的为富平和长武,含量均为 35 mg/kg。碱解氮能反映土壤近期氮素供应状况,可见陕西省各地区果园氮肥使用极不平衡。

陕西省苹果园土壤中有效磷平均含量为 14.5 mg/kg,各采样点土壤磷含量差异较大,变化幅度为 1.8~31.2 mg/kg。其中,富县、洛川、黄龙、黄陵和礼泉有效磷含量均低于 10.0 mg/kg,属于极缺磷水平;其他采样点土壤有效磷含量在 11.0~31.2 mg/kg,属于较缺磷至较丰富级(表 28 - 4)。

随着农业产业结构的调整,苹果产业迅速发展,果农舍得投入,加大了磷肥的使用,加之磷素在土壤中迁移率低,使得果园土壤磷素上升。

表 28 - 4 陕西省苹果园土壤养分状况(张英利)

| 采样地点 | 有机质(%) | 碱解氮(mg/kg) | 有效磷(mg/kg) | 速效钾(mg/kg) |
|---|---|---|---|---|
| 甘泉 | 0.99 | 88 | 25.0 | 192 |
| 富县 | 0.91 | 36 | 1.8 | 110 |
| 洛川 | 0.77 | 40 | 6.5 | 102 |
| 富平 | 1.04 | 35 | 11.0 | 184 |
| 蒲城 | 1.06 | 59 | 13.7 | 191 |
| 白水 | 0.99 | 46 | 16.9 | 129 |
| 黄龙 | 0.87 | 36 | 6.0 | 90 |
| 黄陵 | 0.91 | 46 | 3.5 | 97 |
| 淳化 | 1.17 | 50 | 31.2 | 244 |
| 乾县 | 0.90 | 41 | 14.8 | 174 |
| 礼泉 | 0.91 | 45 | 9.5 | 151 |
| 永寿 | 0.92 | 48 | 19 | 153 |
| 彬县 | 1.05 | 52 | 19.5 | 154 |
| 长武 | 1.17 | 35 | 23.7 | 88 |
| 旬邑 | 1.17 | 47 | 15.5 | 149 |
| 平均 | 0.99 | 47 | 14.5 | 147 |

土壤中速效钾含量的分级标准为:<100 mg/kg 为缺钾,100~120 mg/kg 为较缺钾,120~150 mg/kg 为中等,>150 mg/kg 为钾丰富。经过检测,陕西省果园土壤中缺钾或较缺钾的占 33%,钾含量中等的占 13%,钾含量较丰富的占 54%。可见有相当一部分果园钾素较缺乏。

### (二)苹果园土壤取样方法

土壤是一个不均匀体系,而果树根系分布既深又广,所以选取有代表性的土样复杂且十分重要。

现有的资料已提供了一些可遵循的原则，依此能取得比较有代表性的土壤样品。分析目的不同，采样方法也不同。如果是土壤养分诊断，则在果园选取有代表性的片地，按Z形或对角线取样。如果园面积不大，地力较匀，可选取5～25株生长正常的单株，在每一株树冠滴水线处（避开肥料沟）取不同层次等体积的土壤样品。用四分法弃去多余部分，每层保留混合土样1kg左右，装入塑料袋内。取样点的深度根据根系深度而定，一般取至1m左右即可。如果研究施肥在土壤中的变化，应在施肥沟取样。要研究果树根系对养分的吸收，应在根际附近取样，但必须弃去土样中粗的有机物和未分解的肥料。在研究果园土壤肥力的基本特性时，可以采用土壤调查的方法，即根据土壤的主剖面和对照剖面，按土壤发生学层次取样和描述，可每5年左右取样1次。

## 六、苹果园推荐施肥量与施肥技术

### （一）施肥量的确定

苹果树体每年的养分吸收量近似等于当年树体中养分含量与第二年新生组织中养分含量之和。Levin（1980）建议，在苹果上的最佳施肥量是果实带走量的2倍，这样有近50%的剩余。因此，确定苹果施肥量最简单可行的方法是：以结果量为基础，并根据品种特性、树势强弱、树龄、立地条件及诊断结果等加以调整。

施肥量＝（果树吸收肥料各元素量－土壤供给量）/肥料利用率

果树吸收肥料各元素量＝果树单位产量养分吸收量×产量

土壤供给量＝土壤养分测定值×0.15×校正系数

**1. 果树养分吸收量**  根据渭北旱塬盛果期苹果树每生产100 kg果实所需养分量（表28-5），可估算盛果期红富士苹果树不同目标产量下的施肥量。土壤供氮量为果树吸收量的1/3，氮肥利用率为50%；土壤磷供应量按吸收量的1/2计，磷肥利用率为30%。

表28-5  苹果树每生产100 kg果实树体养分吸收量和推荐施肥量（kg）

| 元素 | N | P | K |
|---|---|---|---|
| 养分吸收量 | 0.4 | 0.1 | 0.2 |
| 推荐施肥量 | 0.5～0.7 | 0.1～0.2 | 0.2～0.3 |

**2. 树龄**  根据顾曼如等的试验结果及综合有关资料确定了不同树龄苹果的施肥量（表28-6）。

表28-6  不同树龄苹果的施肥量（kg/亩）

| 树龄（年） | 有机肥 | 尿素 | 过磷酸钙 | 硫酸钾或氯化钾 |
|---|---|---|---|---|
| 1～5 | 1 000～1 500 | 5～10 | 20～30 | 5～10 |
| 6～10 | 2 000～3 000 | 10～15 | 30～50 | 7.5～15 |
| 11～15 | 3 000～4 000 | 10～30 | 50～75 | 10～20 |
| 16～20 | 3 000～4 000 | 20～40 | 50～100 | 20～40 |
| 21～30 | 4 000～5 000 | 20～40 | 50～75 | 30～40 |
| ＞30 | 4 000～5 000 | 40 | 50～75 | 20～40 |

**3. 土壤分析结果**  土壤分析在诊断过程中起着重要的作用。土壤的物理、化学特性可以提供许多有用的信息。首先土壤中各元素的有效浓度可以告知土壤能提供多少可用元素，而土壤物理结构特点又是施肥时考虑肥料利用率的重要依据。土壤分析可以使营养诊断更具针对性，分析土壤的组成可

知在一定阶段内哪些元素可能缺乏，哪些基本不缺，哪些肯定会缺，从而有针对性地对这些元素进行施肥。

大量研究表明，土壤中元素含量与树体元素含量间并没有明显的相关关系，因而土壤分析并不能完全回答施多少肥的问题，因此它只有同其他分析方法相结合，才能起到应有的作用。在中等肥力水平的土壤条件下，成龄果园一般每亩施纯 N 12.5 kg、$P_2O_5$ 5 kg、$K_2O$ 15 kg。果园土壤有效养分与产量品质关系制定的分级标准见表 28 - 7。

表 28 - 7 苹果园土壤有机质和养分含量分级指标（姜远茂，2005）

| 养分种类 | 极低 | 低 | 中等 | 适宜 | 较高 |
|---|---|---|---|---|---|
| 有机质（%） | <0.6 | 0.6～1.0 | 1.0～1.5 | 1.5～2.0 | >2.0 |
| 全氮（%） | <0.04 | 0.04～0.06 | 0.06～0.08 | 0.08～0.10 | >0.1 |
| 速效氮（mg/kg） | <50 | 50～75 | 75～95 | 95～110 | >110 |
| 有效磷（mg/kg） | <10 | 10～20 | 20～40 | 40～50 | >50 |
| 速效钾（mg/kg） | <50 | 50～80 | 80～100 | 100～150 | >150 |
| 有效锌（mg/kg） | <0.3 | 0.3～0.5 | 0.5～1.0 | 1.0～3.0 | >3.0 |
| 有效硼（mg/kg） | <0.2 | 0.2～0.5 | 0.5～1.0 | 1.0～1.5 | >1.5 |
| 有效铁（mg/kg） | <2 | 2～5 | 5～10 | 10～20 | >20 |

王留好、同延安等（2007）调查发现，陕西苹果园土壤 0～40 cm 土层有机质平均含量为 1.26%，变幅 0.86%～2.17%。40～60 cm 土层有机质平均含量为 0.90%，变幅 0.58%～1.59%。调查的 56 个果园中，有机质含量≥1.0% 的果园占 89%，有 11% 的果园土壤有机质含量低于 1.0%，有机质含量较低（表 28 - 8）。参照山东省苹果园土壤有机质含量分级标准，陕西省果园有 2% 达到高含量，14% 为适宜，73% 为中等，11% 为缺乏。据报道，我国丰产优质苹果园土壤有机质均在 1.5% 以上，国外高达 2%～6%。因此，要提高陕西省苹果产量和品质，达到绿色果园土壤肥力标准，还需加大有机肥施用，使土壤有机质含量逐年提高。

表 28 - 8 陕西省苹果园土壤有机质状况分析

| 苹果产区 | 果园数量（个） | 0～40 cm 土层有机质含量（%） | | 40～60 cm 土层有机质含量（%） | |
|---|---|---|---|---|---|
| | | 变幅 | 平均值 | 变幅 | 平均值 |
| 礼泉 | 9 | 1.01～1.28 | 1.13 | 0.59～1.01 | 0.79 |
| 旬邑 | 9 | 0.86～1.37 | 1.06 | 0.58～1.14 | 0.81 |
| 扶风 | 8 | 1.14～1.49 | 1.27 | 0.63～0.95 | 0.83 |
| 合阳 | 10 | 1.14～1.69 | 1.40 | 0.72～1.1 | 0.91 |
| 白水 | 10 | 0.99～2.17 | 1.55 | 0.74～1.59 | 1.19 |
| 洛川 | 10 | 0.97～1.33 | 1.13 | 0.64～0.98 | 0.82 |
| 总计 | 56 | 0.86～2.17 | 1.26 | 0.58～1.59 | 0.90 |

## （二）施肥技术

施肥一般分为基肥和追肥两种，具体施肥时间因品种、树体的生长结果状况以及施肥方法而有差异，不同时期施肥种类、数量和方法都不相同。

**1. 基肥** 要把有机肥料和速效肥料结合施用。有机肥料，宜以迟效性和半迟效性肥料为主，如猪粪、牛马粪和人尿粪，根据结果量一次施足。速效性肥料，主要是氮肥和过磷酸钙。为充分发挥肥效，可将几种肥料一起堆腐，然后拌匀施用。基肥施肥量按有效成分计算，宜占全年总施肥量的70%左右，其中化肥量占全年的40%。以施用有机肥料为主的基肥，宜秋施。秋施基肥以中熟品种采收后、晚熟品种采收前为佳。

**2. 追肥** 指生长季根据树体的需要而追加补充的速效肥料，追肥因树、因地灵活安排。

（1）根据果树生长状况追肥。

旺长树：追肥应避开营养分配中心的新梢旺盛期，提倡"两停"追肥（春梢和秋梢停长期），尤其注重"秋停"追肥，有利于分配均衡、缓和旺长。应注重磷钾肥的施用，以促进成花。春梢停长期追肥（5月下旬至6月上旬），时值花芽生理分化期，追肥以铵态氮为主，配合磷钾，结合小水、适当干旱、提高浓度，促进花芽分化；秋梢停长期追肥（8月下旬），时值秋梢花芽分化和芽体充实期，肥种应结合补氮，以磷钾为主，注重配方肥的施用。

衰弱树：应在旺长前期追施速效肥，以硝态氮为主，利于生长。萌芽前追氮，配合浇水，加盖地膜。春梢旺长前追肥，配合大水。夏季借雨勤追，猛催秋梢，恢复树势。秋天带叶追肥，增加树体营养储备，提高芽质，促进秋根生长。

结果壮树：追肥目的是保证高产，维持树势。萌芽前追：以硝态氮为主，有利发芽抽梢、开花坐果。果实膨大时追：以磷钾肥为主，配合铵态氮，加速果实增长，促进增糖增色。采后补肥浇水：协调物质转化，恢复树体，增加树体营养储备。

大小年树："大年树"追肥时期宜在花芽分化前1个月左右，以利于花芽分化，增加翌年产量。追氮数量宜占全年总施氮量的1/3。"小年树"追肥宜在发芽前或开花前及早进行，以提高坐果率，增加当年产量。追氮数量也占全年总施氮量的1/3左右。

（2）根据土壤条件追肥。

沙质土果园：因保肥保水差，追肥少量多次浇小水，少施勤施，多用有机肥和复合肥，防止肥料严重流失。

盐碱地果园：因pH偏高，许多营养元素如磷、铁、硼易被固定，应注重多追有机肥，磷肥和微肥最好与有机肥混合施用。

黏质土果园：保肥保水性强，透气性差。追肥次数可适当减少，多配合有机肥或局部优化施肥，协调水气矛盾，提高肥料有效性。

（3）根据树势及土壤肥力状况追肥。在苹果生长季中，根据树体的生长状况和土壤施肥情况，适当进行根外追肥（表28-9）。

表28-9 苹果的根外追肥

| 时期 | 种类和浓度 | 作用 | 备注 |
|---|---|---|---|
| 萌芽前 | 2%~3%尿素 | 促进萌芽、长叶、短枝发育，提高坐果率 | 连续2~3次 |
|  | 1%~2%硫酸锌 | 矫正小叶病，保持树体正常含锌量 | 用于易缺锌的果园 |
| 萌芽后 | 0.3%尿素 | 促进叶片转色、短枝发育，提高坐果率 | 连续2~3次 |
|  | 0.3%~0.5%硫酸锌 | 矫正小叶病 | 出现小叶病时使用 |
| 花期 | 0.3%~0.4%硼酸 | 提高坐果率 | 连续喷2次 |

（续）

| 时期 | 种类和浓度 | 作用 | 备注 |
|---|---|---|---|
| 新梢旺长期 | 0.1%～0.2%柠檬酸铁或黄腐酸二铵铁 | 矫正缺铁黄叶病 | 连续喷2次 |
| 5—6月 | 0.3%～0.4%硼酸 | 防治缩果病 | |
| 6—7月 | 0.2%～0.5%硝酸钙 | 防治苦痘病，改善品质 | 连续喷2～3次 |
| 果实发育后期 | 0.4%～0.5%磷酸二氢钾 | 增加果实含糖量，促进着色 | 连续喷3～4次 |
| 采收后至落叶前 | 0.5%尿素 | 延缓叶片衰老，提高储藏营养 | 喷3～4次 |
| | 0.3%～0.5%硫酸锌 | 矫正小叶病 | 用于易缺锌的果园 |
| | 0.4%～0.5%硼酸 | 矫正缺硼症 | 用于易缺硼的果园 |

### （三）施肥方法

**1. 环状沟施肥**　特别适用于幼树基肥，在树冠外沿20～30 cm处挖宽40～50 cm、深50～60 cm的环状沟，把有机肥与土按1∶3的比例和一定量的化肥掺匀后填入。随树冠扩大，环状沟逐年向外扩展。此法操作简便，但断根较多。

**2. 条状沟施肥**　在果树行间或株间隔行开沟施肥，沟宽、沟深同环状沟施肥。此法适用于密植园。

**3. 辐射状沟施肥**　从树冠边缘向里开50 cm深、30～40 cm宽的条沟（行间或株间），或从距干50 cm处开始挖放射沟，内膛沟窄些、浅些（约20 cm深、20 cm宽），树冠边缘沟宽些、深些（约40 cm深、40 cm宽），依树体大小而定。然后将有机肥、碎秸秆、土混合，根据树的大小可再向沟中追适量氮肥、磷肥，根据土壤养分状况可再向沟中加入适量的硫酸亚铁、硫酸锌、硼砂等，然后灌水，最好再覆盖塑料薄膜。

**4. 地膜覆盖、穴储肥水法**　3月上旬至4月上旬整好树盘后，在树冠外沿挖深35 cm、直径30 cm的穴，穴中加一直径20 cm的草把，高度低于地面5 cm（先用水泡透），放入穴内，然后灌营养液4 kg，穴的数量视树冠大小而定。一般5～10年树龄的树挖2～4个穴，成龄树挖6～8个穴，然后覆膜，将穴中心的地膜开一个洞，平时用石块封住防止蒸发。由于穴低于地面5 cm，降雨时可使雨水流入穴中，如雨水不足，每半个月浇水4 kg，进入雨季后停止灌水，在花芽生理分化期（5月底至6月上旬）可再灌营养液一次。这种追肥方法断根少，肥料施用集中，减少了土壤的固定作用，并且草把可将一部分肥料吸附在其上，逐渐释放从而延长了肥料作用时间，且草把腐烂后又可增加土壤有机质含量。此法比一般的土壤追肥可少用一半肥料，是一种经济有效的施肥方法，施肥穴每隔1～2年改动一次位置。

**5. 全园施肥**　此法适于根系已经布满全园的成龄树或密植园。将肥料均匀地撒入果园，再翻入土中。缺点是施肥较浅（20 cm左右），易导致根系上浮，降低根系对不良环境的抗性。

## 第二节　猕猴桃树养分吸收特点与测土配方施肥

### 一、猕猴桃产业发展现状

#### （一）国外生产现状

猕猴桃作为新型保健果品，在世界各地得到迅速发展。根据联合国粮农组织2013年统计，世界猕猴桃栽培面积较大的国家有中国、意大利、新西兰、智利、法国、希腊、日本、美国等。目前，中国已开始步入国际猕猴桃鲜果市场。

## （二）国内生产现状

猕猴桃原产于我国 20 世纪 80 年代开始小规模生产栽培，90 年代初猕猴桃生产进入大发展时期。2014 年中国猕猴桃种植面积和产量分别为 230 万 $hm^2$ 和 4 092 万 t。我国猕猴桃种植区主要分布在陕西，其次有四川、河南、安徽、江西、湖南、湖北等省份。其中陕西省栽培面积最大，2013 年达 6.4 万 $hm^2$，占全国猕猴桃栽培面积的 44%，总产量 103.4 万 t，占全国猕猴桃产量的 59%。近年来我国猕猴桃种植业发展迅速，也不乏高产优质典型，但总体来看生产水平还有待提高。

# 二、猕猴桃树生长发育规律

猕猴桃的生长发育规律与养分需求特性密切相关，而养分需求特性又是确定施肥种类以及合理施肥量、施肥时期和施肥方法的基础，所以要做到科学施肥管理必须先了解猕猴桃树体的生长发育规律。

## （一）根

猕猴桃为肉质根，1 年生根含水量为 84%，根的皮层厚，呈片状龟裂，容易脱落，内皮层为粉红色，根皮率 30%～50%。猕猴桃根部的导管有两种：异形导管（细胞特别大）和普通导管（细胞较小）。猕猴桃根部的异形导管特别发达，根压也大，养分和水分在根部的输导能力很强，如 3 cm 粗的根被切断损伤 1 h 左右，整个植株的叶片便会全部萎蔫。树液流动期，切断某一部分器官，就会出现很大的伤流（朱道迁，1999）。

猕猴桃直径>1 cm 的根占根总量的 60.22%，分布在 0～60 cm 土层中。直径 0.2～1 cm 为根占根总量的 32.34%，分布在 20～40 cm 土层最多。直径<0.2 cm 根占根总量的 7.44%，各土层均有分布（表 28 - 10）。猕猴桃根不同时期在各土层的分布见表 28 - 11。

表 28 - 10　猕猴桃树不同直径根在土壤中的分布情况（同延安，2008）

| 土层（cm） | 根分类（cm） | 干重（g） | 干重（%） |
| --- | --- | --- | --- |
| 0～20 | >1 | 737.02±103.3 | 34.88 |
| | 0.2～1 | 84.4±11.83 | 4 |
| | <0.2 | 30.78±4.31 | 1.46 |
| 20～40 | >1 | 424.94±112.83 | 20.12 |
| | 0.2～1 | 353.83±93.95 | 16.75 |
| | <0.2 | 55.08±14.62 | 2.61 |
| 40～60 | >1 | 110.33±20.65 | 5.22 |
| | 0.2～1 | 143.18±26.8 | 6.78 |
| | <0.2 | 36±6.74 | 1.7 |
| 60～80 | >1 | 0 | 0 |
| | 0.2～1 | 74.84±47.46 | 3.54 |
| | <0.2 | 22.84±14.18 | 1.08 |
| 80～100 | >1 | 0 | 0 |
| | 0.2～1 | 26.73±12.55 | 1.27 |
| | <0.2 | 12.55±5.89 | 0.59 |

表 28 - 11 猕猴桃根不同时期在各土层的分布（同延安，2008）

| 土层（cm） | 项目 | 采样日期（月-日） | | | | | | 平均 |
|---|---|---|---|---|---|---|---|---|
| | | 3 - 28 | 5 - 17 | 7 - 9 | 9 - 8 | 11 - 6 | 1 - 11 | |
| 0～20 | 干重（kg） | 0.85±0.12 | 0.91±0.12 | 1.12±0.29 | 1.12±0.38 | 1.16±0.41 | 1.28±0.24 | 1.07 |
| | 比重（%） | 40.7±6 | 39.52±1.15 | 40.51±7.74 | 38.48±6.61 | 33.94±3.59 | 37.19±5.61 | 38.39 |
| 20～40 | 干重（kg） | 0.83±0.22 | 0.88±0.11 | 0.92±0.26 | 1.28±0.61 | 1.46±0.42 | 1.44±0.32 | 1.14 |
| | 比重（%） | 39.24±7.58 | 38.34±0.85 | 33.11±7.46 | 42.59±12.52 | 43.4±2.64 | 41.55±4.79 | 39.71 |
| 40～60 | 干重（kg） | 0.29±0.05 | 0.35±0.04 | 0.57±0.3 | 0.32±0.02 | 0.5±0.19 | 0.45±0.03 | 0.41 |
| | 比重（%） | 13.72±1.45 | 15.49±0.69 | 21.35±12.3 | 11.3±2.39 | 14.7±2.37 | 13.13±1.31 | 14.95 |
| 60～80 | 干重（kg） | 0.1±0.06 | 0.09±0.02 | 0.11±0.05 | 0.11±0.08 | 0.2±0.14 | 0.18±0.07 | 0.13 |
| | 比重（%） | 4.48±2.26 | 3.99±1.21 | 4.06±2.23 | 4.43±4.47 | 5.53±2.5 | 5.33±2.2 | 4.64 |
| 80～100 | 干重（kg） | 0.04±0.02 | 0.06±0.01 | 0.03±0.02 | 0.07±0.08 | 0.08±0.03 | 0.09±0.02 | 0.06 |
| | 比重（%） | 1.85±0.82 | 2.66±0.68 | 0.97±0.99 | 3.2±4 | 2.43±0.99 | 2.8±0.77 | 2.32 |

　　猕猴桃根系生长发育的年周期较地上部分更为复杂。据华中农业大学观察：土温 8 ℃左右，美味猕猴桃的无性系艾伯特的根系开始活动。在 6 月土温 20 ℃左右时，根系生长出现高峰。随着土温增高，根系活动减缓。至 9 月果实发育后期，根系开始第二次迅速生长（肖兴国，1997）。在陕西周至的研究得出了同样的结果，即 5—7 月和 9—11 月生长较快（图 28 - 1）。随后，由于气温降低根系生长也逐渐减缓。

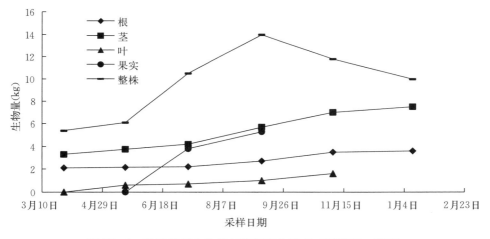

图 28 - 1 猕猴桃树生物量年周期变化动态（同延安，2008）

### （二）茎

　　猕猴桃作为木质藤本植物，其幼茎与嫩枝具有蔓性，自身按逆时针旋转，缠绕支撑物，盘旋向上生长。成熟猕猴桃植株的骨架由茎（主干）、主蔓、侧蔓、结果母枝、营养枝、结果枝组成。枝条的年生长量及生长速度除了与品种的特性有关外，还取决于土壤温度、降雨等因素。在南京地区中华猕猴桃的年生长期约 170 d，有两个生长高峰：第一个在 5 月下旬至 6 月上旬，最大日生长量为 15 cm；第二个在 8—9 月，但生长峰很小。然而在武汉地区，虽然中华猕猴桃的年生长期也约 170 d，但有三个生长高峰，分别为 4 月中旬至 5 月中旬。7 月下旬至 8 月下旬和 9 月上旬。河南郑州中华猕猴桃和陕西周至秦美猕猴桃的新梢都有两个生长高峰：前者在 4 月上旬至 5 月下旬和 7 月；后者在 4 月中旬至 6 月上旬和 8 月（张洁，1993）。从总生物量变化来看，表现为5—11 月增加较快，生长初期和末期生长较慢。

### （三）叶

叶的干物质量在3月底至5月中旬增加量较大，5月中旬至9月8日增加较慢，9月8日至11月6日又有大幅度的增加，干物质累积量达到1.64 kg。猕猴桃正常叶从展叶到最终叶面积大小，需要35~40 d，展叶后的10~25 d是叶面积扩大最迅速的时期，此期的叶面积可达到最终叶面积的90%左右（刘旭峰，2005）。所以表现为前期干物质增加较快，中期的缓慢增加是由于树体的营养物质主要输送给果实，后期的迅速生长与一年枝的大量生长有关。

### （四）果实

综合前人在各地的研究结果（李洁维，1992；安华明，2000；刘世芳，1996；卢克成，1999；苍晶，2001；刘世芳，1997；高丽萍，1994），猕猴桃果实生长一般分为以下3个时期。

**1. 迅速生长期** 5月上中旬至6月中旬，45~50 d。此期果实体积和鲜重达到总生物量的70%~80%，种子白色。

**2. 慢速生长期** 6月中下旬至8月上中旬，约50 d。此期果实生长放慢乃至停止生长，种子由白色变为浅褐色。

**3. 微弱生长期** 8月中下旬至10月上旬，约55 d。此期果实体积增长量小，但营养物质的浓度提高很快，种子颜色更深、更加饱满。

从表28-12可以看出，猕猴桃果实在开始发育的50 d内，果实虽然生长迅速，但其干物质积累量和积累强度较小，这主要与营养物质分配的方向有关。在5月初，猕猴桃新梢生长旺盛，新梢的"库"强于幼果从而使其干物质积累少。这以后通过摘心抑制新梢生长，营养分配的"库"向果实转移，使其对干物质的积累量和积累强度迅速增加，并在7月初达到最大。此后，果实生长日趋缓慢，干物质的积累量和积累强度相应降低，并有起伏。在8月下旬，夏梢迅速生长，导致这一时期干物质的积累量和积累强度急剧下降至全生育期的最低水平。以后通过夏季修剪抑制夏梢生长，导致干物质积累迅速回升，并在果实几乎停止生长时期仍然持续较高的积累水平，这可能与果实成熟期间糖分和其他有机物积累有关。

表 28-12　生育期猕猴桃果实干物质积累量、积累增量及积累强度（安华明，2003）

| 测定时间 | 发育时间（d） | 干物质积累（g/单果） | 干物质积累增量（g/单果） | 单果干物质积累强度（mg/d） |
|---|---|---|---|---|
| 5月10日 | 10 | 0.4 | 0.4 | 40 |
| 5月20日 | 20 | 1.1 | 0.7 | 70 |
| 5月30日 | 30 | 1.8 | 0.7 | 70 |
| 6月9日 | 40 | 2.78 | 0.98 | 98 |
| 6月19日 | 50 | 3.71 | 0.93 | 93 |
| 6月29日 | 60 | 5.22 | 1.5 | 150 |
| 7月9日 | 70 | 7.52 | 2.3 | 230 |
| 7月19日 | 80 | 8.66 | 1.14 | 114 |
| 7月29日 | 90 | 9.21 | 0.55 | 55 |
| 8月8日 | 100 | 10.72 | 1.51 | 151 |
| 8月18日 | 110 | 12.1 | 1.38 | 138 |

(续)

| 测定时间 | 发育时间（d） | 干物质积累（g/单果） | 干物质积累增量（g/单果） | 单果干物质积累强度（mg/d） |
|---|---|---|---|---|
| 8月28日 | 120 | 12.2 | 0.1 | 10 |
| 9月7日 | 130 | 12.3 | 0.9 | 90 |
| 9月17日 | 140 | 14.08 | 1.78 | 178 |

## 三、营养元素在猕猴桃树生长中的作用

### （一）氮

氮是构成细胞原生质、核酸、磷脂、激素、维生素、生物碱及酶等的重要组分，因此，充足的氮是细胞分裂的必要条件，氮素供应的充足与否直接关系到器官分化、形成以及树体结构的形成。果树在早春从萌芽到新梢加速生长期为果树大量需氮期，此期氮素的稳定足量供应为根、枝、叶、花、果实充分发育的物质基础。一般认为，施用氮肥，能提高猕猴桃产量、单果重和含糖量，提高贮藏过程中乙烯含量和NADP-苹果酸酶活性，促使果实软化加快（Wutscher H K，1989）。

### （二）磷

磷在植物体内是一系列重要化合物如核苷酸、核酸、核蛋白、磷脂、ATP酶等的组分，它直接参与作物光合作用的光合磷酸化和碳同化，因此，磷不仅参与了细胞的结构组成，而且在新陈代谢及遗传信息传递等方面发挥着重要作用，是果树生长发育、产量和品质形成的物质基础。土壤湿度、温度影响土壤中磷的有效性（Rodriguez D，1996）。土壤水分充足，则土壤磷的有效性强。土壤低温主要是降低了土壤微生物活性，从而降低了土壤磷的有效性，植物体内磷的浓度相应降低（Jawson M D，1993）。猕猴桃利用磷的能力较强，而在富钾石灰岩红黄壤上测定发现，猕猴桃植物体内钾素含量较低，分析原因可能如猕猴桃对土壤有效磷的要求较低，而对土壤速效钾的要求较高（刘应迪，2000）。

### （三）钾

钾是果树生长发育、开花结果过程中必需营养元素之一。钾与氮、磷等营养元素不同，它参与果树体内有机物的组成，是果树生命活动中不可缺少的元素之一，它与代谢过程有着密切关系，并为多种酶的活化剂，参与糖和淀粉的合成、运输和转化（全月澳，1992；黄显淦，1993；郑成乐，1993）。钾在促进果实发育，提高产量，增进品质，提高抗逆性、抗病性等方面均有良好的作用，特别是对果实品质的影响十分明显，故钾有"品质元素"之称（Fvallhi，1988；黄显淦，2000；何忠俊，2002）。猕猴桃果实在成熟前生硬是由于在初生壁中沉积了许多不溶于水的原果胶，以及果肉淀粉粒的累积造成的。淀粉作为内容物对细胞起着支撑作用，当淀粉被淀粉酶水解后，转化为可溶性糖，从而引起细胞张力下降，导致果实软化（胡笃敬，1993；王仁才，2000）。黄土区猕猴桃上施钾能显著增加猕猴桃一级果率、单果重、可溶性糖、维生素及硬度，显著降低果实酸度，显著增加果实糖酸比（何忠俊，2002）。过量施钾使果肉硬度降低，贮藏过程中硬度下降加快（王仁才，2006）。

### （四）钙

钙是植物体内重要的必需元素之一，对植物细胞的结构和生理功能有着十分重要的作用。钙在果树矿质营养中占有重要的位置（李湘麟，2001；张敏，2001）。果实硬度与果实中的钙水平呈正相关关系，较高的钙水平能增加果实硬度。陈发河等（1991）试验表明，钙处理能明显提高果实硬度。缺

钙还会影响根系的发育，导致根吸收能力的降低（刘秀春，2004；莫开菊，1994）。钙还能使原生质水化性降低，并与钾、镁配合保持原生质的正常状态，调节原生质的活力。同时钙还抑制果实中多聚半乳糖醛酸酶（PGA）的活性，减少细胞壁的分解作用，推迟果实软化（关军峰，1991）。猕猴桃采前喷钙能提高果实钙含量，维持质膜的稳定性，而果实硬度与钙离子水平呈正相关关系，在一定范围内，较高钙水平能增加果肉硬度，延缓果实软化速度，提高耐储性（肖志伟，2008）。

## 四、猕猴桃树养分吸收规律

猕猴桃树为多年生果树，枝梢年生长量远比一般果树大，而且枝粗叶大，结果较早而多，进入成熟期后，一株树地上与地下部分干重的比例约为 1.8∶1。每年生长、发育、结果等都要从土壤中吸收大量营养，并通过修剪和采果从树体中消耗掉，而土壤中可供养分有限，需要通过施肥向土壤补充树体生长发育所需的营养。因此，了解猕猴桃树体的营养特性，做到科学施肥，是猕猴桃优质高产的基础。

### （一）猕猴桃树氮素吸收规律

猕猴桃树各个时期吸收的氮量有明显的季节性变化，各器官氮累积量在不同时期也有各自的变化规律（表 28-13）。一年内 10 年生秦美猕猴桃树体总吸收纯氮量为 216.78 kg/hm²（产量 40.16 t/hm²，每 1 000 kg 果实吸收 5.4 kg 纯氮），根、茎、叶、果分别吸收了 15.78 kg/hm²、47.3 kg/hm²、40.93 kg/hm²、112.77 kg/hm²。进入果实收获期的 9 月上旬以后和结果前的 5 月中旬前共吸收 33.75 kg/hm²，整个果实生长期的 5 月中旬至 9 月上旬吸收 183.03 kg/hm²，分别占总吸氮量的 15.57% 和 84.43%，据此可以确定基肥和追肥的量，即基肥应占 16% 左右，追肥应该占 84% 左右。如果将大量肥料作为基肥提早施入，而没有被果树及时吸收，则会造成不必要的浪费，甚至会造成环境污染；反之，在树体需要大量养分的时候施入的肥料量不足，则会影响果树的生长发育，降低产量，损害品质。5 月中旬至 7 月上旬和 7 月上旬至 9 月上旬两个阶段吸收的氮素量分别占总吸氮量的 53.13% 和 31.30%，据此可以确定两次追肥的时间和用量。5 月中旬至 7 月上旬是猕猴桃树的吸氮高峰期，肥料施用量应占总施用量的一半以上。

表 28-13 成龄猕猴桃树不同时期各器官及整株的氮累积量变化动态和吸氮量（王建，2008）

单位：kg/hm²

| 器官 | 项目 | 采样日期（月-日） | | | | | | 合计 |
| --- | --- | --- | --- | --- | --- | --- | --- | --- |
| | | 3-28 | 5-18 | 7-9 | 9-8 | 11-6 | 1-11 | |
| 根 | 氮累积量 | 81.25 | 90.93 | 98.44 | 114.05 | 93.45 | 97.03 | |
| | 氮累积增量 | | 9.68 | 7.51 | 15.61 | -20.60 | 3.58 | 15.78 |
| 茎 | 氮累积量 | 30.59 | 25.36 | 31.29 | 59.91 | 60.83 | 77.89 | |
| | 氮累积增量 | | -5.23 | 5.93 | 28.62 | 0.92 | 17.06 | 47.30 |
| 叶 | 氮累积量 | | 23.01 | 30.14 | 35.59 | 40.93 | | |
| | 氮累积增量 | | | 7.13 | 5.45 | 5.34 | | 40.93 |
| 果 | 氮累积量 | | | 94.6 | 112.77 | | | |
| | 氮累积增量 | | | | 18.17 | | | 112.77 |
| 植株 | 氮累积量 | 111.84 | 139.29 | 254.46 | 322.32 | 195.21 | 174.91 | |
| | 氮累积增量 | | 27.46 | 115.17 | 67.86 | -127.12 | -20.29 | |
| | 吸氮量 | | 27.46 | 115.17 | 67.86 | -14.35 | 20.64 | 216.78 |

研究表明，猕猴桃根和茎内全氮含量在生长季前期（4—7 月）逐渐升高，后期逐渐下降。而在

叶中，4 月的叶样由于叶龄短，全氮含量最高。在 5 月急剧下降，6—8 月有所上升，以后呈逐渐下降的趋势，在 11 月的样品中，其全氮含量只有 1.17%（刘应迪，2000）。

### （二）猕猴桃树磷素吸收规律

表 28-14 是猕猴桃树不同时期各器官及整株的磷累积量变化动态和吸磷量。

**表 28-14　猕猴桃树不同时期各器官及整株的磷累积量变化动态和吸磷量**（王建，2008）

单位：kg/hm²

| 器官 | 项目 | 采样日期（月-日） | | | | | | 合计 |
| | | 3-28 | 5-18 | 7-9 | 9-8 | 11-6 | 1-11 | |
|---|---|---|---|---|---|---|---|---|
| 根 | 磷累积量 | 10.8 | 10.68 | 17.34 | 13.58 | 17.25 | 16.67 | |
| | 磷累积增量 | | -0.12 | 6.66 | -3.75 | 3.67 | -0.58 | 5.88 |
| 茎 | 磷累积量 | 4.12 | 3.68 | 5.48 | 8.36 | 9.88 | 11.1 | |
| | 磷累积增量 | | -0.44 | 1.81 | 2.87 | 1.52 | 1.21 | 6.97 |
| 叶 | 磷累积量 | | 2.67 | 2.65 | 3.28 | 6.28 | | |
| | 磷累积增量 | | | -0.02 | 0.64 | 3.00 | | 6.28 |
| 果实 | 磷累积量 | | | | 12.02 | 17.82 | | |
| | 磷累积增量 | | | | | 5.8 | | 17.82 |
| 植株 | 磷累积量 | 14.92 | 17.02 | 37.49 | 43.05 | 33.42 | 27.77 | |
| | 磷累积增量 | | 2.10 | 20.47 | 5.56 | -9.63 | -5.65 | |
| | 吸磷量 | | 2.10 | 20.47 | 5.56 | 8.19 | 0.63 | 36.95 |

### （三）猕猴桃树钾素吸收规律

猕猴桃树在年周期内的各个时期吸收的钾量有明显的季节性变化（表 28-15），各器官钾累积量在不同时期也有各自的变化规律。年周期猕猴桃树体吸收钾素的总量为 167.88 kg/hm²（猕猴桃产量 40.16 t/hm²，每 1 000 kg 果实吸收 4.2 kg 纯钾），进入果实收获期 9 月上旬以后和结果前 5 月中旬共吸收 43.18 kg/hm²，整个果实生长期吸收 124.70 kg/hm²，分别占总吸收量的 25.72% 和 74.28%。从 3 月底至 5 月中旬叶累积钾 17.16 kg/hm²，而根和茎的钾累积量分别减少了 3.92 kg/hm² 和 4.12 kg/hm²，植株钾累积量增加了 9.12 kg/hm²。可见，在生育前期猕猴桃叶所需钾素的 53.15% 来自土壤，22.84% 来自根上年储存钾的转移，24.01% 来自茎上年储存的钾。说明猕猴桃树在生育前期叶生长所需的钾素很大程度上依赖于树体的储存钾，树体钾营养储存水平对新生器官的生长非常重要。正如 Jones（1998）指出，对多年生的园艺作物来说进行植株分析诊断比土壤分析诊断更有意义。从 5 月中旬至 7 月 9 日植株钾累积增量远远高于其他各时期，达到 88.57 kg/hm²，说明这一时期是猕猴桃吸收钾素的高峰期。从 7 月 9 日至 9 月上旬植株从外界吸收的钾量为 36.13 kg/hm²。

**表 28-15　猕猴桃树不同时期各器官及整株的钾累积量变化动态和吸钾量**（王建，2008）

单位：kg/hm²

| 器官 | 项目 | 采样日期（月-日） | | | | | | 合计 |
| | | 3-28 | 5-18 | 7-9 | 9-8 | 11-6 | 1-11 | |
|---|---|---|---|---|---|---|---|---|
| 根 | 钾累积量 | 17.66 | 13.74 | 15.45 | 22.21 | 32.69 | 22.94 | |
| | 钾累积增量 | | -3.92 | 1.71 | 6.77 | 10.48 | -9.75 | 5.29 |
| 茎 | 钾累积量 | 18.58 | 14.46 | 20.11 | 26.62 | 37.91 | 38.73 | |
| | 钾累积增量 | | -4.12 | 5.65 | 6.51 | 11.29 | 0.82 | 20.15 |

（续）

| 器官 | 项目 | 采样日期（月-日） | | | | | | 合计 |
|------|------|------|------|------|------|------|------|------|
| | | 3-28 | 5-18 | 7-9 | 9-8 | 11-6 | 1-11 | |
| 叶 | 钾累积量 | | 17.16 | 11.83 | 17.52 | 38.76 | | |
| | 钾累积增量 | | | -5.33 | 5.69 | 21.23 | | 38.76 |
| 果实 | 钾累积量 | | | 86.54 | 103.7 | | | |
| | 钾累积增量 | | | | 17.16 | | | 103.7 |
| 植株 | 钾累积量 | 36.24 | 45.36 | 133.93 | 170.06 | 109.36 | 61.66 | |
| | 钾累积增量 | | 9.12 | 88.57 | 36.13 | -60.71 | -47.69 | |
| | 吸钾量 | | 9.12 | 88.57 | 36.13 | 43 | -8.94 | 167.88 |

## 五、猕猴桃园土壤供给养分情况

### （一）猕猴桃生长的土壤条件

猕猴桃对土壤的要求为非碱性、非黏重土壤，如草甸土、红壤、黄壤、棕壤、黄棕壤、黄沙壤、黑沙壤以及各种沙砾壤等都可以栽培。但以腐殖质含量高、团粒结构好、土壤持水力强、通气性好为最理想。在土壤 pH 为 5.5～6.5，含 $P_2O_5$ 0.12%、CaO 0.86%、MgO 0.75%、$Fe_2O_3$ 4.19% 的土壤上，中华猕猴桃和美味猕猴桃均生长发育良好。在中性（pH 7.0）或微碱性（pH 7.8）土壤上也能生长，但幼苗期常出现黄化现象，生长相对缓慢（王仁才，2000；陈业玉，1999）。

除土质及 pH 外，土壤中的矿质营养成分对猕猴桃的生长发育也有重要影响。猕猴桃除需要氮、磷、钾外，还需要镁、锰、锌、铁等元素，如果土壤中缺乏这些矿质元素，在叶片上常表现出营养失调的缺素症。猕猴桃对铁的需求量高于其他果树，要求土壤有效铁的临界值为 11.9 mg/kg，而苹果、梨分别为 9.8 mg/kg 和 6.3 mg/kg。铁在土壤 pH 高于 7.5 的情况下，有效值很低，故偏碱性土壤栽培猕猴桃，更要注意增施铁肥（韩礼星，2001；王仁才，2000）。

### （二）土壤样品田间取样方法

由于猕猴桃与苹果施肥方法相同，根系分布相似，所以采集土壤样品的方法基本相同。3 月初或采收后取样，对土壤相对一致、面积不大的果园取 12 个点，采样点定在树冠外缘 4 个点、树干距树冠 2/3 处 4 个点、行间 4 个点（按照根系分布的百分比取土样）。土样采集和制备普通土样用土钻垂直采集。微量元素土样的采集与普通土样同步进行，采样时避免使用铁、铜等金属器具。普通土样采集 1 kg，微量元素土样采集 1.5 kg。采样深度 0～100 cm，每 20 cm 为一层，且上下层采集样品数量相等。样品经过风干、粉碎、过筛后，用四分法提取，过 0.25 mm 筛（过筛孔径根据测定项目定），留取样品不超过 200 g。

## 六、猕猴桃施肥量与施肥技术

### （一）施肥量的确定

合理施肥量的制定主要是根据树体生长发育的需要和土壤肥力状况而定，成年树与幼树不同。土壤肥力状况取决于其各类营养元素的含量和可利用性，同时还取决于其保肥性，但由于各地区的土壤类型及其含有的营养元素不同，施肥量较难确定。一般有经验的生产者，会根据树势、树龄、品种的生物学特性以及当地的气候、土壤条件确定适宜的施肥量。

施肥应结合树龄，施肥量在不同年龄阶段是有区别的。猕猴桃在幼年阶段就需要吸收大量的营养元素。据史密斯等研究（表 28-16），1～5 龄的幼苗随着生长，吸收的元素总量不断增加。

**表 28 - 16　猕猴桃幼苗期各元素的吸收量**（史密斯等，1987）

单位：kg/亩

| 株龄 | 氮 | 钾 | 钙 | 镁 | 磷 | 硫 |
|---|---|---|---|---|---|---|
| 1 | 0.73 | 0.27 | 0.60 | 0.13 | 0.07 | 0.13 |
| 2 | 3.00 | 2.67 | 3.00 | 0.53 | 0.33 | 0.53 |
| 3 | 7.73 | 7.07 | 7.13 | 1.40 | 0.93 | 1.27 |
| 4 | 6.80 | 7.67 | 6.33 | 1.07 | 1.07 | 1.13 |
| 5 | 9.40 | 11.27 | 10.73 | 1.87 | 0.27 | 2.13 |

由于收获时间、气候、果园肥力等因素差异，果实成熟时的养分含量和含水量可进行实际测定。

在高肥力土壤上，不施肥也不会降低作物产量，所以仅从养分平衡的角度考虑，施用量应大体上等于果树养分吸收量。在中低肥力的土壤上，施用量则应考虑土壤的供肥量和肥料的利用率，以保证作物的产量和品质。

### （二）施肥技术

根据猕猴桃的生长发育规律和营养特性，总结国外和国内主要猕猴桃生产基地的研究成果和栽培经验，现提出猕猴桃的最佳施肥方法。

**1. 幼龄猕猴桃树的施肥**　幼龄猕猴桃树定植前的基肥施用非常重要，具体做法是在定植穴的底层施入秸秆、树叶等粗有机质，中层施入土杂肥 50 kg 左右或过磷酸钙或其他长效性的复合肥料，肥料与土充分混匀，穴面 20 cm 以上以土为主。定植 2~3 个月开始，适当追施 1~2 次稀薄的速效完全肥料。冬季落叶后结合清园翻土每株施饼肥 0.5~1 kg 或 10~15 kg 人粪尿。从第二年开始视树势发育状况，一般 4 月中下旬花蕾期每株施尿素 0.05~0.1 kg 或碳酸铵 0.15~0.2 kg；7 月根据植株长势每株施复合肥 0.25~0.35 kg。

由于定植后 1~3 年生幼树根浅又嫩，吸肥不多，这时应"少吃多餐"。这一时期树冠在扩展，如果时间允许可在 3—6 月每月追肥一次，其中每株尿素 0.2~0.3 kg、氯化钾 0.1~0.2 kg、过磷酸钙 0.2~0.25 kg。城市周围结合灌水施人粪尿。一律开沟放入，不和根直接接触。必须在 7 月以前结束追肥，以利于枝梢及时停止生长，同时促进组织成熟。

**2. 成年猕猴桃树的施肥**　成年猕猴桃树（8 年以上）由于生长、结果，每年要吸收大量营养。如不能及时补充，猕猴桃生长发育就会受到抑制，使产量降低，品质变差，因此，成年猕猴桃树的施肥至关重要。

5 月中旬（果实生长始期）至 7 月 9 日（果实迅速膨大末期）是猕猴桃树营养最大效率期，在这一时期吸收的氮、磷、钾分别占其全年总吸收量的 53.13%、55.40%、52.76%，7 月 9 日（果实迅速膨大末期）至 9 月上旬（进入收获期）分别吸收 31.30%、15.05%、21.52%，进入果实收获期的 9 月上旬以后和结果前的 5 月中旬前吸收量占 15.57%、29.55%、25.72%。根据各时期的养分吸收动态，可以确定最佳的施肥时期和施肥量（表 28 - 17）。

**表 28 - 17　猕猴桃树养分吸收动态与施肥量**（王建，2008）

单位:%

| 养分吸收量 | 生育期阶段（月-日） | | |
|---|---|---|---|
| | 9 - 8 至 5 - 18 | 5 - 18 至 7 - 9 | 7 - 9 至 9 - 8 |
| 吸纯氮量 | 15.57 | 53.13 | 31.30 |
| 吸纯磷量 | 29.55 | 55.40 | 15.05 |

（续）

| 养分吸收量 | 生育期阶段（月-日） | | |
|---|---|---|---|
| | 9-8至5-18 | 5-18至7-9 | 7-9至9-8 |
| 吸纯钾量 | 25.72 | 52.76 | 21.52 |
| 施肥类型 | 基肥 | 追肥 | 追肥 |

根据成年猕猴桃树养分吸收动态，可以确定以下3个施肥时期：

（1）催梢肥。也叫春肥，3月萌芽前，春季土壤解冻，树液流动后，树体开始活动，此期正值根系第一次生长高峰，而且萌芽、抽梢等已消耗树体上年储存的养分，需要补充。此时施肥有利于萌芽开花，促进新梢生长。春肥在刚发芽时进行，以速效肥为主，采取株施，然后灌水1次。

（2）促果肥。花后30～40 d为果实迅速膨大时期，缺肥会使猕猴桃膨大受阻。在花后20～30 d时施入速效复合肥，对壮果、促梢、扩大树冠有很大作用，不但能提高当年产量，对来年花芽形成有一定益处。这一时期由于树体对养分的需求量非常大，所以应土施结合叶面喷肥，施后全园浇水1次。

（3）壮果肥。在7月施入，此期正值根系第二次生长高峰、幼果膨大期和花芽分化期。而且此期稍后的新梢迅速生长又将消耗树体的大量养分。因而，此期补充足量的养分既可提高果实品质，又能弥补后期枝梢生长时的营养不足。这一时期应以叶面喷肥为主，可选用0.5%磷酸二氢钾、0.3%～0.5%尿素液及0.5%硝酸钙。此期叶面喷施钙肥还可增强果实的耐储性。

# 第三节　葡萄树营养特点与测土配方施肥技术

## 一、葡萄产业的发展现状与前景

### （一）国外生产现状

葡萄的栽培面积遍及世界五大洲。从热带到寒带都有栽培葡萄的踪迹，但多数葡萄园分布在北纬20°—52°及南纬30°—45°。约95%的葡萄集中在北半球。世界葡萄栽培面积与产量过去一直保持在世界果品生产的首位。据联合国粮农组织（FAO）2000年统计，1999年世界葡萄栽培面积为742.6万 hm²，占世界水果总面积的15.2%，世界葡萄产量6 068万 t，占世界水果总产量的13.6%。

### （二）国内生产现状

陕西省葡萄栽培以鲜食为主，主栽品种为巨峰。近年来，陕西省在调整树种结构过程中已开始重视晚熟耐储运品种的发展。陕西关中地区在果树产业结构调整中被列为重点地区，计划大面积发展鲜食葡萄产业。但这里9月雨水偏多，恰值晚熟品种的成熟期，宜选择在海拔600～800 m的旱塬上发展秋红、秋黑和红地球等极晚熟品种。红地球葡萄成功引入陕西以来，以其特有的优质、高产、高效深受广大消费者和果农的喜爱。

## 二、葡萄树生长发育规律

葡萄树生长发育规律与养分需求特性密切相关，而养分需求特性又是确定施肥种类以及合理的施肥量、施肥时期和施肥方法的基础，所以要做到科学的施肥管理必须先了解葡萄的生长发育规律。

### （一）根

葡萄树分两种：一是扦插繁殖的自根树，其根系有根干（即插条枝段）、侧根和幼根；二是种子繁殖的实生树，有主根、侧根和幼根。在空气湿度大、温度高时，在2年以上的枝蔓上常长出气生根，又称不定根。它在生产上无重要作用，当空气干燥或低温时即死亡。葡萄繁殖苗木就是利用其有发生不定根的特性，进行插条或压枝育苗繁殖。

葡萄的根系，除了固定植株和吸收水分与无机盐之外，还能储藏营养物质，合成多种氨基酸和激素，对新梢和果实的生长以及花序的发育有重要作用。

葡萄是深根性果树，其根系的分布与土壤质地、地下水位高低、定植沟的大小、肥力多少有直接关系。一般应栽培在土壤质地疏松、地下水位较低、排水良好的沙壤土地上。葡萄根系分布范围较广，其主要根群分布深度在 30～60 cm，少数根达 1～2 m，水平分布 3～5 m。因此，要求葡萄栽培前挖好宽、深各 1 m 的定植沟，沟长按栽植株数而定，这样有利于根系生长，一般深翻施肥后根量能增加 30%～40%。

葡萄的根系，每年有两个明显的生长高峰。在早春地温达 7～10 ℃时，葡萄根系开始活动，地上部有伤流出现，一般美洲品种早于欧亚品种。当土温达 12～13 ℃时根部开始生长，地上部也开始萌芽。从葡萄开花到果粒膨大期，新梢加速生长，根系生长最旺盛，这是第一次生长高峰。夏季炎热，地温高达 28 ℃以上时，根系生长缓慢，几乎停止。到浆果采收后，根系又开始进入第二次生长高峰期，在 8 月下旬至 9 月下旬。随着气温下降，根系生长也逐渐缓慢，当地温降至 10 ℃以下时，植株进入休眠期，根系只有微弱活动。

### （二）茎

葡萄的茎包括主干、主蔓、侧蔓、结果母枝、结果枝、营养枝、延长枝和副梢。从地面上生长的与根干相接部分，称为主蔓。一条龙树形主干、主蔓是一个部位；扇形的树形有主干和主蔓。在主蔓上着生侧蔓，侧蔓上再着生结果枝组，或在主蔓上直接着生结果枝组，结果枝组里着生 2～3 个结果母枝，由结果母枝的冬芽抽出的新枝称为新梢，其中带果穗的枝称为结果枝，没有果穗的称为发育枝或营养枝。从地面隐芽发出的新枝称为萌蘖枝。葡萄新梢由节、节间、芽、叶、花序、卷须组成。节部膨大并着生叶片和芽眼；对面着生卷须或花序。卷须着生的方式，有连续的，也有间断的，可作为识别品种的标志之一。节的内部有横膈膜，起储藏养分和加固新梢的作用。新梢髓部大小与枝梢的充实程度有关，生长充实的枝条髓部较小，其解剖构造有皮层、韧皮部、形成层、木质部和髓部。当气温昼夜稳定在 10 ℃以上时，葡萄芽抽出新梢，一般平均每 2～3 d 长出一节，节间生长较快，基节因气温低生长缓慢，表现节间短。花序上部的节间，因气温高生长速度较快，节间也长。早熟品种，采收后可出现加速生长现象。要注意控制后期（8 月）的水分和氮肥，防止徒长造成枝条发育不良，影响越冬抗寒性和翌年的产量和品质。

### （三）芽

**1. 芽的种类和形态**　芽能生长出茎、叶、花等器官，所以称它是过渡性器官，位于叶腋内。葡萄芽是混合芽，分冬芽、夏芽和隐芽 3 种。

**2. 花芽分化**　花芽是葡萄开花结果的物质基础。花芽形成的多少及质量的好坏，对浆果的产量和质量有直接关系。花芽分化是芽的生长点分生细胞在发育过程中，由于营养物质的积累和转化，以及成花激素的作用，在一定外界条件下发生转化，形成生殖器官——花和花序原基。

（1）冬芽的花芽分化。一般在主梢开花期前后开始花芽分化，终花后两周第一个花序原始体形成，第二个花序原始体开始产生。一般在花后 2 个月左右形成第二个花序原始体，直到翌年春发芽前后，随气温上升出现一个急剧分化期而形成完整的花序。花芽分化时间和花序上的花蕾数，因品种和树势不同而异。

（2）夏芽的花芽分化。出现在当年新梢第 5～7 节上，随着夏芽生长分化，当具有 3 个叶原基体时，就开始分化花序。夏芽具有早熟性，在芽眼萌发后 10 d 内就有花序分化，但一般花序较小。夏芽的花芽分化时间较短，有无花序则与品种和农业技术有关，夏芽抽出的枝称为夏梢或副梢。如巨峰、葡萄园皇后等品种有 15%～30% 的夏芽（又称副芽）有花序，产量不足时，可利用其二次结果。里扎马特、龙眼、红地球等品种副梢结果力弱，仅为 2%～5%。主梢强弱、摘心轻重对夏芽分化也有不同程度的影响。

### （四）叶

叶的功能主要是进行光合作用。光合作用最适温度为 28～30 ℃。

葡萄叶片的形态多为 5 裂如掌状，也有少数 3 裂和全缘类型。叶身为单叶互生，由叶柄、叶片和托叶组成。叶柄支撑叶片伸向空间，叶片有 3～5 条主叶脉与叶柄相连，再由主脉、侧脉、支脉和网脉组成全叶脉网。其主脉及脉间夹角不同，使叶片出现不同的形状和深浅不同的缺刻。一般以 7～12 节正常叶片为标准，按其叶片形状、大小，叶片表面光滑程度和皱纹多少，叶背茸毛有无、多少，叶缘锯齿的锐钝、大小、有无波状，叶色深浅等性状作为识别品种的重要依据。叶片的大小、颜色与土壤肥力、管理水平有关。土壤肥沃或肥水条件好，叶片大而厚，色泽浓绿；土壤瘠薄，管理条件差或结果量过多，则叶小、薄而色淡。

### （五）果实

**1. 葡萄果穗**　果穗是由穗梗、穗梗节、穗轴和果粒组成。果穗的大小、形状、产量与品种有关。对一般大粒（10 g 以上）鲜食品种，为提高品质，要剪除果穗上部的 1～3 个分枝和穗尖，这样就改变了原有的自然穗形。自然形状为圆锥、圆柱和分枝形。

**2. 葡萄果粒**　葡萄的果粒属于浆果。果粒是卵细胞受精后由子房发育而成的，它由果柄、果蒂、果皮、果肉、果刷（维管束）和种子组成。

果实的生长，一般有两个生长高峰期。胚珠受精后进入幼果膨大期，从开花子房开始生长，至盛花后 35 d 左右，气温在 20 ℃ 时，胚珠及果肉细胞加速分裂达到高峰。到胚珠停止生长，标志着本次高峰结束。接着果实生长极为缓慢，逐步进入种子生长发育时期，约在花后 50 d，种子硬化，称为硬核期。随着果粒增大、变软、开始着色，果粒进入第二个生长高峰。此时，果肉细胞数目一般不再增加，主要是果肉细胞继续膨大。幼果膨大期、种子形成期和浆果成熟期，要求平均气温在 25～30 ℃，并有充足的光照，同时要有良好的营养条件。这两个生长高峰时期，果粒增大均比较明显。

**3. 葡萄的种子**　果实中含种子的数目与品种、营养条件有关，一般为 1～4 粒，多为 2～3 粒，个别的到 6 粒。从种子腹面看有两道小沟叫核洼，核洼之间稍凸起处，叫种脊或称缝合线。背面隆起，在中央凹陷处为合点（维管束进入种子的地方）。种子尖端称为喙，是种子发根之处。

葡萄有单性结实或种子败育型结实的品种，因胚囊发育有缺陷或退化，不能正常受精，靠花粉管的生长素刺激子房膨大而形成无核果实，如无核白等品种。

### （六）葡萄各器官的相关性

**1. 根与地上部生长的关系**　根是有机物质储藏的重要场所，供给翌年地上部萌芽、抽枝、开花的养分，同时又有从土壤中吸收水分、养分并输送到地上部各个器官的作用。地上部分主要是叶片合成的大量有机物质，除供给本身消耗外，还不断地运送到根部，供应根系生长。因此，地上部与地下部各器官是密切相关的。根系发达，才能枝繁叶茂，果实累累。

**2. 结果母枝与新梢、花序分化的关系**　结果母枝粗壮充实与否，成熟好坏，芽眼饱满程度，对抽生的新梢生长势强弱、花序分化的大小具有决定性作用。一般结果母枝粗壮，直径在 0.8 cm 以上，芽眼饱满，当年抽生的新梢健壮，花序大而多，叶片大而色浓。反之，结果母枝细弱，抽生新梢也弱，花序小而少，叶片薄而小。因此，冬季修剪时，要注意选留壮芽、壮枝，以提高产量和品质。

**3. 新梢和果实生长的关系**　当年新梢生长发育正常，一般对开花、坐果、果实生长均有明显效果。因此，在开花前要追施适量的氮肥，促进当年新梢生长健壮、叶片肥大以及保证后期生长的需要。同时要注意对新梢、副梢及时摘心，叶片追施少量硼和足量的磷、钾等肥料，对提高坐果率，促进浆果生长，提高浆果的品质和产量有明显作用。

## 三、矿质元素在葡萄树生长中的作用

### (一) 氮

氮是组成各种氨基酸和蛋白质所必需的元素，而氨基酸又是构成植物体内核酸、叶绿素、生物碱、维生素等物质的基础。由于氮在植物生长过程中能促使枝叶正常生长和扩大树体，故称枝叶肥。对葡萄植株来说，氮肥能促使枝、叶繁茂，光合效能增强，并能加速枝、叶的生长和促使果实膨大。对花芽分化、产量和品质的提高均起到重要作用。由于氮素易分解，在土壤（特别是沙土）中易流失，因此必须分期追施。

氮肥过多，会引起枝叶徒长，落花落果严重，甚至当年枝蔓不能充分成熟，浆果着色不良，品质下降，香味变淡。另外，由于枝蔓成熟不良，花芽分化不好，并易遭受病虫害的危害和大大降低越冬性能。氮素过多时，还能使葡萄酒中的蛋白质增多，不易澄清且容易败坏，风味也不佳。氮素不足时，葡萄植株瘦弱，叶片小而薄，呈黄绿色，花序少而小，节间短，落花落果严重，果穗、果粒小，品质差，香味淡。氮素严重不足时新梢下部的叶片黄化，甚至早期落叶。因此，萌芽及新梢生长期，芽眼的萌发和花芽分化需要大量营养物质，特别需要氮肥。开花前，新根活动旺盛，开花后果粒膨大期对氮的需要量最多，因此，应适时适量供给氮素肥料。采收后及时追施氮肥对增强后期叶片光合作用、树体养分的积累和花芽分化都具有良好的作用。

### (二) 磷

磷是细胞核和原生质的重要成分之一，积极参与植物的呼吸作用、光合作用和碳水化合物的转化等过程。磷肥充足能促进细胞分裂，促成花芽分化及组织成熟，并能增进根系的发育和可溶性糖类的储藏。磷能促进浆果成熟，提高含糖量、色素和芳香物质，并降低含酸量，对酿造品种可提高葡萄酒的风味，还可增强抗寒、抗旱能力。

葡萄缺磷时，在植株某些形态方面表现与缺氮相同。如新梢生长细弱，叶小、浆果小等。此外叶色初为暗绿色，逐渐失去光泽，最后变为暗紫色，叶尖及叶缘发生叶烧，叶片变厚变脆。果实发育不良，含糖量低，着色差，种子发育不良。磷素过多时，会影响氮和铁的吸收而使叶片黄化或白化，有不良影响。

葡萄萌芽展叶后，随着枝叶生长、开花和果实膨大，对磷的吸收量增多，应及时适量供给磷肥。其后储藏于茎、叶中的磷向成熟的果实移动，收获后茎、根部的磷含量增多。磷素易被土壤吸收不易流动，施用磷肥时最好结合秋季施有机肥时深施，追肥时也应比氮肥稍深。追肥多在浆果生长期及浆果成熟期施用，以促进果实着色和成熟，提高浆果品质。根外追肥一般喷 2% 的过磷酸钙溶液，效果良好。

### (三) 钾

钾并不参与植物体内重要有机体的组成，但在碳水化合物的合成、运转、转化等方面起着重要作用。钾以离子状态存在于生命活动最活跃的幼嫩部分。适当施用钾肥对促使根的生长，增进植株的抗寒、抗旱能力，提高浆果的含糖量、风味、色泽以及对果实的成熟和枝条的充实都有积极的作用。葡萄是喜钾植物，有"钾素作物"之称。它在整个生长过程中都需要大量的钾，尤其在果实成熟期间需要量更大。

植株缺钾时，因叶内的碳水化合物不能充分制造，使过量的硝态氮积累而引起叶烧，叶缘呈黄褐色，并逐渐向中间焦枯，通常在新梢基部的老叶先发生。其次表现为新梢纤细，节间长，叶片薄，有些叶片上呈现虫咬状小孔。缺钾时，还能使果梗变褐，果粒萎缩，糖度降低，着色不良，根系发育受抑制，器官组织不充实，抗寒、抗旱力均弱。钾肥过多时，抑制氮素的吸收，引起镁的缺乏症。

从葡萄展叶开始，根系从土壤中吸收钾肥。从果实膨大期至着色期，茎叶中的钾向果实移动，故果实膨大前吸收的钾，其效用可维持至浆果成熟。据试验，玫瑰香葡萄全年根外喷 2 次 2％的草木灰液，可提高果实含糖量，增产 10％左右。一般在浆果生长期和浆果成熟期进行根外追肥效果明显。

### （四）钙

钙有助于氮肥的吸收和转化，故缺钙时多伴有缺氮的表现。钙在树体内部可平衡生理活动，提高碳水化合物和土壤中氨态氮的含量，促进根系的发育。充足的钙素，对白葡萄酒和制作香槟酒的品种有特别好的影响。石灰质土壤使浆果香气增加。

### （五）硼

硼能促进葡萄授粉、受精、提高坐果率，缺硼则小果率增加，并影响浆果的品质和含糖量，以及新梢的生长。

### （六）镁

镁是叶绿素的重要成分，镁不足时，葡萄植株停止生长，叶脉虽保持绿色，但叶片变成白绿色，出现落花现象，坐果率低。镁与钙有一定的拮抗作用，能消除钙过剩现象。

### （七）铁

缺铁时叶绿素不形成，幼叶叶脉呈淡绿色或黄色，引起失绿症。严重时叶片由上而下逐渐焦边，干枯脱落，应喷 0.2％硫酸亚铁溶液。

### （八）锰

施锰后能使葡萄的叶绿素含量显著增加，光合作用加强，并能提高产量和品质，改善葡萄酒的风味。同时，还能提高葡萄植株的抗寒性。

### （九）锌

缺锌时，新梢节间短小，叶片小而失绿，果实小，畸形，无籽果多。施用锌肥可使葡萄形成层细胞分裂旺盛，促进新梢生长，提高葡萄的产量和品质。

其他微量元素如铜、钼、钴、钒、锑、镍等，对葡萄生长发育也有一定作用。

## 四、葡萄树养分吸收规律

### （一）葡萄氮素吸收规律

葡萄是一个需氮量较高的树种，氮在树体内的含量因不同器官而异。绝对含量以叶中最多，占树体总氮量的 38.90％，其次为果实，老枝中最少。从相对量上看，以叶片和新梢中最多，果实中最少。据分析，一年中葡萄树体氮素的吸收情况是：在 4 月萌芽期后，便开始吸收氮素，并随生长逐渐增多，如果假定成熟期的吸收总量为 100％，则萌芽期为 12.9％，至开花期为 51.6％，开花期前约为全年吸收量的一半，到果粒增大期大部分已吸收。进入着色期只有果穗含氮量增加，而这种增加是由于叶片和成熟组织中的氮转移到了果穗。

基肥中氮素的吸收利用率，萌芽期为 9.8％，开花期为 25.2％，成熟期为 34.7％。若以成熟期的吸收为 100％来计，观察不同时期的比率，则萌芽期为 28.1％，开花期为 72.5％。基肥中的氮素占全年吸收量的大部分，是在开花期和生长前半期被吸收，就是说基肥中氮素对前半期的发育影响较大，基肥中氮素的肥效在开花之后至全熟之前的阶段内较早消失。

土壤中氮素的吸收，以成熟期吸收量为 100％，若从不同时期的吸收比率看，萌芽期为 5.3％，开花期为 41%。若与基肥氮素吸收作对照，开花期以后的生长后半期吸收率较高。如果将其作为相对氮素总吸收量的比率看，则萌芽期为 27.6%，开花期为 53.4%，成熟期为 66.9%。说明在萌芽期比基肥氮素低，在开花期大体相同，成熟期土壤氮素供给率较高。

### （二）葡萄磷素吸收规律

葡萄对磷的需求量远较氮、钾少，是氮的 50%、钾的 42%。不同器官中磷的含量不同，从绝对量上看，以果实中最高，为葡萄植株中总磷量的 50% 左右，其次是叶片，再次为新根和新梢，以老枝中含量最少。在相对量上，以新根最多，果实中最少。

葡萄植株在树液流动初期便开始吸收磷素，当萌芽展叶后，随着枝叶生长、开花、果实肥大，对磷的吸收量逐渐增多，新梢生长最盛期和果粒增大期对磷的吸收达到高峰。果粒增大期后，叶片、叶柄和新梢中的磷向成熟的果粒转移。收获后叶片、叶柄、茎和根的含磷量增多。落叶前叶片、叶柄中的磷向茎和根中转移。

### （三）葡萄钾素吸收规律

在葡萄植株中，钾在氮、磷、钾三要素中占 44.04%，在果实中占三要素的 61.73%。果实中的钾占全株总钾量的 73.31%，其次为叶片和新根，分别占 14.76% 和 5.57%，以老枝中最少。

在葡萄萌芽后、展叶抽枝的同时，葡萄根便开始从土壤中吸收钾肥，一直持续到果实完全成熟。果粒增大期至着色期叶柄和叶片中的钾向果实中移动，故果实肥大期前吸收的钾其效用可维持到浆果成熟，也说明果粒增大期以前吸收的量不能使果实充分成熟，必须继续吸收和运输，果实才能完全成熟。

随着浆果的形成和成熟，葡萄果穗中各部分含量的变化不同。浆果果皮和种子中钾含量变化不大，穗轴含量的变化是：在花期变化最大，钾含量显著下降，至成熟时又逐渐增加；果汁中钾的含量随着浆果的生长而提高，然而在成熟时又显著下降。

## 五、葡萄园的土壤要求

葡萄的根系极为发达，分布深广，对土壤的适应性强。因此，可在各种土壤条件下正常生长。许多不宜大田作物生产的土壤，如沙荒地、盐碱地、山地等都有成功种植葡萄的先例，许多还成为我国著名的葡萄产地。如山东平度、黄河故道地区及新疆的许多葡萄园都是在戈壁滩上，经过改土后建立起来的。良好的土壤条件是生产优质葡萄及葡萄加工产品的基础。

### （一）成土母质

成土母质决定土壤的理化性质。由石灰岩发育形成的土壤质地疏松、通透性好、富含石灰质，有利于葡萄根系的发育和生长，有利于糖的积累和芳香物质的形成，并对葡萄酒质有良好的影响。世界上许多葡萄酒的著名产区都具有类似的土壤，如法国的香槟产区等。

### （二）理化性质

土壤有机质的含量是影响土壤肥力的首要因素。有机质不但可直接供给植物各种有机和无机的养分，还有利于土壤团粒结构的形成，改善土壤的通透性和水肥的保持能力，增强土壤酸碱性和营养释放的缓冲能力。因此，土壤中的有机质对葡萄的生长发育有良好的影响。肥力较高土壤的有机质含量一般在 1.5% 左右，而目前我国绝大多数葡萄园的有机质含量在 0.5%～1%，有机质含量严重不足，应加强土壤的改良和土壤肥力的培养。

土壤 pH 对葡萄的生长发育有很大的影响。葡萄适宜的土壤 pH 为 6～6.5，在 pH 低于 4 的土壤上，葡萄的生长发育明显受到抑制，枝条细弱，叶色变淡，降低葡萄的产量和品质。土壤 pH 过高（8.3～8.7），叶片黄化，并经常出现各种生理病害。因此，对于过酸或过碱的土壤最好要经过土壤改良后再种植葡萄。

### （三）地下水位

地下水位的高低，对土壤湿度、含盐量和葡萄根系的生长发育及分布有明显的影响。地下水位过高，往往会造成土壤盐碱化，土壤通气性差，不利于根系的生长，并导致根系分布浅，在冬季易发生冻害。适宜种植葡萄的土壤地下水位一般应低于 1.5～2 m，如果排水条件良好，地下水位在 0.7～1 m 的土壤上，也可以生产出优质的葡萄。

## 六、葡萄树的养分管理技术

### （一）土壤管理

土壤是葡萄生长和结果的基础。在施肥改良土壤的同时，还必须搞好土壤耕翻、排水和灌水，清除杂草、地面覆草等管理工作，创造良好的土壤水、肥、气、热环境，使葡萄根深叶茂，达到大果、优质、稳产、高效的目的。

农事操作：葡萄园中的农事操作频繁，诸如抹芽、抹梢、定梢、枝蔓绑缚、摘心、副梢处理、定穗、掐穗尖、除副穗、整穗疏粒、膨大剂处理、果穗套袋、摘卷须、摘基叶、施肥、翻垦、清沟、铺草、防病治虫、采收、秋冬清园、冬季修剪、棚架整理等。

冬翻：秋末冬初结合施基肥，对全园进行深翻，深度 20～25 cm，靠近根干处宜浅些。初冬深翻有利根群深扎，减少杂草，杀灭越冬病原菌和虫害，积雪保墒等。

春翻：早春葡萄萌发前，根系开始活动，结合施催芽肥，视情况对全园进行浅翻垦，深度一般 15～20 cm；也可通过开施肥沟，达到疏松土壤的目的。早春翻垦有利于提高土温，促进发根及根系吸收水分与养分。

秋翻：葡萄采收后，结合施采果肥，视情况对全园进行浅翻垦，深度 15～20 cm；也可通过开施肥沟，达到疏松土壤的目的。翻垦有利秋季发根，减少秋草。

### （二）水分管理

萌芽到开花：适宜的土壤湿度为田间持水量的 65%～75%。满足这种湿度要求，可促进新梢生长，增大叶面积，增强光合作用，使开花和坐果正常，为当年优质丰产打好基础。

新梢生长和幼果膨大期：适宜的土壤湿度为田间持水量的 75%～85%。谢花后一段时间，常称为葡萄需水临界期。此期植株的生理机能最旺盛，如水分不足会影响幼果膨大。

果实迅速膨大期：适宜的土壤湿度为田间持水量的 70%～80%。此期为浆果着色期，既是果实迅速膨大期，又是花芽大量分化期。葡萄果粒大小很大程度上取决于这一时期的果实膨大量，如水分不足既影响果实膨大，又会造成缺水逼熟，使成熟果实软化，带有异味，品质下降。此期如遇雷阵雨或突降大雨，还会造成大量裂果。

新梢成熟期：适宜的土壤湿度为田间持水量的 60% 左右，采果后至 9 月，此期为一次枝蔓增粗生长高峰和发根高峰，需要较充足的水分。

### （三）施肥

#### 1. 肥料的选用原则

（1）增施有机肥料。无公害栽培的葡萄园，必须施用有机肥，按含氮量计，有机肥用量应占到全年施肥量的 50% 以上。根据作者实践，有机肥应选用猪粪、羊粪、鸡粪、鸭粪、鹅粪、兔粪、鸽粪等。这类肥料不仅含较多的氮、磷、钾元素，还含有其他各种元素和微量元素，以满足葡萄的生长要求，而且能增加土壤有机质含量，改良土壤结构，改善土壤通气性、保肥保水性等物理性状。若年年使用，能使土质越来越好，极有利于葡萄的生长。牛粪虽然也可以用，但氮、磷、钾含量较低，应与猪粪、羊粪、禽粪配合施用。这类有机肥施用前要经过充分的发酵、腐熟；人粪尿施用时，应与畜禽粪肥配合用，因人粪尿有机质含量低，改良土壤作用小；绿肥、各种饼肥施用时，也应与畜禽粪肥配合施用，单用饼肥改良土壤作用不佳。

推广商品有机肥、有机复合肥和微生物肥：这些肥料均无公害，对环境不会造成污染。其中，有机复合肥营养元素较全面，能满足葡萄生长的需要，与畜禽肥相比，不仅用肥量较少且省工；而各种微生物肥料可进一步分解各种生物秸秆，提高秸秆的有效性。

（2）合理选择化学肥料。生产无公害葡萄，在化学肥料选择和使用上应掌握以下几点：选用允许使用的无机（矿物）肥料，如矿物钾肥和硫酸钾、磷矿粉、钙镁磷肥、脱氟磷肥等；限量施用的化学肥料应控制使用量，如氮磷钾复合肥、尿素、优质过磷酸钙等，以含氮量计，无机氮全年施用量应控制在总用肥量的 50％ 以内；禁止使用相关化学肥料，如硝态氮肥（硝酸铵等）和劣质磷肥。

（3）各种葡萄品种均应使用根外追肥，新梢生长期至采果后，每月喷 1～2 次；全生长期视品种应喷 4～8 次。根外追肥的选择，只要认定有效果的无公害根外肥均可选用，一般分为两类：一类作用于叶片，使叶色加深，叶片增厚，主要是 1 000 倍液海绿肥 1 号、600 倍液细胞分裂素、0.3％尿素和 0.2％磷酸二氢钾混合液，此外，还有惠满丰、植物动力 2003、金邦 1 号、植宝 18、绿芬威等；另一类是提高浆果含糖量，但叶色表现不明显，如傲绿牌营养素（原名化肥精），于萌芽后和坐果后喷施 2 次 500 倍液（大棚栽培需用 600 倍液），能使浆果含糖量提高 0.5％～0.8％。但根外追肥只能作为根际施肥的补充，不能作为主要施肥途径。

**2. 施肥量和施肥方法**　据研究，生产 100 kg 葡萄从土壤中吸收纯 N 为 0.3～1.5 kg、$P_2O_5$ 为 0.13～1.5 kg、$K_2O$ 为 0.28～1.25 kg。而这些元素在植株体内的分布是不同的，氮主要在叶片中，磷主要在果实中，钾 70％ 在果实中。

一般葡萄全生育期施用肥料可分 6 次，即基肥、催芽肥、壮蔓肥、膨果肥、着色肥、采果肥（包括补追秋肥）；施肥量可按前述，科学掌握施肥量，但各次施肥量的确定，还必须根据树体具体的长相长势灵活运用；在施肥方法上宜深施，不宜浅施，以减少肥料的挥发、淋失，提高肥料利用率；也不宜穴施，肥料过分集中易导致伤根。具体操作措施如下。

（1）基肥。秋末冬初主要施用的有机肥料称基肥。施肥期南方为 10—12 月，北方宜在落叶前施用。施肥量应根据品种耐肥特性、土壤质地和当年挂果量、树势合理掌握。

需肥量较多的品种如欧美杂种藤稔/巨峰砧，欧亚种无核白鸡心/巨峰砧，每亩施猪厩肥 3 000～4 000 kg 或鸡粪 1 500～2 000 kg、磷素化肥 50 kg；需肥量中等的品种如欧美杂种藤稔/$SO_4$ 砧、欧亚种京玉，每亩施猪厩肥 2 000～3 000 kg 或鸡粪 1 000～1 500 kg、磷素化肥 50 kg；需肥量较少的欧美杂种如欧先锋亚种美人指，每亩施猪厩肥 1 000～2 000 kg 或鸡粪 500～1 000 kg、磷素化肥 50 kg。

施肥方法，畜禽粪全园铺施，磷素化肥撒施于畜禽粪上，全园深翻入土。

（2）催芽肥。萌芽前施用的肥称催芽肥。施肥期在萌芽前 10～15 d。施肥量根据品种耐肥特性掌握。

需肥量较多的品种，每亩施氮磷钾复合肥 20～25 kg 或尿素 7.5～10 kg；需肥量中等的品种，每亩施氮磷钾复合肥 15～20 kg 或尿素 5～7.5 kg；需肥量较少的品种原则上不施催芽肥。

施肥方法提倡植株两边开沟条施覆土。

（3）壮蔓肥。枝蔓生长期施用的追肥称壮蔓肥，又称催条肥、壮梢肥。施肥期在萌芽后 20 d 左右至开花前 20 d，过晚施用不利坐果，还会诱发灰霉病。

该不该施壮蔓肥和施肥量的多少应根据树势情况而定，如树势生长正常，各种类型的品种都不必施壮蔓肥；需肥量较多的品种若前期长势偏弱，可酌情施壮蔓肥，每亩可施尿素 5～10 kg，长势偏弱的葡萄园也不宜施壮蔓肥。

施肥方法提倡植株两边开沟条施覆土。

(4) 膨果肥。谢花后至坐果期施用的肥称膨果肥。施肥期应根据种植品种并参照树势的强弱来确定，一般分 2 次施用。第一次施肥期，对于坐果性好的品种，且长势正常、不表现出徒长的葡萄园，可在生理落果前施用（注意不宜过早），生理落果后进入果粒膨大期可吸收到肥料，有利于果粒前期膨大；对于坐果性不好的品种如巨峰或坐果性虽好但长势过旺的葡萄园，可在生理落果即将结束时施用，这类葡萄园如施肥期过早，会加重生理落果。第二次施肥期在第一次施肥后 10～15 d 施用。

施肥量应按照计划定穗量（穗数达不到计划定穗量的按实际穗数）和树势，并参照品种耐肥特性确定施肥量。膨果肥一般均应重施，为避免一次用肥过多导致肥害，应分 2 次施用。

施肥方法可两边开沟条施覆土，一次施一边，另一次施另一边。

(5) 着色肥。有籽葡萄浆果硬核期、无籽葡萄浆果缓慢膨大期施用的肥称着色肥。施肥期在浆果进入硬核期（无籽葡萄浆果缓慢膨大期）的后期施用。

葡萄进入硬核期后，果肉细胞不再分裂，以果肉细胞增大和内容物增多为主，果实进入第二膨大期需要较多的磷、钾元素，因此，以施磷、钾肥为主。施肥量一般每亩可施磷肥 15～20 kg、钾肥 15～20 kg；挂果量较多、树势较弱的园可配施氮磷钾复合肥，但生长正常树应控制氮肥施用。施肥方法可两边开沟条施覆土。

(6) 采果肥和补施秋肥。采果后施用的肥称采果肥，又称复壮肥。施肥期因品种不同而异。早、中熟品种和晚熟偏早品种采果后均应施用；极晚熟品种可不施用，因采果期晚，采果后即可施基肥，采果肥可与基肥结合。部分早、中熟欧亚种如无核白鸡心等在施采果肥后视树势应补施秋肥。

施肥量一般早、中熟品种和晚熟偏早品种每亩施氮磷钾复合肥 15～20 kg 或尿素 10 kg 左右；需要补施秋肥的品种，看当年挂果量和树势可施尿素 7～10 kg/亩，避免叶片过早老化。

施肥方法提倡全园撒施，浅垦入土。因葡萄园管理操作频繁，土壤已踏实，浅垦有利于根系生长和减少秋草。

**3. 施肥量的推荐方法**　葡萄施肥量的推荐有许多方法，目前常用方法如下。

(1) 按葡萄各部位每年对营养元素的吸收量、土壤供给量及肥料利用率，来计算当年肥料用量。土壤养分供给量，一般 N 占吸收量的 1/3。葡萄植株对肥料的利用率，一些结果表明，N 为 50%，P 为 30%，K 为 40%（张淑玲等，2003；张志、马文奇，2006）。

(2) 按生产 100 kg 果实所需养分加以计算。综合国内外资料表明，生产 100 kg 果实需从土壤中吸收 N 为 0.3～0.55 kg、$P_2O_5$ 为 0.13～0.28 kg、$K_2O$ 为 0.28～0.64 kg。综合我国各地丰产园的相应资料，N 为 0.5～1.5 kg、$P_2O_5$ 为 0.4～1.5 kg、$K_2O$ 为 0.75～2.25 kg。

(3) 按葡萄汁重量计算肥料用量。德国有报道，每生产 1 kg 葡萄汁，需肥量 N 为 1.98～2.3 g、$P_2O_5$ 为 0.71～0.86 g、$K_2O$ 为 3.14～3.43 g。根据土壤肥力按单位面积计算施肥量，见表 28-18。

表 28-18　葡萄园推荐施肥量

单位：kg/hm²

| 肥料成分 | 高肥力果园 | 中等肥力果园 | 瘠薄果园 |
| --- | --- | --- | --- |
| N | 79.5～100.5 | 109.5～139.5 | 150～199.5 |
| $P_2O_5$ | 79.5～100.5 | 79.5～100.5 | 109.5～145.5 |
| $K_2O$ | 79.5～100.5 | 100.5～109.5 | 109.5～150.0 |

以上各种确定肥料用量的方法，实际应用时都要综合考虑土壤肥力、肥料利用率和葡萄植株的长势。

# 第四节 桃树养分吸收特点与测土配方施肥

## 一、桃产业发展现状

### （一）世界桃产业现状

桃的主要产区分布在生长季节光照充足、少雨、休眠期温度适中的温冬区。波斯湾至地中海地区是桃沿丝绸之路的早期扩散地，许多黄肉品种和油桃品种在这里得到了发展，北美洲特别是美国的桃在中国上海水蜜桃的基础上发展成独具特色的红皮、黄肉、硬溶质、离核的品种。

### （二）中国桃产业现状

根据生态条件及分布现状，可将我国桃产区划分为华北平原、长江流域、云贵高原、西北旱塬和青藏高寒 5 个适宜栽培区以及东北高寒和华南亚热带 2 个次宜栽培区。华北平原是我国桃的主要产区，可大力发展油桃，适度发展水蜜桃。油桃要发展果实大、外观美、耐储运的中晚熟品种；水蜜桃应重点发展中晚熟优质品种。该区的北部是我国桃和油桃的保护地栽培最适宜区，亦可大力发展桃、油桃、蟠桃的保护地栽培。长江流域和云贵高原桃区以发展优质水蜜桃和蟠桃为主，可适当发展不裂果的早熟油桃品种，应限制发展中晚熟油桃品种。南方桃区应以早熟品种为主，北方地区秋季干燥少雨，光照充足，昼夜温差大，是晚熟油桃的适宜产区。

## 二、桃树生长发育规律

桃树虽品种众多，但形态特征、生长结果习性、物候期等有共同特点。桃树是落叶小乔木，干性弱，萌芽力和发枝力均强，在年生长周期中有多次生长的特征，可利用二次枝或三次枝加速培养树冠。桃树生长迅速；但寿命较短，经济寿命一般 15～20 年。树体寿命长短依品种、砧木、土壤、气候和栽培条件不同而有差异。一般以中短果枝结果为主的华北系桃树品种比中长果枝结果为主的华南系桃树品种寿命短；同一品种用山桃或用本砧比用毛桃作砧木的树寿命短；山地的桃树比平地的桃树寿命短；如加强肥水，合理负载，做好综合管理，树体寿命可相对延长。

### （一）根

桃树为浅根系果树，一般根系主要集中在 10～40 cm 土层中，在干旱条件下垂直根可深入土壤深层。根在一年内有两个生长高峰，第一次在 7 月中旬，生长迅速；第二次在 10 月上旬，但生长势较弱。在年生长周期中，根系和其他器官相比较，开始活动最早，停止生长最晚。处于地下部分的根没有自然休眠期，只有在环境条件不适宜的情况下被迫停止生长。早春，当土壤温度在 0 ℃ 以上时根系就能顺利地吸收并同化氮素，当地温上升到 5 ℃ 左右时，就有新梢开始生长。桃树根在 15 ℃ 以上能旺盛生长，22 ℃ 时生长最旺，而后，随着土壤温度上升，根的生长速度减缓，26 ℃ 时根系生长完全停止。10 月，当土温稳定在 19 ℃ 左右时，根系再次进入生长高峰，但生长势较弱，生长期也较短。

### （二）枝条

桃树的枝条分生长枝和结果枝两类。生长枝按其生长强弱分为徒长枝、发育枝和叶丛枝，前两种主要是形成树冠骨干，叶丛枝节间短，叶片密集，常呈莲座状短枝，长度在 1～3 cm。结果枝按长度可分为徒长性果枝、长果枝、中果枝、短果枝和花束状果枝。长度在 60 cm 以上的果枝为徒长性果枝，一般有副梢，其花芽质量稍差，但可以结果。长度在 30～60 cm 的为长果枝，一般无副梢，花芽充实，是大多数品种的重要结果枝。幼树这类枝较多，且多长在树冠的中上部，随树龄增大，长果枝减少。长度在 15～30 cm 的为中果枝，粗如筷子，生长充实，结果能力可靠。长度在 5～15 cm 的为短果枝，多发生在各级枝的基部或多年生枝上，大部分是单花芽，复花芽很少。长度短于 5 cm 的为花束状果枝，除顶芽是叶芽外，侧芽全部是单花芽，节间密。结果枝和花束状果枝停止生花早，花芽饱满，营养条件好时，能结大果，但发枝力弱，易衰亡。

### （三）芽

桃树芽分叶芽和花芽两类。花芽均侧生于枝上，属纯花芽，视其排列，可分为单花芽和复花芽。单花芽是在每一节上着生 1 个花芽，复花芽是在每一节上着生 2 个以上的花芽。叶芽只抽生枝叶，桃树新梢顶端一般为叶芽。侧生的叶芽，有单独 1 个叶芽的，也有 1 个叶芽与 1 个花芽并生的，还有 1 个叶芽位于 2 个花芽之间的。叶芽和花芽的排列组合一定程度上反映了品种特征。复花芽多，着生节位低，易获丰产。叶芽的萌发力和成枝力均强，若第二年不萌发，则多数枯死。除花芽和叶芽外，桃树还有不定芽和潜伏芽。不定芽是在树体受伤后在伤口附近或骨干枝上发生并长出的强旺枝条芽。潜伏芽是桃树枝条基部的盲芽。一般每枝上有 2～3 个，受到刺激后仍能萌发。

### （四）叶

叶片是进行光合作用制造有机养分的主要器官，桃树体内 90% 左右的干物质来自叶片。桃树萌芽率高，因此，早期叶片发生数量多，叶幕形成快。一般 5 月下旬至 6 月中下旬，叶幕已基本形成。叶幕形成的早晚与树体生长势、土壤肥力、修剪方式等密切相关。土壤肥力高，树体生长势旺盛或短截多且重的情况下，树体早期的叶片发生数量少，叶幕形成晚。

### （五）花和果实

桃花为虫媒花，一般需经过授粉受精产生种子，才能坐果；未受精的子房，往往因为调运养分的能力差，不能膨大而脱落。因此，完成正常授粉受精，是桃实现正常坐果的根本保证。桃品种中有花粉可育和花粉不育两类，前者花药饱满，颜色浓红，花粉具有生命力，自交结实能力强，种植单一品种就能获得较好收成。还有如京红、岗山白、八月脆、天王桃等雄蕊败育品种根本没有花粉，须配制授粉树才能获得正常的产量。桃开花期的平均气温一般在 10 ℃ 以上，适宜的温度为 12～14 ℃。同一品种开花期延续时间快则 3～4 d，慢则 7～10 d，遇干热风时花期仅 2～3 d，温度是影响花期长短的主要因素。

花芽膨大萌发后，经过露萼期、露瓣期等物候期后，开花结果。受精的果实生长从花期结束开始，直至果实成熟。果实生长期的长短因品种而异，特早熟品种为 65 d 左右，特晚熟品种为 250 d 左右。桃果实发育大致可分为 3 个时期，黄肉与白肉桃品种基本相同。第一期从子房膨大至核硬化前，果实的体积和重量迅速增加，果实也快速增长，此期不同品种增长速度大致相似。在北方为 5 月下旬或 6 月上旬结束。第二期果实增长缓慢，果核逐渐硬化，又称硬核期。其持续时间长短因品种而异，早熟品种 2～3 周，中熟品种 4～5 周，晚熟品种 6～7 周或更长。第三期是果实成熟期，此期果实体积、重量增大很快，果肉厚度明显增加，直到成熟。各品种此期延续时间不同，开始和终止期不一，但在采前 20 d 左右，增长速度最快。

## 三、桃树对生长环境的要求

桃树在长期生长发育过程中，形成了与周围环境条件相适应的遗传特性。在栽培条件下只有使其遗传特性与环境条件二者相互协调起来，桃树才能正常生长发育。为此，必须深入了解桃树与环境条件的关系，发挥有利因素，才能达到丰产、优质的目的。

### （一）温度

温度是桃树生长发育极其重要的因子，它直接影响果树光合作用、蒸腾作用和呼吸作用等。桃树属于喜温树种，在发育中喜欢干燥、冷凉的气候环境。桃树对温度适应范围广，耐寒力较强，能生长在陕甘宁地区和新疆南部。但冬季温度在－25 ℃以下易发生冻害，在辽宁及河北西北部种植桃树，一般寿命不长，常在盛果期后不久死亡，与冻害有关。因此桃在冷凉温和的气候条件下生长最佳，南方品种群以 10～17 ℃，北方品种群以 8～14 ℃ 为宜。

桃树芽的耐寒力在温带果树中属于弱的一类，冬季芽在自然休眠期间随着气温的降低，耐寒力逐渐增强。桃花芽在休眠期能耐－18 ℃ 的低温，在萌动后的花蕾变色期受冻温度为－1 ℃。花芽结束自然休眠后，忽遇短暂高温，耐寒力显著降低，当气温再度降低时，即使未达受冻临界温度，也极易遭受冻害。根系的生长与温度的关系也很密切，桃树根系开始生长时的土温为 4～12 ℃，最适宜生长土温为 18 ℃。根系的耐寒能力较弱，休眠期能抗－11 ℃ 低温，而活动期能耐－9 ℃ 以上低温，桃的根系遭受冻害后，春季虽能长叶，但不久便凋萎，受冻轻的数年后死亡，受冻重的当年即会死亡。

### (二) 光照

桃树原产在我国海拔较高、日照长而光照强的西北地区，从而形成了喜光的特性。在形态上，桃树叶窄而长，中心枝消失得早，树体开张，都是喜光的特征。良好的光照条件，是桃树完成正常生长发育的基本保证。包括授粉受精和坐果，果实着色和品质形成，枝条的生长发育，花芽诱导及分化等。桃树对光照不足甚为敏感，随着树冠扩大，在外围光照充足处花芽多且饱满，果实品质好，在树冠荫蔽处花芽少而瘦瘪，果实品质差，枝叶量少，结果部位逐渐外移，产量也随之降低。因此，栽植不宜过密，以免树冠彼此遮挡，影响光照强度，而对于整形，则考虑其喜光特性，宜改造成自然开张的树形。光照能促使果实花青素的形成，促进果实着色。

### (三) 水分

桃树在落叶果树中较耐干旱，不耐涝，怕水淹，桃园中短期积水即会引起树体死亡，排水不良也会引起根系早衰，叶片变薄，叶色变淡，同化作用降低，进而落叶、落果，流胶以致树体死亡。土壤水分不足，会造成根系生长缓慢、停止，新梢生长弱，叶片发育不良，叶片灼伤、卷曲、脱落。在桃树年周期中，需水临界期有早春开花后和果实速长 2 个时期。需水临界期应保证充足的水分供给，否则易落花、落果，造成减产。土壤含水量达 20%～40%时，桃树生长表现最好。

### (四) 土壤

桃树对土壤适应性强，在丘陵、岗地和平原均可种植，但桃树喜沙壤土和壤土。土壤质地黏重，通气不好，易发生流胶病和茎腐病，果实品质也差，重者导致死亡。桃树在微酸或盐碱性土壤中都能栽培，但以 pH4.5～7.5 为宜。在黏土或盐碱地栽培，应选用抗性强的砧木。

## 四、矿质元素在桃树生长中的作用

### (一) 氮

桃树对氮素较敏感，适量的氮肥供应可促进枝叶生长，有利于花芽分化和果实发育。土壤缺氮会使全株叶片变成浅绿色至黄色，重者在叶片上形成坏死斑。缺氮枝条细弱，短而硬，皮部呈棕色或紫红色。缺氮的植株，果实早熟，上色好。

缺氮的植株易于矫正。桃树缺氮应在施足有机肥的基础上，适时追施氮素化肥。

### (二) 磷

磷肥不足，则根系生长发育不良，春季萌芽开花推迟，影响新梢和果实生长，降低品质，且不耐储运。增施有机肥、改良土壤是防治缺磷症的有效方法，施用过磷酸钙或磷酸二氢钾，防治缺磷效果明显。但要注意，磷肥施用过多时，可引起缺铜、缺锌现象。

### （三）钾

钾肥充足，果个大，含糖量高，风味浓，色泽鲜艳，缺钾主要特征是叶片卷曲并皱缩，有时呈镰刀状。晚夏以后叶片变浅绿色。严重缺钾时，老叶主脉附近皱缩，叶缘或近叶缘处出现坏死，形成不规则边缘和穿孔。

### （四）钙

桃树对缺钙最敏感。主要表现在顶梢上的幼叶从叶尖端或中脉处坏死，严重缺钙时，枝条尖端及嫩叶似火烧般坏死，并迅速向下部枝条发展，有的还会出现裂果。

### （五）铁、锰、硼、锌

桃树缺铁主要表现叶脉保持绿色，而脉间退绿；严重时整片叶全部黄化，最后白化，导致幼叶、嫩梢枯死。防治缺铁症应以控制盐碱为主，增加土壤有机质，改良土壤结构和理化性质，增加土壤的透气性为根本措施，再辅助其他防治方法，才能取得较好效果。桃树对缺锰敏感，缺锰时嫩叶和叶片长到一定大小后呈现特殊的侧脉间退绿，严重时脉间有坏死斑，早期落叶，整个树体叶片稀少，果实品质差，有时出现裂皮。桃树缺硼可使新梢在生长过程中发生"顶枯"，也就是新梢从上往下枯死。在枯死部位的下方，会长出侧梢，使大枝呈现丛枝反应。在果实上表现为发病初期，果皮细胞增厚，木栓化，果面凹凸不平，以后果肉细胞变褐木栓化。桃叶片中硼含量低于 20 mg/kg 时易患缺硼症。桃树缺锌症主要表现为小叶，所以又称"小叶病"。桃叶片锌含量低于 17 mg/kg 易患缺锌症。

## 五、桃树养分吸收规律

### （一）桃树的生命周期及养分需求特征

桃树的生命周期可分为 4 个阶段，各阶段其生长发育及养分需求特性不同，养分管理技术措施应该根据这些特性进行。

**1. 幼树期**　即从定植到结果期前的时期，一般 2～4 年，是营养生长的旺盛期，新梢生长旺。此时期应加强夏季修剪，控制旺枝生长，适当长放、拉平辅养枝，促进花芽分化。幼树需控制氮肥的施用，如果此期供氮过多，易引起徒长，影响花芽分化，延迟结果，容易发生流胶病。

**2. 盛果初期**　此期一般为 2～4 年，即定植后 3～5 年开始，是营养生长向生殖生长转化期，主侧枝仍需延伸继续扩大树冠，结果枝增多，产量增加。这个时期需增加养分供应以满足产量增加的需要。但若施氮过多，尤其在枝梢生长旺盛时，易加剧生理落果，推迟成熟期，果实着色不良，降低品质。

**3. 盛果期**　定植后 7～17 年，产量高而稳定的时期。在栽培管理上要根据树势和产量增加养分供应。氮肥的施用量应随树龄增长、结果量增多和枝梢生长势的减弱而适当增加；增加钾肥的施用量，促进产量的增加和果实品质的提高。

**4. 衰老期**　一般在 17～20 年以后，树体开始衰老。其特征是新梢长度和抽生量显著减少，树体下部和内膛逐渐空虚，结果部位外移，短果枝和花束状果枝增多，产量和品质下降。此期应适当增施氮肥，以增强树势，提高产量，延长寿命，同时应加强回缩修剪，维持树势。

### （二）养分需求量及养分含量年周期变化

年周期从硬核期开始，对主要元素的吸收量逐渐增加，至采收前约 20 d 达到最高峰。这段时期，以磷、钾的吸收量增长较快，尤其是钾，钾素充足，果个大，含糖量高，风味浓，色泽鲜艳；轻度缺钾时，在硬核期以前不易被发现，而到果实第二次膨大，才表现出果实不能迅速膨大的症状，及时供应钾是增产的关键之一。桃需磷量稍小，磷素不足，则根系生长发育不良，春季萌芽开花推迟，影响新梢和果实生长，降低品质，且不耐储存。氮素的吸收量仅次于钾，其吸收量上升较平稳，但对氮素较为敏感。幼树和初果期树，易出现氮素过多而徒长和延迟结果，要注意适当控制。随树龄和产量增加，需氮量也增加。

## 六、桃园养分资源管理技术

桃树生长发育周期中，要从土壤中吸收大量的各类矿质养分。适时适量施肥是保证桃树高产、稳产、优质的重要措施之一。肥料施用适当与否，直接影响桃树的生长和结果。合理施肥必须根据桃的品种特点、不同树龄、不同物候期以及桃树营养状况进行，还需根据土壤类型、性质和肥力情况，选用适宜的肥料。

### （一）桃树需肥特点

桃树枝叶茂盛，生长迅速，果实肥大，年生物产量高，对营养元素敏感，需求量也大。如果营养不足，则树势衰弱，果实产量低，品质变劣。桃树需肥具有以下特点：

第一，桃树与其他果树一样，在正常的生长发育期需 20 余种营养元素的平衡供应。每种元素都有各自的功能，不能相互替代，不论是大量元素还是微量元素，对树体同等重要，缺一不可。因此，施肥必须实现全营养。

第二，桃树对各种元素的吸收利用能力不同，必然引起土壤中各种营养元素的不平衡。因此，必须通过施肥来调节营养平衡关系。桃树对钾的需求量较大，吸收量为氮的 1.6 倍。据测定，桃树果实中氮、磷、钾含量比为 10∶5.2∶24；根中氮、磷、钾含量比为 10∶6.3∶5.4。可见，果实是需钾最多的器官。如果生产上施肥不当，氮肥施用过多时，则枝叶徒长，影响钾的吸收，容易造成落花落果。综合考虑各器官氮、磷、钾三要素的含量，桃树对氮、磷、钾的需求比例为 10∶（3～4）∶（13～16）。

第三，桃树对肥料的利用遵循"最低养分定律"。即在全部营养元素中，当某一种元素含量低于标准值时，这一元素即成为生长发育的限制因子，其他元素再多也难以发挥作用，甚至产生毒害，只有补充这种缺乏的元素，才能达到平衡施肥的效果。

第四，多年生桃树对肥料的需求是连续的、不间断的，不同树龄、不同土壤、不同品种对肥料的需求不同。因此，不能千篇一律采用某种固定成分的肥料。

第五，桃树对多种营养元素的需求，单纯依靠化学肥料是很难满足的，而有机肥是最基本的全质肥料，因此，若要满足桃树营养的需求，必须增施有机肥，提高土壤有机质含量，再配合化肥平衡施用。

### （二）桃树施肥量

根据桃树品种、树势、土壤等的差异，结合目标产量的不同，可确定推荐施肥量。施肥量的确定主要有以下几种方法。

**1. 经验施肥法**　各地根据多年的施肥经验，总结出了适宜当地的经验施肥量（表 28 - 19）。

表 28 - 19　各地桃树经验施肥量（马之胜，2006）

| 地点 | 项目 | 施肥种类和用量（kg） |
|---|---|---|
| 北京昌平 | 每生产 50 kg 果实 | 有机肥 100～150，有效氮（N）0.3～0.4，磷（P₂O₅）0.2～0.3，钾（K₂O）0.5～1.3 |
| 北京平谷 | 每亩施肥量（成年树） | 农家肥（猪粪）5 000，过磷酸钙 150，桃树专用肥 84～140（含氮、磷、钾分别为 10%、10% 和 15%），喷施 0.4% 尿素、0.3% 磷酸二氢钾各 1 次 |
| 山东肥城 | 每株施肥量（成年树） | 基肥 100～200，豆饼 2.5～7（或人粪尿 50） |
| 江苏盐城 | 每株施肥量（成年树） | 饼肥 5（或猪粪 60），磷矿粉 5，尿素 1.5 |

**2. 调查分析**　根据生产实际情况，对不同品种、树龄、生长时期所需肥量进行调查，采用定性与定量相结合的方法，综合对比确定合理的施肥量。表 28 - 20 为不同目标产量下桃树施肥量。

表 28 - 20　不同目标产量下桃树施肥量（张福锁，2009）

| 产量（kg/亩） | 有机肥（m³/亩） | 氮肥（kg/亩） | 磷肥（kg/亩） | 钾肥（kg/亩） |
|---|---|---|---|---|
| 1 500 | 1～2 | 10 | 5 | 15 |
| 2 000 | 1～2 | 15 | 7 | 20 |
| 3 000 | 2～3 | 20 | 10 | 30 |
| 3 500 | 2～3 | 23 | 12 | 35 |
| 4 000 | 3～4 | 25 | 14 | 35 |

**3. 田间试验施肥**　根据桃园的施肥情况，进行不同的田间施肥试验，从而找出适合桃园的最佳施肥方案。

**4. 平衡施肥法**　通过叶分析并与桃树各种元素标准值（表 28 - 21）对比，确定各种元素的盈亏指数，进行土壤分析，确定土壤营养元素的供应能力，综合叶分析、土壤分析确定营养平衡配比方案，以满足树体均衡吸收各种营养，维持土壤肥力持续供应，实现高产、优质、高效生产目标。

表 28 - 21　我国华北地区桃新梢叶片各元素的营养诊断指标（郭晓成，2004）

| 元素 | 缺乏 | 低值 | 适量 | 高值 | 中毒 |
|---|---|---|---|---|---|
| 氮（%） | <1.7 | 1.7～2.4 | 2.8～4.0 | >4.0 | |
| 磷（%） | | <0.10 | 0.15～0.29 | 0.29～0.5 | >0.5 |
| 钾（%） | <0.94 | 0.94～1.5 | 1.5～2.7 | >2.7 | |
| 钙（%） | <1.0 | 1.0～1.5 | 1.5～2.2 | >2.2 | |
| 镁（%） | <0.13 | 0.13～0.3 | 0.3～0.7 | >0.7 | |
| 锌（mg/kg） | 6.9～15.0 | 15～20 | 20～70 | >60 | |
| 硼（mg/kg） | 11～17 | 18～30 | 25～60 | 60～80 | >100 |
| 铁（mg/kg） | <73 | 73～100 | 100～250 | >250 | |
| 锰（mg/kg） | 5～25 | 17～37 | 35～280 | >280 | |
| 铜（mg/kg） | <3.0 | 3.0～4.0 | 7.0～25.0 | 25～30 | >30 |

### （三）施肥时期和方法

**1. 基肥**　桃树春天生长活动早，采收也早，早春新梢生长旺盛，故基肥施用时期以早秋为好。因为，一是此时温度高湿度大，微生物活跃，有利于基肥的腐熟分解。从有机肥开始施用到成为可吸收状态需要一定的时间。以饼肥为例，其无机化率达到100％时，需 8 周时间，而且对温度条件还有要求。因此，基肥应在温度尚高的 9—11 月施用，这样才能保证其完全分解并被翌年春季利用。二是秋施基肥时正值根系生长的后期高峰，有利于伤根愈合和发新根。三是果树上部的新生器官趋于停长，有利于储藏营养。

基肥的施用主要有条沟施肥和全园施肥两种方式。条沟施肥是顺行向沿树冠垂直投影外缘开沟，沟宽、深均为 40～60 cm，随开沟随施肥，及时覆土，浇水。全园施肥是将肥料全园撒施后浅翻，及时浇水。后者主要适用于成龄园和密植园。施过肥的树要及时灌一次透水。

**2. 追肥**　追肥又叫补肥，是果树急需营养的补充肥料。由于基肥发挥的作用较平稳而缓慢，所以在桃生长季内，还需及时施适量的速效性肥料（追肥），这对新梢生长、果实膨大、花芽分化、提高产量和增进品质都有良好的作用。在土壤肥沃和基肥充足的情况下，没有追肥的必要。当土壤肥力较差或采收后未施入充足基肥时，树体常常表现营养不良，适时追肥可以补充树体营养的短期不足。追肥一般使用速效性化肥，追肥时期、种类和数量如果掌握不好，会给当年桃树的生长、产量及果实品质带来严重不良影响。一般幼树全年追肥 2～3 次，成年树追肥 3～4 次。

（1）追肥类型。

① 催芽肥。又称花前肥。桃树早春萌芽、开花、抽枝展叶都需要消耗大量的营养，树体处于消耗阶段，主要消耗上一年的储藏营养。若营养不足，需进行追肥，以提高坐果率、促进新梢生长和幼果发育。此次追肥以氮肥为主。应施入速效性氮肥或随浇水灌腐熟人粪尿。氮肥施用量应占全年的1/3。盛果期树可追施硫酸铵 30 kg/亩，幼树可追施磷酸二铵 10～15 kg/亩。

② 花后肥。落花后进入幼果生长和新梢生长期，需肥多，谢花后 1～2 周施入。追肥以速效氮肥为主，配合补充有效磷、钾肥，以提高坐果率，促进幼果生长和新梢生长，减少落果，有利于早熟品种的果实膨大。此次施肥正值根系生长的高峰期，是结果树重要的追肥期，可施用尿素 15 kg/亩，硫酸钾 20 kg/亩。未结果树可不施，初结果树少施。

③ 壮果肥。果实硬核期后迅速膨大期施用。促进果实膨大，提高果实品质，充实新梢，促进花芽分化。肥料种类以钾肥为主，配合氮、磷肥。钾的用量应占全年总量的 30%。一般在 6 月上中旬施入，施硫酸钾 20 kg/亩或硫酸铵 15 kg/亩。

④ 采后肥。通常称为还阳肥。肥料种类以氮肥为主，并配以磷、钾肥。果树在生长期消耗大量营养以满足新的枝叶、根系、果实等的生长需要，故采收后应及早补充其营养亏缺，以恢复树势。采后肥常在果实采收后立即施用，但对果实在秋季成熟的晚熟品种，一般可结合基肥共同施用。

（2）追肥方法。一是土壤追肥。土壤追肥主要有环状沟、放射状沟、多点穴施和灌溉施等几种方法。二是根外追肥。包括枝干涂抹或喷施、枝干注射和叶面喷施，生产上以叶面喷施的方法最常用。叶面喷肥在解决急需养分需求的方面最为有效；在防治缺素症方面也具有独特效果，特别是硼、铁、镁、锌、铜、锰等微量元素的叶面喷肥效果最明显。为提高叶面喷肥的效果，选择合适的喷施时间和部位非常重要。此外应避免阴雨、低温或高温暴晒。一般选择在 9:00—11:00 和 15:00—17:00 喷施。喷施部位应选择幼嫩叶片和叶片背面，可以增进叶片对养分的吸收。桃树叶面喷肥常用肥料和浓度见表 28 - 22。

**表 28 - 22　桃树叶面喷肥常用肥料和浓度**（周是龙，2001）

| 肥料种类 | 喷施浓度（%） | 喷施时期 | 作用 |
| --- | --- | --- | --- |
| 尿素 | 0.3～0.5 | 整个生长期 | 促进生长和果实发育，提高树体营养水平 |
| 磷酸二氢钾 | 0.2～0.3 | 果实膨大期至成熟期 | |
| 氯化钾 | 0.3～0.5 | 落果后至成熟期 | 促进花芽分化，提高果实品质 |
| 硫酸钾 | 0.2～0.5 | 落果后至成熟期 | |
| 硫酸锌 | 3.0～5.0 | 萌芽前 3～4 周 | 防治缺锌引起的小叶病 |
| | 0.3～0.5 | 整个生长期 | |
| 硼酸或硼砂 | 1 | 发芽前后 | 提高坐果率，防治缺硼病 |
| | 0.1～0.3 | 花期 | |
| 柠檬酸铁 | 0.05～0.1 | 生长期 | 防止缺铁病 |
| 硫酸亚铁 | 0.2～0.5 | 生长期 | |
| 硝酸钙或氯化钙 | 0.3～0.5 | 盛花后 3～5 周，果实采收前 3～5 周 | 防治果实缺钙症 |

## 第五节　梨树养分吸收特点与测土配方施肥

### 一、梨产业发展现状

#### （一）国外产业现状

据联合国粮农组织（FAO）统计数据，2007 年世界水果（包括瓜果）收获面积达 5 948.8 万 hm²，产量达 71 096.9 万 t。其中，梨收获面积约为 156.4 万 hm²，产量为 2 061.2 万 t，其收获面积和产量分别占世界各类水果总量的 2.6% 和 2.9%。

#### （二）国内产业现状

我国梨树栽培面积和梨产量均居世界首位。据统计，2021 年全国梨树种植面积 92.2 万 hm²，梨产量 1 887.59 万 t。梨主产区有华北平原、渤海湾地区、长江流域、黄河故道以及西北和西南等地。梨总产量较多的省份主要有河北、山东、安徽、陕西、河南、辽宁、四川等。

### 二、梨树生长发育规律

#### （一）根

梨树的根系活动比地上部生长早 1 个月。一般每年有两次生长高峰。5 月底至 6 月初，新梢停止生长后，根系生长最快，形成第一次生长高峰。7 月中旬至 8 月下旬几乎停止生长。9 月下旬又开始生长，10—11 月出现第二次小高峰。落叶后 10 d 左右或迟至 11 月中旬，北方寒冷地区被迫进入休眠状态。地温达到 0.5 ℃时根系开始活动，土壤温度达到 7~8 ℃时根系开始加快生长，13~27 ℃是根系生长的最适温度。达到 30 ℃时根系生长不良，31~35 ℃时根系生长则完全停止，超过 35 ℃时根系就会死亡。土壤水分也会影响根系生长。在土壤含水量达到田间持水量的 60%~80% 时，有利于根系的生长。

#### （二）枝条

梨树的枝条是由梨芽萌发后形成的，按枝条的生长结果习性，一般将枝条分为营养枝和结果枝两类。营养枝是指未结果的发育枝，按枝条长度分为长枝（>20 cm）、中枝（5~20 cm）、短枝（<5 cm）。按生长发育时间分为新梢、一年生枝、两年生枝及多年生枝。枝条上着生花芽，可以开花、结果的枝称为结果枝，按枝条长度分为长果枝（>15 cm）、中果枝（5~25 cm）和短果枝（<5 cm）。

#### （三）芽

梨树的芽为晚熟性芽，一般当年不萌发，第二年抽生一次新梢，很少发二次枝。梨树的芽可分为叶芽和花芽两类。叶芽分为顶芽和腋芽。顶芽着生于枝条的顶端，芽较大，较圆；腋芽着生于叶腋间。

梨的花芽为混合芽，既可开花又能抽生枝叶。按芽的着生位置不同，分为顶花芽和腋花芽。花芽分化经历生理分化期、形态分化期和性细胞形成期 3 个阶段。花芽分化开始迟的，因分化及发育的时间短，常会出现营养不足，开花时花朵数少，坐果能力差等现象。因此，应重点抓好 5 月下旬前的肥水管理，防止因肥水不足造成花芽分化不良，影响第二年的产量。

#### （四）叶

梨树叶片从萌发到展叶约需要 10 d，全树的叶片迅速生长期在 4 月下旬至 5 月上旬，约 15 d 的时间。成叶至展叶到停止生长需 16~28 d。叶片生长过程中，叶面无光泽，但在停止生长时（展叶后 25~30 d），全树叶片几天内，一致出现油亮光泽，生产上称为亮叶期。亮叶期是叶片功能最强的时期，表明叶面积已基本形成，此时芽也进入了质变期。在亮叶期前或亮叶期采取促进花芽分化或果实膨大的管理措施，效果尤佳。

### （五）花

梨的花序为伞房花序，萼片 5 片，三角形，基部合生筒状，花瓣 5 枚，白色离生。雄蕊 20 个，分离轮生，柱头 3～5 个，离生，雌蕊显著高于雄蕊。大部分品种每个花序可开花 5～10 朵，通常分为少花（<5 朵）、中花（5～8 朵）和多花（>8 朵）3 种类型。一般在 4 月上中旬开花，花期 8～10 d。梨树是异花授粉果树，品种内授粉坐果率极低，因此，生产中应注意配备一定数量的授粉树，并采取人工辅助措施，以确保高产、稳产（于新刚，2004）。

### （六）果实

花授粉受精后开始进行幼果发育，果实的发育受种子发育的影响。种子发育分为胚乳发育期、胚发育期和种子成熟期 3 个时期，与之相对应的果实发育也分为 3 个时期：第一速生期、缓慢生长期和第二速生期。第一速生期是从落花后 25～45 d 至果实直径达到 15～30 mm 时，期间果肉细胞迅速分裂，细胞数量增多，幼果的纵径生长快于横径，果实呈长圆形。第二期（缓慢生长期）为胚的发育时期，果实增长缓慢，主要是胚和种子的发育充实。第三期（第二速生期）是在种子充实之后，果实细胞体积迅速增大，直到成熟。据日本研究发现，从 5 月下旬至 6 月上旬在细胞中开始出现淀粉，7 月急剧增加，7 月下旬最多，8 月逐渐减少，9 月上旬淀粉几乎消失。糖分为还原糖和非还原糖。还原糖自 6 月末开始增加，8 月下旬达到高峰；非还原糖 7 月下旬开始增加，8 月上旬逐渐上升，直到采收为止。

## 三、营养元素在梨树生长中的作用

### （一）氮

氮是构成植物蛋白质的主要元素，也是叶绿素、维生素、核酸、酶和辅酶系统、激素、生物碱及许多重要代谢有机化合物的组成成分。氮对梨树的生长有显著影响。据内藤报道，在沙培条件下，施氮区梨树总量比无氮区增加 67%。氮素能够促进梨树根系生长，还能促进其花芽分化。氮素供应水平、供应时间直接影响梨果的大小、品质和风味。林氏等的实验表明，如果氮素早期供应不足，果实细胞的分裂和发育较差，果形小，易早熟。如果氮素一直供应到生长后期，则细胞发育良好，果实大，细胞壁薄，产量高。但应注意，过量施氮会导致果实含糖量下降。

### （二）磷

磷是核酸及核苷酸的主要组成元素，也是组成原生质和细胞核的主要成分，对植物的代谢过程有重要影响。磷能加强植物的光合作用和碳水化合物的合成与转运，促进氮素代谢。同时，磷还能加强糖类的转化，有利于各种有机酸和三磷酸腺苷（ATP）的形成。供应梨树适量的磷，能明显促进细胞分裂，使梨果细胞数量多，个体大，并使新根发生快，花芽分化多。梨树缺磷时，叶子边缘和叶尖焦枯，叶子变小，新梢短，果实不能正常成熟。

### （三）钾

钾是多种酶的催化剂，参与有机糖和淀粉的合成、运输和转化，对植物代谢过程至关重要。钾能调节原生质的胶体状态，提高光合作用的强度，促进蛋白酶的活性，增加植物对氮的吸收，还能提高植物的抗逆性，减轻病害，防止倒伏。适量的钾能促进梨树细胞分裂，促进细胞和果实增大。钾还能提高梨中糖分、维生素 C、氨基酸等物质的含量，改善果实色泽和耐储性能。

### （四）钙、镁、硫、氯

钙对植物体内碳水化合物和含氮物质代谢有一定的影响，能消除一些离子（如 $NH_4^+$、$H^+$、$Al^{3+}$、$Na^+$）对植物的毒害作用。梨果迅速膨大期需要大量的钙，以满足初生细胞壁和细胞膜的形成需求。不仅如此，钙还被认为是细胞内功能调节的第二信使。与钙调蛋白（CaM）结合形成的复合体能激活 DNA 激酶和多种蛋白质激酶。钙处理的梨果更耐储藏，皮部花斑麻点少，且果皮不易皱缩。钙不足，梨树体及果实易产生如黑心病等多种生理病害。

镁是植物体内叶绿素和硫酸盐的主要组分，能促进磷酸酶和葡萄糖转化酶的活化，有利于单糖的形成。镁能促进植物体内维生素 A 和维生素 C 的合成，从而有利于果品品质的提高。

硫是构成蛋白质和酶的必要成分，对促进植物根系的生长发育具有良好的作用。

氯在叶绿体内光合反应中起着不可缺少的辅助作用。

### （五）铁、锰、硼、锌、铜、钼

铁是叶绿素合成中某些酶或酶辅基的活化剂，直接或间接参与叶绿素蛋白质的形成，缺铁会导致植株出现失绿症。铁还能促进植物呼吸，加速生理氧化。

锰是叶绿体的组成物质，同时在叶绿素合成中起催化作用，对光合作用有决定性影响。梨树缺锰后，叶绿素减少，光合作用降低。但过量时会对植物产生毒害。

硼能加速植物体内碳水化合物的运输，增强植物光合作用，促进根、茎等器官生长，还能促进早熟，改善品质，增强抗逆性。

锌能保持植物体内正常的氧化还原势，对某些酶具有活化作用。还可影响植物氮素代谢，并与生长素的形成有关，但过量会对植物产生毒害。

铜是植物体内各种氧化酶活化基的核心元素，能促进叶绿素的形成，提高植物的抗逆性，但铜盐稍多即产生严重毒害。

钼是植物体内硝酸还原酶的组成成分，在硝态氮还原过程中起电子传递作用。可促进维生素 C 的合成，提高叶绿素的稳定性。

## 四、梨树养分吸收规律

### （一）梨树吸收养分的周年动态

年周期中梨树的生长发育大致分为 4 个阶段，深入了解各个阶段的生长发育特点和营养需求特性，对于合理施肥至关重要。

**1. 萌芽至开花期**　花朵、新梢、幼叶中的氮、磷、钾含量都较高，尤其氮的含量最高。尽管此阶段树体对养分需求较为迫切，但主要依靠树体上年的储藏养分，较少利用土壤中的养分。

**2. 新梢旺盛生长期**　该时期树体生长量大，是氮、磷、钾利用最多的时期，以吸收氮最多，钾次之，磷最少。氮和钾的利用高峰均在 5 月；磷需求相对平稳增长；钙需求的快速增长期出现在盛花期后 10～50 d。

**3. 花芽分化和果实迅速膨大期**　果实膨大需要较多钾，氮次之，磷仍较少。钙在盛花期后 70～90 d 是稳定供应期，盛花后 79～90 d 是缓慢增长期，成熟前是第二个快速增长期。

**4. 果实采收至落叶期**　采果后，树体进入养分蓄积时期，其根系生长还有半个月高峰期，此时正值梨树积累营养的关键时期，因此在实际生产中要注意营养元素的供应。

### （二）梨树器官中养分含量年周期变化

为深入研究梨树养分吸收规律，林敏娟等于 2003—2004 年在保定开展试验，研究了黄金梨叶片与果实中主要矿质元素含量的周年变化动态。供试材料为高接 3～4 年的黄金梨（砧木为 13～14 年生鸭梨），选取了 10 株长势较为一致、干周相近、具有代表性的植株为样本树。从 4 月 28 日至 10 月 25 日，每隔半个月采取叶片和果实进行养分分析。

研究结果表明，在整个研究周期内，叶片和果实中氮含量（图 28-2）均总体处于逐渐下降趋势。在生长季节初期氮含量最高（4 月 28 日），果实和叶片分别为 1.11％和 3.89％。以后随着时间推移，叶片和果实内氮含量迅速下降。叶片氮含量于落叶前达到最低值 1.68％，果实氮含量于成熟期降到最低值 0.52%。

叶片磷含量变化趋势与氮相似。幼叶中磷含量较多，4 月 28 日含量为 0.357%。之后随叶龄的增加呈下降趋势，9 月底降到最低值（0.092%），落叶前磷含量略微有回升；果实中磷含量变化与叶片中的相似。4 月 28 日幼果含磷量最高，至采收前含量降到最低（图 28-3）。

叶片中钾含量变化总趋势是前期高，后期低。4 月 28 日幼叶中钾含量最高，为 1.62%，至落叶前（9 月 25 日）下降到最低值（0.74%）。幼果中钾含量高于成熟果。6 月 27 日前，果实钾含量保持较高水平（1.03%），随后逐渐下降，至采收前钾含量降到最低值（0.27%）（图 28-4）。

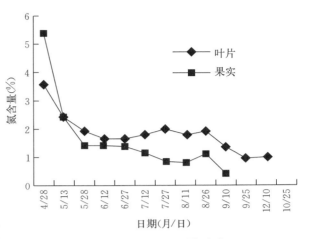

图 28-2　氮含量年周期变化

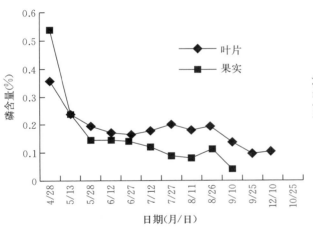

图 28-3　磷含量年周期变化

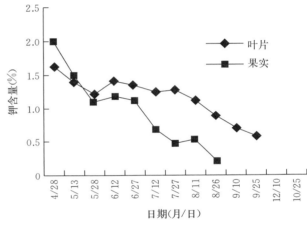

图 28-4　钾含量年周期变化

叶片钙含量随生育期呈明显的上升趋势。幼叶钙含量明显低于老叶，4 月 28 日叶片中钙含量最低（0.25%），之后逐渐增加，至落叶前达到 2.48%。随着果实膨大，果实中钙含量逐渐减少，且整体相对较低（图 28-5）。

8 月 26 日前叶片中镁含量呈缓慢增长趋势，由 4 月 28 日最初取样的 0.38% 增加到 8 月 26 日的 0.78%，此后逐渐减少，接近落叶时镁含量降到 0.55%；果实中镁含量变化特点与氮和钾等元素变化特点相类似，即幼果含量高于成熟果，呈逐渐下降趋势（图 28-6）。

叶片内铁含量随其生长呈波动式变化。6 月 12 日出现小高峰，铁含量呈缓慢递减趋势直至

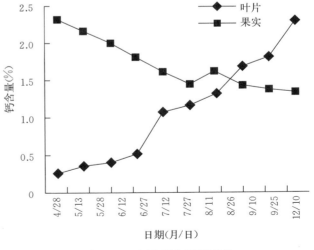

图 28-5　钙含量年周期变化

落叶。果实中铁含量亦呈现波动变化趋势。分别在 6 月 27 日和 8 月 26 日出现 2 个含量高峰（图 28-7）。

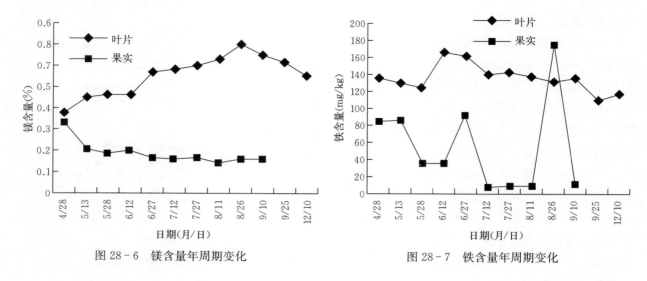

图 28-6　镁含量年周期变化

图 28-7　铁含量年周期变化

　　随叶龄的增长，梨叶片锰含量总体呈逐渐上升的变化趋势。前一个月含量变化缓慢，5 月 28 日至 8 月 11 日含量增长加快，之后变化平缓；果实锰含量随果实的生长呈下降趋势（图 28-8）。从 4 月 28 日第一次采样到落叶及果实成熟，叶片与果实铜含量均呈下降趋势（图 28-9）。锌含量随叶片和果实的生长呈波浪式变化（图 28-10）。

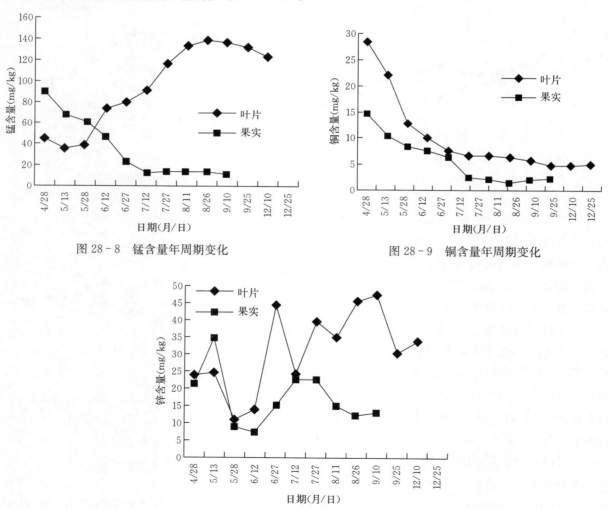

图 28-8　锰含量年周期变化

图 28-9　铜含量年周期变化

图 28-10　锌含量年周期变化

## 五、梨园土壤养分供给及养分诊断

### (一)土壤养分供给

梨树对土壤条件要求不是很严,沙土、壤土、黏土均可栽培,但仍以土层深厚、土质疏松、排水良好的沙壤土为宜。我国著名的优质梨产地,大多都是冲积沙地,或保水保肥良好,土壤通透性好的山地,或土层深厚的黄土高原。梨树喜中性偏酸的土壤,pH 在 5.8~8.5 生长良好。土壤中氯化钠、碳酸钠和硫酸钠等有害盐类,可使土壤溶液浓度大于植物细胞液浓度,迫使细胞液反渗透,造成质壁分离,严重的可使梨树凋萎枯死。跟其他果树相比,梨树比较耐盐碱,当土壤含盐量达到 0.14%~0.2% 时,仍可正常生长,但超过 0.3% 时,即受害。不同的砧木对土壤的适应能力也不相同,沙梨和豆梨要求偏酸,杜梨可偏碱,且杜梨比沙梨、豆梨耐盐力都强。多数研究表明,最适宜梨树生长的土壤含水量是田间最大持水量的 60%~80%。

此外,梨树的正常生长需要土壤提供各种不同种类的矿质元素。只有当土壤中氮、磷、钾、钙、镁、硫等大中量元素与铁、锌、硼、锰、铜等微量元素达到一定的平衡关系时,梨树才能正常生长。总之,只有当土壤的水、肥、气、热、微生物、酸碱度等诸多因素稳定而协调时,梨树才能正常生长、发育和结果。

### (二)梨园土壤养分水平诊断

土壤养分水平是土壤对作物养分的供应能力,对其进行诊断主要是测定土壤中养分的有效部分。但由于土壤有效部分的界限不清,现在测出的有效养分只是一个相对的数字,它的高中低是一个相对的统计学概念。梨树的土壤诊断结果可用于多个方面:推断果树土壤施肥的增产效果,为果树的推荐施肥和配方施肥提供基础性依据,评价某地区或某种土壤类型的土壤养分总体状况以及制定区域施肥规划等。梨园土壤诊断包括三个方面:一是土壤样品的采集,二是土壤样品的分析,三是样品分析值的解释。

## 六、梨园科学施肥技术

### (一)施肥种类

梨园养分管理应坚持有机肥为主,配合施用各种化学肥料的原则。梨树允许使用的肥料有农家肥、商品肥料和其他允许使用的肥料。农家肥包括堆肥、沤肥、圈肥、沼气肥、绿肥、秸秆肥、饼肥和泥肥等;商品肥料包括有机肥、腐植酸类肥料、氨基酸类肥料、有机复合肥、无机肥、叶面肥、有机无机复合肥等。具体而言,应根据果树营养需求特点和土壤供应养分状况,做到"缺什么,补什么"。

### (二)施肥量

确定梨树施肥量的原则是生长"需要多少,就投入多少"。如果土壤养分丰富,或梨树生长需要养分量较少,就应减少肥料投入;若土壤养分较少,供应不足或生长需要量较大,则应增加投入量。

**1. 根据产量确定** 不考虑养分损失的情况下,计算方法为:某元素施入量=产量水平×单位产量该元素吸收量-土壤供给量-其他供给量。

姜远茂等研究发现,在亩产 2 500 kg 梨果的水平下,每生产 100 kg 梨果约需供应纯氮 0.45 kg、纯磷 0.09 kg、纯钾 0.37 kg、纯钙 0.44 kg 和纯镁 0.13 kg。

**2. 根据树龄确定** 不同树龄施肥量有所不同。在生产上提倡采用复合肥或专用肥。

**3. 根据土壤的肥力水平确定** 姜远茂等提出,在中等产量水平和中等肥力水平的条件下,梨园每亩年施肥量(33 株/亩)为尿素 26 kg、磷肥(普钙)67 kg、氯化钾(养分含量60%)20 kg。土壤有效养分在中等水平以下时,增加 25%~50% 的量;在中等水平以上时,要减少 25%~50% 的量,特别高时可考虑不施该种肥料。

表 28-23　不同梨园土壤肥力水平

| 养分种类 | 极低 | 低 | 中等 | 适宜 | 较高 |
|---|---|---|---|---|---|
| 有机质（%） | <0.6 | 0.6~1.0 | 1.0~1.5 | 1.5~2.0 | >2.0 |
| 全氮（%） | <0.04 | 0.04~0.06 | 0.06~0.08 | 0.08~0.10 | >0.1 |
| 速效氮（mg/kg） | <50 | 50~75 | 75~95 | 95~110 | >110 |
| 有效磷（mg/kg） | <10 | 10~20 | 20~40 | 40~50 | >50 |
| 速效钾（mg/kg） | <50 | 50~80 | 80~100 | 100~150 | >150 |
| 有效锌（mg/kg） | <0.3 | 0.3~0.5 | 0.5~1.0 | 1.0~3.0 | >3.0 |
| 有效硼（mg/kg） | <0.2 | 0.2~0.5 | 0.5~1.0 | 1.0~1.5 | >1.5 |
| 有效铁（mg/kg） | <2 | 2~5 | 5~10 | 10~20 | >20 |

**4. 根据树势确定**　主要是根据树体的长势长相及枝条、叶片、果实、根系等特有的症状来判断某些矿质元素的盈亏，并以此来指导施肥。

**5. 根据田间肥料试验结果确定**　根据试验目的不同，有多种不同的试验方案。这里仅举一例，对该方法加以说明。为了确定氮肥用量对梨树产量和品质的影响，可设 5 个处理：CK（不施肥）、$N_高$＋$PK_{优化}$、$N_中$＋$PK_{优化}$、$N_低$＋$PK_{优化}$和农民习惯施肥。其中 $N_中$ 和 $PK_{优化}$均为根据调查结论得到的 N、P、K 优化用量，$N_高$ 用量为 $N_中$ 的 2 倍，$N_低$ 用量为 $N_中$ 的一半。根据此试验结果，即可得出适宜于该试验梨树的施氮量。如想使氮肥用量更加精确，可进一步增加氮素用量处理。其他元素用量可仿此确定。

**（三）施肥时期**

我国梨树施肥一般分基肥和追肥（分为根部追肥和根外追肥）2 种。

**1. 基肥**　以有机肥为主，配合适量氮、磷和钾肥，在秋季采果后至落叶前结合深耕深翻施入。

**2. 追肥**　根部追肥分为花前追肥、花后追肥、果实膨大期追肥和采后追肥 4 个时期，通常在各时期中选择 1~3 次进行；根外追肥，即叶面喷肥，一般在花后、花芽形成前、果实膨大期及采果后进行，但在具体应用时应根据树体的营养需求确定。具体见表 28-24 和表 28-25。

表 28-24　不同树龄梨树基肥和追肥要求（姜远茂等，2007）

| 树龄（年） | 基肥 | 追肥 |
|---|---|---|
| 1 | 定植肥：亩施有机肥 1 000 kg、磷酸二铵 3 kg | 6 月中旬：亩施磷酸二铵 5 kg；或亩施尿素 2 kg、过磷酸钙 10 kg |
| 2~5 | 秋季基肥：亩施有机肥 1 500 kg、复合肥（20-10-10）10~15 kg；或亩施有机肥 1 500~2 000 kg、尿素 5 kg、过磷酸钙 10~15 kg、硫酸钾 3 kg | 3 月中旬：亩施复合肥（20-10-10）10~15 kg；或亩施尿素 5 kg、过磷酸钙 10~15 kg、硫酸钾 3 kg<br>6 月中旬：亩施复合肥（10-10-20）15~20 kg；或亩施过磷酸钙 10~15 kg、硫酸钾 3 kg |
| 6~10 | 秋季基肥：亩施有机肥 2 000~3 000 kg、复合肥（20-10-10）10~20 kg；或亩施有机肥 2 000~3 000 kg、尿素 5~10 kg、过磷酸钙 10~20 kg、硫酸钾 3 kg | 3 月中旬：亩施复合肥（20-10-10）20~40 kg；或亩施尿素 5~10 kg、过磷酸钙 15~20 kg、硫酸钾 5 kg<br>6 月中旬：亩施复合肥（10-10-20）30~40 kg；或亩施过磷酸钙 10~20 kg、硫酸钾 10 kg |

（续）

| 树龄（年） | 基 肥 | 追 肥 |
|---|---|---|
| 11～25 | 秋季基肥：亩施有机肥 3 000～4 000 kg、复合肥（20-10-10）20～30 kg；或亩施有机肥 3 000～4 000 kg、尿素 10～20 kg、过磷酸钙 20～30 kg、硫酸钾 5 kg | 3 月中旬：亩施复合肥（20-10-10）55～70 kg；或亩施尿素 10～20 kg、过磷酸钙 35～40 kg、硫酸钾 10 kg<br>6 月中旬：亩施复合肥（10-10-20）30～40 kg；或亩施过磷酸钙 50 kg、硫酸钾 20 kg<br>晚熟品种，8 月上旬：亩施复合肥（10-10-20）15～30 kg；或亩施硫酸钾 5～10 kg |
| 25～30 | 秋季基肥：亩施有机肥 3 000～4 000 kg、复合肥（20-10-10）30～35 kg；或亩施有机肥 3 000～4 000 kg、尿素 10～20 kg、过磷酸钙 20～30 kg、硫酸钾 5 kg | 3 月中旬：亩施复合肥（20-10-10）50～80 kg；或亩施尿素 20～30 kg、过磷酸钙 35～40 kg、硫酸钾 10 kg<br>6 月中旬：亩施复合肥（10-10-20）40～50 kg；或亩施尿素 5 kg、过磷酸钙 50 kg、硫酸钾 20 kg |

注：有机肥、磷、钾均应深施（土层 20～60 cm）。

**表 28-25　梨叶面追肥的适宜浓度和时期**（冯月秀等，2005）

| 种 类 | 浓度（%） | 时 期 | 作 用 |
|---|---|---|---|
| 尿素 | 0.3～0.5 | 花后，5 月上中旬喷 1 次 | 提高坐果率，促进生长及果实膨大 |
| 硫酸铵 | 1.0 | | |
| 磷酸铵 | 0.5～1.0 | 5 月下旬至 8 月中旬喷 3～4 次 | 促进花芽分化和果实膨大，提高品质 |
| 磷酸二氢钾 | 0.3～0.5 | | |
| 硫酸钾 | 0.3～0.5 | | |
| 硫酸锌 | 3.0～5.0 | 发芽前 | 防止缺锌 |
| | 0.3～0.5 | 发芽后 | |
| 硼酸 | 0.2～0.5 | 花前或花后 | 防止缺硼 |
| 硫酸亚铁 | 0.3～0.5 | 发现黄叶病时 | 防止缺铁 |
| 过磷酸钙浸出液 | 1.0～3.0 | 缺磷时 | 补充磷素 |
| 草木灰浸出液 | 2.0～3.0 | 缺钾时 | 补充钾素 |

# 第六节　枸杞树养分吸收特点与测土配方施肥

## 一、枸杞产业发展现状

### （一）资源与分布

枸杞为茄科枸杞属多种植物的统称，其果、叶、果柄和根系中都含有人体需要的蛋白质、维生素、氨基酸和微量元素。它既是名贵的中药材，又是很好的滋补品。枸杞属植物全世界有 80 多种，其广泛分布于世界各地，其中南美洲、北美洲分布最多，地中海沿岸、东欧、中亚、东亚各地均有栽培或野生。枸杞的原产地在中国，在河北、内蒙古、山西、陕西、甘肃、新疆、青海等省份都有野生，而中心分布区域为宁夏、甘肃、青海等地。

### （二）产业发展现状

枸杞树具有抗干旱、耐盐碱、抗沙荒、耐瘠薄的特性，生态、经济、社会效益显著。2007 年，仅宁夏就已形成了以中宁为核心、清水河流域和银北灌区为两翼的枸杞产业带，枸杞种植面积突破了50万亩，占全国枸杞总面积的30%以上，产量达到了8 000余万kg，占全国的一半，产值达到21亿元以上。宁夏枸杞种植面积、产量等在全国乃至世界枸杞生产发展中都占据了主导地位。枸杞产业已成为宁夏战略性支柱产业，在农业生产和农村经济发展中占有重要地位。

## 二、枸杞树生长发育规律

### （一）枸杞树的根系特点、生长发育特点及与养分资源管理的关系

**1. 枸杞树根系的结构特点**　枸杞树根系发达，一般入土可达2～3 m，根幅4～5 m，根系主要集中在20～40 cm的土层中。野生多年的枸杞树，其主根可深达10 m左右，密集于土层1 m深处，水平根幅可达6 m左右。其根系沿耕作层横向伸展较快，纵向伸展较慢。枸杞树根系分布的深度和广度会因品种特性、土壤条件和环境因素等而不同。

**2. 枸杞树根系的生长发育特点**　枸杞树根系的生长发育一年内有2个高峰，每年3月下旬当地温达到0 ℃以上时，新根开始生长，4月上旬地温达到8～14 ℃时，新根生长最快，出现第一次生长高峰；5月后生长减缓，7月下旬至8月中旬，根系出现第二次生长高峰，9月生长再次减缓，10月底地温降到10 ℃以下时，根系基本停止生长。

**3. 与养分资源管理的关系**　土壤养分的分布状况及土壤质地等对果树根系在土体内分布的广度和深度有着直接的影响。赵营等研究表明，枸杞树根系主要分布的0～35 cm的土体范围，与不同树龄枸杞的土壤有机质、全氮、全磷和速效养分集中在0～30 cm土层相一致，这反映了根系分布的趋肥性。农民为获得高产出而对枸杞园进行了养分高投入，长期大量施用化肥或有机肥，造成土壤速效养分在表层逐年累积。这与赵营等人调查的土壤养分结果一致，说明枸杞园区农民施肥已成习惯，不合理施肥现象严重，从而造成枸杞树根系密集分布在土壤表层。枸杞树根系有向地性，向下延伸很深，一年生的实生苗主根深可达100 cm。目前枸杞栽培多为扦插苗，根系分布相对实生苗要浅很多。再加上农民习惯施肥深度过浅，大水漫灌致使土壤板结等，这些因素就造成枸杞树根系分布不深，不利于树体地下和地上部的生长发育和产量形成。

地上部修剪对根系分布和养分动态也有影响。对枸杞树地上部进行适当修剪，也将有利于其根系形态向合理的方向发展。因此，对于多年生果树，应根据其根系生长发育特点，选择合理的施肥方法，在施肥和栽培管理上进行调控，从而达到理想的根系形态和分布，以保证果树生产获得较好的经济效益。

从表28-26可以看出，在园林场枸杞园区，枸杞根系随着树龄增加，根系的主、须根长及根冠直径都呈增加趋势，树龄13年的枸杞树主根长可达130 cm。在中宁枸杞园区，枸杞根系随着树龄的增加，根系的主、须根长及根冠直径都呈增加趋势，但不明显，树龄3年的主、须根数都小于树龄6年以上枸杞树，根系分布以6年树龄最为发达，9年树龄与6年的差异不大。两地比较而言，6年树龄枸杞树根系只在0～26 cm土体范围内，园林场8年的达到0～35 cm。中宁枸杞根系主要分布层次要比园林场的浅，说明土壤养分特征与枸杞管理、施肥、灌水有很大关系。

**表28-26　不同树龄枸杞根系分布**（赵营，2005）

| 地点 | 树龄（年） | 主根数（条） | 根长（cm） | 分布层次（cm） | 须根数（条） | 须根长（cm） | 树冠直径（cm） |
|------|-----------|-------------|-----------|----------------|-------------|-------------|----------------|
|  |  | 14（直径>0.5 cm） |  |  |  |  |  |
| 园林场 | 13 | 6（直径>1 cm） | 130 | 0～32 | 22 | 100～110 | 210 |
|  |  | 1（直径>2 cm） |  |  |  |  |  |

（续）

| 地点 | 树龄（年） | 主根数（条） | 根长（cm） | 分布层次（cm） | 须根数（条） | 须根长（cm） | 树冠直径（cm） |
|---|---|---|---|---|---|---|---|
| 园林场 | 8 | 67<br>8（直径＜0.5 cm） | 100～130 | 0～35 | 15～20 | 50～60 | 183 |
| | 4 | 8（直径＞0.5 cm）<br>1（直径＞1 cm） | 114 | 0～28 | 0 | 0 | 140 |
| 中宁 | 9 | 8 | 70 | 0～35 | 30 | 60 | 150 |
| | 6 | 11 | 135 | 0～26 | 25 | 81 | 150 |
| | 3 | 4 | 30 | 0～21 | 21 | 65 | 120 |

**（二）枸杞树枝的生长发育习性**

枝是组成树冠的重要部分，在栽培中通过人为修剪枝条，促进其良好生长，对提高枸杞果实产量、品质具有重要的实际意义。生产上根据枝条是否结果，将枝条分为营养枝和结果枝。

**1. 营养枝**　指只着生叶片，没有花果的枝条。其又可分为一年、二年或多年生营养枝。

一年生营养枝：生长粗壮、直立，多生长在粗壮的枝干或主干上。它本身前期生长过旺不结果，但到后期发出侧枝后，长势变弱，则能开花结果。生产上通过修剪可使它提早开花结果。

二年或多年生营养枝：是因枝条长期处在树冠膛内的高度荫蔽条件下形成的，树龄为2年或2年以上者。这种营养枝生长较弱，叶片薄，色泽淡，它有时能发出侧枝，但因光照条件差，不结果。

**2. 结果枝**　指能着生花芽和叶芽，并能开花结果的枝条。它主要包括以下几种。

（1）七寸枝。是当年春季从老眼枝条上生长的新枝，也叫春枝。一般直径0.3～0.4 cm，长20～60 cm，呈垂直生长，这是主要的结果枝条。

（2）老眼枝。是当年以前生长的结果枝，如前一年生长的七寸枝，当年则叫老眼枝。它的结果量一般不如七寸枝多。

（3）二混枝。春季从较粗壮的侧枝上长出的新枝，枝条比七寸枝粗壮，但比徒长枝细弱，有侧刺或无侧刺，斜伸生长，一般直径0.4～0.5 cm，长60～80 cm。它也是重要的结果枝。

枸杞树因品种和树龄不同，枝条生长习性也不一样。如大麻叶枸杞枝条长势强；幼龄枸杞生长势强，发枝多而粗壮；老龄树长势弱，发枝少而短；粗壮枝干比细弱枝干上抽生的枝条长势强。

**3. 果实的生长发育习性**　由于枸杞一年有2次开花的习性，所以一年内也有2次结果的高峰。一般将6—8月成熟的果称为夏果，9—10月成熟的果称为秋果。夏果一般产量较高，质量好；秋果因气候条件差，产量低，品质也不及夏果。从全年产量（kg/亩）构成看出，夏果产量占总产比例高，一般可占60%～70%，秋果占10%左右（图28-11）。

从外部形态特征上看，其生长发育可分为以下3个时期：

青果期：花受精后，子房膨大成绿色幼果，花柱枯萎，花冠和花丝脱落。青果期一般需22～29 d。

变色期：果实继续生长发育，果色由绿色变为淡绿到淡黄再到黄红色。时间3～5 d。

红熟期：此时果实生长最快，其体积迅速膨大1～2倍，色泽鲜红，已完全成熟。果肉变软，汁多，含糖分高。时间约1 d。

枸杞开花结果很多，但落花、落果也多，所以树体本身的营养储藏、土壤水分状况、光照条件等都会影响枸杞果实的生长发育。

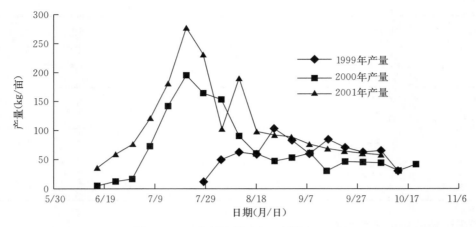

图 28-11　枸杞产量动态（刘静，2003）

## 三、枸杞树对生长环境的要求

### （一）水分

枸杞属于耐旱植物。栽培枸杞，对水的要求比较严格。农谚道："枸杞离不得水，也见不得水。"即想要获得高产，必须要有水灌溉，但枸杞植株最忌地表淹水和表土长期积水。有积水的地块，土壤过湿，容易诱发根腐病，引起枸杞树烂根、死亡。水对枸杞树生长的影响因季节不同而异。春季土壤水分不足时，影响萌芽和枝叶生长；秋季干旱，使枝条和根系生长提前停止；尤其是果熟期，如果土壤水分充足，果实膨大快，体积大；如果缺水，就会抑制树体和果实生长发育，使树体生长缓慢，果实小，可能加重落花落果，降低产量。

### （二）光照

光照不足，植株发育不良，结果少；光照充分，则植株发育良好，结果多，产量高。在生产实践中常看到，被遮挡的枸杞树比在正常日照下的生长弱，枝条细长，节间也长，木质化程度低，发枝力弱，枝条寿命短。被遮挡树的叶片薄，色泽发黄，花果很少。据调查，树冠各部位因受光照强弱不一样，枝条坐果率也不一样。例如树冠顶部枝条的坐果率比中部枝的高，南面枝坐果率比北面高。光照同时会影响果实中的营养成分。由于光照对枸杞生长发育影响大，所以在栽培中应认真选择栽植密度、方式和修剪量，充分利用土地、空间和光照，这是保证枸杞果实产量和质量的关键措施。

### （三）土壤

枸杞对土壤质地的适应性较强，枸杞分布区的土壤多为碱性土、沙壤，并且耐盐碱、耐瘠薄，在土壤含盐量 0.3% 甚至 1%、pH 10 的土壤上也能生长。但在生产上，为了提高枸杞的产量和品质，则要求选择土层深厚且肥沃的土壤。据分析，在 0~40 cm 深的土层，pH8~8.5、全盐量为 0.2% 以下、全氮量为 0.03%~0.23%、全磷量为 0.04%~0.12%、全钾量为 1.55%~2.8%、有机质含量 0.63%~1.41% 的枸杞园，只要田间管理得当，就能获得优质高产。表 28-27 列举了宁夏枸杞主要产区的土壤情况，供种植者参考。

表 28-27　宁夏枸杞主产区枸杞园土壤盐分与养分含量（李润淮，2001）

| 测定项目 | 宁夏 | | | | 天津静海 | | 内蒙古乌拉特前旗 |
|---|---|---|---|---|---|---|---|
| | 中宁 | | 银川 | | | | |
| 采样深度（cm） | 0~20 | 21~40 | 0~20 | 21~40 | 0~20 | 21~40 | 20~30 |

（续）

| 测定项目 | 宁夏 | | | | 天津静海 | | 内蒙古乌拉特前旗 |
|---|---|---|---|---|---|---|---|
| | 中宁 | | 银川 | | | | |
| 酸碱度（pH） | 7.9 | 7.9 | 8.3 | 8.7 | 8.2 | 8.0 | 8.2 |
| 全盐量（%） | 0.146 | 0.141 | 0.196 | 0.225 | 0.398 | 0.305 | 1.018 |
| 全氮（%） | 0.062 | 0.041 | 0.047 | 0.019 | 0.053 | 0.043 | 0.038 |
| 全磷（%） | 0.176 | 0.169 | 0.113 | 0.103 | 0.284 | 0.243 | 0.090 |
| 全钾（%） | 2.64 | 2.66 | 3.15 | 2.76 | 2.55 | 2.62 | 2.10 |
| 有机质（%） | 0.950 | 0.658 | 0.808 | 0.228 | 0.714 | 0.569 | 0.800 |
| 土壤质地 | 中壤 | 轻壤 | 中壤 | 轻壤 | 中壤 | 中壤 | 轻壤 |

## 四、营养元素在枸杞树生长中的作用

土壤营养元素与枸杞品质之间有密切的关系，高业新等采用宁杞1号对此进行了深入的研究。结果表明，宁夏枸杞中营养成分主要由两组性质相反的物质组成，一组是以总糖为代表的酸性物质，一组是以甜菜碱为代表的碱性物质，这两种物质含量的多少及其平衡配比关系是决定枸杞品质的重要因素。枸杞体内的化学元素组成也可分成两类：一类以钾为代表，对合成糖有利；一类为其他元素，对合成碱有利。张晓煜等对土壤养分与枸杞多糖的关系研究表明，枸杞多糖含量随土壤中全磷和有效磷含量的增加而递减，表明枸杞采收期土壤含磷量较低，有利于多糖合成，土壤磷素含量是影响枸杞多糖含量的第一因子。

张晓煜等研究发现，枸杞灰分与土壤全钾含量之间呈负指数关系，随土壤全钾含量的增加枸杞干果中灰分含量降低。牛艳等研究得出，枸杞吸收、积累 $K^+$、$Na^+$ 的能力较强，而吸收、积累 $Mg^{2+}$、$Ca^{2+}$ 等元素能力较弱。当土壤中营养元素含量高时，枸杞未必能相应地吸收较多的营养元素；当土壤中营养元素含量低时，枸杞吸收量未必一定就少。Dpilock 研究表明，$K^+$ 与 $Ca^{2+}$ 之间具有拮抗作用，当土壤中 $Ca^{2+}$、$Mg^{2+}$ 含量高时，可促进 $Li^+$ 等的吸收，而不利于 $K^+$、$Mn^{2+}$ 等的吸收。宁夏地区总体上土壤 $Ca^{2+}$、$Mg^{2+}$ 含量较高，由于 $Ca^{2+}$ 与 $K^+$ 之间的拮抗作用，会抑制枸杞对 $K^+$ 的吸收，故宁夏地区生产的枸杞独具特色。关于土壤养分与枸杞产量之间关系的研究尚未见报道，因此，今后要加强这方面的研究工作，为枸杞合理施肥提供理论依据。

## 五、枸杞树生长周期与养分吸收规律

### （一）枸杞树的生命周期

枸杞树一生所经历的生长、结果、更新、衰老和死亡的过程，就是它的生命周期。一般情况下，枸杞树的生命周期可达100年以上。根据枸杞树的生长结果特点，一般将其生命周期分为5个时期：

**1. 苗期**（营养生长期）　实生树从种子萌发开始，营养繁殖树从繁殖成活起，到第一次开花结果前这一段生长时期，一般1～2年。这个时期植株幼小，树冠和根系生长势都很强，地上部分多呈独干生长，分枝少，生长旺盛，根吸收面积迅速扩大。此时应加强肥水管理，促进生长，培育壮苗，为丰产打好基础。

**2. 结果初期**（幼树期）　从定植之后到树冠基本成型，达到成年枸杞树修剪所需高度，或从第一次开花结果到大量结果这一段生长时期。一般枝条扦插苗从第二年开始，实生苗从第三年开始，时间为 4～5 年。这一时期的特点是生长快，随着树龄增大而树干增粗，树体增高，枝干增多，树冠扩大，一般根颈年增粗 0.5～1.0 cm，是增长率最高的阶段。结果初期是培养树冠、进行整形修剪的时期，要根据植株大小，放顶扩冠，使高度和冠幅相应发展，一般冠幅稍大于树高，为树高的 1.2～1.4 倍。此时应加强水肥供应，防控病虫害，培养树形，短截与长放结合，为丰产打好基础。

**3. 结果盛期**（盛果期）　指栽植后 5～35 年的生长期。这一时期植株生长旺盛，树体不断充实，枝叶繁茂，树冠达到最大，树高 1.6～1.7 m，根颈粗 5～13 cm。这是枸杞大量结果和产量高峰期，每公顷产量可达 2 250～5 250 kg。此时由于大量开花结果，树体消耗养分较多，树体生长量逐渐减少，增长率逐渐降低，结果枝逐渐外移，随后出现空膛。这一周期又可以分为 3 个阶段：5～10 年为盛果初期，枝干增粗、数量增多以充实树冠，根颈年增长量达 0.4 cm；10～25 年为盛果中期，根颈年生长量为 0.2 cm，生长量开始减缓；25～35 年为盛果末期，生长更趋于缓慢，根颈年平均生长量为 0.15 cm，后期树冠下部大主枝开始出现衰老或死亡。此时更应加强肥水的施用量，防控病虫害，更新修剪，利用徒长枝补充树冠的空缺，改善光照，同时剪去一定量的老枝，以延长盛果期的年限。

**4. 结果后期**（盛果后期）　指栽植 35～55 年后的生长期，是盛果期的延续。此时生长势逐渐减弱，根颈年平均生长量仅有 0.1 cm，逐渐趋于停止生长，结果能力开始下降，果实变小，树干开始心腐，树冠出现较大空缺，顶部有不同程度的裸露。此时要着重进行修剪，截短老枝，对徒长枝及时摘心，利用发出侧枝补充树冠。

**5. 衰亡期**　指栽植生长 55 年以上的树龄时期，是结果后期的延续。此时生长势显著衰退，树冠枝干减少，树形失去原有的饱满姿态，树干、主根都会出现心腐，结果能力也显著衰退，产量剧减，已经失去经济栽培价值，需要进行全园更新。

枸杞树的生命周期是一个相对概念。其生命周期的进程与土壤、光照及栽培管理条件密切相关。如果管理得好，就可缩短结果初期，提前结果盛期，并且延长结果盛期，同时延后结果后期，推迟衰亡期的到来。

**（二）枸杞的年周期生长特点**

在枸杞树整个生长发育周期中，每年的生长发育都有次序地经过萌芽、展叶、新梢生长、现蕾、开花、结果、落叶和休眠的过程，这种随季节的转化而呈现周期性变化的现象，称为物候期。了解物候期，就可掌握枸杞在栽培地生长发育同环境的关系，为制定切实可行的栽培措施提供科学依据。宁夏枸杞各个阶段物候期划分以及特点见表 28 - 28、表 28 - 29。

**表 28 - 28　宁夏枸杞营养生长物候期**（李润淮，2000）

| 时间 | 气温（℃） | 物候期 | 表现特点 |
|---|---|---|---|
| 4 月上旬 | 7.0 | 苗芽期 | 枝条上的芽鳞片未展开，吐露绿色嫩芽 |
| 4 月中旬 | 13.0 | 展叶期 | 幼芽芽苞有 5 个叶片分离 |
| 4 月下旬至 6 月中旬 | 12.0～22.0 | 春梢生长 | 新梢萌芽 1～2 cm，至枝条延伸封顶 |
| 8 月上旬 | 24.0 | 秋梢萌发 | 当年生枝条上的芽苞分离抽梢 |
| 8 月中旬至 9 月下旬 | 22.0～18.0 | 秋梢生长 | 秋梢生长延长至封顶 |
| 11 月上旬 | 9.0 | 冬季落叶 | 枝条上的叶片半数脱落 |
| 11 月中旬至翌年 3 月中旬 | ≤8.0 | 休眠期 | 地下部分的根系完全停止活动 |

表 28-29　宁夏枸杞开花结实物候期（李润淮，2000）

| 时间 | 气温（℃） | 物候期 | 表现特点 |
|---|---|---|---|
| 4月下旬至6月下旬 | 15.0～22.0 | 现蕾期 | 有 1/5 的结果枝出现花蕾 |
| 5月上旬至7月上旬 | 16.0～23.0 | 开花期 | 有 1/5 的花蕾开花 |
| 5月下旬至7月下旬 | 18.0～23.0 | 幼熟期 | 有 1/5 的幼果露出果萼 |
| 6月下旬至8月上旬 | 22.0～24.0 | 果熟期 | 有 1/5 的幼果转变为红果成熟 |
| 9月上旬 | 18.0 | 秋花期 | 有 1/5 的秋梢开花 |
| 9月中旬至10月上旬 | 16.0～13.0 | 秋果期 | 秋季气温低，各物候期间隔时间短，红果出现即可采收，直至出现霜冻 |

#### （三）枸杞氮素吸收规律

由表 28-30 可以看出，随着枸杞植株的生长发育，对氮肥的利用率逐渐提高，从 4.11% 提高到 11.91%，但总的来说利用率不高。枸杞生长发育过程中吸收的氮素约有 20% 来自肥料，80% 左右来自土壤。

表 28-30　氮肥利用率和枸杞植株氮素来源（熊志勋，1991）

| 取样时间（月-日） | 植株总氮量（g） | 氮肥利用率（%） | 植株氮素来源（%） | |
|---|---|---|---|---|
| | | | 肥料 | 土壤 |
| 5-10 | 0.498 1 | 4.11 | 12.13 | 87.87 |
| 5-15 | 0.548 1 | 4.32 | 11.52 | 88.48 |
| 5-25 | 0.550 3 | 5.52 | 14.42 | 85.58 |
| 6-24 | 0.788 5 | 5.68 | 15.58 | 84.42 |
| 7-14 | 0.982 7 | 8.23 | 17.57 | 82.43 |
| 8-9 | 1.246 7 | 11.00 | 18.31 | 81.69 |
| 8-29 | 1.556 0 | 11.91 | 21.23 | 78.77 |

有试验结果表明，枸杞植株吸收的氮素主要分布在根系、树干、枝条多年生部位，其次是叶片和果实一年生部位，见表 28-31。

表 28-31　各部位全氮量占植株总氮量的比率（熊志勋，1991）

单位：%

| 取样时间（月-日） | 根系 | 树干 | 枝条 | 叶片 | 果实 |
|---|---|---|---|---|---|
| 5-25 | 39.78 | 8.77 | 22.44 | 29.00 | — |
| 10-8 | 50.46 | 8.99 | 16.60 | 21.67 | 2.28 |

由表 28-31 可见，5 月 25 日取样的植株多年生部位全氮量占植株总氮量的 70.99%，而叶片中的全氮占 29.00%；10 月 8 日取样的植株多年生部位全氮量占植株总氮量的 76.05%，而叶片和果实全氮仅占 23.95%。因此枸杞树体（含根系、树干、枝条）是一个大的氮素储存库，储存的氮素在植株代谢中转移、再分配，为果实的发育、叶片和新枝条的形成及生长提供营养来源。

#### （四）枸杞磷素吸收规律

随着枸杞植株的生长发育，对磷素的吸收利用率逐渐提高。枸杞植株中的磷素，一部分来自追施的磷肥，占 3.47%～13.36%；另一部分来自土壤，占 86.64%～96.53%。可见，枸杞适时追施磷肥不仅对当年生长发育有利，而且对维持土壤磷素平衡，乃至以后的生长发育也是非常重要的。枸杞植株生长发育、干物质积累过程中，从肥料中吸收的磷素逐渐增加，从土壤中吸收的磷素逐渐减少。

枸杞植株中的磷素主要分布在根系、树干、枝条多年生的部位，其次是叶片和果实一年生的部位（表 28-32）。

表 28-32　植株各部位磷素占总磷量的比率（熊志勋，1995）

单位:%

| 取样时间（月-日） | 植　株　部　位 | | | | 合计 |
| --- | --- | --- | --- | --- | --- |
| | 根系 | 茎枝 | 叶片 | 果实 | |
| 5-29 | 38.77 | 35.49 | 15.63 | 10.11 | 100.00 |
| 6-18 | 44.42 | 20.60 | 21.17 | 13.81 | 100.00 |
| 7-28 | 55.37 | 22.62 | 12.42 | 9.59 | 100.00 |
| 9-7 | 48.18 | 28.03 | 18.40 | 5.39 | 100.00 |
| 9-17 | 49.64 | 28.63 | 15.49 | 6.24 | 100.00 |
| 9-27 | 42.51 | 31.08 | 18.13 | 8.28 | 100.00 |
| 平均值 | 46.48 | 27.74 | 16.87 | 8.91 | 100.00 |

## 六、枸杞园科学施肥技术

枸杞的养分管理，不仅要根据其生命周期和年周期不同时期生长发育特点和需肥规律进行，而且要考虑枸杞园所在环境，特别是土壤养分条件来决定施肥的时期、种类、数量和方法，这样才能做到合理施肥，获得预期的经济效益。

### （一）需肥规律

对枸杞的肥料供应，要增强科学性，减少盲目性，必须从了解枸杞植株生育期内的需肥规律入手。枸杞周年生育期内营养生长与生殖生长从 3 月下旬（萌动始）至 10 月下旬（降早霜止）呈连续开花结果。在大量营养元素（氮、磷、钾）配合的同时，微量元素的及时补给也很重要。李润淮等通过对土壤不同层次的营养成分含量分析、根系吸收规律的研究得出，4 月中旬追施氮肥可及时加快新根的生长，5 月中旬及 6 月中旬氮磷钾复合肥的供给可促进新枝生长和开花坐果。

### （二）肥料种类的选择

对枸杞植株的施肥，要遵循有机无机配合，基肥为主（营养成分含量全）、化肥为辅（元素较单一），外加叶面喷液肥（增加微量元素）的原则，才能较好地防止缺素症。有条件的地方能够进行测土配方施肥效果更好。基肥以农家肥为主。农家肥主要有羊粪、猪粪、厩粪、油渣和人粪尿等。农家肥不但可以改良土壤、提高肥力，而且含有氮、磷、钾三要素和多种微量元素，是一种很好的完全肥料，能供给枸杞生长所需的各种营养成分。追肥以速效化肥为主。各种氮肥（如尿素、硫酸铵、硝酸铵和碳酸氢铵等）、磷肥（如过磷酸钙、重过磷酸钙等）、钾肥（如硫酸钾、氯化钾等）、三元复合肥等都是很好的枸杞用肥。具体应根据果树营养需求特点和土壤供应养分状况，做到"缺什么，补什么"。

### （三）施肥量的确定

枸杞是一种需肥较多的多年生木本药用经济作物，它在一年中的营养生长、开花、结实期长达 7 个多月，因此在生长过程中，为了获得优质高产，就必须经常及时施用一定数量的肥料，以补充土壤养分不足，来满足枸杞各生育阶段的需要。胡忠庆在中宁县通过长期栽培实践证明，每亩地产枸杞干果 450 kg 以上的田块，氮、磷、钾的施用比例约为 1∶0.27∶0.21。枸杞是一种较喜肥的作物，在一定范围内，其产量随施肥量的增加而增加。根据李友宏等研究（2003），宁夏产区在 20 世纪 60—70 年代，枸杞丰产园氮、磷、钾的施用比例在 1∶0.5∶0.6 左右，后随栽培技术中氮磷增产效果明显，氮磷用量持续增加。而有机钾肥施用量逐渐减少，无机钾肥用量又跟不上，造成后来枸杞园栽培中氮、磷、钾比例变为 1∶0.6∶0.1 左右。因此对枸杞的肥料供应，要增强科学性，减少盲目性。施肥量应该根据树冠大小、长势强弱及土壤性质等因素确定。

**1. 基肥用量**　施基肥时，一般成年枸杞树每亩施羊粪 3 000 kg、油渣 250 kg，幼年枸杞树的施肥量为成年树的 1/3～2/3；也可按每株羊粪 5 kg、油渣 1 kg、磷酸二铵 100 g 施入。

**2. 追肥用量**　施追肥时，一般大树每亩施 15～20 kg，幼树 6 kg 左右。宁夏西夏园艺场为瘠薄沙地，第一年每亩追施尿素 15 kg、磷酸二铵 10 kg、磷肥 15 kg，第二年每亩追施尿素 20 kg、磷酸二铵 15 kg、磷肥 20 kg，第三年每亩追施尿素 15 kg、磷酸二铵 10 kg、碳酸氢铵 15 kg，第四年每亩追施尿素 20 kg、磷酸二铵 15 kg、复合肥 10 kg，4 年平均亩产干果 117.47 kg。

**3. 叶面肥施用**　叶面追肥所选化肥主要有尿素、磷酸二氢钾、过磷酸钙等。一般在 6—7 月第一结果期喷 4 次，8—9 月第二结果期喷 2 次。每次每公顷喷磷酸二氢钾 0.75～1.5 kg，加尿素 0.75 kg，兑水 750 kg，在花蕾期每公顷用叶面宝 1 支（5 mL）加水 750 kg 喷施。喷施时，叶面和叶背都要喷到，以增加吸收面。雾滴越细越好，以叶面不滴水为度。叶面喷肥时间最好选在阴天或晴天 11∶00 前及 16∶00 后进行，中午烈日时不要喷，以减少叶面蒸发，便于叶面充分吸收。雨天因淋洗严重，也不宜喷肥。

### （四）施肥时期与施肥方法

**1. 施用基肥**　基肥宜在秋季落叶时施用。因为此时枸杞树已逐步进入休眠期，树液停止流动，施肥时挖断根系对树体影响不大，并且农家肥在土壤中经微生物慢慢分解，有利于树体内养分不断积累，提高树体内营养水平，增强抗旱能力。

秋施基肥于 10 月至翌年 1 月上旬进行。施肥方法一般有 3 种，环状沟施：在树冠边缘下方，挖深 20～25 cm、宽 40 cm 左右的环状施肥沟；半环状沟施：在树冠边缘下方，挖 1/2～2/3 圆周长的深 20～25 cm、宽 40 cm 左右的弧状施肥沟，翌年沟的位置换到原沟的对面；条状沟施：在树冠边缘两侧各挖一条深 30 cm、宽 40 cm 的施肥沟，然后准备冬灌。如果秋施基肥来不及，则应在翌年春季萌芽前早施，同时配施一部分速效肥，以便早日发挥肥效作用。

**2. 施用追肥**　追肥在开花坐果期进行。一般 4 月下旬至 5 月上旬追施一次尿素，配合适量磷肥；6 月初至 7 月上旬各追施 1 次复合肥。因为 5 月初是春枝生长和老眼枝花蕾形成期，6 月初是七寸枝开花结果和老眼枝果实生长发育期，也是为秋果生产打基础的时期。因此，这几个时期都需要有充足的肥料，若肥料不足，就会影响生长和加重落花落果。如果 8 月上旬枸杞新枝生长多，并有不少花蕾，为了促进秋果生长，此时还应再追施 1 次复合肥。

追肥一般采用穴施或环状沟施，即在树冠边缘下方开约 10 cm 深的环状沟，将肥施入后覆土。接着灌水，以水溶肥，使根系早日吸收肥料。磷肥（如过磷酸钙、骨粉等）易与土壤中的铁、钙生成不易被根系吸收的不溶性磷化物颗粒。因此，对于磷肥宜在枸杞需肥前及时施入，或者把它掺入有机肥中施用，借助有机肥中的有机酸来加大其溶解度，便于根系吸收。

另外，生产上应从 6 月初开始，在整个花果盛期，每隔 15～20 d 向树冠施一次三元复合肥，可明显提高坐果率，增大果实体积 5%～10%，从而提高果实产量和千粒重。

### （五）灌溉

农谚道："头水大，二水满，三水缓一缓，四水、五水看天气，采果期间勤而浅。"所以根据枸杞园的需水情况，可把一年的灌水分为 3 个时期。

采果前的生长结实期：一般在 4 月底或 5 月初灌头水，7～10 d 后灌第二水，以促进新梢生长和开花结实。以后根据土壤墒情，隔 10～15 d 灌 1 次水，这一时期共需灌水 3～4 次，其中有 2 次结合追肥进行。

采果期：一般每采 1～2 次果后灌 1 次水。8 月上旬灌水，有利于秋果生长。这一时期共需灌水 3～5 次。

秋季生长期：此时夏果已经采完，树体已进入秋季生长和秋果生产时期，因此在 9 月上旬需灌白露水，施秋肥后的 10 月底或 11 月初再灌冬水，这既有利于秋果生长发育，还能起到一定的压碱作用，对第二年枸杞生长也有利。这一时期共需灌水 2～3 次。

随着节水农业的逐步推广应用，各地的枸杞园都应采用节水灌溉技术。

### 主要参考文献

安华明，樊卫国，刘进平，2003. 生育期猕猴桃果实中营养元素积累规律研究 [J]. 种子（4）：24-25.

安华明，2000. 秦美猕猴桃果实的生长发育规律 [J]. 山地农业生物学报，19（5）：355-358.

包雪梅，张福锁，马文奇，等，2003. 陕西省有机肥料施用状况分析评价 [J]. 应用生态学报，14（10）：1669-1672.

鲍士旦，2002. 土壤农化分析 [M]. 北京：中国农业大学出版社.

苍晶，王学东，桂明珠，等，2001. 狗枣猕猴桃果实生长发育的研究 [J]. 果树学报，18（2）：87-90.

陈海江，邵建柱，张殿生，2005. 科技兴农富民培训教材——桃高效栽培教材 [M]. 北京：金盾出版社.

陈延惠，简在海，2006. 优质桃丰产高效栽培技术 [M]. 郑州：中原农民出版社.

樊红柱，同延安，吕世华，等，2007. 苹果树体钾含量与钾累积量的年周期变化 [J]. 西北农林科技大学学报（自然科学版）（5）.136-139.

樊红柱，同延安，吕世华，2007. 苹果树体不同器官元素含量与累积量季节性变化研究 [J]. 西南农业学报（6）：56-58.

樊红柱，同延安，2006. 苹果树各器官钙素分布研究 [J]. 西北农林科技大学学报（自然科学版）（3）：32-33.

范崇辉，杨喜良，2003. 秦美猕猴桃根系分布试验 [J]. 陕西农业科学，31（5）：13-14.

范伟国，魏宗法，赵西平，等，2005. 果树营养亏缺生理效应研究 [J]. 山西果树，4（106）：5-7.

冯月秀，李从玺，2005. 梨树栽培新技术 [M]. 杨凌：西北农林科技大学出版社.

高业新，李新虎，2003. 宁夏枸杞的道地性研究 [J]. 地球学报（24）：193-196.

高义民，同延安，马文娟，2006. 陕西关中葡萄园土壤养分状况分析与平衡施肥研究 [J]. 西北农林科技大学学报（自然科学版）（9）：32-33.

高义民，同延安，2007. 关中平原区土壤 5 种微量元素的空间变异及分布评价 [J]. 西北农林科技大学学报（自然科学版）（10）：89-91.

郭晓成，邓琴凤，高小宁，等，2004. 我国桃树生产现状分析 [J]. 山西果树（4）：33-35.

郭晓成，邓琴凤，宋琪，等，2004. 论我国桃产业发展的优势、品种和栽培技术 [J]. 西北园艺（6）：4-7.

何兰，2004. 名贵中药材绿色栽培技术 [M]. 北京：科学技术文献出版社.

何忠俊，张光林，张国武，等，2002. 钾对黄土区猕猴桃产量和品质的影响 [J]. 果树学报，19（3）：163-166.

胡忠庆，宋淑英，2001. 枸杞栽培技术的八项改革 [J]. 宁夏农林科技（1）：56-57.

胡忠庆，2004. 枸杞优质高产高效综合栽培技术 [M]. 银川：宁夏人民出版社.

黄宏文，2000. 猕猴桃研究进展 [M]. 北京：科学出版社.

黄显淦，王勤，赵天才，等，2000. 钾素在我国果树优质增产中的作用 [J]. 果树科学，17 (4)：309-313.

姜全，郭继英，赵剑波，2003. 桃生产技术大全 [M]. 北京：中国农业出版社.

姜远茂，彭福田，等，2002. 果树施肥新技术 [M]. 北京：中国农业出版社.

姜远茂，张宏彦，等，2007. 北方落叶果树养分资源管理理论与实践 [M]. 北京：中国农业大学出版社.

姜远茂，张宏彦，张福锁，2007. 北方落叶果树养分资源综合管理理论与实践 [M]. 北京：中国农业大学出版社.

李丙智，刘建海，张林森，等，2005. 不同时间套袋对渭北旱塬红富士苹果品质的影响 [J]. 西北林学院学报，20 (2)：118-120.

李会民，程雪绒，徐驰，等，2002. 咸阳地区苹果园土壤养分状况调查及建议 [J]. 陕西农业科学 (2)：10-12.

李进文，王贵荣，周向军，等，2005. 不同施肥种类对枸杞产量品质的影响 [J]. 宁夏农林科技 (5)：24-25.

李良翰，2004. 鲜食葡萄优良品种及无公害栽培技术 [M]. 北京：中国农业出版社.

李文贵，邓家林，2006. 简阳晚白桃的测土配方施肥技术 [J]. 西南园艺，34 (1)：66-67.

李喜宏，许宏飞，等，2003. 果蔬营养诊断与矫治 [M]. 天津：天津科学技术出版社.

李湘麟，熊月明，陆修闽，等，2001. 柑橘钙素营养研究综述 [J]. 福建果树 (1)：13-19.

李秀根，张绍玲，2007. 世界梨产业现状与发展趋势分析 [J]. 烟台果树 (1)：1-3.

李延强，王昌全，2001. 植物钾素研究进展 [J]. 四川农业大学学报，19 (3)：281-285.

李友宏，王芳，邓国凯，2003. 宁夏枸杞施钾增产显著 [J]. 农资科技 (5)：15-17.

李友宏，王芳，2001. 涂层尿素对主要作物增产效果的研究 [J]. 土壤肥料 (1)：21-23.

刘捍中，2001. 葡萄优质高效栽培 [M]. 北京：金盾出版社.

刘侯俊，2001. 陕西省和北京市主要作物施肥现状与评价 [D]. 北京：中国农业大学.

刘静，2003. 宁夏枸杞气象研究 [M]. 北京：气象出版社.

刘汝亮，同延安，樊红柱，等，2007. 喷施锌肥对渭北旱塬苹果生长及产量品质的影响 [J]. 干旱地区农业研究 (3)：125-128.

刘伟，2007. 梨树周年管理工作历 [J]. 河北果树 (3)：57.

刘晓光，2007. 中国梨果国际竞争力分析 [J]. 北方果树 (2)：1-3.

刘秀春，2004. 落叶果树的钙素营养 [J]. 北方果实 (2)：4-5.

刘旭峰，2005. 猕猴桃栽培新技术 [M]. 杨凌：西北农林科技大学出版社.

罗正德，杨谷良，2006. 中国梨栽培和选育的历史与现状 [J]. 北方园艺 (5)：58-60.

马之贵，贾云云，2006. 桃无公害标准化生产技术 [M]. 石家庄：河北科学技术出版社.

孟月华，2006. 平谷桃园养分投入特点及其推荐施肥系统的建立 [D]. 北京：中国农业大学.

宁婵娟，吴国良，2009. 梨树体内矿质元素分布变化规律 [M]. 山西农业科学，37 (7)：37-39.

牛艳，王明国，郑国琦，等，2005. 宁夏不同地域枸杞子微景元素比较研究 [J]. 干旱地区农业研究，23 (2)：100-103.

彭福田，魏绍冲，姜远茂，等，2001. 生长季苹果硼素营养变化动态及诊断 [J]. 山东农业大学学报，18 (3)：136-139.

朴顺姬，朴宇，朱虎烈，等，2002. 不同氮磷钾比例对苹果梨品质的影响 [J]. 吉林农业科学，27 (2)：30-34.

申爱刚，2007. 圆黄梨果实生长发育的研究 [J]. 山西果树，9 (5)：4-6.

束怀瑞，2003. 我国果树业生产现状和待解决的问题 [J]. 中国工程科学，5 (2)：45-48.

孙正风，王金保，马戈，等，2003. 宁夏枸杞主产区环境质量评价 [J]. 宁夏农林科技 (6)：69-71.

同延安，王建，马文娟，等，2008. 土壤科学与农业可持续发展 [M]. 北京：中国农业大学出版社.

汪景彦，1995. 苹果生长上存在的问题及对策 [M]. 北京：中国林业出版社.

王福祥，秦慧明，2000. 桃短周期快速高效栽培技术 [J]. 河北林业 (4)：12-13.

王建，同延安，高义民，2008. 关中地区猕猴桃树体周年磷素需量动态规律研究 [J]. 干旱地区农业研究，26 (6)：119-123.

王仁才，夏利红，熊兴耀，等，2006. 钾对猕猴桃果实品质与储藏的影响 [J]. 果树学报，23 (2)：200-204.

王仁才，熊兴耀，谭兴和，等，2000. 美味猕猴桃果实采后硬度与细胞壁超微结构变化 [J]. 湖南农业大学学报，26

（6）：457－460.

王仁才，2000. 猕猴桃优质丰产周年管理技术 ［M］. 北京：中国农业出版社.

王仁才，2000. 猕猴桃优质高效生产新技术 ［M］. 上海：上海科学普及出版社.

王秀峰，李宪利，2003. 园艺学各论 ［M］. 北京：中国农业出版社.

王衍安，2002. 苹果树的锌营养与小叶病矫治研究综述 ［J］. 落叶果树（5）：11－14.

王玉林，李贵宾，2008. 无公害苹果梨生产技术 ［J］. 防护林科技，85（4）：128－134.

肖志伟，王仁才，贾德翠，等，2008. 采前喷钙与采后乙烯吸附剂处理对沁香猕猴桃耐储性的影响 ［J］. 湖南农业科
　　学（3）：131－133，137.

叶成福，杨顺群，2006. 桃树栽培技术要点 ［J］. 宜宾科技（4）：33－38.

于新刚，2004. 梨新品种实用栽培技术 ［M］. 北京：中国农业出版社.

于忠范，姜学玲，于松福，等，2003. 苹果硼过多的危害及防治措施 ［J］. 烟台果树（3）：14.

张福锁，陈新平，陈清，等，2009. 中国主要作物施肥指南 ［M］. 北京：中国农业大学出版社.

张福锁，马文奇，江荣凤，2003. 养分资源综合管理 ［M］. 北京：中国农业大学出版社.

张敏，官美英，2001. 果树钙素营养浅析 ［J］. 山西果树，11（4）：30－31.

张宪成，张淑清，史秀丽，等，2004. 桃日光温室丰产栽培的关键技术 ［J］. 河北林果研究，19（1）：56－59.

张晓煜，刘静，袁海燕，等，2003. 枸杞多糖与土壤养分、气象条件的量化关系研究 ［J］. 干旱地区农业研究（21）：
　　43－47.

张晓煜，刘静，2004. 土壤和气象条件对宁夏枸杞灰分含量的影响 ［J］. 生态学杂志，23（3）：39－43.

张英利，马爱生，杨岩荣，等，2003. 陕西苹果产区土壤养分状况研究初报 ［J］. 土壤肥料（3）：41－42.

赵营，罗建航，陈晓群，等，2008. 宁夏枸杞园土壤养分资源与枸杞根系形态调查 ［J］. 干旱地区农业研究（1）：
　　47－50.

钟元，2002. 枸杞高产栽培技术 ［M］. 北京：金盾出版社.

周是龙，2001. 秦岭大桃优质高效栽培 ［M］. 北京：知识产权出版社.

朱道迁，1999. 猕猴桃优质丰产关键技术 ［M］. 北京：中国农业出版社.

Jones J B，1998. Plant Nutrition Manual ［M］. Washington. D. C：CRC Press.

Rodriguez D，Goudriaan J，Oyarazabal M，1996. Phosphorus nutrition and water stress tolerance in wheat plants ［J］.
　　Journal of Plant Nutrition，19（1）：29－39.

Wutscher H K，1989. Alteration of fruit tree nutrition through root stocks ［J］. Hort Science，24（4）：578－583.

**图书在版编目（CIP）数据**

旱地土壤施肥理论与实践. 下 / 吕殿青等编著.
北京 ：中国农业出版社，2024. 10. -- ISBN 978 - 7 - 109
- 32124 - 3

Ⅰ. S158

中国国家版本馆 CIP 数据核字第 2024UX2846 号

中国农业出版社出版

地址：北京市朝阳区麦子店街 18 号楼

邮编：100125

责任编辑：廖　宁　杨桂华

版式设计：王　晨　　责任校对：吴丽婷

印刷：北京通州皇家印刷厂

版次：2024 年 10 月第 1 版

印次：2024 年 10 月北京第 1 次印刷

发行：新华书店北京发行所

开本：889mm×1194mm　1/16

印张：32.25

字数：908 千字

定价：298.00 元